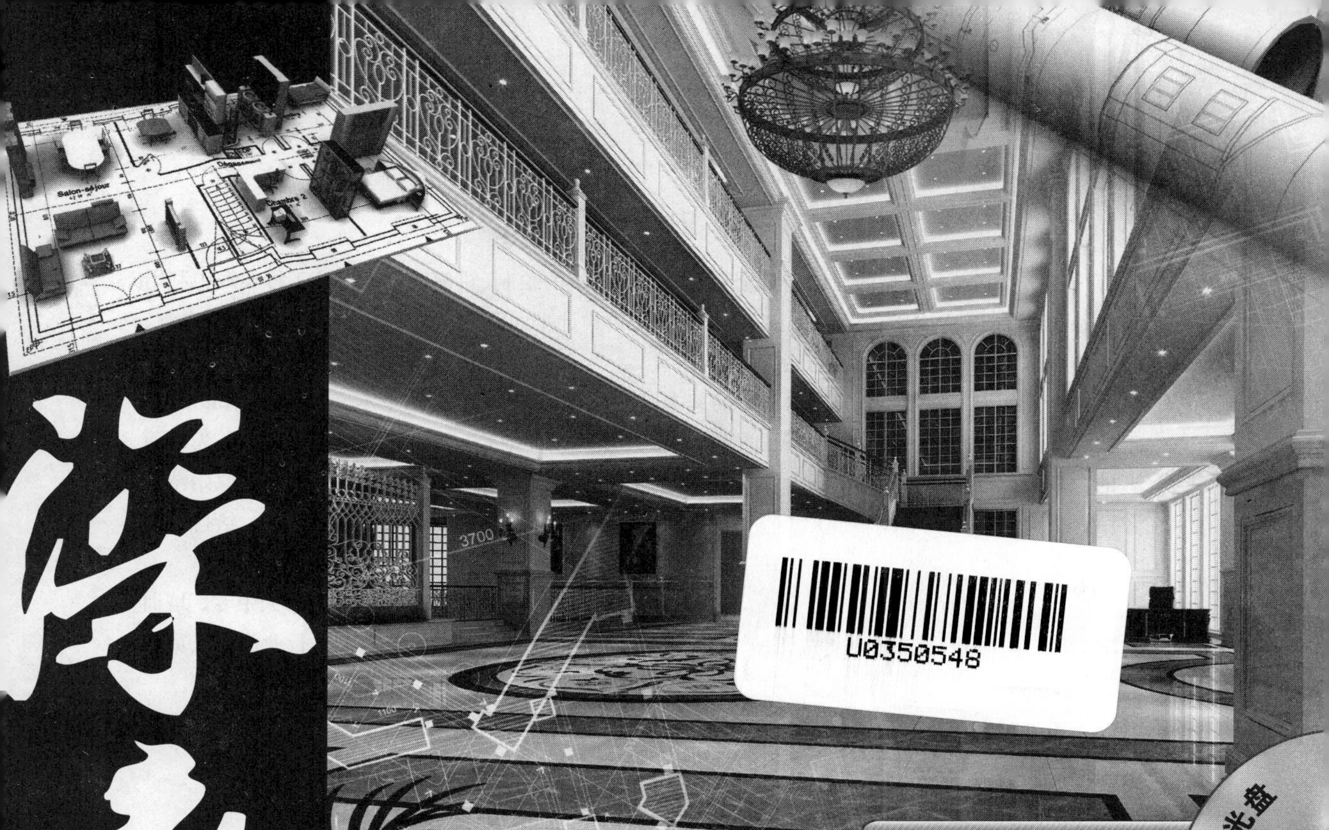

深度

2014版

配1张DVD光盘

- 深度探求技术核心　跟进最新技术热点　提升专业实战技能
- 打造更高出版品质　“深度”品牌给您绝对是不一样的知识

AutoCAD 全套室内图纸

绘制项目流程完美表现

云海科技　编著

- 深度探求技术核心：通过全套室内图纸绘制案例，使读者在制作过程中学会设计并逐渐积累经验
- 紧跟最新技术热点：精心挑选24个室内图例和三层别墅全套室内设计，帮助读者从入门走向精通
- 提升专业实战技能：手把手教授读者获取全套室内图纸项目设计流程图的金钥匙，激发创意和灵感
- 超值附赠DVD光盘：2.5GB的光盘内容包括140多个DWG源文件以及122段近1200分钟的视频文件

内 容 简 介

本书围绕一个典型的三层别墅全套室内设计图纸的绘制，讲解在室内设计工程实践中利用AutoCAD 2014中文版，绘制从建筑平面图、室内设计平面图、立面图、剖面图、详图到电气、给排水图全流程的思路与技巧。

全书共15章，主要介绍室内设计的基本概念和AutoCAD 2014的基本操作，包括AutoCAD的绘图环境、二维图形绘制、二维图形编辑、图块与设计中心、室内尺寸标注等内容，为后面的深入学习打下坚实的基础。然后按照一套三层别墅的室内设计流程，分别讲解别墅原始结构图、平面布置图、地面布置图（地材图）、顶棚图、立面图、剖面详图和室内电气、给排水图的绘制，可为读者积累一套完整的室内设计项目的实战经验。

本书结构清晰、讲解深入详尽，具有较强的针对性和实用性。本书既可作为大中专、培训学校等相关专业的教材，也特别适于渴望学习室内装潢设计知识的读者及相关行业从业人员自学及参考。

本书配套光盘内容为书中部分实例的DWG源文件、三层别墅全套室内设计图纸和视频教学文件。

图书在版编目（CIP）数据

AutoCAD全套室内图纸绘制项目流程完美表现/云海科技编著.
—北京：北京希望电子出版社，2013.9
ISBN 978-7-83002-113-9
Ⅰ.①A… Ⅱ.①云… Ⅲ.①室内装饰设计—计算机辅助设计—AutoCAD软件 Ⅳ.①TU238-39

中国版本图书馆CIP数据核字（2013）第164773号

出版：北京希望电子出版社
地址：北京市海淀区上地3街9号
金隅嘉华大厦C座610
邮编：100085
网址：www.bhp.com.cn
电话：010-62978181（总机）转发行部
010-82702675（邮购）
传真：010-82702698
经销：各地新华书店
封面：深度文化
编辑：周凤明
校对：黄如川
开本：787mm×1092mm 1/16
印张：27.5
印数：1-3000
字数：631千字
印刷：北京市四季青双青印刷厂
版次：2013年9月1版1次印刷

定价：59.80元（配1张DVD光盘）

前　言

室内设计现状

室内设计是根据建筑物的使用性质、所处环境和相应标准，运用物质技术手段和建筑设计原理，创造功能合理、舒适优美、满足人们物质和精神生活需要的室内环境。

在国内经济高速发展的大环境下，城市化建设逐步加快，各地基础建设和房地产产业生机勃勃，方兴未艾，室内设计行业也迎来了高速发展的时期。据有关部门数据，目前全国室内设计人才缺口达到60万人，国内相关专业的大学输送的人才无论从数量上还是质量上都远远满足不了市场的需要。室内装潢设计行业已成为最具潜力的朝阳产业之一，未来20～50年都处于一个高速上升的阶段，具有可持续发展的潜力。

AutoCAD软件简介

AutoCAD是美国Autodesk公司开发的专门用于计算机辅助绘图与设计的一款软件，具有界面友好、功能强大、易于掌握、使用方便和体系结构开放等特点，在室内装潢、建筑施工、园林土木等领域有着广泛的应用。作为第一个引进中国市场的CAD软件，经过20多年的发展和普及，AutoCAD已经成为国内使用最广泛的CAD应用软件。

本书写作特色

本书是一本介绍使用AutoCAD 2014进行室内设计的实战教程，全书通过一套三层别墅完整的室内设计案例，系统、全面、详细、深入地讲解了使用AutoCAD 2014进行室内装潢设计的方法。总的来说，本书具有以下特色。

零点快速起步 室内设计全面掌握	从基本的室内装潢流程讲起，由浅入深，逐渐深入，结合室内装潢设计原理和AutoCAD软件特点，通过大量课堂小案例，使广大读者全面掌握室内装潢设计的所有知识。
工程案例实战 方法原理细心解说	在讲解AutoCAD软件使用方法的同时，还结合各室内空间类型的特点，介绍了相应了的设计原理和方法，即使没有室内装潢设计基础的读者，也能轻松入门，快速掌握室内设计的基本方法。
全套工程案例 室内流程全面接触	案例来源于已经施工的一套三层别墅实际工程案例，贴近室内设计实际，具有很高的参考和学习价值。读者可以从中积累实际工作经验，快速适应室内设计工作。

全套制作实例 绘制技能快速提升	详细讲解了一套别墅的室内设计过程，包括原始户型图、平面布置图、地面布置图、顶棚图、墙体立面图、剖面图、电气图和节点详图等各类室内设计图纸，各类绘制技术一网打尽，绘图技能能够得到快速提升。
高清视频讲解 学习效率轻松翻倍	配套光盘收录全书所有实例的高清语音视频教学，可以在家享受专家课堂式的讲解，成倍提高学习兴趣和效率。

本书创建团队

本书由云海科技编著，具体参加本书编写的有：陈运炳、申玉秀、李红萍、李红艺、李红术、陈志民、陈云香、陈文香、陈军云、彭斌全、林小群、刘清平、钟睦、刘里锋、朱海涛、廖博、喻文明、易盛、陈晶、张绍华、黄柯、何凯、黄华、陈文轶、杨少波、杨芳、刘有良等。

由于作者水平有限，书中错误、疏漏之处在所难免。在感谢您选择本书的同时，也希望您能够把对本书的意见和建议告诉我们。

联系邮箱：lushanbook@qq.com

云海科技

目　录

第1章 室内设计制图基础

第2章 AutoCAD绘图环境及基本操作

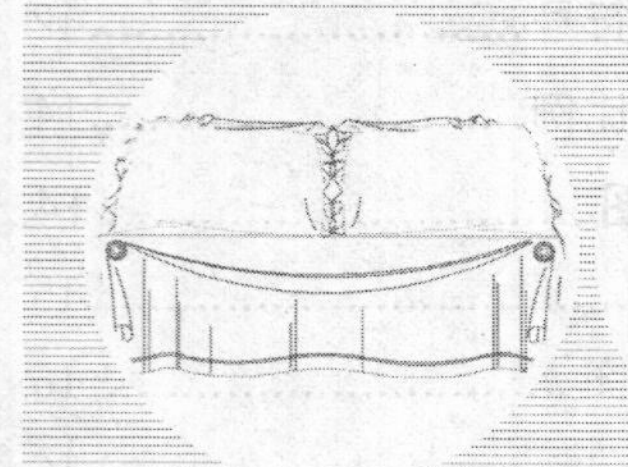
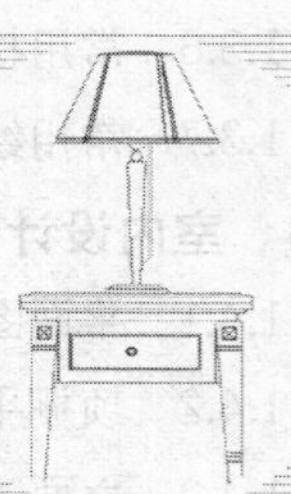
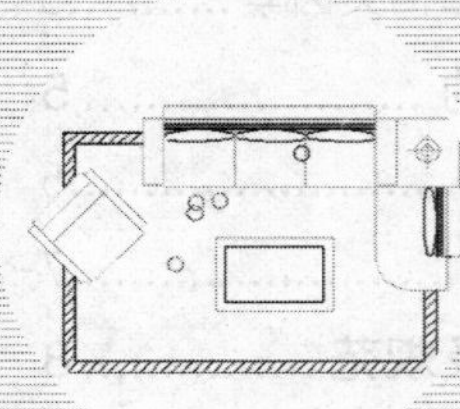
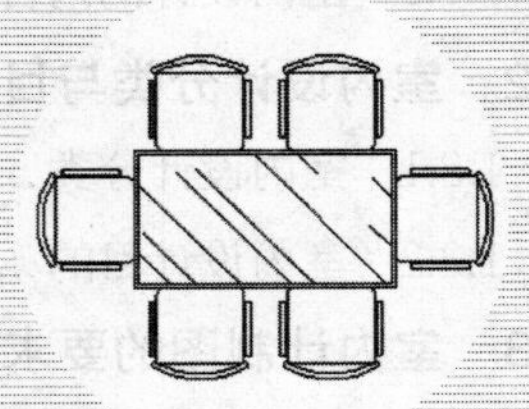

第3章 室内二维图形绘制

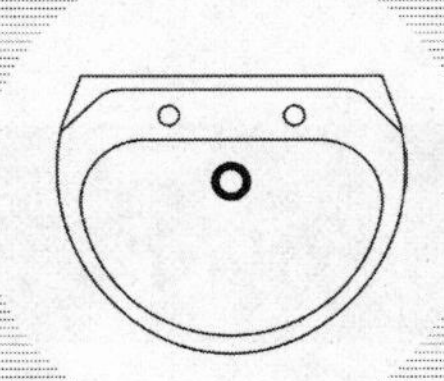

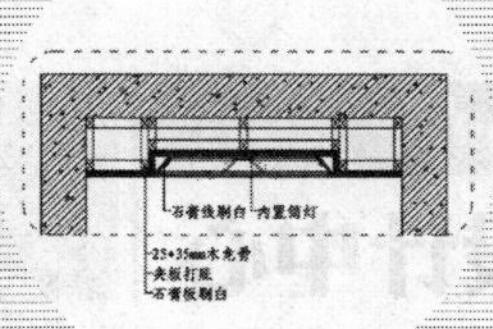

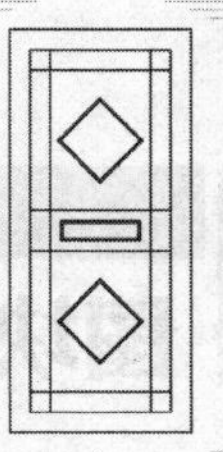

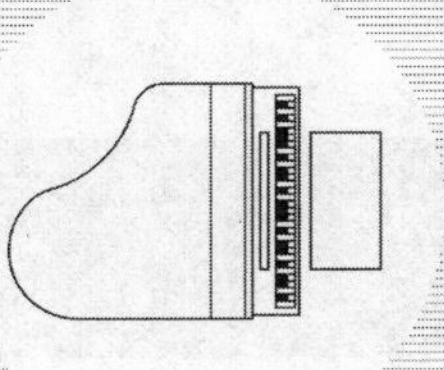

第4章 室内二维图形编辑

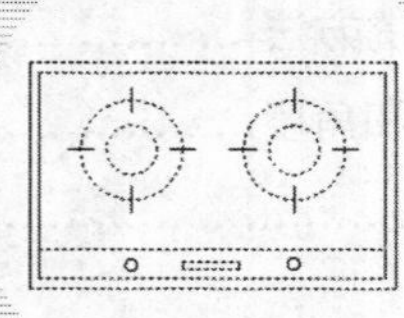
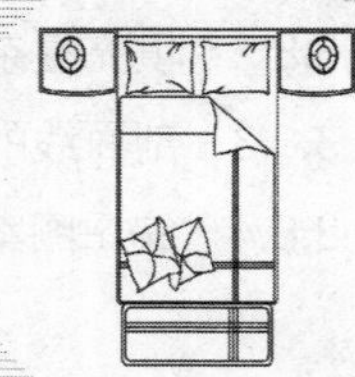
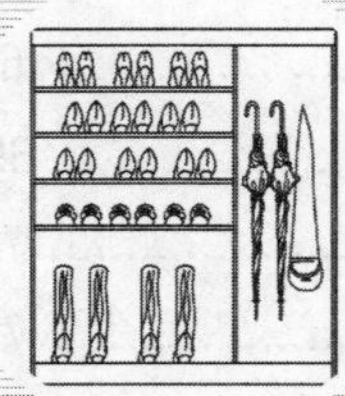
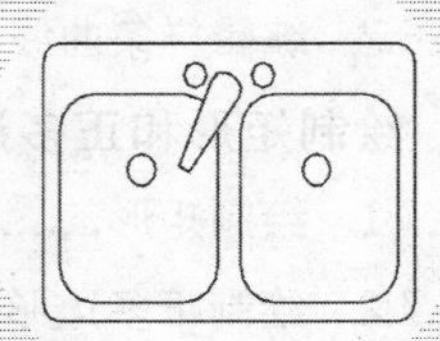

第5章 图块与设计中心

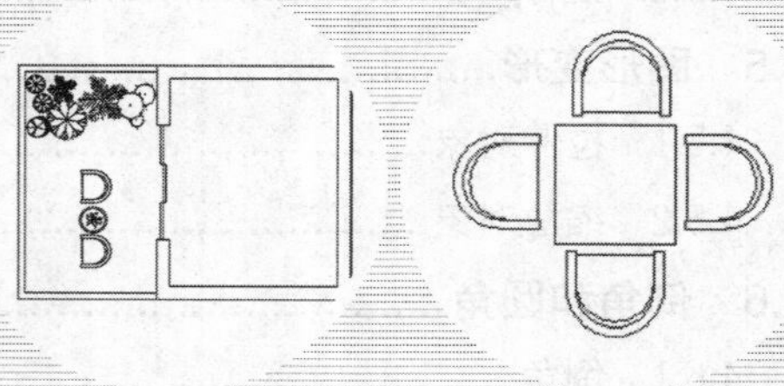
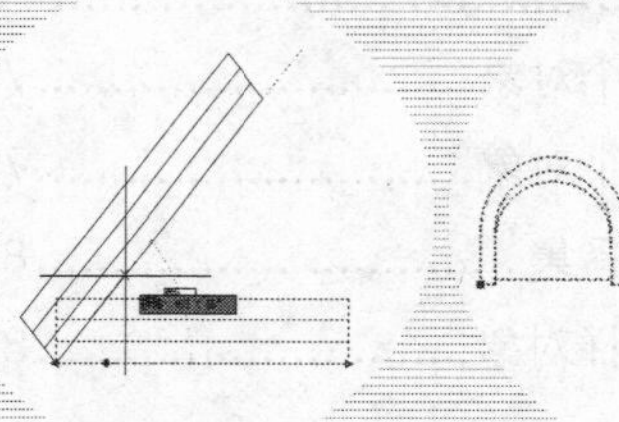
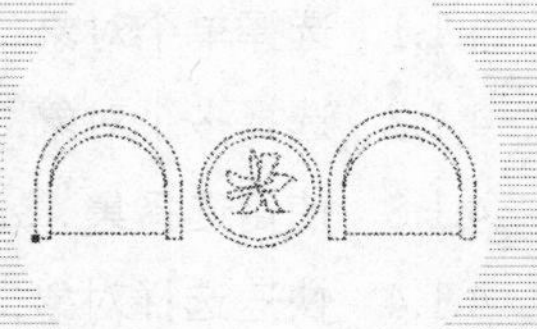

第6章 室内尺寸标注

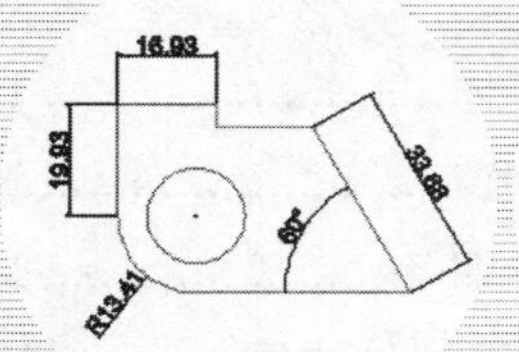

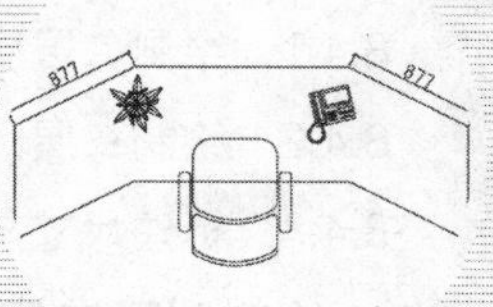

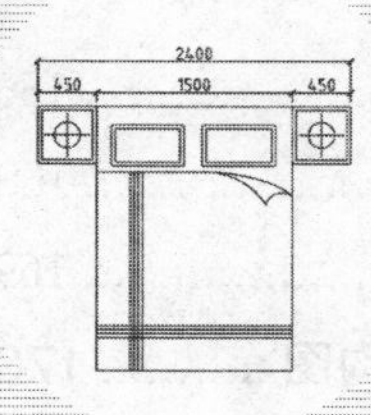

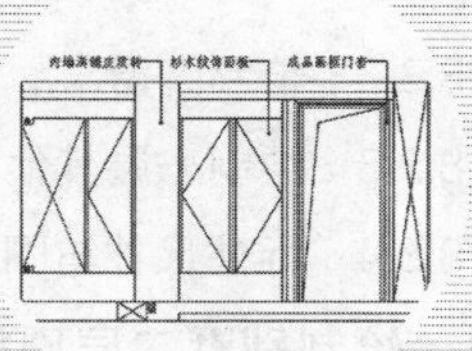

第7章 绘制住宅类室内设计中的主要单元

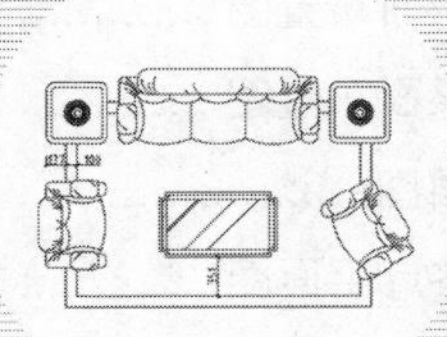
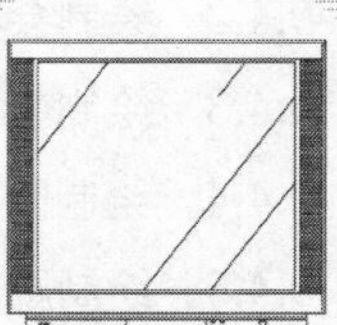
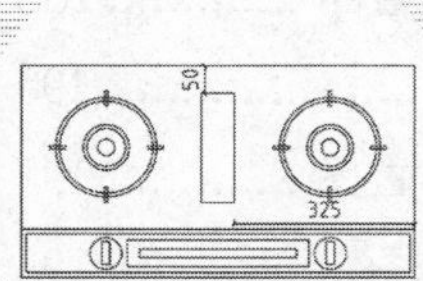

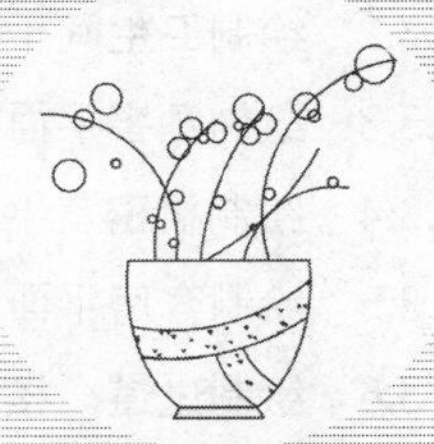

第8章 室内原始结构图的绘制

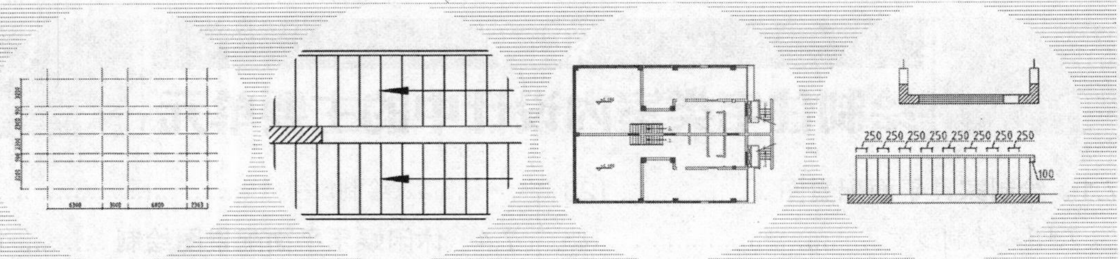

第9章 绘制别墅平面布置图（一）

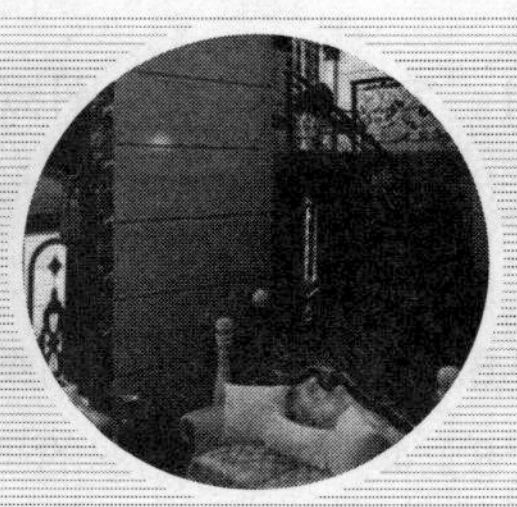

第10章 绘制别墅平面布置图（二）

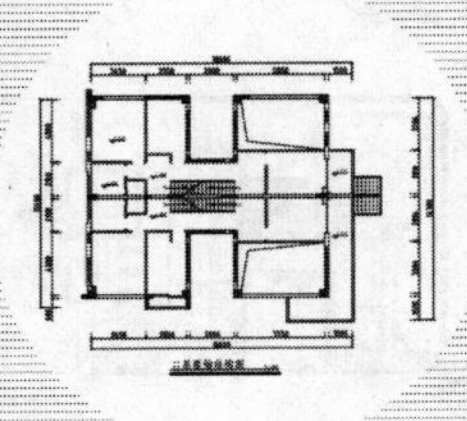
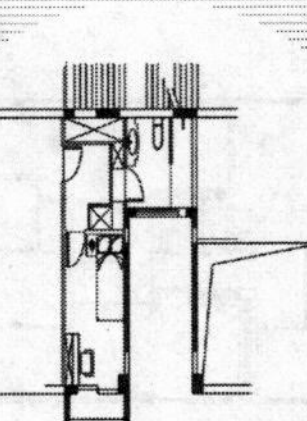
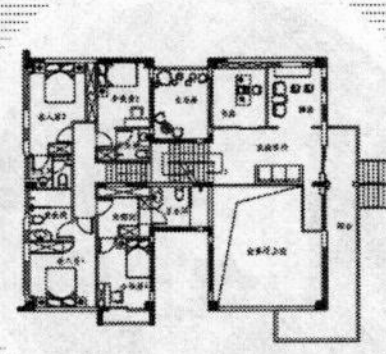
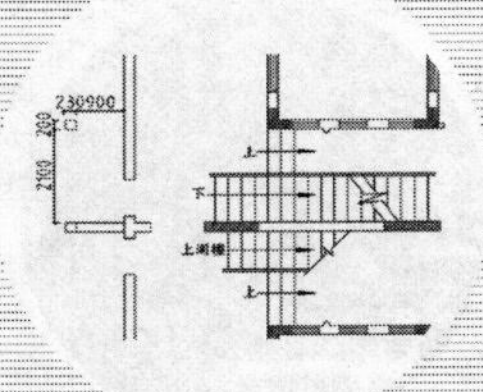

第11章 绘制别墅地面布置图

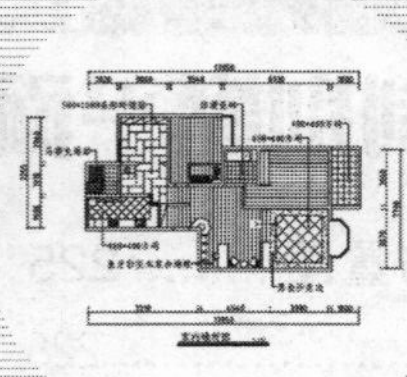
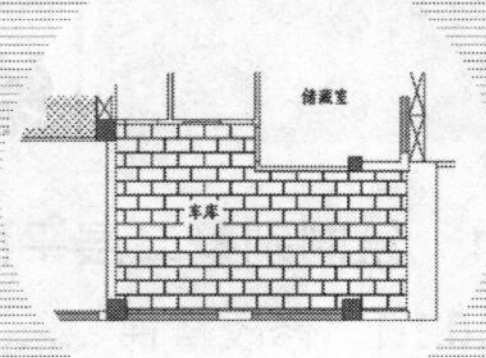

第12章 室内顶棚图的绘制

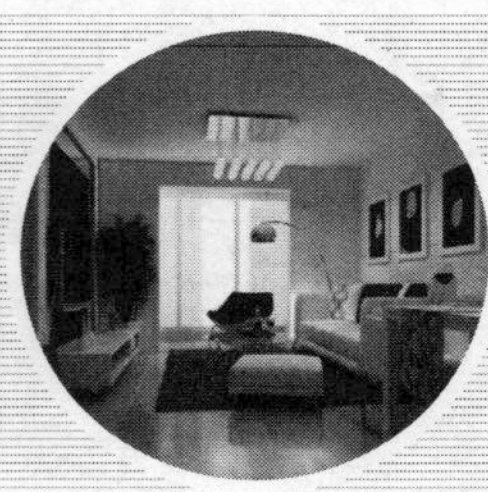
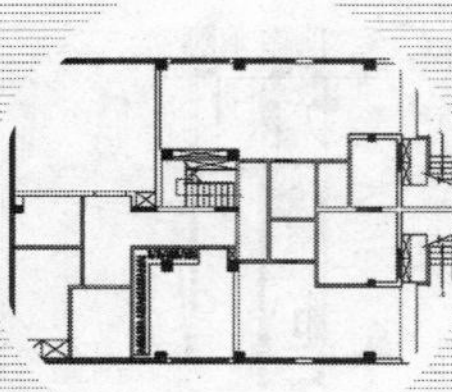
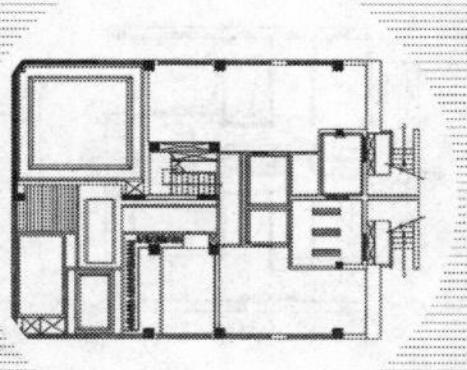

第13章 室内立面设计及图形绘制

CONTENTS

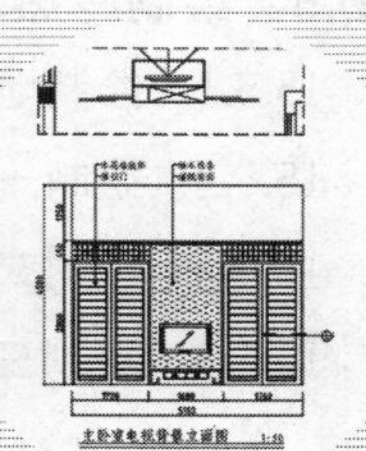

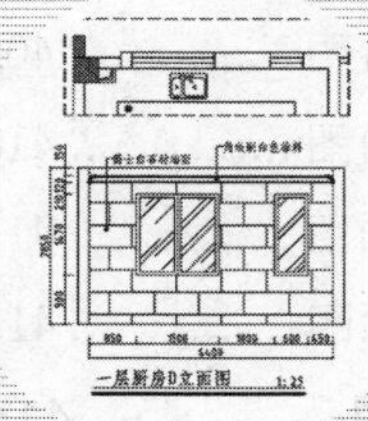

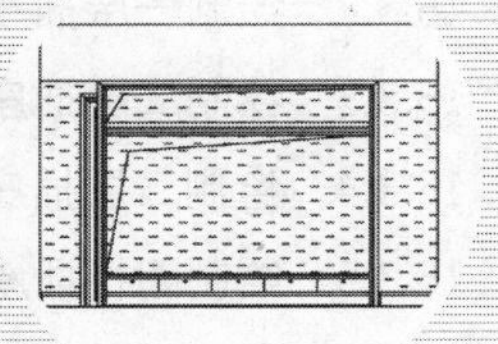

第14章 室内剖面图的绘制

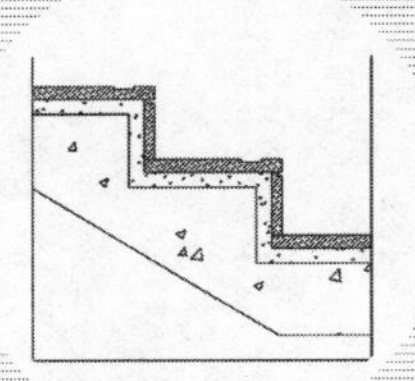

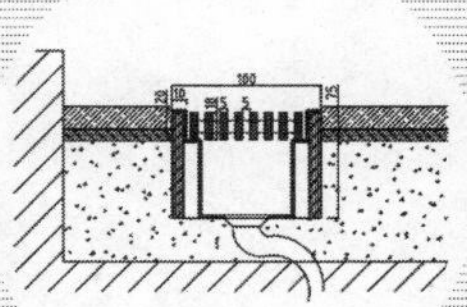

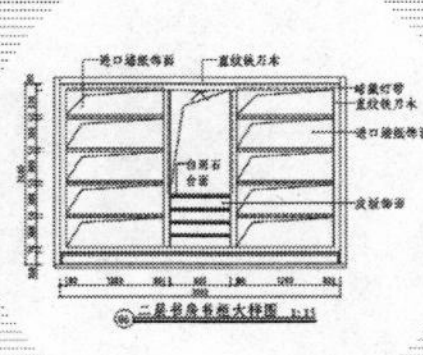

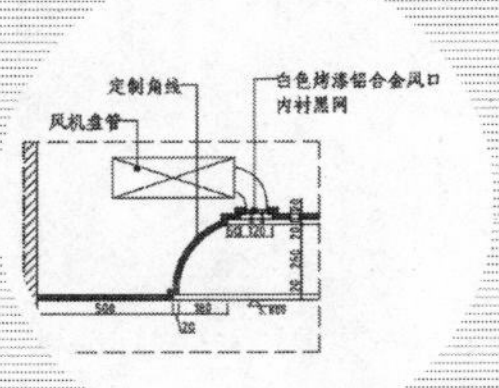

第15章 室内电气图和给排水图的绘制

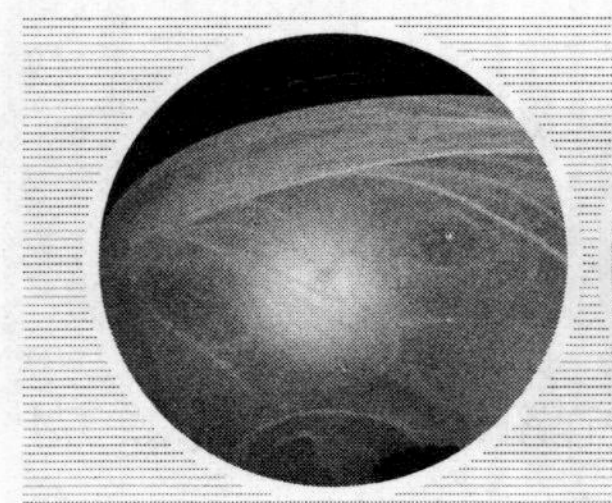

第1章

室内设计制图基础

本章导读

本章首先介绍室内设计的内容、分类和目的，使读者对室内设计的内涵有一个初步的了解；然后介绍室内设计制图的要求、规范和分类，如图纸幅面、标题栏、尺寸标注、文字说明、常用材料符号等，使读者对室内设计制图有一个全面的认识。

学习目标

- 了解室内设计的内容和相关因素
- 了解室内设计的分类
- 了解室内设计的目的
- 掌握室内设计制图的规范
- 熟悉室内图纸的类型

效果预览

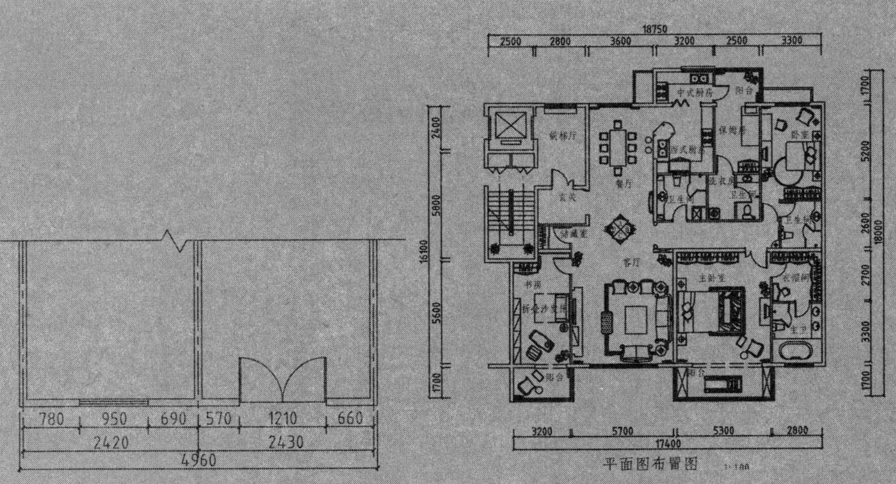

室内设计是根据建筑物的使用性质、所处环境和相应标准，运用物质技术手段和建筑设计原理，创造功能合理、舒适优美、满足人们物质和精神生活需要的室内环境。

这一空间环境既具有使用价值，满足相应的功能要求；同时也反映了历史文脉、建筑风格、环境气氛等精神因素。如图1-1所示为居住环境的室内设计效果，如图1-2所示为公共空间的室内设计效果。

本章以室内设计的相关知识以及室内设计的制图要求为内容，为读者讲述室内设计与制图的知识。

图1-1　居住环境室内设计

图1-2　公共空间室内设计

1.1　室内设计内容

室内设计的内容包括室内环境的内容和室内设计的相关内容，简单的说，室内设计就是在已有的室内环境的基础上，通过物质技术手段与审美思想相结合，改变室内物理环境，营造出一定的居室氛围，使居室环境变得宜人居住。

本节分别介绍室内环境内容和室内设计内容的相关知识。

1.1.1　室内环境的内容和感受

室内环境的内容，涉及到由界面围成的空间形状、空间尺度的室内空间环境，室内声、光、热环境，室内空气环境（空气质量、有害气体和粉尘含量、放射剂量……）等室内客观环境因素。

由于人是室内环境设计服务的主体，从人们对室内环境身心感受的角度来分析，主要有室内视觉环境、听觉环境、触感环境和嗅觉环境等，即人们对环境的生理和心理的主观感受，其中又以视觉感受最为直接和强烈。

客观环境因素和人们对环境的主观感受，是现代室内环境设计需要探讨和研究的主要问题。

从事室内设计的人员，应根据不同功能的室内设计，尽可能熟悉相关的基本内容，了解与该室内设计项目关系密切、影响最大的环境因素，设计时能主动考虑诸项因素，也能与有关工种专业人员相互协调、密切配合，有效地提高室内环境设计的内在质量。

例如现代影视厅，从室内声环境的质量考虑，对声音清晰度的要求极高。室内声音的清晰与否，主要取决于混响时间的长短，而混响时间与室内空间的大小、界面的表面处理和用材料关系最为密切。室内的混响时间越短，声音的清晰度越高，这就要求在室内设计时要合理地降低平顶，包去平面中的隙面，使室内空间适当缩小，对墙面、地面以及座椅面料均选用高吸声的纺织面料，采用穿孔的吸声平顶等措施，以增大界面的吸声效果。

近年来，一些住宅的室内装修，在居室中过多地铺设陶瓷类地砖，这多是从美观和易于清洁的角度考虑而选用，但是从室内热环境来看，由于这类铺地材料的导热系数过大，给较长时间停留于居室中的人体带来不适。

上面两个例子可以说明，室内舒适优美环境的创造，一方面需要激情，考虑文化的内涵，运用建筑美原理进行创作，同时又需要以相关的客观环境因素作为设计的基础。主观的视觉感受或环境气氛的创造，需要与客观环境因素紧密结合在一起；或者说，上述的客观环境因素是创造优美视觉环境时的“潜台词”，因为通常这些因素需要从理性的角度去分析掌握，尽管它们并不那么显露，但对现代室内设计却是至关重要的。

1.1.2　室内设计的内容和相关因素

室内设计所涉及的范围很广泛，单从其设计内容来看，可以归纳为三个方面；这三个方面的内容，相互联系又相互区别。

1.室内空间组织和界面的处理

室内设计的空间组织，包括平面布置，首先需要对原有建筑设计的意图充分理解，对建筑物的总体布局、功能分析、人流动向以及结构体系等有深入的了解；在室内设计时对室内空间和平面布置予以完善、调整或再创造。

由于现代社会生活的节奏加快，建筑功能的发展或变换，需要对室内空间进行改造或重新组织，这在当前对各类建筑的更新改建中是最为常见的。室内空间组织和平面布置，也包括对室内空间各界面围合方式的设计。

房地产开发商提供的户型模型，可以很好地说明该户型的空间组织，如图1–3所示。

室内界面处理指对室内空间的各个围合，如地面、墙面、隔断、平顶等的使用功能和特点的分析，对界面的形状、图形线脚、肌理构成的设计，以及界面和结构的连接构造，界面和风、水、电等管线设施的协调配合等方面的设计。

值得注意的是，界面处理不一定要做“加法”，即在建筑物构件之上附加装饰物。从建筑的使用性质、功能特点方面考虑，一些建筑物的结构构件，也可以不加装饰，以展现建筑物本来面貌为装饰，可以起到意想不到的装饰效果。

中式装修风格中，设计师喜用隔断来突出居室风格，以营造浓郁的古典装修风格，如图1–4所示。

室内空间组织和界面处理是确定室内环境基本形体和线形的设计内容，设计时应以物质功能和精神功能为依据，考虑相关的客观环境因素和主观的身心感受。

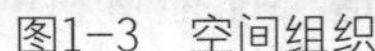

图1-3　空间组织

图1-4　使用隔断

2.室内光照、色彩设计

室内光照分两种，指室内环境的自然采光和人工照明。光照除了能满足正常的工作生活环境的采光、照明要求外，光照产生的光影效果还能有效地起到烘托室内环境气氛的作用。

特定的场所会配备可以衬托该居室格调的灯光设计，如图1-5所示为某会所使用的灯光设计，给人以神秘幽静的感觉。

色彩是居室设计中最为生动、活跃的因素之一，室内色彩往往给人们留下室内环境的第一印象，并奠定居室的装潢格调。色彩最具表现力，通过人们的视觉感受产生的生理、心理和类似物理的效应，形成丰富的联想、深刻的寓意和象征。

地中海风格是蓝白色彩为主色调，强烈的色彩对比，将地中海的蓝天白云搬到居室中来，让人有如沐海风之感，如图1-6所示。

光、色不分离，除了色光以外，色彩还依附于界面、家具、室内织物、绿化等物体。室内设计的主色调需要根据建筑物的性质、室内的使用性质、工作活动的特点以及停留时间长短等因素来确定。

图1-5　光照效果

图1-6　色彩选择

3.室内材质的选用

材料的选用是室内设计中直接关系到实用效果和经济效益的重要环节，巧于用材是室内设计中的一大学问。

饰面材料的选用，应同时满足使用功能和人们身心感受这两方面的要求。如坚硬、

平整的花岗石地面，平滑、精巧的镜面饰面，轻柔、细软的室内纺织品，以及自然、亲切的木质面材等，带给人们或刚硬、或精致、或柔和的感受。

需要注意的是，室内设计中的形、色，最终必须和所选的载体相符合；这一物质构成相统一，在光照下，室内的形、色、质融为一体，赋予人们以综合的视觉心理感受。

不同的居室风格，所选用的材质是不同的。中式风格多使用原木材质，包括家具、墙面以及顶面装饰等，如图1-7所示为中式装饰风格的制作效果。

而大理石、铁艺以及色彩斑斓的壁纸，则是欧式风格的特定装饰元素，如图1-8所示为欧式风格的装饰效果。

图1-7　中式材质

图1-8　欧式材质

1.2 室内设计分类与目的

室内设计研究的对象是什么？简单的说就是研究建筑内部空间的围合面及内含物。室内设计的分类有好几种，可以按照设计深度分、按照设计内容分及按照空间性质来划分等，各种不同的划分方式都可以表明室内设计所设计的领域或者方面。

本节为读者介绍室内设计的分类和室内设计的目的。

1.2.1 室内设计分类

业内通常会按照以下几种标准来对室内设计进行划分。

1.按照设计深度分

室内方案设计：设计师根据业主的使用要求，确定居室的设计概念，形成居室装饰总体的装饰外貌，提出居室初步设计方案的设计阶段。如图1-9所示为设计师绘制的方案设计图。

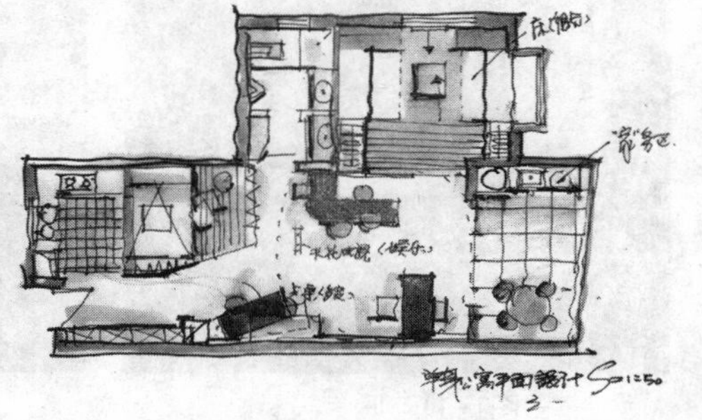

图1-9　方案设计

室内初步设计：根据设计师脑中已存在的居室装饰大致轮廓，根据业主的要求以及建筑物的自身条件，不断地调整设计方案。

室内施工图设计：在经过不断的调整和修改后，最终确定设计方案，并且绘制设计施工图纸，投入施工。如图1-10所示为绘制完成的平面施工图。

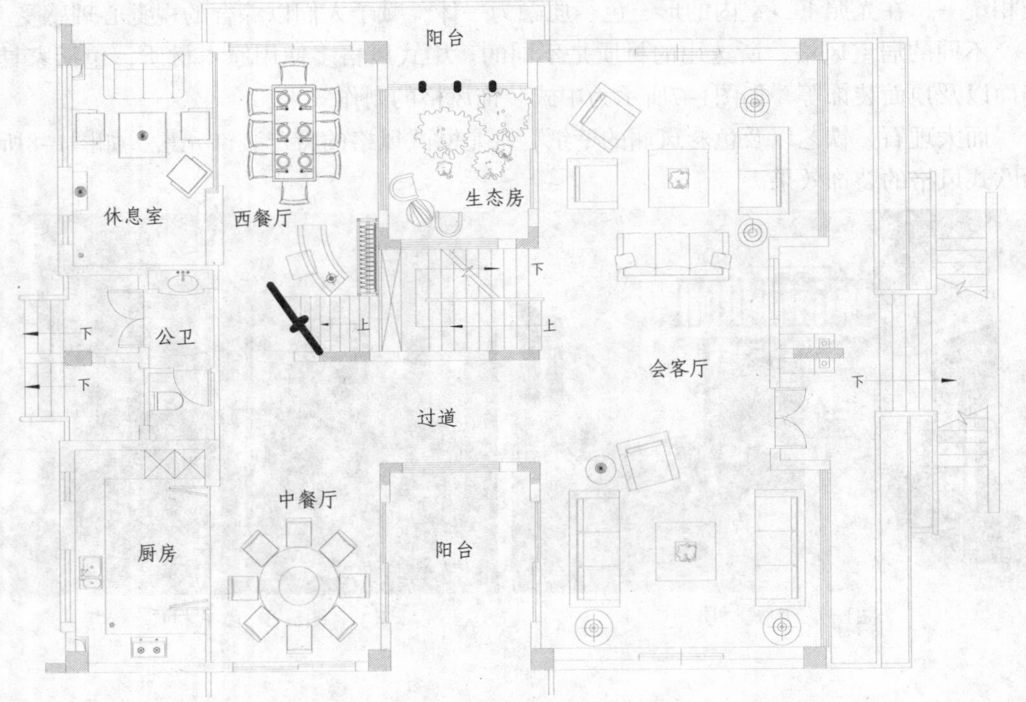

图1-10　施工图设计

2.按照设计内容划分

按照设计内容来划分，又可以分为室内装修设计、室内物理设计（指声学设计、光学设计）、室内设备设计（室内给排水设计、室内供暖、通风、空调设计、电气、通讯设计）和室内软装设计（窗帘设计、饰品选配）和室内风水等。

如图1-11所示为北方地方室内需要安装的暖气片，如图1-12所示为洛可可风格的繁杂的软装装饰。

图1-11　暖气设计

图1-12　软装设计

3.按照居住空间性质划分

按照人类生活生产的主要空间来划分，可以划分为居住建筑空间设计、公共建筑空间设计、工业建筑空间设计和农业建筑空间设计。

如图1-13所示为工业厂房中钢结构的规划设计；如图1-14所示为农业温室中钢结构的规划设计。

图1-13　厂房钢结构设计

图1-14　温室钢结构设计

4.按照设计风格来划分

目前较流行和常用的几种装饰风格主要有：现代风格、中式风格、欧式风格以及田园风格等。

如图1-15所示为常见的现代装饰风格的完成效果；如图1-16所示为富有田园气息的田园装饰风格的完成效果。

图1-15　现代风格

图1-16　田园风格

1.2.2　室内设计目的

通俗地说，室内设计的主要目的是既要达到使用功能，合理提高室内环境的物质水准；又要提高室内空间的生理和心理环境质量，以有限的物质条件创造出无限的精神价值。

室内设计创造出具有视觉愉悦性和文化内涵的室内空间环境，使生活在现代社会高度文明、缺少人性关怀的人们，在生理上、精神上得到暂时的平衡；即室内空间环境设计中的高科技和人性感情挖掘问题，这是物质方面与精神方面、科学性与艺术性、生理要求与心理要求之间的相互平衡。

1.3 室内计制图的要求及规范

室内设计制图主要是指使用AutoCAD绘制的施工图。施工图要做到图面清晰、简明，图示明确，符合设计、施工、审查、存档的要求，适应工程建设的需要。

1.3.1 室内设计制图概述

室内设计制图是表达室内设计工程设计的重要技术资料，是进行施工的依据。为了统一制图技术，方便技术交流，并满足设计、施工管理等方面的要求，国家发布并实施了建筑工程各专业的制图标准。

在2010年，国家重新颁布了制图标准，包括《房屋建筑制图统一标准》、《总图制图标准》、《建筑制图标准》等几部制图标准。2011年7月4日，又针对室内制图颁布了《房屋建筑室内装饰装修制图标准》。

室内设计制图标准涉及图纸幅面与图纸编排顺序，以及图线、字体等绘图所包含的各方面的使用标准。本节为读者抽取一些制图标准中常用的知识来讲解。

1.3.2 图纸幅面

图纸幅面是指图纸的大小。图纸幅面以及图框的尺寸应符合表1-1所示的规定。

表 1-1 幅面及图框尺寸（mm）

幅面代号 / 尺寸代号	A0	A1	A2	A3	A4
	841×1189	594×841	420×594	297×420	210×297
c	10			5	
a	25				

表1-1的幅面以及图框尺寸与《技术制图图纸幅面和格式》GB/T 14689规定一致，但是图框内标题栏根据室内装饰装修设计的需要略有调整。

图纸幅面及图框的尺寸应符合如图1-17、图1-18、图1-19、图1-20所示的格式。

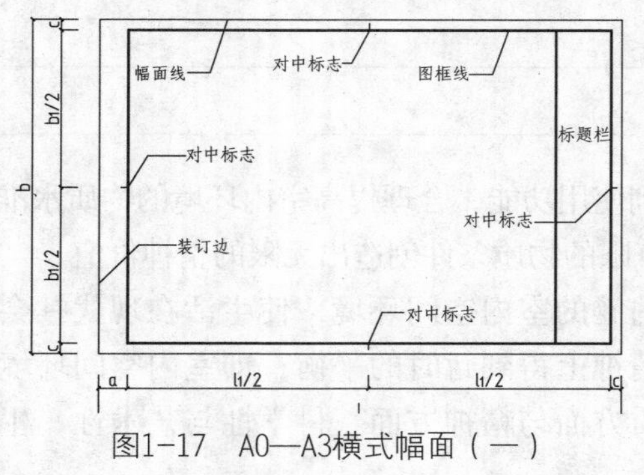

图1-17 A0—A3横式幅面（一）

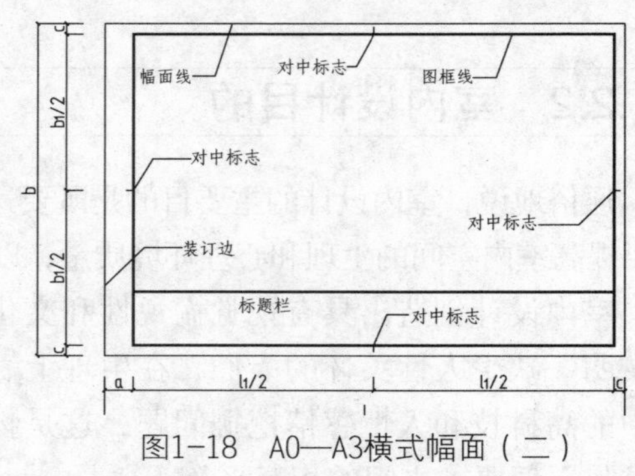

图1-18 A0—A3横式幅面（二）

b——幅面的短边尺寸；l——幅面的长边尺寸；c——图框线与幅面线间宽度；a——图框线与装订边间宽度。

需要微缩复制的图纸，其一个边上应附有一段准确米制尺度，四个边上均附有对中标志，米制尺度的总长应为100mm，分格应为10mm。对中标志应画在图纸各边长的中点处，线宽应为0.35mm，伸入框内5mm。

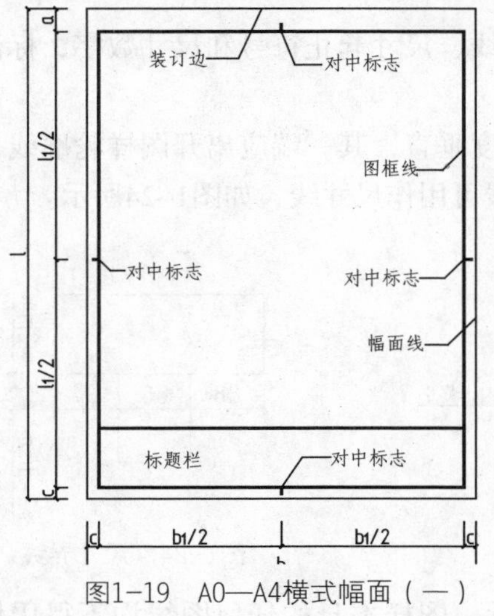

图1-19　A0—A4横式幅面（一）

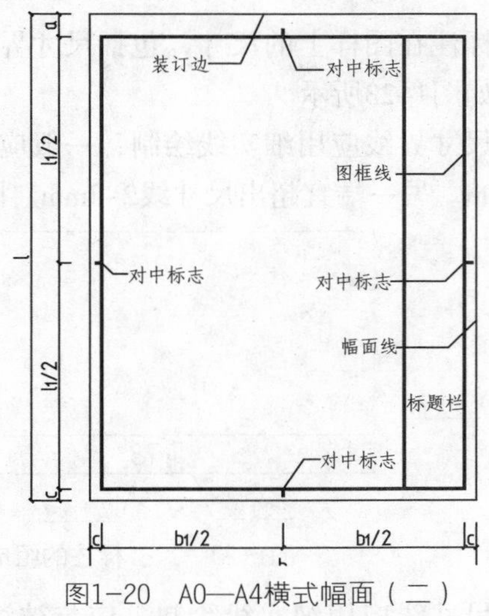

图1-20　A0—A4横式幅面（二）

图纸内容的布置规则：为了能够清晰、快速地阅读图纸，图样在图面上的排列要整体统一。

1.3.3　标题栏

图纸标题栏简称图标，是各专业技术人员绘图、审图的签名区及工程名称、设计单位名称、图号、图名的标注区。

图纸标题栏应符合下列规定。

（1）横式使用的图纸，应按照如图1-18、图1-19所示的形式来布置。

（2）立式使用的图纸，应按照如图1-17、图1-20所示的形式来布置。

标题栏应按照图1-21、图1-22所示，根据工程的需要选择确定其内容、尺寸、格式及分区。签字栏应该包括是实名列和签名列。

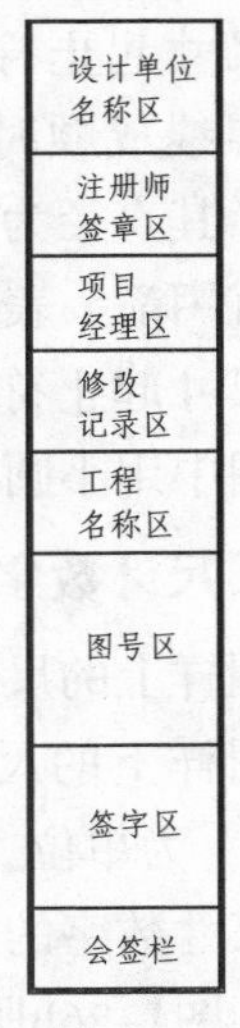

图1-21　标题栏（一）

设计单位名称区	注册师签章区	项目经理区	修改记录区	工程名称区	图号区	签字区	会签栏

30-50

图1-22　标题栏（二）

1.3.4　尺寸标注

绘制完成的图形仅能表达物体的形状，必须标注完整的尺寸数据并配以相关的文字说明，才能作为施工等工作的依据。

本节为读者介绍尺寸标注的知识，包括尺寸界线、尺寸线和尺寸起止符号的绘制以及尺寸数字的标注规则和尺寸的排列与布置的要点。

1.尺寸界线、尺寸线及尺寸起止符号

标注在图样上的尺寸，包括尺寸界线、尺寸线、尺寸起止符号和尺寸数字，标注的结果如图1–23所示。

尺寸界线应用细实线绘制，一般应与被注长度垂直，其一端应离开图样轮廓线不小于2mm，另一端宜超出尺寸线2~3mm。图样轮廓线可用作尺寸线，如图1–24所示。

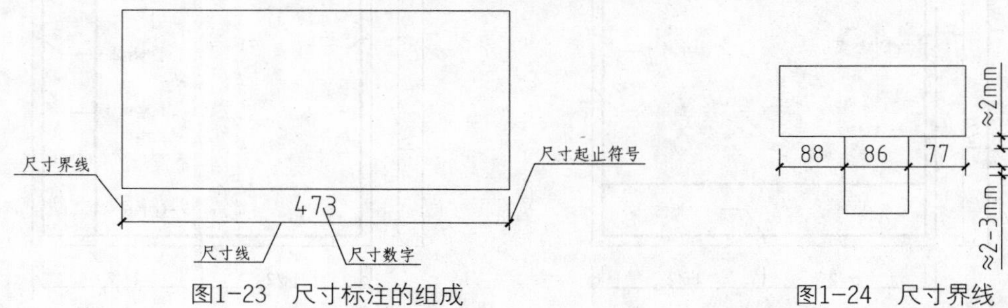

图1–23　尺寸标注的组成　　图1–24　尺寸界线

尺寸线应用细实线绘制，应与被注长度平行。图样本身的任何图线均不得用作尺寸线。

尺寸起止符号可用中粗短斜线来绘制，其倾斜方向应与尺寸界线成顺时针45°角，长度宜为2~3mm；可用黑色圆点绘制，其直径为1mm。半径、直径、角度与弧长的尺寸起止符号，宜用箭头表示，如图1–25所示。

43°

图1–25　箭头尺寸起止符号

尺寸起止符号一般情况下可用短斜线也可用小圆点，圆弧的直径、半径等用箭头，轴测图中用小圆点。

2.尺寸数字

图样上的尺寸，应以尺寸数字为准，不得从图上直接截取。

图样上的尺寸单位，除标高及总平面图以米（m）为单位之外，其他必须以毫米（mm）为单位。

尺寸数字的方向，应按如图1–26a所示的规定注写。假如尺寸数字在填充斜线内，宜按照如图1–26b所示的形式来注写。

如图1–26所示，尺寸数字的注写方向和阅读方向规定为：当尺寸线为竖直时，尺寸数字注写在尺寸线的左侧，字头朝左；其他任何方向，尺寸数字字头应保持向上，且注写在尺寸线的上方，如果在填充斜线内注写时，容易引起误解，所以建议采用如图1–26b所示的两种水平注写方式。

图1–26a中斜线区内的尺寸数字注写方式为软件默认方式，如图1–26b所示的注写方式比较适合手绘操作，因此，制图标准中将图1–26a的注写方式定为首选方案。

尺寸数字一般应依据其方向注写在靠近尺寸线的上方中部。如注写位置相对密集，没有足够的注写位置，最外边的尺寸数字可注写在尺寸界线的外侧，中间相邻的尺寸数字可上下错开注写在离该尺寸线较近处，如图1–27所示。

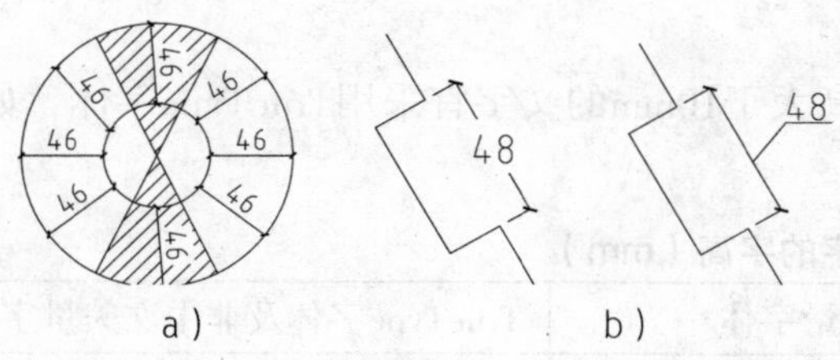

图1-26 尺寸数字的标注方向　　图1-27 尺寸数字的注写位置

3.尺寸的排列与布置

尺寸分为总尺寸、定位尺寸、细部尺寸三种。绘图时，应根据设计深度和图纸用途确定所需注写的尺寸。

尺寸标注应该清晰，不应该与图线、文字及符号等相交或重叠，如图1-28所示。

假如尺寸标注在图样轮廓内，且图样内已绘制了填充图案，尺寸数字处的填充图案应断开，另外图样轮廓线也可用作尺寸界线，如图1-28b所示。

尺寸宜标注在图样轮廓线以外，当需要标注在图样内时，不应与图线文字及符号等相交或重叠。

互相平行的尺寸线，应从被注写的图样轮廓线由近向远整齐排列，较小的尺寸应离轮廓线较近，较大的尺寸应离轮廓线较远，如图1-29所示。

图样轮廓线以外的尺寸界线，距图样最外轮廓之间的距离，不宜小于10mm。平行排列的尺寸线的间距，宜为7~10mm，并应保持一致，如图1-28a所示。

总尺寸的尺寸界线应靠近所指部位，中间的分尺寸的尺寸界线可稍短，但是其长度应相等，如图1-29所示。

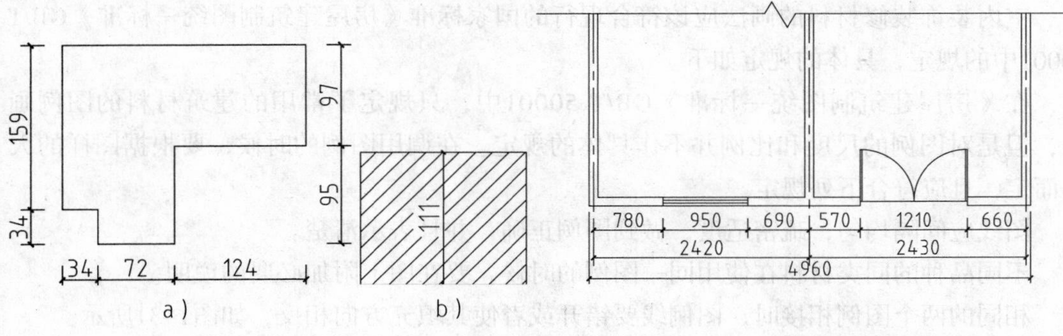

图1-28 尺寸数字的注写　　图1-29 尺寸的排列

1.3.5 文字说明

在绘制施工图的时候，要正确地注写文字、数字和符号，以清晰的表达图纸内容。

图纸上所需书写的文字、数字或符号等，均应比划清晰、字体端正、排列整齐；标点符号应清楚正确。

手工绘制的图纸，字体的选择及注写方法应符合《房屋建筑制图统一标准》的规定。对于计算机绘图，均可采用自行确定的常用字体，《房屋建筑制图统一标准》未做强制规定。

文字的字高，应从表 1-2中选用。字高大于10mm的文字宜采用TrueType字体，如需书写更大的字，其高度应按$\sqrt{2}$倍数递增。

表 1-2　文字的字高（mm）

字体种类	中文矢量字体	TrueType字体及非中文矢量字体
字高	3.5、5、7、10、14、20	3、4、6、8、10、14、20

拉丁字母、阿拉伯数字与罗马数字，假如为斜体字，则其斜度应是从字的底线逆时针向上倾斜75°。斜体字的高度和宽度应与相应的直体字相等。

拉丁字母、阿拉伯数字与罗马数字的字高应不小于2.5mm。

拉丁字母、阿拉伯数字与罗马数字与汉字并列书写时，其字高可比汉字小一至二号，如图1-30所示。

立面图　1:50

图1-30　字高的表示

分数、百分数和比例数的注写，要采用阿拉伯数字和数学符号，比如：四分之一、百分之三十五和三比二十则应分别书写成1/4、35%、3:20。

在注写的数字小于1时，须写出个位的“0”，小数点应采用圆点，并齐基准线注写，比如0.03。

长仿宋汉字、拉丁字母、阿拉伯数字与罗马数字的示例应符合现行国家标准《技术制图字体》GB/T 14691的规定。

汉字的字高不应小于3.5mm，手写汉字的字高则一般不小于5mm。

1.3.6　常用材料符号

室内装饰装修材料的画法应该符合现行的国家标准《房屋建筑制图统一标准》GB/T 50001中的规定，具体的规定如下。

在《房屋建筑制图统一标准》GB/T 50001中，只规定了常用的建筑材料的图例画法，但是对图例的尺度和比例并不作具体的规定。在调用图例的时候，要根据图样的大小而定，且应符合下列规定。

图线应间隔均匀，疏密适度，做到图例正确，并且表示清楚。

不同品种的同类材料在使用同一图例的时候，要在图上附加必要的说明。

相同的两个图例相接时，图例线要错开或者使其填充方向相反，如图1-31所示。

出现以下情况时，可以不加图例，但是应该加文字说明。

当一张图纸内的图样只用一种图例时。

图形较小并无法画出建筑材料图例时。

当需要绘制的建筑材料图例面积过大的时候，在断面轮廓线内沿轮廓线作局部表示也可以，如图1-32所示。

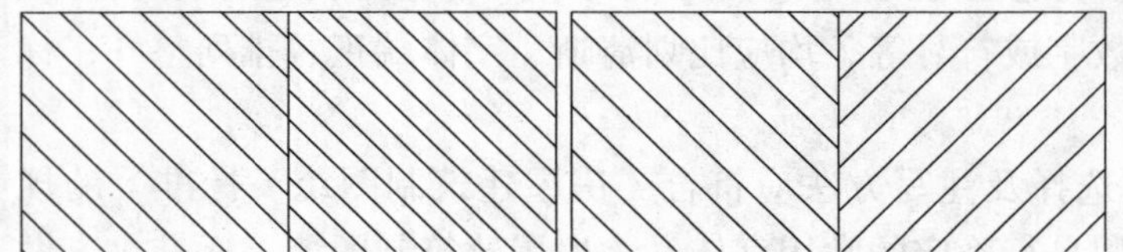

图1-31　填充示意

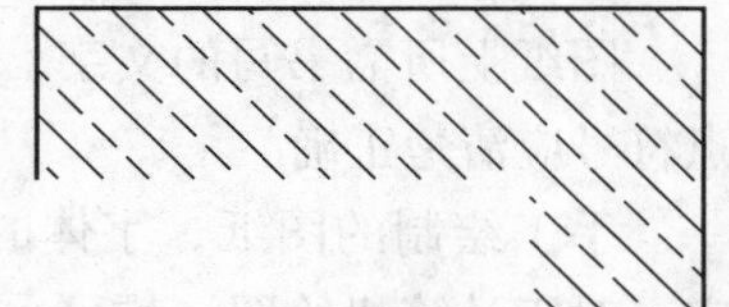

图1-32　局部表示图例

常用房屋建筑材料、装饰装修材料的图例应按表1–3所示的图例画法绘制。

表1–3　常用建筑装饰装修材料图例表

序号	名称	图例	序号	名称	图例
1	夯实土壤		17	多层板	
2	砂砾石、碎砖三合土		18	木工板	
3	石材		19	石膏板	
4	毛 石		20	金 属	
5	普通砖		21	液 体	
6	轻质砌块砖		22	玻 璃 砖	
7	轻钢龙骨板材隔墙		23	普通玻璃	
8	饰 面 砖		24	橡 胶	
9	混 凝 土		25	塑 料	
10	钢筋混凝土		26	地 毯	
11	多孔材料		27	防水材料	
12	纤维材料		28	粉 刷	
13	泡沫塑料材料		29	窗 帘	
14	密 度 板		30	砂、灰土	
15	实 木	垫木、木砖或木龙骨 横断面 纵断面	31	胶黏剂	
16	胶 合 板				

1.3.7 常用绘图比例

比例可以表示图样尺寸和物体尺寸的比值。在建筑室内装饰装修制图中，注写的比例能够在图纸上反映物体的实际尺寸。

图样的比例，应是图形与实物相对应的线性尺寸之比。比例的大小，是指其比值的大小，比如1:30大于1:100。

比例的符号应书写为“：”，比例数字则应以阿拉伯数字来表示，比如1:2、1:3、1:100等。

比例应注写在图名的右侧，字的基准线应取平；比例的字高应比图名的字高小一号或者二号，如图1–33所示。

平面图 1:100　③ 1:25

图1–33　比例的注写

图样比例的选取是根据图样的用途以及所绘对象的复杂程度来定的。在绘制房屋建筑装饰装修图纸的时候，经常使用到的比例为1:1、1:2、1:5、1:10、1:15、1:20、1:25、1:30、1:40、1:50、1:75、1:100、1:150、1:200。

在特殊的绘图情况下，可以自选绘图比例；在这种情况下，除了要标注绘图比例之外，还须在适当位置绘制出相应的比例尺。

绘图所使用的比例，要根据房屋建筑室内装饰装修设计的不同部位、不同阶段图纸内容和要求，从表 1–4所示中选用。

表 1–4　绘图所用的比例

比例	部位	图纸内容
1:200 — 1:100	总平面、总顶面	总平面布置图、总顶棚平面布置图
1:100 — 1:50	局部平面、局部顶棚平面	局部平面布置图、局部顶棚平面布置图
1:100 — 1:50	不复杂立面	立面图、剖面图
1:50 — 1:30	较复杂立面	立面图、剖面图
1:30 — 1:10	复杂立面	立面放大图、剖面图
1:10 — 1:1	平面及立面中需要详细表示的部位	详图
1:10 — 1:1	重点部位的构造	节点图

在通常情况下，一个图样应只选用一个比例。但是根据图样所表达的目的不同，在同一图纸中的图样也可选用不同的比例。因为房屋建筑室内装饰装修设计制图中需要绘制的细部内容比较多，所以经常使用较大的比例；但是在较大型的房屋建筑室内装饰装修设计制图中，可根据要求来采用较小的比例。

1.4 室内设计制图

室内设计装饰装修施工图是按照装饰设计方案确定的空间尺度、构造做法、材料选用和施工工艺等，并遵照建筑及装饰设计规范所规定的要求编制的用于指导装饰施工生产的技术文件。

室内设计装饰装修施工图一般由装饰设计说明、平面布置图、地面布置图、顶棚平面图、室内立面图、墙（柱）面装饰剖面图、装饰详图等图样组成，其中，装饰设计说明、平面布置图、地面布置图、顶棚平面图、室内立面图为基本图样，表明细部尺寸、凹凸变化、工艺做法等；图纸的编排也以上述的顺序来排列。

1.4.1 平面图

除顶棚平面图之外，其他的平面图都应按照正投影法来绘制。

平面图应在建筑物的门窗洞口处水平剖切俯视，而屋顶平面图则应在屋面以上俯视。图内应该包括剖切面以及投影方向可见的建筑构造以及必要的尺寸、标高等，但是在表示高窗、洞口、通气孔、槽及地沟等不可见的部分时，则应以虚线来绘制。

局部平面放大图的方向宜与楼层平面图的方向一致。

在平面图中的装饰装修物件可以注写名称或者用相应的图例符号来表示。

在绘制较大型的房屋建筑室内装饰装修平面图的时候，可以分区绘制平面图，每张分区平面图均应以组合示意图来表示其所在的位置。

在组合示意图中需表示的分区，可采用阴影线或者填充色块来表示。

各分区分别使用大写拉丁字母或者功能区名称来表示，且各分区视图的分区部位及编号应一致，并应与组合示意图相对应。

为了表示室内立面图在平面图上的位置，应在平面图上绘制相应的立面索引符号，且立面索引符号的绘制应符合《房屋建筑制图统一标准》中的规定。

如图1-34所示为绘制完成的平面布置图。

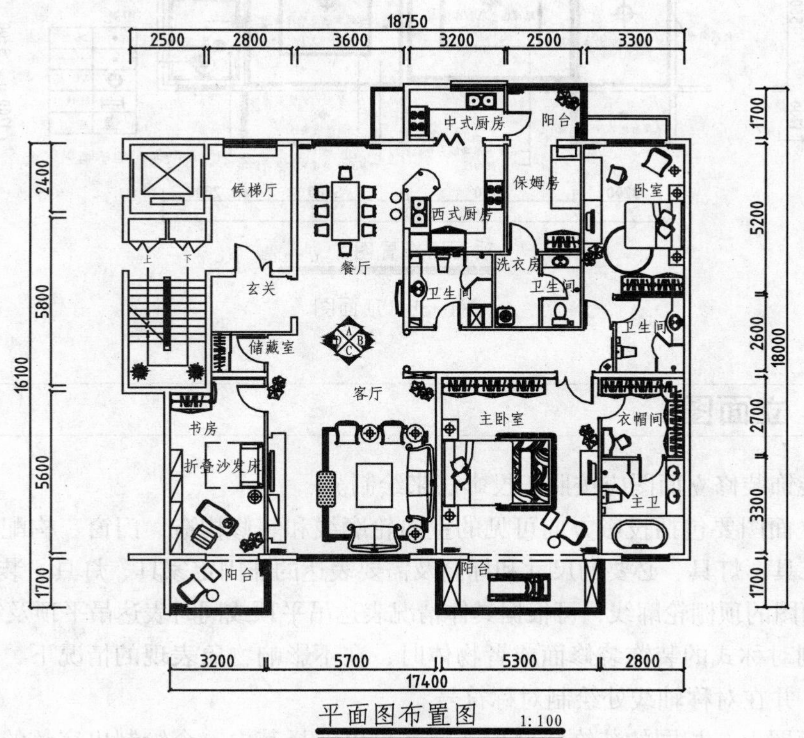

图1-34　平面布置图

1.4.2 顶棚平面图

装饰装修顶棚平面图应按镜像投影法来绘制。

在绘制顶棚图的时候，应该省去平面图中的门的符号，在门洞处绘制细实线以表明位置。

平面为圆形、弧形、曲折形、异形的顶棚平面，可以用展开图来表示，不同的转角面应该使用转角符号来表示。

在顶棚上出现异形的凹凸形状时，可以用剖面图来表示。

如图1-35所示为绘制完成的顶棚图。

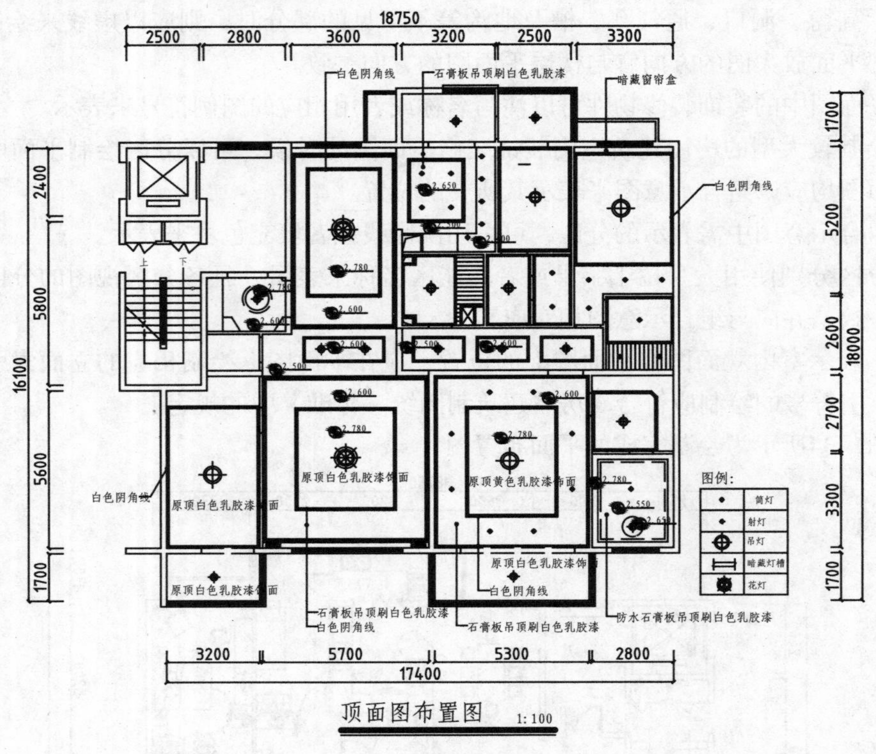

图1-35 顶面图

1.4.3 立面图

室内装饰装修立面图应按照正投影法来绘制。

室内立面图要包括投影方向可见的室内轮廓线和装修构造、门窗、构配件、墙面做法、固定家具、灯具、必要的尺寸和标高及需要表达的非固定家具、灯具、装饰物件等。而室内立面图的顶棚轮廓线，可根据具体情况表达吊平顶或同时表达吊平顶及结构顶棚。

在绘制对称式的装饰装修面或者物体时，在不影响物象表现的情况下，立面图可以只画一半，并在对称轴线处绘制对称符号。

在立面图上，相同的装饰装修构造样式可以选择其中一个绘制出完整的图样，而其余的部分可以只画图样的轮廓线。

在立面图上，表面的分隔线应该标示清楚，且用文字说明各部位所使用的材料和色彩。

圆形或弧形的立面图应该以细实线表示出该立面的弧度感。

立面图应根据平面图中立面索引编号标注图名，有定位轴线的立面，也可以根据两端定位轴线号编注立面图的名称。比如①~②立面图、Ⓐ~Ⓑ立面图，如图1-36所示。

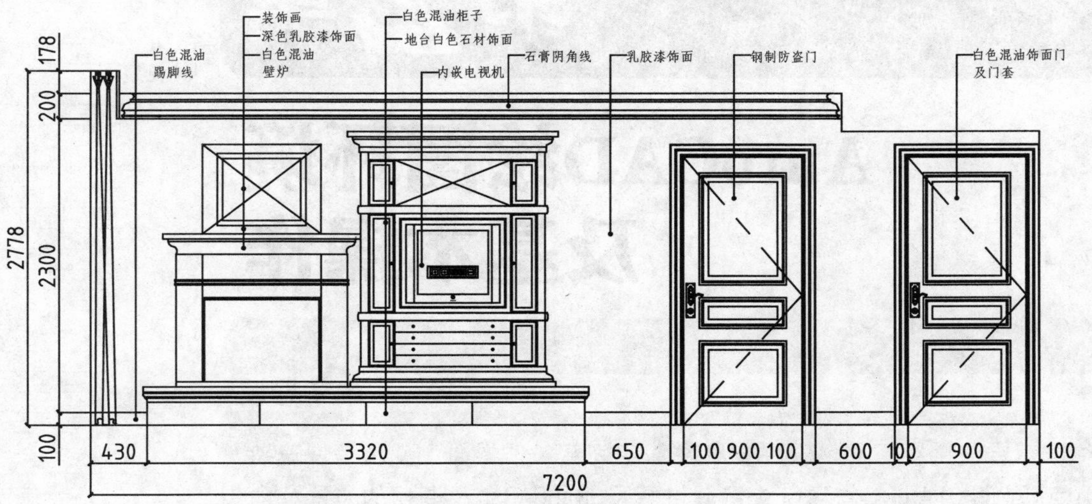

图1-36　立面图

1.4.4 剖面图

剖面图应按照正投影法来绘制。

剖面图的剖切部位，要根据图纸的用途或设计深度，在平面图上选择能反映全貌、构造特征及有代表性的部位来剖切。

剖面图应包括剖切面和投影方向可见的建筑构造、构配件以及必要的尺寸、标高等。

剖切符号可以用阿拉伯数字、罗马数字或拉丁字母编号。

画剖面图时，相应部位的墙体、楼地面的剖切面应有所表示；在必要时，占空间较大的设备管线、灯具等的剖切面，应该在图纸上画出。

如图1-37所示为绘制完成的剖面图。

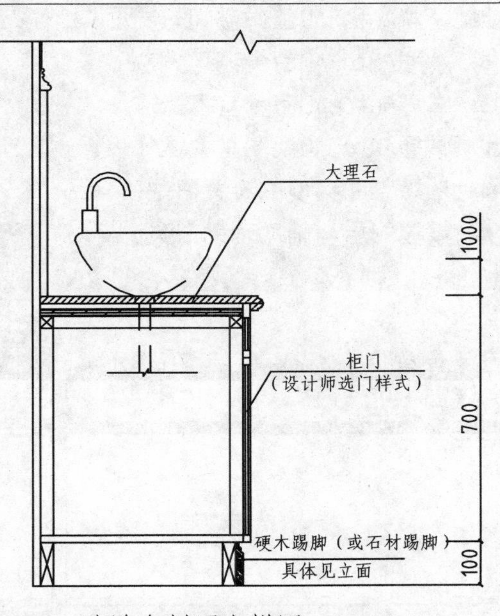

图1-37　剖面图

第2章

AutoCAD绘图环境及基本操作

本章导读

本章首先介绍了AutoCAD的4种工作空间及工作界面，使读者快速熟悉AutoCAD 2014的工作环境；然后讲解了AutoCAD命令调用的方法和命令操作，读者可以了解和掌握命令调用的相关方法和技巧；最后介绍了文档环境设置和视图、图层、辅助等相关辅助工具的使用方法，以提高绘图的规范性和绘图效率。

学习目标

- 了解AutoCAD工作空间与界面
- 掌握AutoCAD命令调用方法
- 掌握AutoCAD命令基本操作
- 掌握AutoCAD视图基本操作
- 熟悉绘图环境的设置方法
- 掌握图层与辅助辅助工具

效果预览

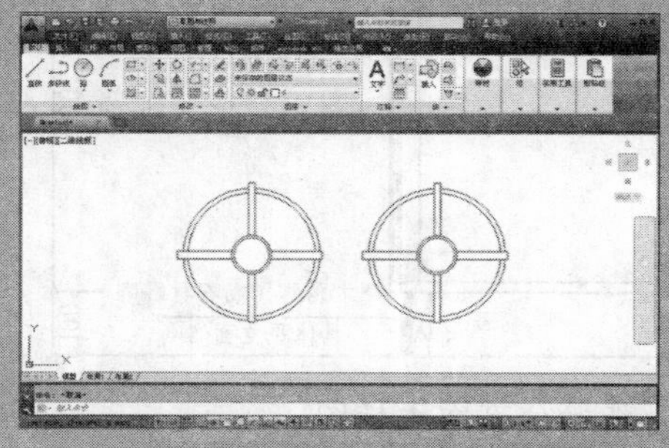

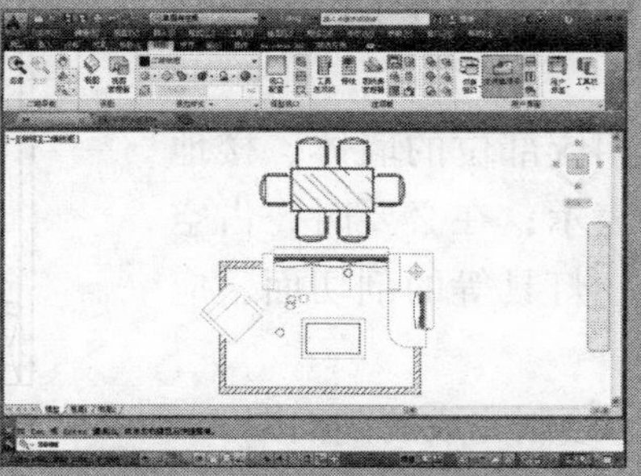

本章将介绍AutoCAD 2014的工作空间、用户界面的组成，并讲解一些常用的基本操作。如命令的调用、命令行操作、视图操作、环境设置、图层和辅助绘图工具等。使读者快速熟悉AutoCAD 2014的操作环境。

2.1 AutoCAD工作空间和界面

为了满足不同用户的需要，中文版AutoCAD 2014提供了“草图与注释”、“三维基础”、“三维建模”和“AutoCAD经典”4种工作空间，用户可以根据绘图的需要选择相应的工作空间。

2.1.1 工作空间

在AutoCAD 2014默认状态下，启动的工作空间便是“草图与注释”空间，如图2-1所示。在该空间中，可以方便地使用“绘图”、“修改”、“图层”、“注释”等面板进行二维图形的绘制。

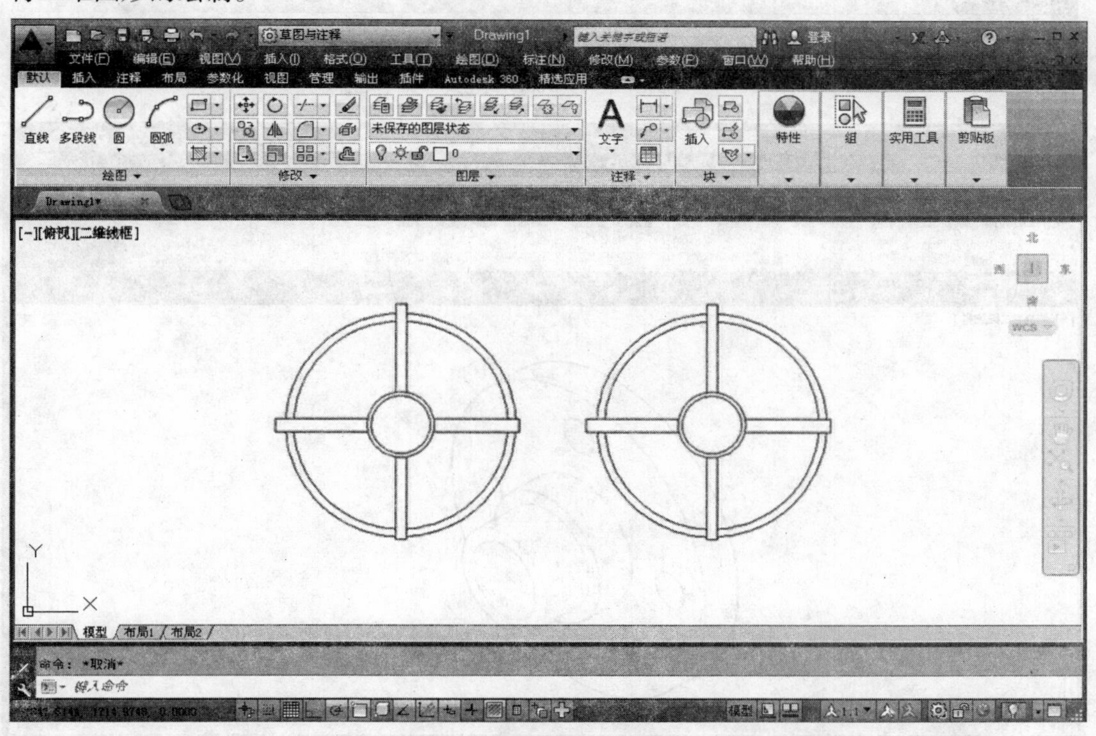

图2-1 “草图与注释”工作空间

对于习惯AutoCAD传统界面的用户来说，可以采用“AutoCAD经典”工作空间，该空间保留了绝大部分的传统界面布局，以沿用以前的绘图习惯和操作方式，如图2-2所示。在绘制三维图形时，采用“三维基础”和“三维建模”空间更为方便，如图2-3和图2-4所示。

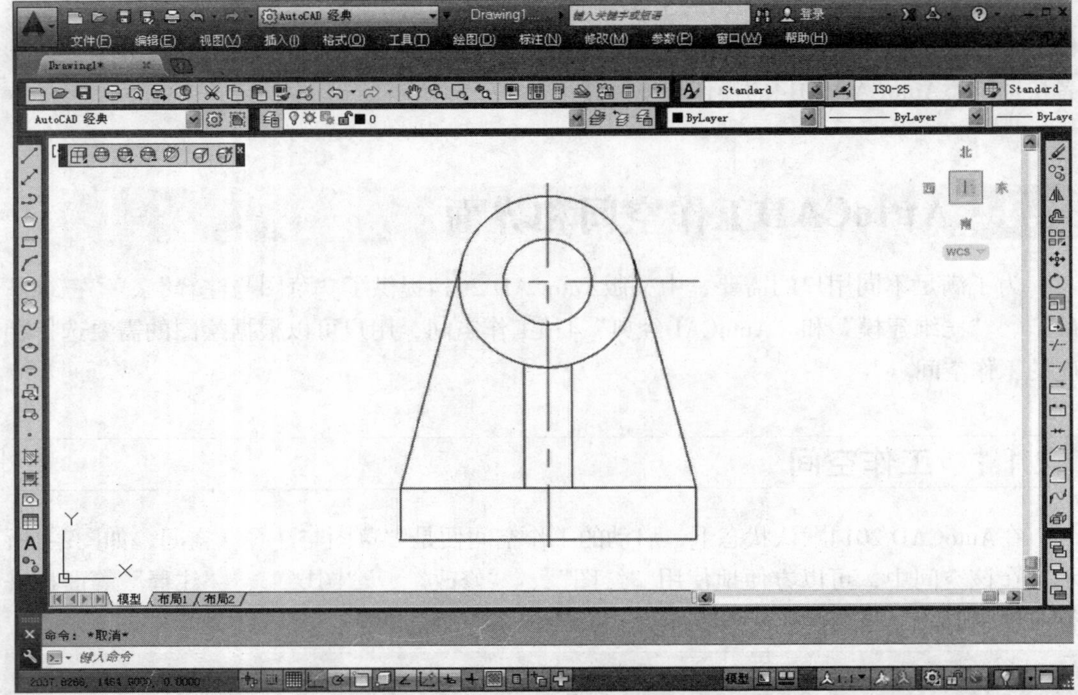

图2-2 “AutoCAD经典”工作空间

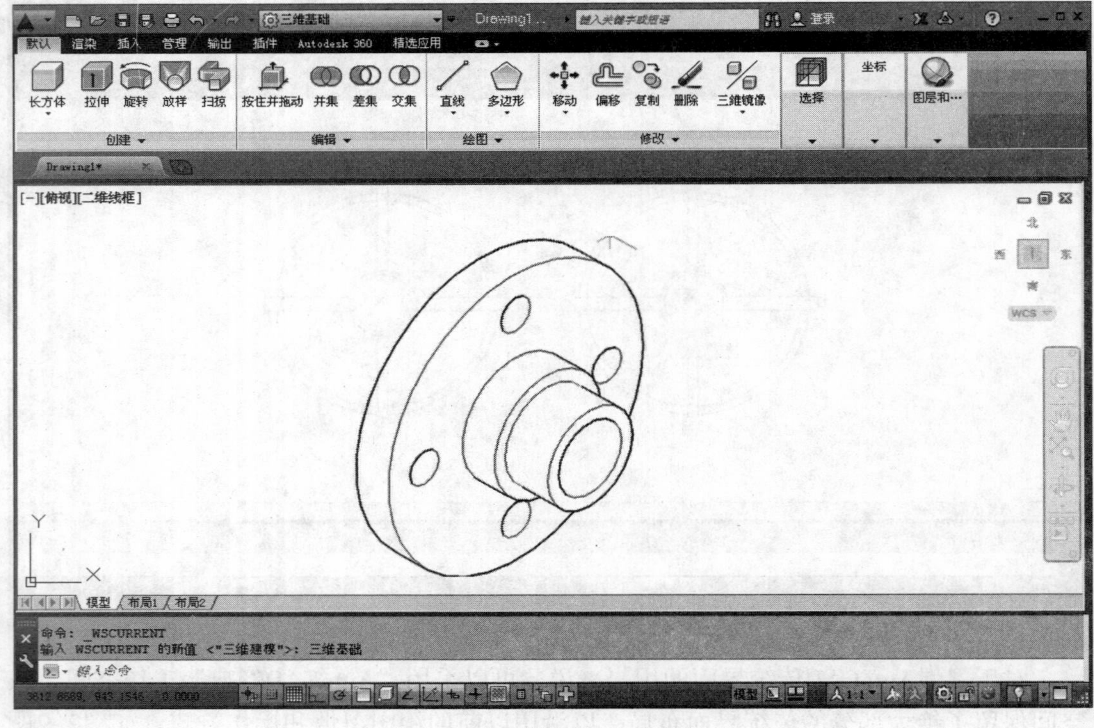

图2-3 “三维基础”工作空间

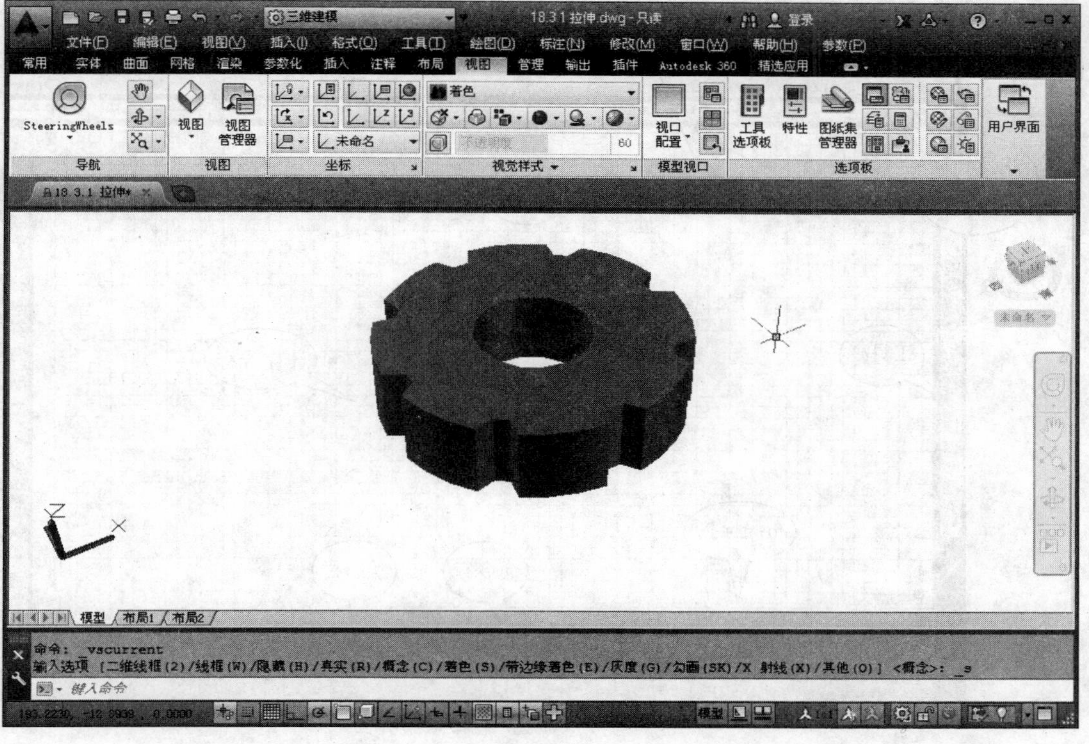

图2-4 “三维建模”工作空间

要在各工作空间模式中进行切换，有以下两种常用方法。

- 利用“快速访问”工具栏中的“工作空间列表框”进行切换，如图2-5所示。
- 在状态栏中单击“切换工作空间”按钮进行空间切换，如图2-6所示。

图2-5 快速访问工具栏切换

图2-6 状态栏切换

2.1.2 系统界面

为了照顾老版本的AutoCAD用户，本书使用AutoCAD经典工作空间进行讲解，其工作界面如图2-7所示。

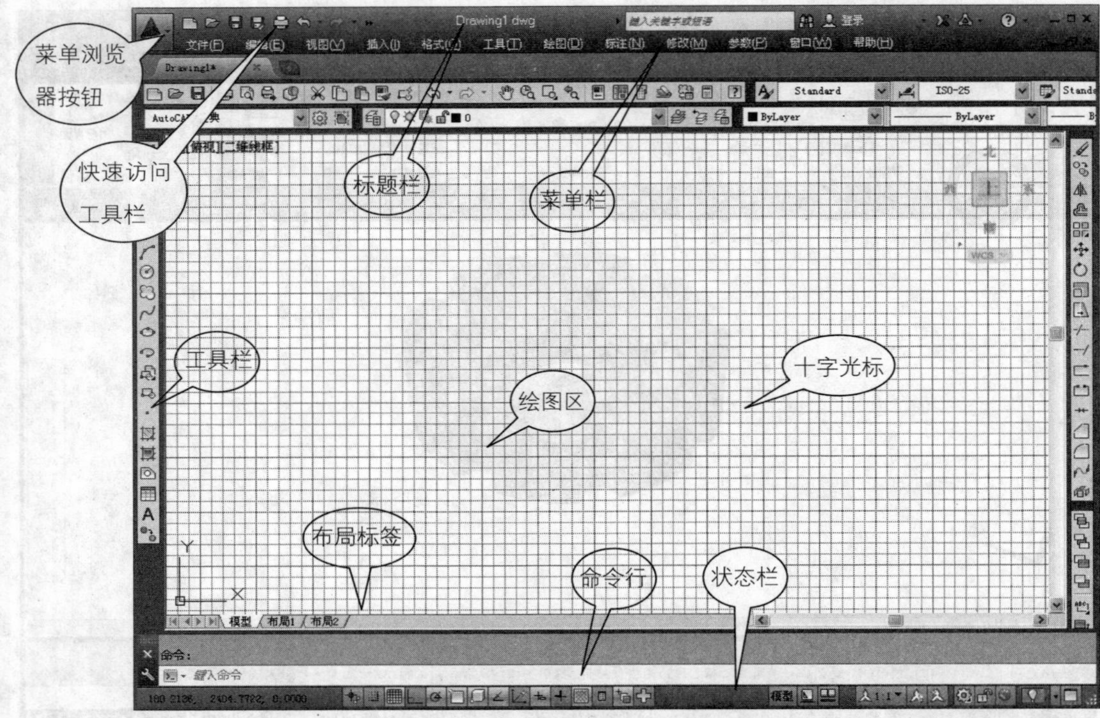

图2-7 系统界面

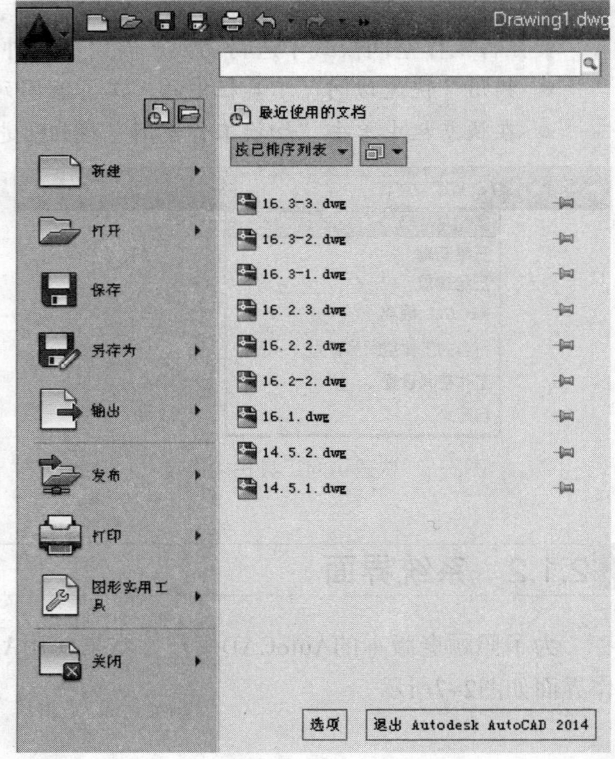
图2-8 下拉列表

1.菜单浏览器按钮

“菜单浏览器”按钮位于界面左上角。单击该按钮，系统弹出用于管理AutoCAD图形文件的命令列表，包括“新建”、“打开”、“保存”、“另存为”、“输出”及“打印”等命令，如图2-8所示。

2.快速访问工具栏

快速访问工具栏位于标题栏的左上角，它包括常用的快捷按钮，可以给用户提供更多的方便。默认状态下由7个快捷按钮组成，依次为：新建、打开、保存、另存为、放弃、重做和打印。

3.标题栏

在标题栏上显示当前打开图形的名称，如显示为Drawing1...，则当前开启的图形的名称为Drawing1。

4.工具栏

工具栏是一组图标型工具的集合，工具栏的每个图标都形象地显示了该工具的作用。

AutoCAD包含了大量的绘图工具和编辑工具。为了方便显示和操作，在默认状态下只显示绘图、修改等常用的工具栏，如果需要调用其他工具栏，在任意工具栏上右击鼠标，在弹出的快捷菜单中进行相应的选择即可，或者使用“工具”|“工具栏”|“AutoCAD”子菜单进行选择。

5.菜单栏

单击菜单栏，在弹出的下拉列表中可以执行命令，绘制相对应的图形，如执行“视图”|“缩放”|“实时”命令，可以对图形执行实时缩放操作，如图2-9所示。

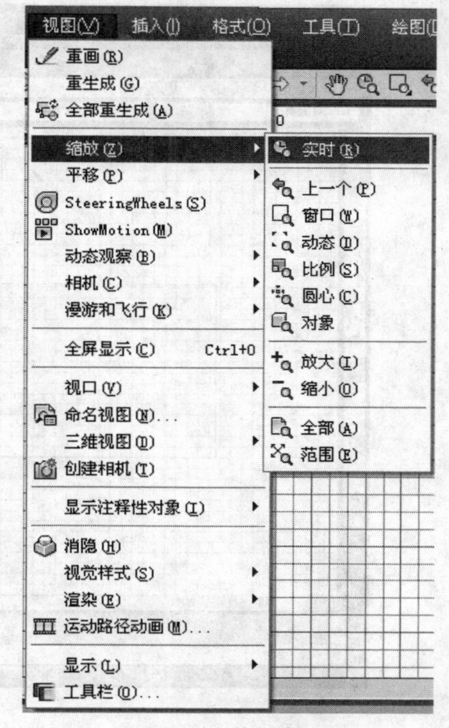

图2-9　菜单命令

6.文件标签栏

文件标签栏由多个文件选项卡组成，如图2-10所示。每个打开的图形对应一个文件标签，单击标签即可快速切换至相应的图形文件。单击标签栏右侧的“+”按钮能快速新建图形。

图2-10　文件标签栏

在“标签栏”空白处单击鼠标右键，系统会弹出快捷菜单，用于对文件进行相关操作。内容包括新建、打开、全部保存和全部关闭。如果选择“全部关闭”命令，可以关闭标签栏中的所有文件选项卡，而不会关闭AutoCAD 2014软件。

7.绘图区

标题栏下方的大片空白区域是绘图区，图形设计的主要工作都是在绘图区完成的。有时为了增大绘图空间，可以根据需要关闭工具栏、选项板等。

执行绘制图形命令后，就可以在绘图区中绘制相应的图形，如图2-11所示。

8.十字光标

当鼠标在绘图区的时候，光标呈十字型显示。该光标显示了当前鼠标在坐标系中的位置，十字光标的两条线与当前用户坐标系的x、y轴分别平行。

9.布局标签

在需要对图形进行打印输出时，单击“布局”标签，就可以从模型空间转换至布局空间，如图2-12所示。

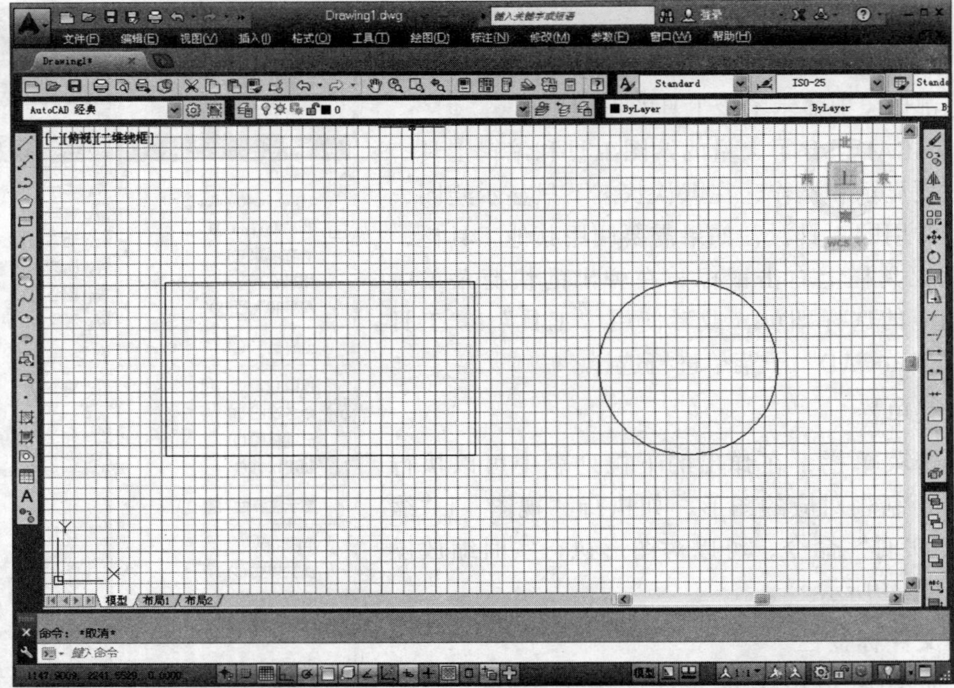

图2-11　绘制图形

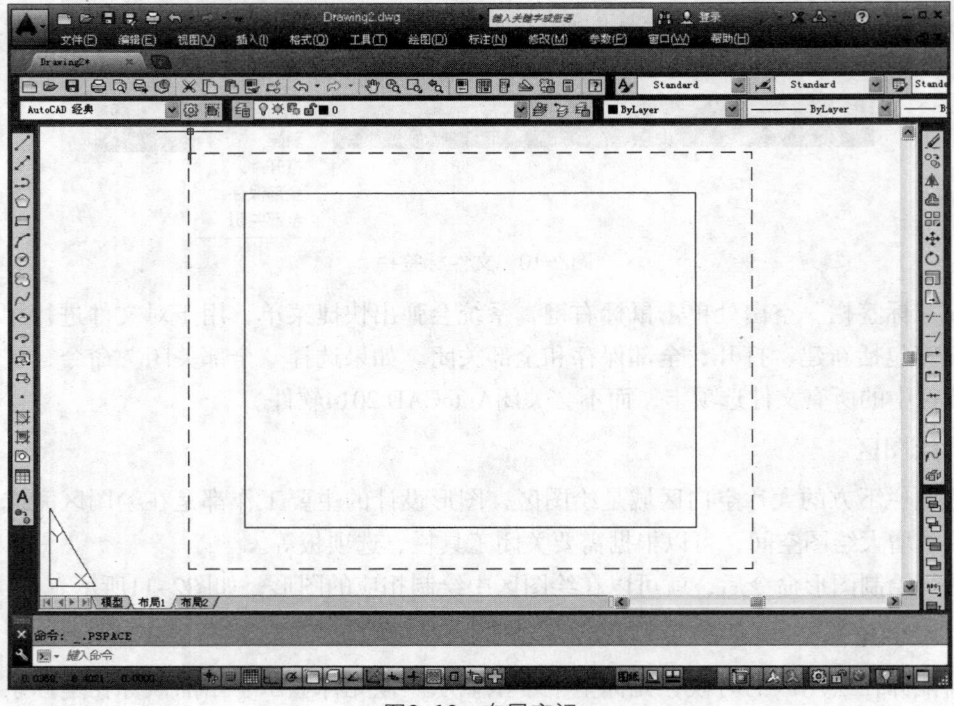

图2-12　布局空间

10.命令行

命令行窗口位于绘图窗口的底部，用于命令的接收和输入，并显示AutoCAD的提示信息。

在命令行中输入绘图命令，即可在绘图区中绘制相应的图形，如图2-13所示为执行命令后的命令行显示结果。

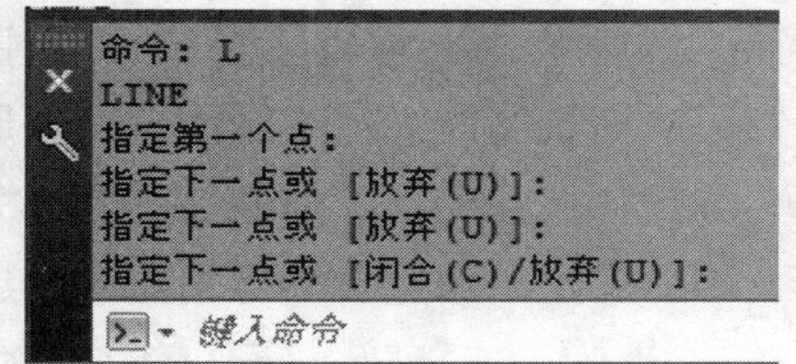

图2-13 命令行

11.状态栏

状态栏位于屏幕的底部，由5个部分组成，如图2-14所示。

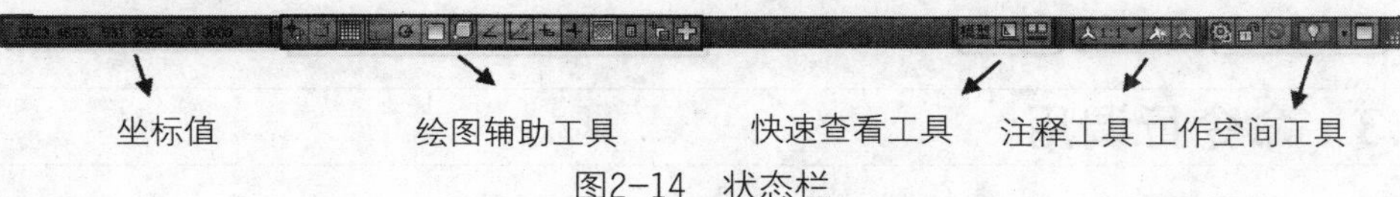

图2-14 状态栏

坐标值：坐标值显示了绘图区中光标的位置，移动光标，坐标值也会随之变化。

绘图辅助工具：主要用于控制绘图的性能，其中包括推断约束、捕捉模式、栅格显示、正交模式、极轴追踪、对象捕捉、三维对象捕捉、对象捕捉追踪、允许/禁止动态UCS、动态输入、显示/隐藏线宽、显示/隐藏透明度、快捷特性、选择循环和注释监视器等工具。

快速查看工具：使用其中的工具可以轻松预览打开的图形和打开图形的模型空间与布局，并在其间进行切换，图形将以缩略图形式显示在应用程序窗口的底部。

注释工具：用于控制缩放注释的若干工具。对于模型空间的和图纸空间，将显示不同的工具。

工作空间工具：用于切换AutoCAD 2014的工作空间，以及对工作空间进行自定义设置等操作。

2.2 AutoCAD命令调用方法

AutoCAD为用户提供了多种绘制和编辑图形的命令，且提供了多种调用命令的方法，比如可以在命令行中直接输入命令、单击菜单栏选择命令、单击工具栏上的按钮等方式，本节介绍AutoCAD命令的调用方法。

2.2.1 菜单栏调用

AutoCAD菜单栏几乎囊括了该软件的所有命令，单击菜单栏中的命令，可以调用所选中的命令。比如，执行"绘图"|"矩形"命令，如图2-15所示，就可以在绘图区中分别指定矩形的左上角点和右下角点来创建矩形。

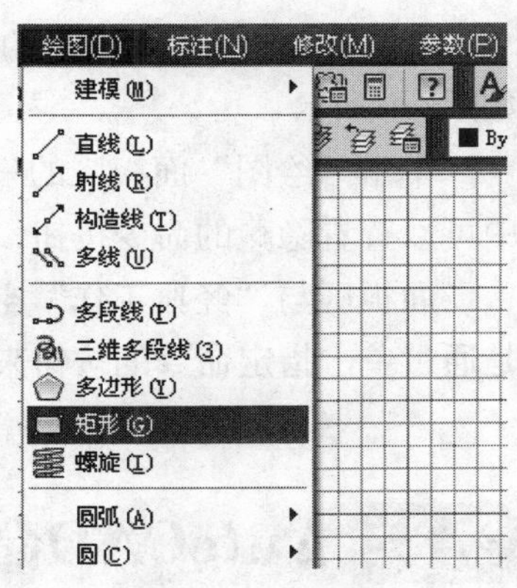

图2-15 菜单栏

2.2.2 工具栏调用

AutoCAD为每个操作命令都设置了相应的工具栏，比

如绘图工具栏、编辑工具栏、标注工具栏等，用户可以在工具栏上单击相应命令的按钮，从而调用命令并绘制或编辑图形。

比如，在绘图工具栏上单击“矩形”按钮，如图2-16所示，就可以在绘图区分别指定矩形的左上角点和右下角点来创建矩形。

图2-16　工具栏

2.2.3　命令行调用

在命令行中调用命令，需要输入指定命令的代号。AutoCAD为每个命令都设置了相应的代号，在命令行中输入命令的代码，就可以执行相应的命令。

比如在命令行中输入RECTANG（REC）矩形命令，如图2-17所示，就可以在绘图区中分别指定矩形的左上角点和右下角点来创建矩形。

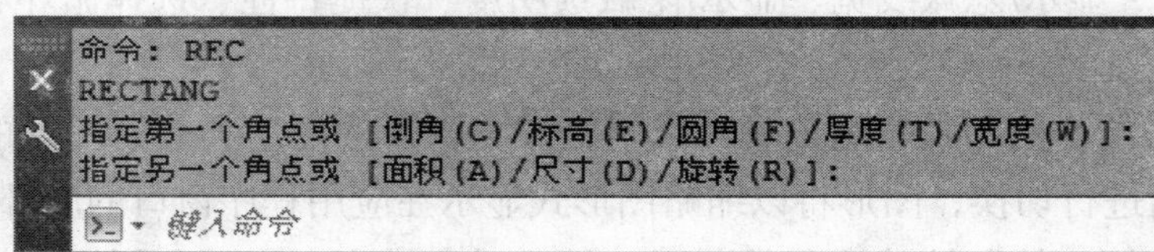

图2-17　命令行

命令的代码是可以更改的，执行“工具”|“自定义”|“编辑程序参数（acad.pgp）命令，在弹出的“acad.pgp—记事本”对话框中，可以修改命令的代码。

2.2.4　面板区调用

在面板区调用命令，主要是针对除了“AutoCAD经典工作”空间以外的三个绘图空间，分别是“草图与注释”空间、“三维基础”空间和“三维建模”空间。

在面板区单击相应命令的按钮，即可调用该命令，如图2-18所示。

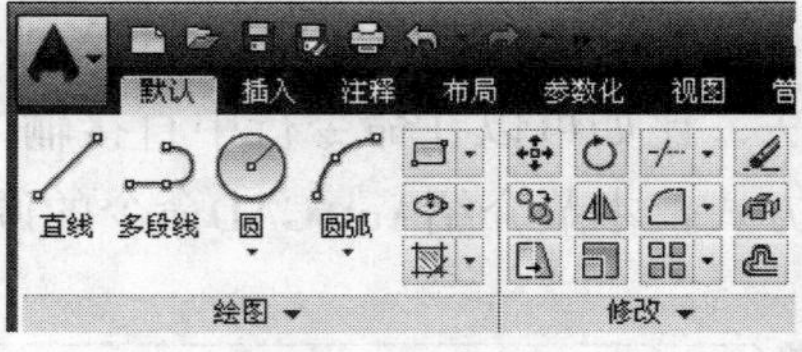

图2-18　面板区

单击“绘图”面板区的三角形箭头，在其打开的下拉列表中可以查看隐藏的命令按钮，如图2-19所示。

面板区与“经典工作”空间的工具栏的作用是相同的，都是通过单击指定命令的按钮来调用命令。

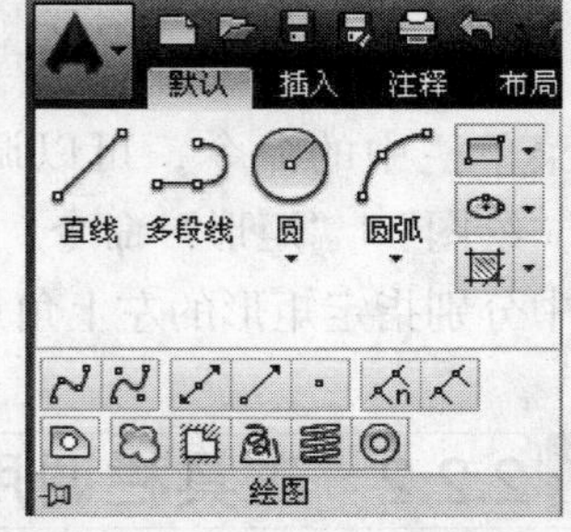

图2-19　隐藏的命令按钮

2.3　AutoCAD命令操作

在AutoCAD中，绘制图形是通过执行各种相关的绘图或编辑命令实现的。关于命令的操作，涉及执行、终止、退出以及重复执行命令等相关操作。这些相关的操作对绘制图形至关重要，所以本书特意另辟章节对其进行介绍。

2.3.1 命令行输入

使用AutoCAD软件绘图时，在命令行中输入操作命令，方便快捷，比在菜单栏或者工具栏中调用命令要快，但是需要用户记住大量的命令快捷键，即命令的代号。

在命令行中输入LINE或L，就可以执行“直线”命令。很多命令只要输入代号的前一位或者两位，就可以执行该命令。且AutoCAD有命令的自动完成功能，在用户输入命令后，系统会自动显示以所输入代号开头的所有命令供用户选择，避免用户因忘记命令代号而遇到的命令调用困难。

例如，输入代号C，系统会显示以C开头的命令，如图2-20所示。

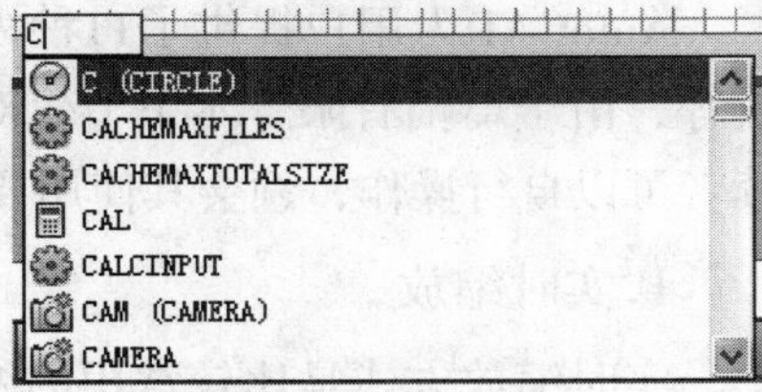

图2-20 命令自动完成功能

2.3.2 终止当前命令

在执行命令的过程中，会因为这样或那样的原因，出现需要终止命令的情况。如果需要终止正在执行的命令，只需要按下键盘左上角的Esc键，即可退出当前正在执行的命令。

或者单击鼠标右键，在弹出的快捷菜单中选择“取消”选项，也可终止当前正在执行的命令。

2.3.3 重做命令

执行某个命令后，可能发现由于输入参数的错误或者其他原因，导致图形的错误。此时，可以撤销已执行完毕的命令，重新操作命令，以绘制正确的图形。

按Ctrl+Z组合键可以撤销已完成的操作，将视图恢复至命令操作前的状态；用户可以重新调用命令来绘制图形。

在快速访问工具栏上单击“放弃”按钮，可撤销上一个操作；执行“编辑”|“放弃”命令，也可撤销上一个操作。

另外，单击快速访问工具栏上的“重做”按钮，可以恢复已被撤销的命令操作效果；执行“编辑”|“重做”命令也可得到相应的效果。

2.3.4 重复执行命令

在绘制图形的时候，可能会遇到需要重复执行同一命令的情况，此时按回车键或空格键，就可以重复执行上一个命令。

此外，单击鼠标右键，在弹出的快捷菜单中选择“重复”选项，也可重复执行命令。

2.4 AutoCAD的视图操作

AutoCAD的视图操作包括视图的平移、缩放以及对视图进行重命名、重画、重生成等。视图操作可以调整视图的显示方式，使其以更完整的状态显示。

本节为读者介绍各种视图操作的方法。

2.4.1 视图缩放

AutoCAD为用户提供了11种视图缩放方式，主要包括实时缩放、窗口缩放及动态缩放等，由于篇幅有限，本下节仅对常用的几个缩放方式进行详细介绍，其他的缩放方式读者可以自行操作，领会其使用要领。

1.实时缩放

实时缩放方式是比较常用的缩放方式，可以对当前视口中的图形对象的外观尺寸进行放大或者缩小。

执行“视图”|“缩放”|“实时”命令，当十字光标变成放大镜形状时，按住鼠标左键不放，来回拖动视图，即可将图形进行放大或者缩小。

如图2-21所示为缩放前的视图，执行“实时缩放”命令后，按住鼠标左键向前拖动，将视图缩放到最大，如图2-22所示。

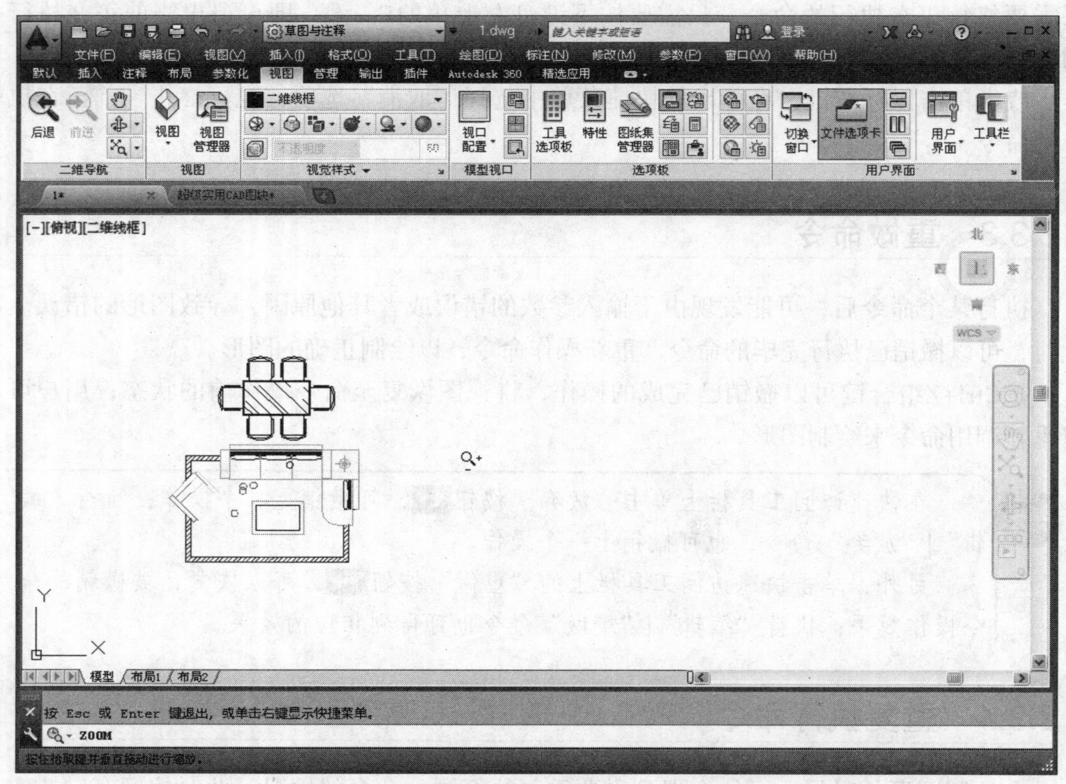

图2-21　缩放前

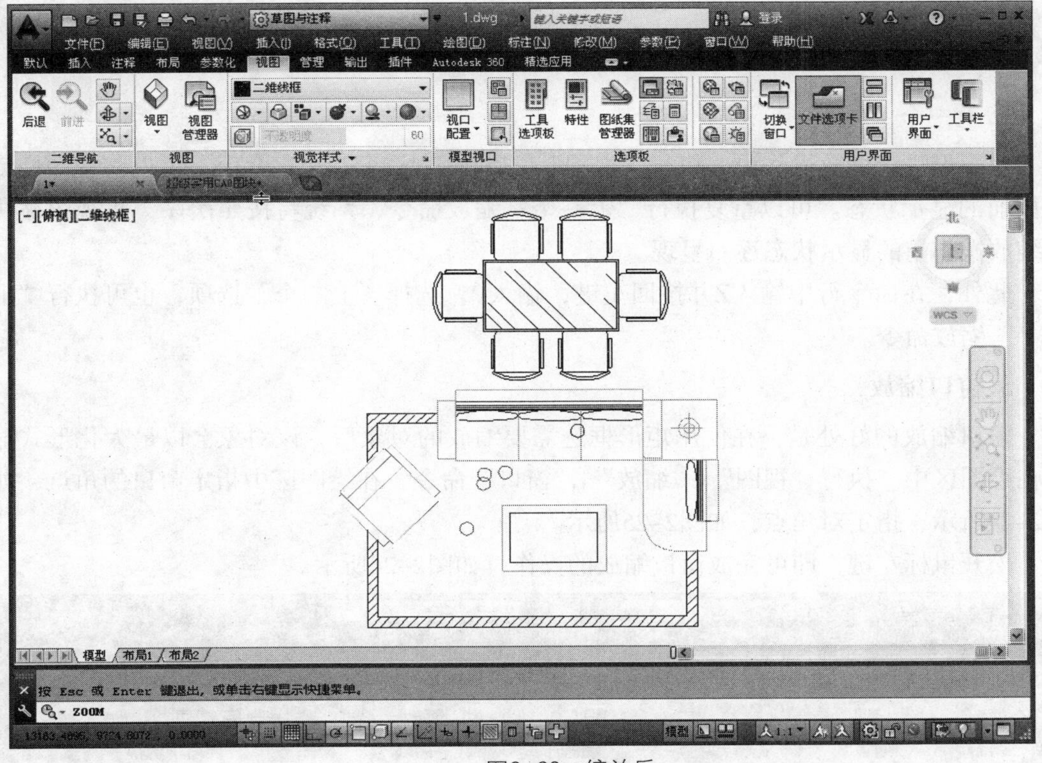
图2-22　缩放后

完成操作后，单击鼠标右键，在弹出的快捷菜单中选择“退出”选项，如图2-23所示，即可退出命令。

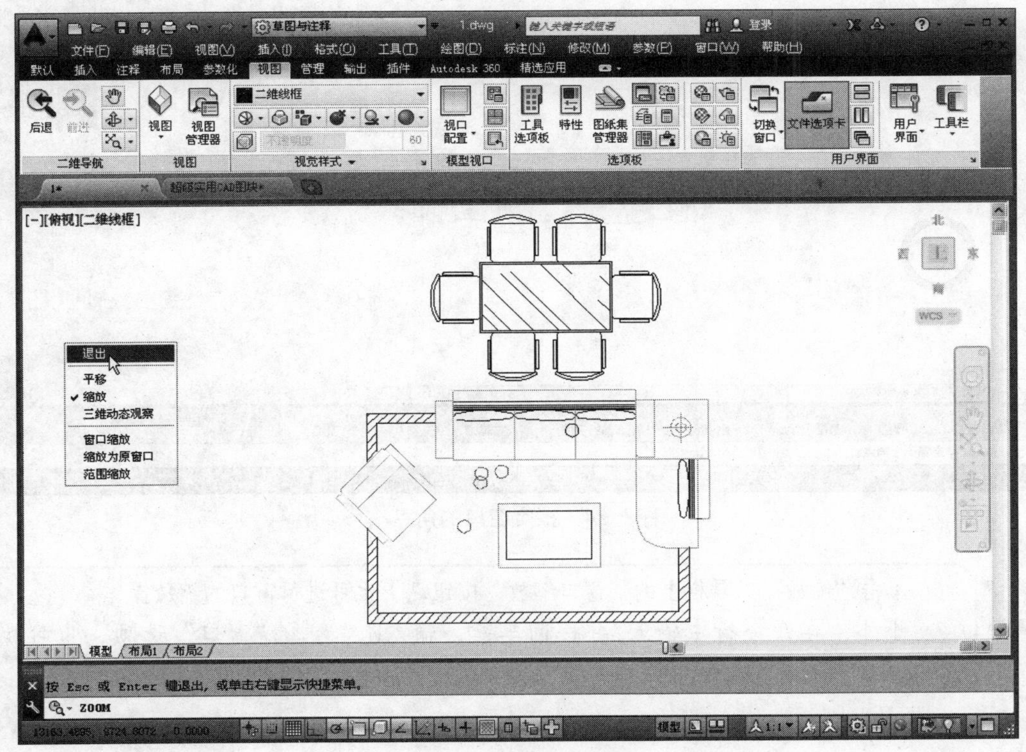
图2-23　退出命令

单击“标准”工具栏上的“实时缩放”按钮，也可执行实时缩放操作。

2.上一个

对图形进行缩放操作后，执行“视图”|“缩放”|“上一个”命令，可以将视图恢复缩放前的显示状态。可以重复执行“上一个”缩放命令，系统将按照次序，将视图被执行缩放操作前的显示状态逐一呈现。

此外，在命令行中输入Z并按回车键，输入P，选择“上一个”选项，也可执行“上一个”缩放命令。

3.窗口缩放

窗口缩放的好处是，在使用矩形框选需要缩放的对象后，该对象会以最大化形式显示在绘图区中。执行“视图”|“缩放”|“窗口”命令，在绘图区中指定窗口的角点，如图2-24所示；指定对角点，如图2-25所示。

松开鼠标左键，即可完成窗口缩放的操作，如图2-26所示。

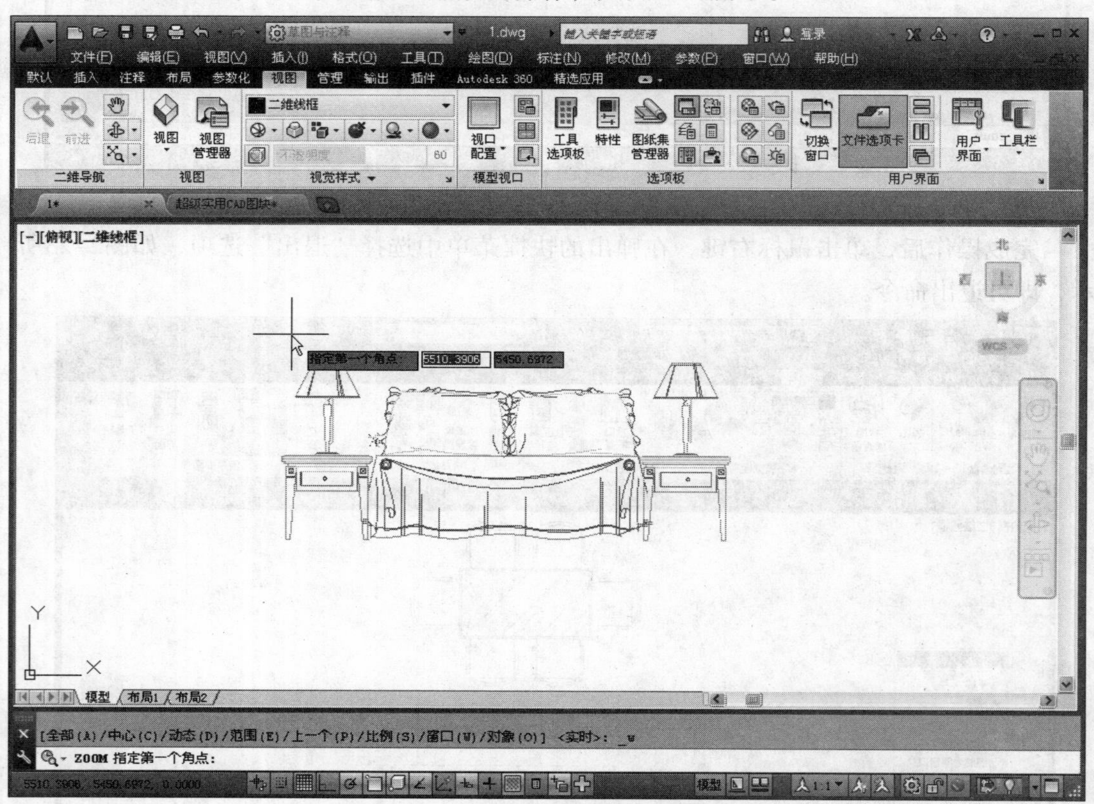

图2-24 指定窗口的角点

单击“缩放”工具栏上的“窗口缩放”按钮，也可进行窗口的缩放操作。

此外，在命令行中输入Z并按回车键，输入W，选择“窗口”选项，也可执行“窗口”缩放命令。

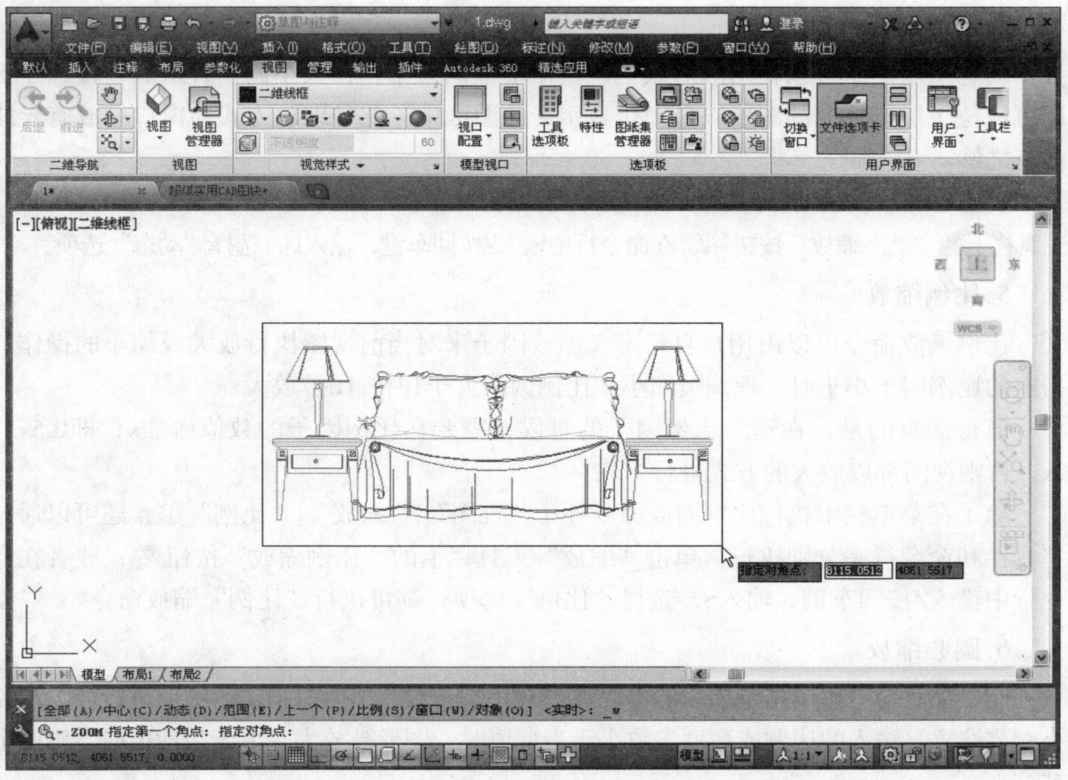

图2-25 指定对角点

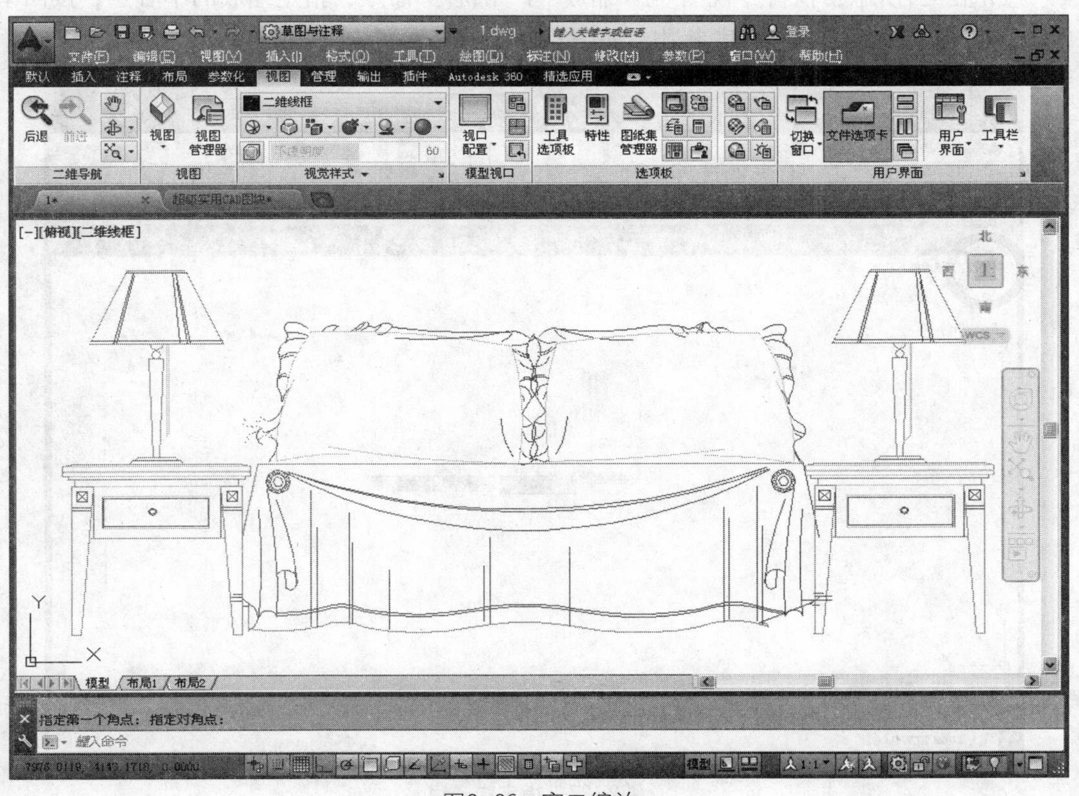

图2-26 窗口缩放

4.动态缩放

动态缩放命令可以在图形对象上调整矩形框的大小，在大小调整合适后，按回车键即可将位于矩形框内的图形以最大化显示于绘图区中。此种缩放方式与窗口缩放有异曲同工之妙。

动态缩放命令的执行方式有三种，分别是执行“视图”|“缩放”|“动态”、单击“缩放”工具栏上的“动态缩放”按钮、在命令行中输入Z按回车键，输入D，选择“动态”选项。

5.比例缩放

比例缩放命令可以由用户自行定义缩放因子来对当前视图执行放大或缩小的操作。指定的比例因子小于时，视图被缩小；比例因子大于1时视图被放大。

值得注意的是，在输入比例因子的时候，需要在比例因子的数值后加x，即0.5x、2x，否则视图都以放大的方式进行缩放。

除了在菜单栏中执行比例缩放命令外（“视图”|“缩放”|“比例”），还可以通过工具栏和命令行来分别执行；单击“缩放”工具栏上的“比例缩放”按钮；或者在命令行中输入Z按回车键，输入S，选择“比例”选项，都可执行“比例”缩放命令。

6.圆心缩放

圆心缩放命令可以指定缩放的中心点以及比例参数，然后对指定的图形进行放大或缩小。要注意，输入的比例或高度参数小于当前值时，图形被放大，大于当前值时，则图形被缩小。

如图2-27所示，执行“视图”|“缩放”|“圆心”命令，指定缩放的中心点；按回车键，系统提示输入比例或高度参数，如图2-28所示。

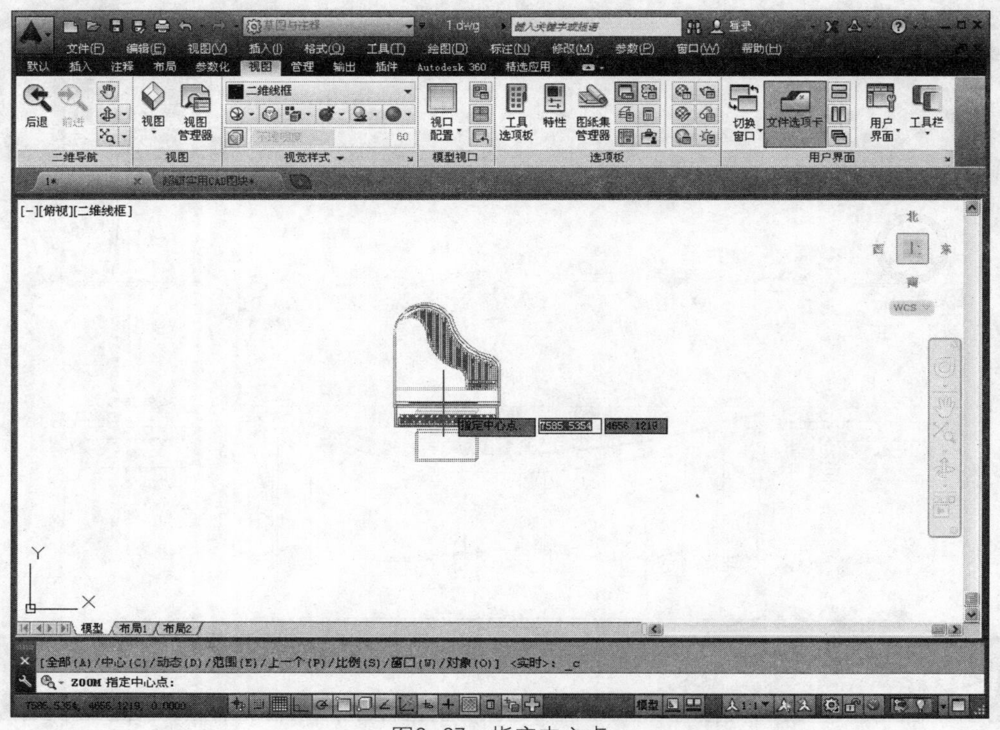

图2-27　指定中心点

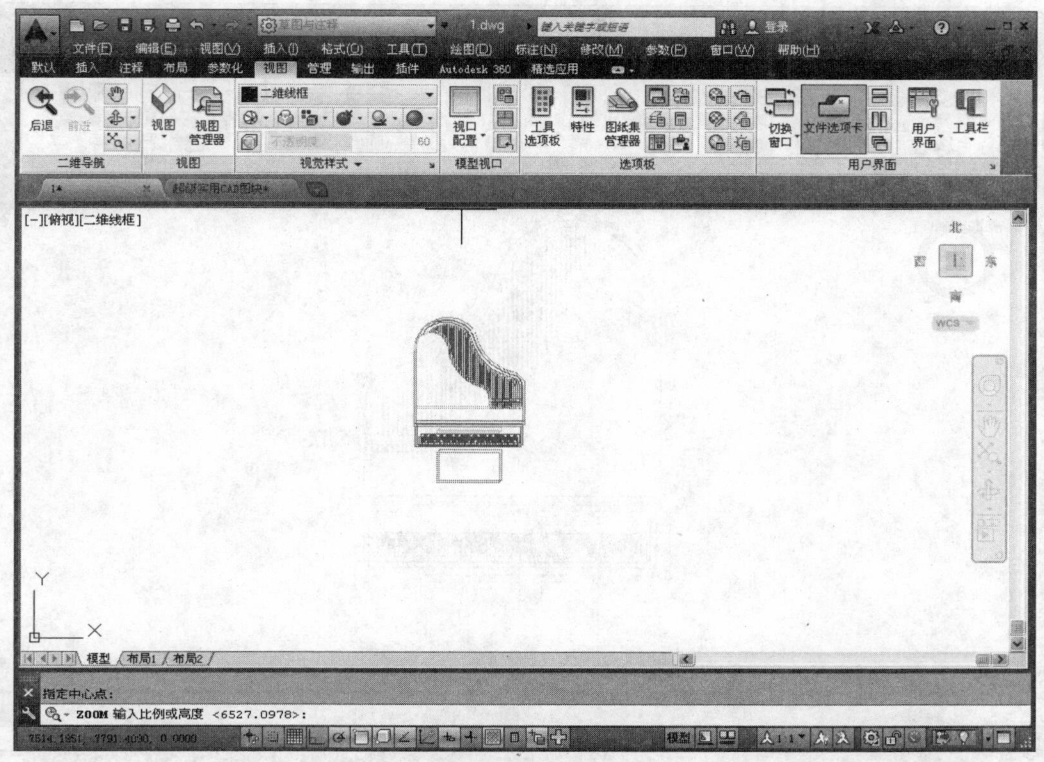

图2–28　提示输入数值

输入比例或高度参数值（比当前数值小），如图2–29所示；按回车键后，图形被放大，如图2–30所示。

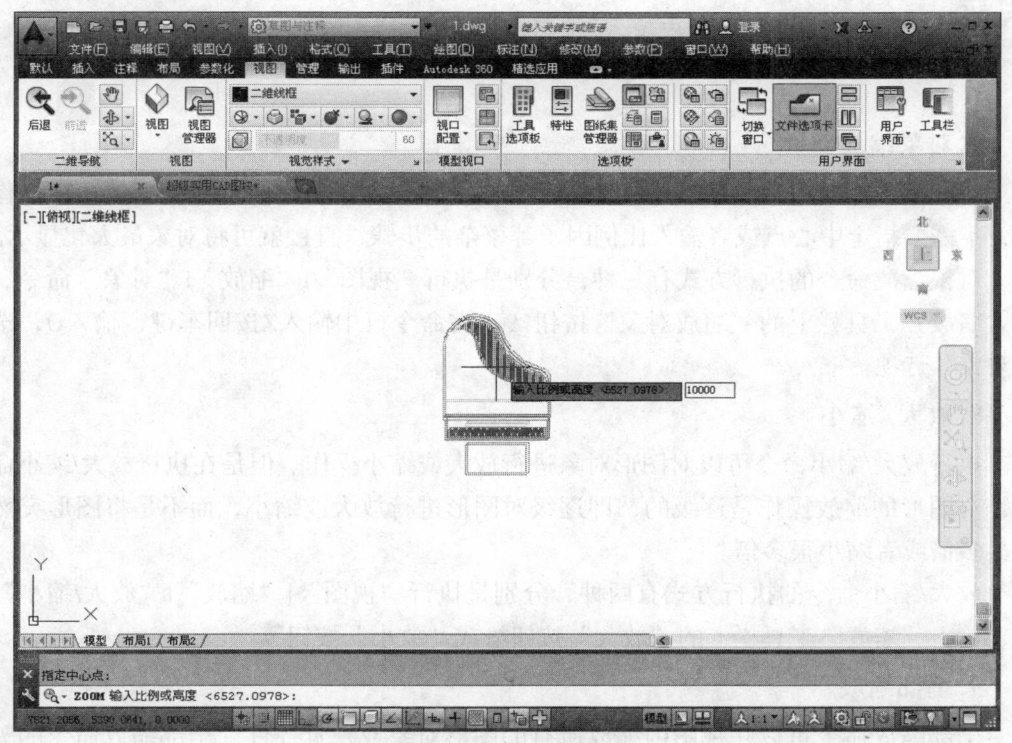

图2–29　输入数值

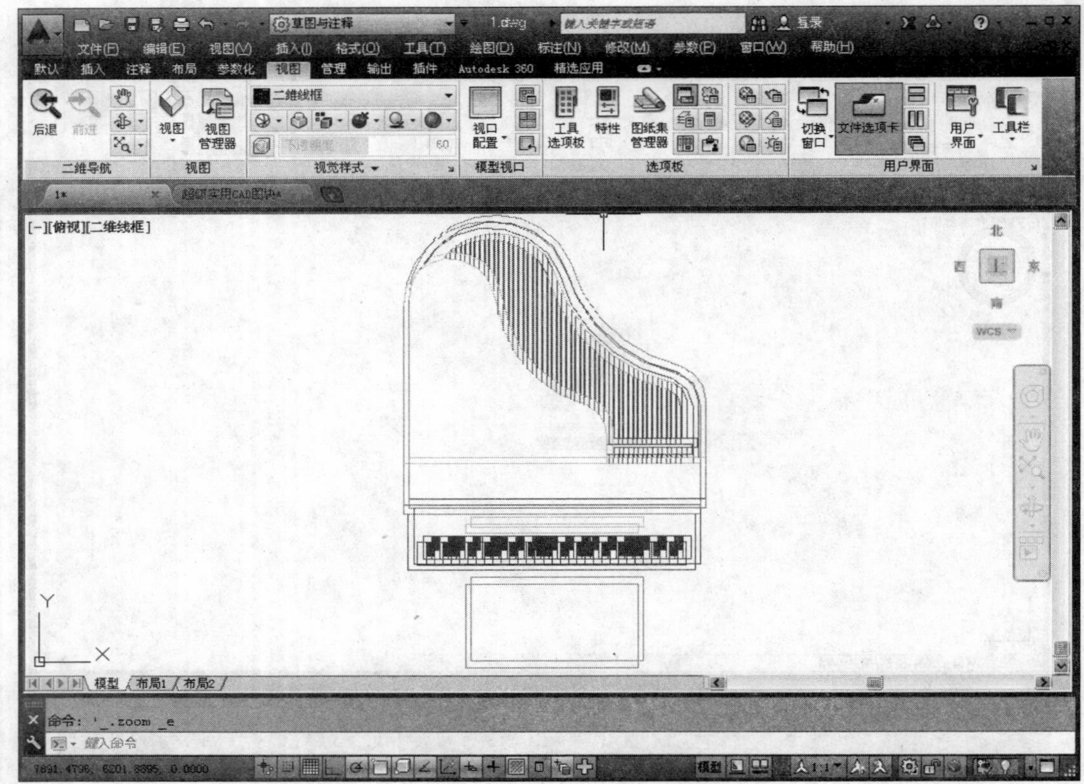

图2-30 放大结果

> 提示
>
> 单击“缩放”工具栏上的“中心缩放”按钮，也可执行圆心缩放操作。
>
> 此外，在命令行中输入Z按回车键，输入C，选择“中心”选项，也可执行“中心”缩放命令。

7.对象缩放

对象缩放命令可以将所选中的图形对象最大化显示于视图中。对象缩放命令操作便捷，不需要指定中心点或者输入比例因子等繁杂的步骤，直接就可将对象最大化显示。

对象缩放命令的执行方式有三种，分别是执行“视图”|“缩放”|“对象”命令、单击“缩放”工具栏上的“缩放对象”按钮、在命令行中输入Z按回车键，输入O，选择“对象”选项。

8.放大/缩小

执行放大/缩小命令可以对图形对象进行放大或缩小操作。但是在执行放大/缩小命令时，对图形的缩放操作是逐级的，即逐级对图形进行放大或缩小，而不是将图形突然放大很多倍或者缩小很多倍。

放大/缩小命令的执行方式有两种，分别是执行“视图”|“缩放”|“放大/缩小”命令、单击“缩放”工具栏上的“放大”按钮或“放小”按钮。

9.全部缩放

全部缩放命令可以在视图内缩放所有的图形对象或视觉控件。全部缩放命令的弊端

是不能很清晰地显示各个图形的细节，但是却便于查找图形。

全部缩放命令的执行方式有三种，分别是执行“视图”|“缩放”|“全部”命令、单击“缩放”工具栏上的“全部对象”按钮、在命令行中输入Z按回车键，输入A，选择“全部”选项。

10.范围缩放

范围缩放命令可以显示所有图形对象的最大范围。范围缩放可以说在一定程度上弥补了全部缩放命令的不足，但是相对于绘制一些较为精细的图形来说，范围缩放还远不能满足使用要求，这就需要读者根据实际的绘图情况，酌情选择缩放工具。

范围缩放命令的执行方式有三种，分别是执行“视图”|“缩放”|“范围”命令、单击“缩放”工具栏上的“范围缩放”按钮、在命令行中输入Z按回车键，输入E，选择“范围”选项。

2.4.2 视图平移

视图的平移方式有六种，分别为实时平移、点平移以及上下左右平移方式，本节简单介绍视图平移的操作方法。

1.实时平移

实时平移是最常用的视图平移方式，调用“实时平移”命令后，当十字光标变成手掌形状时，按住鼠标左键不放，即可移动视图。

实时平移命令的执行方式有三种，分别是执行“视图”|“平移”|“实时”命令、单击“标准”工具栏上的“实时平移”按钮、在命令行中输入P按回车键，都可调用实时平移命令。

2.点平移

点平移命令可以指定移动的起始点和距离点，对指定的图形移动所定义的距离。执行“视图”|“平移”|“点”命令，根据命令行的提示，指定移动的起始点和距离点，也可输入两点之间的位移参数，视图即可按照所指定的距离进行移动。

3.上/下/左/右平移

执行“视图”|“平移”|“上/下/左/右”命令后，当前视图会在上、下、左、右这四个方向进行移动。这四种平移方式对视图的移动较为死板，既不能使图形全部显示于视图中，也不能指定距离来对图形进行移动。

2.4.3 命名视图

命名视图命令可以对指定的视图命名进行保存，并可以对视图的各项属性进行自定义设置，下次再打开该视图时，视图以上一次设置的属性呈现。

下面讲解命名视图的操作方法。

01 执行“视图”|“命名视图”命令，打开“视图管理器”对话框，如图2-31所示，该对话框显示了所有视图都具备的一些基本属性。

02 在对话框的右边单击“新建”按钮，弹出“新建视图/快照特性”对话框，如图2-32所示，在该对话框中可以对视图的基本属性进行设置或更改。

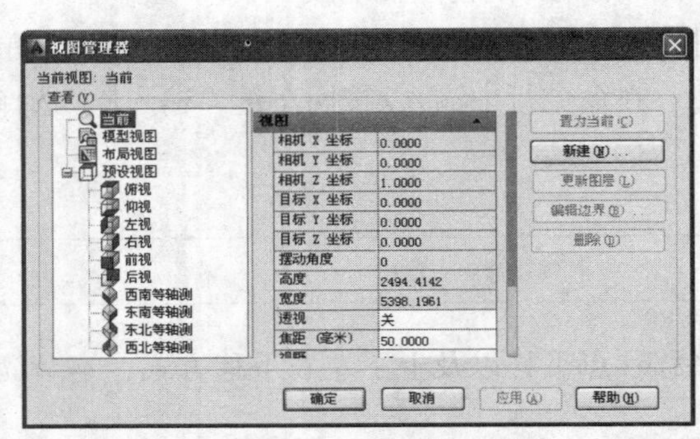

图2-31 “视图管理器”对话框

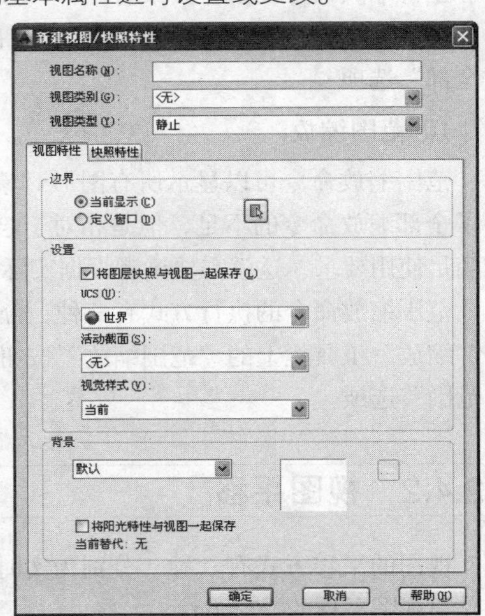

图2-32 “新建视图/快照特性”对话框

03 在“视图名称”文本框内输入“视图名称”参数，如图2-33所示。

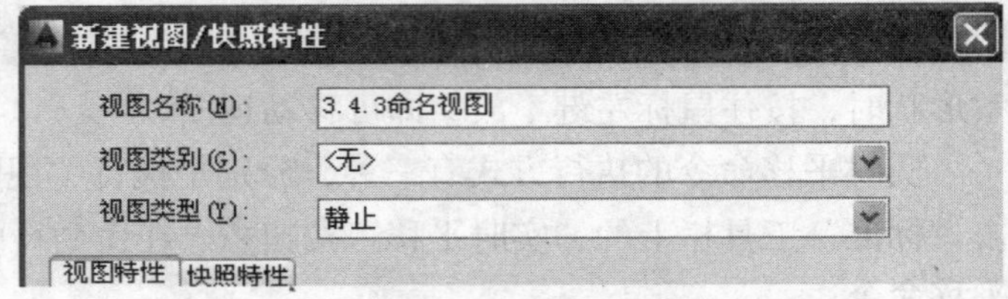

图2-33 输入“视图名称”参数

04 在“边界”选项组中的参数保持默认值，在“设置”选项组中修改“视觉样式”为“真实”；在“背景”选项组中选择“渐变色”选项，如图2-34所示。

05 在选择背景色为渐变色后，系统弹出“背景”对话框，在该对话框中可以设置“渐变色选项”参数，如图2-35所示。

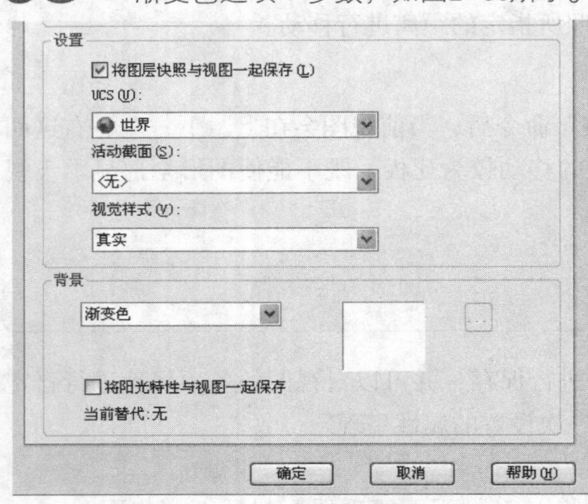

图2-34 设置参数

图2-35 “背景”对话框

06 单击“确定”按钮，返回“新建视图/快照特性”对话框，可以看到表示背景颜色的色块已经发生了变化，如图2-36所示。

07 单击“确定”按钮，返回“视图管理器”对话框，查看设置完成的视图的各项参数，包括视图的名称、视觉样式等，如图2-37所示。

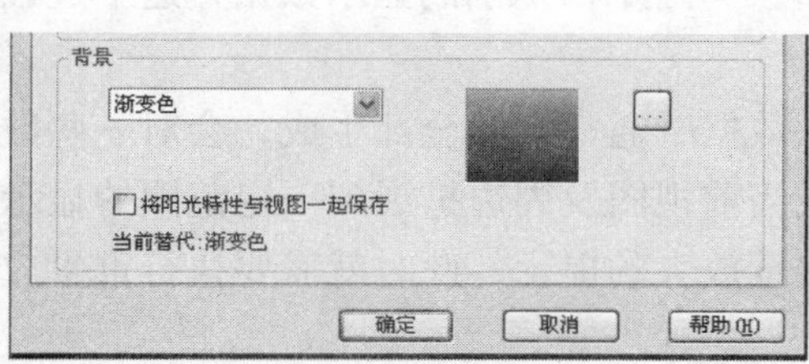

图2-36 设置结果

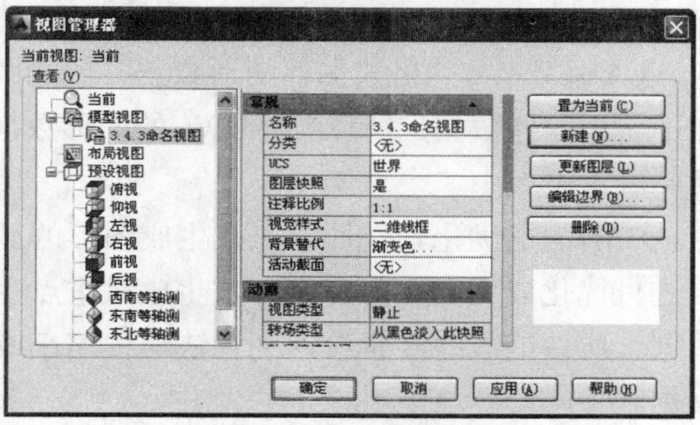

图2-37 设置结果

08 在对话框中分别单击“置为当前”按钮和“应用”按钮，即可将已设置属性的视图应用，如图2-38所示。

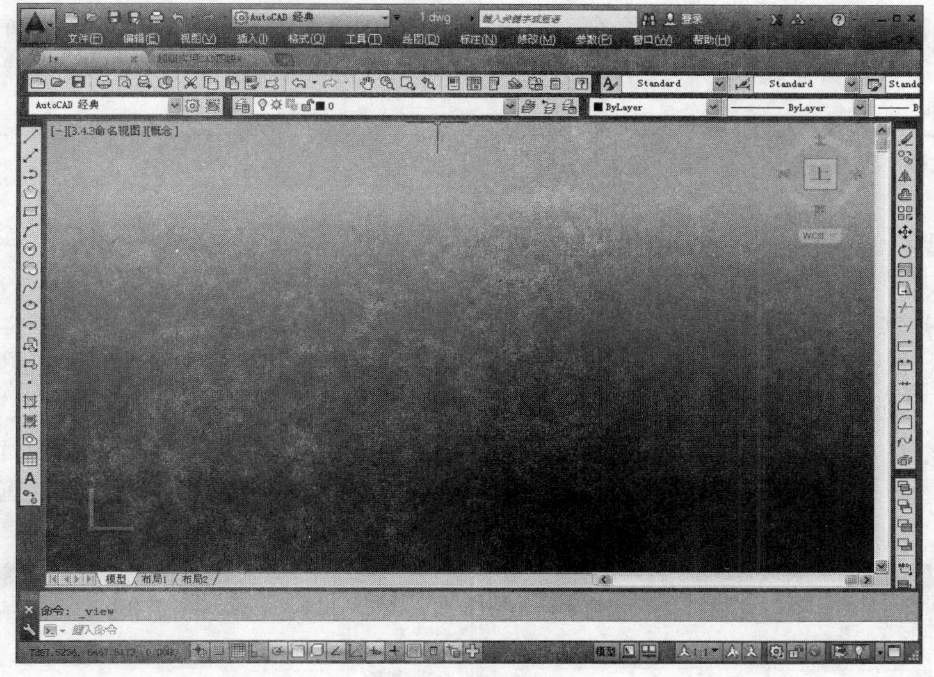

图2-38 应用结果

提示：更改视图的各项参数在平时绘图的时候较为少用，但是读者也可根据个人的需求，对视图进行设置，以符合自己的使用习惯。

2.4.4 重画视图

重画视图通俗地讲即如刷新网页的结果一样，可以清理图面上的一些临时点或标

记，使图形的显示更加清晰。

执行“视图”|“重画”命令，即可对当前视图执行重画操作。

2.4.5 重生成视图

CAD以DWG的格式保存图形数据，假如圆的数据由圆心坐标和半径组成，但显示器却不认识这些数据，所以要将DWG的图形数据转换为显示器识别的显示数据，这个过程就叫做重生成。

CAD为了优化软件性能，在生成图形的显示数据时通常不会全部生成，会对一些数据进行优化以提高操作速度。重生成时重点生成当前视图及周边扩展到一定范围的显示数据，所以缩放时经常会遇到无法继续缩小或继续放大的提示，此时就需要执行重生成操作。

比如，CAD会根据圆在图中的大小，将其显示成适当边数的多边形；但当圆在视图中很小时，生成的显示数据就是一个边数较少的多边形，此时对圆形进行重生成操作，CAD就会重新计算，用合适的边数来显示圆。

执行“视图”|“重生成”命令，或者在命令行中输入REGEN（RE），按回车键，都可调用重生成命令。

2.4.6 创建视口

Auto CAD默认是单个视口显示。执行创建视口命令，可以根据需要，创建一至四个视口，且可自行调整各个视口的视图方向。

下面介绍创建视口的操作方法。

01 执行“视图”|“视口”|“新建视口”命令，弹出“视口”对话框，如图2-39所示。

02 在“标准视口”选项组中，选择视口的配置方式；在“视觉样式”下拉选项中选择“概念”显示样式，如图2-40所示，在“预览”选项组中可以查看配置的结果。

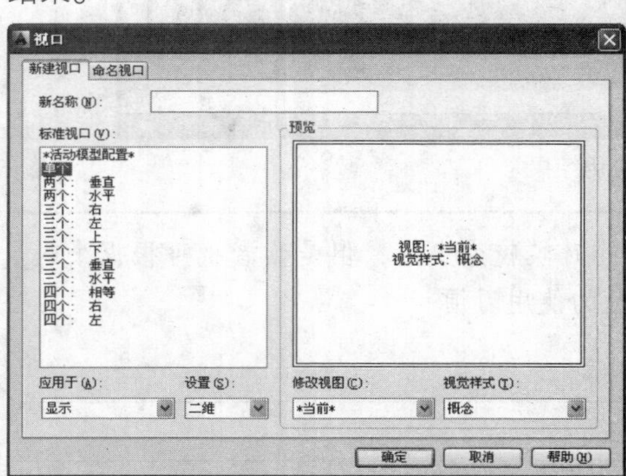

图2-39 “视口”对话框

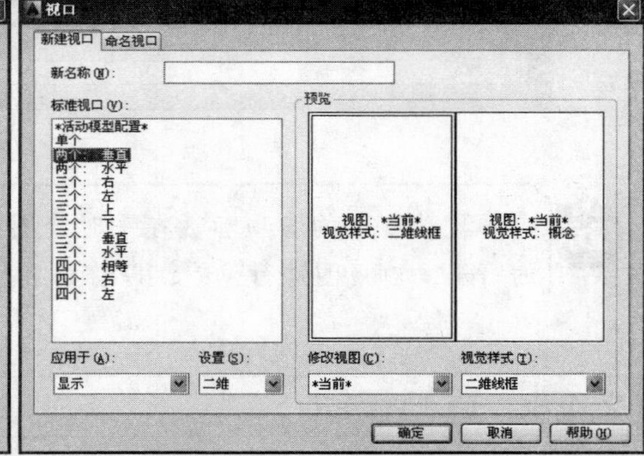

图2-40 选择视口的配置方式

03 单击“确定”按钮，关闭对话框，新建视口的方式如图2-41所示。

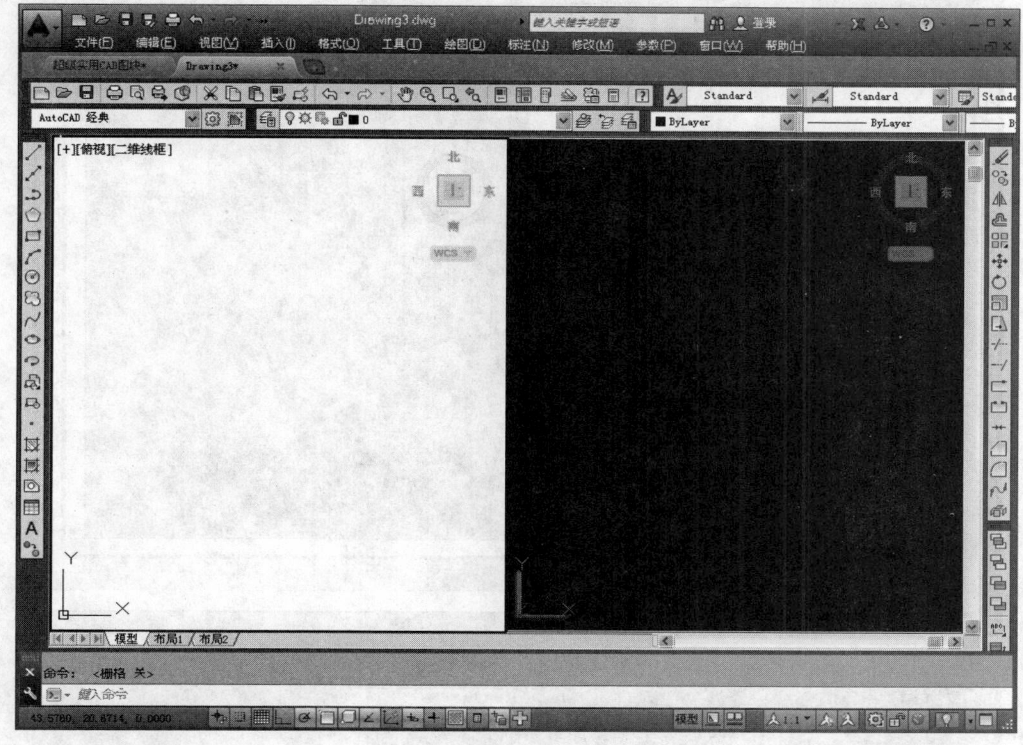

图2-41 新建视口

单击视口左上角的“视口”控件按钮[+]，在弹出的下拉菜单中选择“视口配置表”选项，在弹出的菜单中选择视口的配置方式，如图2-42所示，也可新建视口。

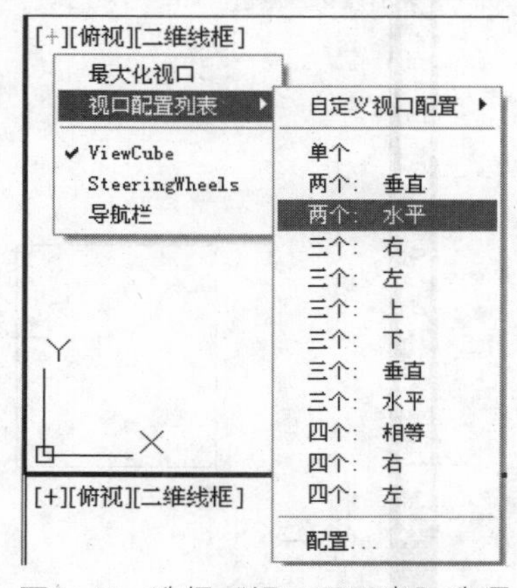

图2-42 选择“视口配置表”选项

2.4.7 视口的作用

不同的视口相当于从不同的视角观察同一个图形，或者好像是用不同的照相机在不同位置拍同一个物体一样。

在创建多个视口后，调整视口的视角方向，可以查看平面图、立面图以及三维视图。

下面介绍通过调整视口的视角方向来查看图形的方法。

01 以上一节已创建的两个视口为例，单击右边视口左上角的“视图”控件按钮[俯视]，在弹出的下拉菜单中选择“西南等轴测”选项，将视图转为“西南等轴测”视图，如图2-43所示。

02 在任一视图中绘制一个长方体，即可在不同的视图和显示样式下，查看该图形的不同状态，如图2-44所示。

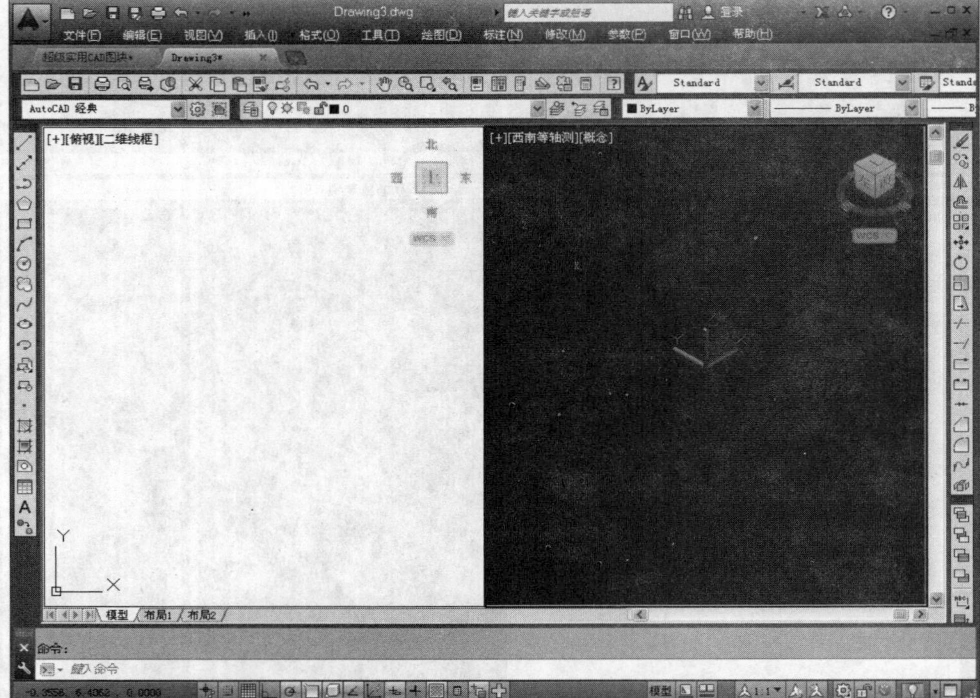

图2-43　更改视图方式

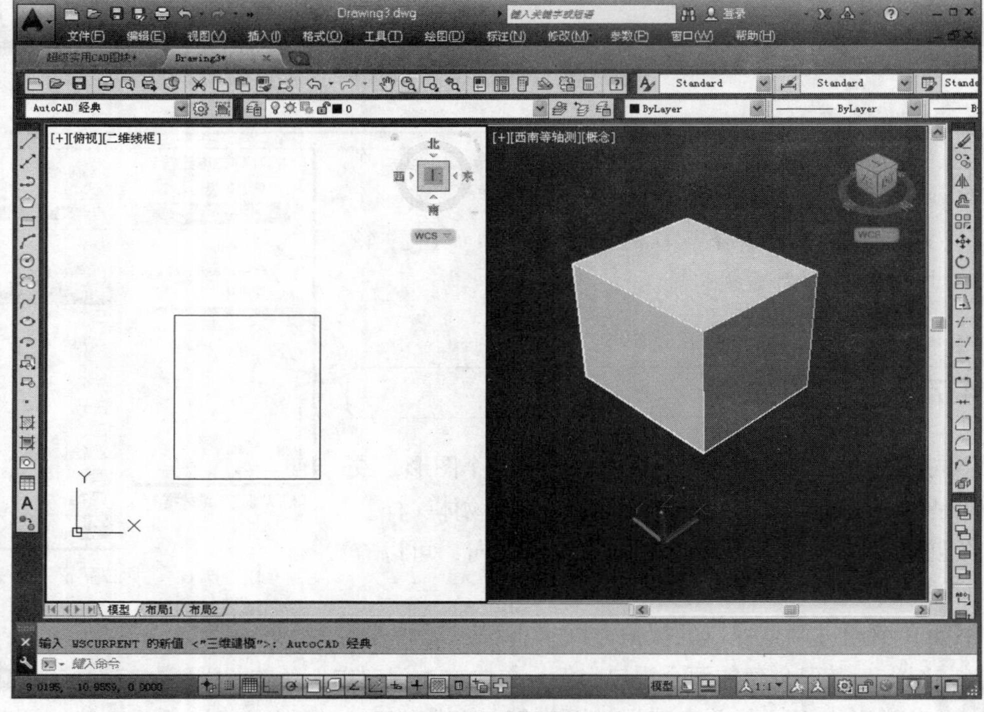

图2-44　图形的不同状态

提示 相同道理，也可继续更改视口的配置方式、视图的方向以及显示样式，来查看图形的不同状态，如图2-45所示。

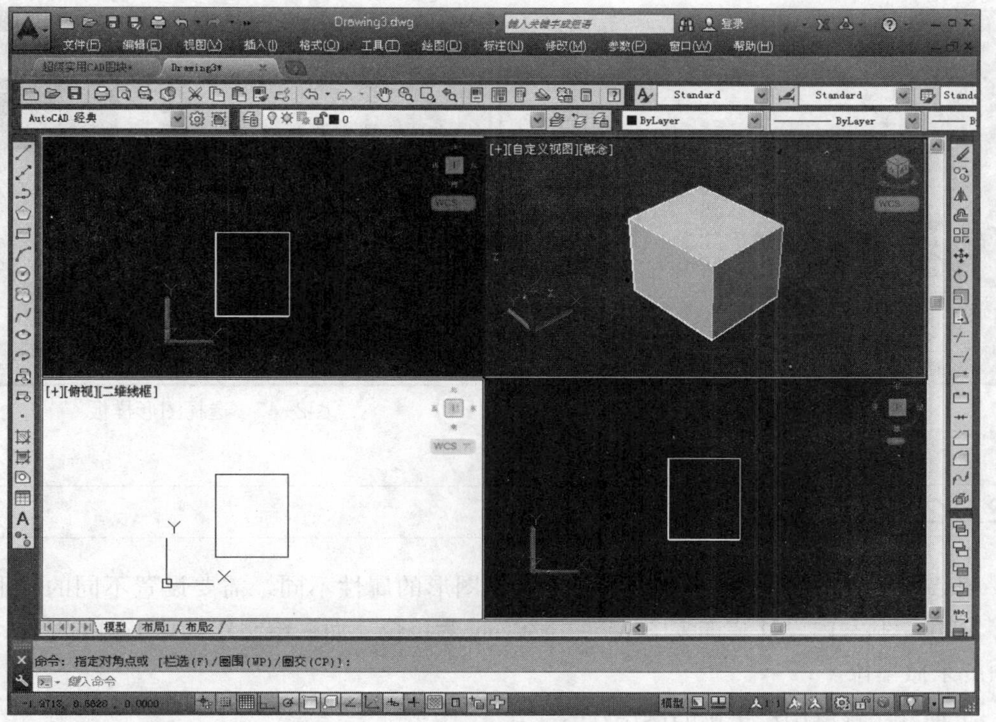

图2-45　更改结果

2.5 文档环境设置

AutoCAD默认开启的新文档的属性都是一致的，但是在各个文档上所绘制的图形却并不一定相同。因此，在文档上绘制指定的图形，需要对文档的绘图环境进行更改设置，以符合所绘制图形的需求。

本节介绍关于文档环境设置的知识，包括新建文档、修改绘图单位以及图形界限等。

2.5.1 新建文档

AutoCAD提供了新建文档的方法，包括调用工具栏命令、菜单栏命令以及快捷键命令三种方式，下面介绍新建文档的操作方法。

01 执行“文件”|“新建”命令，弹出“选择样板”对话框，如图2-46所示。

02 根据需要选择图形样板，如本例中选择acad.dwt图形样板，如图2-47所示。

03 单击“打开”按钮，即可新建所选的图形样板。

单击“标准”工具栏上的“新建”按钮，或者按Ctrl+N组合键，都可执形新建样板命令。

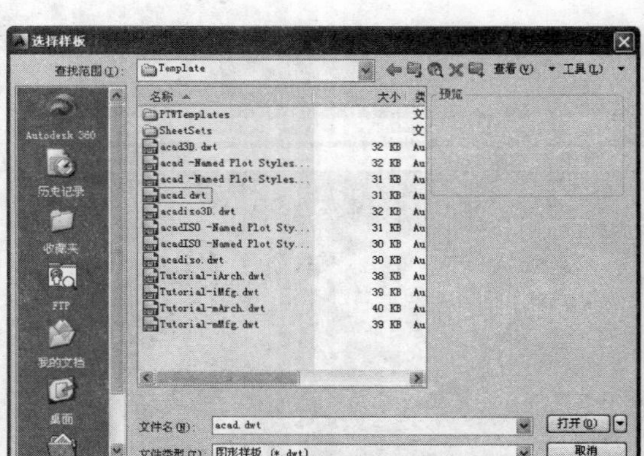

图2-46 “选择样板”对话框

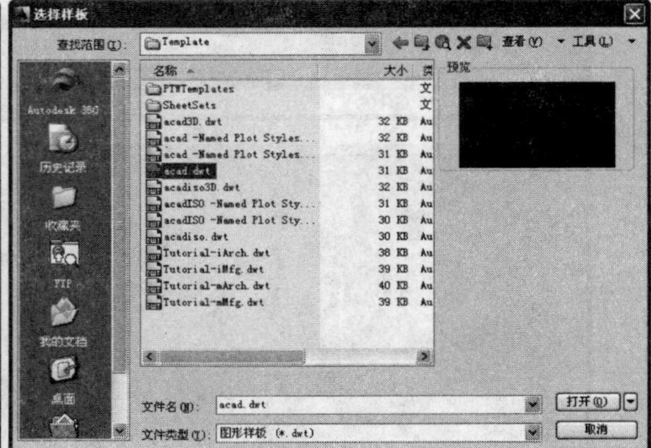

图2-47 选择图形样板

2.5.2 修改绘图单位

在AutoCAD中绘制图形时，根据所绘制图形的属性不同，需要设置不同的图形单位。比如绘制室内设计装饰装图纸，一般以mm为单位；而在绘制建筑总平图的时候，则使用m来做单位。

下面介绍修改图形单位的操作方法。

01 执行“格式”|“单位”命令，弹出“图形单位”对话框，如图2-48所示。

02 修改“精度”选项组中的小数精度值，将其更改为0，如图2-49所示。

03 单击“确定”按钮，关闭对话框，即可完成图形单位的修改；即在该文件上所绘制的图形都以mm为单位。

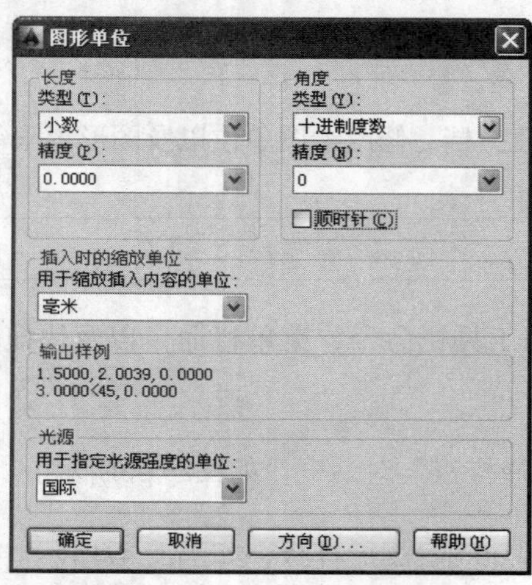

图2-48 “图形单位”对话框

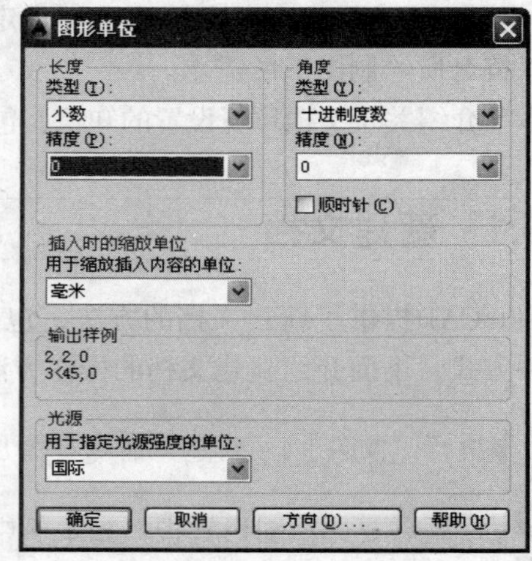

图2-49 修改参数

2.5.3 修改绘图界限

绘图界限就是AutoCAD的绘图区域。室内设计装饰装修图纸一般都使用A3图纸来打印输出，所以在打印比例为1：100的情况下，通常会将图形界限设置为42000×29700。

下面介绍修改图形界限的方法。

执行“格式”|“图形界限”命令，命令行提示如下：

```
命令: _limits
重新设置模型空间界限:
指定左下角点或 [开(ON)/关(OFF)] <0,0>:
                              // 按回车键，确认坐标原点为图形界限的左下角点。
指定右上角点: 42000,297000    // 输入图纸长度和宽度值，按回车键确定；再按ESC键退
                                 出，完成图形界限的设置，如图2-50所示。
```

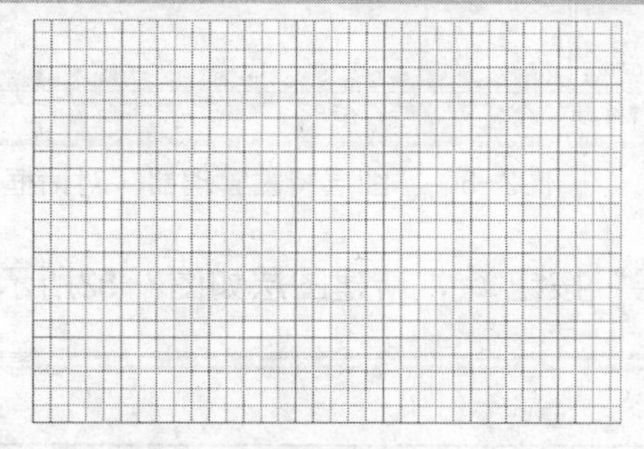

图2-50　设置结果

在命令行提示“指定左下角点或 [开(ON)/关(OFF)]”时，输入ON，则绘图时图形不能超出图形界限，超出部分系统不予绘出，输入OFF则准予超出界限来创建图形。

此外，在命令行中输入LIMITS命令，按回车键，同样可调用“图形界限”命令。

2.6 设置图层

在AutoCAD中，图层的作用是巨大的。在指定的图层上可以设置线型、线宽以及颜色等属性，在该图层上所绘制的图形，继承了该图层的属性。将图层关闭时，则位于该图层上的图形就被暂时关闭，方便用户绘制或编辑图形。

通常在绘制施工图或者较为复杂的图形时，都会根据图形的属性来设置相应的图层，方便图形的管理。

本节为读者介绍设置图层的方法，包括新建图层以及修改图层的颜色等。

2.6.1 创建及设置建筑图的图层

绘制不同的图形需要创建不同的图层，以符合绘图的需要；比如绘制室内装饰设计施工图与建筑设计施工图所需创建的图层就不大相同，建筑设计施工图需要创建“标准柱”图层，但是室内设计施工图则不一定要创建该图层。

下面以创建建筑施工图的图层为例，介绍创建图层的方法。

01 执行“格式”|“图层”命令，打开“图层特性管理器”对话框，如图2-51所示；其中，0图层是系统默认创建的图层，无法将其删除。

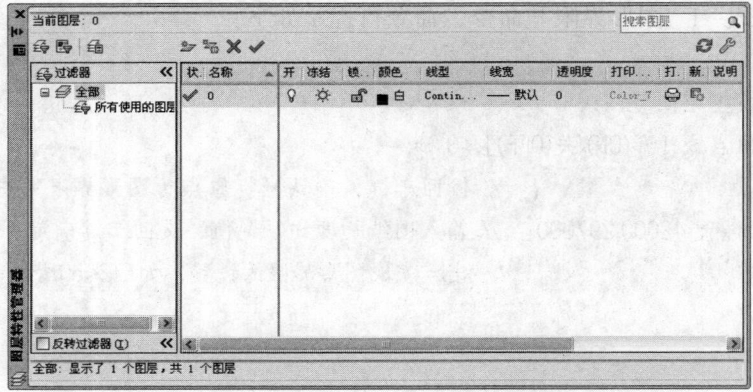

图2-51 “图层特性管理器”对话框

02 单击“新建图层”按钮，新建图层如图2-52所示。

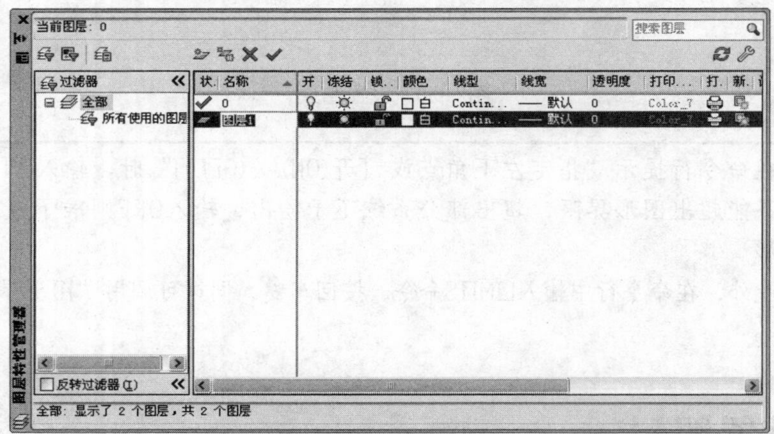

图2-52 新建图层

03 在图层名称栏中输入图层的名称，如图2-53所示。按F2键，可以重命名图层名称。

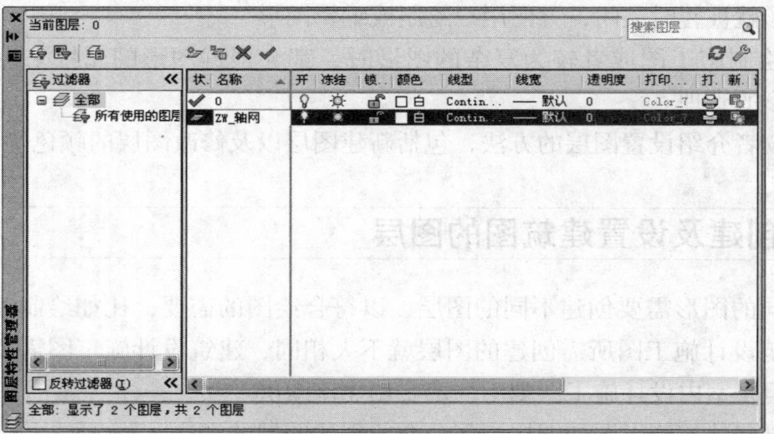

图2-53 修改图层名称

04 重复操作，继续新建图层和为图层命名，结果如图2-54所示。

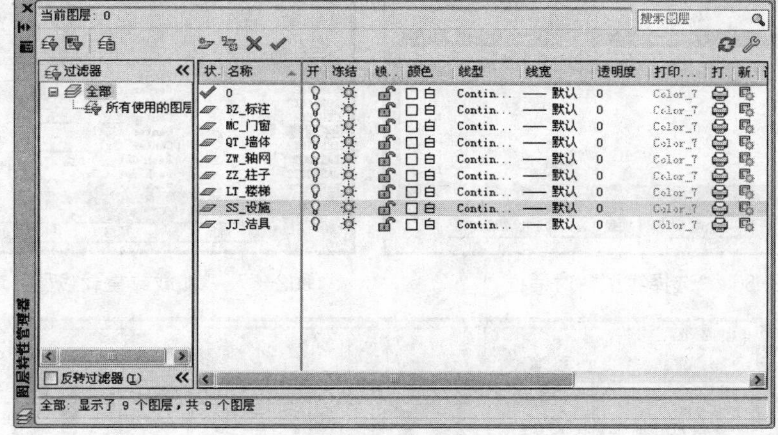

图2-54　创建结果

单击“图层”工具栏上的“图层特性管理器”按钮，或者在命令行中输入LAYER（LA）命令，按回车键，都可以执行新建图层的操作。

2.6.2　修改图层的颜色、线型及线宽

每个图形都会有不同的颜色、线型或者线宽，便于区别。改变图层的属性时，位于该图层上的图形对象的属性则相应地被改变。

下面以修改建筑图的图层属性为例，介绍更改图层属性的步骤。

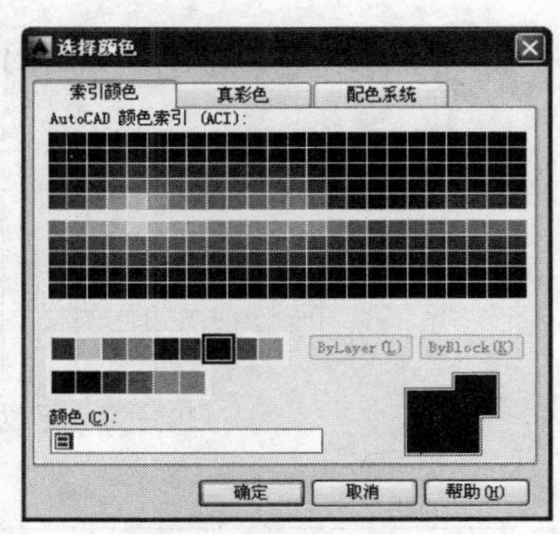

图2-55 “选择颜色”对话框

01 在“图层特性管理器”对话框中的“颜色”选项组中，可以更改整个图层的颜色。单击“颜色”选项组下的按钮□白，弹出“选择颜色”对话框，在对话框中选择红色，如图2-55所示。

02 在“图层特性管理器”对话框中的“线型”选项组中，可以更改整个图层的线型。单击“线型”选项组下的按钮Contin...，弹出“选择线型”对话框，如图2-56所示。

03 在对话框中单击“加载”按钮，弹出“加载或重载线型”对话框，选择名称为CENTER2的线型，如图2-57所示。

04 单击“确定”按钮，依次关闭“选择线型”对话框、“加载或重载线型”对话框，返回“图层特性管理器”对话框。

05 由于轴网的作用为参考作用，所以其线型必须和其他图形不一致。而其他图形只需更改其颜色即可达到清楚分辨的目的，如图2-58所示为对其他图层进行颜色更改的结果。

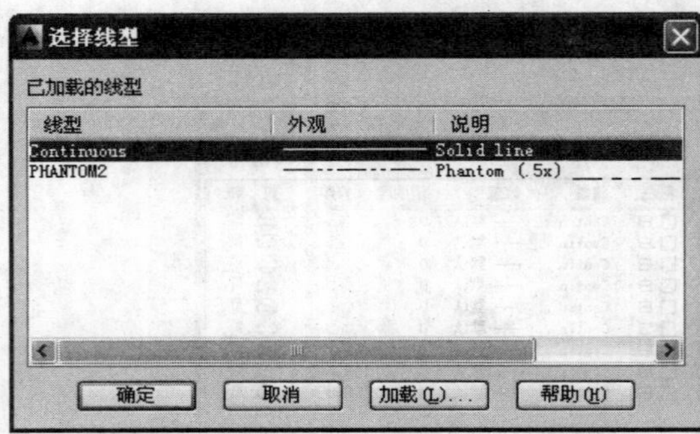

图2-56 “选择线型”对话框

图2-57 “加载或重载线型”对话框

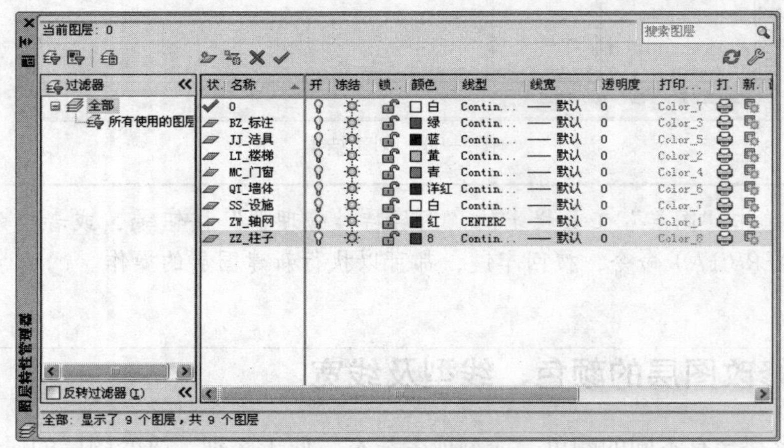

图2-58 更改颜色

06 如图2-59、图2-60所示为更改轴网线型的前后对比。

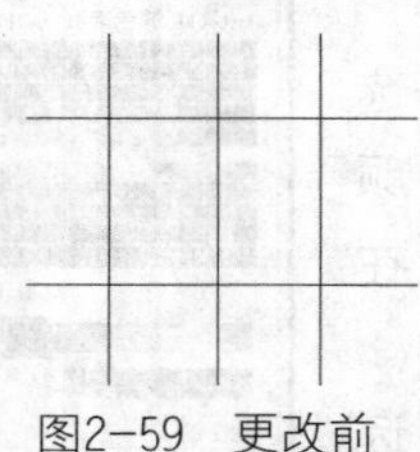

图2-59 更改前

图2-60 更改后

2.6.3 控制图层状态

图层的状态可以分为开/关、冻结/解冻、锁定/解锁、打印/不打印等，选择不同的图层状态，可以控制该图层上图形的显示方式。

下面以修改建筑图的图层状态为例，介绍控制图层状态的方法。

01 单击“图层特性管理器”对话框中的图层状态栏下的按钮，可以控制图层的状态。单击“ZW_轴网”图层中的锁定按钮，按钮变成状态，如图2-61所示，即该图层被锁定。

02 被锁定的图层在绘图区中呈灰色显示，如图2-62所示，不能对其进行选择编辑。

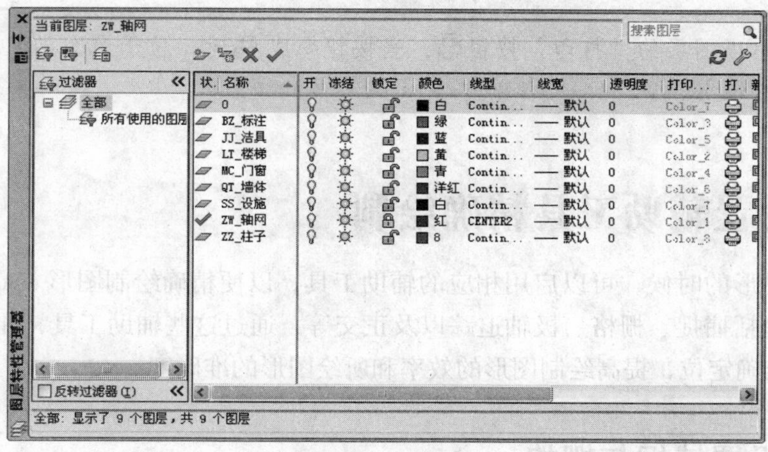

图2-61　锁定图层

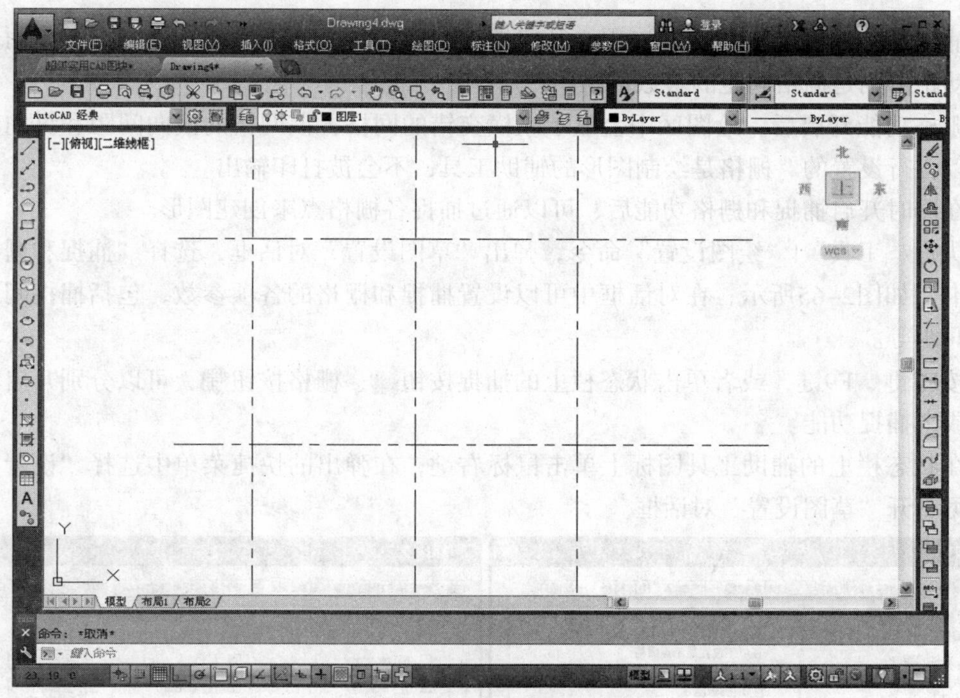

图2-62　锁定结果

03 当更改状态的图层为当前图层，单击“开”按钮💡，系统会弹出提示对话框，如图2-63所示，用户可以根据需要来选择相应的选项。

04 当更改状态的图层为当前图层时，单击“冻结”按钮☼，系统也会弹出提示对话框，如图2-64所示，显示当前图层无法冻结。

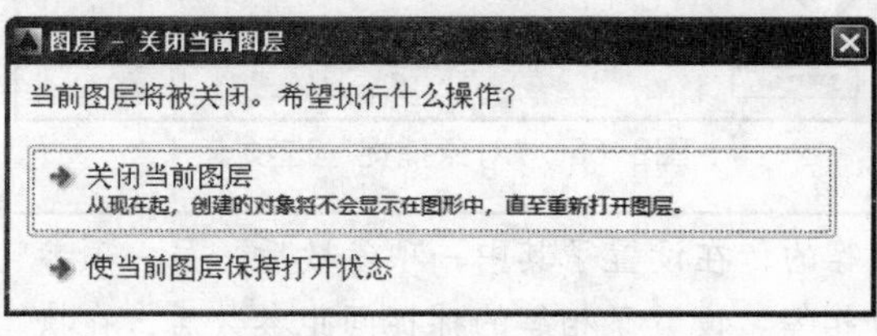

图2-63　提示对话框

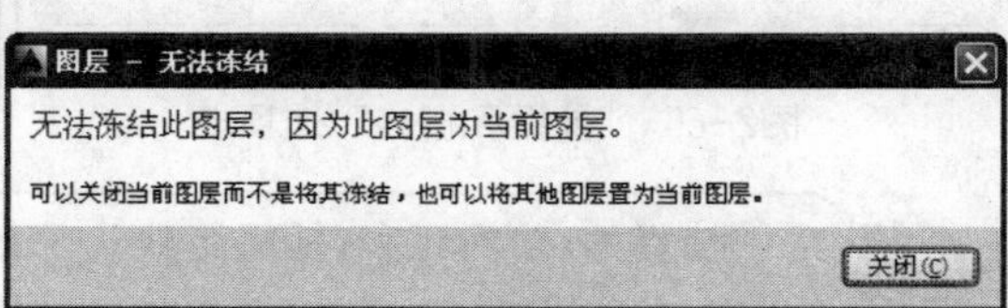

图2-64　无法冻结

单击图层的“打印”按钮，当按钮变成时，位于该图层上的图形不能被打印输出。

2.7 设置辅助工具精确绘制

在绘制图形的时候，可以启用相应的辅助工具，以便精确绘制图形。AutoCAD提供的辅助工具包括捕捉、栅格、极轴追踪以及正交等，通过这些辅助工具，在绘制图形的过程中可以准确定位，提高绘制图形的效率和所绘图形的准确度。

2.7.1 设置捕捉与栅格

捕捉功能一般与栅格功能连用，开启捕捉功能后，光标会停留在栅格点上，而光标的移动距离则是栅格间距的整数倍距离。

栅格功能开启后，绘图区中会显示纵横交错的网格，该网格的横向间距和纵向间距是可以自行设置的。栅格是绘制图形的辅助工具，不会被打印输出。

在同时开启捕捉和栅格功能后，可以通过捕捉各栅格点来创建图形。

执行“工具”|“绘图设置”命令，弹出“草图设置”对话框，选择“捕捉和栅格”选项卡，如图2-65所示；在对话框中可以设置捕捉和栅格的各项参数，包括捕捉间距、栅格间距等。

按F7键、F9键，或者单击状态栏上的捕捉按钮、栅格按钮，可以分别开启栅格功能或者捕捉功能。

在状态栏上的辅助工具图标上单击鼠标右键，在弹出的快捷菜单中选择“设置”选项，可打开“草图设置”对话框。

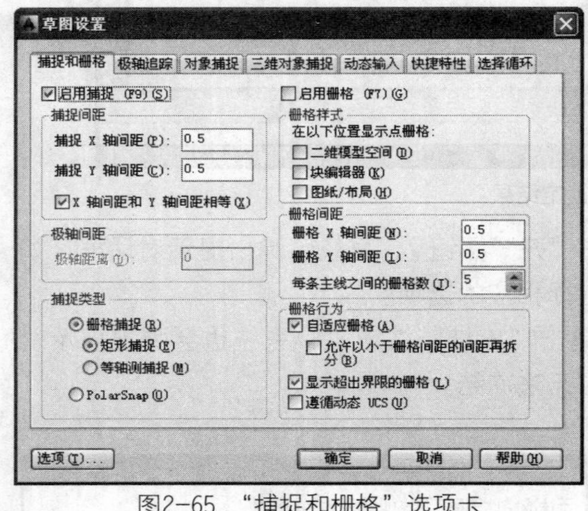

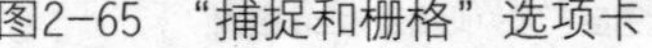
图2-65 “捕捉和栅格”选项卡

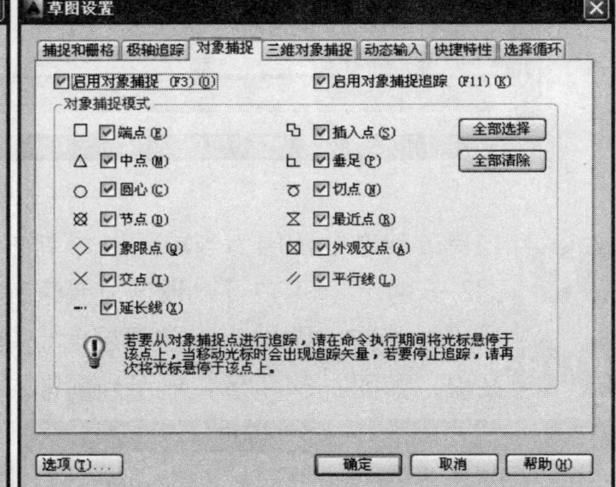

图2-66 “对象捕捉”选项卡

捕捉的X轴间距和Y轴间距默认是相等的，在设置了其中一项参数后，另一项参数也会自动更改，以使两项之间的参数相等。设置了相等的捕捉间距参数后，在执行绘图命令的过程中，起点和终点（第二点）之间的距离均为100。

2.7.2 设置自动与极轴追踪

AutoCAD中的极轴追踪功能可以准确地绘制某些特定角度的线段。

执行“工具”|“绘图设置”命令，弹出“草图设置”对话框，选择“极轴追踪”选项卡，如图2-67所示；在其中勾选“启用极轴追踪”复选框，即可启用极轴追踪功能。在“极轴角设置”选项组中，可以在“增量角”文本框的下拉列表中选择系统提供的增量角；也可以勾选“附加角”复选框，单击右边的“新建”按钮，自定义增量角。

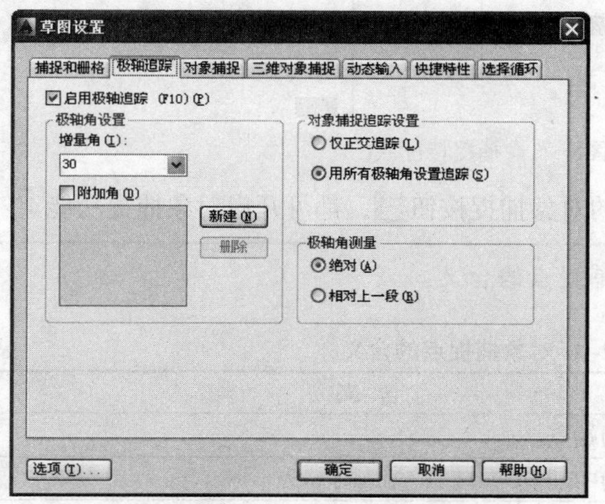

图2-67 “极轴”选项卡

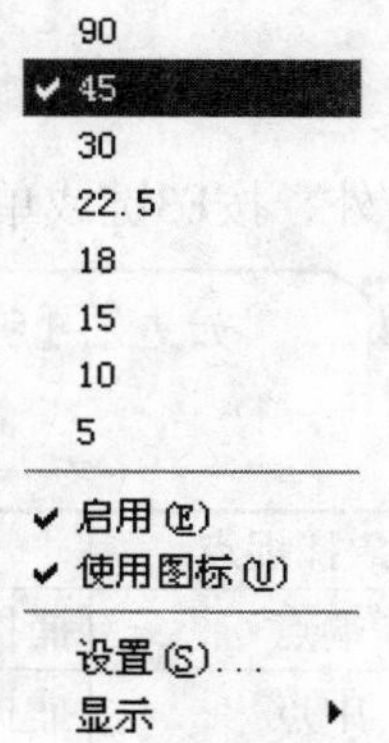

图2-68 快捷菜单

在状态栏上的“极轴”按钮单击鼠标右键，在弹出的快捷菜单中可以选择已有的增量角，如图2-68所示；也可以单击“设置”选项，打开“草图设置”对话框。

在启用了极轴追踪功能后，在绘制图形的过程中，只要鼠标的方向与增量角的方向一致，就会出现极轴追踪线，如图2-69所示为45° 增量角的追踪线，如图2-70所示为135° 增量角的追踪线。

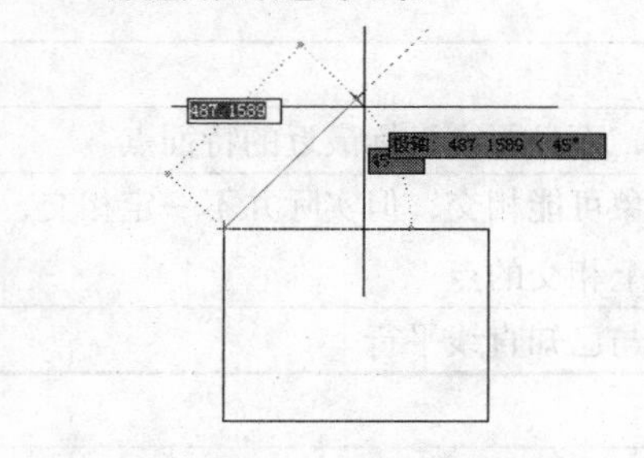

图2-69 45° 增量角的追踪线

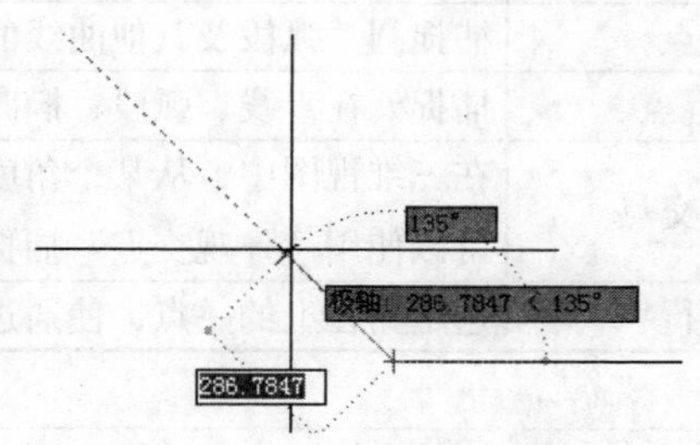

图2-70 135° 增量角的追踪线

按F10键也可在开启和关闭极轴功能之间切换。

2.7.3 设置对象的捕捉模式

AutoCAD提供了13种捕捉模式，包括端点、圆心、中点等。在绘图过程中，勾选相应的捕捉模式，可以捕捉指定的特征点，对图形进行编辑修改。

执行“工具”|“绘图设置”命令，弹出“草图设置”对话框，选择“对象捕捉”选项卡，如图2-66所示；在“对象捕捉模式”选项组中，可以勾选相应的捕捉模式。

在绘制或编辑图形的过程中，可以看到勾选圆心、中点捕捉模式后的结果，如图2-71所示。

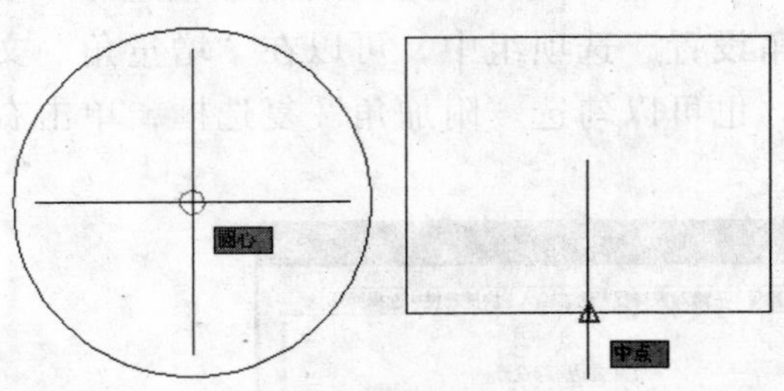

图2-71 捕捉特征点

另外，按F3键或单击状态栏上的对象捕捉按钮，都可开启对象捕捉功能。

如表2-1所示为各对象捕捉点的含义。

表2-1 对象捕捉点的含义

对象捕捉点	含 义
端点	捕捉直线或曲线的端点
中点	捕捉直线或弧段的中间点
圆心	捕捉圆、椭圆或弧的中心点
节点	捕捉用POINT命令绘制的点对象
象限点	捕捉位于圆、椭圆或弧段上0°、90°、180°和270°处的点
交点	捕捉两条直线或弧段的交点
延伸	捕捉直线延长线路径上的点
插入点	捕捉图块、标注对象或外部参照的插入点
垂足	捕捉从已知点到已知直线的垂线的垂足
切点	捕捉圆、弧段及其他曲线的切点
最近点	捕捉处在直线、弧段、椭圆或样条线上，而且距离光标最近的特征点
外观交点	在三维视图中，从某个角度观察两个对象可能相交，但实际并不一定相交，可以使用“外观交点”捕捉对象在外观上相交的点
平行	选定路径上的一点，使通过该点的直线与已知直线平行

2.7.4 设置正交模式

AutoCAD中的正交模式可以使光标限制在垂直或水平两个方向上，从而为快速而准确地绘制图形提供保证。

按F8键或单击状态栏上的正交模式按钮，都可开启正交功能。

启用正交功能后，调用绘图命令，光标只能在水平或垂直两个方向上移动，如图2-72所示。

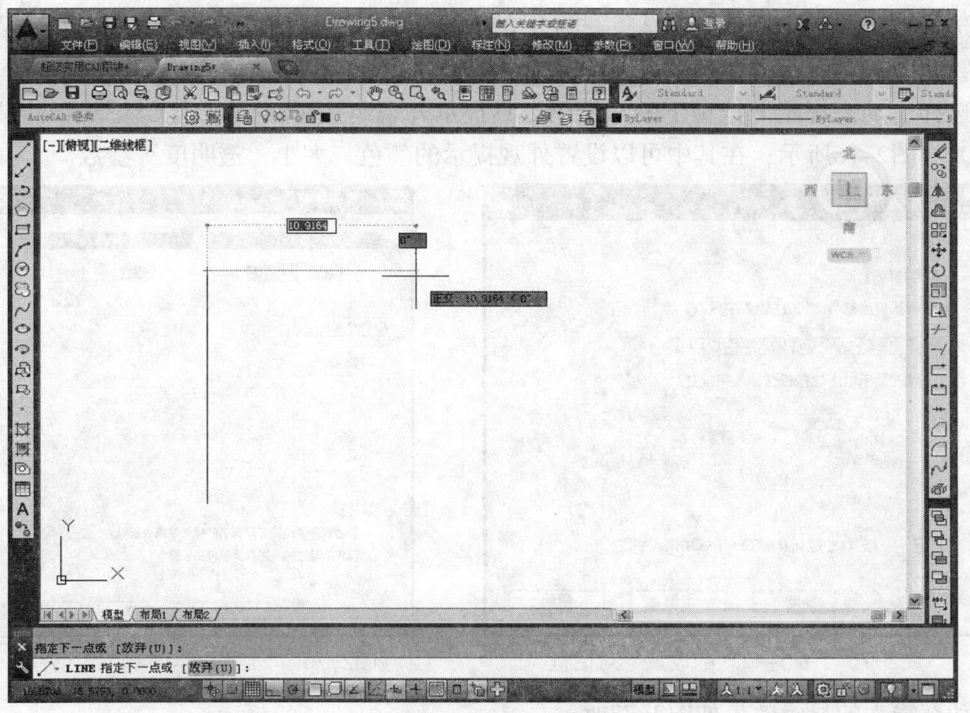

图2-72　正交功能

2.7.5　使用动态输入

在绘制图形的过程中，可以在命令行中查看系统提示的信息或者用户自己输入的参数；而调用动态输入功能后，可以直接在绘图区中查看提示信息或输入参数，方便且直观。

执行“工具”|“绘图设置”命令，弹出“草图设置”对话框，选择“动态输入”选项卡，如图2-73所示；在该选项卡中可以选择动态输入的方式。

单击“启用指针输入”选项下的“设置”按钮，弹出“指针输入设置”对话框，如图2-74所示；在其中可以设置指针输入方式的各项参数。

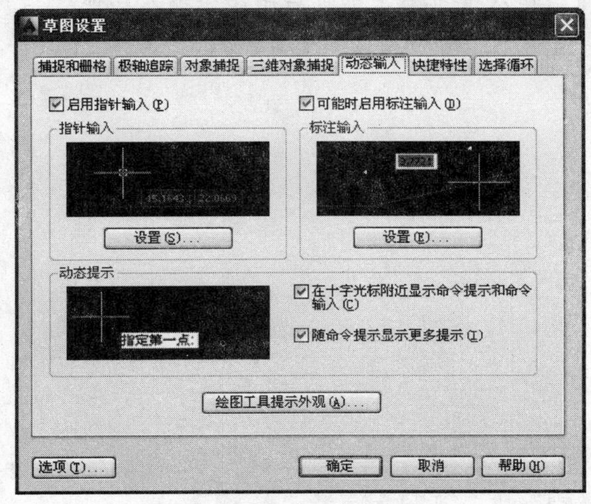

图2-73　“动态输入”选项卡

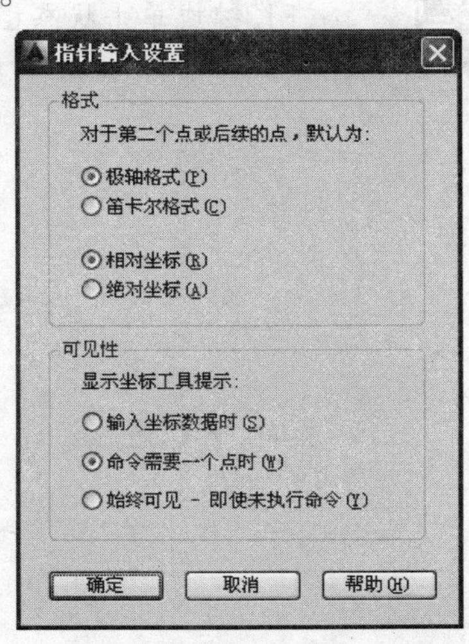

图2-74　“指针输入设置”对话框

选择“可能时启用标注输入”选项下的“设置”按钮，弹出“标注输入的设置”对话框，如图2-75所示；在其中可以设置标注输入方式的各项参数。

选择“动态提示”选项下的“绘图工具提示外观”按钮，弹出“工具提示外观”对话框，如图2-76所示；在其中可以设置外观提示的颜色、大小、透明度等参数。

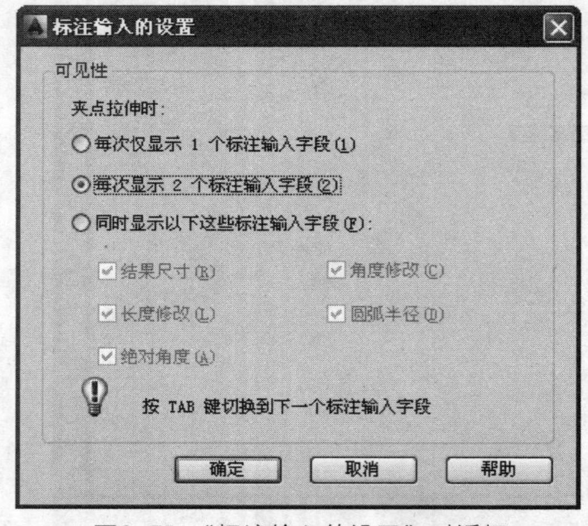

图2-75 “标注输入的设置”对话框

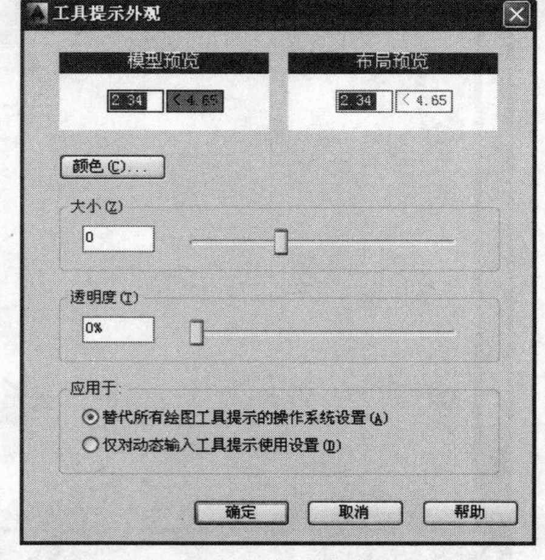

图2-76 “工具提示外观”对话框

动态输入的显示效果如图2-77所示。

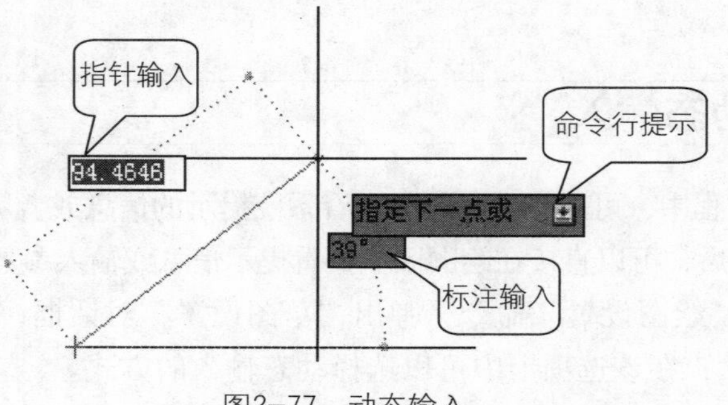

图2-77 动态输入

按F12键或单击状态栏上的动态输入按钮，都可启用动态输入功能。

第3章

室内二维图形绘制

本章导读

本章讲解的是室内二维基本图形的绘制方法，首先讲解点、直线、多段线、射线和构造线等简单图形的绘制，然后讲解曲线对象、多线、样条曲线、矩形和多边形等复杂图形的绘制，最后讲解图案填充的创建和编辑方法。

学习目标

- 掌握点和等分点的绘制方法
- 掌握直线与多段线的绘制方法
- 掌握射线与构造线的绘制方法
- 掌握圆和圆弧的绘制方法
- 掌握多线设置和绘制的方法
- 掌握样条曲线绘制和编辑的方法
- 掌握矩形与多边形的绘制方法
- 掌握图案填充的创建和编辑方法

效果预览

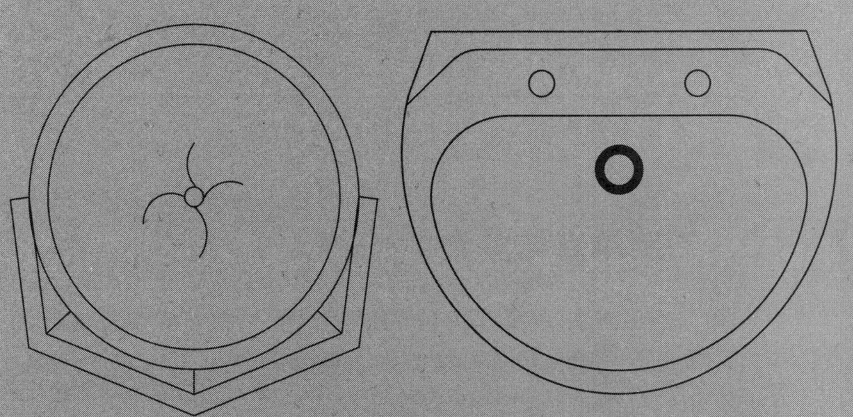

使用AutoCAD绘图软件可以绘制简单的或复杂的二维图形，包括点对象、直线对象以及曲线对象等。绘制室内设计装饰装修图纸，主要就是各种二维图形的绘制。简单的或复杂的二维图形，组成了室内设计中的平面图、立面图、剖面图和详图。

本章为读者介绍室内二维图形的绘制方法。

3.1 绘制点

在AutoCAD中有几种类型的点对象，分别是单点、多点以及定数等分点和定距等分点。单点和多点在绘制复杂图形的时候提供定位作用，而定数等分点和定距等分点则为绘制等分对象提供了参考。

本小节介绍绘制各类型点的方法。

3.1.1 设置点样式

在绘制点对象之前，要先设置点的样式，包括点的外观、大小等参数。下面介绍设置点样式的操作方法。

01 执行“格式”|“点样式”命令，打开“点样式”对话框，如图3-1所示。默认的点外观为小点，点大小为5。

02 在弹出的“点样式”对话框中，可以自行选择点的外观，或更改点的大小参数，如图3-2所示。

03 被修改后的点样式，其外观和大小均发生变化，如图3-3所示。

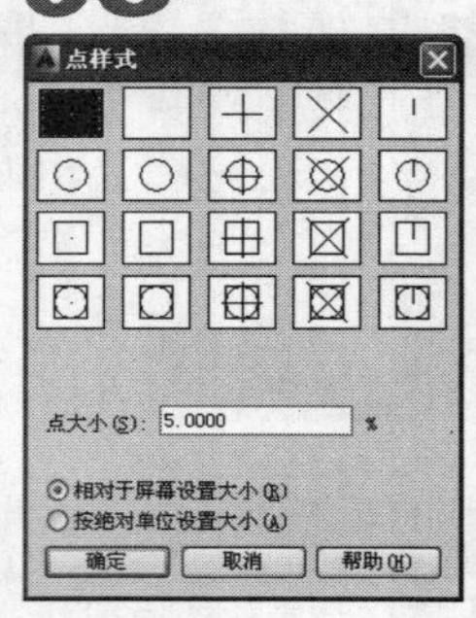

图3-1 “点样式”对话框

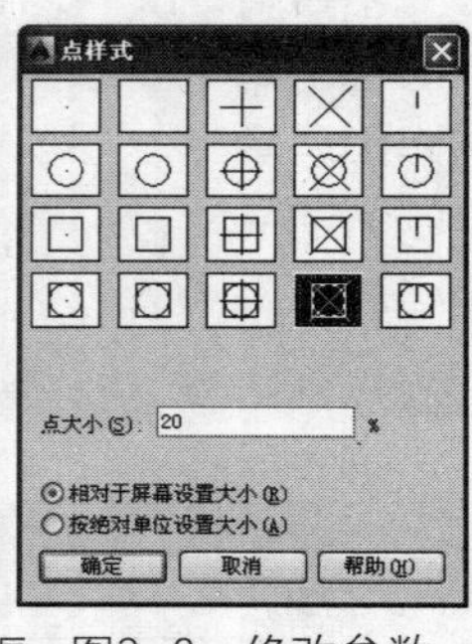

图3-2 修改参数

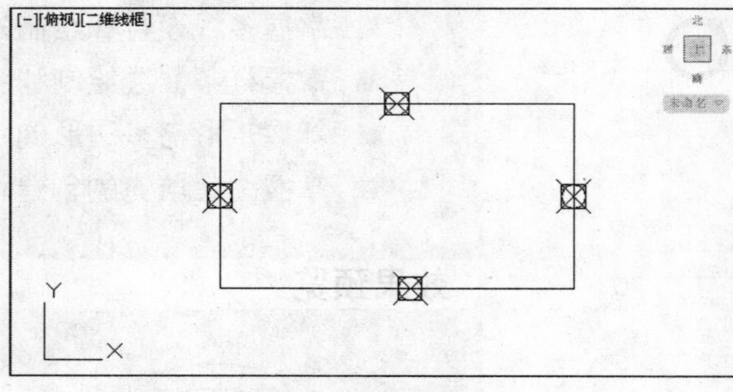

图3-3 修改结果

提示：在命令行中输入DDPTYPE命令，按回车键，也可打开“点样式”对话框。

3.1.2 绘制单点与多点

单点和多点的绘制效果是一样的，不同的是执行绘制单点命令只能一次绘制一个点，而执行多点命令则可以连续绘制多个点。

下面介绍绘制单点与多点的方法。

执行“绘图”|“单点”命令，在绘图区中指定单点的插入位置，即可创建单点图形，如图3-4所示。

执行“绘图”|“多点”命令，在绘图区中依次指定点的插入位置，即可创建多点图形，如图3-5所示。

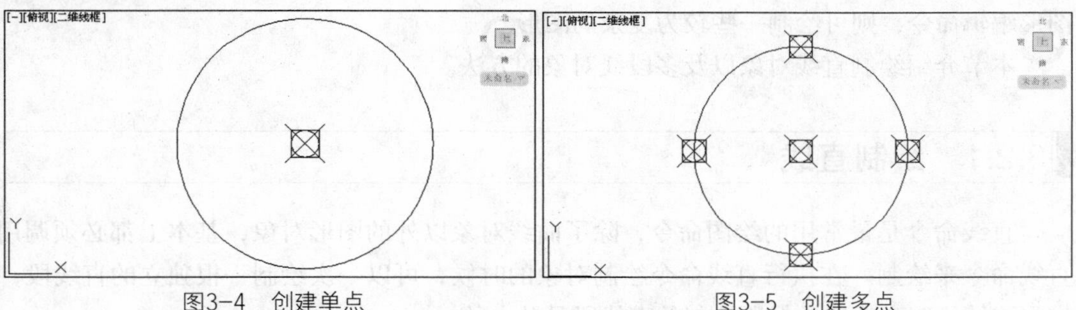

图3-4 创建单点　　图3-5 创建多点

单击“绘图”工具栏上的“点”按钮，也可创建多点对象。

3.1.3 绘制定数等分点

定数等分点命令可以在指定的图形对象上创建指定数目的等分点，且所创建的点之间的距离是相等的。

执行“绘图”|“定数等分”命令，命令行提示如下：

命令：DIVIDE

选择要定数等分的对象：　//选择要定数等分的对象。

输入线段数目或 [块(B)]: 4 //输入等分数目。完成定数等分的结果如图3-6所示。

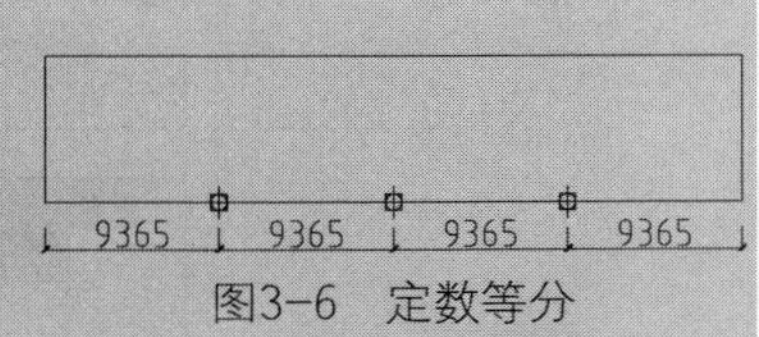

图3-6 定数等分

在命令行中输入DIVIDE/DIV命令，也可调用定数等分命令。

3.1.4 绘制定距等分点

定距等分点可在指定的图形对象上创建等距的多点。在执行该命令后，系统会根据所指定的点距离来创建合适数目的点。

执行“绘图”|“定距等分”命令，命令行提示如下：

命令：MEASURE

选择要定距等分的对象：　//选择要定距等分的对象。

指定线段长度或 [块(B)]: 2000　//输入长度参数。定距等分的结果如图3-7所示。

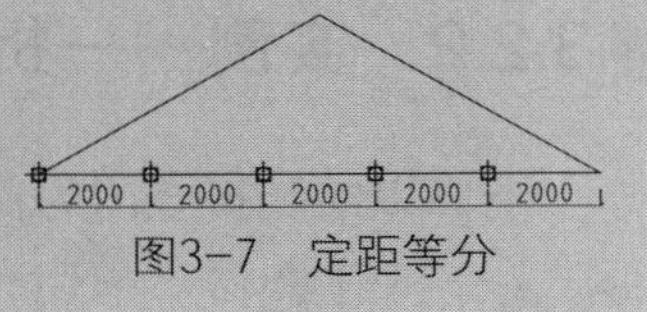

图3-7 定距等分

在命令行中输入MEASURE/ME命令，也可调用定距等分命令。

3.2 绘制直线和多段线

直线对象和多段线对象是AutoCAD中比较常见的二维图形，多作为图形的外轮廓。直接调用直线命令、多段线命令的话，都只能绘制一些较为简单的图形，但是配合使用图形编辑命令，则可绘制一些较为复杂的图形。

本节介绍绘制直线对象以及多段线对象的方法。

3.2.1 绘制直线

直线命令是最常用的绘图命令，除了曲线对象以外的图形对象，基本上都必须调用直线命令来绘制。在执行直线命令绘制对象的时候，可以一次绘制一根独立的直线段，也可连续绘制直线段，但所绘制的直线段是独立的。

执行“绘图”|“直线”命令，根据命令行的提示，分别指定直线的起点和下一个点，按回车键即可退出命令，结束绘制。

值得注意的是，在执行直线命令绘制直线的过程中，开启正交功能与关闭正交功能是两种不同的状态。在启用正交功能的情况下，只能绘制水平方向和垂直方向上的直线（如图3-8所示为启用正交功能后，调用直线命令绘制垂直直线的状态）。

关闭正交功能时，可绘制除了水平和垂直方向外的任意方向上的线段。在关闭正交功能后，启用极轴功能，可在指定的方向上绘制直线（如图3-9所示为关闭正交功能，且启用极轴功能，调用直线命令绘制角度为60°的直线的状态）。

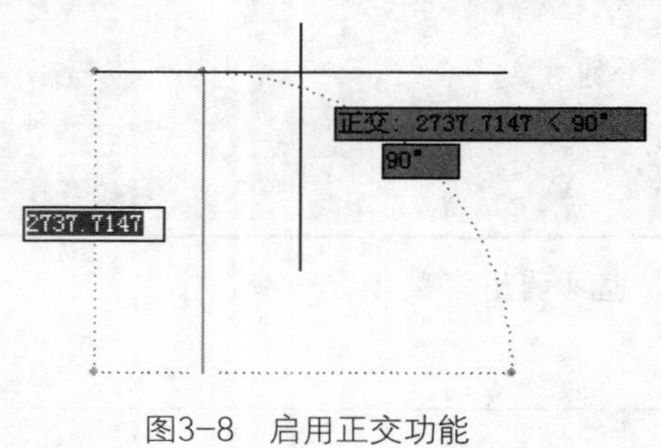

图3-8 启用正交功能

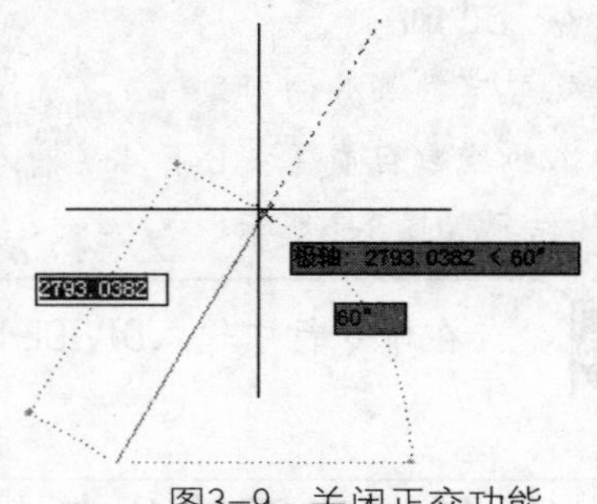

图3-9 关闭正交功能

提示：在命令行中输入LINE/L命令并按回车键，可调用直线命令；或者单击“绘图”工具栏上的“直线”按钮，也可调用直线命令。

3.2.2 实例——折叠门

下面以绘制折叠门为例，介绍直线命令在实际绘图过程中的使用方法。

01 打开素材。按Ctrl+O组合键，打开配套光盘提供的“第3章\3.2.2 绘制折叠门.dwg”文件，如图3-10所示。

02 在命令行中输入LINE/L命令并按回车键，命令行提示如下：

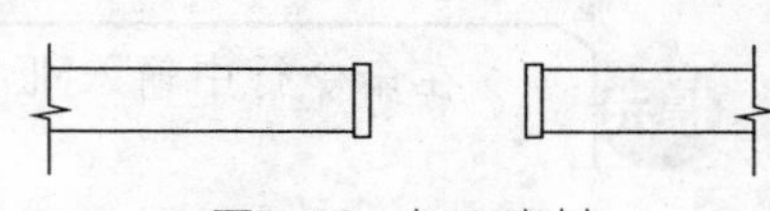

图3-10 打开素材

```
命令: LINE
指定第一个点:                        //指定起点;
指定下一点或 [放弃(U)]: 700          //鼠标向下移动，输入移动距离;
指定下一点或 [放弃(U)]: 50           //鼠标向右移动，输入移动距离;
指定下一点或 [闭合(C)/放弃(U)]: 700  //鼠标向上移动，输入移动
                                       距离;
指定下一点或 [闭合(C)/放弃(U)]: C    //鼠标向左移动，输入C，选
                                       择“闭合”选项。绘制单扇
                                       门的结果如图3-11所示。
```

图3-11 绘制结果

03 在命令行中输入ROTATE/RO命令并按回车键，命令行提示如下：

```
命令: ROTATE
UCS 当前的正角方向: ANGDIR=逆时针  ANGBASE=0
选择对象: 找到 1 个，总计 4 个
指定基点:                                    //指定上一步所创建的单扇门的右
                                               下角点为基点;
指定旋转角度，或 [复制(C)/参照(R)] <0>: C    //输入C，选择“复制”选项;
旋转一组选定对象。
指定旋转角度，或 [复制(C)/参照(R)] <0>: -14  //指定旋转角度。
```

04 调用MOVE命令，移动旋转后得到的矩形结果如图3-12所示。

图3-12 旋转移动结果

05 调用LINE/L命令，绘制直线，并将绘制的直线的线型设置为虚线；调用OFFSET/O命令，设置偏移距离为50，偏移虚线，结果如图3-13所示。

05 调用MIRROR/MI命令，以所绘制虚线的中点为镜像中点，对绘制完成的折叠门进行镜像复制，结果如图3-14所示。

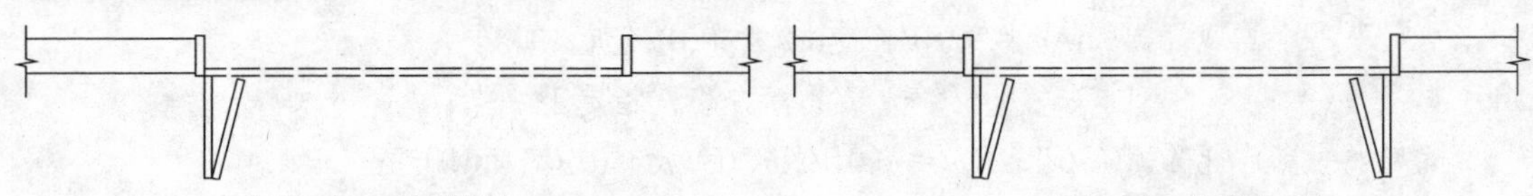

图3-13 偏移结果　　图3-14 镜像复制

3.2.3 绘制多段线

多段线命令与直线命令都可以绘制直线对象。不同的是，直线命令所创建的图形对象是由各个独立的直线段所组成，而多段线命令创建的图形对象则是一个整体。

执行“绘图”|“多段线”命令，根据命令行的提示，分别指定多段线的起点和下一个点，按回车键即可退出命令，结束绘制。

在执行多段线命令的时候，同样也可以配合正交功能和极轴功能来绘制图形。

多段线命令除了可以绘制图形对象外，还可以绘制指示箭头以及窗帘图形。通过设

置多段线的起点和终点宽度，可以绘制带箭头的多段线。

执行“绘图”|“多段线”命令，命令行提示如下：

```
命令: PLINE
指定起点:                              //指定多段线的起点
当前线宽为 0.0000
指定下一个点或 [圆弧(A)/半宽(H)/长度(L)/放弃(U)/宽度(W)]:
                                       //指定下一个点
指定下一点或 [圆弧(A)/闭合(C)/半宽(H)/长度(L)/放弃(U)/宽度(W)]: W
                                       //输入W
指定起点宽度 <0.0000>: 50              //输入起点宽度参数
指定终点宽度 <50.0000>: 0              //输入终点宽度参数
指定下一点或 [圆弧(A)/闭合(C)/半宽(H)/长度(L)/放弃(U)/宽度(W)]:
                                       //拖动鼠标，指定箭头的终点
指定下一点或 [圆弧(A)/闭合(C)/半宽(H)/长度(L)/放弃(U)/宽度(W)]: *取消*
                                  //按回车键退出绘制。绘制结果如图3-15所示。
```

图3-15 绘制箭头

提示：在命令行中输入PLINE/PL命令并按回车键，可调用多段线命令；单击“绘图”工具栏上的“多段线”按钮，也可调用多段线命令。

3.2.4 实例——绘制窗帘图形

下面以绘制窗帘的平面图形为例，介绍多段线命令在实际绘图中的运用方法。

在命令行中输入PLINE/PL命令并按回车键，命令行提示如下：

```
命令: PLINE
指定起点:                              //指定多段线的起点;
当前线宽为 0.0000
指定下一个点或 [圆弧(A)/半宽(H)/长度(L)/放弃(U)/宽度(W)]:
                                       //鼠标右移，指定下一点;
指定下一点或 [圆弧(A)/闭合(C)/半宽(H)/长度(L)/放弃(U)/宽度(W)]: A
                                       //输入A，选择“圆弧”选项;
指定圆弧的端点或
[角度(A)/圆心(CE)/闭合(CL)/方向(D)/半宽(H)/直线(L)/半径(R)/第二个点(S)/放弃(U)/宽度(W)]: R
                                       //输入R，选择“半径”选项;
指定圆弧的半径: 180                    //指定圆弧半径参数;
指定圆弧的端点或 [角度(A)]: 360        //指定圆弧端点参数;
指定圆弧的端点或
[角度(A)/圆心(CE)/闭合(CL)/方向(D)/半宽(H)/直线(L)/半径(R)/第二个点(S)/放弃(U)/宽度(W)]: 360
                                       //鼠标右移，继续指定圆弧端点参数;
指定圆弧的端点或
```

```
[角度(A)/圆心(CE)/闭合(CL)/方向(D)/半宽(H)/直线(L)/半径(R)/第二个点(S)/放弃(U)/宽度(W)]: 360
                                   //鼠标右移，继续指定圆弧端点参数；
指定圆弧的端点或
[角度(A)/圆心(CE)/闭合(CL)/方向(D)/半宽(H)/直线(L)/半径(R)/第二个点(S)/放弃(U)/宽度(W)]: 360
                                   //鼠标右移，继续指定圆弧端点参数；
指定圆弧的端点或
[角度(A)/圆心(CE)/闭合(CL)/方向(D)/半宽(H)/直线(L)/半径(R)/第二个点(S)/放弃(U)/宽度(W)]: 360
指定圆弧的端点或
[角度(A)/圆心(CE)/闭合(CL)/方向(D)/半宽(H)/直线(L)/半径(R)/第二个点(S)/放弃(U)/宽度(W)]: 360
                                   //鼠标右移，继续指定圆弧端点参数；
指定圆弧的端点或
[角度(A)/圆心(CE)/闭合(CL)/方向(D)/半宽(H)/直线(L)/半径(R)/第二个点(S)/放弃(U)/宽度(W)]: 360
                                   //鼠标右移，继续指定圆弧端点参数；
指定圆弧的端点或
[角度(A)/圆心(CE)/闭合(CL)/方向(D)/半宽(H)/直线(L)/半径(R)/第二个点(S)/放弃(U)/宽度(W)]: 360
                                   //鼠标右移，继续指定圆弧端点参数；
指定圆弧的端点或
[角度(A)/圆心(CE)/闭合(CL)/方向(D)/半宽(H)/直线(L)/半径(R)/第二个点(S)/放弃(U)/宽度(W)]: 360
                                   //鼠标右移，继续指定圆弧端点参数；
指定圆弧的端点或
[角度(A)/圆心(CE)/闭合(CL)/方向(D)/半宽(H)/直线(L)/半径(R)/第二个点(S)/放弃(U)/宽度(W)]: 360
                                   //鼠标右移，继续指定圆弧端点参数；
指定圆弧的端点或
[角度(A)/圆心(CE)/闭合(CL)/方向(D)/半宽(H)/直线(L)/半径(R)/第二个点(S)/放弃(U)/宽度(W)]: L
                                   //输入L，选择“直线”选项；
指定下一点或 [圆弧(A)/闭合(C)/半宽(H)/长度(L)/放弃(U)/宽度(W)]:
                                   //鼠标右移，指定直线的下一点；
指定下一点或 [圆弧(A)/闭合(C)/半宽(H)/长度(L)/放弃(U)/宽度(W)]: W
                                   //输入W，选择“宽度”选项；
指定起点宽度 <0.0000>: 80          //指定起点宽度；
指定端点宽度 <80.0000>: 0          //指定终点宽度；
指定下一点或 [圆弧(A)/闭合(C)/半宽(H)/长度(L)/放弃(U)/宽度(W)]:
                                   //鼠标右移，指定直线的下一点；
指定下一点或 [圆弧(A)/闭合(C)/半宽(H)/长度(L)/放弃(U)/宽度(W)]:
                                   //按Esc键退出绘制。
```

绘制结果如图3-16所示。

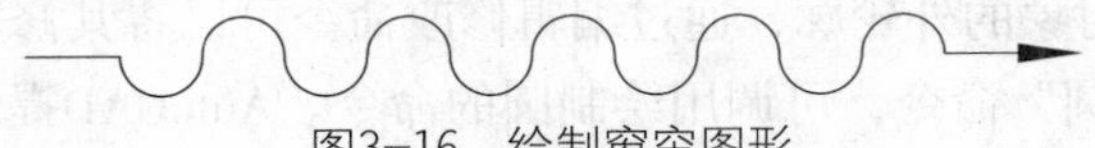

图3-16　绘制窗帘图形

3.3 绘制射线和构造线

射线和构造线命令在AutoCAD绘图中比较少用，构造线有时作为辅助线，为绘制墙体等其他图形提供定位点。

由于射线和构造线命令比较少用，所以本节仅简单介绍其调用方法及含义。

3.3.1 绘制射线

射线是只有起点而没有终点的直线。执行“绘图”|“射线”命令后，根据命令行的提示，指定起点和通过点，按回车键即可完成射线的绘制。

另外，在命令行中输入RAY命令按回车键，也可调用射线命令。

3.3.2 绘制构造线

构造线是两端无限延长的直线，一般起辅助作用。执行“绘图”|“构造线”命令后，命令行提示如下：

```
命令: XLINE
指定点或 [水平(H)/垂直(V)/角度(A)/二等分(B)/偏移(O)]:
                                        //指定构造线的位置
指定通过点:                             //指定通过点，按回车键即可结束绘制。
```

执行构造线命令过程中各选项的含义如下。

水平：绘制水平构造线。

垂直：绘制垂直构造线。

角度：按指定的角度创建构造线。

二等分：用于创建已知角的角平分线。使用该项创建的构造线，平分两条指定线的夹角，且通过该夹角的顶点。

偏移：用于创建平行于另一个对象的平行线。创建的平行线可以偏移一段距离与对象平行，也可以通过指定的点与对象平行。

3.4 绘制曲线对象

曲线对象在AutoCAD中是除了直线对象之外最为常见的图形对象之一。曲线对象主要包括圆、圆弧、圆环以及填充圆等，本节介绍绘制曲线对象的方法。

3.4.1 绘制圆

圆形多作为曲线对象的外轮廓，通过编辑修改命令可以将其修剪成其他图形。

执行“绘图”|“圆”命令，可调用绘制圆的命令。AutoCAD提供了6种绘制圆形的方式，分别有圆心、半径、圆心、直径以及三点等，这些绘制方式都需要用户给予一定的

参数才能进行绘制。

比如在使用圆心、半径方式绘制圆形的时候，就需要给出圆心点的位置以及半径参数，系统才能根据要求绘制圆形。

6种绘制圆形的方式的含义如下。

圆心、半径：用圆心和半径方式绘制圆。

圆心、直径：用圆心和直径方式绘制圆。

三点：通过3点绘制圆，系统会提示指定第一点、第二点和第三点。

两点：通过两个点绘制圆，系统会提示指定圆直径的第一端点和第二端点。

相切、相切、半径：通过两个其他对象的切点和输入半径值来绘制圆。系统会提示指定圆的第一切线和第二切线上的点及圆的半径。

相切、相切、相切：通过3条切线绘制圆。

在命令行中输入CIRCLE/C命令，并按回车键，或者单击“绘图”工具栏上的“圆”按钮，也可调用绘制圆命令，从而绘制圆形。

3.4.2 绘制圆弧

调用圆弧命令，可以根据指定的三个点来创建圆弧图形。在绘制室内设计装饰装修图纸中，圆弧命令经常会被用来绘制平开门等图形。

执行“绘图”|“圆弧”命令，即可调用绘制圆弧的命令。AutoCAD提供了13种绘制圆弧的方法，包括三点、起点、圆心、端点以及起点、圆心、角度等，这些绘制方式同样需要用户给予一定的参数才能进行绘制。

13种绘制圆弧的方法的含义如下：

三点：通过指定圆弧上的三点绘制圆弧，需要指定圆弧的起点、通过的第二个点和端点。

起点、圆心、端点：通过指定圆弧的起点、圆心、端点绘制圆弧。

起点、圆心、角度：通过指定圆弧的起点、圆心、包含角绘制圆弧。执行此命令时会出现“指定包含角：”的提示，在输入角度时，如果当前环境设置逆时针方向为角度正方向，且输入正的角度值，则绘制的圆弧是从起点绕圆心沿逆时针方向绘制，反之则沿顺时针方向绘制。

起点、圆心、长度：通过指定圆弧的起点、圆心、弦长绘制圆弧。另外，在命令行提示的“指定弦长：”提示信息下，如果所输入的值为负，则该值的绝对值将作为对应整圆的空缺部分圆弧的弦长。

起点、端点、角度：通过指定圆弧的起点、端点、包含角绘制圆弧。

起点、端点、方向：通过指定圆弧的起点、端点和圆弧的起点切向绘制圆弧。命令执行过程中会出现“指定圆弧的起点切向：”提示信息，此时拖动鼠标动态地确定圆弧在起始点处的切线方向与水平方向的夹角。拖动鼠标时，AutoCAD会在当前光标与圆弧起始点之间形成一条线，即为圆弧在起始点处的切线。确定切线方向后，单击拾取键即可得到相应的圆弧。

起点、端点、半径：通过指定圆弧的起点、端点和圆弧半径绘制圆弧。

圆心、起点、端点：以圆弧的圆心、起点、端点方式绘制圆弧。

圆心、起点、角度：以圆弧的圆心、起点、圆心角方式绘制圆弧。

圆心、起点、长度：以圆弧的圆心、起点、弦长方式绘制圆弧。

继续：绘制其他直线或非封闭曲线后选择“绘图”|“圆弧”|“继续”命令，系统将自动以刚才绘制对象的终点作为即将绘制的圆弧的起点。

在命令行中输入ARC/A命令，并按回车键，或者单击“绘图”工具栏上的“圆弧”按钮，也可调用绘制圆弧的命令，从而绘制圆弧。

3.4.3 绘制吧椅

下面以绘制吧椅的平面图为例，介绍圆和圆弧命令在实际绘图中的调用方法。

01 调用CIRCLE/C命令，绘制半径分别为175、155的圆形，如图3-17所示。

02 绘制椅背。调用LINE/L命令，绘制直线，结果如图3-18所示。

03 调用MIRROR/MI命令，镜像复制直线图形，结果如图3-19所示。

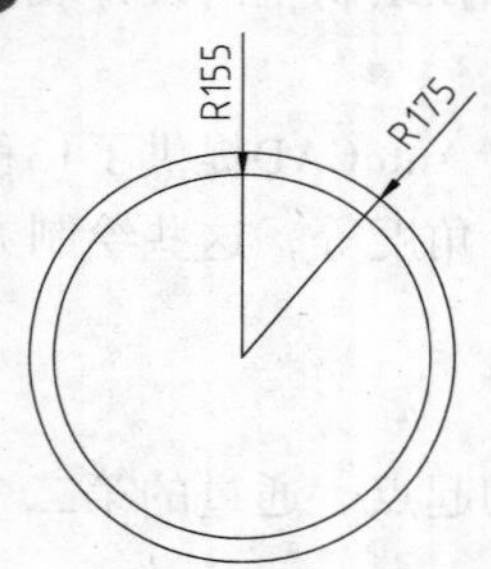

图3-17 绘制圆形

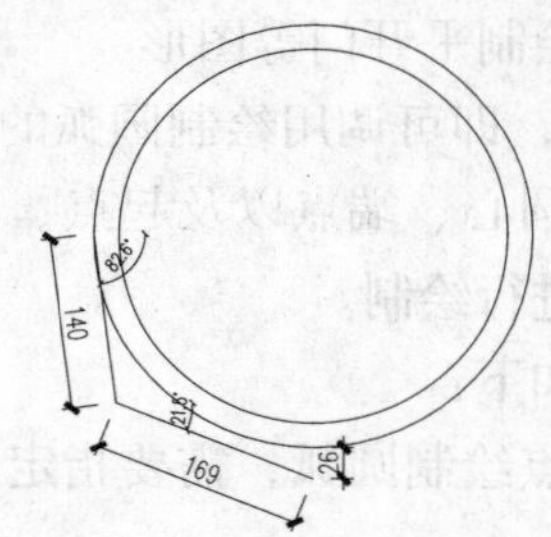

图3-18 绘制直线

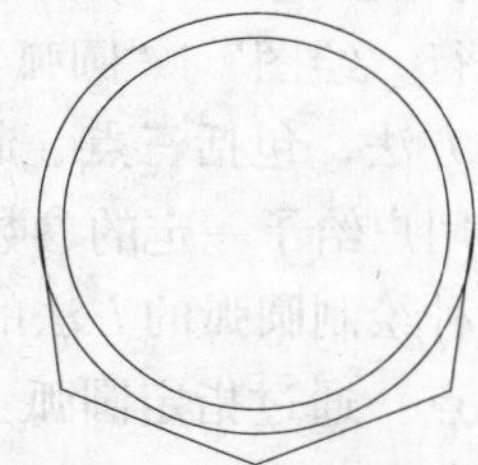

图3-19 镜像复制

04 调用OFFSET/O命令，设置偏移距离为20，往外偏移直线图形；调用LINE/L命令，绘制闭合直线；调用FILLET/F命令，设置圆角半径为0，对所偏移的直线进行圆角处理，结果如图3-20所示。

05 调用LINE/L命令，绘制直线；调用CIRCLE/C命令，绘制半径为10的圆形，结果如图3-21所示。

06 调用ARC/A命令，绘制圆弧，完成吧椅的绘制，结果如图3-22所示。

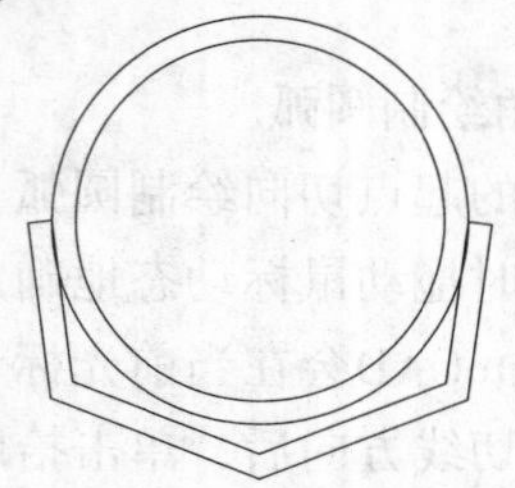

图3-20 编辑结果

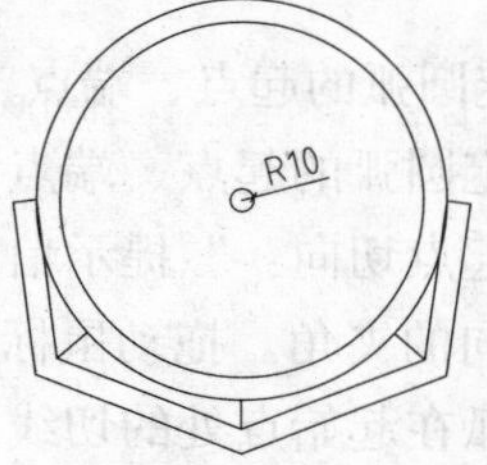

图3-21 绘制结果

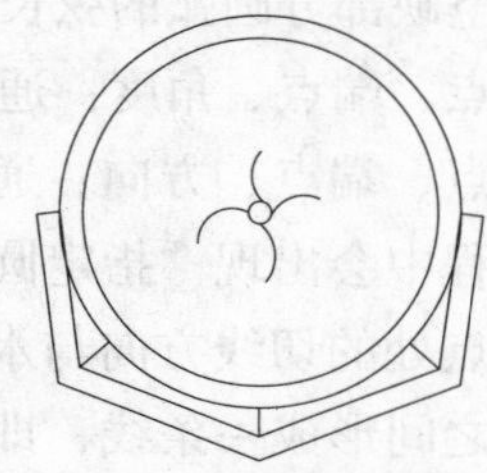

图3-22 绘制圆弧

3.4.4 绘制圆环和填充圆

圆环图形是由两个圆心位置一致但半径值不相等的圆形组成。AutoCAD默认情况下绘制的圆环为填充的实心图形，如果想绘制不填充的圆环，则需要在执行绘制命令的过程中进行设置。

在命令行中输入FILL命令，命令行提示如下：

```
命令：FILL
输入模式 [开(ON)/关(OFF)] <开>:
```

此时，假如在命令行中输入ON，则选择"开"模式，表示绘制的圆环和圆要填充；输入OFF，选择"关"模式，表示绘制的圆环和圆不要填充。

执行"绘图"|"圆环"命令，可以查看到填充的圆与不填充圆的绘制结果，如图3-23、图3-24所示。

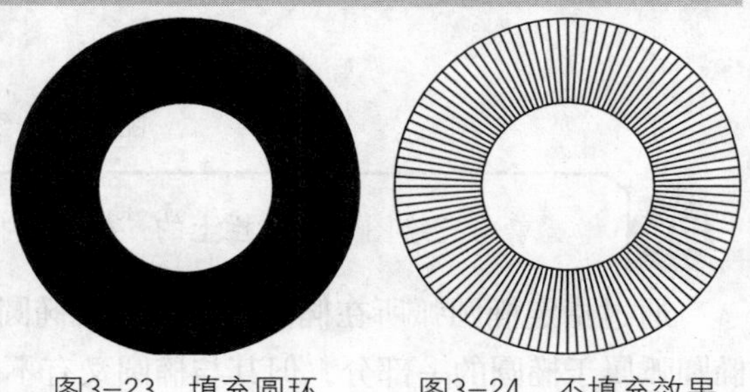

图3-23 填充圆环　　图3-24 不填充效果

在命令行中输入DONUT / DO命令，也可执行绘制圆环的命令。

3.4.5 实例——绘制水槽

下面以绘制水槽图形为例，介绍圆环命令在实际绘图工作中的使用方法。

打开素材。按Ctrl+O组合键，打开配套光盘提供的"素材\第3章\3.4.5实例-绘制水槽.dwg"文件，如图3-25所示。

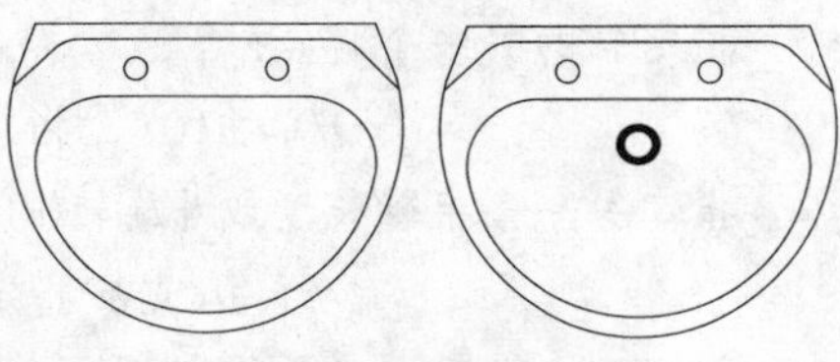

图3-25 打开素材　图3-26 绘制圆环

在命令行中输入DONUT / DO命令，命令行提示如下：

```
命令：DONUT
指定圆环的内径 <0.5.0000>:40        //指定圆环的内径值；
指定圆环的外径 <1.0000>:60//指定圆环的外径值；
指定圆环的中心点或 <退出>:          //指定中心点。
绘制圆环的结果如图3-26所示。
```

3.4.6 绘制椭圆和椭圆弧

通过指定椭圆的两个轴端点和轴长，可以创建椭圆图形。在绘制室内装饰装修图形的过程中，椭圆图形自身可以作为图形对象被使用，也可经过编辑修改后，作为曲线对象的外轮廓。

执行"绘图"|"圆弧"命令，命令行提示如下：

```
命令：ELLIPSE
```

```
指定椭圆的轴端点或 [圆弧(A)/中心点(C)]:     //指定轴端点a。
指定轴的另一个端点:                         //指定轴端点b。
指定另一条半轴长度或 [旋转(R)]:             //指定半轴长度。
```

绘制椭圆的结果如图3-27所示。

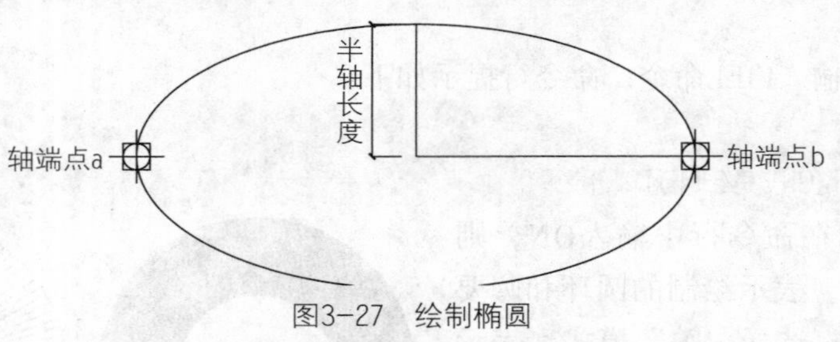

图3-27　绘制椭圆

单击“绘图”工具栏上的“椭圆”按钮，也可执行绘制椭圆的命令。

通过指定椭圆弧所在椭圆的两条轴及椭圆弧的起点和终点的角度，可以创建椭圆弧。椭圆弧属于椭圆的一部分，但其与椭圆又有不同之处，即它的起点和终点没有闭合。

执行“绘图”|“椭圆”|“圆弧”命令，命令行提示如下：

```
命令: _ellipse
指定椭圆的轴端点或 [圆弧(A)/中心点(C)]: _a
指定椭圆弧的轴端点或 [中心点(C)]:
                //单击a点，指定轴端点；
指定轴的另一个端点:
                //单击b点，指定另一端点；
指定另一条半轴长度或 [旋转(R)]:
                //单击c点，指定半轴长度；
指定起点角度或 [参数(P)]:
                //单击d点，指定起点角度；
指定端点角度或 [参数(P)/包含角度(I)]:
                //单击e点，指定端点角度。绘制的
                椭圆弧如图3-28所示中的粗线段。
```

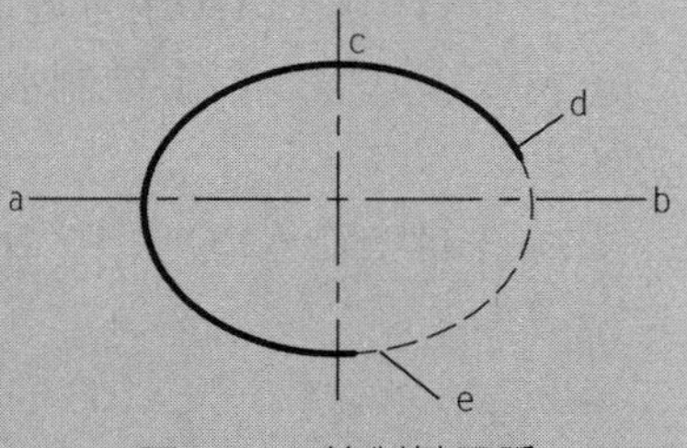

图3-28　绘制椭圆弧

从如图3-28所示的图形可以观察到，椭圆弧属于椭圆的一部分。此外，单击“绘图”工具栏上的“椭圆弧”按钮，也可执行绘制椭圆弧的命令。

3.5 绘制多线

多线是由相互平行的两条直线组成的一个图形对象。多线图形绘制完成之后是一个整体，可以对其进行编辑修改。

本节介绍绘制多线图形对象的相关知识，包括多线样式的设置以及多线的绘制和编辑方法。

3.5.1 设置多线样式

多线样式是指多线的属性，包括多线的宽度、颜色和线型等。用户在对多线样式进行设置后，可在此基础上绘制多线图形。

下面介绍设置多线样式的方法。

01 执行“格式”|“多线样式”命令，弹出“多线样式”对话框，如图3-29所示。

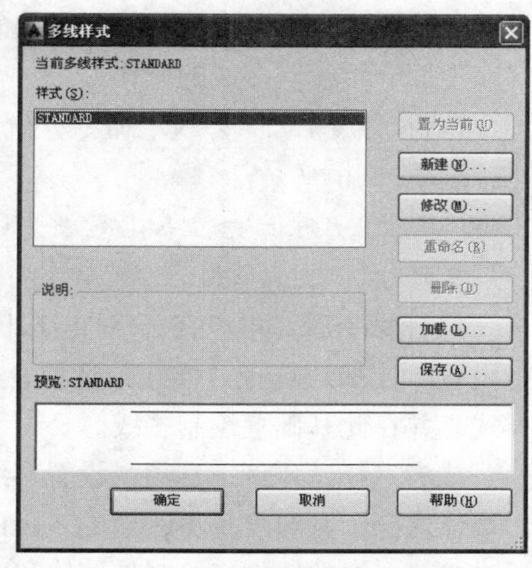

图3-29 “多线样式”对话框

02 在对话框中单击“新建”按钮，弹出“创建新的多线样式”对话框，设置新样式的名称，如图3-30所示。

图3-30 “创建新的多线样式”对话框

03 在对话框中单击“继续”按钮，弹出“新建多线样式：外墙体”对话框；在“图元”选项组中单击第一组偏移参数，在下方的“偏移”文本框中输入偏移参数，如图3-31所示。

04 在“图元”选项组中单击第二组偏移参数，在下方的“偏移”文本框中输入偏移参数，如图3-32所示。

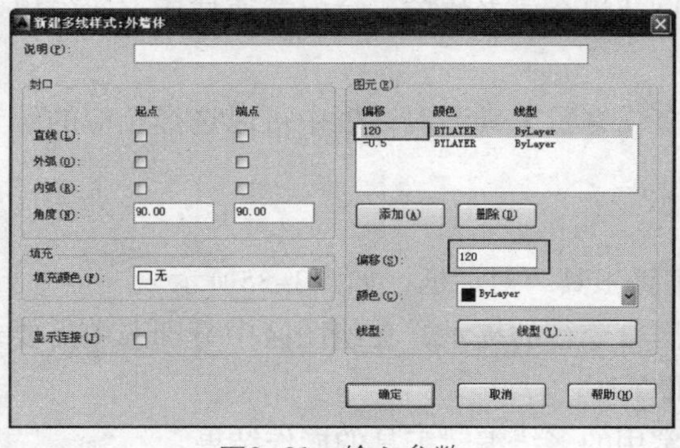

图3-31 输入参数

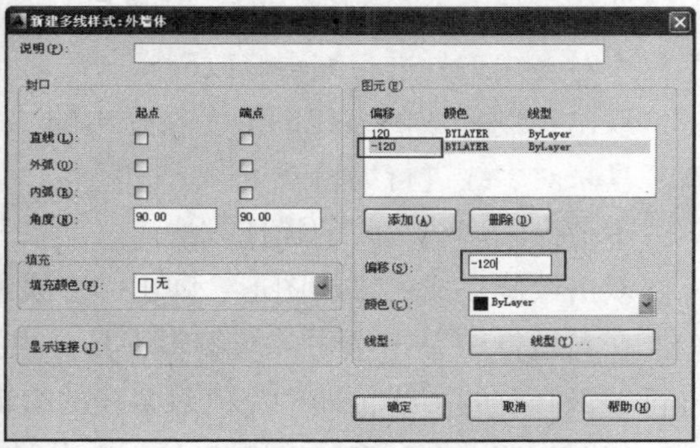

图3-32 设置结果

05 单击“确定”按钮，返回“多线样式”对话框，选中“外墙体”样式，单击“置为当前”按钮，如图3-33所示；单击“确定”按钮关闭对话框，即可完成多线样式的设置。

图3-33 置为当前

在命令行中输入MLSTYLE命令并按回车键，也可打开“多线样式”对话框。

3.5.2 绘制多线

在室内设计制图中，多线一般用于表示墙体。多线的绘制可以在已设置完成的多线样式的基础上绘制，也可以在执行绘制多线命令的过程中，自行设置多线的比例大小。

下面介绍绘制多线的操作方法。

执行“绘图”|“多线”命令，命令行提示如下：

```
命令:MLINE
当前设置: 对正 = 上, 比例 = 1.00, 样式 = STANDARD
指定起点或 [对正(J)/比例(S)/样式(ST)]:
```

执行命令后，可以在“[对正(J)/比例(S)/样式(ST)]”命令行选项中选择相应的选项进行设置。比如，选择“样式”选项，根据命令行的提示输入样式名称，即可选择已有的样式，并在此基础上绘制多线。

或者选择“比例”选项，设置多线的比例。房屋有外墙体和内墙体之分，其厚度是不一致的；因此选择“比例”选项，可以通过更改多线的比例来绘制外墙体和内墙体。

如图3-34所示为调用多命令绘制完成的墙体图形。

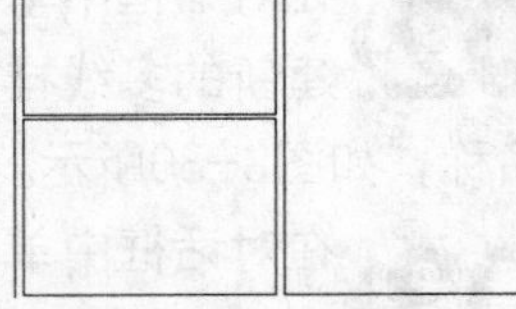

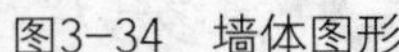

图3-34　墙体图形

在命令行中输入MLINE命令并按回车键，也可调用多线命令。

3.5.3　编辑多线

调用多线命令绘制墙体时，其接口不会自动闭合或者修剪，这时就要使用多线编辑工具来对多线工具进行编辑修改。

双击绘制完成的多线图形，在弹出的“多线编辑工具”对话框中可以选择相应的编辑工具来对多线进行编辑。

本节介绍多线编辑的操作方法。

双击绘制完成的多线图形，弹出“多线编辑工具”对话框，如图3-35所示。

在对话框中单击选中多线编辑工具，根据命令行的提示，在绘图区中分别选中需要进行编辑修改的多线，即可完成对多线的编辑修改。

如图3-36、图3-37与图3-38所示为几种常用的多线编辑工具的操作结果。

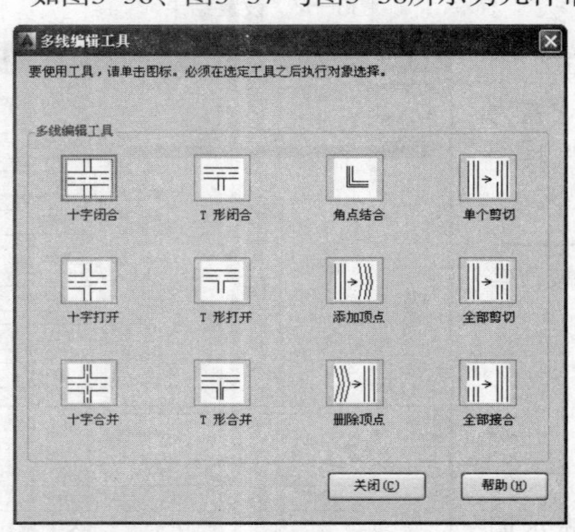

图3-35　“多线编辑工具”对话框

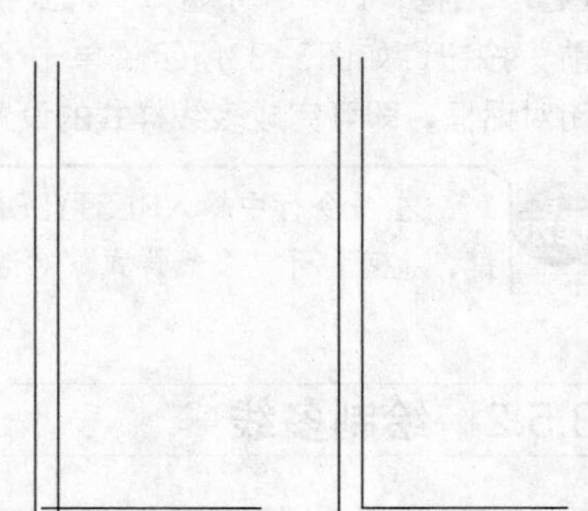

图3-36　角点结合

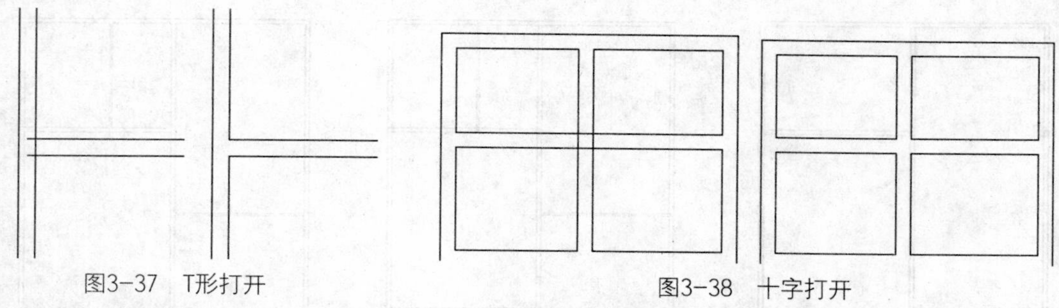

图3-37　T形打开　　　　图3-38　十字打开

执行“修改”|“对象”|“多线”命令，也可打开“多线编辑工具”对话框。

3.5.4　实例——绘制户型图

下面以绘制户型图为例，介绍多线命令在实际绘图工作中的调用方法。

01 输入MLINE/ML命令，命令行提示如下：

```
命令: MLINE
当前设置: 对正 = 上, 比例 = 10.00, 样式 = 外墙
指定起点或 [对正(J)/比例(S)/样式(ST)]:  J
                                        //输入J, 选择“对正“选项;
输入对正类型 [上(T)/无(Z)/下(B)] <上>:  Z
                                        //输入Z, 选择“无”选项;
当前设置: 对正 = 无, 比例 = 10.00, 样式 = 外墙
指定起点或 [对正(J)/比例(S)/样式(ST)]:  S
                                        //输入S, 选择“比例”选项;
输入多线比例 <10.00>:  1                //输入比例值;
当前设置: 对正 = 无, 比例 = 1.00, 样式 = 外墙
指定起点或 [对正(J)/比例(S)/样式(ST)]:   //指定多线的起点;
指定下一点:                             //指定下一点;
指定下一点或 [放弃(U)]:
指定下一点或 [闭合(C)/放弃(U)]:
指定下一点或 [闭合(C)/放弃(U)]:          //绘制多线的结果如图3-39所示。
```

02 同理，在执行多线命令的过程中，将比例参数更改为0.5，其他参数不变，即可绘制宽度为120的隔墙，结果如图3-40所示。

03 编辑多线。双击多线，系统弹出“多线编辑工具”对话框；在对话框中单击选中多线编辑工具，根据命令行的提示分别选择多线图形，完成多线编辑的结果如图3-41所示。

图3-39　绘制多线

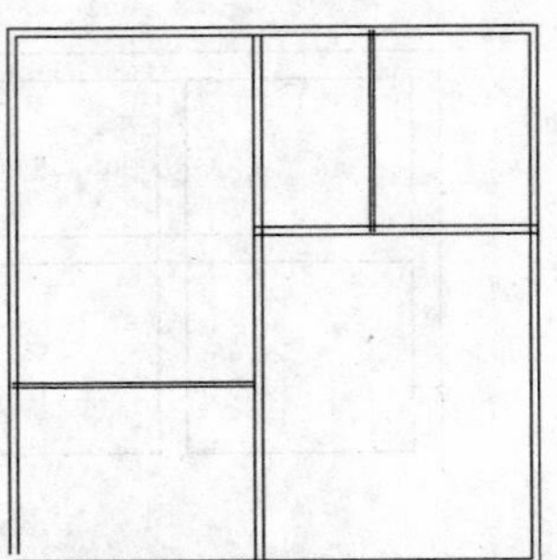

图3-40　绘制隔墙

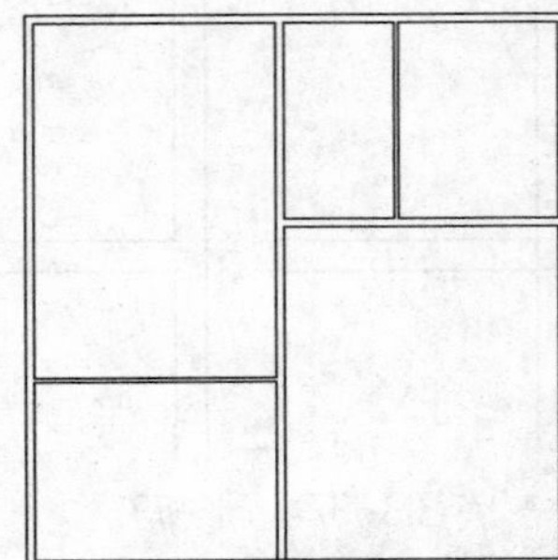

图3-41　多线编辑

3.6　绘制样条曲线

样条曲线在绘制园林景观施工图时常用来表示地面等高线，而在绘制室内设计施工图时，则常用来表示某些物体的外轮廓线。绘制完成的样条曲线可以对它的形态等属性进行更改，以便更符合使用要求。

本小节介绍绘制和编辑样条曲线的操作方法。

3.6.1　绘制样条曲线

调用样条曲线命令，可以创建通过或靠近接近点的平滑曲线，以形成物体的外轮廓线。

执行“绘图”|“样条曲线”命令，命令行提示如下：

```
命令: SPLINE
当前设置: 方式=拟合    节点=弦
指定第一个点或 [方式(M)/节点(K)/对象(O)]:          //指定样条曲线的起点。
输入下一个点或 [起点切向(T)/公差(L)]:                         //指定下一个点。
… …
输入下一个点或 [端点相切(T)/公差(L)/放弃(U)/闭合(C)]: //单击鼠标左键，按回车键退出绘制。
```

如图3-42所示为通过调用样条曲线命令为钢琴绘制外轮廓的结果。

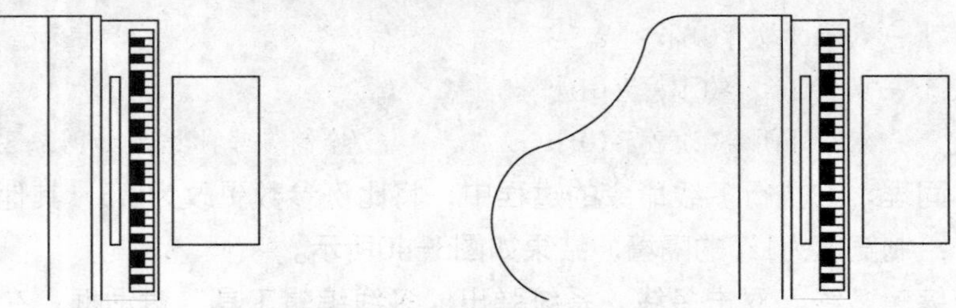

图3-42　绘制样条曲线

提示　执行样条曲线命令的方式还有：在命令行中输入SPLINE/SPL命令并按回车键，单击“绘图”工具栏上的“样条曲线”按钮～。

3.6.2 编辑样条曲线

有时候绘制完毕的样条曲线图形的某些细节部分不能满足使用要求，删掉重新绘制的话又浪费时间，此时可以调用编辑样条曲线命令来对需修改的样条曲线图形进行编辑修改。

执行“修改”|“对象”|“样条曲线”命令，或者在命令行中输入SPLINEDIT命令并按回车键，命令行提示如下：

命令：_splinedit

选择样条曲线：

输入选项 [闭合(C)/合并(J)/拟合数据(F)/编辑顶点(E)/转换为多段线(P)/反转(R)/放弃(U)/退出(X)] <退出>：C　　//输入C，选择“闭合”选项

输入选项 [打开(O)/拟合数据(F)/编辑顶点(E)/转换为多段线(P)/反转(R)/放弃(U)/退出(X)] <退出>：X　//输入X，选择“退出”选项。闭合样条曲线的结果如图3-43所示。

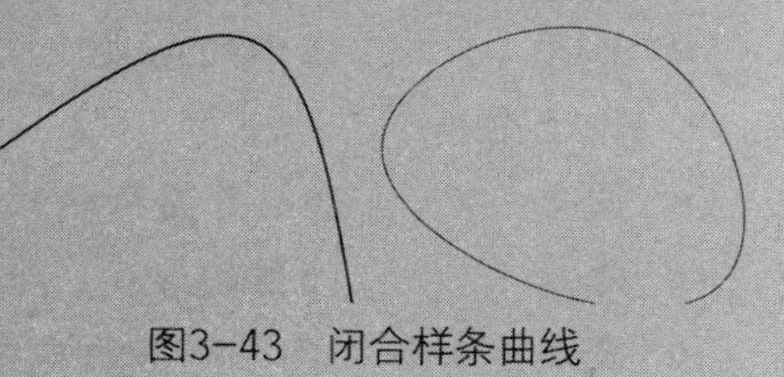

图3-43　闭合样条曲线

下面是在执行编辑样条曲线命令的过程中一些选项的含义。

闭合(C)：选择该项，可以将指定的开放样条曲线闭合。

拟合数据(F)：选择该项，可以修改样条曲线所通过的主要控制点。

选择该项后，命令行提示如下：

输入拟合数据选项

[添加(A)/闭合(C)/删除(D)/扭折(K)/移动(M)/清理(P)/切线(T)/公差(L)/退出(X)] <退出>：

其中各选项的含义如下。

- 添加（A）：为样条曲线添加新的控制点。
- 删除（D）：删除样条曲线中的控制点。
- 移动（M）：移动控制点在图形中的位置，按回车键可以依次选取各点。
- 清理（P）：从图形数据库中清除样条曲线的拟合数据。
- 相切（T）：修改样条曲线在起点和端点的切线方向。
- 公差（L）：重新设置拟合公差的值。
- 编辑顶点(E)：选择该项时，出现样条曲线的顶点；此时可以根据命令行的提示，对顶点执行相应的操作，比如添加、删除等。
- 转换为多段线(P)：选择该项时，指定的样条曲线被转换为多段线，多段线的精度可以自定义。
- 反转(R)：选择该项时，可以将样条曲线的起点和终点进行调换。

3.7 绘制矩形和正多边形

矩形和正多边形都是含有规则边数的图形。通过指定长度和宽度的参数，可以创建矩形；通过指定边数、中心点以及半径等参数，可以创建多边形。

本节介绍绘制矩形和多边形的方法。

3.7.1 绘制矩形

在AutoCAD中可以绘制各种样式的矩形，分别有倒角矩形、圆角矩形、有厚度及有宽度的矩形等。在执行绘制矩形命令的过程中，选择相应的选项，即可以创建相应的矩形。

执行“绘图”|“矩形”命令，命令行提示如下：

```
命令: RECTANG
指定第一个角点或 [倒角(C)/标高(E)/圆角(F)/厚度(T)/宽度(W)]:
```

命令行中各选项的含义如下。

- 倒角（C）：绘制一个带倒角的矩形。
- 标高（E）：矩形的高度。默认情况下，矩形在x、y平面内。该选项一般用于三维绘图。
- 圆角（F）：绘制带圆角的矩形。
- 厚度（T）：矩形的厚度，该选项一般用于三维绘图。
- 宽度（W）：定义矩形的宽度。

在命令行如上述所示后，单击鼠标左键，命令行提示如下。

```
指定另一个角点或 [面积(A)/尺寸(D)/旋转(R)]:
```

命令行中各选项的含义如下。

- 面积（A）：通过指定矩形面积参数，以及计算矩形标注时所依据的长度（或宽度）的参数，来创建指定面积的矩形。
- 尺寸（D）：通过指定矩形的长度和宽度参数来创建矩形。
- 旋转（R）：通过指定旋转角度，可以创建旋转矩形。

提示　在命令行中输入RECTANG命令后按回车键，或者单击“绘图”工具栏上的“矩形”按钮，都可调用矩形命令。

3.7.2 绘制正多边形

正多边形也可以说是不规则的矩形，它是由三条或三条以上长度相等的线段首尾相接形成的闭合图形。在AutoCAD中，可以创建边数范围在3～1024之间的正多边形。

执行“绘图”|“多边形”命令，命令行提示如下：

```
命令: _polygon
 输入侧面数 <4>: 5                              //输入边数。
指定正多边形的中心点或 [边(E)]:                 //指定中心点。
输入选项 [内接于圆(I)/外切于圆(C)] <I>: I      //输入I，选择内接于圆选项。
指定圆的半径: 100                               //输入半径参数。
```

内接于圆的绘制方法是通过输入正多边形的边数、外接圆的圆心和半径来画正多边形，正多边形的所有顶点都在此圆周上，如图3-44所示为使用“内接于圆”方法绘制的正多边形。

在命令行中输入C，可以选择“外切于圆”选项。外切于圆的多边形绘制方法是通

过输入正多边形的边数、内切圆的圆心位置和内切圆的半径来画正多边形，内切圆的半径也为正多边形中心点到各边中点的距离，如图3-45所示为使用“外切于圆”方法绘制的正多边形。

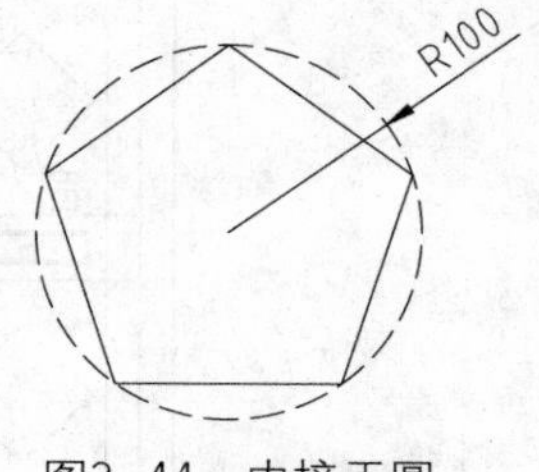

图3-44　内接于圆

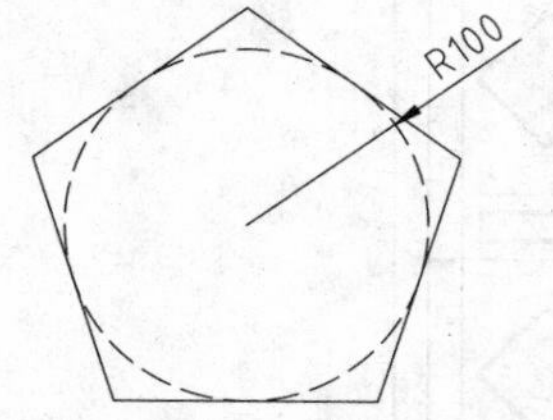

图3-45　外切于圆

在命令行中输入POLYGON命令并按回车键，或者单击“绘图”工具栏上的“多边形”按钮，都可以调用多边形命令。

此外，还可以使用“边长法”来绘制多边形。在命令行提示“指定正多边形的中心点或［边(E)］”时，输入E，通过指定边长的起点和终点，可以绘制指定边长的多边形。

3.7.3　实例——绘制门立面图

下面以绘制造型门的立面图为例，介绍矩形、多边形命令在实际绘图中的运用方法。

01 调用RECTANG/REC命令，绘制尺寸为2000×900的矩形；调用OFFSET/O命令，设置偏移距离为100，向内偏移矩形，结果如图3-46所示。

02 调用EXPLODE/X命令，将内矩形分解；调用OFFSET/O命令，向内偏移矩形边，结果如图3-47所示。

03 调用RECTANG/REC命令，绘制尺寸为398×98的矩形；调用OFFSET/O命令，设置偏移距离为10，向内偏移矩形，结果如图3-48所示。

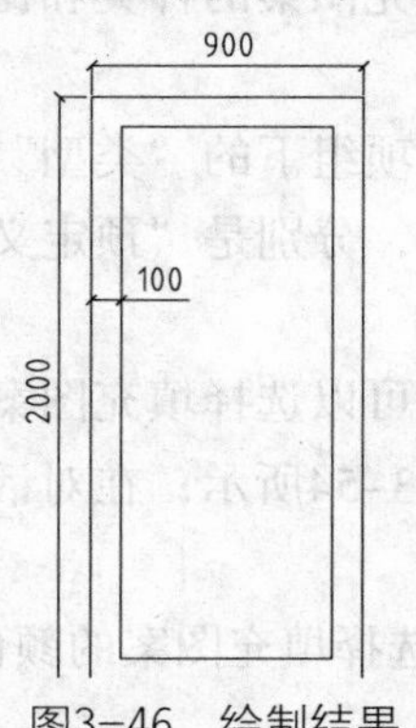

图3-46　绘制结果

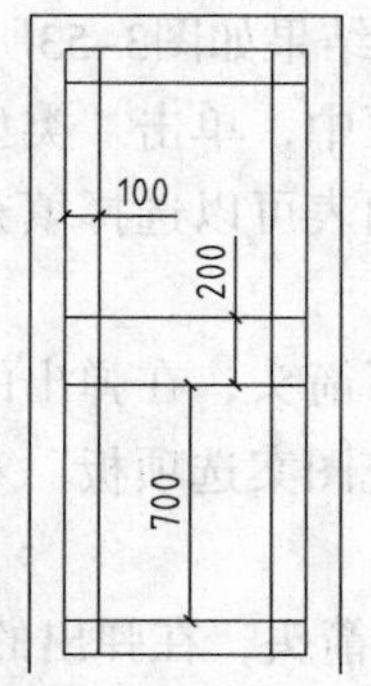

图3-47　偏移矩形边

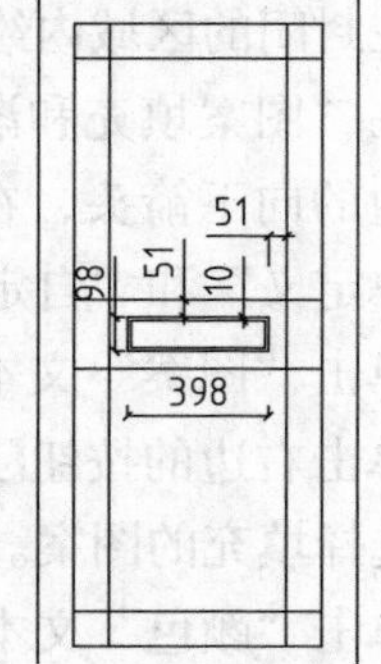

图3-48　绘制结果

04 调用POLYGON命令，绘制半径为212的正四边形；调用MIRROR/MI命令，镜像复制多边形图形，结果如图3-49所示。

05 调用OFFSET/O命令，设置偏移距离为10的向内偏移多边形，结果如图3-50所示。

06 调用LINE/L命令、OFFSET/O命令，绘制并偏移直线，完成造型门立面图的绘制，结果如图3-51所示。

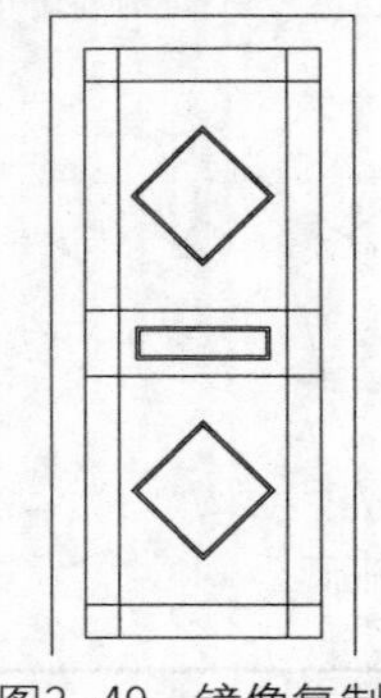
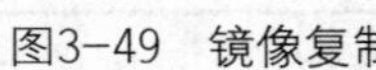
图3-49　镜像复制

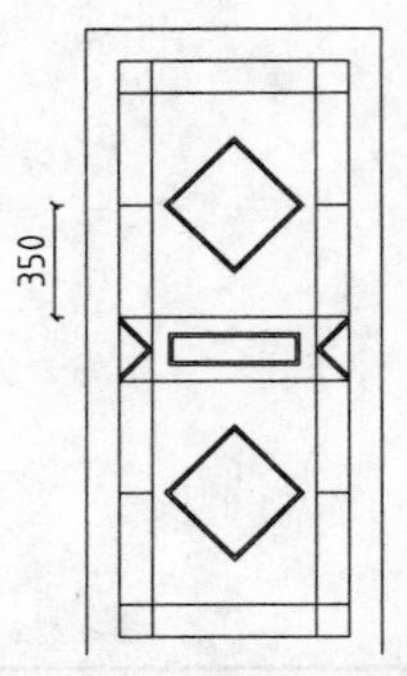

图3-50　偏移多边形

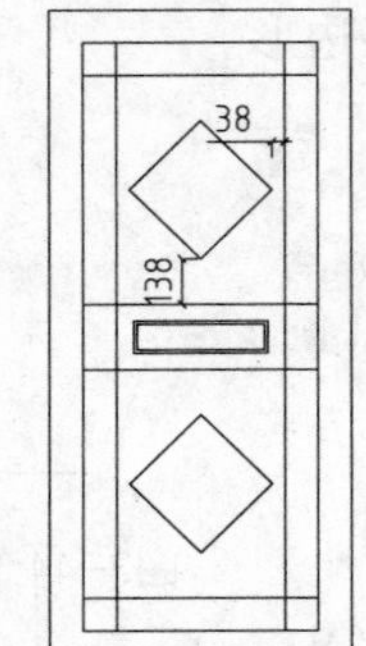

图3-51　绘制并偏移直线

3.8 绘制有剖面图案的图形

在绘制室内剖面图的时候，图案填充是必不可少的步骤之一。AutoCAD提供的图案填充命令，通过设置图案的填充比例和角度，可以绘制不一样的图案填充，从而使不同的图形得到区分，能清晰地显示各图形所代表的意义。

本节介绍绘制剖面图的图案填充的方法。

3.8.1　填充封闭区域

调用图案填充命令绘制图案填充，其所指定的填充区域必须是封闭的，否则不予填充。

执行“绘图”|“图案填充”命令，或者在命令行中输入HATCH/H命令，系统弹出如图3-52所示的“图案填充和渐变色”对话框；通过选择并设置填充图案的种类和比例，可以在封闭的区域内绘制图案填充，结果如图3-53所示。

在“图案填充和渐变色”对话框中，单击“类型和图案”选项组下的“类型”文本框右边的向下箭头，在弹出的下拉列表可以选择填充图案的类型，分别是“预定义”、“用户定义”和“自定义”三种。

单击“图案”文本框右边的向下箭头，在弹出的下拉列表中可以选择填充图案的名称；单击右边的按钮□，弹出“填充图案选项板”对话框，如图3-54所示；在对话框中可以选择填充的图案。

单击“颜色”文本框右边的向下箭头，在弹出的下拉列表中选择填充图案的颜色。

单击“样例”文本框，可以弹出“填充图案选项板”对话框。

在“角度和比例”选项组下的“角度”、“比例”文本框中，可以分别设置图案填充的角度和比例。

在右边的“边界”选项组中，提供了两种图案填充的方式，分别是“添加：拾取点”、“添加：选择对象”。

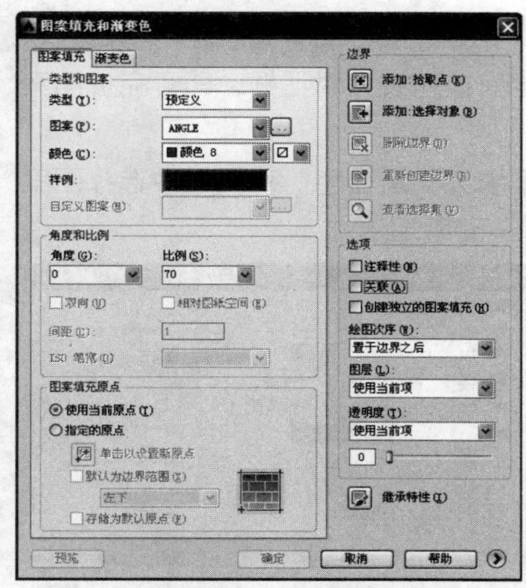

图3-52 “图案填充和渐变色”对话框

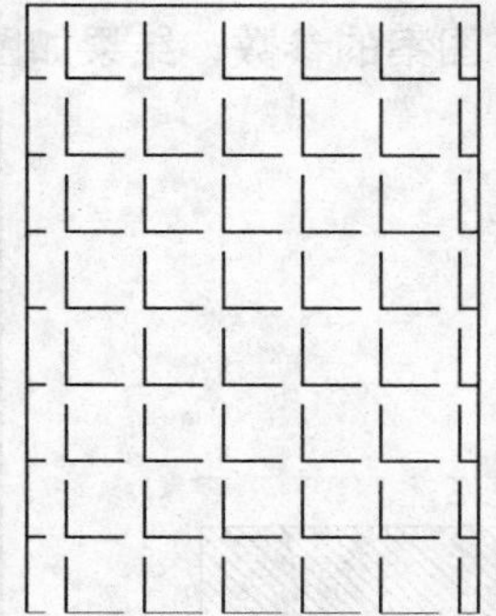
图3-53 填充结果

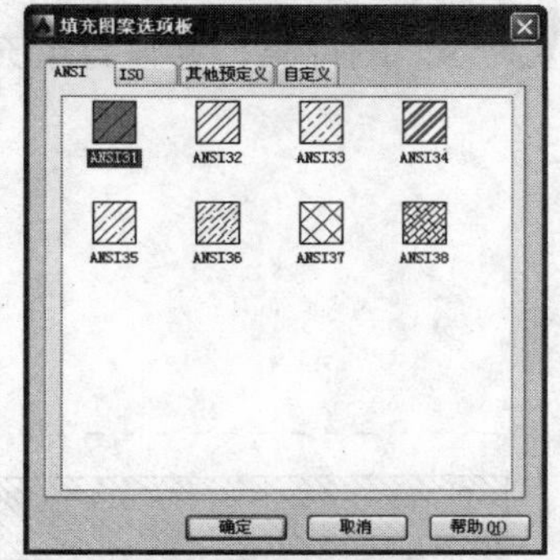

图3-54 “填充图案选项板”对话框

使用“添加：拾取点”填充方式时，在填充区域内单击鼠标左键，等待系统识别填充区域后，即可绘制图案填充。

使用“添加：选择对象”填充方式时，通过点选填充区域的边界来绘制图案填充。

3.8.2 填充复杂图形的方法

绘制细部装饰的剖面图是繁杂的，在为其绘制图案填充的时候，也要注意区分各填充图案所代表的细节部分。填充复杂图形的方式不一，但最终目的却是一致的，都是为了能更好地区分和表达图形。

下面介绍为天花板剖面图绘制图案填充的方法。

01 打开素材。按Ctrl+O组合键，打开配套光盘提供的“素材\第3章\3.8.2 填充复杂图形的方法素材文件.dwg”文件，结果如图3-55所示。

02 填充原建筑墙体图案。单击“绘图”工具栏上的“图案填充”按钮，在弹出的“图案填充和渐变色”对话框中设置参数，结果如图3-56所示。

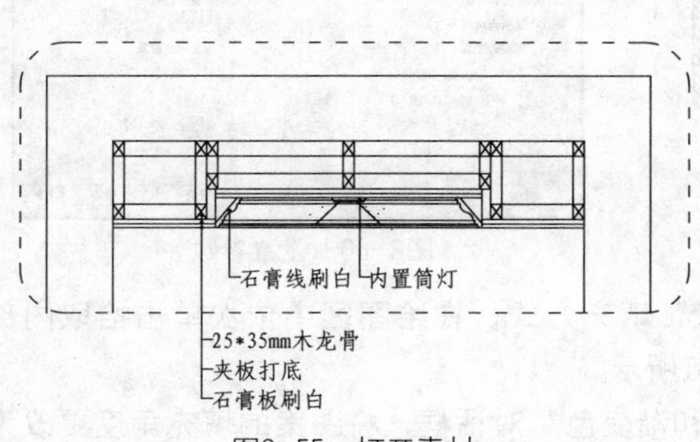

图3-55 打开素材

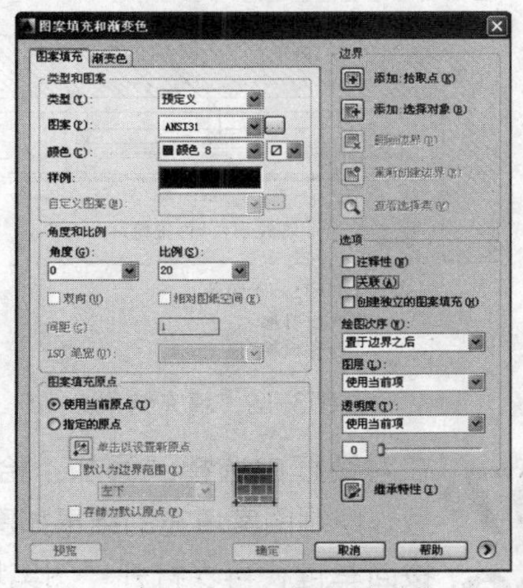

图3-56 设置参数

03 在对话框中单击“添加：拾取点”按钮，在绘图区中的填充区域内单击拾取内部点；按回车键返回对话框，单击“确定”按钮关闭对话框，即可完成图案填充操作，结果如图3-57所示。

04 按回车键重复调用图案填充命令，在“图案填充和渐变色”对话框中选择图案的种类，并设置填充图案的参数，结果如图3-58所示。

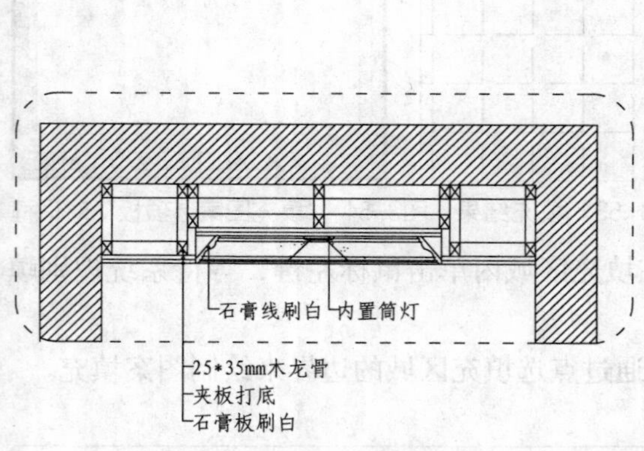

图3-57　图案填充

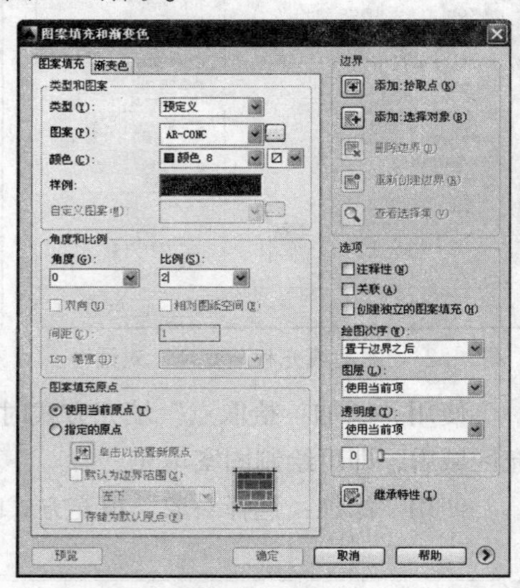

图3-58　“图案填充和渐变色”对话框

05 沿用上述的填充方式绘制图案填充，结果如图3-59所示。

06 单击鼠标右键，重复调用图案填充命令，在稍后弹出的“图案填充和渐变色”对话框中设置参数，结果如图3-60所示。

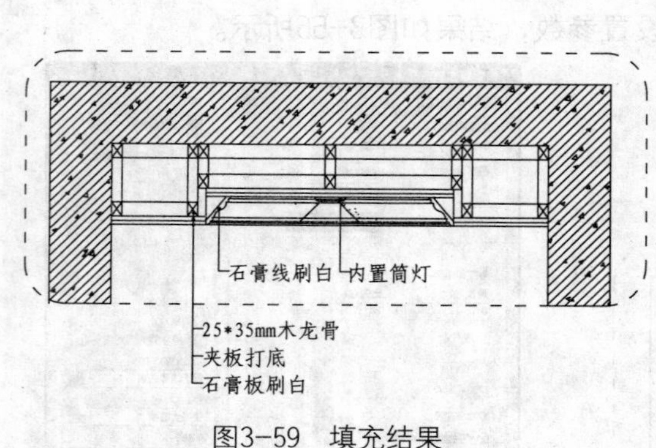

图3-59　填充结果

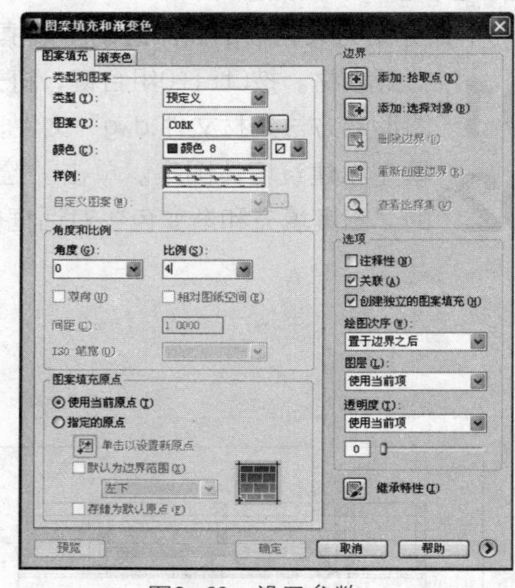

图3-60　设置参数

07 在对话框中选择“添加：拾取点”填充方式，在绘图区中依次单击拾取内部点，绘制图案填充的结果如图3-61所示。

08 按回车键，再次打开“图案填充和渐变色”对话框，将图案的填充角度更改为90°，绘制夹板图案填充的结果如图3-62所示。

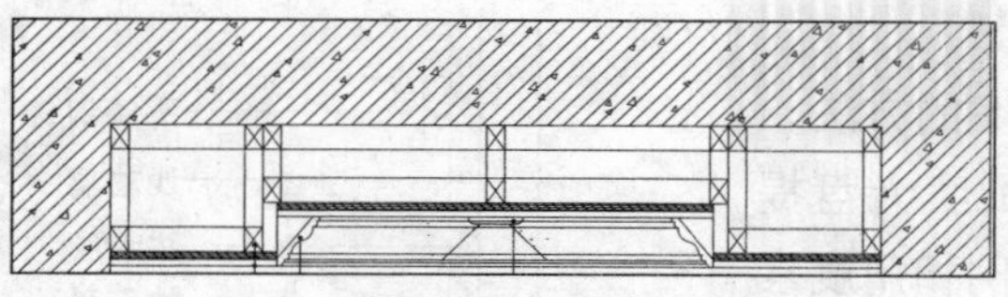

图3-61　图案填充

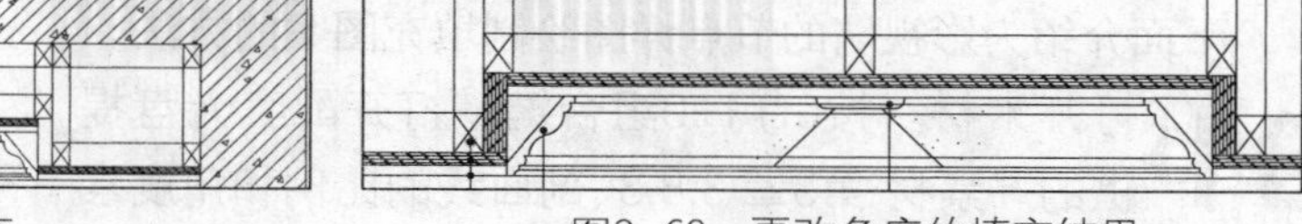

图3-62　更改角度的填充结果

09 单击鼠标右键，在弹出的“图案填充和渐变色”对话框中选择名称为ANSI36的填充图案，设置填充比例为4，结果如图3-63所示。

10 沿用上述填充方法，绘制石膏板填充图案，结果如图3-64所示。

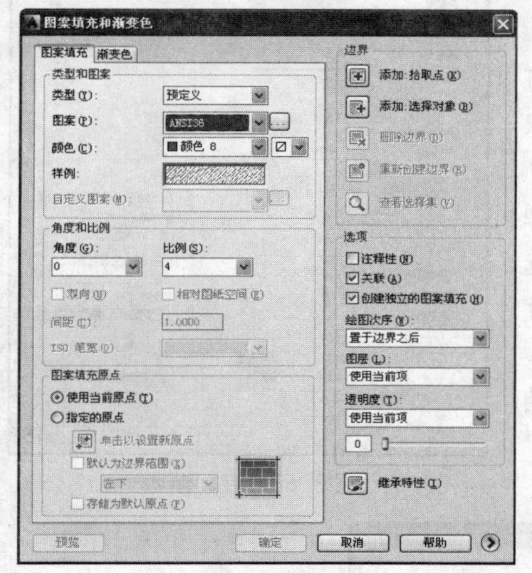

图3-63　设置参数

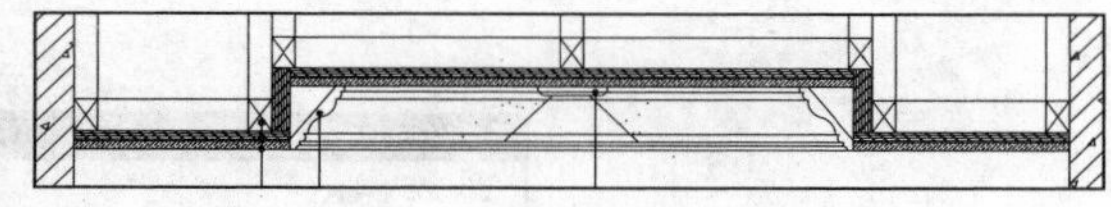

图3-64　填充图案

11 按回车键，在“图案填充和渐变色”对话框中将填充比例更改为45°，为石膏角线绘制图案填充，结果如图3-65所示。

12 至此，天花剖面图的图案填充绘制完毕，结果如图3-66所示。

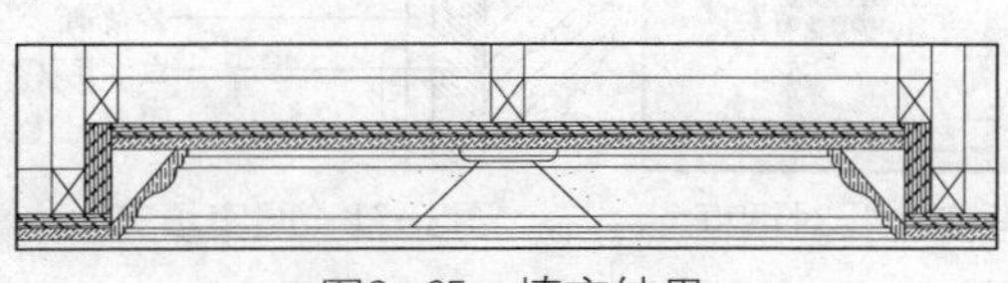

图3-65　填充结果

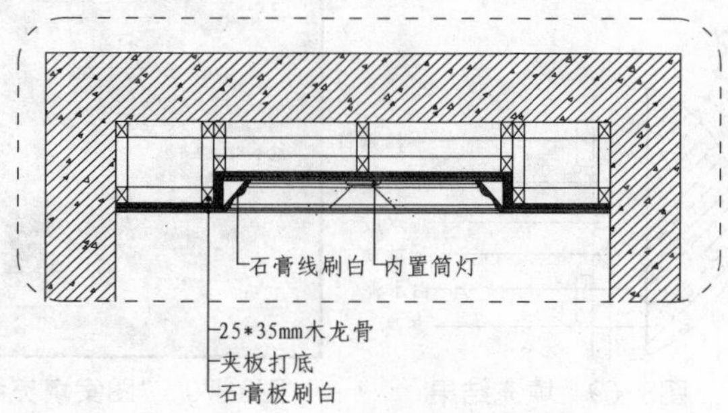

图3-66　绘制结果

3.8.3　剖面线的比例和角度

在绘制剖面填充图案的时候，常常会需要根据物体的剖切方向来更改图案填充的比例或者角度，以使填充图案与剖切面更接近。另外，在使用同一个填充图案的时候，更改图案的角度和比例，也可以进行区别。

下面介绍为影视墙的节点详图绘制填充图案的方法。

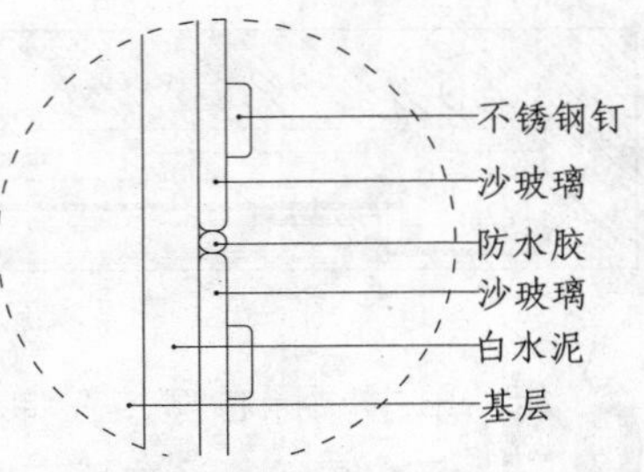

图3-67 打开素材

01 打开素材。按Ctrl+O组合键，打开配套光盘提供的“素材\第3章\3.8.3 剖面线的比例和角度素材文件.dwg”文件，如图3-67所示。

02 填充基层图案。在命令行中输入HATCH/H命令并按回车键，在弹出的“图案填充和渐变色”对话框中选择名称为“ANSI33”的填充图案，设置填充角度为270°，填充比例为50，结果如图3-68所示。

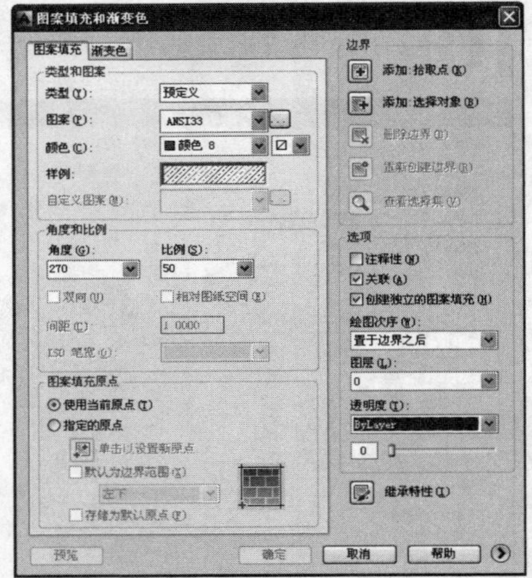

图3-68 设置参数

03 在对话框中选择“添加：拾取点”填充方式，在绘图区的填充区域内单击鼠标拾取内部点，绘制图案填充的结果如图3-69所示。

04 按回车键重复调用图案填充命令，在弹出的“图案填充和渐变色”对话框中选择名称为“ANSI35”的填充图案，设置填充角度为180°，填充比例为17，结果如图3-70所示。

05 沿用上述填充方法，绘制图案填充的结果如图3-71所示。

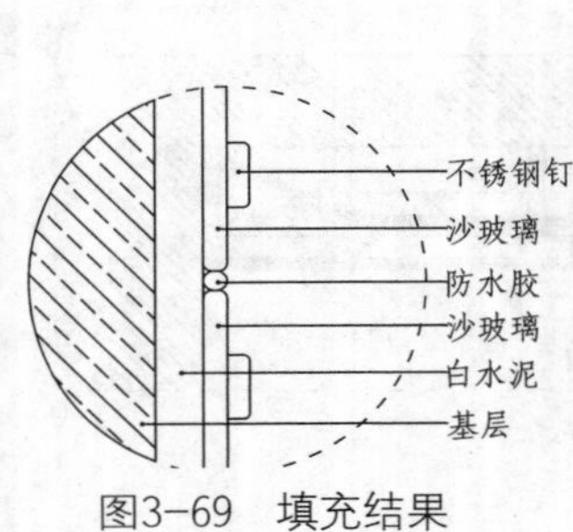

图3-69 填充结果

图3-70 “图案填充和渐变色”对话框

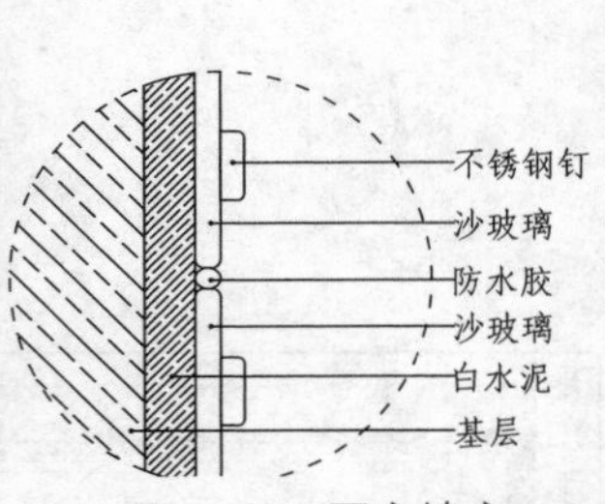

图3-71 图案填充

06 单击鼠标右键重复调用图案填充命令，在弹出的“图案填充和渐变色”对话框中选择名称为MUDST的填充图案，设置填充角度为315°，填充比例为6，结果如图3-72所示。

07 绘制影视墙节点详图填充图案的结果如图3-73所示。

图3-72　设置参数

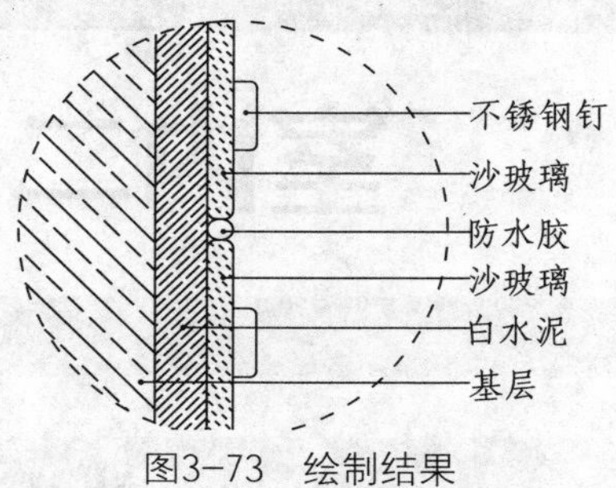

图3-73　绘制结果

3.8.4　编辑图案填充

绘制完成的填充图案也可以对其进行编辑，包括修改填充样式、角度、比例等参数。编辑图案填充命令的应用，避免了再次绘制的繁琐。

双击绘制完成的图案填充，系统弹出“图案填充”的特性选项板，如图3-74所示。

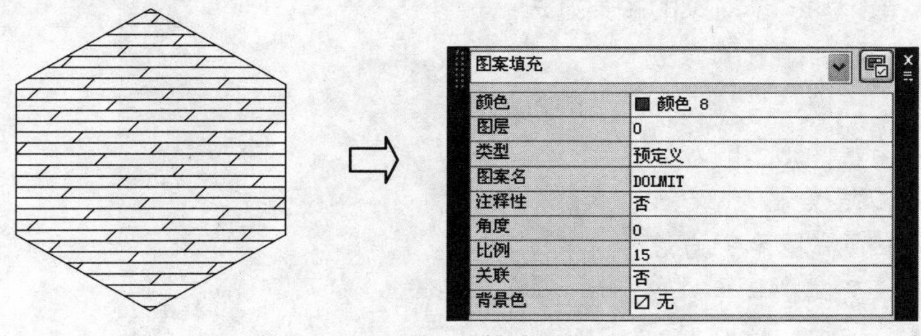

图3-74　特性选项板

在特性选项板中，可以对图案填充的颜色、图形、类型、比例、角度等参数进行修改，如图3-75所示。

图3-75　修改结果

第4章

室内二维图形编辑

本章导读

使用AutoCAD绘图是一个由简到繁、由粗到精的过程，其中的关键是各类图形编辑工具的灵活运用。本章即讲解二维图形编辑的方法，首先介绍图形选择的方法，然后分别讲解了图形移动、复制、修整、变形、打断与分解、夹点编辑等各类编辑工具和编辑方法。

学习目标

- 掌握选择单个和多个对象的各类方法
- 掌握移动和旋转图形的方法
- 掌握复制、镜像、阵列复制图形的方法
- 掌握修剪与延伸图形的方法
- 掌握拉伸和缩放图形的方法
- 掌握倒角和圆角图形的方法
- 掌握打断、分解和合并图形的方法
- 掌握夹点编辑图形的方法
- 掌握对象特性编辑与匹配的方法

效果预览

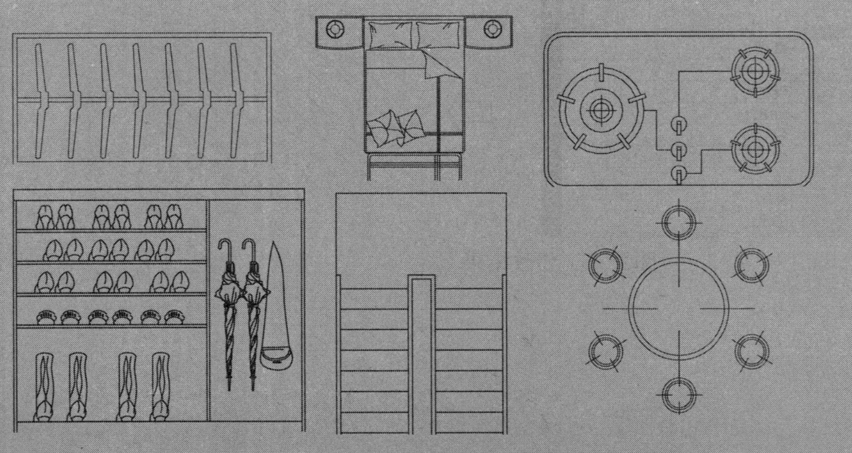

使用AutoCAD绘图是一个由简到繁、由粗到精的过程。使用AutoCAD提供的一系列修改命令，对图形进行移动、复制、阵列、修剪、删除等多种操作，可以快速生成复杂的图形。本章将重点讲述这些图形编辑命令的用法。

4.1 选择对象

在对图形进行编辑修改之前，首先要先选中对象，才能进行后续的编辑修改。本节介绍在AutoCAD中选择对象的方法，包括选择单个对象、多个对象以及使用选择集选择对象、快速选择方法选择对象的操作方法。

4.1.1 选择单个对象

选择单个图形对象是在AutoCAD中最为常见的选取对象的方式，将鼠标置于待选择的图形对象之上，单击鼠标左键，即可将图形选中，如图4-1所示。

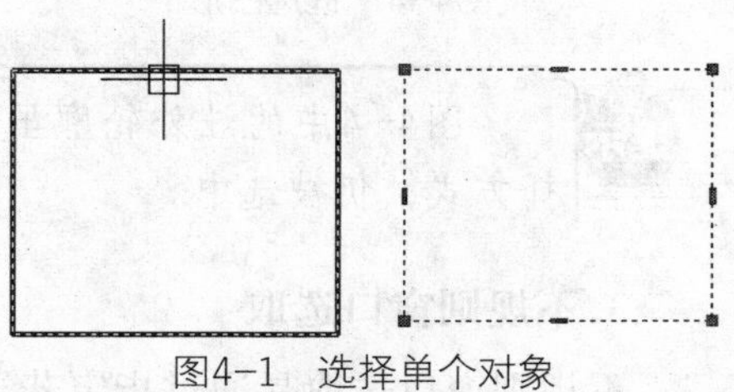

图4-1 选择单个对象

连续单击需要选择的对象，可以同时选择多个对象。按下Shift键并再次单击已经选中的对象，可以将这些对象从当前选择集中删除。按Esc键，可以取消选择对当前全部选中对象的选择。

4.1.2 选择多个对象

在AutoCAD中，选择多个图形对象的方式是框选，框选的选择方式还可以细分为四种，分别是窗口选取、交叉窗口选取、不规则窗口选取以及栏选取。

1.窗口选取

使用窗口选取方法，即是在图形之上从左至右拉出选择框，如图4-2所示；位于矩形框内的全部图形则被选中，如图4-3所示。

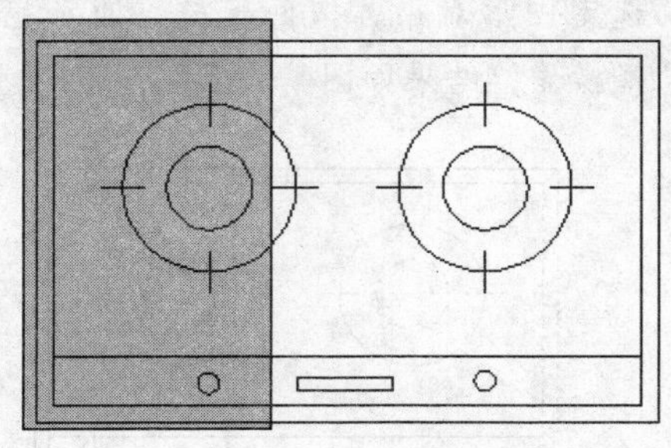

图4-2 拉出选框

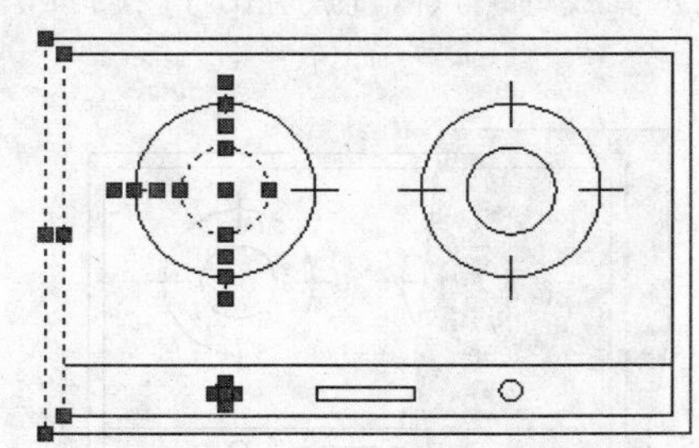

图4-3 选择结果

在图4-2中，左边的大圆未完全包含在矩形选择框内，因此大圆未选中。

2.交叉窗口选择

交叉窗口选择与窗口选择正好相反，从右至左拉出矩形选框，如图4-4所示；无论是位于选框内的图形还是部分位于选框内的图形都将被选中，如图4-5所示。

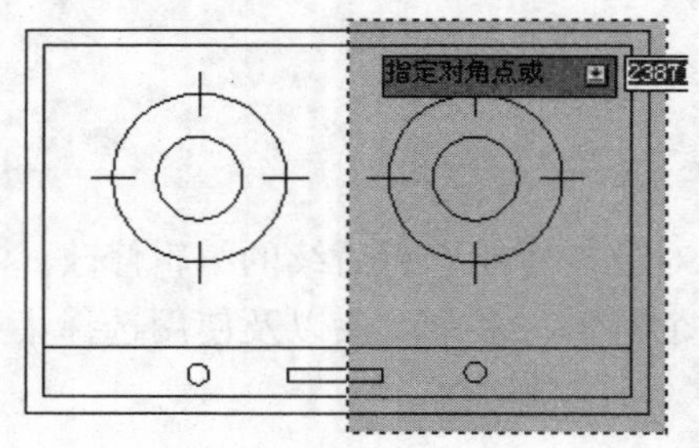

图4-4　框选图形

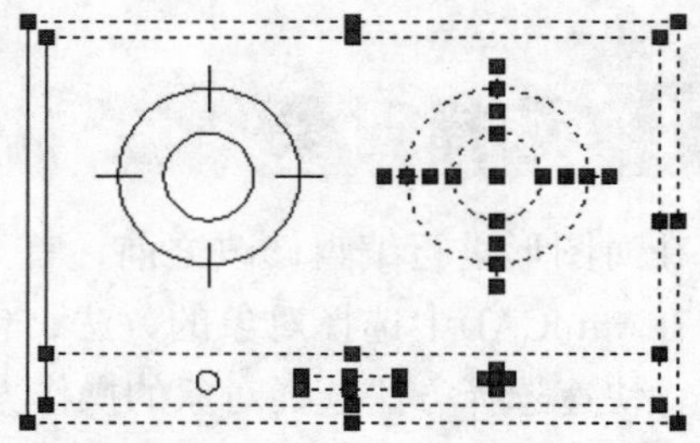

图4-5　交叉窗口选择

提示

图4-4中的灶外轮廓虽然仅部分位于选框内，但由于使用的是交叉窗口选择方式，仍被选中。

3.不规则窗口选取

不规则窗口选取是通过指定若干点来定义不规则形状区域的方式来选择对象，包括圈围和圈交两种方式：圈围方式选择完全包含在多边形窗口内的对象，而圈交方式可以选择包含在多边形窗口内或与之相交的对象。两种方式的区别相当于窗口选取和交叉窗口选取的区别。

在命令行中输入SELECT命令，命令行提示如下：

命令：SELECT

选择对象：?　　　　　　　　//在命令行中输入?

需要点或窗口(W)/上一个(L)/窗交(C)/框(BOX)/全部(ALL)/栏选(F)/圈围(WP)/圈交(CP)/编组(G)/添加(A)/删除(R)/多个(M)/前一个(P)/放弃(U)/自动(AU)/单个(SI)/子对象(SU)/对象(O)

选择对象：WP　　　//输入WP，选择“圈围”选项（输入CP，则选择“圈交”选项）

第一圈围点：　　　　　　　//在待选的图形对象之上指定圈围点，如图4-6所示。

指定直线的端点或 [放弃(U)]:

… …

指定直线的端点或 [放弃(U)]: 找到7个　　　//选定图形对象，按回车键，即可完成选择操作，结果如图4-7所示。

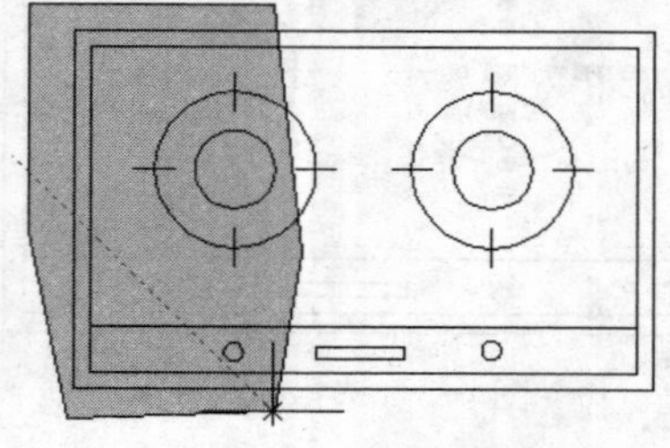

图4-6　指定圈围点

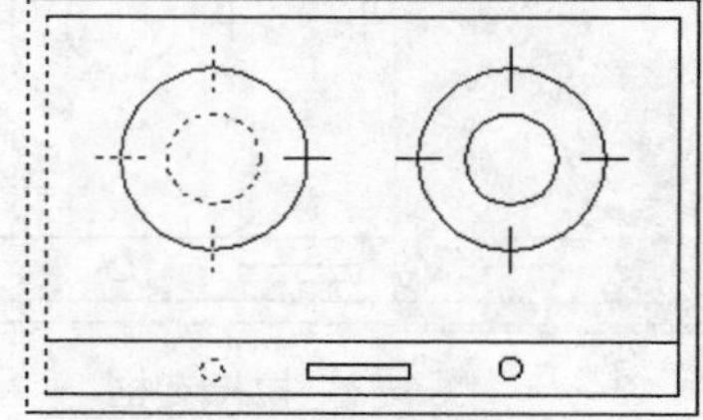

图4-7　圈围选取效果

如果使用圈交选择方式，如图4-8所示，则可以得到如图4-9所示的选择结果。

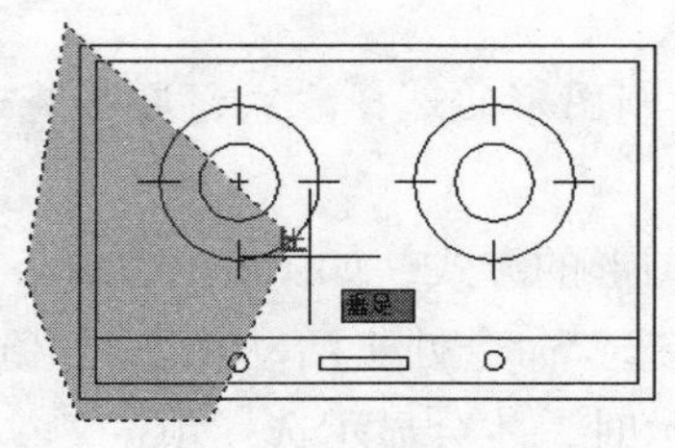

图4-8　指定圈交点

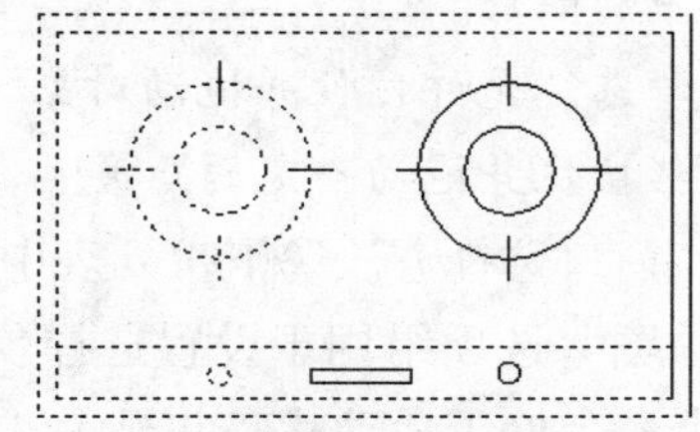

图4-9　圈交选取效果

4.栏选取

使用该选取方式能够以线链的方式选择对象。所绘制的线链可以由一段或多段直线组成，所有与其相交的对象均被选中。

根据命令行提示，输入字母F，按回车键，然后在需要选择的对象处绘制线链，如图4-10所示。线链绘制完成后按回车键，与选框相交的图形均被选中，如图4-11所示。

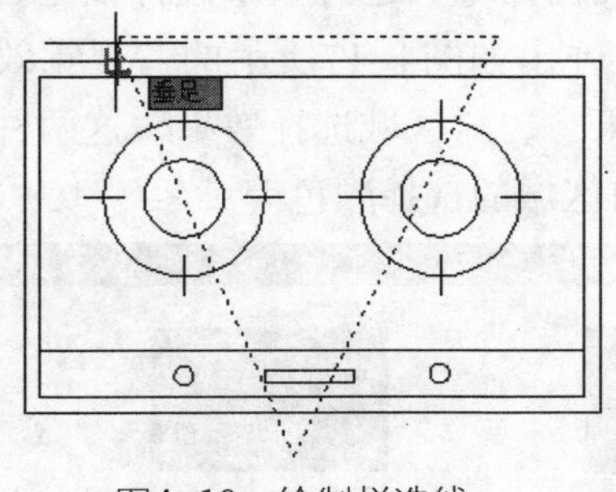

图4-10　绘制栏选线

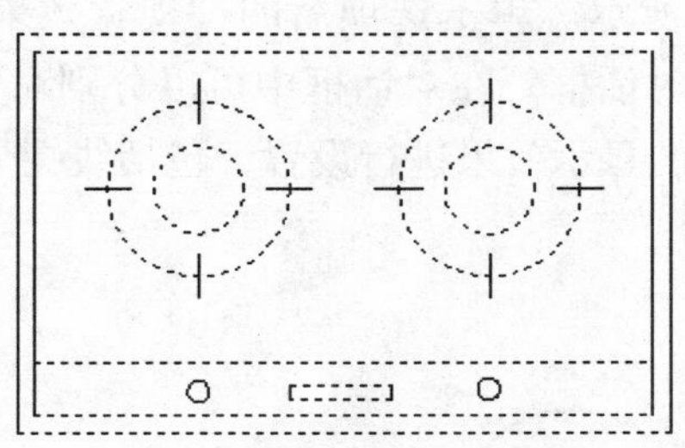

图4-11　栏选取效果

4.1.3　使用选择集

在AutoCAD中，可以通过如图4-12所示的“选项”对话框设置选择图形的模式，预览选择结果的方式等。在命令行中输入OPTIONS/OP，或者执行“工具”|“选项”命令，均可以打开该对话框。

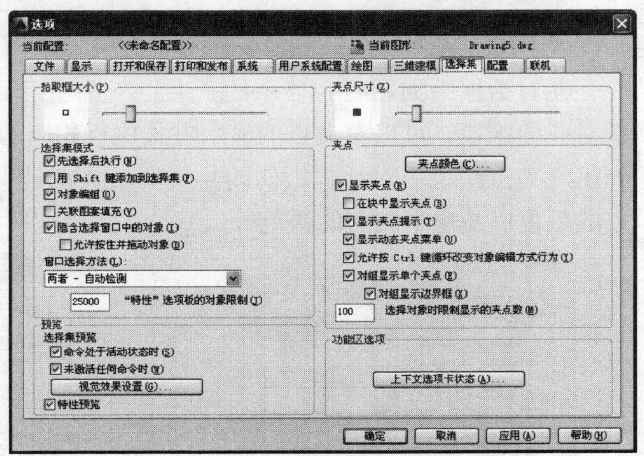

图4-12　“选项”对话框

对话框中的“选择集模式”选项组如图4-13所示，各参数的含义如下。

- 勾选“先选择后执行”选项，只能是先选择图形，然后再对图形进行编辑修改。
- 勾选“用Shift键添加到选择集”选项，可以在已选择图形的情况下，按住Shift键加选图形。
- 勾选“对象编组”选项，则选择了编组中的任一对象就选择编组的所有对象。
- 勾选“关联图案填充”选项，则选择关联图案填充时也选择边界对象。
- 勾选“隐含选择窗口中的对象”选项，在对象外选择了一点时，初始化选择窗口

中的图形。

- 勾选“允许按住并拖动对象”选项，则可控制图形的选择方式，即可将选中的图形按住并拖动一定的距离。

在“窗口选择方法”下拉列表中可以更改选择图形的方式，如图4-14所示。

“预览”选项组用于设置选择预览的方式，勾选“命令处于活动状态时”选项时，仅当某个命令处于活动状态并显示“选择对象”提示时，才会显示选择预览。

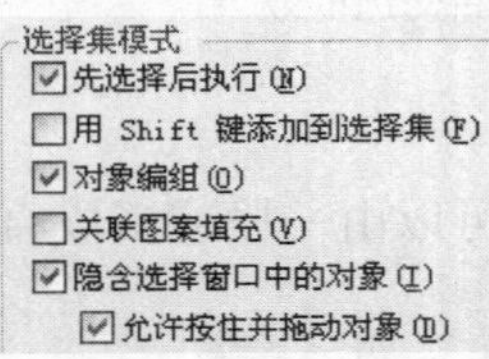

图4-13 “选择集模式”选项组

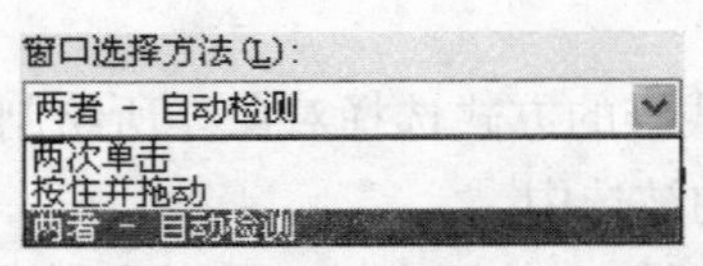

图4-14 “窗口选择方法”下拉列表

预览
选择集预览
命令处于活动状态时(S)
未激活任何命令时(W)
视觉效果设置(G)...
特性预览

图4-15 “预览”选项组

勾选“未激活任何命令时”选项，即使未激活任何命令，也可显示选择预览，如图4-16所示。单击选项后的“视觉效果设置”按钮，弹出如图4-17所示的“视觉效果设置”对话框。在对话框中可以分别对“选择预览效果”、“区域选择效果”这两种选择方式的显示效果进行设置，包括线亮显的方式、窗口区域的选择颜色等。

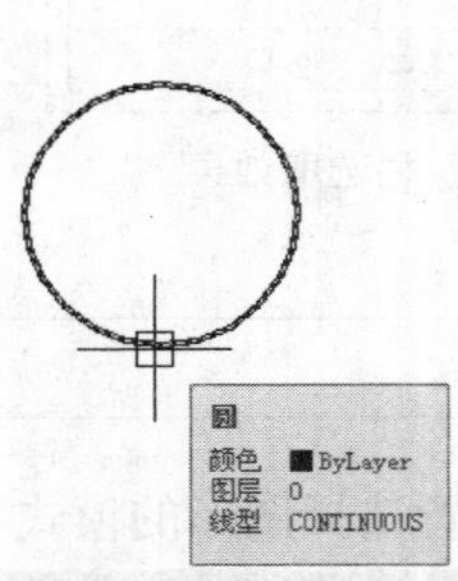

图4-16 选择预览

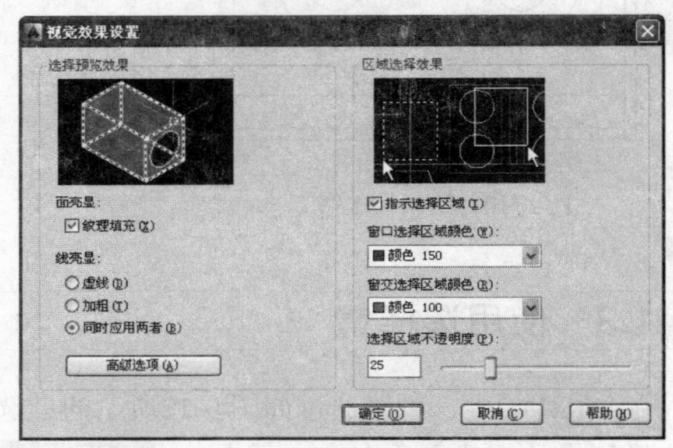

图4-17 “视觉效果设置”对话框

在对话框中如图4-18所示的“夹点”选项组下的各选项可控制夹点的显示方式，勾选对应的选项，可以对夹点的显示方式执行相应的操作。单击“夹点颜色”按钮，系统弹出“夹点颜色”对话框，如图4-19所示。在其中可以设置夹点的颜色，包括未选中夹点的颜色以及选中夹点的颜色等。

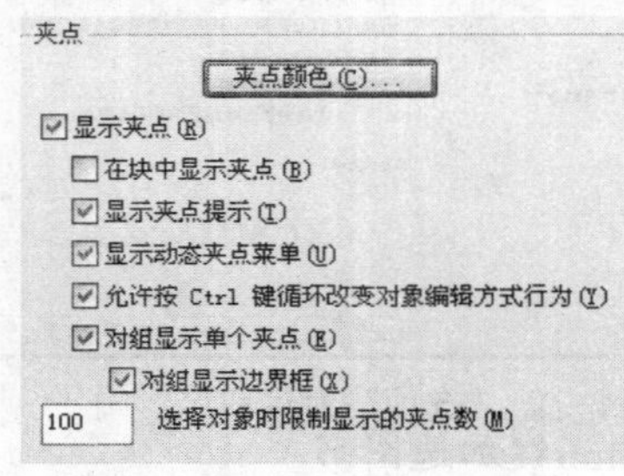

图4-18 选择预览

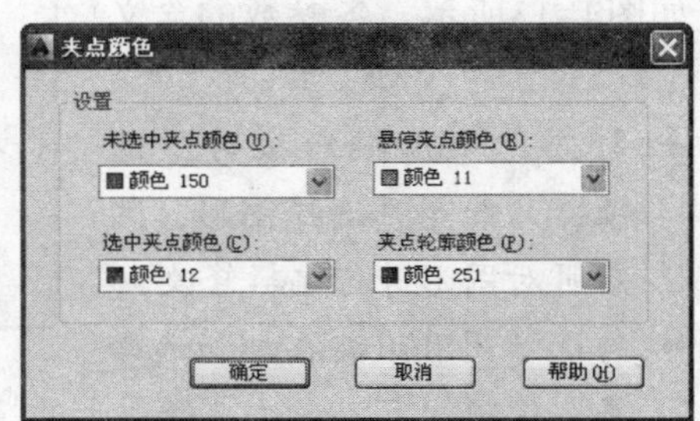

图4-19 “夹点颜色”对话框

4.1.4 快速选择对象

在绘制比较大型的施工图纸的时候，往往图形较多，因此在对图形执行选择操作上会很繁琐，还常常出现漏选、错选的现象，导致图形的绘制错误，进而影响绘图进程。

针对此类现象，AutoCAD开发了一个专门弥补上述缺憾的选择命令，即快速选择图形命令。快速选择命令可以设置选择过滤条件，只将符合条件的图形选中。

执行“工具”|“快速选择”命令，系统弹出“快速选择”对话框，如图4-20所示。在对话框中，可以设置选择图形的范围、图形的类型、图形的特性等，通过对待选图形属性的一系列设置，在对话框中单击“确定”按钮后，在绘图区中即可查看到符合条件的图形已被选中。

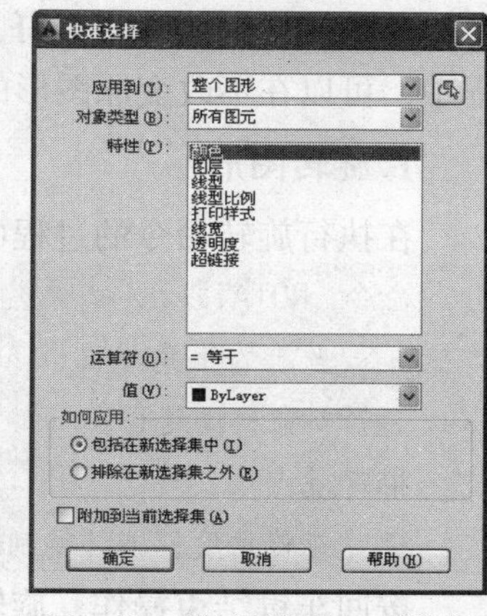

图4-20 “快速选择”对话框

4.2 移动图形

移动图形包括更改图形的位置以及改变图形的角度。本节介绍在AutoCAD中使用移动图形命令的方法，包括移动命令和旋转命令。

4.2.1 移动图形

调用移动命令，可以将选定的图形在任何方向和任何位置上进行移动，却不改变图形的比例或形状。在执行移动命令的过程中，要确定移动图形的起始点和终点，而起始点和终点的距离就是图形的移动距离。

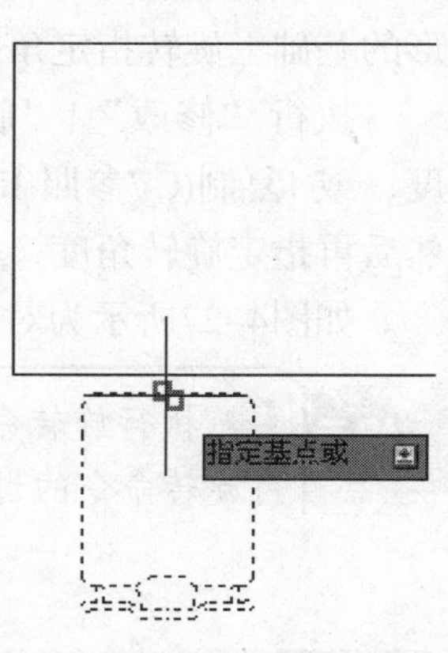

图4-21 指定移动的基点

01 执行“修改”|“移动”命令，选择待移动的图形后按回车键，单击指定移动的基点，如图4-21所示。

02 鼠标右移，指定移动的目标点，如图4-22所示。

03 移动图形的前后对比如图4-23所示。

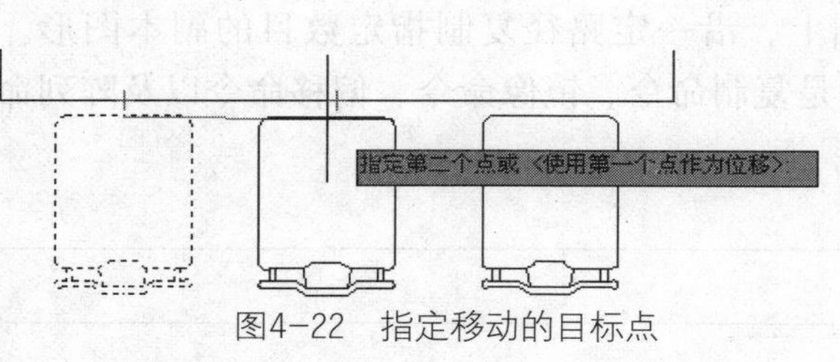

图4-22 指定移动的目标点

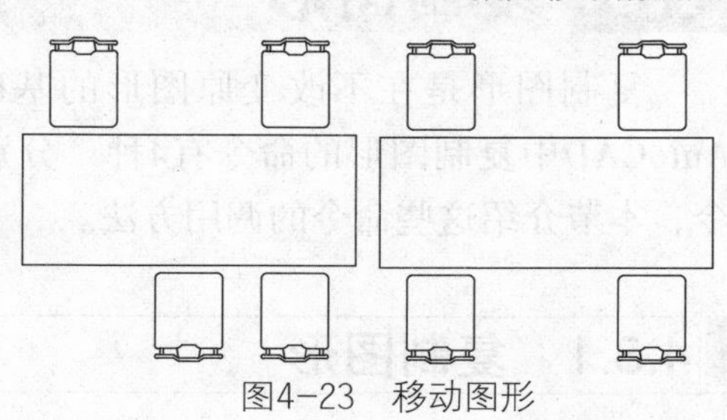
图4-23 移动图形

4.2.2 旋转图形

调用旋转命令，可以任意调整图形的旋转角度。此外，在对图形执行旋转操作的过程中，可以在不改变原图形的基础上定义角度，旋转复制一个与原图一致的图形。

1.旋转图形

在执行旋转命令的过程中，假如不选择“复制”选项，则只对图形进行旋转操作。

```
命令：ROTATE
UCS 当前的正角方向： ANGDIR=逆时针  ANGBASE=0
选择对象：找到1个                              //选择矩形
指定基点：                                     //指定矩形的左下角点为基点
指定旋转角度，或 [复制(C)/参照(R)] <0>： 30   //输入角度参数，如图4-24所示。
```

按回车键结束操作，旋转结果如图4-25所示。

继续调用直线命令和圆弧命令绘制直线和圆弧，即可完成平开门平面图的绘制，如图4-26所示。

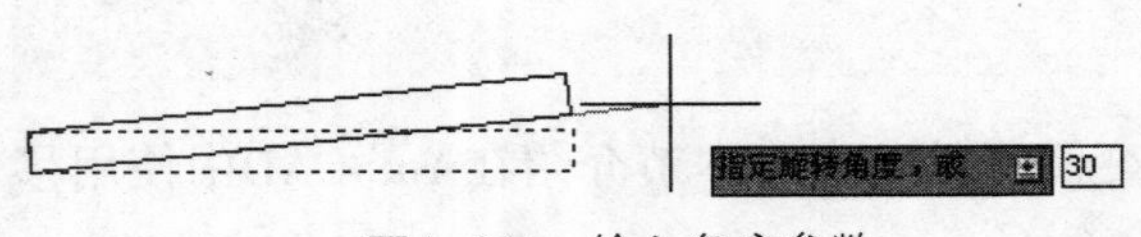

图4-24　输入角度参数

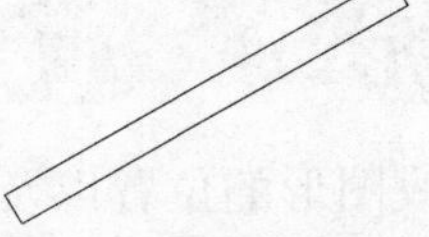

图4-25　旋转结果

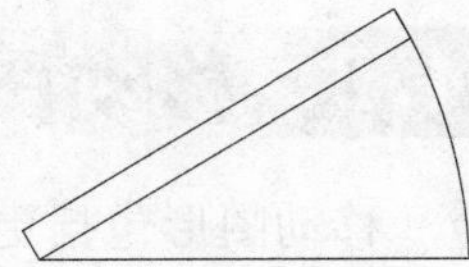

图4-26　绘制平开门

2.旋转复制

在执行旋转命令的过程中，选择“复制”选项，即可在原图形的基础上旋转指定角度复制图形。

执行“修改”|“旋转”命令，在命令行提示“指定旋转角度，或 [复制(C)/参照(R)] <0>”时，输入C，选择“复制”选项，然后再指定旋转角度，即可完成旋转复制的操作。

如图4-27所示为对椅子执行180°旋转复制后的结果。

图4-27　旋转复制

执行旋转命令的方式还有：单击“修改”工具栏上的“旋转”按钮。在执行旋转命令的过程中，角度为正值时逆时针旋转，角度为负值时顺时针旋转。

4.3 复制图形

复制图形是在不改变原图形的基础上，沿一定路径复制指定数目的副本图形。AutoCAD中复制图形的命令有4种，分别是复制命令、镜像命令、偏移命令以及阵列命令，本节介绍这些命令的调用方法。

4.3.1 复制图形

调用复制命令，可以在指定的目标点上复制原图形，且复制的图形与原图形状、大

小一致。

执行“修改”|“复制”命令，或者在命令行中输入COPY/CO命令并按回车键，即可调用复制命令。调用复制命令后，命令行提示如下：

```
命令: COPY
选择对象: 找到 1 个                              //选择待复制的源对象;
当前设置:  复制模式 = 多个
指定基点或 [位移(D)/模式(O)] <位移>:             //在源对象上指定基点;
指定第二个点或 [阵列(A)] <使用第一个点作为位移>: //指定副本对象的目标点;
指定第二个点或 [阵列(A)/退出(E)/放弃(U)] <退出>://按回车键，即可完成复制对象的操作。
```

在执行命令的过程中，当命令行提示“指定基点或 [位移(D)/模式(O)] <位移>”时，输入O，命令行提示“输入复制模式选项 [单个(S)/多个(M)] <多个>:”，此时可以选择复制的模式是单个还是多个。

在命令行提示“指定第二个点或 [阵列(A)]”时，输入A，命令行提示“输入要进行阵列的项目数: ”，此时可以设置阵列的项目数；也可在命令行提示“指定第二个点或 [布满(F)]:”时，决定是否在指定的区域内布满复制得到的图形副本对象。

4.3.2 实例——绘制衣柜

下面介绍调用复制命令，绘制衣柜平面图的方法。

01 打开素材。按Ctrl+O组合键，打开配套光盘提供的“素材\第4章\4.3.2 绘制衣柜素材.dwg”文件，如图4-28所示。

02 单击“修改”工具栏上的“复制”按钮，选择衣架图形；鼠标向右移动，输入A，选择“阵列”选项；输入要进行阵列的项目数为7；输入F，选择“布满”选项；鼠标继续向右移动，在合适的目标点单击鼠标左键，即可完成衣架图形的绘制，结果如图4-29所示。

03 调用TR（修剪）命令，修剪线段，结果如图4-30所示。

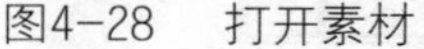

图4-28 打开素材

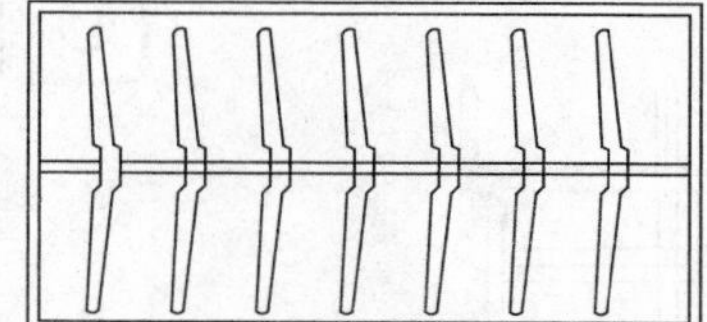

图4-29 复制结果

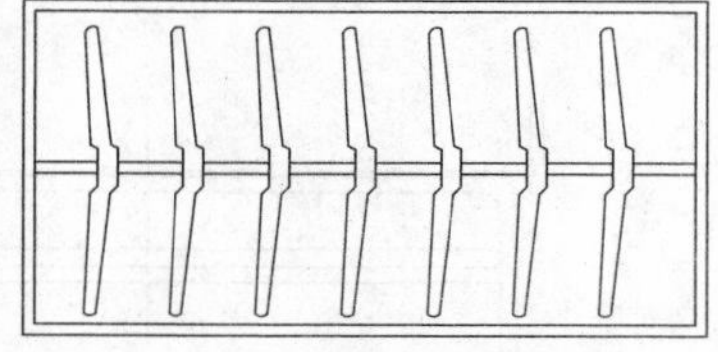

图4-30 修剪线段

4.3.3 镜像图形

调用镜像命令，可以在指定的镜像线的某侧复制源对象的副本。

执行“修改”|“镜像”命令，或者在命令行中输入MIRROR/MI命令并按回车键，命令行提示如下：

```
命令: MIRROR
选择对象: 指定对角点: 找到 1 个                      //选择源对象;
选择对象: 指定镜像线的第一点:                        //指定镜像线的第一点;
指定镜像线的第二点:                                  //指定镜像线的第二点;
要删除源对象吗? [是(Y)/否(N)] <N>:                    //输入Y或者是N，选择是否删除源对象。
```

在执行镜像命令的过程中，一般指定镜像线的中点为镜像点，这样可以保证源对象和副本对象与镜像线的距离均等。

4.3.4 实例——绘制床头柜

下面介绍调用镜像命令镜像复制床头柜图形。

01 打开素材。按Ctrl+O组合键，打开配套光盘提供的“素材\第4章\4.3.4 绘制床头柜素材.dwg”文件，如图4-31所示。

02 单击“修改”工具栏上的“镜像”按钮，选择左边的床头柜图形；按回车键，指定镜像线的第一点，如图4-32所示。

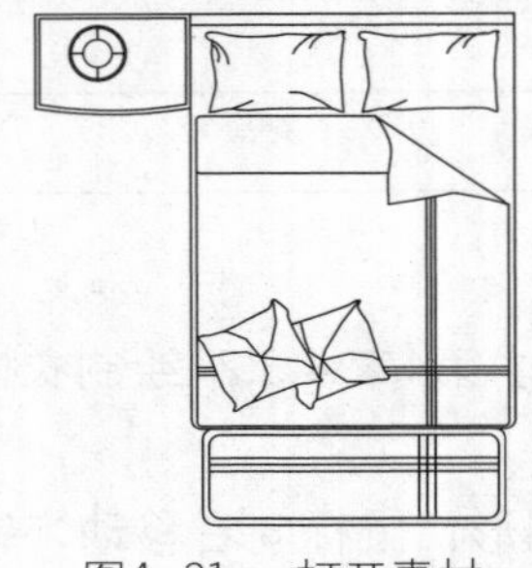

图4-31 打开素材

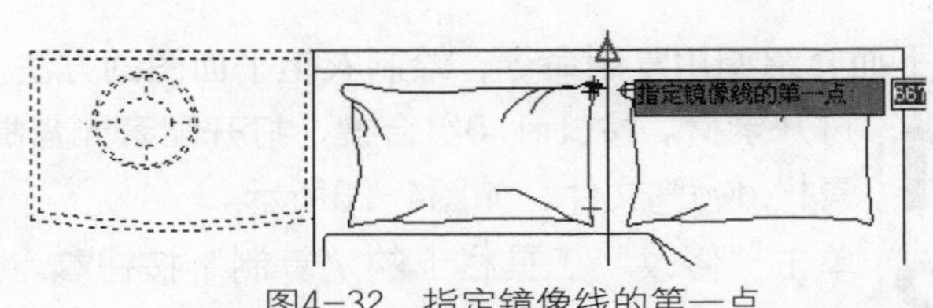

图4-32 指定镜像线的第一点

03 鼠标向下移动，指定镜像线的第二点，如图4-33所示。

04 命令行提示“要删除源对象吗? [是(Y)/否(N)] <N>:”，选择N选项后按回车键，即不删除源对象，镜像复制结果如图4-34所示。

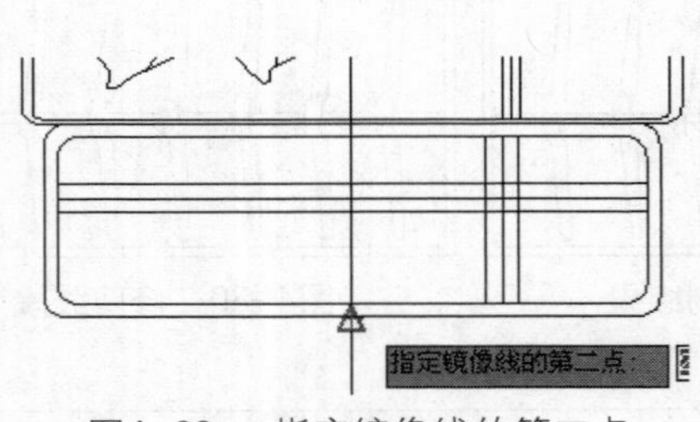

图4-33 指定镜像线的第二点

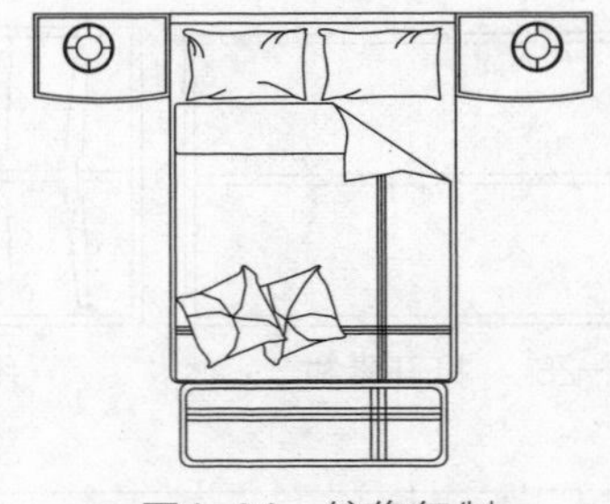

图4-34 镜像复制

4.3.5 偏移图形

调用偏移命令，可以创建与源对象成一定距离的副本图形。值得注意的是，已创建成块的图形不能执行偏移命令；必须将其分解，才能对其执行偏移命令。

执行“修改”|“偏移”命令，或者在命令行中输入OFFSET/O命令，按回车键，命令行提示如下：

```
命令: OFFSET
当前设置: 删除源=否  图层=源  OFFSETGAPTYPE=0
指定偏移距离或 [通过(T)/删除(E)/图层(L)] <0>: 250            //输入偏移距离为250;
选择要偏移的对象, 或 [退出(E)/放弃(U)] <退出>:                //选择a直线;
指定要偏移的一侧上的点, 或 [退出(E)/多个(M)/放弃(U)] <退出>: //鼠标在a直线左边单击。
```

完成偏移直线的结果如图4-35所示。

按回车键重复调用偏移命令，命令行提示如下：

```
命令: OFFSET
当前设置: 删除源=否  图层=源  OFFSETGAPTYPE=0
指定偏移距离或 [通过(T)/删除(E)/图层(L)] <通过>: T          //输入T, 选择"通过"选项;
选择要偏移的对象, 或 [退出(E)/放弃(U)] <退出>:              //选择a直线;
指定通过点或 [退出(E)/多个(M)/放弃(U)] <退出>:              //单击c点为通过点。
```

偏移直线的结果如图4-36所示。

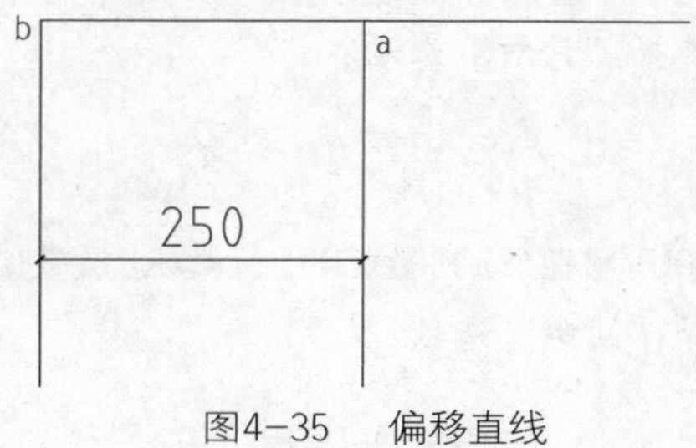

图4-35 偏移直线

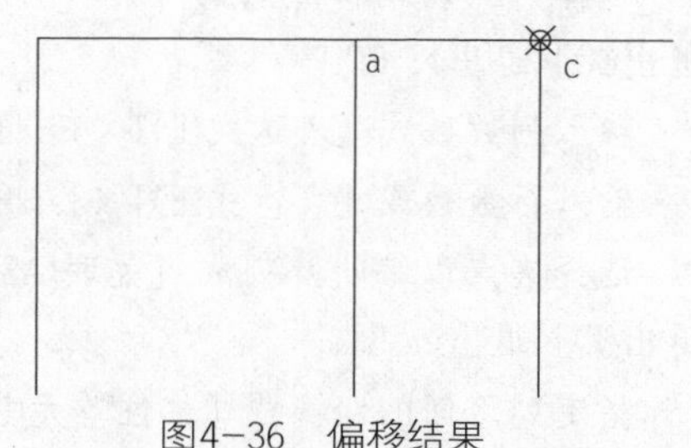

图4-36 偏移结果

4.3.6 实例——绘制鞋柜

本小节介绍调用偏移命令，绘制鞋柜图形的方法。

01 打开素材。按Ctrl+O组合键，打开配套光盘提供的“素材\第4章\4.3.6 绘制鞋柜素材.dwg”文件，如图4-37所示。

02 调用O（偏移）命令，偏移矩形边；调用TR（修剪）命令，修剪线段，如图4-38所示。

03 按Ctrl+C、Ctrl+V组合键，从配套光盘提供的“第4章\4.3.6 绘制鞋柜.dwg”文件中复制粘贴各类鞋子的图块至当前图形中，结果如图4-39所示。

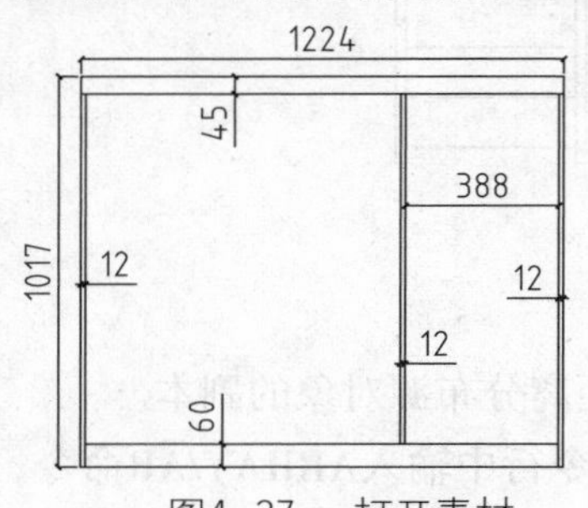

图4-37 打开素材

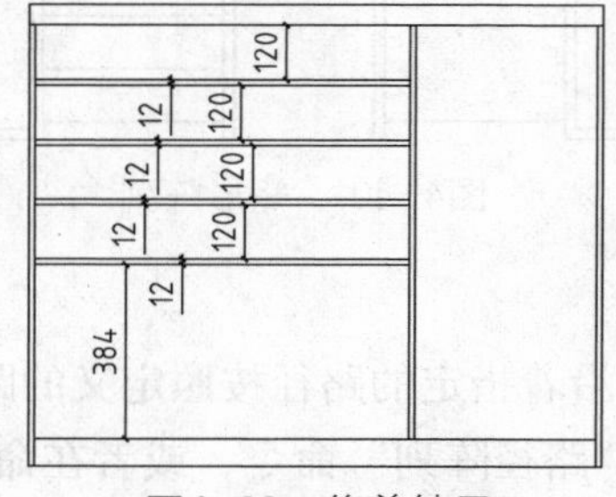
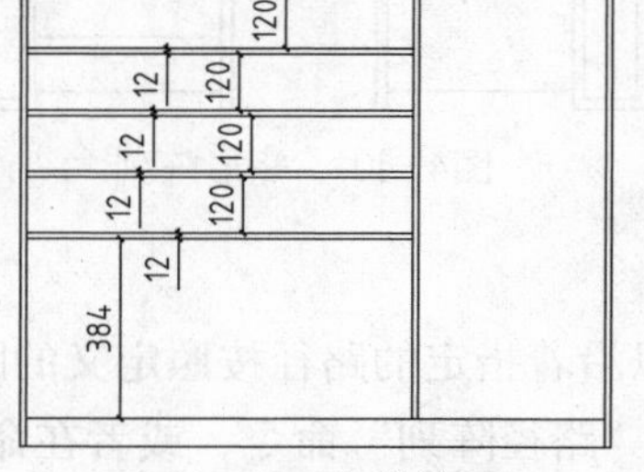

图4-38 修剪结果

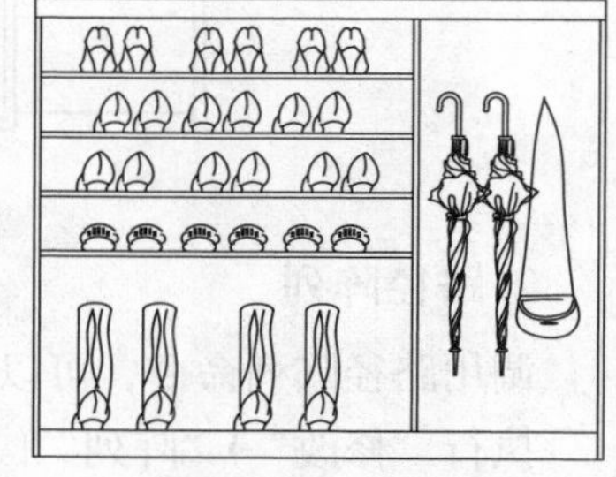

图4-39 绘制鞋柜

4.3.7 阵列图形

AutoCAD中有三种阵列图形的方式，分别是矩形阵列、路径阵列、极轴阵列。调用阵列命令，可以通过定义的距离、角度和路径复制出源对象的多个对象副本。

1.矩形阵列

调用矩形阵列命令，可以通过控制行数、列数，自定义行间距和列间距，或者用添加倾斜角度的方式，使源对象成矩形进行阵列复制，从而创建出源对象的多个副本。

执行“修改”|“阵列”|“矩形阵列”命令，或者在命令行中输入ARRAY/AR命令并按回车键，选择矩形阵列方式，命令行提示如下：

```
命令: ARRAY
选择对象: 找到 1 个
选择对象:  输入阵列类型 [矩形(R)/路径(PA)/极轴(PO)] <矩形>: R
                                    //输入R, 选择“矩形”阵列选项;
类型 = 矩形  关联 = 是
选择夹点以编辑阵列或 [关联(AS)/基点(B)/计数(COU)/间距(S)/列数(COL)/行数(R)/层数(L)/退出(X)]<退出>: COU          //输入COU, 选择“计数”选项;
输入列数数或 [表达式(E)] <4>: 1
输入行数数或 [表达式(E)] <3>: 8
选择夹点以编辑阵列或 [关联(AS)/基点(B)/计数(COU)/间距(S)/列数(COL)/行数(R)/层数(L)/退出(X)]<退出>: S          //输入S, 选择“间距”选项;
指定列之间的距离或 [单位单元(U)] <3600>: 400
指定行之间的距离 <1>:300
选择夹点以编辑阵列或 [关联(AS)/基点(B)/计数(COU)/间距(S)/列数(COL)/行数(R)/层数(L)/退出(X)]<退出>: *取消*          //按回车键退出命令。
```

矩形阵列的结果如图4-40所示。

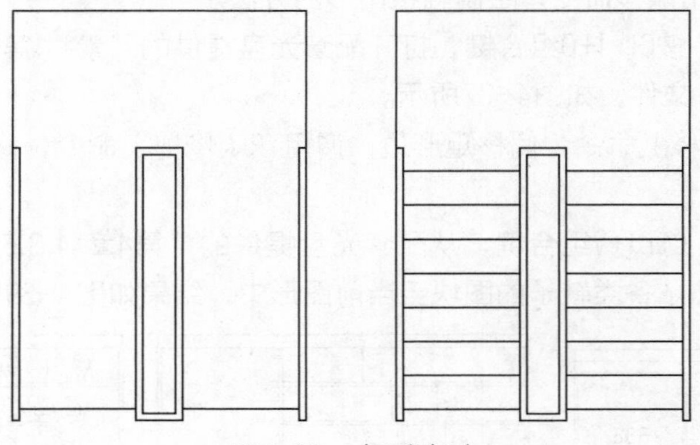

图4-40　矩形阵列

2.路径阵列

调用路径阵列命令，可以沿着指定的路径按照定义的距离分布源对象的副本。

执行“修改”|“阵列”|“路径阵列”命令，或者在命令行中输入ARRAY/AR命令，

按回车键，选择路径阵列方式，命令行提示如下：

命令: ARRAY
选择对象: 找到 1 个
选择对象: 输入阵列类型 [矩形(R)/路径(PA)/极轴(PO)] <路径>: PA
类型 = 路径 关联 = 是
选择路径曲线:
选择夹点以编辑阵列或 [关联(AS)/方法(M)/基点(B)/切向(T)/项目(I)/行(R)/层(L)/对齐项目(A)/Z 方向(Z)/退出(X)] <退出>: I //输入I，选择“项目”选项；
指定沿路径的项目之间的距离或 [表达式(E)] <462>: 550
最大项目数 = 12
指定项目数或 [填写完整路径(F)/表达式(E)] <12>:
选择夹点以编辑阵列或 [关联(AS)/方法(M)/基点(B)/切向(T)/项目(I)/行(R)/层(L)/对齐项目(A)/Z 方向(Z)/退出(X)] <退出>: *取消* //按回车键退出绘制。

路径阵列的结果如图4-41所示。

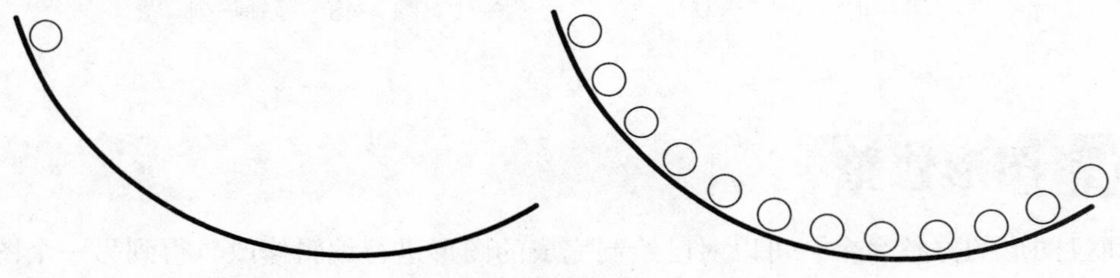

图4-41 路劲阵列

3.极轴阵列

调用极轴阵列命令，可以围绕选定的圆心来复制源对象的副本图形。

执行“修改”|“阵列”|“极轴阵列”命令，或者在命令行中输入ARRAY/AR命令，按回车键，选择极轴阵列方式，即可调用极轴阵列命令。

在执行命令的过程中，按照命令行的提示，依次选择源对象以及阵列的中心点；系统即可按照所选圆心的圆周尺寸来均匀分布源对象。也可以在命令行中输入相应的选项来调整对象的分布。

4.3.8 实例——绘制吊灯

本小节以极轴命令为例，介绍绘制吊灯图形的方法。

01 打开素材。按Ctrl+O组合键，打开配套光盘提供的“素材\第4章\4.3.8 绘制吊灯素材.dwg”文件，如图4-42所示。

02 单击“修改”工具栏上的“极轴阵列”按钮，命令行提示如下：

命令: ARRAY
选择对象: 找到 1 个

```
选择对象: 输入阵列类型 [矩形(R)/路径(PA)/极轴(PO)] <极轴>: PO
                                        //输入PO，选择“极轴”阵列；
类型 = 极轴  关联 = 是
指定阵列的中心点或 [基点(B)/旋转轴(A)]:  //指定a点为阵列的中心点；
选择夹点以编辑阵列或 [关联(AS)/基点(B)/项目(I)/项目间角度(A)/填充角度(F)/行(ROW)/层(L)/旋转项目(ROT)/退出(X)] <退出>: *取消*
  //按回车键退出绘制。
```

极轴阵列的结果如图4-43所示。

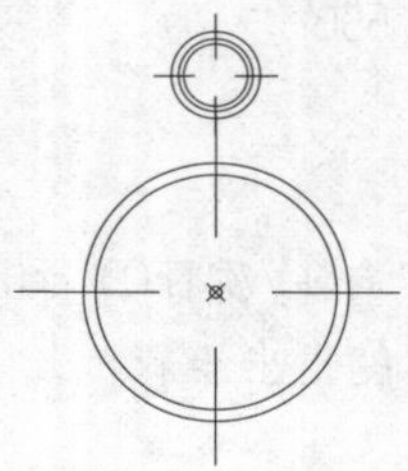

图4-42　打开素材

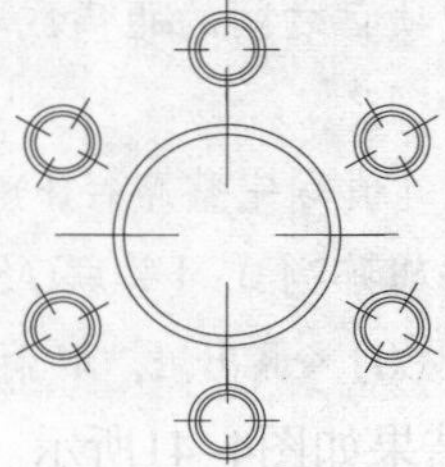

图4-43　极轴阵列

4.4 图形修整

通过图形的修整命令，可以对已绘制完成的图形进行编辑修改，得到另一个图形。AutoCAD的图形修整命令包括修剪命令和延伸命令，这两个命令在绘制室内施工图的时候使用较频繁，本节介绍这两个命令的操作方法。

4.4.1 修剪对象

调用修剪命令可以修剪所选的图形对象，使该对象匹配其他对象的边。

执行“修改”|“修剪”命令，或者在命令行中输入TRIM/TR命令，按回车键，命令行提示如下：

```
命令: TRIM
当前设置:投影=UCS, 边=无
选择剪切边...
选择对象或 <全部选择>: 指定对角点: 找到 2 个     //选择对象，如图4-44所示；
选择要修剪的对象，或按住 Shift 键选择要延伸的对象，或
[栏选(F)/窗交(C)/投影(P)/边(E)/删除(R)/放弃(U)]: F   //输入F，选择“栏选”选项；
指定第一个栏选点:
指定下一个栏选点或 [放弃(U)]:
… …
指定下一个栏选点或 [放弃(U)]:                      //指定栏选点，如图4-45所示；
选择要修剪的对象，或按住 Shift 键选择要延伸的对象，或[栏选(F)/窗交(C)/投影(P)/边(E)/删除(R)/放弃(U)]: *取消*    //按回车键结束绘制，修剪图形的结果如图4-46所示。
```

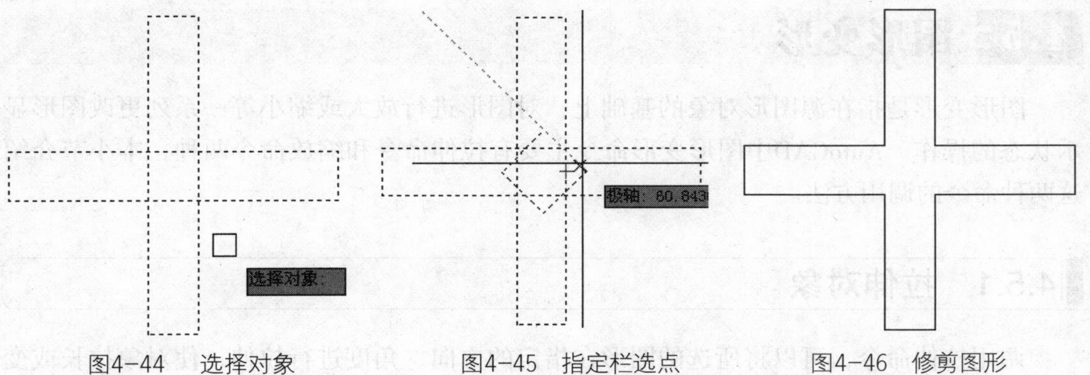

图4-44　选择对象　　图4-45　指定栏选点　　图4-46　修剪图形

使用修剪命令修剪图形的另一种常用方法为：调用TRIM/TR命令后，按回车键，鼠标单击图形需要修剪的部分，即可完成图形的修剪操作。

调用修剪命令的另一种方式为：单击“修改”工具栏上的“修剪”按钮。

4.4.2　延伸对象

调用延伸命令可以将选定的对象边延伸至指定的对象上，实现对象间的契合。

执行“修改”|“延伸”命令，或者在命令行中输入EXTEND/EX命令，按回车键，命令行提示如下：

命令: EXTEND

当前设置:投影=UCS，边=无

选择边界的边...

选择对象或 <全部选择>: 找到1个　//选择对象，如图4-47所示。

选择要延伸的对象，或按住 Shift 键选择要修剪的对象，或[栏选(F)/窗交(C)/投影(P)/边(E)/放弃(U)]:　　　　　　　//选择a直线，如图4-48所示；

选择要延伸的对象，或按住 Shift 键选择要修剪的对象，或[栏选(F)/窗交(C)/投影(P)/边(E)/放弃(U)]:　　　　　　　//选择b直线；

选择要延伸的对象，或按住 Shift 键选择要修剪的对象，或[栏选(F)/窗交(C)/投影(P)/边(E)/放弃(U)]: *取消*　　　//按回车键退出命令，延伸结果如图4-49所示。

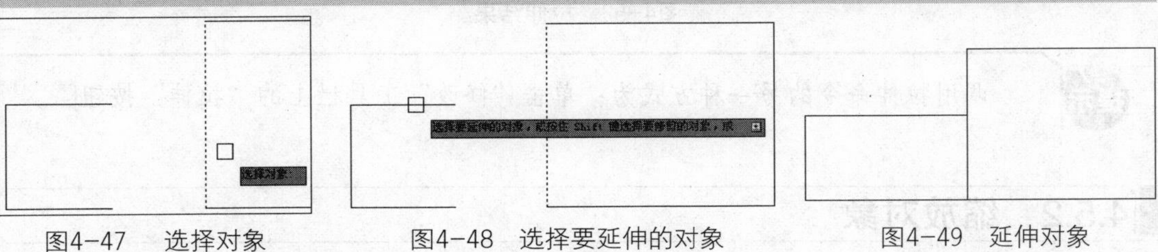

图4-47　选择对象　　图4-48　选择要延伸的对象　　图4-49　延伸对象

调用延伸命令的另一种方式为：单击“修改”工具栏上的“延伸”按钮。

4.5 图形变形

图形变形是指在源图形对象的基础上，对图形进行放大或缩小等一系列更改图形显示状态的操作。AutoCAD中图形变形命令主要有拉伸命令和缩放命令两种，本小节介绍这两种命令的调用方法。

4.5.1 拉伸对象

调用拉伸命令，可以将所选的图形在指定的方向、角度进行拉伸，使对象拉长或变短，从而使对象的形状产生改变。

执行“修改”|“拉伸”命令，或者在命令行中输入STRETCH /S命令，按回车键，命令行提示如下：

```
命令: STRETCH
以交叉窗口或交叉多边形选择要拉伸的对象...
选择对象: 指定对角点: 找到 3 个                //选择对象，如图4-50所示；
指定基点或 [位移(D)] <位移>:                  //指定基点，如图4-51所示；
指定第二个点或 <使用第一个点作为位移>: 200     //鼠标向右移动，输入拉伸距离为200。
```

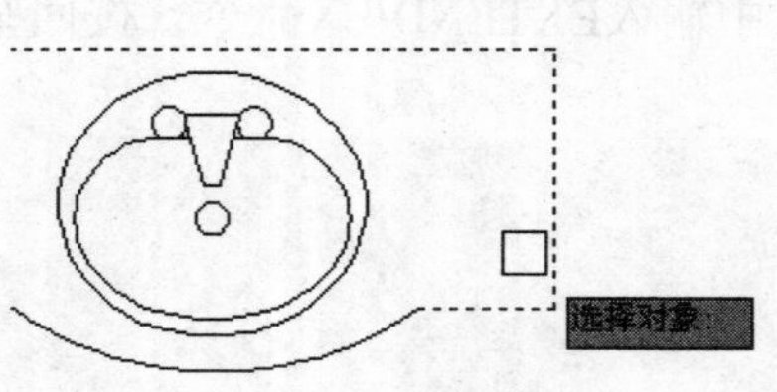

图4-50　选择对象

图4-51　指定基点

图形拉伸的前后对比如图4-52所示。

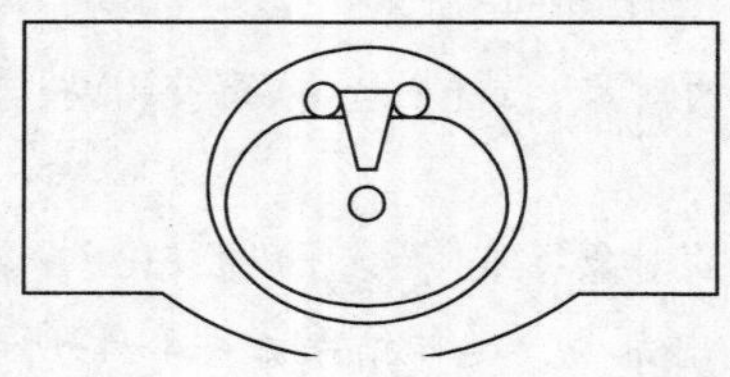

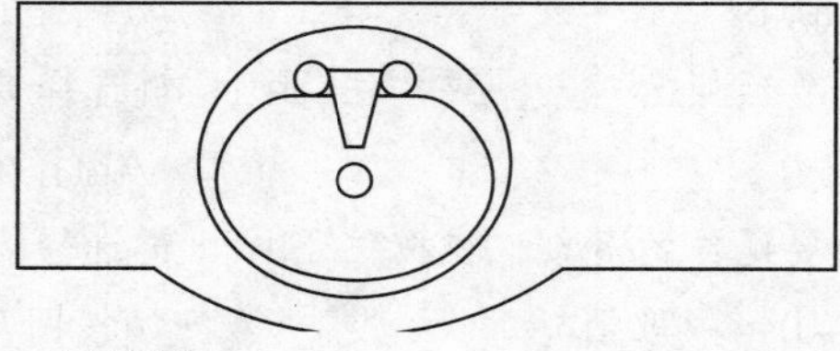

图4-52　拉伸结果

提示　调用拉伸命令的另一种方式为：单击“修改”工具栏上的“拉伸”按钮。

4.5.2 缩放对象

调用缩放命令可以将所选的图形放大或缩小一定的比例，且缩放后的对象与源对象的形状相同。

执行“修改”|“缩放”命令，或者在命令行中输入SCALE /SC命令，按回车键，命令行提示如下：

```
命令: SCALE
选择对象: 找到 1 个                                 //选择对象, 如图4-53所示;
指定基点:                                           //指定基点, 如图4-54所示;
指定比例因子或 [复制(C)/参照(R)]: 1.5               //输入比例因子。
```

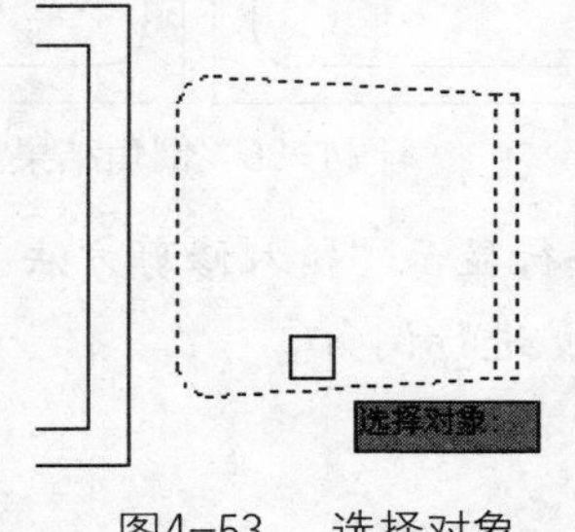

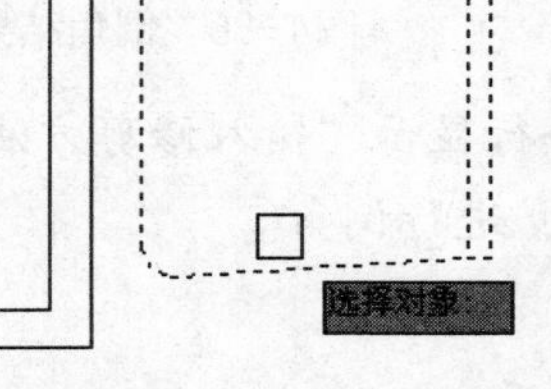

图4-53　选择对象　　　　图4-54　指定基点

图形对象缩放的前后对比效果如图4-55所示。

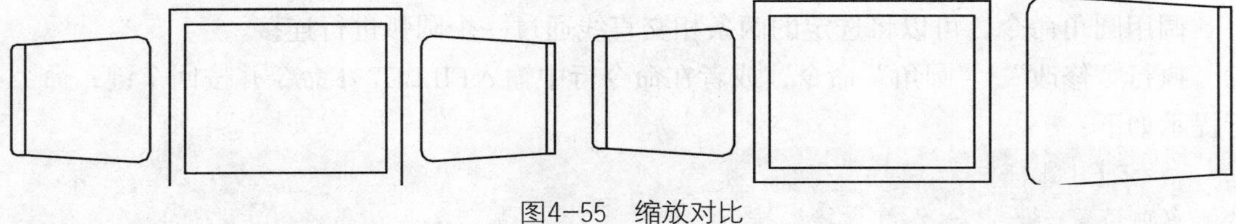

图4-55　缩放对比

4.6 倒角和圆角

倒角和圆角命令可以使图形相邻两表面在相交处以斜面或圆弧面过渡。在平面图上，倒角和圆角分别用直线和圆弧过渡来表示。本节介绍执行倒角命令和圆角命令的方法。

4.6.1 倒角

调用倒角命令可以将两条非平行直线或者多段线以一斜线相连。

执行“修改”|“倒角”命令，或者在命令行中输入CHAMFER /CHA命令，按回车键，命令行提示如下：

```
命令: CHAMFER
(“修剪”模式) 当前倒角距离 1 = 10, 距离 2 = 10
选择第一条直线或 [放弃(U)/多段线(P)/距离(D)/角度(A)/修剪(T)/方式(E)/多个(M)]:  D
                //输入D, 选择“距离”选项;
指定 第一个 倒角距离 <10>: 482
指定 第二个 倒角距离 <10>:482
选择第一条直线或 [放弃(U)/多段线(P)/距离(D)/角度(A)/修剪(T)/方式(E)/多个(M)]:
                //指定倒角的第一条直线;
选择第二条直线, 或按住 Shift 键选择直线以应用角点或 [距离(D)/角度(A)/方法(M)]:
                //指定倒角的第二条直线, 完成倒角操作的结果如图4-56所示。
```

执行倒角命令过程中各选项的含义如下。

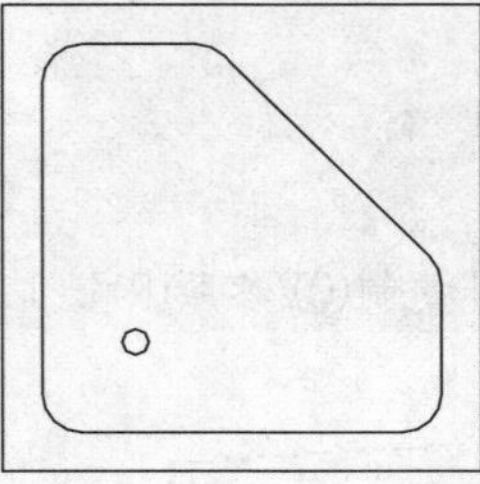
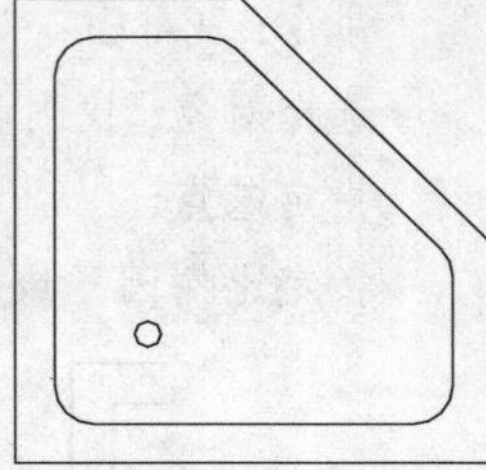

图4-56　倒角结果

- 多段线（P）：以当前设置的倒角大小对多段线的各顶点倒角。
- 距离（D）：设置倒角距离尺寸。
- 角度（A）：根据第一个倒角距离和角度来设置倒角尺寸。
- 修剪（T）：倒角后是否保留原拐角边。
- 方式（E）：设置倒角方式，选择此选项命令行显示“输入修剪方法 [距离(D)/角度(A)] <距离>：”提示信息。选择其中一项，进行倒角。
- 多个（M）：对多个对象进行倒角。

4.6.2　圆角

调用圆角命令，可以将选定的两条相交直线通过一个圆弧进行连接。

执行“修改”|“圆角”命令，或者在命令行中输入FILLET /F命令并按回车键，命令行提示如下：

```
命令: FILLET
当前设置: 模式 = 修剪, 半径 = 0
选择第一个对象或 [放弃(U)/多段线(P)/半径(R)/修剪(T)/多个(M)]: R
                    //输入R，选择“半径”选项；
指定圆角半径 <0>: 50
选择第一个对象或 [放弃(U)/多段线(P)/半径(R)/修剪(T)/多个(M)]: M
                    //输入M，选择“多个”选项；
选择第一个对象或 [放弃(U)/多段线(P)/半径(R)/修剪(T)/多个(M)]:
选择第二个对象，或按住 Shift 键选择对象以应用角点或 [半径(R)]:
… …
选择第一个对象或 [放弃(U)/多段线(P)/半径(R)/修剪(T)/多个(M)]: *取消*
                    //按回车键结束绘制，圆角操作的结果如图4-57所示。
```

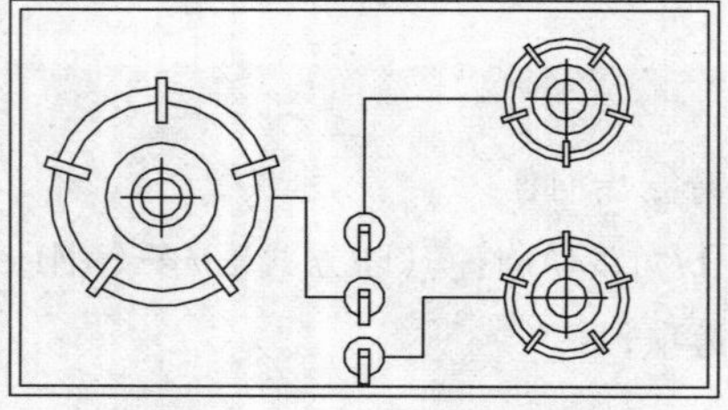
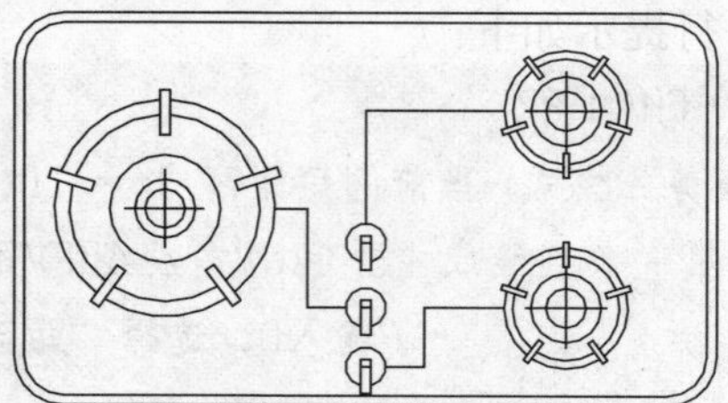

图4-57　圆角结果

4.6.3　实例——绘制踏步

本节以圆角命令为例介绍绘制楼梯踏步的方法。

01 打开素材。按Ctrl+O组合键，打开配套光盘提供的“素材\第4章\4.6.3 绘制踏步素材.dwg”文件，如图4-58所示。

02 单击“修改”工具栏上的“圆角”按钮，根据命令行的提示，设置圆角半径为0；输入M，选择“多个”选项；然后分别单击素材文件上的垂直直线和水平直线；在对图形进行圆角处理后，即可完成楼梯踏步的绘制，结果如图4-59所示。

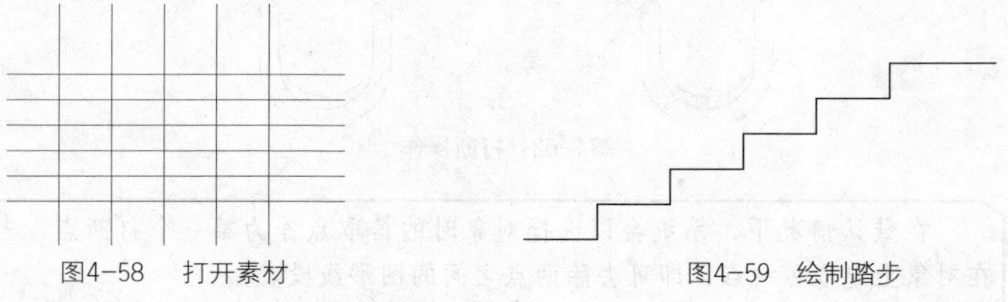

图4-58　打开素材　　图4-59　绘制踏步

4.7 打断、分解和合并

有时候，需要对已创建完成的图块进行局部更改；但是图块在未对其进行任何操作的情况下，是不能进行编辑修改的。必须先将图块进行打断或分解，然后才可以对其进行合并等编辑操作。

本节介绍打断、分解和合并命令的调用方法。

4.7.1 打断对象

调用打断命令，可以按照不同的方式将图形断开。AutoCAD有两种打断对象的方式，分别是打断、打断于点，下面分别介绍这两种打断方式。

1.打断

调用打断命令，可以在指定的线段上创建两个打断点，从而将线条断开。

执行“修改”|“打断”命令，或者在命令行中输入BREAK / BR 命令并按回车键，命令行提示如下：

```
命令：_break
选择对象:                                    //选择对象
指定第二个打断点 或 [第一点(F)]: F           //输入F，选择“第一点”选项；
指定第一个打断点:                            //指定第一点，如图4-60所示；
指定第二个打断点:                            //指定第二点，如图4-61所示。
```

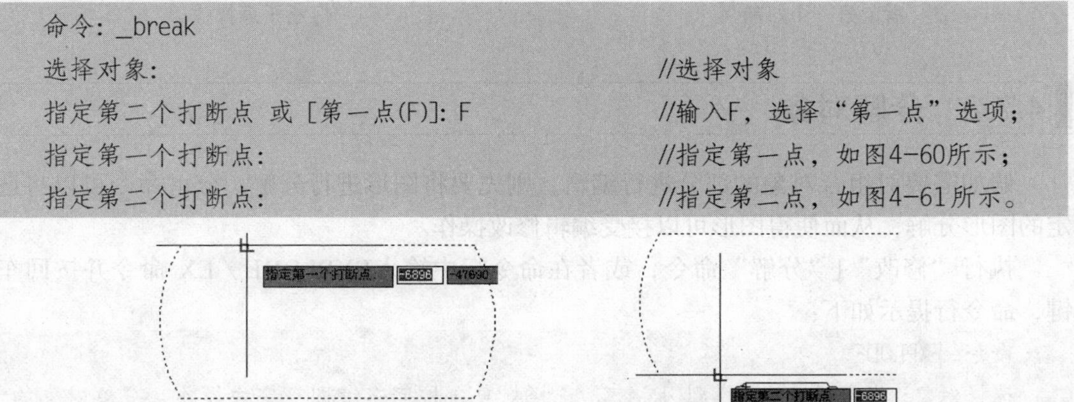

图4-60　指定第一点　　图4-61　指定第二点

对图形执行打断操作的前后对比如图4-62所示。

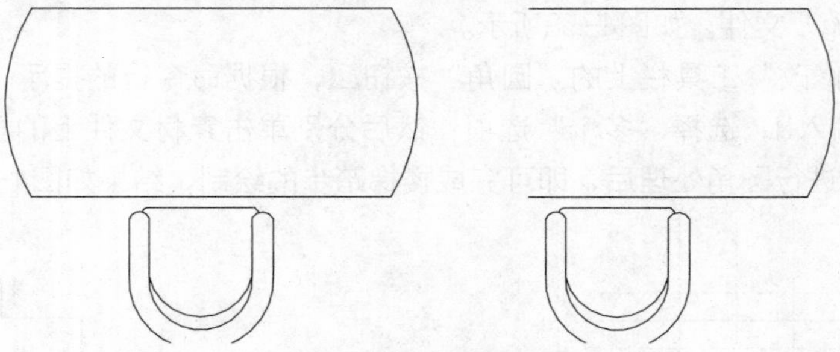

图4-62　打断操作

在默认情况下，系统会以选择对象时的拾取点作为第一个打断点，若直接在对象上选取另一点，即可去除两点之间的图形线段。

但是如果输入F，则可自定义第一点的位置。自定义第一点后，系统将以该点到被打断对象垂直点位置为第二打断点，去除两点间的线段。

2.打断于点

调用打断于点命令，可以将物体完整的外轮廓线进行打断。

单击“修改”工具栏上的“打断于点”按钮，命令行提示如下：

```
命令：_break
选择对象：
指定第二个打断点 或 [第一点(F)]：_f
指定第一个打断点：                    //指定第一个打断点，如图4-63所示。
指定第二个打断点：@
```

对图形执行打断于点的操作结果如图4-64所示。

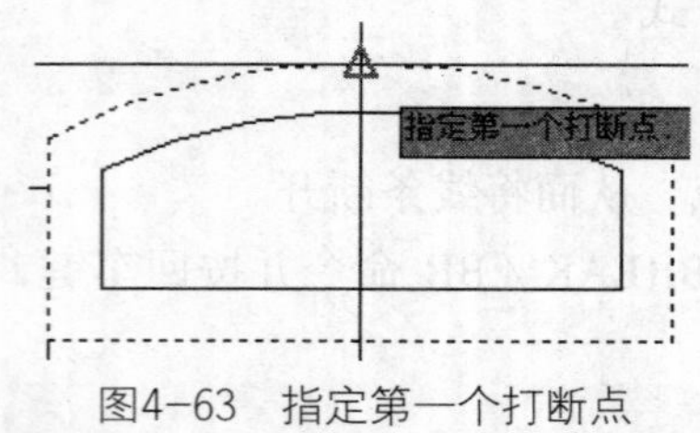

图4-63　指定第一个打断点

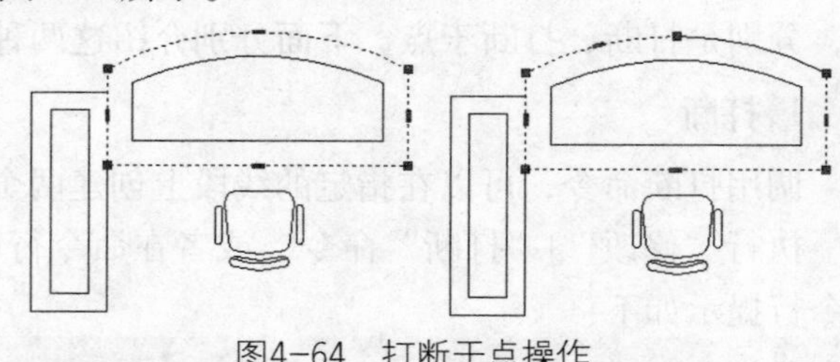

图4-64　打断于点操作

4.7.2　分解对象

假如需要对组合对象的部分进行编辑，则先要将图形进行分解。分解命令可以将选定的图形分解，从而使得图形可以接受编辑修改操作。

执行“修改”|“分解”命令，或者在命令行中输入EXPLODE / EX 命令并按回车键，命令行提示如下：

```
命令：EXPLODE
选择对象：指定对角点：找到 1 个  //选择对象，按回车键即可完成操作，分解对象的
                                   结果如图4-65所示。
```

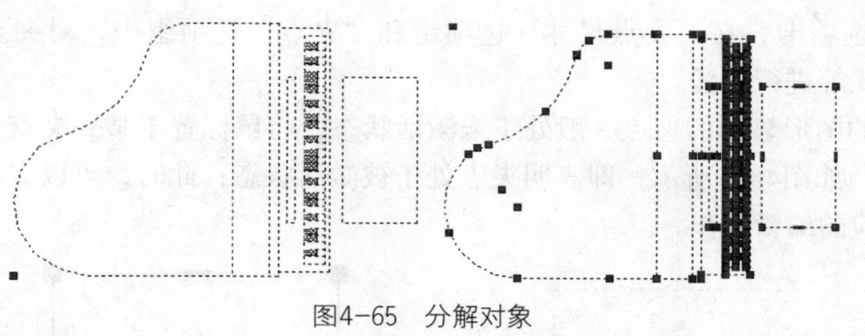

图4-65　分解对象

单击“修改”工具栏上的“分解”按钮，也可执行分解命令。

4.7.3　合并对象

调用合并命令，可将选中的多个对象进行合并操作。

执行“修改”|“合并”命令，或者单击“修改”工具栏上的“合并”按钮，命令行提示如下：

```
命令: _join
选择源对象或要一次合并的多个对象: 找到 1 个
选择要合并的对象: 找到 1 个, 总计 2 个  //选中合并对象，如图4-66所示；
2 条直线已合并为 1 条直线              //按回车键，即可完成合并操作，
                                       结果如图4-67所示。
```

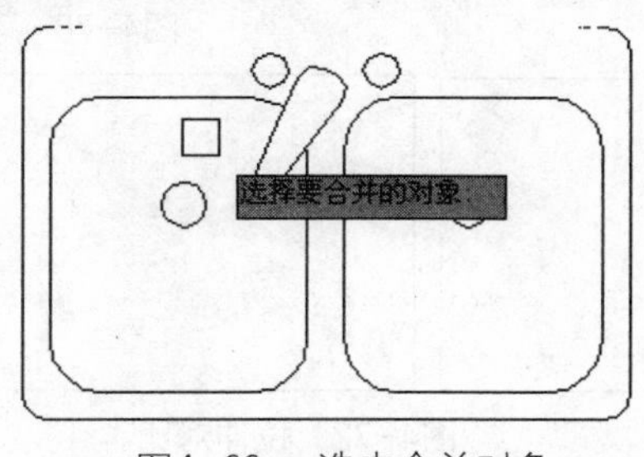

图4-66　选中合并对象

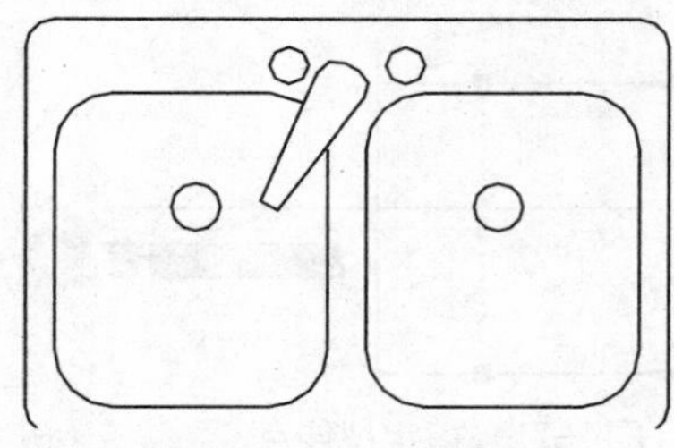

图4-67　合并操作

4.8　利用夹点编辑图形

夹点是图形对象上的特征点，比如端点、中点等，决定了图形的位置、大小等属性。在AutoCAD中，可以通过图形上的夹点对图形执行编辑操作。本节介绍使用夹点编辑图形对象的方法，包括拉伸、移动及旋转等操作。

4.8.1　夹点模式概述

单击选中对象，对象在夹点模式下显示。选中的图形上的夹点一般为蓝色，如图4-68所示。可以通过执行“工具”|“选项”命令，打开“选项”对话框；选择其中的

"选择集"选项卡，在"夹点尺寸"选项组和"夹点"选项组中，对夹点的尺寸、颜色、显示样式等进行设置。

被选中的图形显示的夹点一般处于未激活状态，将鼠标置于某一夹点上，当夹点显示为红色时，如图4-69所示；即表明夹点处于被激活状态；此时，可以夹点为基点，对图形执行相应的编辑操作。

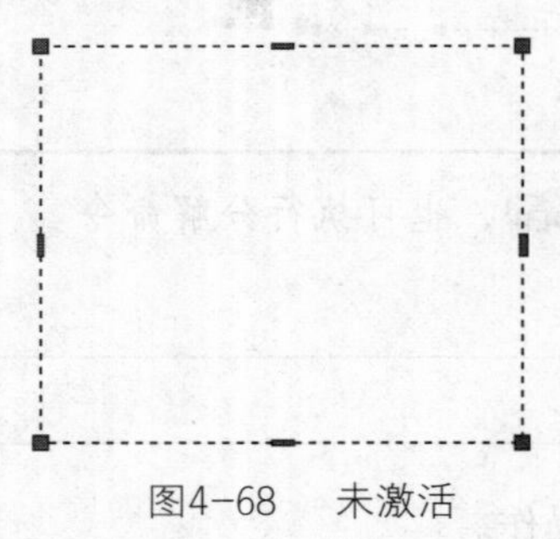

图4-68 未激活

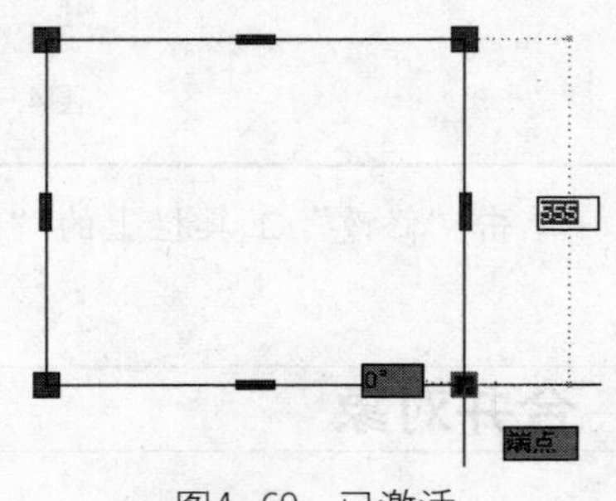

图4-69 已激活

4.8.2 利用夹点拉伸对象

选择待拉伸的对象，即可进入夹点模式。单击选中其中的一个夹点，单击鼠标右键，在弹出的快捷菜单中选择"拉伸"选项，如图4-70所示；鼠标向右移动，指定拉伸点，如图4-71所示。

图形拉伸前后对比结果如图4-72所示。

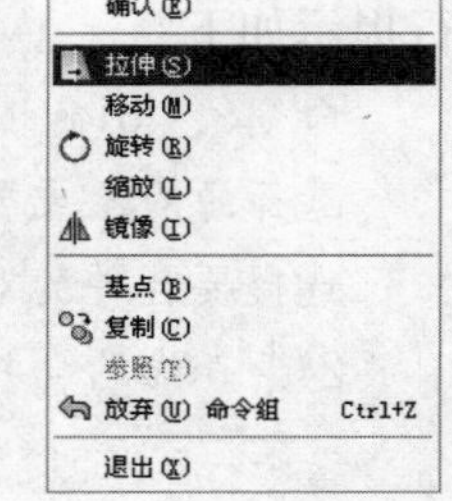

图4-70 快捷菜单

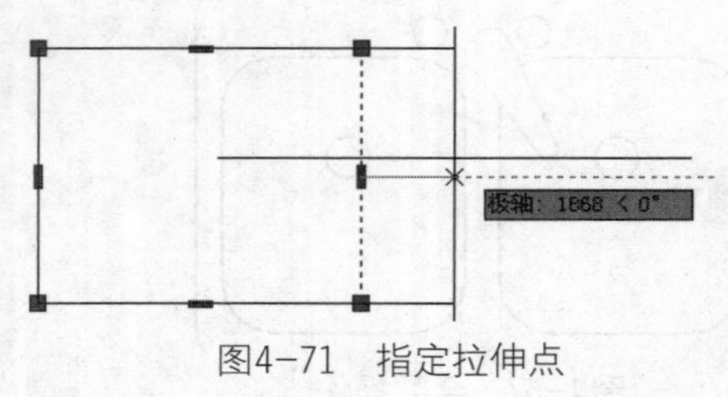

图4-71 指定拉伸点

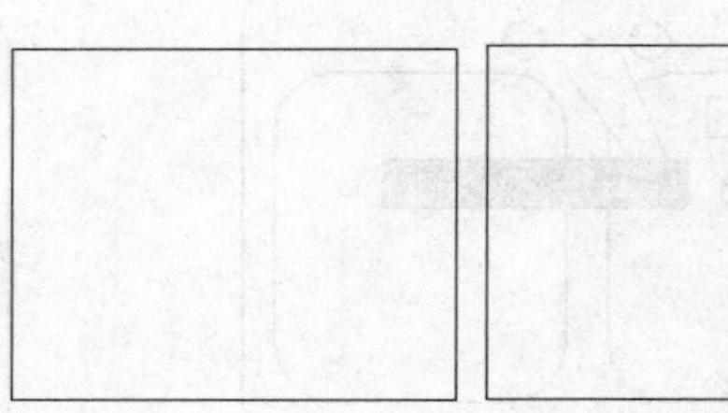

图4-72 拉伸对比

4.8.3 利用夹点移动对象

选择图形，单击选中其中的一个夹点；在右键快捷菜单中选择"移动"选项，然后移动鼠标，如图4-73所示；可以在命令行中输入移动的距离参数，也可以在绘图区上自定义移动距离，单击鼠标左键，即可完成使用夹点移动对象的操作。

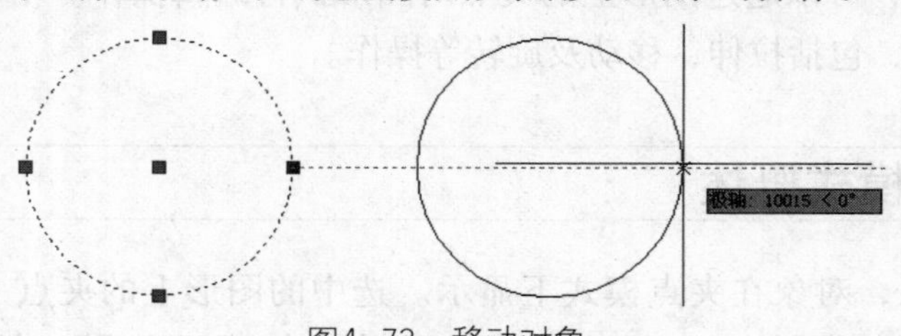

图4-73 移动对象

4.8.4 利用夹点旋转对象

选择图形，单击选中其中的一个夹点；在右键快捷菜单中选择“旋转”选项，然后移动鼠标，如图4-74所示；也可以在命令行中输入旋转的角度参数，或在绘图区中通过极轴功能的辅助线来确定旋转角度。确定旋转的角度后，单击鼠标左键，即可完成使用夹点旋转对象的操作。

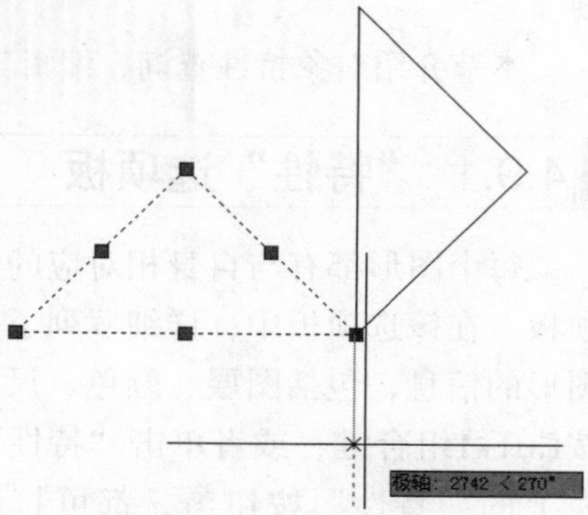

图4-74 旋转对象

4.8.5 利用夹点缩放对象

选择图形，单击选中其中的一个夹点；在右键快捷菜单中选择“缩放”选项，然后指定比例因子，如图4-75所示；按回车键，即可完成使用夹点缩放对象的操作，结果如图4-76所示。

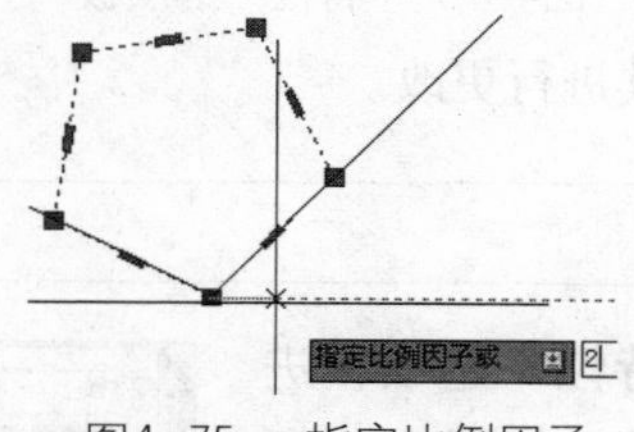

图4-75 指定比例因子

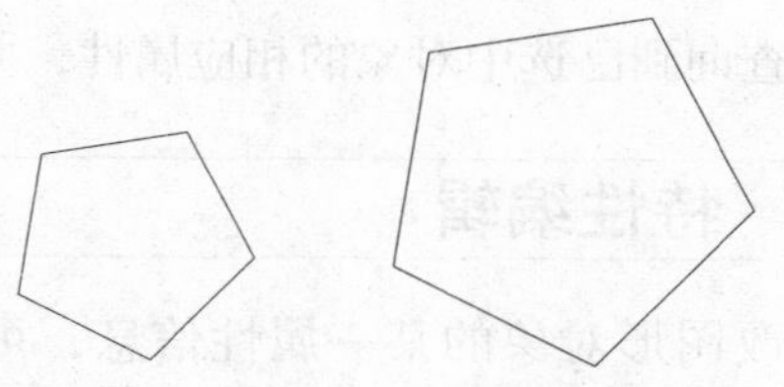
图4-76 缩放对比

4.8.6 利用夹点镜像对象

选择图形，单击选中其中的一个夹点；在右键快捷菜单中选择“镜像”选项，在命令行中输入C（复制）选项，然后移动鼠标，指定镜像的第二点，如图4-77所示；按回车键，即可完成镜像操作，如图4-78所示。

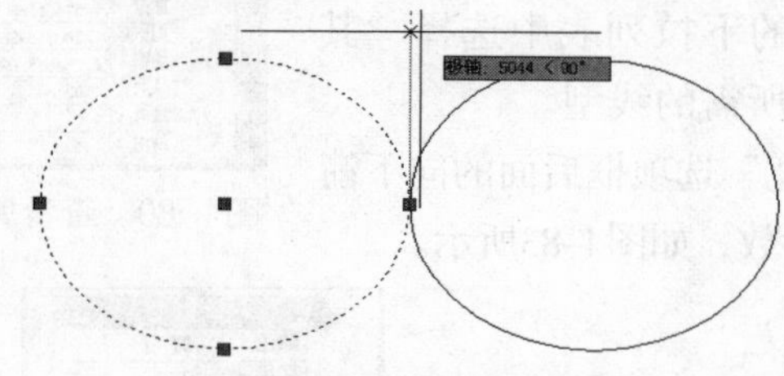

图4-77 指定镜像的第二点

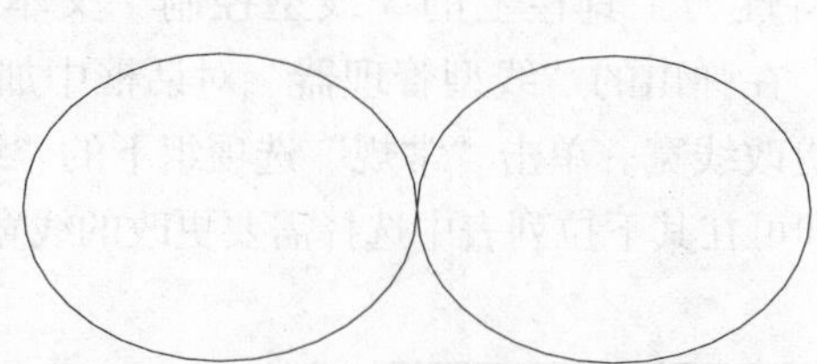
图4-78 镜像操作

4.9 对象特性查询、编辑与匹配

在打开一个新图形时，往往对图形的各类属性不得而知；此时，可以应用AutoCAD中对图形特性的查询方式，来查看图形的各个属性。两个图形之间，可以将某一图形所属的线型、线宽等属性匹配至另一图形，这个可以通过AutoCAD中的特性匹配命令来实现。

本节介绍对象特性查询、编辑与匹配的操作。

4.9.1 “特性”选项板

每个图形都有与自身相对应的特性选项板，在该选项板中，详细罗列了关于该图形的信息，包括图层、颜色、尺寸等。按Ctrl+1组合键，或者单击“特性”工具栏上的“特性”按钮，都可打开“特性”选项板，如图4-79所示。

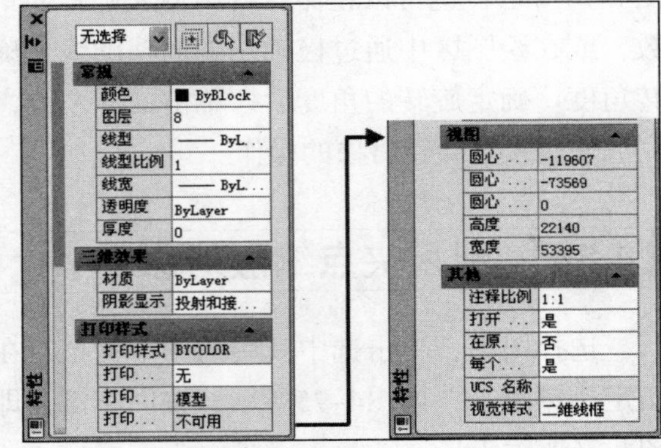

图4-79 “特性”选项板

在“特性”选项板中，列出了图形的一些常规类型的属性，比如“常规”、“三维效果”和“打印样式”、“视图”和“其他”。在这些属性类型的下拉列表中，皆可查询到已选中对象的相应属性，并且可以对其进行更改。

4.9.2 特性编辑

要更改图形对象的某一属性信息，可以通过“特性”选项板进行。选中对象，按Ctrl+1组合键打开“特性”选项板，如图4-80所示，可以在其中查看被选中的圆形的属性。

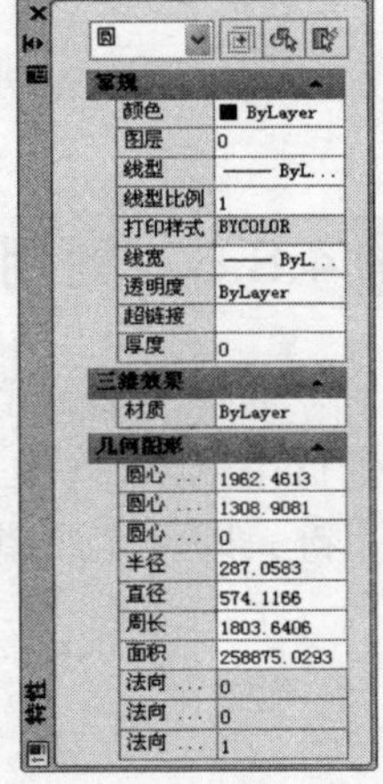

图4-80 查看属性

更改颜色。单击“常规”选项组下的“颜色”选项框后面的向下箭头，即可在其下拉列表中选择需要更改的颜色，如图4-81所示。

更改线型。单击“常规”选项组下的“线型”选项框后面的向下箭头，即可在其下拉列表中选择需要更改的线型，如图4-82所示。

值得注意的是，假如发现下拉列表中没有可使用的线型，则可在“特性”工具栏上的“线型控制”文本框的下拉列表中选择“其他”，在弹出的“线型管理器”对话框中加载所需的线型。

更改线宽。单击“常规”选项组下的“线宽”选项框后面的向下箭头，即可在其下拉列表中选择需要更改的线宽参数，如图4-83所示。

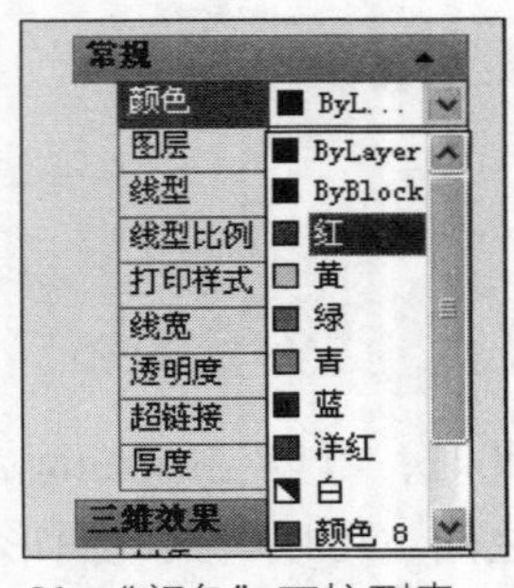

图4-81 “颜色”下拉列表

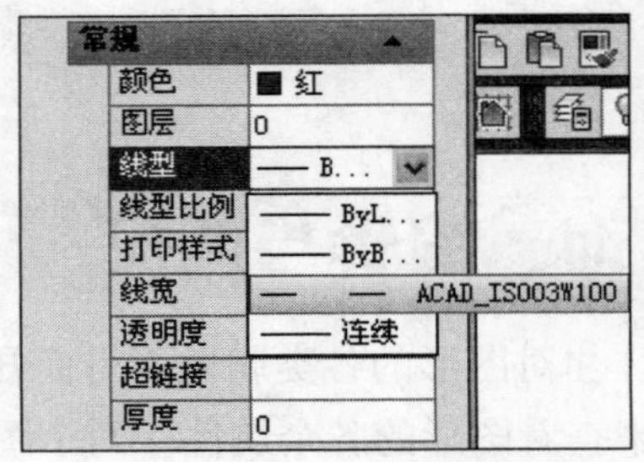

图4-82 “线型”下拉列表

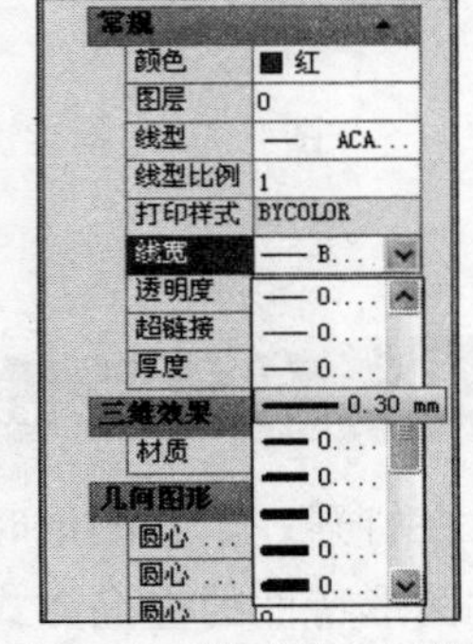

图4-83 “线宽”下拉列表

如图4-84所示为圆形进行特性编辑的前后对比效果。

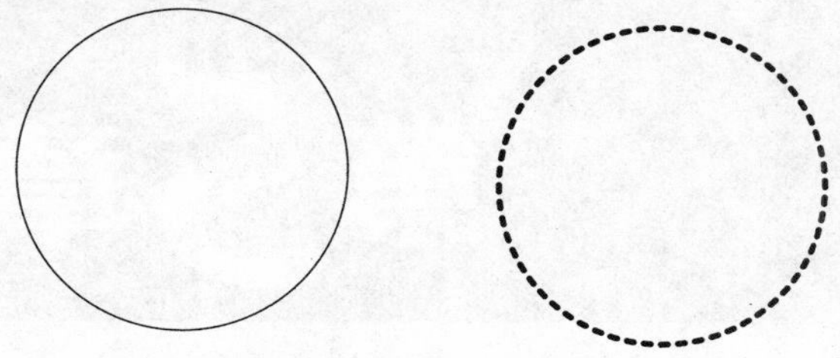

图4-84　编辑前后对比

4.9.3　特性匹配

特性匹配命令可以将选定的图形属性应用到其他图形上。

执行“修改”|“特性匹配”命令，或者在命令行中输入MATCHPROP/MA命令并按回车键，命令行提示如下：

命令：MATCHPROP

选择源对象：　　　　　　　　　　　　　　//选择源对象，如图4-85所示；

当前活动设置：颜色　图层　线型　线型比例　线宽　透明度　厚度　打印样式　标注　文字　图案填充　多段线　视口　表格材质　阴影显示　多重引线

选择目标对象或[设置(S)]：　　　　　　　//选择目标对象，如图4-86所示；

……

选择目标对象或[设置(S)]：　　　　　　　//特性匹配的结果如图4-87所示。

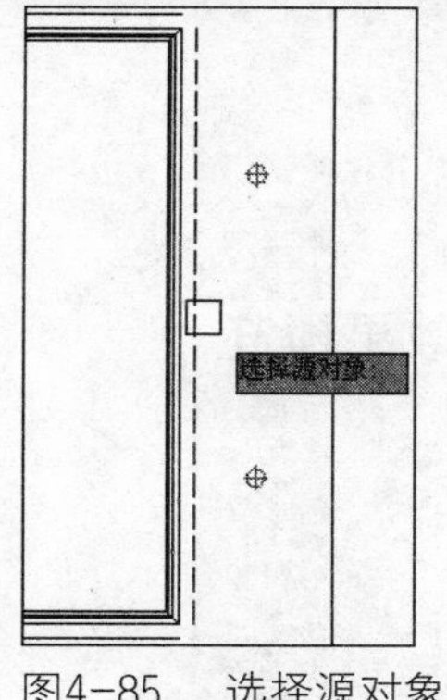

图4-85　选择源对象

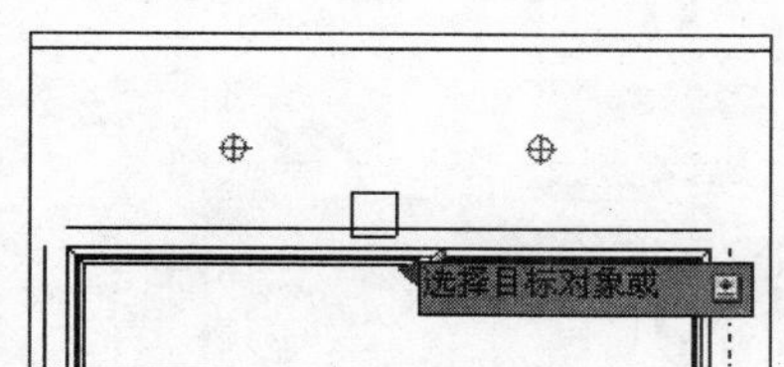

图4-86　选择目标对象

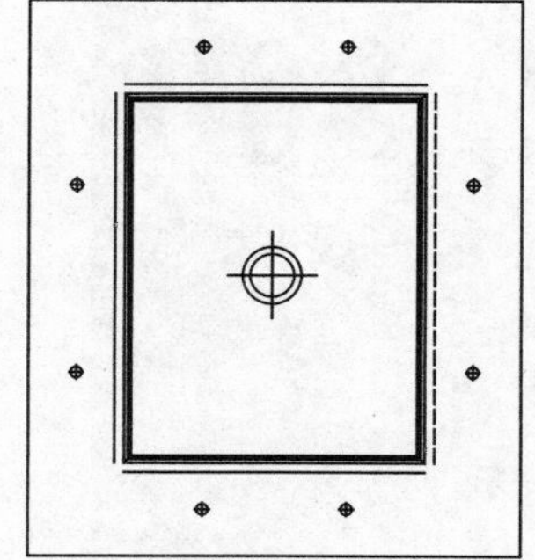

图4-87　特性匹配的结果

第5章

图块与设计中心

本章导读

图块与设计中心是提升AutoCAD用户绘图效率的两大强有力的工具。本章首先介绍图块的创建和插入的方法，然后深入讲解图块的属性、动态块等功能，最后介绍设计中心和工具选项板的使用方法。

学习目标

- 掌握创建图块的方法
- 掌握插入图块的方法
- 掌握块属性的使用方法
- 掌握动态块的创建和使用方法
- 了解设计中心的使用方法
- 了解工具选项板的使用方法

效果预览

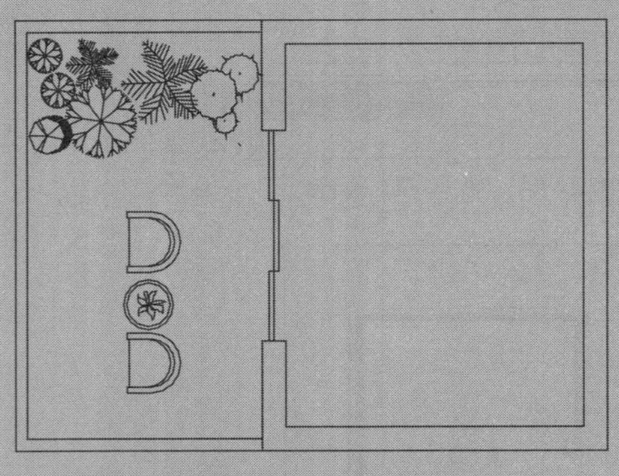

2.800

在AutoCAD中，可以将绘制完成的图形创建成块，并储存在图库中，在以后绘制图形时可以从图库中调取。图块可分为静态块和动态块。静态块在调用后不能对其进行编辑修改，要进行编辑修改只能先将图块分解，再进行编辑；而动态块则可以在调用后进行编辑，且不必分解图块。

设计中心类似于Windows资源管理器，可以对图形、图块等图形内容进行访问操作，这种操作不仅可简化绘图过程，而且可通过网络资源共享来服务当前产品设计。

本章将介绍创建图块与使用设计中心辅助绘图的方法。

5.1 创建及插入块

在图形绘制完成之后，就可以对其执行创建块的操作了。创建块的命令为BLOCK，快捷键为B；在命令行中输入B并按回车键即可调用该命令。

插入块命令为INSERT，快捷键为I；调用该命令后，在弹出的对话框中选择所需插入的块即可完成操作。

本小节介绍创建及插入块的知识。

5.1.1 创建块

创建块命令可以将选定的图形创建成块。在AutoCAD中将图形创建成块的具体操作方法如下。

01 打开素材。按Ctrl+O组合键，打开配套光盘提供的“素材\第5章\5.1.1 创建块素材.dwg”文件，结果如图5-1所示。

02 执行“绘图”|“块”|“创建”命令，系统弹出“块定义”对话框，如图5-2所示。

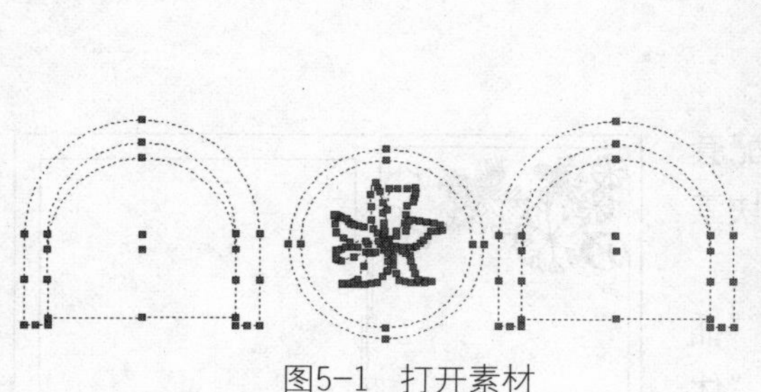

图5-1 打开素材

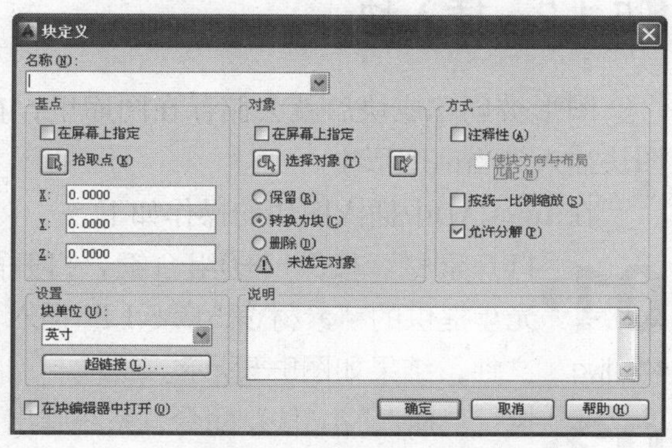

图5-2 “块定义”对话框

03 在对话框中单击“选择对象”按钮，在绘图区中框选素材图形；按回车键返回对话框，单击“拾取点”按钮，在绘图区中单击左边单人椅的左下角点，即拾取点；在“名称”选项框中输入图块名称，如图5-3所示；单击“确定”按钮关闭对话框，即可完成图块的创建。

04 此时，单击即可以全部选中图形，创建图块的结果如图5-4所示。

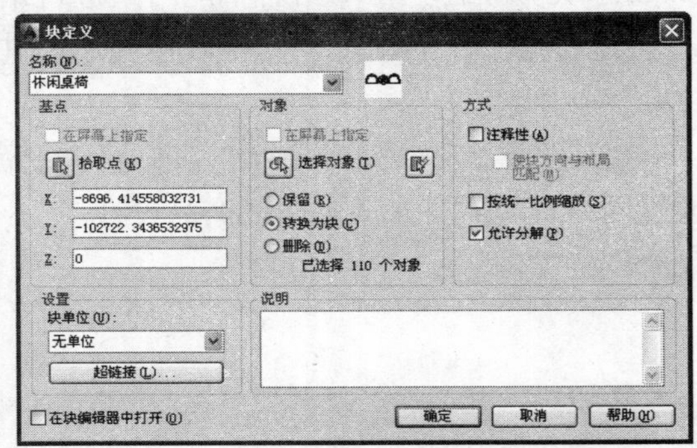

图5-3 输入名称

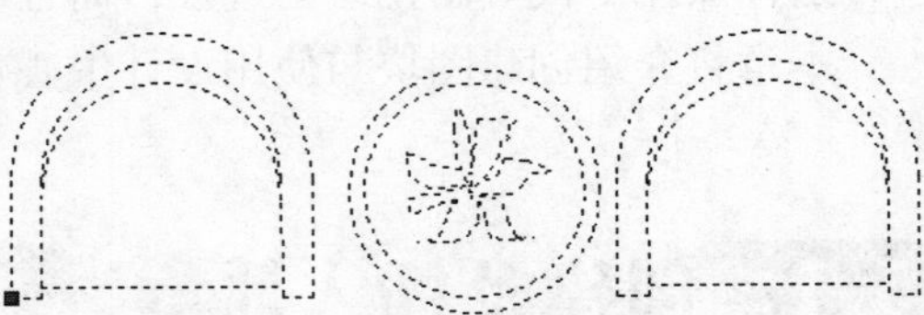

图5-4 创建块

“块定义”对话框中的主要选项含义如下。

- “名称”文本框：在该区域中输入指定块名称。还可以在下拉列表框中选择已有的块。
- “基点”选项组：设置块的插入基点位置。可直接在X、Y、Z三个文本框中输入数值，也可以单击“拾取点”按钮，切换到绘图区选择图块的基点。一般基点选在图块的对称中心、左下角或其他有特征的位置。
- “对象”选项组：设置组成块的对象。其中，单击“选择对象”按钮，可切换到绘图区选择组成图块的各图形对象；单击“快速选择”按钮，可以使用弹出的“快速选择”对话框设置所选择对象的过滤条件；选中“保留”单选按钮，创建块后仍在绘图窗口中保留组成块的各对象；选中“转换为块”单选按钮，创建块后将组成块的各对象保留并把它们转换成块；选中“删除”单选按钮，创建块后删除绘图窗口上组成块的原对象。

5.1.2 插入块

图形被创建成块后就会储存在图库里，在需要调用的时候，执行插入命令，即可将图块插入到当前图形中。

在AutoCAD中插入图块的操作如下。

01 打开素材。按Ctrl+O组合键，打开配套光盘提供的“素材\第5章\5.1.2 插入块素材.dwg”文件，结果如图5-5所示。

图5-5 打开素材

02 执行“插入”|“块”命令，系统弹出“插入”对话框；在对话框中选择名称为“休闲桌椅”的图块，在“角度”选项组中将角度参数更改为-90，如图5-6所示。

03 在绘图区中指定图块的插入点，插入图块的结果如图5-7所示。

“插入”对话框中的选项含义如下。

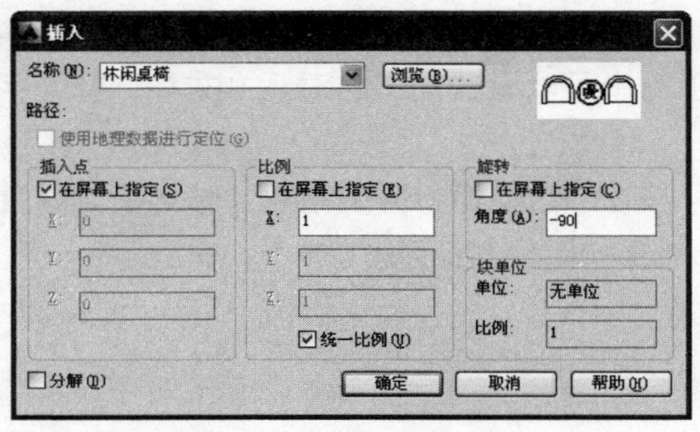
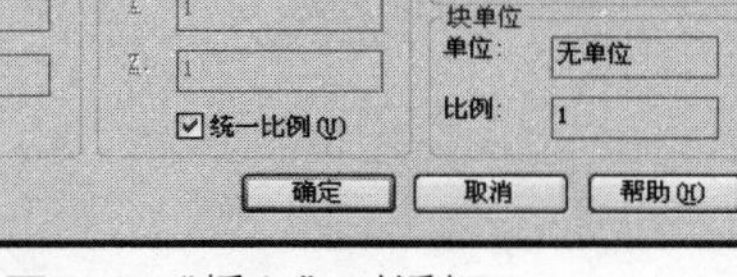

图5-6 “插入”对话框

图5-7 插入图块

- “名称”下拉列表框：用于选择已有图块或图形名称。也可以单击其后的“浏览”按钮，弹出“打开图形文件”对话框，选择保存的图块或外部图形。
- “插入点”选项组：设置图块的插入点位置。可直接在X、Y、Z文本框中输入，也可以通过选中“在屏幕上指定”复选框，在屏幕上指定插入点。
- “比例”选项组：用于设置图块的插入比例。可直接在X、Y、Z文本框中输入块在三个方向的比例；也可以通过选中“在屏幕上指定”复选框，在屏幕上指定。此外，该选项组中的“统一比例”复选框用于确定所插入块在X、Y、Z 3个方向的插入比例是否相同，选中时表示相同，只需在X文本框中输入比例值即可。
- “旋转”选项组：用于设置图块的旋转角度。可直接在“角度”文本框中输入角度值，也可以通过选中“在屏幕上指定”复选框，在屏幕上指定旋转角度。

5.1.3 创建块属性

图块有两种属性，分别是图形信息和非图形信息。有些图块仅仅包含单纯的图形信息，而有些图块则同时包含了图形信息和非图形信息。比如在绘制室内设计图纸的时候经常使用到的标高图块，就是同时包含两种属性的图块。

下面介绍为标高图块创建属性的方法。

01 打开素材。按Ctrl+O组合键，打开配套光盘提供的“素材\第5章\5.1.3 创建块属性素材.dwg”文件，结果如图5-8所示。

02 执行“绘图”|“块”|“定义属性”命令，系统弹出“属性定义”对话框，结果如图5-9所示。

图5-8 打开素材

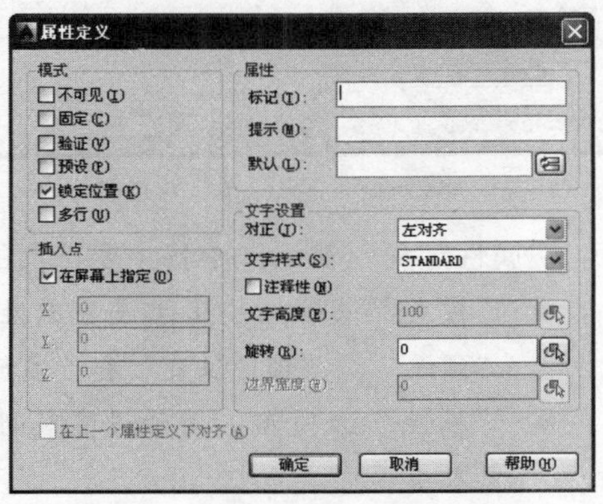

图5-9 “属性定义”对话框

03 在对话框中的“属性”选项组中，可设置“标记”、“提示”和“默认”文本框内的参数，在“文字设置”选项组中可以设置文字的对正方式和选择文字样式，结果如图5-10所示。

04 参数设置完成之后，单击“确定”按钮，在前面打开的素材文件上指定属性的插入位置，完成图块属性的创建，结果如图5-11所示。

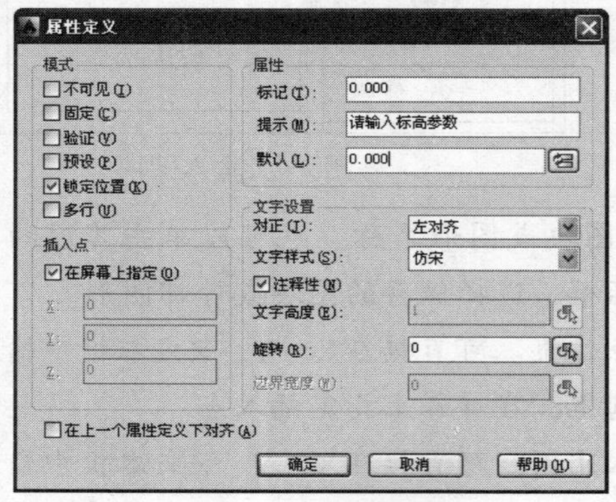

图5-10　参数设置

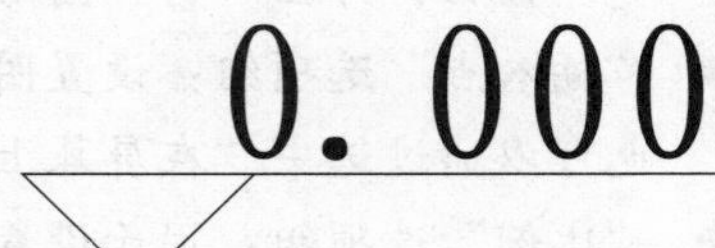

图5-11　创建结果

05 在“属性定义”对话框中，仅仅定义了一个属性，但是却不能指定所定义的属性隶属于哪个图块。因此，必须将属性和图形重新定义为一个图块，以便在调用图块的时候可以同时调用属性。

06 在命令行中输入BLOCK/B（创建块）命令，在弹出的“块定义”对话框中设置图块的名称以及拾取点等参数，结果如图5-12所示。

07 参数设置完成后，单击“确定”按钮关闭对话框；此时系统弹出“编辑属性”对话框，如图5-13所示；在此保持默认参数即可，因为在引用标高图块的时候，实际的标高参数总是不一致的。

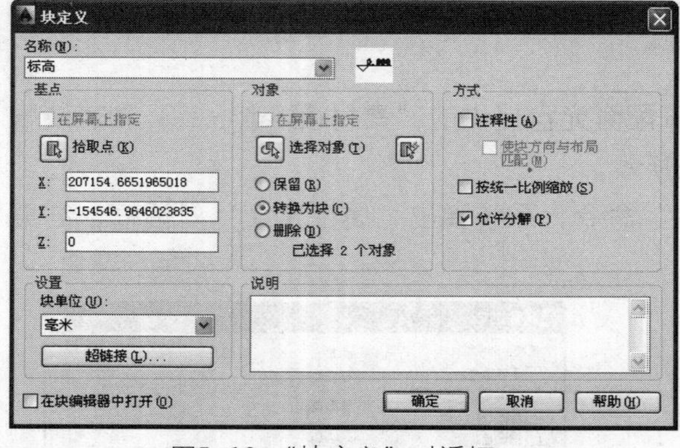

图5-12　“块定义”对话框

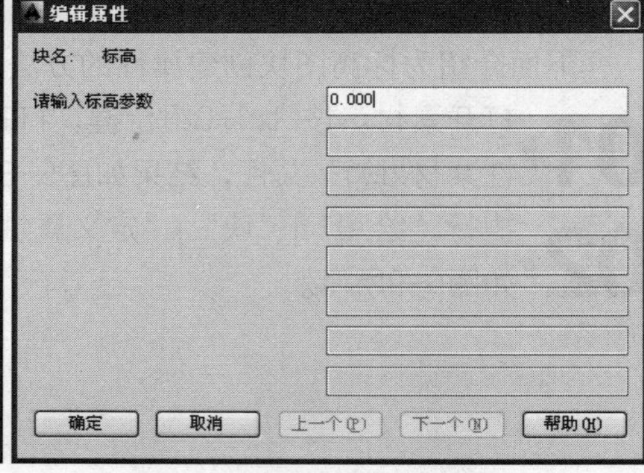

图5-13　“编辑属性”对话框

“属性定义”对话框中各主要选项的含义如下。

- “模式”选项组：用于设置属性模式，包括“不可见”、“固定”、“验证”、“预设”、“锁定位置”和“多行”6个复选框，利用复选框可设置相应的属性值。
- “属性”选项组：用于设置属性数据，包括“标记”、“提示”、“默认”3个文本框。

- “插入点”选项组：用于指定图块属性的位置，若选中“在屏幕上指定”复选框，则在绘图区中指定插入点，用户可以直接在X、Y、Z文本框中输入坐标值确定插入点。
- “文字设置”选项组：该选项组用于设置属性文字的对正、样式、高度和旋转。包括对正、文字样式、文字高度、旋转和边界宽度5个选项。

5.1.4 编辑块的属性

对已创建文字属性的图块，可以对图块的文字属性进行更改，以符合实际的绘图需要。下面介绍编辑块属性的操作步骤。

01 双击已创建文字属性的标高图块，系统弹出“增强属性编辑器”对话框，在“属性”选项卡中可以更改文字参数值，如图5-14所示。

02 选择“文字选项”选项卡，可以在其中更改文字的各项参数，包括文字样式、对齐方式、宽度等，如图5-15所示。

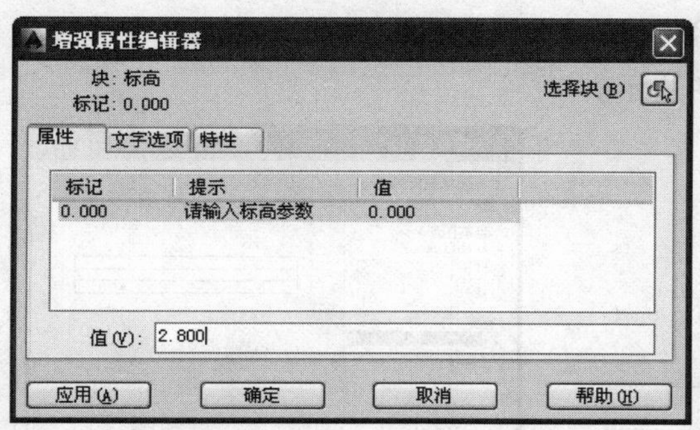

图5-14 “增强属性编辑器”对话框

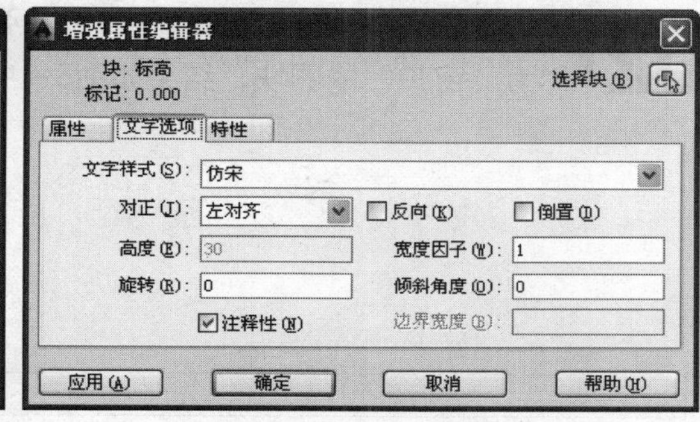

图5-15 “文字选项”组

03 选择“特性”选项卡，可以显示并更改图块的属性信息，包括所在的图层、线型以及颜色参数等，如图5-16所示。

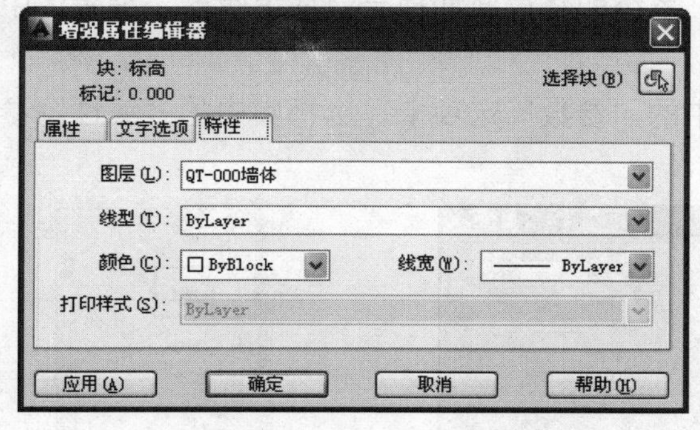

图5-16 “特性”选项组

2.800

图5-17 修改结果

04 参数修改完成之后，单击“确定”按钮，关闭“增强属性编辑器”对话框，即可完成图块属性的编辑修改，结果如图5-17所示。

“增强属性编辑器”对话框中各选项卡的含义如下。

- “属性”选项卡：显示了块中每个属性的标识、提示和值。在列表框中选择某一属性后，在“值”文本框中将显示出该属性对应的属性值，可以通过它来修改属性值。

- “文字选项”选项卡：用于修改属性文字的格式。在其中可以设置文字样式、对齐方式、高度、旋转角度、宽度比例和倾斜角度等内容。
- “特性”选项卡：用于修改属性文字的图层以及其线宽、线型、颜色及打印样式等。

5.1.5 动态块

动态图块相对于常规的静态图块来说，具有较大的灵活性和智能性，在提高绘图效率的同时也能有效地减小图库中的图块数量，从而提高软件的运行性能。

创建动态块要执行AutoCAD中的“块编辑器”命令。通过块编辑器，可将一系列内容相同或者相近的图形创建为动态块。动态块具有参数化的动态特征，在操作时通过自定义夹点或者自定义特性来操作动态块。

本节以创建动态平开窗图块为例，介绍调用“块编辑器”命令的方法。

01 打开素材。按Ctrl+O组合键，打开配套光盘提供的“素材\第5章\5.1.5 创建动态块素材.dwg”文件，结果如图5-18所示。这是一个创建完成的静态图块。

02 执行“工具”|“块编辑器”命令，弹出“编辑块定义”对话框，在其中选择名称为“窗户”的图块，结果如图5-19所示。

图5-18 打开素材

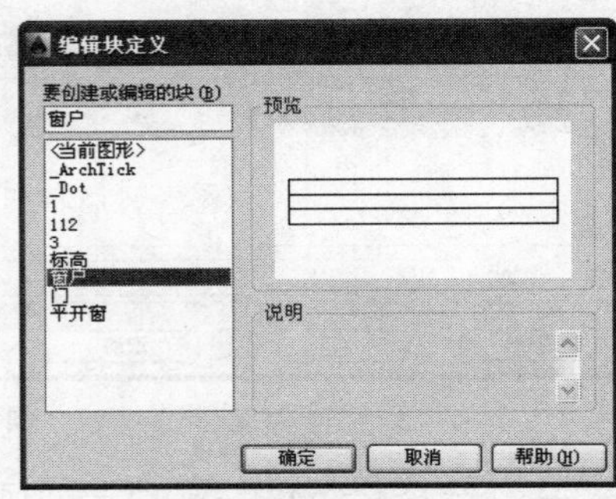

图5-19 “编辑块定义”对话框

03 在对话框中单击“确定”按钮，系统即将页面切换至“块编辑器”编辑区中，结果如图5-20所示。

04 选择左边的“块编写选项板”中的“参数”选项卡，选择其中的“线性”参数选项，如图5-21所示。

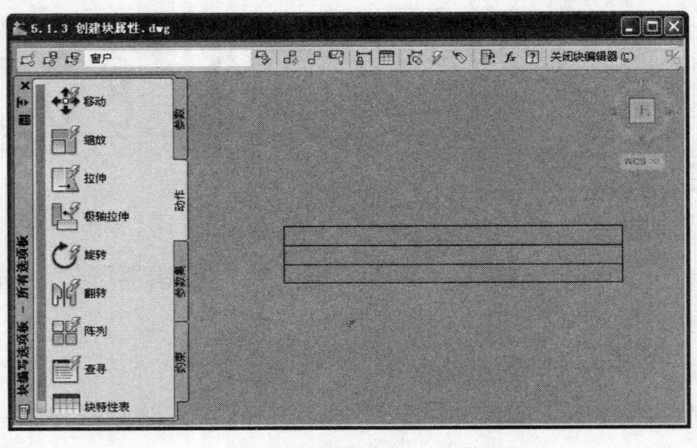

图5-20 “块编辑器”编辑区

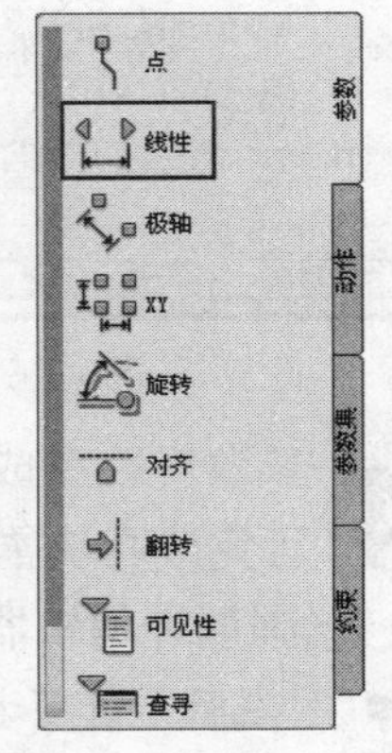

图5-21 选择“线性”选项

05 指定图形的左下角点为线性参数的起点，如图5-22所示。

06 指定图形的右下角点为线性参数的端点，如图5-23所示。

图5-22　指定起点

图5-23　指定端点

07 鼠标向下移动，指定“距离”标签的位置，如图5-24所示。

08 创建“线性”参数的结果如图5-25所示。

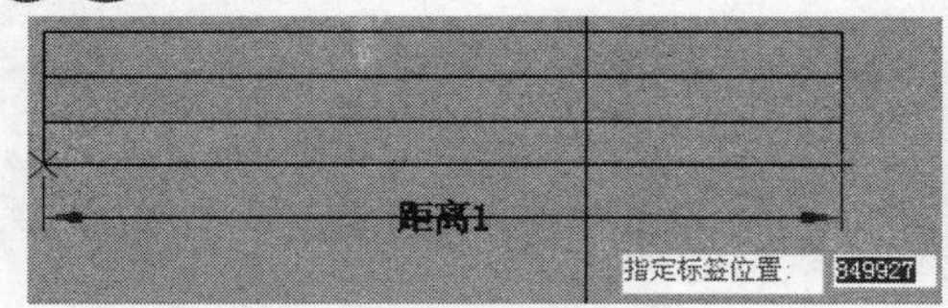

图5-24　指定位置

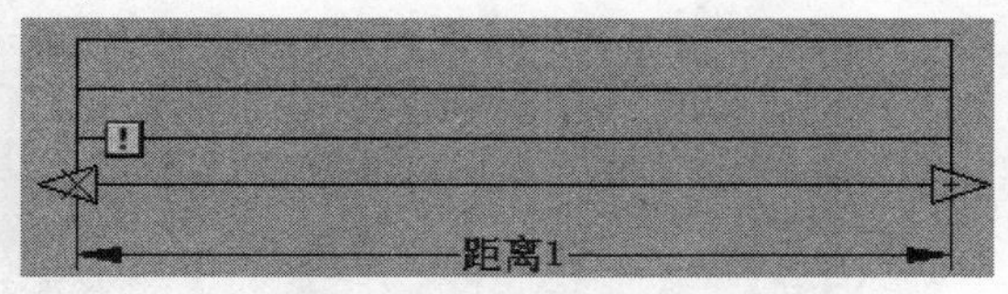

图5-25　创建“线性”参数

09 选择左边的“块编写选项板”中的“参数”选项卡，选择其中的“旋转”参数选项。

10 指定图形的左下角点为旋转的基点，如图5-26所示。

11 鼠标上移，单击图形的左上角点，指定参数半径，如图5-27所示。

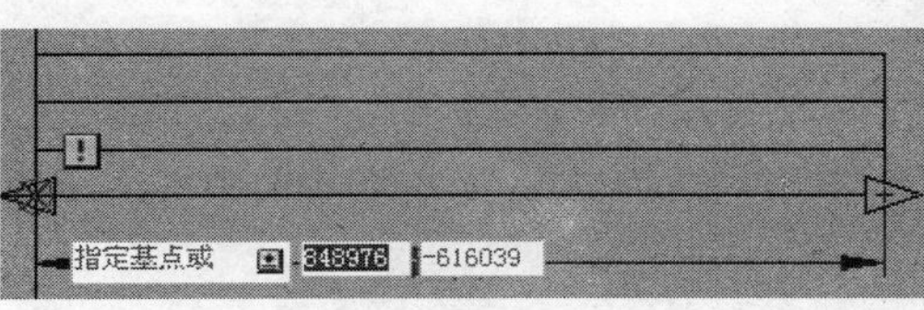

图5-26　指定基点

图5-27　指定参数半径

12 鼠标向左向右移动，将旋转参数的箭头重合，以指定旋转角度，然后单击退出操作，如图5-28所示。

13 创建“旋转”参数的结果如图5-29所示。

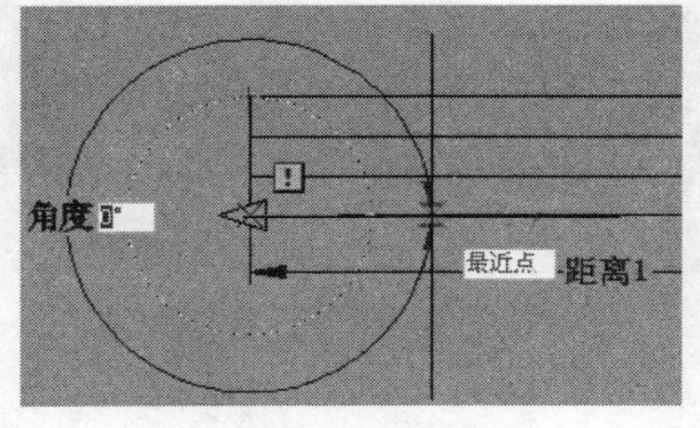

图5-28　指定角度

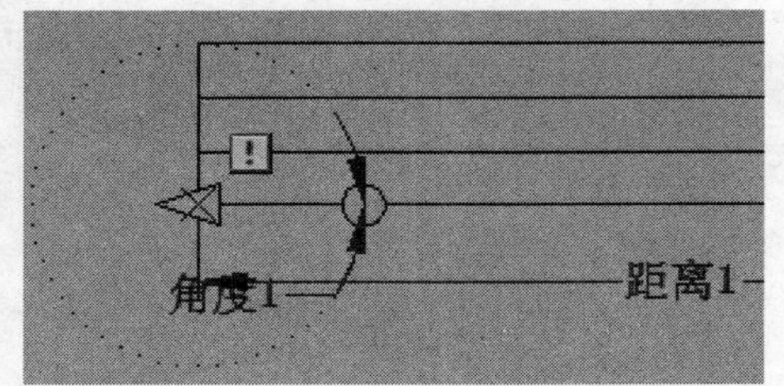

图5-29　创建“旋转”参数

14 单击选中左边“块编写选项板”中的“动作”参数，选择其中的“缩放”动作选项，如图5-30所示。

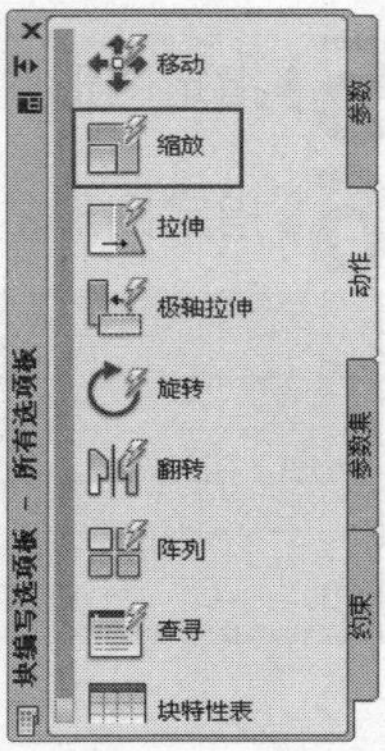

15 单击选择名称为“距离1”的线性参数，然后再依次单击窗户图形的各组成线段，完成选择对象的操作，结果如图5-31所示。

16 创建“缩放”动作的结果如图5-32所示。

17 单击选择左边“块编写选项板”中的“动作”参数选项卡中的“拉伸”动作选项。

18 选择名称为“距离1”的线性参数，结果如图5-33所示。

图5-30　选择“缩放”选项

19 单击图形的左下角点，指定与动作相关联的参数点，如图5-34所示。

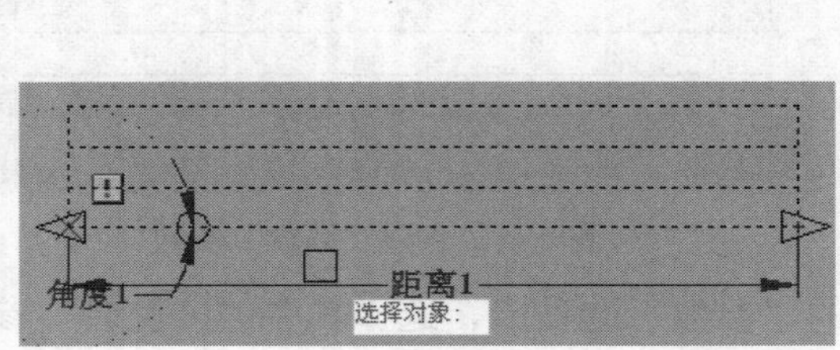

图5-31　选择对象

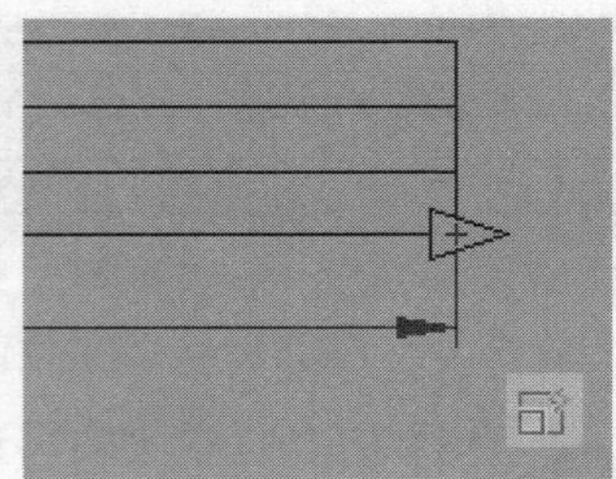

图5-32　创建“缩放”动作

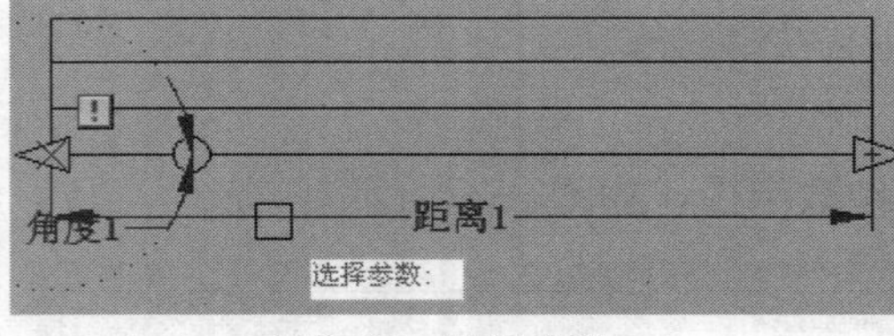

图5-33　选择参数

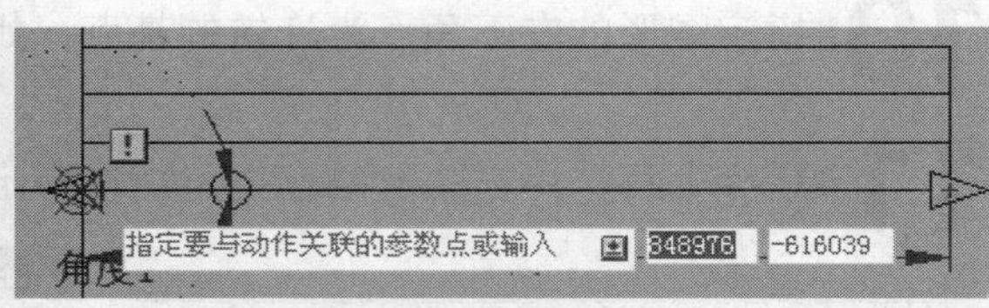

图5-34　单击左下角点

20 单击图形的右上角点，指定拉伸框架的第一个角点，如图5-35所示。

图5-35　单击右下角点

21 单击图形的左下角点，完成指定对角点的操作，结果如图5-36所示。

22 依次选择组成图形的线段，如图5-37所示。

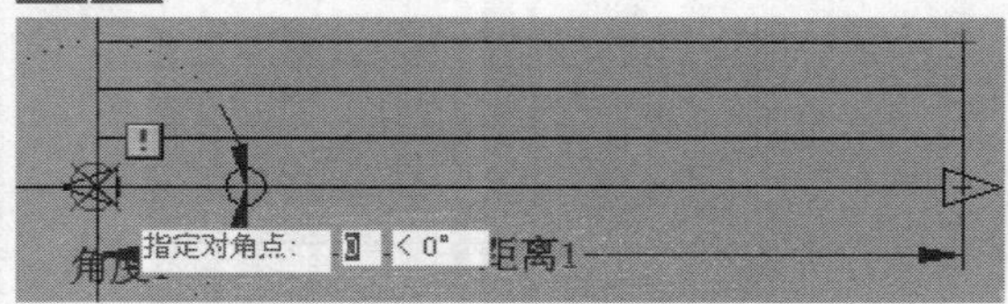

图5-36　指定对角点

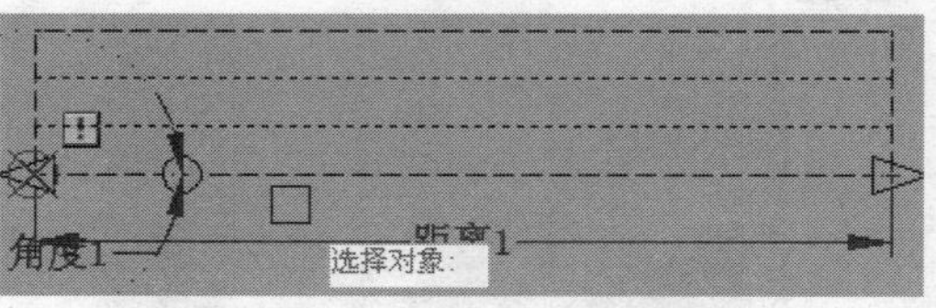

图5-37　选择对象

23 创建“拉伸”动作的结果如图5-38所示。

24 单击选择左边“块编写选项板”中的“动作”参数选项卡中的“旋转”动作选项。

25 依次选择“旋转”参数和图形对象，创建“旋转”动作的结果如图5-39所示。

图5-38　创建“拉伸”动作

图5-39　创建“旋转”动作

26 单击块编辑器上工具栏的“保存块定义”按钮，保存当前的编辑操作；单击关闭块编辑器(C)按钮，关闭块编辑器。

27 此时，在绘图区中选中已编辑完成的窗图块，显示结果如图5-40所示。

28 选中图形右下角的夹点，可以对图形进行拉伸，其结果是按比例放大或缩小图形，如图5-41所示。

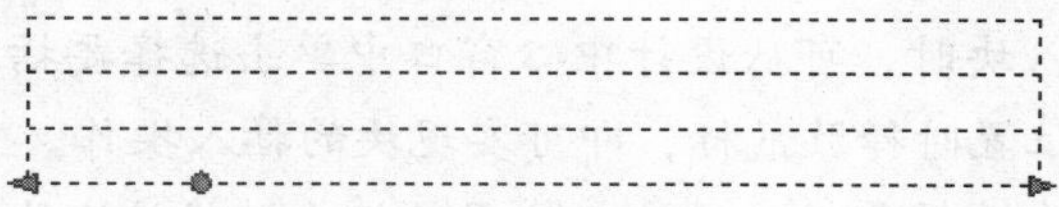

图5-40　显示结果

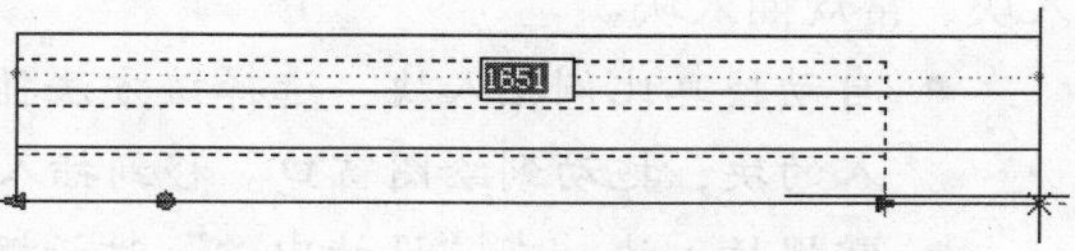

图5-41　拉伸图形

29 选择图形上的圆形夹点，可以对图形进行任意角度的旋转，而不会改变图形的比例大小，如图5-42所示。

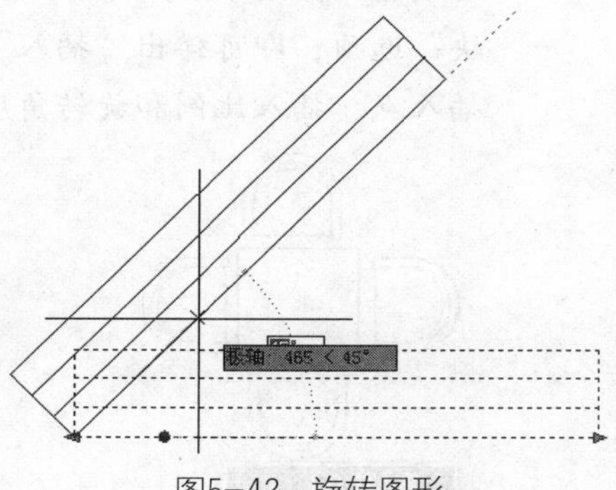

图5-42　旋转图形

5.2 设计中心与工具选项板

AutoCAD设计中心可以使用户在图形之间复制和粘贴其他内容，从而使设计者更好地管理外部参照、块参照和线型等图形内容。

工具选项板为用户提供了便捷的插入图块、调用相应的绘图命令等功能。本节介绍设计中心与选项板的应用方法。

5.2.1 设计中心

使用设计中心可以执行多项操作，比如查找图形、插入图块、复制对象等，本小节介绍设计中心的使用方法。

单击“标准”工具栏中的“设计中心”按钮，或者按Ctrl+2组合键，都可以打开“设计中心”窗口，如图5-43所示。

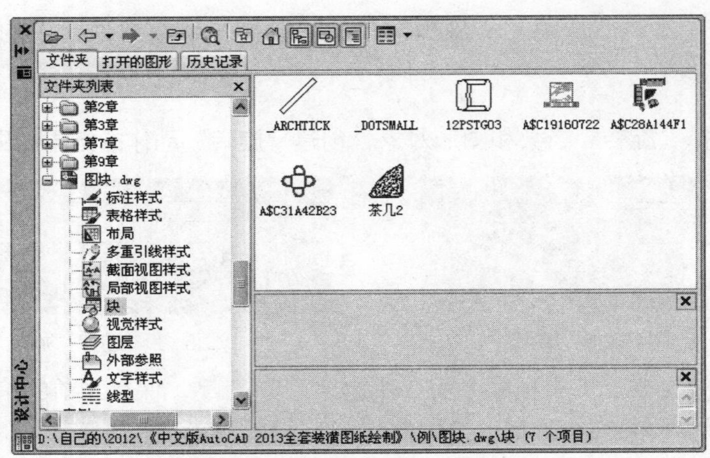

图5-43　设计中心窗体

1.设计中心的插入图块功能

利用设计中心窗口，有两种方式可以执行插入图块的操作；分别是自动换算比例插入块、常规插入块。

- 自动换算比例插入块：选择该方法插入块时，可从设计中心窗口中单击选择要插入的块，拖动到绘图窗口。移到插入位置时释放鼠标，即可实现块的插入操作。
- 常规插入块：在“设计中心”对话框中选择要插入的块，使用鼠标右键将该块拖动到窗口后释放鼠标；此时将弹出一个快捷菜单，如图5-44所示，选择“插入块”选项；即可弹出“插入”对话框，如图5-45所示；可按照插入块的方法确定插入点、插入比例和旋转角度，将该块插入到当前图形中。

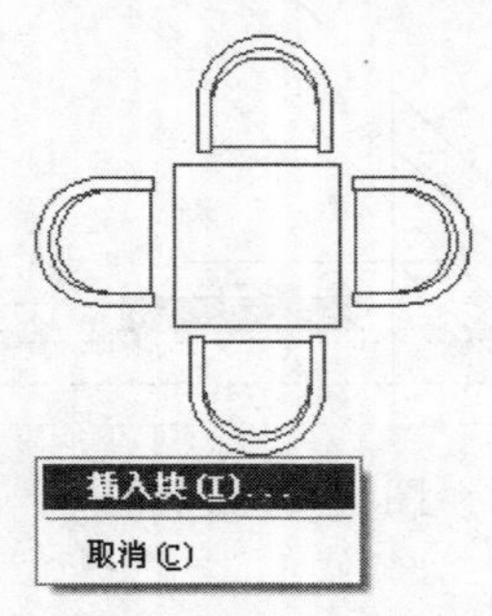

图5-44　快捷菜单

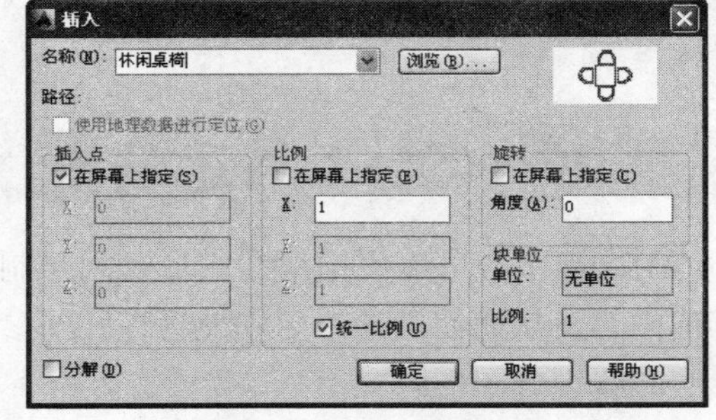

图5-45　“插入”对话框

2.利用设计中心复制对象

复制对象的范围包括当前控制板中展开的相应的块、图层、标注样式列表，在选择某个块、图层或标注样式并将其拖入到当前图形后，即可获得复制对象的效果。

如果按住右键将其拖入当前图形，此时系统将弹出一个快捷菜单，通过此菜单可以进行相应的操作。比如，选择某一图层样式，按住右键拖入至当前图形中，显示如图5-46所示的快捷菜单；如果选择“添加图层”选项，则被选中的图层就被添加到当前图形中；如果选择“添加并编辑图层”，则系统打开“图层特性管理器”对话框，用户可以在对话框中编辑修改图层的信息。

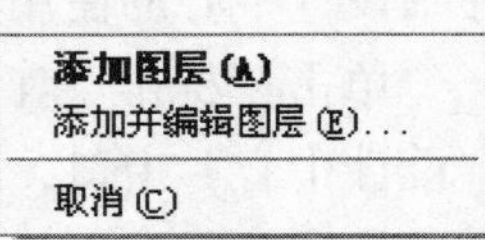

图5-46　快捷菜单

3.以动态块形式插入图形文件

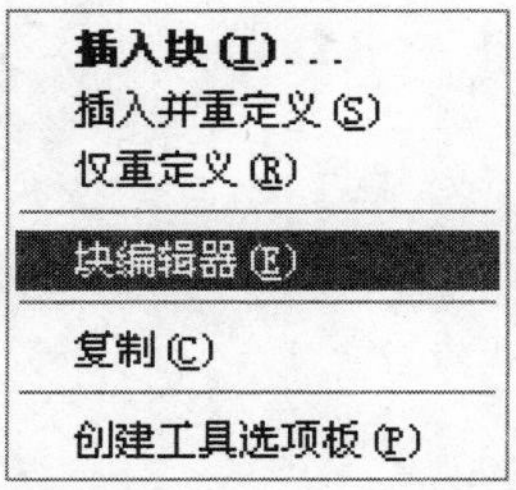

假如要以动态块的形式插入图块，先选中图块，然后单击鼠标右键，在弹出的快捷菜单中选择“块编辑器”选项，如图5-47所示。此时系统将打开“块编辑器”窗口，用户可以通过该窗口将选中的图形创建为动态图块。

插入块(I)...
插入并重定义(S)
仅重定义(R)
块编辑器(E)
复制(C)
创建工具选项板(P)

图5-47 选择“块编辑器”选项

4.引入外部参照

从“设计中心”对话框选择外部参照，用鼠标右键将其拖动到绘图窗口后释放，在弹出的快捷菜单中选择“附加为外部参照”选项，弹出“外部参照”对话框，可以在其中确定插入点、插入比例和旋转角度。

5.设计中心的查找功能

设计中心自带的“查找”功能，可以在“搜索”对话框中快速按照指定的条件查找图形、图形特征等内容，该功能提高了绘图效率。

在“设计中心”对话框中单击“搜索”按钮，弹出“搜索”对话框；在对话框中设置搜索的类型、名称以及所在的位置等参数，单击立即搜索(N)按钮，即可按照所给定的条件搜索图形，如图5-48所示。

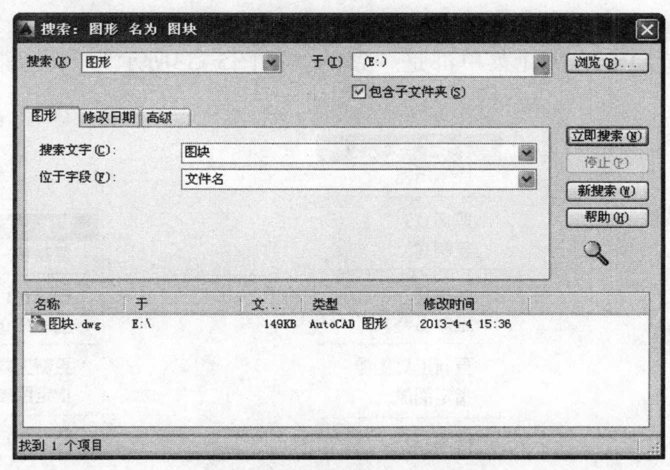

图5-48 “搜索”对话框

切换至“修改日期”、“高级”选项卡中时可以设置不同的搜索条件。

5.2.2 工具选项板

工具选项板一般出现在绘图区的右边，在选项板的右边有多个选项卡，分别是AutoCAD各应用领域，有电力、土木工程、结构等。选择其中一个选项卡，即可在工具选项板上选择并使用有关该选项卡的图块、命令等。

按Ctrl+3组合键，或者单击“标准”工具栏上的“工具选项板窗口”按钮，都可开启工具选项板，如图5-49所示。

在工具选项板的左下角单击鼠标右键，弹出如图5-50所示的快捷菜单，在其中可以选择所需要类型的选项卡来进行使用。

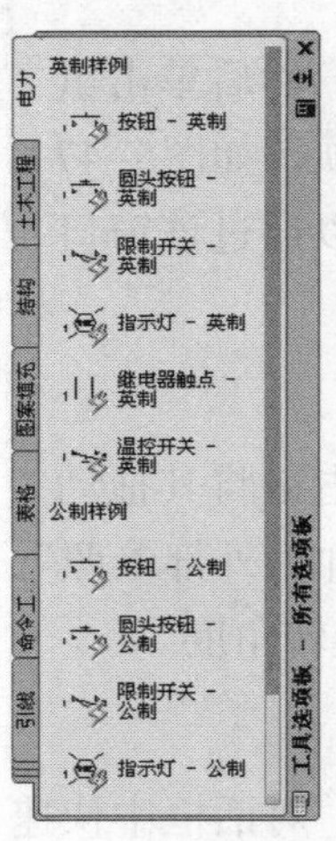

图5-49 工具选项板

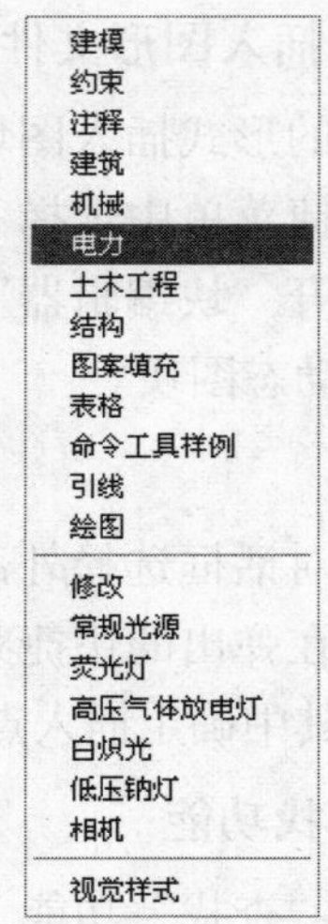

图5-50 快捷菜单

在左边的选项卡名称上单击鼠标右键，可以在弹出的快捷菜单中选择各选项，如图5-51所示；以此来对所选定的选项卡进行编辑。

在“电力”选项卡中，在选定的图标上单击鼠标右键，在弹出的快捷菜单中可以对该图标进行编辑，如图5-52所示。

并不是所有选项卡的快捷菜单都是一致的。如图5-53所示为“图案填充”选项卡的快捷菜单。

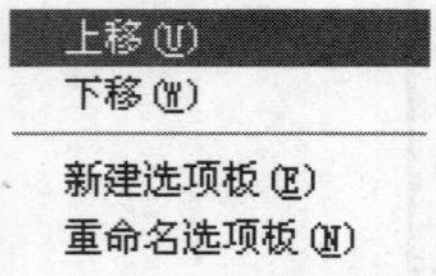

上移(U)
下移(W)
新建选项板(E)
重命名选项板(N)

图5-51 快捷菜单

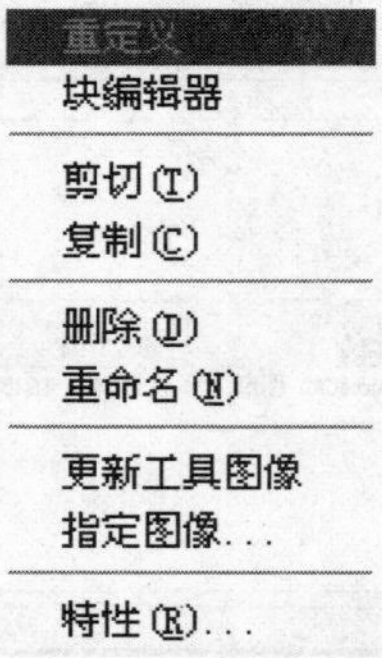

重定义
块编辑器
剪切(T)
复制(C)
删除(D)
重命名(N)
更新工具图像
指定图像...
特性(R)...

图5-52 “电力”选项卡的快捷菜单

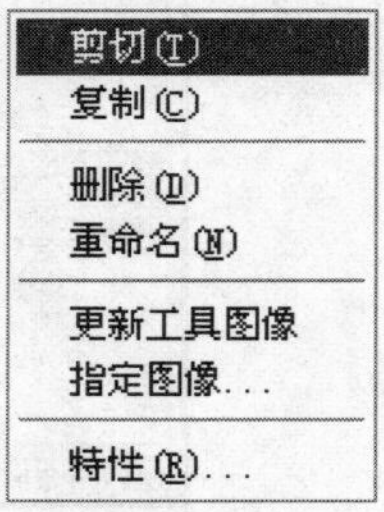

剪切(T)
复制(C)
删除(D)
重命名(N)
更新工具图像
指定图像...
特性(R)...

图5-53 “图案填充”选项卡的快捷菜单

第6章

室内尺寸标注

本章导读

文字和尺寸标注是绘制室内设计施工图纸时不可缺少的组成部分，这两种类型的标注可以为图形中不便表达的地方加以解释说明，从而使图形表达更加清楚、完整。本章首先介绍文字标注的创建和编辑，然后讲解了尺寸标注的创建和编辑，最后介绍了多重引线标注的创建。

学习目标

- 掌握文字样式的设置方法
- 掌握单行文字的创建方法
- 掌握多行文字的创建方法
- 掌握文字编辑的方法
- 掌握尺寸标注样式的设置方法
- 掌握各类尺寸标注的方法
- 掌握尺寸标注编辑的方法
- 掌握多重引线标注的方法

效果预览

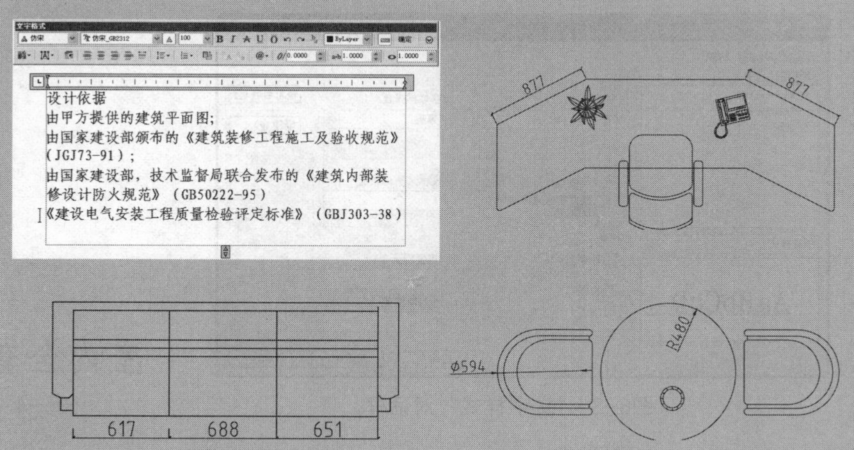

文字和尺寸标注是绘制室内设计施工图纸时不可缺少的组成部分，这两种类型的标注可以为图形中不便表达的地方加以解释说明，从而使图形表达更加清楚、完整。

本章介绍绘制室内文字标注和尺寸标注的方法。

6.1 文字标注

室内制图中的文字标注在AutoCAD中包括解释说明、技术要求、材料明细等。AutoCAD强大的文字标注以及编辑功能为绘制施工图提供了极大的帮助。

本小节介绍文字标注的相关知识。

6.1.1 文字样式

在绘制文字标注之前，可以先设置文字样式。文字样式指文字标注中的文字字体、大小等，设置文字样式主要调用STYLE/ST（文字样式）命令。

下面介绍设置文字样式的步骤。

01 执行“格式”|“文字样式”命令，弹出“文字样式”对话框，如图6-1所示。

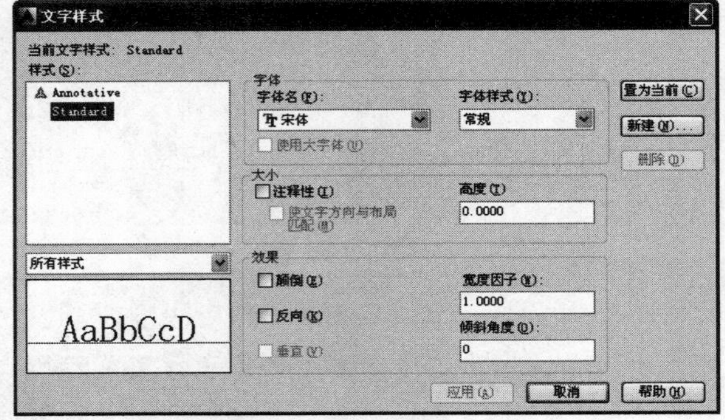

图6-1 “文字样式”对话框

02 在对话框中单击“新建”按钮，弹出“新建文字样式”对话框，在对话框中输入新样式的名称，结果如图6-2所示。

图6-2 “新建文字样式”对话框

03 单击“确定”按钮，返回“文字样式”对话框中；选择文字的字体为“仿宋”，勾选“注释性”复选框，设置文字高度为1，结果如图6-3所示。

04 单击“置为当前”按钮，将该文字样式置为当前样式；单击“关闭”按钮，关闭“文字样式”对话框，“仿宋”文字样式的效果如图6-4所示。

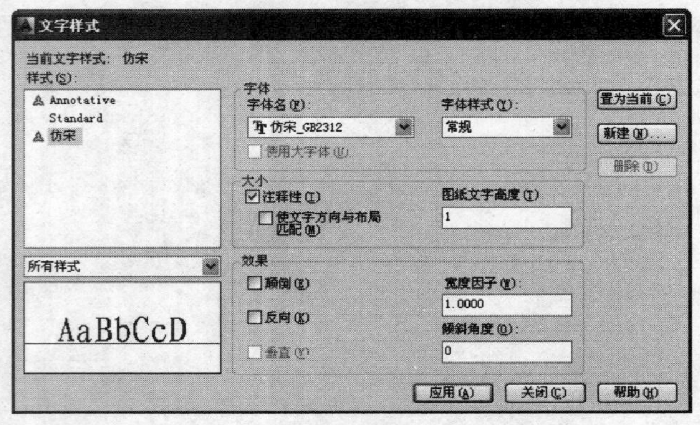

图6-3 “文字样式”对话框

室内全套施工图绘制

图6-4 文字样式的效果

"文字样式"对话框中主要选项的含义如下。

- "样式"列表：列出了当前可以使用的文字样式，默认文字样式为Standard（标准）。
- "置为当前"按钮：单击该按钮，可以将选择的文字样式设置为当前使用的文字样式。
- "新建"按钮：单击该按钮，系统弹出"新建文字样式"对话框。在"样式名"文本框中输入新建样式的名称，单击"确定"按钮，新建文字样式将显示在"样式"列表框中。
- "删除"按钮：单击该按钮，可以删除所选的文字样式，但无法删除被置为当前的文字样式和默认的Standard样式。

6.1.2 单行文字

对于简短的注释文字，可以使用"单行文字"创建一行或多行文字，其中，每行文字都是独立的对象，可对其进行重定位、调整格式或进行其他修改。

下面介绍绘制单行文字的方法。

01 执行"绘图"|"文字"|"单行文字"命令，根据命令行的提示，指定文字的起点，如图6-5所示。

02 设置文字的旋转角度为0，按回车键，如图6-6所示。

03 输入文字内容，按回车键完成绘制，创建单行文字的结果如图6-7所示。

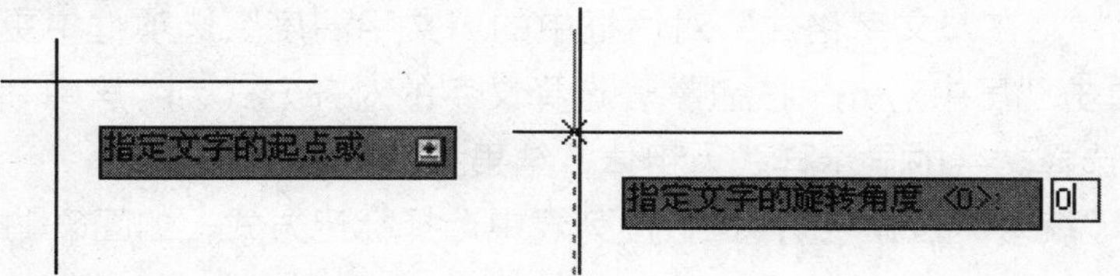

绘制室内装潢施工图

图6-5 指定文字的起点　　图6-6 指定旋转角度　　图6-7 单行文字

提示：调用"单行文字"命令的方式还有：单击"文字"工具栏上的"单行文字"按钮AI；在命令行中输入DTEXT/DT命令并按回车键。

6.1.3 多行文字

与单行文字不同的是，多行文字整体是一个文字对象，每一单行不再是单独的文字对象，也不能单独编辑，常用于输入含有多种格式的大段文字，比如设计说明、技术要求等。

下面介绍绘制多行文字的方法。

01 执行"绘图"|"文字"|"多行文字"命令，根据命令行的提示，在绘图区中分别指定多行文字区域的对角点；在弹出的文字编辑框中输入多行文字，结果如图6-8所示。

02 文字输入完成后，在“文字格式”对话框中，单击“确定”按钮关闭对话框，即可完成多行文字的创建，结果如图6-9所示。

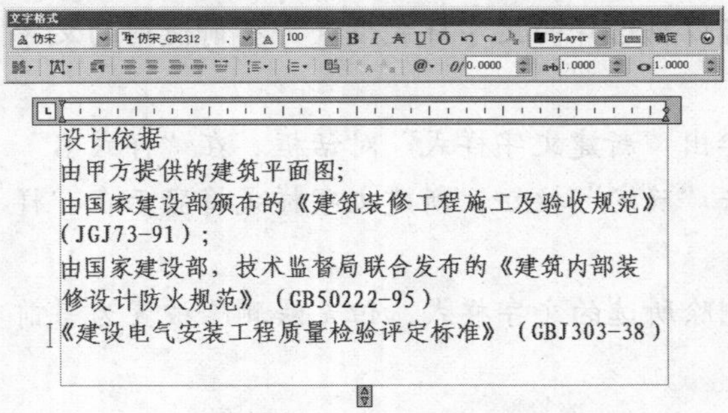

设计依据
由甲方提供的建筑平面图；
由国家建设部颁布的《建筑装修工程施工及验收规范》（JGJ73-91）；
由国家建设部，技术监督局联合发布的《建筑内部装修设计防火规范》（GB50222-95）
《建设电气安装工程质量检验评定标准》（GBJ303-38）

图6-8 输入多行文字

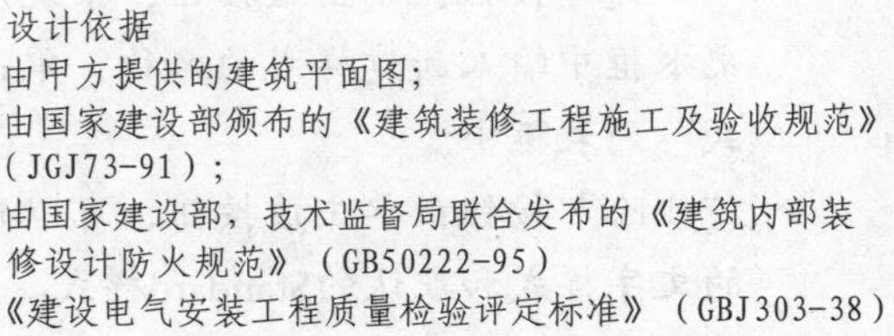

设计依据
由甲方提供的建筑平面图；
由国家建设部颁布的《建筑装修工程施工及验收规范》（JGJ73-91）；
由国家建设部，技术监督局联合发布的《建筑内部装修设计防火规范》（GB50222-95）
《建设电气安装工程质量检验评定标准》（GBJ303-38）

图6-9 多行文字的创建结果

执行多行文字命令的方式还有：单击“文字”工具栏上的“多行文字”按钮A；在命令行中输入命令MTEXT/MT命令并按回车键。

6.1.4 编辑文字

文字创建完成之后，可以对其进行编辑，包括修改文字的样式、大小、颜色等属性。下面以编辑多行文字为例，介绍编辑文字的方法。

01 双击已创建完成的多行文字，此时多行文字为可编辑状态。

02 选中标题“设计依据”，在“文字格式”对话框中的“文字高度”选项框中更改文字高度为150，单击“居中对齐”按钮，选择文字的对齐方式为“居中”对齐；单击“粗体”按钮B，选择文字的显示样式为粗体，结果如图6-10所示。

03 选中段落文字，单击“编号”按钮，在下拉列表中选择标记方式，如图6-11所示。

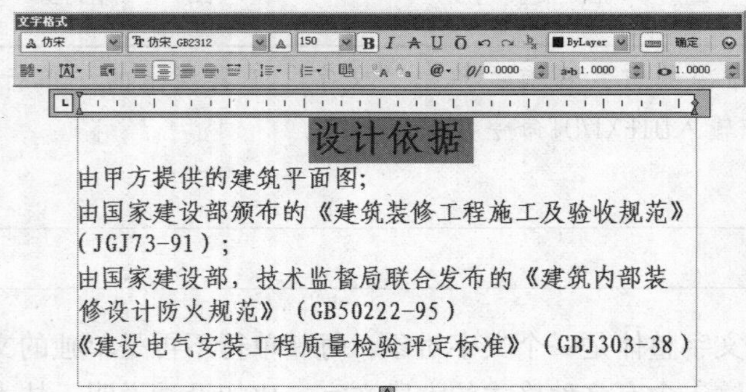

图6-10 修改结果

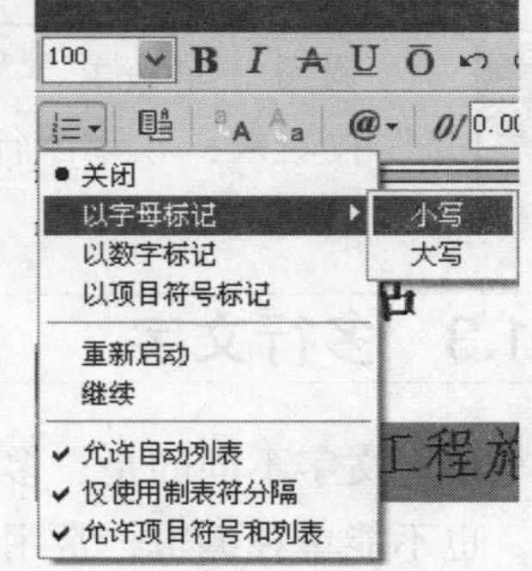

图6-11 选择编号方式

04 为段落文字选择标记方式的结果如图6-12所示。

05 单击“确定”按钮关闭“文字格式”对话框完成多行文字的编辑，结果如图6-13所示。

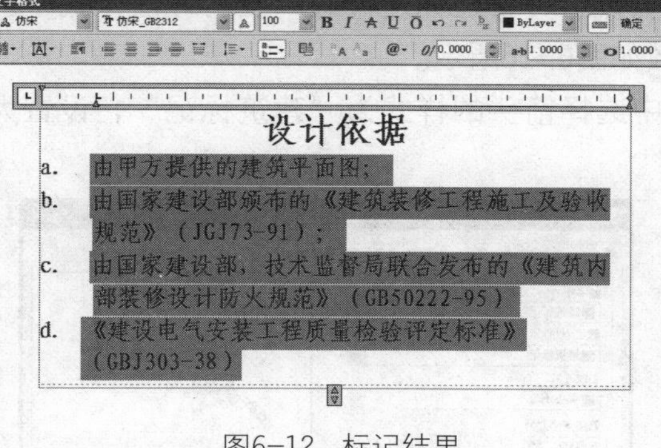

图6-12 标记结果

□□□□

a. 由甲方提供的建筑平面图；
b. 由国家建设部颁布的《建筑装修工程施工及验收规范》（JGJ73-91）；、
c. 由国家建设部，技术监督局联合发布的《建筑内部装修设计防火规范》（GB50222-95）
d. 《建设电气安装工程质量检验评定标准》（GBJ303-38）

图6-13 编辑结果

执行文字编辑命令的方式还有：在命令行中输入DDEDIT命令按回车键；单击“文字”工具栏上的“编辑”按钮。

6.2 尺寸标注

尺寸标注是对图形对象形状和位置的定量化说明，也是室内设计施工中的重要技术依据，标注图形尺寸是绘制施工图纸不可缺少的步骤之一。

基于AutoCAD强大的绘图能力，可以绘制诸如线性标注、对齐标注、半径、直径标注以及角度标注等类型的尺寸标注。本节介绍设置尺寸标注样式以及绘制各类型尺寸标注和调整尺寸标注效果的方法。

6.2.1 创建尺寸样式

尺寸标注样式包括尺寸标注的外观，即文字类型、尺寸界线等属性。设置尺寸样式可以调用DIMSTYLE/D命令。下面介绍设置尺寸样式的方法。

01 执行“格式”|“标注样式”命令，系统弹出“标注样式管理器”对话框，如图6-14所示。

02 在对话框中单击“新建”按钮，在弹出的“创建新标注样式”对话框中输入新样式名称，结果如图6-15所示。

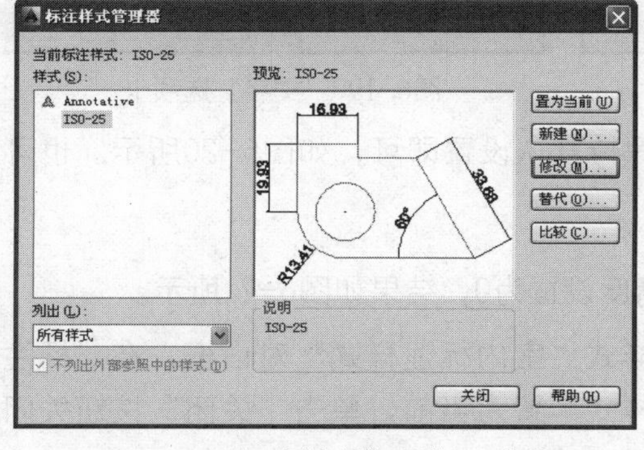

图6-14 “标注样式管理器”对话框

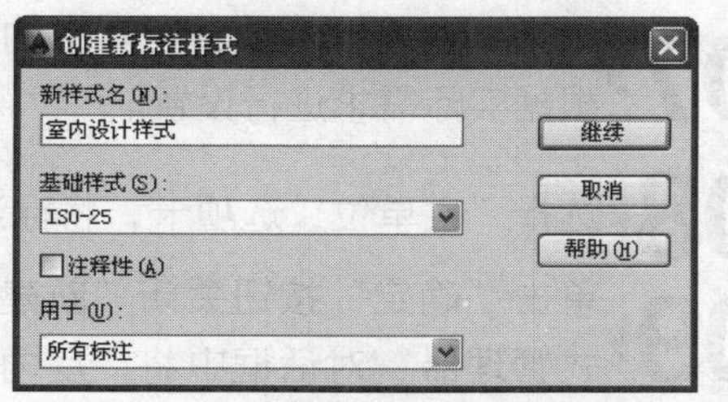

图6-15 “创建新标注样式”对话框

03 在对话框中单击“继续”按钮，系统弹出“新建标注样式：室内标注样式”对话框；选择“线”选项卡，设置参数如图6-16所示。

04 选择“符号和箭头”选项卡，在其中选择箭头的样式为“建筑标记”，设置大小为5，结果如图6-17所示。

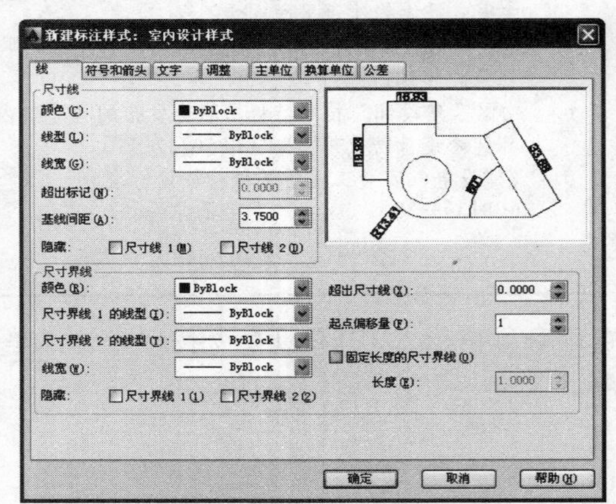

图6-16 “线”选项卡

图6-17 “符号和箭头”选项卡

05 选择“文字”选项卡，单击“文字外观”选项组下的“文字样式”文本框后的按钮[...]；弹出“文字样式”对话框，在对话框中新建一个名称为“尺寸文字”的文字样式，分别设置其SHX字体样式和大字体样式；设置文字高度为20，结果如图6-18所示。

06 单击“应用”按钮，将所设置的文字样式设为应用状态；单击“关闭”按钮，关闭“文字样式”对话框；返回“新建标注样式：室内标注样式”对话框中，在“文字样式”文本框的下拉列表中选择“尺寸文字”样式，然后再在对话框中设置其他的参数，结果如图6-19所示。

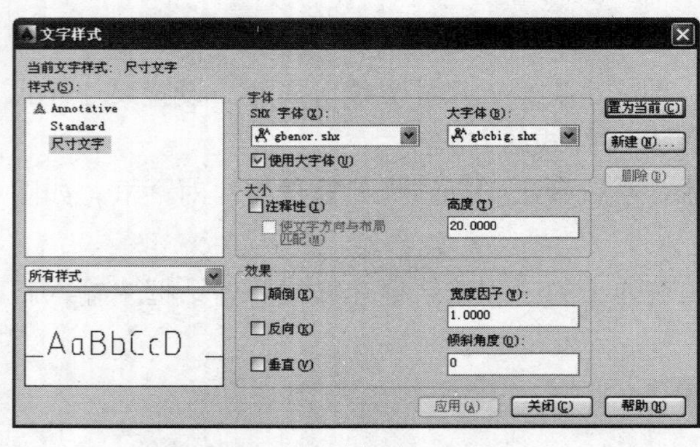

图6-18 “文字样式”对话框

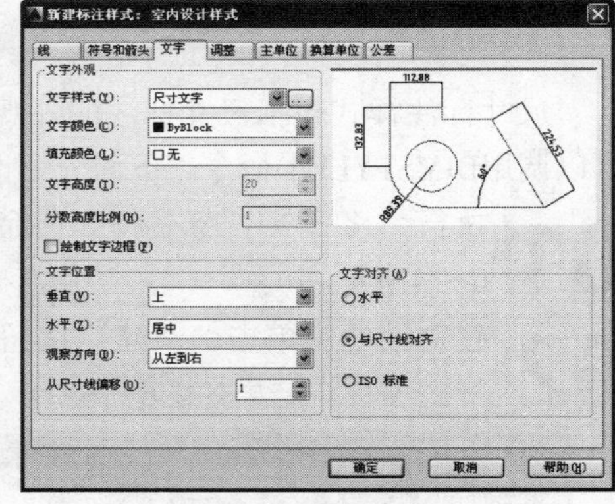

图6-19 “文字”选项卡

07 选择“调整”选项卡，其中的参数保持默认设置即可，如图6-20所示。也可以根据实际需求进行设置。

08 选择“主单位”选项卡，将标注的精度设置为0，结果如图6-21所示。

09 单击“确定”按钮关闭“新建标注样式：室内标注样式”对话框，在“标注样式管理器”对话框中将“室内标注样式”置为当前，单击“关闭”按钮关闭对话框，完成标注样式的设置结果如图6-22所示。

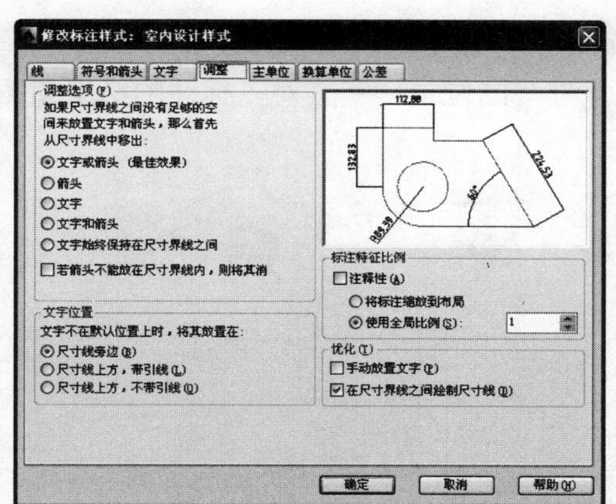

图6-20 “调整”选项卡

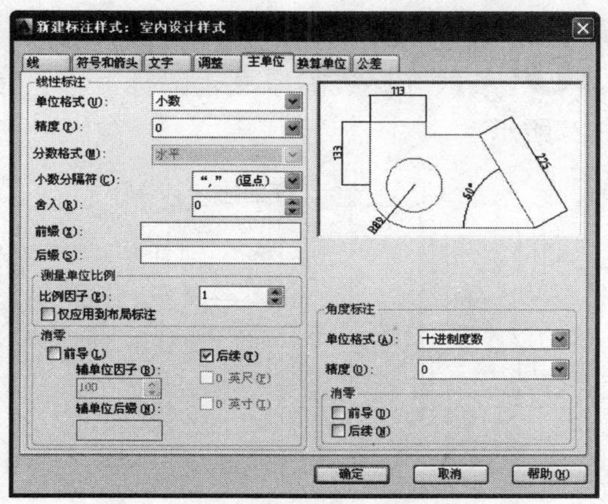

图6-21 “主单位”选项卡

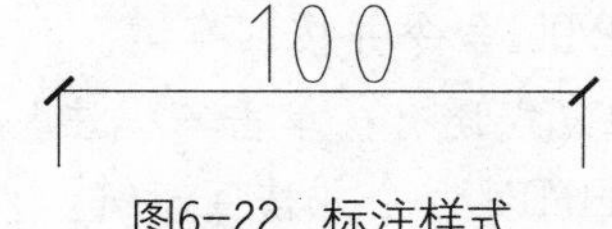

图6-22 标注样式

6.2.2 绘制线性标注和对齐标注

线性标注可以标注图形的水平和垂直方向的尺寸，是最常用的尺寸标注类型之一。对齐标注则可以标注图形倾斜面的尺寸，也可标注水平和垂直方向的尺寸，较为少用。

本小节介绍绘制线性标注和对齐标注的方法。

01 打开素材。按Ctrl+O组合键，打开配套光盘提供的“素材\第6章\6.2.2 线性、对齐标注素材.dwg”文件。

02 执行“标注”|“线性”命令，根据命令行的提示，指定第一条尺寸界线的原点，结果如图6-23所示。

03 指定第二条尺寸界线的原点，如图6-24所示。

04 鼠标向上移动，指定尺寸线的位置，完成水平方向线性尺寸标注的结果如图6-25所示。

图6-23 指定第一条尺寸界线的原点

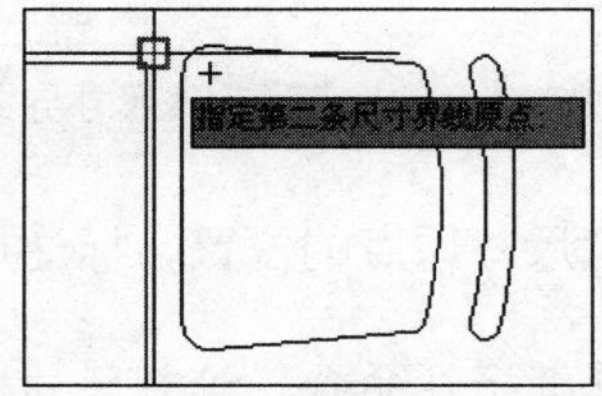

图6-24 指定第二条尺寸界线的原点

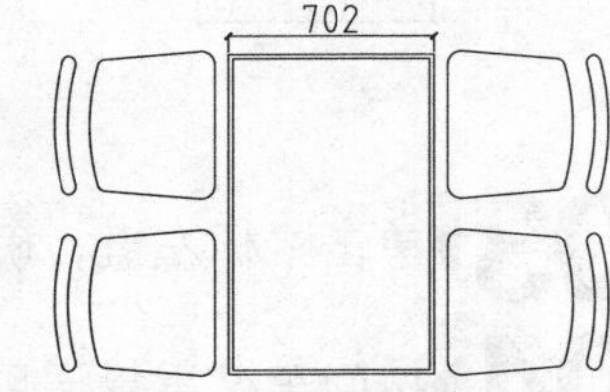

图6-25 水平方向尺寸

05 重复调用线性标注命令，继续绘制垂直方向的尺寸标注，结果如图6-26所示。

已设置完成的尺寸标注样式，在对不同的图形绘制尺寸标注的时候，有必要对样式中的某些选项进行更改，比如文字、箭头大小等参数，这要视图形的具体情况而定。

06 执行“标注”|“对齐”命令，在图形的倾斜轮廓线上分别指定第一条和第二条尺寸界线的原点，鼠标上移，指定尺寸线的位置，完成对齐标注的结果如图6-27所示。

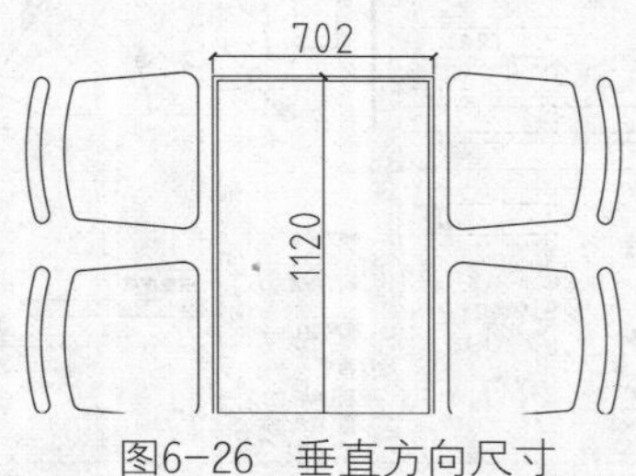

图6-26　垂直方向尺寸

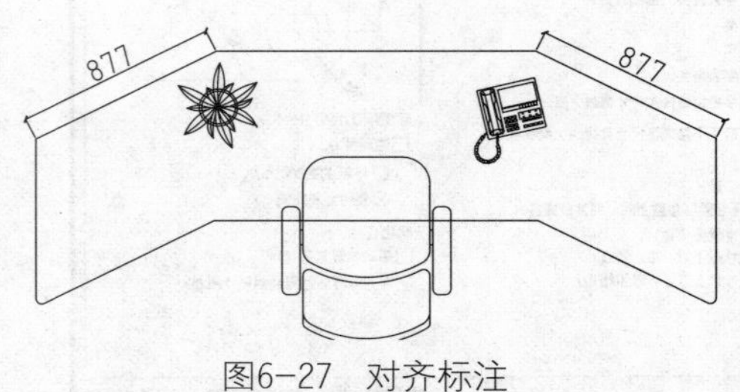

图6-27　对齐标注

提示

调用线性标注命令的方式还有：单击“标注”工具栏上的“线性”按钮，在命令行中输入DIMLINEAR/DLI命令并按回车键。

调用对齐标注命令的方式还有：单击“标注”工具栏上的“对齐”按钮，在命令行中输入DIMALIGNED/DAL命令并按回车键。

6.2.3　连续型及基线型尺寸标注

调用连续标注命令，能以指定的尺寸界线为基线进行尺寸标注；调用基线型标注命令，能从某一点引出的尺寸界线作为第一条尺寸界线，依次进行多个对象的尺寸标注。

下面介绍绘制连续尺寸以及基线尺寸的方法。

01 打开素材。按Ctrl+O组合键，打开配套光盘提供的“素材\第6章\6.2.3 连续、基线标注素材.dwg”文件。

02 执行“标注”|“连续”命令，根据命令行的提示，指定第二条尺寸界线的原点，如图6-28所示。

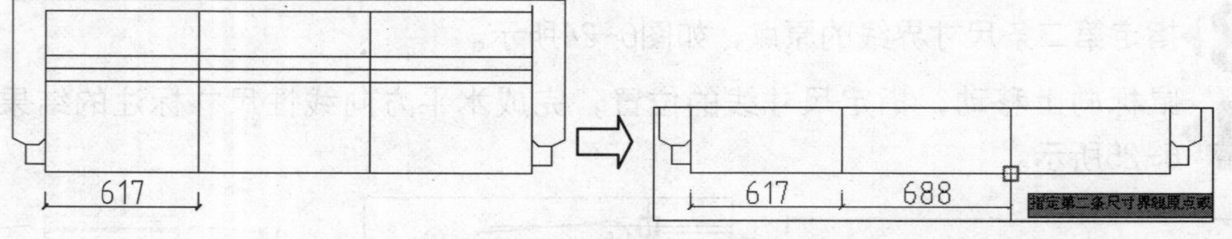

图6-28　指定第二条尺寸界线的原点

03 单击鼠标左键，确定尺寸原点的位置，标注尺寸的结果如图6-29所示。

04 按回车键重复调用连续标注命令，绘制尺寸标注的结果如图6-30所示。

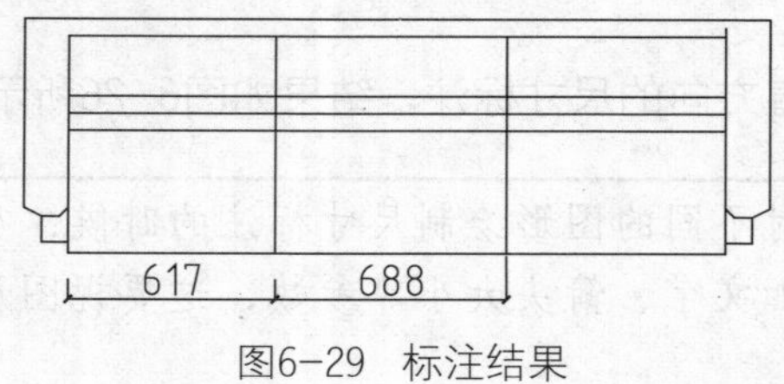

图6-29　标注结果

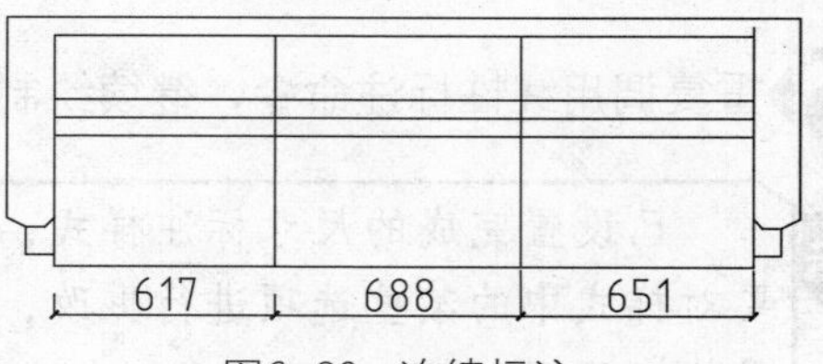

图6-30　连续标注

05 执行“标注”|“基线”命令，鼠标向右移动，分别指定第二条尺寸界线的原点，即可完成基线标注的操作；尺寸标注完成之后，要对尺寸标注的位置进行移动，以免重叠在一起，不利于查看图形，结果如图6-31所示。

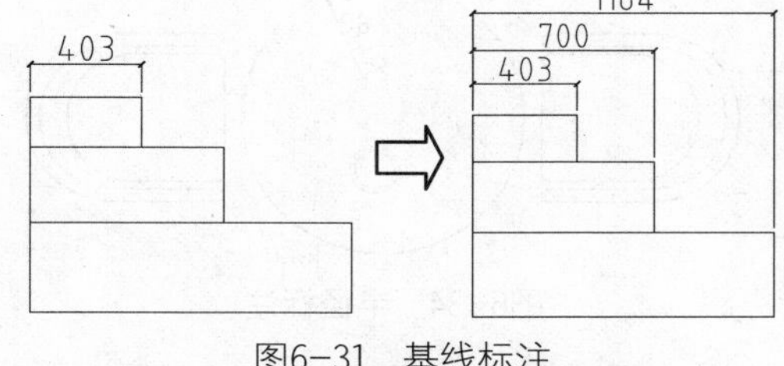

图6-31　基线标注

在绘制基线尺寸的时候，所选的尺寸界线必须是线性标注、角度标注或者坐标标注中的一种，否则不能执行基线尺寸命令。

6.2.4　标注角度尺寸

调用角度尺寸命令，不仅可以标注成一定角度的两条直线之间的夹角度数，还可以标注圆弧的圆心角度数。

执行“标注”|“角度”命令，命令行提示如下：

```
命令: dimangular
选择圆弧、圆、直线或 <指定顶点>:
选择第二条直线:                                  //分别选择成一定角度的两条直线
指定标注弧线位置或 [多行文字(M)/文字(T)/角度(A)/象限点(Q)]:
                                                 //指定尺寸线的位置
标注文字 = 45                                    //绘制结果如图6-32所示。
```

同理，在调用角度标注命令后，假如所选择的对象为圆弧，即可标注圆弧圆心角的度数，结果如图6-33所示。

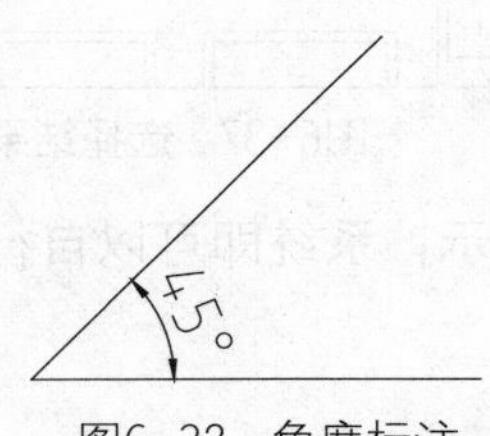

图6-32　角度标注

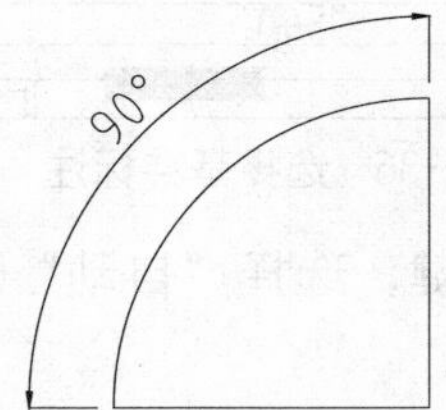

图6-33　圆心角标注

此外，单击“标注”工具栏上的“角度”按钮，或者在命令行中输入DIMANGULAR/DAN命令并按回车键，同样可以调用角度标注命令。

6.2.5　直径和半径型尺寸

调用直径或者半径标注命令，可以标注所指定的圆或圆弧的直径和半径大小。

执行“标注”|“半径”命令，根据命令行的提示，选择待标注的圆，然后单击指定尺寸线的位置，即可绘制半径标注，结果如图6-34所示。

单击“标注”工具栏上的“直径”按钮，选择待标注的圆弧，单击指定尺寸线的位置，也可绘制圆弧的直径尺寸，结果如图6-35所示。

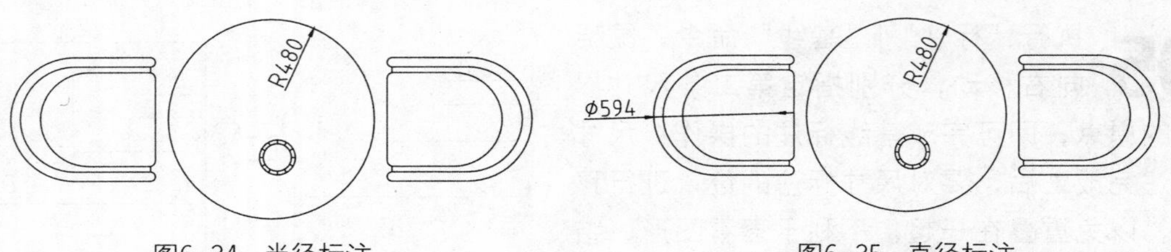

图6-34　半径标注　　　　图6-35　直径标注

6.2.6　修改标注文字及调整标注位置

已绘制完成的尺寸标注，可以对其标注文字或者标注位置进行更改，不需要删除标注重新绘制。

单击“标注”工具栏上的“编辑尺寸文字”按钮，命令行提示如下：

```
命令: dimtedit
选择标注:
为标注文字指定新位置或 [左对齐(L)/右对齐(R)/居中(C)/默认(H)/角度(A)]:
```

根据命令行的提示，用户可以选择尺寸标注，重新确定标注文字的新位置；也可以输入相应的选项，比如“左对齐”、“右对齐”等，更改标注文字。

调整标注间距的步骤如下。

01 单击“标注”工具栏上的“等距标注”按钮，根据命令行的提示，选择标注文字为1500的尺寸标注为基准标注，如图6-36所示。

02 选择标注文字为“2400”的尺寸标注，做为要产生间距的标注，如图6-37所示。

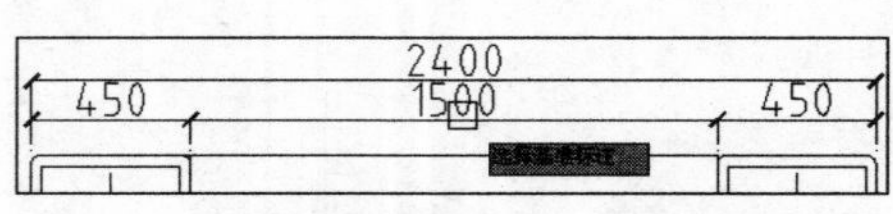

图6-36　选择基准标注

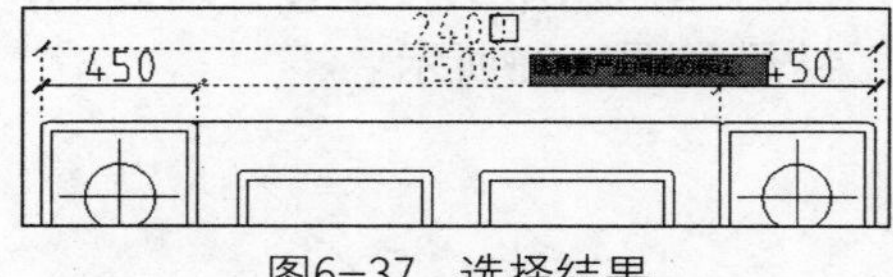

图6-37　选择结果

03 按回车键，选择“自动”选项，如图6-38所示；系统即可以自行计算并产生尺寸间距。

04 如图6-39所示为进行尺寸间距调整的前后对比效果。

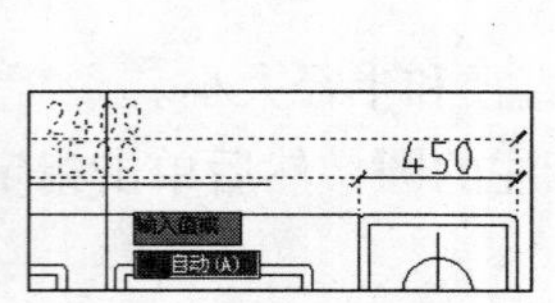

图6-38　选择“自动”选项

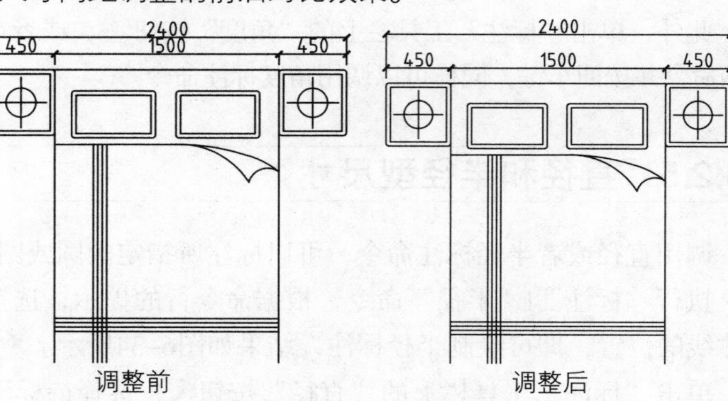

调整前　　　　调整后

图6-39　尺寸间距调整的前后对比

6.3 多重引线标注

多重引线标注命令一般用于绘制图形的解释说明，比如使用材料明细、施工工艺等。本节介绍设置多重引线标注样式以及绘制多重引线标注的方法。

6.3.1 设置多重引线样式

多重引线样式类似于文字样式以及尺寸标注样式，都可以控制标注的外观显示方式，主要包括箭头样式、文字样式以及大小等属性。

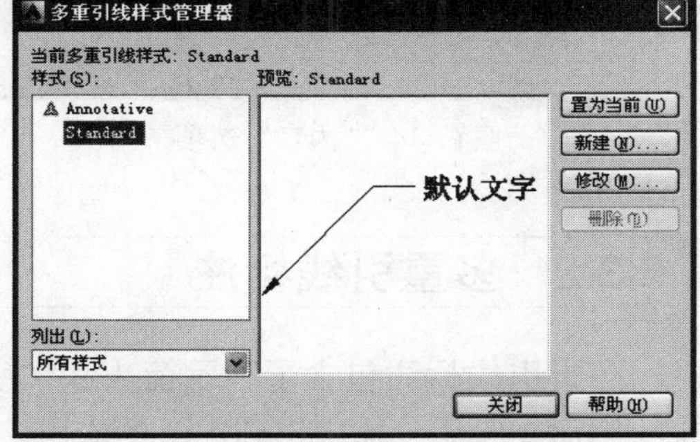

图6-40 “多重引线样式管理器”对话框

01 执行“格式”|“多重引线样式”命令，系统弹出“多重引线样式管理器”对话框，如图6-40所示。

02 单击“新建”按钮，弹出“创建新多重引线样式”对话框，在对话框中输入新样式名称，如图6-41所示。

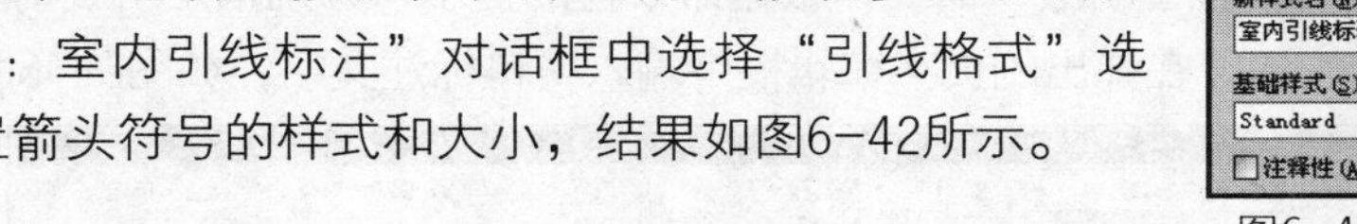

03 单击“继续”按钮，在弹出的“修改多重引线样式：室内引线标注”对话框中选择“引线格式”选项卡，设置箭头符号的样式和大小，结果如图6-42所示。

图6-41 “创建新多重引线样式”对话框

04 选择“引线结构”选项卡，设置参数如图6-43所示。

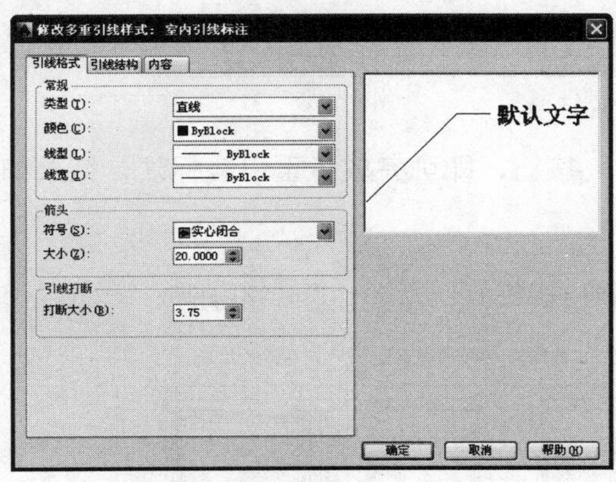

图6-42 “引线格式”选项卡

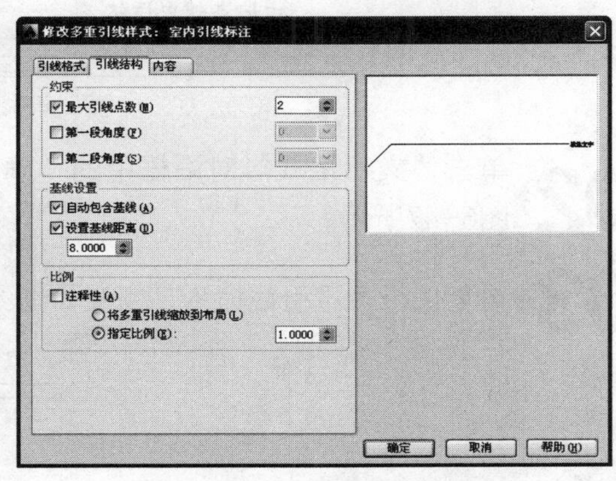

图6-43 “引线结构”选项卡

05 选择“内容”选项卡，选择文字样式为仿宋，如图6-44所示。

06 单击“确定”按钮关闭“修改多重引线样式：室内引线标注”对话框；返回“多重引线样式管理器”对话框，将已设置完成的“室内引线标注”置为当前，单击“关闭”按钮关闭对话框，设置多重引线的结果如图6-45所示。

提示 调用多重引线样式命令的方法还有：单击“多重引线”工具栏上的“多重引线样式”按钮；在命令行中输入MLEADERSTYLE命令并按回车键。

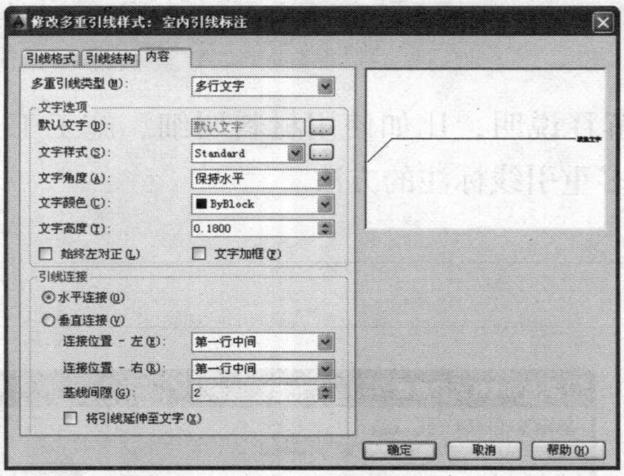

图6-44 “内容”选项卡 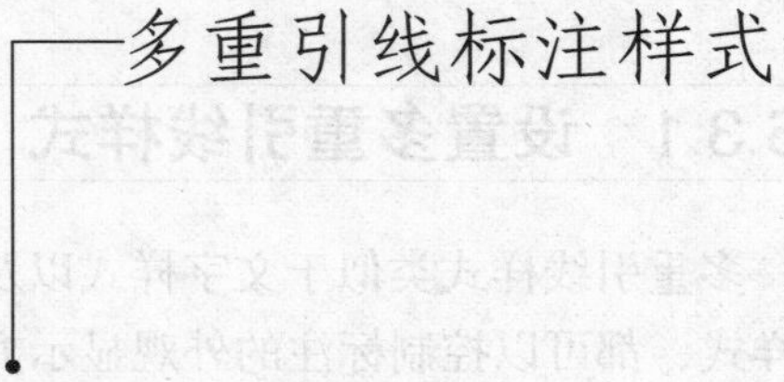　　　　图6-45 设置结果

6.3.2 多重引线标注

多重引线标注包含了指示箭头和文字标注，可以将图形与解释说明很好地联系起来，因而在绘图工作中得到广泛的应用。下面以为立面图绘制材料标注为例，介绍绘制多重引线标注的操作步骤。

01 执行“绘图”|“多重引线”命令，根据命令行的提示，分别指定引线箭头的位置、引线基线的位置；在弹出的文字编辑框中输入材料标注文字，如图6-46所示。

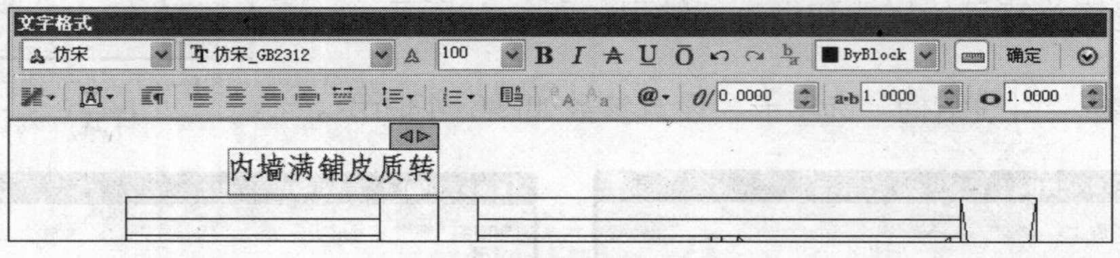

图6-46 设置结果

02 单击“文字格式”对话框中的“确定”按钮，即可完成多重引线标注，结果如图6-47所示。

03 重复执行多重引线命令，为立面图绘制材料标注，结果如图6-48所示。

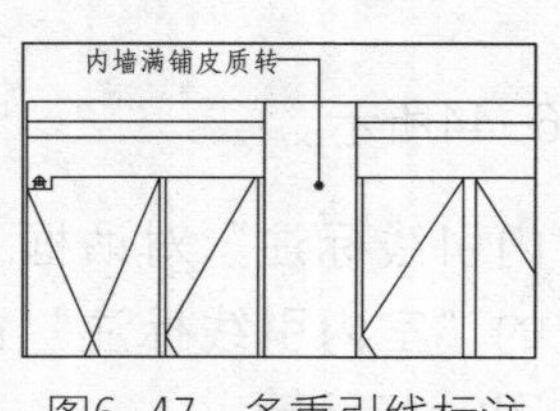

图6-47 多重引线标注

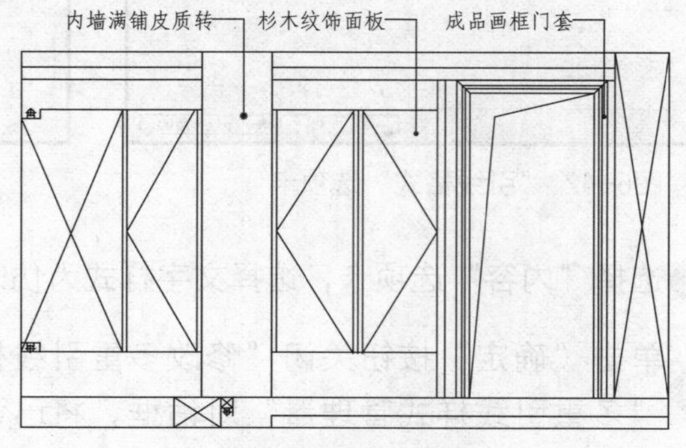

图6-48 绘制结果

提示 调用多重引线标注命令的方法还有：单击“多重引线”工具栏上的“多重引线”按钮；在命令行中输入MLEADER/MLD命令并按回车键。

第7章

绘制住宅类室内设计中的主要单元

本章导读

家具设计与室内设计是不可分割的统一体，很多室内设计的功能必须通过家具得以实现。本章分别讲解各类居室家具、电器家具、洁具、厨具、休闲娱乐家具和装饰配景的绘制方法。读者在绘制的过程中，可以了解各类家具的结构和尺寸，为复杂的室内空间设计打下坚实的基础，同时也可以练习前面章节所学的AutoCAD的各类绘图和编辑命令。

学习目标

- 熟悉和掌握家具平面配景图绘制
- 熟悉和掌握电器平面配景图绘制
- 熟悉和掌握洁具和厨具平面配景图绘制
- 熟悉和掌握休闲娱乐平面配景图绘制
- 熟悉和掌握装饰花草单元绘制

效果预览

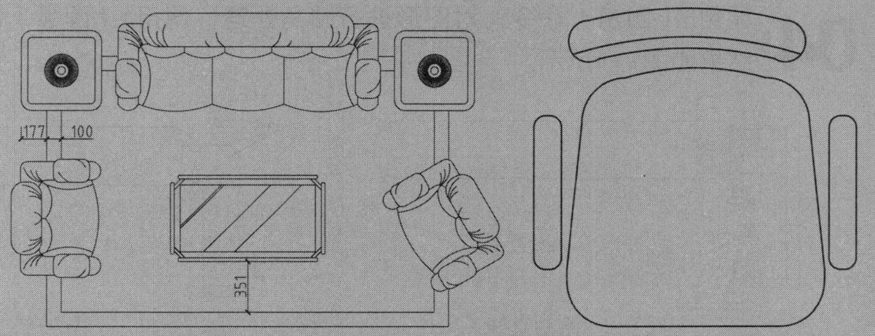

在绘制室内设计装饰装修图纸的时候，需要为各主要功能空间绘制一些必备的家具图形。比如在绘制客厅平面布置图的时候，组合沙发等图形是必不可少的；在绘制卫生间和厨房平面布置图的时候，洗手盆、座便器以及燃气灶等图形是不可缺少的；在绘制卧室平面图的时候，双人床等图形是不可缺少的。

本章将分别介绍各功能区中一些常用家具图形的绘制方法。

7.1 绘制家具平面配景图

室内装饰空间中的家具种类很多，比如沙发、柜子等。本小节挑选了人们接触较为频繁的家具为例，主要有沙发、办公椅以及双人床，向读者介绍绘制家具平面图的方法。

7.1.1 绘制沙发

沙发也分好几种，有组合沙发、单人沙发、双人沙发等。沙发的类型依摆放的地点以及地点的面积大小而定，一般客厅会摆放组合沙发；而面积较小的视听室则摆放几个单人沙发或者一至两个双人沙发。

本节介绍绘制客厅组合沙发的方法。

01 绘制三人沙发靠背。调用REC（矩形）命令，绘制矩形，结果如图7-1所示。

02 调用F（圆角）命令，设置圆角半径为103，对矩形进行圆角处理，结果如图7-2所示。

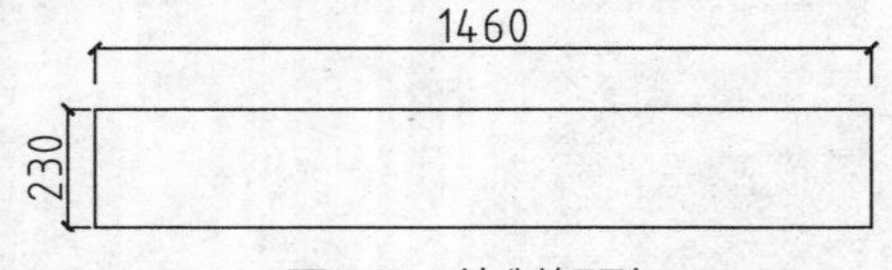

图7-1　绘制矩形

图7-2　圆角处理

03 绘制三人沙发扶手。调用L（直线）命令，绘制直线，结果如图7-3所示。

04 调用F（圆角）命令，对图形进行圆角处理；调用A（圆弧）命令，绘制圆弧，结果如图7-4所示。

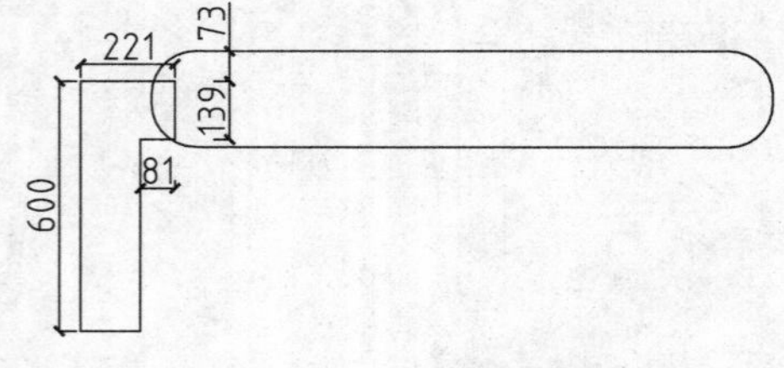

图7-3　绘制直线

图7-4　绘制结果

05 调用TR（修剪）命令、E（删除）命令，修剪并删除线段，结果如图7-5所示。

06 调用REC（矩形）命令，绘制矩形，结果如图7-6所示。

图7-5 编辑结果

图7-6 绘制矩形

07 调用F（圆角）命令，对图形进行圆角处理；调用TR（修剪）命令，修剪多余的线段，结果如图7-7所示。

08 调用MI（镜像）命令，镜像复制绘制完成的图形，结果如图7-8所示。

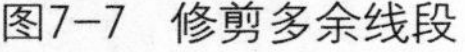
图7-7 修剪多余线段

图7-8 镜像复制

09 绘制坐垫。调用L（直线）命令，绘制直线，结果如图7-9所示。

10 调用A（圆弧）命令，绘制圆弧；调用E（删除）命令，删除线段，结果如图7-10所示。

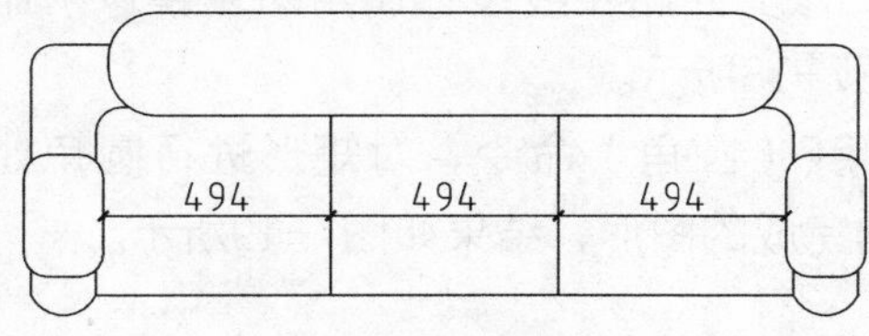

图7-9 绘制直线

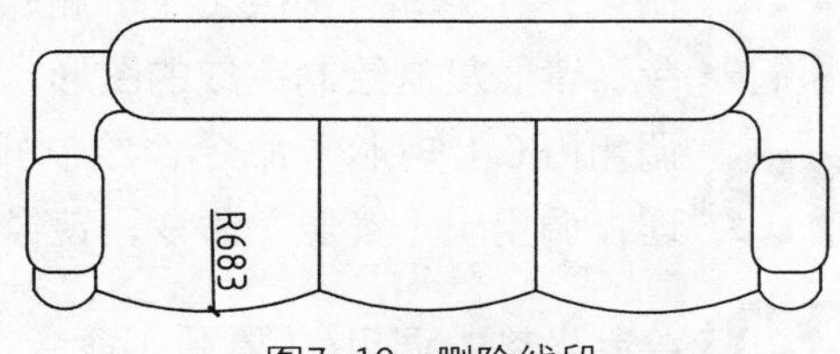

图7-10 删除线段

11 调用A（圆弧）命令，绘制圆弧，如图7-11所示。

12 继续调用A（圆弧）命令，绘制圆弧；调用L（直线）命令，绘制直线，结果如图7-12所示。

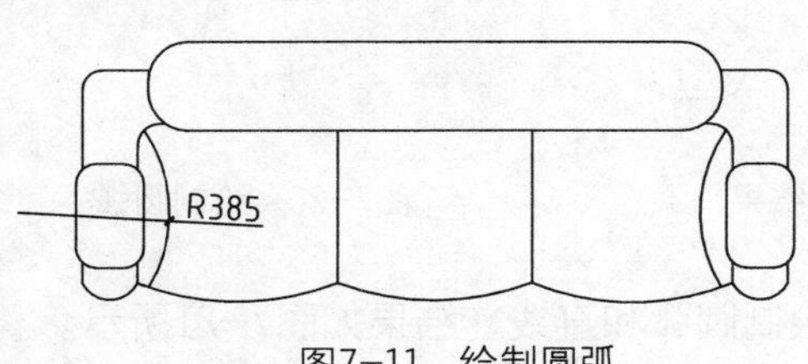

图7-11 绘制圆弧

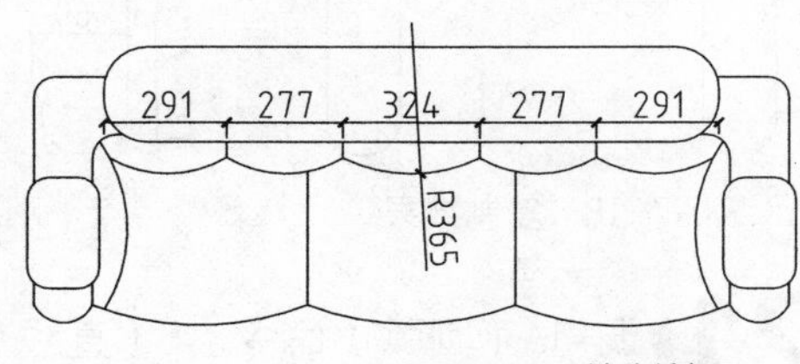

图7-12 绘制结果

13 调用A（圆弧）命令，绘制沙发褶皱，结果如图7-13所示。

14 调用MI（镜像）命令，镜像复制沙发褶皱图形，结果如图7-14所示。

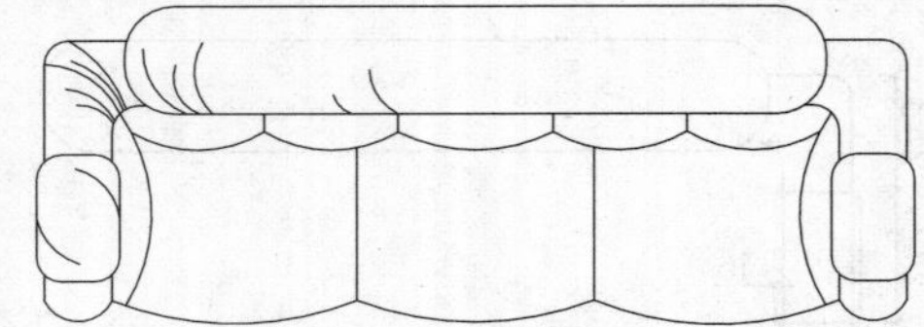

图7-13 绘制沙发褶皱

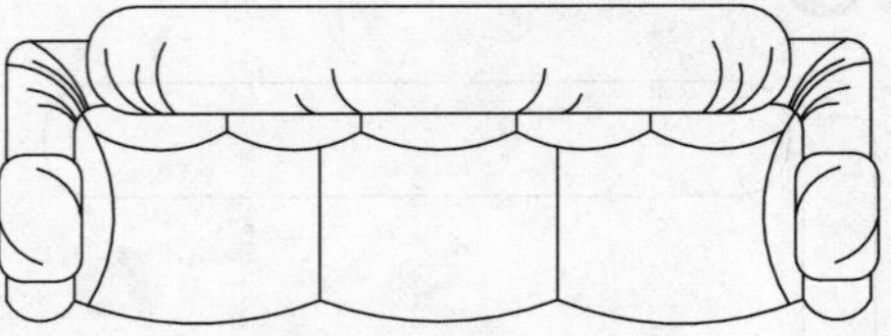

图7-14 镜像复制

15 绘制单人沙发靠背。调用REC（矩形）命令，绘制矩形；调用F（圆角）命令，对矩形进行圆角处理，结果如图7-15所示。

16 绘制扶手。调用L（直线）命令，绘制直线，结果如图7-16所示。

17 调用F（圆角）命令，对图形进行圆角处理；调用C（圆形）命令，绘制半径为64的圆形，结果如图7-17所示。

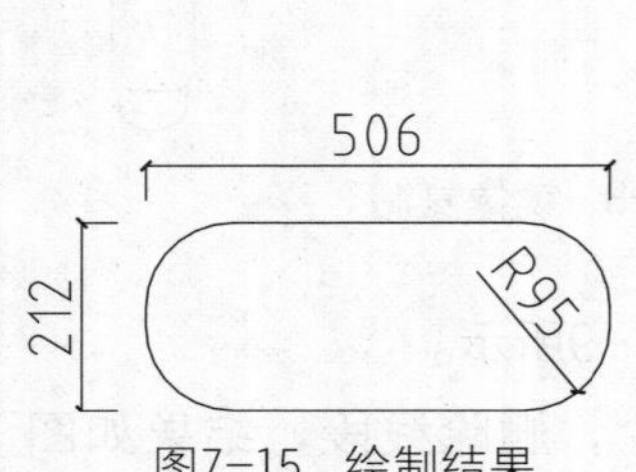

图7-15 绘制结果

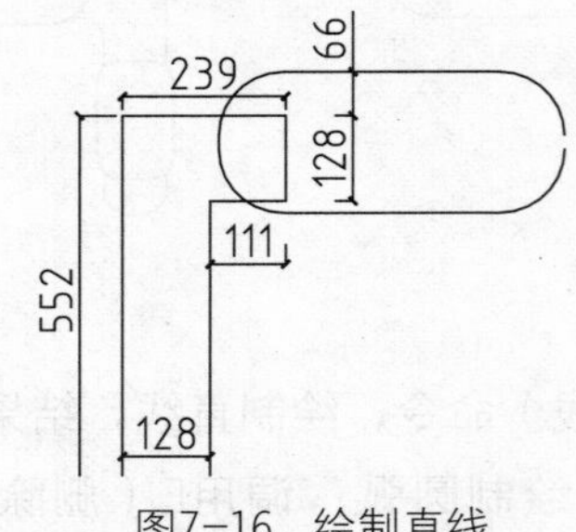

图7-16 绘制直线

图7-17 绘制结果

18 调用TR（修剪）命令、E（删除）命令，修剪并删除线段；调用MI（镜像）命令，镜像复制绘制完成的图形，结果如图7-18所示。

19 调用REC（矩形）命令，绘制矩形；调用F（圆角）命令，对矩形进行圆角处理；调用MI（镜像）命令，镜像复制绘制完成的图形，结果如图7-19所示。

20 绘制坐垫。调用A（圆弧）命令，绘制圆弧，结果如图7-20所示。

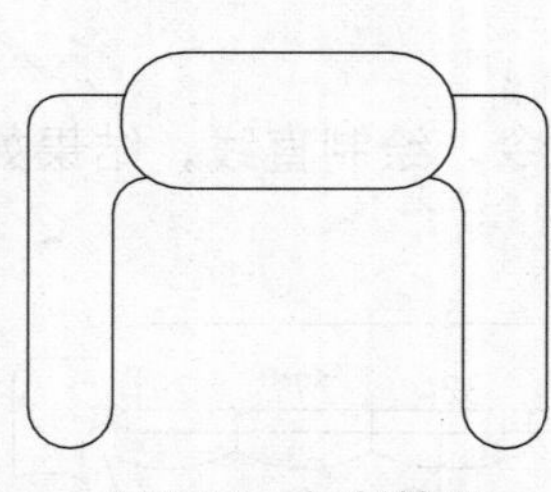

图7-18 复制结果

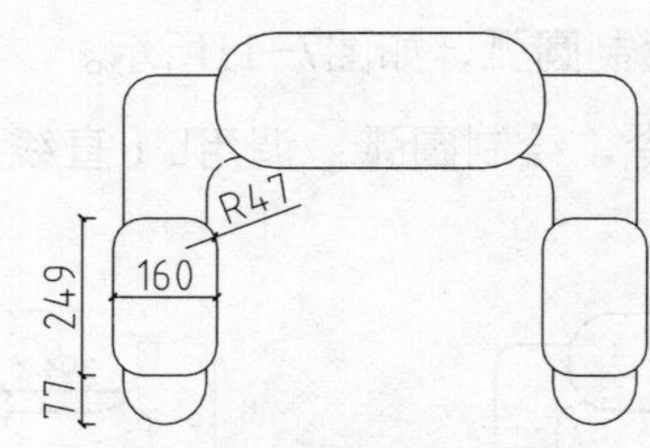

图7-19 操作结果

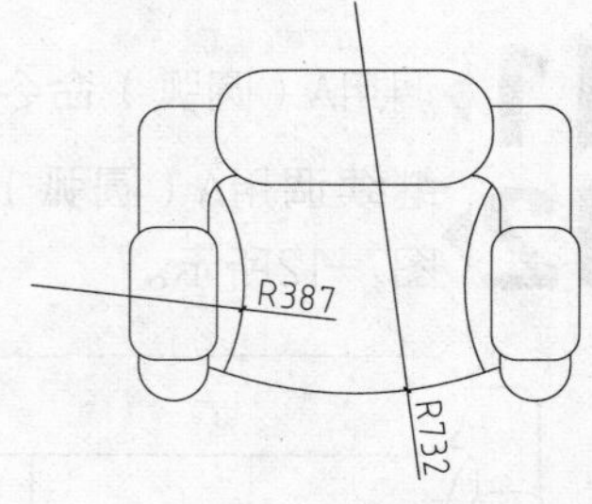

图7-20 绘制圆弧

21 调用A（圆弧）命令、L（直线）命令，绘制圆弧和直线，结果如图7-21所示。

22 调用A（圆弧）命令，绘制沙发褶皱，结果如图7-22所示。

23 绘制矮柜。调用REC（矩形）命令，绘制尺寸为553×553的矩形；调用O（偏移）命令，设置偏移距离为46，向内偏移矩形，结果如图7-23所示。

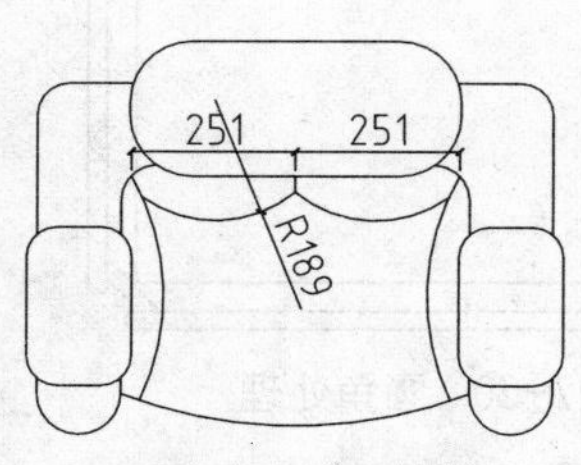

图7-21 绘制结果

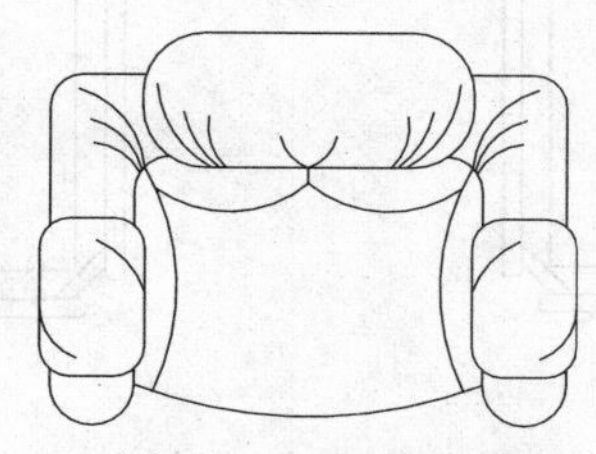
图7-22 绘制沙发褶皱

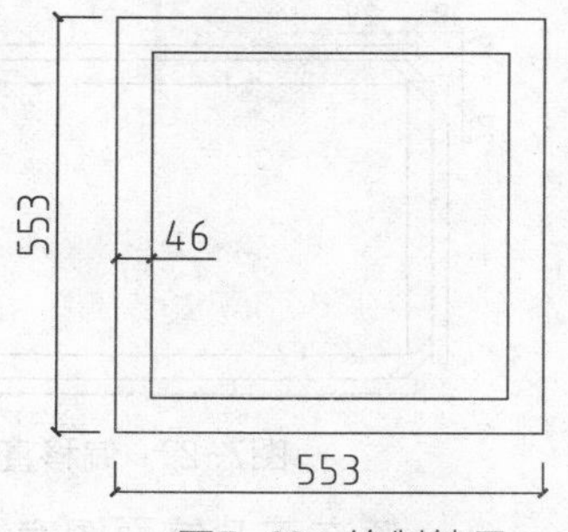

图7-23 绘制结果

24 调用F（圆角）命令，对矩形进行圆角处理，结果如图7-24所示。

25 绘制台灯。调用DO（圆环）命令，绘制内径为100，外径为230的圆环，结果如图7-25所示。

26 调用C（圆形）命令，绘制半径为27的圆形，结果如图7-26所示。

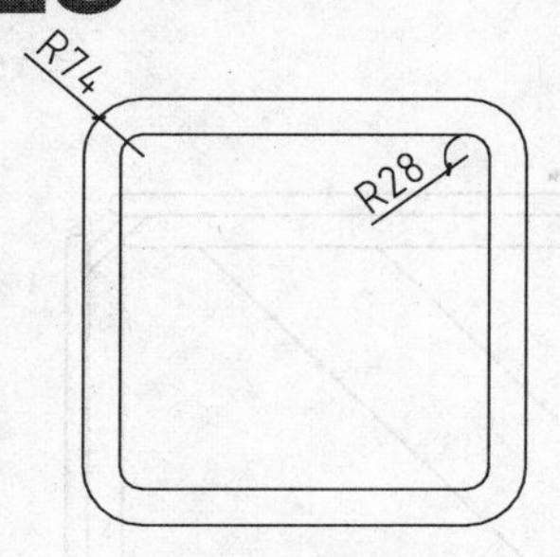

图7-24 圆角处理

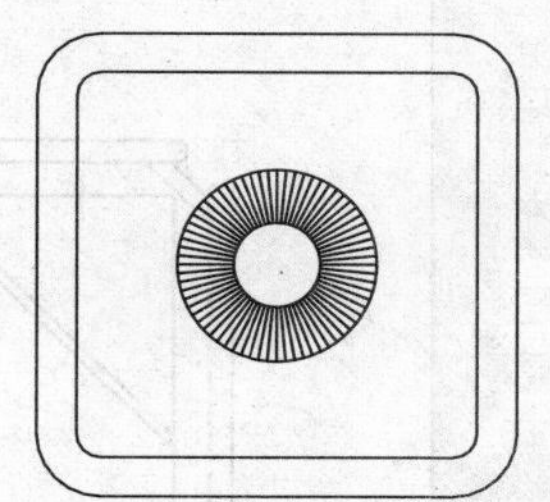
图7-25 绘制圆环

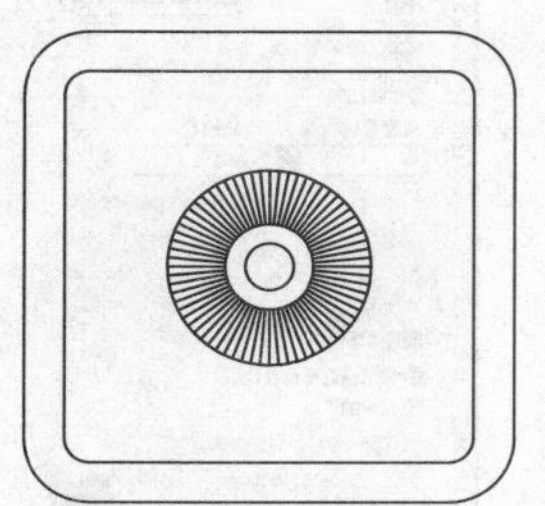
图7-26 绘制圆形

27 绘制茶几。调用REC（矩形）命令，绘制矩形，结果如图7-27所示。

28 调用REC（矩形）命令，绘制尺寸为496×26的矩形，结果如图7-28所示。

图7-27 绘制矩形

图7-28 绘制结果

29 调用L（直线）命令，绘制直线；调用O（偏移）命令，偏移直线，结果如图7-29所示。

30 调用F（圆角）命令，设置圆角半径为10，对图形进行圆角处理，结果如图7-30所示。

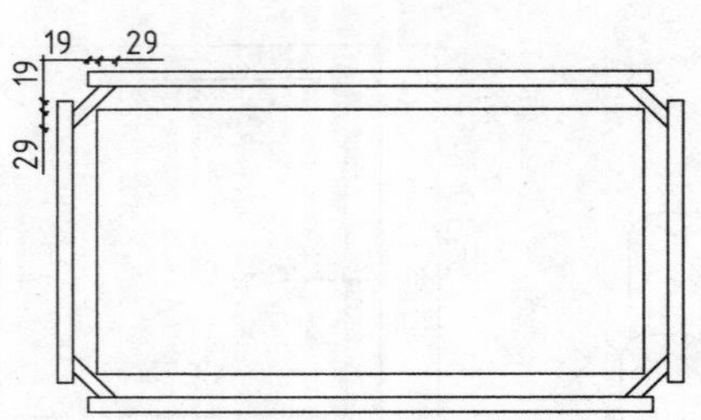

图7-29　偏移直线

图7-30　圆角处理

31 填充茶几镜面图案。调用H（图案填充）命令，在弹出的“图案填充和渐变色”对话框中设置参数，如图7-31所示。

32 在对话框中单击“添加：拾取点”按钮，在绘图区中拾取填充区域；按回车键返回对话框，单击“确定”按钮关闭对话框，完成图案填充的结果如图7-32所示。

图7-31　设置参数

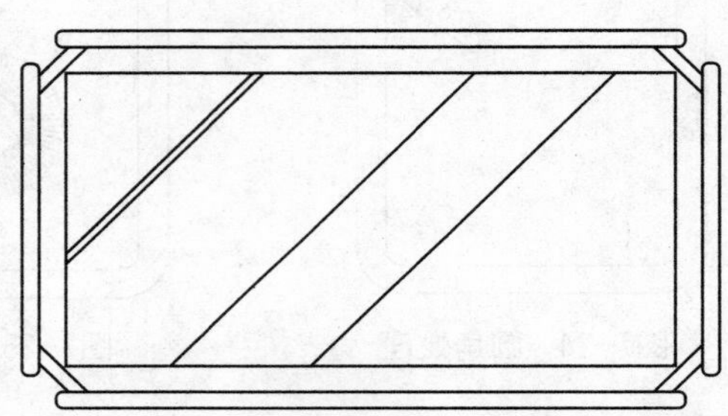

图7-32　图案填充

33 调用CO（复制）命令，移动复制矮柜图形以及单人沙发图形；调用RO（旋转）命令，旋转其中一个单人沙发图形，结果如图7-33所示。

34 绘制地毯。调用L（直线）命令，绘制直线；调用O（偏移）命令，偏移直线；调用TR（修剪）命令，修剪线段，结果如图7-34所示。

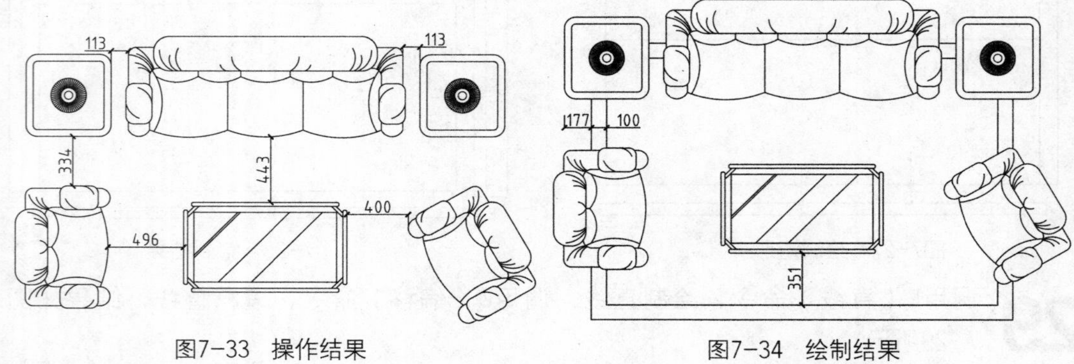

图7-33　操作结果　　　　图7-34　绘制结果

提示　在组合沙发图形绘制完成后，可以调用B（块）命令，将其创建成块，以方便日后的绘图工作中调用。

7.1.2 绘制办公椅

办公椅在办公室或者书房中使用，多为转椅形式。本小节介绍常见的办公椅的平面图绘制方法。

01 绘制坐垫。调用REC（矩形）命令，绘制尺寸为528×561的矩形；调用X（分解）命令，分解矩形；调用O（偏移）命令，选择矩形的左右边向内偏移，结果如图7-35所示。

02 调用F（圆角）命令，设置圆角半径为96，对矩形进行圆角处理，结果如图7-36所示。

03 调用L（直线）命令，绘制直线，结果如图7-37所示。

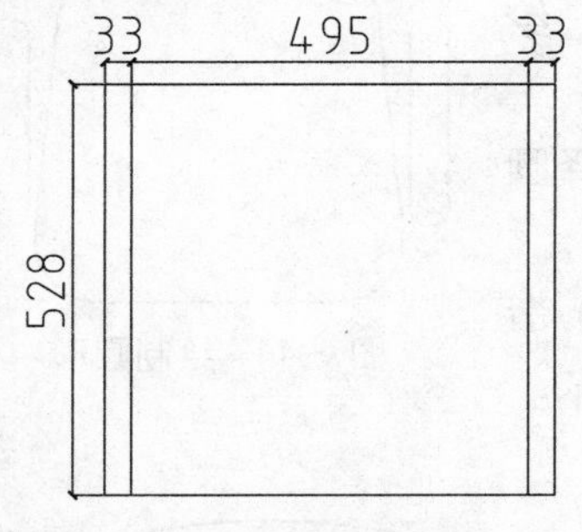

图7-35 偏移矩形边

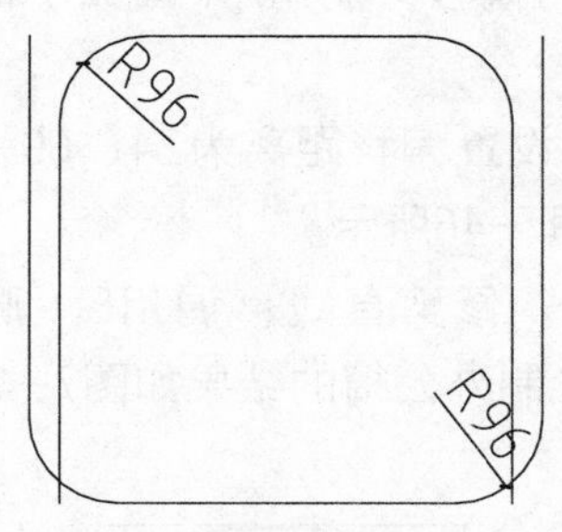

图7-36 圆角处理

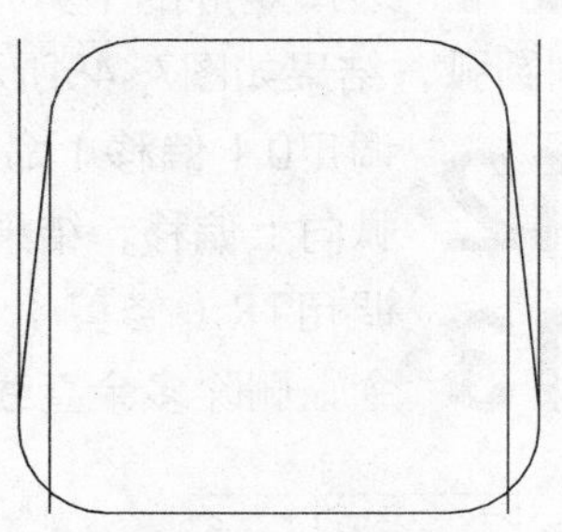

图7-37 绘制直线

04 调用TR（修剪）命令，修剪直线；调用E（删除）命令，删除多余的直线，结果如图7-38所示。

05 调用A（圆弧）命令，绘制圆弧，结果如图7-39所示。

06 调用E（删除）命令，删除多余的直线，结果如图7-40所示。

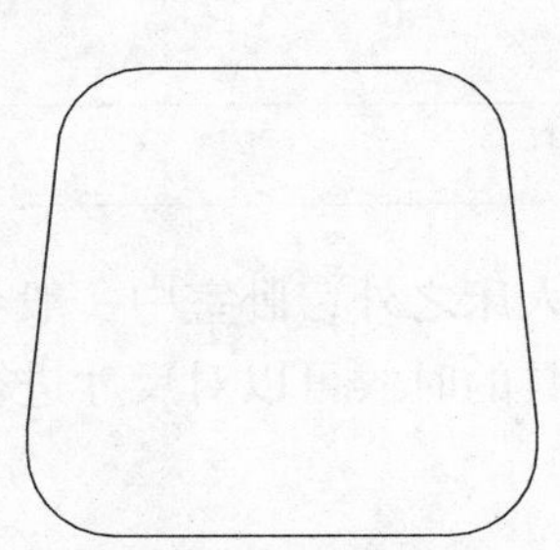

图7-38 编辑结果

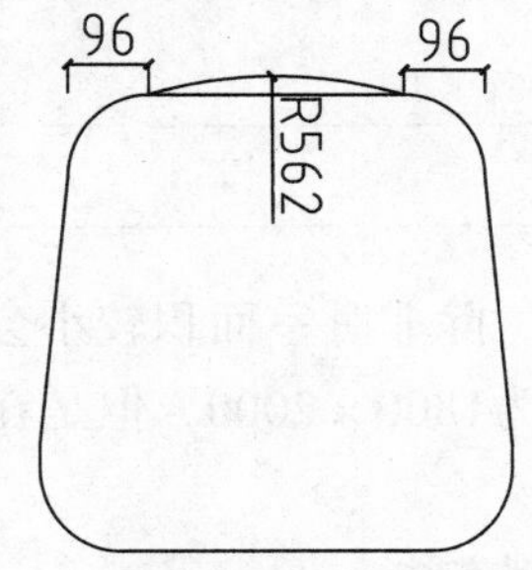

图7-39 绘制圆弧

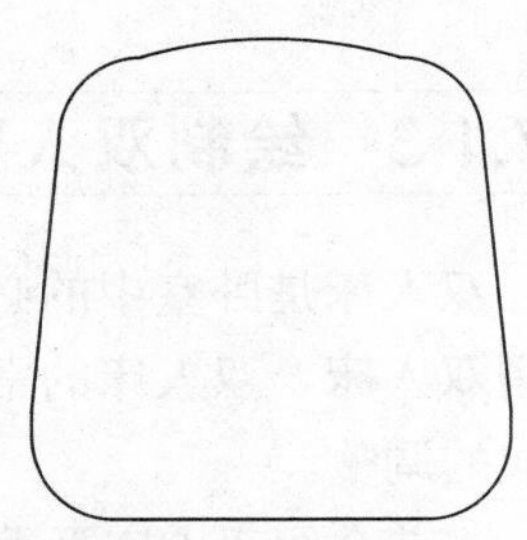

图7-40 删除多余直线

07 绘制扶手。调用REC（矩形）命令，绘制尺寸为326×60的矩形；调用MI（镜像）命令，镜像复制矩形，结果如图7-41所示。

08 调用F（圆角）命令，设置圆角半径为25，对矩形进行圆角处理，结果如图7-42所示。

09 绘制靠背。调用REC（矩形）命令，绘制尺寸为516×118的矩形，结果如图7-43所示。

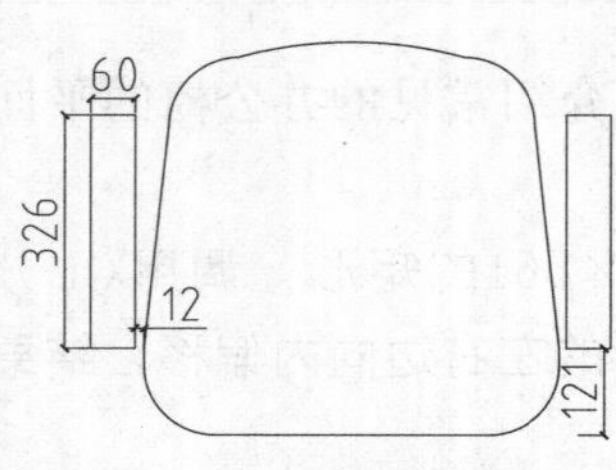

图7-41　镜像复制

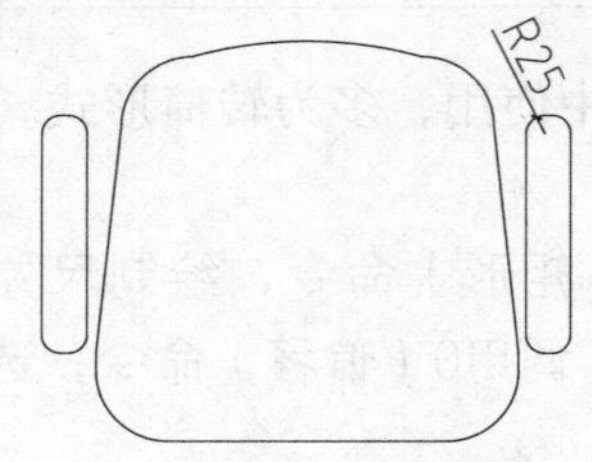

图7-42　圆角处理

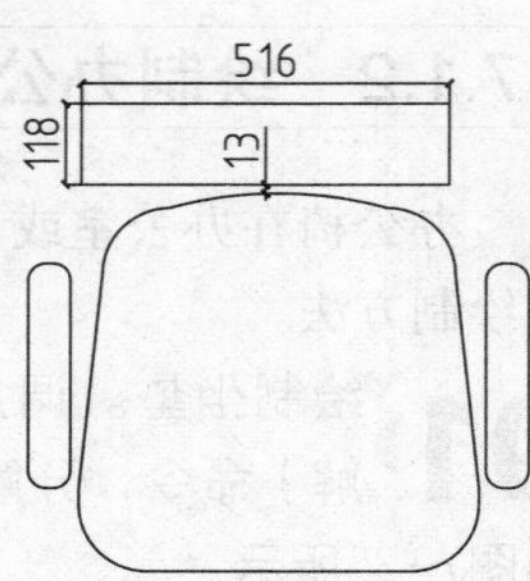

图7-43　绘制矩形

10 调用C（圆形）命令，绘制圆形，结果如图7-44所示。

11 调用X（分解）命令，分解矩形；调用O（偏移）命令，选择矩形的下方边向内偏移；调用A（圆弧）命令，绘制圆弧，结果如图7-45所示。

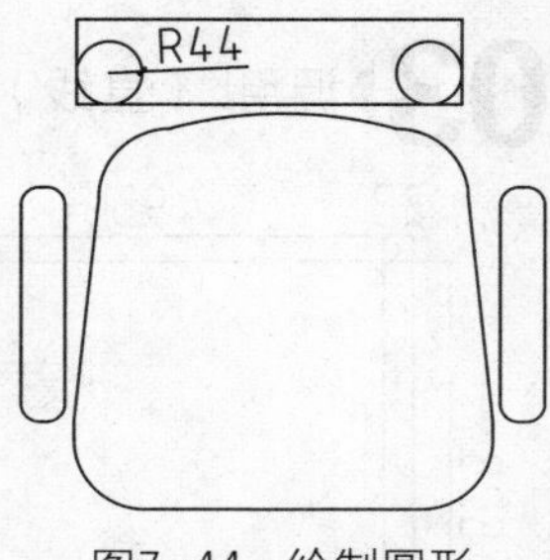

图7-44　绘制圆形

12 调用O（偏移）命令，设置偏移距离为24、60，选择圆弧向上偏移，结果如图7-46所示。

13 调用TR（修剪）命令，修剪直线；调用E（删除）命令，删除多余直线，绘制办公椅的结果如图7-47所示。

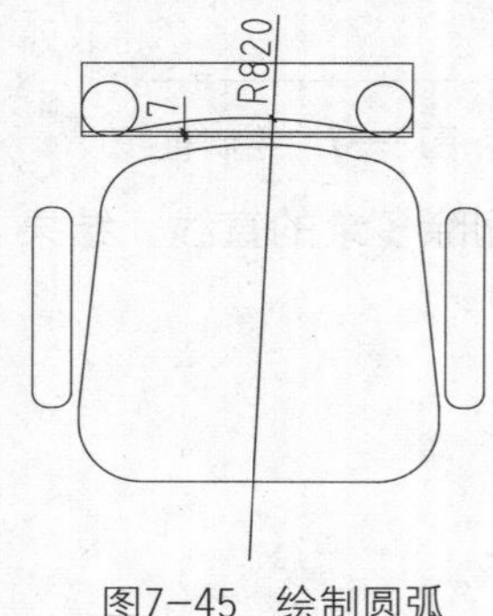

图7-45　绘制圆弧

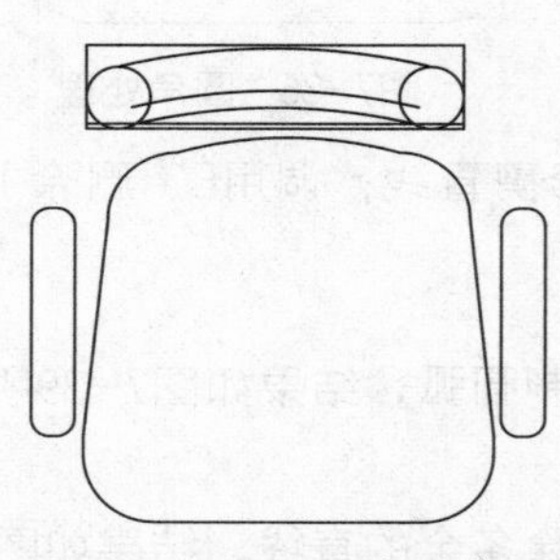
图7-46　偏移圆弧

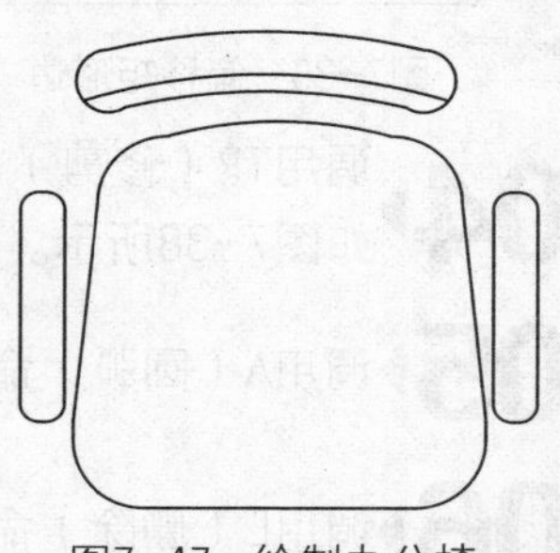
图7-47　绘制办公椅

7.1.3　绘制双人床

双人床是卧室中的必备家具，除非卧室面积较小会放置单人床之外，卧室中一般会使用双人床。双人床的常规规格为1800×2000，但是在定制家具的时候可以对尺寸进行相应的调整。

本节介绍双人床平面图的绘制方法。

01 绘制双人床。调用REC（矩形）命令，绘制尺寸为2200×1800的矩形；调用X（分解）命令，分解矩形；调用O（偏移）命令，选择上方的矩形边向下偏移，结果如图7-48所示。

02 绘制被子。调用A（圆弧）命令，绘制圆弧，结果如图7-49所示。

03 调用A（圆弧）命令，绘制圆弧，结果如图7-50所示。

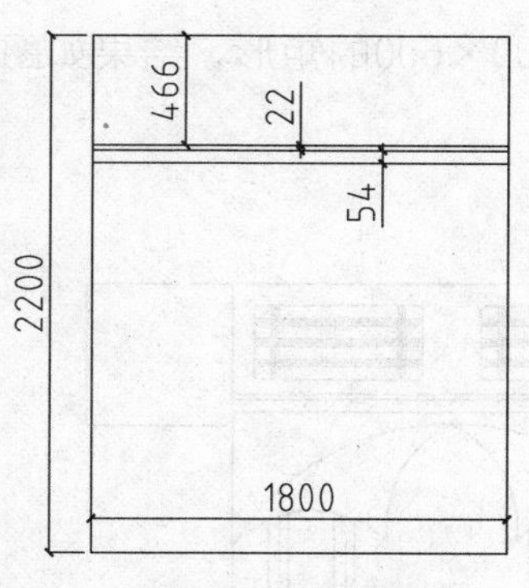

图7-48　偏移矩形边

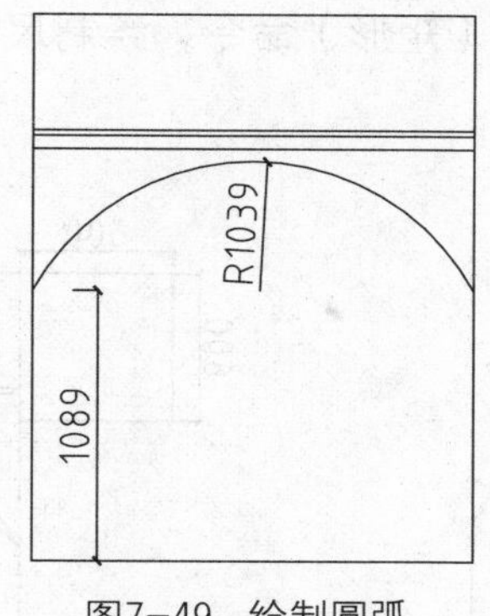

图7-49　绘制圆弧

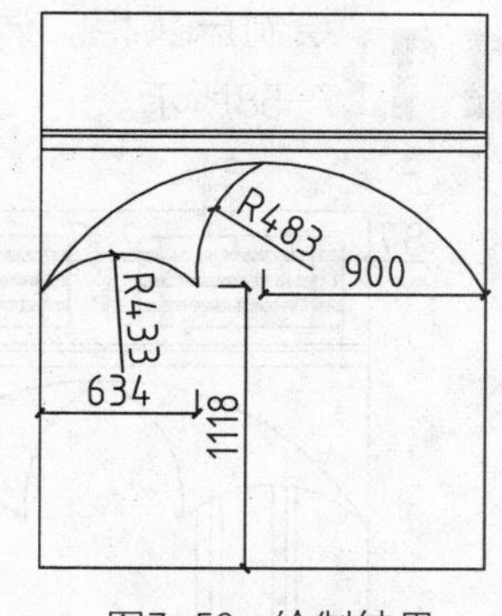

图7-50　绘制结果

04 调用MI（镜像）命令，镜像复制绘制完成的圆弧图形，结果如图7-51所示。

05 绘制被子花纹。调用O（偏移）命令，偏移矩形边；调用TR（修剪）命令，修剪线段，结果如图7-52所示。

06 绘制枕头。调用REC（矩形）命令，绘制尺寸为695×316的矩形；调用X（分解）命令，分解矩形；调用O（偏移）命令，选择左右两边的矩形边向内偏移，结果如图7-53所示。

图7-51　镜像复制

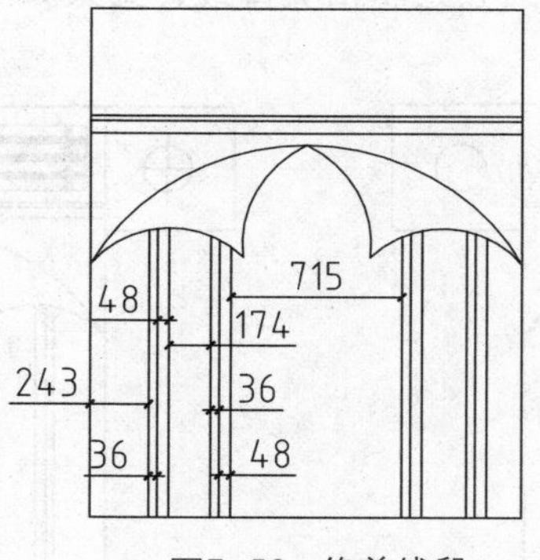

图7-52　修剪线段

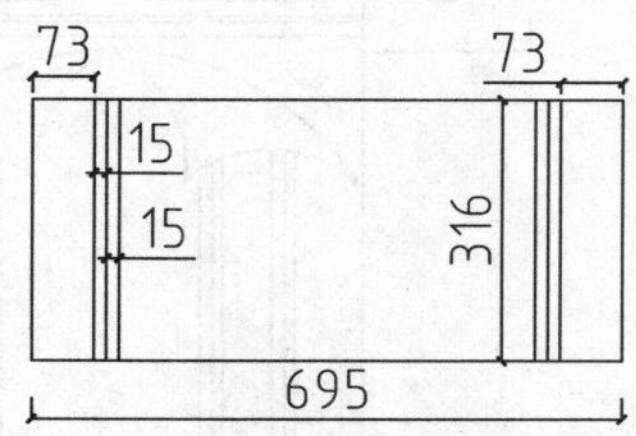

图7-53　偏移矩形边

07 调用O（偏移）命令，选择上下两边的矩形边向内偏移，结果如图7-54所示。

08 调用O（偏移）命令，偏移线段，结果如图7-55所示。

09 调用F（圆角）命令，设置圆角半径为21，对矩形进行圆角处理，结果如图7-56所示。

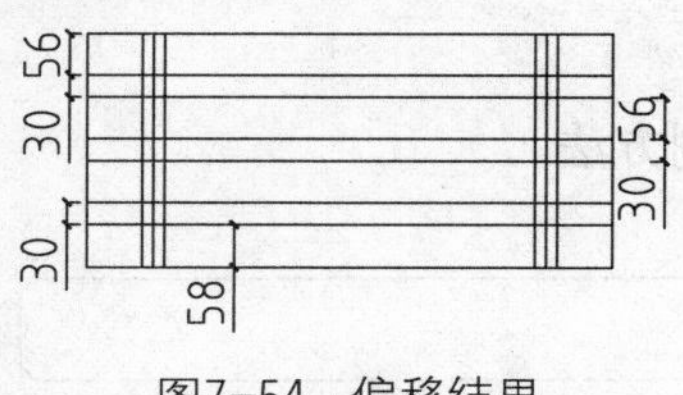

图7-54　偏移结果

图7-55　偏移线段

图7-56　圆角处理

10 调用CO（复制）命令，移动复制枕头图形，结果如图7-57所示。

11 绘制床头柜。调用REC（矩形）命令，绘制尺寸为600×600的矩形，结果如图7-58所示。

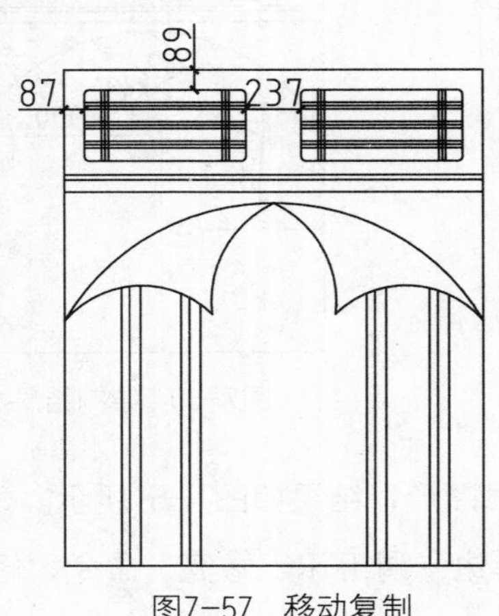

图7-57　移动复制

图7-58　绘制矩形

12 绘制台灯。调用C（圆形）命令，绘制半径为113的圆形，结果如图7-59所示。

13 调用L（直线）命令，过圆心绘制相交直线，结果如图7-60所示。

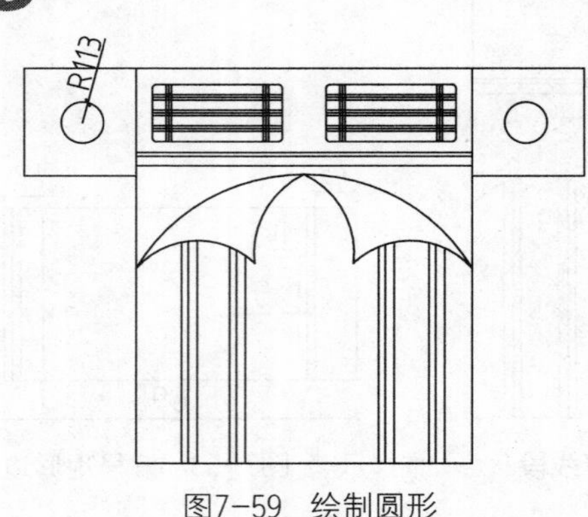

图7-59　绘制圆形

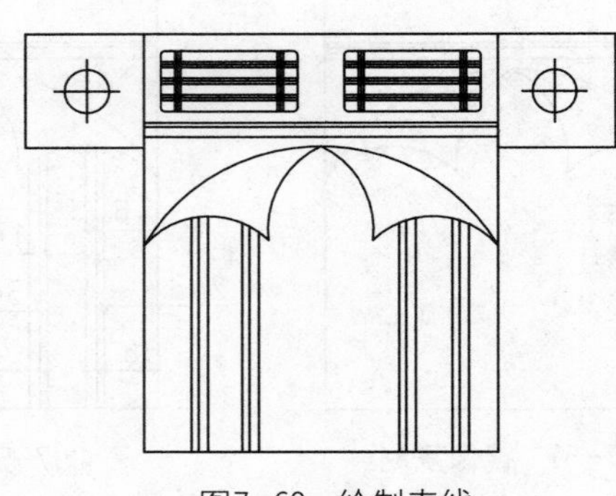

图7-60　绘制直线

7.2 电器平面配景图绘制

居室中常见的电器种类很多，诸如电视机、音响、电脑等。人们的日常生活不能缺少电器，各式各样的电器可以辅助人们从事各类活动。

本节介绍电视机和洗衣机这两种常见电器的平面图的绘制方法。

7.2.1　绘制电视机

电视机自问世之日起，便成为人们日常休闲娱乐的伴侣。家庭中的客厅是放置电视机的首选地，随着生活水平的提高，在家庭中设置视听室进行放松也成为现代人们的娱乐方式之一。

本小节介绍电视机的绘制方法。

01 绘制电视机外轮廓。调用REC（矩形）命令，绘制尺寸为821×553的矩形；调用X（分解）命令，分解矩形；调用O（偏移）命令，设置偏移距离为6，选择左右以及上方的矩形边向内偏移，结果如图7-61所示。

02 绘制屏幕外轮廓。调用O（偏移）命令，向内偏移矩形边；调用TR（修剪）命令，修剪线段，结果如图7-62所示。

03 调用REC（矩形）命令，绘制尺寸为669×462的矩形，结果如图7-63所示。

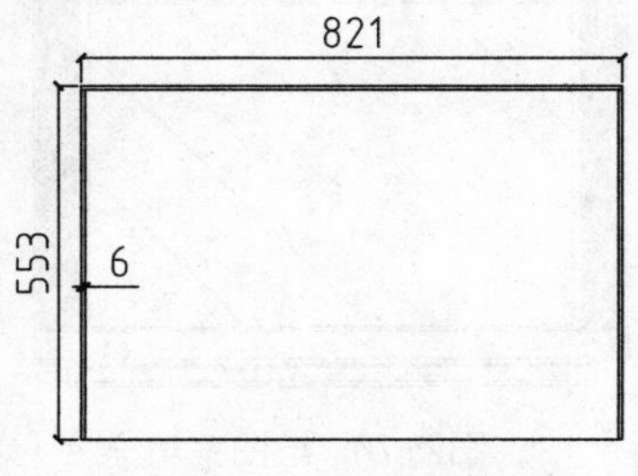

图7-61　偏移矩形边

图7-62　修剪线段

图7-63　绘制矩形

04 绘制底座。调用REC（矩形）命令，绘制尺寸为729×40的矩形，结果如图7-64所示。

05 调用X（分解）命令，分解矩形；调用O（偏移）命令，分别设置偏移距离为7、21、4，选择下方的矩形边向上偏移，结果如图7-65所示。

06 调用L（直线）命令，绘制直线，结果如图7-66所示。

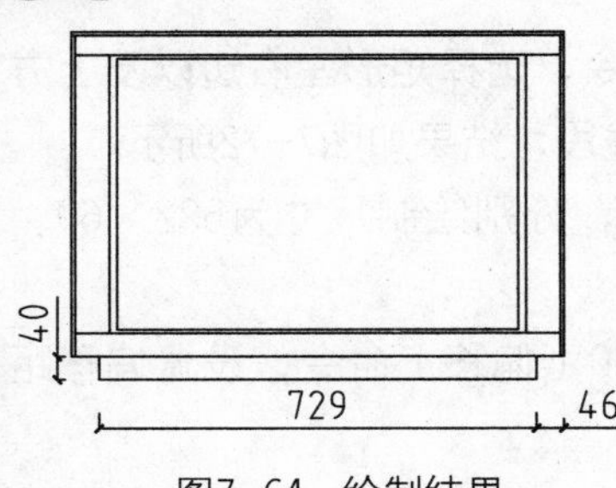

图7-64　绘制结果

图7-65　偏移矩形边

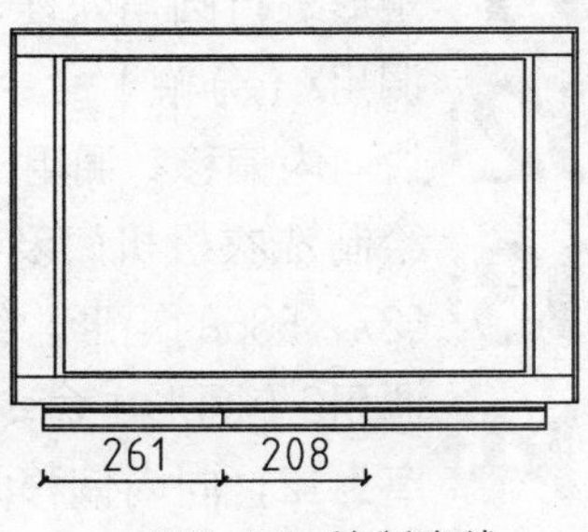

图7-66　绘制直线

07 绘制按键和商标。调用REC（矩形）命令，绘制矩形；调用MT（多行文字）命令，绘制商标名称，结果如图7-67所示。

图7-67　绘制按键和商标

08 绘制镜面图案。调用H（图案填充）命令，在弹出的“图案填充和渐变色”对话框中选择AR-RROOF图案；设置填充比例为45°，填充比例为23，然后根据命令行的提示绘制填充图案，结果如图7-68所示。

09 绘制音响图案填充。调用H（图案填充）命令，弹出“图案填充和渐变色”对话框，设置参数如图7-69所示。

10 在对话框中单击“添加：拾取点”按钮，在绘图区中拾取填充区域；按回车键返回对话框，单击“确定”按钮关闭对话框，完成图案填充的结果如图7-70所示。

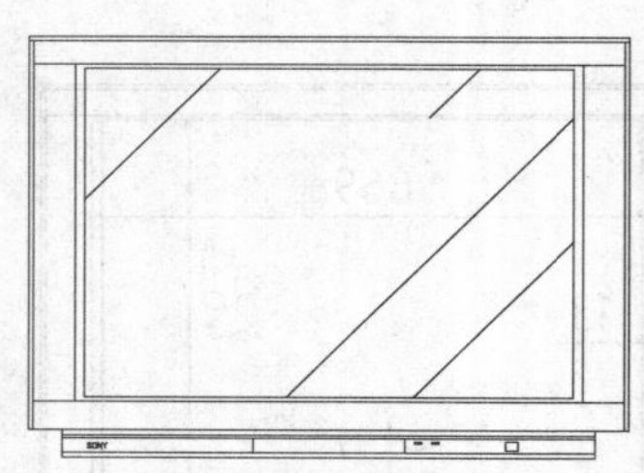

图7-68 绘制镜面图案

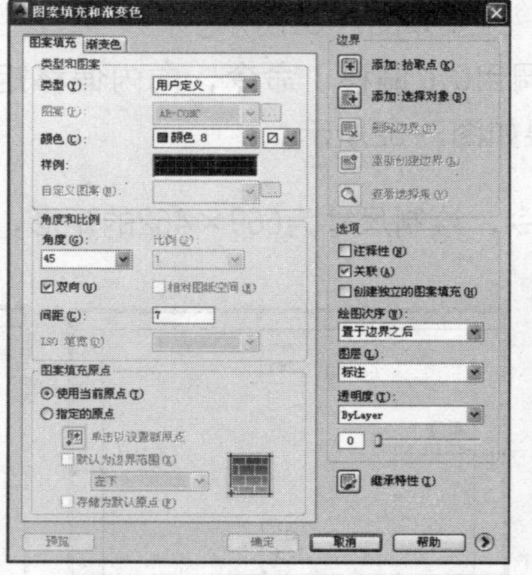

图7-69 设置参数

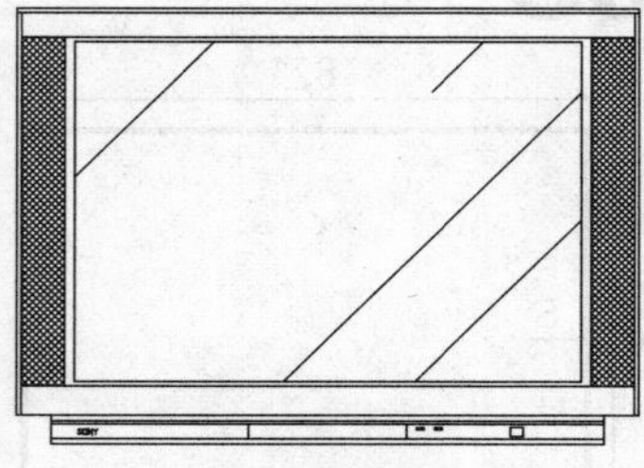

图7-70 绘图案填充

7.2.2 绘制洗衣机

洗衣机为繁忙的洗涤工作提供了莫大的帮助，因而被千家万户所青睐。在绘制卫生间或者厨房平面图的时候，经常要把洗衣机的位置考虑进去。

本小节介绍洗衣机平面图的绘制方法。

01 绘制洗衣机机身。调用REC（矩形）命令，绘制矩形；调用F（圆角）命令，对矩形进行圆角处理，结果如图7-71所示。

02 调用X（分解）命令，分解矩形；调用O（偏移）命令，选择矩形左右边以及上方边向内偏移；调用EX（延伸）命令，延伸所偏移的线段，结果如图7-72所示。

03 绘制洗衣机机门及按钮区。调用REC（矩形）命令，分别绘制尺寸为522×69、627×536的矩形，结果如图7-73所示。

04 调用C（圆形）命令，绘制半径为258的圆形；调用O（偏移）命令，设置偏移距离为12，向内偏移圆形，结果如图7-74所示。

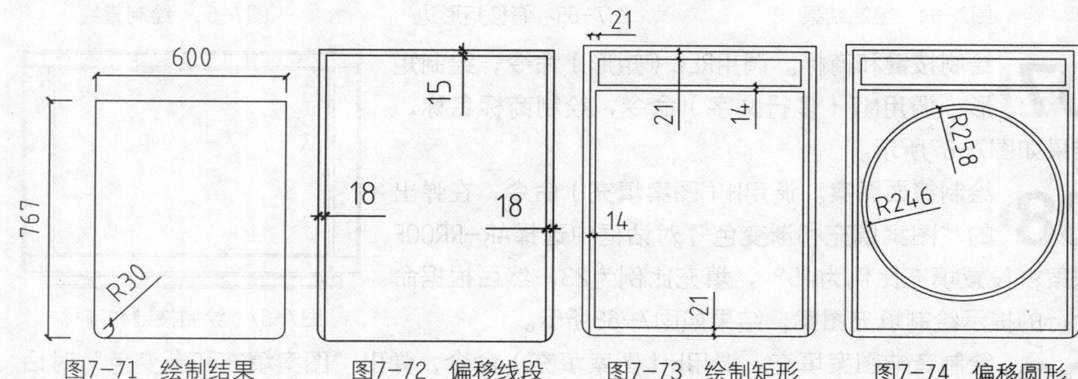

图7-71 绘制结果　图7-72 偏移线段　图7-73 绘制矩形　图7-74 偏移圆形

05 调用C（圆形）命令，绘制半径为7的圆形，作为洗衣机的按钮；绘制半径为36的圆形，作为洗衣机的机脚，结果如图7-75所示。

06 调用TR（修剪）命令，修剪圆形，结果如图7-76所示。

07 调用REC（矩形）命令，分别绘制尺寸为90×11、126×4的矩形，作为洗衣机的商标，结果如图7-77所示。

08 绘制镜面图案。调用H（图案填充）命令，在弹出的“图案填充和渐变色”对话框中选择AR-RROOF图案；设置填充比例为45°，填充比例为23，然后根据命令行的提示绘制填充图案，结果如图7-78所示。

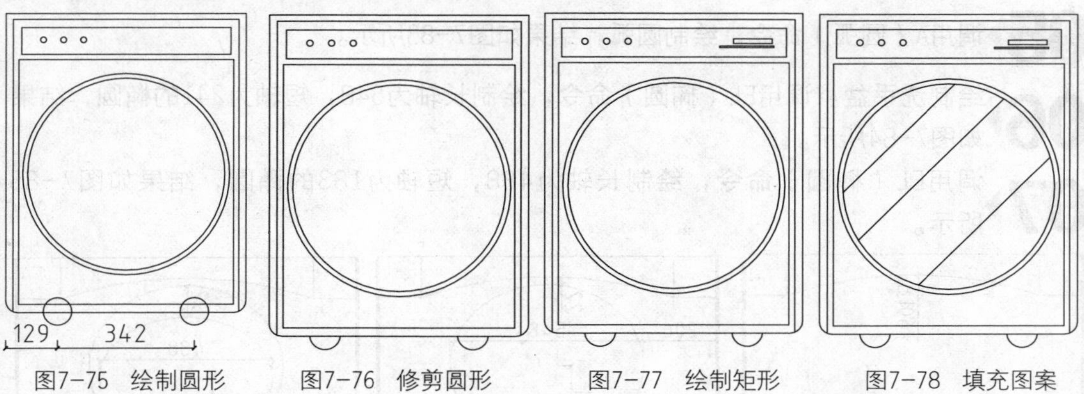

图7-75 绘制圆形　图7-76 修剪圆形　图7-77 绘制矩形　图7-78 填充图案

7.3 洁具和厨具平面配景图绘制

洁具是人们盥洗时必备的器具，厨具供人们进行烹饪。为卫生间和厨房绘制洁具和厨具图形很有必要，可以表达洁具和厨具的摆放位置，以及器具本身的尺寸，为购置器具提供参考。

本节为读者介绍洗手池、座便器以及燃气灶平面图形的绘制方法。

7.3.1 绘制洗手池

洗手池不但可以提供如厕后洗手的作用，也可为日常生活中洗涤用品提供便利。洗手池有各种样式，在购买的时候，用户可以根据自己的喜好或者居室风格进行选择。

本小节介绍绘制洗手池的方法。

01 绘制洗手台。调用REC（矩形）命令，绘制矩形；调用F（圆角）命令，对矩形进行圆角处理，结果如图7-79所示。

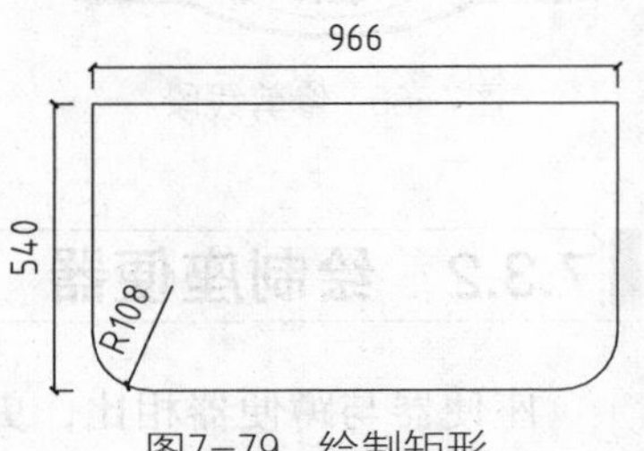

图7-79 绘制矩形

02 调用A（圆弧）命令，绘制圆弧；调用TR（修剪）命令，修剪线段，结果如图7-80所示。

03 调用O（偏移）命令，向内偏移轮廓线，结果如图7-81所示。

04 绘制台面装饰物。调用REC（矩形）命令，绘制尺寸为120×120的矩形，结果如图7-82所示。

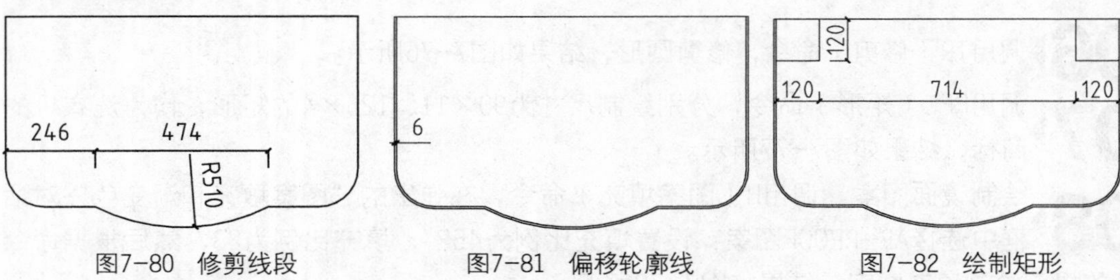

图7-80 修剪线段　　图7-81 偏移轮廓线　　图7-82 绘制矩形

05 调用A（圆弧）命令，绘制圆弧，结果如图7-83所示。

06 绘制洗手盆。调用EL（椭圆）命令，绘制长轴为548，短轴为241的椭圆，结果如图7-84所示。

07 调用EL（椭圆）命令，绘制长轴为488，短轴为183的椭圆，结果如图7-85所示。

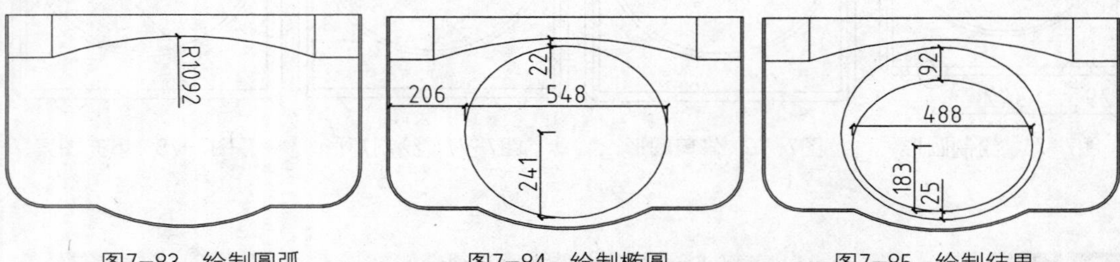

图7-83 绘制圆弧　　图7-84 绘制椭圆　　图7-85 绘制结果

08 调用L（直线）命令，绘制直线；调用TR（修剪）命令，修剪线段，结果如图7-86所示。

09 调用C（圆形）命令，绘制半径为31的圆形，分别作为洗手盆的开关以及排水孔图形，结果如图7-87所示。

10 绘制开关把手。调用L（直线）命令，绘制直线；调用TR（修剪）命令，修剪线段，结果如图7-88所示。

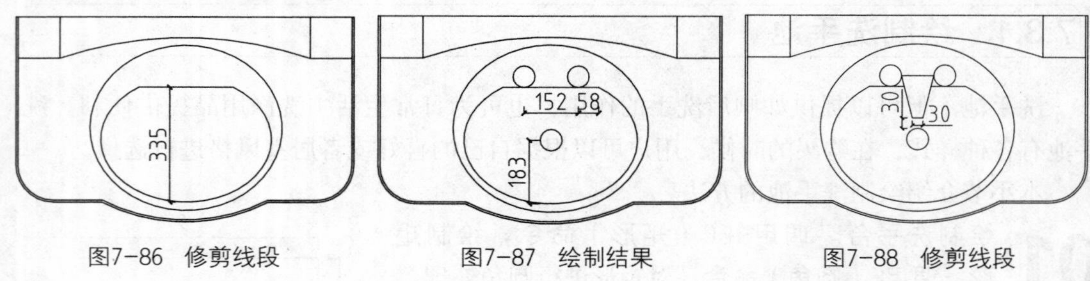

图7-86 修剪线段　　图7-87 绘制结果　　图7-88 修剪线段

7.3.2 绘制座便器

座便器与蹲便器相比，更符合人体工程学的要求，省力、卫生，因而被广泛应用。目前市场上的座便器一般多数为椭圆形状，也有一些是长方形的。

本小节介绍座便器平面图形的绘制方法。

01 绘制座便器主体部分。调用C（圆形）命令，分别绘制半径为191、114的圆形，结果如图7-89所示。

02 调用C（圆形）命令，绘制圆形，结果如图7-90所示。

03 调用A（圆弧）命令，绘制圆弧，结果如图7-91所示。

04 调用TR（修剪）命令，修剪线段，结果如图7-92所示。

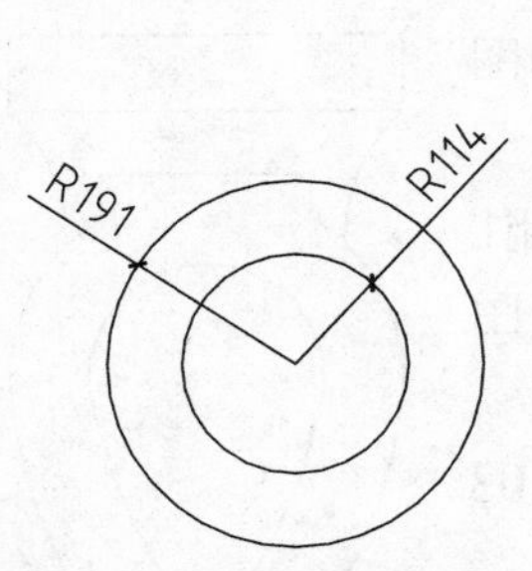

图7-89 绘制圆形

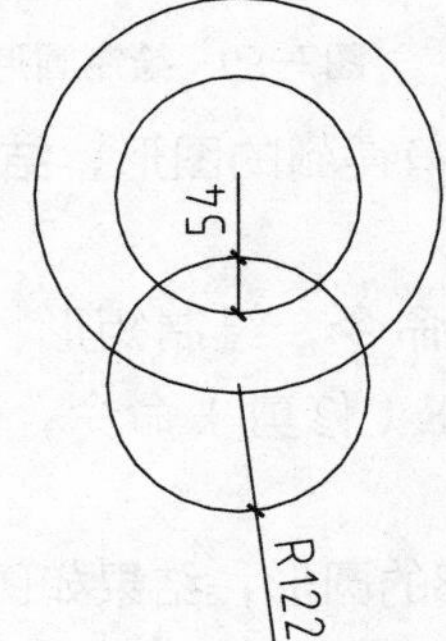

图7-90 绘制结果

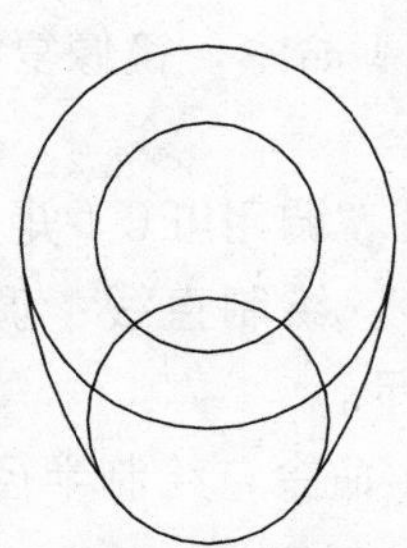
图7-91 绘制圆弧

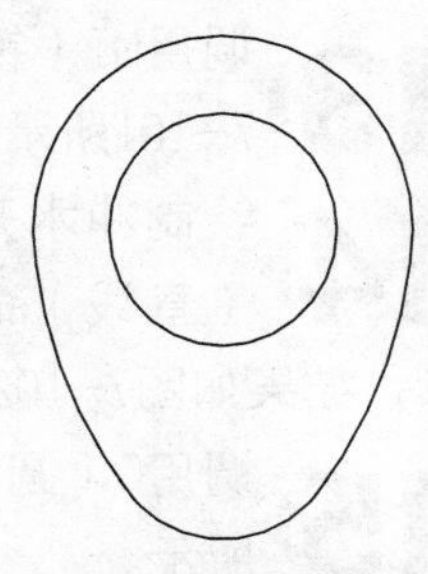
图7-92 修剪线段

05 调用C（圆形）命令，绘制半径为46的圆形，结果如图7-93所示。

06 调用A（圆弧）命令，绘制圆弧，结果如图7-94所示。

07 调用TR（修剪）命令，修剪线段，结果如图7-95所示。

08 调用L（直线）命令，绘制直线，结果如图7-96所示。

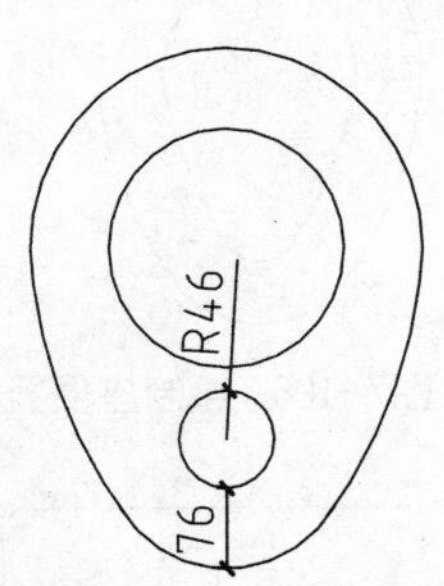

图7-93 绘制圆形

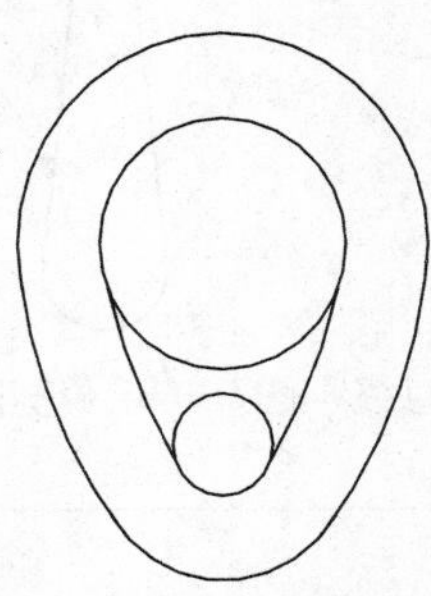
图7-94 绘制圆弧

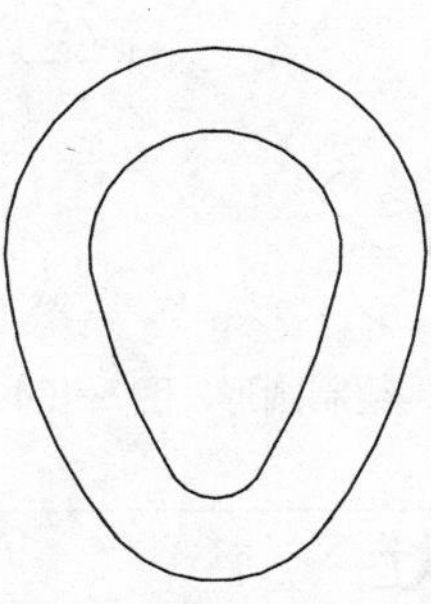
图7-95 修剪线段

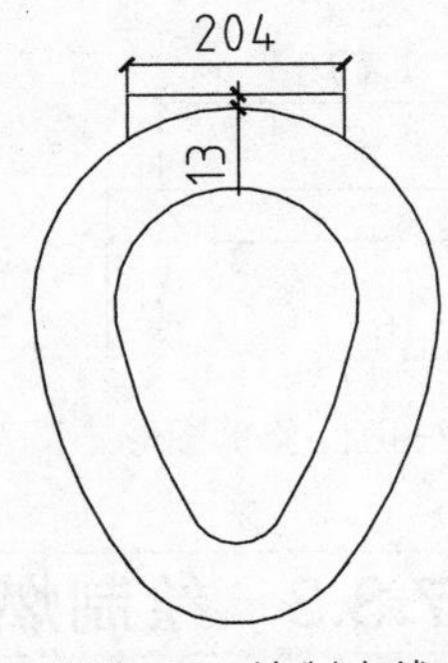

图7-96 绘制直线

09 调用TR（修剪）命令，修剪线段，结果如图7-97所示。

10 调用REC（矩形）命令，绘制尺寸为76×381的矩形，结果如图7-98所示。

11 调用C（圆形）命令，绘制半径为172的圆形，结果如图7-99所示。

12 调用TR（修剪）命令，修剪圆形，结果如图7-100所示。

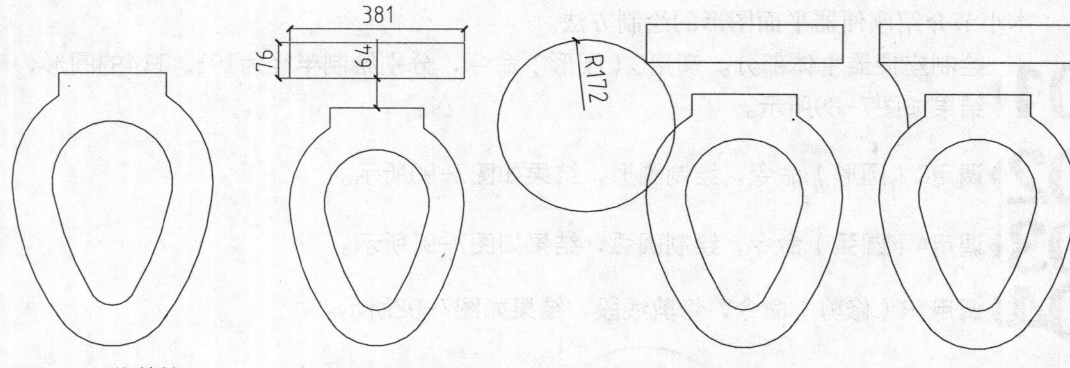

图7-97　修剪结果　图7-98　绘制矩形　图7-99　绘制圆形　图7-100　修剪圆形

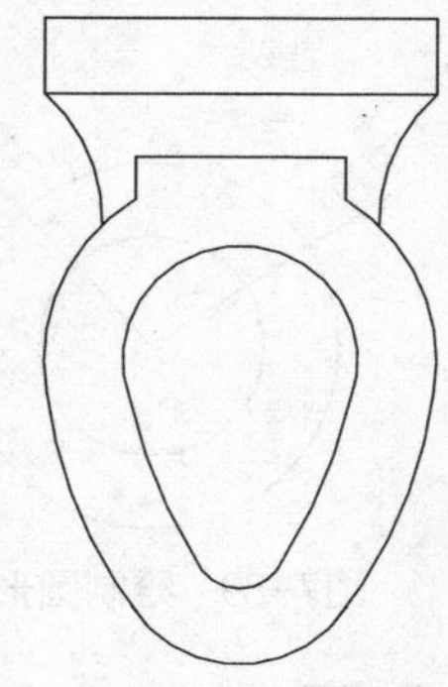

图7-101　镜像复制

13 调用MI（镜像）命令，镜像复制修剪得到的图形，结果如图7-101所示。

14 绘制冲水开关。调用REC（矩形）命令，绘制矩形；调用L（直线）命令，绘制直线；调用TR（修剪）命令，修剪图形，结果如图7-102所示。

15 调用C（圆形）命令，绘制半径为13的圆形，结果如图7-103所示。

16 调用L（直线）命令，绘制直线，结果如图7-104所示。

17 调用TR（修剪）命令，修剪图形，结果如图7-105所示。

18 座便器图形的绘制结果如图7-106所示。

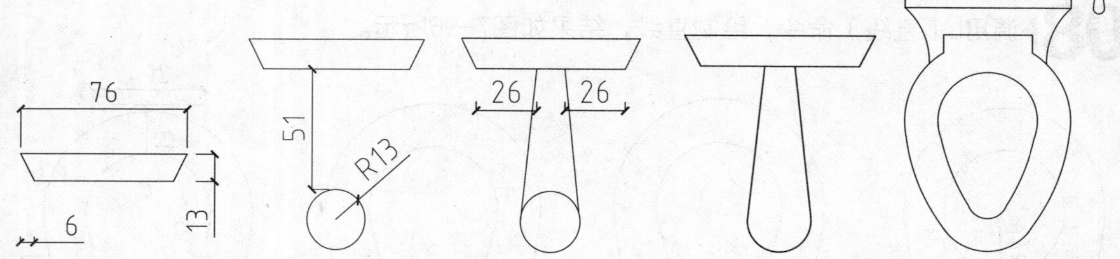

图7-102　修剪图形　图7-103　绘制圆形　图7-104　绘制直线　图7-105　修剪图形　图7-106　绘制座便器

7.3.3　绘制燃气灶

燃气灶是厨房必备的烹饪器具，根据用途的不同，可分为两炉、四炉等两种的燃气灶。在选购燃气灶的时候，可以根据家庭人数或者烹饪习惯来进行选购。

本小节介绍绘制燃气灶平面图形的方法。

01 绘制燃气灶主体。调用REC（矩形）命令，绘制矩形；调用X（分解）命令，分解矩形；调用O（偏移）命令，选择矩形的下方边向上偏移，结果如图7-107所示。

02 绘制开关按钮部分。调用O（偏移）命令，偏移线段；调用F（圆角）命令，设置圆角半径为0，对偏移的线段进行圆角处理，结果如图7-108所示。

03 绘制商标部分。调用REC（矩形）命令，绘制尺寸为329×48的矩形，结果如图7-109所示。

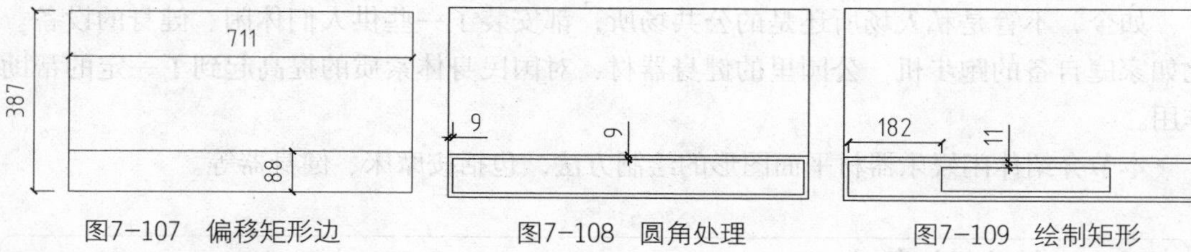

图7-107　偏移矩形边　　图7-108　圆角处理　　图7-109　绘制矩形

04 重复调用REC（矩形）命令，绘制尺寸为285×16的矩形，结果如图7-110所示。

05 绘制开关按钮部分。调用C（圆形）命令，绘制半径为29的圆形，结果如图7-111所示。

06 调用REC（矩形）命令，绘制尺寸为41×14的矩形，结果如图7-112所示。

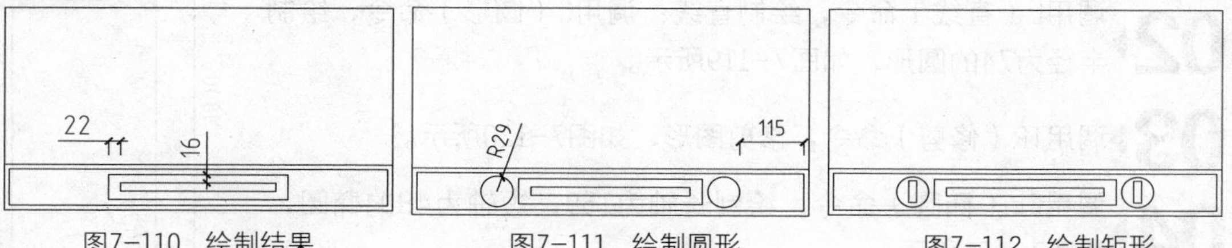

图7-110　绘制结果　　图7-111　绘制圆形　　图7-112　绘制矩形

07 绘制炉灶。调用C（圆形）命令，分别绘制半径为91、84、42、35、15的圆形，结果如图7-113所示。

08 调用REC（矩形）命令，在半径为91的圆形的四个象限点上，分别绘制尺寸为28×5的矩形，结果如图7-114所示。

09 调用MI（镜像）命令，镜像复制绘制完成的炉灶图形，结果如图7-115所示。

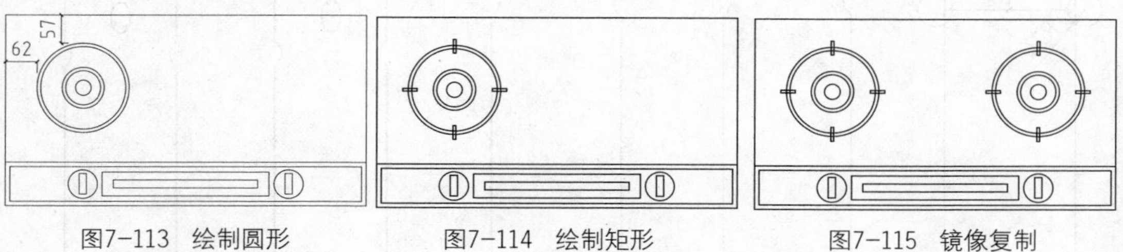

图7-113　绘制圆形　　图7-114　绘制矩形　　图7-115　镜像复制

10 绘制燃气灶装饰。调用REC（矩形）命令，绘制尺寸为200×60的矩形，结果如图7-116所示。

11 调用F（圆角）命令，设置圆角半径为5，对矩形进行圆角处理，结果如图7-117所示。

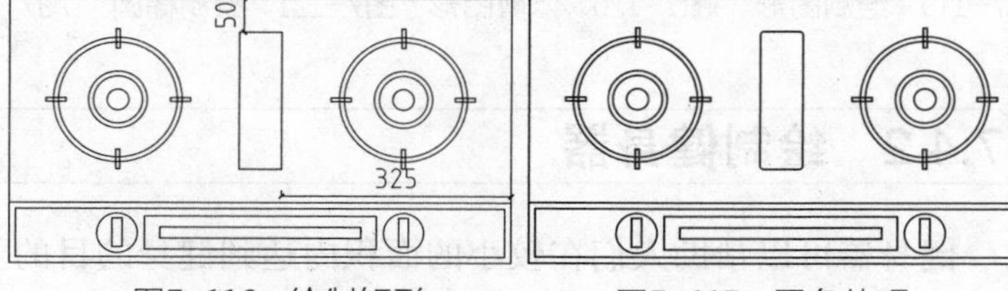

图7-116　绘制矩形　　图7-117　圆角处理

7.4 休闲娱乐平面配景图绘制

如今，不管是私人场所还是的公共场所，都安装了一些供人们休闲、健身的设备。比如家庭自备的跑步机、公园里的健身器材，对国民身体素质的提高起到了一定的帮助作用。

本节介绍休闲娱乐器材平面图形的绘制方法，包括按摩床、健身器等。

7.4.1 绘制按摩床

按摩床在疗养所或者按摩院出现得较多，可以为人们放松身体，缓解疲惫。本小节介绍按摩床平面图的绘制步骤。

01 绘制按摩床。调用REC（矩形）命令，绘制矩形；调用F（圆角）命令，对矩形进行圆角处理，如图7-118所示。

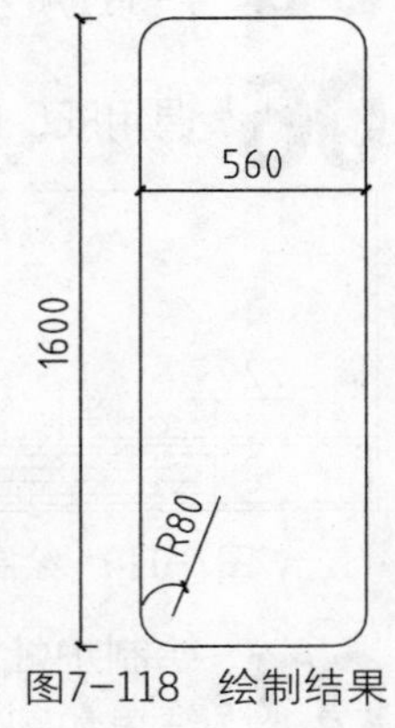

图7-118 绘制结果

02 调用L（直线）命令，绘制直线；调用C（圆形）命令，绘制半径为74的圆形，如图7-119所示。

03 调用TR（修剪）命令，修剪图形，如图7-120所示。

04 调用EL（椭圆）命令，绘制长轴为159，短轴为48的椭圆，如图7-121所示。

05 绘制座椅。调用C（圆形）命令，绘制半径为160的圆形，如图7-122所示。

06 调用O（偏移）命令，设置偏移距离为30，选择圆形向内偏移，如图7-123所示。

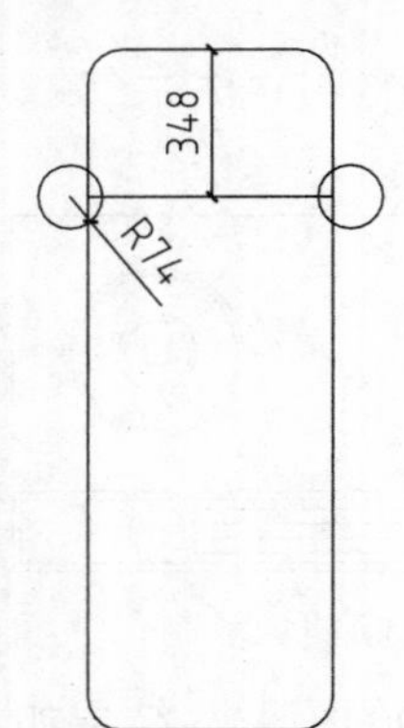

图7-119 绘制图形

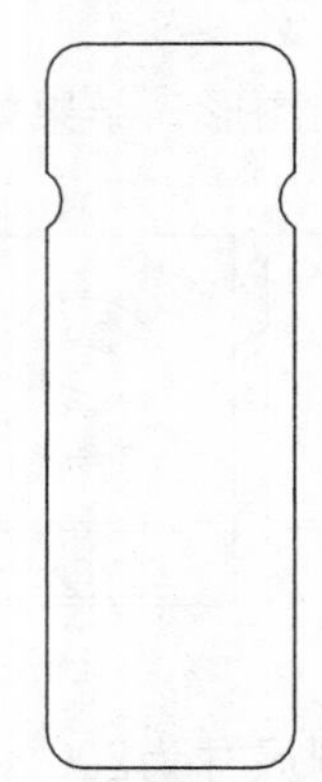
图7-120 修剪图形

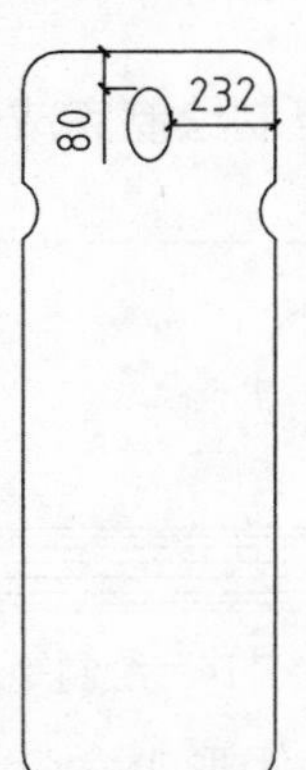

图7-121 绘制椭圆

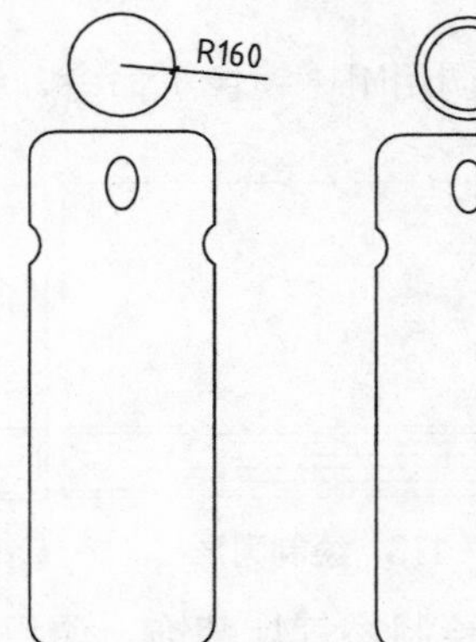

图7-122 绘制圆形 图7-123 偏移圆形

7.4.2 绘制健身器

健身器可以帮助人们在较小的面积内达到健身的目的。家庭中可以购置健身器材，也可到健身房中享受多种类型健身器所带来的良好效果。

本小节介绍可以与蹬自行车达到同等健身效果的健身器的平面图绘制方法。

01 绘制坐垫。调用C（圆形）命令，绘制半径为76的圆形，如图7-124所示。

02 调用L（直线）命令，捕捉切点绘制直线，如图7-125所示。

03 调用TR（修剪）命令，修剪图形，如图7-126所示。

04 调用C（圆形）命令，绘制半径为41的圆形，如图7-127所示。

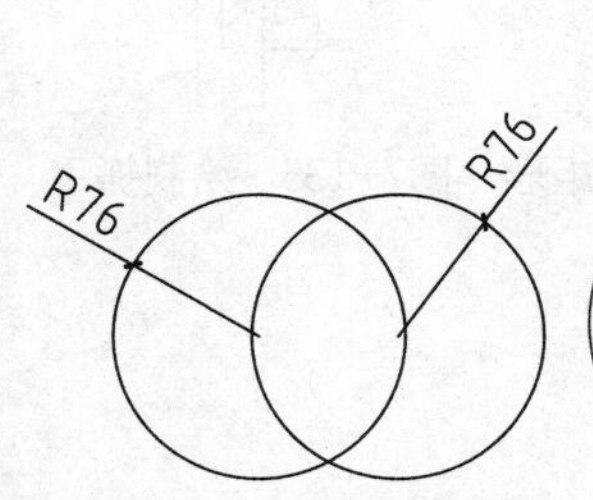

图7-124 绘制圆形

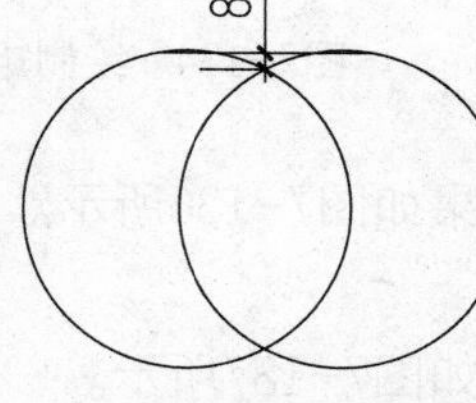

图7-125 绘制直线

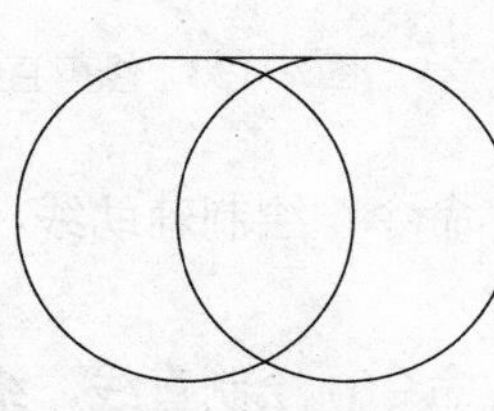

图7-126 修剪图形

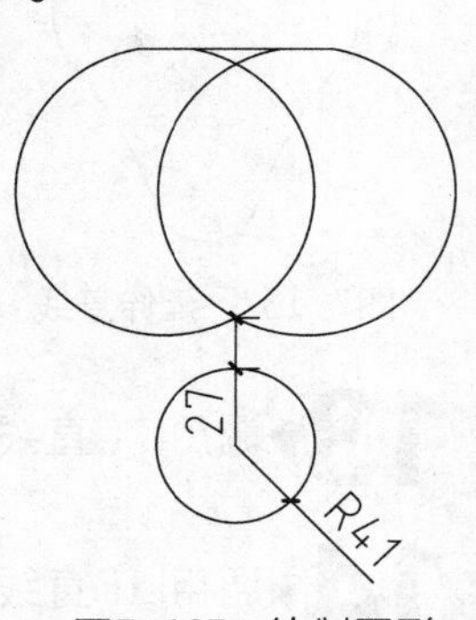

图7-127 绘制圆形

05 调用A（圆弧）命令，绘制圆弧，如图7-128所示。

06 调用MI（镜像）命令，镜像复制圆弧，如图7-129所示。

07 调用TR（修剪）命令、E（删除）命令，修剪并删除图形，完成坐垫的绘制，结果如图7-130所示。

08 绘制坐垫的固定支架。调用REC（矩形）命令，绘制矩形，结果如图7-131所示。

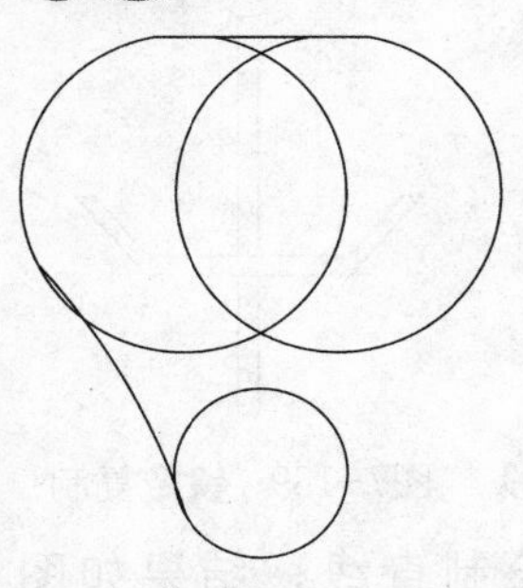

图7-128 绘制圆弧

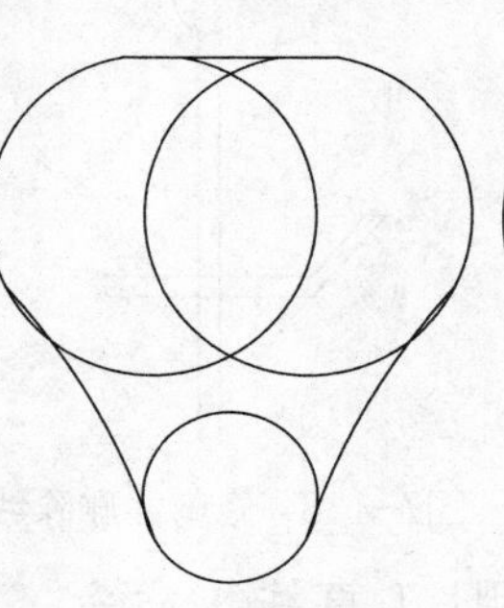

图7-129 镜像复制

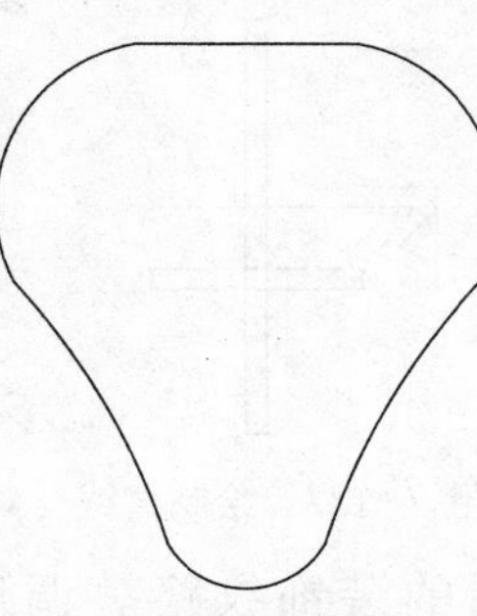

图7-130 绘制坐垫

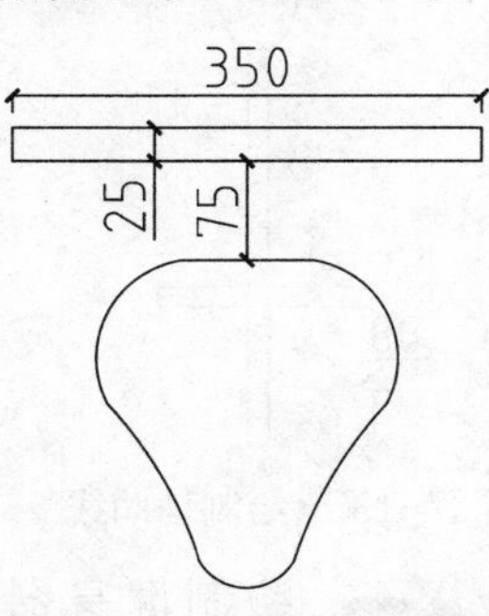

图7-131 绘制矩形

09 调用L（直线）命令，绘制直线；调用O（偏移）命令，偏移直线；调用EX（延伸）命令，延伸直线，结果如图7-132所示。

10 调用TR（修剪）命令，修剪直线，结果如图7-133所示。

11 绘制脚踏支架。调用REC（矩形）命令，绘制矩形，结果如图7-134所示。

12 绘制抓手位置。重复调用REC（矩形）命令，绘制矩形，结果如图7-135所示。

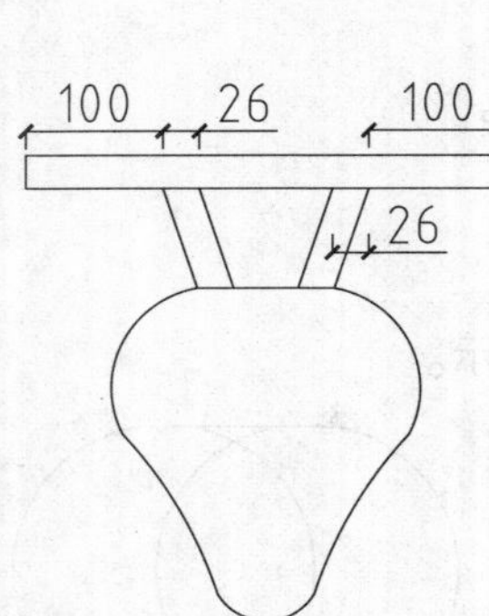

图7-132　延伸直线

图7-133　修剪直线

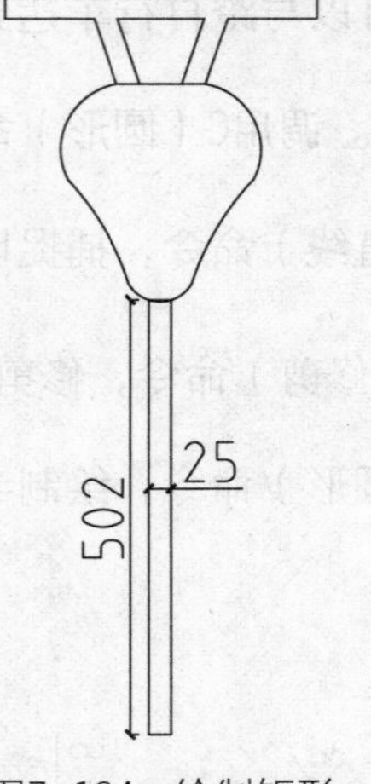

图7-134　绘制矩形

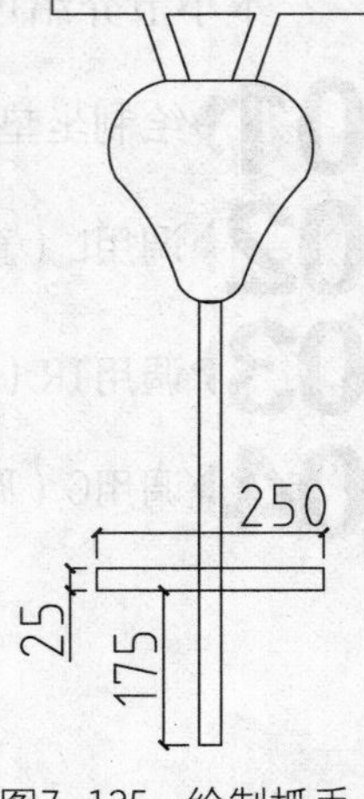

图7-135　绘制抓手

13 调用L（直线）命令，绘制辅助线，结果如图7-136所示。

14 调用L（直线）命令，绘制直线，结果如图7-137所示。

15 调用TR（修剪）命令、E（删除）命令，修剪并删除线段，结果如图7-138所示。

16 调用MI（镜像）命令，镜像复制绘制完成的图形；调用E（删除）命令，删除多余的线段，结果如图7-139所示。

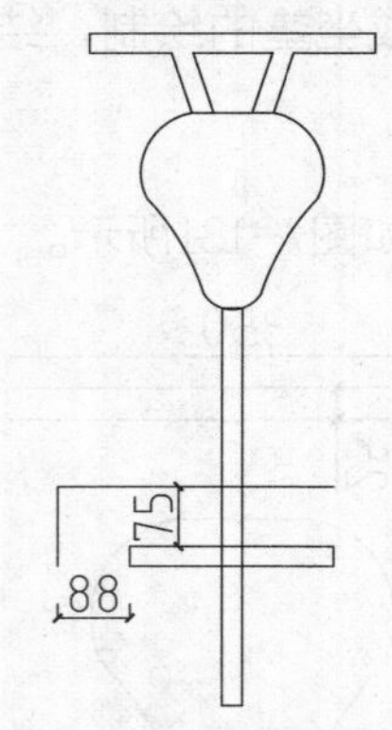

图7-136　绘制辅助线

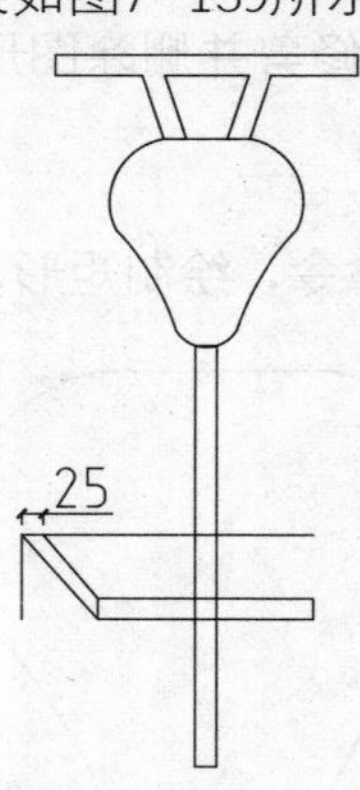

图7-137　绘制直线

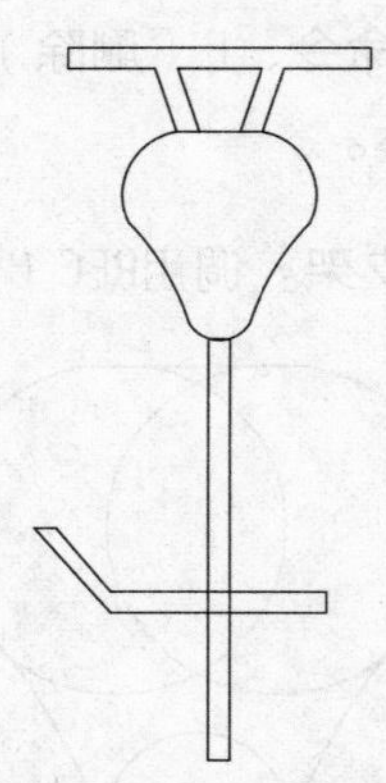
图7-138　修剪并删除线段

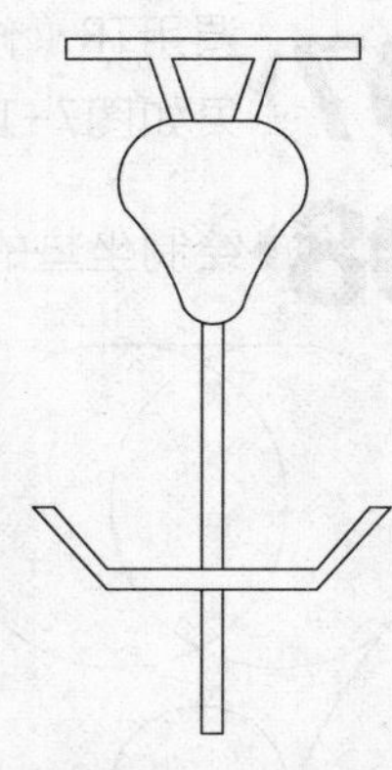
图7-139　镜像复制

17 绘制健身器材的装饰纹路。调用L（直线）命令，绘制直线，结果如图7-140所示。

18 调用O（偏移）命令，设置偏移距离为6，向内偏移支架的外轮廓线；调用TR（修剪）命令，修剪多余线段，结果如图7-141所示。

19 绘制脚踏。调用REC（矩形）命令，绘制尺寸为38×13的矩形，结果如图7-142所示。

20 调用REC（矩形）命令，绘制尺寸为63×100的矩形，完成健身器材的绘制，结果如图7-143所示。

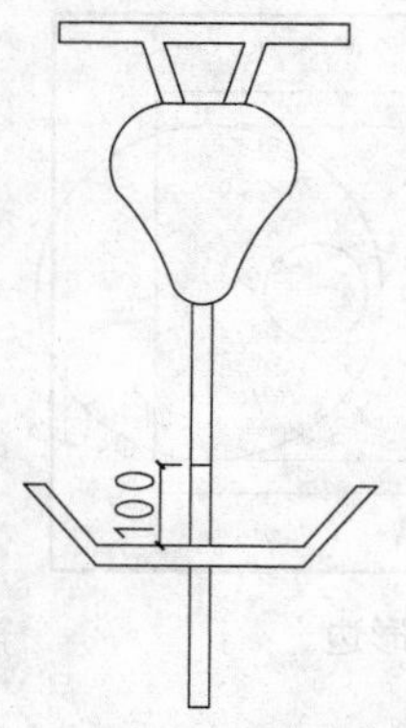

图7-140 绘制直线

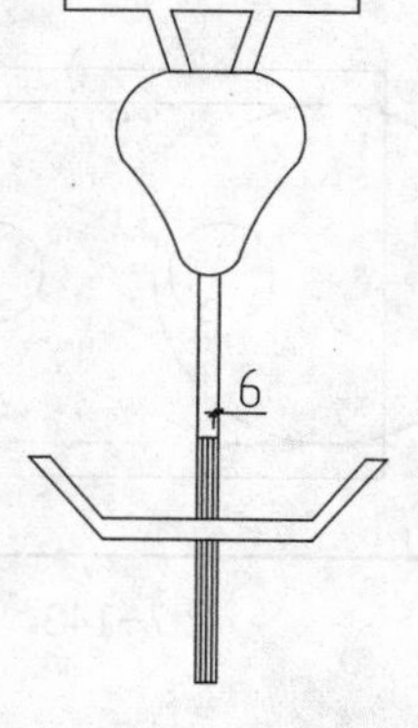

图7-141 修剪线段

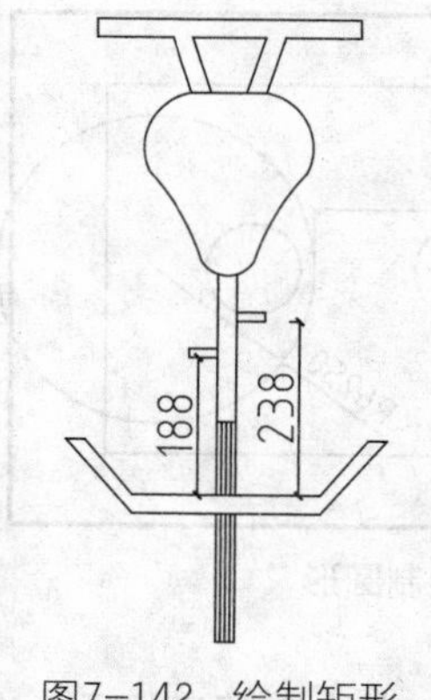

图7-142 绘制矩形

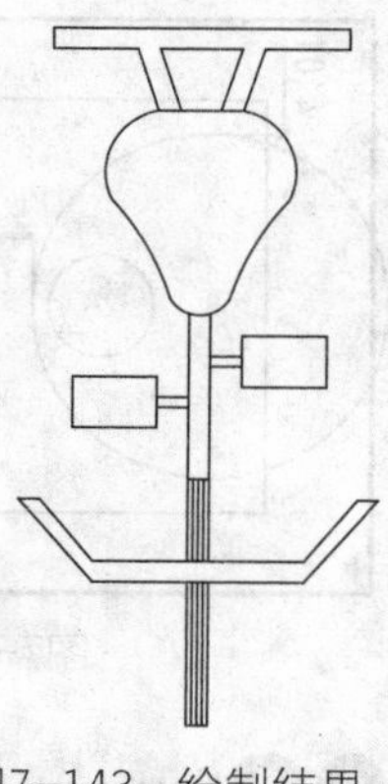
图7-143 绘制结果

7.4.3 绘制室内篮球场

篮球场分为室内篮球场和室外篮球场两种，室外篮球场一般以水泥或橡胶做地面铺装材料，而室内篮球场则一般以木地板作为地面的铺设材料。

本小节介绍绘制室内篮球场平面图的绘制方法。

01 绘制球场地面。调用REC（矩形）命令，绘制尺寸为35560×20860的矩形；调用O（偏移）命令，设置偏移距离为80，向内偏移矩形，结果如图7-144所示。

02 绘制球场内分界线。调用REC（矩形）命令，绘制尺寸为28000×15000的矩形，结果如图7-145所示。

图7-144 绘制矩形

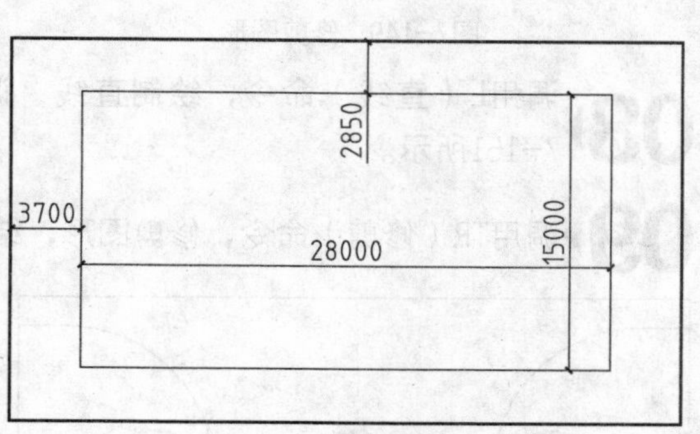

图7-145 绘制结果

03 调用C（圆形）命令，绘制圆形，结果如图7-146所示。

04 调用C（圆形）命令，绘制半径为6250的圆形，结果如图7-147所示。

05 调用X（分解）命令，分解尺寸为28000×15000的矩形；调用O（偏移）命令，偏移矩形边，结果如图7-148所示。

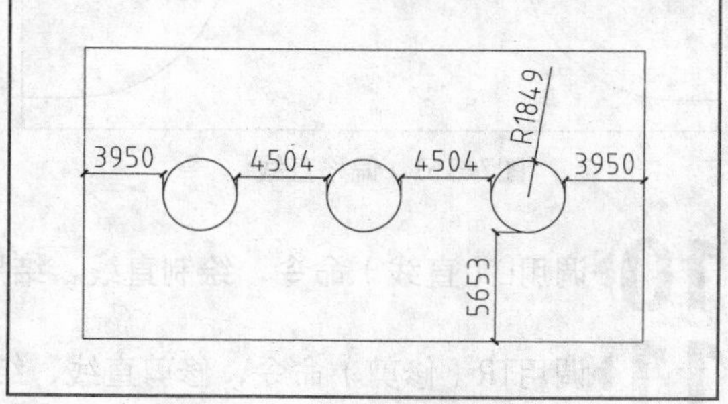

图7-146 绘制圆形

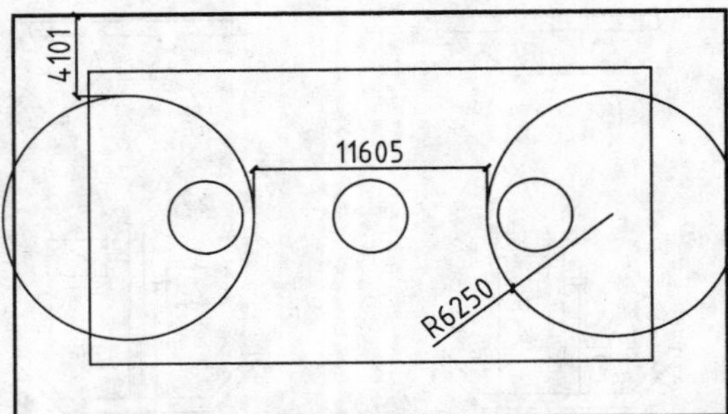

图7-147　绘制圆形

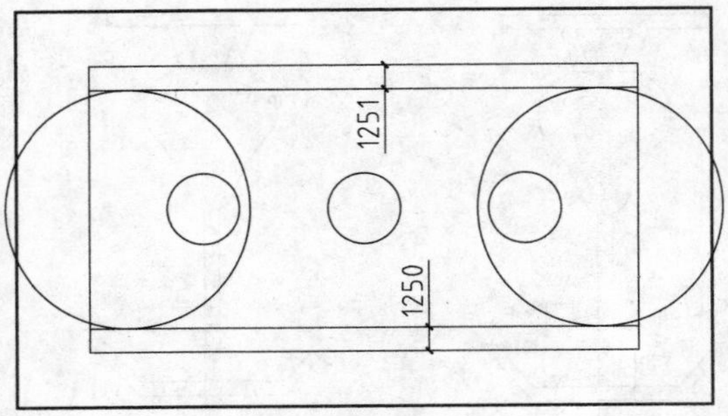

图7-148　偏移矩形边

06 调用TR（修剪）命令，修剪图形，结果如图7-149所示。

07 调用O（偏移）命令，设置偏移距离为100，选择半径为1849的圆形向内偏移，结果如图7-150所示。

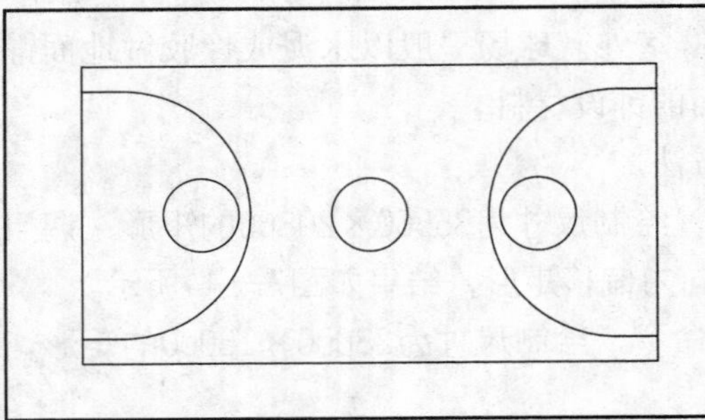

图7-149　修剪图形

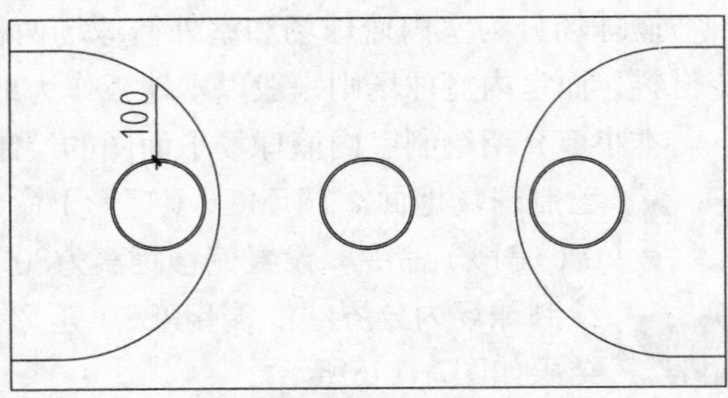

图7-150　偏移圆形

08 调用L（直线）命令，绘制直线；调用O（偏移）命令，偏移直线，结果如图7-151所示。

09 调用TR（修剪）命令，修剪图形，结果如图7-152所示。

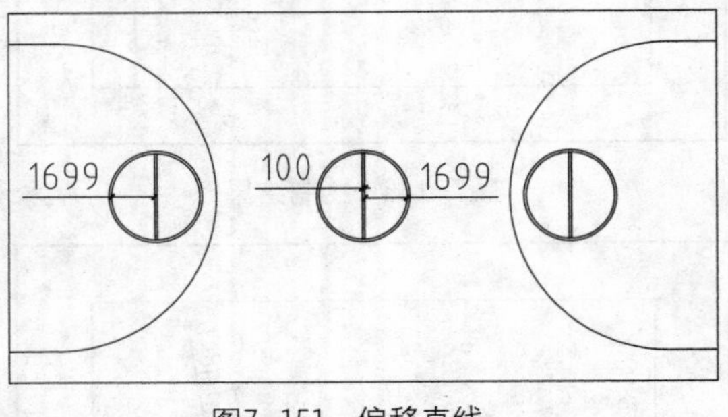

图7-151　偏移直线

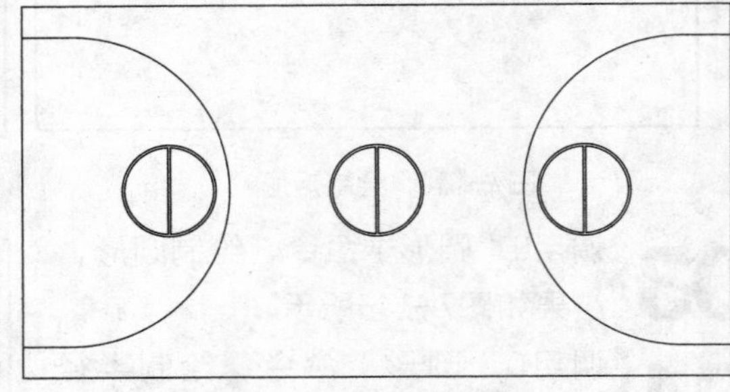

图7-152　修剪图形

10 调用L（直线）命令，绘制直线，结果如图7-153所示。

11 调用TR（修剪）命令，修剪直线，结果如图7-154所示。

12 调用O（偏移）命令，设置偏移距离为50，向下偏移修剪得到的直线，结果如图7-155所示。

13 调用MI（镜像）命令，镜像复制绘制完成的图形，结果如图7-156所示。

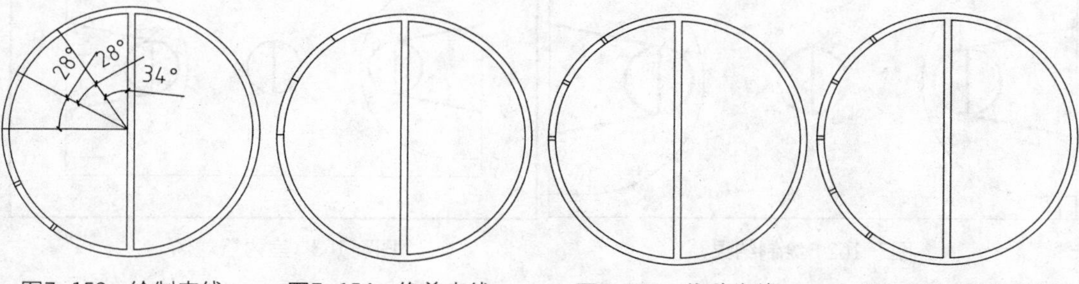

图7-153 绘制直线　图7-154 修剪直线　图7-155 偏移直线　图7-156 镜像复制

14 调用TR（修剪）命令，修剪图形，结果如图7-157所示。

15 重复操作，绘制另一侧的图形，结果如图7-158所示。

16 调用L（直线）命令，绘制直线，结果如图7-159所示。

17 调用O（偏移）命令，偏移直线，结果如图7-160所示。

图7-157 修剪图形

18 调用TR（修剪）命令，修剪图形，结果如图7-161所示。

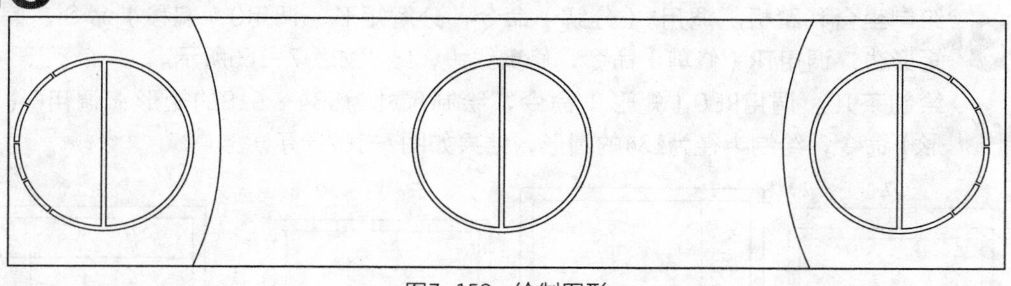

图7-158 绘制图形

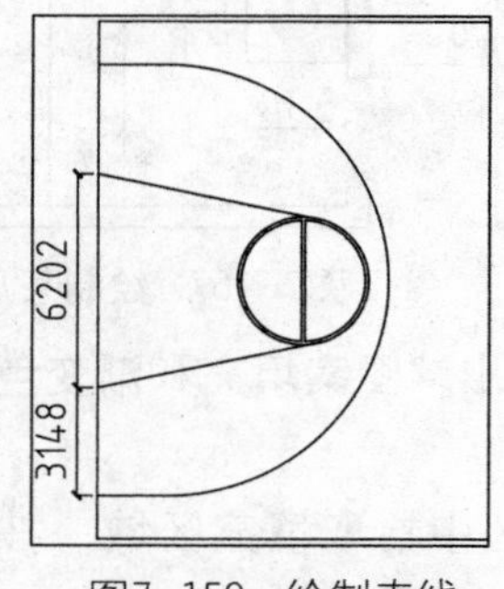

图7-159 绘制直线

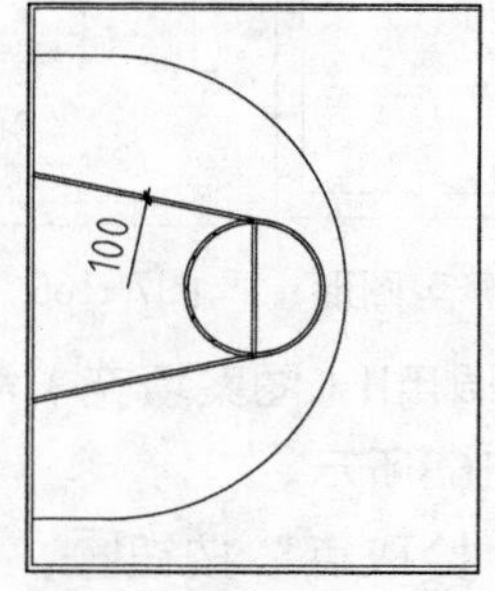

图7-160 偏移直线

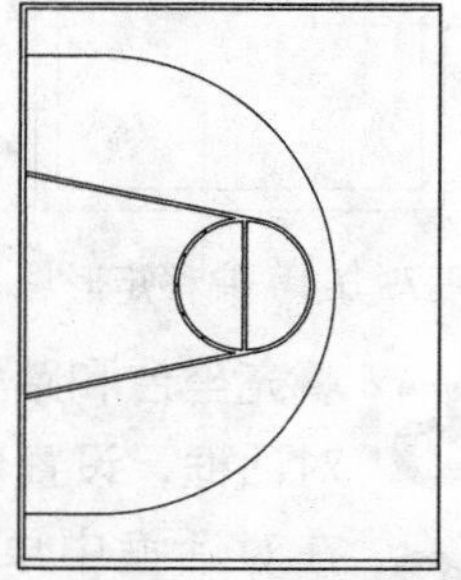

图7-161 修剪图形

19 重复操作，继续绘制另一侧的图形，结果如图7-162所示。

20 室内篮球场的绘制结果如图7-163所示。

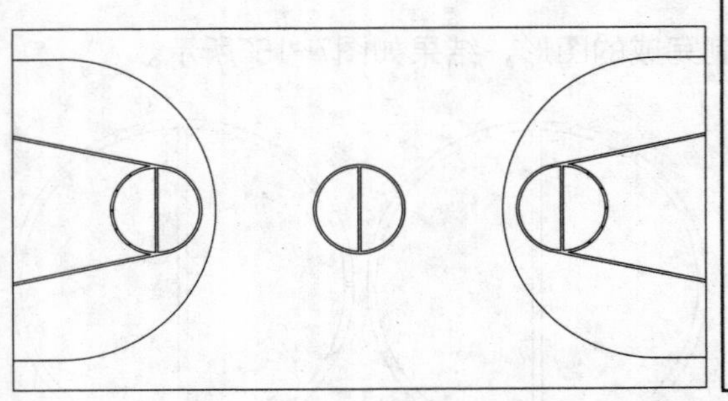

图7-162　绘制结果

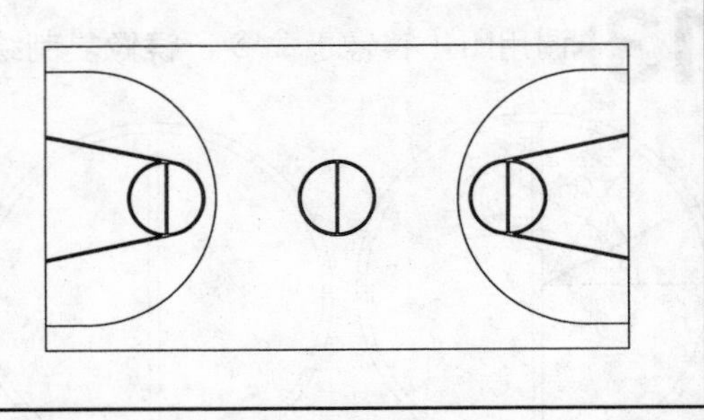

图7-163　室内篮球场

7.4.4　绘制桑拿房

桑拿房内的高温可以使身处其中的人排除身体内的毒素，所以深受广大爱美人士的青睐。桑拿房内一般使用木质结构，不管是地板还是坐台，因其有吸收水汽的作用。

本小节介绍桑拿房平面图的绘制方法。

01 绘制墙体。调用REC（矩形）命令，绘制矩形；调用O（偏移）命令，向内偏移矩形，结果如图7-164所示。

02 绘制门洞。调用L（直线）命令，绘制直线；调用TR（修剪）命令，修剪图形，结果如图7-165所示。

03 绘制坐台和踏板。调用X（分解）命令，分解矩形；调用O（偏移）命令，偏移矩形边；调用TR（修剪）命令，修剪线段，结果如图7-166所示。

04 绘制茶几。调用REC（矩形）命令，绘制尺寸为534×518的矩形；调用C（圆形）命令，绘制半径为134的圆形，结果如图7-167所示。

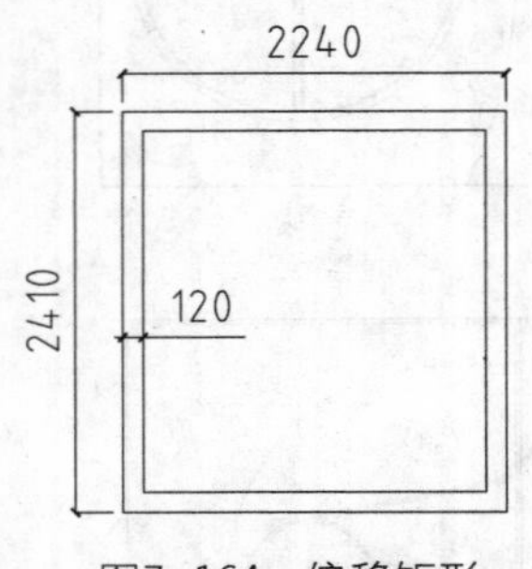

图7-164　偏移矩形

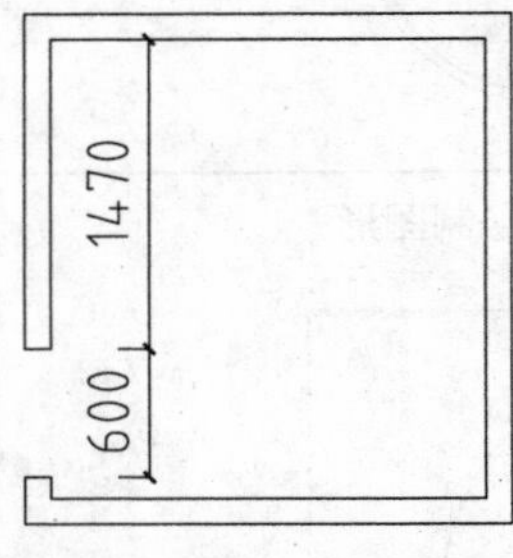

图7-165　修剪图形

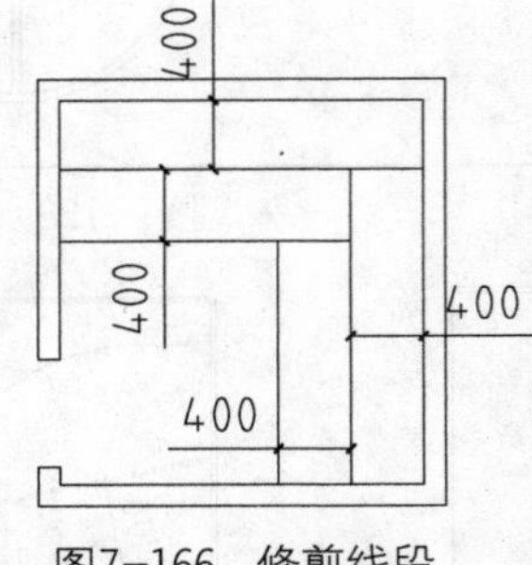

图7-166　修剪线段

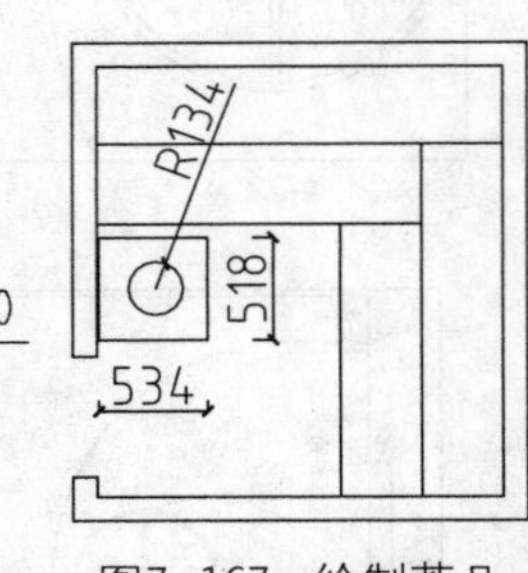

图7-167　绘制茶几

05 填充坐台和踏板的图案。调用H（图案填充）命令，弹出“图案填充和渐变色”对话框，设置参数如图7-168所示。

06 在对话框中单击“添加：拾取点”按钮，在绘图区中拾取填充区域；按回车键返回对话框，单击“确定”按钮关闭对话框，填充图案的结果如图7-169所示。

07 重复调用H（图案填充）命令，将名称为LINE的图案填充角度更改为90°，填充比例不变，绘制图案填充的结果如图7-170所示。

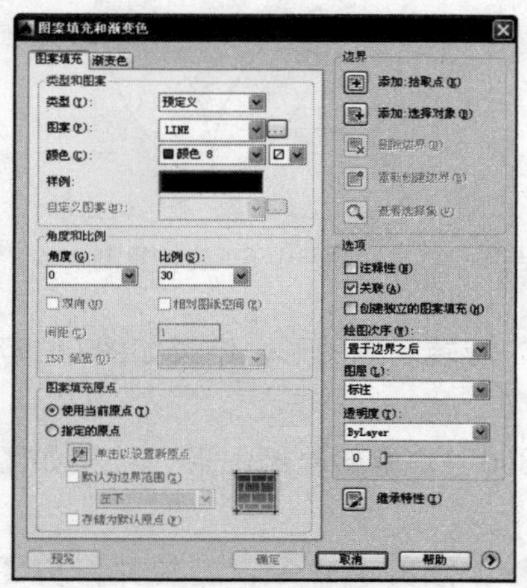

图7-168 设置参数

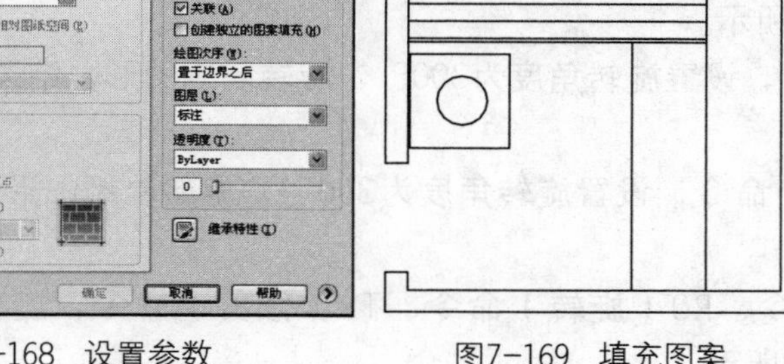

图7-169 填充图案

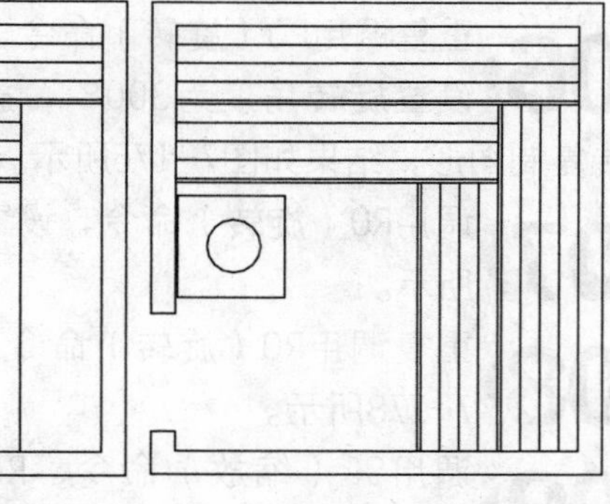

图7-170 绘制结果

7.5 装饰花草绘制

花草在室内装饰设计图中起到点缀的作用，在充斥着各种家具的居室中，放置一些风格独特的装饰花草，不仅为居室增加亮点，还可以净化室内空气，愉悦人的心情。

本节介绍装饰花草平面图和立面图的绘制方法。

7.5.1 盆景平面图

盆景的平面图主要是指从上方往下观看盆景时所呈现的状态。因为盆景的样式有很多种，所以在本小节中，仅为读者讲述常见的盆景平面图的绘制步骤。

01 调用C（圆形）命令，绘制半径为233的圆形，结果如图7-171所示。

02 调用TR（修剪）命令，修剪图形，结果如图7-172所示。

03 调用RO（旋转）命令，设置旋转角度为30°，旋转修剪得到的图形，结果如图7-173所示。

04 重复调用RO（旋转）命令，设置旋转角度为60°，旋转复制图形，结果如图7-174所示。

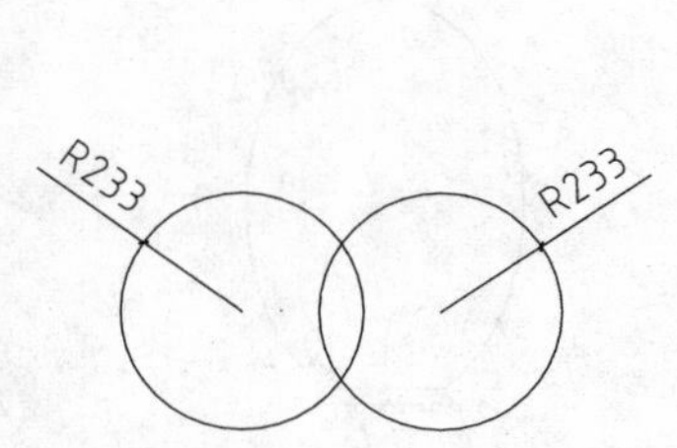

图7-171 绘制圆形

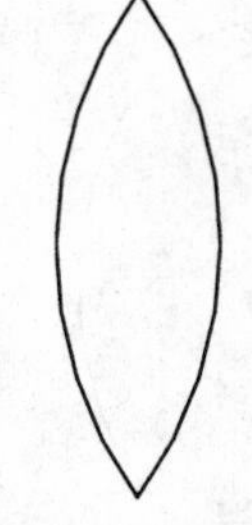

图7-172 修剪图形

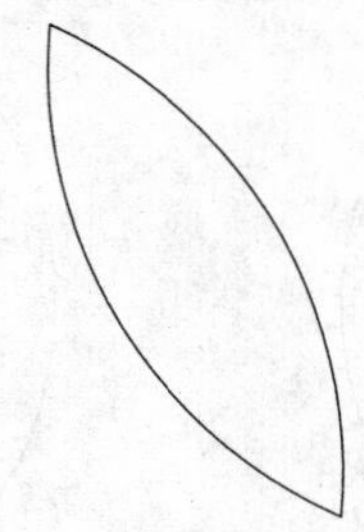

图7-173 旋转图形

图7-174 旋转复制

05 调用RO（旋转）命令，设置旋转角度为300°，旋转复制图形，结果如图7-175所示。

06 重复调用RO（旋转）命令，设置旋转角度为300°，旋转复制图形，结果如图7-176所示。

图7-175　旋转结果

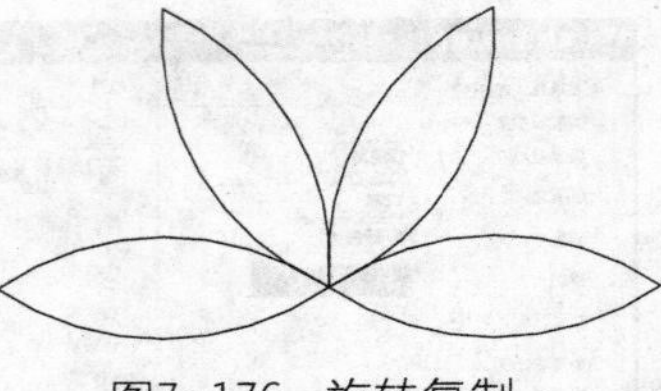
图7-176　旋转复制

07 调用RO（旋转）命令，设置旋转角度为300°，旋转复制图形，结果如图7-177所示。

08 重复调用RO（旋转）命令，设置旋转角度为300°，旋转复制图形，结果如图7-178所示。

09 调用SC（缩放）命令、RO（旋转）命令、TR（修剪）命令，旋转并修剪图形，结果如图7-179所示。

10 调用MI（镜像）命令、SC（缩放）命令、TR（修剪）命令，镜像复制并修剪图形，绘制盆景平面图的结果如图7-180所示。

图7-177　旋转图形

图7-178　旋转复制

图7-179　旋转并修剪

图7-180　操作结果

7.5.2　盆景立面图

盆景立面图是在与盆景平视的角度下观看盆景时其所呈现的状态。下面介绍一个较为简单的盆景立面图的绘制方法。

01 绘制花盆。调用EL（椭圆）命令，绘制长轴为441，短轴为146的椭圆；调用L（直线）命令，绘制直线，结果如图7-181所示。

02 调用TR（修剪）命令，修剪图形，结果如图7-182所示。

03 绘制底座。调用L（直线）命令，绘制直线，结果如图7-183所示。

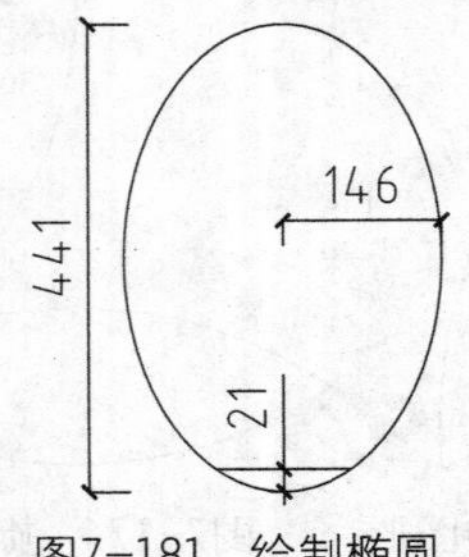

图7-181　绘制椭圆

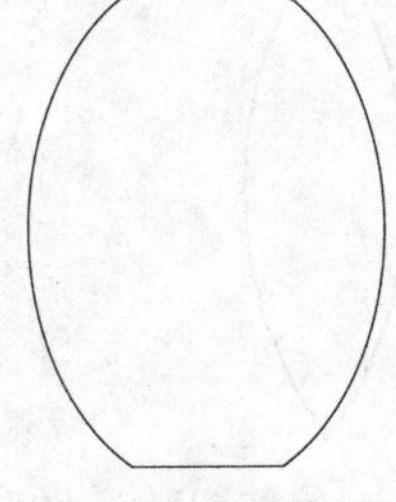
图7-182　修剪图形

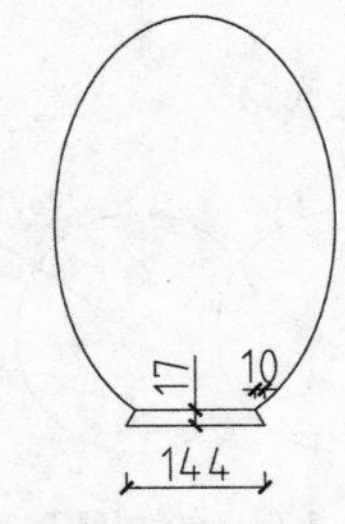

图7-183　绘制直线

04 调用L（直线）命令，绘制直线；调用TR（修剪）命令，修剪图形，结果如图7-184所示。

05 绘制花盆装饰纹路。调用A（圆弧）命令，绘制圆弧，结果如图7-185所示。

06 调用O（偏移）命令，偏移圆弧，结果如图7-186所示。

07 调用EX（延伸）命令，延伸圆弧，结果如图7-187所示。

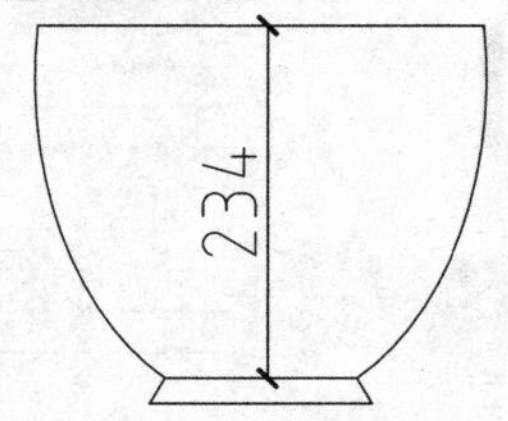

图7-184 修剪图形

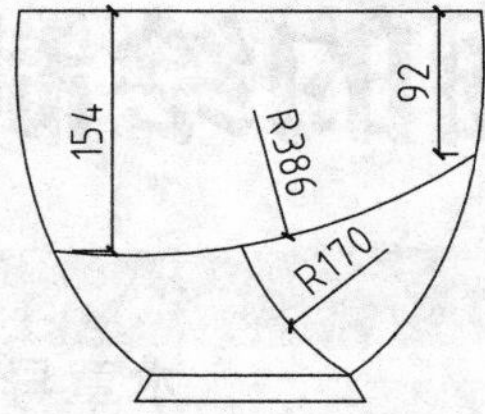

图7-185 绘制圆弧

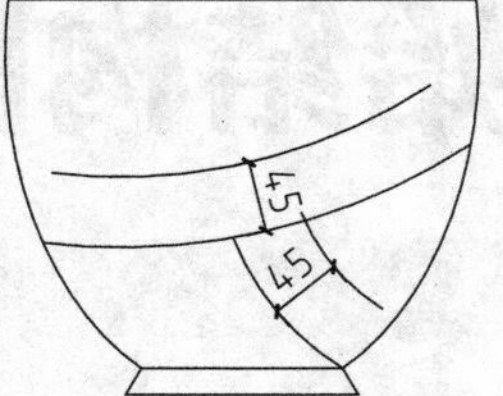

图7-186 偏移圆弧

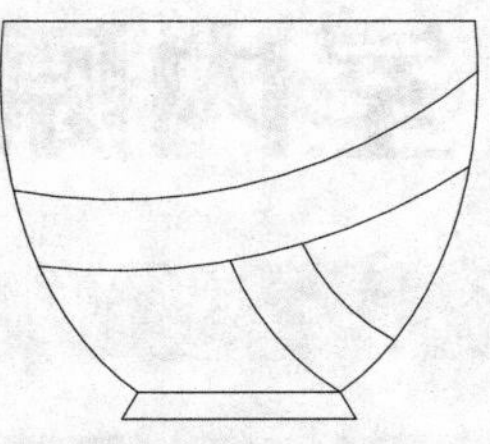

图7-187 延伸圆弧

08 填充花盆装饰图案。调用H（图案填充）命令，弹出“图案填充和渐变色”对话框，设置参数如图7-188所示。

09 在对话框中单击“添加：拾取点”按钮，在绘图区中拾取填充区域；按回车键返回对话框，单击“确定”按钮关闭对话框，填充图案的结果如图7-189所示。

10 绘制花枝。调用A（圆弧）命令，绘制圆弧，结果如图7-190所示。

11 绘制装饰干花。调用C（圆形）命令，绘制半径不等的圆形，完成盆景立面图的绘制，结果如图7-191所示。

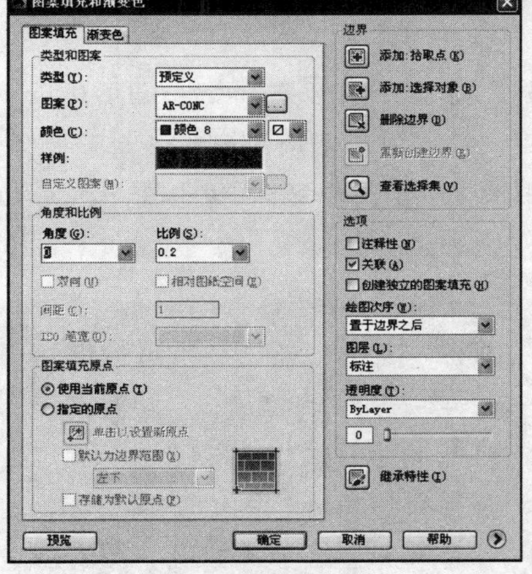

图7-188 设置参数

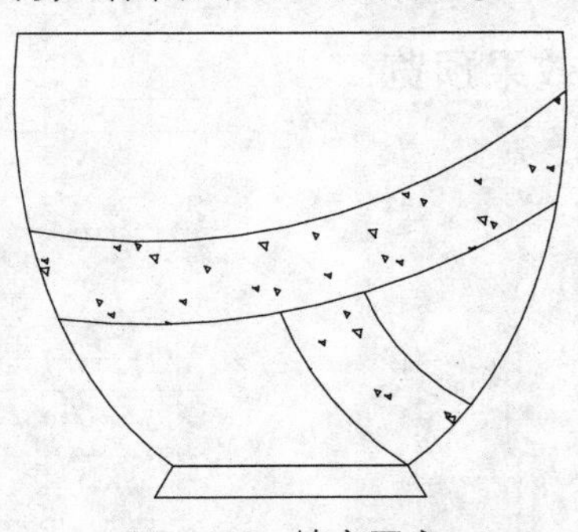

图7-189 填充图案

图7-190 绘制圆弧

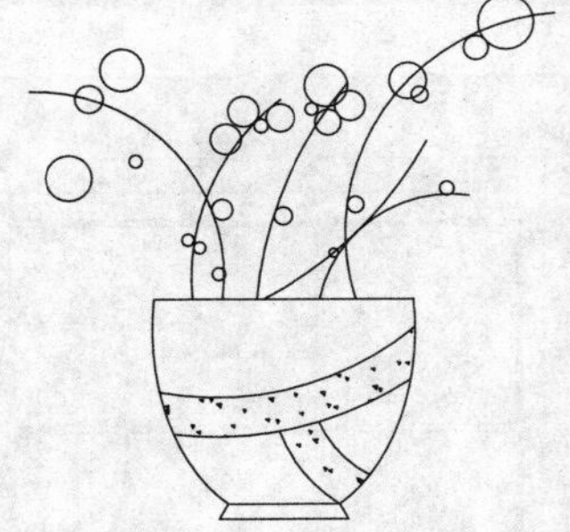

图7-191 盆景立面图

第8章

室内原始结构图的绘制

本章导读

室内设计师在丈量房屋后要绘制图样以表明房屋的建筑结构，包括门窗的位置、尺寸，开间、进深尺寸以及承重梁、墙的位置等。本章首先介绍室内原始结构图的形成与表达、图示内容、识图和画法等内容，然后分别讲解别墅地下室原始结构图、一层原始结构图、二层原始结构图和三层原始结构图的绘制方法和过程。

学习目标

- 了解原始结构图的形成原理
- 了解原始结构图的识读方法
- 了解原始结构图的图示内容
- 了解原始结构图的基本画法
- 掌握别墅各层原始结构图的画法

效果预览

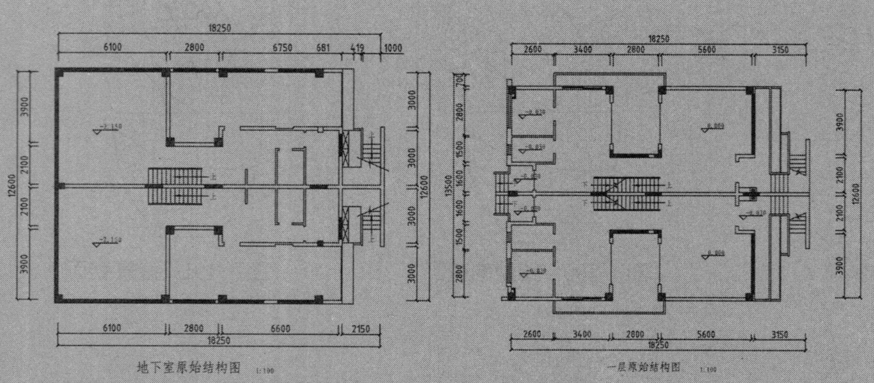

地下室原始结构图 1:100　　一层原始结构图 1:100

室内设计师在丈量房屋后要绘制图样以表明房屋的建筑结构，包括门窗的位置、尺寸，开间、进深尺寸以及承重梁、墙的位置等。原始结构图对房屋的装饰改造提供参考依据，因为在装饰施工的过程中需要对墙体或者梁进行改造以符合装饰要求；此时，原始结构图上标明的承重墙或承重柱会起到很大的作用。因为从建筑结构上说，承重墙和承重柱是不能拆改的；随意拆改会对房屋的承重结构产生影响，使房屋产生安全隐患。

本章介绍原始结构图的知识，包括原始结构图的理论知识；并以实例的形式为读者讲解绘制室内原始结构图的方法。

8.1 室内原始结构图概述

原始结构图的理论知识有很多，限于篇幅，仅介绍原始结构图的形成原因、识读方法、图示内容及绘制方法。

8.1.1 原始结构图的形成与表达

用一个假想的水平剖切面沿房屋略高于窗台的部位剖切，移去上面部分，做剩余部分的正投影而得到的水平投影图，称为原始结构图。

原始结构图主要表达了房屋的平面形状、大小和房间的相互关系、内部位置、墙的位置、厚度和材料、门窗的位置以及其他建筑结构配件的位置和大小等。原始结构图是施工放线、砌墙、安装门窗、室内装饰装修和编制预算的重要依据。

如图8-1所示为绘制完成的原始结构图。

8.1.2 原始结构图的识读

下面以如图8-1所示的原始结构图为例，说明原始结构图的识读步骤。

1. 了解图名、比例及文字说明

由图8-1可知，此图为小区别墅一层原始结构图，绘图比例为1:100。

2. 了解原始结构图的总长、总宽的尺寸以及内部房间的功能关系、布置方式等

别墅楼的平面基本形状为矩形，在北向设有出入口、车库、卧室卫生间，在南向设有玄关、客厅、餐厅和厨房，并且在房屋的中间设置了内部楼梯。

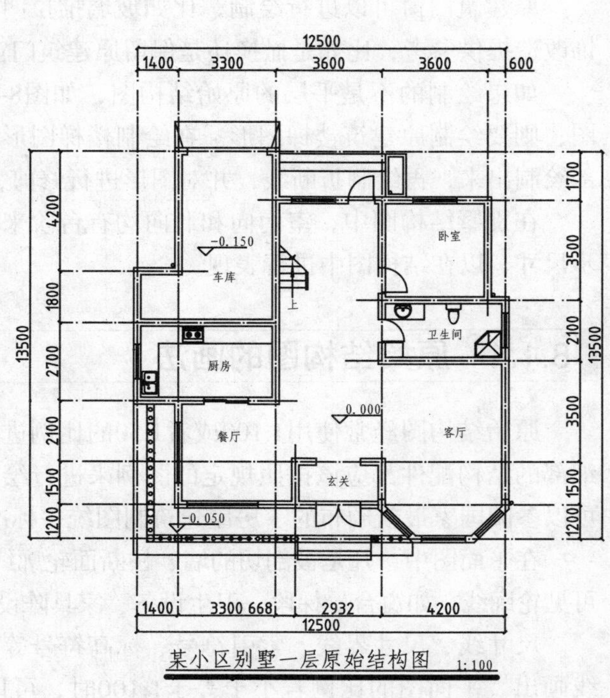

图8-1 原始结构图

3. 了解主要房间的开间、进深尺寸，墙（柱）的平面位置

相邻定位轴线之间的距离，横向的称为开间，纵向的称为进深。从定位轴线可以看出墙（或柱）的布置情况。该别墅有六道纵墙，十道横墙。

客厅的开间为3.96m，进深为5.96m；餐厅开间为3.728m，进深为3.36m；厨房开间为4.46m，进深为2.46m；卧室开间为3.36m，进深为3.26m。

该楼的外墙和内墙厚度均为240mm，定位轴线均为中轴线（轴线居中）。

4. 了解图中各部分的尺寸

平面图尺寸的单位为mm，但是标高却是以m（米）为单位。

原始结构图中的标高，除了有特殊说明外，通常都采用相对标高，并将底层室内主要房间地面定位±0.000。在该建筑一层原始结构图中，餐厅、客厅地坪定为标高零点（±0.000），车库地面为-0.150，室外台阶标高为-0.050。

此外，在原始结构图上只能表示原建筑门窗的位置，具体的窗户尺寸应该另外绘制门窗表，且应在门窗表中体现出门窗的高度尺寸、窗的开启方式和构造等情况。

8.1.3 原始结构图的图示内容

在绘制完成的原始结构图中，首先要呈现建筑物的总体外轮廓，包括墙体的开间和进深的具体形态；标明内外墙体的厚度及内外墙体之间的联系。此外，各功能区之间的衔接和过度，除了要使用墙体进行分割外，还应另外标注文字说明。

在绘制厨房和卫生间区域的时候，可以根据烟道或者下水道的位置，相应地布置厨具、洁具等图形，以直观地表达该区域的管道接口。

原建筑门窗可以进行绘制，比如玻璃推拉门、入户平开门等，可以为后续进行的装饰改造提供参考，比如是撤换还是保留原建筑门窗。

如果绘制的不是平层的原始结构图，如图8-1所示，绘制的是别墅的一层原始结构图；则要绘制原建筑楼梯图形。在绘制楼梯图形的时候，可以先把踏步以及扶手图形全部绘制出来，再绘制折断线，并对图形进行修剪，以表示剖切的示意图。

在别墅结构图中，室南向和北向均有台阶来出入建筑物；此时要仔细丈量台阶的踏步尺寸，以在结构图中进行表现。

8.1.4 原始结构图的画法

原始结构图经常使用1:100或者1:50的比例进行绘制，因为比例比较小，所以门窗及细部的结构配件都应该按照规定的图例来进行绘制。详细的建筑构造及平面图图例读者可以参阅国家最新颁布的《房屋建筑制图统一标准》GB/T 50001—2010中的详细介绍。

在平面图中，凡是被剖切的墙、柱断面轮廓线应该用粗实线来绘制，而未被剖切到的可见轮廓线，如窗台、梯段、卫生设备、家具陈设等可以使用中实线或者细实线来绘制。

尺寸线、尺寸界线、索引符号、标高符号等使用细实线来绘制，轴线则用单点长划线画出。平面图的比例若小于等于1:100时，可以画简化的材料图例，比如砖墙填充图案，而钢筋混凝土则涂黑等，AutoCAD提供了多种填充图案供用户选择。

8.2 绘制别墅地下室原始结构图

本例选用的别墅室内设计实例，一共包含了地下一层，地上四层（含阁楼层）。绘制室内设计施工图纸，应该循序渐进，首先从绘制原始结构图开始。在绘制完成的原始结构图上，可以将在设计改造过程中对房屋所做的拆改进行明确的标示。

下面介绍别墅地下室原始结构图的绘制方法。绘制原始结构图的常规方法是先绘制轴网，然后再在轴网上绘制墙体。

在AutoCAD中，绘制墙体的方法有很多种，可以调用多线命令绘制，或者调用直线命令和修剪命令配合绘制等。在绘制地下室原始结构图的墙体时，我们采用比较常规的绘制方法，即调用多线命令来绘制墙体。

使用多线来绘制墙体，可以先调用多线样式命令，对即将绘制的多线的属性进行具体的设置，也可以在执行多线命令的过程中再对其进行设置。本例采用的就是在执行多线命令的过程中对其属性进行设置的方法。

调用多线命令绘制得到的墙体图形，其接合处必须进行编辑修改，以更符合实际的墙体图形。双击多线图形，在弹出的“多线编辑工具”对话框中选择编辑工具，对多线进行编辑。

8.2.1 绘制地下室墙体与柱子

01 绘制轴网。调用L（直线）命令，绘制直线；调用O（偏移）命令，沿水平方向和垂直方向偏移直线，并将线段的线型更改为点划线，绘制轴网的结果如图8-2所示。

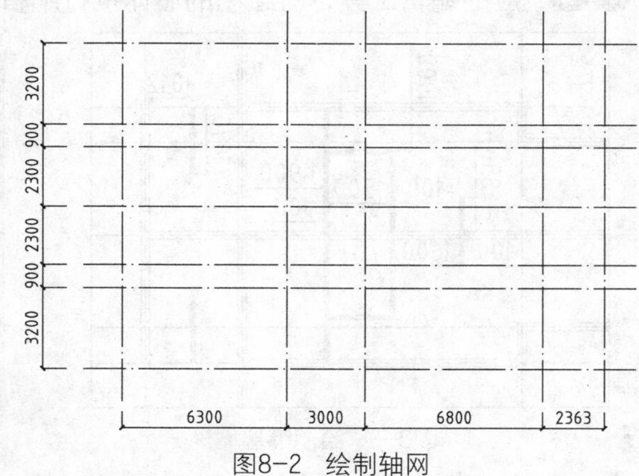

图8-2 绘制轴网

02 绘制墙体。调用ML（多线）命令，命令行提示如下：

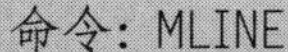

```
命令: MLINE
当前设置: 对正 = 无, 比例 = 300.00, 样式 = STANDARD
指定起点或 [对正(J)/比例(S)/样式(ST)]: S
                                      //输入S, 选择“比例”选项
输入多线比例 <300.00>: 200
当前设置: 对正 = 无, 比例 = 200.00, 样式 = STANDARD
指定起点或 [对正(J)/比例(S)/样式(ST)]:       //指定多线的起点
指定下一点:
指定下一点或 [放弃(U)]:
指定下一点或 [闭合(C)/放弃(U)]:      //按回车键结束绘制, 绘制墙体的结果如图8-3所示。
```

03 绘制隔墙轴线。调用O（偏移）命令，偏移轴线；调用TR（修剪）命令，修剪轴线，结果如图8-4所示。

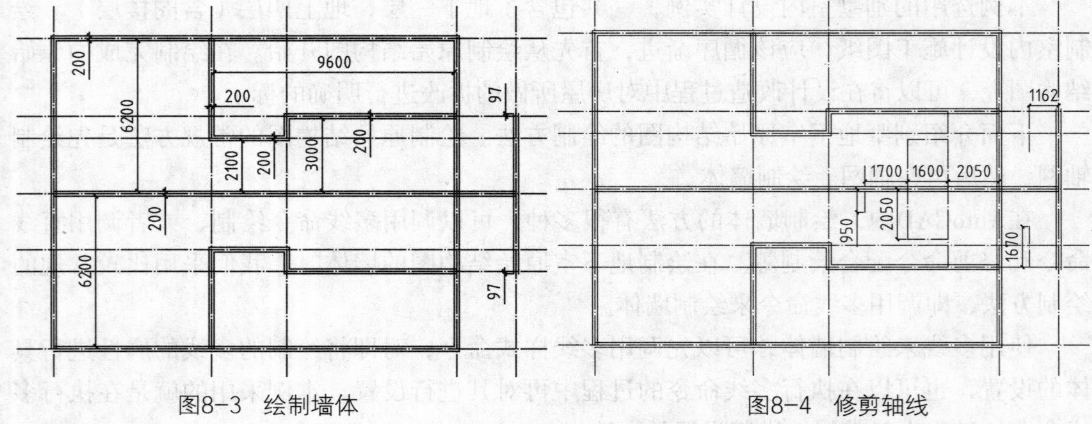

图8-3　绘制墙体　　　　图8-4　修剪轴线

别墅地下室的原建筑墙体上下对称，所以在绘制任意部分隔墙的轴线后，可以以中间横墙为中心点，做镜像复制操作。

04 绘制隔墙。调用ML（多线）命令，在命令执行过程中输入S，设置墙体的宽度为100，沿轴线绘制隔墙的结果如图8-5所示。

05 编辑墙体。双击墙体，系统弹出“多线编辑工具”对话框，在对话框中选择相应的编辑工具，对绘制的墙体执行编辑修改操作，结果如图8-6所示。

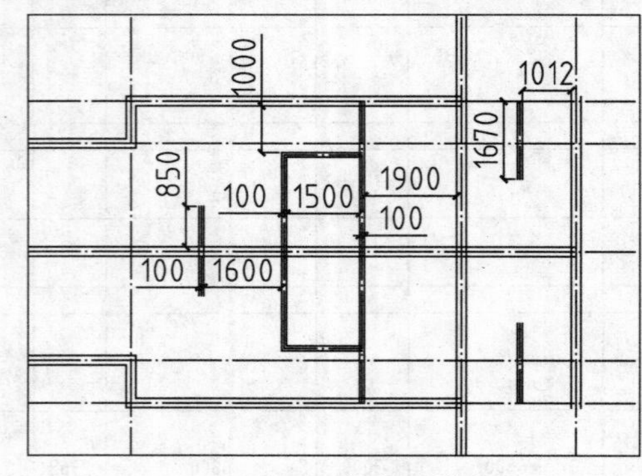

图8-5　绘制隔墙

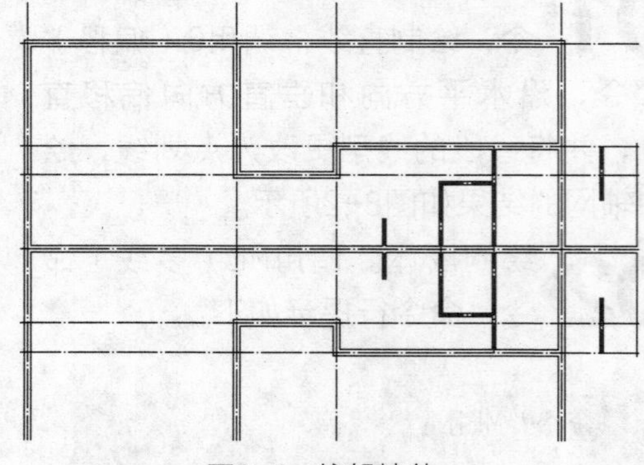

图8-6　编辑墙体

06 绘制闭合直线。调用L（直线）命令，在没有闭合的墙端口绘制直线将其封闭，结果如图8-7所示。

07 绘制标准柱。调用REC（矩形）命令，分别绘制尺寸为450×450、300×300的矩形，作为标准柱图形，结果如图8-8所示。

08 调用REC（矩形）命令，分别绘制尺寸为300×550、1000×200的矩形，结果如图8-9所示。

09 调用TR（修剪）命令，修剪多余墙线，结果如图8-10所示。

10 绘制承重墙。调用L（直线）命令，绘制直线，结果如图8-11所示。

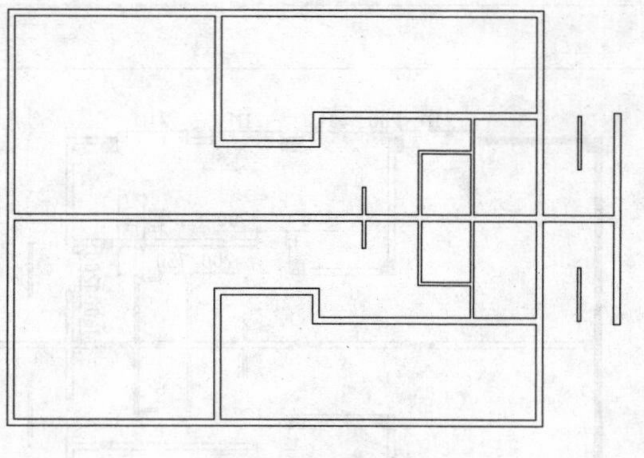
图8-7　绘制直线

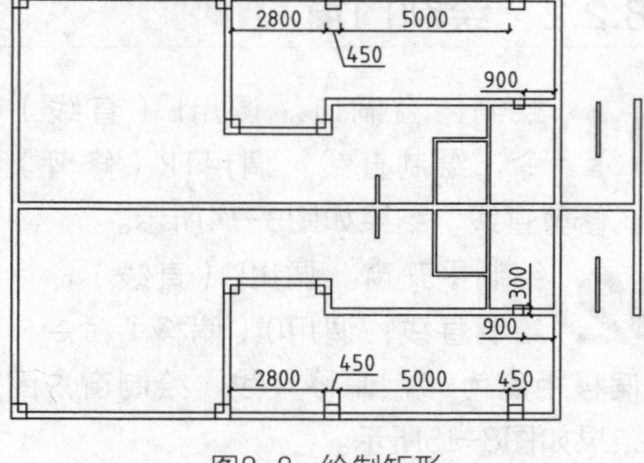

图8-8　绘制矩形

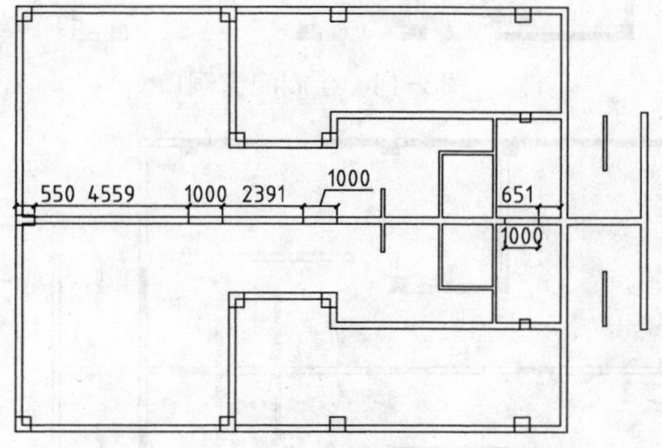

图8-9　绘制结果

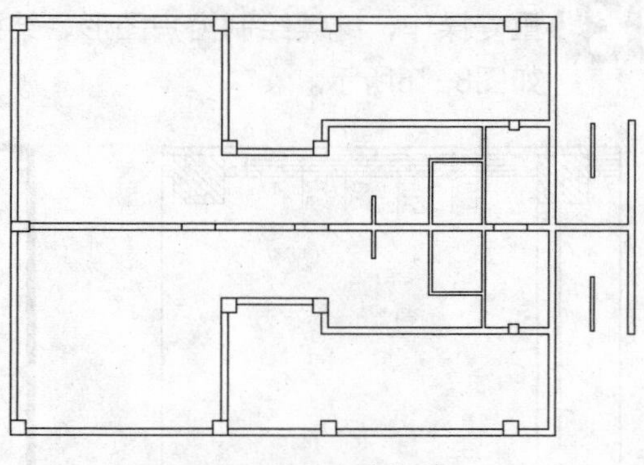
图8-10　修剪多余墙线

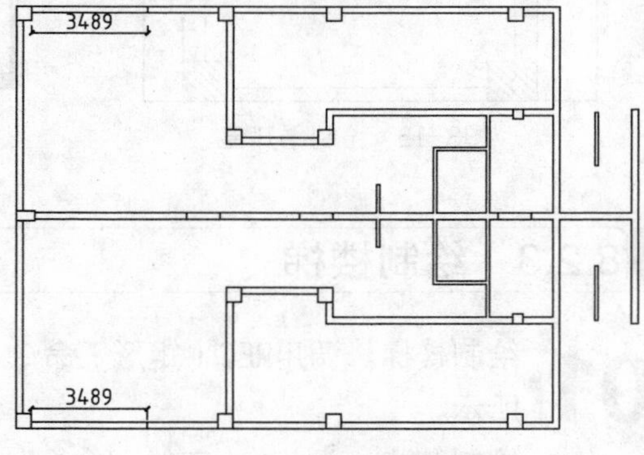

图8-11　绘制承重墙

11 填充标准柱及承重墙图案。调用H（图案填充）命令，弹出“图案填充和渐变色”对话框，设置参数如图8-12所示。

12 在对话框中单击选中“添加：拾取点”按钮，在绘图区中点取填充区域；按回车键返回对话框，单击“确定”按钮，关闭对话框，完成图案的填充，结果如图8-13所示。

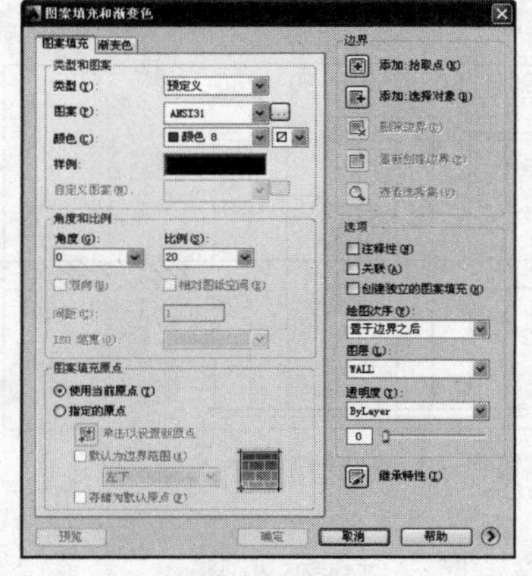

图8-12　“图案填充和渐变色”对话框

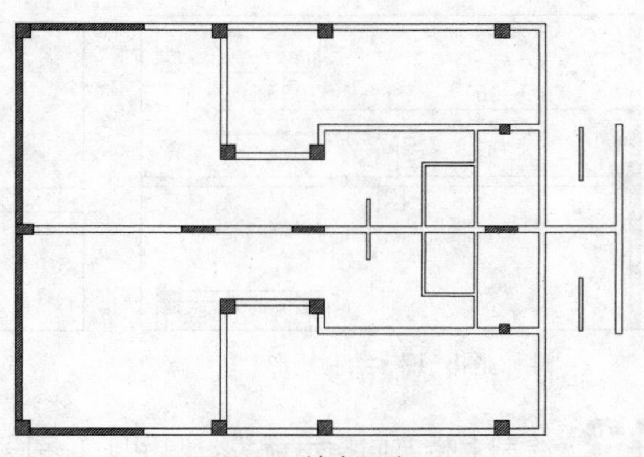
图8-13　填充图案

8.2.2 绘制门窗

01 绘制门窗洞口。调用L（直线）命令，绘制直线；调用TR（修剪）命令，修剪直线，结果如图8-14所示。

02 绘制平开窗。调用L（直线）命令，绘制直线；调用O（偏移）命令，设置偏移距离为50，偏移直线，绘制窗户图形的结果如图8-15所示。

03 重复操作，继续绘制窗户图形，结果如图8-16所示。

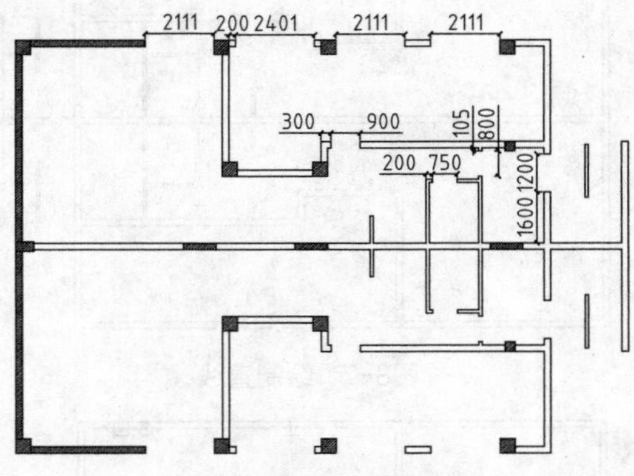

图8-14 绘制门窗洞口

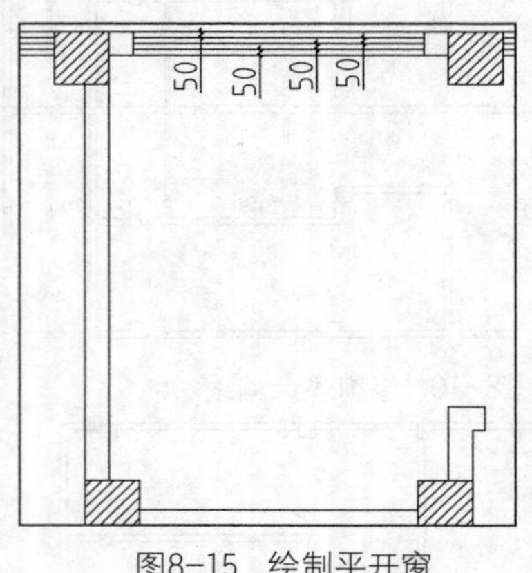

图8-15 绘制平开窗

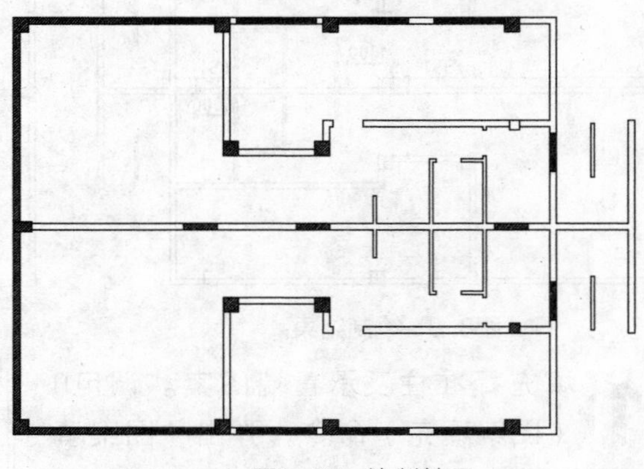
图8-16 绘制结果

8.2.3 绘制楼梯

01 绘制楼梯。调用REC（矩形）命令，绘制尺寸为3033×55的矩形，结果如图8-17所示。

02 绘制踏步。调用L（直线）命令，绘制直线；调用O（偏移）命令，偏移线段，结果如图8-18所示。

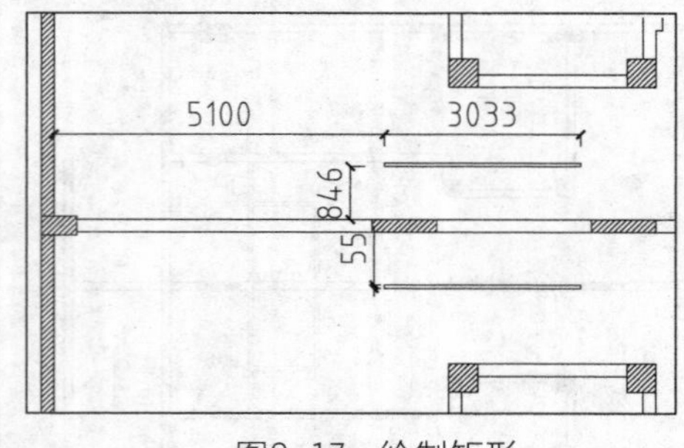

图8-17 绘制矩形

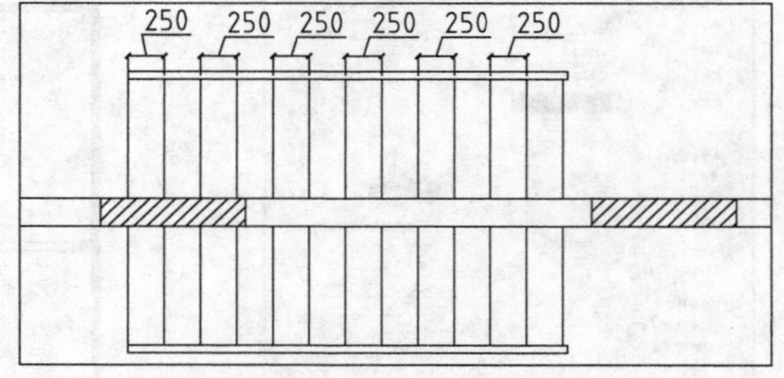

图8-18 绘制踏步

03 绘制上楼方向指示箭头。调用PL（多段线）命令，命令行提示如下：

```
命令: PLINE
指定起点:                                                    //指定多段线的起点
当前线宽为 0
指定下一个点或 [圆弧(A)/半宽(H)/长度(L)/放弃(U)/宽度(W)]: //指定下一个点
指定下一点或 [圆弧(A)/闭合(C)/半宽(H)/长度(L)/放弃(U)/宽度(W)]: W
                                                             //输入W，选择“宽度”选项
指定起点宽度 <0>: 80
指定端点宽度 <0>: 0
指定下一点或 [圆弧(A)/闭合(C)/半宽(H)/长度(L)/放弃(U)/宽度(W)]:
                                                             //指定箭头的起点
指定下一点或 [圆弧(A)/闭合(C)/半宽(H)/长度(L)/放弃(U)/宽度(W)]: *取消*
                                                             //指定箭头的终点，按回车键结
                                                               束绘制，结果如图8-19所示。
```

04 绘制文字标注。调用MT（多行文字）命令，绘制文字标注，结果如图8-20所示。

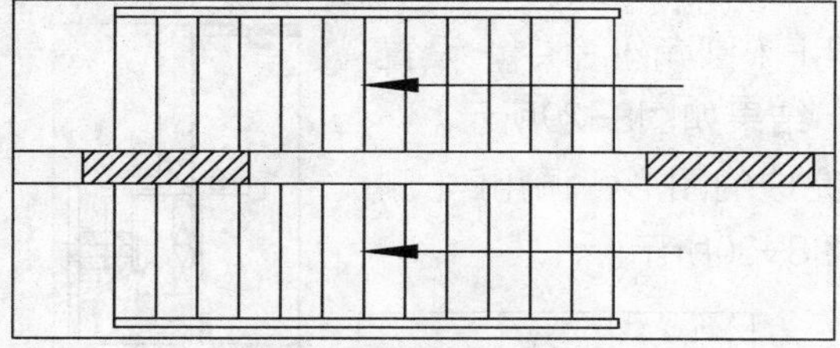

图8-19 绘制箭头

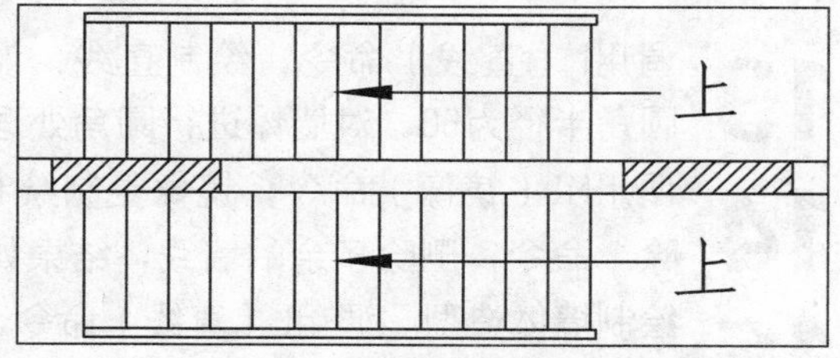

图8-20 绘制文字标注

05 绘制储物柜。调用L（直线）命令，绘制直线，结果如图8-21所示。

06 调用PL（多段线）命令，绘制对角线，结果如图8-22所示。

07 调用PL（多段线）命令，绘制折断线；调用E（删除）命令，删除墙端封口线；调用EX（延伸）命令，延伸墙线，结果如图8-23所示。

08 绘制台阶。调用L（直线）命令，绘制直线；调用O（偏移）命令，偏移线段；调用TR（修剪）命令，修剪线段，结果如图8-24所示。

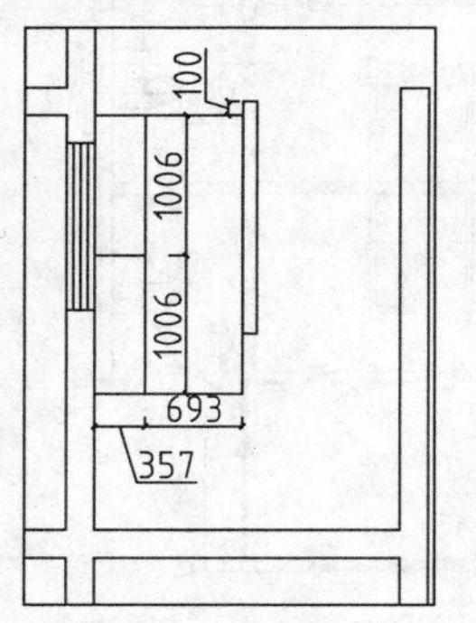

图8-21 绘制直线

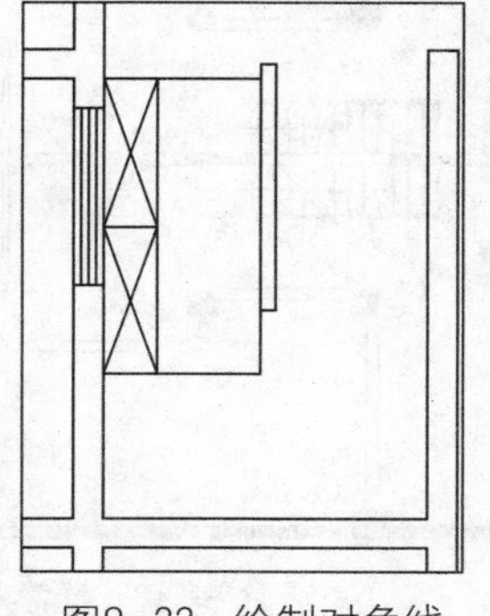

图8-22 绘制对角线

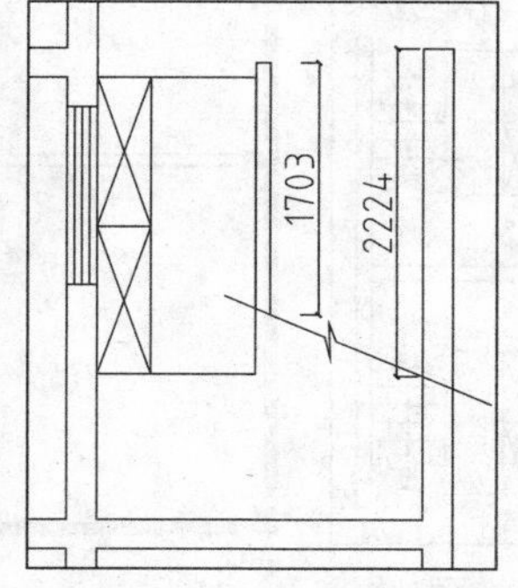

图8-23 绘制折断线

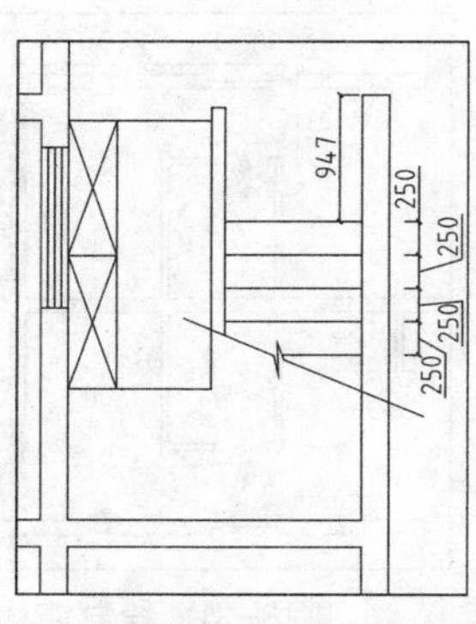

图8-24 绘制台阶

09 调用PL（多段线）命令，绘制指示箭头；调用MT（多行文字）命令，绘制文字标注，结果如图8-25所示。

10 修改墙体。调用E（删除）命令和TR（修剪）命令，删除并修剪墙体；调用L（直线）命令，绘制墙端封口线，结果如图8-26所示。

11 调用L（直线）命令，绘制直线，结果如图8-27所示。

12 调用O（偏移）命令，偏移线段；调用EX（延伸）命令，延伸线段，结果如图8-28所示。

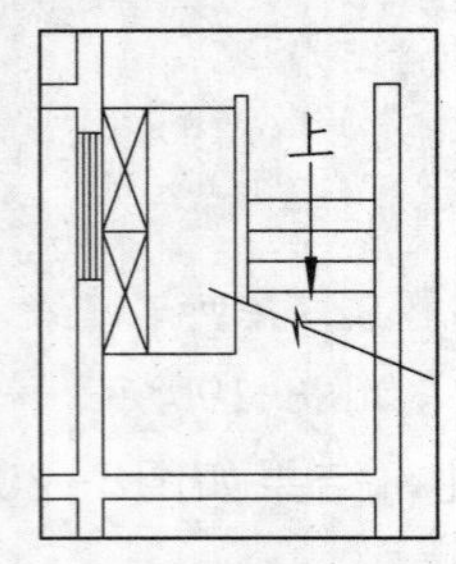

图8-25　绘制结果

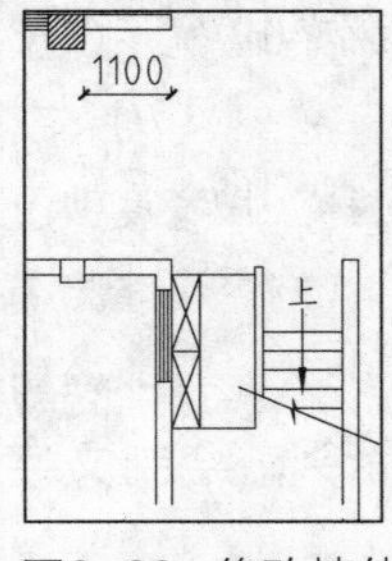

图8-26　修改墙体

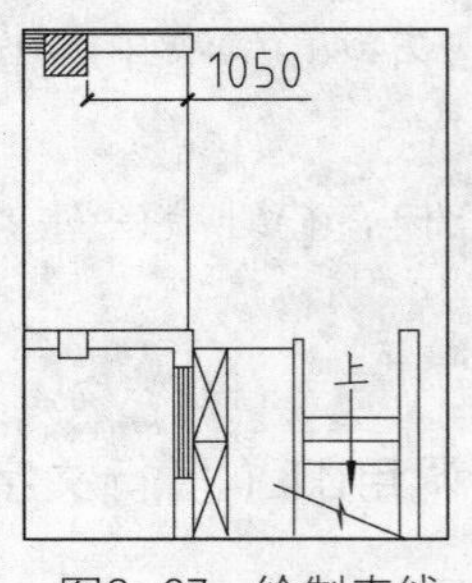

图8-27　绘制直线

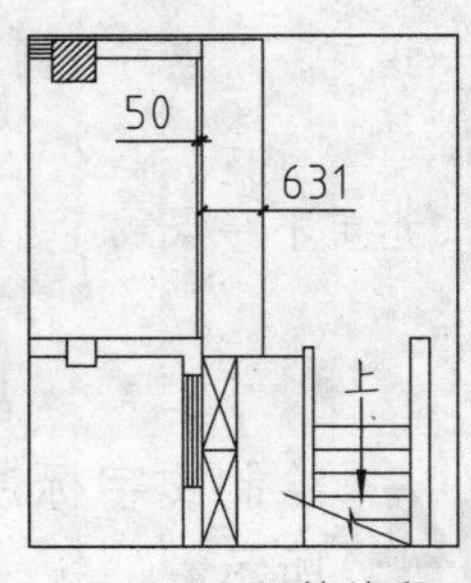

图8-28　延伸线段

13 调用L（直线）命令，绘制直线；调用F（圆角）命令，设置圆角半径为50，对墙体进行圆角处理，结果如图8-29所示。

14 调用MI（镜像）命令，镜像复制绘制完成的图形；调用E（删除）命令，删除多余的墙线，结果如图8-30所示。

15 绘制墙体造型。调用L（直线）命令，绘制直线；调用TR（修剪）命令，修剪墙线，绘制内凹墙体造型的结果如图8-31所示。

16 标高标注。调用I（插入）命令，在弹出的“插入”对话框中选择标高图块，根据命令行的提示指定插入点和输入标高值，完成标高标注的结果如图8-32所示。

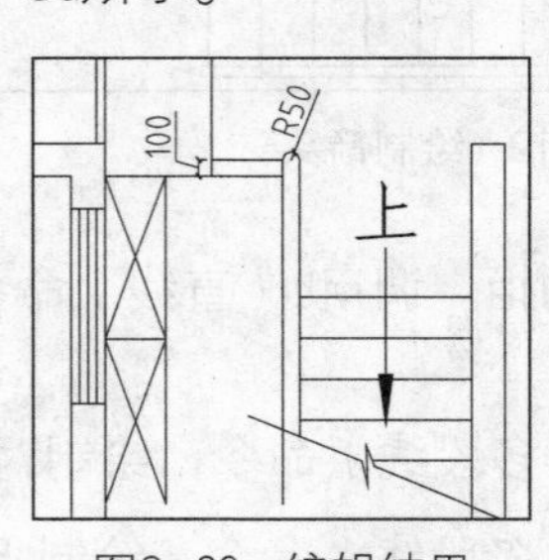

图8-29　编辑结果

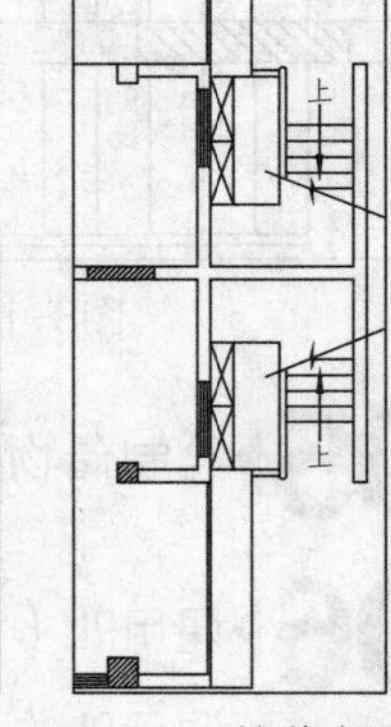

图8-30　镜像复制

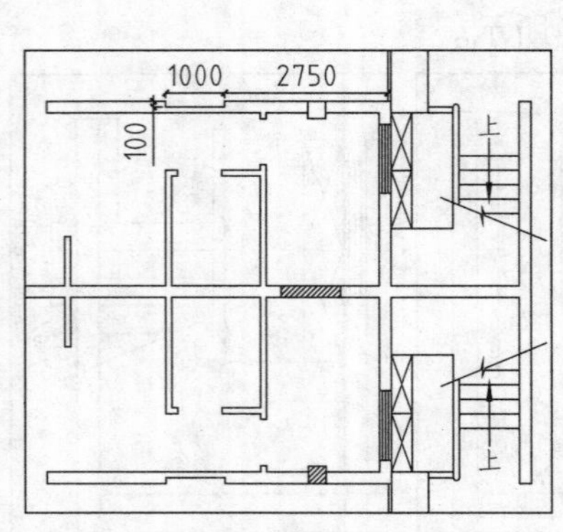

图8-31　绘制墙体造型

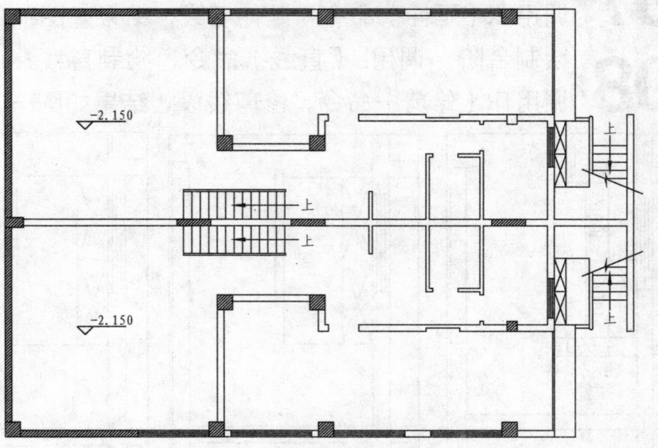

图8-32　标高标注

8.2.4 标注尺寸和图名

01 尺寸标注。调用DLI（线性标注）命令，为原始结构图绘制尺寸标注，结果如图8-33所示。

02 图名标注。调用MT（多行文字）命令，绘制图名和比例；调用L（直线）命令，在图名和比例下方绘制两条下划线，并将最下面的下划线的线宽设置为0.3mm，绘制结果如图8-34所示。

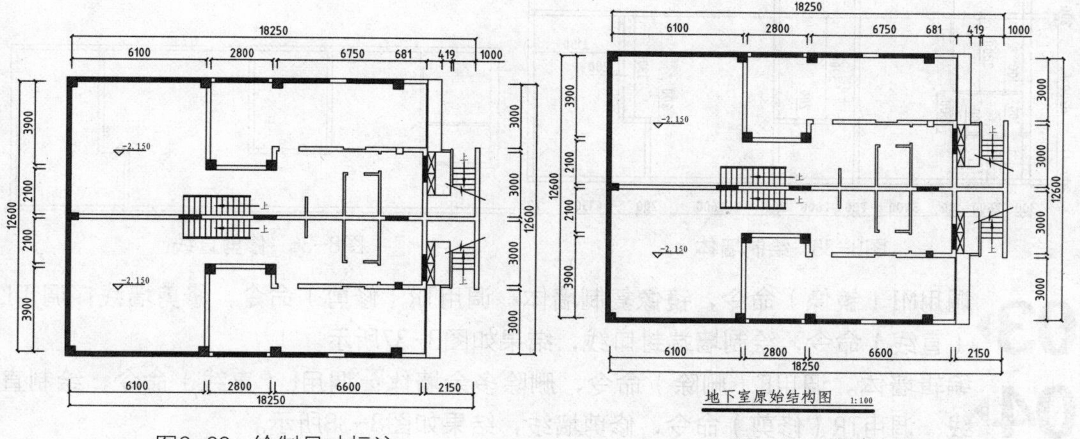

图8-33 绘制尺寸标注

图8-34 图名标注

8.3 绘制别墅一层原始结构图

下面介绍别墅的一层原始结构图的绘制方法。

别墅的一层位于地下负一层之上，其面积大小可以与负一层一致，也可以比负一层大或者小，这个根据具体的建筑设计情况而定。

本例中的负一层和一层的面积不相等，所以就不能在地下室原始结构图的基础上进行编辑修改来得到一层的原始结构图了，需要重新绘制。

除了绘制轴网，再在轴网上绘制墙体图形之外，还有另外的方法来绘制墙体图。下面介绍调用直线命令和偏移命令绘制墙体的方法。

首先调用直线命令，绘制直线；然后再根据墙体的宽度，各功能区的开间、进深尺寸来偏移直线，得到墙体的初步轮廓。

第二步是调用修剪命令，对偏移的线段进行修剪处理，此时，墙体的轮廓就出来了。

在本例的别墅中，南向和北向的墙体以中间的横墙为界，呈对称排列。因此，在绘制了任意一个方向的墙体之后，就可以调用镜像命令，镜像复制另一个方向的墙体。

第三步就是调用镜像命令，镜像复制绘制完成的北向墙体；然后再调用修剪命令，修剪重合的墙线即可。

8.3.1 绘制一层墙体

01 绘制墙体。调用L（直线）命令，绘制直线；调用O（偏移）命令，偏移直线，结果如图8-35所示。

02 调用TR（修剪）命令，修剪直线，绘制墙体的结果如图8-36所示。

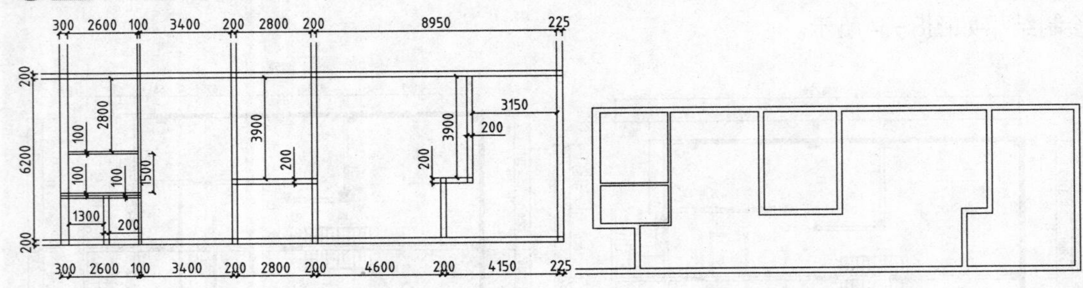

图8-35 绘制墙体　　图8-36 修剪直线

03 调用MI（镜像）命令，镜像复制墙体；调用TR（修剪）命令，修剪墙线；调用L（直线）命令，绘制墙端封口线，结果如图8-37所示。

04 编辑墙体。调用E（删除）命令，删除多余墙体；调用L（直线）命令，绘制直线；调用TR（修剪）命令，修剪墙线，结果如图8-38所示。

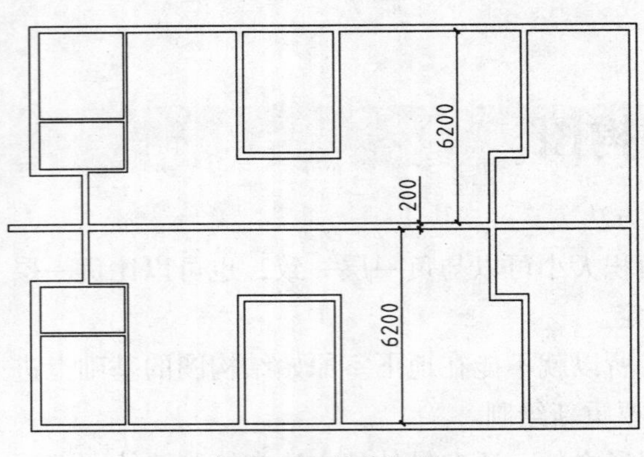

图8-37 镜像复制

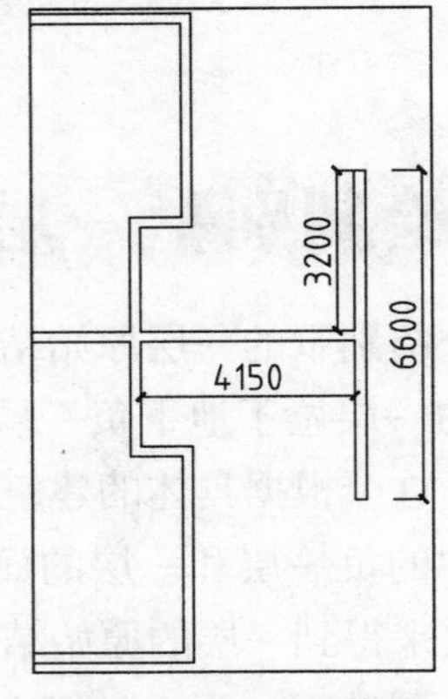

图8-38 编辑墙体

05 绘制标准柱及承重墙。调用L（直线）命令，绘制直线，以表示承重墙的范围；调用REC（矩形）命令，分别绘制尺寸为450×450、550×300、200×1000的矩形，作为标准柱图形，绘制结果如图8-39所示。

06 绘制承重墙。调用REC（矩形）命令，绘制尺寸为400×300的矩形，结果如图8-40所示。

07 调用REC（矩形）命令，绘制尺寸为400×200的矩形；调用L（直线）命令，绘制直线；调用TR（修剪）命令，修剪墙线，结果如图8-41所示。

08 填充标准柱及承重墙图案。调用H（图案填充）命令，在弹出的“图案填充和渐变色”对框中选择“预定义”类型图案，选择名称为ANSI31的填充图案；设置填充角度为0°，填充比例为20，为标准柱和承重墙绘制图案填充，结果如图8-42所示。

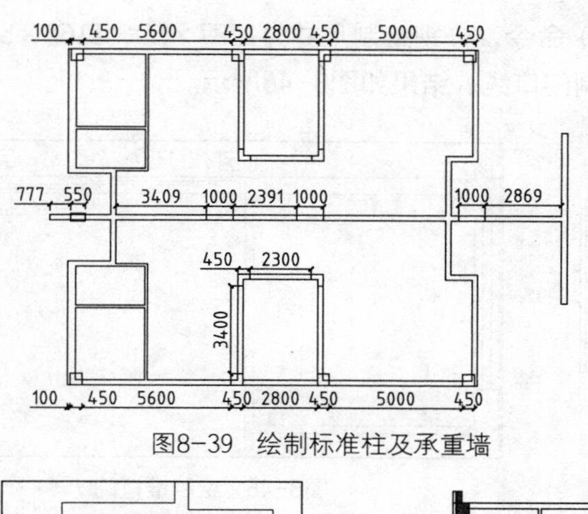

图8-39　绘制标准柱及承重墙

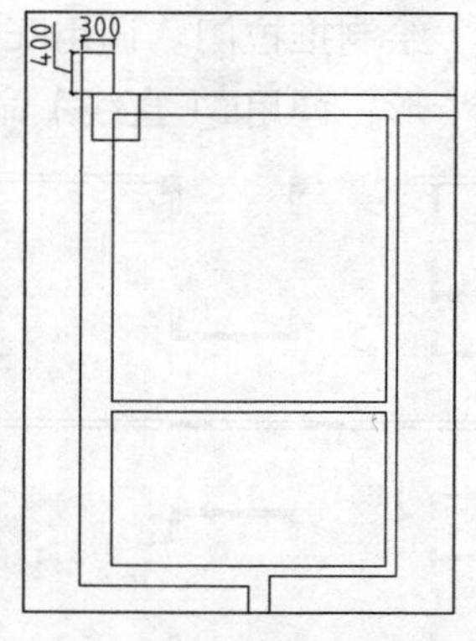

图8-40　编辑矩形

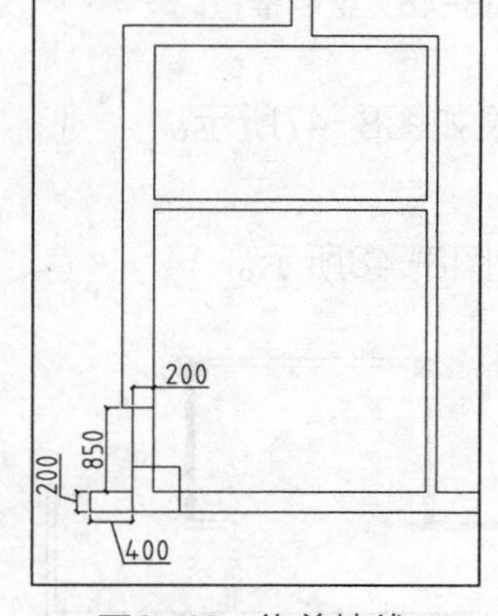

图8-41　修剪墙线

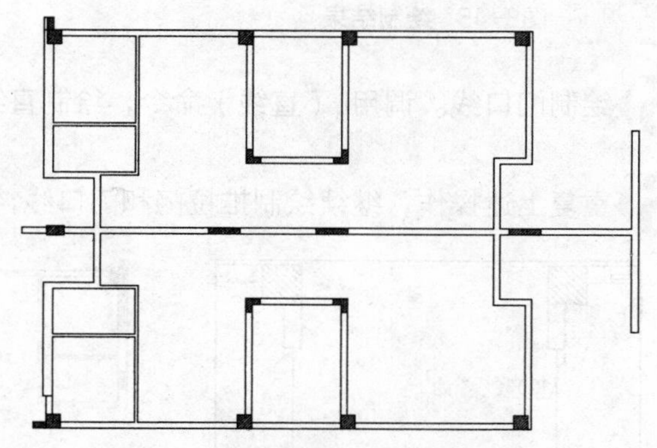
图8-42　图案填充

8.3.2　绘制门窗

01 绘制门窗洞。调用L（直线）命令，绘制直线；调用TR（修剪）命令，修剪墙线，结果如图8-43所示。

02 绘制平开窗。调用L（直线）命令，绘制直线；调用O（偏移）命令，设置偏移距离为100，偏移直线，结果如图8-44所示。

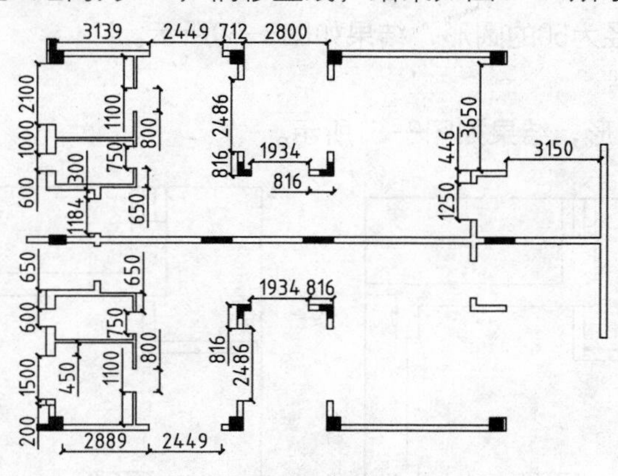

图8-43　绘制门窗洞

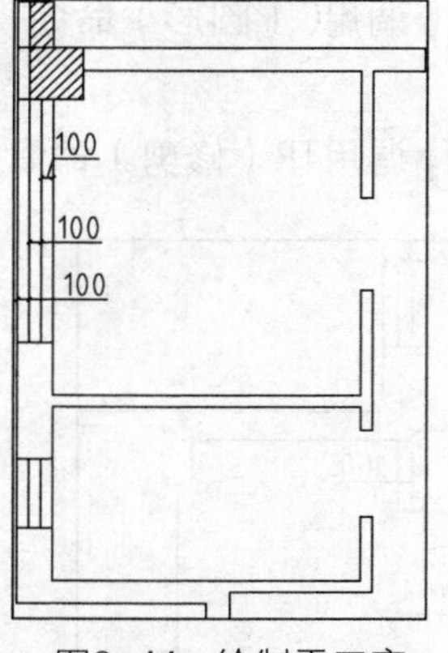

图8-44　绘制平开窗

03 重复调用L（直线）命令、O（偏移）命令，绘制并偏移直线，完成绘制窗户的结果如图8-45所示。

04 绘制推拉门。调用REC（矩形）命令，分别绘制尺寸为1287×50、1162×50的矩形；调用L（直线）命令，绘制门口线，结果如图8-46所示。

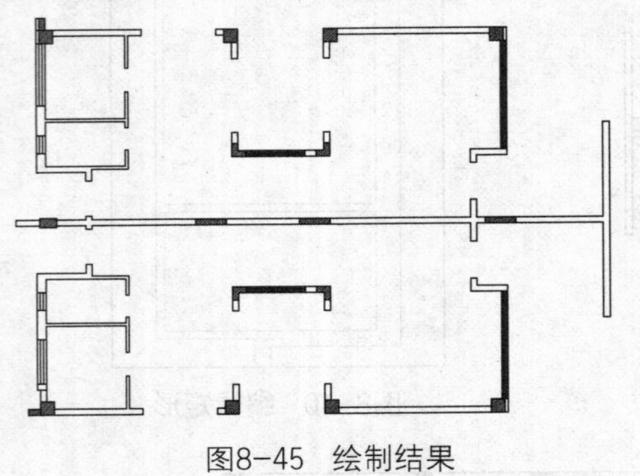

图8-45　绘制结果

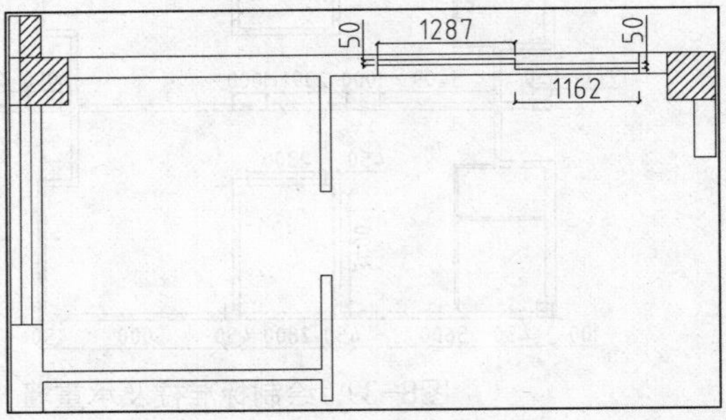

图8-46　绘制推拉门

05 绘制门口线。调用L（直线）命令，绘制直线，结果如图8-47所示。

06 重复上述操作，继续绘制推拉门和门口线，结果如图8-48所示。

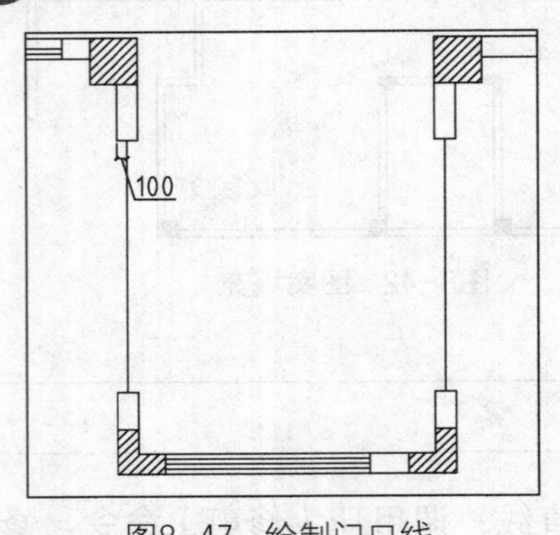

图8-47　绘制门口线

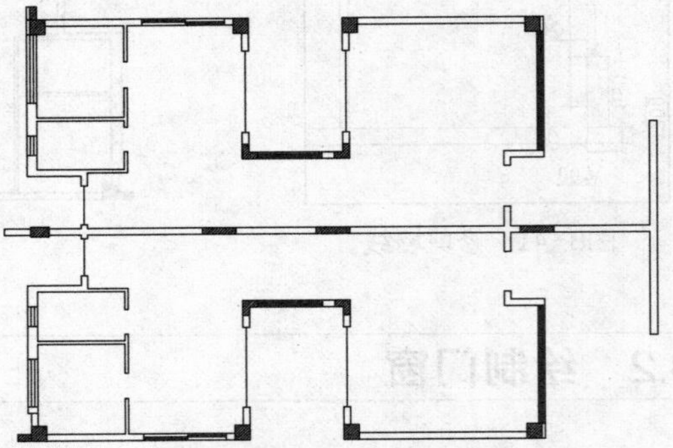

图8-48　绘制结果

07 绘制台阶扶手。调用PL（多段线）命令，绘制多段线；调用O（偏移）命令，偏移多段线，结果如图8-49所示。

08 调用C（圆形）命令，绘制半径为50的圆形，结果如图8-50所示。

09 调用TR（修剪）命令，修剪圆形，结果如图8-51所示。

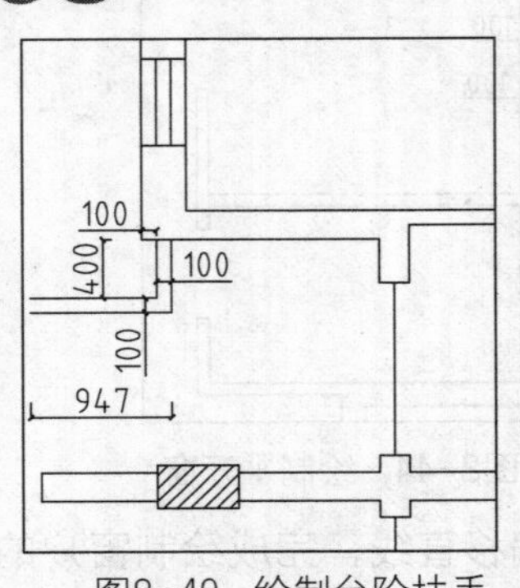

图8-49　绘制台阶扶手

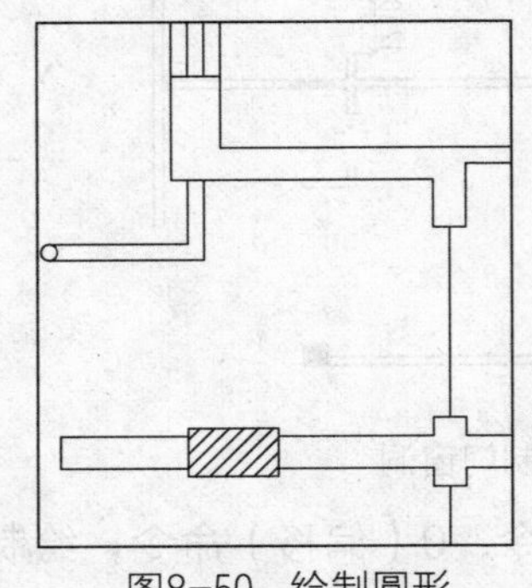

图8-50　绘制圆形

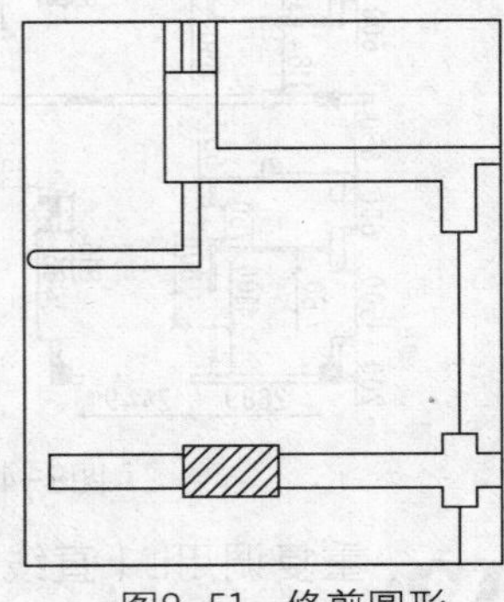

图8-51　修剪圆形

10 绘制踏步。调用L（直线）命令，绘制直线；调用O（偏移）命令，偏移直线，结果如图8-52所示。

11 调用PL（多段线）命令，绘制方向箭头；调用MT（多行文字）命令，绘制文字标注，结果如图8-53所示。

12 调用MI（镜像）命令，镜像复制绘制完成的台阶图形，结果如图8-54所示。

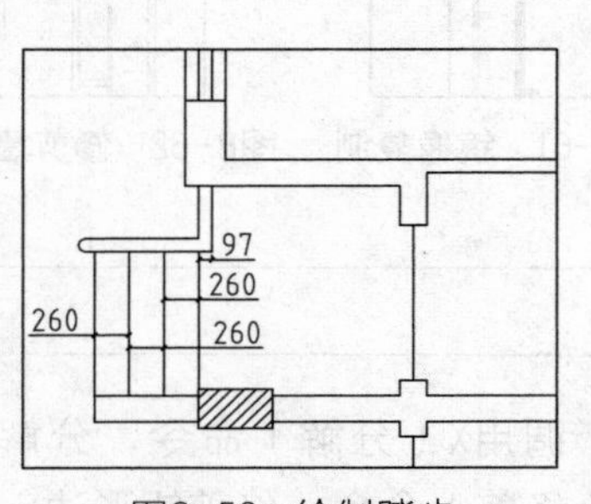

图8-52 绘制踏步

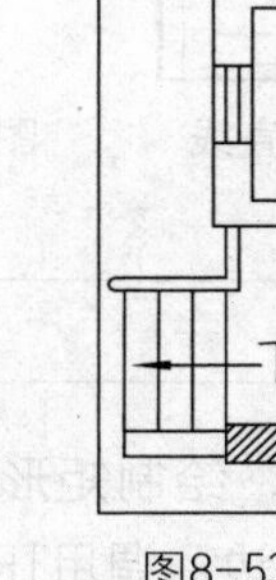

图8-53 绘制结果

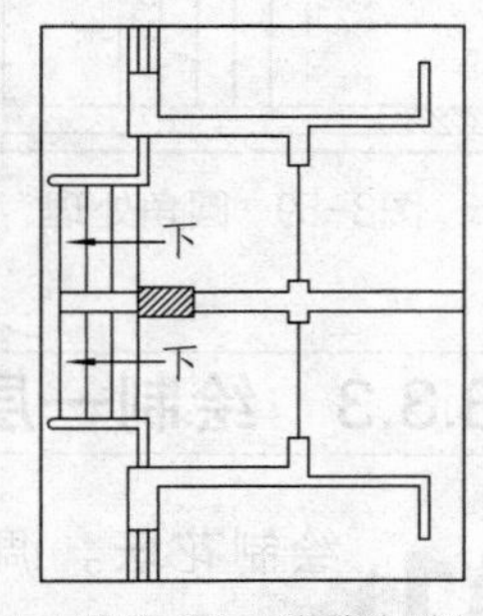

图8-54 镜像复制

13 绘制室外墙体。调用L（直线）命令，绘制墙线；调用O（偏移）命令，偏移墙线，结果如图8-55所示。

14 调用TR（修剪）命令，修剪墙线，结果如图8-56所示。

15 调用F（圆角）命令，设置圆角半径为50，对偏移得到的墙线进行圆角处理，结果如图8-57所示。

16 绘制台阶踏步。调用L（直线）命令，绘制直线；调用O（偏移）命令，偏移直线，结果如图8-58所示。

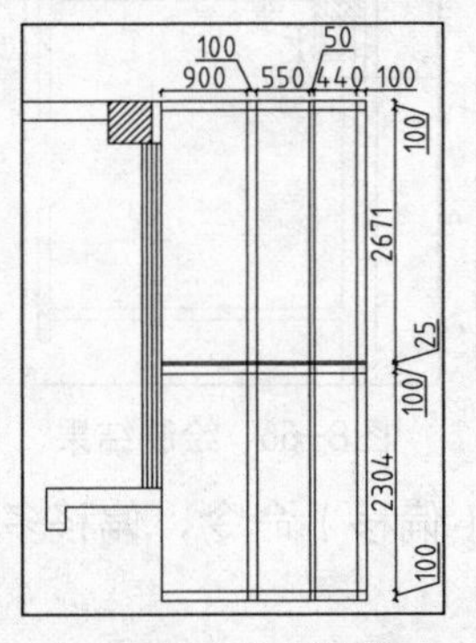

图8-55 偏移墙线

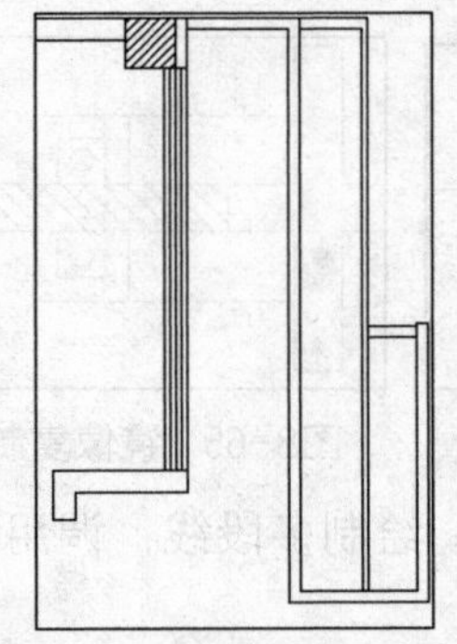
图8-56 修剪墙线

图8-57 圆角处理

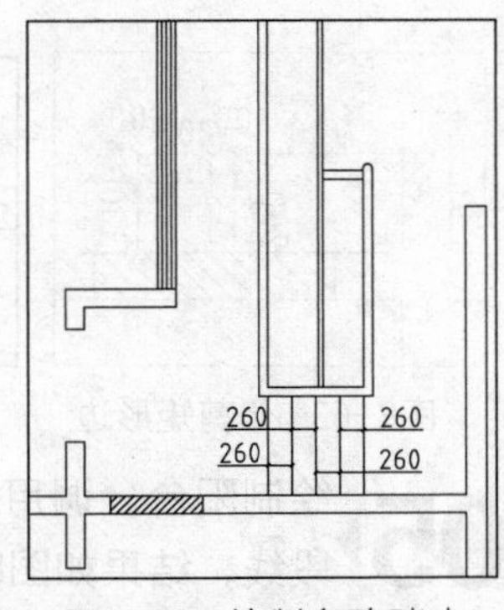

图8-58 绘制台阶踏步

17 绘制折断线。调用PL（多段线）命令，绘制折断线，结果如图8-59所示。

18 绘制台阶踏步。调用L（直线）命令，绘制直线；调用O（偏移）命令，偏移直线，结果如图8-60所示。

19 调用MI（镜像）命令，镜像复制绘制完成的图形，结果如图8-61所示。

20 调用EX（延伸）命令，延伸墙线；调用TR（修剪）命令，修剪墙线，结果如图8-62所示。

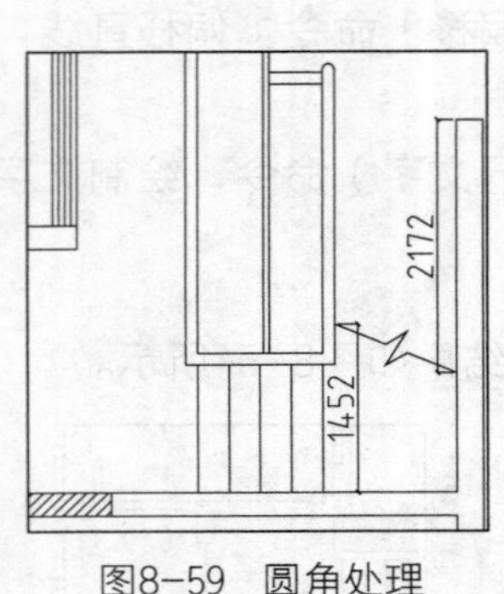

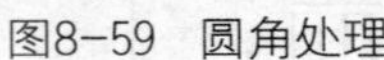

图8-59 圆角处理

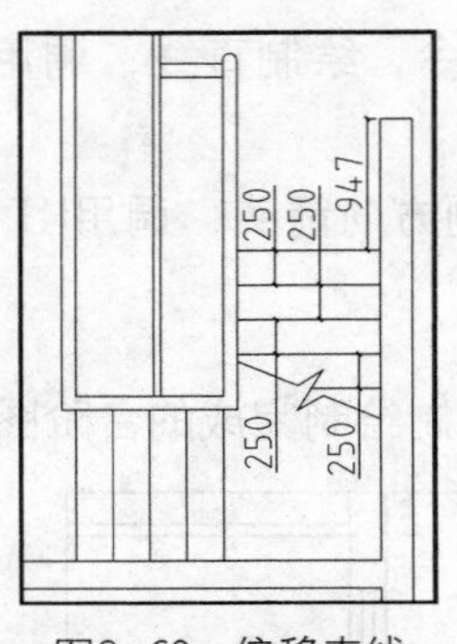

图8-60 偏移直线

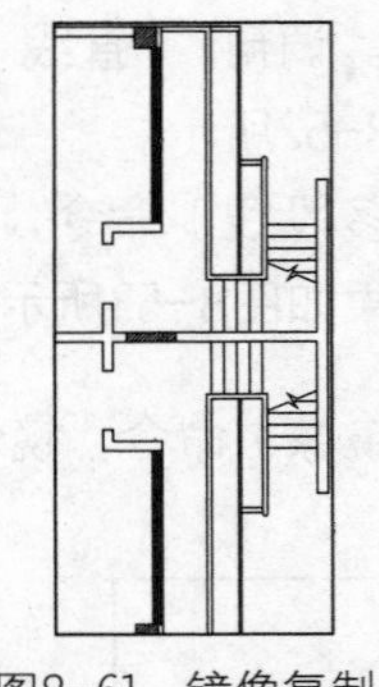

图8-61 镜像复制

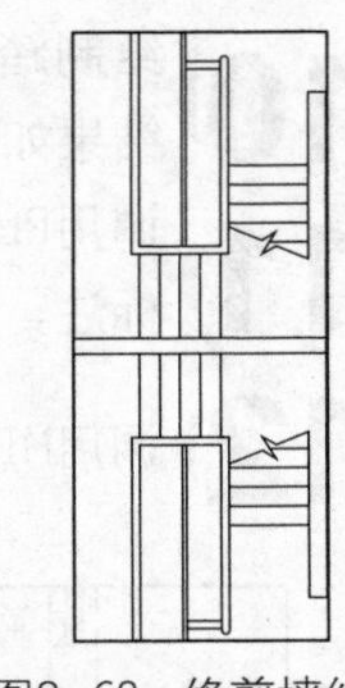

图8-62 修剪墙线

8.3.3 绘制一层其他设施

01 绘制花坛。调用REC（矩形）命令，绘制矩形；调用X（分解）命令，分解矩形；调用O（偏移）命令，偏移矩形边；调用TR（修剪）命令，修剪矩形边，结果如图8-63所示。

02 调用C（圆形）命令，绘制半径为48的圆形，结果如图8-64所示。

03 调用MI（镜像）命令，镜像复制绘制完成的图形，结果如图8-65所示。

04 绘制通风孔道。调用L（直线）命令、O（偏移）命令，绘制并偏移直线；调用PL（多段线）命令，绘制折断线，结果如图8-66所示。

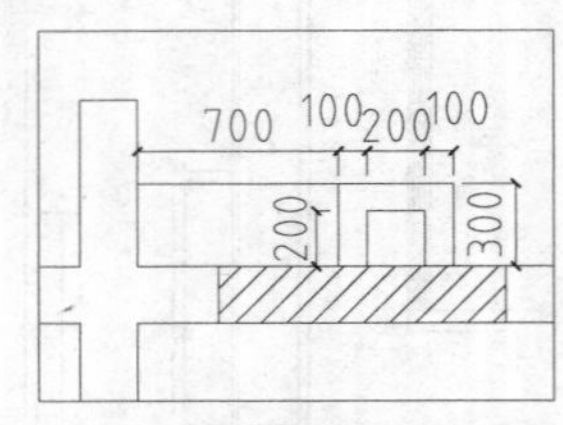

图8-63 修剪矩形边

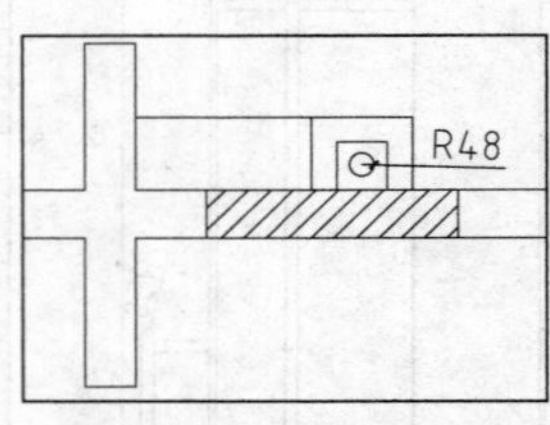

图8-64 绘制圆形

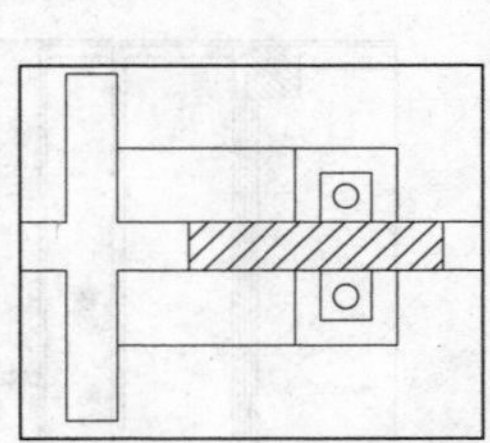

图8-65 镜像复制

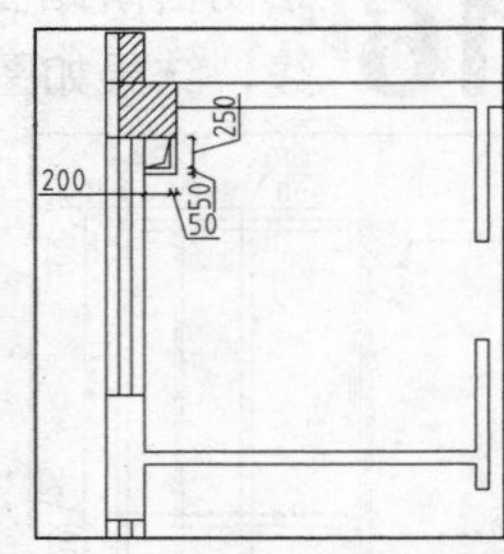

图8-66 绘制结果

05 绘制阳台。调用PL（多段线）命令，绘制多段线；调用O（偏移）命令，偏移多段线，结果如图8-67所示。

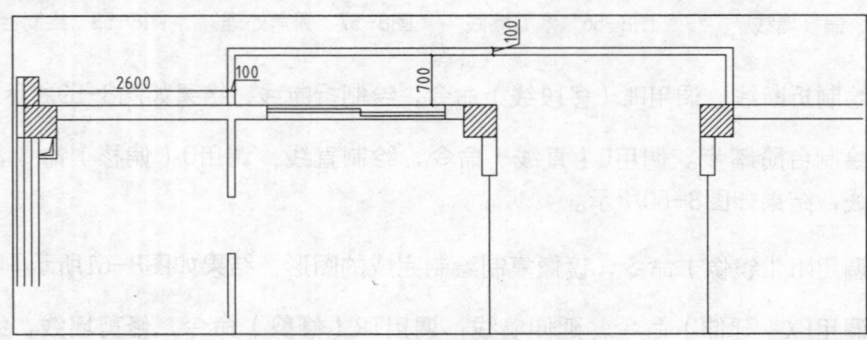

图8-67 绘制阳台

06 绘制楼梯扶手。调用REC（矩形）命令，绘制矩形，结果如图8-68所示。

07 绘制踏步。调用L（直线）命令，绘制直线；调用O（偏移）命令，偏移直线，结果如图8-69所示。

08 调用PL（多段线）命令，绘制方向箭头；调用MT（多行文字）命令，绘制文字标注，结果如图8-70所示。

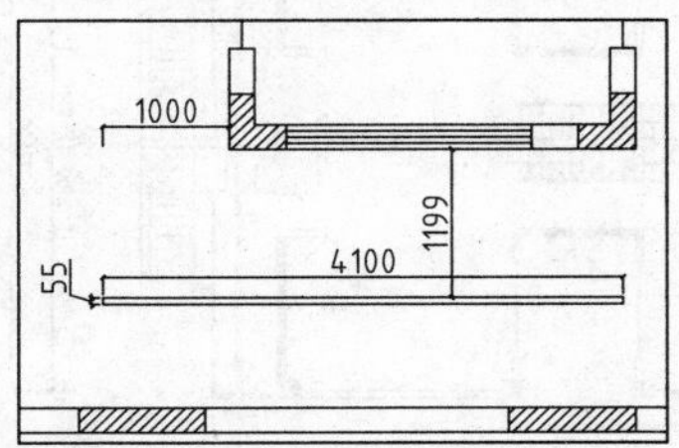

图8-68 绘制矩形

250 250 250 250 250 250 250 250
100

图8-69 绘制踏步

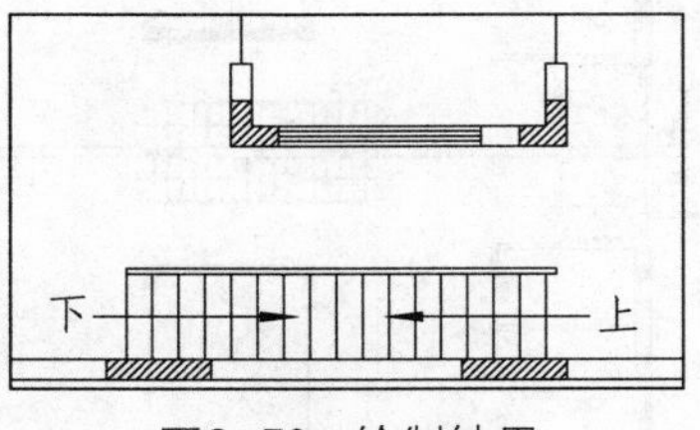

图8-70 绘制结果

09 调用PL（多段线）命令，绘制折断线，结果如图8-71所示。

10 调用MI（镜像）命令，镜像复制绘制完成的图形，结果如图8-72所示。

11 一层的原始结构图绘制完毕，结果如图8-73所示。

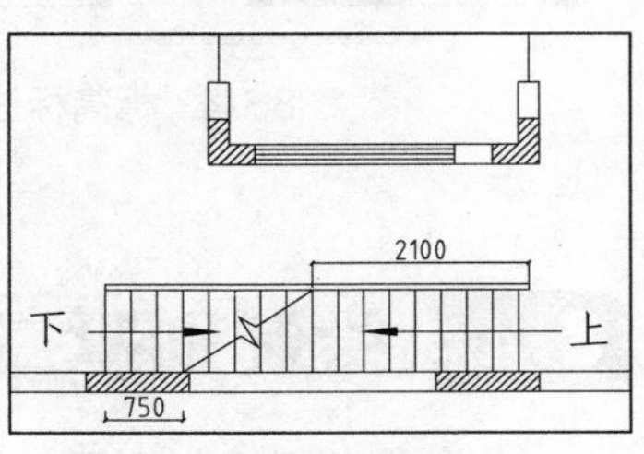

图8-71 绘制折断线

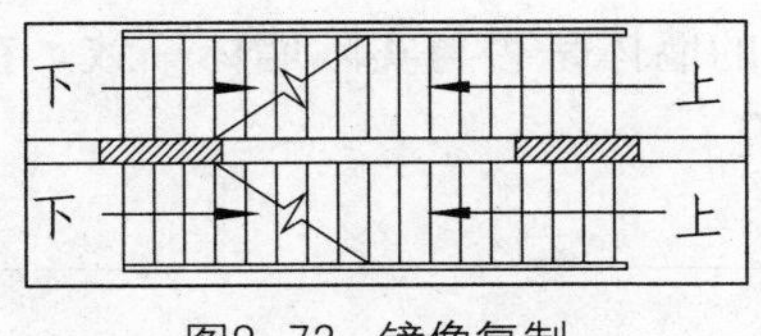

图8-72 镜像复制

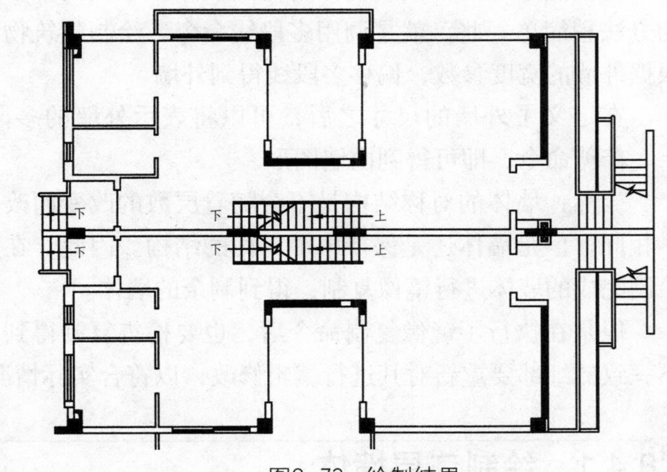

图8-73 绘制结果

8.3.4 标注尺寸与图名

01 标高标注。调用I（插入）命令，在弹出的“插入”对话框中选择标高图块，根据命令行的提示指定插入点和输入标高值，完成标高标注的绘制，结果如图8-74所示。

02 尺寸标注。调用DLI（线性标注）命令，为原始结构图绘制尺寸标注。

03 图名标注。调用MT（多行文字）命令，绘制图名和比例；调用L（直线）命令，在图名和比例下方绘制两条下划线，并将最下面的下划线的线宽设置为0.3mm，绘制结果如图8-75所示。

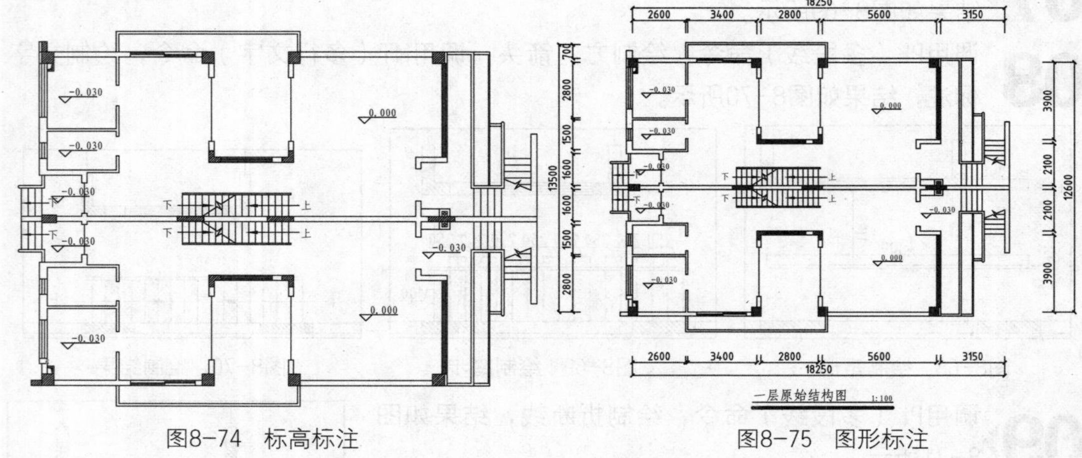

图8-74　标高标注　　　　图8-75　图形标注

8.4 绘制别墅二层原始结构图

本小节介绍绘制别墅二层原始结构图的方法。

这里介绍第三种绘制墙体的方法。相较于上两种绘制墙体的方法，第三种绘制墙体的方法稍简单一些。就是调用多段线命令，绘制建筑物的外墙线；然后调用偏移命令，根据外墙的宽度参数，偏移多段线得到外墙。

在定义了外墙的尺寸之后，可以将表示外墙的多段线进行分解；再次执行偏移命令、修剪命令，即可得到内墙图形。

当然，墙体的对称结构是不会随着层数的改变而改变的。二层的面积虽然与一层不尽相同，但是墙体还是保持中轴对称的结构。因此，在此就可以沿用上一种方法，对已绘制完成的墙体进行镜像复制，得到剩余的墙体。

但是在执行了镜像复制命令后，也要检查复制得到的墙体是否与实际墙体一致。在不一致的细部要重新对其进行编辑修改，以符合实际情况。

8.4.1　绘制二层墙体

01 绘制外墙体。调用PL（多段线）命令，绘制墙线，结果如图8-76所示。

02 调用O（偏移）命令，设置偏移距离为200，向内偏移多段线，结果如图8-77所示。

03 调用X（分解）命令，分解多段线；调用E（删除）命令，删除多余线段，结果如图8-78所示。

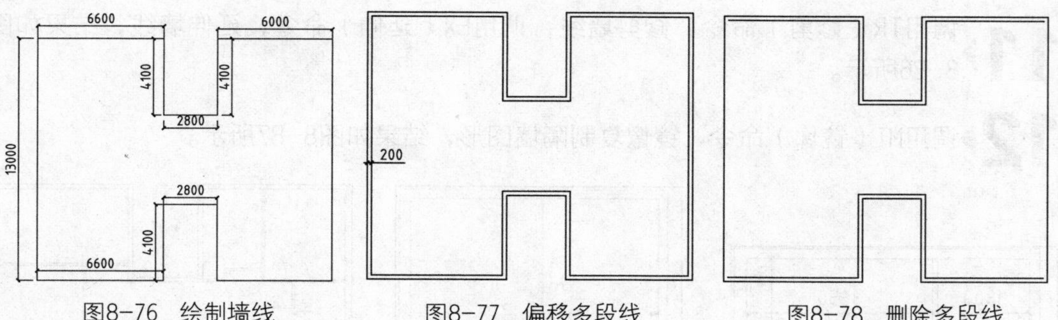

图8-76　绘制墙线　　图8-77　偏移多段线　　图8-78　删除多段线

04 调用O（偏移）命令，偏移线段；调用TR（修剪）命令，修剪线段，结果如图8-79所示。

05 绘制隔墙。调用O（偏移）命令，偏移墙线，结果如图8-80所示。

06 调用TR（修剪）命令，修剪墙线，结果如图8-81所示。

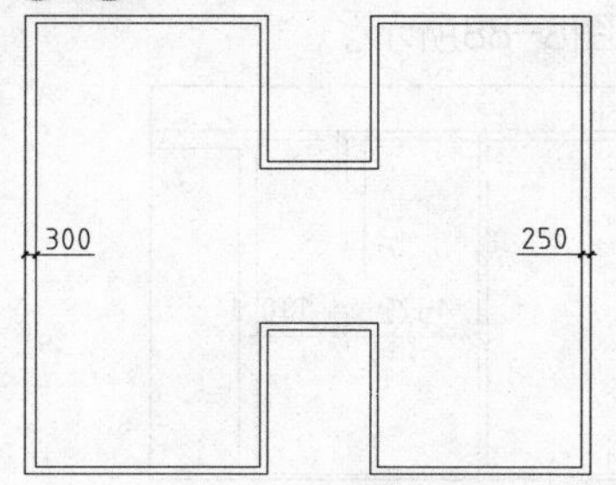

图8-79　修剪线段

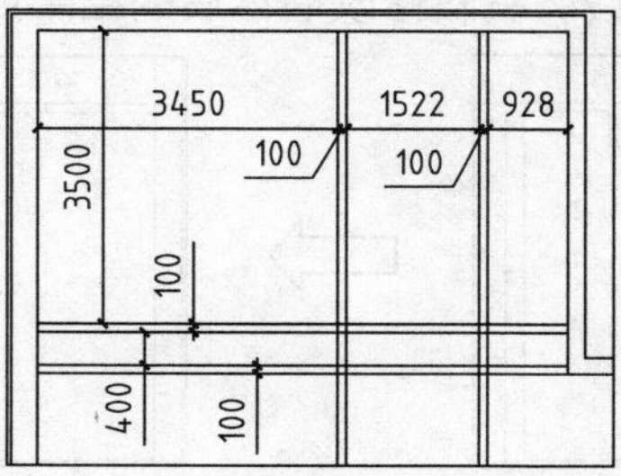

图8-80　偏移墙线

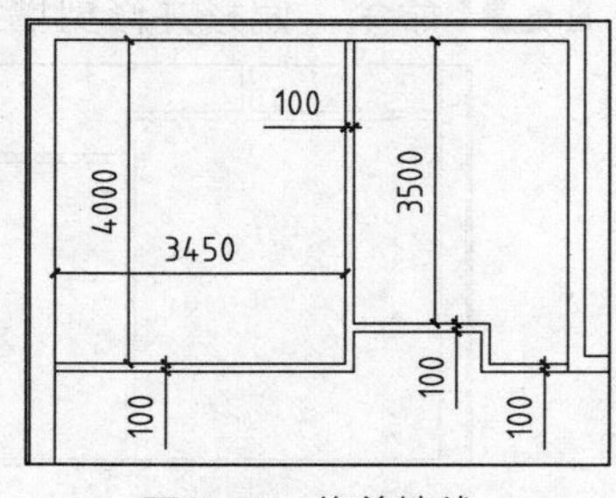

图8-81　修剪墙线

07 重复调用O（偏移）命令，偏移墙线，结果如图8-82所示。

08 调用TR（修剪）命令，修剪墙线，结果如图8-83所示。

09 调用EX（延伸）命令，延伸墙线，结果如图8-84所示。

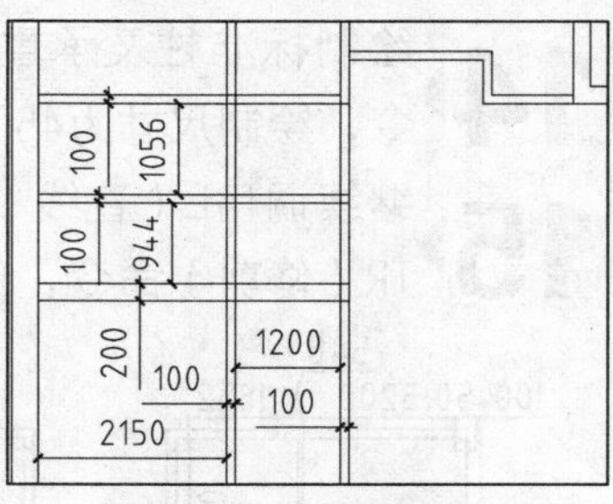

图8-82　偏移结果

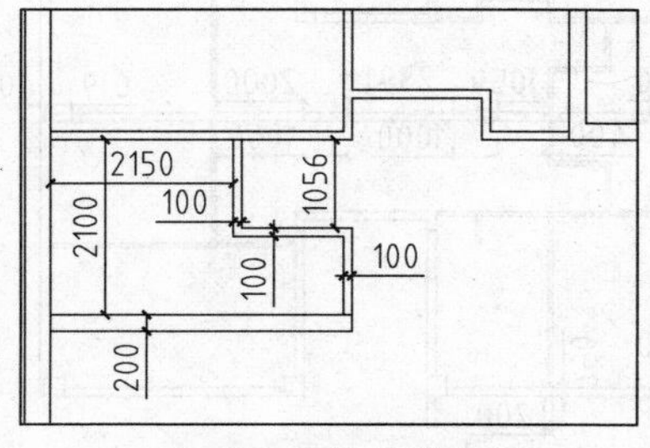

图8-83　修剪结果

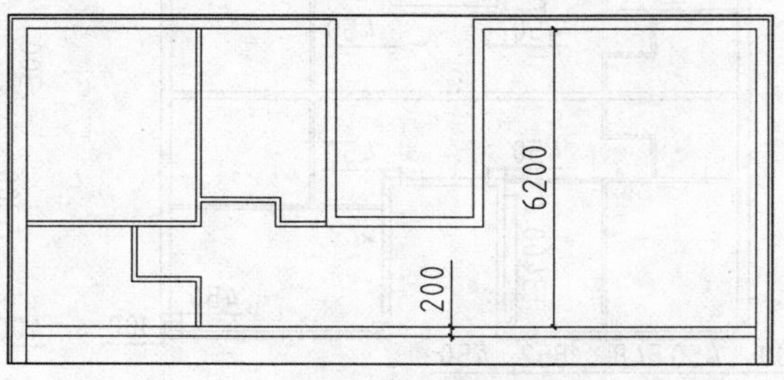

图8-84　延伸墙线

10 调用O（偏移）命令，偏移墙线，继续绘制隔墙，结果如图8-85所示。

11 调用TR（修剪）命令，修剪墙线；调用EX（延伸）命令，延伸墙线，结果如图8-86所示。

12 调用MI（镜像）命令，镜像复制隔墙图形，结果如图8-87所示。

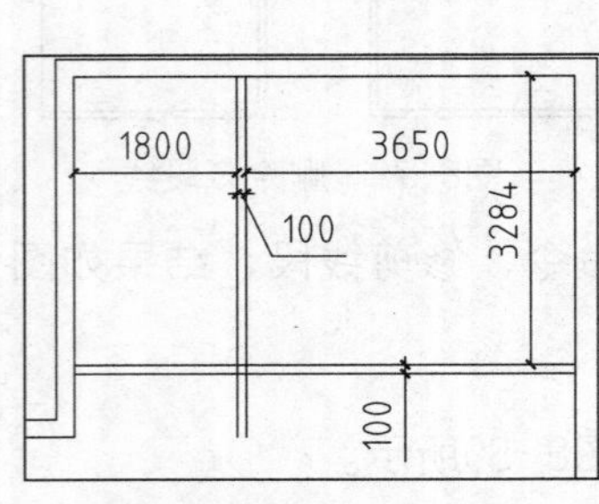

图8-85　偏移墙线

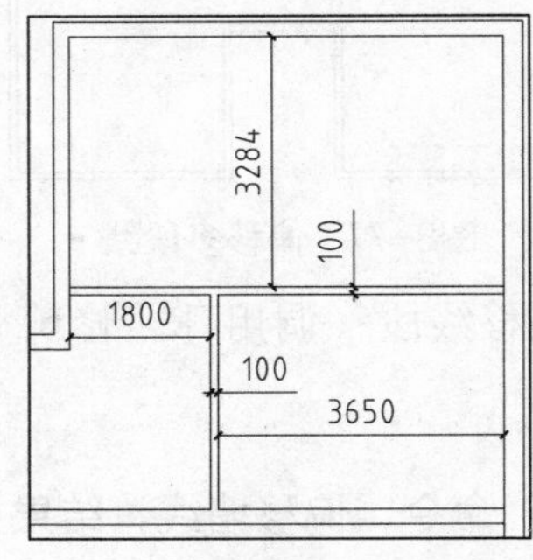

图8-86　延伸墙线

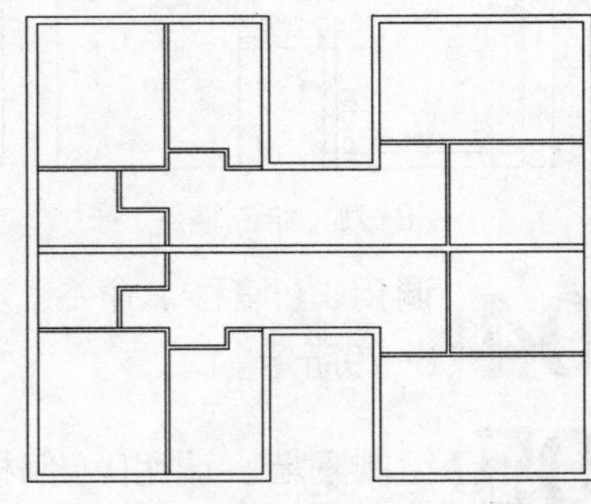

图8-87　镜像复制

13 编辑墙体。调用E（删除）命令，删除墙体；调用O（偏移）命令、TR（修剪）命令，偏移并修剪墙线，编辑修改墙体后的结果如图8-88所示。

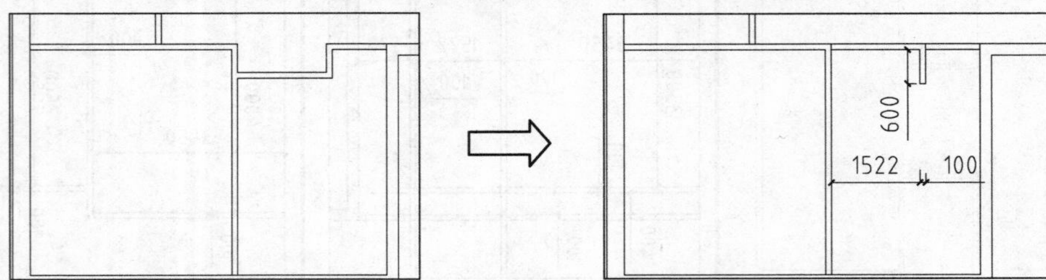

图8-88　编辑修改墙体

14 绘制标准柱及承重墙。调用L（直线）命令，绘制直线；调用REC（矩形）命令，绘制尺寸为450×450的矩形，结果如图8-89所示。

15 继续调用L（直线）命令、REC（矩形）命令，绘制标准柱及承重墙图形；调用TR（修剪）命令，修剪墙线，结果如图8-90所示。

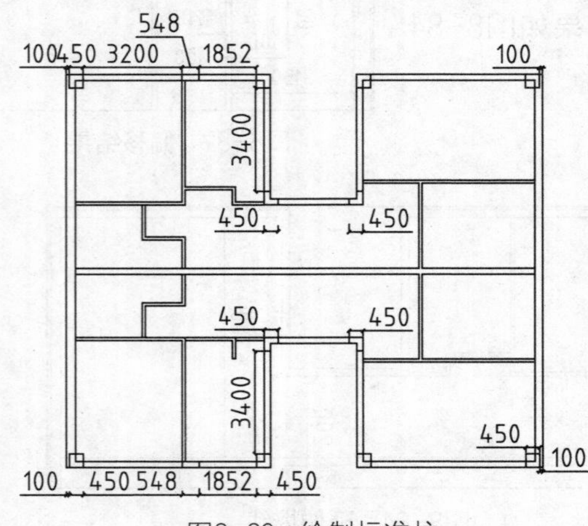

图8-89　绘制标准柱

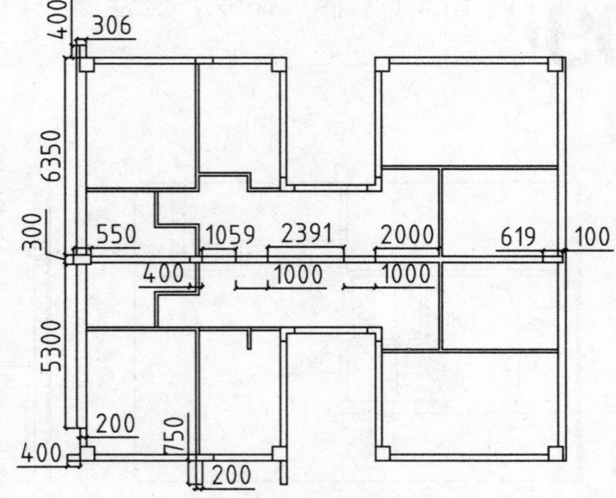

图8-90　绘制结果

16 填充标准柱及承重墙图案。调用H（图案填充）命令，在弹出的“图案填充和渐变色”对话框中选择“预定义”类型图案，选择名称为ANSI31的填充图案；设

置填充角度为0°，填充比例为20，为标准柱和承重墙绘制图案填充，结果如图8-91所示。

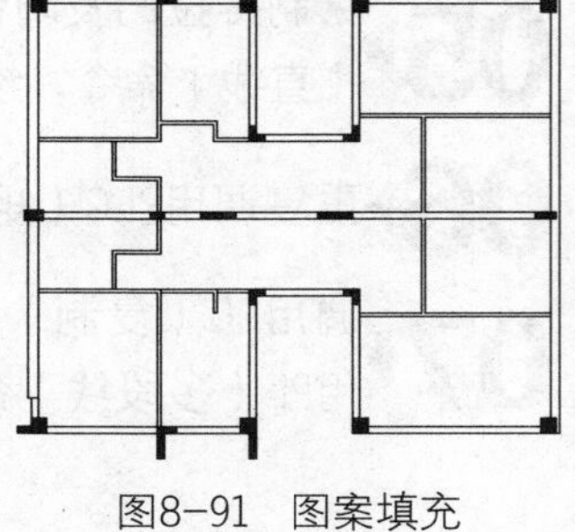
图8-91 图案填充

8.4.2 绘制二层门窗

01 绘制门窗洞。调用L（直线）命令，绘制直线；调用TR（修剪）命令，修剪墙线，结果如图8-92所示。

02 编辑修改墙体。调用O（偏移）命令，偏移墙线；调用TR（修剪）命令，修剪墙线，编辑修改墙体，结果如图8-93所示。

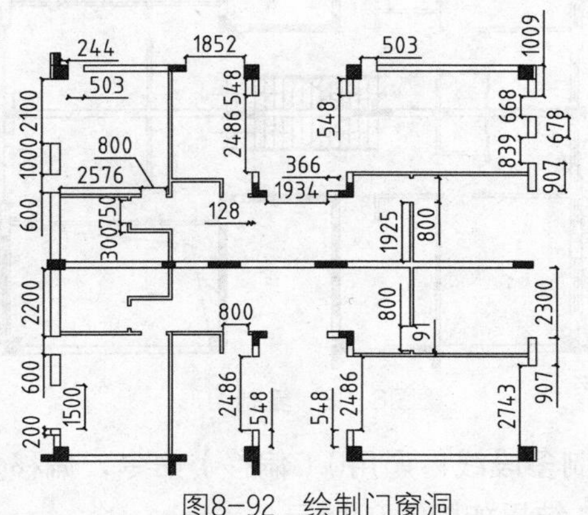

图8-92 绘制门窗洞

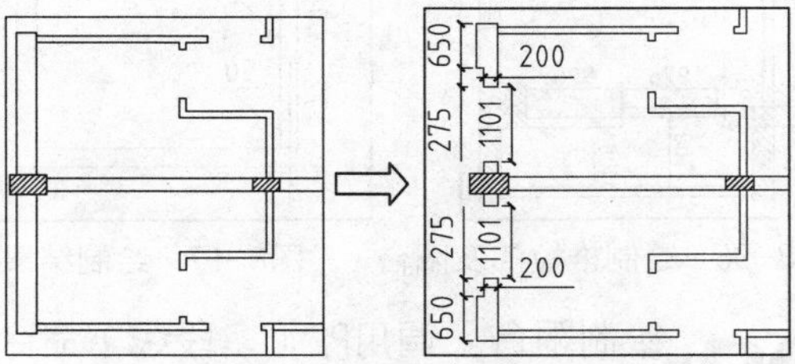

图8-93 编辑修改墙体

03 绘制平开窗。调用L（直线）命令，在窗洞处绘制直线；调用O（偏移）命令，偏移直线，绘制窗户，结果如图8-94所示。

04 调用L（直线）命令，绘制直线；结果如图8-95所示。

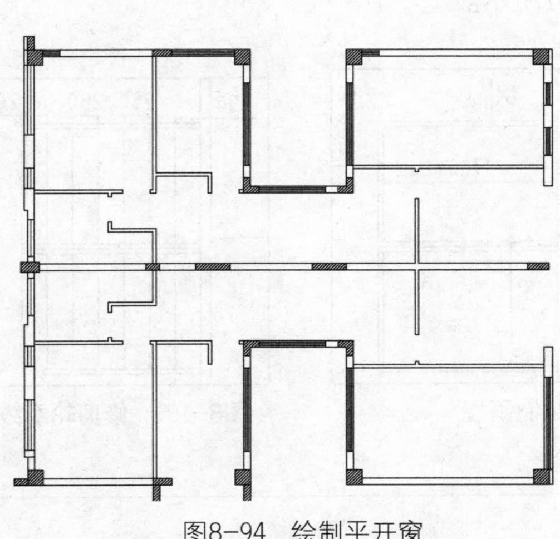
图8-94 绘制平开窗

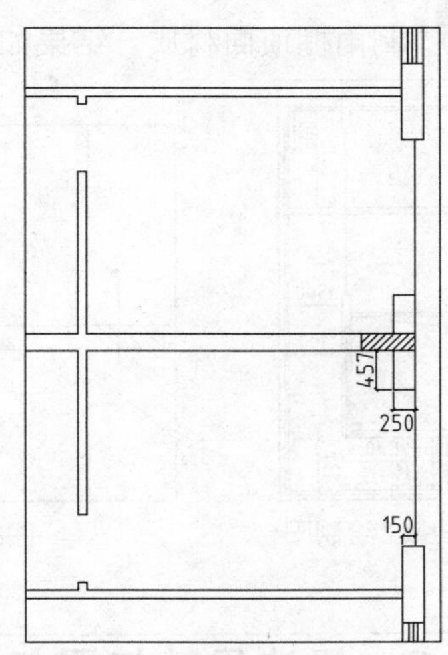

图8-95 绘制直线

本例中在绘制平开窗的时候，都是对墙体进行等分后进行绘制。比如宽度为200的墙体，先等分成4份，分别绘制5条直线，每条直线间距为50。

05 绘制推拉门及阳台。调用REC（矩形）命令，绘制尺寸为926×100的矩形；调用L（直线）命令，绘制直线；调用O（偏移）命令，偏移直线，结果如图8-96所示。

06 重复调用REC（矩形）命令，绘制矩形作为推拉门图形，结果如图8-97所示。

07 调用CO（复制）命令，从一层原始结构图中移动复制楼梯、通风孔道图形；调用PL（多段线）命令，绘制折断线，结果如图8-98所示。

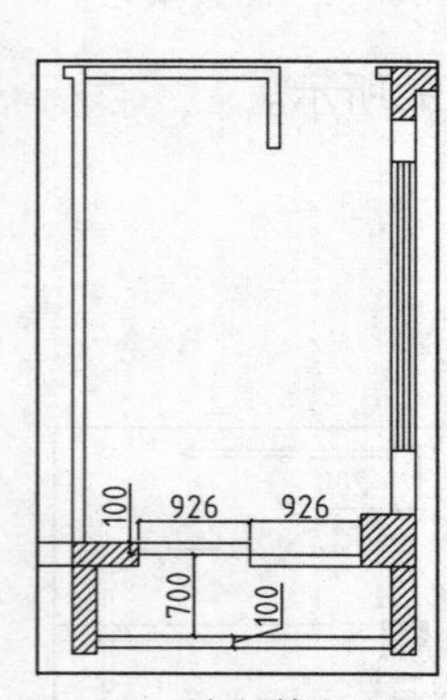

图8-96 绘制推拉门及阳台

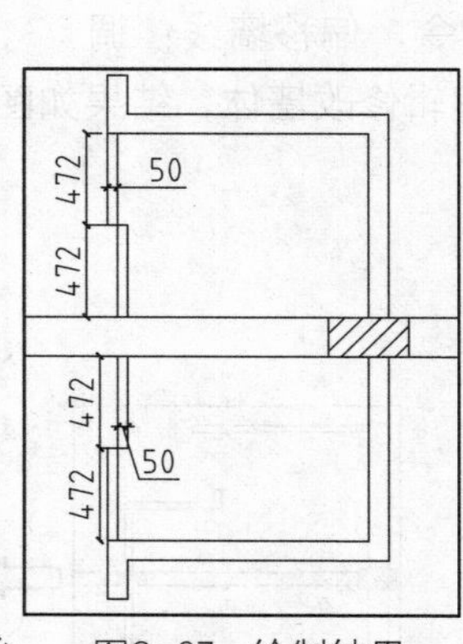

图8-97 绘制结果

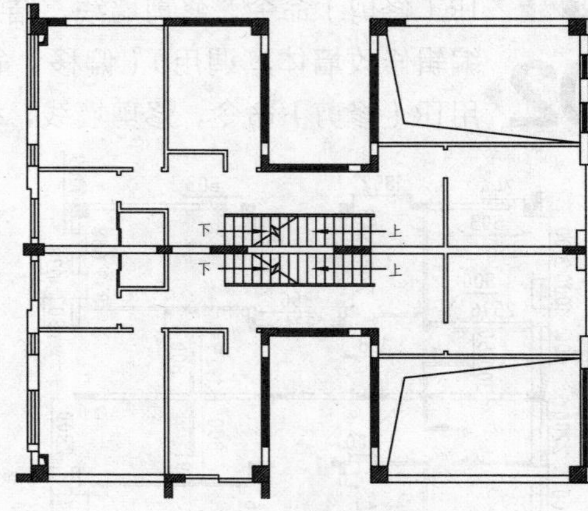

图8-98 复制图形

08 绘制阳台。调用PL（多段线）命令，绘制多段线；调用O（偏移）命令，偏移多段线；调用EX（延伸）命令，延伸墙线，结果如图8-99所示。

09 绘制雨棚。调用PL（多段线）命令，绘制多段线；调用O（偏移）命令，偏移多段线；调用L（直线）命令，绘制直线；调用EX（延伸）命令、TR（修剪）命令，延伸并修剪线段，结果如图8-100所示。

10 调用O（偏移）命令，偏移阳台轮廓线；调用TR（修剪）命令，修剪轮廓线，绘制雨棚顶面材质，结果如图8-101所示。

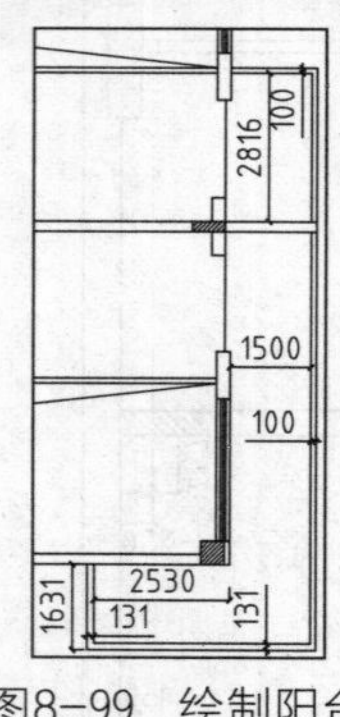

图8-99 绘制阳台

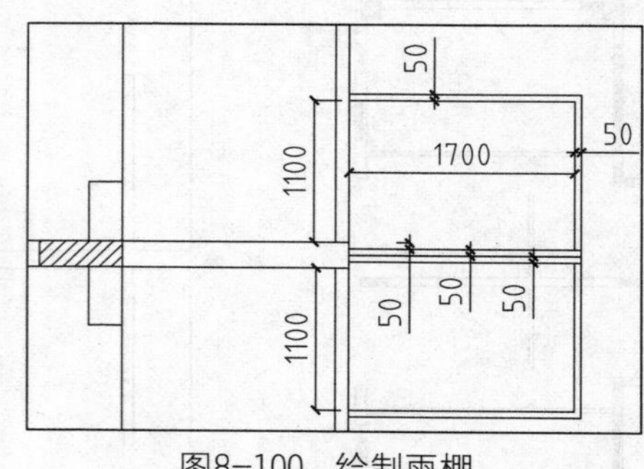

图8-100 绘制雨棚

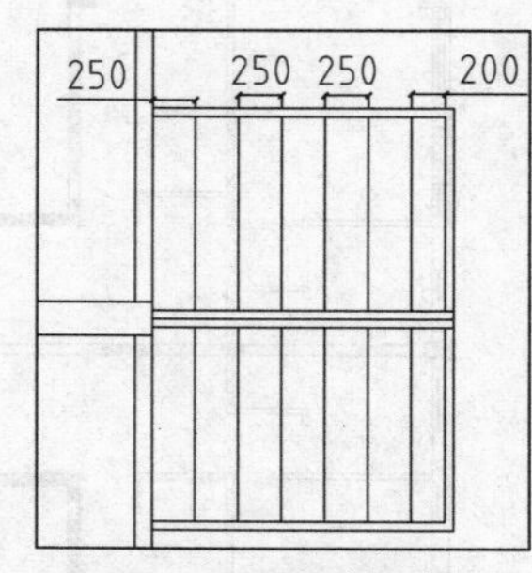

图8-101 修剪轮廓线

8.4.3 标注尺寸与图名

01 标注标高与尺寸。调用I（插入）命令，在弹出的“插入”对话框中选择标高图块，根据命令行的提示指定插入点和输入标高值，即可完成标高标注；调用DLI（线性标注）命令，为原始结构图绘制尺寸标注，标注结果如图8-102所示。

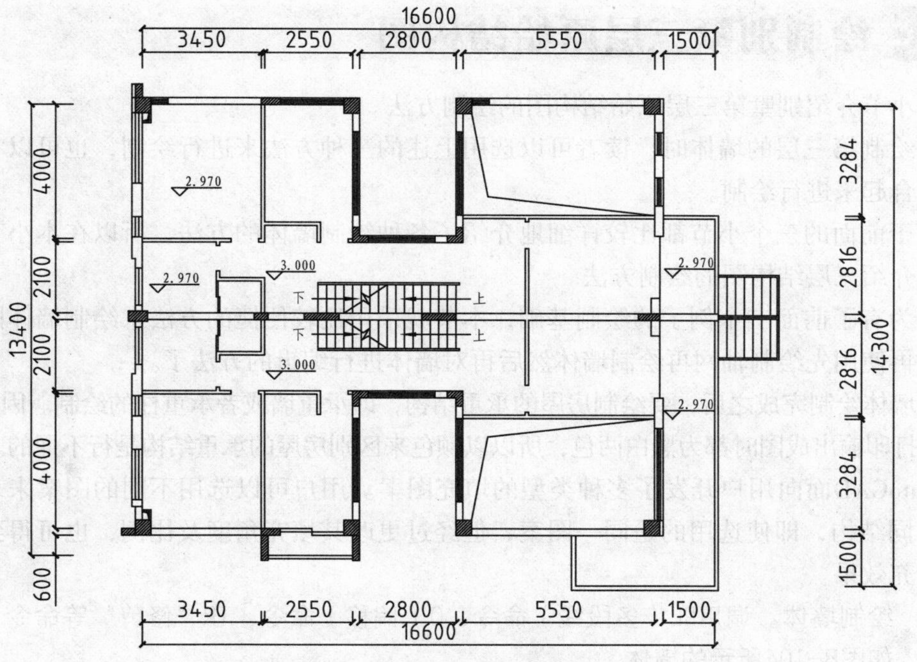

图8-102　标高、尺寸标注

02 图名标注。调用MT（多行文字）命令，绘制图名和比例；调用L（直线）命令，在图名和比例下方绘制两条下划线，并将最下面的下划线的线宽设置为0.3mm，绘制结果如图8-103所示。

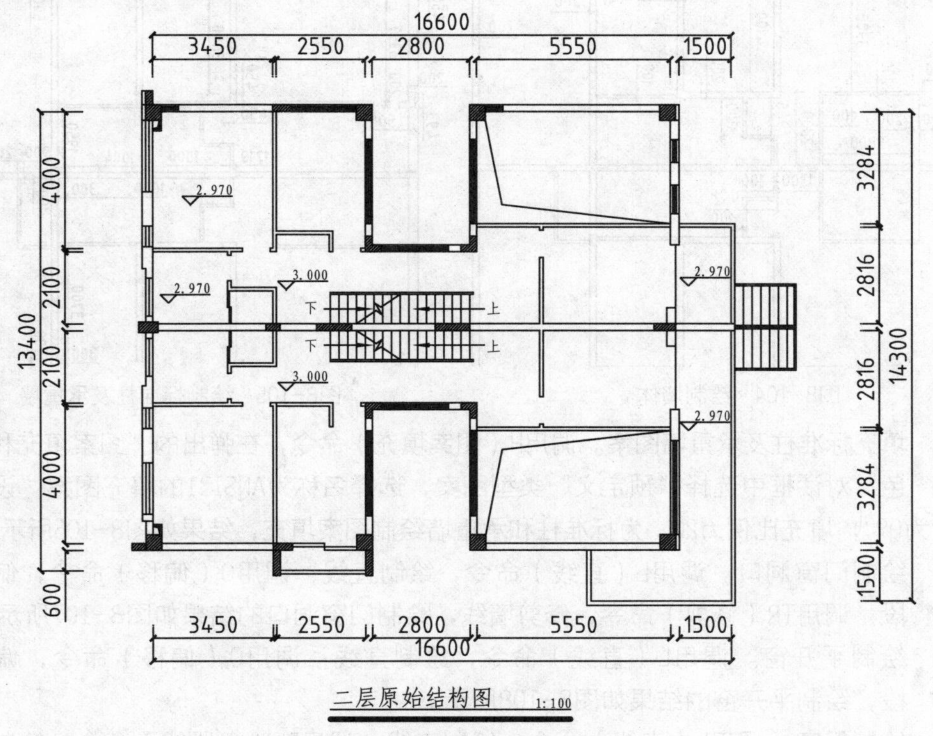

图8-103　图名标注

8.5 绘制别墅三层原始结构图

本小节介绍别墅第三层原始结构图的绘制方法。

在绘制第三层的墙体时，读者可以选用上述的三种方法来进行绘制，也可以将三种方法综合起来进行绘制。

由于前面的三个小节都比较详细地介绍了各种绘制墙体的方法，所以在本小节中，只简单介绍三层结构图的绘制方法。

因为有了前面三个例子的绘制基础，本节就采用比较便捷的方法来绘制墙体图形；不需要再使用先绘制轴网再绘制墙体然后再对墙体进行编辑的方法了。

在墙体绘制完成之后，要绘制房屋的承重结构，即承重墙或者承重柱的绘制。因为CAD图纸在打印输出成图时都为黑白两色，所以以颜色来区别房屋的承重结构是行不通的。

AutoCAD面向用户开发了多种类型的填充图案。用户可以选用不同的图案来表示房屋的不同结构，即使选用的是同一图案，但经过更改其填充角度及比例，也可得到不一样的填充效果。

01 绘制墙体。调用PL（多段线）命令、O（偏移）命令、TR“修剪”等命令，绘制如图8-104所示的墙体。

02 绘制标准柱及承重墙。调用REC（矩形）命令、L（直线）命令，确定标准柱以及承重墙的位置；调用TR（修剪）命令，修剪墙线，绘制结果如图8-105所示。

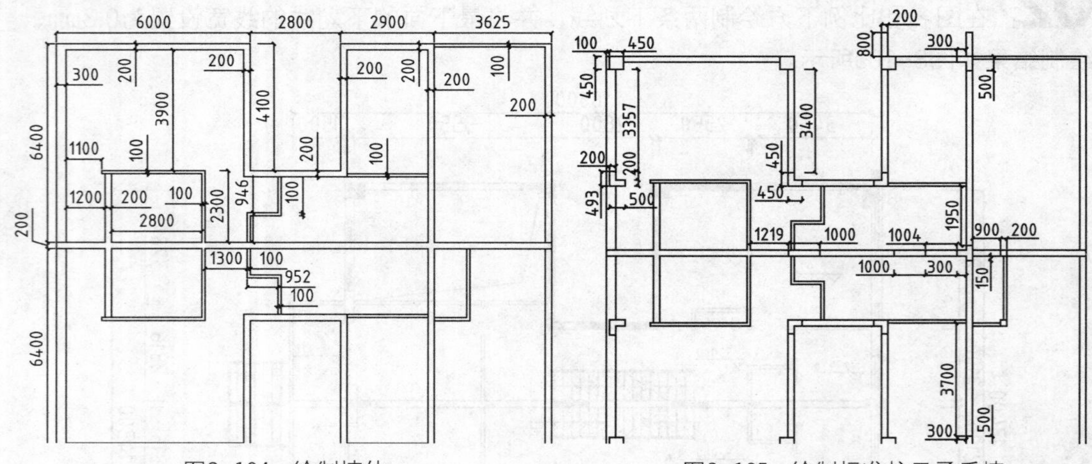

图8-104　绘制墙体　　　　图8-105　绘制标准柱及承重墙

03 填充标准柱及承重墙图案。调用H（图案填充）命令，在弹出的“图案填充和渐变色”对话框中选择“预定义”类型图案，选择名称为ANSI31的填充图案；设置填充角度为0°，填充比例为20，为标准柱和承重墙绘制图案填充，结果如图8-106所示。

04 绘制门窗洞口。调用L（直线）命令，绘制直线；调用O（偏移）命令，偏移线段；调用TR（修剪）命令，修剪墙线，绘制门窗洞口的结果如图8-107所示。

05 绘制平开窗。调用L（直线）命令，绘制直线；调用O（偏移）命令，偏移线段，绘制平开窗的结果如图8-108所示。

06 绘制飘窗。调用L（直线）命令，绘制直线；调用PL（多段线）命令，绘制多段线；调用O（偏移）命令，偏移多段线，结果如图8-109所示。

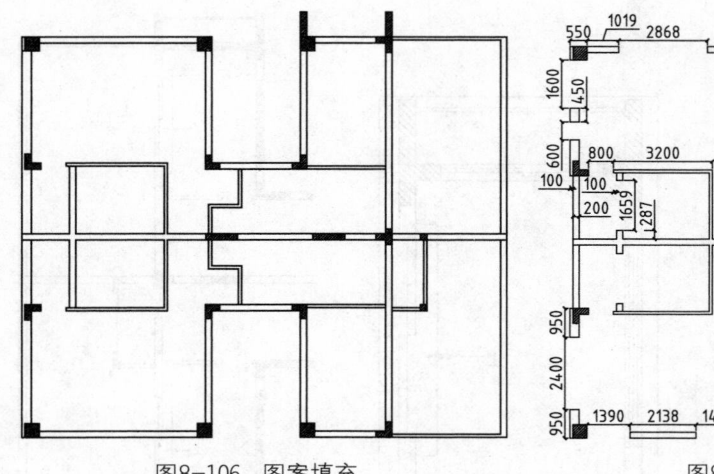

图8-106 图案填充

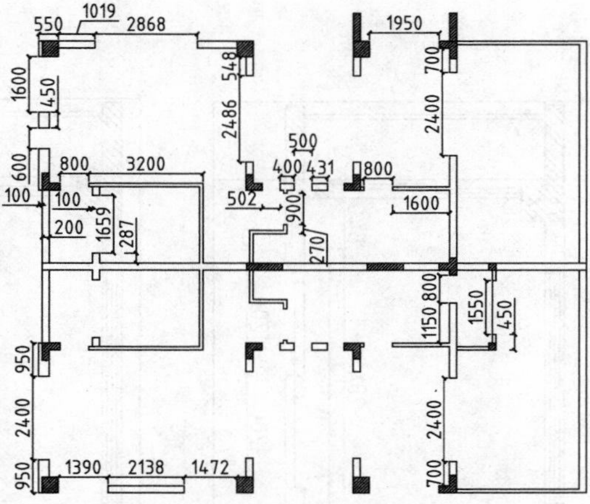

图8-107 绘制门窗洞口

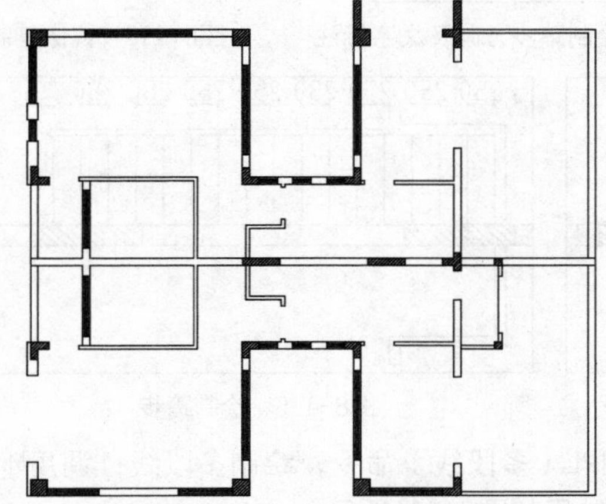

图8-108 绘制平开窗

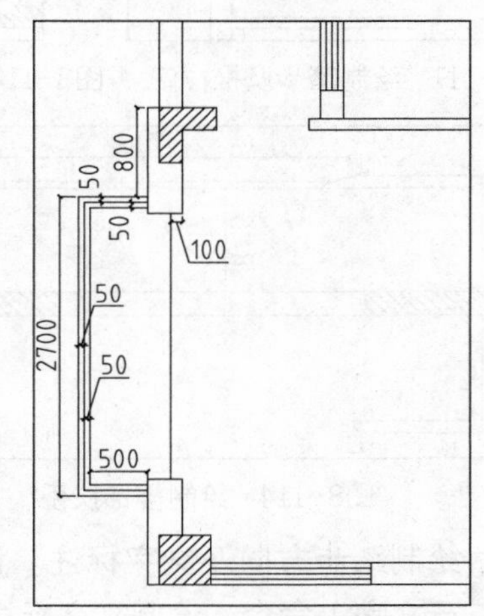

图8-109 绘制飘窗

07 绘制推拉门及阳台。调用REC（矩形）命令，绘制矩形；调用L（直线）命令、O（偏移）命令，绘制并偏移直线，结果如图8-110所示。

08 绘制踏步及推拉门。调用PL（多段线）命令，绘制多段线；调用REC（矩形）命令，绘制矩形，结果如图8-111所示。

09 绘制踏步方向及文字标注。调用PL（多段线）命令，绘制多段线；调用MT（多行文字）命令，绘制文字标注，结果如图8-112所示。

10 调用MI（镜像）命令，镜像复制绘制完成的踏步及推拉门等图形，结果如图8-113所示。

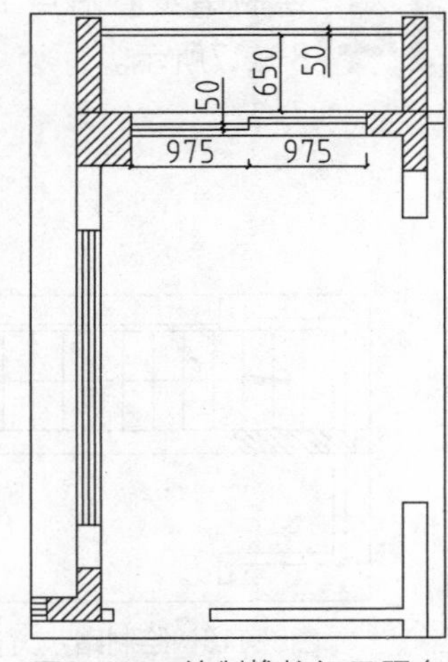

图8-110 绘制推拉门及阳台

11 绘制楼梯扶手。调用REC（矩形）命令，绘制矩形，结果如图8-114所示。

12 绘制踏步。调用O（偏移）命令，偏移墙线，结果如图8-115所示。

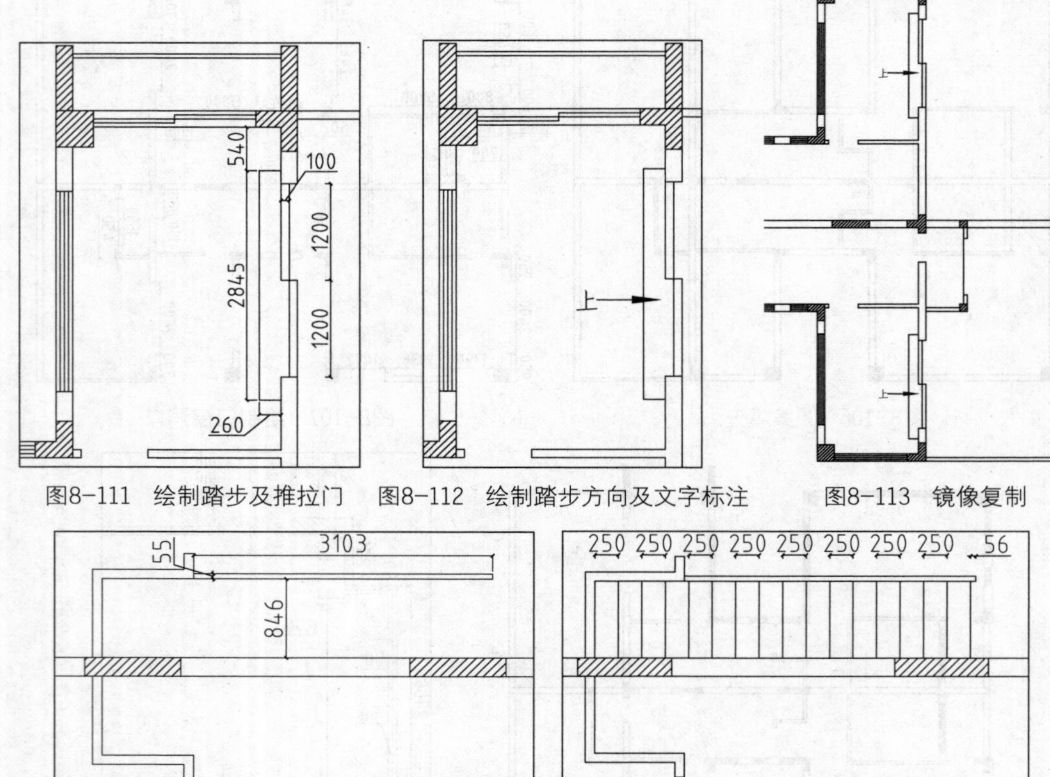

图8-111　绘制踏步及推拉门　图8-112　绘制踏步方向及文字标注　图8-113　镜像复制

图8-114　绘制楼梯扶手　图8-115　绘制踏步

13 绘制踏步方向及文字标注。调用PL（多段线）命令，绘制多段线；调用MT（多行文字）命令，绘制文字标注，结果如图8-116所示。

14 绘制踏步。沿用上述介绍的绘制楼梯的方法，继续绘制踏步图形，结果如图8-117所示。

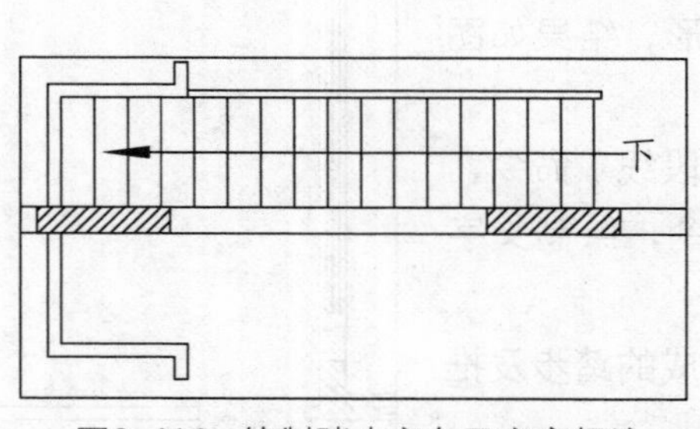

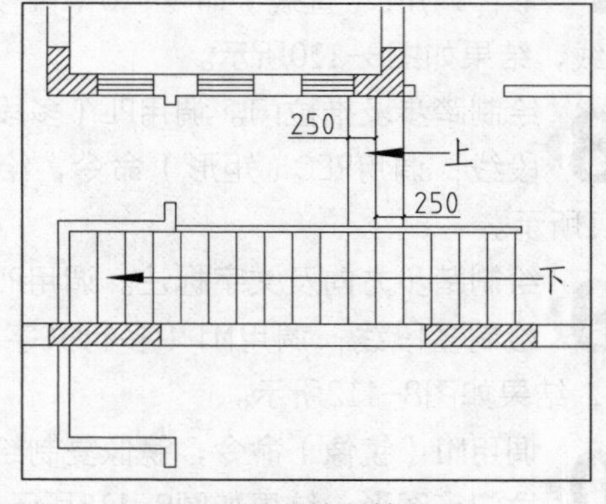

图8-116　绘制踏步方向及文字标注　图8-117　绘制结果

15 调用MI（镜像）命令，镜像复制绘制完成的楼梯等图形，结果如图8-118所示。

16 标高标注。调用I（插入）命令，在弹出的“插入”对话框中选择标高图块，根据命令行的提示指定插入点和输入标高值，即可完成标高标注；调用DLI（线性标注）命令，为原始结构图绘制尺寸标注，标注结果如图8-119所示。

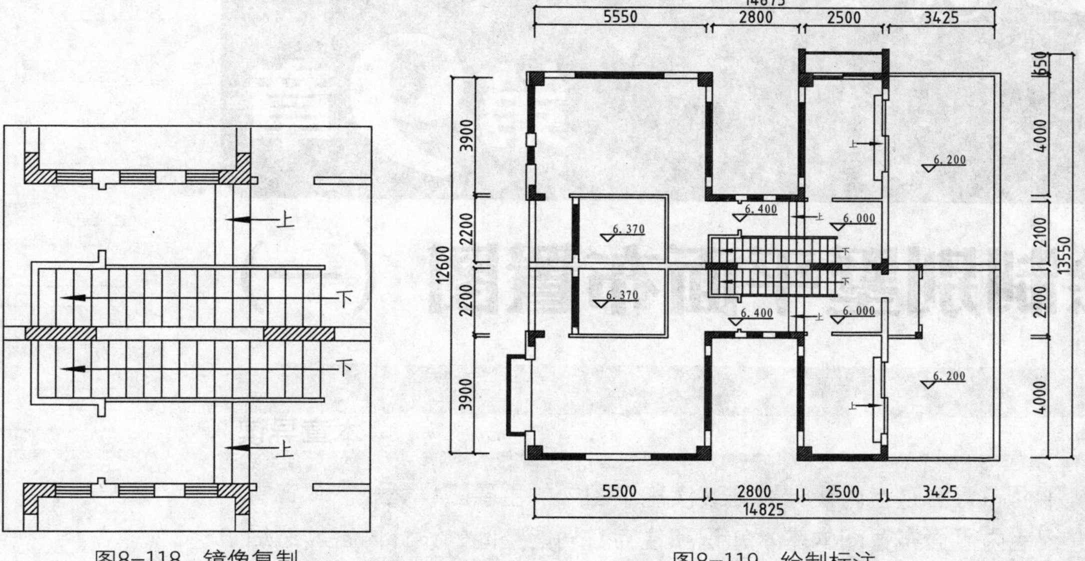

图8-118 镜像复制　　图8-119 绘制标注

17 图名标注。调用MT（多行文字）命令，绘制图名和比例；调用L（直线）命令，在图名和比例下方绘制两条下划线，并将最下面的下划线的线宽设置为0.3mm，结果如图8-120所示。

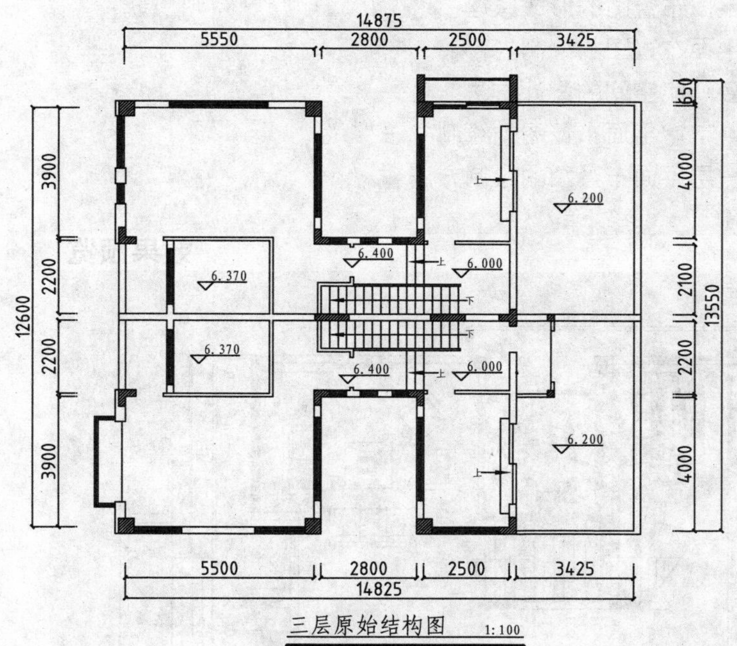

图8-120 图名标注

第9章

绘制别墅平面布置图（一）

本章导读

平面布置图是室内设计装饰装潢施工图中的主要图样之一。本章首先介绍室内平面布置图的基本知识和住宅各功能空间的设计内容，然后分别讲解别墅地下室平面布置图和一层平面布置图的绘制方法。

学习目标

- 了解室内平面布置图的形成原理
- 了解室内平面布置图的绘制内容
- 掌握住宅各功能空间的设计方法
- 掌握别墅地下室平面布置图的绘制方法
- 掌握别墅一层平面布置图的绘制方法

效果预览

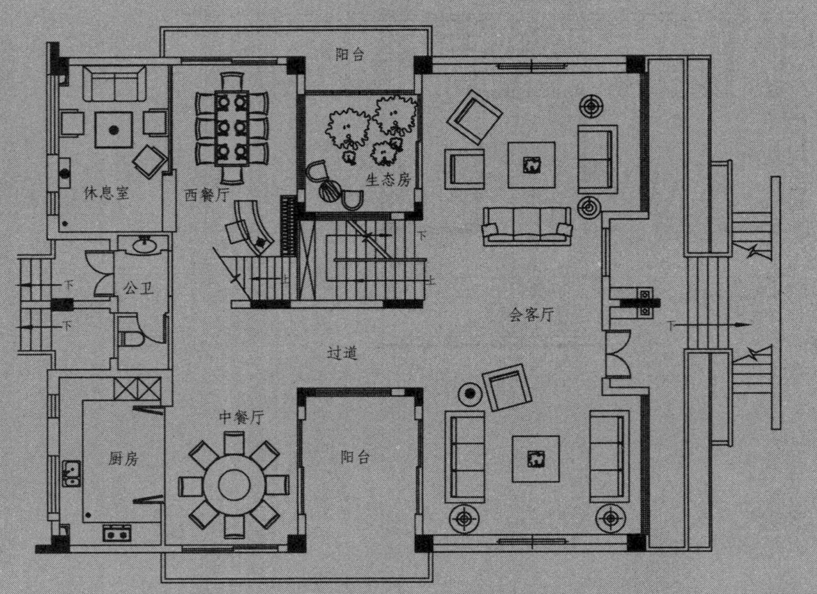

本章以独栋别墅为例，介绍别墅平面布置图的绘制方法。包括别墅的地下室平面图、一层平面图、二层平面图以及三层、四层平面图的绘制方法。别墅的功能分区比较多，布局的严谨性以及使用功能的便利性都能体现别墅装饰装潢设计的独特风格以及人性化的设计。

下面介绍别墅平面布置图的绘制方法。

9.1 室内平面布置图概述

平面布置图是室内设计装饰装潢施工图中的主要图样之一，是根据装饰设计原理、人体工程学以及用户要求绘制的反映建筑平面布局、装饰空间以及功能区域的划分、家具设备的布置、绿化及陈设的布局等内容的图样，是确定装饰空间平面尺度及装饰形体定位的主要依据。

室内设计的平面布置图应该表达以下内容。

- 建筑平面图的基本内容，如墙柱与定位轴线、房间布局与名称、门窗位置及编号和门的开启方向等信息；
- 室内楼地面的标高；
- 室内固定家具、活动家具以及家用电器等的位置；
- 室内陈设、绿化、美化等位置以及图例符号；
- 室内立面图的内视投影符号（按照顺时针从上至下在圆圈中编号）；
- 室内现场制作家具的定形、定位尺寸；
- 房屋外围尺寸；
- 索引符号、图名及必要的说明等。

如图9-1、图9-2所示为别墅一层原始结构图和一层平面布置图。

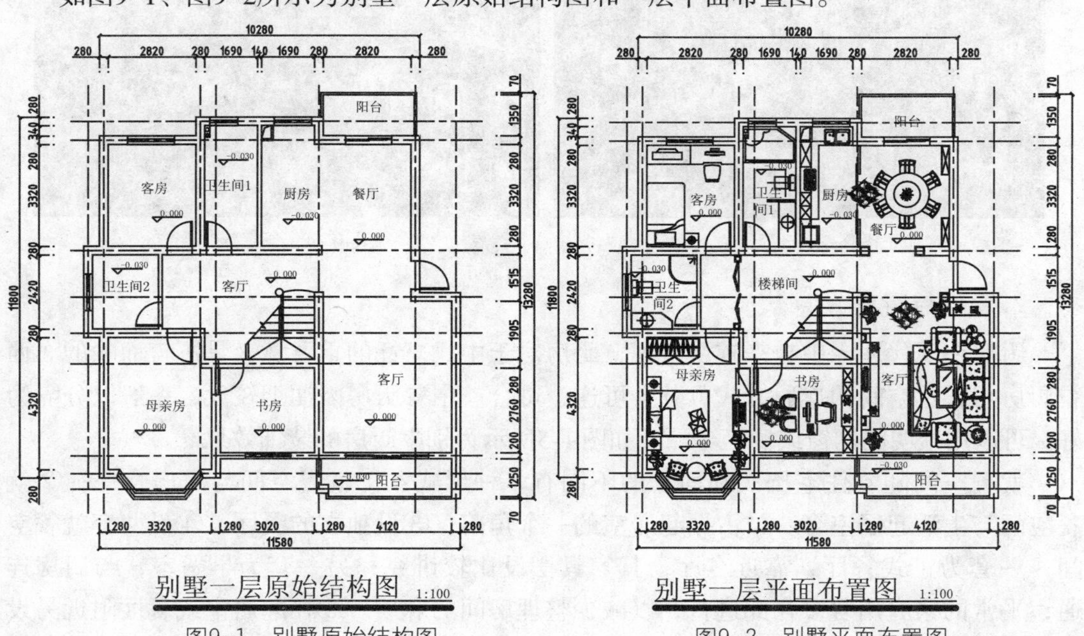

图9-1 别墅原始结构图　　图9-2 别墅平面布置图

9.2 住宅各功能空间的设计

住宅首先要满足使用功能、日常起居的便利与舒适和居室的生态要求。因此，功能区分隔和使用功能的细分化、专门化已是必然趋势。作为高档别墅来说，更注意功能的设计和配置。在增强居室私秘性的同时，更注重室内、室外空间的过渡以及与私家花园，即自然环境的交融；并在提高居家的舒适度、便利性和空间格局的经济性、合理性方面有所创新。严格意义上的别墅，其建筑的内容组成应随着户主的职业、兴趣爱好、地域环境的不同而呈现多姿多彩的形式。

1.客厅和起居室

现代的一般性住宅设计都要求“三大一小”，即大起居室、大厨房、大卫生间和小卧室，说明起居室在现代生活中的地位越来越重要。

在别墅和中高档住宅中，起居室或客厅更是彰显着户主的身份与文化。面积不大的别墅和住宅的起居室与客厅是合一的，统称为生活起居室，作为家庭活动及会客交往空间。中档以上的别墅或住宅往往设有两套日常活动的空间：一套是用于会客和家庭活动的客厅，另一套是用于家庭内部生活聚会的空间—家庭起居室。

客厅或生活起居室应有充裕的空间、良好的朝向。独院住宅客厅应朝向花园，并力求使室内外环境相互渗透。当只有一个生活起居室时，其位置多靠近门厅部位。若另有家庭活动室，则多设在靠近后面比较隐蔽的地方并接近厨房，利于家庭内部活动并方便餐饮。面积较小的住宅，为了扩大起居空间，往往把起居与餐厅合一，或是二者空间相互渗透。如图9-3、图9-4所示为别墅中的客厅和起居室的装饰效果。

图9-3 客厅

图9-4 起居室

2.餐厅与厨房

厨房在现代住宅中越来越受重视，厨房对于中式烹饪的重要意义是不言而喻的。西餐厨房与餐厅空间的连通方式可分、可连、可合。中餐厨房因油烟较大，一般以分隔为好，可以用透明的橱窗或橱柜分隔。如图9-5所示为别墅厨房的装饰效果。

就餐空间随着住宅档次和面积的不同有多种形式：①就餐空间与厨房合一；②就餐空间与生活起居室合一，占据起居室的一个角落；③设独立的餐厅；④设两套就餐空间，一套为正式餐厅，靠近客厅，其家具摆设比较讲究；另一套为早餐室，与厨房连通，平常的家庭用餐多在此进行，以减少整理房间的麻烦。⑤在起居室或餐厅附近另设吧台，既可作为独立的冷热饮空间，又是室内环境一个引人注目的景点。如图9-6所示为别墅独立餐厅的装饰效果。

图9-5　餐厅

图9-6　厨房

3.卧室和卫生间

卧室主要有主卧室和次卧室，随着规模和档次的提高，相应增设佣人房、客人卧室等。大多数住宅设有3～4间卧室。如住宅是二层楼房，则卧室多设于二层。佣人房则宜设于底层，并与厨房靠近或连通。无论是否有佣人，在条件可能时，底层至少设一间卧室，既可作为客人卧室，也可供家中老人或其他成员上楼不方便时使用。如图9-7所示为别墅主卧室的装饰效果。

别墅或住宅的档次主要还反映在主卧上。主卧的面积应比较宽裕，有条件的还可在卧室中增加起居空间。主卧室一般应有独立的、设施完善的卫生间（一般包括坐式便池、洗脸台、淋浴器及浴盆四件基本设备）。浴室应力求天然采光，可采用天窗采光，也可将浴池布置在可以看到外景的地方。

底层的浴室窗户可开向私人的内院。盥洗室内往往设置化妆台，有的布置两个洗脸盆，夫妇可以同时使用。主卧室还应有较多的衣橱或衣柜，有些还带步入式衣橱。

两个或三个卧室可以使用一个卫生间，为了提高卫生间的使用效率，还可以将浴盆、洗脸台和厕所分隔成三个空间，同时供三个人使用。客房应有独立的卫生间，其中有浴盆、洗脸台、坐便器三件设备。佣人房也应有独立的卫生间，一般设脸盆和坐便器两件设备，或者再加一个淋浴器。如图9-8所示为别墅主卧室卫生间的装饰效果。

图9-7　卧室

图9-8　卫生间

4.门厅和楼梯间

别墅或住宅假如不单设门厅，多数是与楼梯间结合，也有的是与起居室结合。但不管是否专设门厅，均需考虑外出时的外衣更换、雨具存放、拖鞋更换以及整衣镜等有关设施的安置。

日本及北美的一些住宅往往在进门处的室内有一小块地面低一些，供换鞋之后再上一步台阶进入干净的地面。北方地区冬季寒冷，朝北的入口应设两道门。有的别墅或住宅设有辅助出入口，并多与厨房、佣人房、洗衣房等相连，这样一来，佣人的出入、杂务操作可避开前厅和客厅。如图9-9所示为别墅门厅的装饰效果。

楼梯的布置也因户主的习惯、爱好不同而有不同的模式。国外多数独立住宅的楼梯间相对独立，上下楼的客人出入不穿越客厅或起居室，可保障起居室或客厅的安宁；还有的设计是将楼梯置于起居室或客厅之中，使之成为一个景点，别有一番情趣。楼梯间的位置固然应考虑楼层上下出入的方便，但也需注意少占好朝向的空间，保障主要房间（如起居室、主要卧室等）有良好的朝向。由于别墅或独立住宅层高多在3米左右，往往采用一跑楼梯。这样的处理既可节省交通面积，又可以从入口门厅直上到二层的中心部位，很方便地通向四周的使用房间，是采用较多的一种方式。有时还采取弧形的一跑楼梯。如图9-10所示为别墅楼梯的装饰效果。

图9-9　门厅

图9-10　楼梯间

5.车库

汽车是户主必备之物。在我国普通住宅多数为一个车位，高档别墅则应考虑两个车位。车库存在的方式多种多样，须视地段的情况而定：一种是分离式，在院子的一个角落或入口处设一个单独的车库；另一种是与主体建筑在一起，或置于建筑的底层，或作为一侧的披屋；此外还有露天、半露天停车场。如图9-11所示为别墅车库的装饰效果。

6.其他功能用房

根据别墅或独立住宅的档次、规模、使用方式及习惯等因素的不同，还会设置各种不同用途的房间，如洗衣房、健身房、阳光室、娱乐室、书房、琴房等。洗衣房（或洗衣机）的设置有多种多样，有的靠近厨房或佣人房，操作方便；有的靠近车库，从外面回来时，把脏衣服往洗衣机里一丢再进入室内；有的住户不雇佣人，卧室及晒衣平台在上层时，为了便于操作，愿意把洗衣机放在楼上。如图9-12所示为别墅内健身房的装饰效果。

图9-11　车库

图9-12　健身房

9.3 绘制别墅地下室平面布置图

别墅的地下室主要为休闲娱乐以及储存物品的场所，在本例别墅的地下室中，设置了卡拉OK房，为住户提供日常休闲以及接待亲朋的场所；此外，分别为娱乐区和卧室区设置了卫生间，更贴切地设想到了人们的使用需求；酒窖提供了储藏佳酿的好场所；三个卧室的设计，可充当客房或者工人房，解决了人多时的住宿烦恼。

本节主要介绍别墅地下室平面布置图的绘制方法，主要指各功能区平面布置图的绘制。

9.3.1 绘制卡拉OK厅平面布置图

卡拉OK厅位于地下室的最里端，避开卧室区，既保证了卧室区的安静，又保有了卡拉OK室最佳的娱乐氛围。家庭设置卡拉OK厅，假如有足够的面积，可以仿效酒吧或者专门的卡拉OK厅的包厢来进行设计。别墅的面积较大，因此可以有足够的空间来设置卡拉OK厅。三面靠墙沙发的设置，可以满足多人在室内共同进行娱乐活动，另设休闲桌椅，可缓解由人多时产生的座位紧张问题。

本小节介绍卡拉OK厅墙体改动、书桌、贮藏柜以及音响等图形的绘制方法。

01 调用地下室原始结构图。按Ctrl+O组合键，打开第8章绘制的“别墅地下室原始结构图.dwg”文件，结果如图9-13所示。

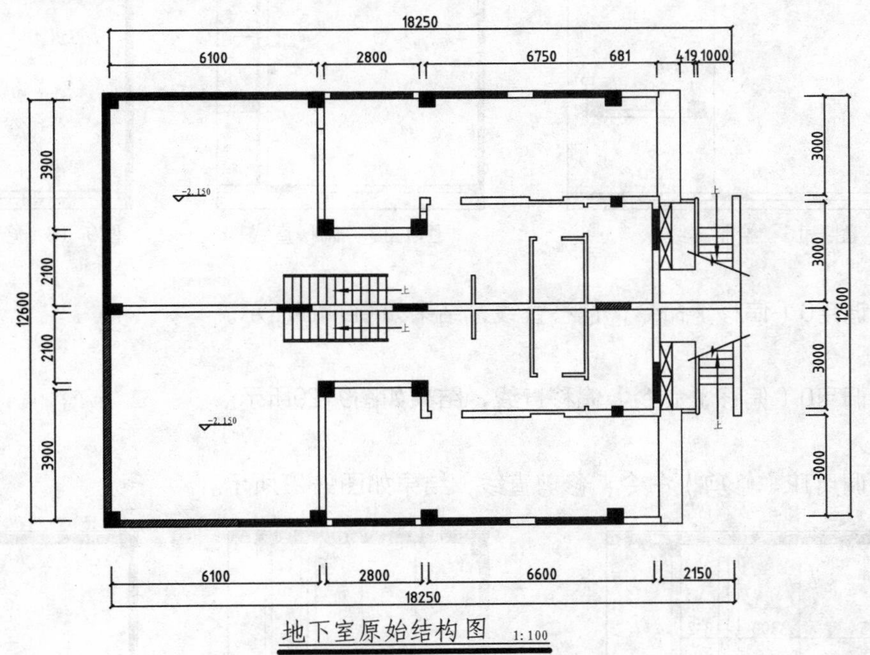

图9-13 地下室原始结构图

02 整理图形。调用E（删除）命令，删除原始结构图上的楼梯图形以及标高标注，结果如图9-14所示。

03 删除墙体。调用E（删除）命令，删除墙体图形，结果如图9-15所示。

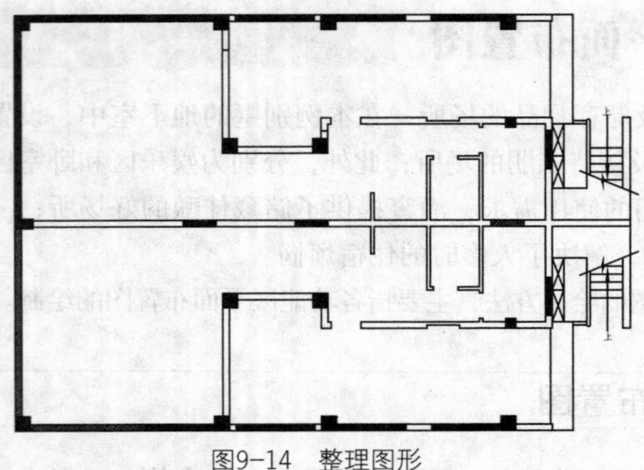

图9-14　整理图形

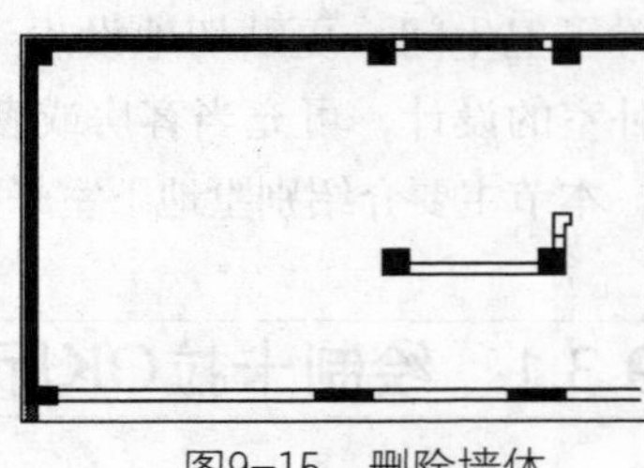

图9-15　删除墙体

04 绘制墙体。调用L（直线）命令，绘制直线，结果如图9-16所示。

05 调用O（偏移）命令，偏移直线，结果如图9-17所示。

06 调用TR（修剪）命令，修剪直线，结果如图9-18所示。

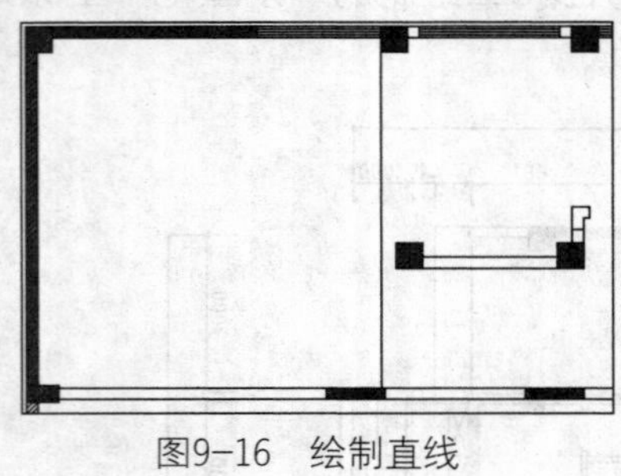

图9-16　绘制直线

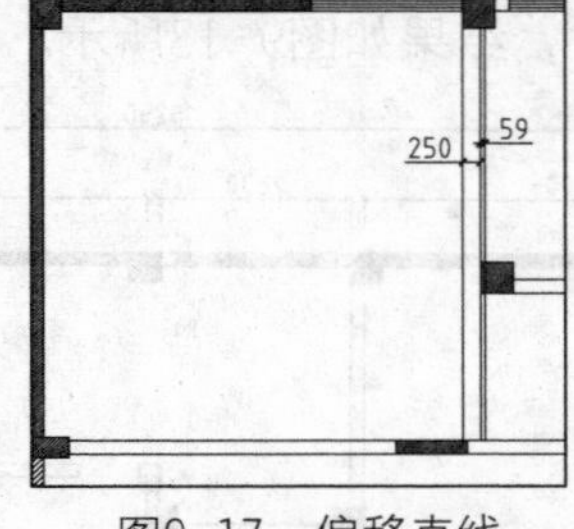

图9-17　偏移直线

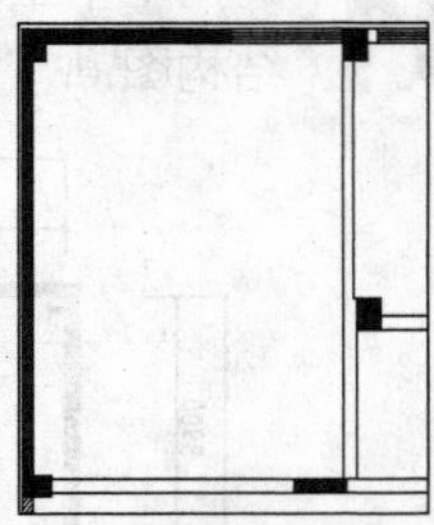

图9-18　修剪直线

07 调用O（偏移）命令，偏移直线，结果如图9-19所示。

08 调用O（偏移）命令，偏移直线，结果如图9-20所示。

09 调用TR（修剪）命令，修剪直线，结果如图9-21所示。

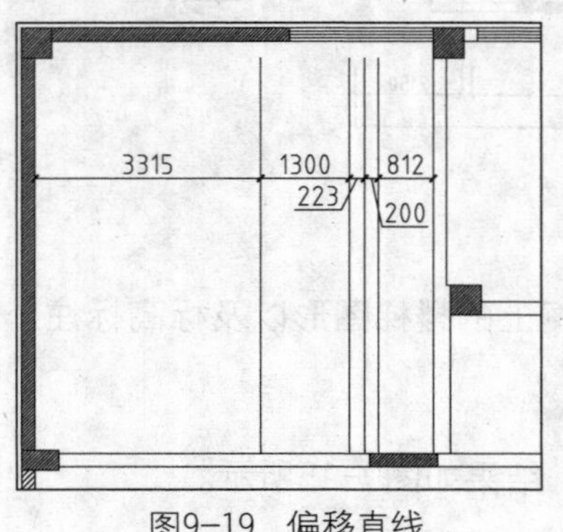

图9-19　偏移直线

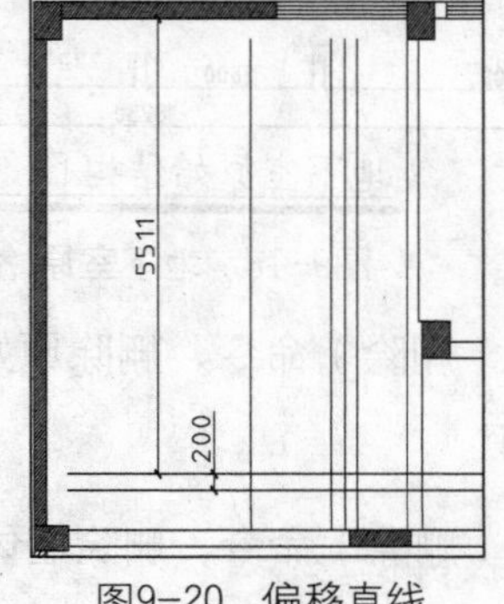

图9-20　偏移直线

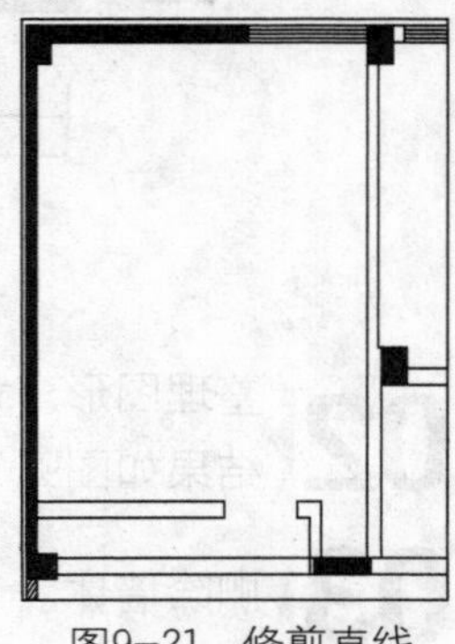

图9-21　修剪直线

10 删除墙体。调用E（删除）命令，删除墙体，结果如图9-22所示。

11 绘制书桌。调用REC（矩形）命令，绘制矩形，结果如图9-23所示。

12 绘制贮藏柜。调用L（直线）命令，绘制直线，结果如图9-24所示。

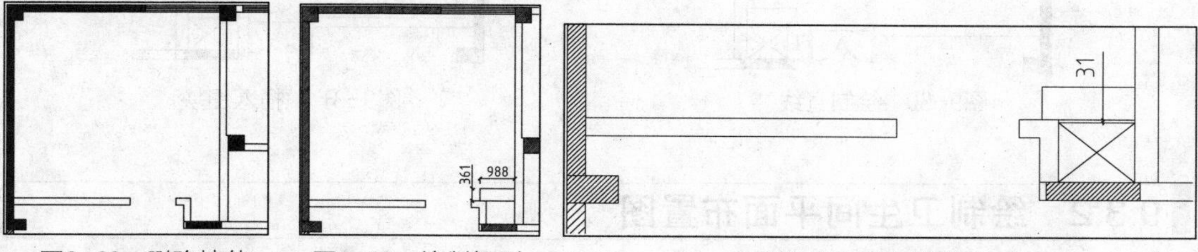

图9-22　删除墙体　　图9-23　绘制矩形　　图9-24　绘制直线

13 绘制音响。调用REC（矩形）命令，绘制尺寸为301×316的矩形，结果如图9-25所示。

14 调用L（直线）命令，在矩形内部绘制对角线，结果如图9-26所示。

15 绘制双开门。调用REC（矩形）命令，绘制尺寸为650×50的矩形，结果如图9-27所示。

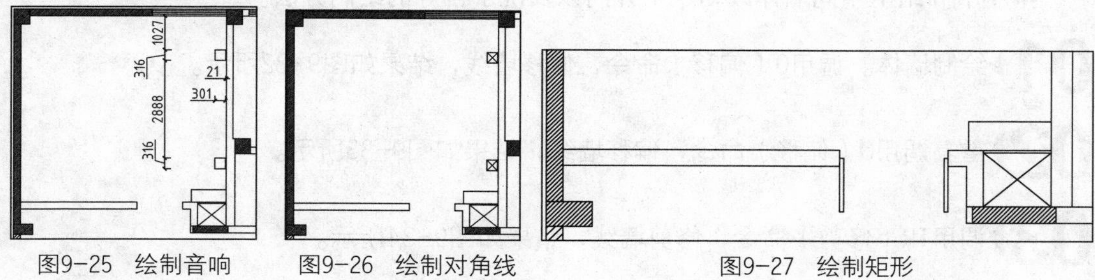

图9-25　绘制音响　　图9-26　绘制对角线　　图9-27　绘制矩形

16 绘制门口线。调用L（直线）命令，绘制直线，结果如图9-28所示。

17 调用A（圆弧）命令，绘制圆弧，结果如图9-29所示。

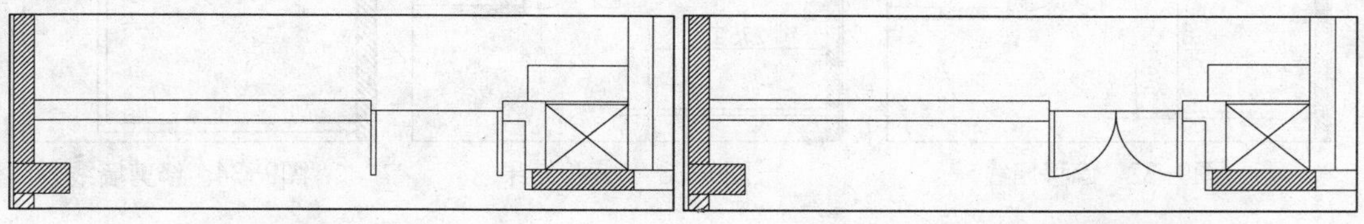

图9-28　绘制直线　　图9-29　绘制圆弧

18 绘制电视柜。调用L（直线）命令，在音响图形之间绘制直线，结果如图9-30所示。

19 插入图块。按Ctrl+O组合键，打开配套光盘提供的“第9章\家具图例.dwg”文件，将其中的转角沙发、休闲桌椅等图形复制粘贴至当前图形中，结果如图9-31所示。

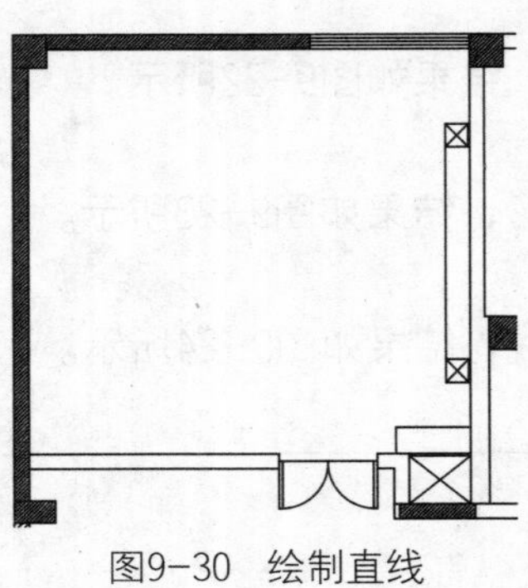
图9-30 绘制直线

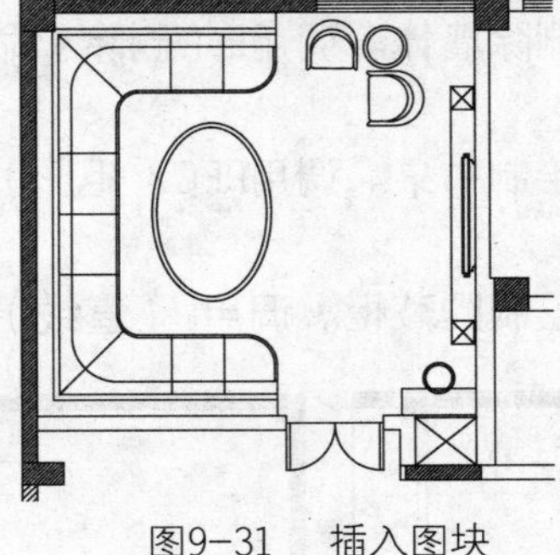
图9-31 插入图块

9.3.2 绘制卫生间平面布置图

卫生间一般包括洗浴、如厕以及盥洗功能。通常家庭卫生间都将这三个功能共同设置在卫生间之内，有的家庭也将盥洗功能区即洗脸盆设置在洗手间的门外，起到了节约时间以及方便使用的目的。若将这三个功能区进行分隔，可以同时提供三个人使用，则可大大节省使用时间。

此种设置方法一般适用于面积较大的卫生间，假如卫生间面积过小，在各功能区之间设置屏障，则会导致使用面积的减少，造成使用上的麻烦。

本小节介绍卫生间墙体改动、平开门以及洗手台等的绘制方法。

01 绘制墙体。调用O（偏移）命令，偏移墙线，结果如图9-32所示。

02 重复调用O（偏移）命令，偏移墙线，结果如图9-33所示。

03 调用TR（修剪）命令，修剪墙线，结果如图9-34所示。

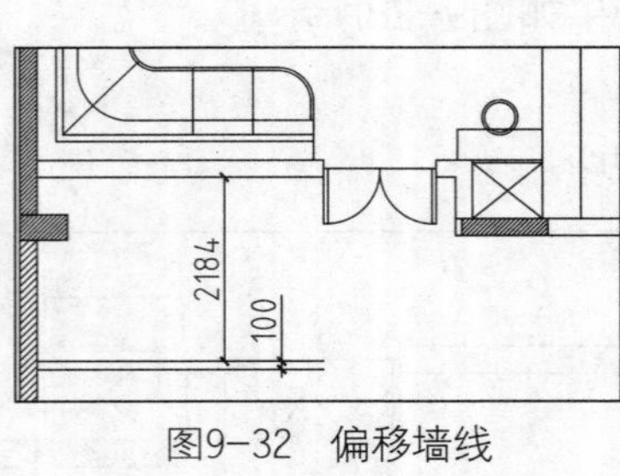

图9-32 偏移墙线

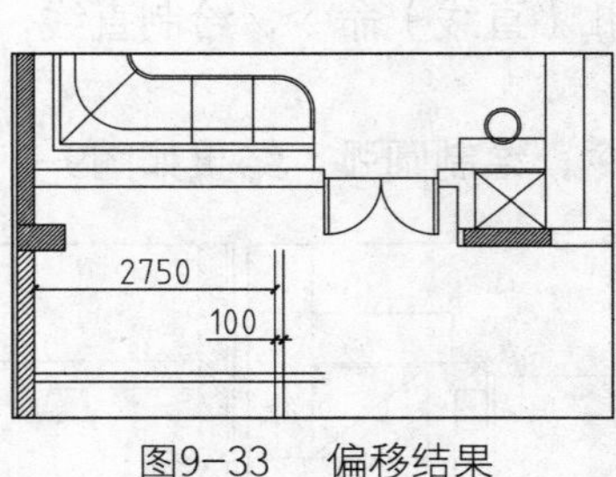

图9-33 偏移结果

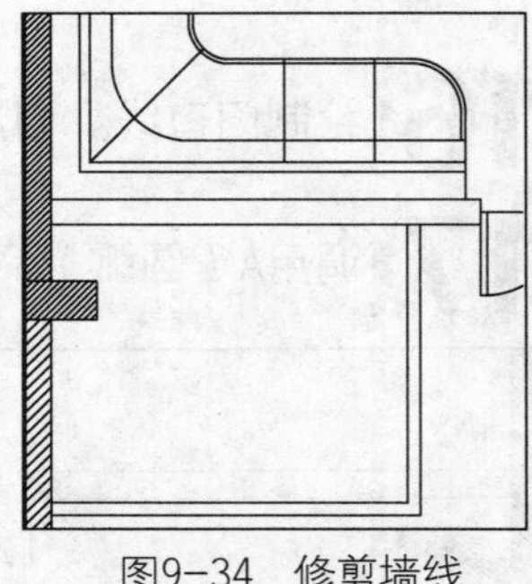
图9-34 修剪墙线

04 调用O（偏移）命令，偏移墙线，结果如图9-35所示。

05 绘制门洞。调用TR（修剪）命令，修剪墙线，结果如图9-36所示。

06 绘制门口线。调用L（直线）命令，绘制直线，结果如图9-37所示。

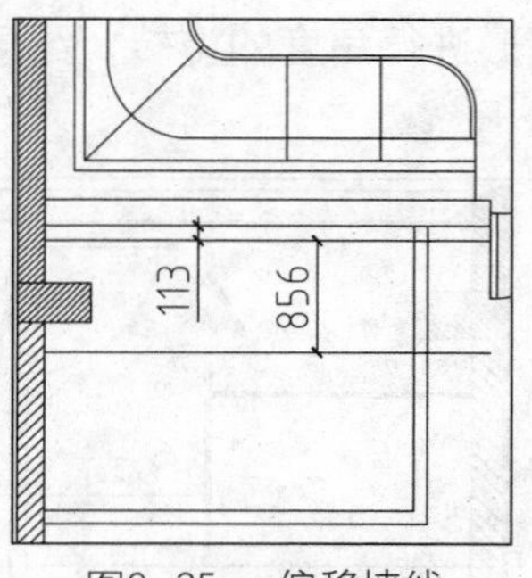

图9-35 偏移墙线

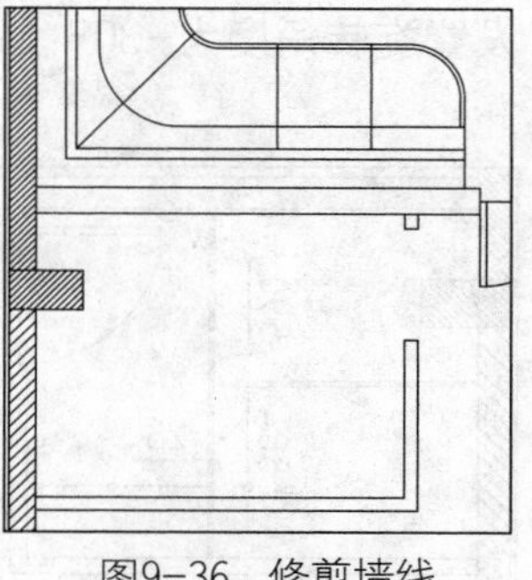

图9-36 修剪墙线

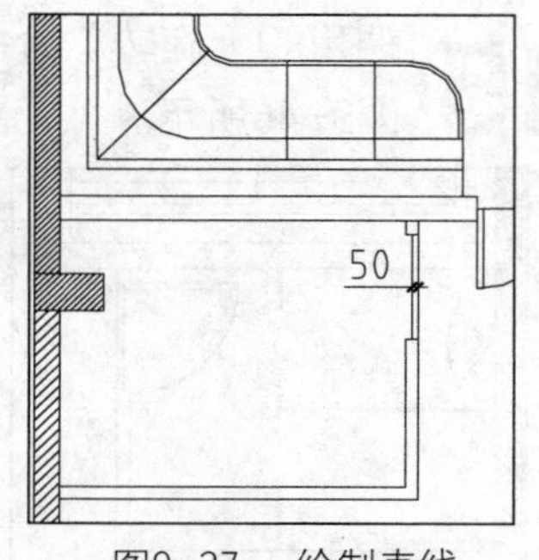

图9-37 绘制直线

07 绘制平开门。调用REC（矩形）命令，绘制尺寸为856×50的矩形；调用A（圆弧）命令，绘制圆弧，结果如图9-38所示。

08 绘制洗手台。调用REC（矩形）命令，绘制尺寸为1110×446的矩形，结果如图9-39所示。

09 绘制洗浴间和卫生间隔墙。调用O（偏移）命令，偏移墙线，结果如图9-40所示。

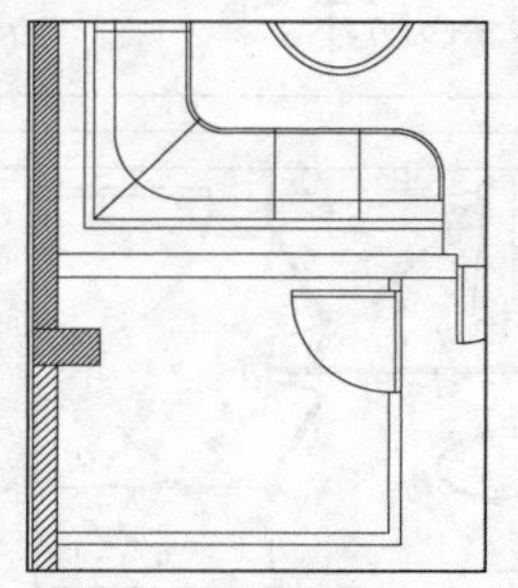

图9-38 绘制平开门

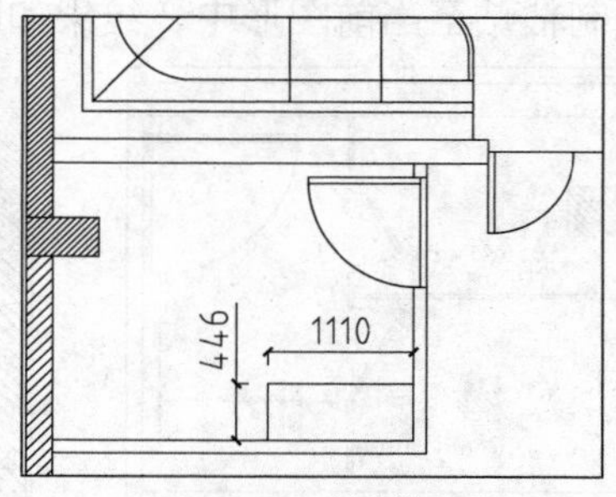

图9-39 绘制矩形

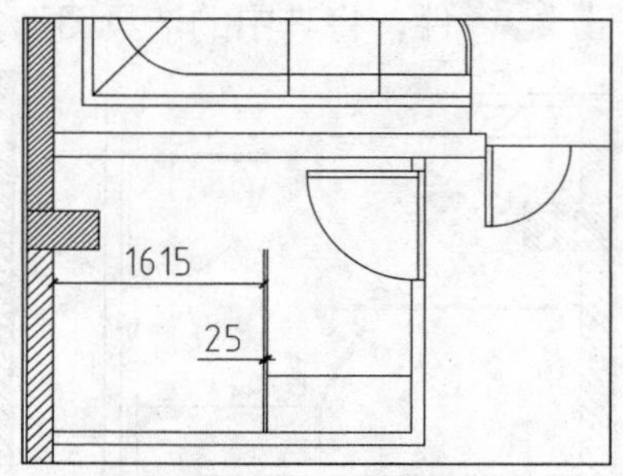

图9-40 偏移墙线

10 重复调用O（偏移）命令，偏移墙线，结果如图9-41所示。

11 调用TR（修剪）命令，修剪墙线，结果如图9-42所示。

12 绘制门洞。调用O（偏移）命令，偏移墙线，结果如图9-43所示。

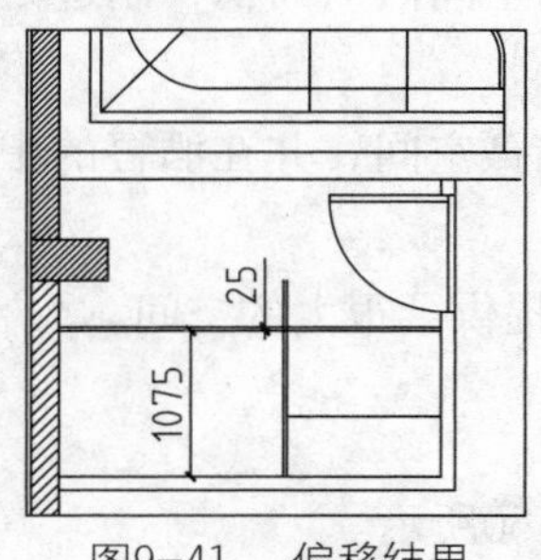

图9-41 偏移结果

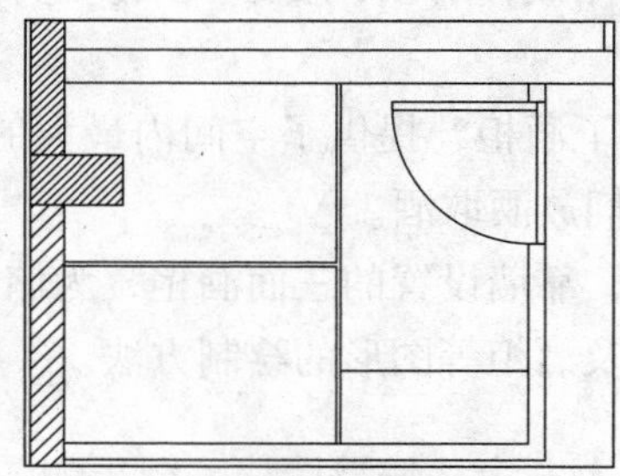

图9-42 修剪墙线

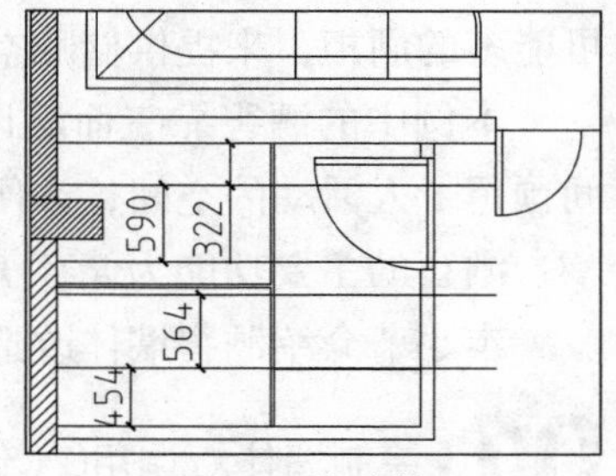

图9-43 偏移结果

13 调用TR（修剪）命令，修剪墙线，结果如图9-44所示。

14 绘制平开门。调用REC（矩形）命令，分别绘制尺寸为590×25、564×25的矩形，结果如图9-45所示。

15 调用RO（旋转）命令，设置旋转角度为-30°，对矩形进行角度的旋转，结果如图9-46所示。

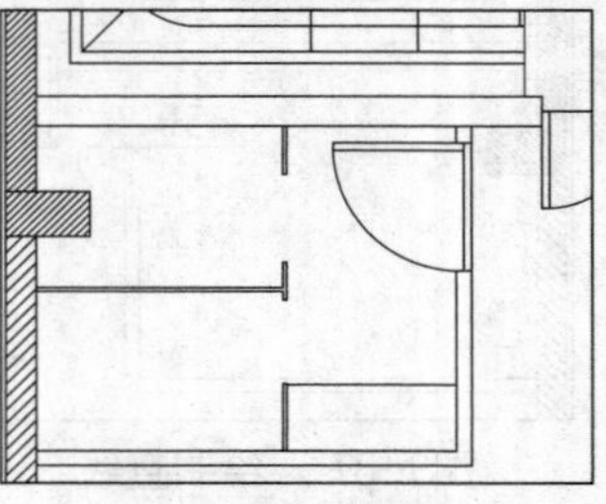

图9-44　修剪墙线

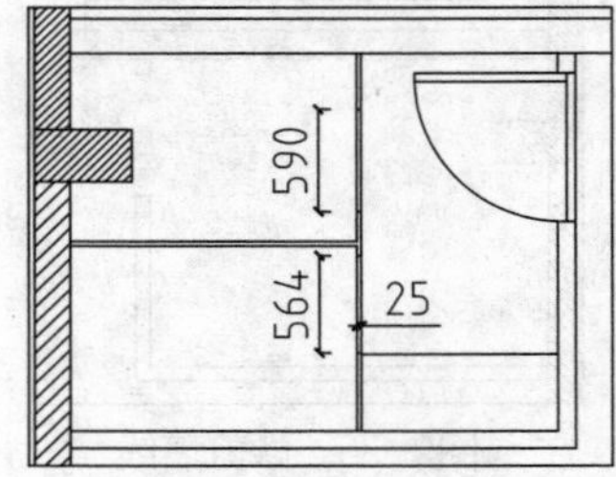

图9-45　绘制矩形

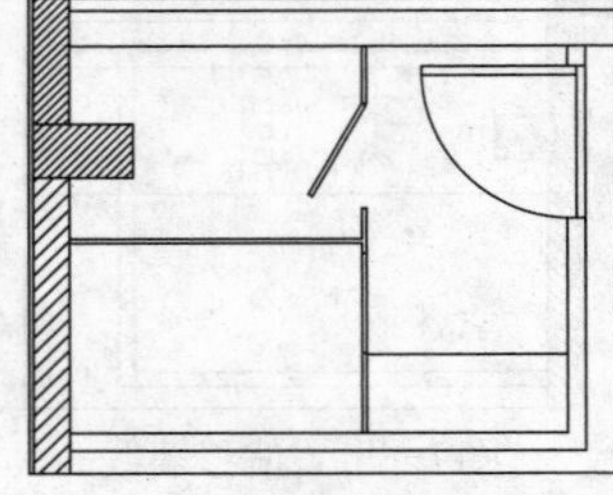

图9-46　旋转结果

16 重复调用RO（旋转）命令，设置旋转角度为30°，对矩形进行角度的旋转，结果如图9-47所示。

17 调用A（圆弧）命令，绘制圆弧，结果如图9-48所示。

18 插入图块。按Ctrl+O组合键，打开配套光盘提供的“第9章\家具图例.dwg”文件，将其中的洁具图形复制粘贴至当前图形中，结果如图9-49所示。

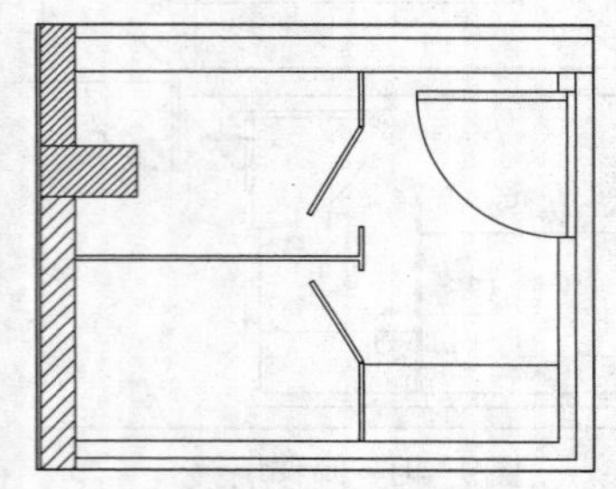

图9-47　旋转图形

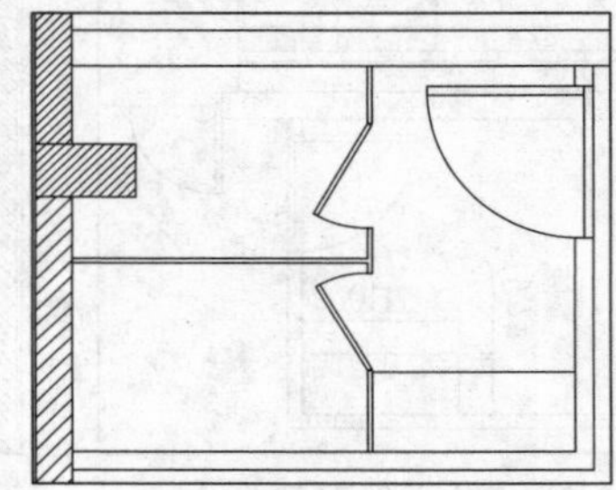

图9-48　绘制圆弧

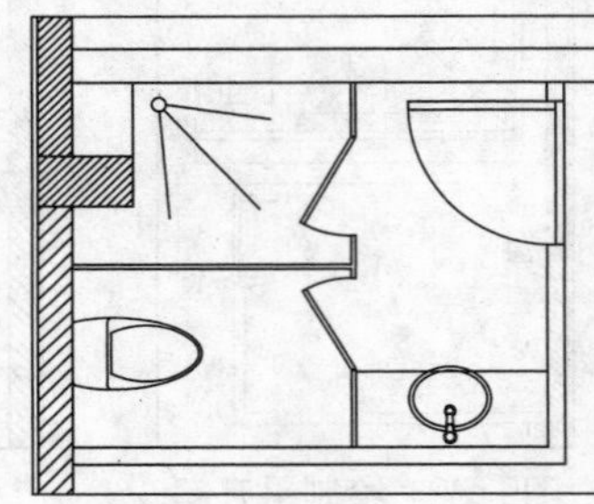

图9-49　插入图块

9.3.3　绘制酒窖平面图

别墅内设置酒窖似乎已成为一种时尚，主人如若不喜饮酒，也会在酒窖内储藏美酒以供款待亲友。酒窖的功能就是储藏，所以，要最大限度地利用空间内的面积，制造尽可能多的酒柜，来提供储藏空间。

本例中的酒窖靠三面墙设置了酒柜，提供了空间内最大的储藏空间，并在酒窖的中间预留了人活动的空间，方便人们放酒取酒。

酒窖的主要功能为储存美酒，靠墙设置的三面酒柜，为储酒提供了很大的空间。

本小节介绍酒窖墙体改造以及酒柜等图形的绘制方法。

01 绘制墙体。调用O（偏移）命令，偏移墙线，结果如图9-50所示。

02 调用EX（延伸）命令，延伸墙线；调用TR（修剪）命令，修剪墙线，结果如图9-51所示。

03 绘制门洞。调用O（偏移）命令，偏移墙线，结果如图9-52所示。

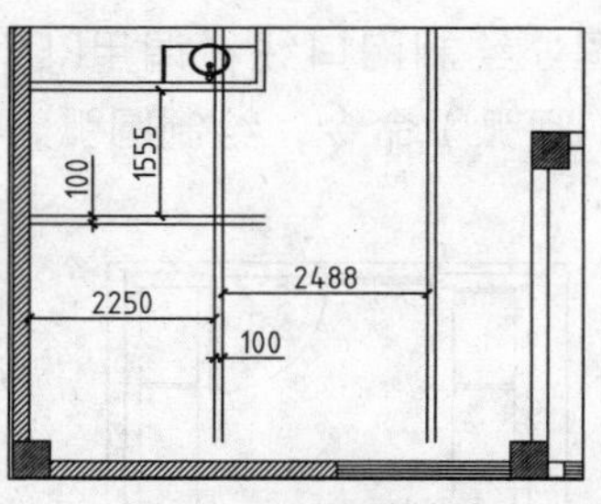

图9-50　偏移墙线

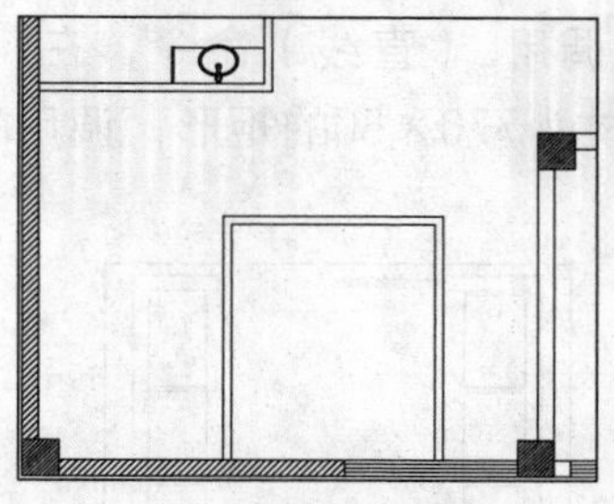
图9-51　修剪墙线

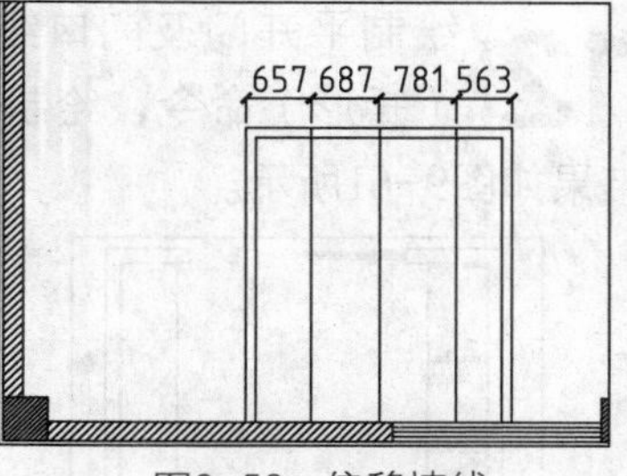

图9-52　偏移墙线

04 调用TR（修剪）命令，修剪墙线，结果如图9-53所示。

05 绘制窗户图形。调用O（偏移）命令，设置偏移距离为25，向内偏移墙线，结果如图9-54所示。

06 调用TR（修剪）命令，修剪墙线，结果如图9-55所示。

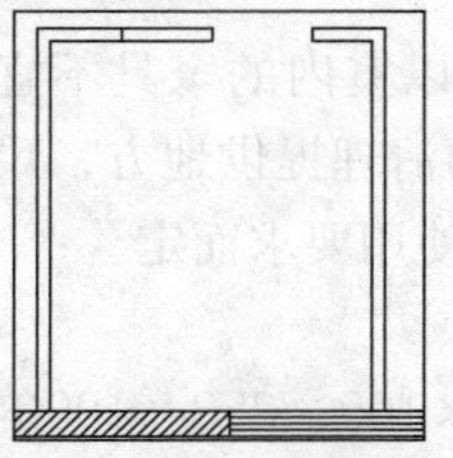
图9-53　修剪墙线

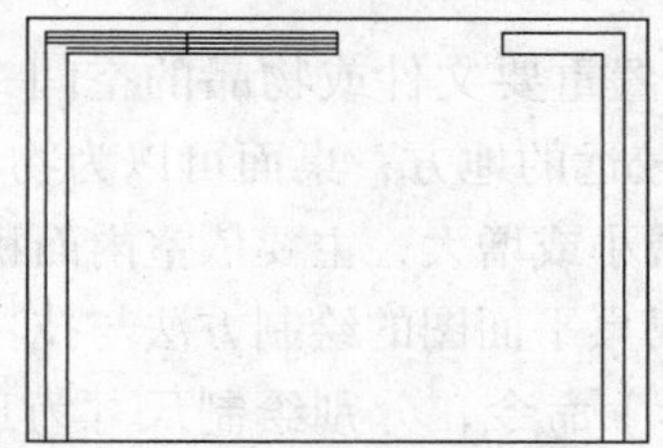
图9-54　偏移墙线

图9-55　修剪墙线

07 绘制酒柜。调用O（偏移）命令，偏移墙线，结果如图9-56所示。

08 调用TR（修剪）命令，修剪墙线，结果如图9-57所示。

09 绘制酒柜隔板。调用O（偏移）命令，偏移墙线，结果如图9-58所示。

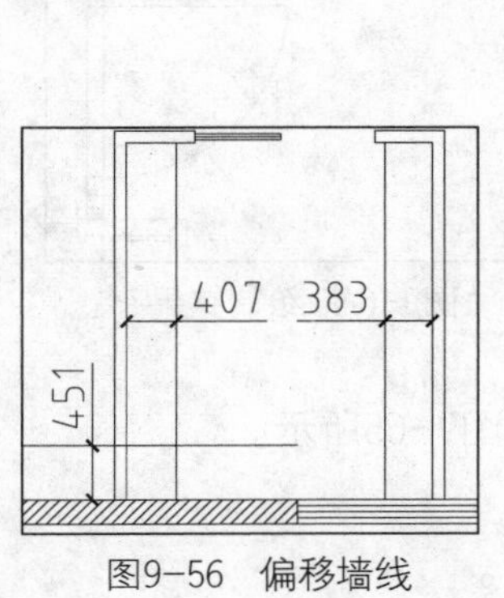

图9-56　偏移墙线

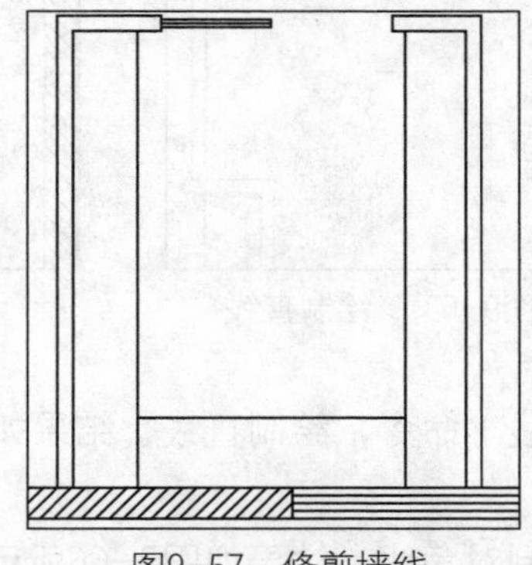
图9-57　修剪墙线

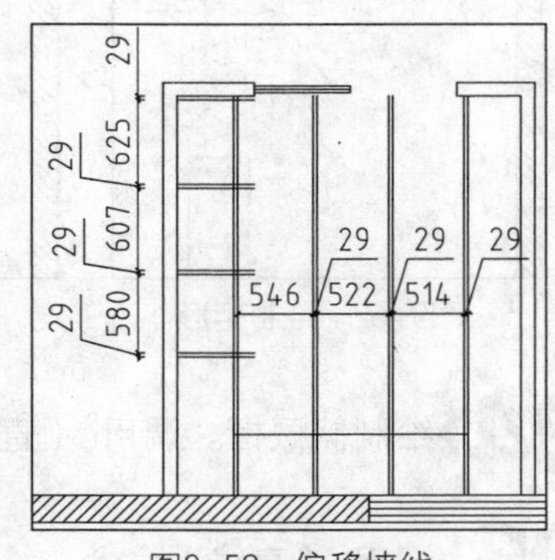

图9-58　偏移墙线

10 调用TR（修剪）命令，修剪墙线，结果如图9-59所示。

11 调用MI（镜像）命令，镜像复制酒柜隔板图形，结果如图9-60所示。

12 绘制平开门及门口线。调用L（直线）命令，在门洞处绘制门口线；调用REC（矩形）命令，绘制尺寸为770×50的矩形；调用A（圆弧）命令，绘制圆弧，结果如图9-61所示。

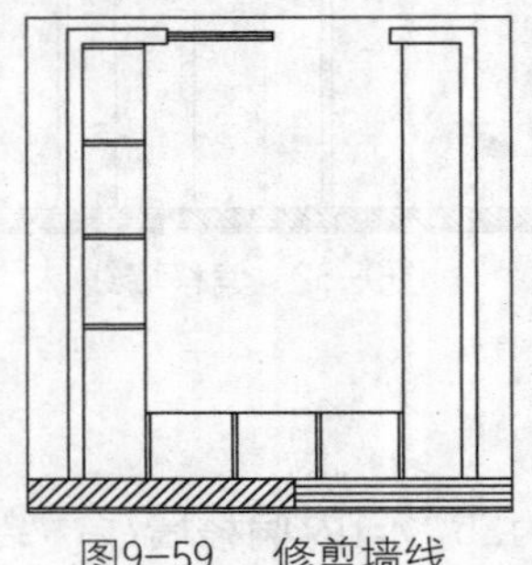

图9-59　修剪墙线

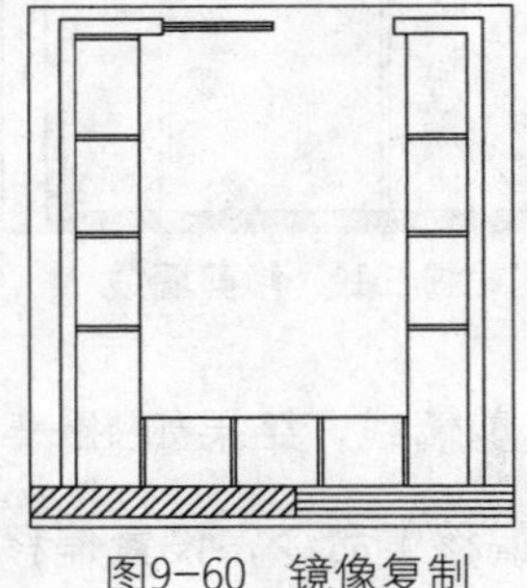

图9-60　镜像复制

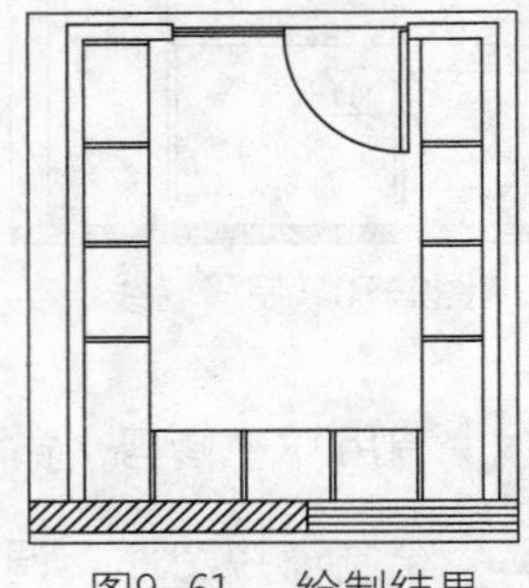

图9-61　绘制结果

9.3.4　绘制机密室平面布置图

机密室是为主人单独设置的放置重要文件或物品的空间，所以室内的家具不宜过多。必要的储存柜可以设置在离门较远的地方，桌面可以为物品的清理提供地方，尺寸同普通的书桌大小即可，也可酌情减小或增大，主要依室内面积和使用要求而定。

本小节介绍机密室储藏柜以及书桌平面图的绘制方法与技巧。

01 绘制墙体。调用REC（矩形）命令，分别绘制尺寸为197×100、258×100的矩形，结果如图9-62所示。

02 绘制门口线。调用L（直线）命令，绘制直线，结果如图9-63所示。

03 绘制平开门。调用REC（矩形）命令，分别绘制尺寸为1100×50的矩形，调用A（圆弧）命令，绘制圆弧，结果如图9-64所示。

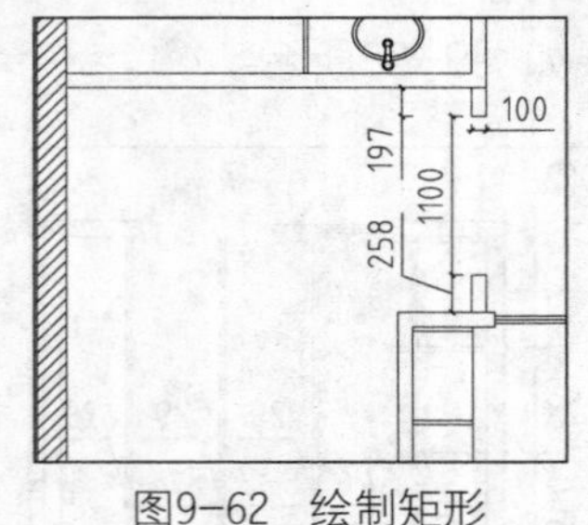

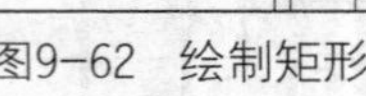

图9-62　绘制矩形

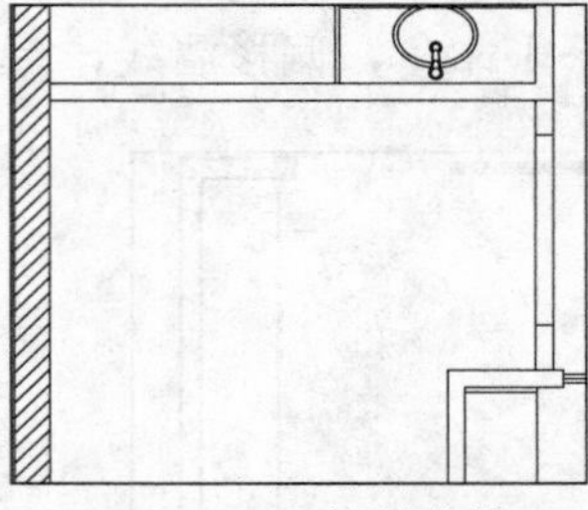

图9-63　绘制直线

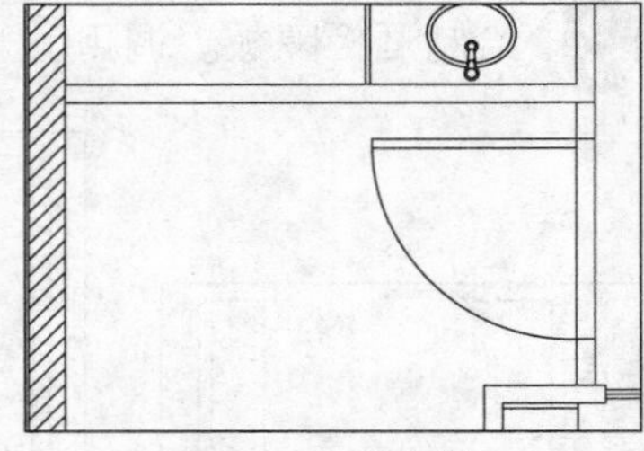

图9-64　绘制结果

04 绘制储藏柜。调用L（直线）命令，绘制直线，结果如图9-65所示。

05 调用L（直线）命令，绘制对角线，结果如图9-66所示。

06 绘制桌面。调用L（直线）命令，绘制直线，结果如图9-67所示。

07 插入图块。按Ctrl+O组合键，打开配套光盘提供的“素材\第9章\家具图例.dwg”文件，将其中的桌椅图形复制粘贴至当前图形中，结果如图9-68所示。

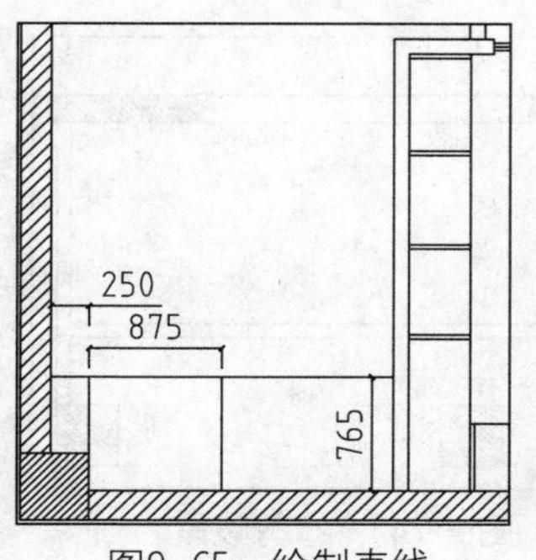

图9-65 绘制直线

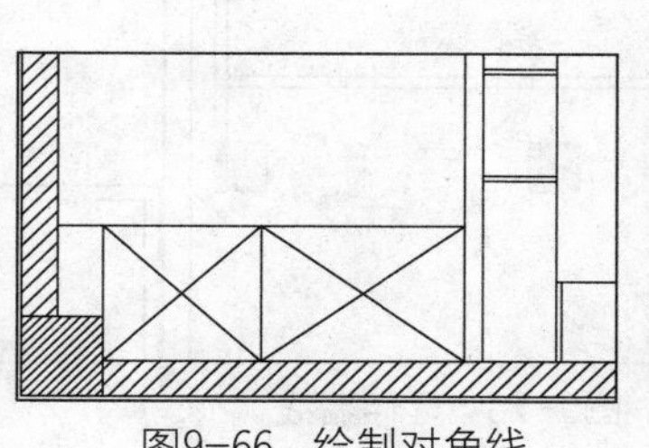
图9-66 绘制对角线

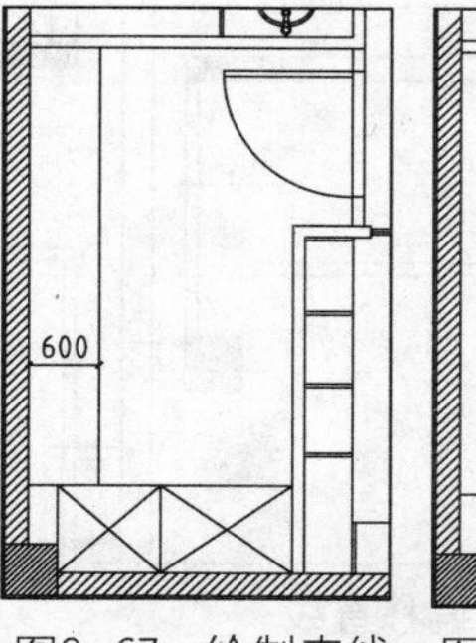

图9-67 绘制直线

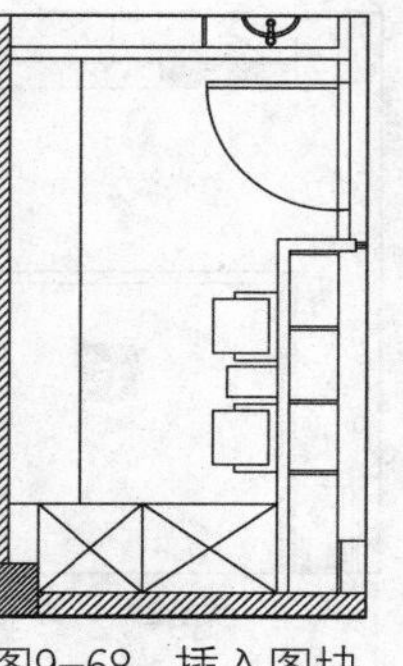
图9-68 插入图块

9.3.5 绘制客房平面布置图

为客人专门设置的客房应该配备基本的生活设施，如床、衣柜等，以满足客人的基本需求。本例中由于客房的面积较大，所以倚墙设置了转角衣柜，最大限度地满足储存需求。此外，衣柜区域做抬高处理，与休息区相区分，增加地面层次，达到装饰效果。平开门旁边的置物柜不但充分利用了室内空间，而且也为进门时放置物品提供了方便。

本小节介绍客房墙体改造、衣柜以及置物柜的绘制方法与技巧。

01 修剪墙体。调用E（删除）命令，删除多余墙体，结果如图9-69所示。

02 绘制墙体。调用O（偏移）命令，偏移墙线，结果如图9-70所示。

03 调用F（圆角）命令，设置圆角半径为0，对偏移的墙线进行圆角处理，结果如图9-71所示。

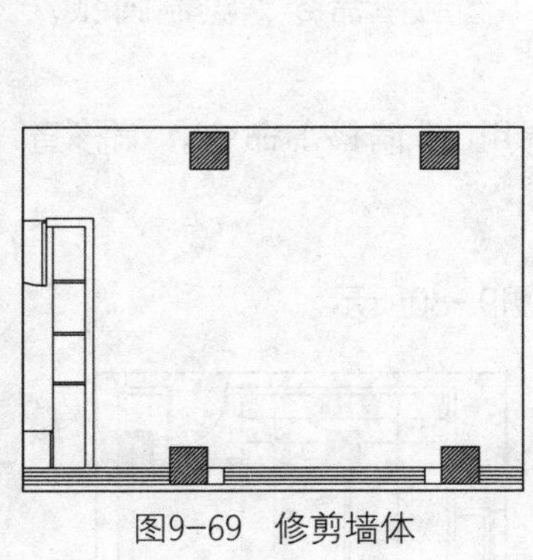
图9-69 修剪墙体

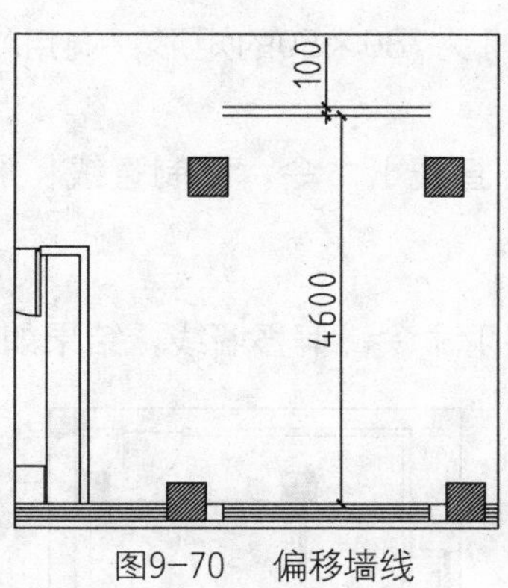

图9-70 偏移墙线

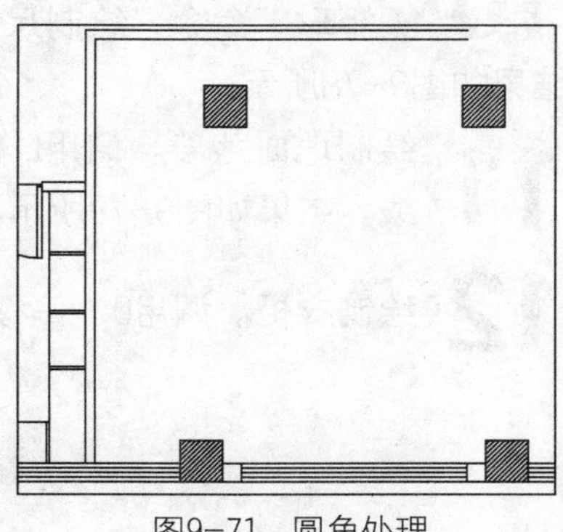
图9-71 圆角处理

04 绘制墙体。调用L（直线）命令，绘制直线；调用O（偏移）命令，偏移直线，结果如图9-72所示。

05 调用EX（延伸）命令，延伸墙线，结果如图9-73所示。

06 调用TR（修剪）命令，修剪线段，结果如图9-74所示。

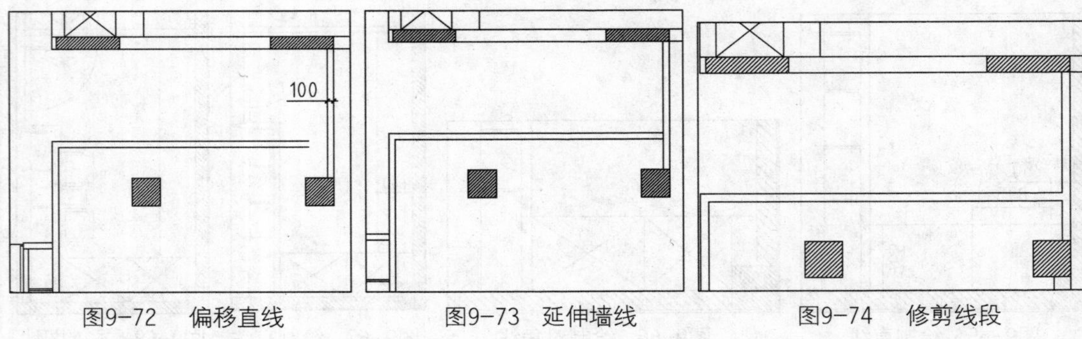

图9-72　偏移直线　　图9-73　延伸墙线　　图9-74　修剪线段

07 绘制门洞。调用O（偏移）命令，偏移线段，结果如图9-75所示。

08 调用EX（延伸）命令，延伸线段，结果如图9-76所示。

09 调用TR（修剪）命令，修剪线段，结果如图9-77所示。

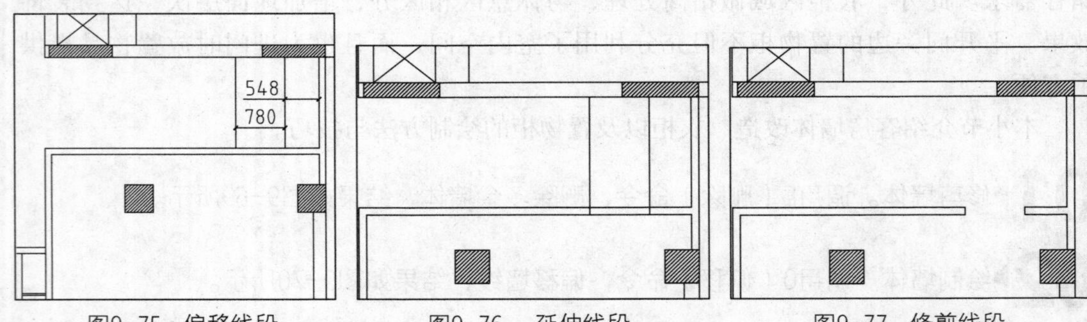

图9-75　偏移线段　　图9-76　延伸线段　　图9-77　修剪线段

10 绘制平开门及门口线。调用L（直线）命令，在门洞处绘制门口线；调用REC（矩形）命令，绘制尺寸为780×50的矩形；调用A（圆弧）命令，绘制圆弧，结果如图9-78所示。

11 绘制地面落差。调用L（直线）命令，绘制直线；调用O（偏移）命令，偏移直线，结果如图9-79所示。

12 绘制衣柜。调用O（偏移）命令，偏移墙线，结果如图9-80所示。

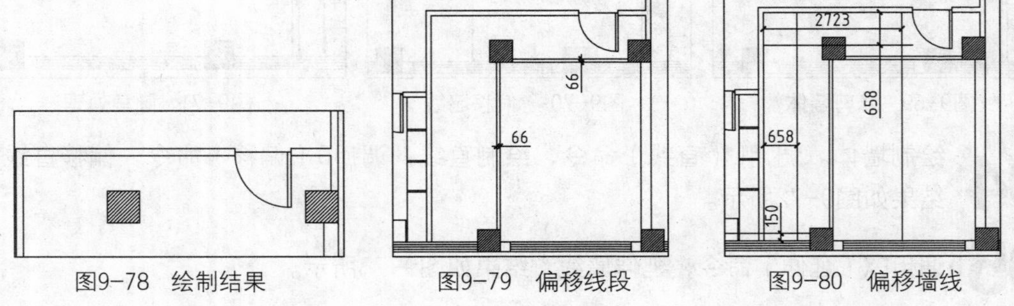

图9-78　绘制结果　　图9-79　偏移线段　　图9-80　偏移墙线

13 调用F（圆角）命令，设置圆角半径为0，对偏移的墙线进行圆角处理，结果如图9-81所示。

14 绘制衣柜隔板。调用O（偏移）命令，偏移线段，结果如图9-82所示。

15 调用F（圆角）命令，设置圆角半径为0，对偏移的线段进行圆角处理，结果如图9-83所示。

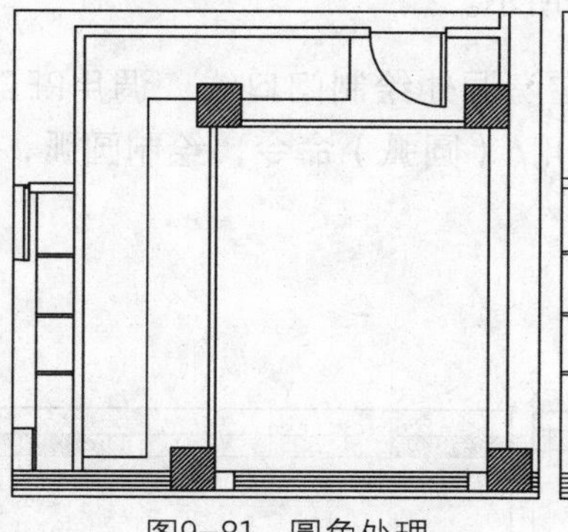
图9-81 圆角处理

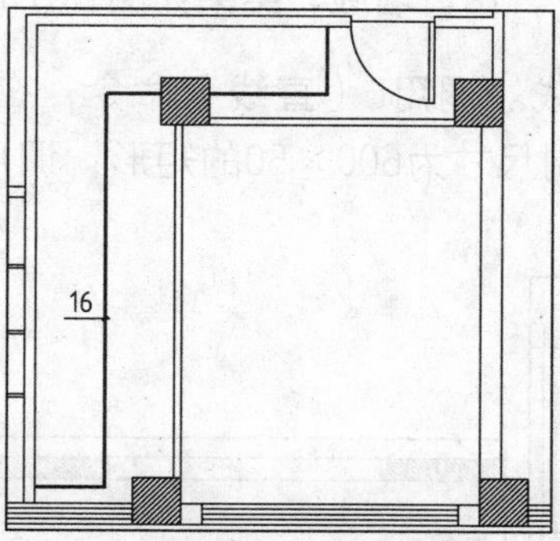

图9-82 偏移线段

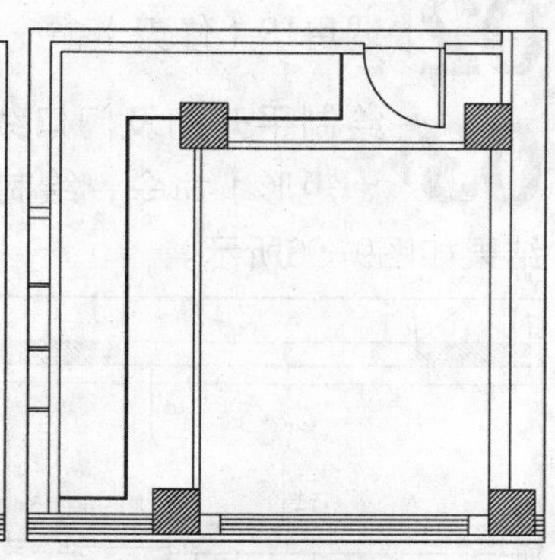
图9-83 圆角处理

16 调用L（直线）命令，绘制直线，结果如图9-84所示。

17 绘制置物柜。调用L（直线）命令，绘制直线；调用O（偏移）命令，偏移直线，结果如图9-85所示。

18 调用L（直线）命令，绘制对角线，结果如图9-86所示。

19 插入图块。按Ctrl+O组合键，打开配套光盘提供的“素材\第9章\家具图例.dwg”文件，将其中的衣架、双人床图块复制粘贴至当前图形中，结果如图9-87所示。

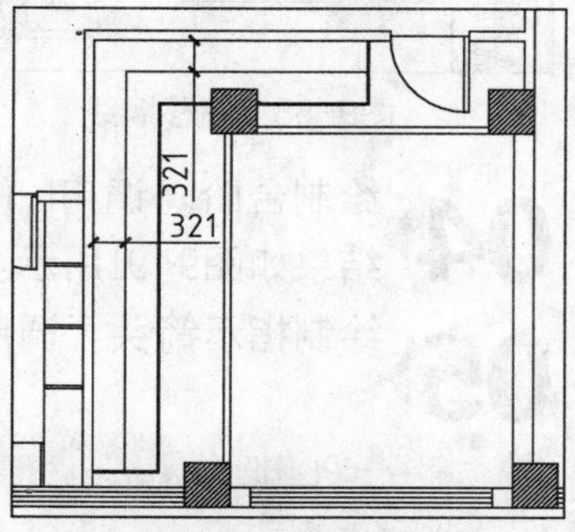

图9-84 绘制直线

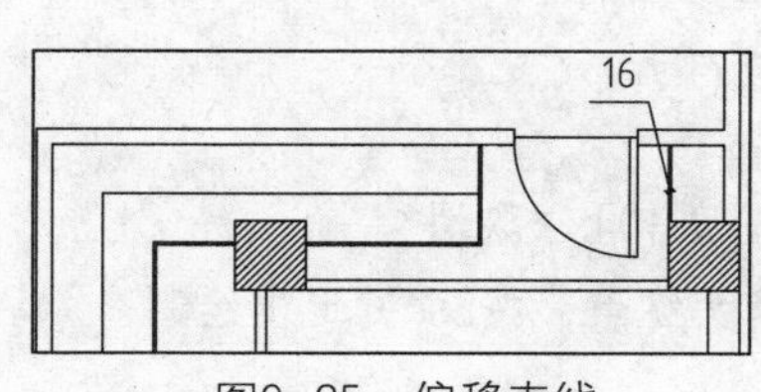

图9-85 偏移直线

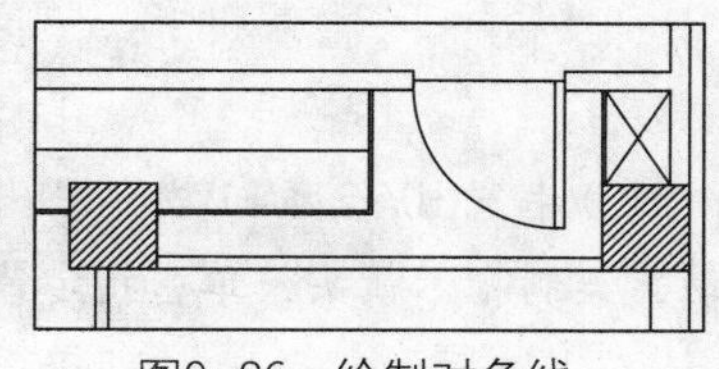
图9-86 绘制对角线

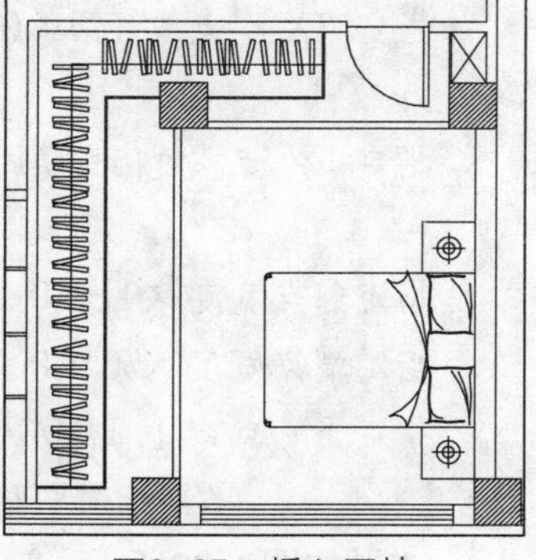
图9-87 插入图块

9.3.6 绘制过道、楼梯平面图

过道和楼梯是联系室内各功能区之间的交通区域，因此，基于最优行走路线来确定过道以及楼梯的位置很有必要。本例中将楼梯的位置进行更改，拓宽了通道的面积，为人们行走提供足够的空间。楼梯则统一移至到过道的上方，减小楼梯面积以充分利用室内空间。在楼梯下方设置鞋柜，为出入时换鞋提供了便利。

本小节介绍过道台阶以及楼梯改造平面图的绘制方法。

01 绘制门洞。调用O（偏移）命令，偏移墙线，结果如图9-88所示。

02 调用TR（修剪）命令，修剪墙线，结果如图9-89所示。

03 绘制平开门及门口线。调用L（直线）命令，在门洞处绘制门口线；调用REC（矩形）命令，绘制尺寸为600×50的矩形；调用A（圆弧）命令，绘制圆弧，结果如图9-90所示。

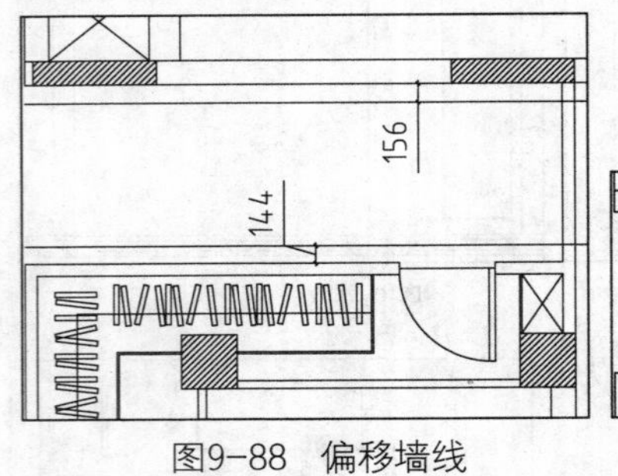

图9-88 偏移墙线

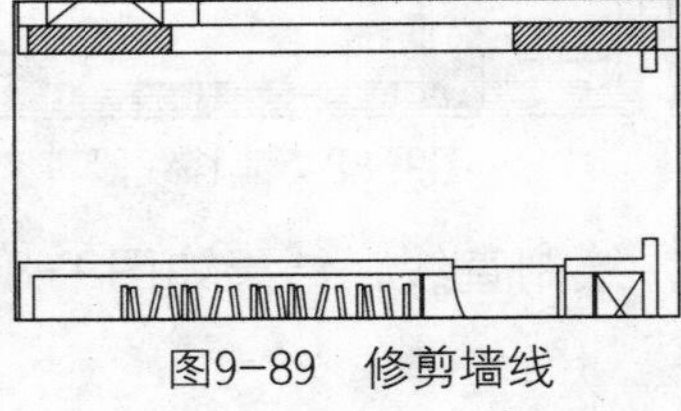
图9-89 修剪墙线

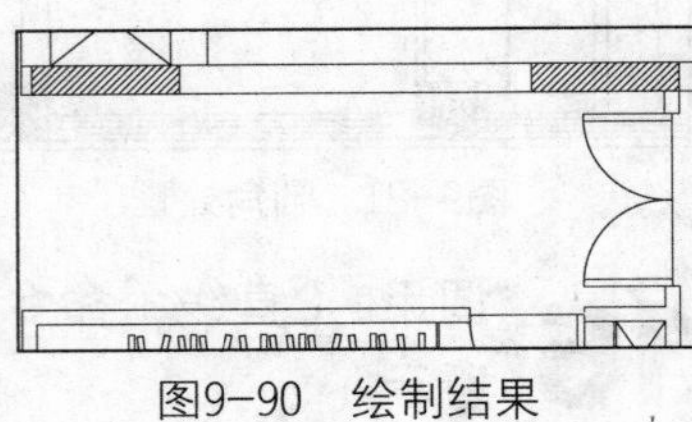
图9-90 绘制结果

04 绘制台阶。调用L（直线）命令，绘制直线；调用O（偏移）命令，偏移直线，结果如图9-91所示。

05 绘制指示箭头。调用PL（多段线）命令，命令行提示如下：

```
命令：PLINE↙
指定起点:                    //指定多段线的起点
当前线宽为 0
指定下一个点或 [圆弧(A)/半宽(H)/长度(L)/放弃(U)/宽度(W)]:
                             //指定多段线的下一个点
指定下一点或 [圆弧(A)/闭合(C)/半宽(H)/长度(L)/放弃(U)/宽度(W)]: W
                             //输入W选择"宽度"选项
指定起点宽度 <0>: 50
指定端点宽度 <50>: 0
指定下一点或 [圆弧(A)/闭合(C)/半宽(H)/长度(L)/放弃(U)/宽度(W)]: *取消*
          //鼠标向左移动，绘制指示箭头，单击指定箭头终点，按Esc键退出绘制。
```

结果如图9-92所示。

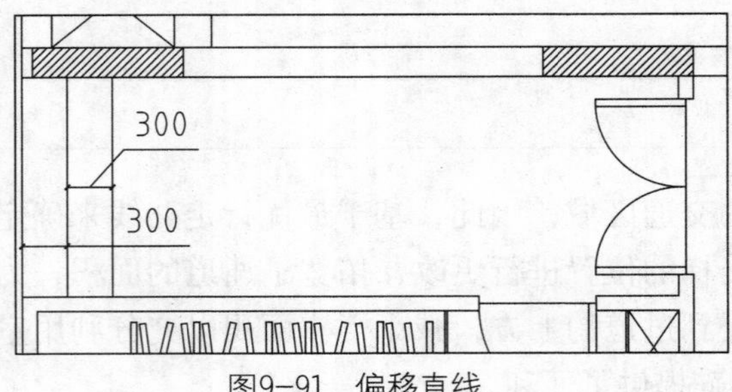

图9-91 偏移直线

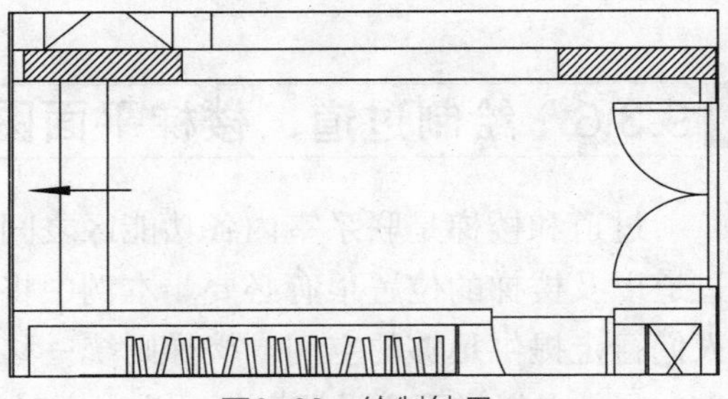
图9-92 绘制结果

06 标注文字。调用MT（多行文字）命令，绘制多行文字，结果如图9-93所示。

07 删除墙体。调用E（删除）命令，删除多余墙体，结果如图9-94所示。

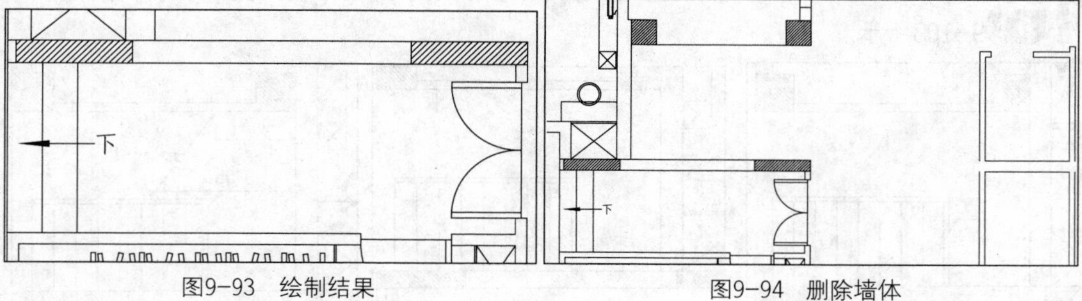

图9-93 绘制结果　　图9-94 删除墙体

08 绘制墙体。调用O（偏移）命令，偏移墙线，结果如图9-95所示。

09 绘制楼梯轮廓。调用O（偏移）命令，偏移墙线，结果如图9-96所示。

10 调用TR（修剪）命令，修剪线段，结果如图9-97所示。

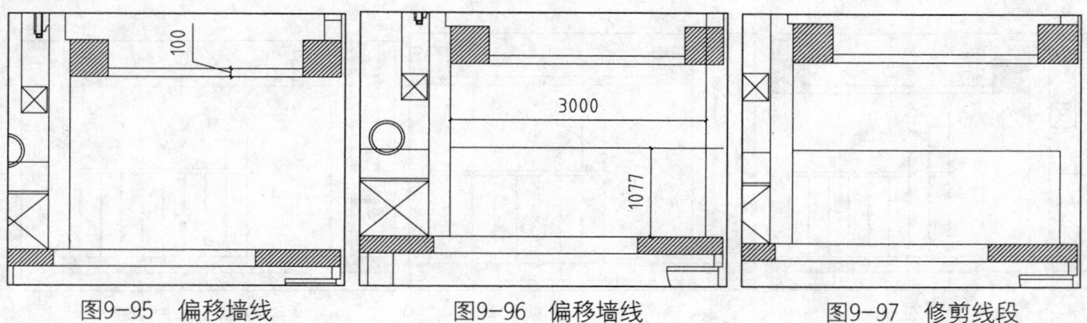

图9-95 偏移墙线　　图9-96 偏移墙线　　图9-97 修剪线段

11 绘制栏杆。调用O（偏移）命令，偏移线段，结果如图9-98所示。

12 绘制踏步。调用O（偏移）命令，偏移线段，结果如图9-99所示。

13 调用TR（修剪）命令，修剪线段，结果如图9-100所示。

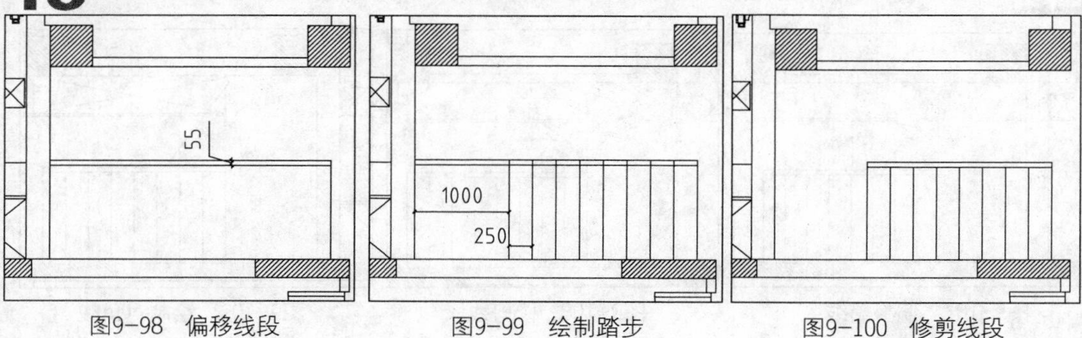

图9-98 偏移线段　　图9-99 绘制踏步　　图9-100 修剪线段

AutoCAD全套室内图纸绘制项目流程（完美表现）

14 调用O（偏移）命令，偏移线段，结果如图9-101所示。

15 调用EX（延伸）命令，延伸线段；调用TR（修剪）命令，修剪线段，结果如图9-102所示。

16 楼梯剖断表示的绘制方法。调用PL（多段线）命令，绘制多段线，结果如图9-103所示。

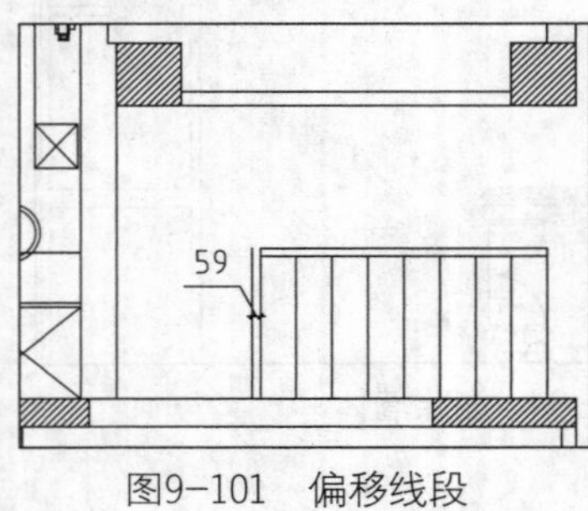

图9-101 偏移线段

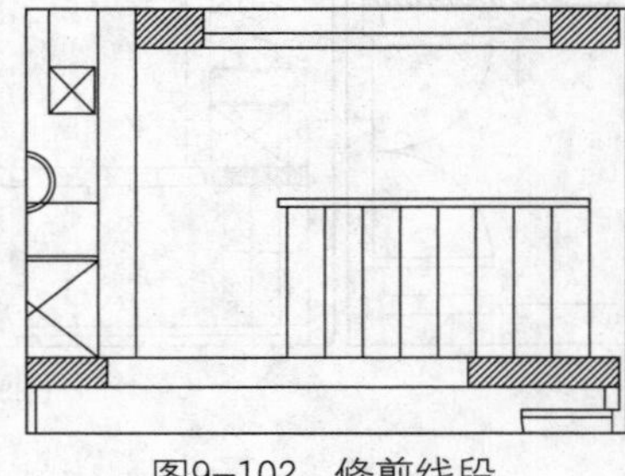
图9-102 修剪线段

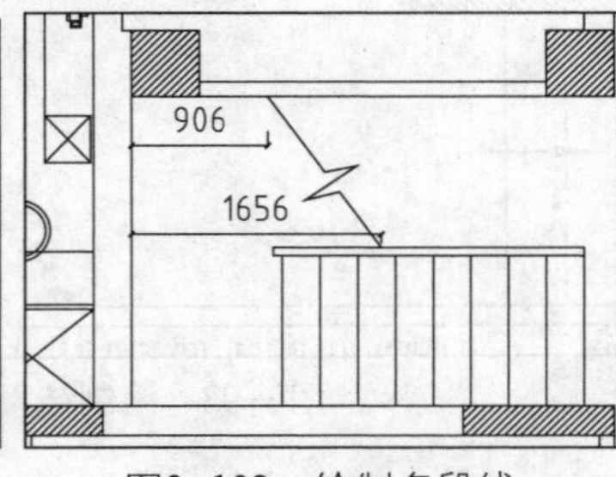

图9-103 绘制多段线

17 调用EX（延伸）命令，延伸线段，结果如图9-104所示。

18 调用TR（修剪）命令，修剪线段，结果如图9-105所示。

19 绘制鞋柜。调用REC（矩形）命令，绘制矩形，结果如图9-106所示。

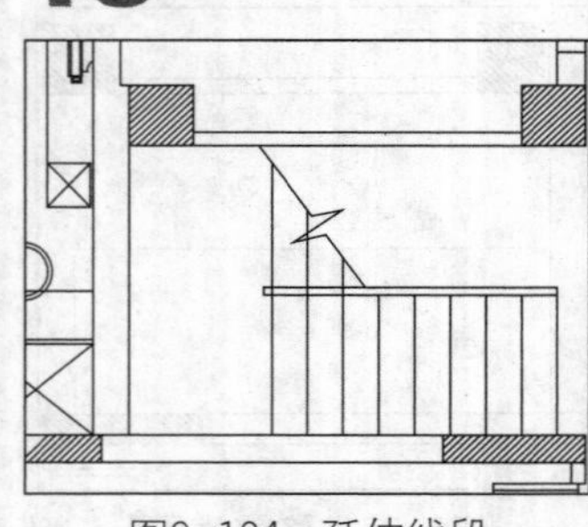
图9-104 延伸线段

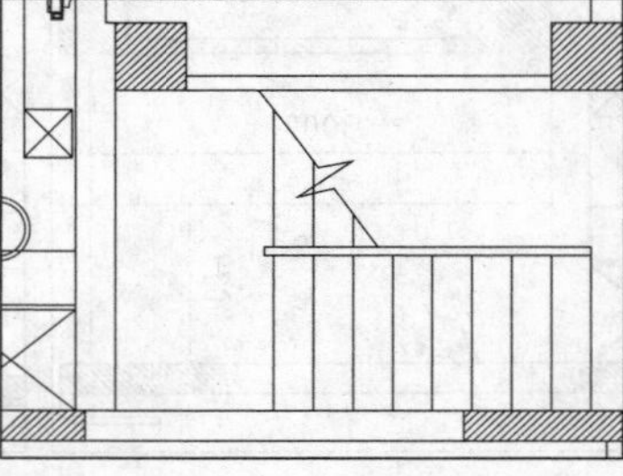
图9-105 修剪线段

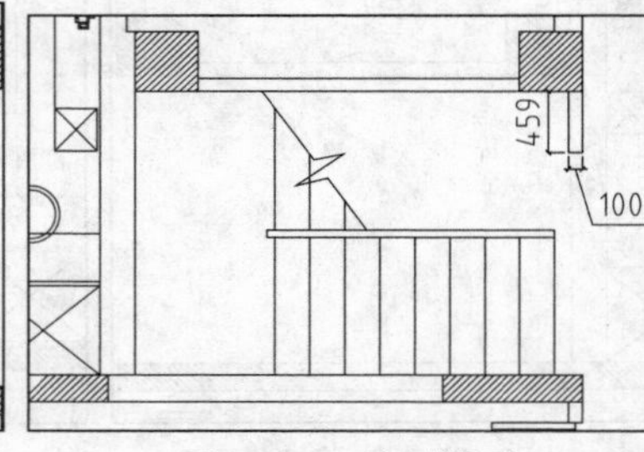

图9-106 绘制矩形

20 调用O（偏移）命令，偏移墙线，结果如图9-107所示。

21 调用TR（修剪）命令，修剪线段，结果如图9-108所示。

22 调用L（直线）命令，绘制对角线，结果如图9-109所示。

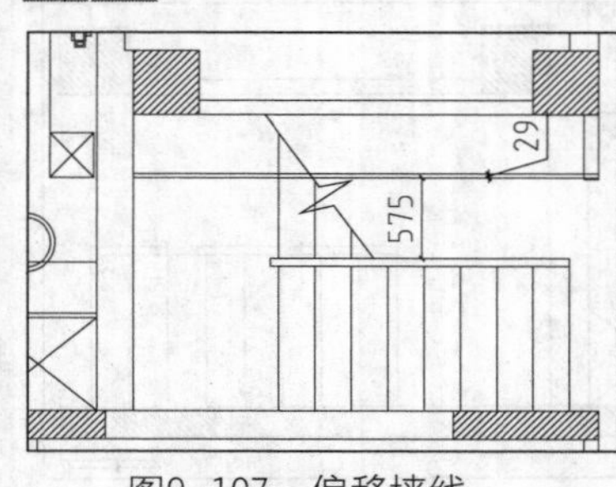

图9-107 偏移墙线

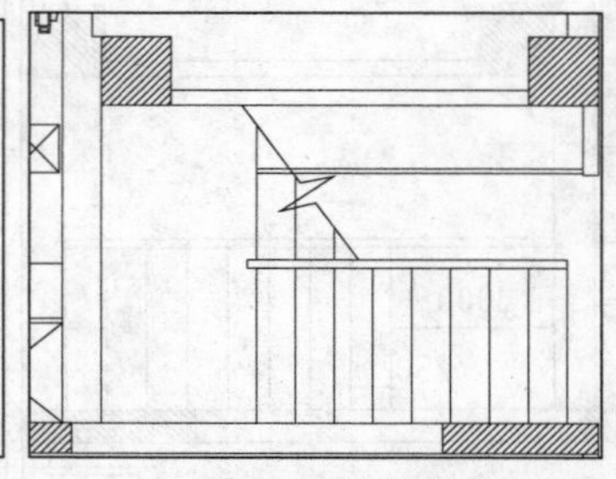
图9-108 修剪线段

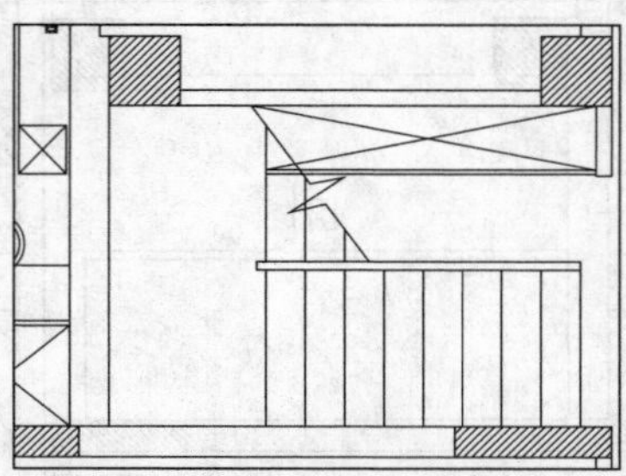
图9-109 绘制对角线

23 沿用前面介绍的方法，绘制楼梯上下方向的指示箭头以及文字标注，结果如图9-110所示。

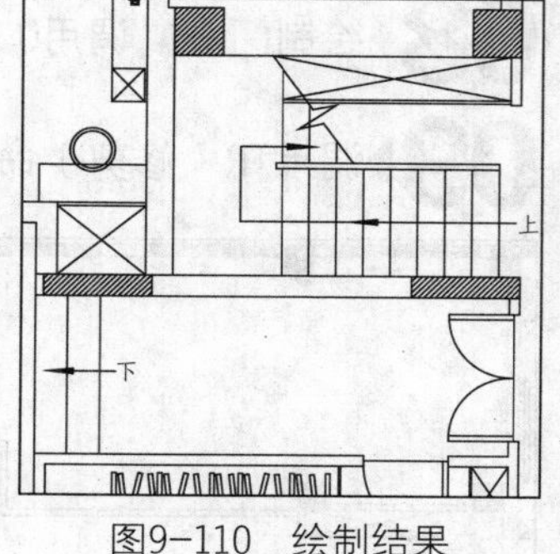

图9-110 绘制结果

9.3.7 绘制车库平面图

在本例中，为了合理使用室内空间，通过墙体改造后，在地下室设置了两个车库，最大限度地满足用户的需求。车库位于生活区的两边，不管从哪个车库进入室内，都能从最便捷的交通流线到达室内各区域。

本小节介绍车库墙体改造以及门洞和平开门图形的绘制方法。

01 删除墙体。调用E（删除）命令，删除多余墙体，结果如图9-111所示。

02 绘制墙体。调用O（偏移）命令，偏移墙线，结果如图9-112所示。

03 调用L（直线）命令，绘制直线，结果如图9-113所示。

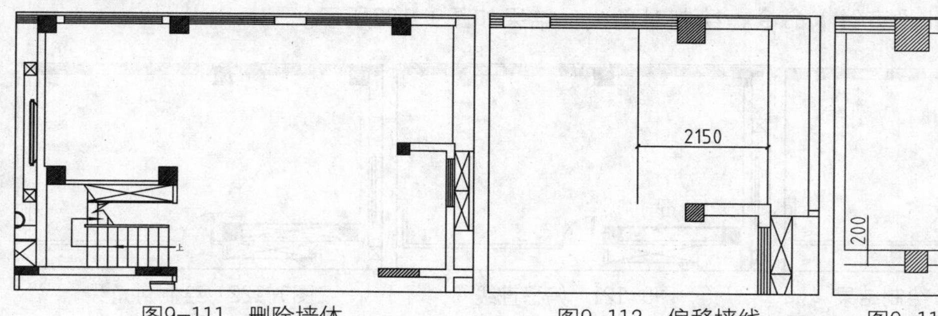

图9-111 删除墙体　图9-112 偏移墙线　图9-113 绘制直线

04 调用O（偏移）命令，偏移线段，结果如图9-114所示。

05 调用TR（修剪）命令，修剪线段，结果如图9-115所示。

06 调用O（偏移）命令，偏移墙线，结果如图9-116所示。

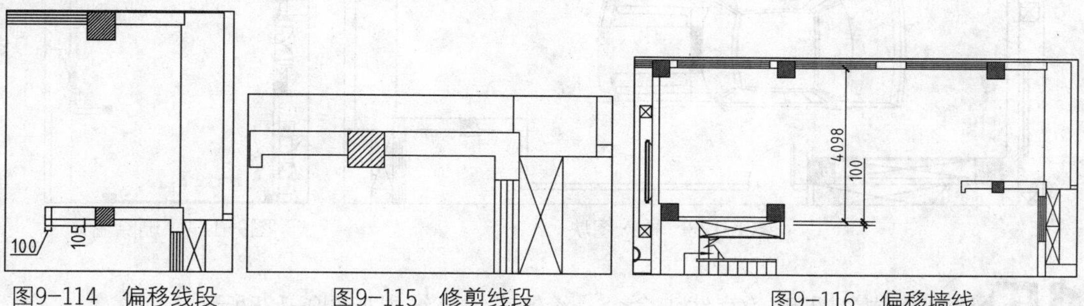

图9-114 偏移线段　图9-115 修剪线段　图9-116 偏移墙线

07 调用F（圆角）命令，设置圆角半径为0，对偏移的墙线进行圆角处理，结果如图9-117所示。

08 绘制门洞。调用O（偏移）命令，偏移墙线，结果如图9-118所示。

09 调用TR（修剪）命令，修剪线段，结果如图9-119所示。

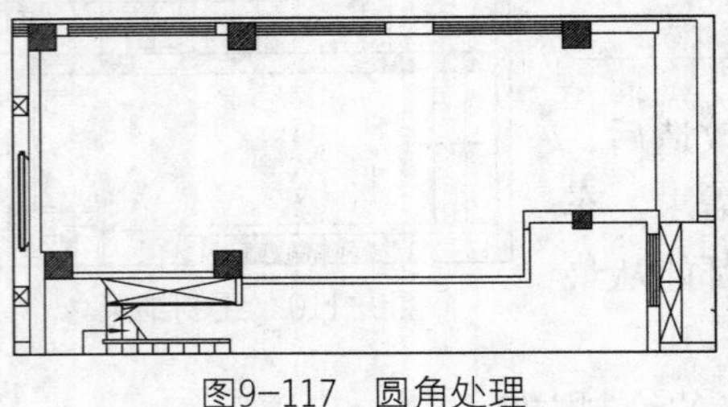
图9-117 圆角处理

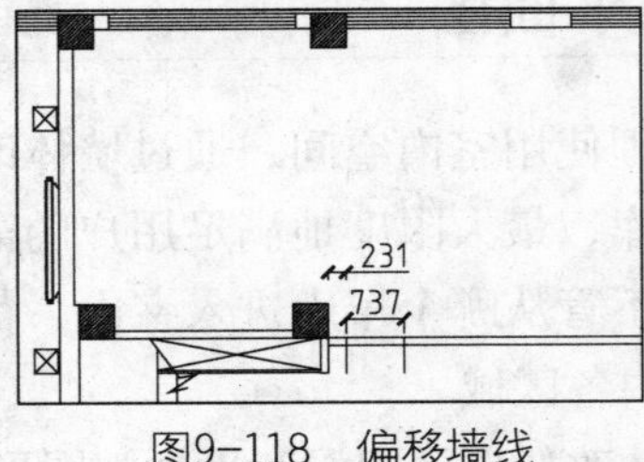

图9-118 偏移墙线

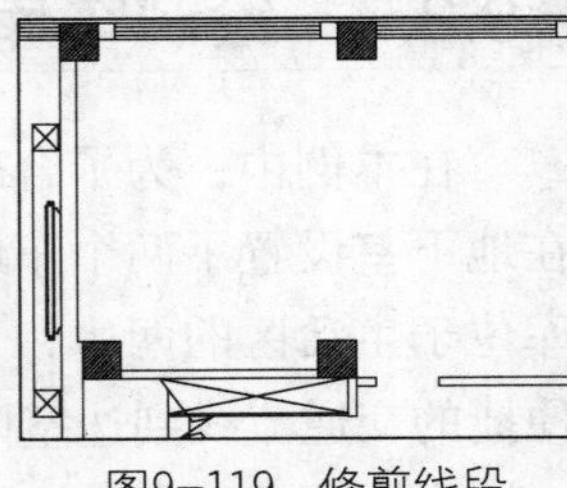
图9-119 修剪线段

10 绘制平开门及门口线。调用L（直线）命令，在门洞处绘制门口线；调用REC（矩形）命令，绘制尺寸为737×50的矩形；调用A（圆弧）命令，绘制圆弧，结果如图9-120所示。

11 绘制鞋柜。调用L（直线）命令，绘制直线；调用O（偏移）命令，偏移直线，结果如图9-121所示。

12 调用L（直线）命令，绘制对角线，结果如图9-122所示。

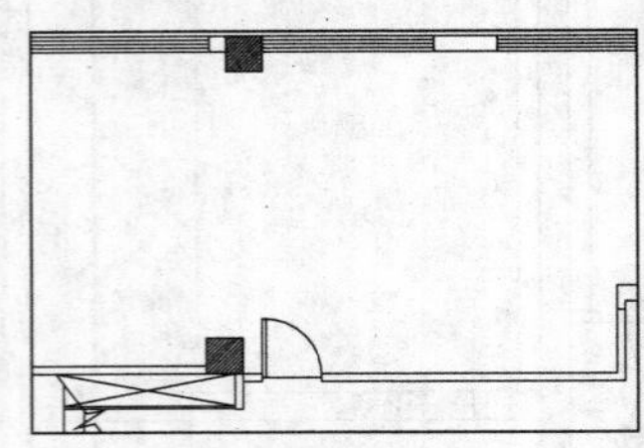
图9-120 绘制结果

图9-121 偏移直线

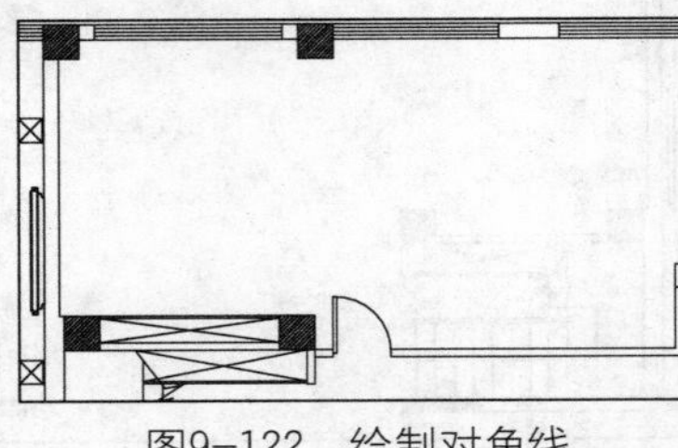
图9-122 绘制对角线

13 插入图块。按Ctrl+O组合键，打开配套光盘提供的“素材\第9章\家具图例.dwg”文件，将其中的小车图形复制粘贴至当前图形中，结果如图9-123所示。

14 删除墙体。调用E（删除）命令，删除多余墙体，结果如图9-124所示。

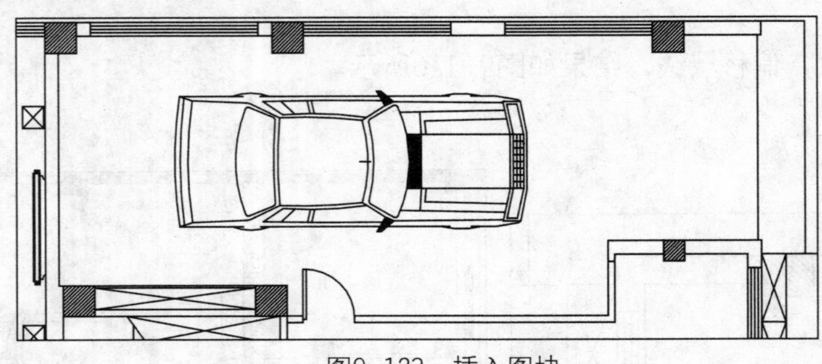
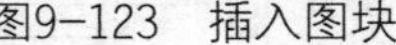
图9-123 插入图块

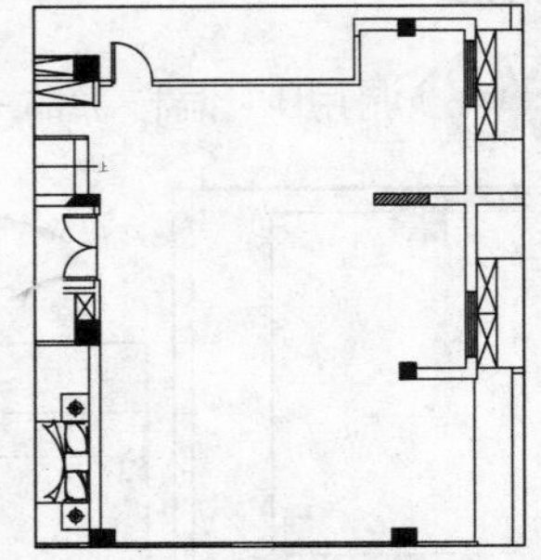
图9-124 删除墙体

15 绘制墙体。调用L（直线）命令，绘制直线，结果如图9-125所示。

16 调用L（直线）命令，绘制直线，结果如图9-126所示。

17 调用F（圆角）命令，设置圆角半径为0，对偏移的墙线进行圆角处理，结果如图9-127所示。

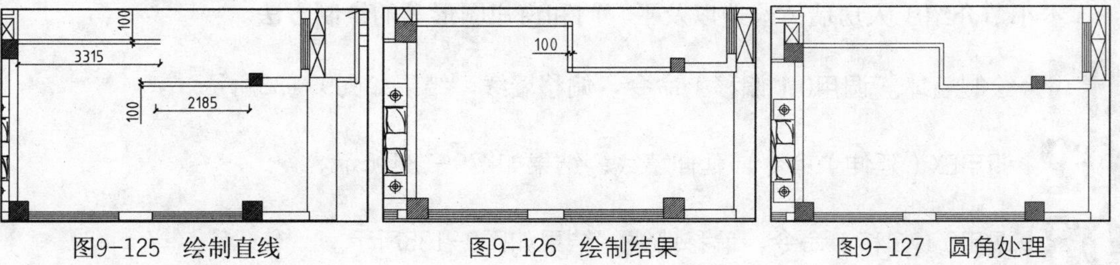

图9-125　绘制直线　　图9-126　绘制结果　　图9-127　圆角处理

18 绘制门洞。调用O（偏移）命令，偏移墙线，结果如图9-128所示。

19 调用EX（延伸）命令，延伸墙线，结果如图9-129所示。

20 调用TR（修剪）命令，修剪墙线，结果如图9-130所示。

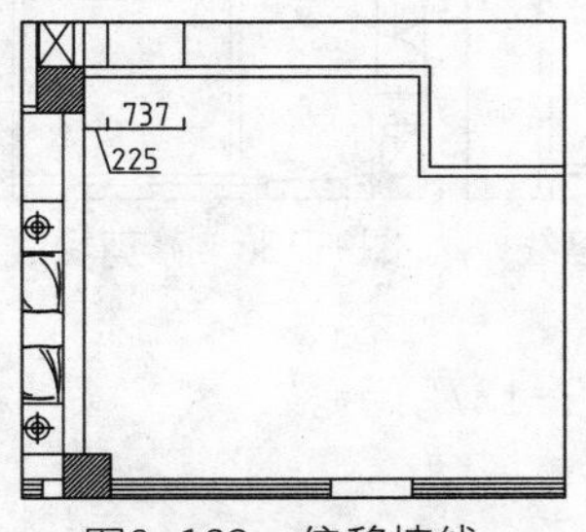

图9-128　偏移墙线

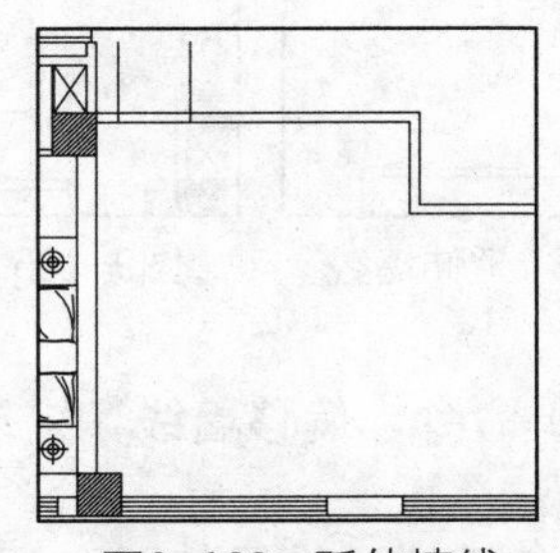

图9-129　延伸墙线

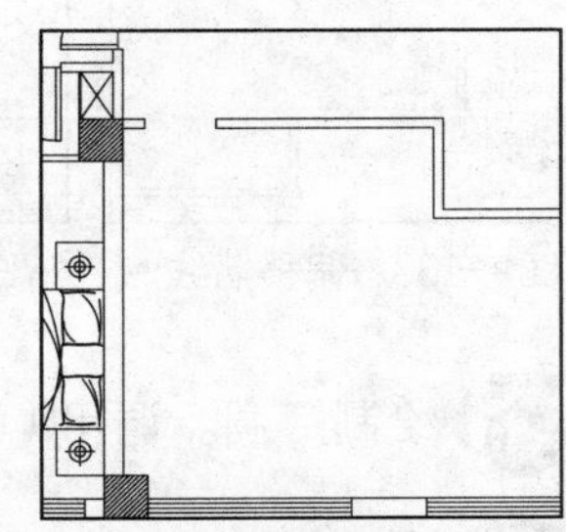

图9-130　修剪墙线

21 绘制平开门及门口线。调用L（直线）命令，在门洞处绘制门口线；调用REC（矩形）命令，绘制尺寸为737×50的矩形；调用A（圆弧）命令，绘制圆弧，结果如图9-131所示。

22 插入图块。按Ctrl+O组合键，打开配套光盘提供的“素材\第9章\家具图例.dwg”文件，将其中的小车图形复制粘贴至当前图形中，结果如图9-132所示。

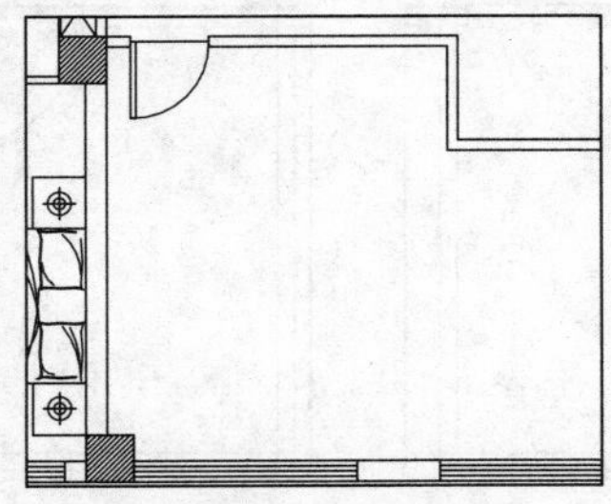

图9-131　绘制结果

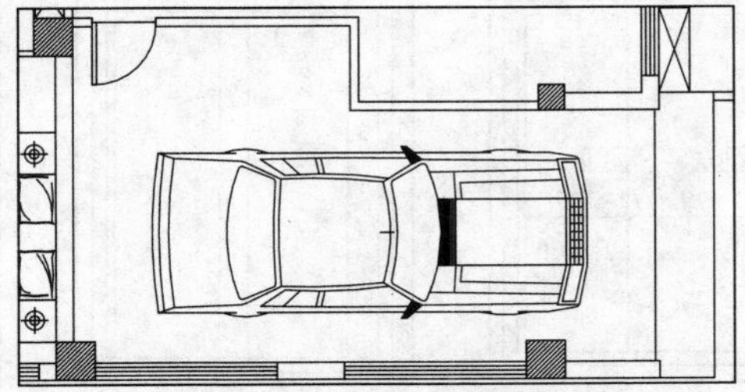

图9-132　插入图块

9.3.8　绘制工人房1平面布置图

工人房主要为保姆等设置。本例中由于工人房面积较小，所以仅设置了单人床以及床头柜；但室内摆放什么家具则应根据室内空间及具体的使用要求来定。地下室的光线

较暗，所以在平开门的左边设置了窗户，可以进行采光和通风，并增加室内光线，提高室内宜人度。

本小节介绍工人房墙体改造以及平开门和窗户图形等的绘制方法。

01 绘制墙体。调用O（偏移）命令，偏移墙线，结果如图9-133所示。

02 调用EX（延伸）命令，延伸墙线，结果如图9-134所示。

03 调用O（偏移）命令，偏移墙线，结果如图9-135所示。

04 调用TR（修剪）命令，修剪墙线，结果如图9-136所示。

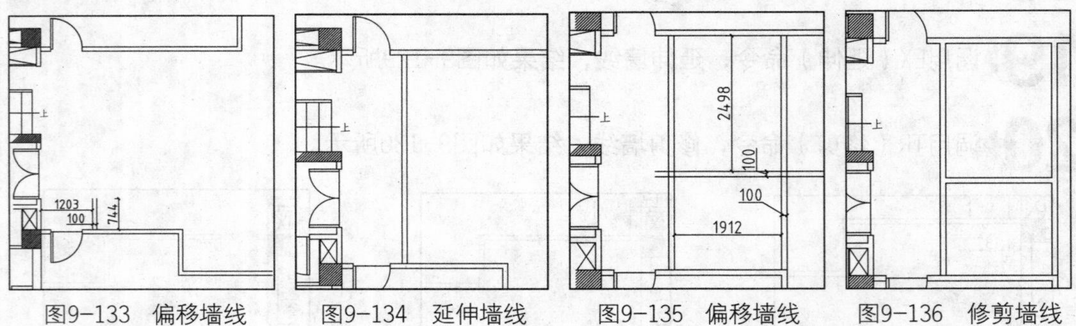

图9-133 偏移墙线　图9-134 延伸墙线　图9-135 偏移墙线　图9-136 修剪墙线

05 绘制门洞。调用O（偏移）命令，偏移墙线，结果如图9-137所示。

06 调用EX（延伸）命令，延伸墙线，结果如图9-138所示。

07 调用TR（修剪）命令，修剪墙线，结果如图9-139所示。

08 绘制平开门及门口线。调用L（直线）命令，在门洞处绘制门口线；调用REC（矩形）命令，绘制尺寸为737×50的矩形；调用A（圆弧）命令，绘制圆弧，结果如图9-140所示。

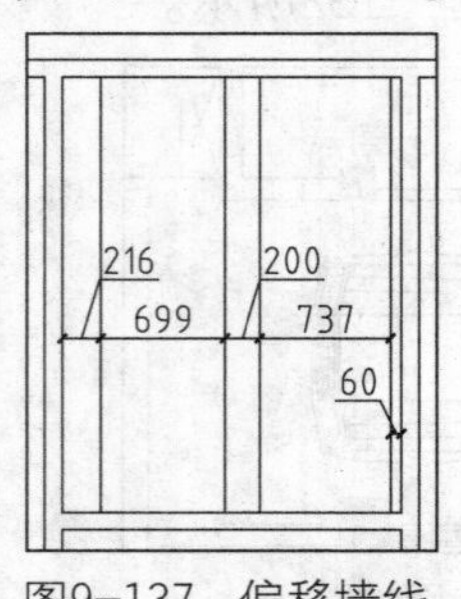

图9-137 偏移墙线

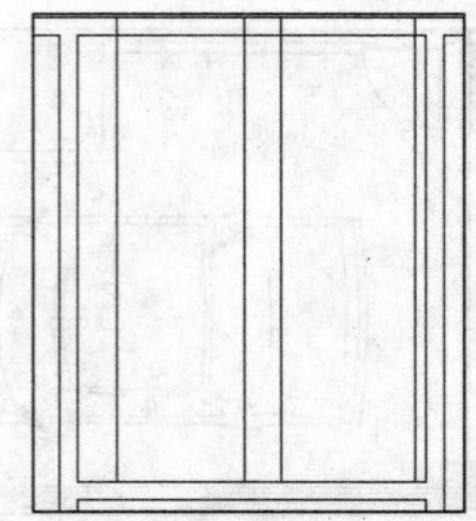

图9-138 延伸墙线

图9-139 修剪墙线

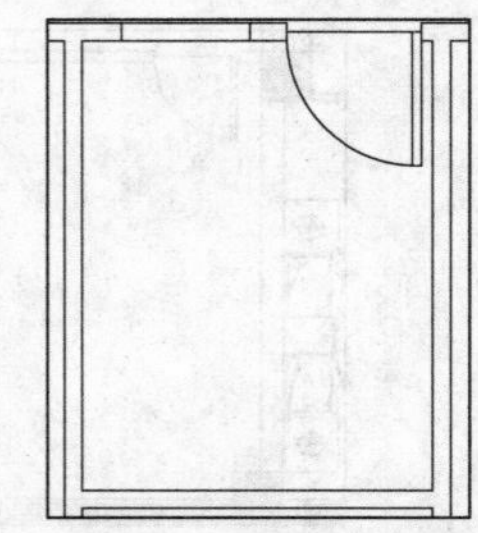

图9-140 绘制结果

09 绘制窗户图形。调用O（偏移）命令，设置偏移距离为25，向内偏移的墙线，结果如图9-142所示。

10 调用TR（修剪）命令，修剪线段，结果如图9-142所示。

11 插入图块。按Ctrl+O组合键，打开配套光盘提供的“第9章\家具图例.dwg”文件，将其中的单人床图形复制粘贴至当前图形中，结果如图9-143所示。

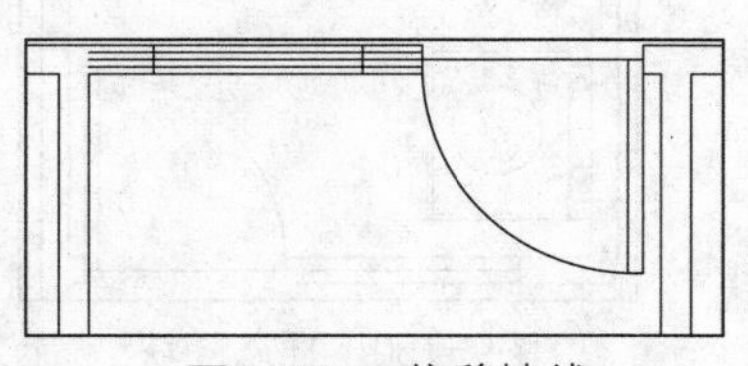
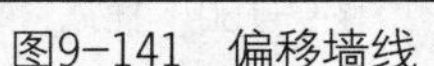
图9-141 偏移墙线

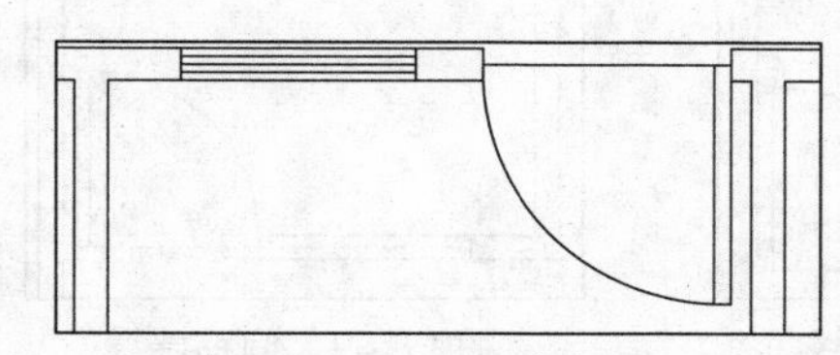
图9-142 修剪线段

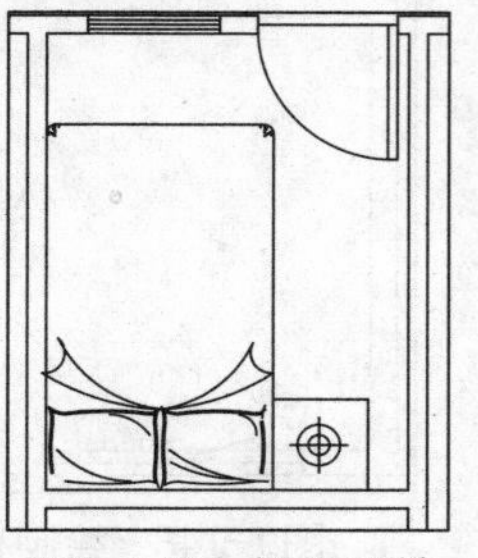
图9-143 插入图块

9.3.9 绘制洗衣房平面图

洗衣房主要是为洗涤日常用品而专门设置的，室内应设置洗涤用品及相应的电器设备；且应合理规划洗涤区域，方便人们使用。本例中洗衣房除了有洗衣机外，还专门设置了宽敞的洗衣台，不仅合理利用了室内空间，而且也为手洗用品提供了帮助。

本小节介绍洗衣房墙体改造及功能房内设施的绘制方法。

01 绘制门洞。调用O（偏移）命令，偏移墙线，结果如图9-144所示。

02 调用EX（延伸）命令，延伸墙线，结果如图9-145所示。

03 调用TR（修剪）命令，修剪墙线，结果如图9-146所示。

图9-144 偏移墙线　图9-145 延伸墙线　图9-146 修剪墙线　图9-147 延伸墙线

04 绘制平开门及门口线。调用L（直线）命令，在门洞处绘制门口线；调用REC（矩形）命令，绘制尺寸为737×50的矩形；调用A（圆弧）命令，绘制圆弧，结果如图9-147所示。

05 绘制窗户图形。调用L（直线）命令，绘制直线，结果如图9-148所示。

06 绘制洗衣台。调用O（偏移）命令，偏移墙线，结果如图9-149所示。

07 插入图块。按Ctrl+O组合键，打开配套光盘提供的“第9章\家具图例.dwg”文件，将其中的洗衣机、地漏等图形复制粘贴至当前图形中，结果如图9-150所示。

图9-148　绘制直线

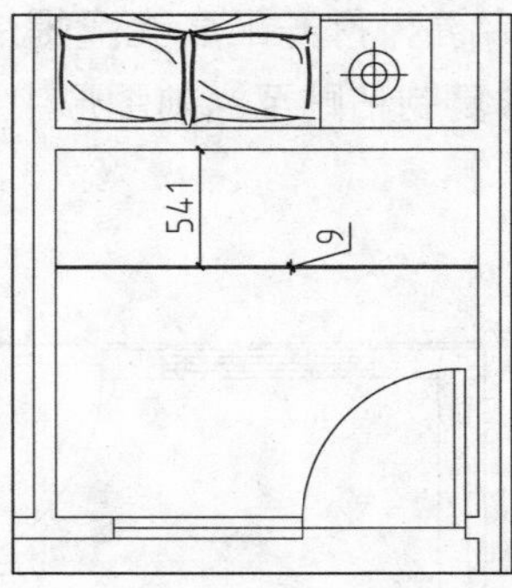

图9-149　偏移墙线

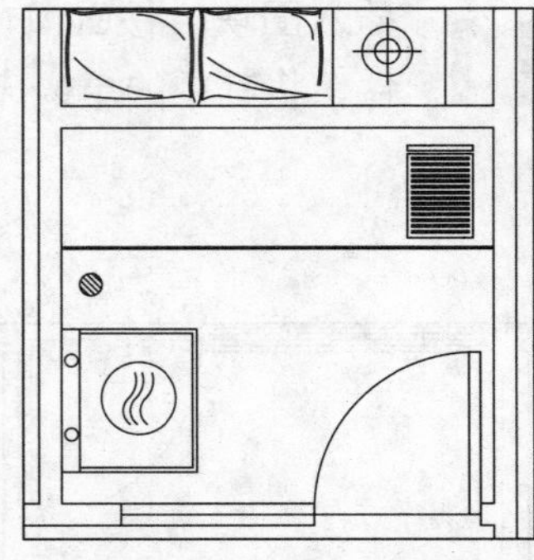

图9-150　插入图块

9.3.10　绘制工人房2平面布置图

工人房平时也可充当客房来使用，除了配备基本的生活设施外，从房间到卫生间的交通流线也应考虑。本例中两个工人房分别位于卫生间的两边，可以使房内人员在使用卫生间时不必经过另一房间的门口，不但保证了卫生间使用的便利性，也保证了房间的私密性。

本小节介绍工人房2墙体改造及其他图形的绘制方法。

01 绘制卫生间墙体。调用L（直线）命令，绘制直线，结果如图9-151所示。

02 调用EX（延伸）命令，延伸墙线，结果如图9-152所示。

03 调用TR（修剪）命令，修剪墙线，结果如图9-153所示。

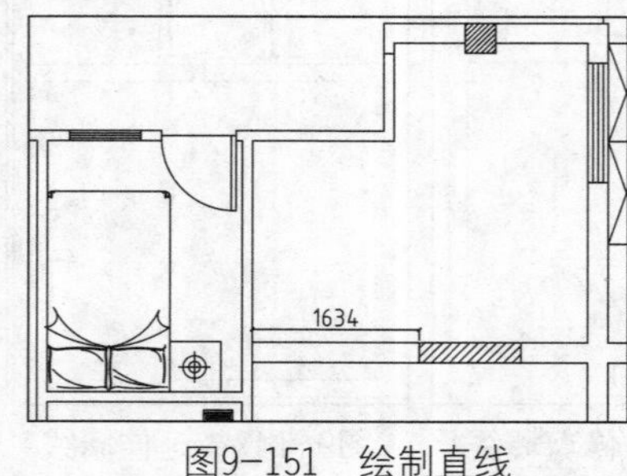

图9-151　绘制直线

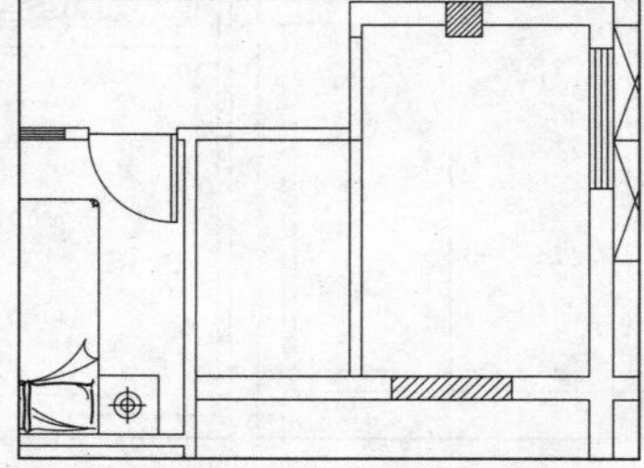

图9-152　延伸墙线

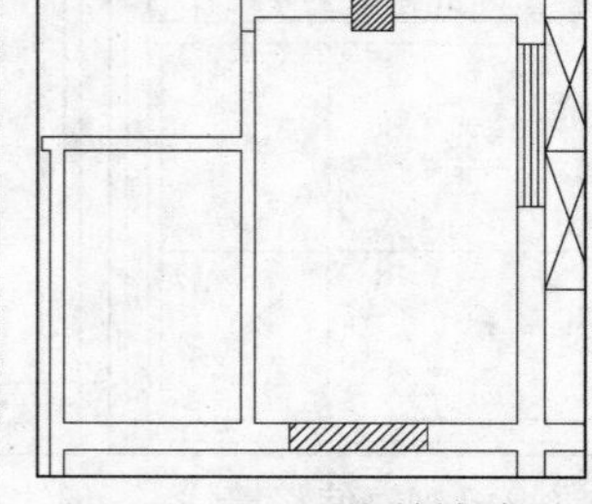

图9-153　修剪墙线

04 绘制门洞。调用O（偏移）命令，偏移墙线；调用EX（延伸）命令，延伸墙线；调用TR（修剪）命令，修剪墙线，结果如图9-154所示。

05 绘制平开门及门口线。调用L（直线）命令，在门洞处绘制门口线；调用REC（矩形）命令，分别绘制尺寸为737×50、612×50的矩形；调用A（圆弧）命令，绘制圆弧，结果如图9-155所示。

06 插入图块。按Ctrl+O组合键，打开配套光盘提供的“第9章\家具图例.dwg”文件，将其中的洁具、单人床等图块复制粘贴至当前图形中，结果如图9-156所示。

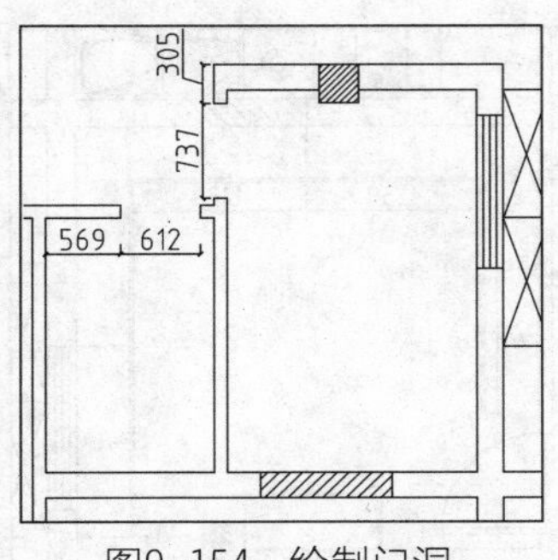

图9-154 绘制门洞

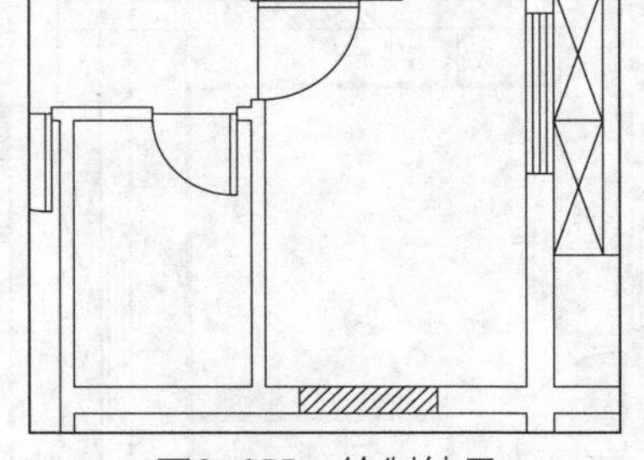
图9-155 绘制结果

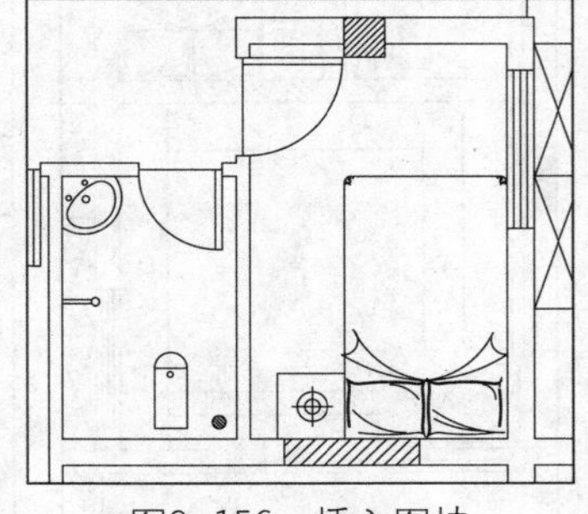
图9-156 插入图块

9.3.11 绘制储藏室平面布置图

储藏室在家庭中是必不可少的，存储家中换季衣物以及其他杂物。基于此考虑，储藏室应最大限度地满足家庭的储藏需求。本例中利用室内可设置柜子的空间，在储藏室倚墙设置了四面储藏柜；在合理利用空间的同时也满足了存储需求，另外，因为储藏室少有大量人员活动，在预留足够的取放物品的空间后，在储藏室的中间还可以再设置合理尺寸的储藏柜，达到最大限度利用室内空间的目的。

本小节介绍储藏室储存柜的绘制方法。

01 绘制门洞。调用O（偏移）命令，偏移墙线；调用EX（延伸）命令，延伸墙线；调用TR（修剪）命令，修剪墙线，结果如图9-157所示。

02 绘制平开门及门口线。调用L（直线）命令，在门洞处绘制门口线；调用REC（矩形）命令，绘制尺寸为737×50的矩形；调用A（圆弧）命令，绘制圆弧，结果如图9-158所示。

03 绘制贮藏柜。调用O（偏移）命令，偏移墙线，结果如图9-159所示。

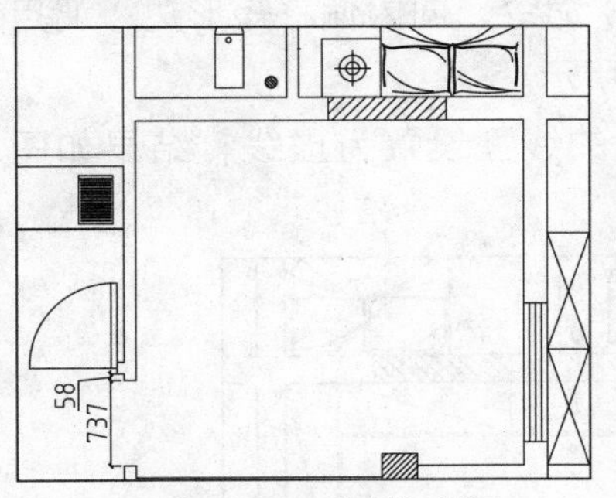

图9-157 绘制门洞

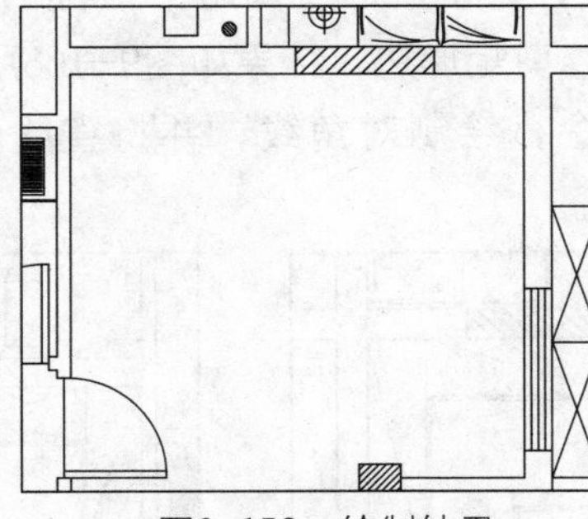
图9-158 绘制结果

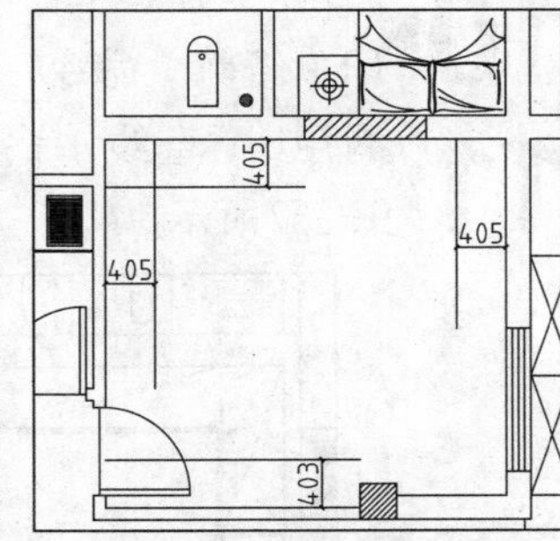

图9-159 偏移墙线

04 调用L（直线）命令，绘制墙线；调用TR（修剪）命令，修剪墙线，结果如图9-160所示。

05 调用O（偏移）命令，偏移线段；调用TR（修剪）命令，修剪线段，结果如图9-161所示。

06 调用L（直线）命令，绘制直线，结果如图9-162所示。

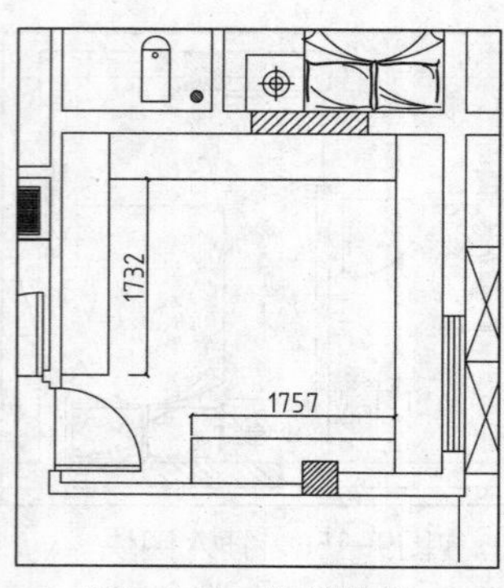

图9-160 修剪墙线

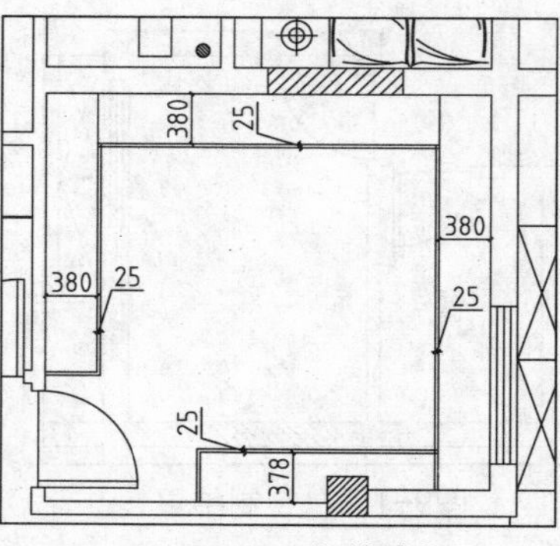

图9-161 修剪线段

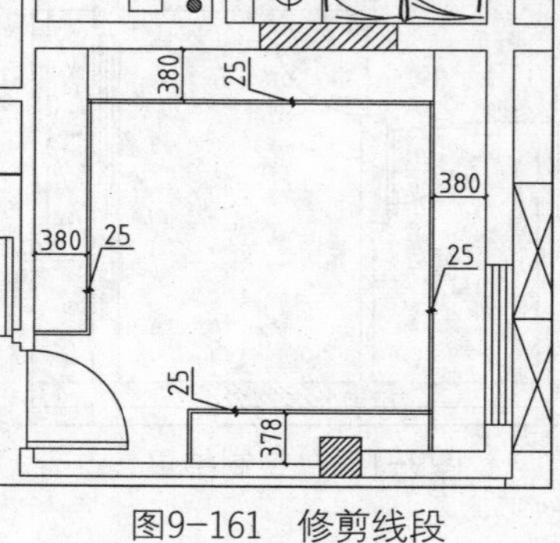

图9-162 绘制直线

07 调用L（直线）命令，绘制对角线，并将直线的线型设置为虚线，结果如图9-163所示。

08 绘制到顶储藏柜。调用REC（矩形）命令，绘制矩形，结果如图9-164所示。

09 调用L（直线）命令，绘制直线，结果如图9-165所示。

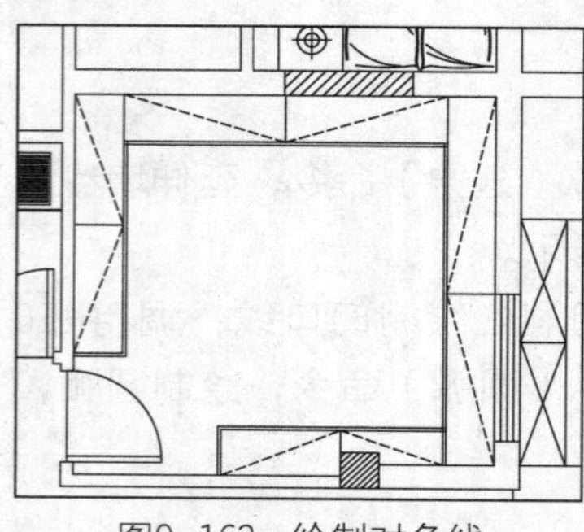

图9-163 绘制对角线

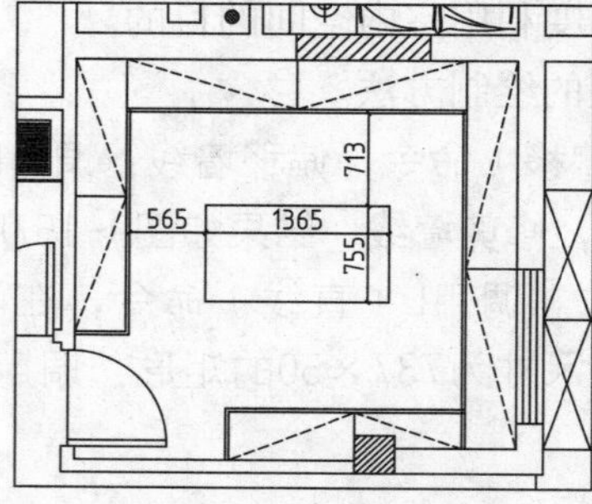

图9-164 绘制矩形

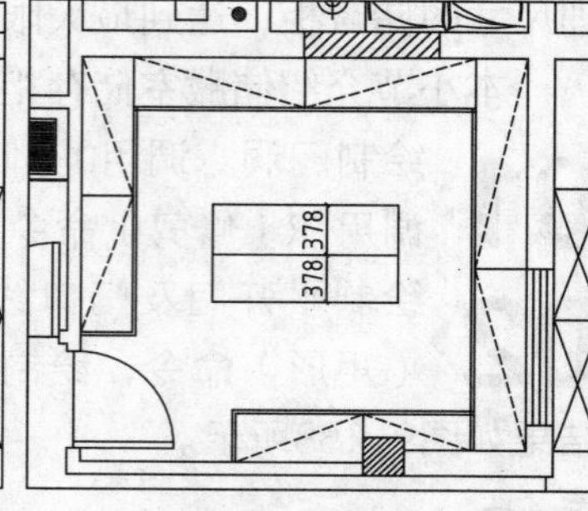

图9-165 绘制直线

10 调用X（分解）命令，分解矩形；调用O（偏移）命令，向内偏移矩形边；调用TR（修剪）命令，修剪矩形边，结果如图9-166所示。

11 调用L（直线）命令，绘制对角线，并将直线的线型设置为虚线，结果如图9-167所示。

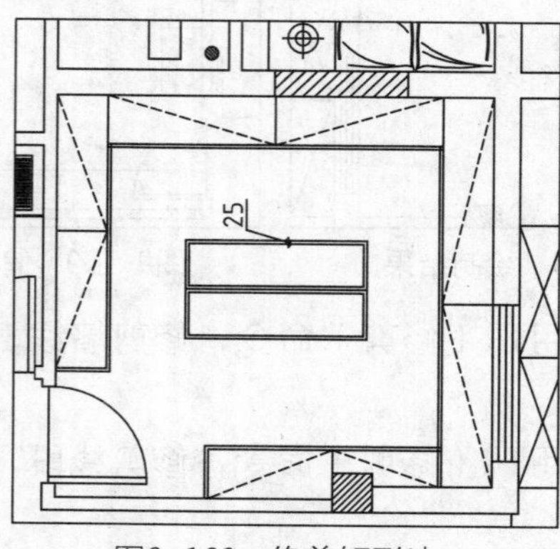

图9-166 修剪矩形边

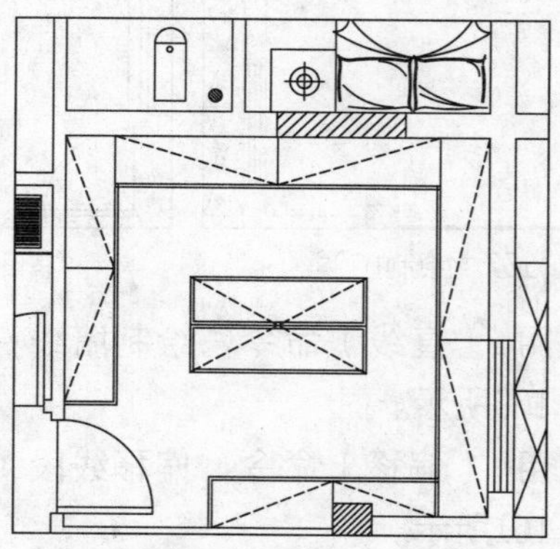

图9-167 绘制对角线

9.3.12 完善地下室平面布置图

地下室各功能区平面布置图绘制完成之后，要为平面图增添文字标注、储存标注、标高标注以及图名标注，增加图形的规范性，提高图纸的可阅读性。

01 文字标注。调用MT（多行文字）命令，为平面布置图的各区域绘制文字标注，结果如图9-168所示。

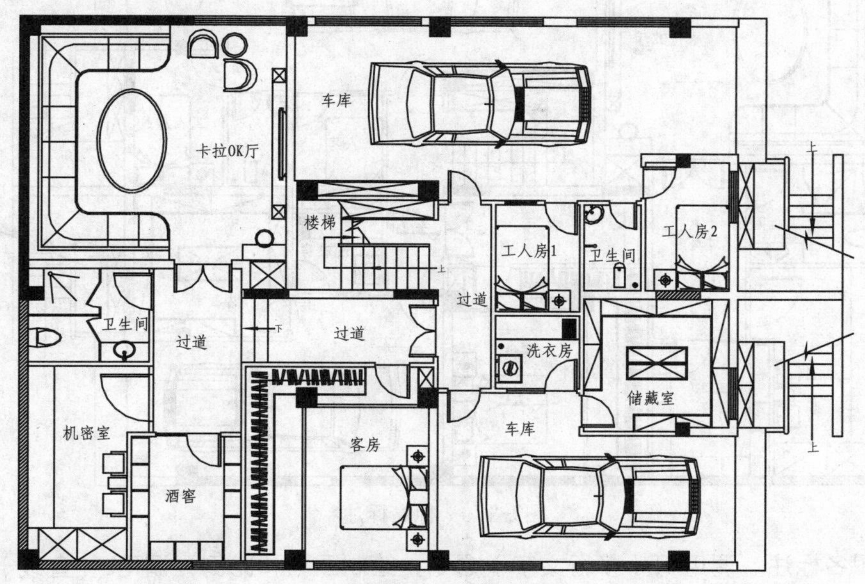

图9-168 文字标注

02 尺寸标注。调用DLI（线性标注）命令，为平面布置图绘制尺寸标注，结果如图9-169所示。

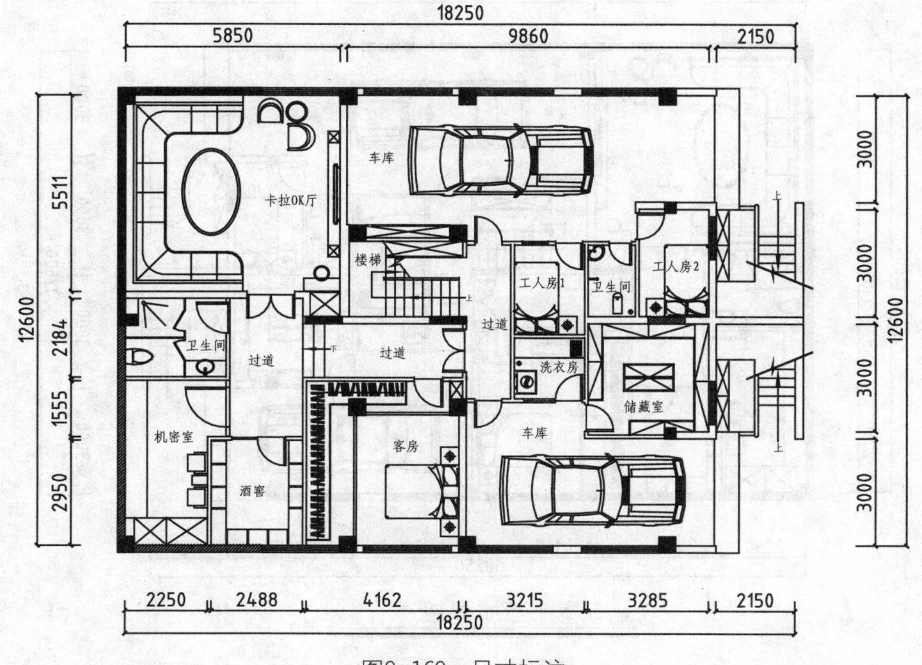

图9-169 尺寸标注

03 标高标注。调用I（插入）命令，在弹出的“插入”对话框中选择标高图块，根据命令行的提示指定插入点和输入标高值，完成平面布置图的标高标注，结果如图9-170所示。

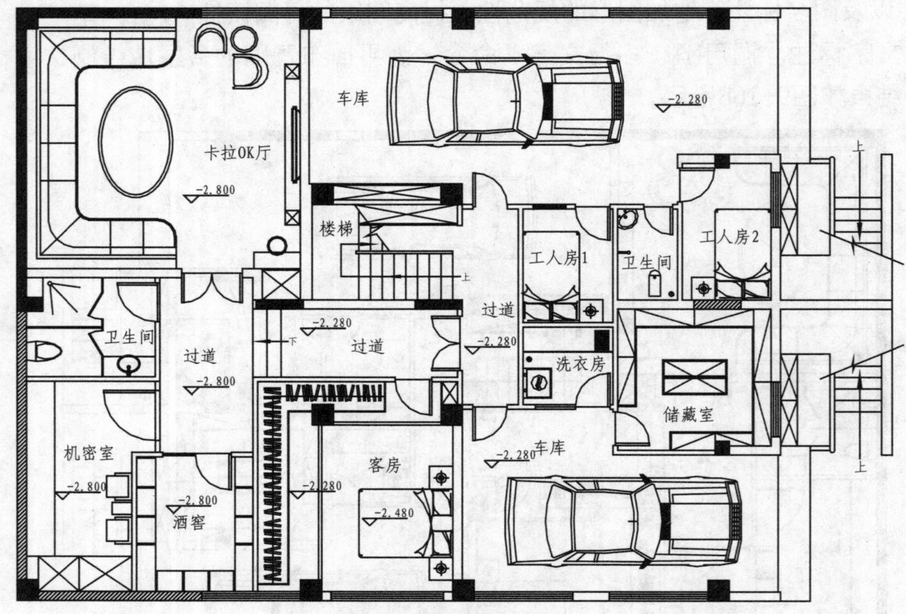

图9-170 标高标注

04 图名标注。调用MT（多行文字）命令，绘制图名和比例；调用L（直线）命令，在图名和比例下方绘制两条下划线，并将最下面的下划线的线宽设置为0.3mm，绘制结果如图9-171所示。

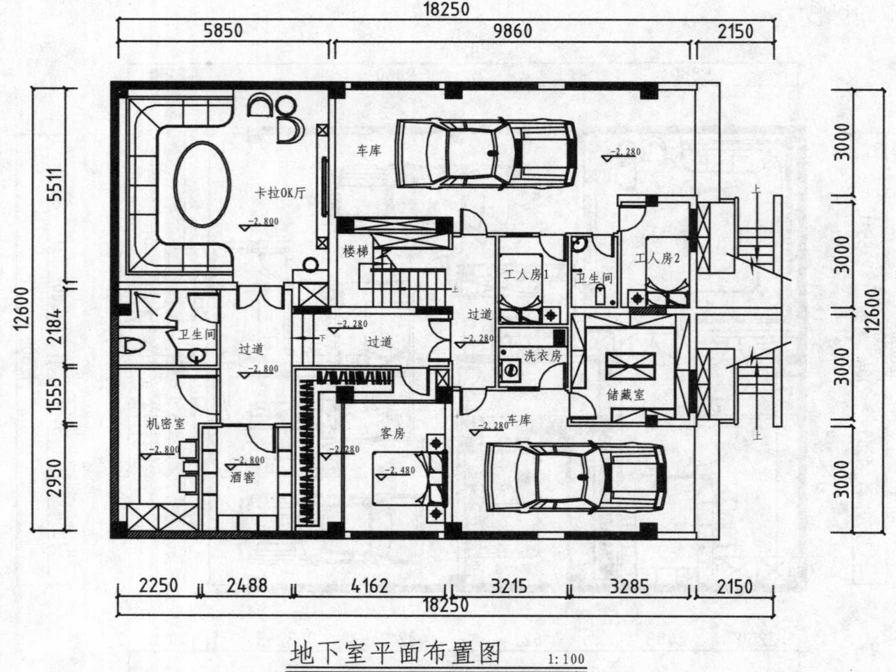

图9-171 图名标注

9.4 绘制别墅一层平面布置图

绘制完成的一层平面布置图如图9-172所示，本章讲解别墅一层各区域平面布置图的绘制方法。

别墅的一层没有涵盖卧室区，全部设置为公共活动场所。在别墅的北向，设置了休息室、西餐厅、休息室等区域，西餐厅与休息室之间使用玻璃隔断进行分离，既明确划分了空间，又保持了空间的联系。

生态房种植了花草，闲暇时可伺弄花草，也可在该区域中品茗谈天。一层的公卫没有设置淋浴区，因为淋浴区与卧室相连的话使用起来较为方便。因为一层没有卧室，所以也就不必要设置淋浴区了。

南向是厨房、中餐厅区域。中餐油烟较大，所以厨房设置了玻璃折叠门，既可挡油烟，又提高了观赏性。一层的右边是一个比较大的会客厅，可以举办小型宴会，也为家庭提供了比较大的活动空间。

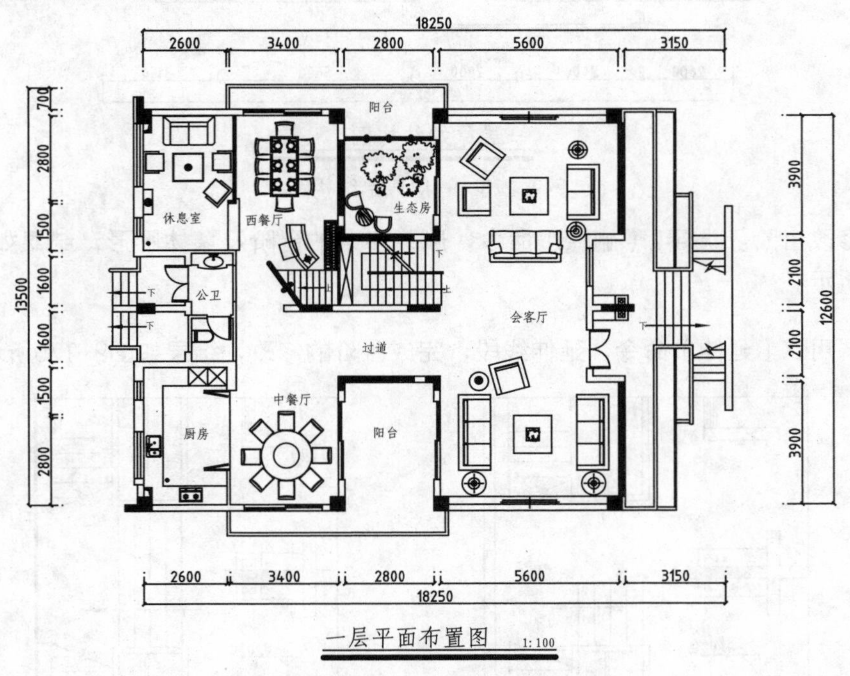

图9-172　一层平面布置图

9.4.1 修改台阶

平面布置图应该在原始结构图的基础上绘制，所以在绘制一层平面布置图的时候，就可以调用已绘制完成的一层原始结构图。

在平面布置图中，对一层的原建筑台阶进行了修改。拆除了本来横贯在两个台阶中的墙体以及北向的台阶，将南向的台阶进行延长，增加了使用面积，方便人们进出。

01 调用一层原始结构图。按Ctrl+O组合键，打开第8章绘制的“一层原始结构图.dwg”文件，结果如图9-173所示。

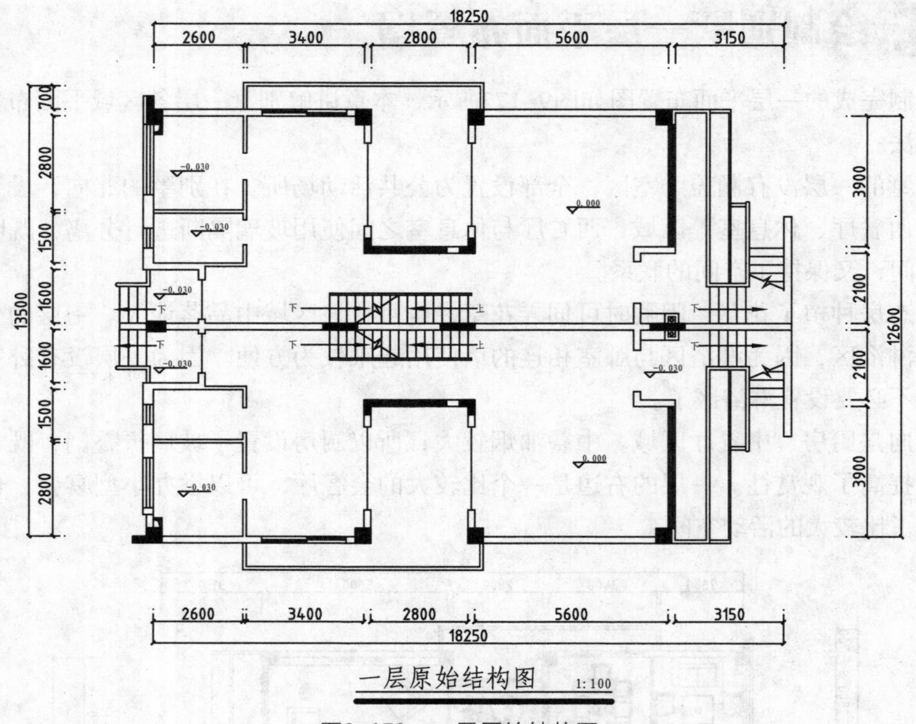

图9-173　一层原始结构图

02 修改台阶。调用E（删除）命令，删除多余的台阶及墙体图形，结果如图9-174所示。

03 调用EX（延伸）命令，延伸线段，完成台阶的修改，结果如图9-175所示。

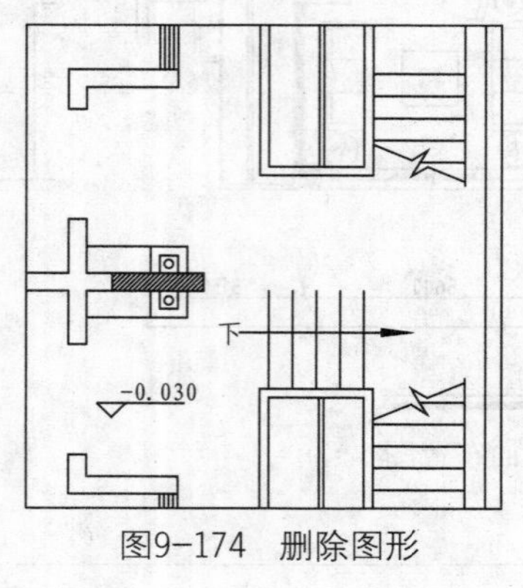

图9-174　删除图形

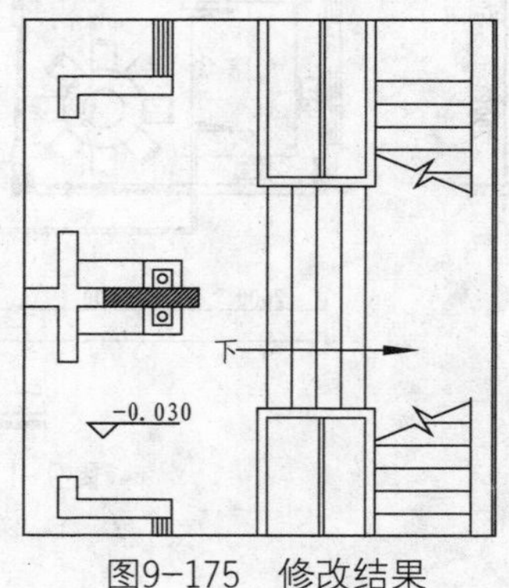

图9-175　修改结果

9.4.2　绘制会客厅平面布置图

客厅的墙体没有很大的改动，只是将其中一个本来作为门洞的区域更改为窗洞，而另一门洞则设计制作了双扇平开门。客厅与生态房之间是使用玻璃推拉门进行连接，在此先埋下伏笔，在介绍生态房平面图的绘制时再介绍其推拉门的绘制。

01 删除墙体。调用E（删除）命令，删除多余墙体，结果如图9-176所示。

02 绘制会客厅窗户图形。调用L（直线）命令，绘制A、B直线，结果如图9-177所示。

03 调用O（偏移）命令，设置偏移距离为100，选择A直线向右偏移，完成窗户图形的绘制，结果如图9-178所示。

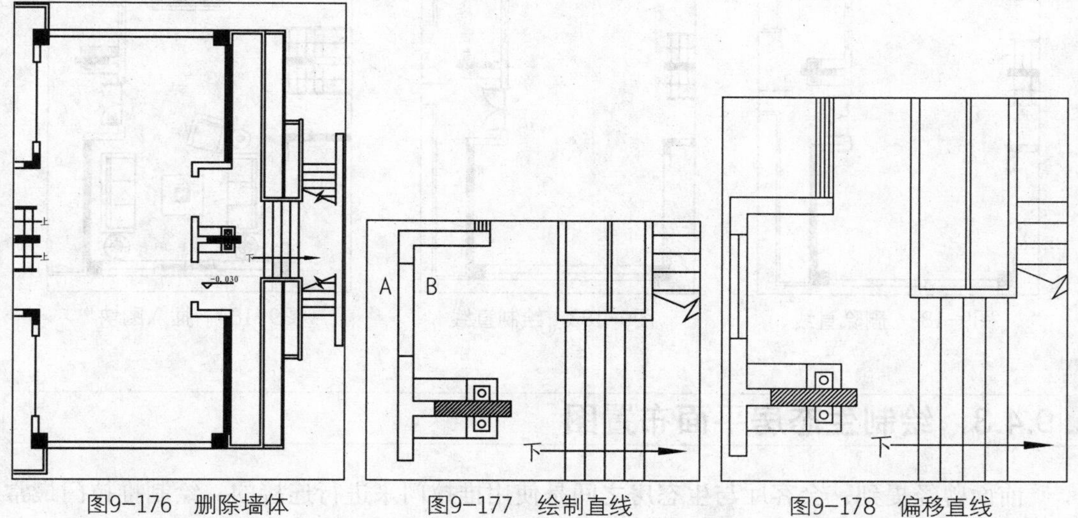

图9-176 删除墙体　　图9-177 绘制直线　　图9-178 偏移直线

04 绘制入户平开门。调用REC（矩形）命令，绘制尺寸为625×50的矩形，结果如图9-179所示。

05 绘制门口线。调用L（直线）命令，绘制直线，结果如图9-180所示。

06 调用A（圆弧）命令，绘制圆弧，结果如图9-181所示。

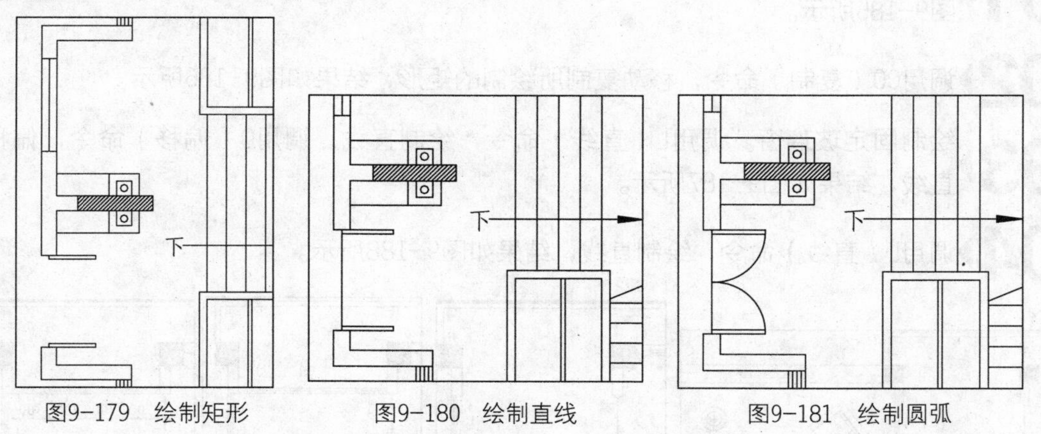

图9-179 绘制矩形　　图9-180 绘制直线　　图9-181 绘制圆弧

07 调用E（删除）命令，删除多余的直线，结果如图9-182所示。

08 调用L（直线）命令，绘制直线，结果如图9-183所示。

09 插入图块。按Ctrl+O组合键，打开配套光盘提供的“素材\第9章\家具图例.dwg”文件，将其中的沙发等图形复制粘贴至当前图形中，结果如图9-184所示。

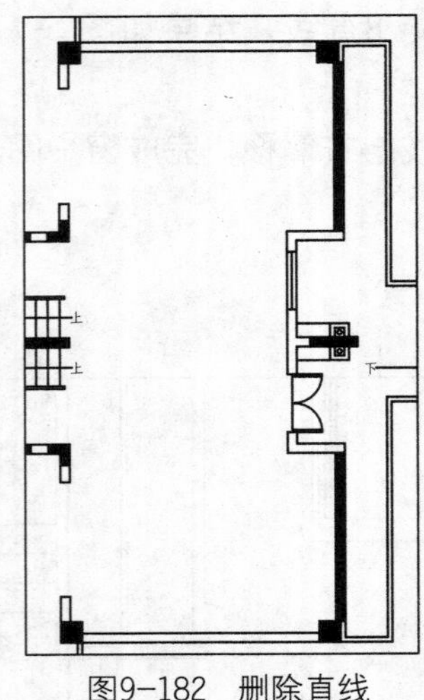

图9-182　删除直线

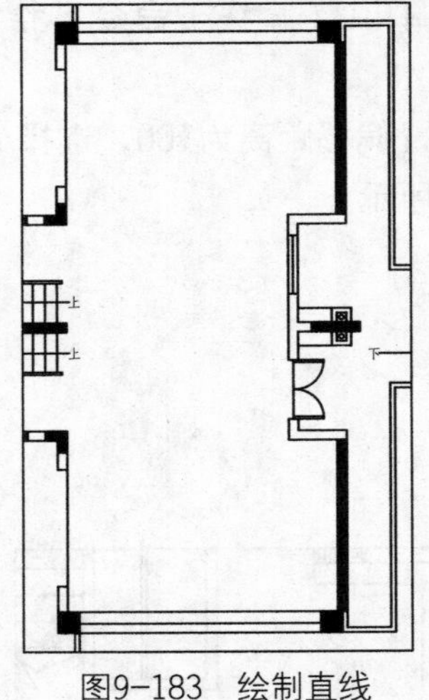

图9-183　绘制直线

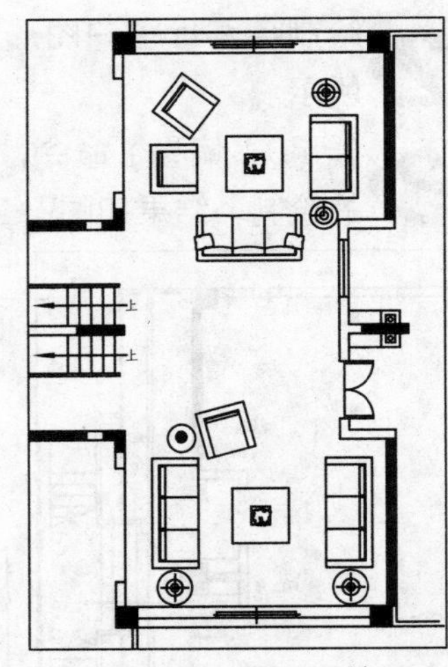

图9-184　插入图块

9.4.3　绘制生态房平面布置图

前面曾经提到，会客厅与生态房之间是使用推拉门来进行连接的。绘制推拉门最常使用的命令就是矩形命令了，所绘制的矩形宽度一般为50，有时候也绘制宽度为40的矩形，这个要根据不同的绘图习惯及绘制区域来定。

生态房与外阳台之间设置的是固定的玻璃，可以调用直线命令和偏移命令来进行绘制。当一个功能区的建筑构件绘制完成之后，要调入相应的模型图块，以更直观地表达功能区的类型。

01 绘制玻璃推拉门。调用REC（矩形）命令，绘制尺寸为1243×50的矩形，结果如图9-185所示。

02 调用CO（复制）命令，移动复制所绘制的矩形，结果如图9-186所示。

03 绘制固定玻璃窗。调用L（直线）命令，绘制直线；调用O（偏移）命令，偏移直线，结果如图9-187所示。

04 调用L（直线）命令，绘制直线，结果如图9-188所示。

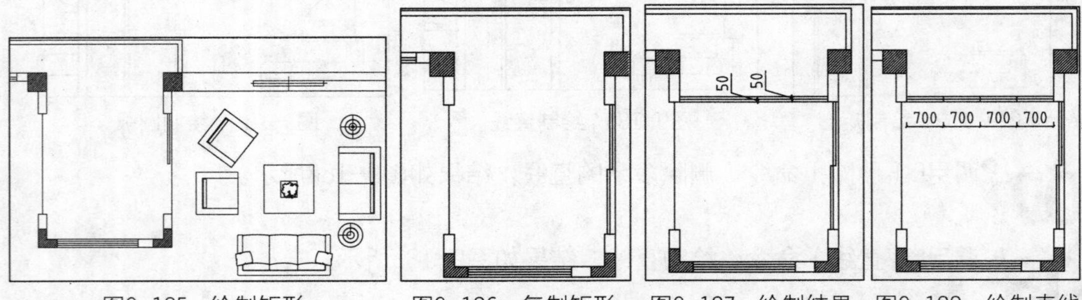

图9-185　绘制矩形　图9-186　复制矩形　图9-187　绘制结果　图9-188　绘制直线

05 调用E（删除）命令，删除直线，结果如图9-189所示。

06 调用L（直线）命令，绘制直线，结果如图9-190所示。

07 调用O（偏移）命令，设置偏移距离为50；选择所绘制的直线向右偏移，完成固定玻璃窗的绘制，结果如图9-191所示。

08 插入图块。按Ctrl+O组合键，打开配套光盘提供的“素材\第9章\家具图例.dwg”文件，将其中的花草、桌椅等图形复制粘贴至当前图形中，结果如图9-192所示。

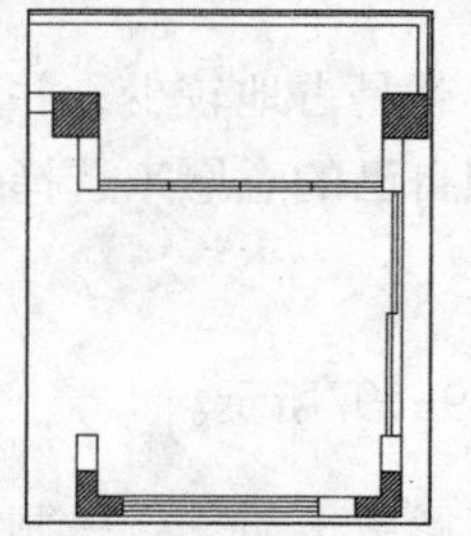

图9-189 删除直线

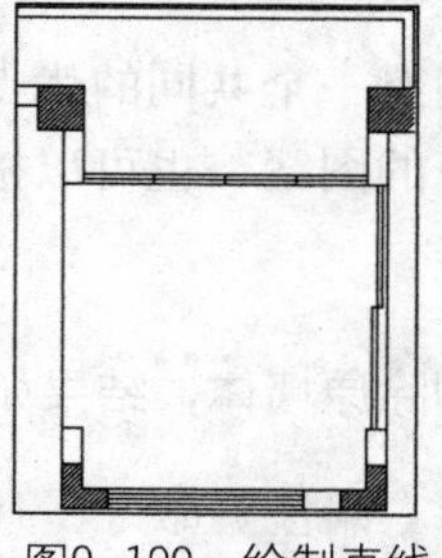

图9-190 绘制直线

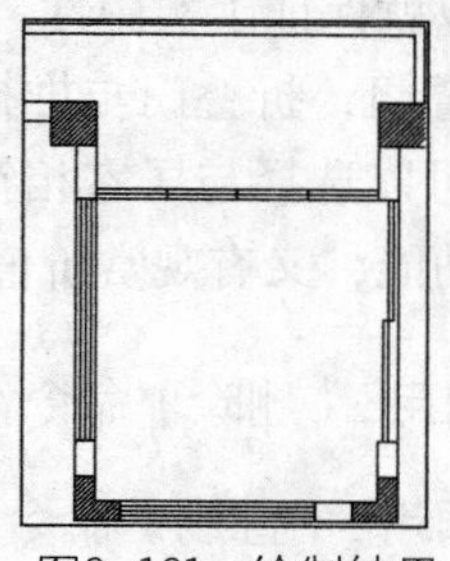

图9-191 绘制结果

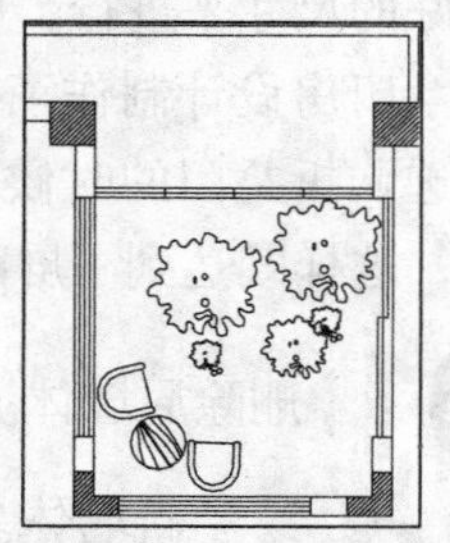

图9-192 插入图块

9.4.4 绘制阳台平面图

阳台是一个室外活动区域，在与室内的连接上，可以使用推拉门，也可以使用平开门，这要看个人的爱好。玻璃推拉门的使用较为频繁，因其具备了占地小，且利于采光的优点。

在本例中，分别在中餐厅和会客厅中设置了玻璃推拉门通往阳台。由于两边的推拉门的尺寸相等，所以在绘制完成任意一边的推拉门后，都可以调用镜像命令，镜像复制推拉门图形，以节省绘图时间。

01 绘制玻璃推拉门。调用E（删除）命令，删除线段，结果如图9-193所示。

02 调用L（直线）命令，绘制直线，结果如图9-194所示。

03 调用REC（矩形）命令，绘制尺寸为1243×50的矩形；调用CO（复制）命令，移动复制矩形，绘制推拉门，结果如图9-195所示。

04 调用MI（镜像）命令，镜像复制推拉门图形，结果如图9-196所示。

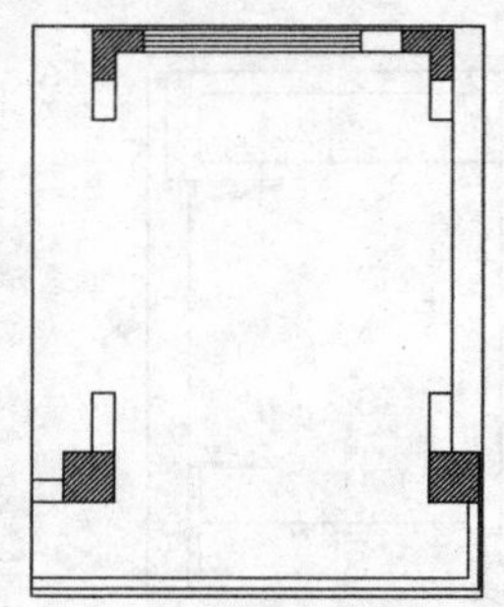

图9-193 删除线段

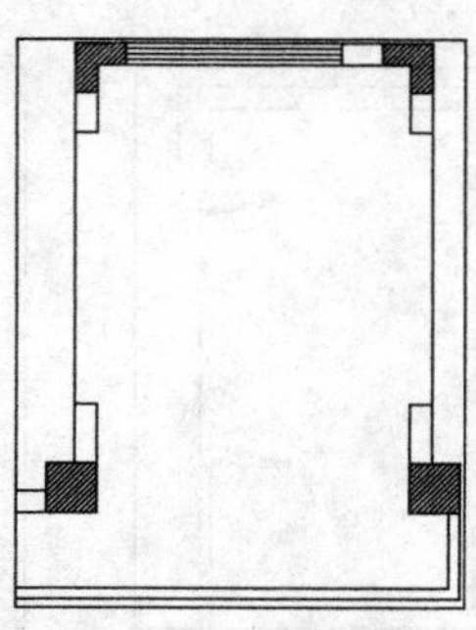

图9-194 绘制直线

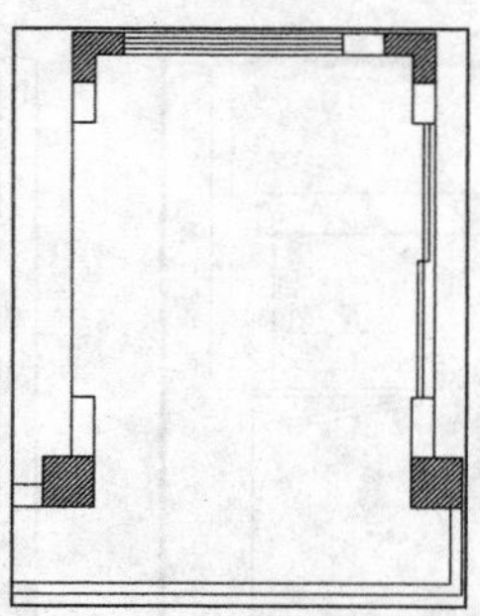

图9-195 移动复制

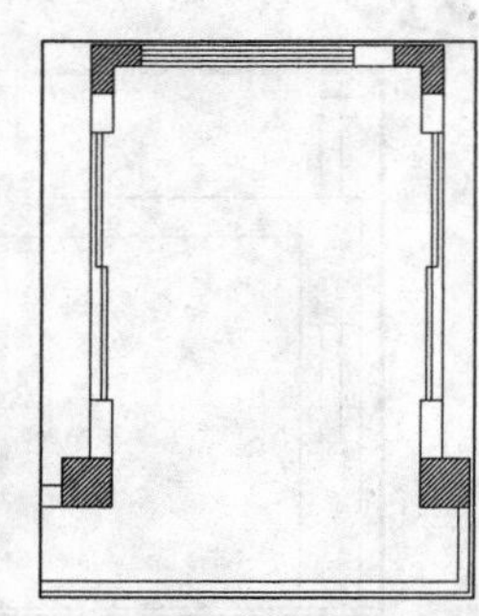

图9-196 镜像复制

9.4.5 绘制厨房、餐厅平面图

厨房平面图的绘制主要涉及墙体的改造。原建筑墙体不符合实际的使用需求，所以必须对其进行拆除重建。在拆除墙体的时候，要注意查看原建筑图，查明待拆除的墙体是否是承重墙体，假如是承重墙体的话，则不能拆除，必须另修改改造方案。

经拆改重建的墙体比较符合实际的需求，因为在砌墙和预留门洞方面，都是按照设计好的尺寸来进行，所以就保证了实用性。

厨房设计制作了折叠门，折叠门与推拉门有一个共同的优点，就是占地较少；并且在选购折叠门的时候，可以选择与居室相符合的图案，也可以按照自己的意愿来选择图案，这样既达到了屏蔽功能，又有观赏价值。

01 删除原墙体。调用E（删除）命令，删除原墙体，结果如图9-197所示。

02 绘制新墙体。调用L（直线）命令、O（偏移）命令、TR（修剪）命令，绘制新砌墙体，结果如图9-198所示。

03 绘制折叠门。调用L（直线）命令，绘制直线，结果如图9-199所示。

04 调用REC（矩形）命令，绘制尺寸为754×40的矩形，结果如图9-200所示。

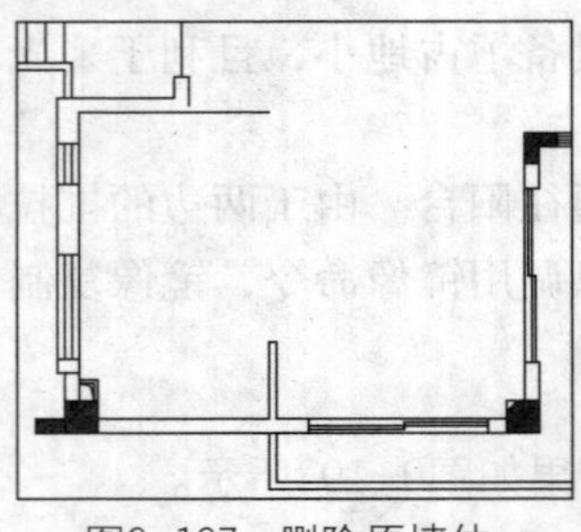
图9-197 删除原墙体

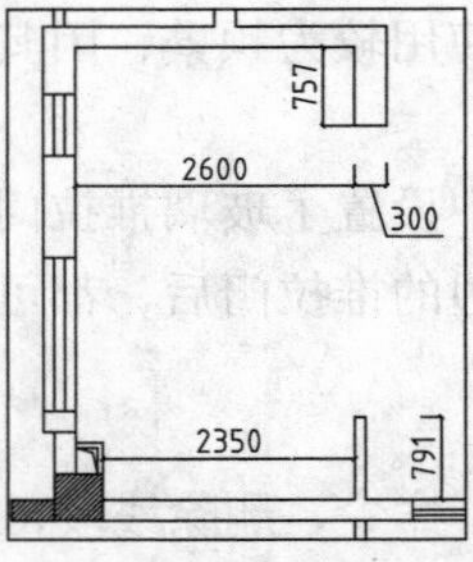

图9-198 绘制新墙体

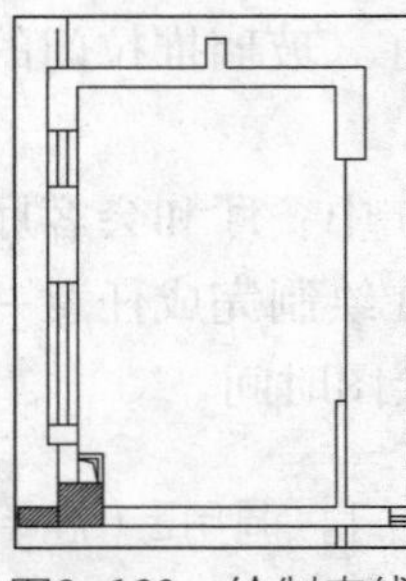
图9-199 绘制直线

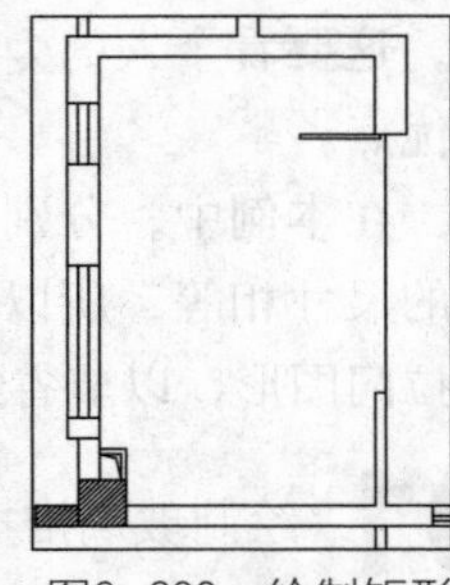
图9-200 绘制矩形

05 调用RO（旋转）命令，选择绘制的矩形，设置旋转角度为-10°，旋转复制矩形，再调用M（移动）命令，移动旋转得到的矩形，结果如图9-201所示。

06 调用MI（镜像）命令，镜像复制折叠门图形，结果如图9-202所示。

07 绘制橱柜。调用O（偏移）命令，偏移墙线，结果如图9-203所示。

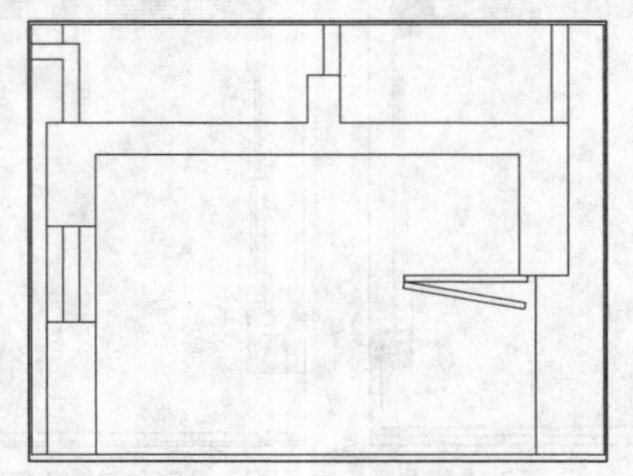
图9-201 旋转复制

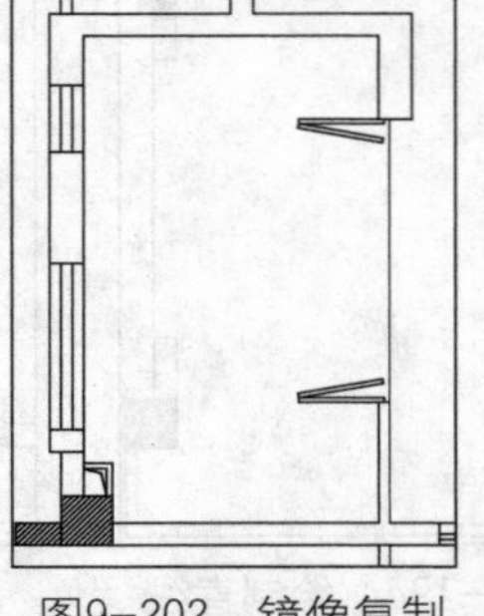
图9-202 镜像复制

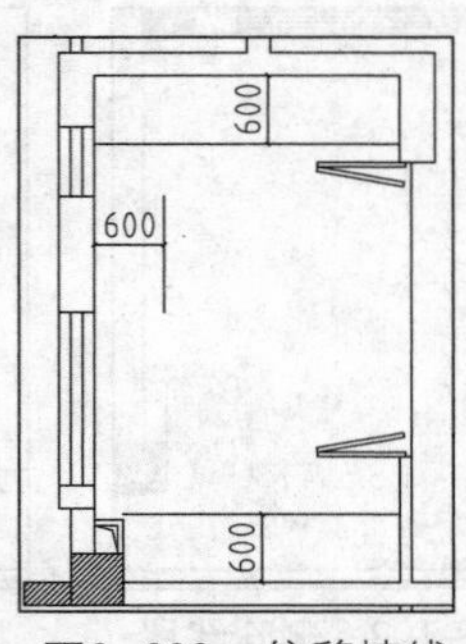

图9-203 偏移墙线

08 调用F（圆角）命令，设置圆角半径为0，对偏移得到的墙线做圆角处理，结果如图9-204所示。

09 绘制储物柜。调用L（直线）命令，绘制直线，结果如图9-205所示。

10 调用PL（多段线）命令，绘制对角线，结果如图9-206所示。

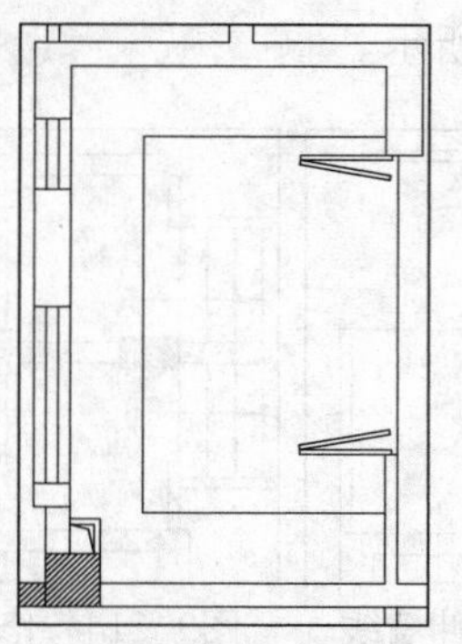
图9-204　圆角处理

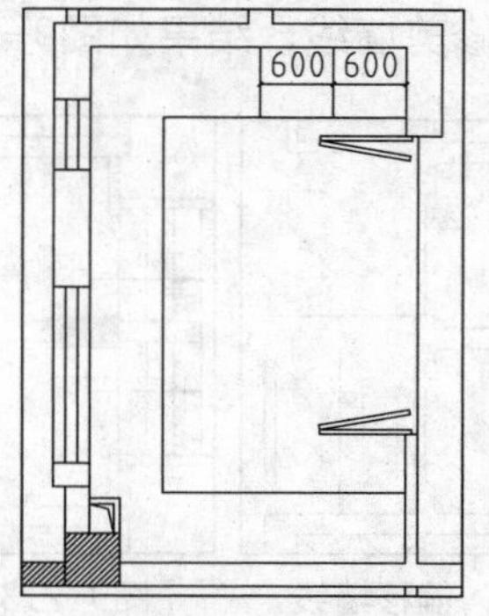

图9-205　绘制直线

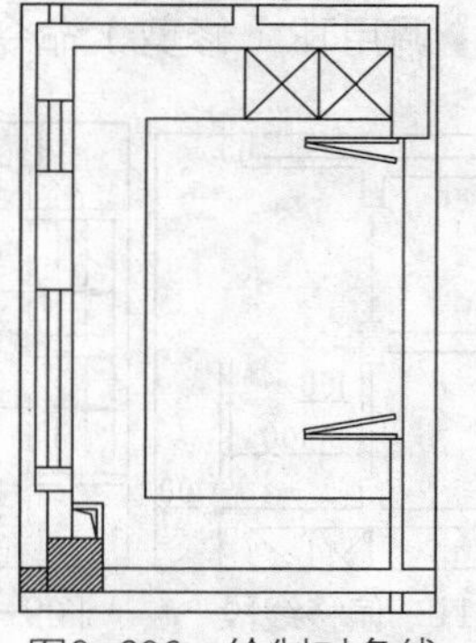
图9-206　绘制对角线

11 插入图块。按Ctrl+O组合键，打开配套光盘提供的“第9章\家具图例.dwg”文件，将其中的厨具、餐桌等图形复制粘贴至当前图形中，结果如图9-207所示。

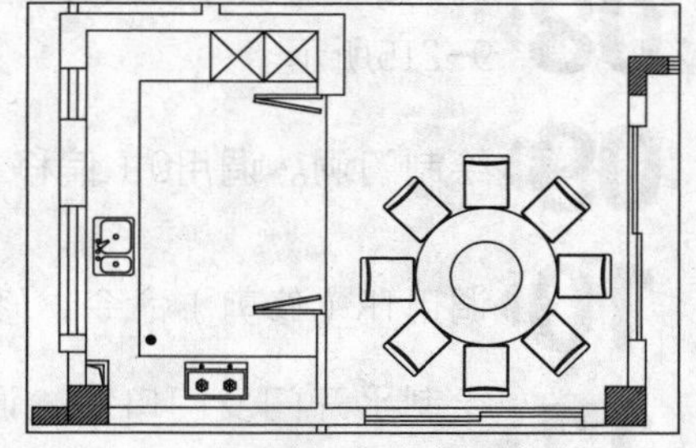
图9-207　插入图块

9.4.6　绘制公共卫生间平面图

一层的公共卫生间也进行了墙体改造。在对墙体进行拆除重建之后，公卫的面积增大了，且盥洗区和如厕区相分离。盥洗区设置在进口玄关处，这样在进门的时候就可以洗手且不影响如厕区的使用。

01 删除墙体。调用L（直线）命令，绘制直线，结果如图9-208所示。

02 调用E（删除）命令，删除原墙体，结果如图9-209所示。

03 绘制新墙体。调用EX（延伸）命令，延伸墙线，使墙体闭合，结果如图9-210所示。

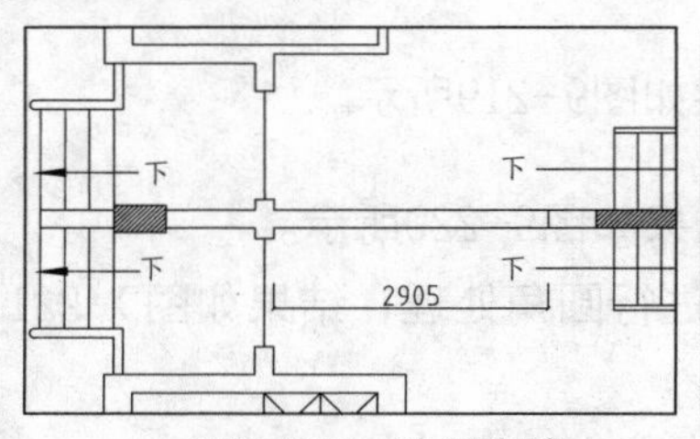

图9-208　绘制直线

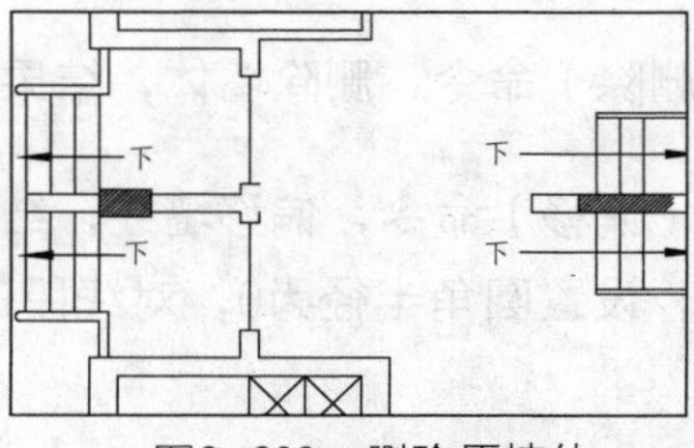

图9-209　删除原墙体

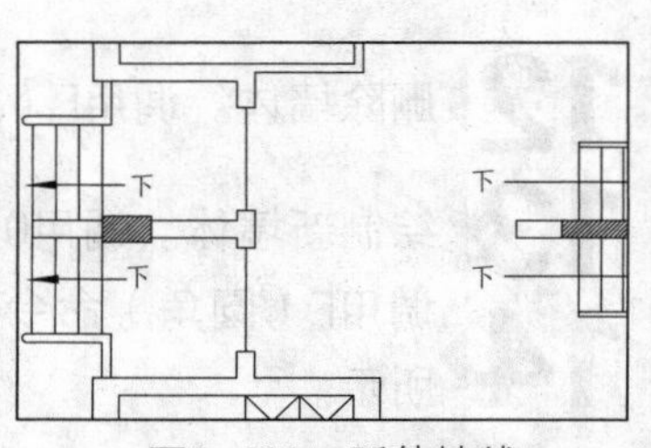

图9-210　延伸墙线

04 调用O（偏移）命令，偏移线段，结果如图9-211所示。

05 调用O（偏移）命令，偏移墙线，结果如图9-212所示。

06 调用EX（延伸）命令，延伸墙线，结果如图9-213所示。

07 调用TR（修剪）命令，修剪墙线，结果如图9-214所示。

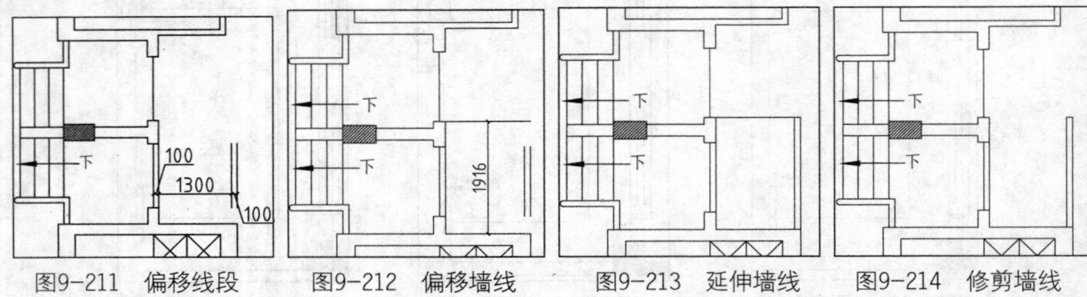

图9-211　偏移线段　图9-212　偏移墙线　图9-213　延伸墙线　图9-214　修剪墙线

08 调用L（直线）命令，绘制直线；调用O（偏移）命令，偏移直线，结果如图9-215所示。

09 绘制门洞。调用O（偏移）命令，偏移墙线，结果如图9-216所示。

10 调用TR（修剪）命令，修剪线段，结果如图9-217所示。

11 绘制平开门及门口线。调用REC（矩形）命令，绘制尺寸为737×50的矩形；调用A（圆弧）命令，绘制圆弧；调用L（直线）命令，绘制门口线，绘制结果如图9-218所示。

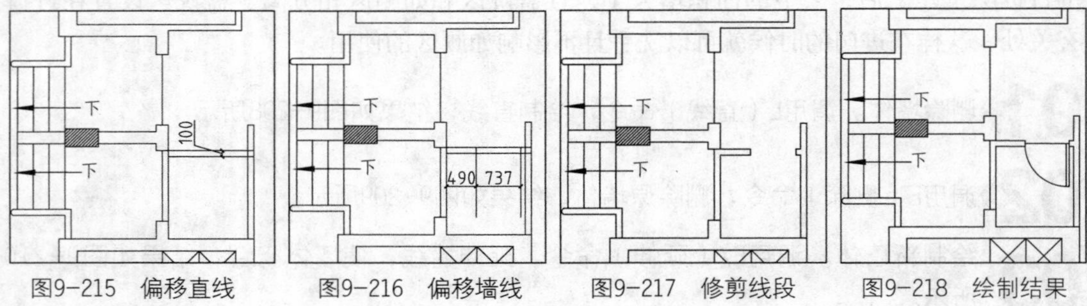

图9-215　偏移直线　图9-216　偏移墙线　图9-217　修剪线段　图9-218　绘制结果

12 删除墙体。调用E（删除）命令，删除墙体，结果如图9-219所示。

13 绘制新墙体。调用O（偏移）命令，偏移墙线，结果如图9-220所示。

14 调用F（圆角）命令，设置圆角半径为0，对线段进行圆角处理，结果如图9-221所示。

15 调用TR（修剪）命令，修剪线段，结果如图9-222所示。

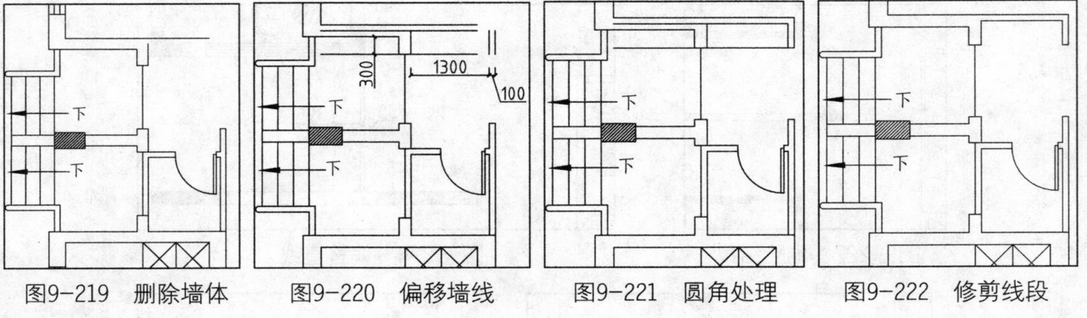

图9-219 删除墙体　　图9-220 偏移墙线　　图9-221 圆角处理　　图9-222 修剪线段

16 绘制门口线。调用L（直线）命令，绘制直线，结果如图9-223所示。

17 绘制入户子母门。调用REC（矩形）命令，绘制尺寸为721×50、500×50的矩形，结果如图9-224所示。

18 调用A（圆弧）命令，绘制圆弧，结果如图9-225所示。

19 插入图块。按Ctrl+O组合键，打开配套光盘提供的“素材\第9章\家具图例.dwg”文件，将其中的洁具图形复制粘贴至当前图形中，结果如图9-226所示。

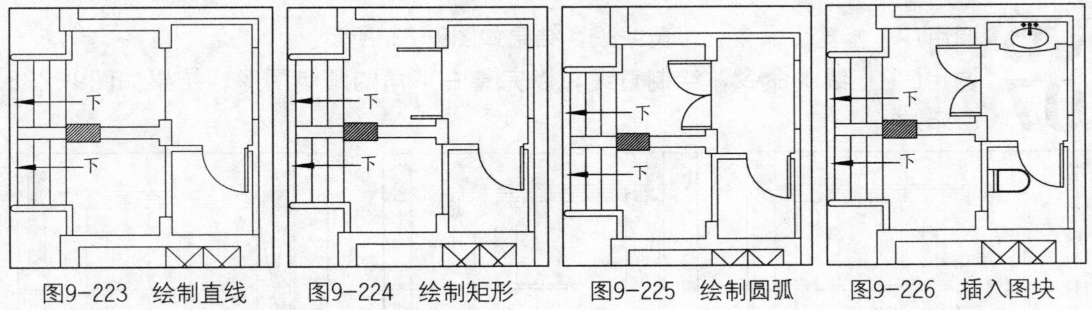

图9-223 绘制直线　　图9-224 绘制矩形　　图9-225 绘制圆弧　　图9-226 插入图块

9.4.7 绘制楼梯平面图

一层的楼梯有两部分，分别是通往地下室的楼梯和通往二楼的楼梯。两部分的楼梯是分离的，且在楼梯的中间区域设置了储藏柜，既对区域进行了分割，又增加了居室的储藏空间。

绘制楼梯的时候，要标明上下楼的方向，使读图的人分辨上下楼的方向。

01 删除原楼梯图形。调用E（删除）命令，删除原楼梯图形，结果如图9-227所示。

02 绘制壁柜。调用L（直线）命令，绘制直线；调用O（偏移）命令，偏移直线，结果如图9-228所示。

03 调用L（直线）命令，绘制对角线，结果如图9-229所示。

04 绘制楼梯扶手。调用REC（矩形）命令，绘制尺寸为2359×55的矩形，结果如图9-230所示。

图9-227　删除结果

图9-228　偏移直线

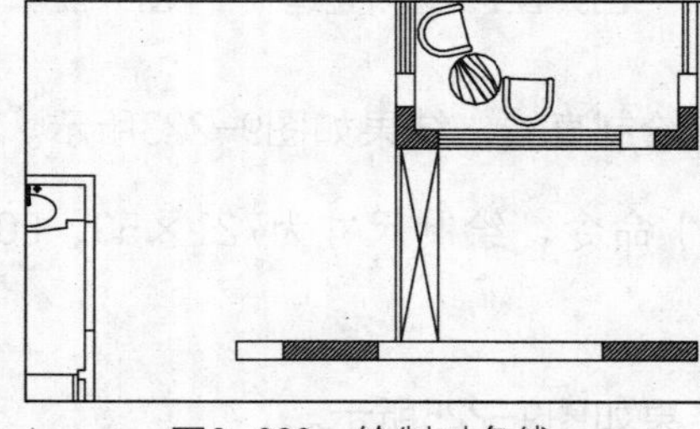

图9-229　绘制对角线

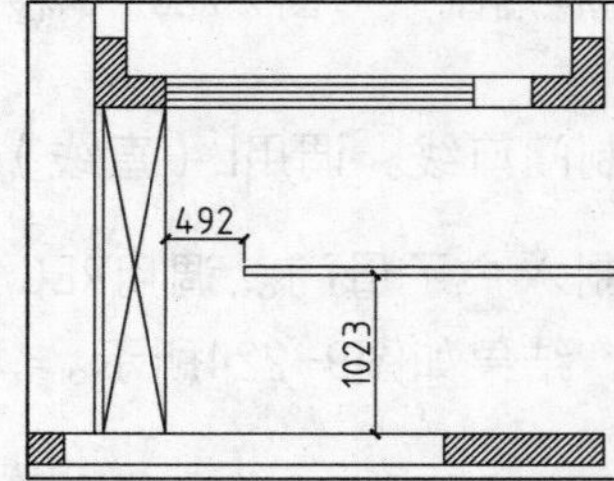

图9-230　绘制矩形

05 绘制踏步。调用O（偏移）命令，偏移线段，结果如图9-231所示。

06 调用TR（修剪）命令，修剪线段，结果如图9-232所示。

07 调用L（直线）命令，绘制直线，以完善右下角的踏步图形，结果如图9-233所示。

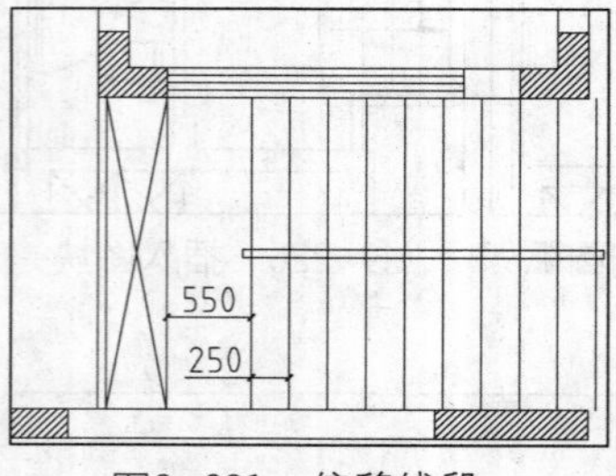

图9-231　偏移线段

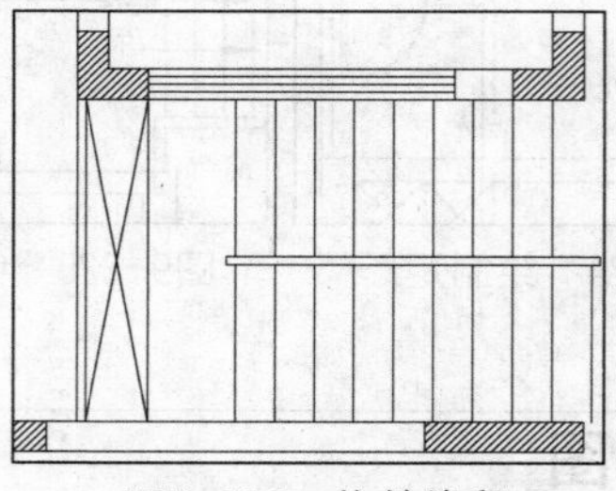

图9-232　修剪线段

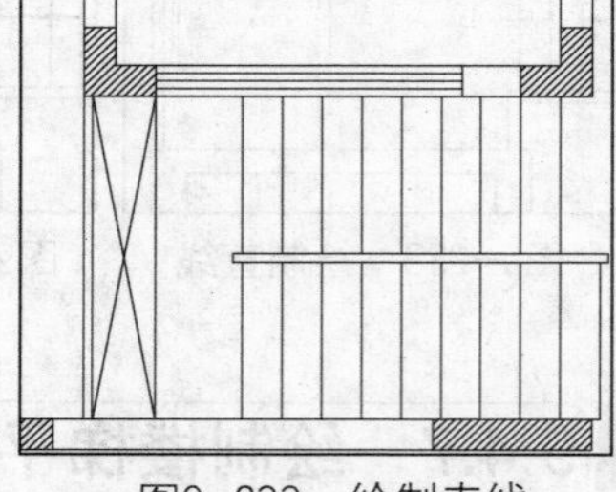

图9-233　绘制直线

08 绘制楼梯剖切步数的表示方法。调用PL（多段线）命令，绘制折断线，结果如图9-234所示。

09 调用X（分解）命令，分解多段线；调用O（偏移）命令，偏移多段线，结果如图9-235所示。

10 调用EX（延伸）命令、TR（修剪）命令，编辑线段，结果如图9-236所示。

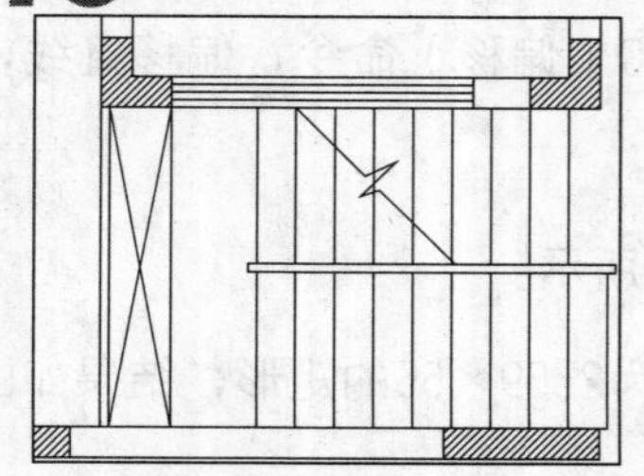

图9-234　绘制折断线

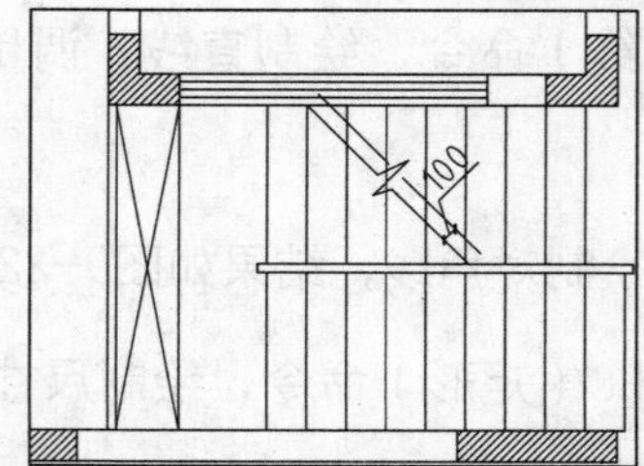

图9-235　偏移多段线

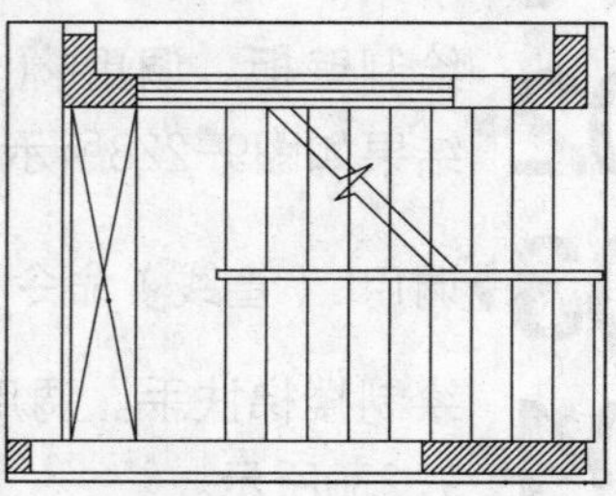

图9-236　编辑线段

11 调用TR（修剪）命令，修剪线段，结果如图9-237所示。

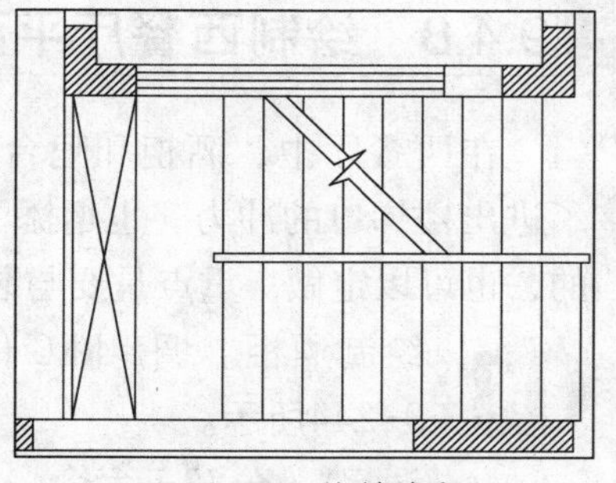
图9-237 修剪线段

12 绘制踏步外轮廓。调用REC（矩形）命令，绘制尺寸为1695×1140的矩形，结果如图9-238所示。

13 绘制踏步。调用X（分解）命令，分解矩形；调用O（偏移）命令，偏移矩形边，结果如图9-239所示。

14 绘制楼梯剖切步数的表示方法。调用PL（多段线）命令，绘制折断线，结果如图9-240所示。

15 调用TR（修剪）命令，修剪图形，结果如图9-241所示。

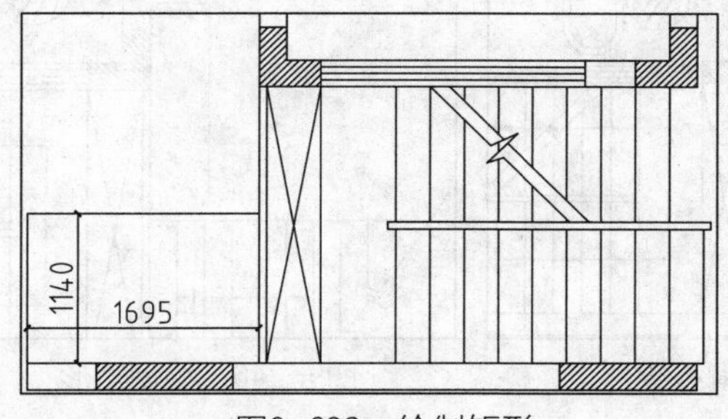

图9-238 绘制矩形

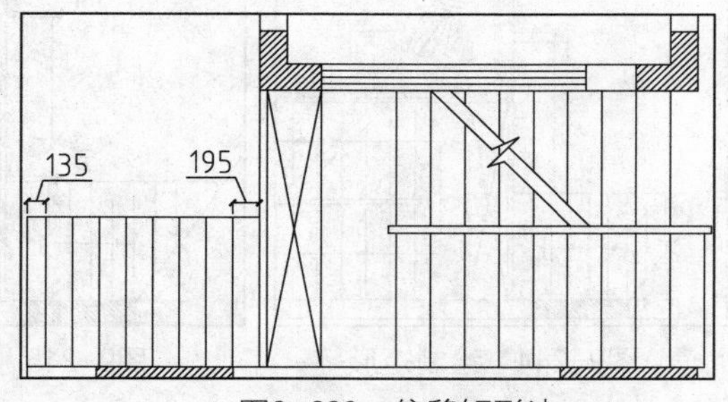

图9-239 偏移矩形边

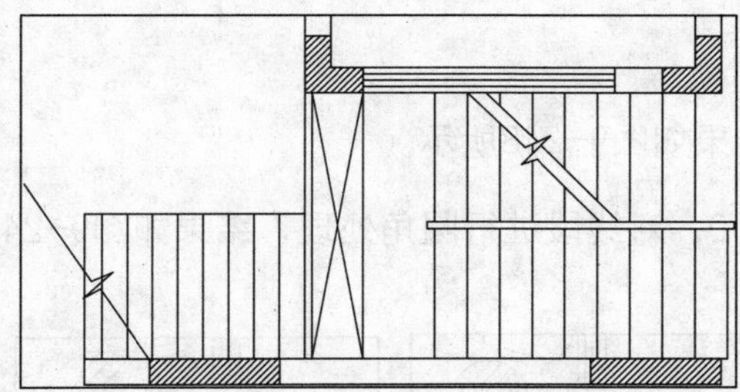
图9-240 绘制折断线

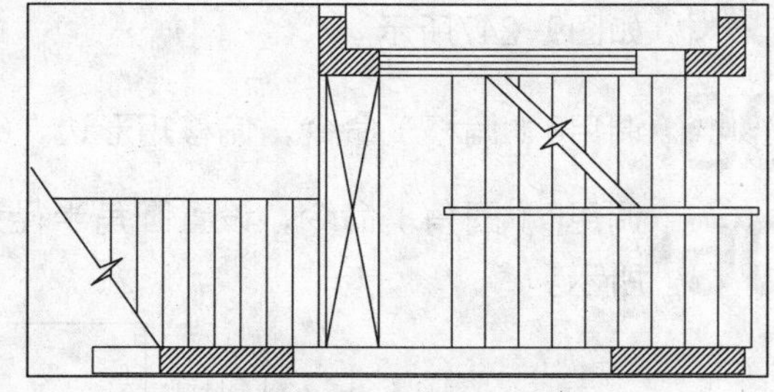
图9-241 修剪图形

16 绘制上楼方向指示箭头。调用PL（多段线）命令，在执行命令的过程中选择“W（宽度）”选项，绘制起点为50，端点为0的多段线，结果如图9-242所示。

17 绘制文字标注。调用MT（多行文字）命令，绘制文字标注，结果如图9-243所示。

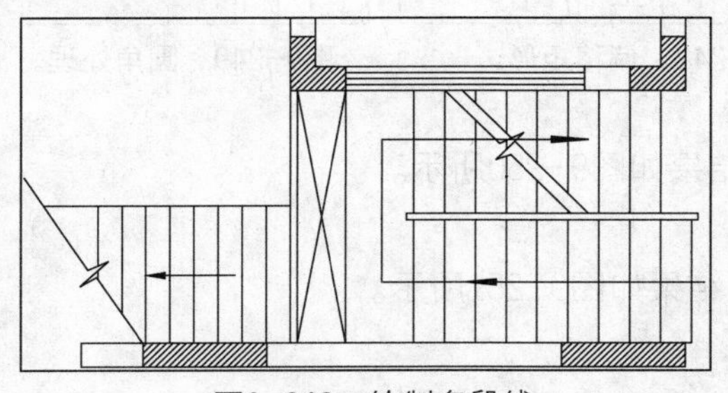
图9-242 绘制多段线

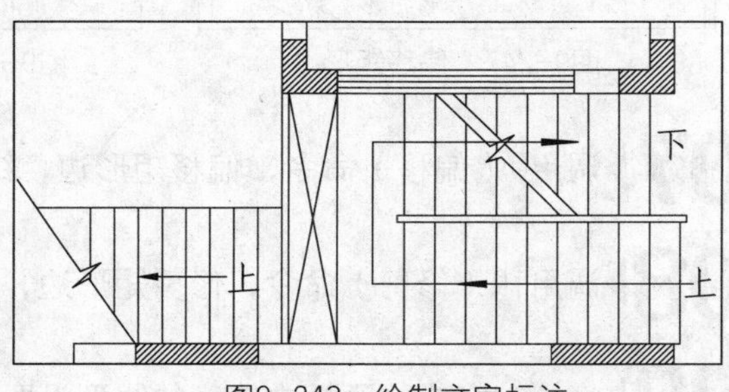

图9-243 绘制文字标注

9.4.8 绘制西餐厅平面布置图

在西餐厅中，酒柜和吧台是必不可少的物品之一。本例的吧台设计为弧形，缓解了进出楼梯口的冲力，也增添了时尚感。在酒柜的选购上，可以选择华丽型的、储藏型的，也可以定做。重点是要与装饰风格相符，达到相映成趣的效果。

01 绘制酒柜。调用REC（矩形）命令，绘制尺寸为1600×420的矩形，结果如图9-244所示。

02 调用X（分解）命令，分解矩形；调用O（偏移）命令，偏移矩形边，结果如图9-245所示。

03 调用REC（矩形）命令，绘制尺寸为50×50的矩形，结果如图9-246所示。

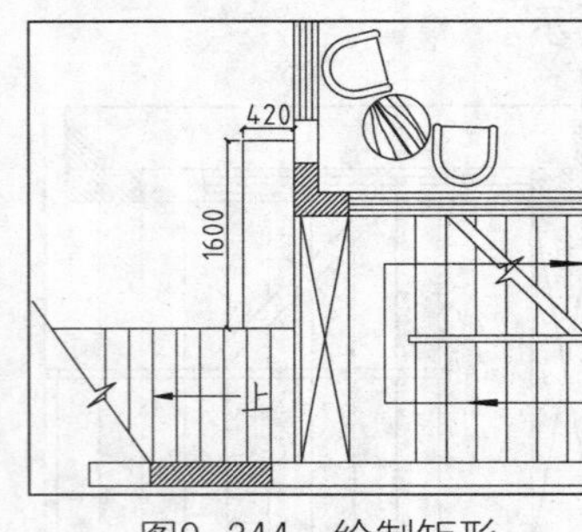

图9-244 绘制矩形

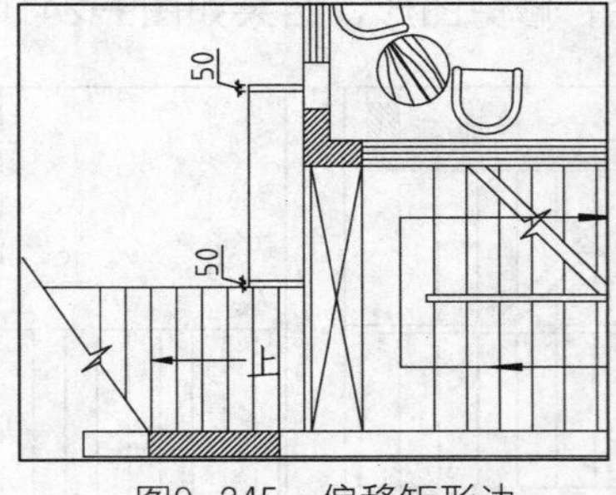

图9-245 偏移矩形边

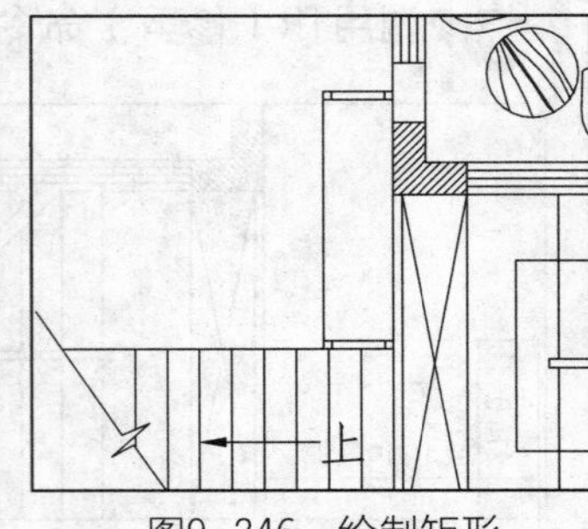

图9-246 绘制矩形

04 调用O（偏移）命令，设置偏移距离为3，向内偏移尺寸为50×50的矩形，结果如图9-247所示。

05 调用O（偏移）命令，偏移矩形边，结果如图9-248所示。

06 调用F（圆角）命令，设置圆角半径为0，对线段进行圆角处理，结果如图9-249所示。

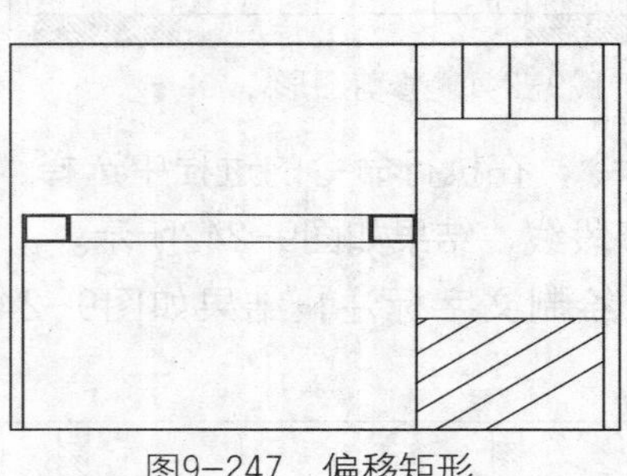

图9-247 偏移矩形

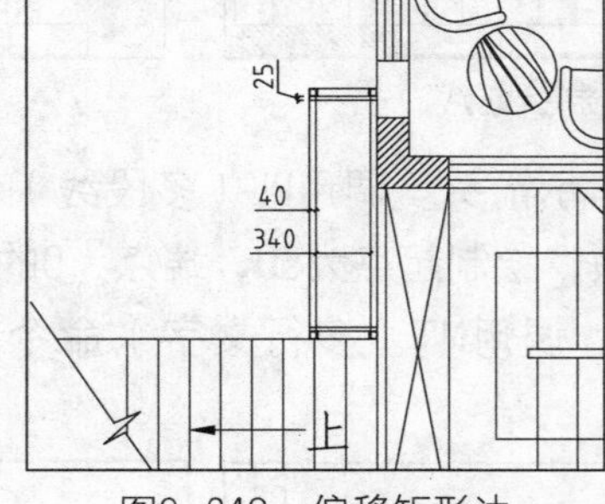

图9-248 偏移矩形边

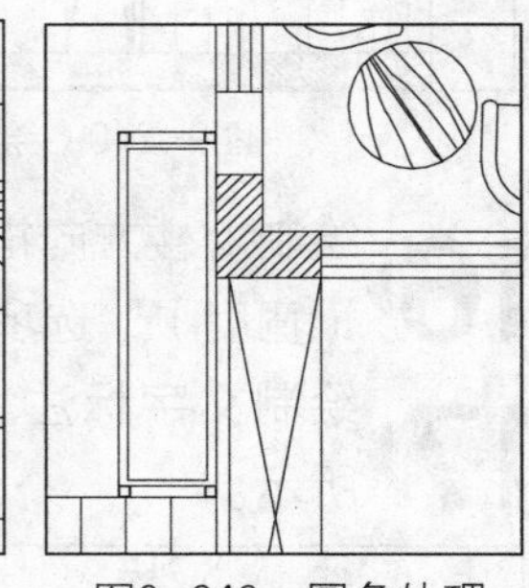

图9-249 圆角处理

07 调用O（偏移）命令，偏移矩形边，结果如图9-250所示。

08 调用TR（修剪）命令，修剪矩形边，结果如图9-251所示。

09 将绘制完成的酒柜内轮廓的线型设置为DASH线型，结果如图9-252所示。

10 插入图块。按Ctrl+O组合键，打开配套光盘提供的“素材\第9章\家具图例.dwg”文件，将其中的酒瓶平面图形复制粘贴至当前图形中，结果如图9-253所示。

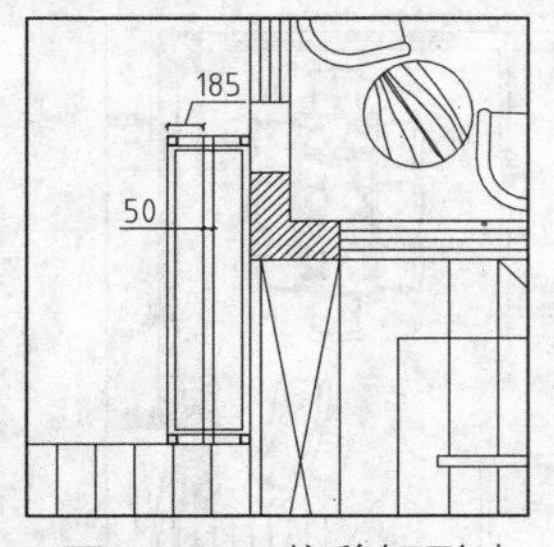

图9-250 偏移矩形边

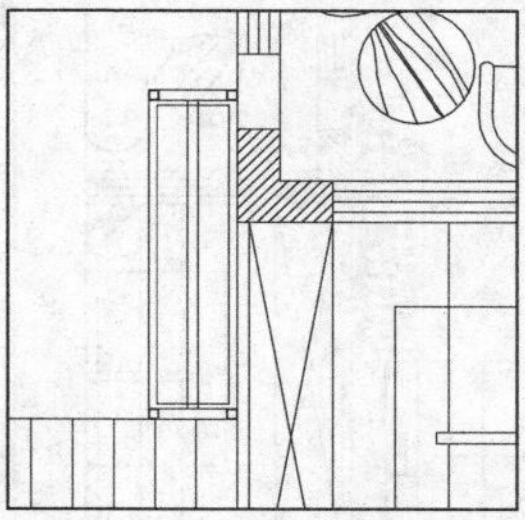

图9-251 修剪矩形边

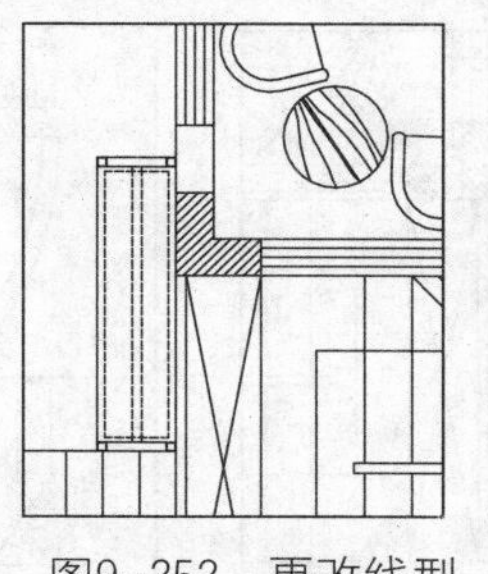

图9-252 更改线型

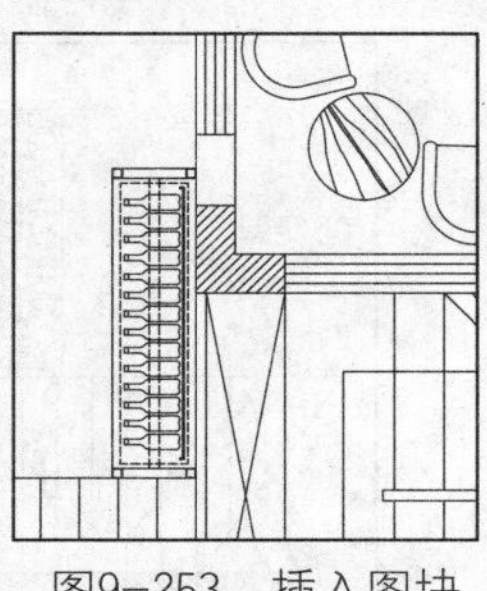

图9-253 插入图块

11 绘制吧台。调用REC（矩形）命令，绘制尺寸为1469×1006的矩形，结果如图9-254所示。

12 调用X（分解）命令，分解矩形；调用O（偏移）命令，偏移矩形边，结果如图9-255所示。

13 执行“绘图”|“圆弧”|“起点、端点、半径”命令，绘制半径为2000的圆弧，结果如图9-256所示。

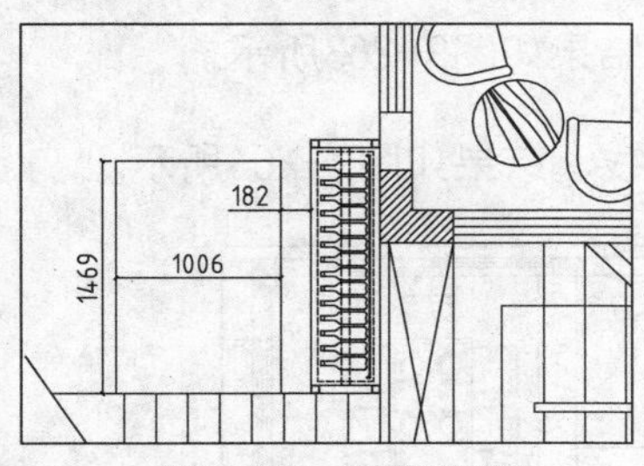

图9-254 绘制矩形

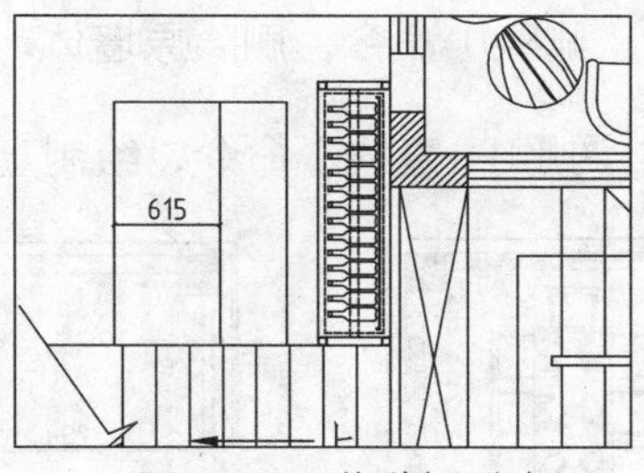

图9-255 偏移矩形边

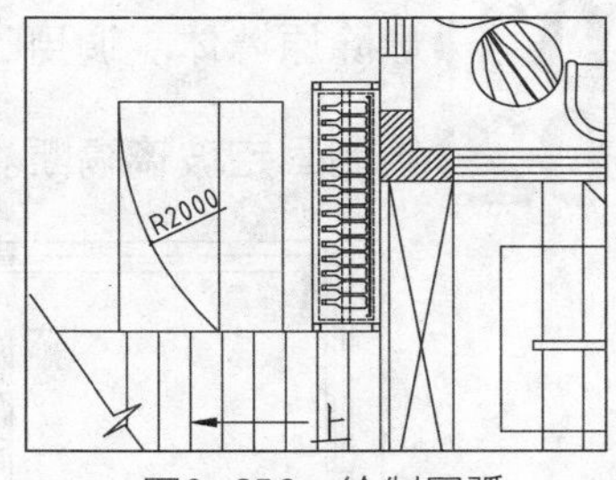

图9-256 绘制圆弧

14 调用O（偏移）命令，偏移矩形边，结果如图9-257所示。

15 执行“绘图”|“圆弧”|“起点、端点、半径”命令，绘制半径为1436的圆弧，结果如图9-258所示。

16 调用E（删除）命令、TR（修剪）命令，编辑图形，结果如图9-259所示。

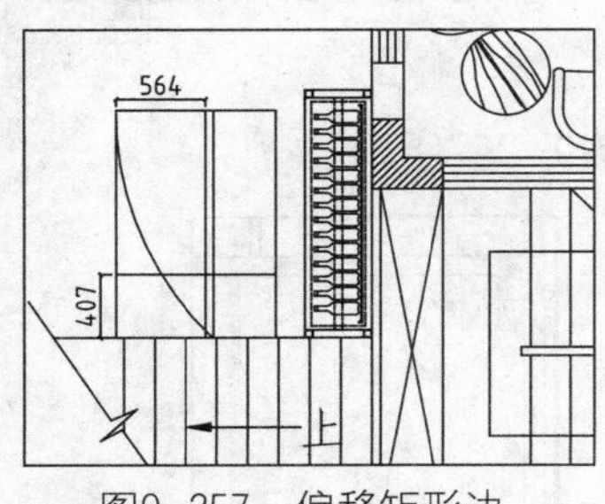

图9-257 偏移矩形边

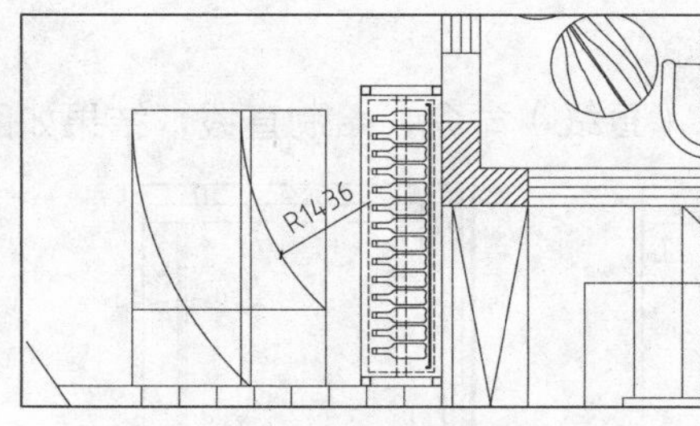

图9-258 绘制圆弧

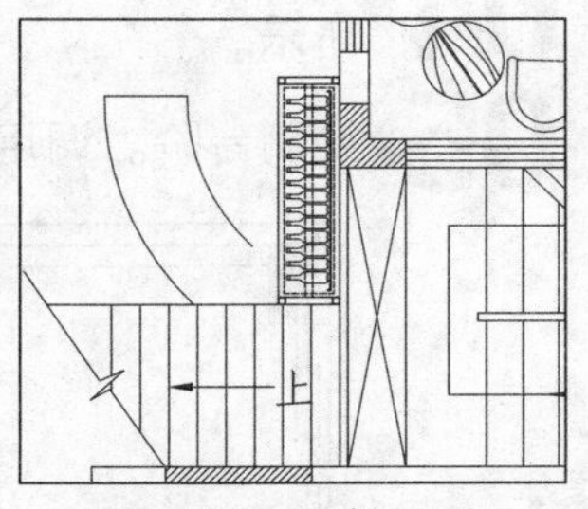

图9-259 编辑图形

17 调用L（直线）命令，绘制直线，结果如图9-260所示。

18 调用O（偏移）命令，偏移圆弧，结果如图9-261所示。

19 插入图块。按Ctrl+O组合键，打开配套光盘提供的“素材\第9章\家具图例.dwg”文件，将其中的餐桌椅等图块复制粘贴至当前图形中，结果如图9-262所示。

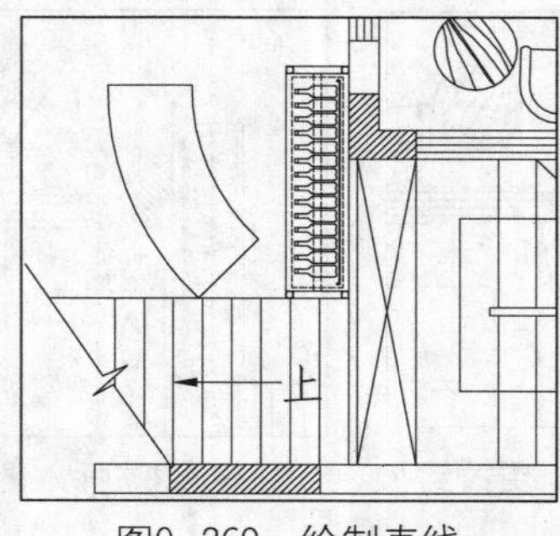

图9-260 绘制直线

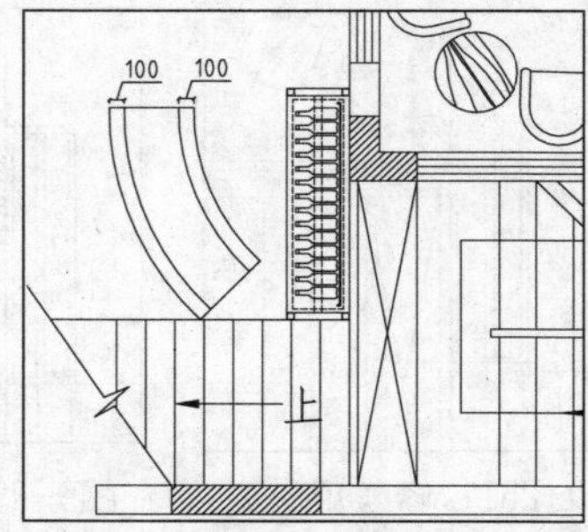

图9-261 偏移圆弧

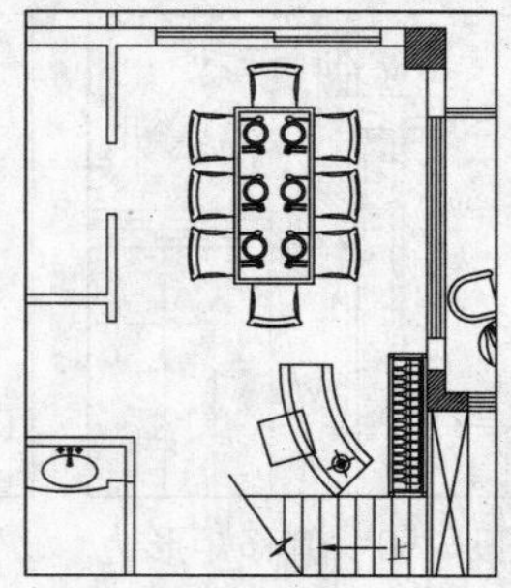
图9-262 插入图块

9.4.9 绘制休息室平面图

休息室与西餐厅在地面的标高上有明确的区分，相互之间以台阶相连。还设置了通透的玻璃隔断，既不阻碍视野，又达到了分隔的目的。

01 删除原墙体。调用E（删除）命令，删除原墙体，结果如图9-263所示。

02 绘制固定玻璃隔断。调用L（直线）命令，绘制直线，结果如图9-264所示。

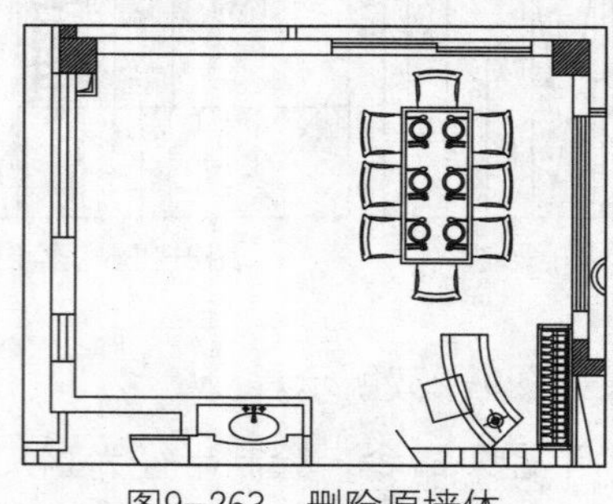
图9-263 删除原墙体

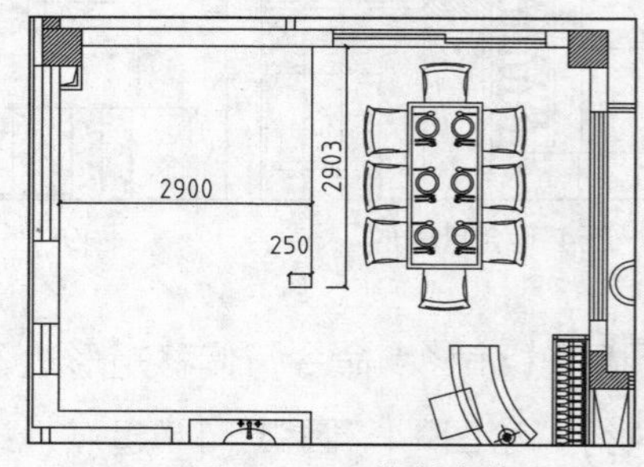

图9-264 绘制直线

03 调用O（偏移）命令，偏移线段，结果如图9-265所示。

04 调用F（圆角）命令，设置圆角半径为0，对线段进行圆角处理，结果如图9-266所示。

05 绘制台阶。调用L（直线）命令，绘制直线，结果如图9-267所示。

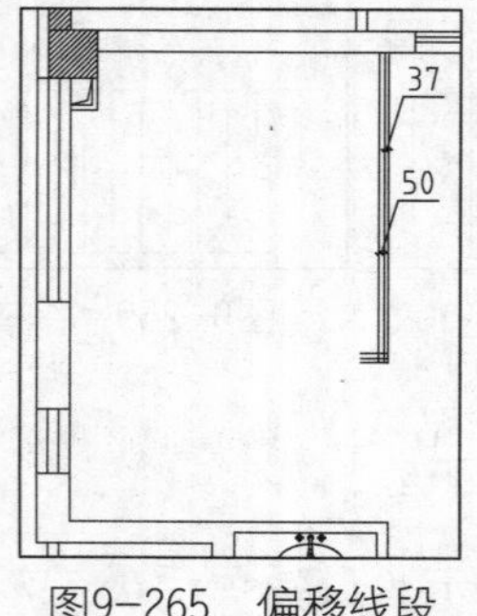

图9-265 偏移线段

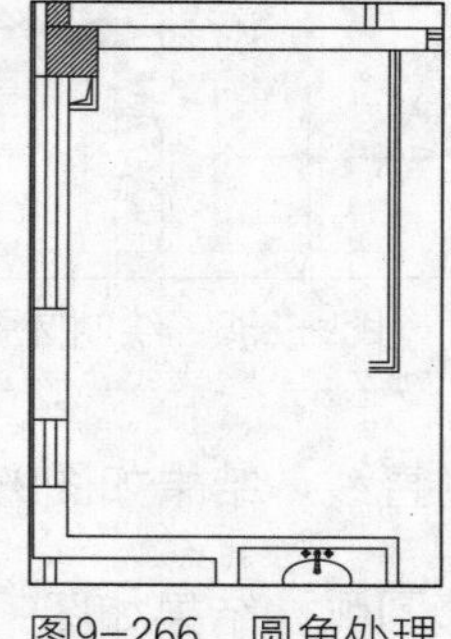
图9-266 圆角处理

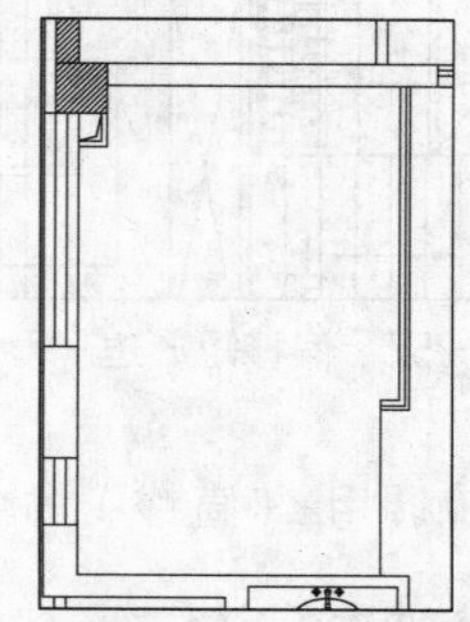
图9-267 绘制直线

06 调用O（偏移）命令，偏移直线，结果如图9-268所示。

07 调用L（直线）命令，绘制直线，结果如图9-269所示。

08 插入图块。按Ctrl+O组合键，打开配套光盘提供的“素材\第9章\家具图例.dwg”文件，将其中的沙发等图块复制粘贴至当前图形中，结果如图9-270所示。

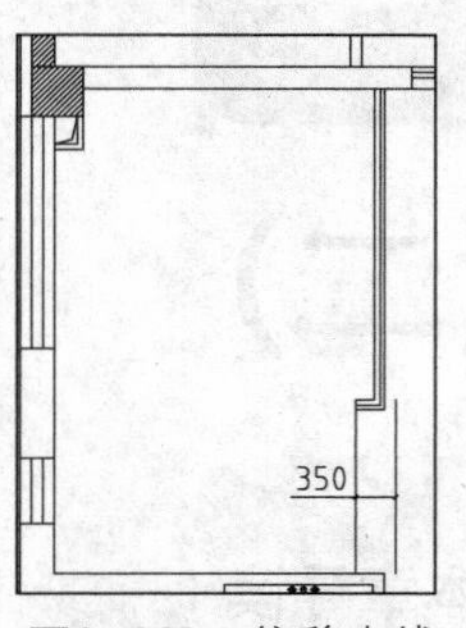

图9-268 偏移直线

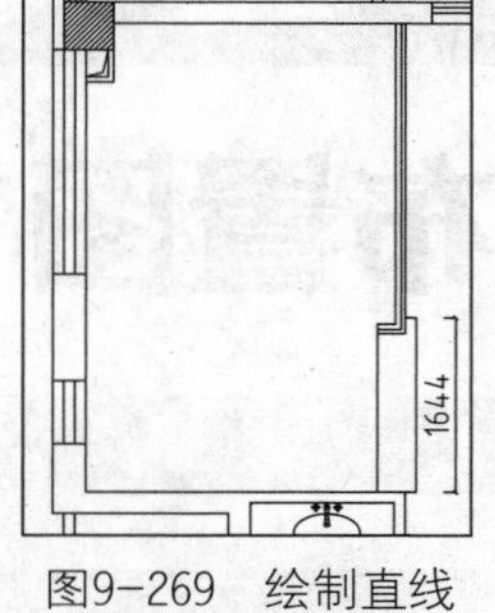

图9-269 绘制直线

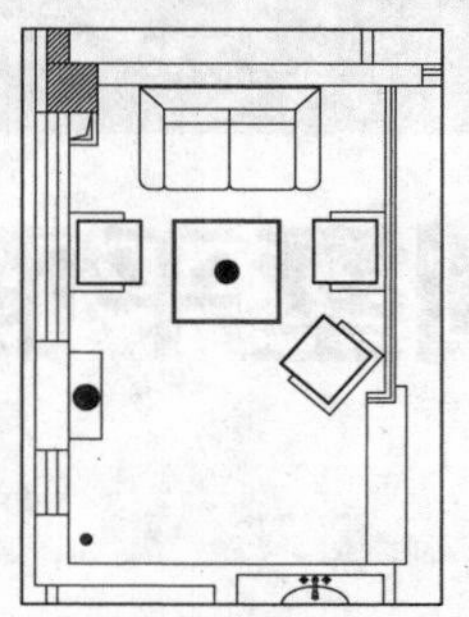
图9-270 插入图块

9.4.10 完善一层平面图

平面图上的各功能区的布置情况绘制完成之后，就需要对图形绘制标注了。图形标注包括文字标注和图名标注，文字标注是标明各功能区的名称，使各区域的职能一目了然；图名标注包含图名和比例标注，为平面布置图定义其所表达的区域范围及绘制的比例。

01 文字标注。调用MT（多行文字）命令，绘制文字标注，结果如图9-271所示。

02 重复调用MT（多行文字）命令，为一层平面布置图的各区域绘制文字标注，结果如图9-272所示。

03 图名标注。调用MT（多行文字）命令，绘制图名和比例；调用L（直线）命令，在图名和比例下方绘制两条下划线，并将最下面的下划线的线宽设置为0.3mm，绘制结果如图9-172所示。

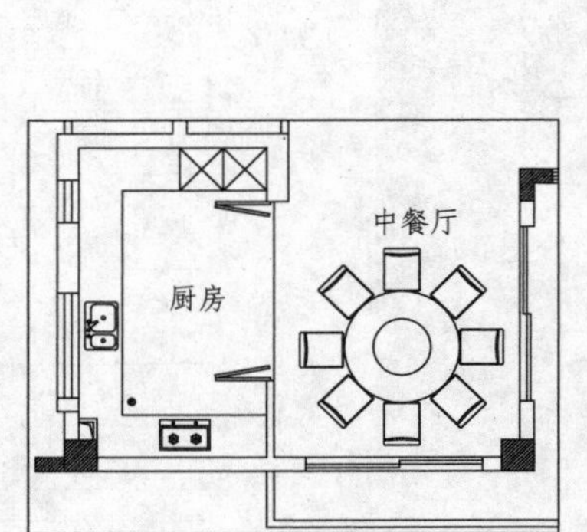

图9-271 文字标注

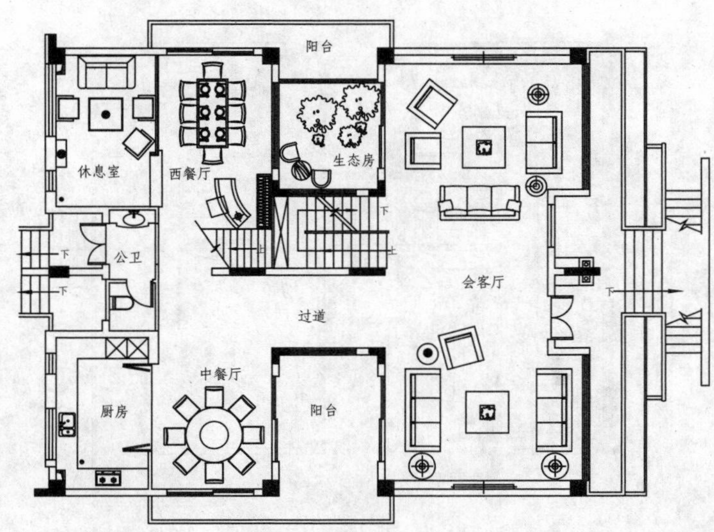

图9-272 标注结果

第10章

绘制别墅平面布置图（二）

本章导读

本章继续深入讲解平面布置图的绘制方法。本章首先讲解别墅二层平面布置图的绘制方法，包括小孩房、老人房、书房、禅房、客厅等空间类型，然后讲解别墅三层平面布置图的绘制，包括健身房、书房、主卫、衣帽间等空间类型，最后讲解了阁楼平面布置图的绘制。

学习目标

- 掌握别墅二层平面布置图的绘制
- 掌握三层平面布置图的绘制
- 掌握绘制阁楼平面布置图的绘制

效果预览

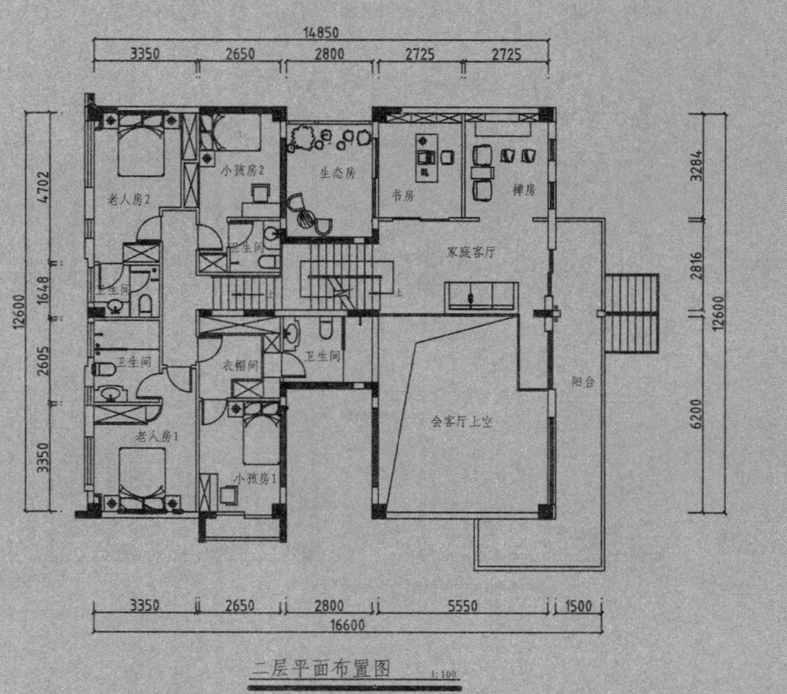

本章继续介绍别墅平面图的绘制方法，分别是别墅二层、三层以及阁楼层平面图的绘制。别墅的二层主要为家人的休息以及学习、办公区域，分别设置了老人房与小孩房，书房和禅房等功能区。可以同时满足主要家庭成员日常的休息、娱乐和学习。

三层是主卧区，分别设置了桑拿房、健身房等保健养生的功能区，也为户主夫妇提供私密的生活空间。阁楼层由于面积的关系，主要为储藏区，但是因其环境较为安静，也可作为平时会谈或者阅读的场所。

10.1 绘制别墅二层平面布置图

因为考虑到家中老人和小孩的行动方便问题，故将老人和小孩的卧室安排在别墅的二层。每个房间都单独配备了卫生间，为使用者提供了便利。另外，还单独设置了独立的书房，供孩子作为学习娱乐的场所；书房旁边的禅房，可以为老人静坐参佛提供好去处。

总之，在进行家居的室内设计时，应充分考虑到家庭内各年龄层次的不同使用需求，只有符合人类居住的室内环境，才算得上是成功的室内设计。

下面介绍二层平面布置图的绘制方法。

10.1.1 修改楼梯

别墅中原始的结构楼梯在对居室进行了设计改造之后就不大符合实际使用了，因此，在对居室进行改造的同时，楼梯也要对其进行拆除重建，虽然会花费比较多的金钱和时间，但是却可以达到一劳永逸的效果。

二层的墙体等原建筑构造整体上改动比较大，比如将原建筑楼梯全部拆除。拆除原建筑楼梯后，为小孩房2腾出了卫生间的空间，使居室的面积利用更为合理。由于在一层的楼梯改造中对通往地下室的楼梯进行了改造，所以在二层楼梯的改造上也在已改造完成的楼梯的基础上进行。

改造后的二层楼梯，空间的规划更为合理，方便了人们经过楼梯通往室内各区域。在改造每层都有的建筑构件的时候，要充分考虑该建筑构件在每层楼上的各种属性，包括位置、尺寸以及使用惯性等。

01 调用别墅二层原始结构图。按Ctrl+O组合键，打开前面第8章绘制的“别墅二层原始结构图.dwg”文件，结构如图10-1所示。

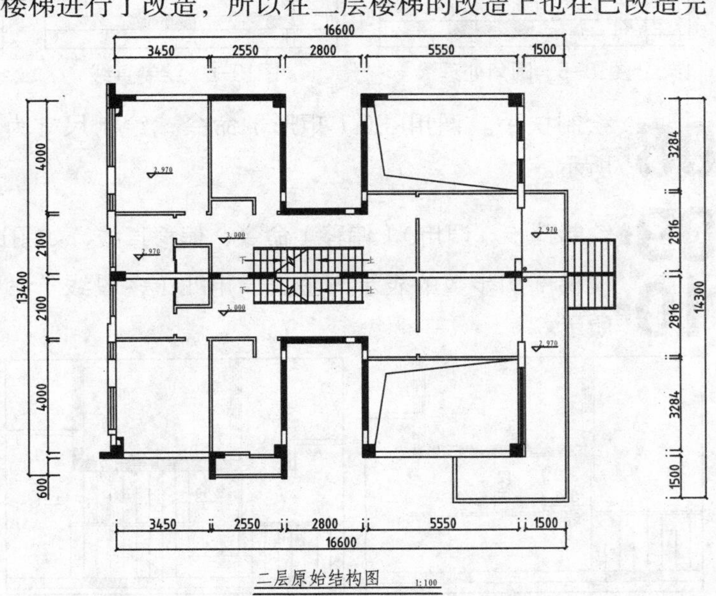

图10-1　别墅二层原始结构图

02 删除原楼梯图形。调用E（删除）命令，删除原来的楼梯图形，结构如图10-2所示。

03 绘制楼梯扶手。调用L（直线）命令，绘制直线，如图10-3所示。

04 调用O（偏移）命令，偏移直线，如图10-4所示。

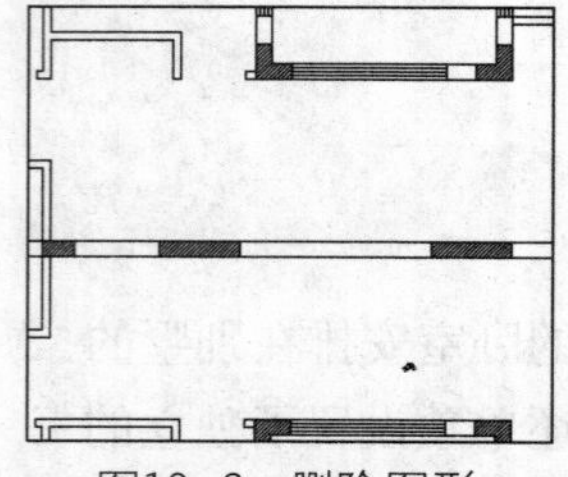

图10-2　删除图形

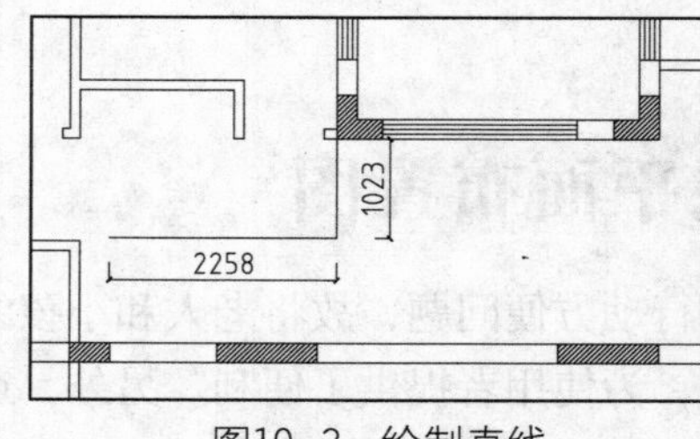

图10-3　绘制直线

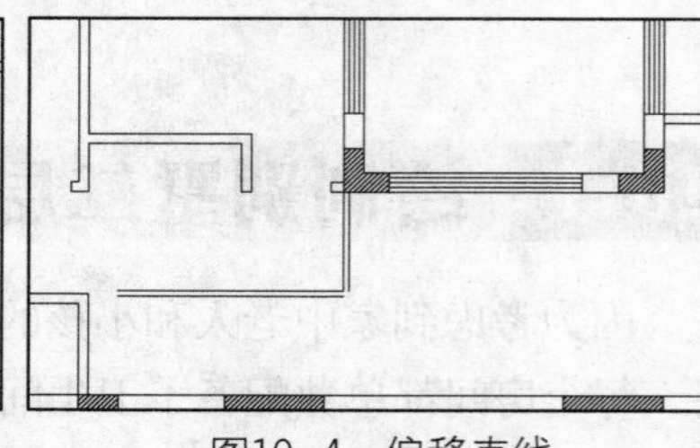

图10-4　偏移直线

05 调用L（直线）命令，绘制闭合直线；调用F（圆角）命令，设置圆角半径为0，对线段进行圆角处理，如图10-5所示。

06 绘制踏步。调用L（直线）命令，绘制直线，如图10-6所示。

07 调用O（偏移）命令，偏移直线，如图10-7所示。

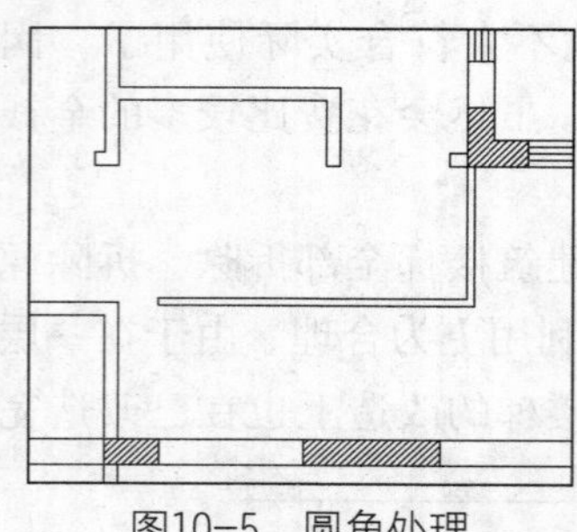

图10-5　圆角处理

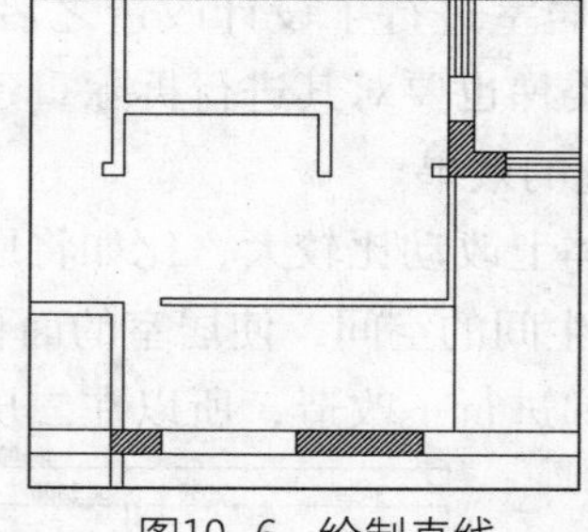

图10-6　绘制直线

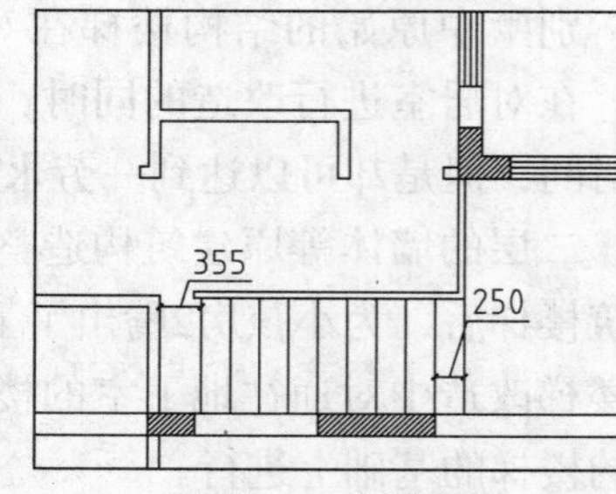

图10-7　偏移直线

08 绘制扶手。调用REC（矩形）命令，绘制尺寸为2381×55的矩形，如图10-8所示。

09 绘制踏步。调用O（偏移）命令，偏移直线，如图10-9所示。

10 楼梯剖切步数的表示方法。调用PL（多段线）命令，绘制多段线，如图10-10所示。

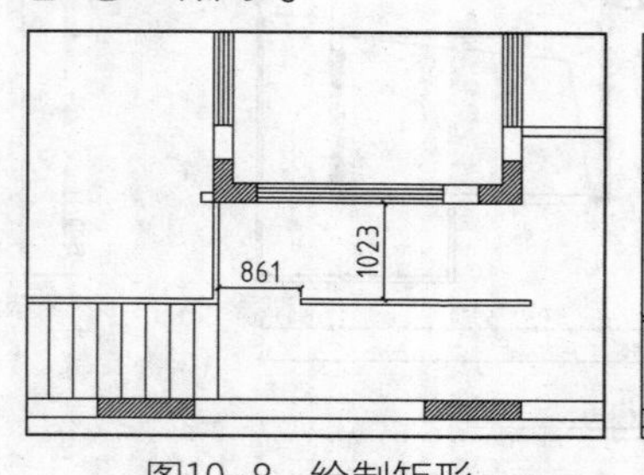

图10-8　绘制矩形

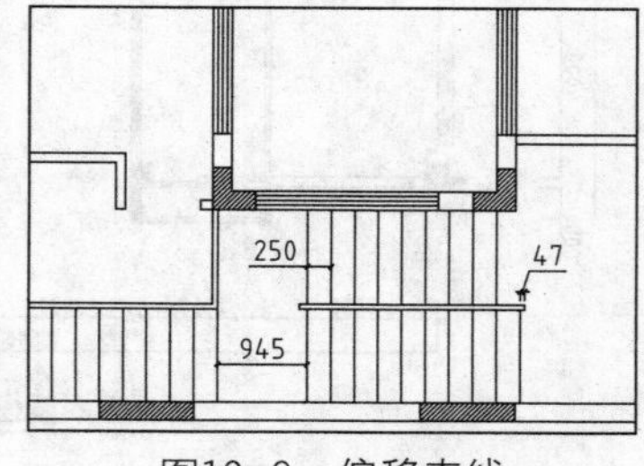

图10-9　偏移直线

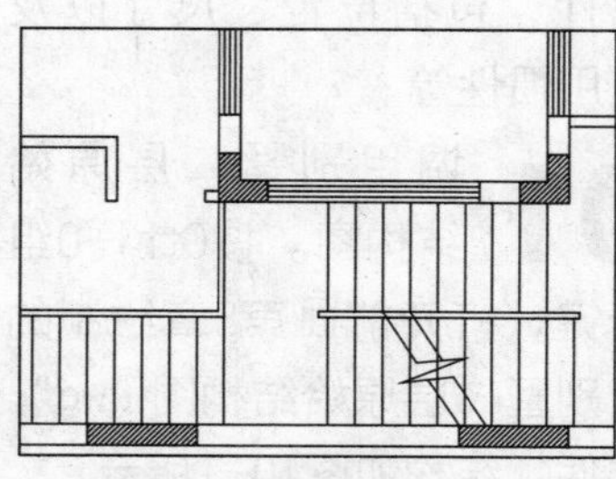

图10-10　绘制多段线

11 调用TR（修剪）命令，修剪多段线，如图10-11所示。

12 绘制上楼方向指示箭头。调用PL（多段线）命令，在执行命令的过程中选择“W（宽度）”选项，绘制起点为50，端点为0的多段线，如图10-12所示。

13 绘制文字标注。调用MT（多行文字）命令，绘制文字标注，如图10-13所示。

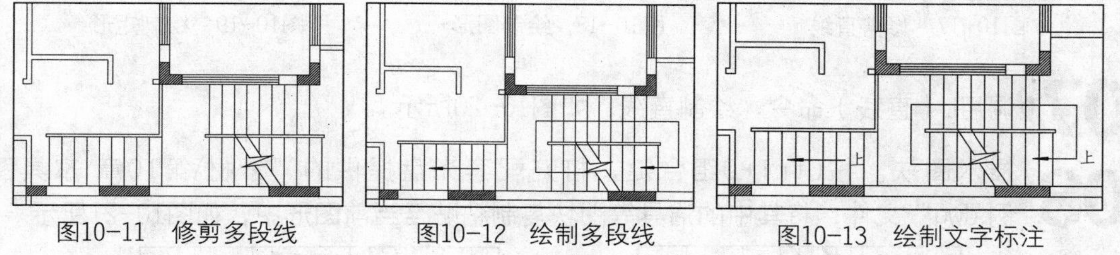

图10-11 修剪多段线 图10-12 绘制多段线 图10-13 绘制文字标注

10.1.2 绘制小孩房1卫生间平面图

在拆除原建筑楼梯的同时，也为小孩房1空出了卫生间的面积。在腾出的区域内重新砌墙，可以完成卫生间的改造。

重新砌墙后所得到的卫生间面积，可以规划盥洗区和淋浴区，方便使用。

01 绘制墙体。调用L（直线）命令，绘制直线，如图10-14所示。

02 调用O（偏移）命令，偏移直线，如图10-15所示。

03 绘制门洞。调用L（直线）命令，绘制直线，如图10-16所示。

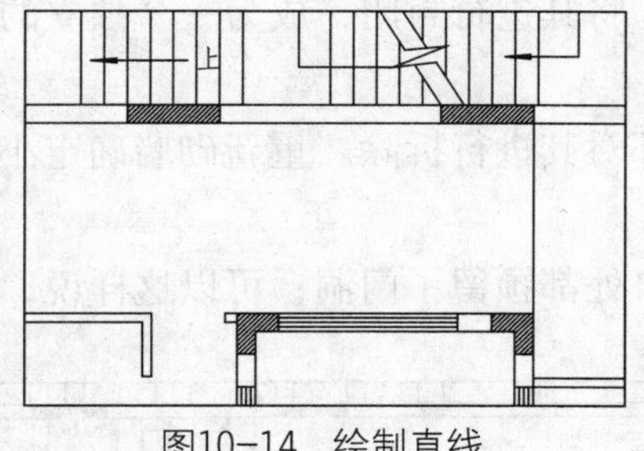

图10-14 绘制直线

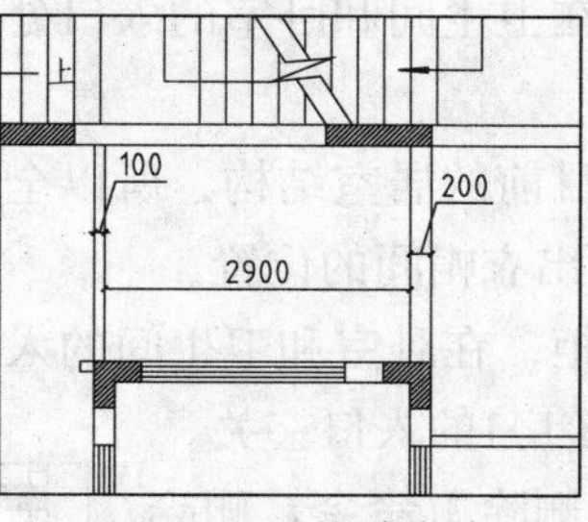

图10-15 偏移直线

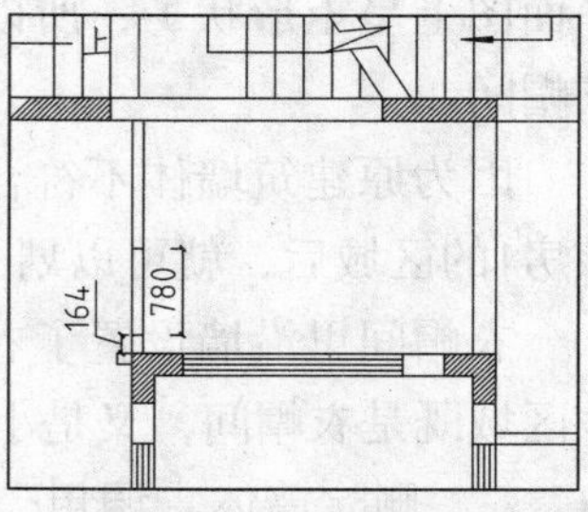

图10-16 绘制直线

04 调用TR（修剪）命令，修剪直线，如图10-17所示。

05 绘制平开门及门口线。调用REC（矩形）命令，绘制尺寸为780×50的矩形；调用A（圆弧）命令，绘制圆弧；调用L（直线）命令，绘制直线，如图10-18所示。

06 绘制洗浴间玻璃隔断。调用REC（矩形）命令，绘制尺寸为1050×82的矩形，如图10-19所示。

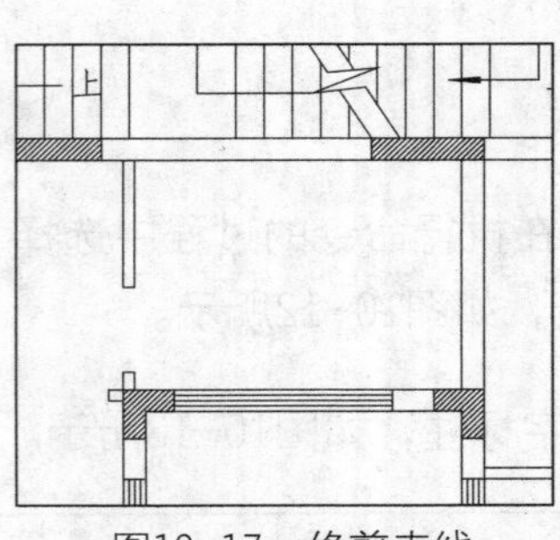

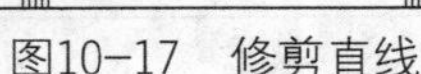

图10-17 修剪直线

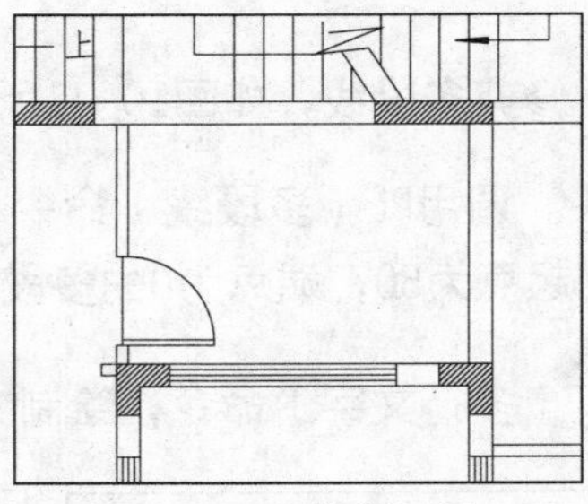

图10-18 绘制图形

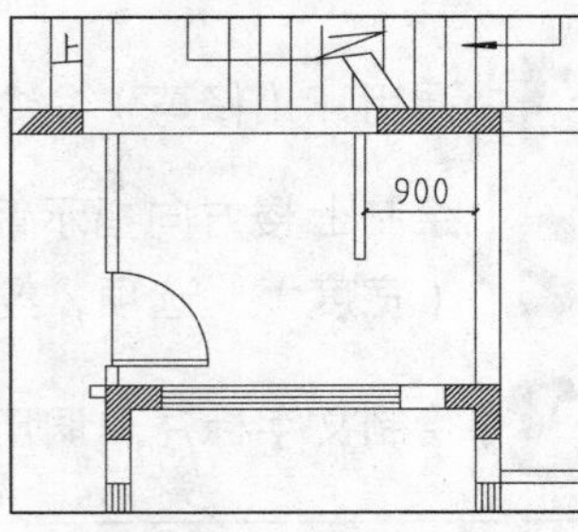

图10-19 绘制矩形

07 调用L（直线）命令，绘制直线，如图10-20所示。

08 插入图块。按Ctrl+O组合键，打开配套光盘提供的“素材\第10章\家具图例.dwg”文件，将其中的洁具等图块复制粘贴至当前图形中，如图10-21所示。

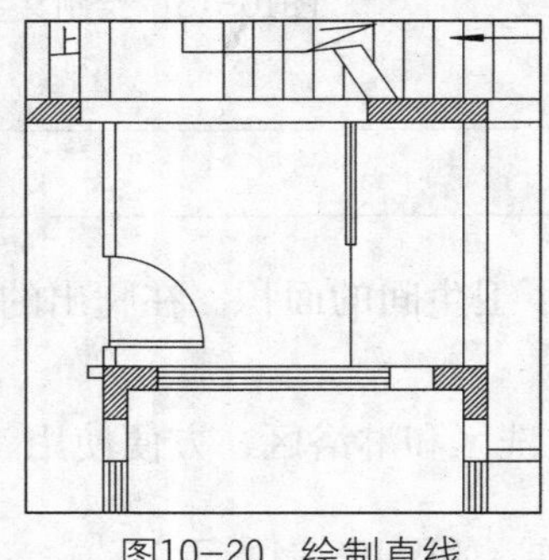

图10-20 绘制直线

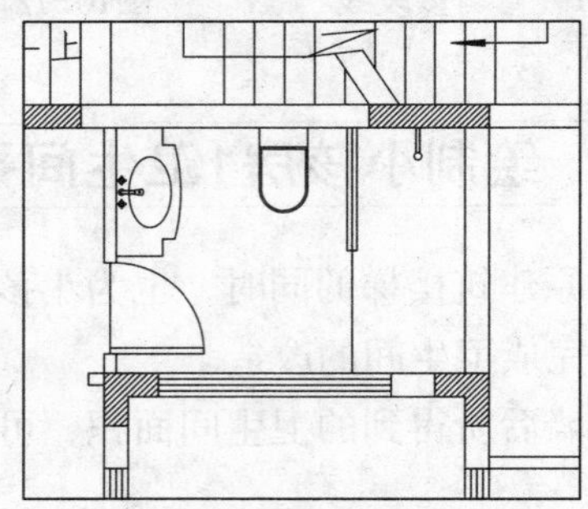

图10-21 插入图块

10.1.3 绘制小孩房1衣帽间

因为面积允许，且为小孩房1设置独立的衣帽间后，可以保证该卧室区域的平整（即平面图上呈矩形状），所以在卫生间和卧室的入口处，将其进行封闭，成为一个独立的衣帽间。

因为原建筑墙体不符合目前的居室结构，所以全部对其进行拆除。重新砌墙确定小孩房1的区域后，就可以划分出衣帽间的位置。

衣帽间里沿墙设置了衣柜，在卧室和卫生间的入口处都预留了门洞；可以这样说，该区域既是衣帽间，又是小孩房1的入口玄关。

01 删除墙体。调用E（删除）命令，删除原有墙体，如图10-22所示。

02 绘制新墙体。调用L（直线）命令和O（偏移）命令，绘制并偏移直线，如图10-23所示。

03 绘制门洞。调用L（直线）命令，绘制直线，如图10-24所示。

04 调用TR（修剪）命令，修剪线段，如图10-25所示。

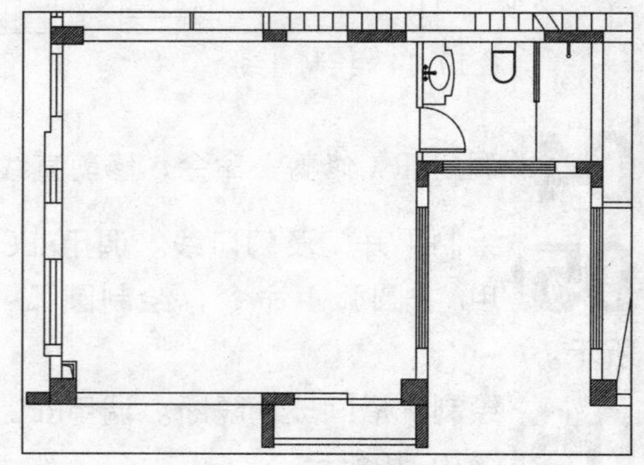

图10-22 删除墙体

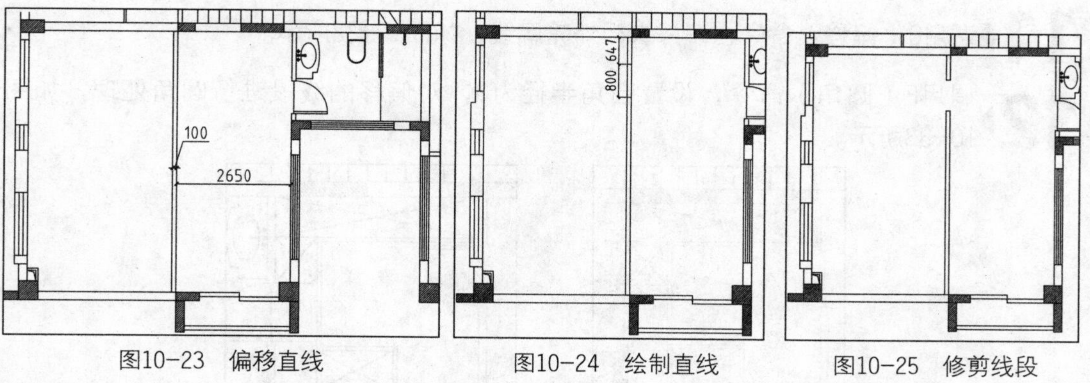

图10-23 偏移直线 图10-24 绘制直线 图10-25 修剪线段

05 绘制平开门及门口线。调用REC（矩形）命令，绘制尺寸为800×50的矩形；调用A（圆弧）命令，绘制圆弧；调用L（直线）命令，绘制直线，如图10-26所示。

06 绘制衣帽间墙体。调用L（直线）命令，绘制直线；调用O（偏移）命令，偏移直线；调用TR（修剪）命令，修剪线段，如图10-27所示。

07 绘制衣柜。调用O（偏移）命令，偏移墙线，如图10-28所示。

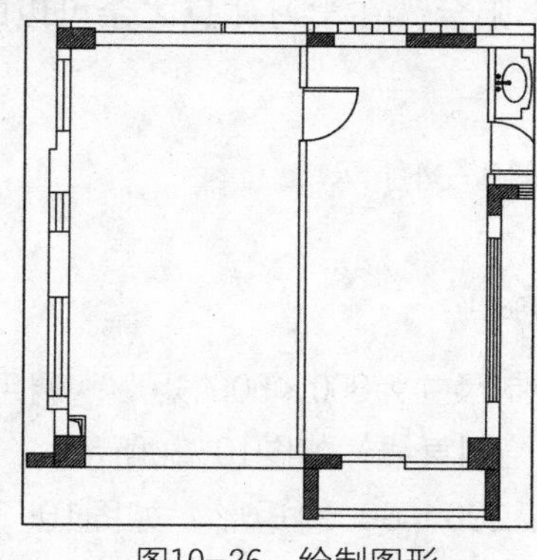
图10-26 绘制图形

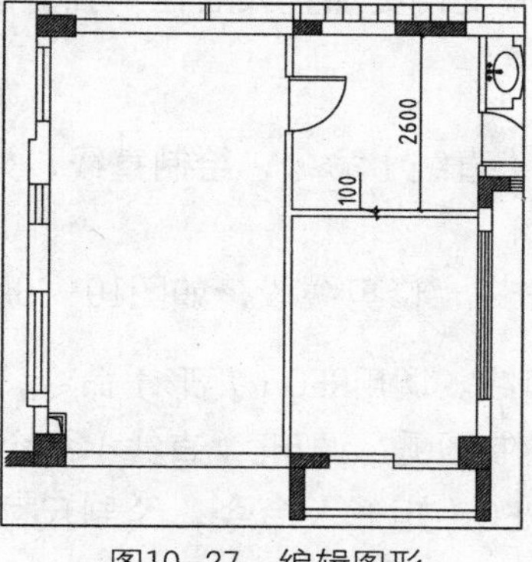

图10-27 编辑图形

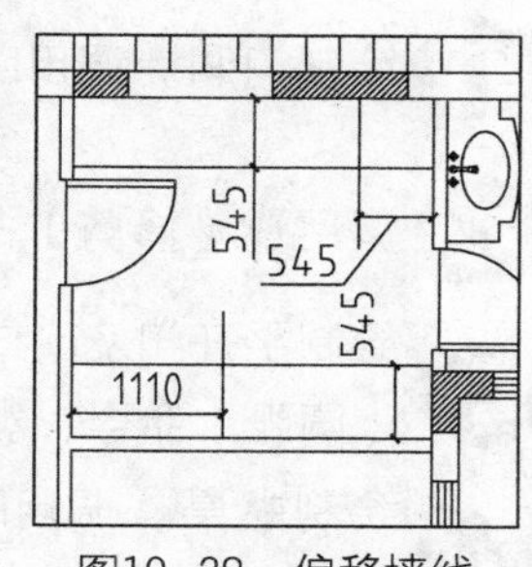

图10-28 偏移墙线

08 调用TR（修剪）命令、EX（延伸）命令，延伸并修剪墙线，如图10-29所示。

09 调用L（直线）命令，绘制直线，如图10-30所示。

10 调用PL（多段线）命令，绘制对角线，如图10-31所示。

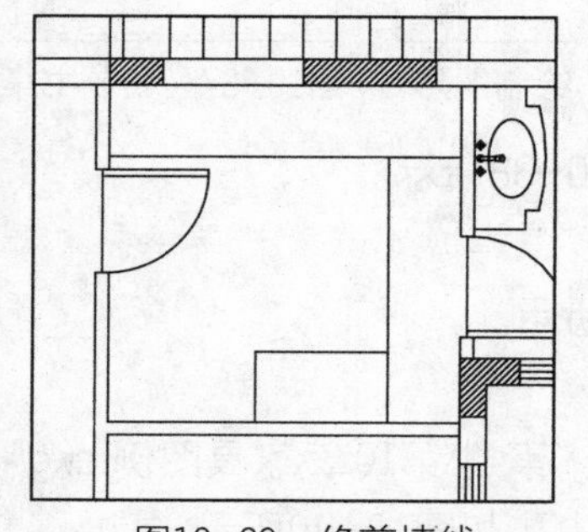
图10-29 修剪墙线

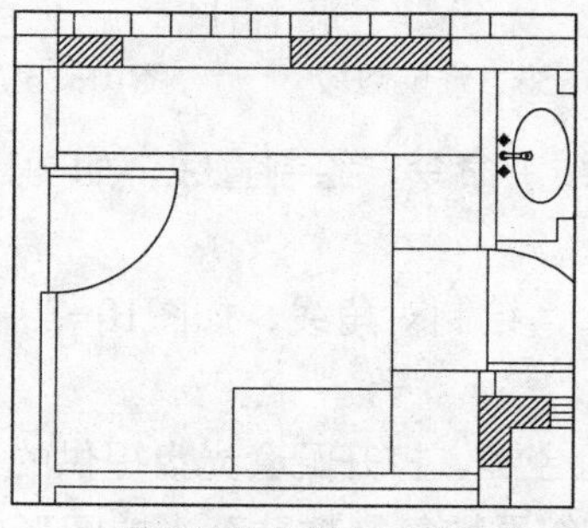
图10-30 绘制直线

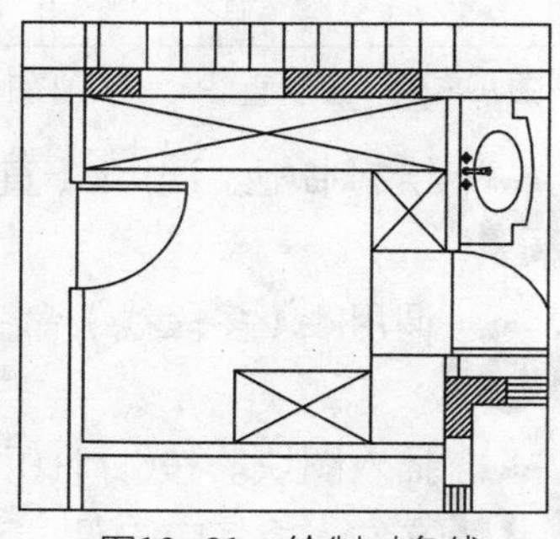
图10-31 绘制对角线

11 调用O（偏移）命令，偏移衣柜外轮廓线，如图10-32所示。

12 调用F（圆角）命令，设置圆角半径为0，对偏移的线段进行圆角处理，如图10-33所示。

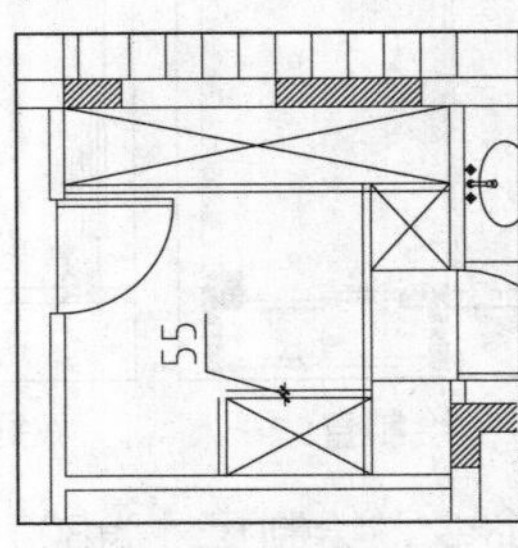

图10-32 偏移直线

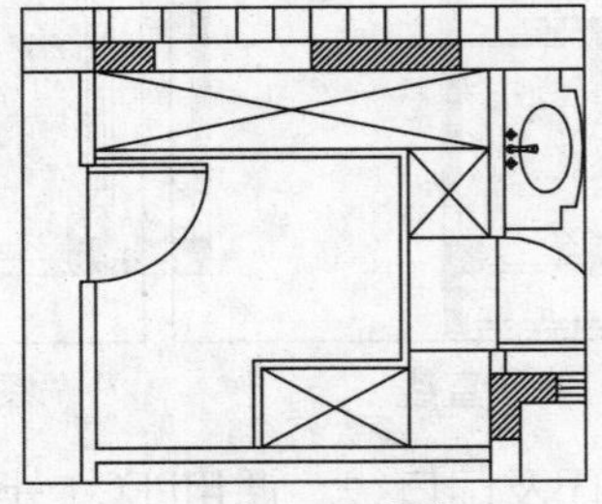

图10-33 圆角处理

10.1.4 绘制小孩房1平面图

在小孩房1中，衣帽间与卧室和卫生间相连。在进入小孩房1后，经过衣帽间就到了卧室。卧室经过墙体改造后变得更加宜人居住。独立的小阳台，在学习休息之余可以眺望远方来缓解视觉疲劳。

01 绘制门洞。调用L（直线）命令，绘制直线，如图10-34所示。

02 调用TR（修剪）命令，修剪线段，如图10-35所示。

03 绘制平开门及门口线。调用REC（矩形）命令，绘制尺寸为800×50的矩形；调用A（圆弧）命令，绘制圆弧；调用L（直线）命令，绘制直线，如图10-36所示。

04 绘制书桌。调用REC（矩形）命令，绘制尺寸为1200×600的矩形，如图10-37所示。

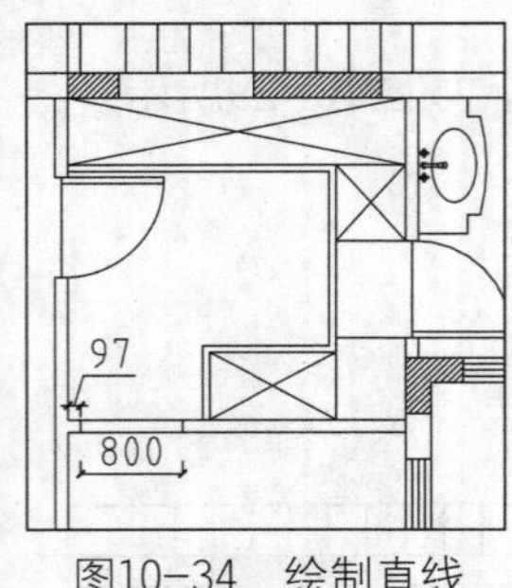

图10-34 绘制直线

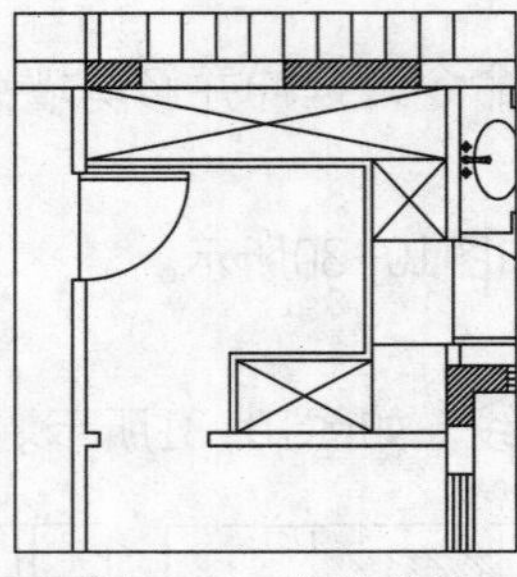

图10-35 修剪线段

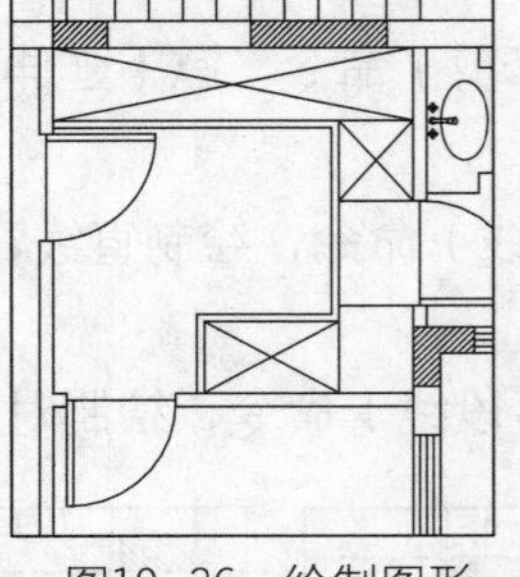

图10-36 绘制图形

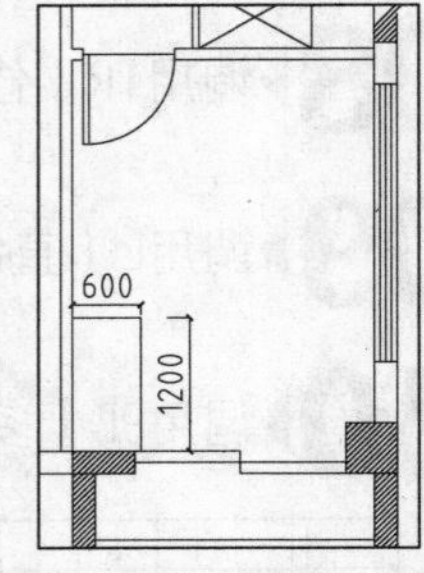

图10-37 绘制书桌

05 绘制书柜。调用L（直线）命令，绘制直线，如图10-38所示。

06 调用PL（多段线）命令，绘制对角线，如图10-39所示。

07 插入图块。按Ctrl+O组合键，打开配套光盘提供的“素材\第10章\家具图例.dwg”文件，将其中的双人床等图块复制粘贴至当前图形中，如图10-40所示。

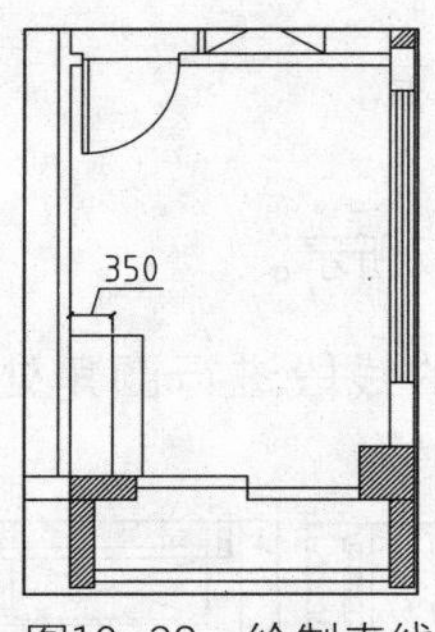

图10-38　绘制直线

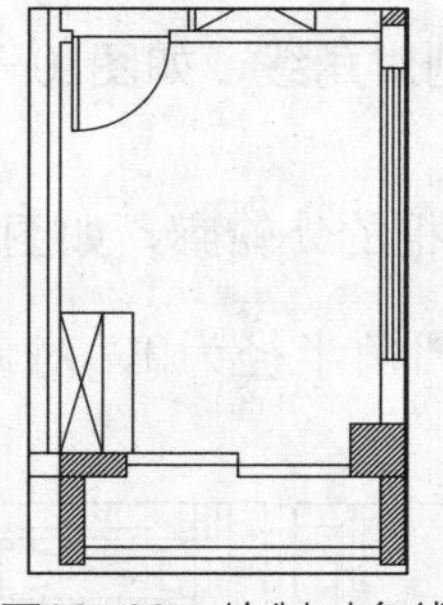
图10-39　绘制对角线

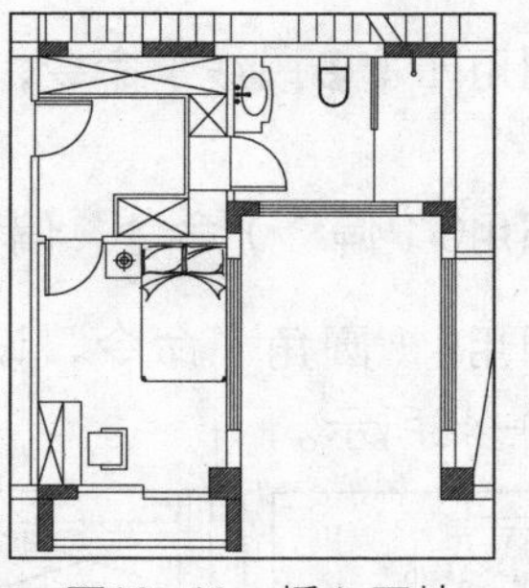
图10-40　插入图块

10.1.5　绘制老人房1平面图

老人房1位于小孩房1的隔壁，在对小孩房1进行改造的时候，也同时将老人房的原建筑墙体进行了拆除。

重新砌墙的老人房1，规划更加合理。入口的右边即是卫生间，且卫生间的布置也比较符合老年人的生活习惯。床的摆放是有一定学问的，最主要的就是不能对着卫生间的门，且床头不能靠窗。卧室里面若存在这两种情况，应想办法避免，以免造成使用者身心的不健康。

本例中的老人房1因为经过了墙体改造，所以不存在卫生间门对着床的问题。此外，该卧室还有一个优点，就是原建筑窗位于左边，这样就避免了床头靠窗的情况。既提供了通风采光的功能，又不至于造成风水上的混乱。

01 绘制墙体。调用O（偏移）命令，偏移墙线，如图10-41所示。

02 调用F（圆角）命令，设置圆角半径为0，对墙线进行圆角处理，如图10-42所示。

03 调用TR（修剪）命令，修剪墙线，如图10-43所示。

04 绘制衣柜。调用REC（矩形）命令，绘制尺寸为1712×550的矩形，如图10-44所示。

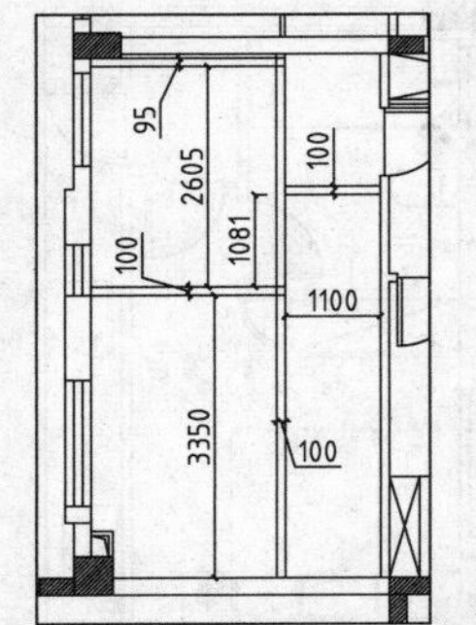

图10-41　偏移墙线

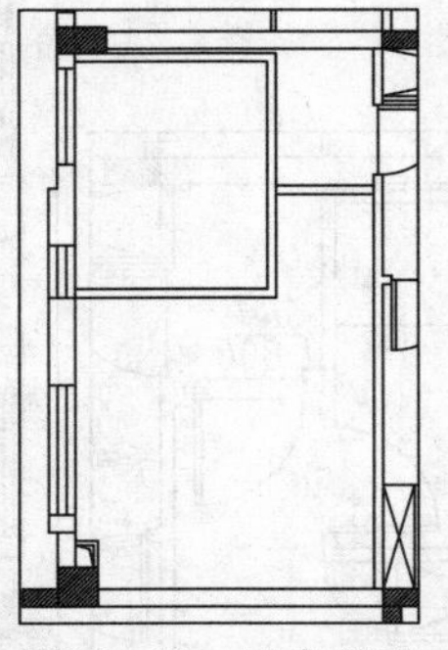
图10-42　圆角处理

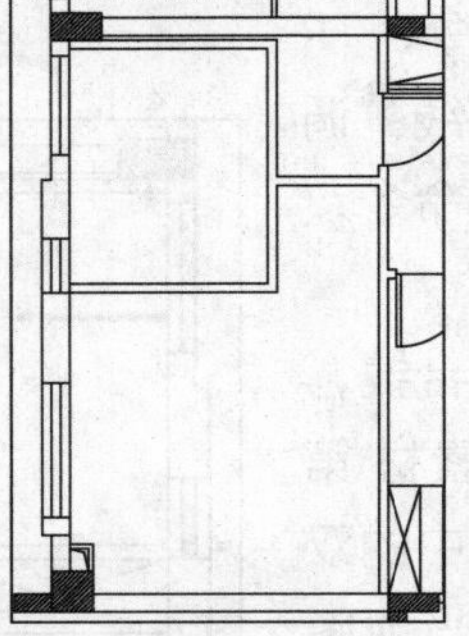
图10-43　修剪墙线

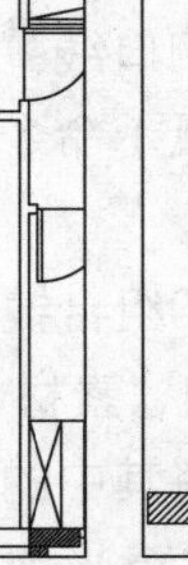
图10-44　绘制矩形

05 绘制衣柜转角玻璃层板。执行“绘图”|“圆弧”|“起点、端点、半径”命令，绘制圆弧，如图10-45所示。

06 调用PL（多段线）命令，绘制对角线，如图10-46所示。

07 调用O（偏移）命令，偏移衣柜的外轮廓，如图10-47所示。

08 调用F（圆角）命令，设置圆角半径为0，对偏移的线段进行圆角处理，如图10-48所示。

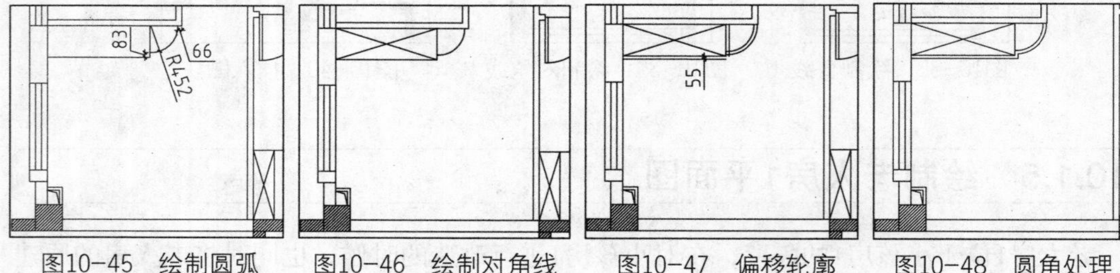

图10-45　绘制圆弧　　图10-46　绘制对角线　　图10-47　偏移轮廓　　图10-48　圆角处理

09 绘制卫生间门洞。调用L（直线）命令，绘制直线，如图10-49所示。

10 调用TR（修剪）命令，修剪线段，如图10-50所示。

11 绘制平开门及门口线。调用REC（矩形）命令，绘制尺寸为800×50的矩形；调用A（圆弧）命令，绘制圆弧；调用L（直线）命令，绘制直线，如图10-51所示。

12 绘制洗浴间玻璃隔断。调用REC（矩形）命令，绘制尺寸为1075×40的矩形；调用L（直线）命令，过矩形短边中点绘制直线，如图10-52所示。

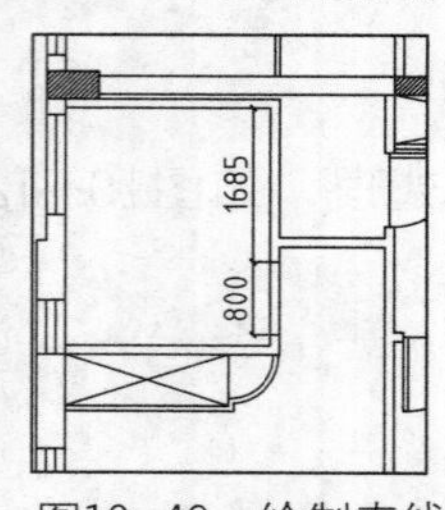

图10-49　绘制直线

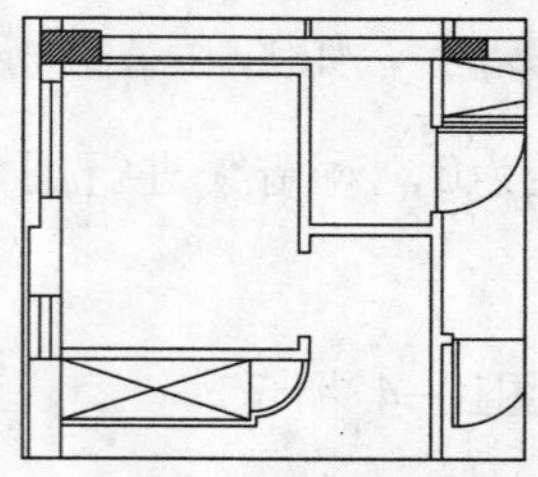

图10-50　修剪线段

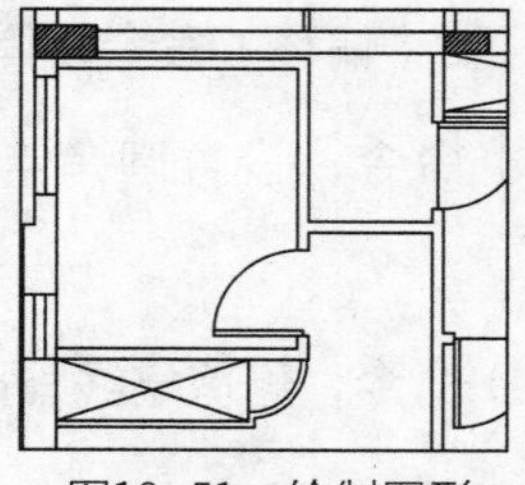

图10-51　绘制图形

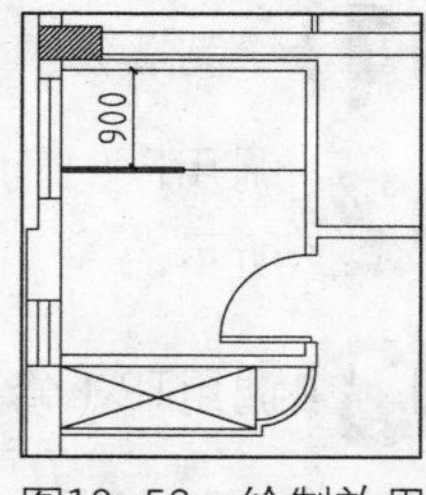

图10-52　绘制效果

13 绘制门洞、平开门以及门口线。调用L（直线）命令、TR（修剪）命令，绘制门洞及门口线；调用REC（矩形）命令、A（圆弧）命令，绘制平开门，如图10-53所示。

14 插入图块。按Ctrl+O组合键，打开配套光盘提供的“素材\第10章\家具图例.dwg”文件，将其中的双人床、洁具等图块复制粘贴至当前图形中，如图10-54所示。

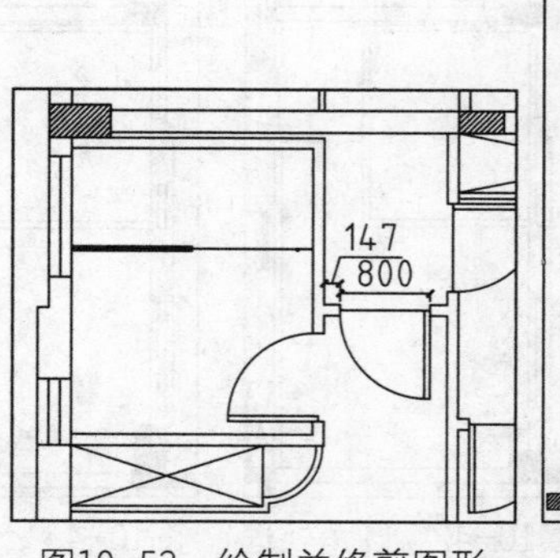

图10-53　绘制并修剪图形

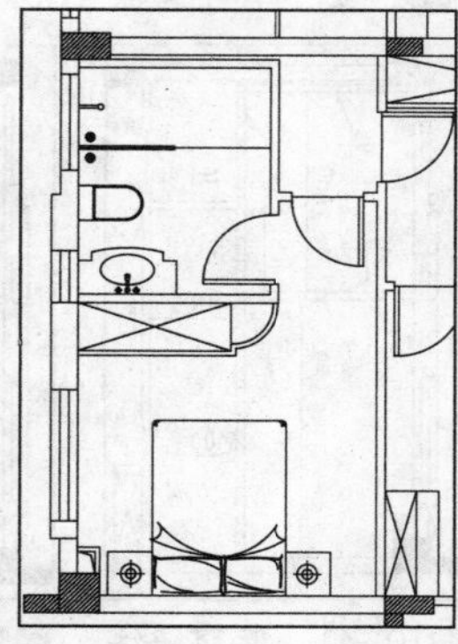

图10-54　插入图块

10.1.6 绘制老人房2平面图

老人房2位于老人房1的北向，在进行规划设计的时候，也同样对所有的原建筑墙体进行了拆除。老人房2在新砌墙的时候采用凹凸墙体的做法，可以在新砌墙形成的凹墙空间内制作衣柜。这样避免了居室空间的浪费，也起到了间隔的作用。

老人房2的平面虽然没有老人房1的平整，但是由各段墙体造成的空间正好提供了设置储藏柜的余地。比如在卫生间入口的左边就设置了储藏柜，既避免了居室的浪费，充分利用了面积，又增加了储藏空间。

01 删除墙体。调用E（删除）命令，删除原来的墙体图形，如图10-55所示。

02 绘制新墙体。调用O（偏移）命令，偏移墙线，如图10-56所示。

03 调用EX（延伸）命令，延伸墙线，如图10-57所示。

04 调用TR（修剪）命令，修剪墙线，如图10-58所示。

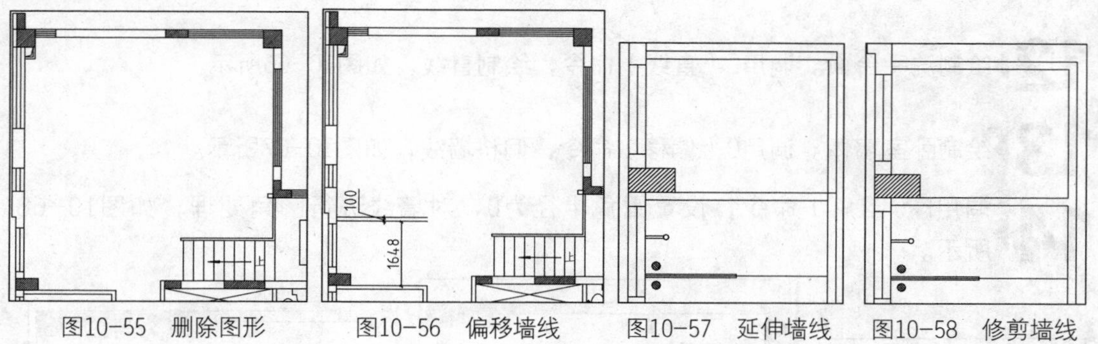

图10-55 删除图形　图10-56 偏移墙线　图10-57 延伸墙线　图10-58 修剪墙线

05 绘制门洞。调用L（直线）命令，绘制直线，如图10-59所示。

06 调用TR（修剪）命令，修剪线段，如图10-60所示。

07 绘制平开门及门口线。调用REC（矩形）命令，绘制尺寸为800×50的矩形；调用A（圆弧）命令，绘制圆弧；调用L（直线）命令，绘制直线，如图10-61所示。

08 绘制洗浴间玻璃隔断。调用O（偏移）命令，偏移墙线，如图10-62所示。

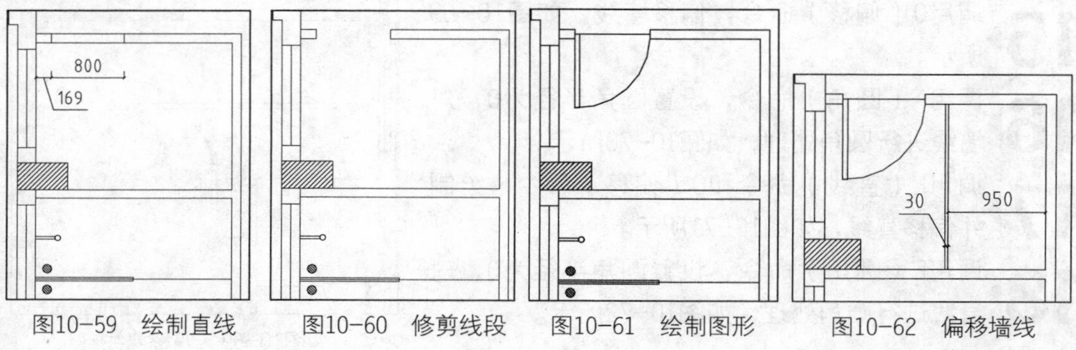

图10-59 绘制直线　图10-60 修剪线段　图10-61 绘制图形　图10-62 偏移墙线

09 绘制门洞。调用L（直线）命令，绘制直线，如图10-63所示。

10 调用TR（修剪）命令，修剪线段，如图10-64所示。

11 绘制平开门及门口线。调用REC（矩形）命令，绘制尺寸为650×30的矩形；调用A（圆弧）命令，绘制圆弧；调用L（直线）命令，绘制直线，如图10-65所示。

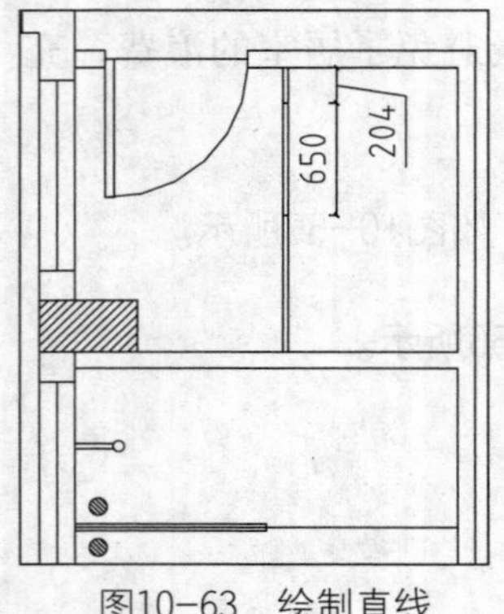

图10-63　绘制直线

图10-64　修剪线段

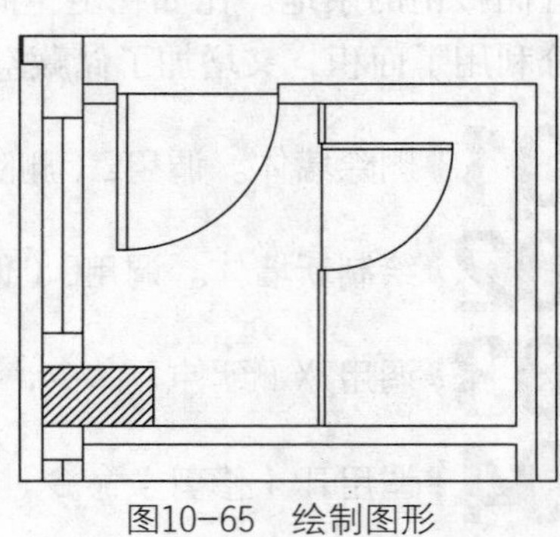

图10-65　绘制图形

12 绘制洗手台面。调用L（直线）命令，绘制直线，如图10-66所示。

13 绘制卧室墙体。调用O（偏移）命令，偏移墙线，如图10-67所示。

14 调用F（圆角）命令，设置圆角半径为0，对墙线进行圆角处理，如图10-68所示。

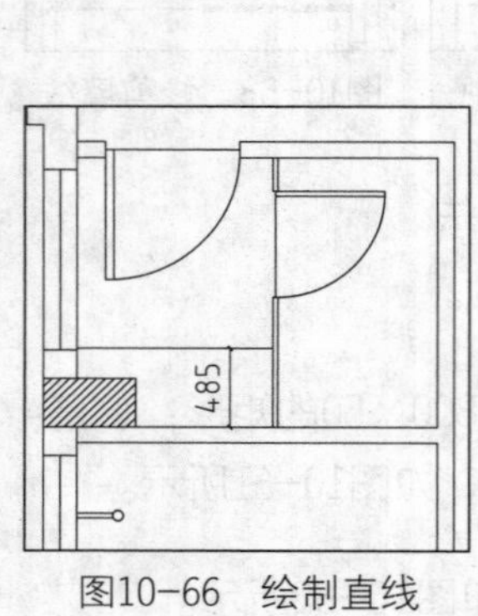

图10-66　绘制直线

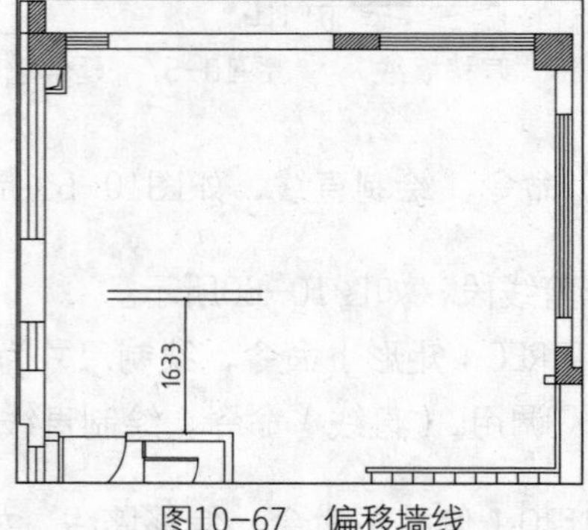

图10-67　偏移墙线

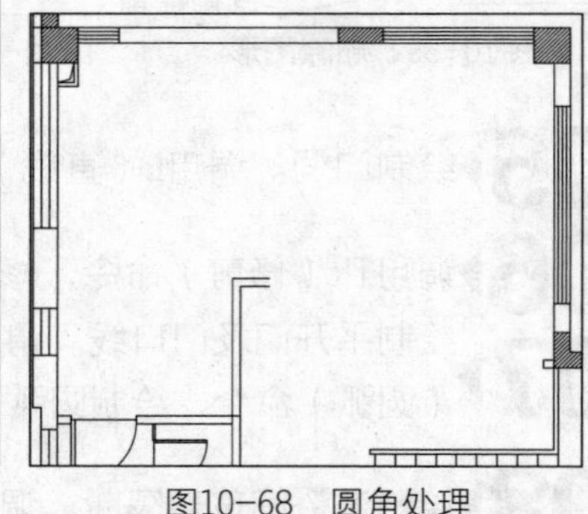

图10-68　圆角处理

15 调用O（偏移）命令，偏移墙线，如图10-69所示。

16 调用F（圆角）命令，设置圆角半径为0，对墙线进行圆角处理，如图10-70所示。

17 调用L（直线）命令和O（偏移）命令，绘制并偏移直线，如图10-71所示。

18 调用F（圆角）命令，设置圆角半径为0，对直线进行圆角处理，如图10-72所示。

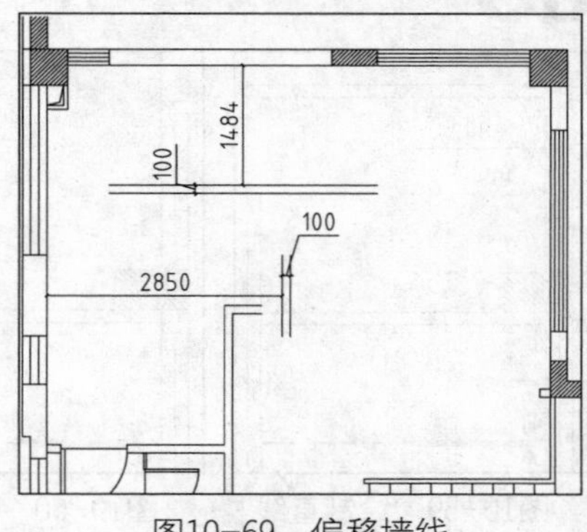

图10-69　偏移墙线

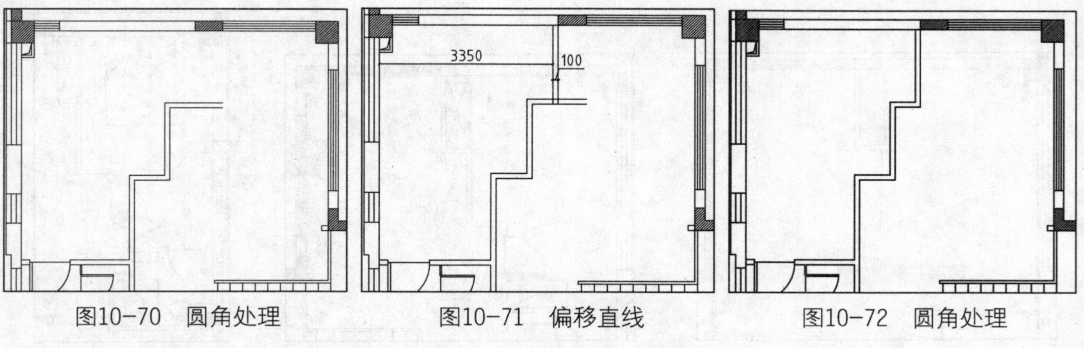

图10-70 圆角处理 图10-71 偏移直线 图10-72 圆角处理

19 绘制衣柜。调用REC（矩形）命令，绘制尺寸为1181×550的矩形，如图10-73所示。

20 调用L（直线）命令，绘制直线，如图10-74所示。

21 调用PL（多段线）命令，绘制对角线，如图10-75所示。

22 绘制门洞。调用L（直线）命令，绘制直线，如图10-76所示。

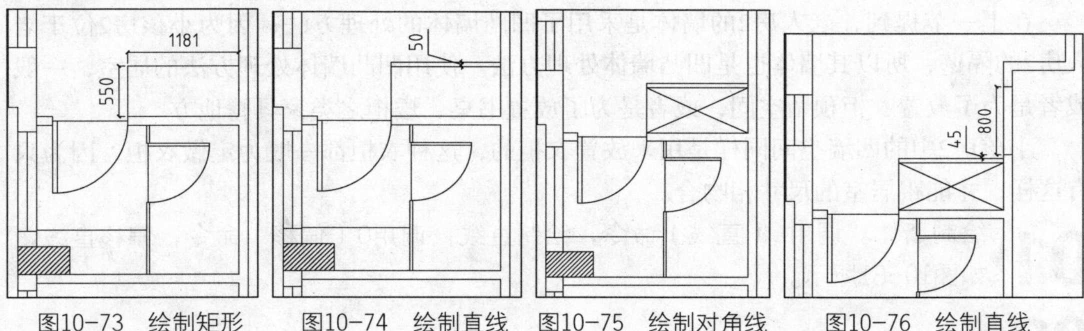

图10-73 绘制矩形 图10-74 绘制直线 图10-75 绘制对角线 图10-76 绘制直线

23 绘制平开门。调用TR（修剪）命令，修剪线段；调用REC（矩形）命令，绘制尺寸为800×50的矩形；调用A（圆弧）命令，绘制圆弧；调用L（直线）命令，绘制直线，如图10-77所示。

24 绘制储物柜。调用L（直线）命令和O（偏移）命令，绘制并偏移直线，如图10-78所示。

25 调用PL（多段线）命令，绘制对角线，如图10-79所示。

26 插入图块。按Ctrl+O组合键，打开配套光盘提供的“素材\第10章\家具图例.dwg”文件，将其中的双人床、洁具等图块复制粘贴至当前图形中，如图10-80所示。

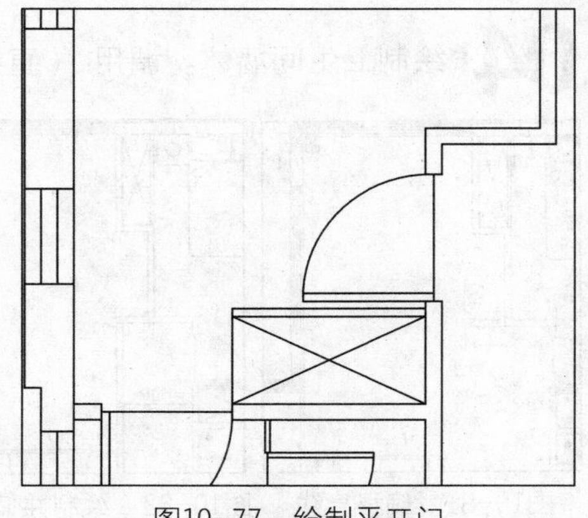
图10-77 绘制平开门

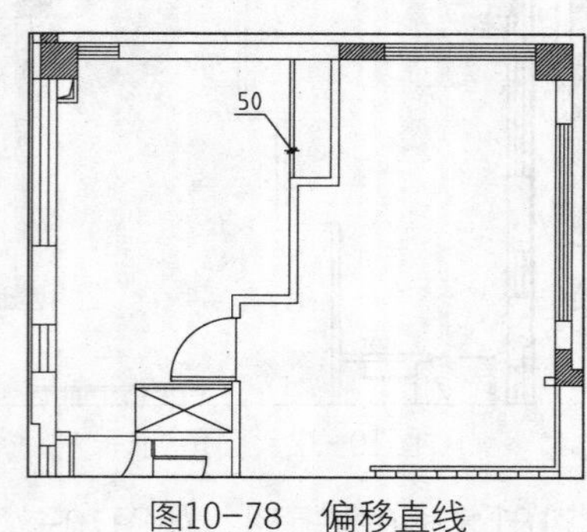

图10-78　偏移直线

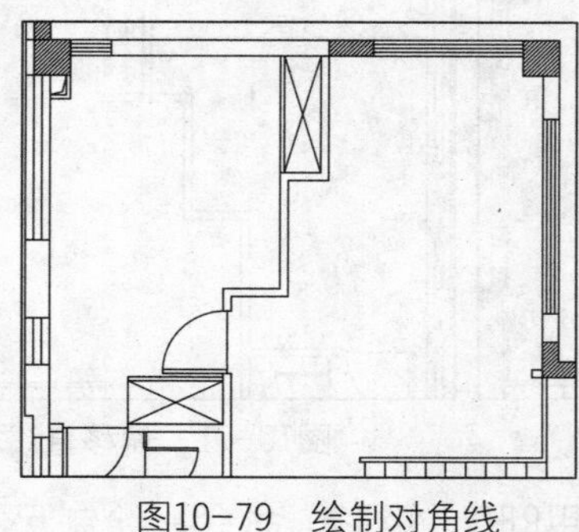

图10-79　绘制对角线

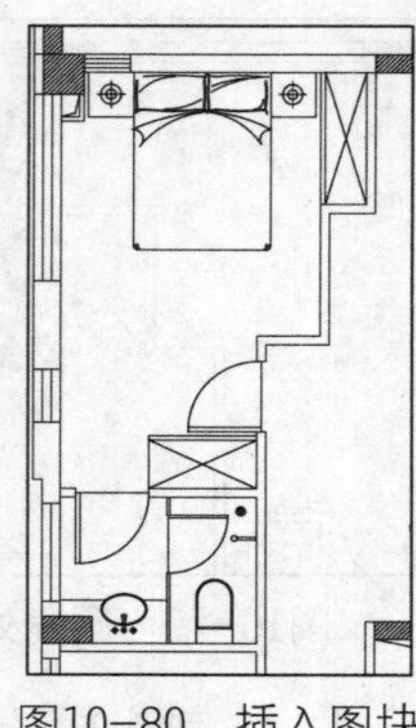

图10-80　插入图块

10.1.7　绘制小孩房2平面图

小孩房2在老人房2的隔壁，在对老人房2进行墙体拆除的时候，小孩房2的原建筑墙体也被拆除。

新砌墙后形成的小孩房2区域，卫生间和卧室区分离。由于该卫生间的面积较小，所以就没有将淋浴区和盥洗区分离。

在上一节提到，老人房2的墙体是采用了凹凸墙体的处理方法；因为小孩房2位于老人房2的隔壁，所以其墙体也是凹凸墙体处理方法。使用凹凸墙体处理方法的居室，一般或者是为了放置衣柜预留空间，或者是为了放置书桌、矮柜之类家具腾地方。

小孩房2中的凹墙空间同样是用来放置衣柜的，这种衣柜都一般为定做衣柜，因为只有这样，才能跟居室的尺寸相吻合。

01 绘制墙体。调用L（直线）命令，绘制直线；调用O（偏移）命令，偏移直线，如图10-81所示。

02 调用L（直线）命令、O（偏移）命令，绘制并偏移直线，如图10-82所示。

03 调用TR（修剪）命令，修剪直线，如图10-83所示。

04 绘制卫生间墙体。调用L（直线）命令，绘制直线，如图10-84所示。

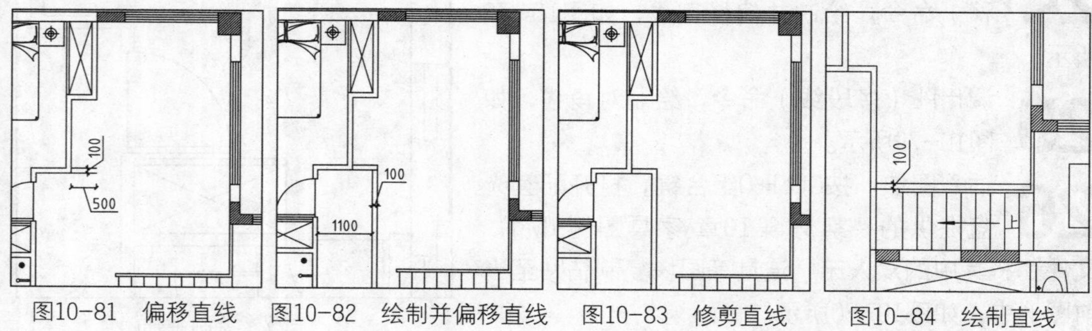

图10-81　偏移直线　　图10-82　绘制并偏移直线　　图10-83　修剪直线　　图10-84　绘制直线

05 调用F（圆角）命令，设置圆角半径为0，对线段进行圆角处理，如图10-85所示。

06 调用O（偏移）命令，偏移墙线，如图10-86所示。

07 调用F（圆角）命令，设置圆角半径为0，对线段进行圆角处理，如图10-87所示。

08 绘制门洞。调用L（直线）命令，绘制直线，如图10-88所示。

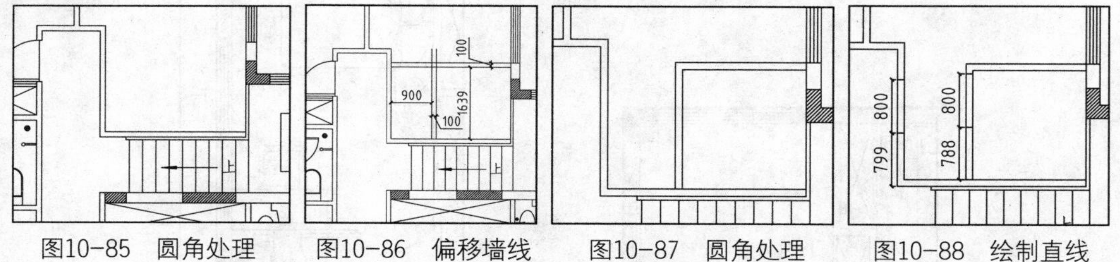

图10-85 圆角处理　图10-86 偏移墙线　图10-87 圆角处理　图10-88 绘制直线

09 调用TR（修剪）命令，修剪线段，如图10-89所示。

10 绘制平开门及门口线。调用REC（矩形）命令，绘制尺寸为800×50的矩形；调用A（圆弧）命令，绘制圆弧；调用L（直线）命令，绘制直线，如图10-90所示。

11 绘制衣柜。调用L（直线）命令和O（偏移）命令，绘制并偏移直线，如图10-91所示。

12 调用L（直线）命令，绘制对角线，如图10-92所示。

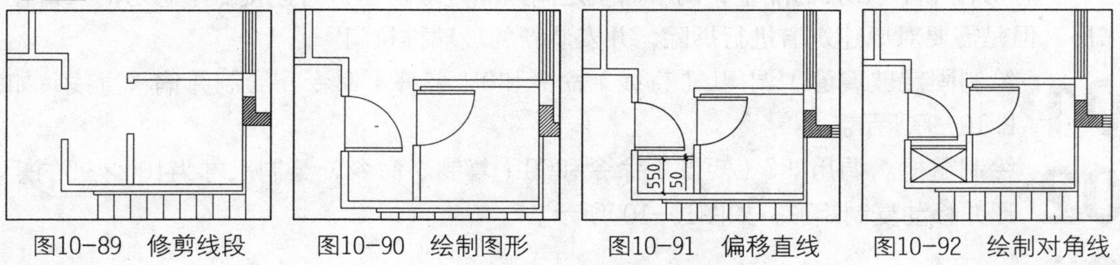

图10-89 修剪线段　图10-90 绘制图形　图10-91 偏移直线　图10-92 绘制对角线

13 绘制洗手台。调用REC（矩形）命令，绘制矩形，如图10-93所示。

14 调用F（圆角）命令，设置圆角半径为189，对洗手台轮廓进行圆角处理，如图10-94所示。

15 绘制书桌。调用REC（矩形）命令，绘制尺寸为1256×450的矩形，如图10-95所示。

16 绘制衣柜。调用L（直线）命令和O（偏移）命令，绘制并偏移直线，如图10-96所示。

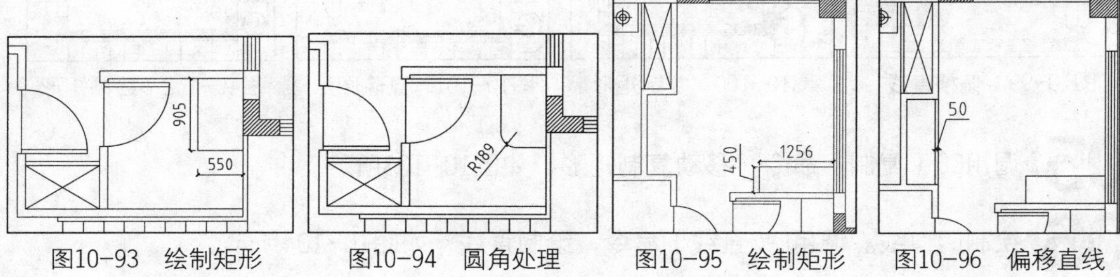

图10-93 绘制矩形　图10-94 圆角处理　图10-95 绘制矩形　图10-96 偏移直线

17 调用L（直线）命令，绘制对角线，如图10-97所示。

18 插入图块。按Ctrl+O组合键，打开配套光盘提供的“素材\第10章\家具图例.dwg”文件，将其中的双人床、洁具等图块复制粘贴至当前图形中，如图10-98所示。

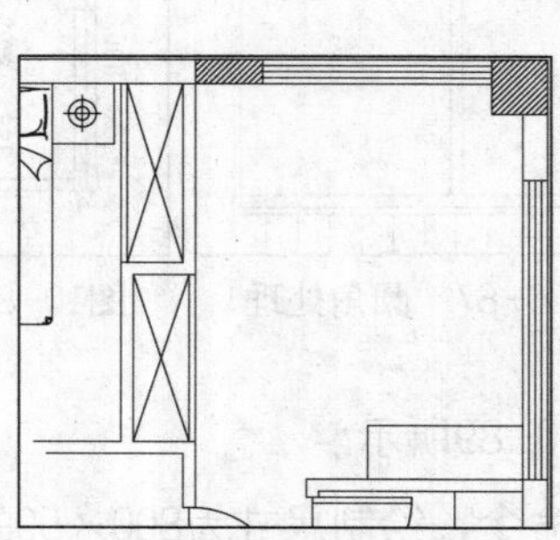

图10-97 绘制对角线

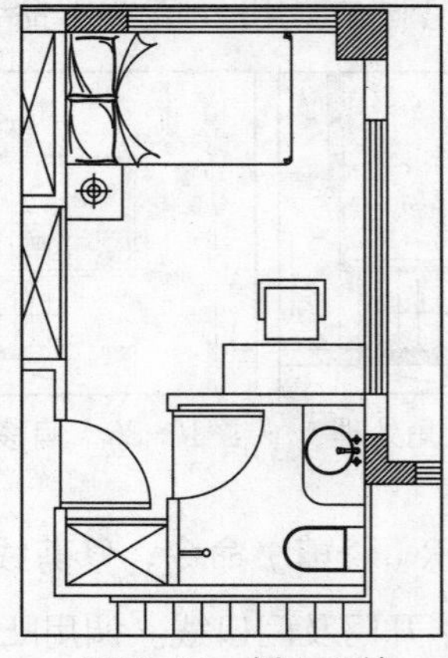

图10-98 插入图块

10.1.8 绘制生态房平面图

生态房位于小孩房2的隔壁，两个居室之间以固定玻璃窗进行连接。生态房的入口在书房，但是需要对原建筑窗进行拆除，并安装新的玻璃推拉门。

01 绘制固定玻璃窗。调用L（直线）命令和O（偏移）命令，绘制并偏移直线，如图10-99所示。

02 绘制窗框。调用REC（矩形）命令和CO（复制）命令，绘制尺寸为100×95的矩形并移动复制矩形，如图10-100所示。

03 删除原窗图形。调用E（删除）命令，删除原来的窗户图形，如图10-101所示。

04 绘制推拉门。调用REC（矩形）命令，绘制尺寸为1243×50的矩形，如图10-102所示。

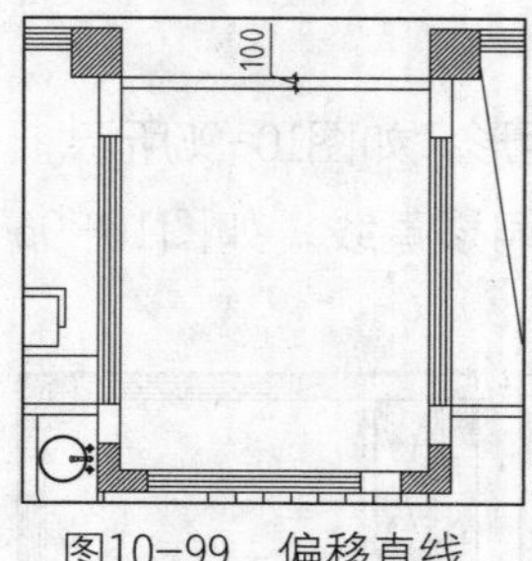

图10-99 偏移直线

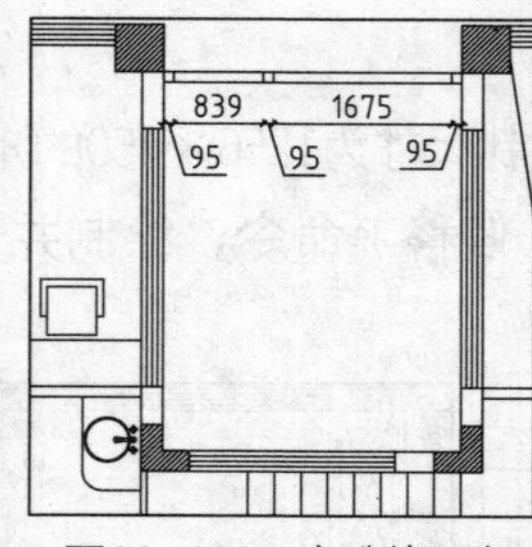

图10-100 复制矩形

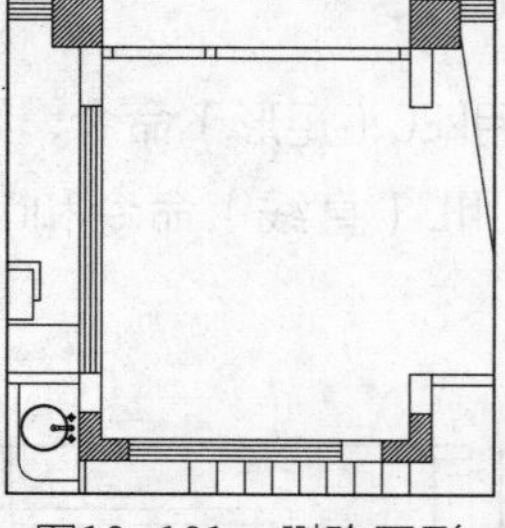

图10-101 删除图形

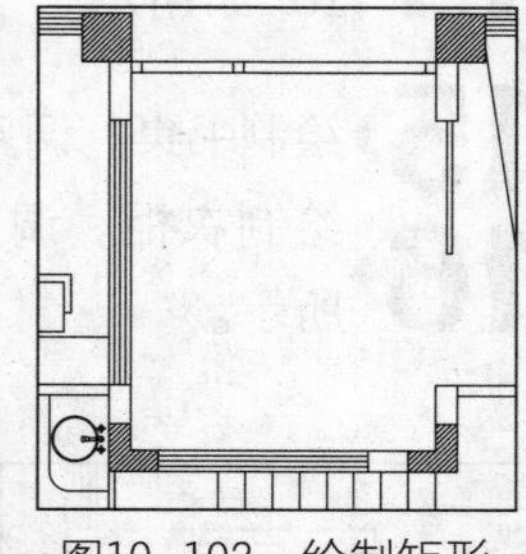

图10-102 绘制矩形

05 调用CO（复制）命令，移动复制矩形，如图10-103所示。

06 绘制门口线。调用L（直线）命令，绘制直线，如图10-104所示。

07 插入图块。按Ctrl+O组合键，打开配套光盘提供的"素材\第10章\家具图例.dwg"文件，将其中的花草、休闲桌椅图块复制粘贴至当前图形中，如图10-105所示。

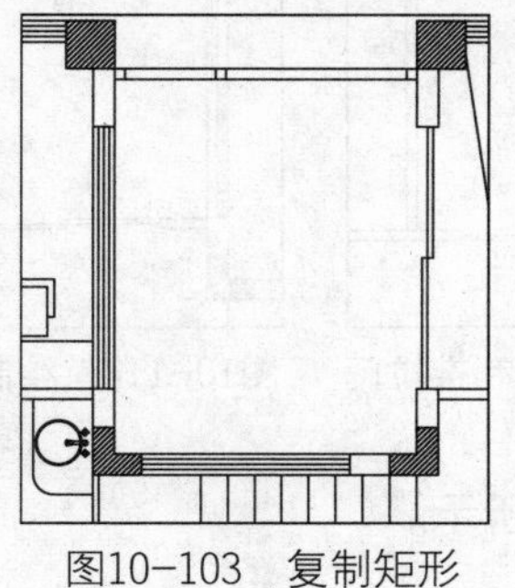

图10-103　复制矩形

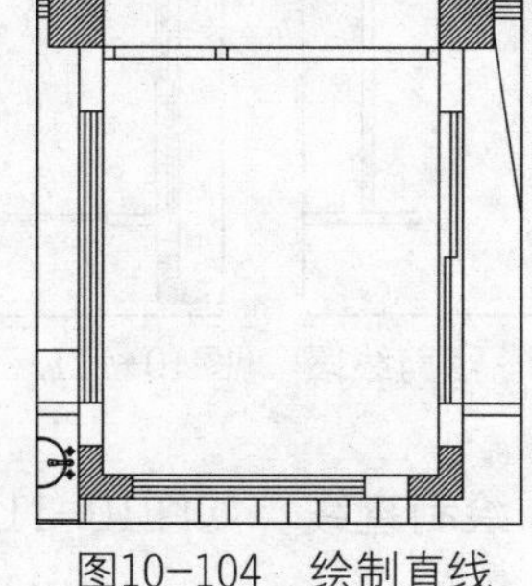

图10-104　绘制直线

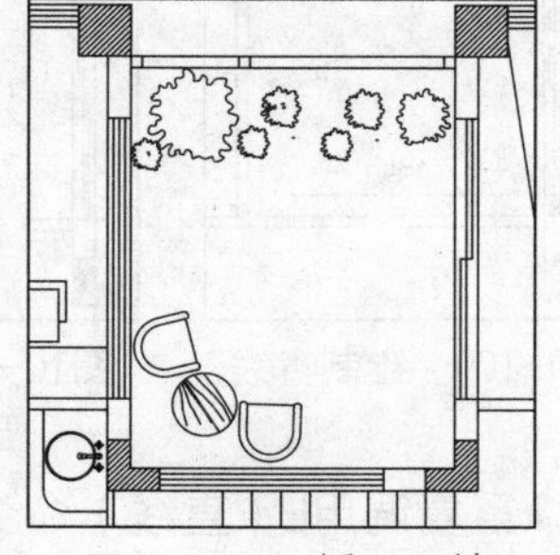

图10-105　插入图块

10.1.9　绘制书房平面图

书房和禅房这一块区域本来是会客厅上挑空的，但是为了合理地利用居室面积，就在书房和禅房区域进行重新浇灌楼板和砌墙体，仅为将该空间进行利用。

生态房右边的空间被一分为二，左边为书房，右边为禅房。生态房的入口在书房，一是考虑到小孩房2面积不大，且为卧室空间，为避免造成打扰；二是书房离楼梯口较近，方便进出。

01 整理图形。调用E（删除）命令、L（直线）命令，整理图形，如图10-106所示。

02 绘制新墙体。调用O（偏移）命令，偏移线段，如图10-107所示。

03 调用EX（延伸）命令，延伸线段，如图10-108所示。

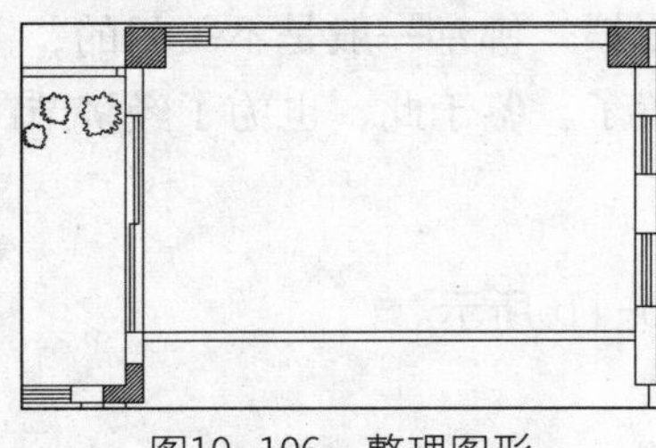

图10-106　整理图形

图10-107　偏移线段

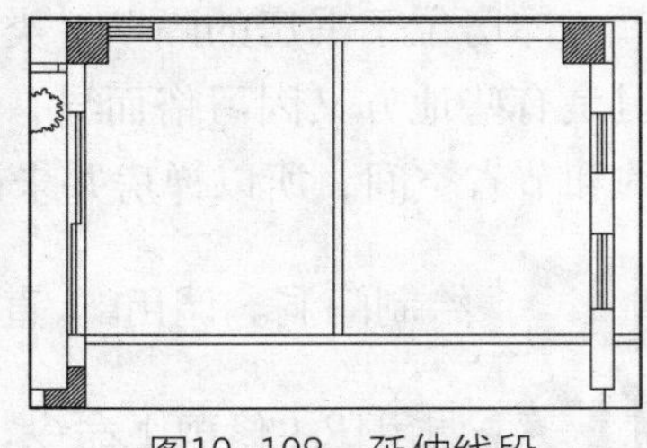

图10-108　延伸线段

04 绘制门洞。调用L（直线）命令，绘制直线，如图10-109所示。

05 调用TR（修剪）命令，修剪线段，如图10-110所示。

06 绘制推拉门。调用REC（矩形）命令，绘制尺寸为926×50的矩形；调用CO（复制）命令，移动复制矩形，如图10-111所示。

07 绘制书柜。调用L（直线）命令，绘制辅助直线，如图10-112所示。

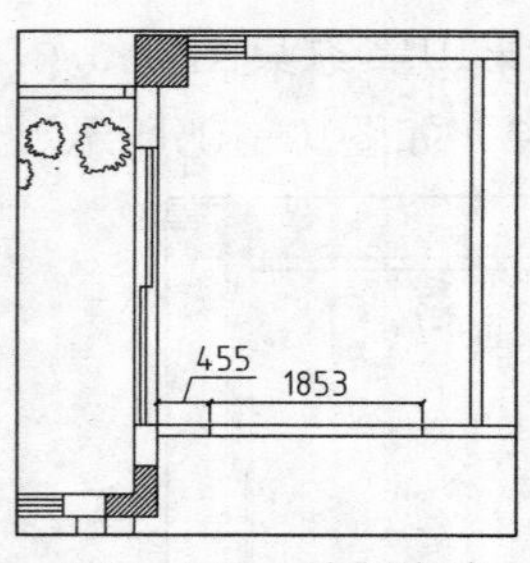

图10-109　绘制直线

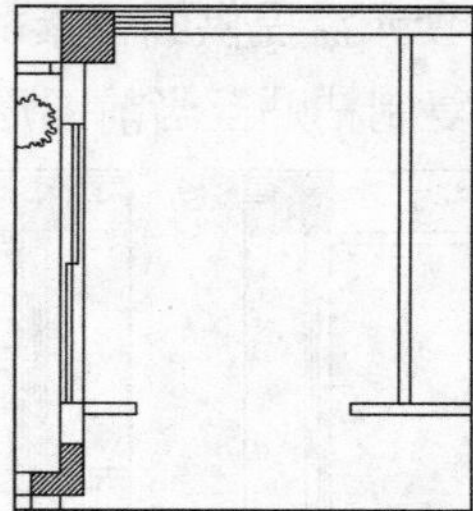
图10-110　修剪线段

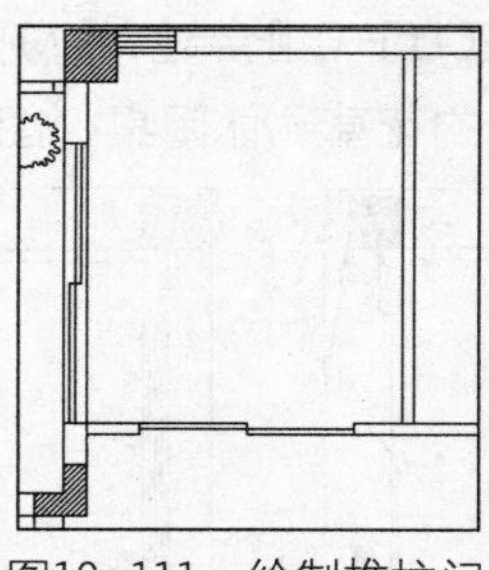
图10-111　绘制推拉门

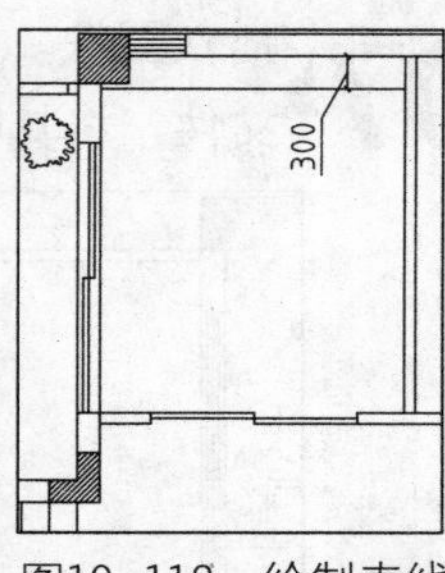

图10-112　绘制直线

08 重复调用L（直线）命令，绘制直线，如图10-113所示。

09 调用L（直线）命令，绘制对角线，如图10-114所示。

10 插入图块。按Ctrl+O组合键，打开配套光盘提供的“素材\第10章\家具图例.dwg”文件，将其中的办公桌椅图块复制粘贴至当前图形中，如图10-115所示。

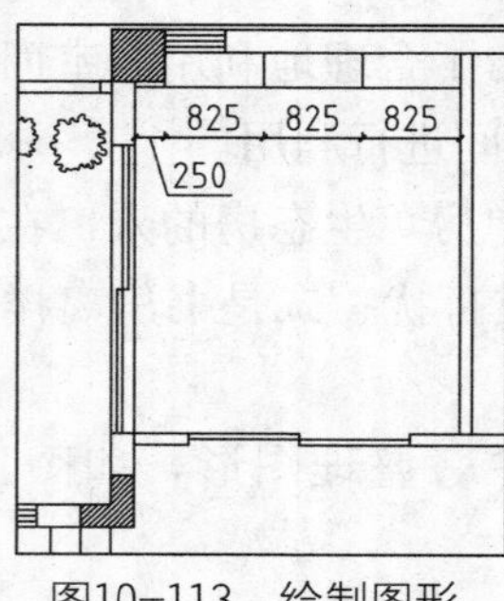

图10-113　绘制图形

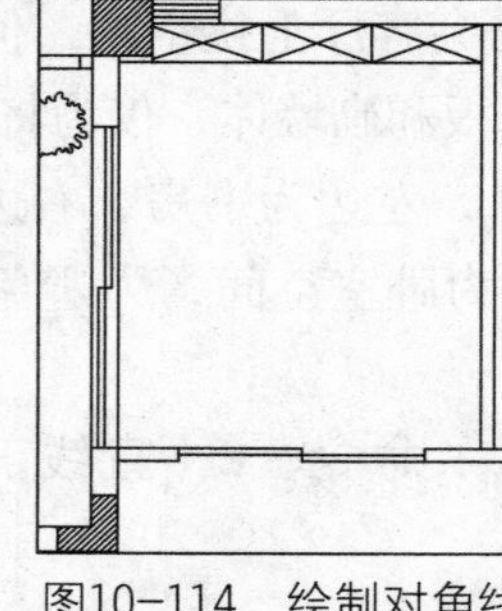
图10-114　绘制对角线

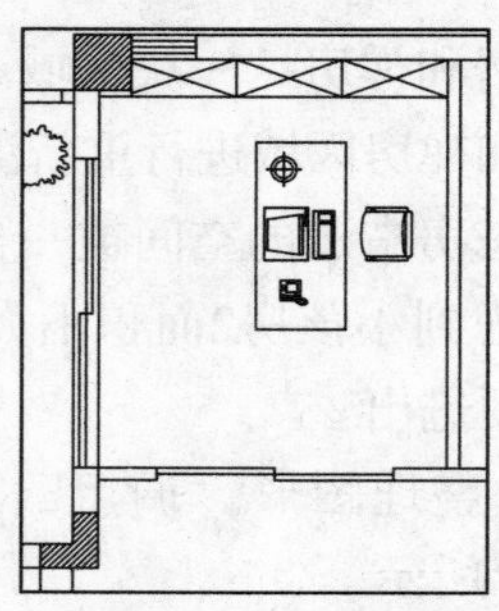
图10-115　插入图块

10.1.10　绘制禅房平面图

禅房位于书房的隔壁，类似于常见的佛堂。因为宗教习惯，佛堂一般是不关门的，但是有些地方又因习俗而异，这主要看使用者怎样进行设置了。鉴于此，也为了经济节约和节省空间，所以禅房并未设置入口门。

01 绘制门洞。调用L（直线）命令，绘制直线，如图10-116所示。

02 调用TR（修剪）命令，修剪线段，如图10-117所示。

03 绘制装饰柜。调用O（偏移）命令，偏移墙线，如图10-118所示。

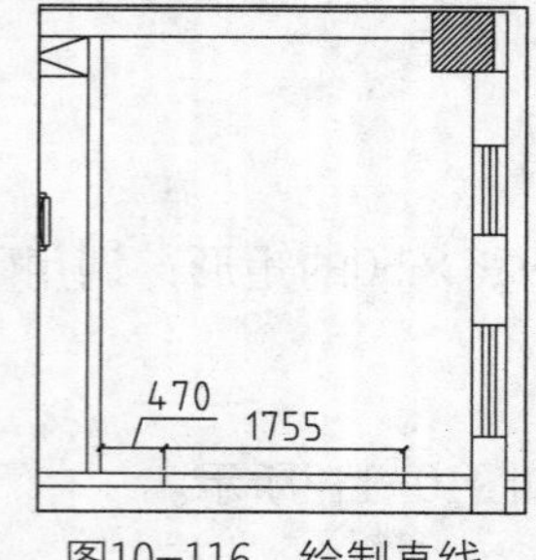

图10-116　绘制直线

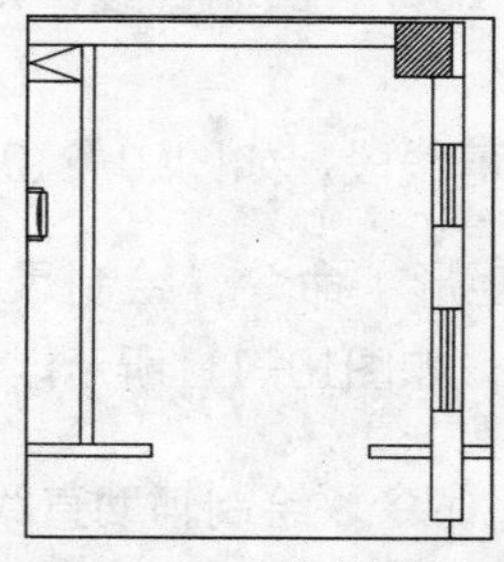
图10-117　修剪线段

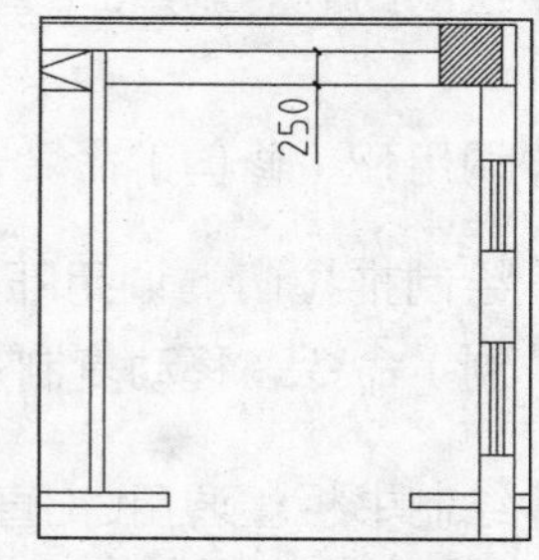

图10-118　偏移墙线

04▶调用L（直线）命令，绘制直线以及对角线，如图10-119所示。

05▶绘制供桌。调用REC（矩形）命令，绘制矩形，如图10-120所示。

06▶插入图块。按Ctrl+O组合键，打开配套光盘提供的“素材\第10章\家具图例.dwg”文件，将其中的桌椅等图块复制粘贴至当前图形中，如图10-121所示。

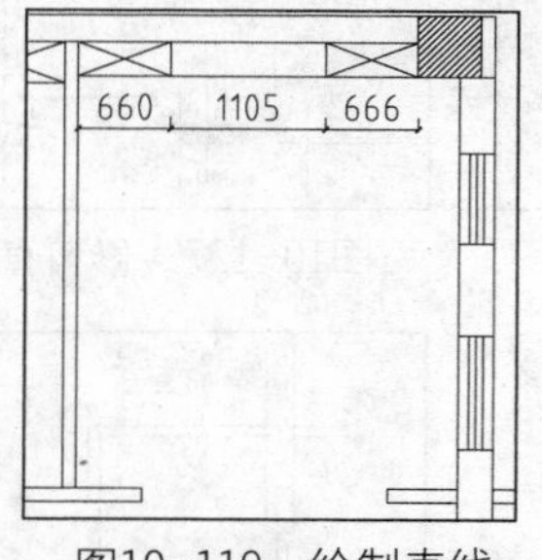

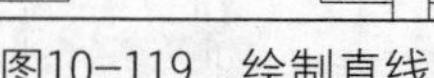

图10-119　绘制直线

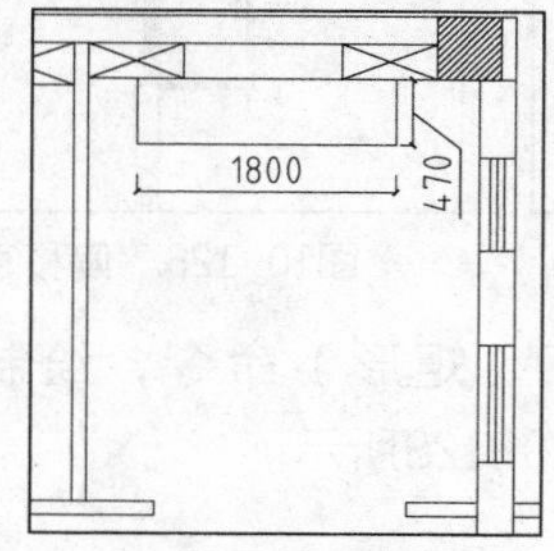

图10-120　绘制矩形

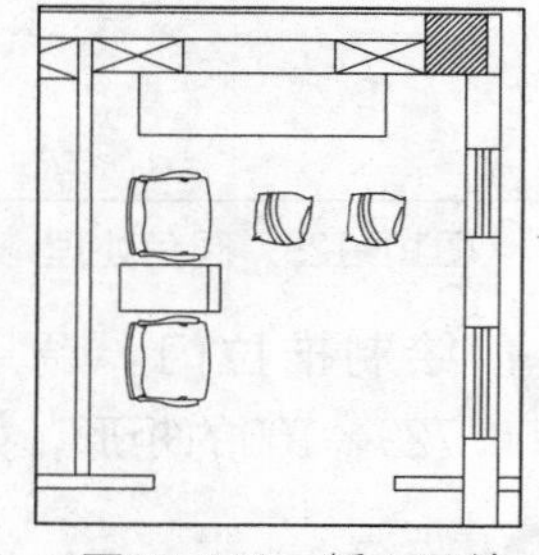

图10-121　插入图块

10.1.11　绘制家庭客厅、阳台平面图

楼梯口过道区域因为面积较大，所以可以作为一个家庭聚会的场所，该场所一般不面向外人开放，仅作为家庭互动的场所。二层的阳台是一个较大的活动区域，可做为人们进行室外活动的场所。

01▶整理图形。调用E（删除）命令，删除多余图形，如图10-122所示。

02▶绘制栏杆。调用L（直线）命令，绘制直线，如图10-123所示。

03▶调用O（偏移）命令，偏移直线，如图10-124所示。

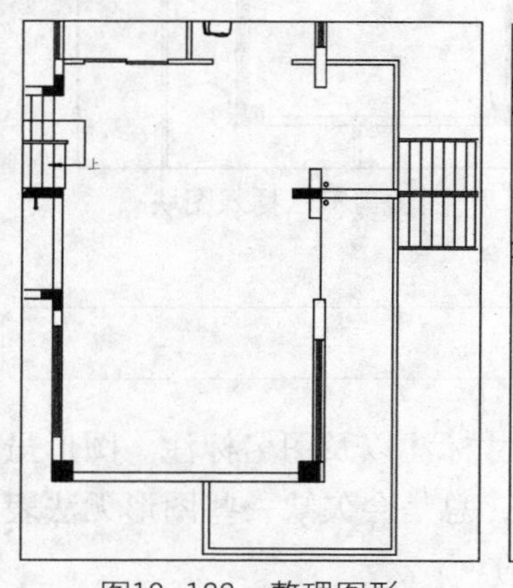

图10-122　整理图形

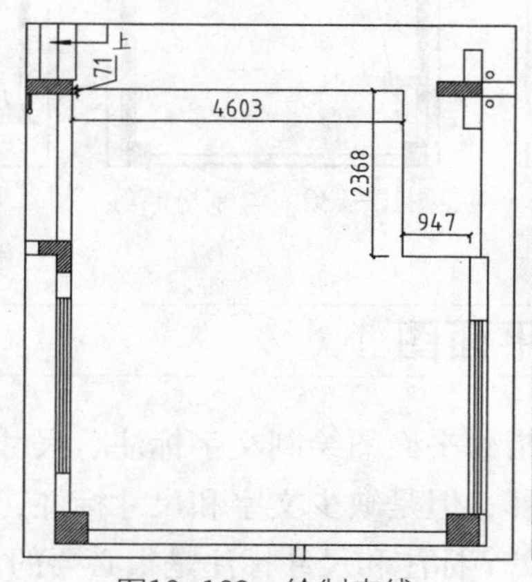

图10-123　绘制直线

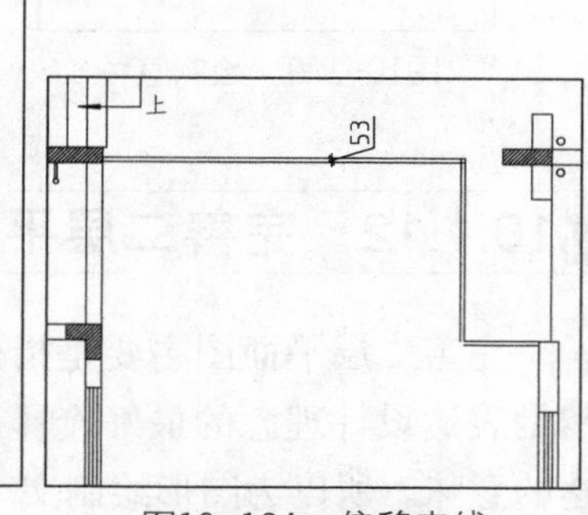

图10-124　偏移直线

04▶调用F（圆角）命令，设置圆角距离为0，对偏移的线段进行圆角处理，如图10-125所示。

05▶绘制固定玻璃窗。调用O（偏移）命令，设置偏移距离为50，偏移直线，如图10-126所示。

06 墙体改造。调用L（直线）命令和TR（修剪）命令，绘制并修剪直线，如图10-127所示。

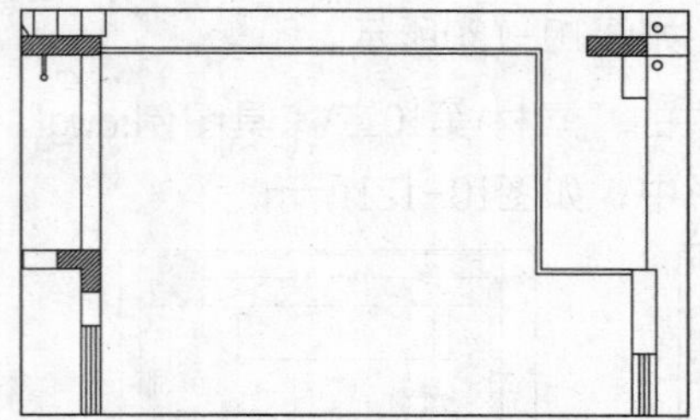
图10-125　圆角处理

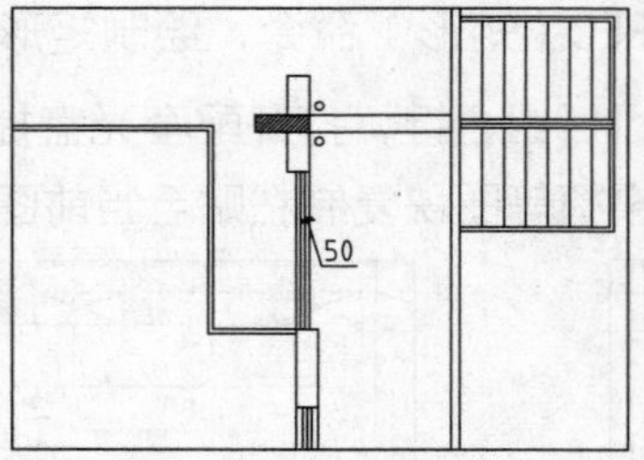

图10-126　偏移直线

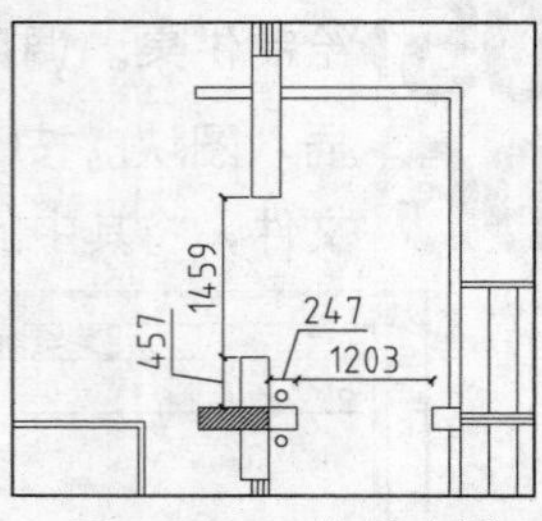

图10-127　修剪直线

07 绘制推拉门。调用REC（矩形）命令，绘制尺寸为729×100的矩形，如图10-128所示。

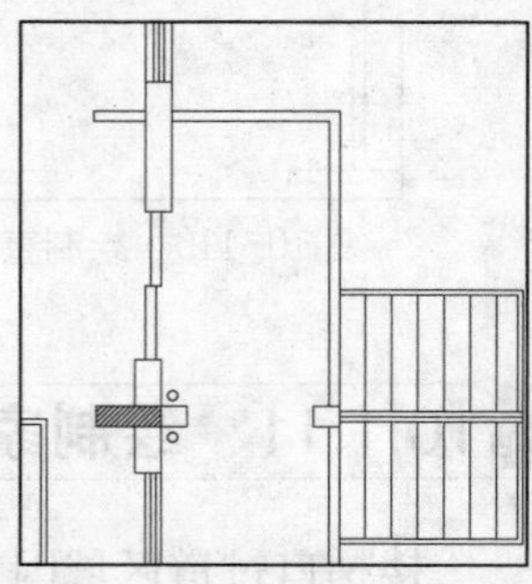
图10-128　绘制推拉门

08 调用L（直线）命令，绘制直线，如图10-129所示。

09 调用PL（多段线）命令，在会客厅上空绘制折断线，如图10-130所示。

10 插入图块。按Ctrl+O组合键，打开配套光盘提供的“第10章\家具图例.dwg”文件，将其中的沙发图块复制粘贴至当前图形中，如图10-131所示。

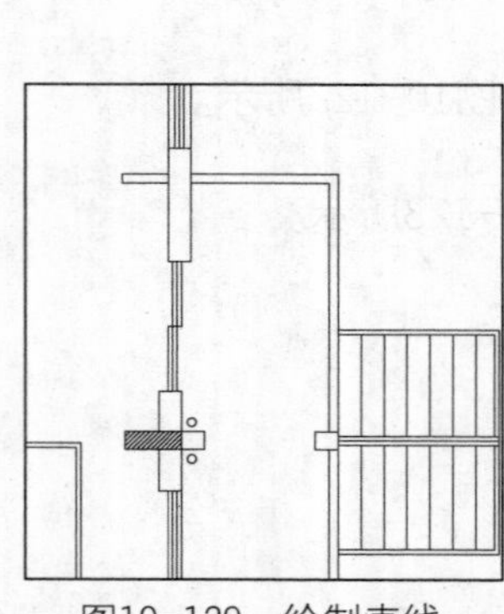
图10-129　绘制直线

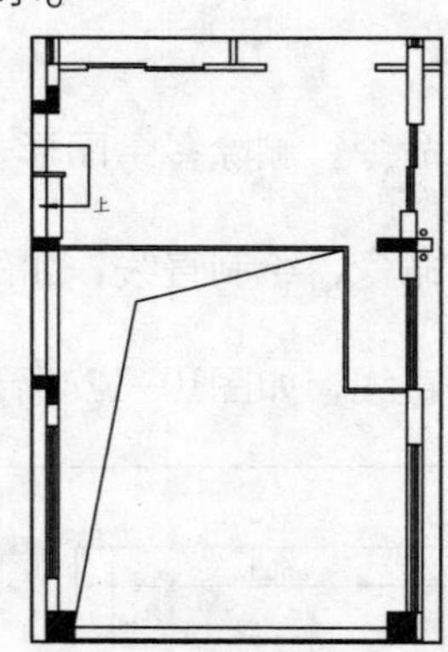

图10-130　绘制折断线

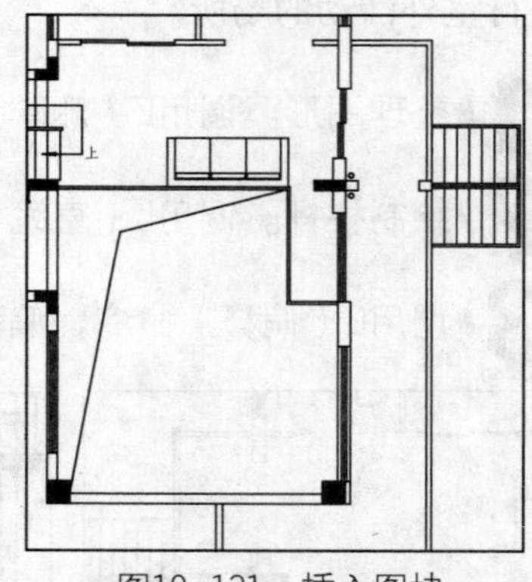

图10-131　插入图块

10.1.12　完善二层平面图

完善二层平面图主要是指为平面图绘制文字标注、尺寸标注以及图名标注。图形虽然是表达设计理念的最好诠释，但是缺少文字和尺寸标注，总是会欠缺一些图形无法表达的意味。所以为图形绘制文字标注和尺寸标注是很必要的。

01 文字标注。调用MT（多行文字）命令，为平面图中各功能区绘制文字标注，如图10-132所示。

02 尺寸标注。调用E（删除）命令，删除复制得到的二层原始结构图中的尺寸标注；调用DLI（线性标注）命令，为二层平面布置图绘制尺寸标注，如图10-133所示。

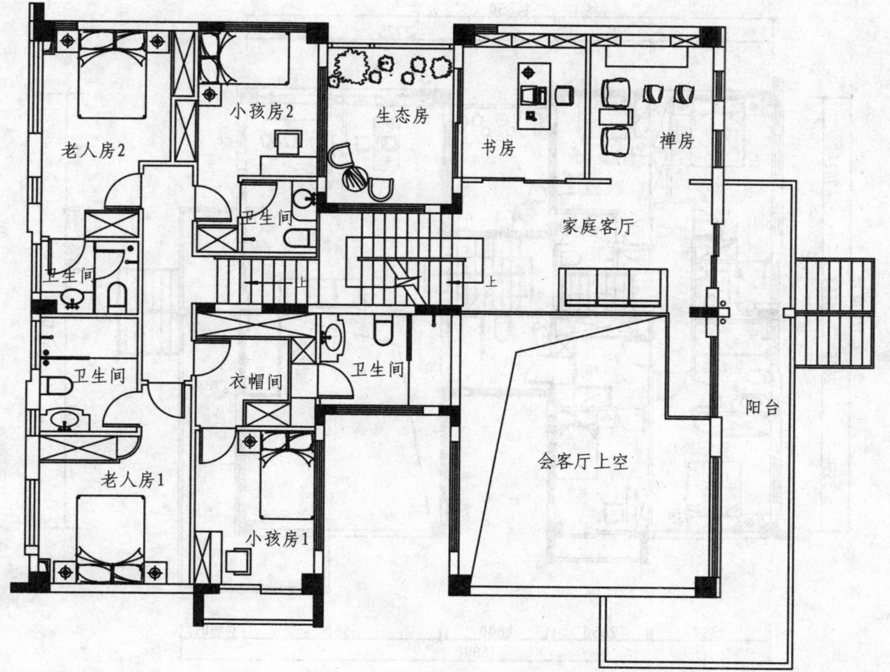

图10-132　文字标注

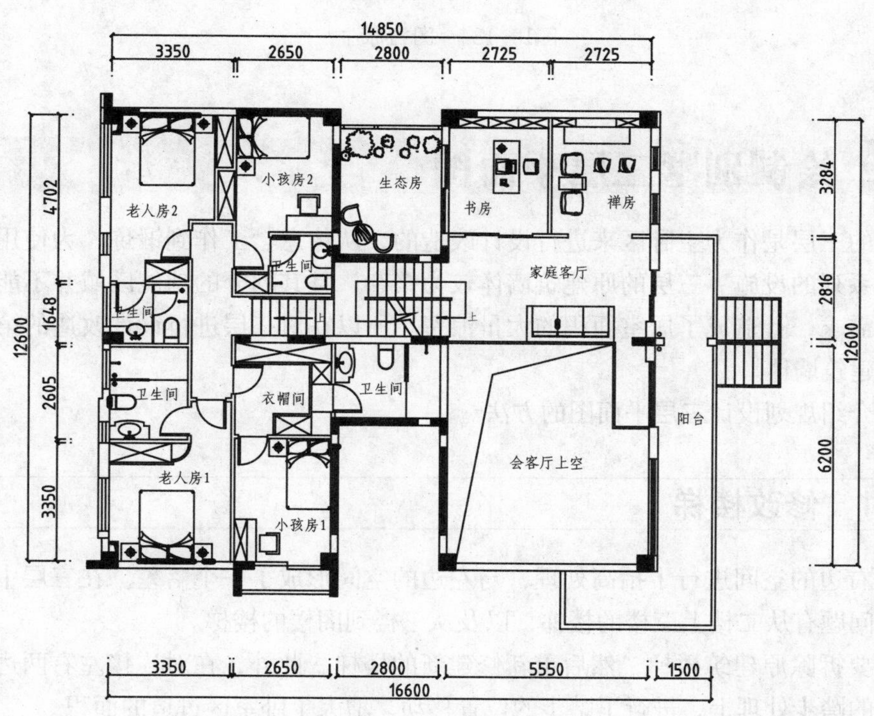

图10-133　尺寸标注

03 图名标注。调用MT（多行文字）命令，绘制图名和比例；调用L（直线）命令，在图名和比例下方绘制两条下划线，并将最下面的下划线的线宽设置为0.3mm，绘制如图10-134所示。

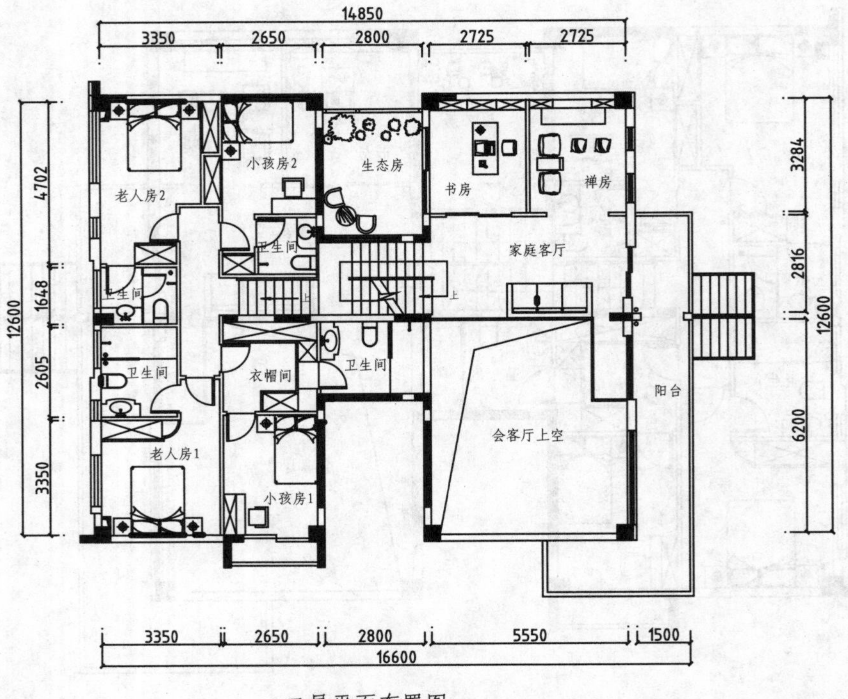

图10-134　图名标注

10.2 绘制别墅三层平面图

别墅的三层是作为主卧区来进行设计改造的，从休息、工作到锻炼，为使用者量身定制了一系列的设施。三层的原建筑墙体较为繁杂，且其划分的功能区域并不能满足实际的使用需求，且造成了居室面积的大量浪费。所以在对三层进行设计改造的第一步就是拆除原建筑墙体。

本节介绍规划设计三层平面图的方法。

10.2.1 修改楼梯

三层右边的空间进行了抬高处理，与左边的空间形成了一个落差。在三层中需要处理的楼梯问题有从二楼上三楼的楼梯，以及从三楼到阁楼的楼梯。

首先要拆除原建筑楼梯，然后重新修建新的楼梯。此外，在对连接左右两边存在落差的空间的踏步处理上，进行了踏步的位置移动，增大了卧室区过道的面积。

01 调用别墅三层原始结构图。按Ctrl+O组合键，打开前面绘制的“别墅三层原始结构图.dwg”文件，如图10-135所示。

02 整理图形。调用E（删除）命令，删除原始结构图上的图形，如图10-136所示。

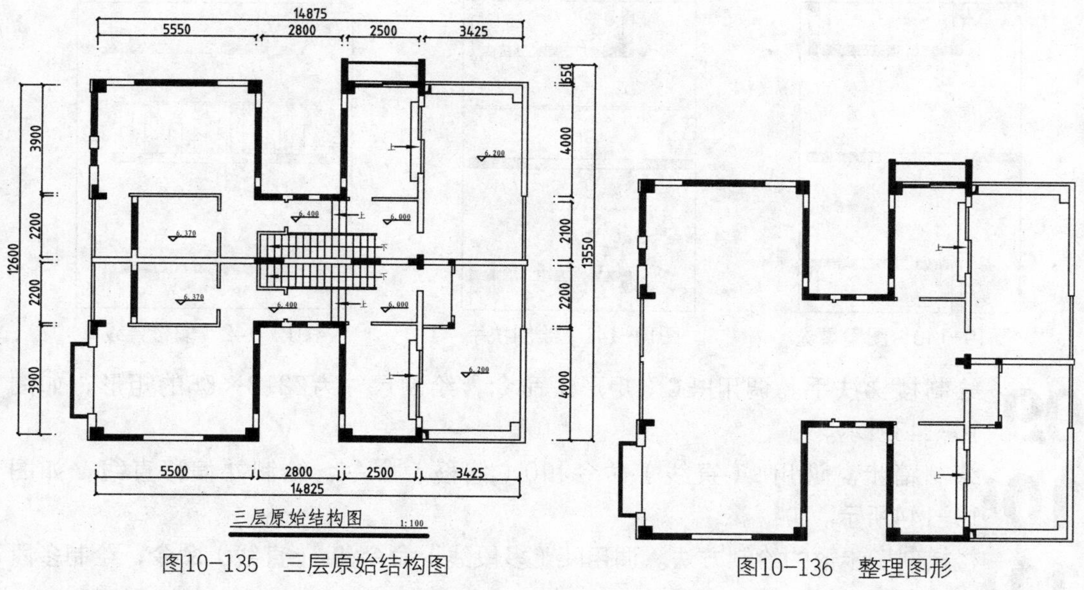

图10-135　三层原始结构图　　　　图10-136　整理图形

03 绘制墙体。调用REC（矩形）命令，绘制尺寸为4423×200的矩形，如图10-137所示。

04 调用L（直线）命令，绘制直线，如图10-138所示。

05 填充墙体图案。调用H（填充）命令，在弹出的“图案填充和渐变色”对话框中设置参数，如图10-139所示。

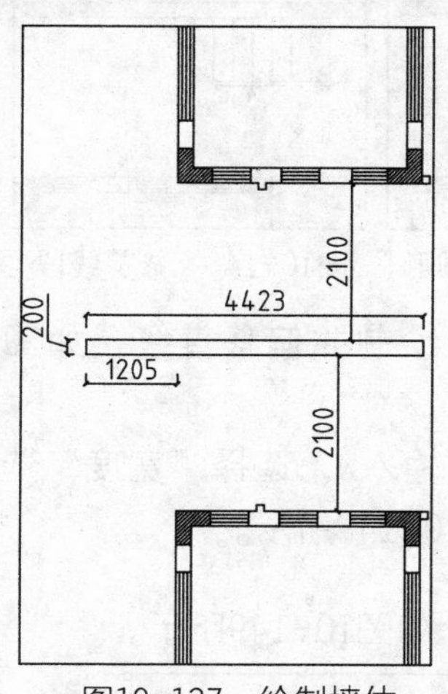

图10-137　绘制墙体

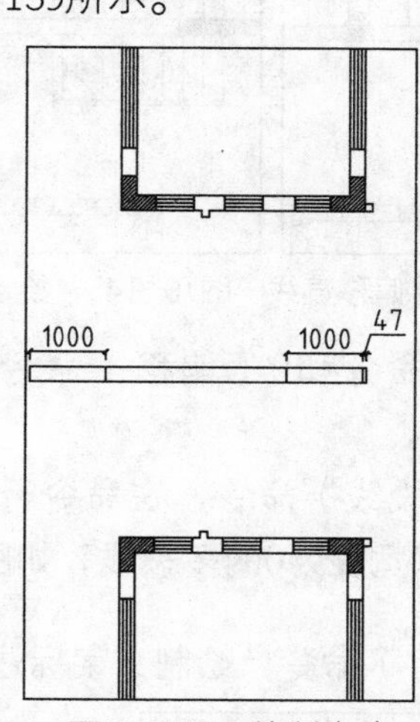

图10-138　绘制直线

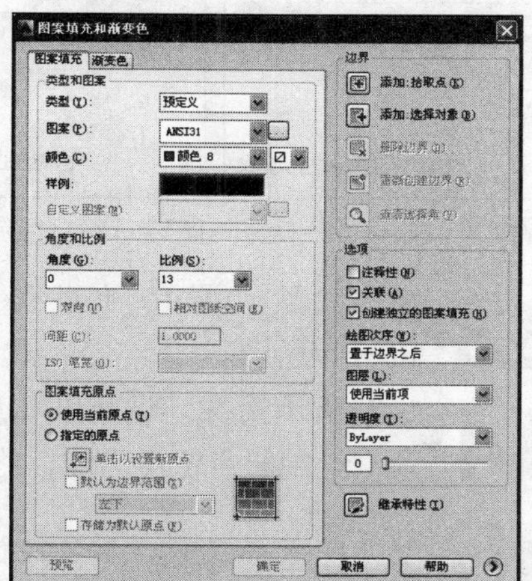

图10-139　“图案填充和渐变色”对话框

06 在绘图区中拾取填充区域，绘制图案填充，如图10-140所示。

07 绘制楼梯扶手。调用REC（矩形）命令，绘制尺寸为4420×55的矩形，如图10-141所示。

08 绘制踏步。调用L（直线）命令和O（偏移）命令，绘制并偏移直线，如图10-142所示。

图10-140　图案填充

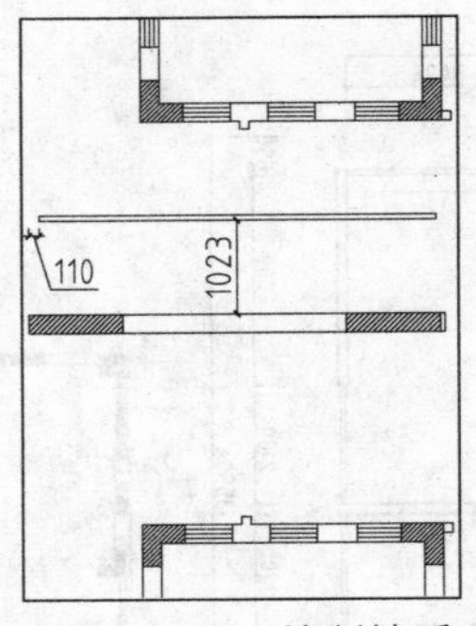

图10-141　绘制扶手

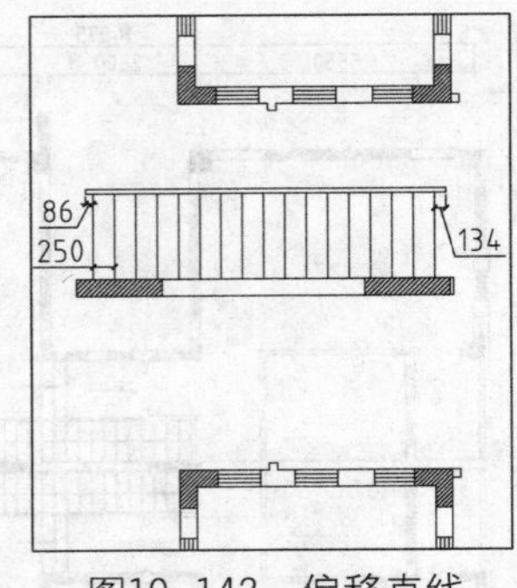

图10-142　偏移直线

09 绘制楼梯扶手。调用REC（矩形）命令，绘制尺寸为2213×55的矩形，如图10-143所示。

10 绘制踏步。调用L（直线）命令和O（偏移）命令，绘制并偏移直线，如图10-144所示。

11 楼梯剖切步数的绘制方法。调用PL（多段线）命令和L（直线）命令，绘制多段线和直线，如图10-145所示。

12 调用TR（修剪）命令，修剪线段，如图10-146所示。

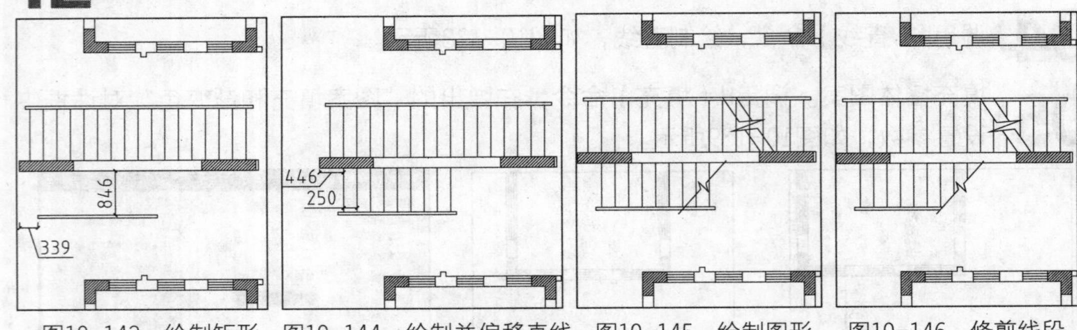

图10-143　绘制矩形　图10-144　绘制并偏移直线　图10-145　绘制图形　图10-146　修剪线段

13 绘制台阶。调用L（直线）命令和O（偏移）命令，绘制并偏移直线，如图10-147所示。

14 绘制指示箭头。调用PL（多段线）命令，在命令行中输入W，选择“宽度”选项；绘制起点宽度为50，终点宽度为0的多段线，如图10-148所示。

15 文字标注。调用MT（多行文字）命令，绘制文字标注，如图10-149所示。

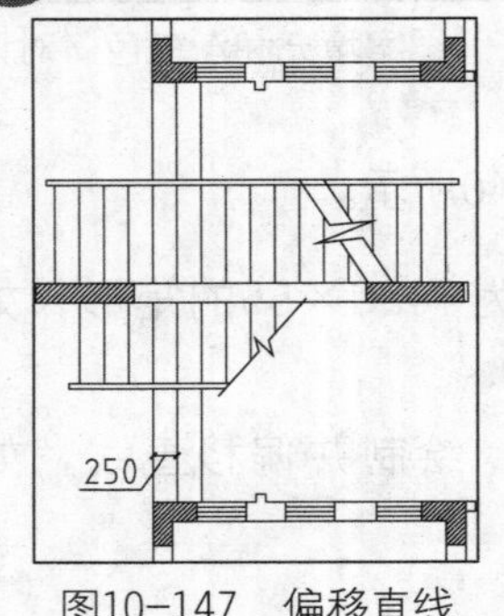

图10-147　偏移直线

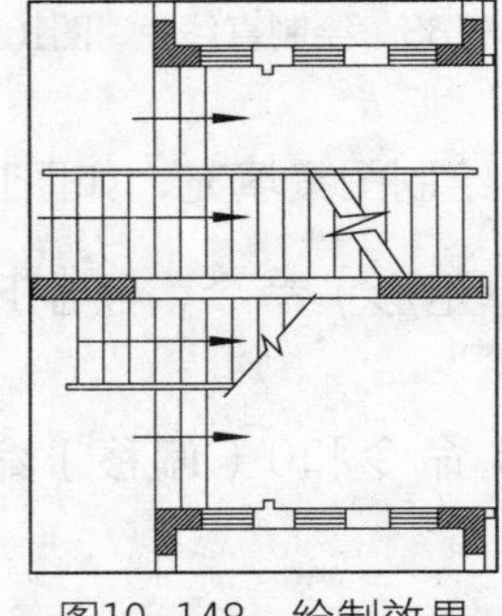

图10-148　绘制效果

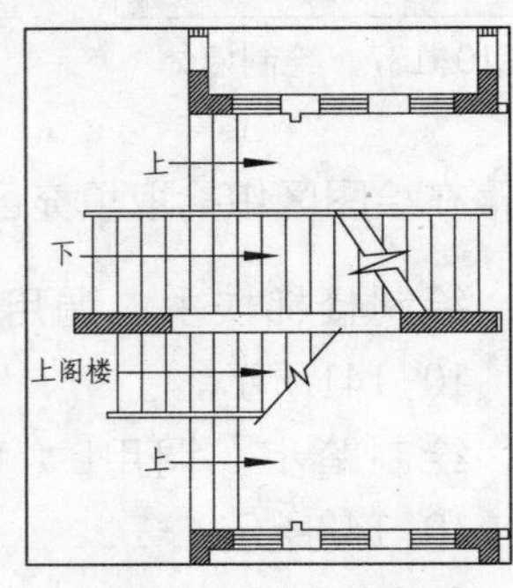

图10-149　文字标注

10.2.2 绘制阳台平面图

在进行墙体改造后，三层的左边有一个很大的阳台。该阳台在经过设计改造后，可成为一个户外休闲娱乐的场所，可以会客，也可进行室外锻炼。

01 整理图形。调用E（删除）命令，删除原始结构图上多余的图形，如图10-150所示。

02 绘制墙体。调用L（直线）命令和O（偏移）命令，绘制并偏移直线，如图10-151所示。

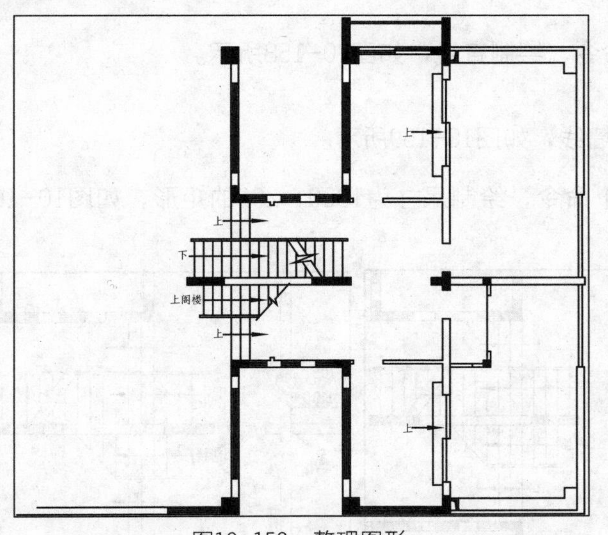

图10-150 整理图形

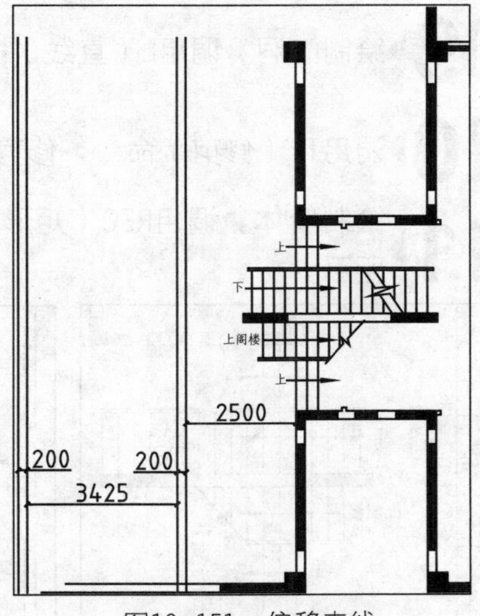

图10-151 偏移直线

03 修改墙体。调用TR（修剪）命令，修剪墙线，如图10-152所示。

04 绘制墙体。调用L（直线）命令，绘制直线，如图10-153所示。

05 编辑墙体。调用F（圆角）命令，设置圆角半径为0，对墙线进行圆角处理，如图10-154所示。

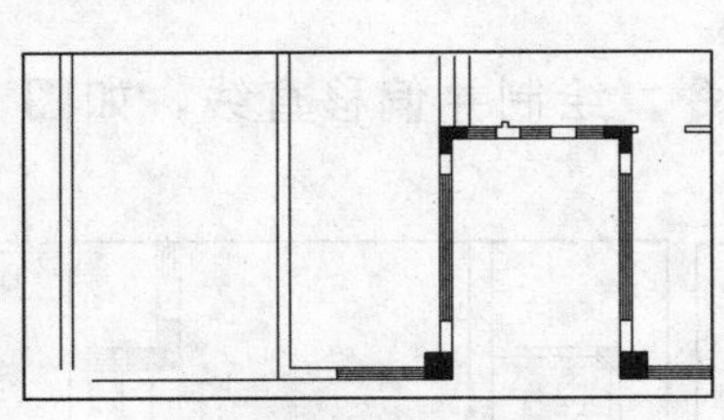
图10-152 修剪墙体

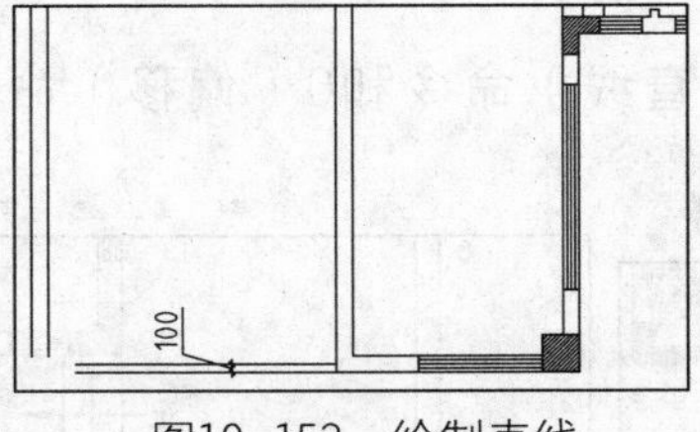

图10-153 绘制直线

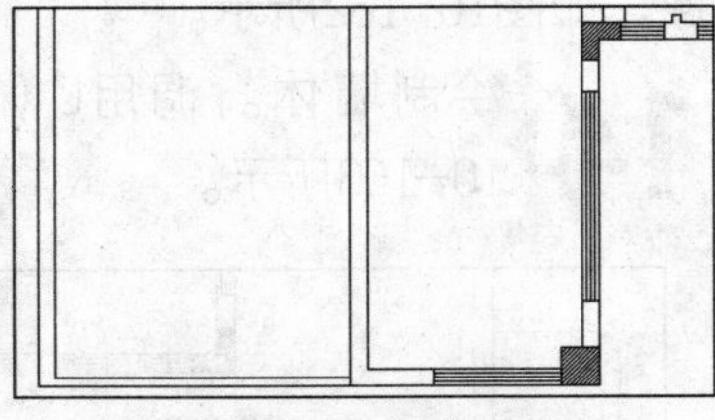
图10-154 圆角处理

06 绘制墙体。调用L（直线）命令和O（偏移）命令，绘制并偏移直线，如图10-155所示。

07 修改墙体。调用TR“修剪”、F（圆角）命令，修剪墙体图形，如图10-156所示。

08 绘制墙垛。调用REC（矩形）命令，绘制尺寸为300×200的矩形，如图10-157所示。

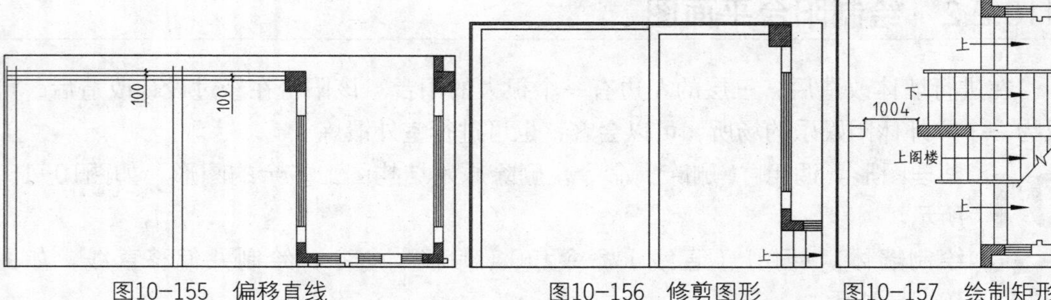

图10-155　偏移直线　　图10-156　修剪图形　　图10-157　绘制矩形

09 绘制门洞。调用L（直线）命令，绘制直线，如图10-158所示。

10 调用TR（修剪）命令，修剪墙线，如图10-159所示。

11 绘制墙体。调用REC（矩形）命令，绘制尺寸为1000×200的矩形，如图10-160所示。

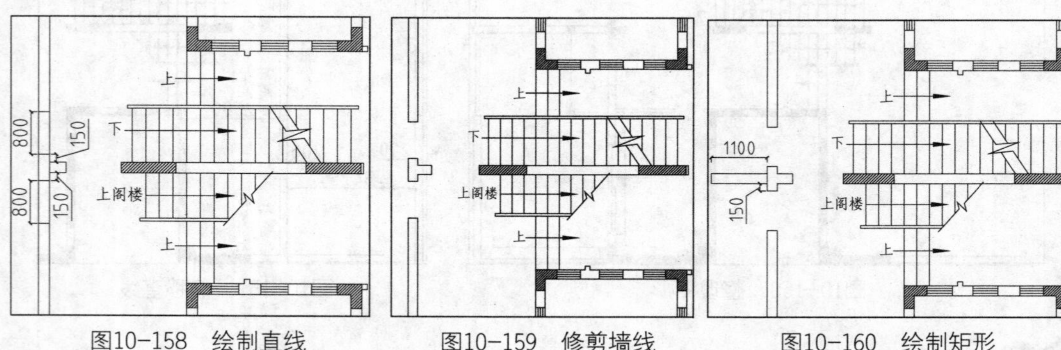

图10-158　绘制直线　　图10-159　修剪墙线　　图10-160　绘制矩形

12 绘制柱子。调用REC（矩形）命令，绘制尺寸为230×200的矩形，如图10-161所示。

13 填充图案。调用H（填充）命令，在弹出的“图案填充和渐变色”对话框中选择ANSI31图案，设置填充角度为0°，填充比例为13；选择柱子图形为图案填充区域，如图10-162所示。

14 绘制墙体。调用L（直线）命令和O（偏移）命令，绘制并偏移直线，如图10-163所示。

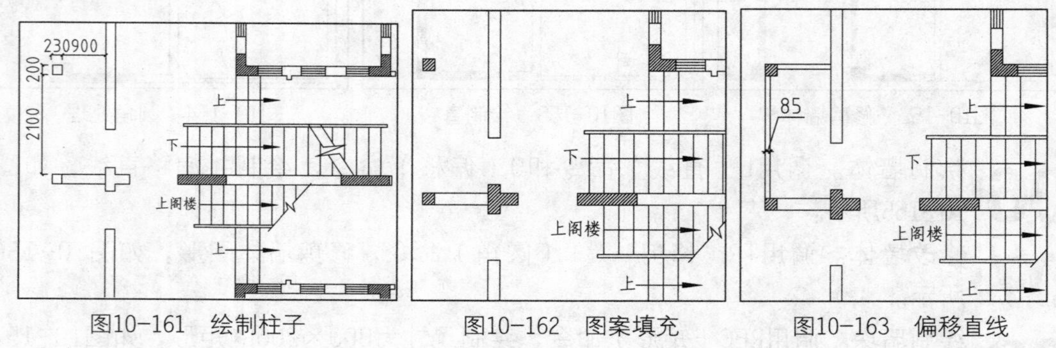

图10-161　绘制柱子　　图10-162　图案填充　　图10-163　偏移直线

15 绘制平开门及门口线。调用REC（矩形）命令，绘制尺寸为800×50的矩形；调用A（圆弧）命令，绘制圆弧；调用L（直线）命令，绘制直线，如图10-164所示。

16 绘制通风口。调用REC（矩形）命令，绘制尺寸为335×220的矩形，如图10-165所示。

17 调用O（偏移）命令，设置偏移距离为50，向内偏移矩形，如图10-166所示。

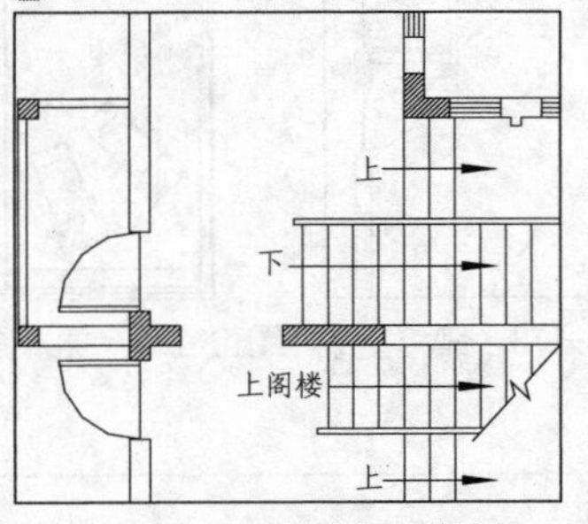

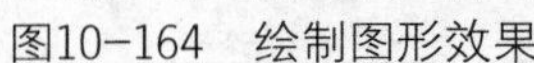
图10-164 绘制图形效果

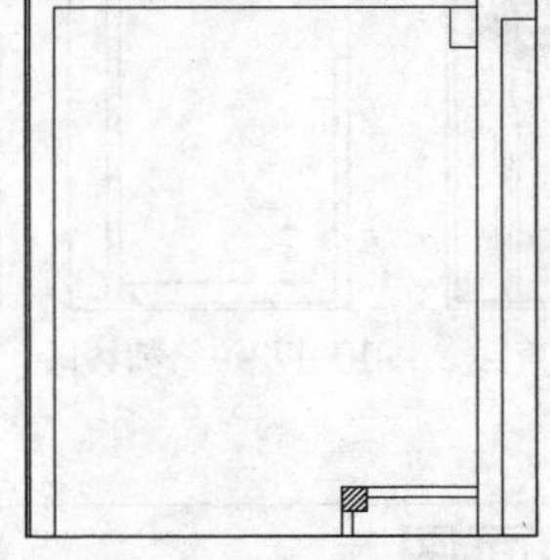
图10-165 绘制矩形

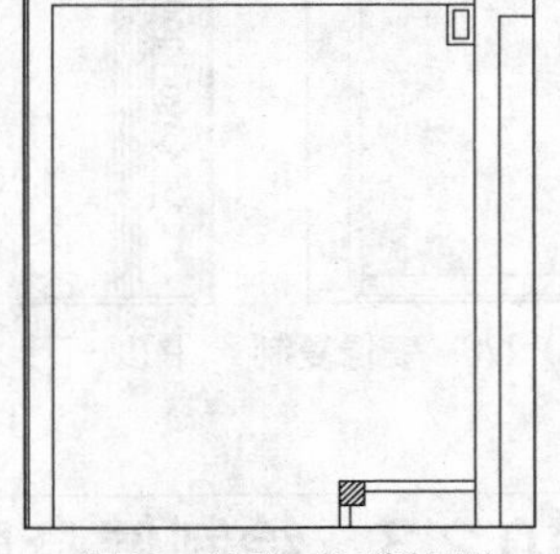
图10-166 偏移矩形

18 调用X（分解）命令，分解得到的矩形；调用EX（延伸）命令，延伸内矩形的边；调用E（删除）命令，删除多余的矩形边；调用TR（修剪）命令，修剪多余线段，如图10-167所示。

19 调用PL（多段线）命令，绘制折断线，如图10-168所示。

20 调用L（直线）命令，绘制直线，如图10-169所示。

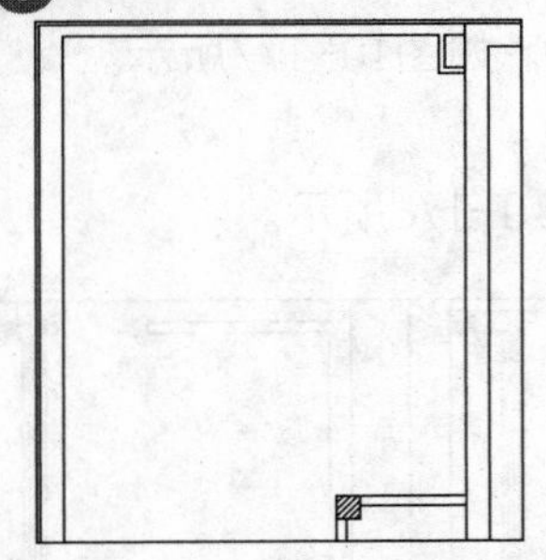
图10-167 修改图形

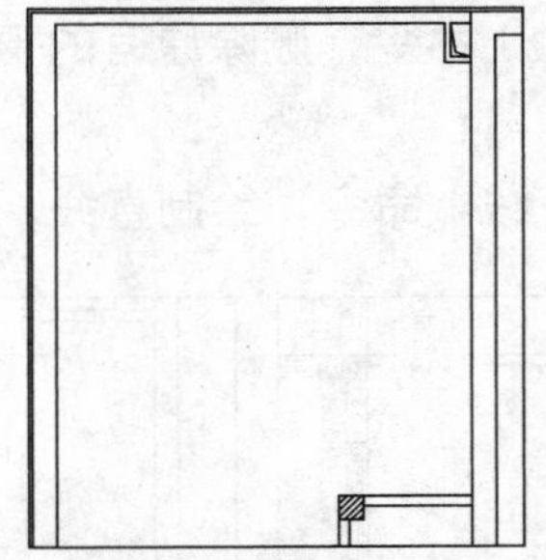
图10-168 绘制折断线

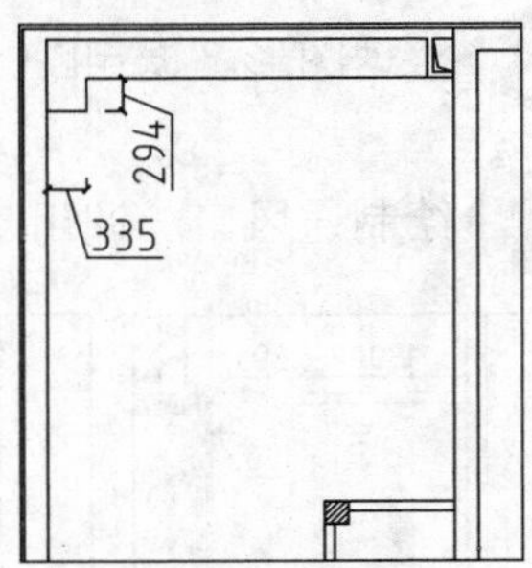

图10-169 绘制直线

21 调用MI（镜像）命令，镜像复制绘制完成的图形，如图10-170所示。

22 绘制栏杆。调用L（直线）命令，绘制直线，如图10-171所示。

23 调用TR（修剪）命令，修剪线段，如图10-172所示。

24 调用L（直线）命令和O（偏移）命令，绘制并偏移直线，如图10-173所示。

25 插入图块。按Ctrl+O组合键，打开配套光盘提供的“素材\第10章\家具图例.dwg”文件，将其中的休闲躺椅图块复制粘贴至当前图形中，如图10-174所示。

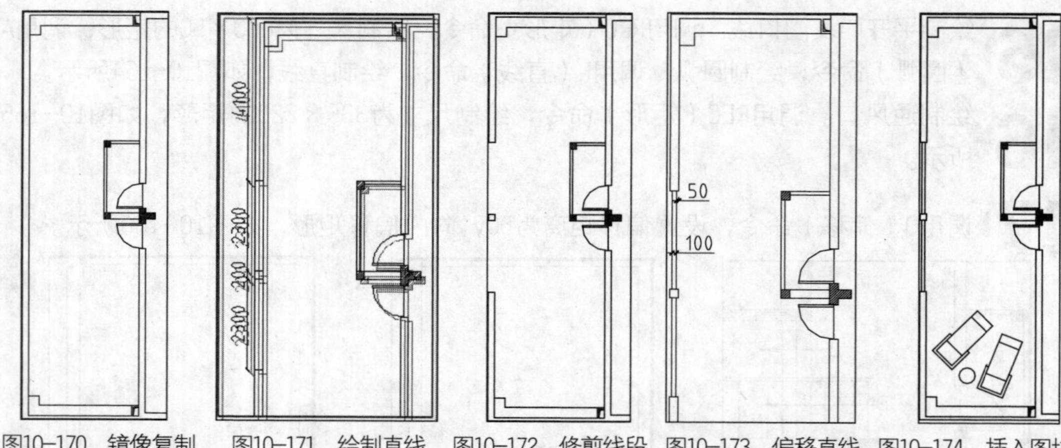

图10-170 镜像复制　图10-171 绘制直线　图10-172 修剪线段　图10-173 偏移直线　图10-174 插入图块

10.2.3 绘制健身房平面图

健身房是经墙体改造后得到的一个空间，在临近阳台处设置健身房的好处是，一来可以将室内锻炼和室外锻炼有效地结合起来，二来可扩大视野，减缓锻炼中的枯燥感。

01 绘制墙体。调用REC（矩形）命令，绘制尺寸为1600×100、100×100的矩形，如图10-175所示。

02 调用TR（修剪）命令，修剪墙线，如图10-176所示。

03 整理图形。调用E（删除）命令，删除原有的窗图形，如图10-177所示。

04 绘制通风口。调用L（直线）命令，绘制直线，如图10-178所示。

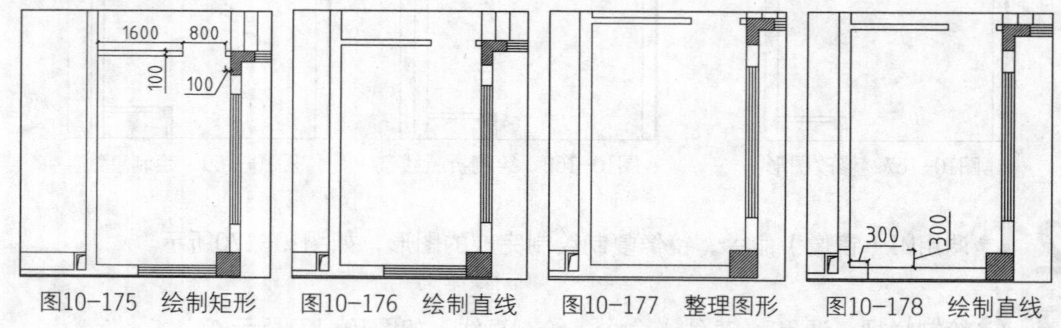

图10-175 绘制矩形　图10-176 绘制直线　图10-177 整理图形　图10-178 绘制直线

05 调用REC（矩形）命令，绘制尺寸为280×300的矩形；调用O（偏移）命令，设置偏移距离为27，向内偏移矩形，如图10-179所示。

06 调用X（分解）命令，分解得到的矩形；调用EX（延伸）命令，延伸内矩形的边；调用E（删除）命令，删除多余的矩形边；调用TR（修剪）命令，修剪多余线段。

07 调用PL（多段线）命令，绘制折断线，如图10-180所示。

08 绘制窗户。调用L（直线）命令，绘制直线，如图10-181所示。

09 调用O（偏移）命令，设置偏移距离为67，选择墙线向内偏移，如图10-182所示。

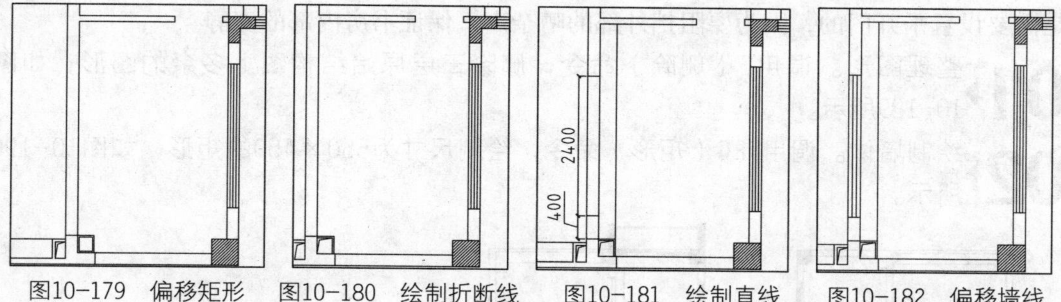

图10-179 偏移矩形　图10-180 绘制折断线　图10-181 绘制直线　图10-182 偏移墙线

10 绘制推拉门。调用REC（矩形）命令，绘制尺寸为975×50的矩形；调用CO（复制）命令，移动复制矩形，如图10-183所示。

11 绘制阳台墙体。调用REC（矩形）命令，绘制尺寸为800×200的矩形；调用CO（复制）命令，移动复制矩形，如图10-184所示。

12 填充图案。调用H（填充）命令，弹出“图案填充和渐变色”对话框；在对话框中选择ANSI31图案，设置填充角度为0°，填充比例为13；选择柱子图形为图案填充区域，如图10-185所示。

13 绘制栏杆。调用L（直线）命令和O（偏移）命令，绘制并偏移直线，如图10-186所示。

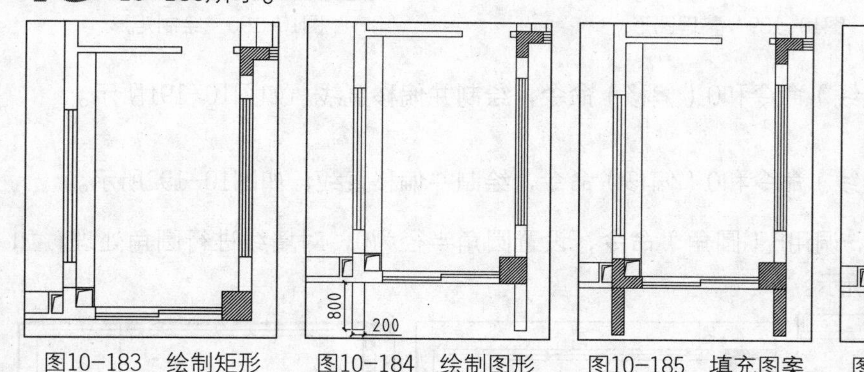

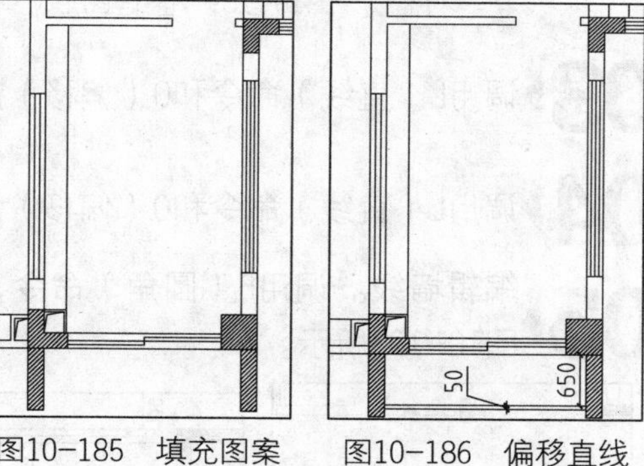

图10-183 绘制矩形　图10-184 绘制图形　图10-185 填充图案　图10-186 偏移直线

14 绘制平开门及门口线。调用REC（矩形）命令，绘制尺寸为800×50的矩形；调用A（圆弧）命令，绘制圆弧；调用L（直线）命令，绘制直线，如图10-187所示。

15 插入图块。按Ctrl+O组合键，打开配套光盘提供的“素材\第10章\家具图例.dwg”文件，将其中的健身器材图块复制粘贴至当前图形中，如图10-188所示。

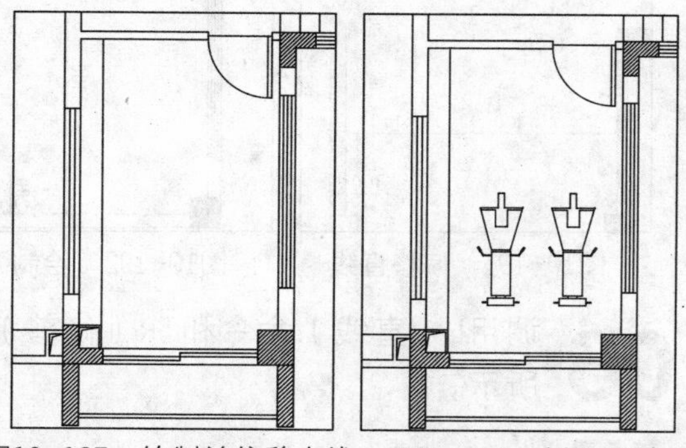

图10-187 绘制并偏移直线　图10-188 插入图块

10.2.4 绘制书房平面图

在主卧区也应该设置一个书房，为的是满足主人平时的办公需要。因为主卧区的人流量比较少，所以可以不设置书房的入户门。但是在与主卧相隔的阳台相接的门洞处，是需要设置平开门的，因为要阻挡外部的嘈杂声，保证书房内部的安静。

01 整理图形。调用E（删除）命令，删除三层原始结构图上多余的图形，如图10-189所示。

02 绘制墙体。调用REC（矩形）命令，绘制尺寸为550×450的矩形，如图10-190所示。

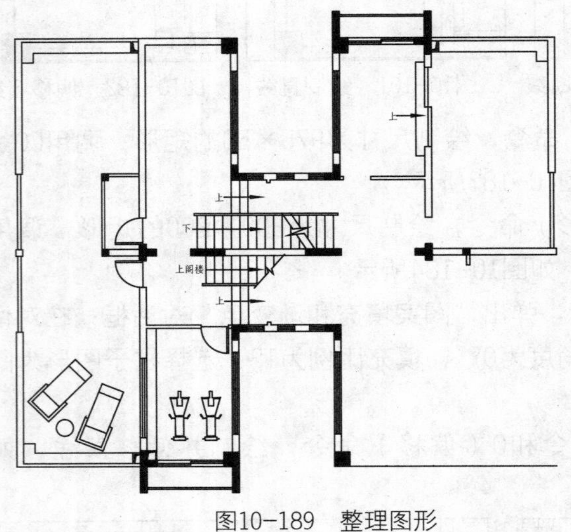

图10-189 整理图形

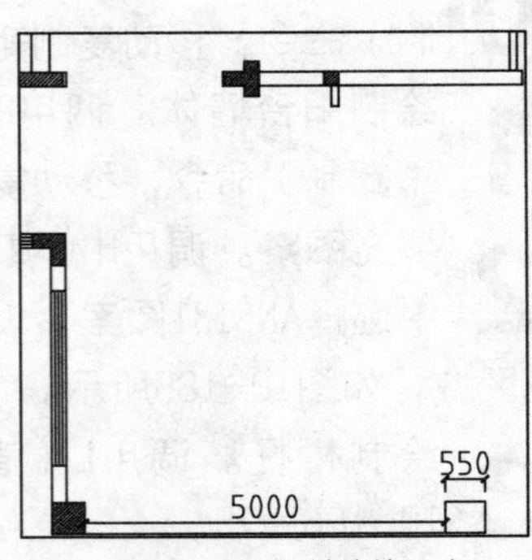

图10-190 绘制矩形

03 调用L（直线）命令和O（偏移）命令，绘制并偏移直线，如图10-191所示。

04 调用L（直线）命令和O（偏移）命令，绘制并偏移直线，如图10-192所示。

05 编辑墙线。调用F（圆角）命令，设置圆角半径为0，对墙线进行圆角处理，如图10-193所示。

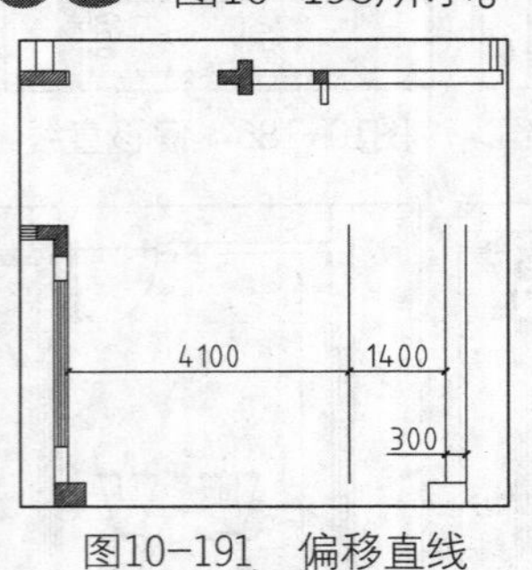

图10-191 偏移直线

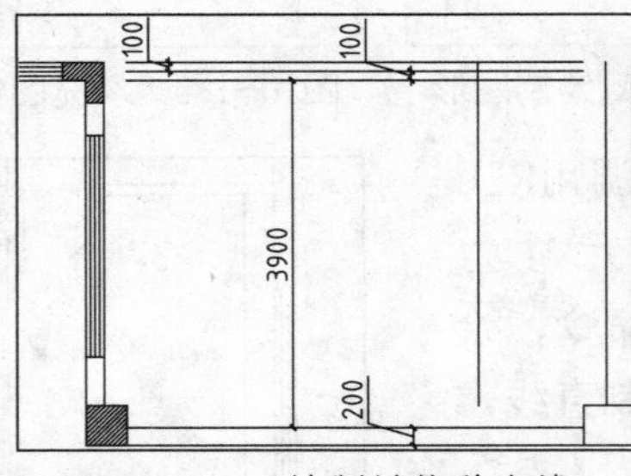

图10-192 绘制并偏移直线

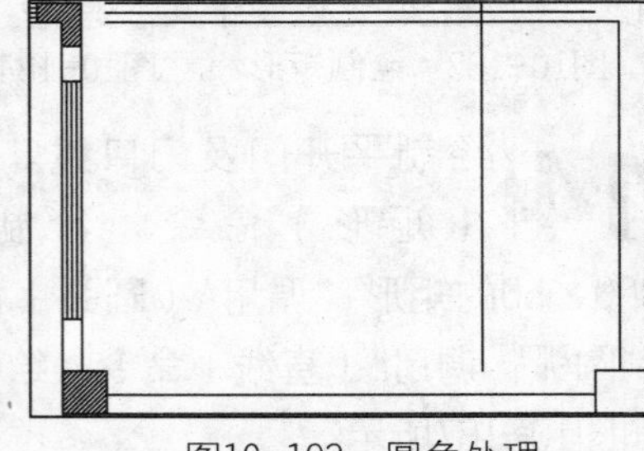

图10-193 圆角处理

06 调用L（直线）命令和TR（修剪）命令，绘制直线并修剪墙线，如图10-194所示。

07 绘制窗户。调用L（直线）命令，绘制直线，如图10-195所示。

08 调用TR（修剪）命令，修剪墙线，如图10-196所示。

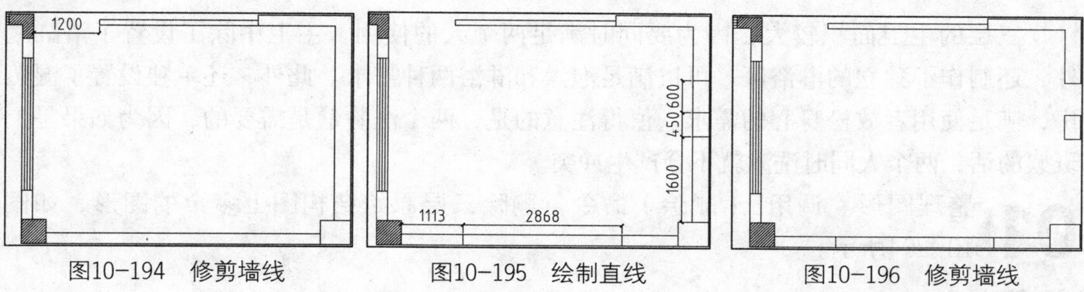

图10-194 修剪墙线　　图10-195 绘制直线　　图10-196 修剪墙线

09 调用L（直线）命令和O（偏移）命令，绘制并偏移直线，如图10-197所示。

10 绘制门洞。调用L（直线）命令，绘制直线，如图10-198所示。

11 调用TR（修剪）命令，修剪墙线，如图10-199所示。

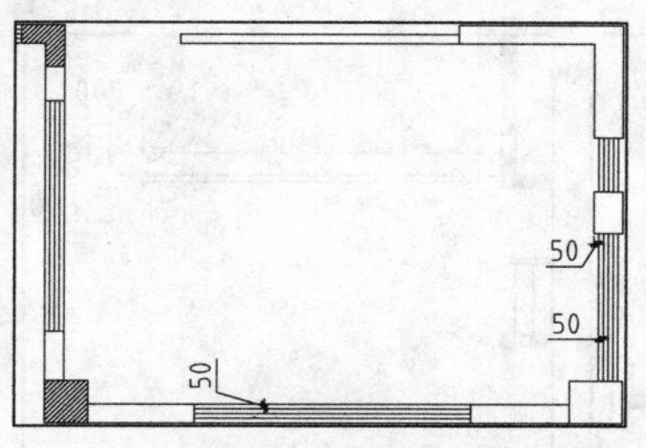

图10-197 偏移直线

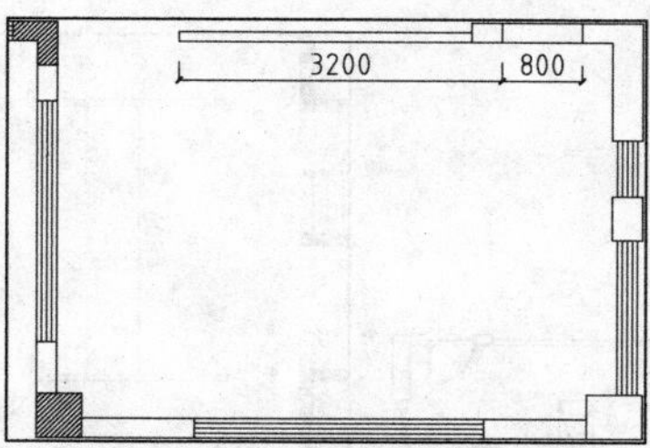

图10-198 绘制直线

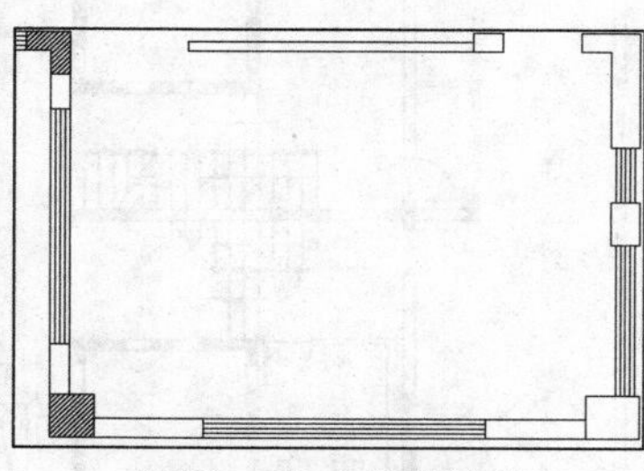

图10-199 修剪墙线

12 绘制平开门及门口线。调用REC（矩形）命令，绘制尺寸为800×50的矩形；调用A（圆弧）命令，绘制圆弧；调用L（直线）命令，绘制直线，如图10-200所示。

13 绘制书柜。调用REC（矩形）命令和CO（复制）命令，绘制尺寸为2098×583的矩形，并移动复制矩形，如图10-201所示。

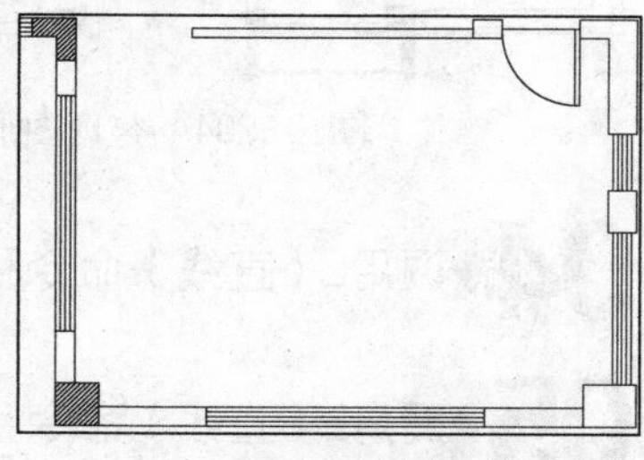

图10-200 绘制直线

14 调用L（直线）命令，绘制对角线，如图10-202所示。

15 插入图块。按Ctrl+O组合键，打开配套光盘提供的“素材\第10章\家具图例.dwg”文件，将其中的书桌图块复制粘贴至当前图形中，如图10-203所示。

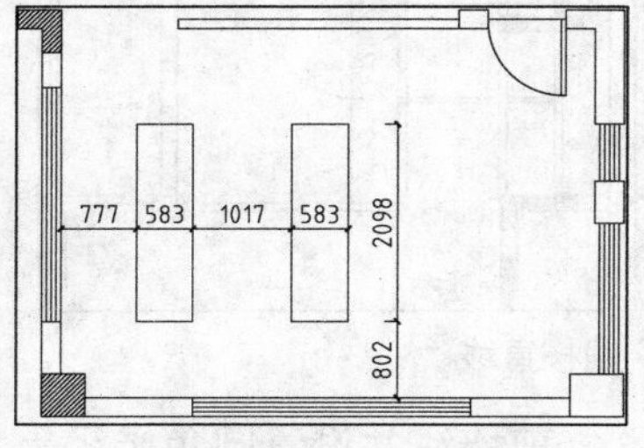

图10-201 绘制矩形

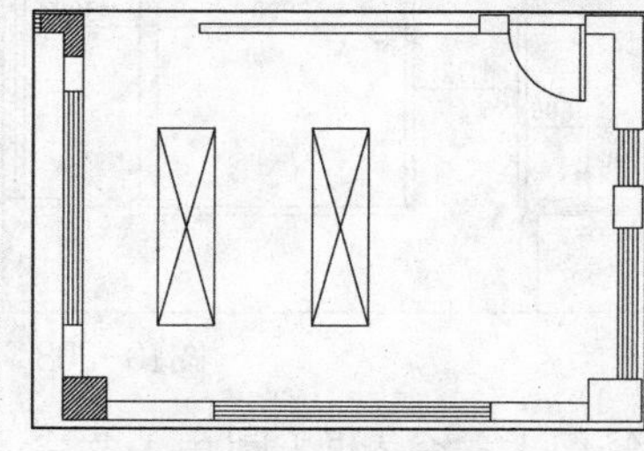

图10-202 绘制对角线

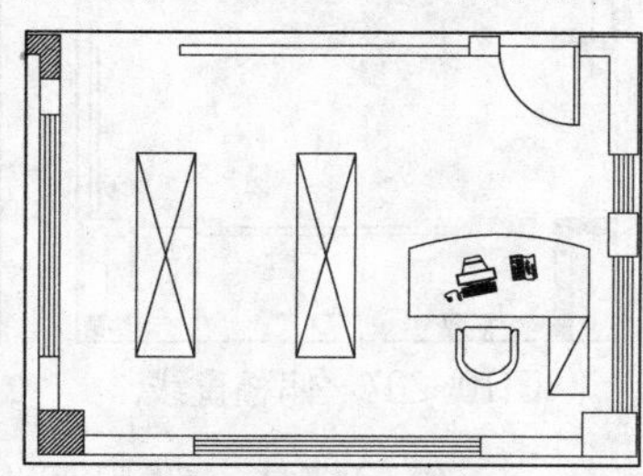

图10-203 插入图块

10.2.5 绘制主卫平面图

三层的主卫面积较大，因为要同时满足两个人的使用。主卫中除了设置了浴缸之外，还制作了独立的淋浴区，可以满足泡澡和淋浴两种需求。此外，还单独设置了湿蒸房，满足使用者放松身心的需求。值得注意的是，两个洗脸盆是需要的，因为如果是上班族的话，两个人同时洗漱就不会产生冲突。

01 整理图形。调用E（删除）命令，删除三层原始结构图上多余的图形，如图10-204所示。

02 绘制墙体。调用O（偏移）命令，偏移墙线，如图10-205所示。

03 调用L（直线）命令和TR（修剪）命令，绘制并修剪直线，如图10-206所示。

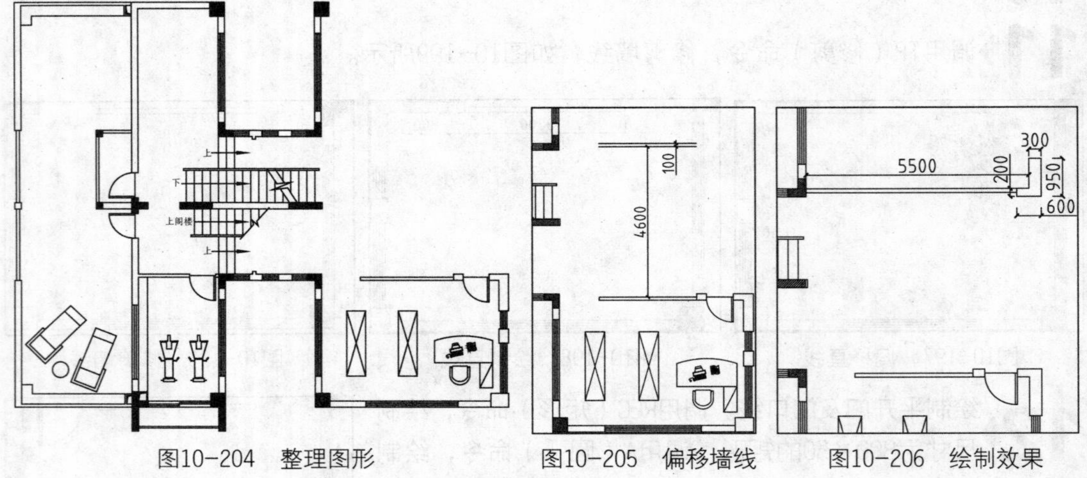

图10-204 整理图形　　图10-205 偏移墙线　　图10-206 绘制效果

04 调用L（直线）命令和O（偏移）命令，绘制并偏移直线，如图10-207所示。

05 调用L（直线）命令和O（偏移）命令，绘制并偏移直线，如图10-208所示。

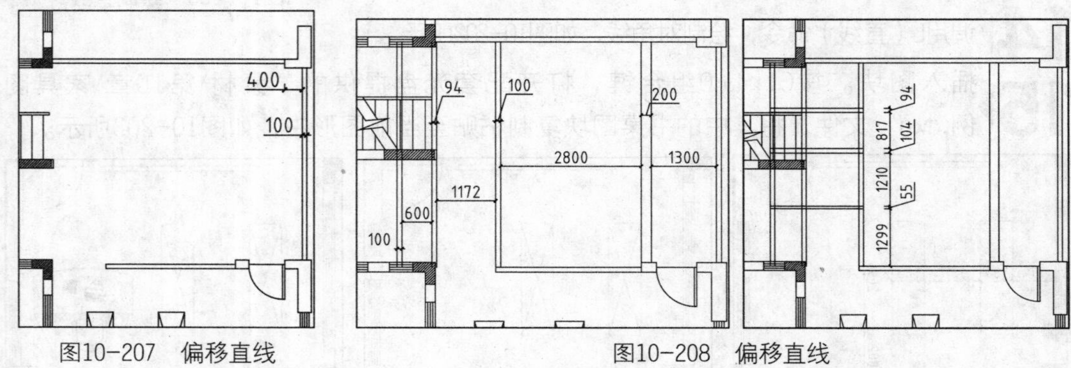

图10-207 偏移直线　　图10-208 偏移直线

06 修剪墙体。调用TR（修剪）命令和F（圆角）命令，修剪墙线并设置圆角半径为0，对墙线进行圆角处理，如图10-209所示。

07 绘制门洞。调用L（直线）命令，绘制直线，如图10-210所示。

08 调用TR（修剪）命令，修剪墙线，如图10-211所示。

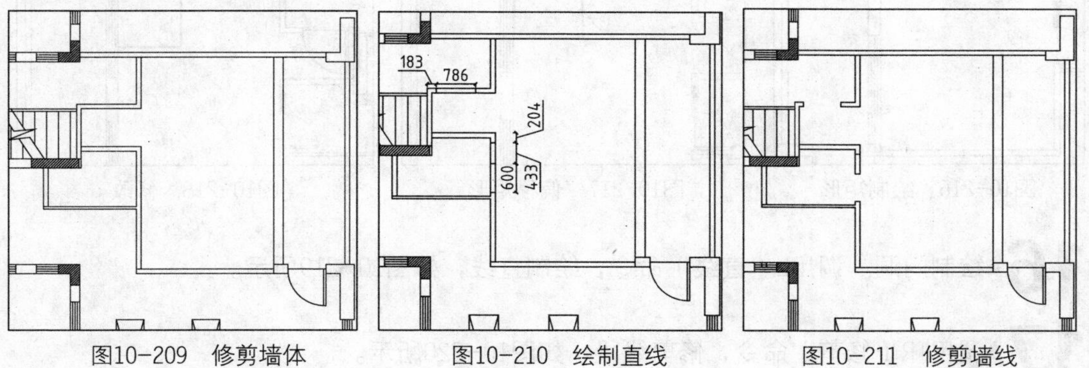

图10-209　修剪墙体　　图10-210　绘制直线　　图10-211　修剪墙线

09 绘制平开门及门口线。调用REC（矩形）命令，绘制尺寸为786×50、600×50的矩形；调用A（圆弧）命令，绘制圆弧；调用L（直线）命令，绘制直线，如图10-212所示。

10 绘制窗户。调用L（直线）命令，绘制直线，如图10-213所示。

11 调用O（偏移）命令和TR（修剪）命令，偏移墙线并修剪墙线，如图10-214所示。

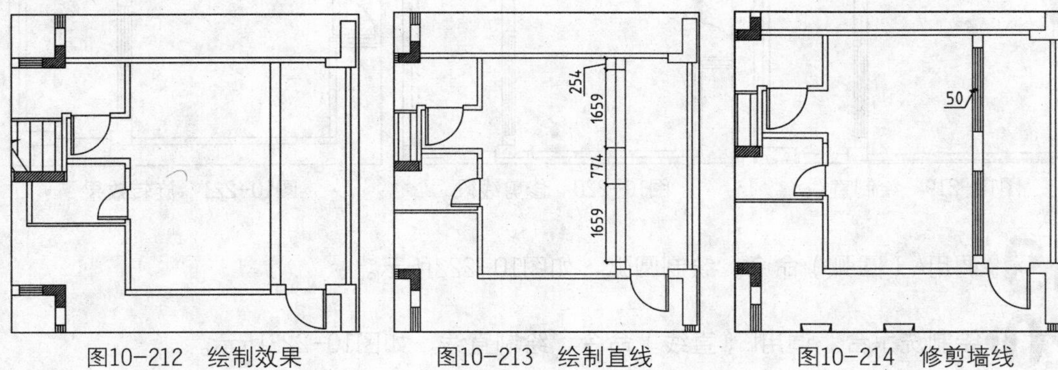

图10-212　绘制效果　　图10-213　绘制直线　　图10-214　修剪墙线

12 调用O（偏移）命令、TR（修剪）命令，偏移并修剪墙线，如图10-215所示。

13 绘制淋浴间。调用REC（矩形）命令，绘制尺寸为1100×1373的矩形，如图10-216所示。

14 调用O（偏移）命令，向内偏移矩形，如图10-217所示。

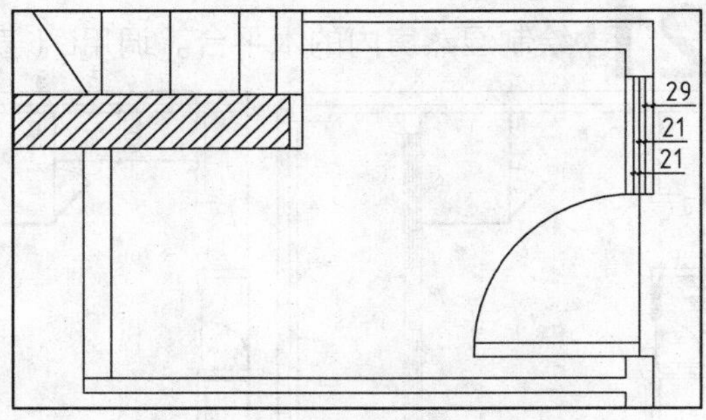

图10-215　修剪墙线

15 调用X（分解）命令，分解偏移得到的矩形；调用E（删除）命令，删除矩形边；调用EX（延伸）命令，延伸矩形边，如图10-218所示。

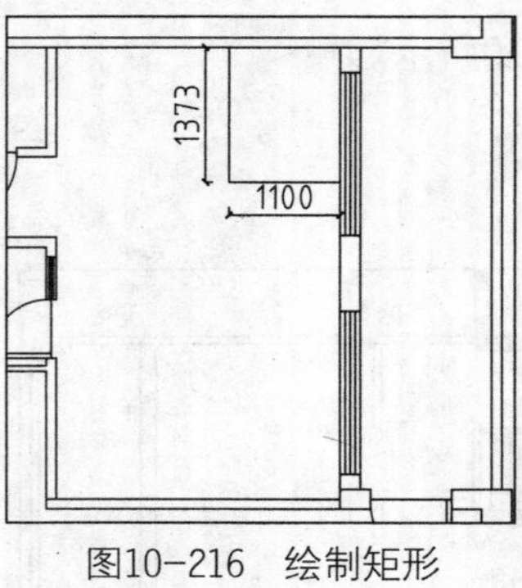

图10-216　绘制矩形

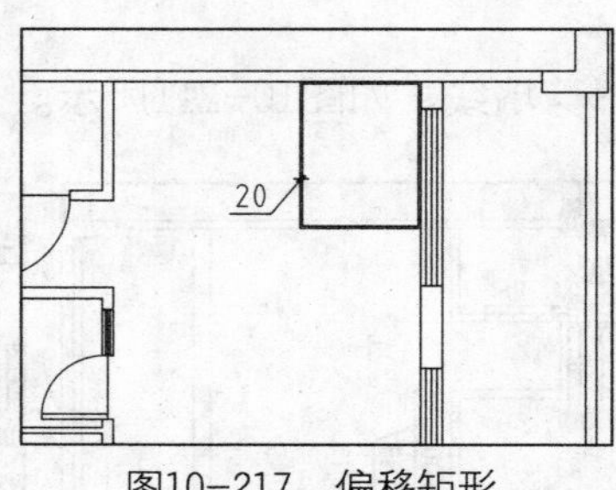

图10-217　偏移矩形

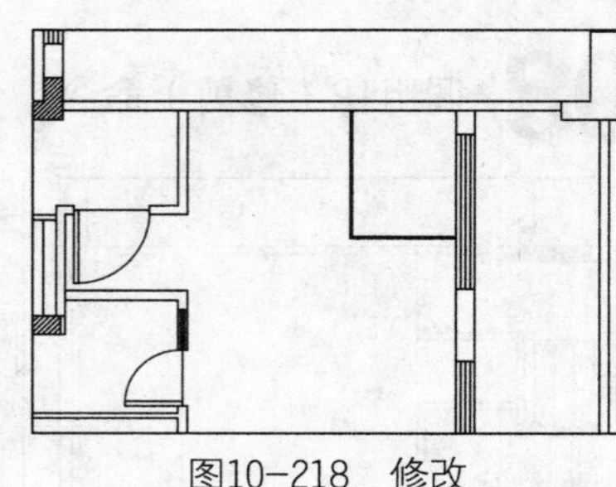

图10-218　修改

16 绘制门洞。调用L（直线）命令，绘制直线，如图10-219所示。

17 调用TR（修剪）命令，修剪线段，如图10-220所示。

18 绘制平开门。调用REC（矩形）命令和RO（旋转）命令，绘制尺寸为600×20的矩形，并设置旋转角度为45°，对矩形进行角度的翻转，如图10-221所示。

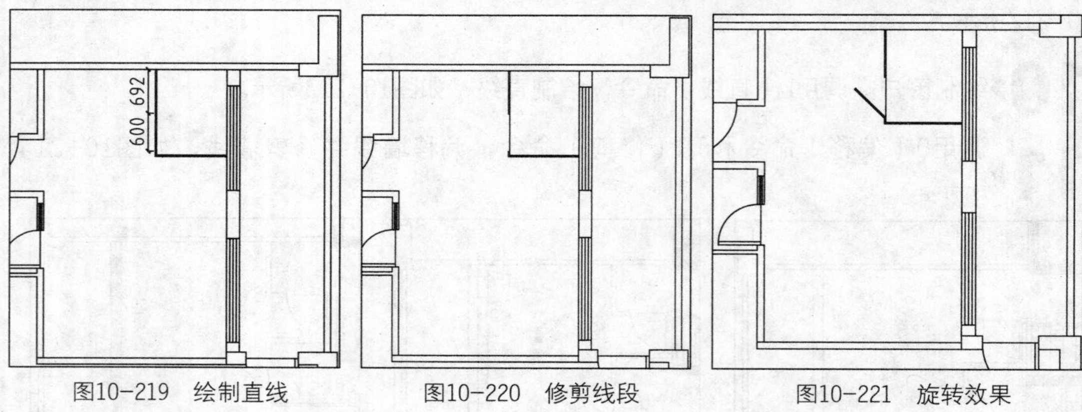

图10-219　绘制直线　　图10-220　修剪线段　　图10-221　旋转效果

19 调用A（圆弧）命令，绘制圆弧，如图10-222所示。

20 绘制洗手台。调用L（直线）命令，绘制直线，如图10-223所示。

21 绘制湿蒸房内的木平台。调用L（直线）命令，绘制直线，如图10-224所示。

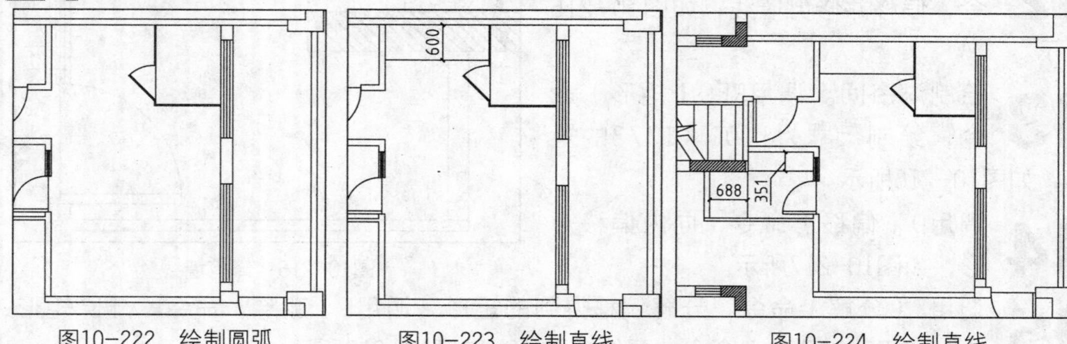

图10-222　绘制圆弧　　图10-223　绘制直线　　图10-224　绘制直线

22 填充图案。调用H（图案填充）命令，在弹出的“图案填充和渐变色”对话框中设置参数，如图10-225所示。

23 在绘图区中拾取填充区域，绘制图案填充，如图10-226所示。

24 重复H（图案填充）命令，在弹出的“图案填充和渐变色”对话框中设置参数，如图10-227所示。

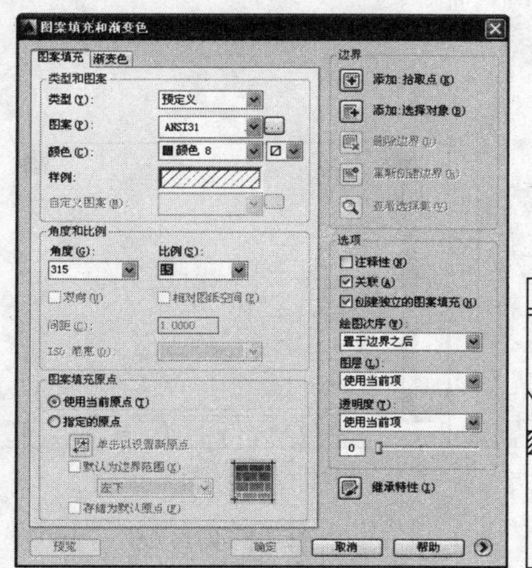

图10-225 “图案填充和渐变色”对话框

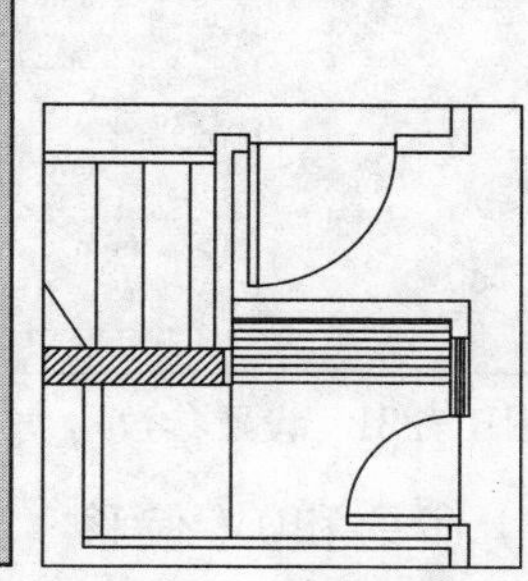

图10-226 图案填充

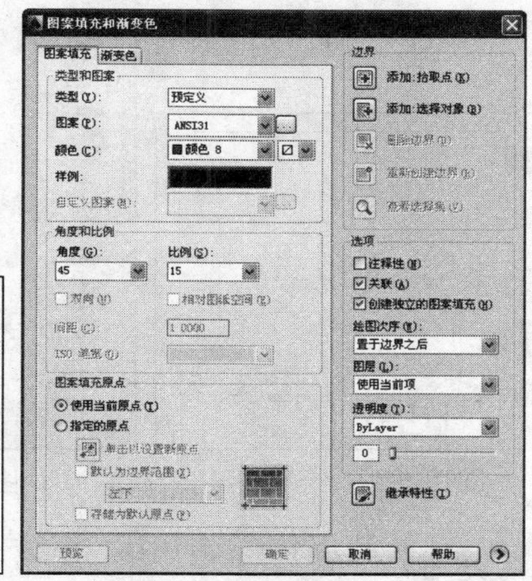

图10-227 设置参数

25 在绘图区中拾取填充区域，绘制图案填充，如图10-228所示。

26 插入图块。按Ctrl+O组合键，打开配套光盘提供的“素材\第10章\家具图例.dwg”文件，将其中的洁具图块复制粘贴至当前图形中，如图10-229所示。

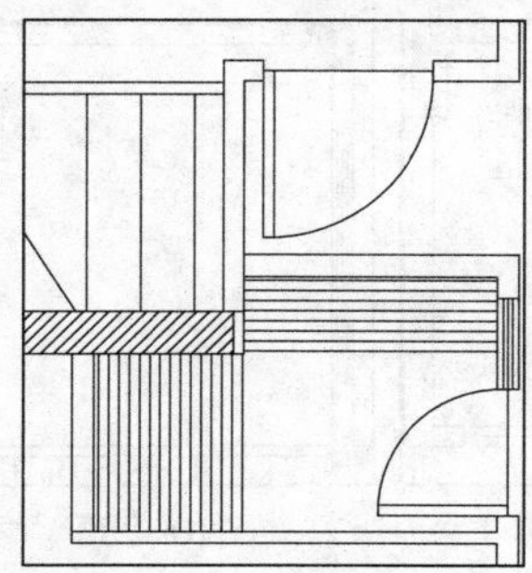

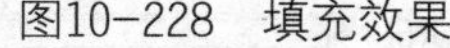

图10-228 填充效果

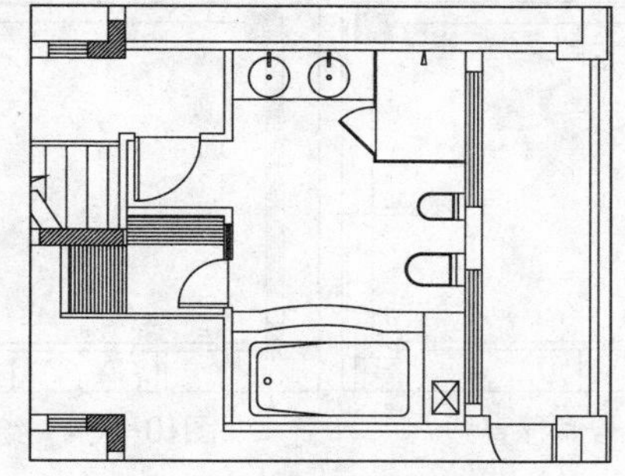

图10-229 插入图块

10.2.6 绘制主卧平面图

主卧室有一个落地的飘窗，该飘窗不仅增大了居室的面积，而且提供了良好的眺望视角。但床头不宜靠窗，这样对使用者的身心易造成影响，所以主卧室的窗户在设计的时候刚好契合了双人床的尺寸，仅使床头柜裸露的窗户下，而双人床则存在于两个窗户之间。且窗户上可以制作窗帘，拉上窗帘时可将床头柜隐藏。

01 绘制标准柱。调用REC（矩形）命令，绘制尺寸为450×450的矩形，如图10-230所示。

02 填充图案。调用H（图案填充）命令，在弹出的“图案填充和渐变色”对话框中设置参数，如图10-231所示。

03 在绘图区中拾取填充区域，绘制图案填充，如图10-232所示。

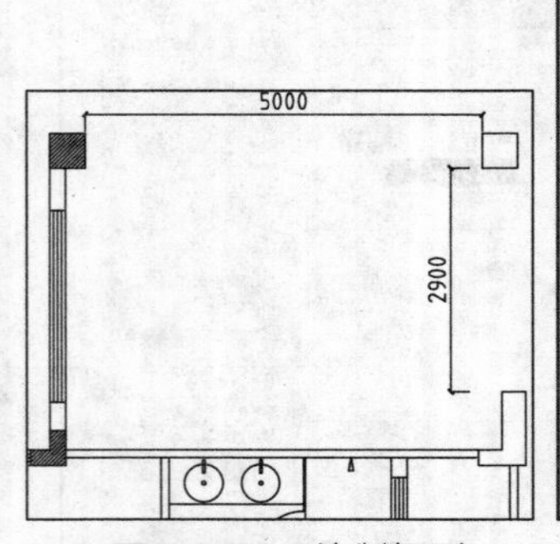

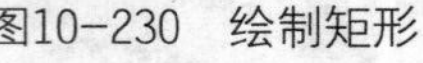

图10-230 绘制矩形

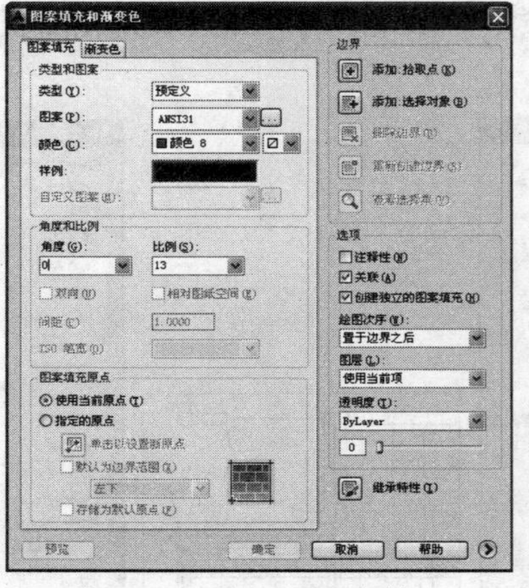

图10-231 设置参数

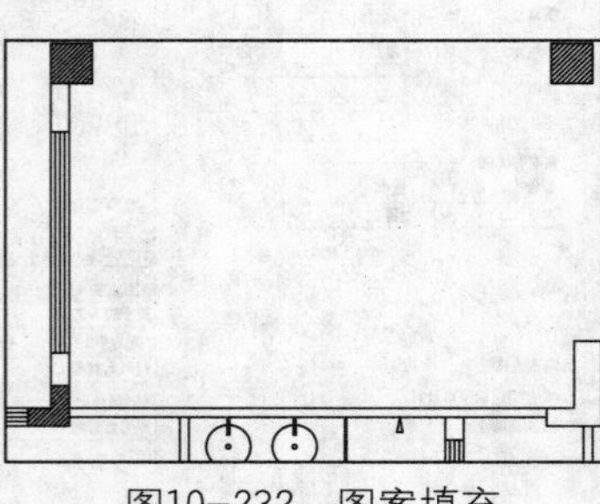

图10-232 图案填充

04 绘制墙体。调用L（直线）命令和O（偏移）命令，绘制并偏移直线，如图10-233所示。

05 绘制飘窗。调用L（直线）命令，绘制直线，如图10-234所示。

06 调用TR（修剪）命令，修剪墙线，如图10-235所示。

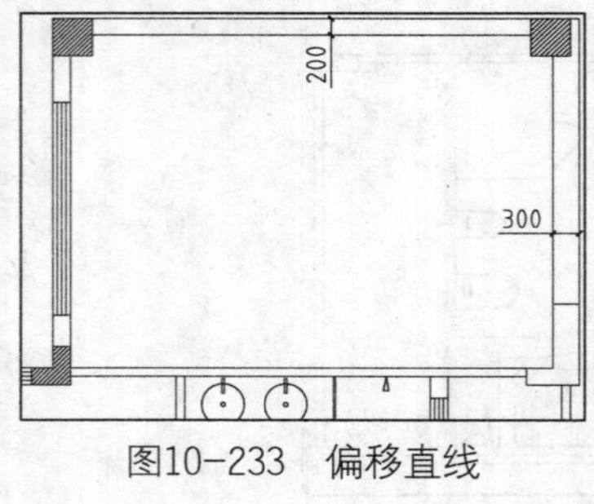

图10-233 偏移直线

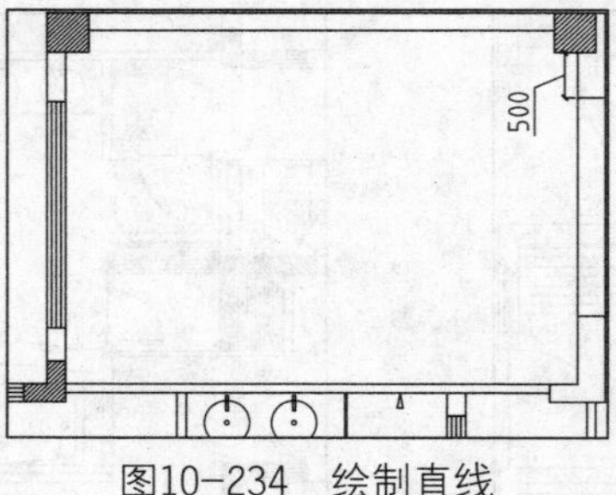

图10-234 绘制直线

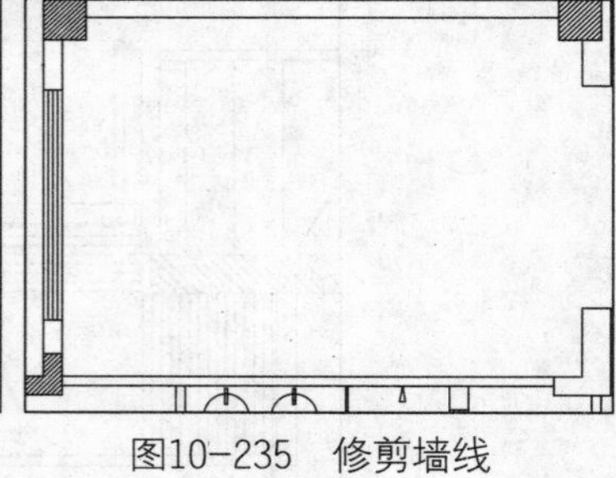

图10-235 修剪墙线

07 调用L（直线）命令，绘制直线，如图10-236所示。

08 调用O（偏移）命令，设置偏移距离为50，向内偏移直线；调用F（圆角）命令，设置圆角半径为0，修剪直线，如图10-237所示。

09 绘制窗户。调用L（直线）命令，绘制直线，如图10-238所示。

10 调用O（偏移）命令和TR（修剪）命令，偏移墙线并修剪墙线，如图10-239所示。

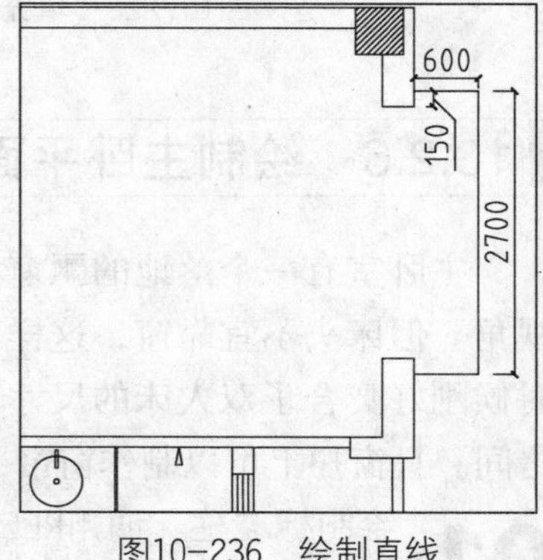

图10-236 绘制直线

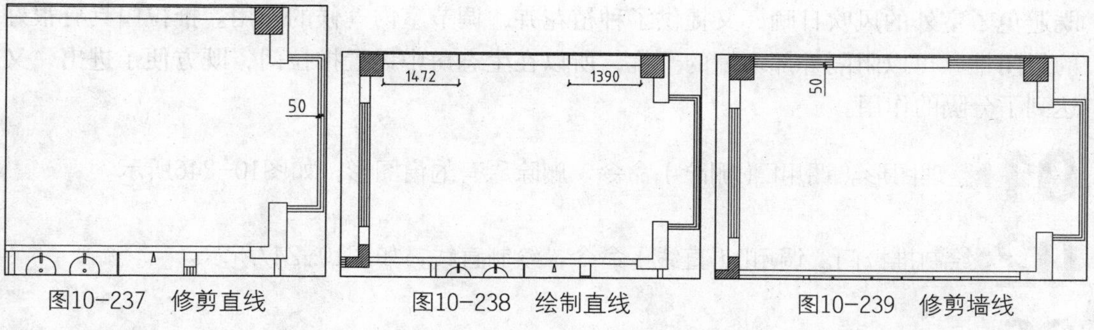

图10-237 修剪直线　　图10-238 绘制直线　　图10-239 修剪墙线

11 绘制门洞。调用EX（延伸）命令和TR（修剪）命令，延伸并修剪墙线，如图10-240所示。

12 绘制平开门及门口线。调用REC（矩形）命令，绘制尺寸为600×50、600×50的矩形；调用A（圆弧）命令，绘制圆弧；调用L（直线）命令，绘制直线，如图10-241所示。

13 绘制门洞。调用L（直线）命令，绘制直线，如图10-242所示。

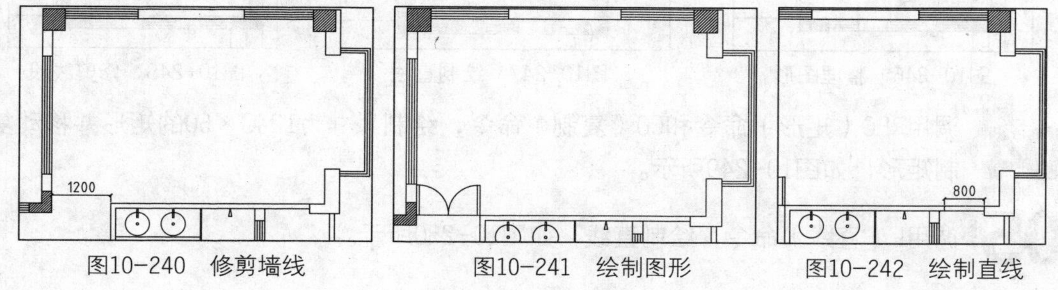

图10-240 修剪墙线　　图10-241 绘制图形　　图10-242 绘制直线

14 调用TR（修剪）命令，修剪线段，如图10-243所示。

15 绘制平开门及门口线。调用REC（矩形）命令，绘制尺寸为800×50的矩形；调用A（圆弧）命令，绘制圆弧；调用L（直线）命令，绘制直线，如图10-244所示。

16 插入图块。按Ctrl+O组合键，打开配套光盘提供的“素材\第10章\家具图例.dwg”文件，将其中的家具图块复制粘贴至当前图形中，如图10-245所示。

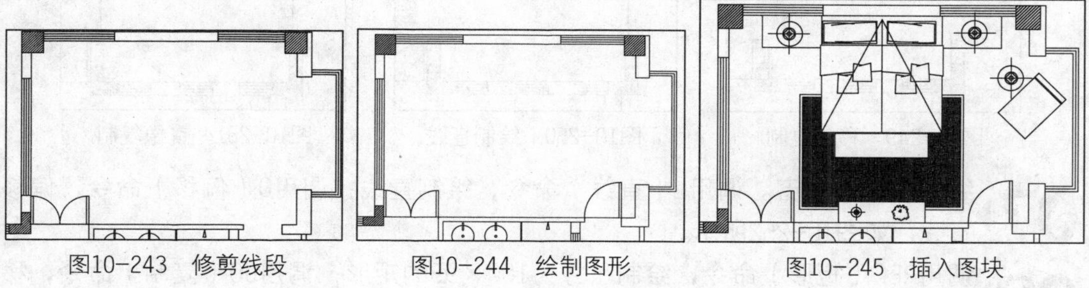
图10-243 修剪线段　　图10-244 绘制图形　　图10-245 插入图块

10.2.7 绘制生态房

生态房可以作为主卧和衣帽间之间的过道。生态房其实起到了一个内阳台的作用，

既避免了室外的风吹日晒，又提供了种植花卉，调节室内气候的作用。推拉门具有很好的封闭性，可以阻隔外部环境的干扰，所以在生态房中设置推拉门，既方便了进出，又达到了分隔的作用。

01 整理图形。调用E（删除）命令，删除原有的窗图形，如图10-246所示。

02 绘制推拉门。调用L（直线）命令，绘制直线，如图10-247所示。

03 调用TR（修剪）命令，修剪线段，如图10-248所示。

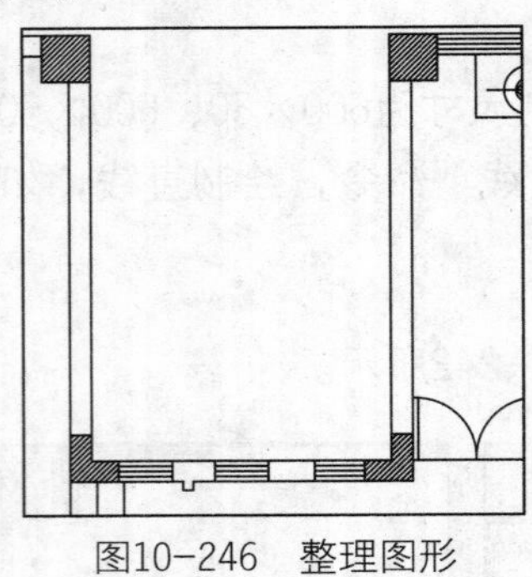

图10-246　整理图形

257
2776
257
2776

图10-247　绘制直线

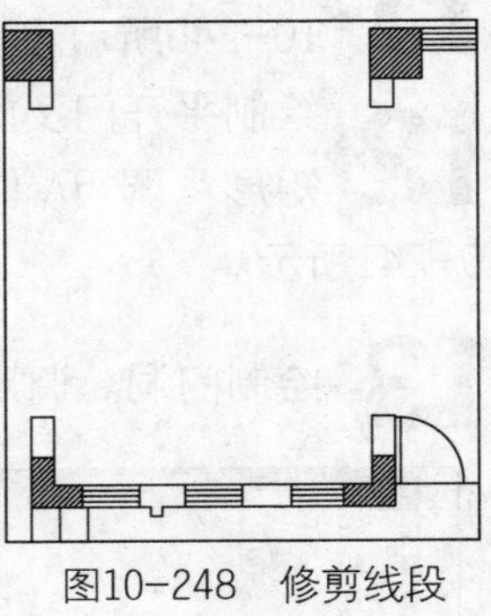

图10-248　修剪线段

04 调用REC（矩形）命令和CO（复制）命令，绘制尺寸为1243×50的矩形并移动复制矩形，如图10-249所示。

05 调用L（直线）命令，绘制直线，如图10-250所示。

06 调用MI（镜像）命令，镜像复制绘制完成的图形，如图10-251所示。

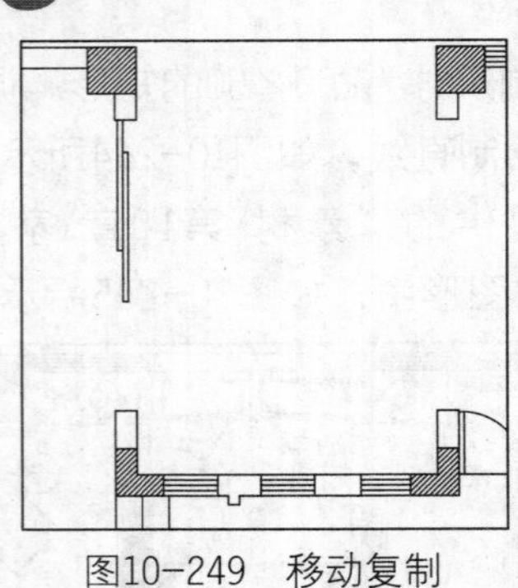

图10-249　移动复制

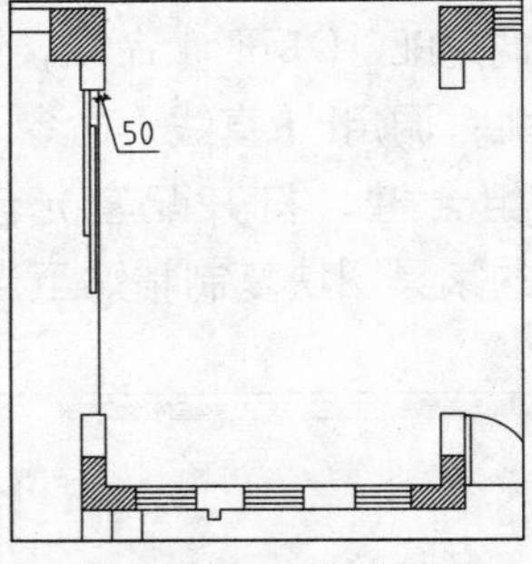

图10-250　绘制直线

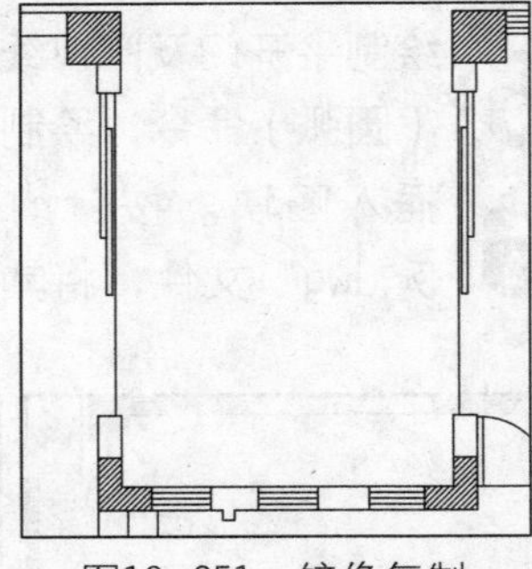

图10-251　镜像复制

07 绘制固定玻璃窗。调用L（直线）命令，绘制直线；调用O（偏移）命令，偏移直线，如图10-252所示。

08 调用REC（矩形）命令，绘制尺寸为100×95的矩形；调用CO（复制）命令，移动复制矩形，如图10-253所示。

09 插入图块。按Ctrl+O组合键，打开配套光盘提供的“素材\第10章\家具图例.dwg”文件，将其中的花草、休闲桌椅图块复制粘贴至当前图形中，如图10-254所示。

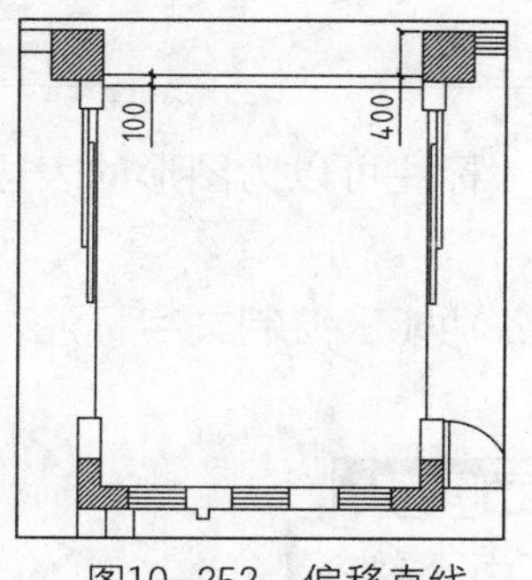

图10-252　偏移直线

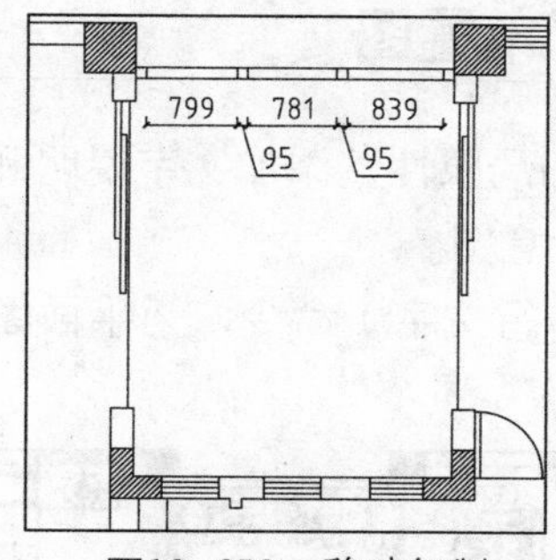

图10-253　移动复制

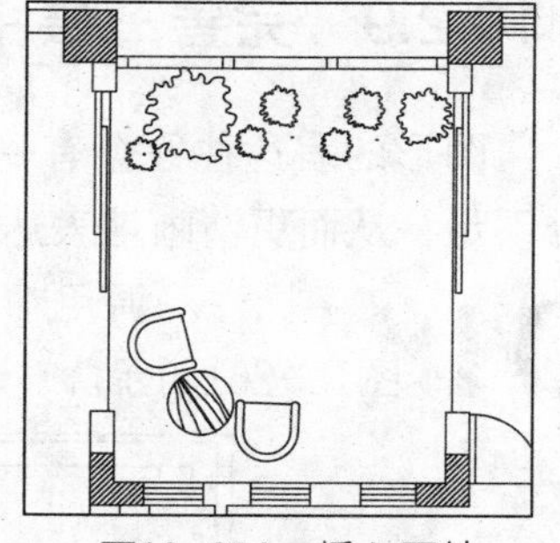
图10-254　插入图块

10.2.8　绘制衣帽间

主卧室是需要有一个独立的衣帽间的，可以同时满足储藏衣物和更衣的需求。特别是在主卧室中没有适合的地方放置衣柜的时候，单独设置一个衣帽间可以解决很多使用上的困扰。比如衣服可以分门别类地进行放置，还可以在衣帽间中安放梳妆台，使换衣化妆两不误。

01 绘制门口线。调用L（直线）命令，绘制直线，如图10-255所示。

02 绘制衣柜。调用REC（矩形）命令，绘制尺寸为2900×1200的矩形，如图10-256所示。

03 调用O（偏移）命令，向内偏移矩形，如图10-257所示。

04 调用L（直线）命令，绘制直线；调用O（偏移）命令，偏移直线；调用TR（修剪）命令，修剪线段，如图10-258所示。

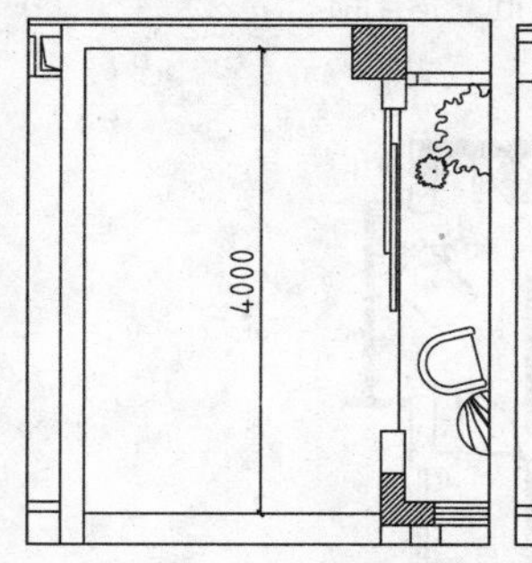

图10-255　绘制直线

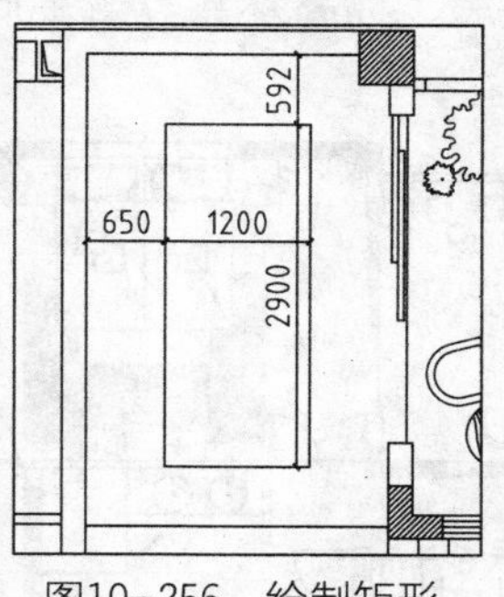

图10-256　绘制矩形

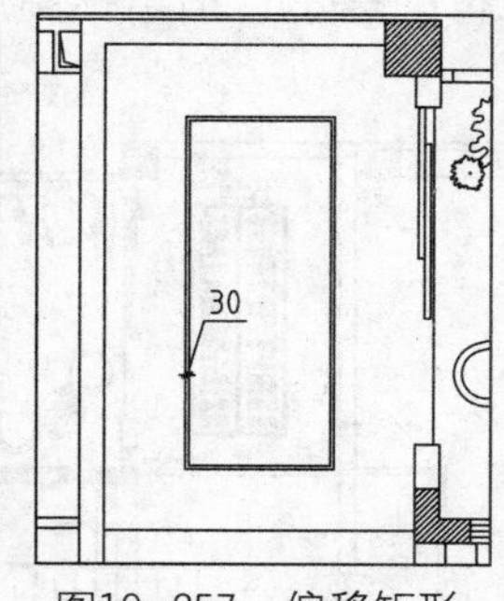

图10-257　偏移矩形

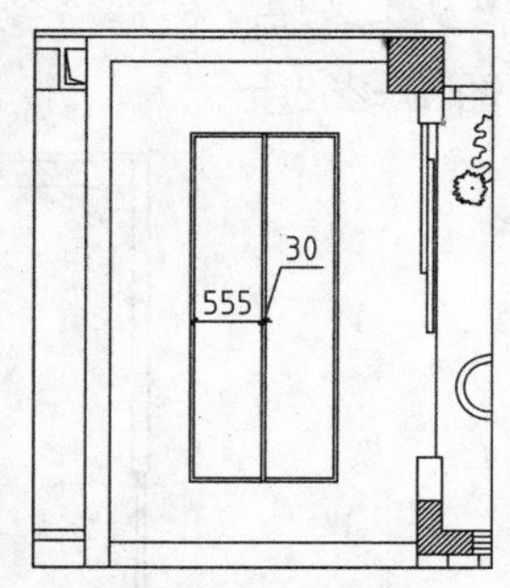

图10-258　修剪线段

05 调用L（直线）命令，绘制直线，如图10-259所示。

06 插入图块。按Ctrl+O组合键，打开配套光盘提供的“素材\第10章\家具图例.dwg”文件，将其中的衣架图块复制粘贴至当前图形中，如图10-260所示。

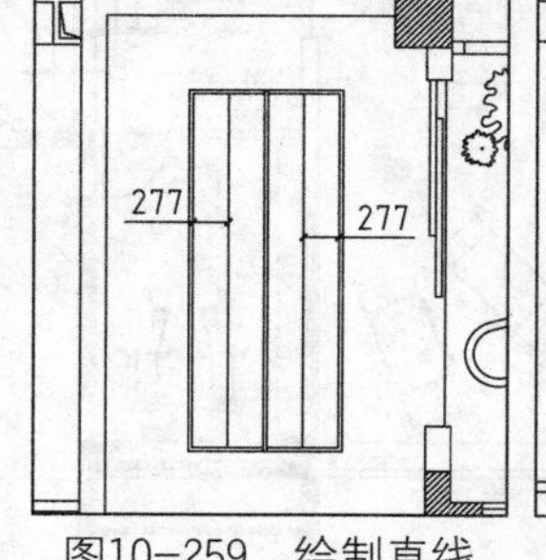

图10-259　绘制直线

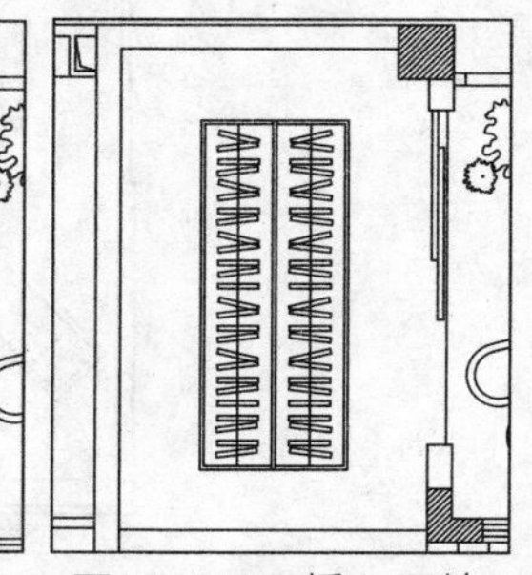
图10-260　插入图块

10.2.9 完善三层平面布置图

图形的表达往往会有一定的局限性，添加文字说明和尺寸标注可以为图形的表达弥补不足，从而更清晰地表达设计意图。

01 文字标注。调用MT（多行文字）命令，为平面图中各功能区绘制文字标注，如图10-261所示。

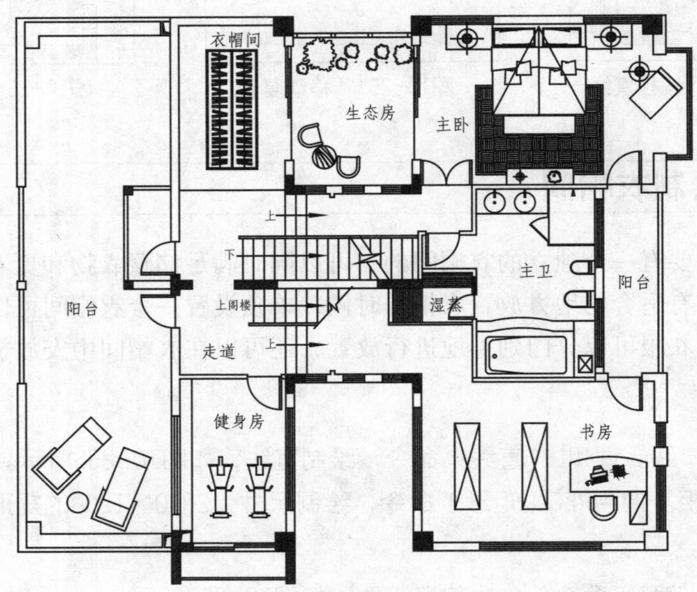

图10-261 文字标注

02 标高标注。调用I（插入）命令，在弹出的“插入”对话框中选择“标高”图块；根据命令行的提示，指定标高点、标高参数，为平面图绘制标高标注，如图10-262所示。

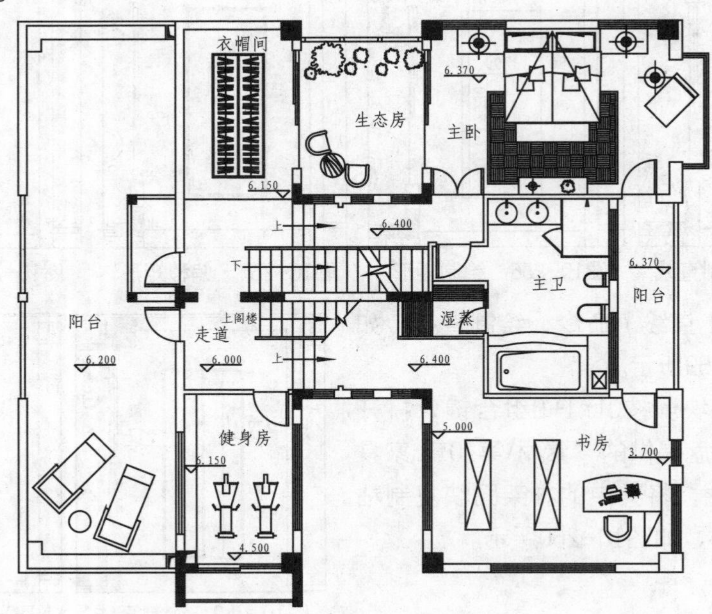

图10-262 标高标注

03 尺寸标注。调用E（删除）命令，删除复制得到的三层原始结构图中的尺寸标注；调用DLI（线性标注）命令，为三层平面布置图绘制尺寸标注，如图10-263所示。

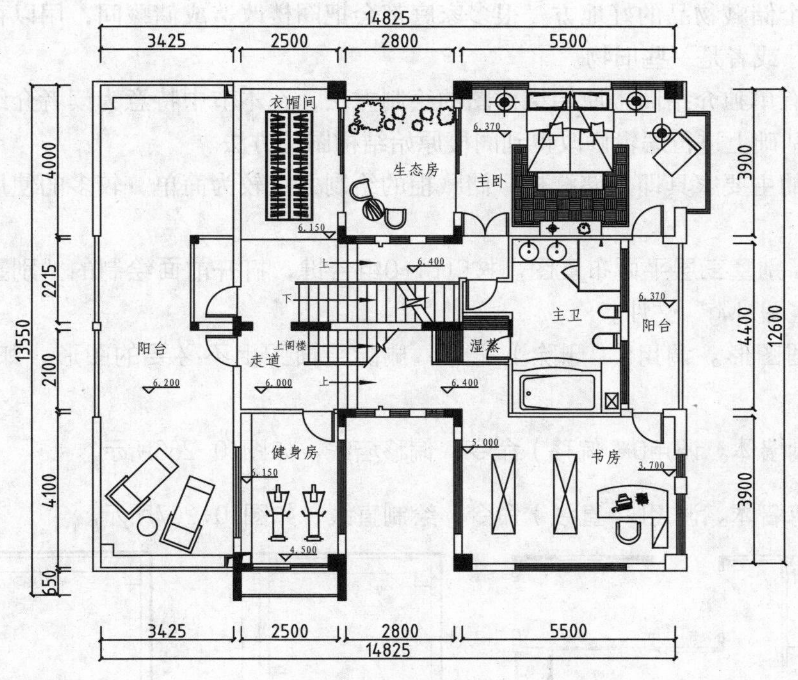

图10-263 尺寸标注

04 图名标注。调用MT（多行文字）命令，绘制图名和比例；调用L（直线）命令，在图名和比例下方绘制两条下划线，并将最下面的下划线的线宽设置为0.3mm，绘制如图10-264所示。

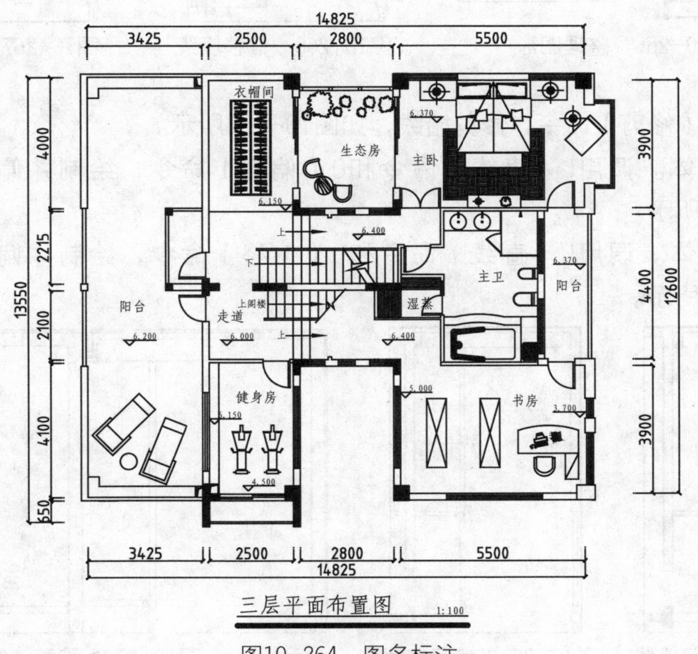

图10-264 图名标注

10.3 绘制阁楼平面图

阁楼可以利用的面积较小，加上层高并不高的原因，所以不适合用来居住。但是阁楼往往是一个储藏物品的好地方。很多家庭都会把阁楼改造成储藏间，用以存放一些季节性的用品，或者是一些旧物。

由于没有单独介绍阁楼原始结构图的绘制方法，在本节中特意为读者介绍在三层平面布置图的基础上进行编辑修改得到阁楼原始结构图的方法。

阁楼上的主要家具即是储藏柜，储藏柜的绘制方法较为简单，较多的使用直线命令来绘制。

01 调用别墅三层平面布置图。按Ctrl+O组合键，打开前面绘制的“别墅三层平面布置图.dwg”文件。

02 整理图形。调用E（删除）命令，删除平面图上不必要的图形，如图10-265所示。

03 绘制墙体。调用O（偏移）命令，偏移墙线，如图10-266所示。

04 修剪墙体。调用L（直线）命令，绘制直线，如图10-267所示。

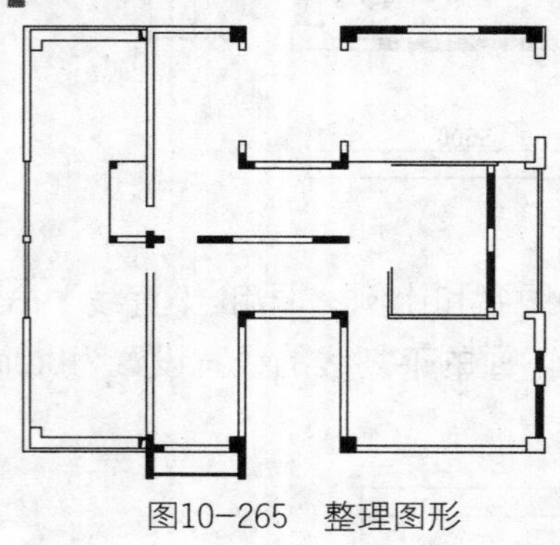

图10-265 整理图形

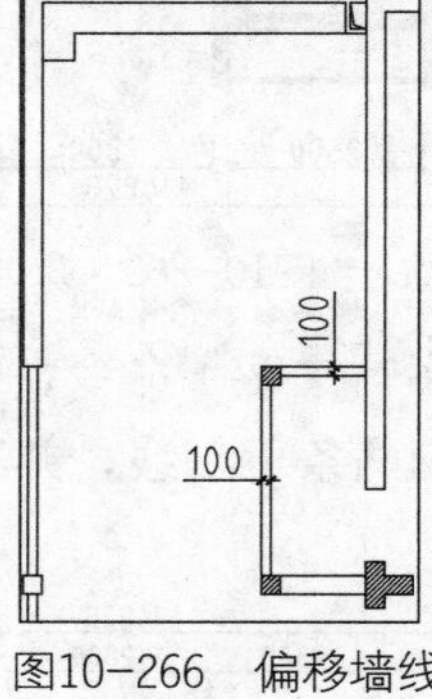

图10-266 偏移墙线

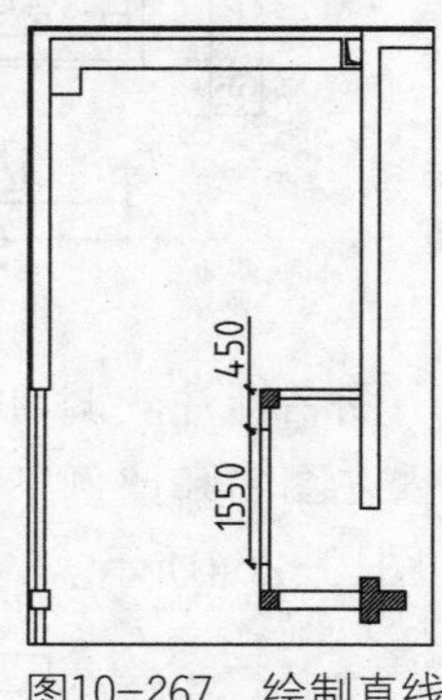

图10-267 绘制直线

05 调用TR（修剪）命令，修剪墙线，如图10-268所示。

06 绘制墙体。调用L（直线）命令和O（偏移）命令，绘制并偏移直线，如图10-269所示。

07 绘制墙体。调用L（直线）命令和O（偏移）命令，绘制并偏移直线，如图10-270所示。

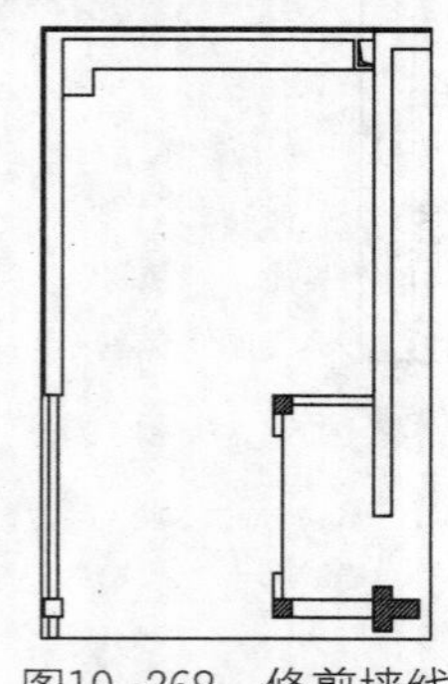

图10-268 修剪墙线

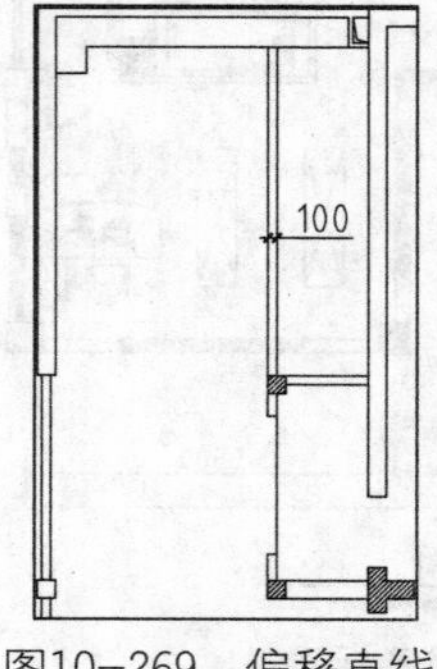

图10-269 偏移直线

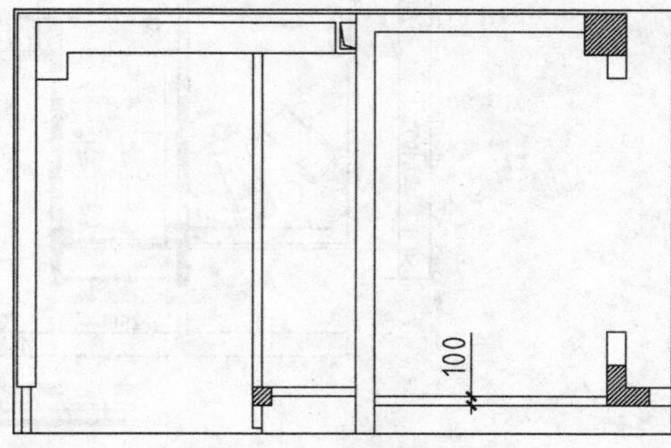

图10-270 偏移直线

08 绘制墙体。调用L（直线）命令，绘制直线，如图10-271所示。

09 修改墙体。调用EX（延伸）命令，延伸墙线，如图10-272所示。

10 编辑墙体。调用E（删除）命令，删除多余墙线；调用EX（延伸）命令，延伸墙线，如图10-273所示。

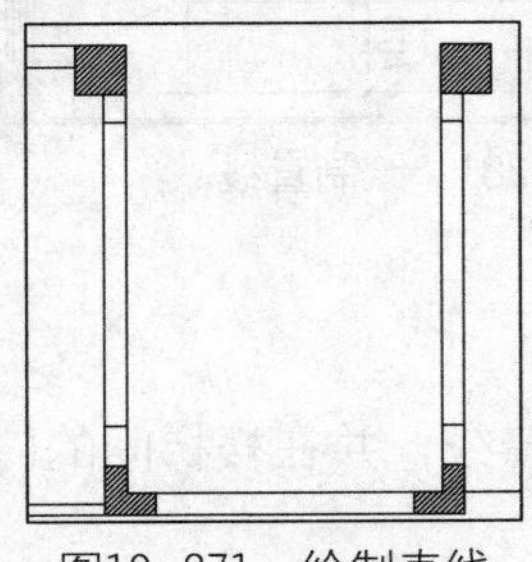

图10-271　绘制直线

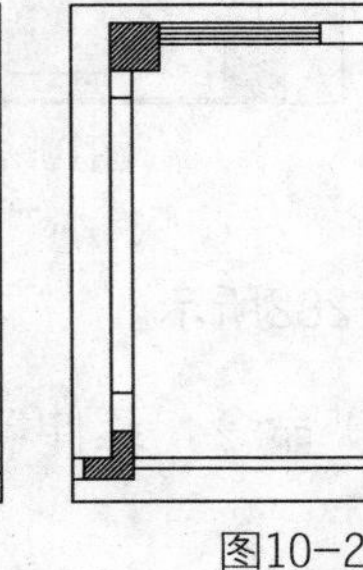

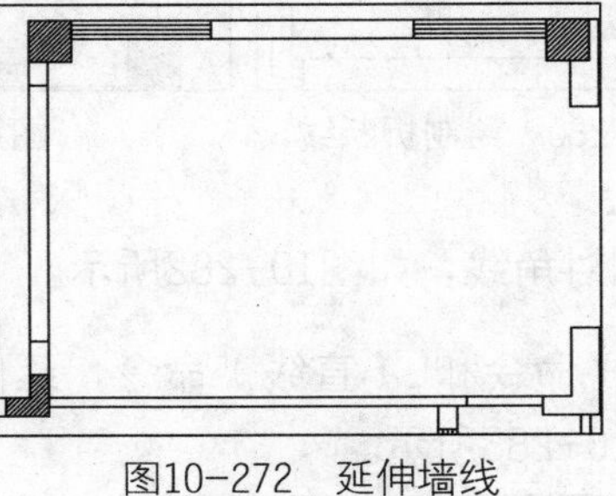

图10-272　延伸墙线

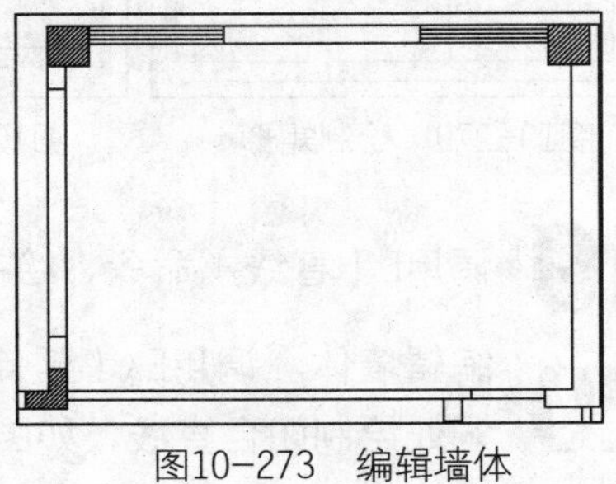

图10-273　编辑墙体

11 修改主卫上空的墙体。调用EX（延伸）命令，延伸墙线，如图10-274所示。

12 调用E（删除）命令，删除墙线，如图10-275所示。

13 调用O（偏移）命令，偏移墙线，如图10-276所示。

14 调用TR（修剪）命令，修剪墙线，如图10-277所示。

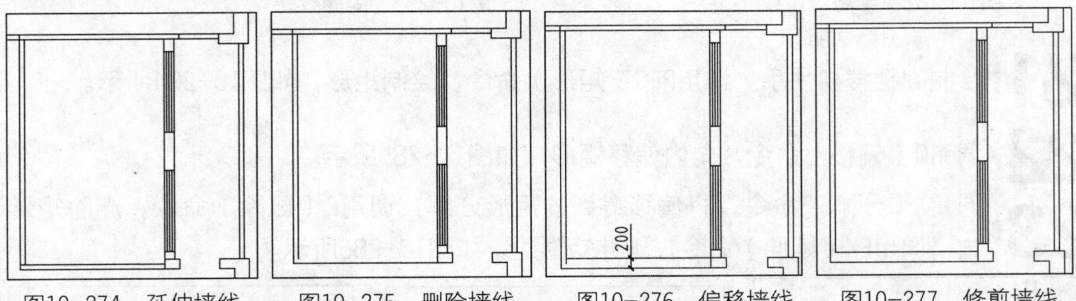

图10-274　延伸墙线　　图10-275　删除墙线　　图10-276　偏移墙线　　图10-277　修剪墙线

15 绘制闭合直线。调用L（直线）命令，在书房通往阳台的门洞处绘制闭合直线，如图10-278所示。

16 绘制主卫天窗。调用REC（矩形）命令，绘制矩形，如图10-279所示。

17 调用PL（多段线）命令，绘制折断线，如图10-280所示。

18 绘制储藏柜。调用L（直线）命令，绘制直线，如图10-281所示。

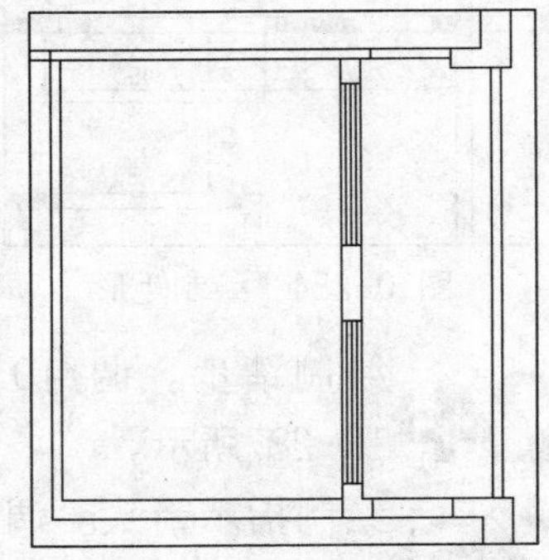

图10-278　绘制直线

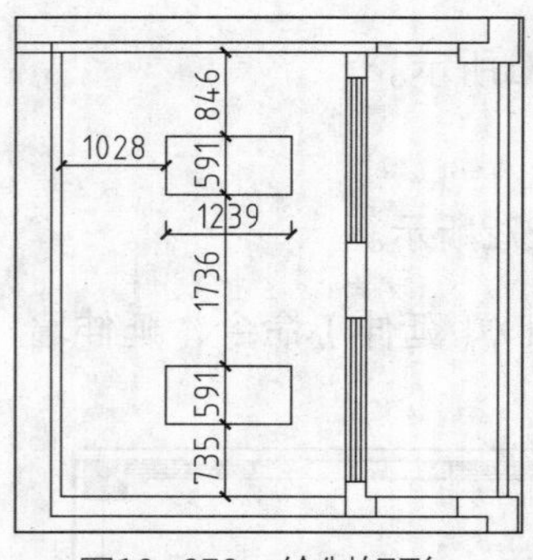

图10-279　绘制矩形

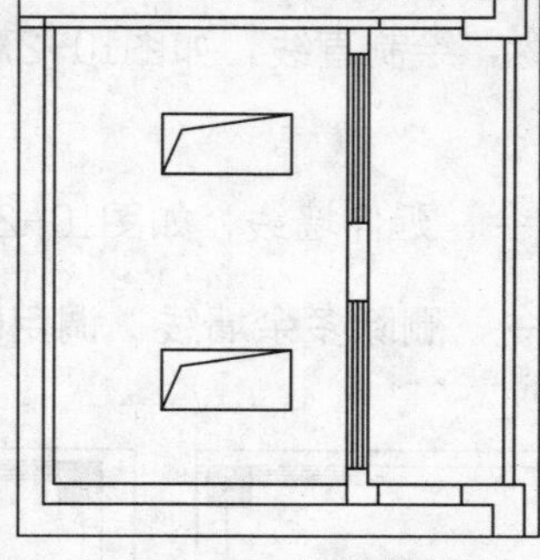
图10-280　绘制折断线

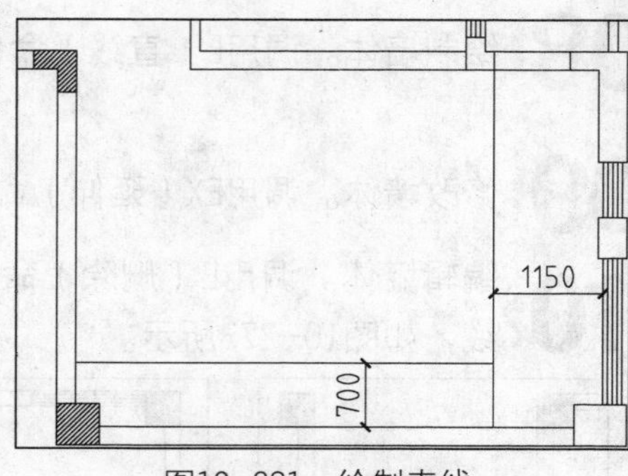

图10-281　绘制直线

19 调用L（直线）命令，绘制对角线，如图10-282所示。

20 编辑墙体。调用EX（延伸）命令和L（直线）命令，延伸墙线，并在楼梯间的门洞处绘制闭合直线，如图10-283所示。

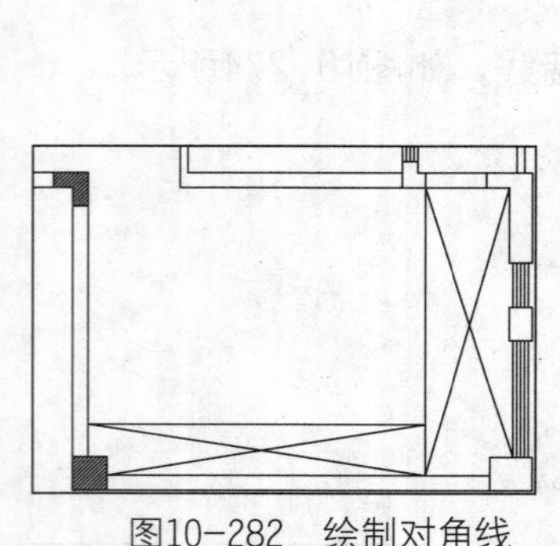
图10-282　绘制对角线

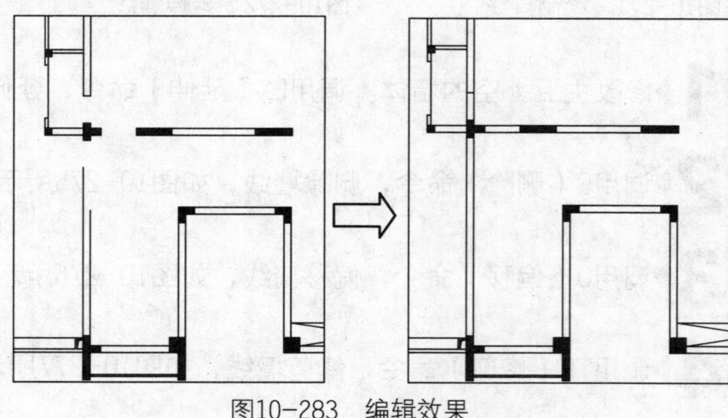
图10-283　编辑效果

21 绘制阁楼楼梯扶手。调用REC（矩形）命令，绘制矩形，如图10-284所示。

22 调用O（偏移）命令，向内偏移矩形，如图10-285所示。

23 调用X（分解）命令，将偏移得到的矩形分解；调用E（删除）命令，删除矩形边；调用EX（延伸）命令，延伸矩形边，如图10-286所示。

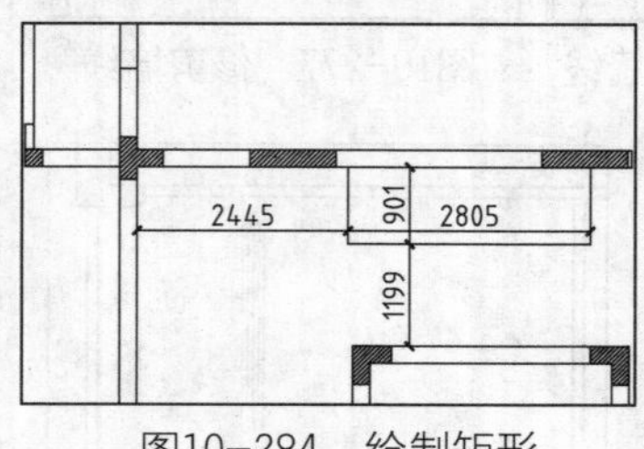

图10-284　绘制矩形

图10-285　偏移矩形

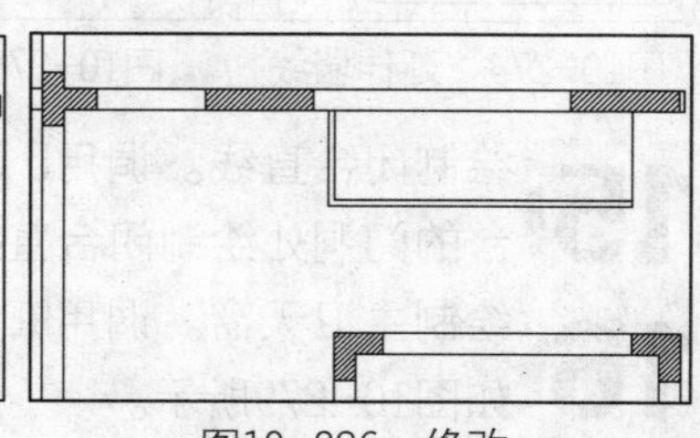
图10-286　修改

24 绘制踏步。调用O（偏移）命令，设置偏移距离为250，偏移矩形边，如图10-287所示。

25 绘制指示箭头。调用PL（多段线）命令，在命令行中输入W，选择“宽度”选项；分别指定起点宽度为50，终点宽度为0，绘制指示箭头，如图10-288所示。

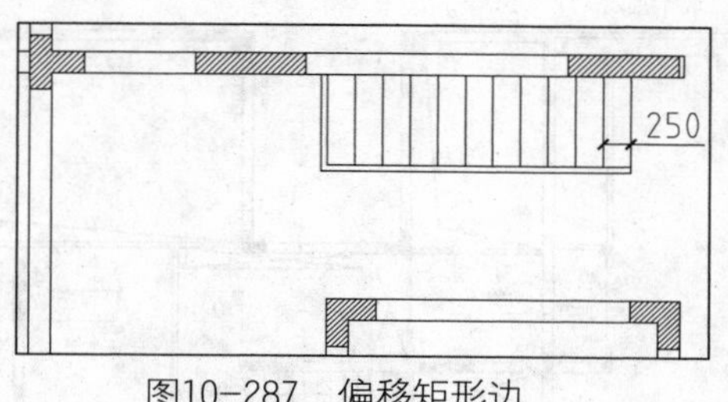

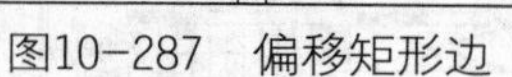

图10-287　偏移矩形边

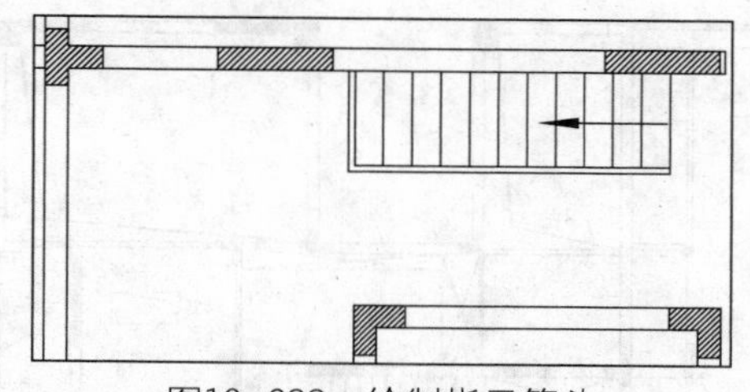

图10-288　绘制指示箭头

26 文字标注。调用MT（多行文字）命令，绘制文字标注，如图10-289所示。

27 绘制储藏柜。调用L（直线）命令，绘制直线，如图10-290所示。

28 调用L（直线）命令，绘制对角线，如图10-291所示。

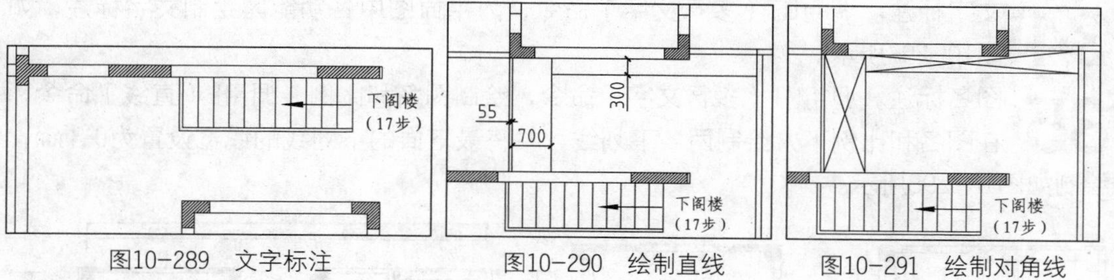

图10-289　文字标注　　图10-290　绘制直线　　图10-291　绘制对角线

29 绘制储藏柜。调用L（直线）命令，绘制直线，如图10-292所示。

30 调用L（直线）命令，绘制对角线以及直线，如图10-293所示。

31 插入图块。按Ctrl+O组合键，打开配套光盘提供的“素材\第10章\家具图例.dwg”文件，将其中的衣架图块复制粘贴至当前图形中，如图10-294所示。

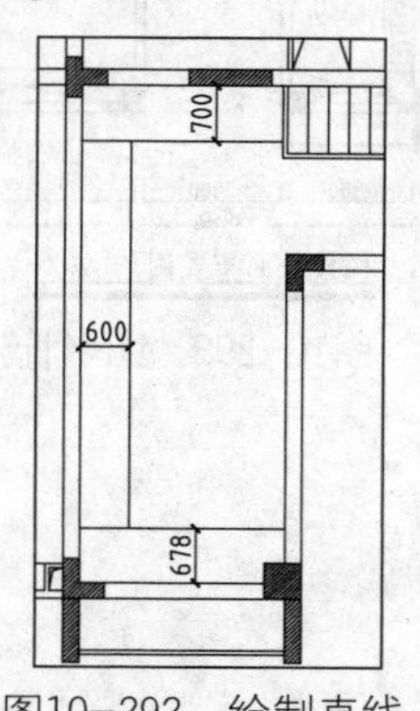

图10-292　绘制直线

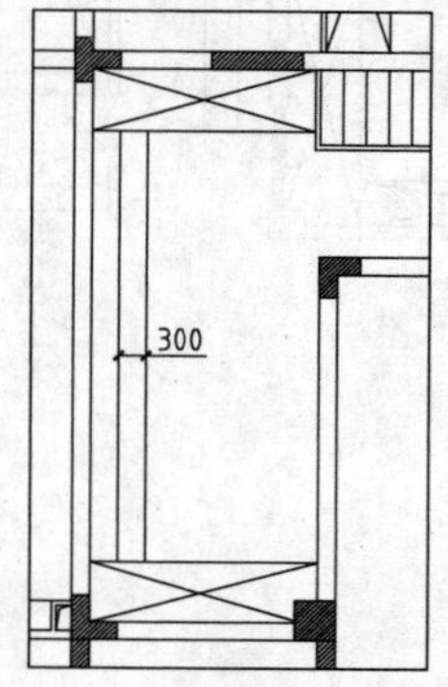

图10-293　绘制直线

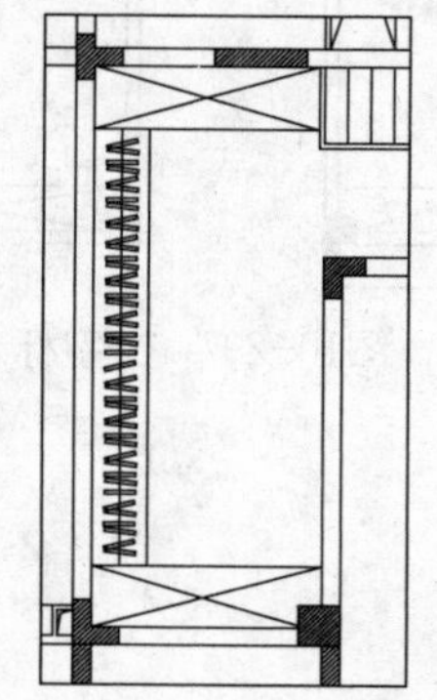

图10-294　插入图块

32 在挑空区域上方绘制折断线。调用PL“多段线”，绘制折断线，如图10-295所示。

33 插入图块。按Ctrl+O组合键，打开配套光盘提供的“素材\第10章\家具图例.dwg”文件，将其中的家具图块复制粘贴至当前图形中，如图10-296所示。

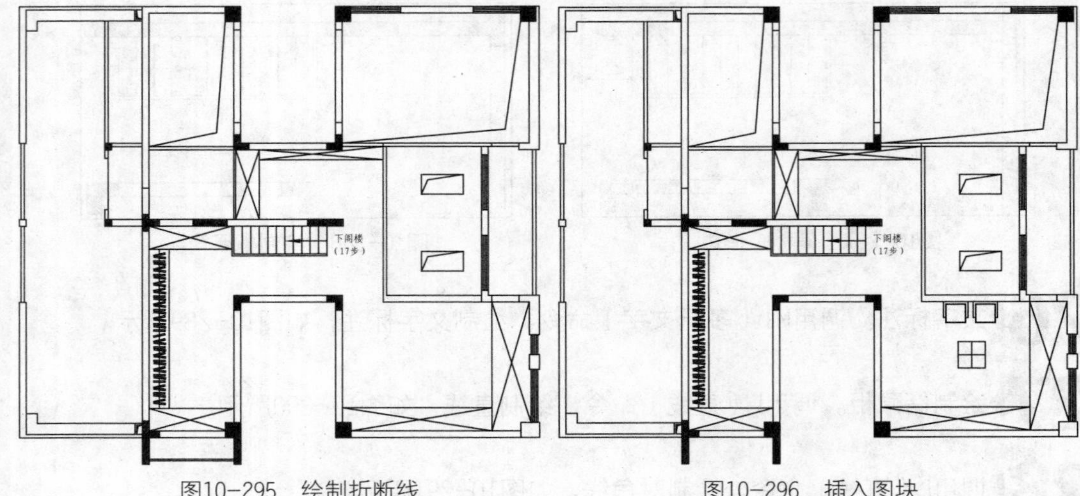

图10-295　绘制折断线　　　　图10-296　插入图块

34 文字标注。调用MT（多行文字）命令，为平面图中各功能区绘制文字标注，如图10-297所示。

35 图名标注。调用MT（多行文字）命令，绘制图名和比例；调用L（直线）命令，在图名和比例下方绘制两条下划线，并将最下面的下划线的线宽设置为0.3mm，绘制如图10-298所示。

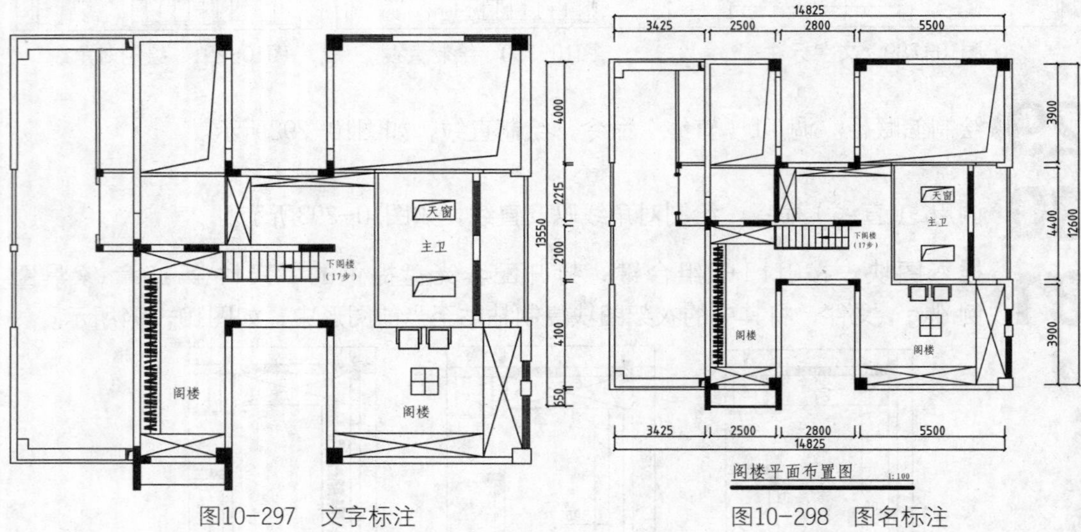

图10-297　文字标注　　　　图10-298　图名标注

第11章 绘制别墅地面布置图

本章导读

地面布置图主要是为了表达居室地面的装饰材料和布置方法。本章首先介绍地面布置图的基本知识，包括地面布置图的形成、识读、图示内容和画法。然后通过别墅地下室、一层、二层和三层地面布置图，讲解各类型空间地面布置图的绘制方法和技巧。

学习目标

- 了解室内地面布置图的形成与表达
- 了解室内地面布置图的识读
- 了解地材图的图示内容
- 掌握地面布置图的绘制方法

效果预览

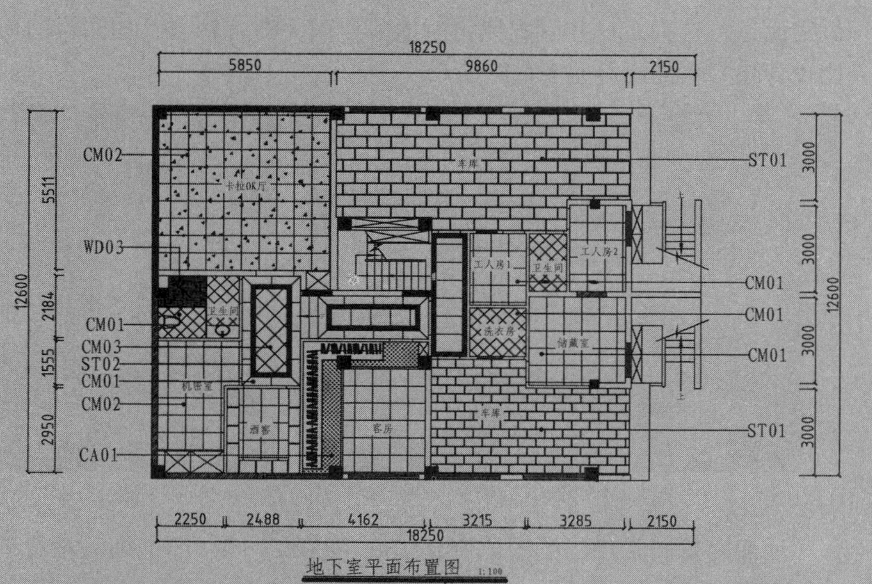

地下室平面布置图 1:100

地面布置图和平面布置图的形成相同，所不同的是地面布置图不画家具、绿化等布置，只绘制地面的装饰分格，标注地面材质、尺寸和颜色以及地面标高等信息。

本章以别墅地面装饰为例，讲解绘制地面布置图的方法。主要包括室内地材图的基础理论知识以及别墅各层地面图的具体绘制方法。

11.1 室内地材图概述

虽然学习绘制施工图最重要的是实际操作；但是理论是用来指导实践的。没有理论知识的指导，在实际的操作过程中遇到困难就会束手无策。

本小节介绍室内地材图的基础理论知识，包括地材图的形成、识读、图示内容以及画法。

11.1.1 室内地材图的形成与表达

居室的室内装饰装修包括几个方面，分别是对居室顶面、墙面以及地面的装饰，这些可以成为居室中的观赏性装饰。而家具陈设是在对这三个方面进行设计改造完成之后增添的，称之为居室辅助性装饰。

在绘制完成最重要的室内平面布置图之后，就要循序绘制室内的地材图和顶棚图。

地材图主要是为了表达居室地面的装饰而绘制的。在地材图中，要包含以下信息：居室地面装饰区域的划分，各装饰区域所使用的材料种类、规格、铺贴方式等，以及各个区域之间地面过渡的装饰手法等。不是每套施工图中的地材图所表达的内容都需要一致，以上列举的仅是地材图需要表达的一些常规的装饰信息，具体运用的时候还是要根据实际的工作来绘制地材图。

因为每个居室的装饰风格不尽相同，所以室内地面装饰材料的运用也会循着居室的风格而进行选择。比如欧式风格的地面使用大理石较多，如图11-1所示；而中式风格则比较青睐实木装饰，如图11-2所示。

图11-1　欧式风格

图11-2　中式风格

地面布置图常用的绘图比例是1:50、1:100。图中的地面分格线采用细实线来绘制，其他内容则按平面布置图的要求来绘制。

如图11-3所示为绘制完成的室内地材图范例。

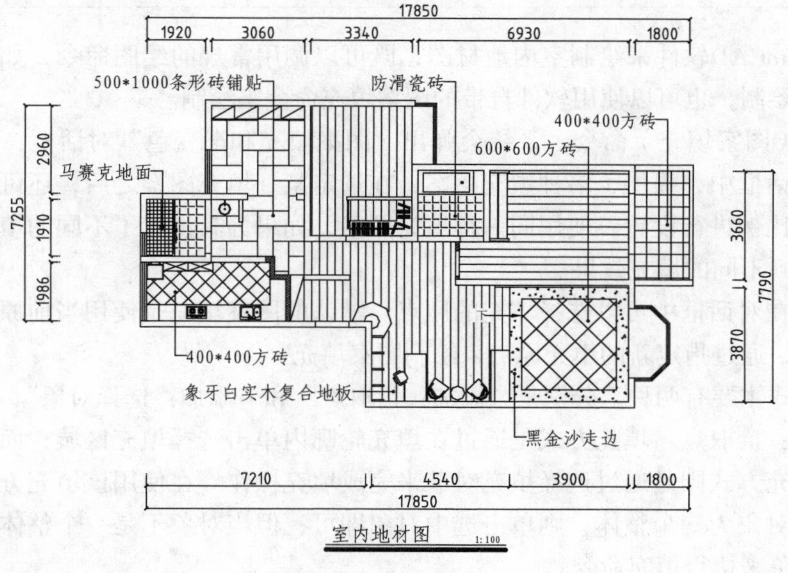

图11-3 室内地材图

11.1.2 室内地材图的识读

从图11-3中可以看到，客厅和卧室区域都是采用象牙白实木复合地板来进行装饰；其他主要房间区域则使用瓷砖来进行装饰。厨房的地面装饰材料为400×400的方砖，其铺贴方式为45° 斜铺。餐厅地面则采用了与常规地砖相区别的条形砖来铺贴。公卫内由于淋浴区与如厕区进行分隔，所以也采用了不同的地面铺贴方式。淋浴区的地面铺装材料为马赛克，而如厕区的地面铺贴材料则为防滑瓷砖。主卧室阳台的地面为400×400的方砖正铺，以与厨房的地面相区别。

客厅的地面装饰是整个居室中较为重要的一个地区，地面为600×600的方砖成45°斜铺，且设置了黑金沙走边，增加了地面的装饰性。

值得注意的是，在地材图中可能不能完全表达装饰材料的信息，而具体的信息可以到施工图中配备的设计说明或者材料表中去寻找。

另外，有些地面装饰的构造较为复杂，可以另外绘制剖面图或者详图来明确表示其装饰构造。

11.1.3 室内地材图的图示内容

地面平面图主要以反映地面装饰分格、材料选用为主，其图示内容主要有：

1）建筑平面图的基本内容。

2）室内楼地面材料选用、颜色与分格尺寸以及地面标高等。

3）楼地面的拼花造型。

4）索引符号、图名及必要的文字说明。

11.1.4 室内地材图的画法

使用AutoCAD软件来绘制室内地材图，既可以调用常规的绘图命令，如直线命令、修剪命令来绘制，也可以使用软件自带的图案填充命令来绘制。

调用H（图案填充）命令，系统会弹出“图案填充和渐变色”对话框，如图11-4所示。在该对话框中，提供了多种填充图案，在选定某一填充图案之后，还可以对图案的填充角度、比例进行设置。使用同一种填充图案，如果为其设置了不同的填充角度和比例，可以得到不同的填充效果。

另外，在对话框中可以选择填充的原点。默认的图案填充是使用当前原点。用户可以根据需要，通过指定新的填充原点来绘制图案填充。

填充方式主要有两种，分别是“添加：拾取点”和“添加：选择对象”。

“添加：拾取点”填充方式是通过在填充轮廓内单击选择填充区域；而“添加：选择对象”填充方式则是通过选择填充对象来完成填充操作。在使用该填充方式的时候，假如所选的对象为一个整体，则单击选中对象即可；但当对象不是一个整体的时候，则需要框选对象来执行填充命令。

单击“类型和图案”选项组下的“样例”右边的图案按钮，可以弹出“填充图案选项板”对话框，如图11-5所示。在对话框中可以选择系统自带的各类型的图案。

此外，调用H（图案填充）命令，打开“图案填充和渐变色”对话框，可以使用多种方式来绘制图案填充，以完成室内地材图的绘制。在本章的后续介绍中，将会介绍具体运用H（图案填充）命令来绘制室内地材图的方法。

图11-4 “图案填充和渐变色”对话框

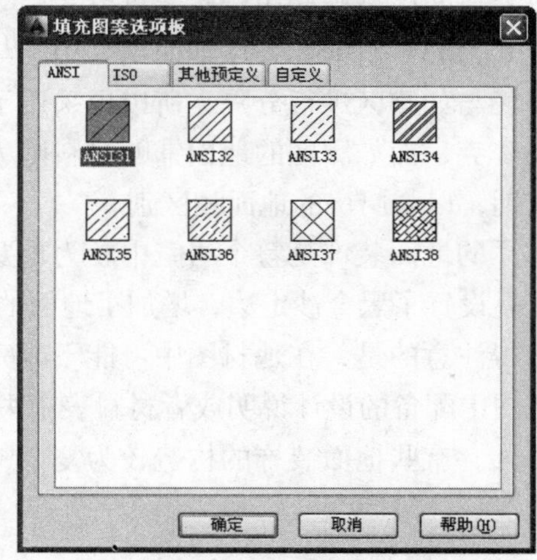

图11-5 “填充图案选项板”对话框

11.2 绘制地下室地面布置图

地下室的功能分区较多，所以在绘制地下室地材图的时候，要先绘制门口线来闭合区域，以免在进行图案填充的时候出现不能对所指定的区域进行图案填充的情况。

本小节以分小节的形式，为读者讲解绘制室内地材图的主要步骤。

11.2.1 整理图形

地面图一般在已绘制完成的平面布置图的基础上绘制。在调用了平面布置图之后，要先对平面图上的家具图形进行删除，然后在门洞处绘制直线以闭合区域。在删除家具图形的时候，应注意不要将墙体或者其他一些表示建筑构件的线段或者图形误删，否则就会出现不能明确辨别图形的情况。

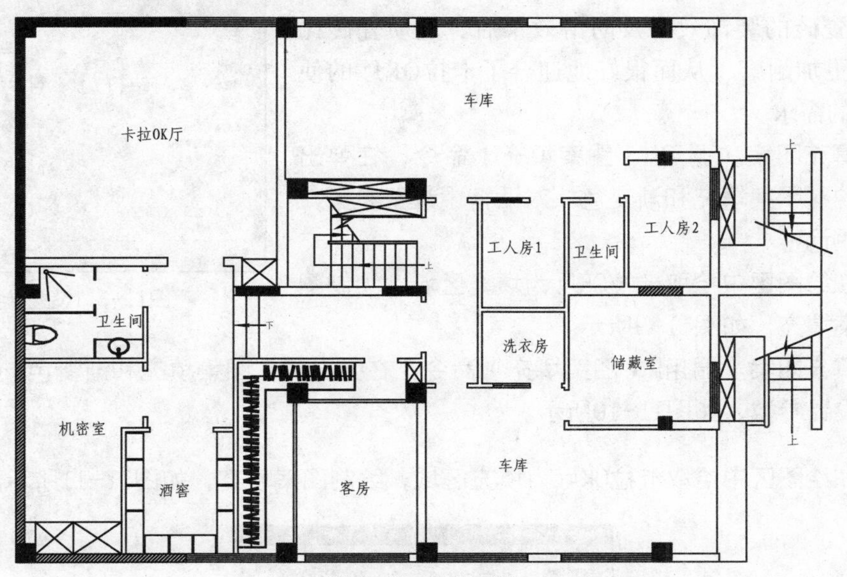

图11-6 删除图形

01 调用地下室平面布置图。按Ctrl+O组合键，打开第9章绘制的“别墅地下室平面布置图.dwg”文件；调用E（删除）命令，删除平面图上多余的图形，如图11-6所示。

02 绘制区域闭合直线。调用L（直线）命令，在各区域的门洞处绘制闭合直线，如图11-7所示。

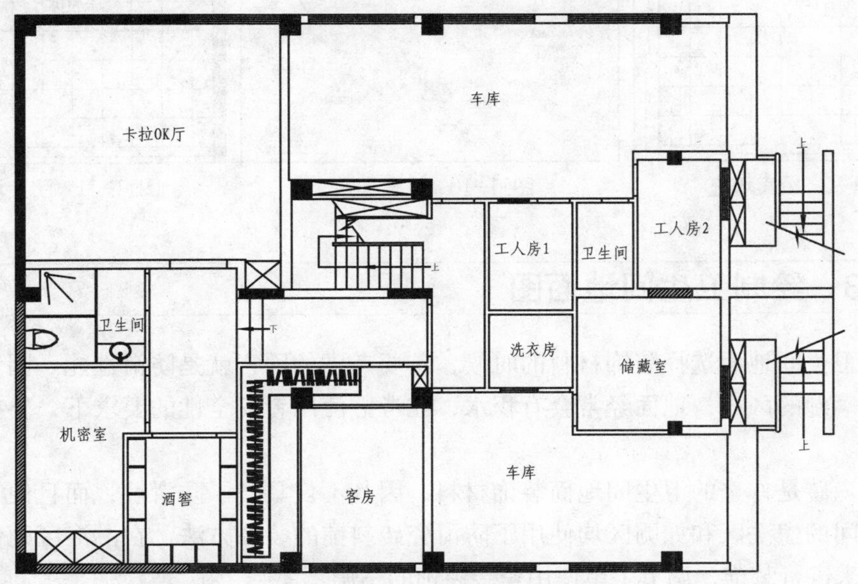

图11-7 绘制直线

11.2.2 绘制卡拉OK厅地面布置图

卡拉OK厅的人流量较大，且常会出现多人齐聚的情况。所以在选用地面材料装饰的时候，要选择防滑以及耐磨指数较高的材料。

本例卡拉OK厅的地面装饰材料为皮质瓷砖，在兼顾了传统瓷砖的装饰效果及防滑效果后，皮质瓷砖比传统瓷砖更加耐磨，从而很好地迎合了卡拉OK厅的使用人员多的需求。

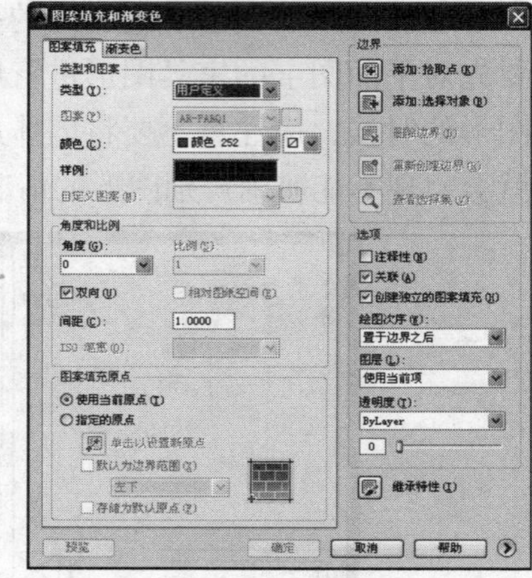

图11-8 设置参数

01 填充图案。调用H（图案填充）命令，在弹出的“图案填充和渐变色”对话框中设置参数，如图11-8所示。

02 在绘图区中拾取卡拉OK厅为填充区域，绘制图案填充，如图11-9所示。

03 填充图案。调用H（图案填充）命令，在弹出的“图案填充和渐变色”对话框中设置参数，如图11-10所示。

04 在绘图区中拾取卡拉OK厅为填充区域，绘制图案填充，如图11-11所示。

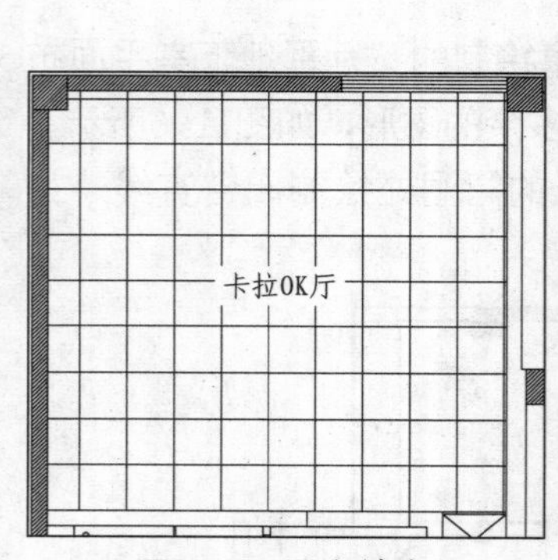

图11-9 图案填充

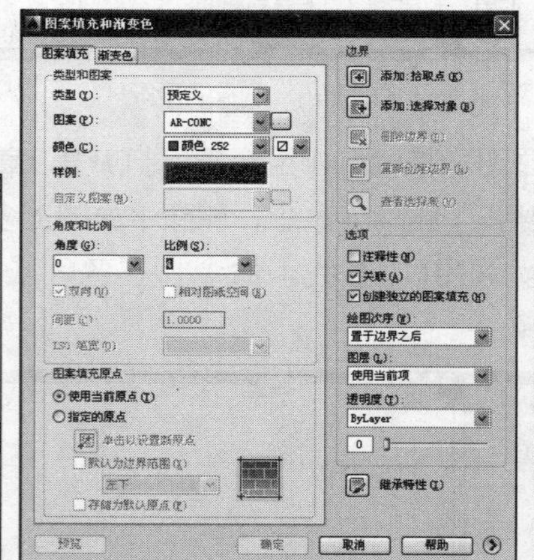

图11-10 设置参数

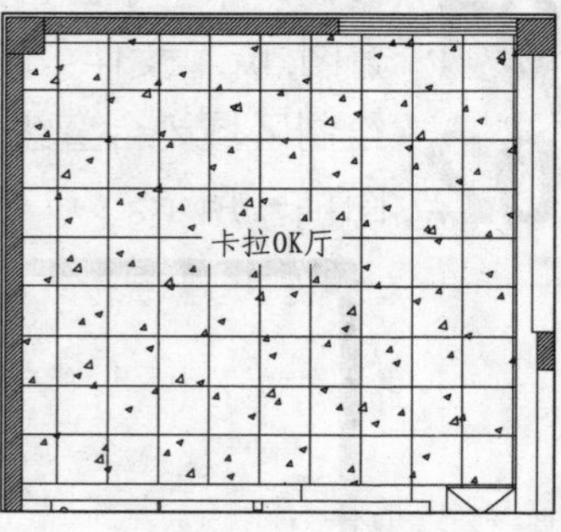

图11-11 图案填充

11.2.3 绘制卫生间地面图

在为卫生间地面选择装饰材料的时候，首要考虑的因素就是防滑性能。因为卫生间属于比较潮湿的区域，地面经常会有积水，在考虑使用者安全性的要求下，要提供地面的防滑度。

防滑瓷砖是首选的卫生间地面装饰材料，因其不仅具备了防滑性，而且便于清洁。本例卫生间的盥洗区和如厕区均使用了防滑瓷砖斜铺的装饰方法，在淋浴区则使用了防水处理木来进行装饰，调节了单使用瓷砖装饰的枯燥。

01 填充图案。调用H（图案填充）命令，在弹出的“图案填充和渐变色”对话框中设置参数，如图11-12所示。

02 在绘图区中拾取卫生间为填充区域，绘制图案填充，如图11-13所示。

03 填充图案。调用H（图案填充）命令，在弹出的“图案填充和渐变色”对话框中设置参数，如图11-14所示。

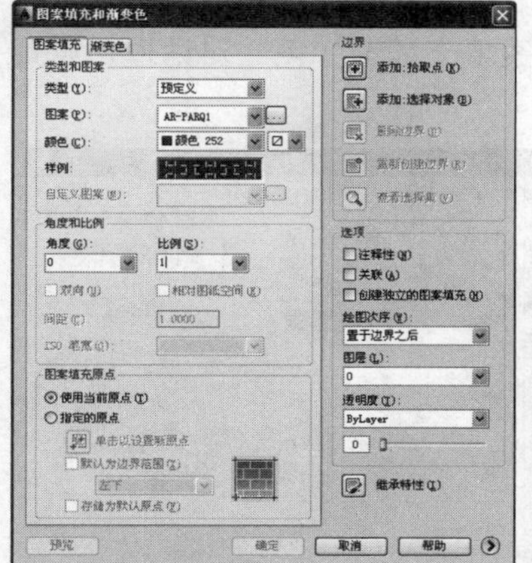

图11-12 设置参数

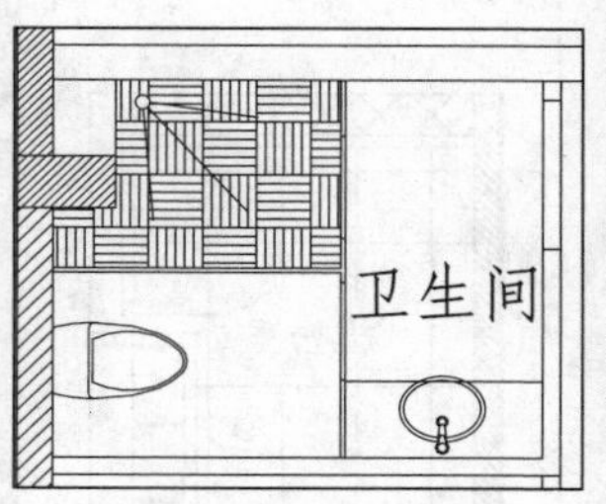

图11-13 图案填充

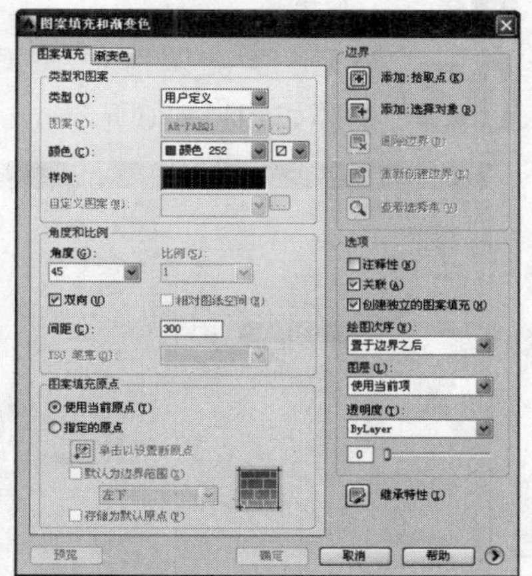

图11-14 设置参数

04 在绘图区中拾取卫生间为填充区域，绘制图案填充，如图11-15所示。

05 填充图案。调用H（图案填充）命令，弹出“图案填充和渐变色”对话框，设置参数如图11-16所示。

06 在绘图区中拾取卫生间为填充区域，绘制图案填充，如图11-17所示。

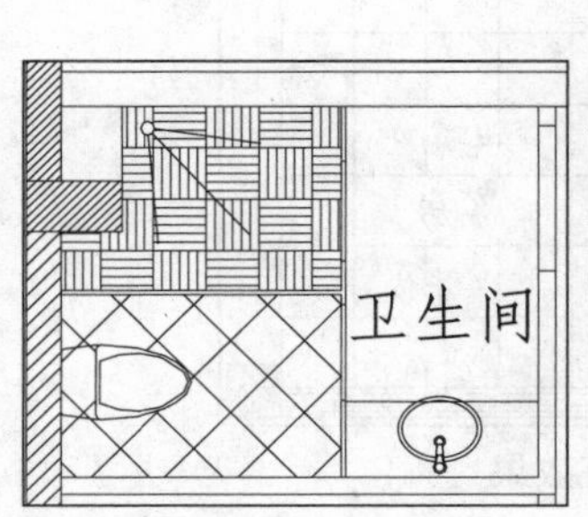

图11-15 图案填充

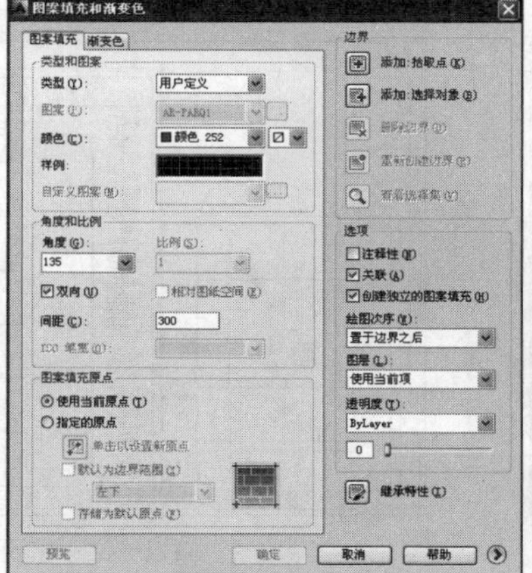

图11-16 设置参数

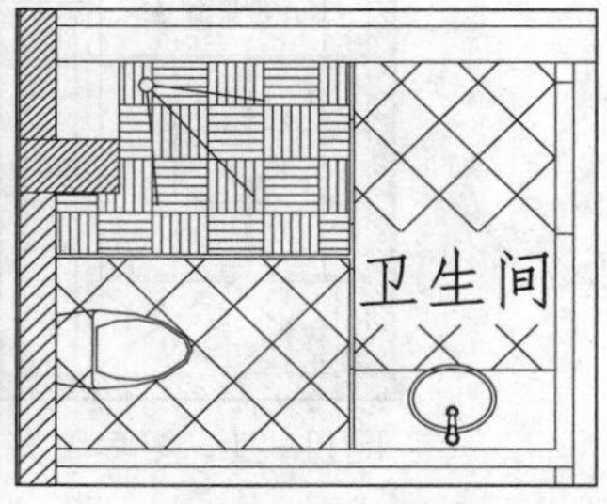

图11-17 图案填充

11.2.4 绘制机密室地面图

机密室内设置了视频监控器，可以全天候监控房屋的安全。这里虽然人员不多，但是每天必须有人在监控器前。所以选用与卡拉OK厅相同的地面装饰材料。

即使是相同的地面装饰材料，在绘制图案填充的时候也可以不同。因为在绘制完成图案填充后，还要对填充图案添加文字说明，以表示其代表的材料。

01 填充图案。调用H（图案填充）命令，弹出“图案填充和渐变色”对话框，设置参数如图11-18所示。

02 在绘图区中拾取机密室为填充区域，绘制图案填充，如图11-19所示。

03 填充图案。调用H（图案填充）命令，弹出“图案填充和渐变色”对话框，设置参数如图11-20所示。

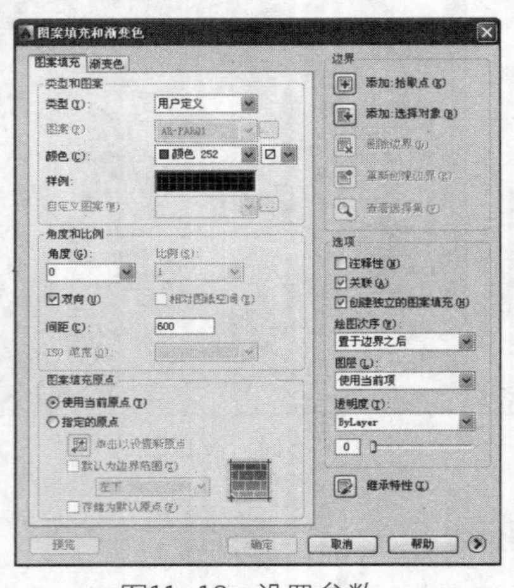

图11-18 设置参数

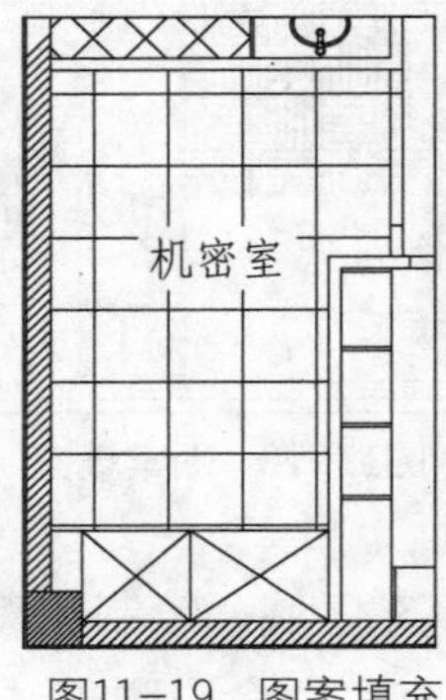

图11-19 图案填充

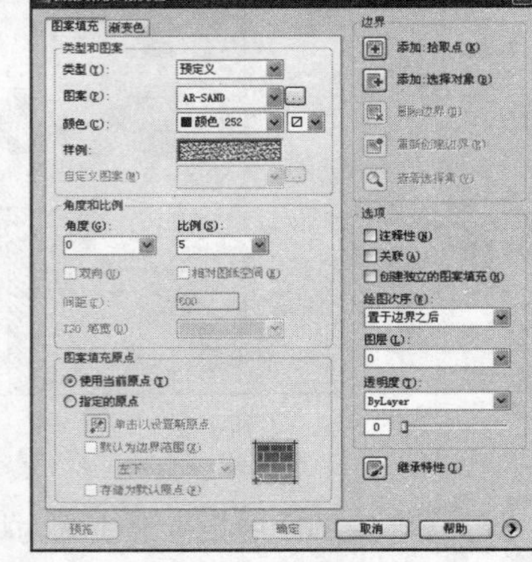

图11-20 设置参数

04 在绘图区中拾取机密室为填充区域，绘制图案填充，如图11-21所示。

05 沿用相同的参数，为酒窖和客房填充图案，如图11-22所示。

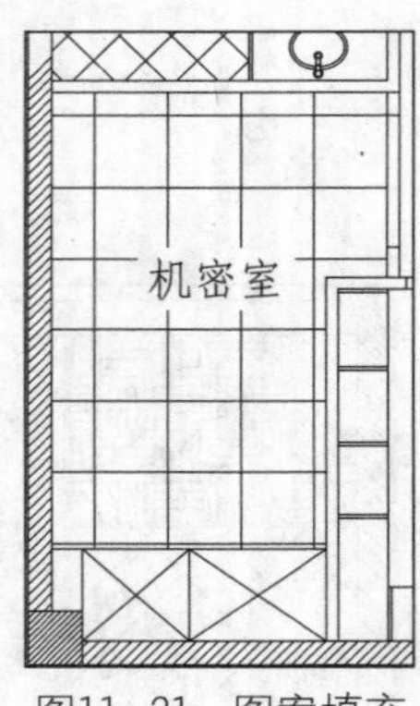

图11-21 图案填充

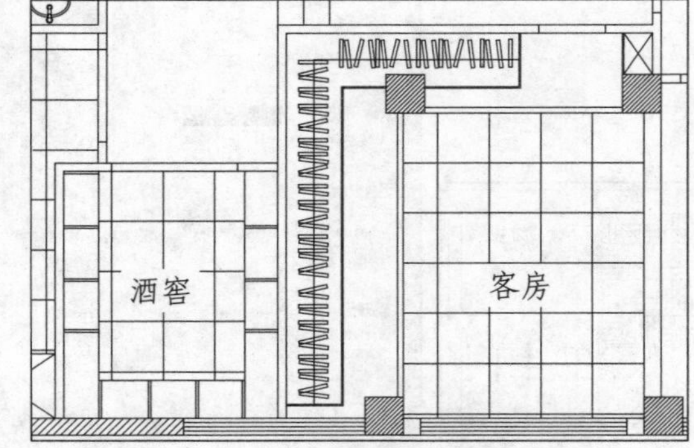

图11-22 填充效果

11.2.5 绘制客房地面图

客房的地面装饰方式是瓷砖和地毯相结合。地毯有吸声的作用，在卧室中使用地毯，可以有效吸收来自于外部的噪音，保证室内环境的静谧。

调用H（图案填充）命令来绘制地毯图案的时候，可以根据自己的喜好来选择填充

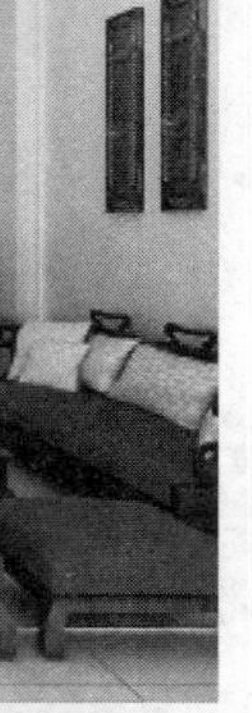

图案。图案的填充比例在设置时要考虑其外观效果，不能过大，否则很难表达使用地毯装饰的效果；过小则不管是在电脑上看还是打印输出后查看，都只能看到一团黑。

01 填充图案。调用H（图案填充）命令，弹出“图案填充和渐变色”对话框，设置参数如图11-23所示。

02 在绘图区中拾取客房为填充区域，绘制图案填充，如图11-24所示。

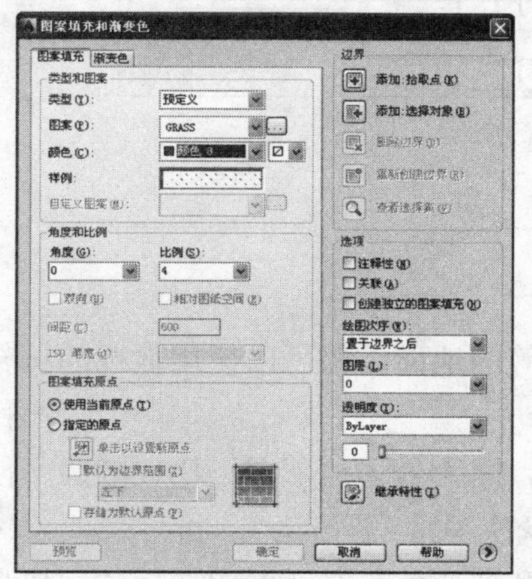

图11-23　设置参数

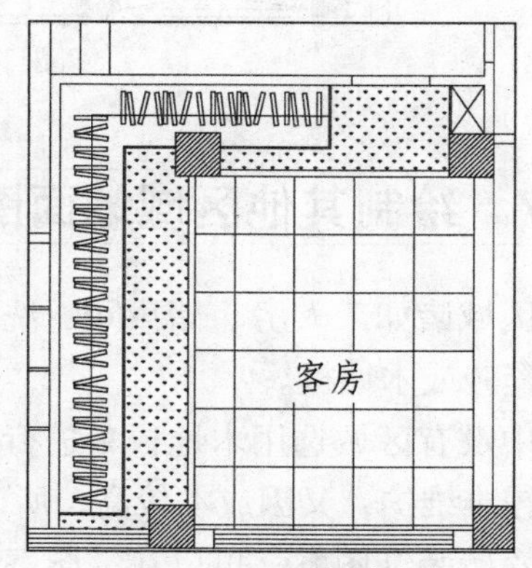

图11-24　图案填充

11.2.6　绘制车库地面图

车库主要为停放汽车的空间，平时汽车开进开出，对地面的磨损较大，因此，可以选用耐磨的材料来装饰地面。

本例选用爵士白石材来装饰车库地面，石材耐磨，且稳定性较高，而且也易于清洁，实际的使用频率较高。

01 填充图案。调用H（图案填充）命令，弹出“图案填充和渐变色”对话框，设置参数如图11-25所示。

02 在绘图区中拾取车库为填充区域，绘制图案填充，如图11-26所示。

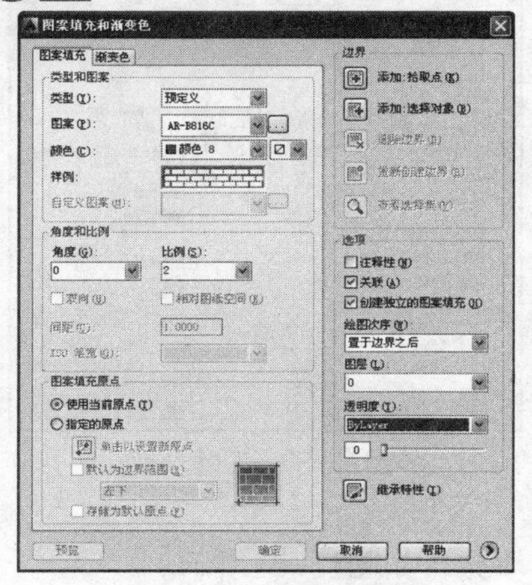

图11-25　设置参数

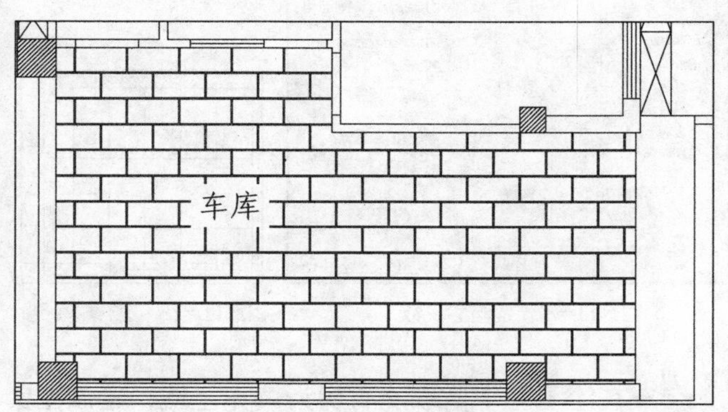

图11-26　图案填充

03 沿用同样的参数，为另一车库填充地面图案，如图11-27所示。

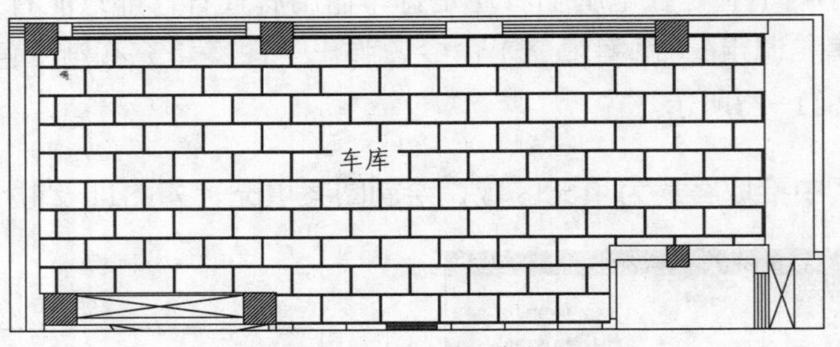

图11-27　图案填充

11.2.7　绘制其他区域地面图

其他区域诸如工人房、储藏间、洗衣房等的地面，都可以使用常规的材料来进行装饰，比如瓷砖或木地板。

本例中没有区域选用木地板来进行装饰，因为处于地下室，比较潮湿，使用木地板进行装饰较难维护，又因成本较高，所以很少使用。

绘制瓷砖装饰图案，可以在“图案填充和渐变色”对话框中选择“用户自定义”类型填充图案。选择该类型时，可以自由设置填充图案的间距、角度等，是绘制瓷砖装饰一个较为常用的方法。

01 填充储藏室图案。调用H（图案填充）命令，弹出“图案填充和渐变色”对话框，设置参数如图11-28所示。

02 在绘图区中拾取储藏室为填充区域，绘制图案填充，如图11-29所示。

03 填充洗衣房图案。调用H（图案填充）命令，弹出“图案填充和渐变色”对话框，设置参数如图11-30所示。

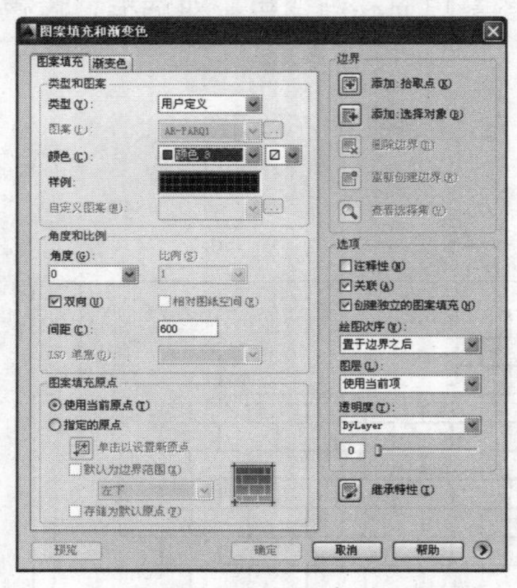

图11-28　设置参数

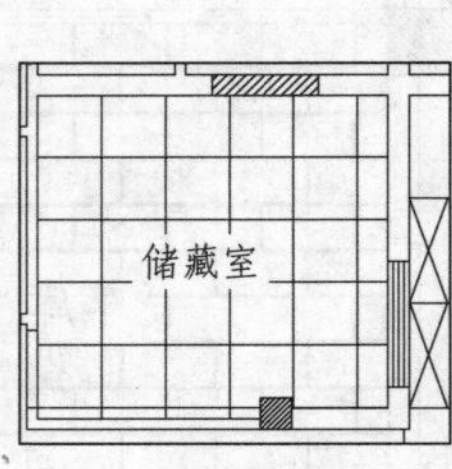

图11-29　图案填充

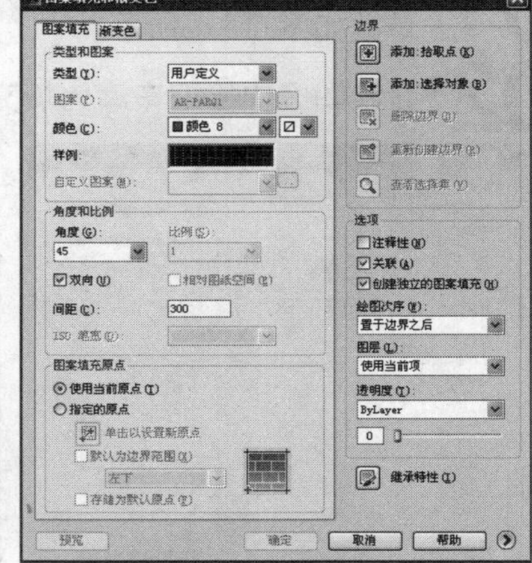

图11-30　设置参数

04 在绘图区中拾取洗衣房为填充区域，绘制图案填充，如图11-31所示。

05 绘制工人房地面图。调用H（图案填充）命令，沿用储藏室地面的填充图案，为工人房填充地面图案，如图11-32所示。

06 填充卫生间图案。调用H（图案填充）命令，在弹出的“图案填充和渐变色”对话框中设置参数，如图11-33所示。

图11-31 图案填充

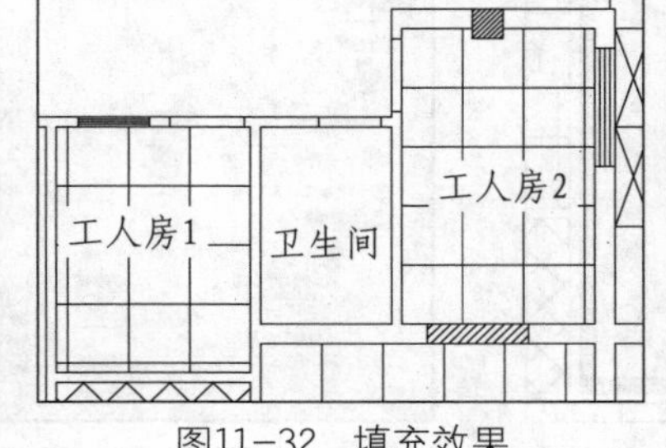

图11-32 填充效果

图11-33 设置参数

07 在绘图区中拾取卫生间为填充区域，绘制图案填充，如图11-34所示。

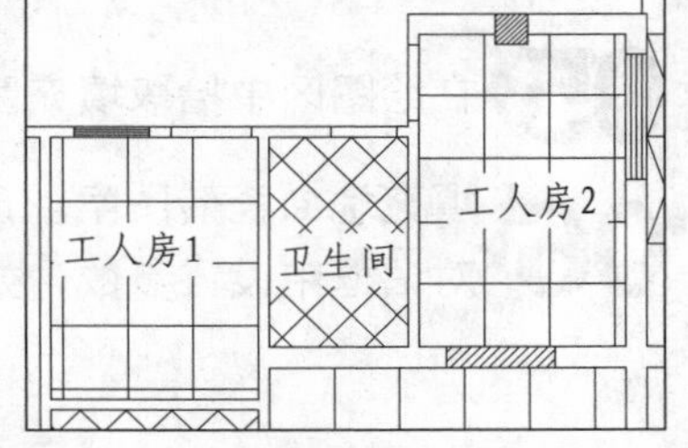

图11-34 填充图案

11.2.8 绘制过道地面图

在过道地面的装饰上，可以多花点心思，以增加其装饰效果。本例中的过道都设置了走边。走边使用马赛克来装饰，与地面装饰相区分，对比明显，形成不错的装饰效果。

01 绘制填充轮廓。调用O（偏移）命令，偏移墙线；调用F（圆角）命令，设置圆角半径为0，对偏移的墙线进行圆角处理，如图11-35所示。

02 填充地面马赛克图案。调用H（图案填充）命令，弹出“图案填充和渐变色”对话框，设置参数如图11-36所示。

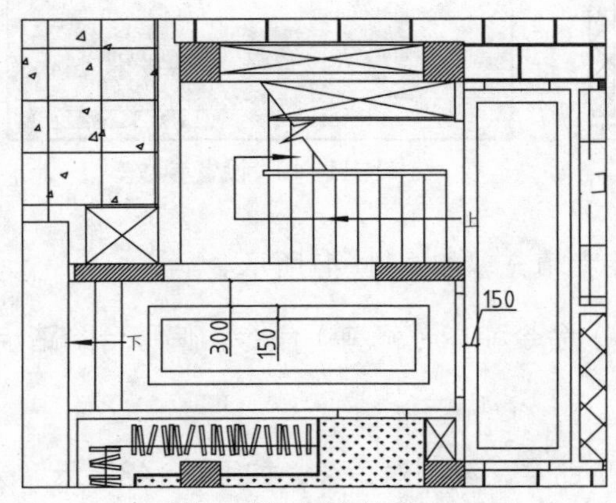

图11-35 圆角处理

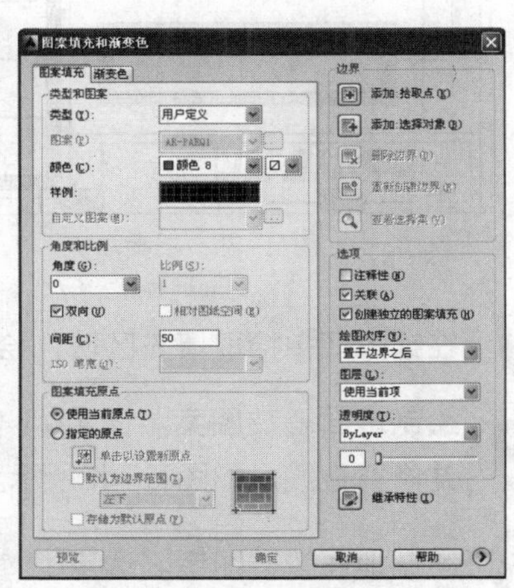

图11-36 设置参数

03 在绘图区中拾取走边为填充区域，绘制图案填充，如图11-37所示。

04 填充地面瓷砖图案。调用H（图案填充）命令，在弹出的“图案填充和渐变色”对话框中设置参数，如图11-38所示。

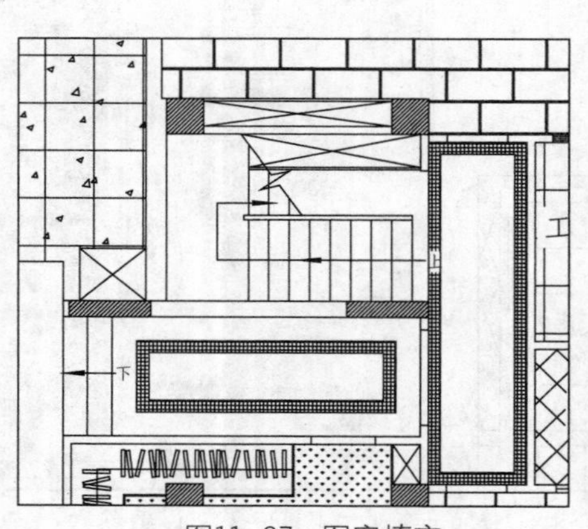

图11-37 图案填充

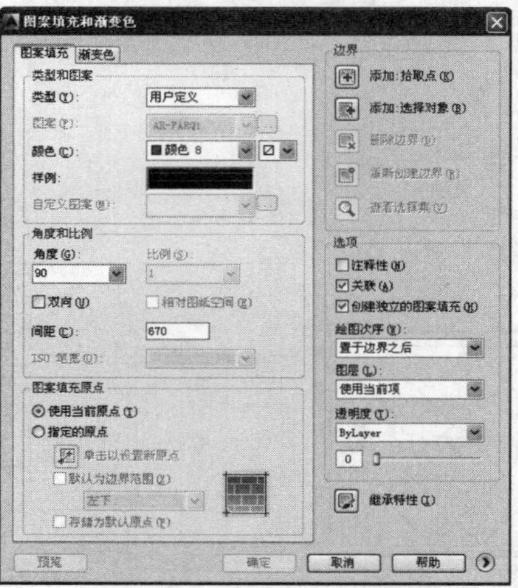

图11-38 设置参数

05 在绘图区中拾取填充区域，绘制图案填充，如图11-39所示。

06 填充地面瓷砖图案。调用H（图案填充）命令，在弹出的“图案填充和渐变色”对话框中设置参数，如图11-40所示。

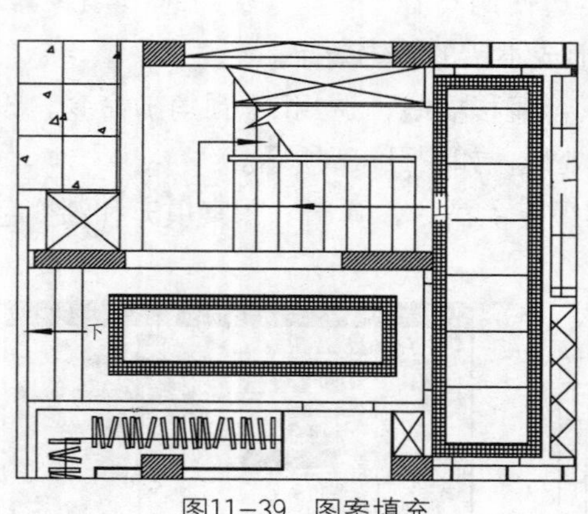

图11-39 图案填充

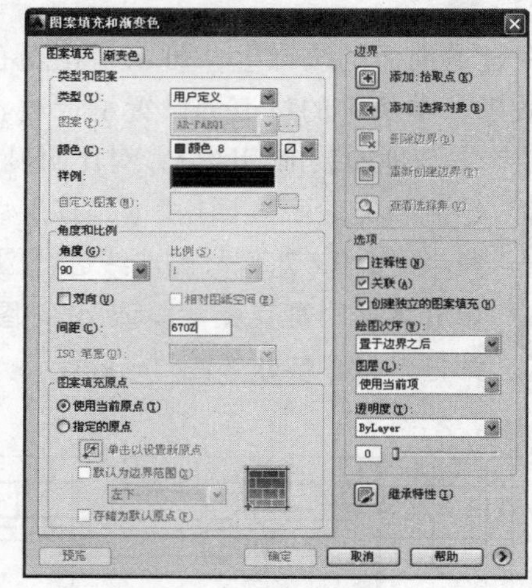

图11-40 设置参数

07 在绘图区中拾取填充区域，绘制图案填充，如图11-41所示。

08 绘制地面瓷砖图案。调用O（偏移）命令和TR（修剪）命令，偏移台阶踏步直线并修剪直线，如图11-42所示。

09 绘制地面瓷砖图案。调用L（直线）命令，绘制对角线，如图11-43所示。

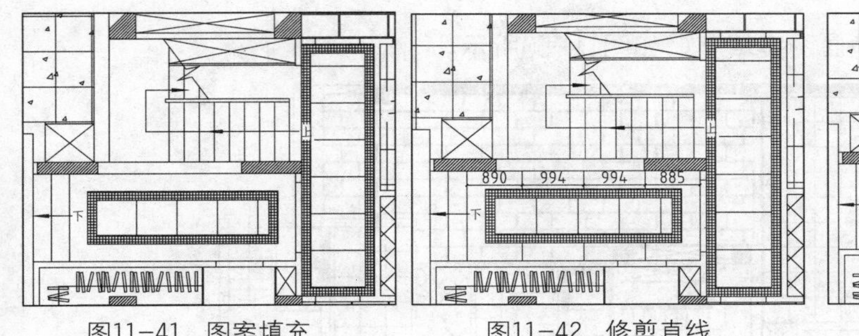

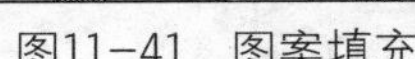

图11-41 图案填充　　图11-42 修剪直线　　图11-43 绘制对角线

10 绘制由酒窖通往卡拉OK厅的过道地面图。调用O（偏移）命令，偏移墙线；调用F（圆角）命令，设置圆角半径为0，对偏移的墙线进行圆角处理，如图11-44所示。

11 填充地面马赛克图案。调用H（图案填充）命令，沿用上述的马赛克图案参数，在绘图区中拾取走边为填充区域，绘制图案填充，如图11-45所示。

12 填充地面瓷砖图案。调用H（图案填充）命令，在弹出的“图案填充和渐变色”对话框中设置参数，如图11-46所示。

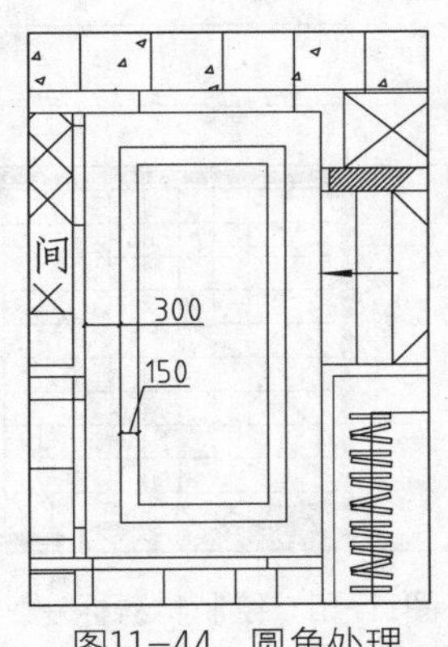

图11-44 圆角处理

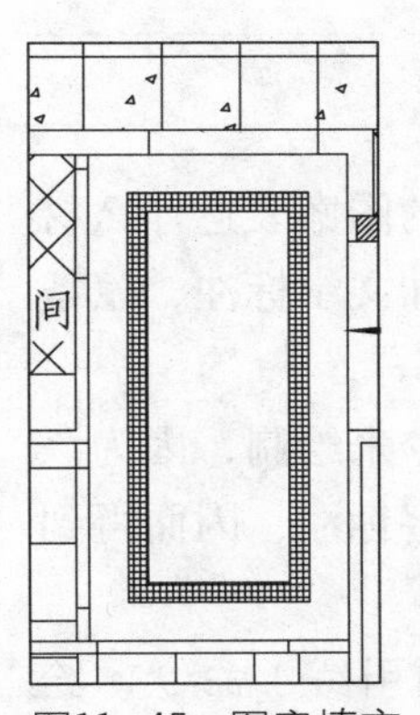

图11-45 图案填充

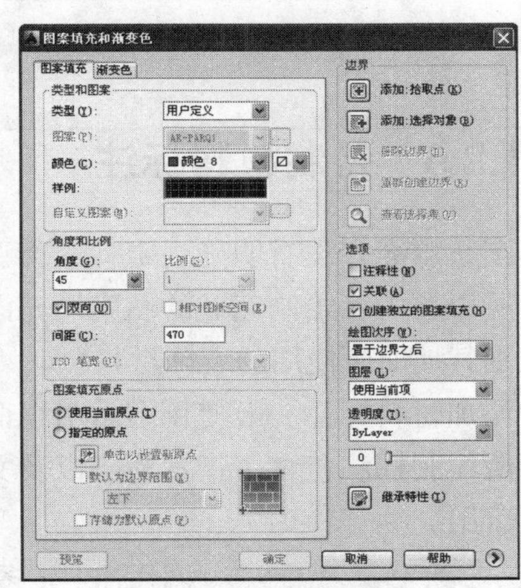

图11-46 设置参数

13 在绘图区中拾取填充区域，绘制图案填充，如图11-47所示。

14 绘制地面瓷砖图案。调用O（偏移）命令，偏移墙线；调用TR（修剪）命令，修剪墙线，如图11-48所示。

15 绘制地面瓷砖图案。调用L（直线）命令，绘制对角线，如图11-49所示。

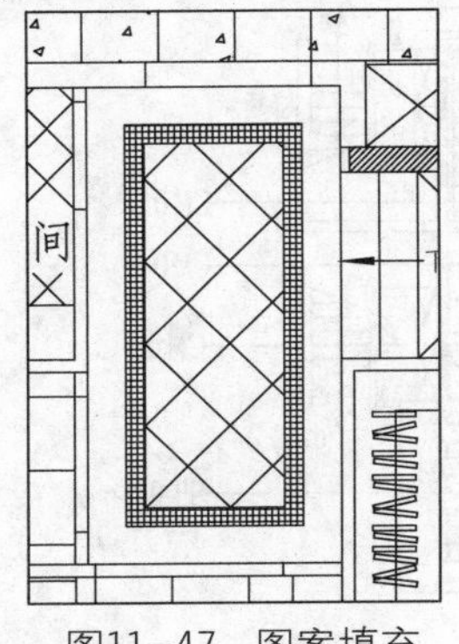

图11-47 图案填充

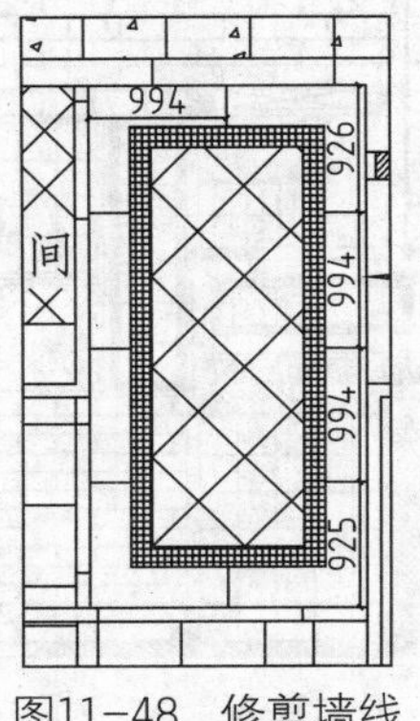

图11-48 修剪墙线

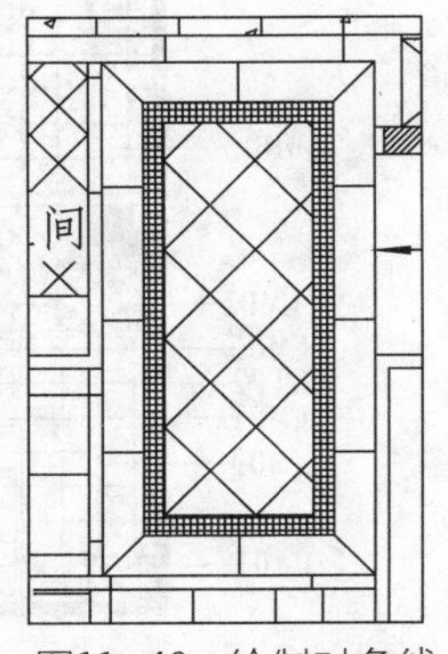

图11-49 绘制对角线

16 地下室各区域的地面图案填充，如图11-50所示。

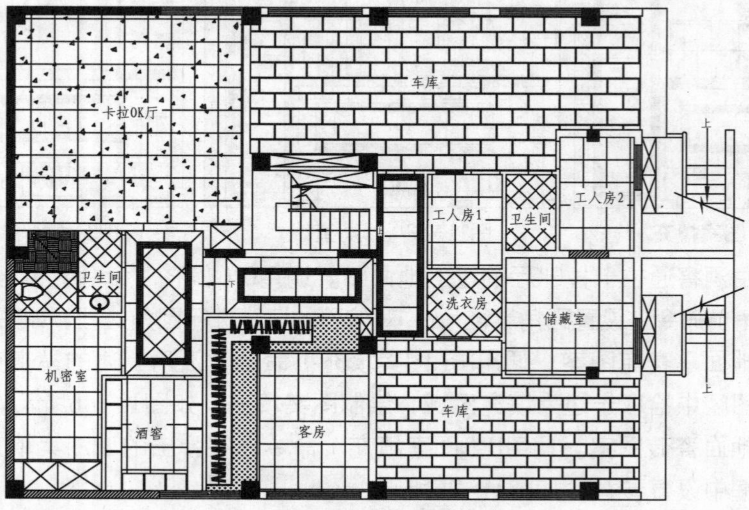

图11-50 填充效果

11.2.9 绘制材料标注

图案填充并没有明确规定什么类型的图案表达什么材料，所以要为已绘制完成的图案填充添加文字标注，以帮助识别其地面所使用的装饰材料。

添加材料标注一般使用多重引线命令来绘制，因为该命令所绘制标注包含了指示箭头以及文字标注，因而得到广泛运用。

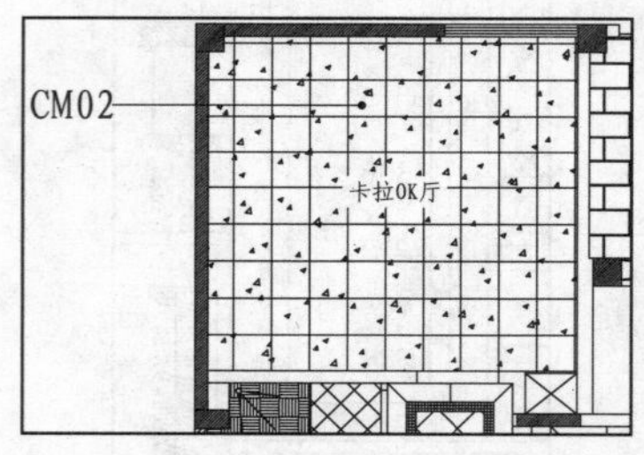

图11-51 绘制材料标注

01 绘制文字标注。调用MLD（多重引线）命令，绘制地面图的材料标注，如图11-51所示。

02 重复调用MLD（多重引线）命令，为地面图的其他区域绘制文字标注，如图11-52所示。

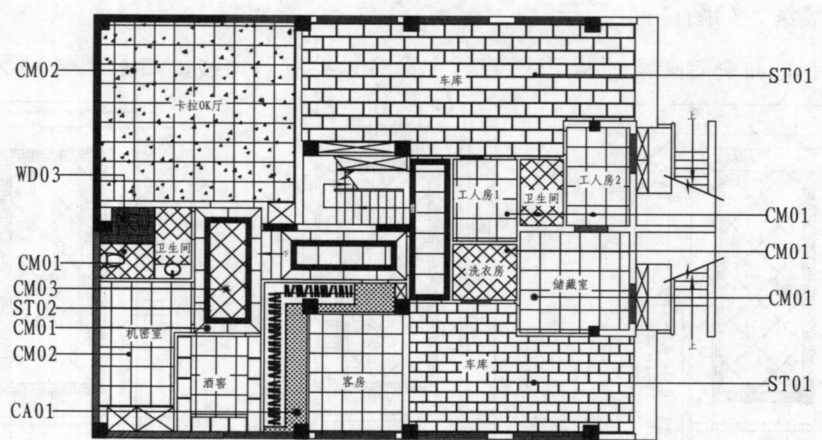

图11-52 文字标注

03 绘制材料表。调用TB（创建表格）命令，在 弹出的“插入表格”对话框中设置参数，如图11-53所示。

04 在绘图区中单击鼠标插入点，创建表格，如图11-54所示。

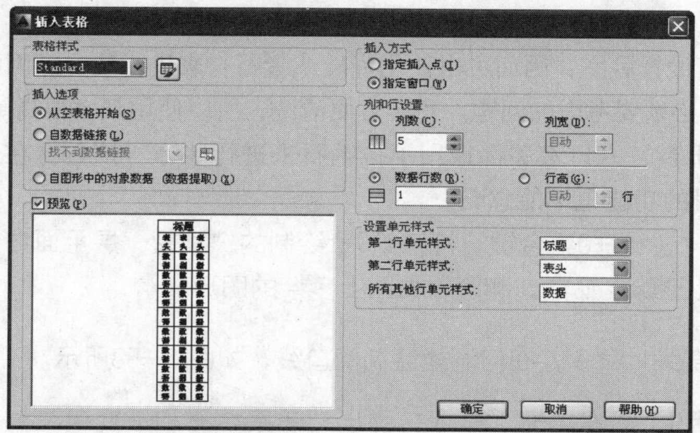

图11-53 “插入表格”对话框

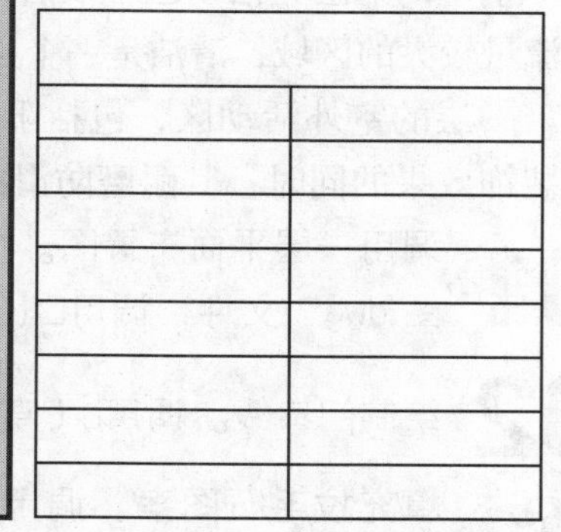

图11-54 创建表格

05 编辑表格。框选表格，选择表格上的夹点，调整表格列宽的位置，如图11-55所示。

06 双击表格，在单元格内填充文字，如图11-56所示。

07 图名标注。调用MT（多行文字）命令，绘制图名和比例；调用L（直线）命令，在图名和比例下方绘制两条下划线，并将最下面的下划线的线宽设置为0.3mm，效果如图11-57所示。

图11-55 编辑表格

材料表	
代号	规格名称
CM01	仿古瓷砖
CM02	600*600皮质瓷砖
CM03	600*600瓷砖
WD03	300*600防水处理木
ST01	300*600爵士白石材
ST02	爵士白马赛克
CA01	乐宝弹性地毯

图11-56 填写文字

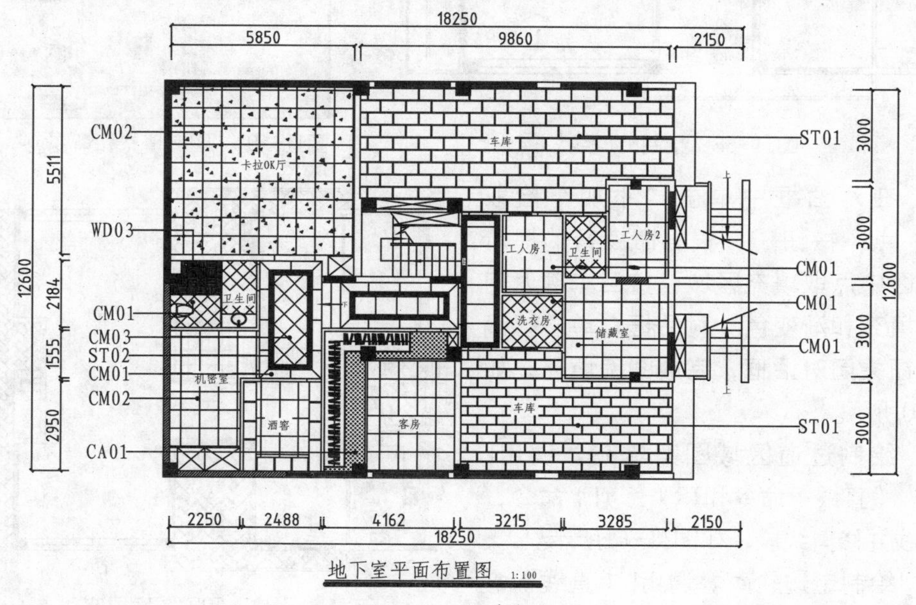

图11-57 图名标注

11.3 绘制一层地面布置图

一层地面布置图的材料选用原则与地下室的地面材料选用原则大同小异，都要根据特定区域的实际使用情况来选择地面的装饰材料，而材料的装饰方法则可以根据用户或者设计师的想法来进行铺装。

别墅的一层为活动区，没有设置卧室，因而可以使用瓷砖或者石材来进行装饰。因为人流量较大的区域，清洁是一个必须要考虑的问题。瓷砖方便清洗，所以使用频率很高。

一层的室外活动区，包括阳台、入口玄关都选用了拉毛石来进行装饰。该石材在具备装饰效果的同时，其耐磨防滑的功能也不能忽略。

01 调用一层平面布置图。按Ctrl+O组合键，打开第9章绘制的“别墅一层平面布置图.dwg”文件；调用E（删除）命令，删除平面图上多余的图形。

02 绘制门口线。调用L（直线）命令，在门洞处绘制门口线，如图11-58所示。

03 填充拉毛石图案。调用H（图案填充）命令，弹出“图案填充和渐变色”对话框，设置参数如图11-59所示。

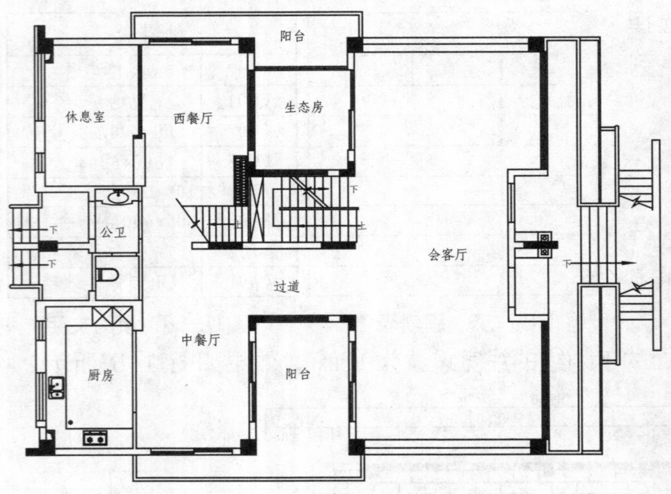

图11-58 绘制门口线

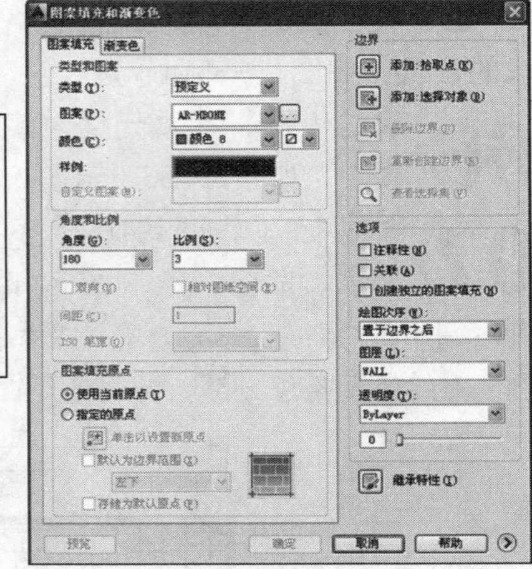

图11-59 “图案填充和渐变色”对话框

04 在对话框中单击“添加：拾取点”按钮，根据命令行的提示在绘图区中点取填充区域；按回车键返回“图案填充和渐变色”对话框，单击“确定”按钮关闭对话框，完成图案填充，如图11-60所示。

05 绘制过道区域图案填充。调用L（直线）命令和TR（修剪）命令，绘制直线并修剪线段，如图11-61所示。

06 绘制走边轮廓。调用L（直线）命令和O（偏移）命令，绘制并偏

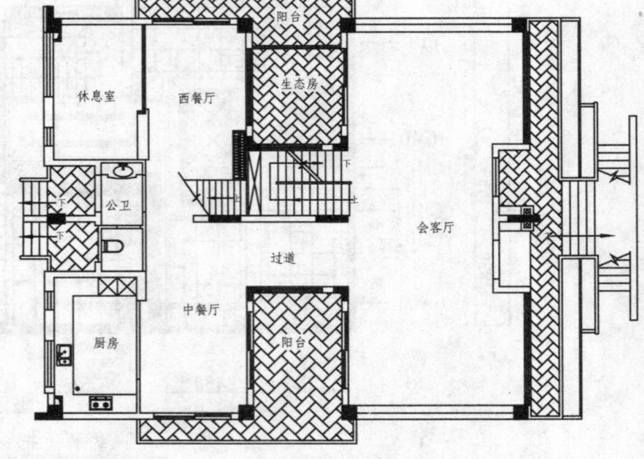

图11-60 图案填充

移直线；调用F（圆角）命令，设置圆角半径为0，对偏移的线段进行圆角处理，如图11-62所示。

07 调用L（直线）命令，绘制直线；调用REC（矩形）命令，绘制尺寸为3043×2800的矩形；调用O（偏移）命令，设置偏移距离为300，选择矩形向内偏移，如图11-63所示。

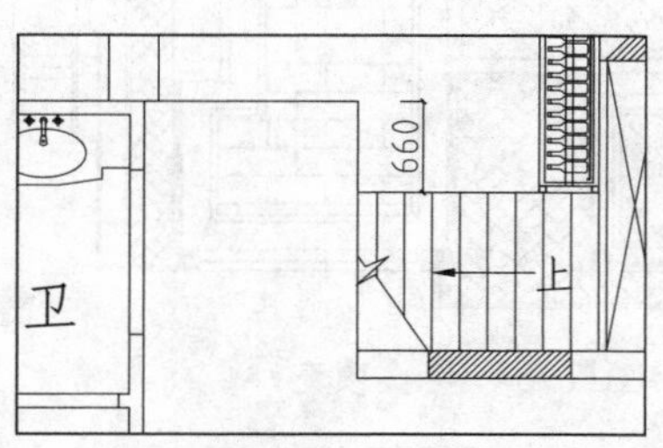

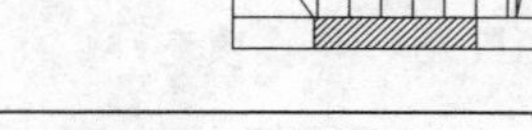

图11-61 修剪线段

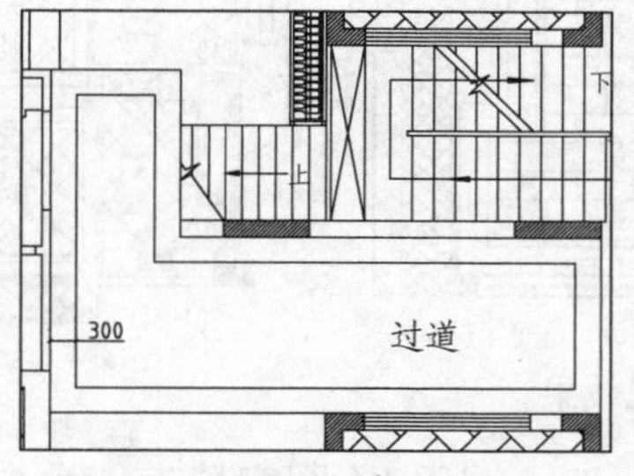
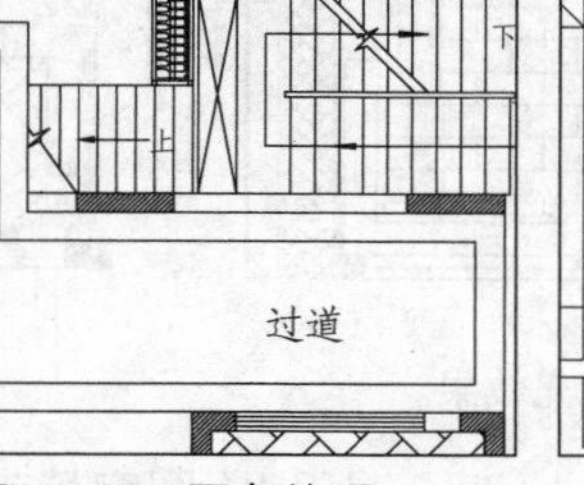

图11-62 圆角处理

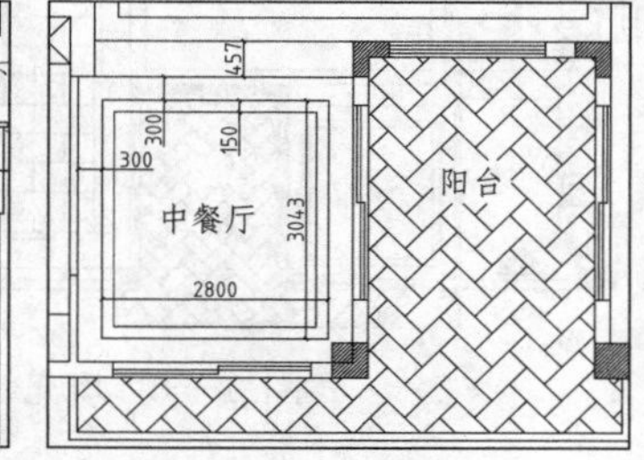

图11-63 绘制图形

08 调用O（偏移）命令，设置偏移距离为600，向内偏移墙线；调用F（圆角）命令，设置圆角半径为0，对偏移的墙线进行圆角处理，如图11-64所示。

09 绘制爵士白石材填充图案。调用H（图案填充）命令，在弹出的“图案填充和渐变色”对话框中设置参数，如图11-65所示。

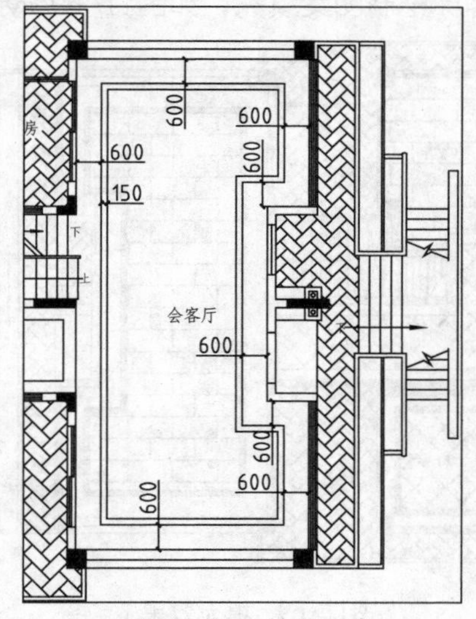

图11-64 绘制圆角

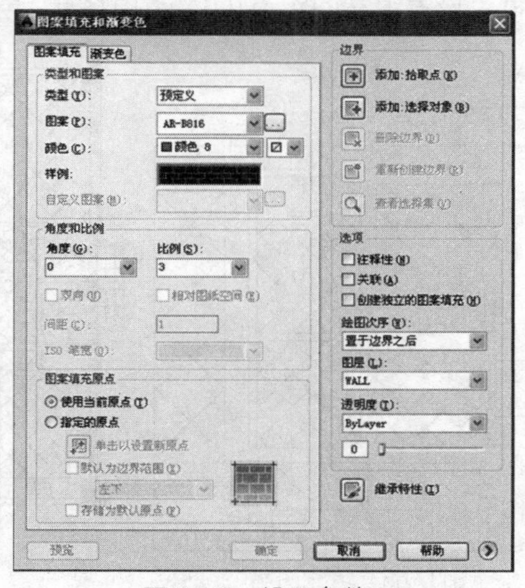

图11-65 设置参数

10 在对话框中单击选取“添加：拾取点” 按钮，在绘图区中拾取填充区域的内部点，绘制图案填充，如图11-66所示。

11 绘制皮质砖图案填充。调用H（图案填充）命令，在“图案填充和渐变色”对话框选择“用户自定义”类型填充图案，设置图案的填充角度为45°，勾选“双向”选框，设置填充间距为600，为休息室、过道、厨房和中餐厅填充图案。

12 按回车键，再次调用H（图案填充）命令，在“图案填充和渐变色”对话框中选择“预定义”类型填充图案，选择名称为AR—SAND的图案，设置填充角度为0°，填充比例为8，为休息室、过道、厨房和中餐厅填充图案，如图11-67所示。

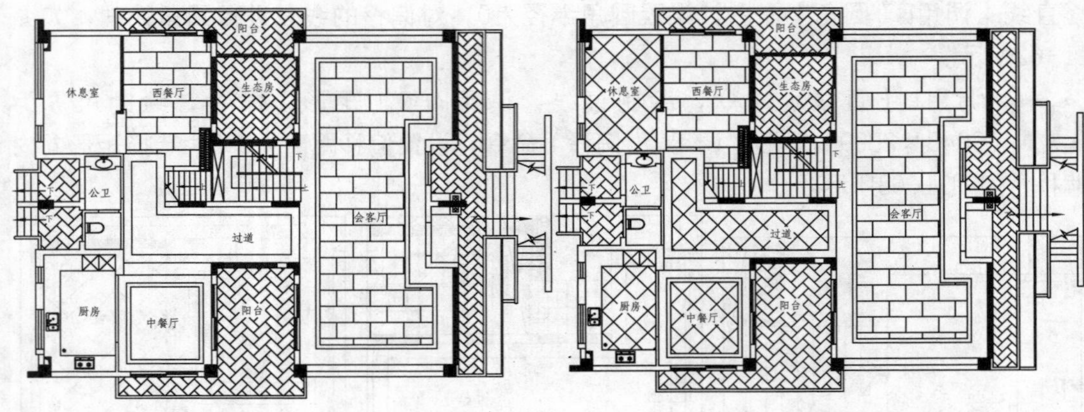

图11-66　填充效果　　图11-67　图案填充

13 绘制仿古瓷砖图案填充。调用H（图案填充）命令，在“图案填充和渐变色”对话框中选择“用户自定义”类型填充图案，设置图案的填充角度为45°，勾选“双向”选框，设置填充间距为300，为公卫绘制图案填充，如图11-68所示。

14 绘制走边填充图案。调用H（图案填充）命令，在“图案填充和渐变色”对话框中选择“用户自定义”类型填充图案，设置图案的填充角度为0°，勾选“双向”选框，设置填充间距为100，为中餐厅、会客厅绘制图案填充，如图11-69所示。

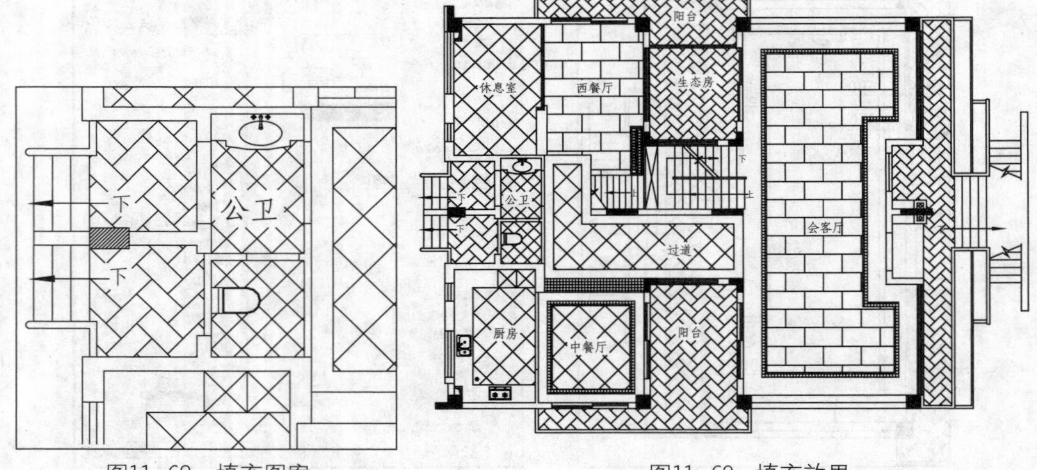

图11-68　填充图案　　图11-69　填充效果

15 绘制会客厅辅助图案填充。调用H（图案填充）命令，在“图案填充和渐变色”对话框中选择“用户自定义”类型填充图案，设置图案的填充角度为0°，勾选“双向”选框，设置填充间距为1200，为会客厅绘制辅助图案填充，如图11-70所示。

16 绘制过道走边填充图案。调用L（直线）命令，为过道的走边图形绘制对角线，如图11-71所示。

17 绘制过道辅助图案填充。调用H（图案填充）命令，在“图案填充和渐变色”对话框中选择“用户自定义”类型填充图案，设置图案的填充角度为0°，取消勾选“双向”选框，设置填充间距为900，为过道绘制辅助图案填充，如图11-72所示。

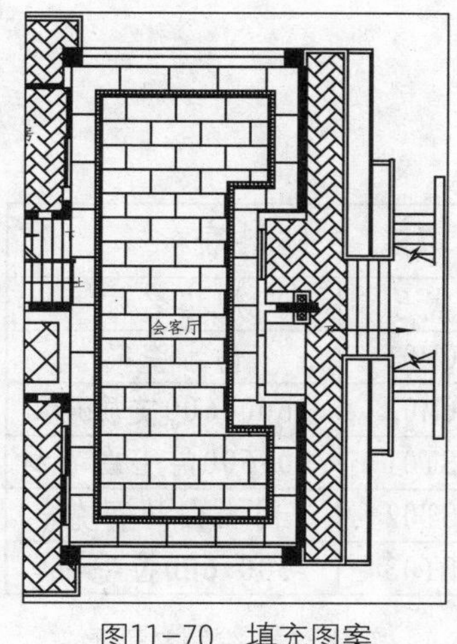

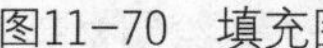
图11-70　填充图案

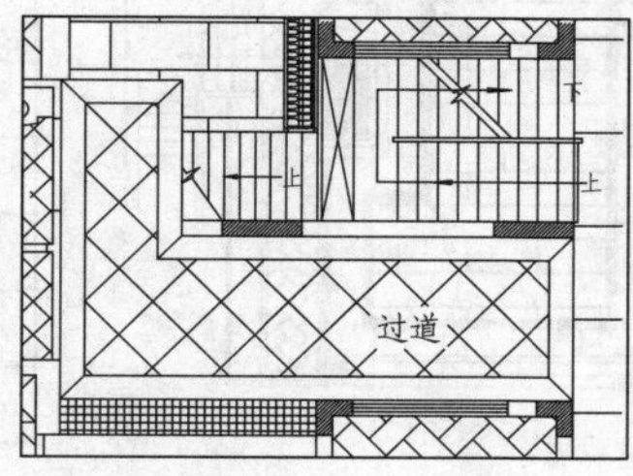

图11-71　绘制对角线

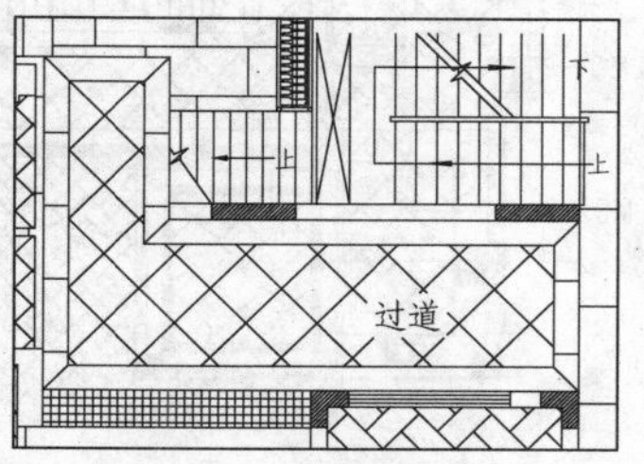

图11-72　图案填充

18 调用H（图案填充）命令，在“图案填充和渐变色”对话框中选择“用户自定义”类型填充图案，设置图案的填充角度为90°，取消勾选“双向”选框，设置填充间距为900，为过道绘制辅助图案填充，如图11-73所示。

19 绘制玄关图案填充。调用O（偏移）命令，设置偏移距离为150，向内偏移玄关轮廓线；调用F（圆角）命令，设置圆角半径为0，对偏移的轮廓线进行圆角处理；调用L（直线）命令，取经圆角处理后的线段的中点为起点绘制直线，如图11-74所示。

20 绘制爵士白马赛克填充图案。调用H（图案填充）命令，在“图案填充和渐变色”对话框中选择“用户自定义”类型填充图案，设置图案的填充角度为0°，勾选“双向”选框，设置填充间距为100，为玄关绘制图案填充，如图11-75所示。

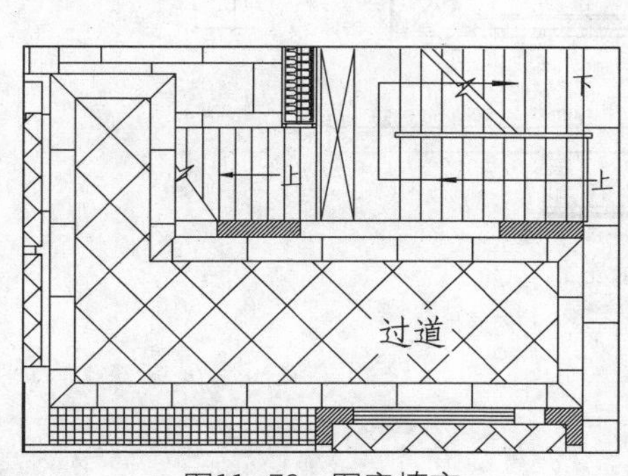

图11-73　图案填充

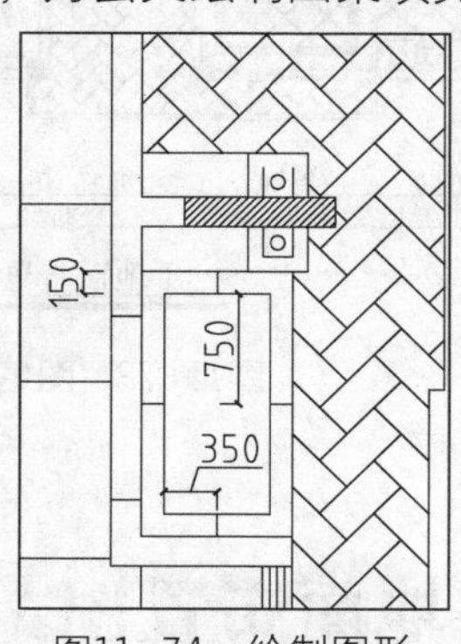

图11-74　绘制图形

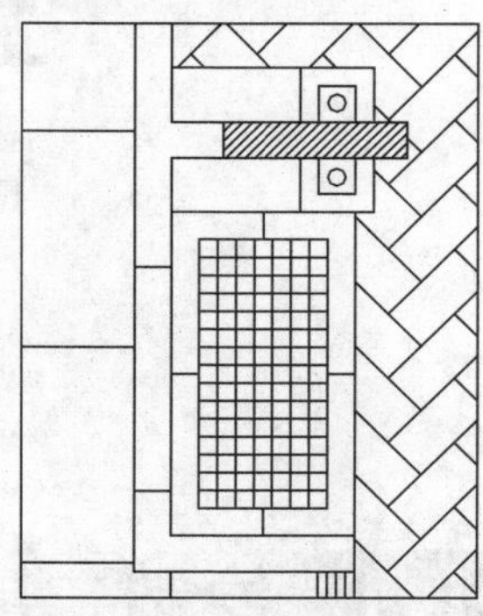

图11-75　图案填充

21 绘制文字标注。调用MLD（多重引线）命令，绘制地面图的材料标注，如图11-76所示。

22 绘制材料表。调用TB（创建表格）命令，绘制表格；双击表格的单元格，输入材料名称和编号，绘制材料表，如图11-77所示。

23 图名标注。调用MT（多行文字）命令，绘制图名和比例；调用L（直线）命令，在图名和比例下方绘制两条下划线，并将最下面的下划线的线宽设置为0.3mm，绘制如图11-78所示。

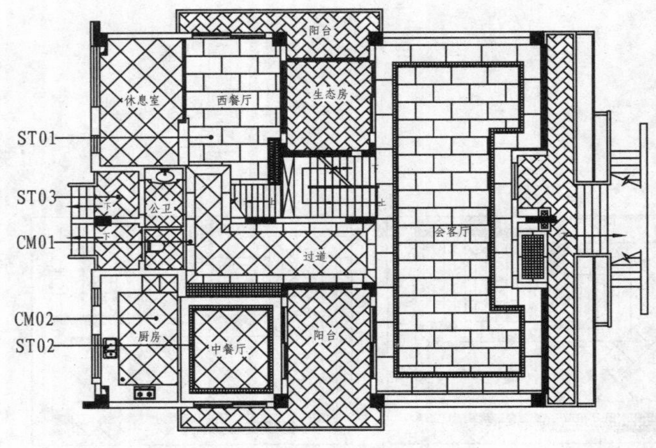

图11-76　绘制文字标注

材料表	
代号	规格名称
CM01	仿古瓷砖
CM02	600*600皮质砖
ST01	300*600爵士白石材
ST02	爵士白马赛克
ST03	300*600拉毛石

图11-77　绘制材料表

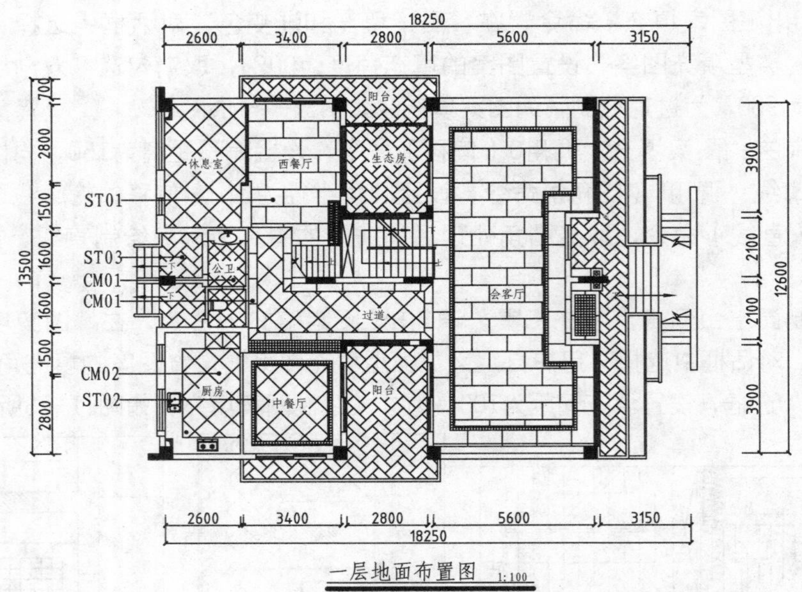

图11-78　图名标注

11.4　绘制二层地面布置图

二层主要为休息区，设置了老人房和小孩房。卧室地面材料可以选择瓷砖或者木地板来进行装饰，本例的卧室中选用的是瓷砖装饰。书房和禅房地面的材料使用了木地板来装饰，木地板有提高居室观赏性以及环保等作用。且木材都有吸声的功效，在需要安静环境的居室中，比如书房、禅房，选用木地板来进行地面装饰是很理想的。

此外，卫生间的淋浴区的地面装饰材料都统一采用了防水处理木。该木材经防水防腐处理，在水淋的情况下也能保持不变质。而且与瓷砖相比较，防水处理木的防滑效果也要高些，但缺点就是经济成本较高。

二层过道地面的装饰可以沿用一层过道地面的装饰材料和铺贴方法，也可以有自

己的风格。二层过道地面就全部采用了仿古瓷砖来进行装饰，与一层过道所使用的马赛克或者皮质转装饰相区别。使用相同的材料也可以有不同的装饰效果，比如改变铺贴方式、切割材料的尺寸等。

01 调用二层平面布置图。按Ctrl+O组合键，打开第10章绘制的“别墅二层平面布置图.dwg”文件；调用E（删除）命令，删除平面图上多余的图形。

02 绘制门口线。调用L（直线）命令，在门洞处绘制门口线，如图11-79所示。

03 由于小孩房2的床为固定式，所以在进行地面材料铺设的时候，可以忽略该区域。调用L（直线）命令，定义床的位置，如图11-80所示。

04 绘制过道区走边。调用O（偏移）命令、F（圆角）命令、L（直线）命令，绘制走边轮廓，如图11-81所示。

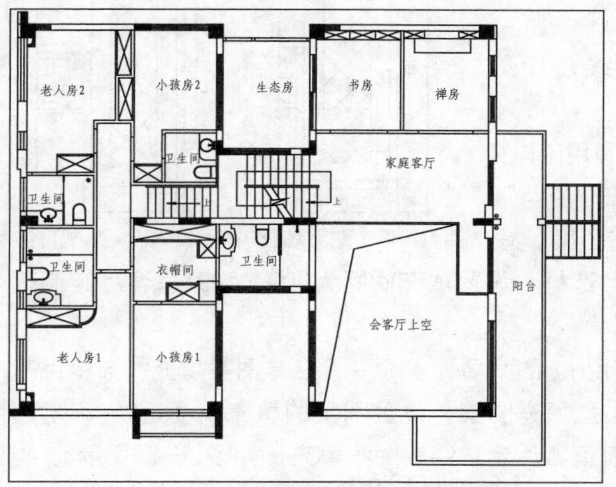

图11-79 绘制门口线

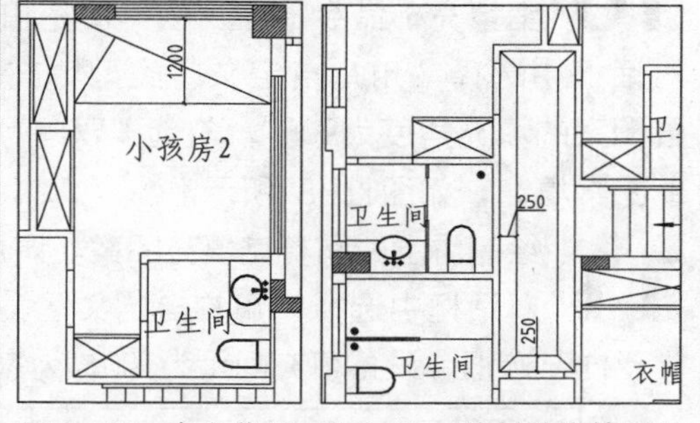

图11-80 定义位置 图11-81 绘制并修剪图形

05 绘制仿古瓷砖填充图案。调用H（图案填充）命令，在“图案填充和渐变色”对话框中选择“用户自定义”类型填充图案，设置图案的填充角度为45°，勾选“双向”选框，设置填充间距为300，为卫生间及过道绘制图案填充，如图11-82所示。

06 绘制家庭客厅走边。调用O（偏移）命令、F（圆角）命令，绘制图形如图11-83所示。

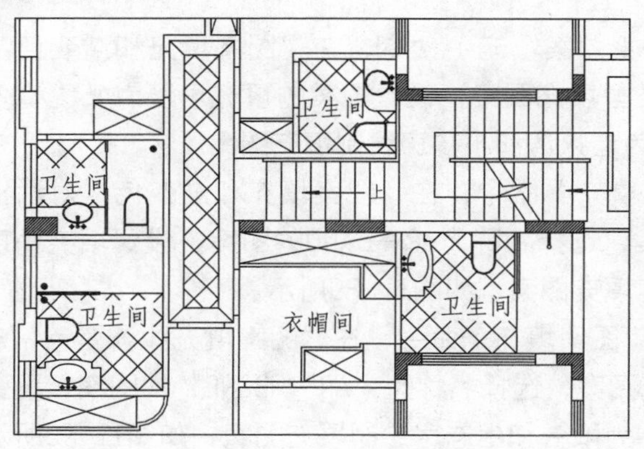

图11-82 图案填充

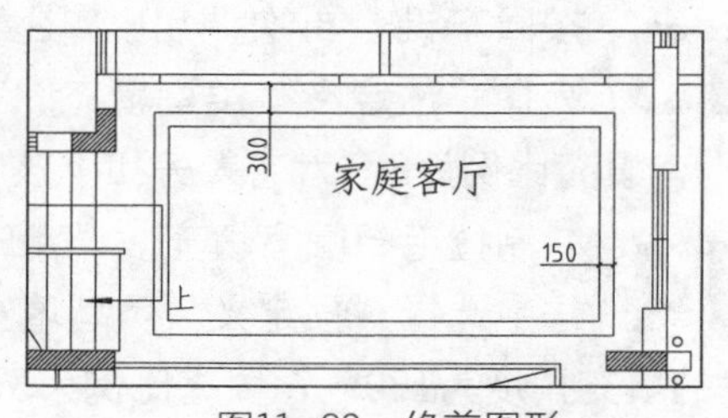

图11-83 修剪图形

07 绘制仿古瓷砖填充图案。调用H（图案填充）命令，在“图案填充和渐变色”对话框中选择“用户自定义”类型填充图案，设置图案的填充角度为45°，勾选“双向”选框，设置填充间距为600，为家庭客厅绘制图案填充，如图11-84所示。

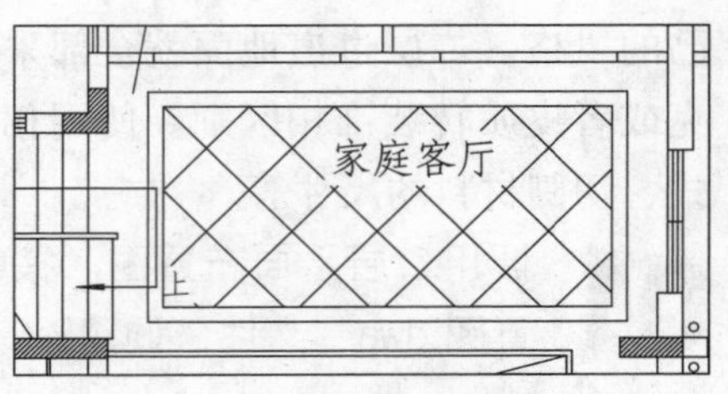

图11-84 图案填充

08 绘制过道走边填充图案。调用H（图案填充）命令，在“图案填充和渐变色”对话框中选择“用户自定义”类型填充图案，设置图案的填充角度为0°，取消勾选“双向”选框，设置填充间距为900，为过道走边绘制图案填充，如图11-85所示。

09 调用L（直线）命令，绘制直线，如图11-86所示。

10 绘制家庭客厅辅助图案填充。调用H（图案填充）命令，在“图案填充和渐变色”对话框中选择“用户自定义”类型填充图案，设置图案的填充角度为90°，勾选“双向”选框，设置填充间距为800，为家庭客厅绘制辅助图案填充，如图11-87所示。

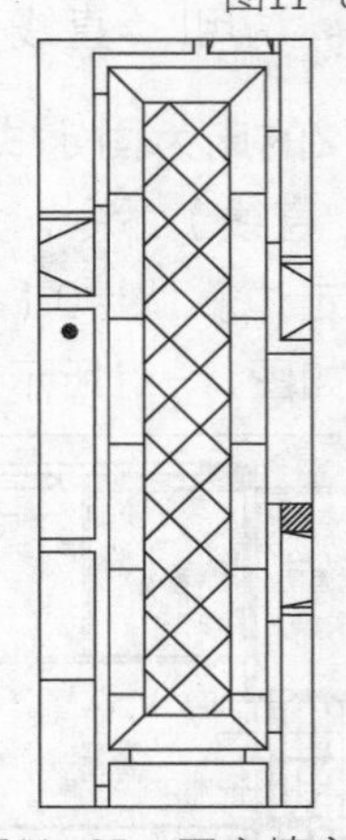
图11-85 图案填充

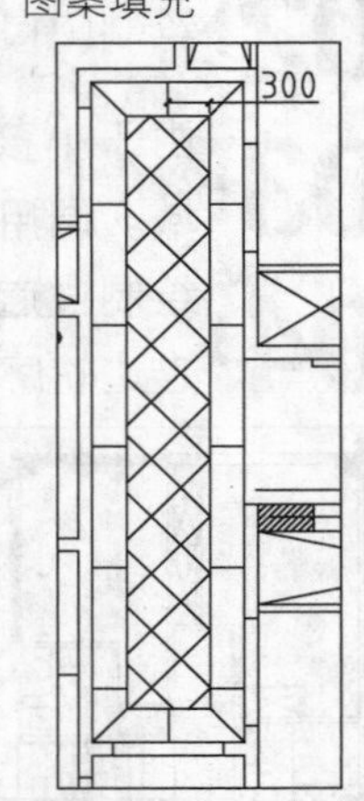

图11-86 绘制直线

11 绘制爵士白马赛克填充图案。调用H（图案填充）命令，在“图案填充和渐变色”对话框中选择“用户自定义”类型填充图案，设置图案的填充角度为0°，勾选“双向”选框，设置填充间距为100，为家庭客厅走边绘制图案填充，如图11-88所示。

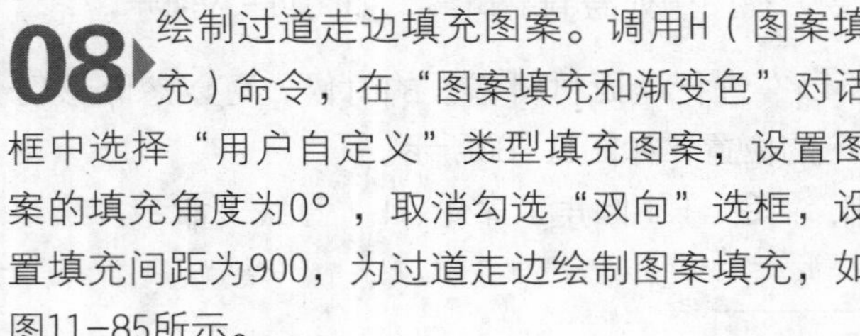

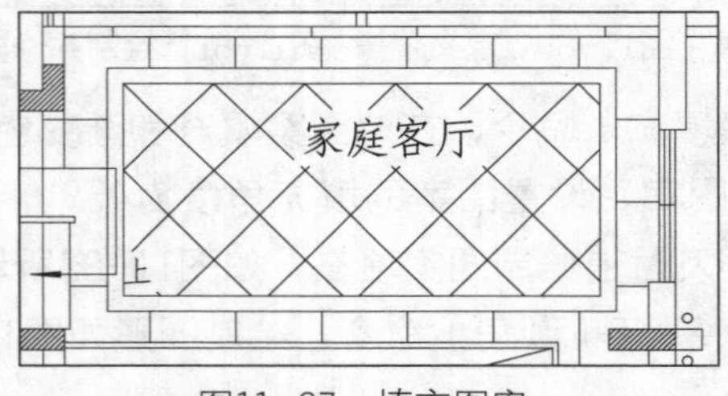

图11-87 填充图案

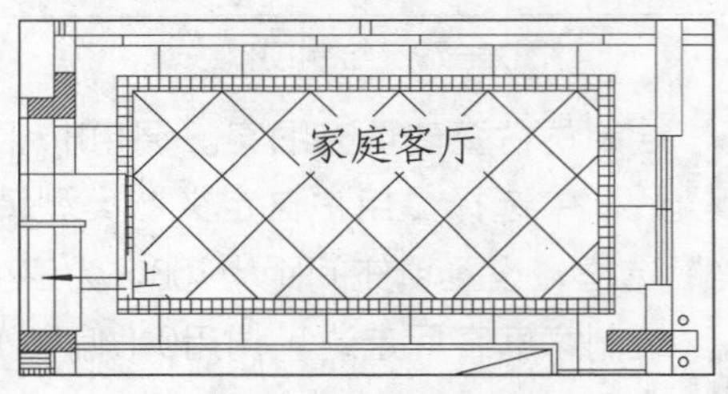

图11-88 图案填充

12 绘制皮质砖图案填充。调用H（图案填充）命令，在“图案填充和渐变色”对话框中选择“用户自定义”类型填充图案，设置图案的填充角度为45°，勾选“双向”选框，设置填充间距为600，为老人房和小孩房绘制填充图案。

13 按回车键，再次调用H（图案填充）命令，在“图案填充和渐变色”对话框中选择“预定义”类型填充图案，选择名称为AR—SAND的图案，设置填充角度为0°，填充比例为8，为老人房和小孩房填充图案，如图11-89所示。

14 绘制拉毛石图案填充。调用H（图案填充）命令，在“图案填充和渐变色”对话框中选择“预定义”类型填充图案，选择名称为“AR—HBONE”的图案，设置图案的填充角度为180°，填充比例为3，为阳台和生态房绘制填充图案，如图11-90所示。

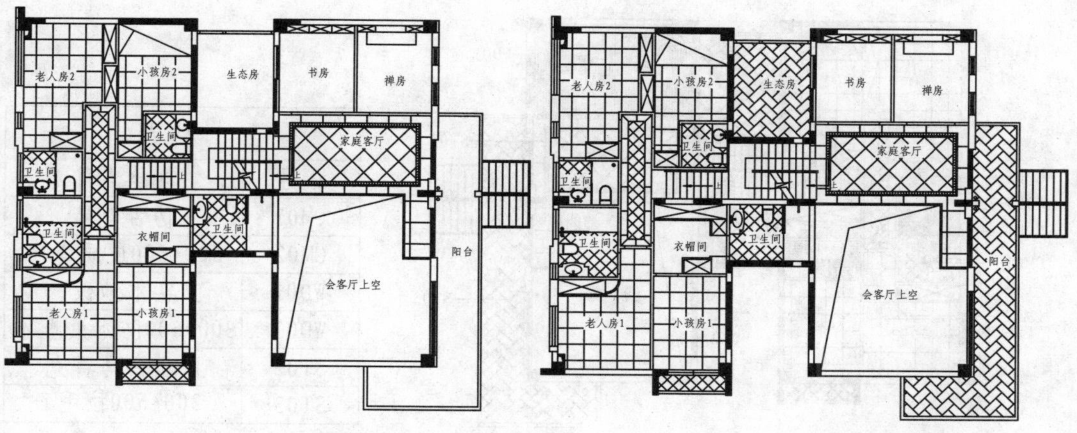

图11-89　填充图案　　　　图11-90　图案填充

15 绘制防水处理木图案填充。调用H（图案填充）命令，在“图案填充和渐变色”对话框中选择“预定义”类型填充图案，选择名称为“AR—PARQ1”的图案，设置图案的填充角度为0°，填充比例为1，为卫生间的淋浴区绘制填充图案，如图11-91所示。

16 绘制实木地板图案填充。调用H（图案填充）命令，在“图案填充和渐变色”对话框中选择“预定义”类型填充图案，选择名称为“DOLMIT”的图案，设置图案的填充角度为0°、90°，填充比例为15，为衣帽间、书房和禅房绘制填充图案，如图11-92所示。

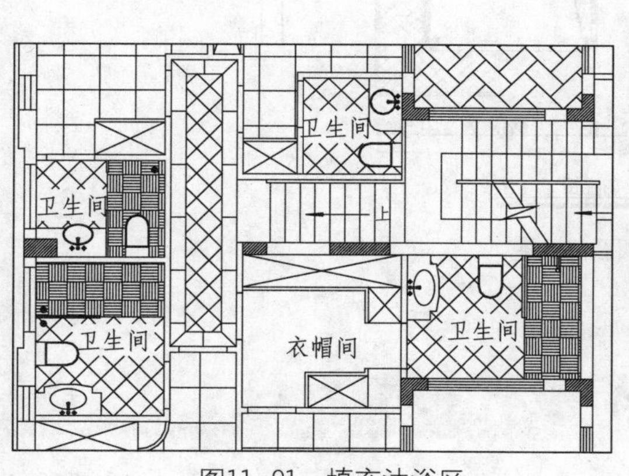

图11-91　填充沐浴区

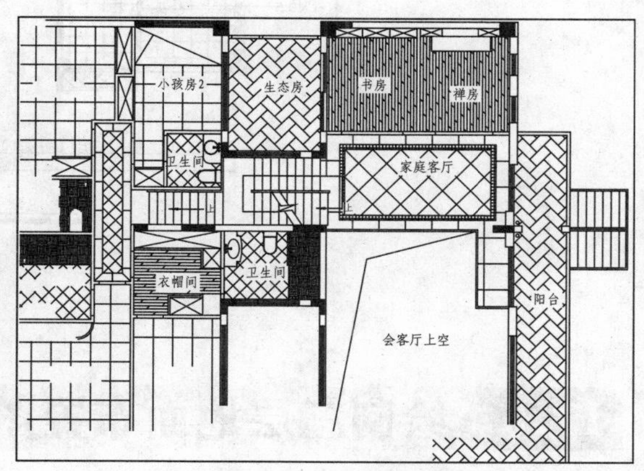

图11-92　图案填充

17 绘制文字标注。调用MLD（多重引线）命令，绘制地面图的材料标注，如图11-93所示。

18 绘制材料表。调用TB（创建表格）命令，绘制表格；双击表格的单元格，输入材料名称和编号，绘制材料表，如图11-94所示。

19 图名标注。调用MT（多行文字）命令，绘制图名和比例；调用L（直线）命令，在图名和比例下方绘制两条下划线，并将最下面的下划线的线宽设置为0.3mm，绘制结果如图11-95所示。

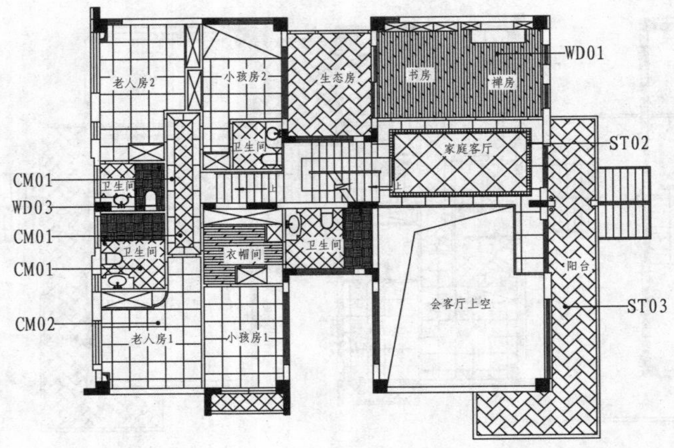

图11-93 文字标注

材料表	
代号	规格名称
CM01	仿古瓷砖
CM02	600*600皮质瓷砖
WD01	实木地板
WD03	300*600防水处理木
ST02	爵士白马赛克
ST03	300*600拉毛石

图11-94 绘制材料表

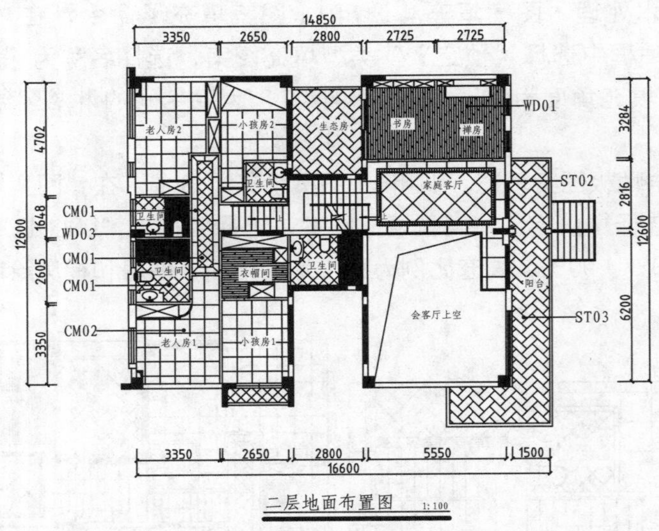

图11-95 图名标注

11.5 绘制三层地面布置图

别墅的三层可以视为一个独立的生活区，因其具备了休息、盥洗、休闲娱乐等功能，又因为三层为别墅主人所居住的区域，所以其装饰风格可以较为奢华一些，以彰显主人的实力或者品味。

三层的主卧室和书房都采用了地毯来做地面装饰。地毯这种材料在具备了良好的观赏性和可提供较为安静的环境外，其缺点也不容忽视。首先，不能选购材料较差的地毯做为私密空间的地面装饰材料。因为材料较差的地毯使用起来很不方便，比如气味较大、耐磨性不好、吸声效果不佳等。其次，人流量较大的区域不宜使用地毯作为地面的装饰材料，因为其清洗较为麻烦。

所以一般都在卧室或者书房这类人流较小，且较为私密的地方使用地毯来作为地面装饰，可以提升整个空间的使用质量，愉悦人们的心情。

健身房使用木地板作为地面的装饰材料，因其具有一定的弹性，可减轻健身者腿部受到的冲击力，且防滑性能比瓷砖要好。由于面积较小，所以在进行维护的时候也不需要花费很大的力气。

01 调用三层平面布置图。按Ctrl+O组合键，打开第10章绘制的“别墅三层平面布置图.dwg”文件；调用E（删除）命令，删除平面图上多余的图形。

02 绘制门口线。调用L（直线）命令，在门洞处绘制门口线，如图11-96所示。

03 绘制拉毛石图案填充。调用H（图案填充）命令，在“图案填充和渐变色”对话框中选择“预定义”类型填充图案，选择名称为“AR—HBONE”的图案，设置图案的填充角度为180°，填充比例为3，为阳台和生态房绘制填充图案，如图11-97所示。

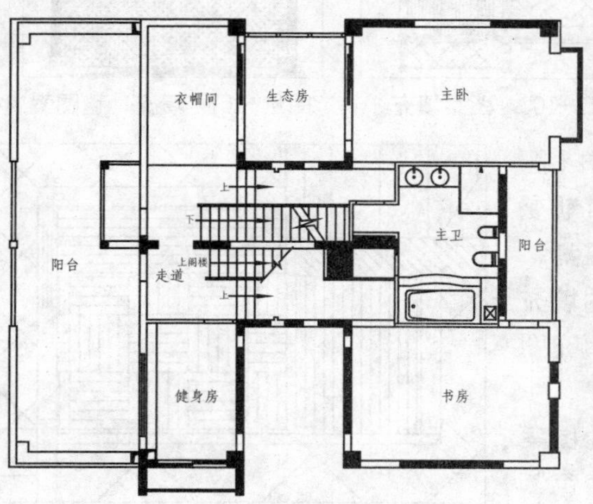

图11-96　绘制门口线

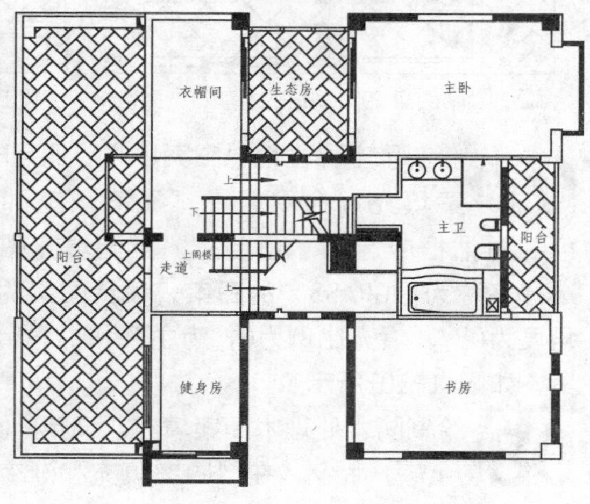

图11-97　图案填充

04 绘制仿古瓷砖图案填充。调用H（图案填充）命令，在“图案填充和渐变色”对话框中选择“用户自定义”类型填充图案，设置图案的填充角度为45°，勾选“双向”选框，设置填充间距为300，为卫生间和健身房阳台绘制填充图案，如图11-98所示。

05 绘制仿古瓷砖图案填充。调用H（图案填充）命令，在“图案填充和渐变色”对话框中选择“用户自定义”类型填充图案，设置图案的填充角度为45°，勾选“双向”选框，设置填充间距为600，为走道区绘制填充图案，如图11-99所示。

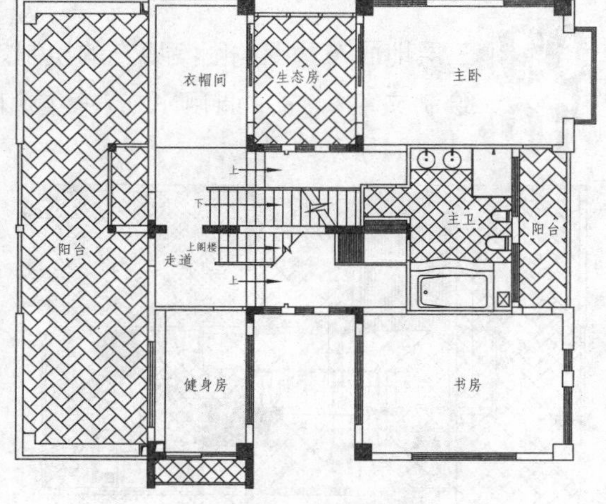

图11-98　填充图案

06 绘制实木地板图案填充。调用H（图案填充）命令，在“图案填充和渐变色”对话框中选择“预定义”类型填充图案，选择名称为“DOLMIT”的图案，设置图案的填充角度为90°，填充比例为15，为衣帽间和健身房填充图案，如图11-100所示。

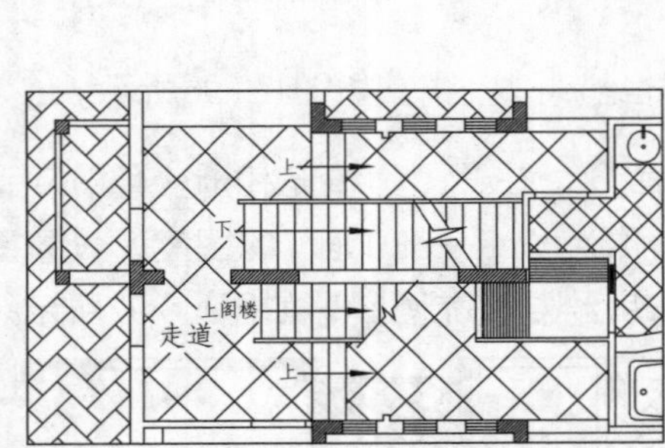

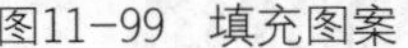
图11-99 填充图案

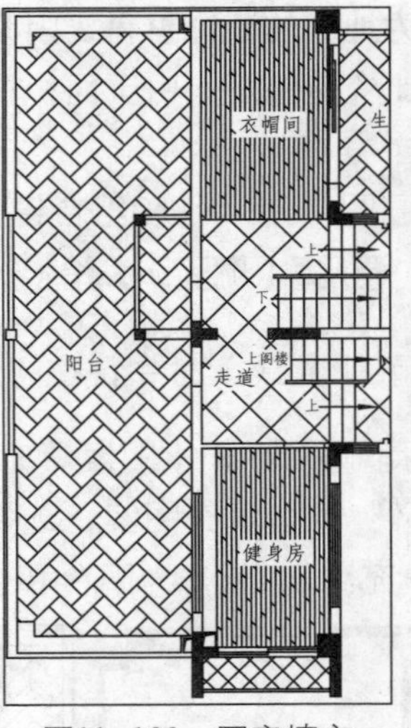

图11-100 图案填充

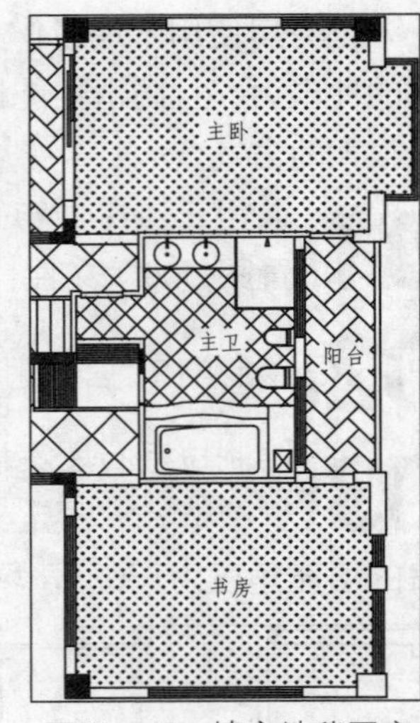

图11-101 填充地毯图案

07 绘制乐宝弹性地毯图案填充。调用H（图案填充）命令，在“图案填充和渐变色”对话框中选择“预定义”类型填充图案，选择名称为“GRASS”的图案，设置图案的填充角度为0°，填充比例为6，为主卧和书房填充图案，如图11-101所示。

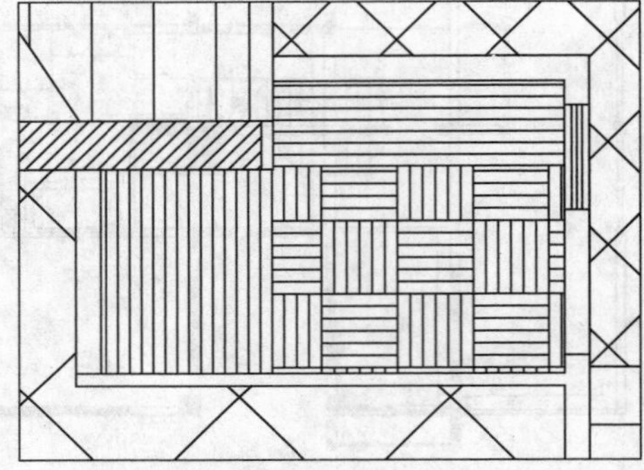

图11-102 填充图案

08 绘制防水处理木图案填充。调用H（图案填充）命令，在“图案填充和渐变色”对话框中选择“预定义”类型填充图案，选择名称为“AR—PARQ1”的图案，设置图案的填充角度为0°，填充比例为1，为湿蒸间绘制填充图案，如图11-102所示。

09 三层地面布置图的图案填充的绘制效果如图11-103所示。

10 绘制文字标注。调用MLD（多重引线）命令，绘制地面图的材料标注，如图11-104所示。

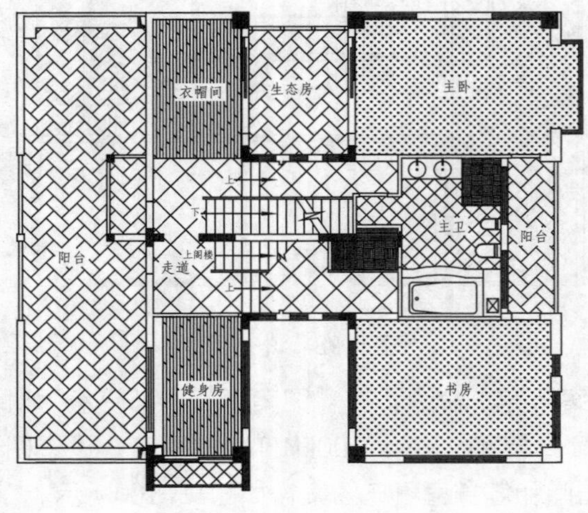

图11-103 填充绘制

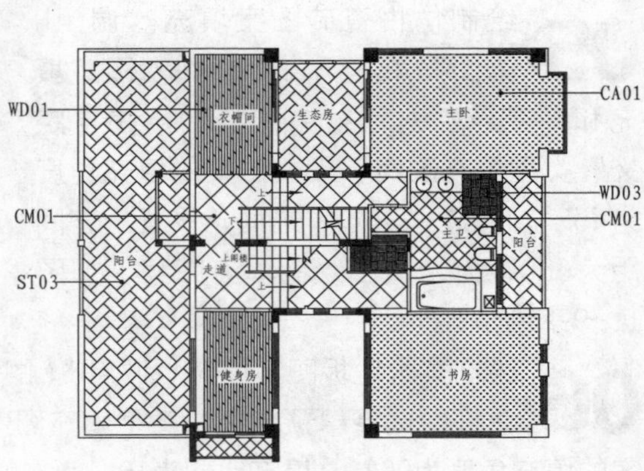

图11-104 文字标注

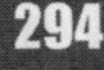

11 绘制材料表。调用TB（创建表格）命令，绘制表格；双击表格的单元格，输入材料名称和编号，绘制材料表，如图11-105所示。

12 图名标注。调用MT（多行文字）命令，绘制图名和比例；调用L（直线）命令，在图名和比例下方绘制两条下划线，并将最下面的下划线的线宽设置为0.3mm，绘制如图11-106所示。

材料表	
代号	规格名称
CM01	仿古瓷砖
WD01	实木地板
WD03	300*600防水处理木
ST03	300*600拉毛石
CA01	乐宝弹性地毯

图11-105　绘制材料表

13 绘制阁楼乐宝弹性地毯图案填充。调用H（图案填充）命令，在“图案填充和渐变色”对话框中选择“预定义”类型填充图案，选择名称为“GRASS”的图案，设置图案的填充角度为0°，填充比例为6，为阁楼填充图案，完成阁楼地面布置图的绘制，如图11-107所示。

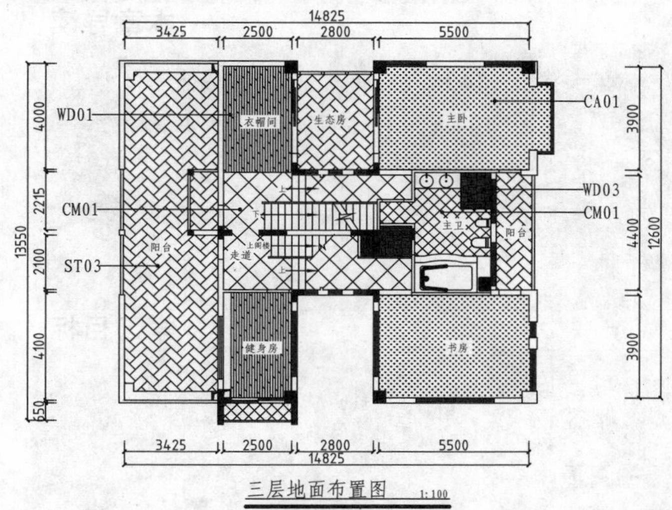

图11-106　图名标注

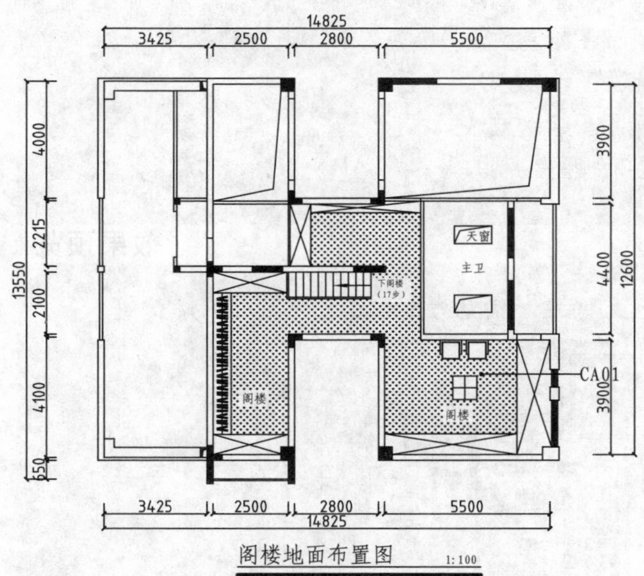

图11-107　图名标注

第12章 室内顶棚图的绘制

本章导读

顶棚图是以镜像投影法画出的反映顶棚平面形状、灯具位置、材料选用、尺寸标高以及构造做法等内容的水平镜像投影图。本章首先简介室内顶棚图的基本知识，包括顶棚图的形成与表达、识读方法、图示内容和画法。然后分别讲解别墅地下室、一层、二层、三层和阁楼层顶棚图的绘制方法和技巧。

学习目标

- 了解室内顶棚图的形成与表达
- 了解室内顶棚图的识读方法
- 了解室内顶棚图的图示内容
- 了解室内顶棚图的画法
- 掌握别墅地下室顶棚平面图绘制方法
- 掌握别墅一层顶棚图绘制方法
- 掌握别墅二层平面图绘制方法
- 掌握别墅三层顶棚图绘制方法
- 掌握别墅阁楼层顶棚图绘制方法

效果预览

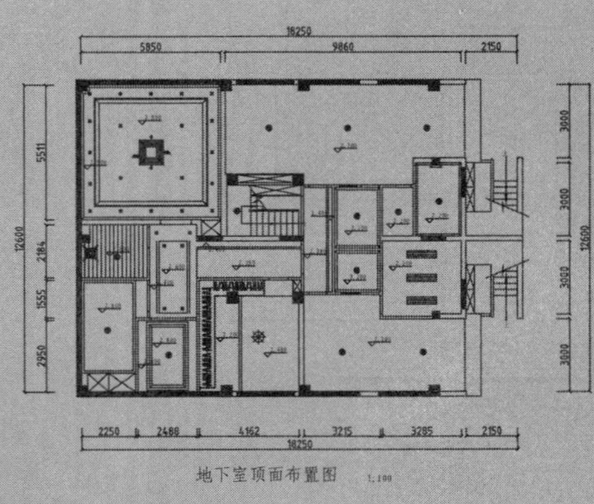

顶棚图是以镜像投影法画出的反映顶棚平面形状、灯具位置、材料选用、尺寸标高以及构造做法等内容的水平镜像投影图，是室内设计装饰装修施工图的主要图样之一。

本章讲解关于室内顶棚图的知识，在介绍顶棚图的理论知识后；以别墅室内设计顶棚图的绘制为实例，向读者展示实际绘图工作中顶棚图的绘制方法与操作步骤。

12.1 室内顶棚图概述

室内装饰装修时，房屋顶面的装饰改造是不可避免的。顶面的装饰改造不仅可以提高居室的观赏性，还可以针对建筑设计中出现的一些问题进行改造，比如遮挡比较突兀的梁位；因为在建筑设计中，不能将每一个区域的顶面标高都设置为相等，所以顶面改造或者可以将各区域的顶面标高改为一致，或者可以很好地在标高不一致的区域之间进行过渡；具体的运用还要视房屋的具体情况而定。

12.1.1 室内顶棚图的形成与表达

室内顶棚图的形成可以这样想象，假想是以一个水平剖切平面沿顶棚下方门窗洞口位置进行剖切，移去下面部分后对上面的墙体、顶棚所作的镜像投影图。

在绘制室内顶棚图的时候，通常使用的比例为1:150、1:100、1:50。在顶棚平面图中剖切到的墙柱使用粗线来绘制，而未被剖切到但是却能看到的顶棚、灯具、风口等则用细实线来表示。

如图12-1所示为绘制完成的室内设计顶棚图。

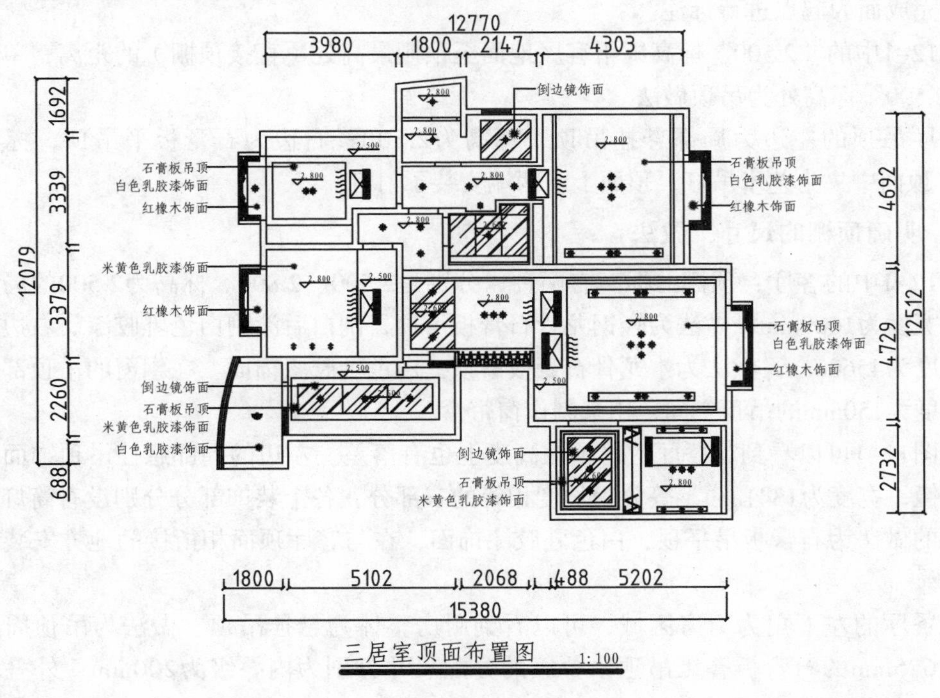

图12-1 顶棚图

12.1.2 室内顶棚图的识读

1．在识读顶棚图之前，应先了解顶棚所在房间平面布置的基本情况

因为在装饰设计中，平面布置图的功能分区、交通流线及尺度等与顶棚的样式、底面标高、选材有着密切的关系。只有了解平面布置，才能读懂顶棚平面图。如图12-1所示为某三居室顶棚布置图的图样。

2．识读顶棚造型、灯具布置及其底面标高

顶棚造型是顶棚设计中的重要内容。顶棚分为直接顶棚和悬吊的顶棚（简称吊顶）两种。从空间利用还是意境的营造，设计者都必须充分的予以考虑。吊顶又分叠级吊顶和平吊顶两种方式，分别如图12-2、图12-3所示。

图12-2　叠级吊顶

图12-3　平吊顶

顶棚的底面标高是指顶棚装饰完成后的表面高度，相当于该部分的建筑标高。但是为了施工和识读的直观，习惯上将顶棚标高（其他装饰体标高亦是如此）都按所在楼层地面的完成面为起点进行标注。

图12-1中的“2.500”标高即指客厅地面至顶棚最高处（直接顶棚）的距离，单位为m，“2.500”标高处为吊顶做法。

客厅吊顶的左边为局部悬挂吊顶，标高为2.500；右边为石膏板平吊顶，标高为2.800。顶面中央为艺术吊灯，顶面上下两端安装了射灯。

3．明确顶棚的尺寸、做法

图12-1中的客厅：顶棚的标高有两种，分别是2.500、2.800。标高为2.500的局部悬挂吊顶宽度为1009mm，做法为轻钢龙骨石膏板吊顶，刮白后涂刷白色乳胶漆。右边的平吊顶宽度为4560mm，做法为木龙骨石膏板吊顶，白色乳胶漆饰面。在飘窗的吊顶部分，预留宽度为150mm的吊顶空间，用来制作窗帘盒。

从图12-1可以看到，餐厅的吊顶在高度上也有落差。左边的局部悬挂吊顶饰面材料为倒边镜，宽度为1341mm，等分为长度相等的三部分，各个装饰部分分别设有筒灯。右边吊顶的做法为石膏板吊平顶，白色乳胶漆饰面，在与客厅顶面相衔接的地方安装了送风设备。

在餐厅的左下角为厨房区域，可以看到厨房整体为悬挂吊顶。做法为吊顶周边是宽度为675mm的石膏板叠级吊顶，叠级的分配尺寸分别为内叠级为200mm，外叠级为475mm。石膏板吊顶中间的装饰材料为倒边镜，宽度为909mm；等分成三等分，各部分均安装了筒灯。

另外，在图12-1中可以查看，阳台的吊顶没有做造型装饰，仅为其涂刷白色乳胶漆；卧室区都为局部悬挂吊顶和平顶相结合使用，以乳胶漆饰面，吊灯或者筒灯作为照明灯具；卧室的飘窗顶面均采用了红橡木来做装饰。

4．窗帘盒的制作

要注意图中的窗口有无窗帘以及窗帘盒的做法，并明确其尺寸。在图12-1中，客厅和卧室的飘窗都有窗帘并制作了窗帘盒。

5．识读与顶棚相联系的家具

注意查看图中有无与顶棚相接的吊柜、衣柜、壁柜等家具。如图12-1所示。没有表示家具与顶棚相接，因此，表示该居室中所用的柜子皆为另购，或者家具的高度较低，没有与顶棚相接。

12.1.3 室内顶棚图的图示内容

顶棚图采用镜像投影法来绘制，其图示的主要内容如下。

1）建筑平面及门窗洞口、门画出门洞边线即可，不画门扇及开启线。

2）室内（外）顶棚的造型、尺寸、做法和说明，有时可画出顶棚的重合断面并标注标高。

3）室内（外）顶棚灯具符号及具体位置。另外，灯具的规格、型号、安装方法由电气施工图来反映。

4）室内各种顶棚的完成面标高。按每一层楼地面为±0.000标注顶棚装饰面标高，这是在实际施工中常用的方法。

5）与顶棚相接的家具、设备的位置和尺寸。

6）窗帘、窗帘盒以及窗帘帷幕板的位置、尺寸。

7）空调送风口的位置、消防自动报警系统及与吊顶有关的音视频设备的平面位置形式及安装位置。

8）图外标注开间、进深、总长、总宽等尺寸。

9）索引符号、说明文字、图名及比例等。

12.1.4 室内顶棚图的画法

室内顶棚图的绘制要根据居室本身的结构、设计改造的理念等来进行绘制。未经过设计装饰的顶面建筑构件裸露，缺乏观赏性，因此，顶棚图主要表达了室内顶棚的改造意图。

在明确了改造理念之后，就可以着手进行顶棚图的绘制了。在绘制顶棚图的时候，各功能空间的顶面造型要根据实际顶面的大小来确定。如图12-1中的厨房顶棚图的绘制效果，造型吊顶与上方墙体距离为477mm，与右边墙体的距离为480mm，与下方墙体的距离为475mm，其预留的空间基本上差不多，观赏起来可以达到一个较为和谐的状态。

但是为什么造型吊顶距左边墙体的距离仅为102mm呢？因为在厨房的右边有一个宽度为300mm的梁位，为了遮挡这个梁位，所以在对离墙尺寸的分配上，右边较宽，左边稍窄了。这也充分说明在绘制顶棚图的时候，要经常查看原始结构图，以避免出现不必要的错误。

使用AutoCAD绘制顶棚图，就是根据所要制作的顶面造型，执行相应的绘图命令和编辑命令来进行绘制或编辑。此外，还可以执行填充命令，对各区域的顶棚图填充装饰图案，初步表达材料的装饰效果。

12.2 绘制别墅地下室顶棚平面图

本小节介绍地下室顶棚图的绘制方法。

地下室虽然功能分区较多，但是仅有几个房间区域制作了造型吊顶，分别是卡拉OK厅、过道、酒窖。

卡拉OK厅制作了石膏板叠级吊顶，并制作了角线。角线是顶棚与墙面相交处的收口做法，如绘制完成的地下室顶棚图所示；卡拉OK厅顶棚图有与墙面平行的细线为角线，此角线的做法为宽100mm的石膏线，表面白色乳胶漆饰面。

各过道区为石膏板吊顶，外侧虚线代表隐藏的灯槽板，其中设有日光带。酒窖顶棚的做法与卡拉OK厅的做法一致，为石膏板造型吊顶并辅以日光灯带做装饰。

卫生间的顶棚则为成品的铝扣板吊顶，该材料的吊顶有价格经济、稳定性好、易于清洁、外观多样等优点。

两个工人房和洗衣房没有制作吊顶，仅沿顶面走了石膏角线。车库顶面则完全没有装饰物，涂刷乳胶漆既经济实惠，实用性又强。

01 调用地下室平面布置图。按Ctrl+O组合键，打开第9章绘制的“地下室平面布置图.dwg”文件；调用E（删除）命令，删除平面图上多余的图形，如图12-4所示。

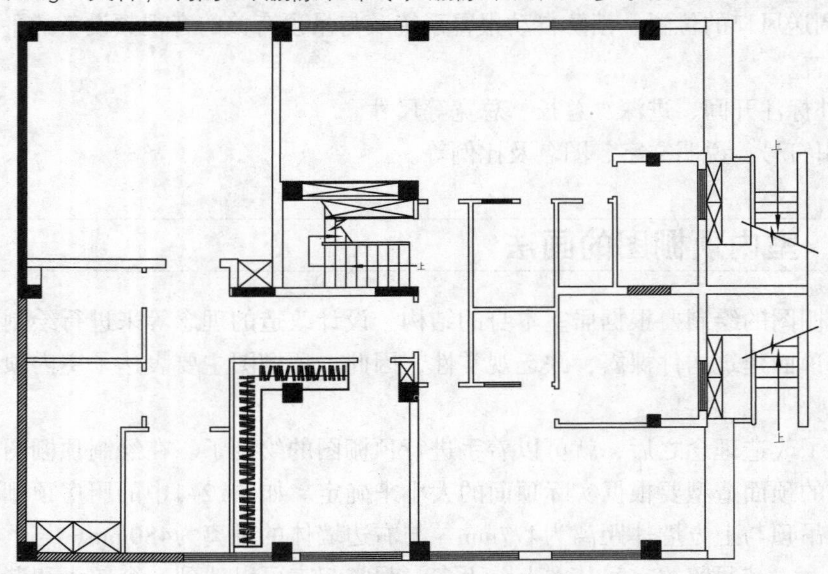

图12-4 删除图形

02 绘制区域闭合直线。调用L（直线）命令，在各区域的门洞处绘制闭合直线，如图12-5所示。

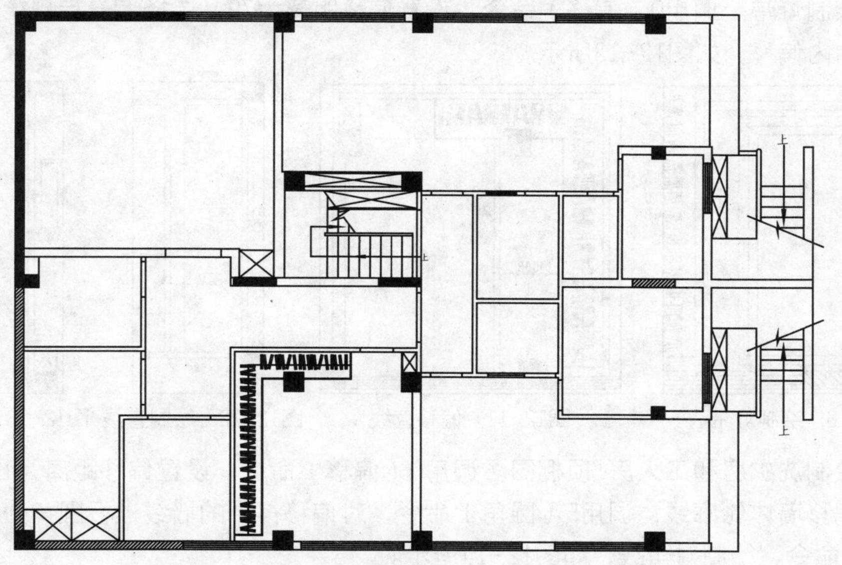

图12-5　制闭合直线

03 绘制机密室顶棚图。调用L（直线）命令，绘制直线，如图12-6所示。

04 绘制室内石膏角线。调用O（偏移）命令，设置偏移距离为100，选择室内轮廓线向内偏移；调用F（圆角）命令，设置圆角半径为0，对偏移的线段进行圆角处理，如图12-7所示。

05 绘制酒窖顶棚图。调用REC（矩形）命令，绘制尺寸为1518×2594的矩形，如图12-8所示。

06 绘制角线。调用O（偏移）命令和L（直线）命令，向内偏移矩形并绘制对角线，如图12-9所示。

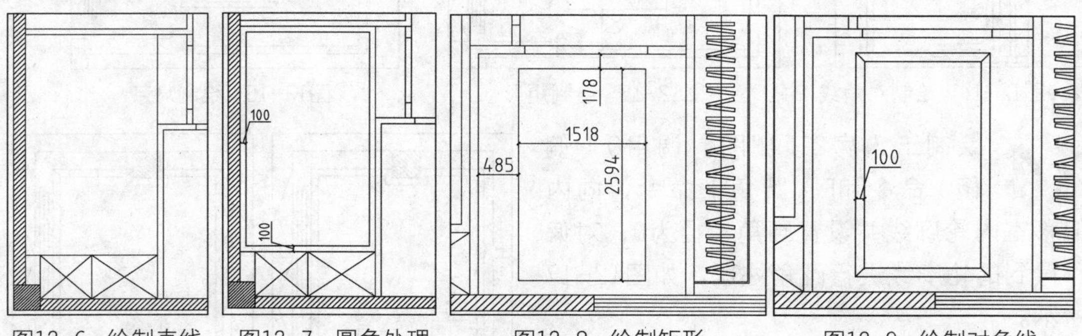

图12-6　绘制直线　图12-7　圆角处理　图12-8　绘制矩形　图12-9　绘制对角线

07 绘制灯带。调用O（偏移）命令，选择尺寸为1518×2594的矩形，往外偏移，并将偏移得到的矩形的线型更改为虚线，如图12-10所示。

08 绘制客房局部顶棚图。调用L（直线）命令和O（偏移）命令，绘制并偏移直线，如图12-11所示。

09 绘制车库间走道顶棚图。调用L（直线）命令，绘制直线，如图12-12所示。

10 绘制灯带。调用O（偏移）命令，设置偏移距离为79，选择上一步骤绘制的直线向内偏移，如图12-13所示。

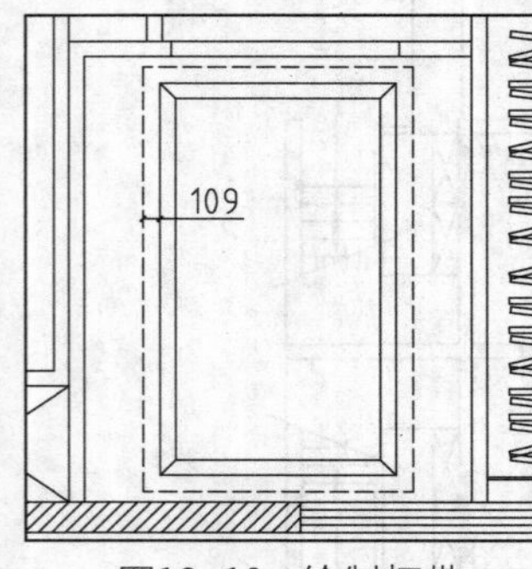

图12-10　绘制灯带

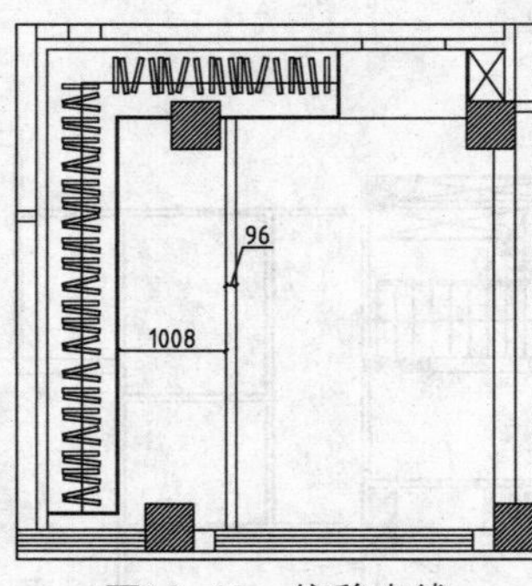

图12-11　偏移直线

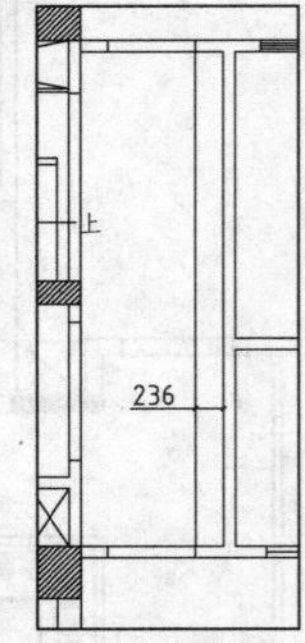

图12-12　绘制直线

图12-13　绘制灯带

11 绘制洗衣房和工人房1顶棚图。调用O（偏移）命令，设置偏移距离为100，向内偏移墙体轮廓线；调用F（圆角）命令，对偏移得到的墙线进行圆角处理；调用L（直线）命令，绘制对角线，如图12-14所示。

12 绘制储藏室顶棚图。调用REC（矩形）命令，绘制尺寸为1223×291的矩形，如图12-15所示。

13 绘制灯带。调用X（分解）命令和O（偏移）命令，分解绘制完成的矩形并偏移矩形边，如图12-16所示。

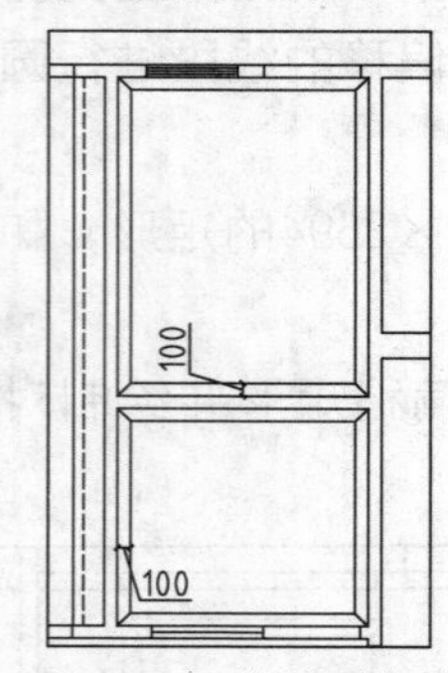

图12-14　绘制对角线

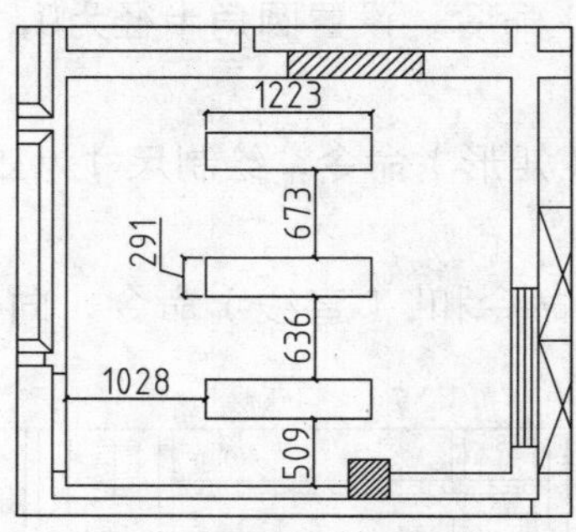

图12-15　绘制矩形

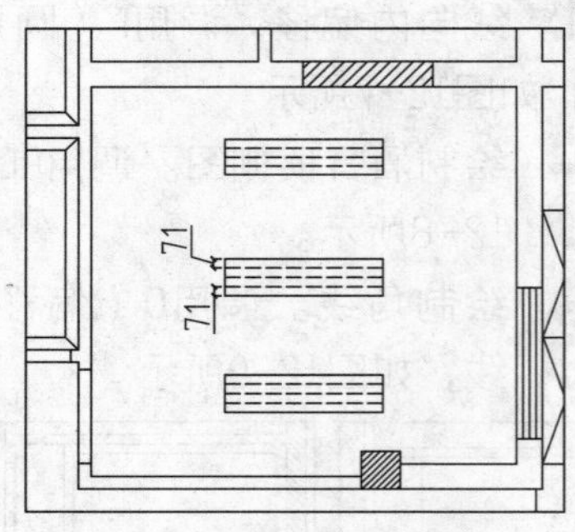

图12-16　绘制灯带

14 绘制工人房2顶棚图。调用O（偏移）命令和F（圆角）命令，向内偏移室内轮廓线并设置圆角半径为0，对偏移得到的轮廓线进行圆角处理，如图12-17所示。

15 调用L（直线）命令，绘制对角线，如图12-18所示。

16 绘制酒窖和卡拉OK厅之间的过道顶棚图。调用REC（矩形）命令，绘制尺寸为1188×2950的矩形，如图12-19所示。

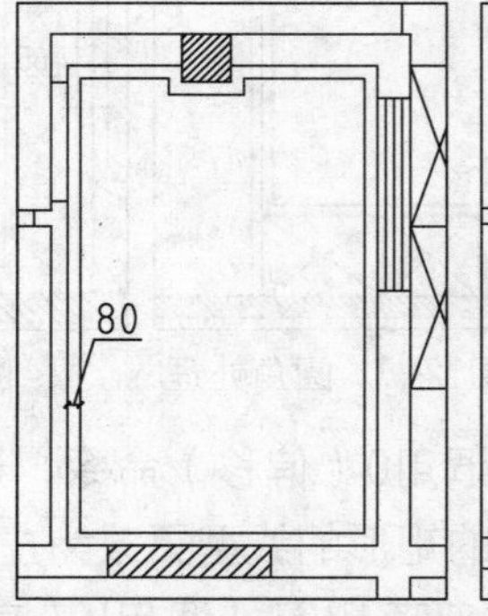

图12-17　圆角处理

图12-18　绘制对角线

17 绘制灯带。调用X（分解）命令和O（偏移）命令，分解矩形并选择矩形的长边，分别往外偏移，并将偏移得到的线段的线型设置为虚线，如图12-20所示。

18 绘制客房外过道顶棚图。调用L（直线）命令和O（偏移）命令，绘制并偏移直线；将偏移得到的线段的线型设置为虚线，如图12-21所示。

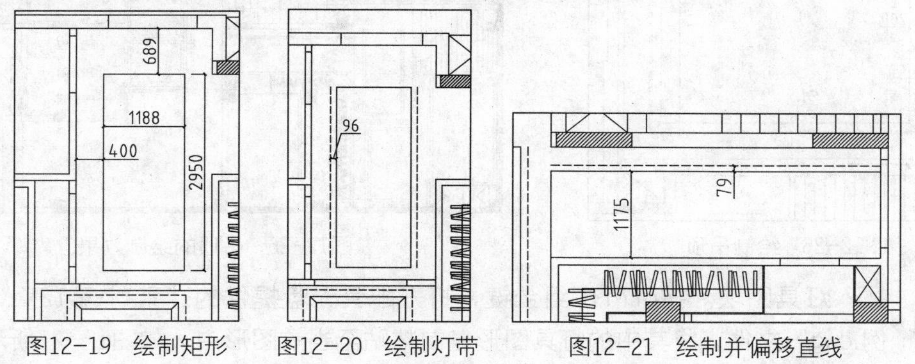

图12-19 绘制矩形　图12-20 绘制灯带　图12-21 绘制并偏移直线

19 绘制卫生间顶棚图。调用H（填充）命令，弹出“图案填充和渐变色”对话框，设置参数如图12-22所示。

20 在对话框中单击“添加：拾取点”按钮，根据命令行的提示在绘图区中点取填充区域；按回车键返回“图案填充和渐变色”对话框，单击“确定”按钮关闭对话框，完成图案填充，如图12-23所示。

21 绘制卡拉OK厅顶棚图。调用O（偏移）命令和F（圆角）命令，向内偏移室内轮廓线并设置圆角半径为0，对偏移得到的轮廓线进行圆角处理；调用L（直线）命令，绘制对角线，如图12-24所示。

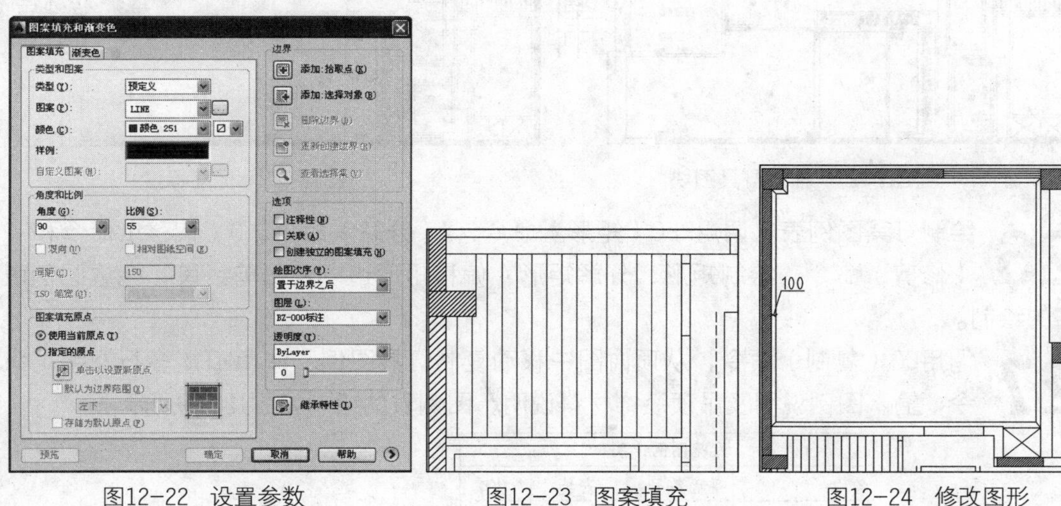

图12-22 设置参数　图12-23 图案填充　图12-24 修改图形

22 调用REC（矩形）命令，绘制尺寸为4411×4750的矩形；调用O（偏移）命令，向内偏移矩形，并将偏移得到的其中一个矩形的线型设置为虚线；调用L（直线）命令，绘制对角线，如图12-25所示。

23 地下室吊顶造型的绘制如图12-26所示。

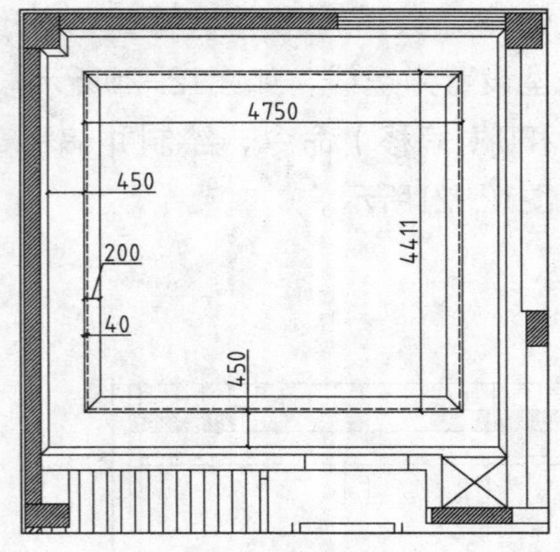

图12-25　绘制吊顶

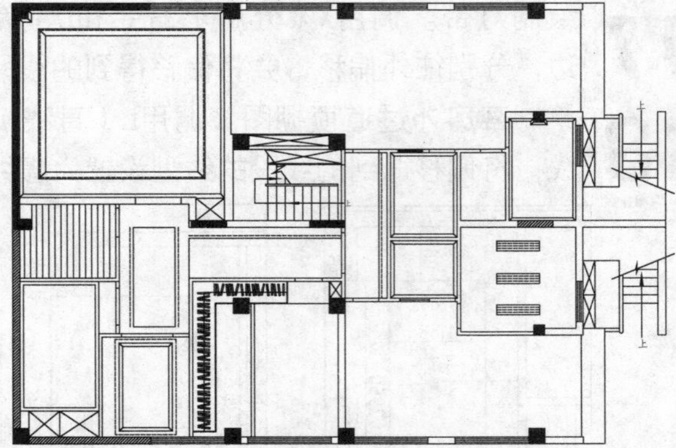

图12-26　吊顶的绘制效果

24 插入灯具图块。按Ctrl+O组合键，打开配套光盘提供的“素材\第12章\家具图例.dwg”文件，将其中的灯具图形复制粘贴至当前图形中，如图12-27所示。

25 标高标注。调用I（插入）命令，在弹出的“插入”对话框中选择标高图块，根据命令行的提示，输入标高参数和定义标高的标注点，绘制标高标注，如图12-28所示。

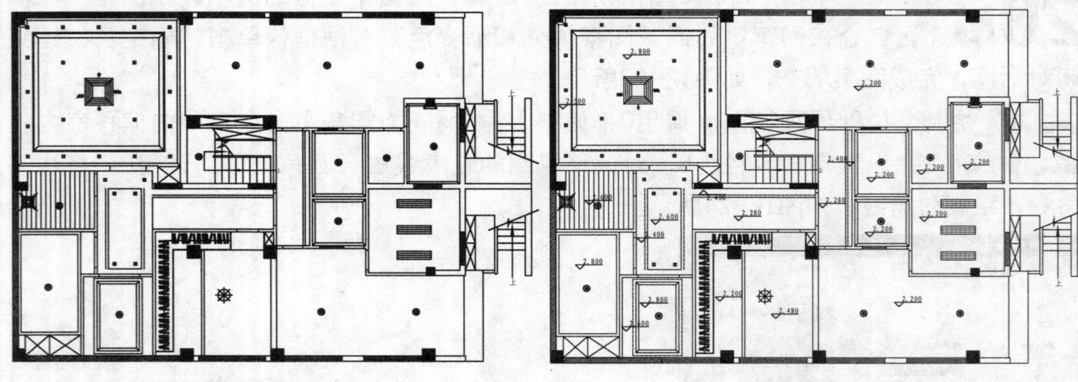

图12-27　插入灯具图块　　　图12-28　标高标注

26 绘制灯具图例表。调用REC（矩形）命令、X（分解）命令、O（偏移）命令和TR（修剪）命令，绘制矩形、分解矩形、偏移矩形边以及修剪线段，完成图例表格的绘制。

27 调用CO（复制）命令，从顶面图中移动复制灯具图例；调用MT（多行文字）命令，输入图例说明及吊顶装饰材料说明，图例表的绘制如图12-29所示。

天花图例说明			
名称	平面符号	安装	功率
格栅射灯（单）		嵌装	50W
吸顶灯		明装	详定
吊灯		明装	详定
排风扇		嵌装	

天花材料说明：除了厨房、卫生间用石膏板吊顶刷白色防水涂料（PT02）外，
其他部分均为石膏板吊顶刷白色涂料（PT01）

图12-29　绘制灯具图例表

28 图名标注。双击地下室平面布置图的图名标注，在文字显示为在位编辑的时候，将其更改为“地下室地面布置图”，如图12-30所示。

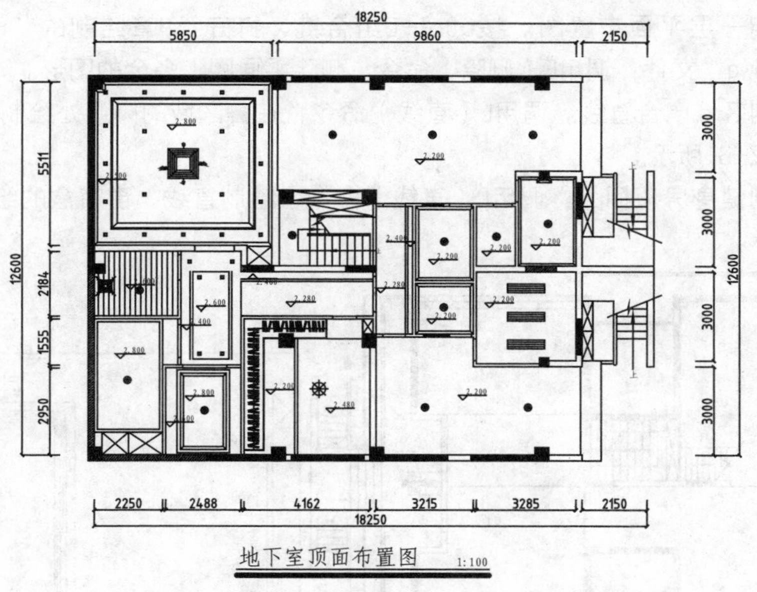

图12-30 图名标注

12.3 绘制别墅一层顶棚图

本节介绍别墅一层顶棚图的绘制方法。

因为别墅的一层为主要活动区，所以在各主要的活动空间都设计制作了造型吊顶。

中餐厅的顶棚制作了矩形的石膏板吊顶，在吊顶的左右两侧设置了空调的出风口和回风口设备。在通往阳台和生态房的推拉门顶面，都预留了宽度为150mm的空间，用来制作窗帘盒。

中餐厅上方的过道顶棚装饰也为石膏板造型吊顶，在吊顶的中央设置了空调的出风口，在出风口设备之间安装了格栅射灯。在过道与中餐厅顶面相间隔的地方设置了空调维修口，以方便对已安装的空调设备进行维修。

通往地下室的楼梯口顶棚制作了圆形的石膏板吊顶。圆形吊顶的直径为502mm，外侧的虚线表示隐藏的日光灯带。

西餐厅的造型顶面由两个半径分别为1247mm、1047mm的圆形组成，材料为石膏板，表面白色乳胶漆饰面。圆形吊顶的中央有一盏吊灯，左右两边有空调的出风口。同样道理，由于西餐厅有推拉门以及与生态房相隔，理应在顶面为推拉门和玻璃窗预留窗帘盒的位置。

休息室的顶棚采用了常规的矩形石膏板吊顶，在灯具的选用上选择了吊灯和格栅射灯相结合的方法。

一层右上方会客厅的顶棚为椭圆形的石膏板吊顶，椭圆的具体绘制尺寸可以查看本节绘制会客厅顶棚的步骤，当中有详细的介绍。会客厅灯具的选用也采用了吊灯和格栅

射灯相结合的方法，不同的是格栅射灯沿造型椭圆轮廓线均匀分布，在同时开启的时候可以加强装饰效果。

01 调用一层平面布置图。按Ctrl+O组合键，打开第9章绘制的“一层平面布置图.dwg”文件；调用E（删除）命令，删除平面图上多余的图形。

02 绘制区域闭合直线。调用L（直线）命令，在各区域的门洞处绘制闭合直线，如图12-31所示。

03 绘制健身房顶棚图。调用L（直线）命令，绘制直线，窗帘盒的绘制如图12-32所示。

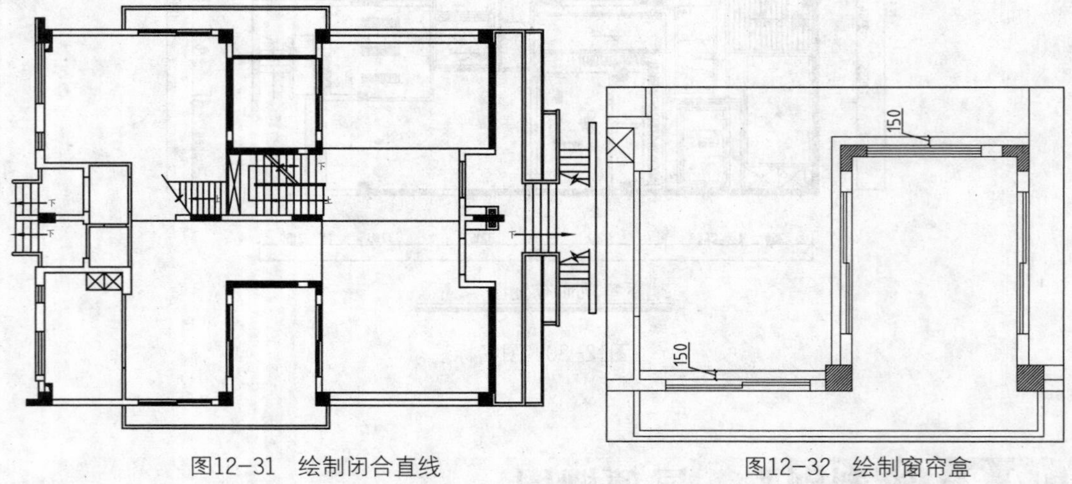

图12-31 绘制闭合直线　　图12-32 绘制窗帘盒

04 调用REC（矩形）命令，绘制尺寸为2550×3143的矩形，如图12-33所示。

05 绘制角线。调用O（偏移）命令，设置偏移距离为200，向内偏移矩形；调用L（直线）命令，绘制对角线，如图12-34所示。

06 绘制回风口和下出风口的位置。调用X（分解）命令和O（偏移）命令，分解矩形并向内偏移矩形的长边，如图12-35所示。

07 插入图块。按Ctrl+O组合键，打开配套光盘提供的“第12章\家具图例.dwg”文件，将其中的窗帘等图形复制粘贴至当前图形中，如图12-36所示。

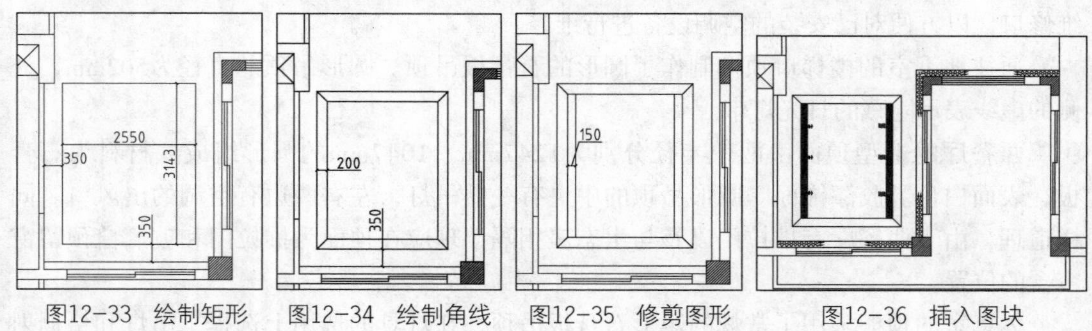

图12-33 绘制矩形　图12-34 绘制角线　图12-35 修剪图形　图12-36 插入图块

08 绘制空调维修口。调用REC（矩形）命令，绘制尺寸为400×400的矩形；调用L（直线）命令，在矩形内绘制对角线，并将图形的线型全部改为虚线，如图12-37所示。

09 绘制过道顶棚图。调用REC（矩形）命令，绘制尺寸为5701×1200的矩形；调用O（偏移）命令，设置偏移距离为100，向内偏移矩形；调用L（直线）命令，绘制对角线，如图12-38所示。

10 绘制回风口和下出风口的位置。调用X（分解）命令和O（偏移）命令，分解矩形并向内偏移矩形的长边，如图12-39所示。

11 绘制格栅射灯位置。调用L（直线）命令和O（偏移）命令，绘制并偏移直线，如图12-40所示。

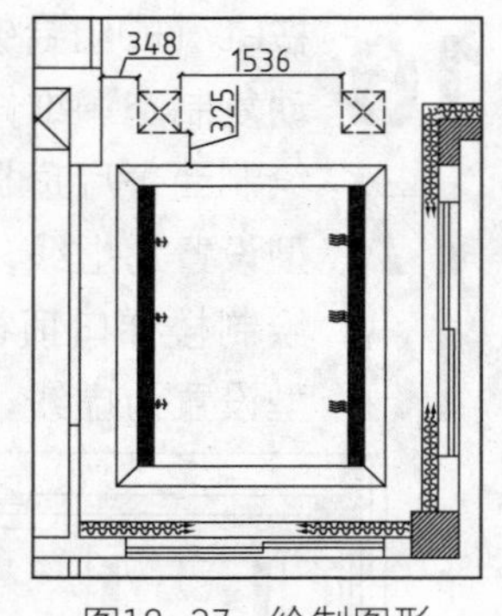

图12-37 绘制图形

12 插入图块。按Ctrl+O组合键，打开配套光盘提供的“第12章\家具图例.dwg”文件，将其中的格栅射灯等图形复制粘贴至当前图形中，如图12-41所示。

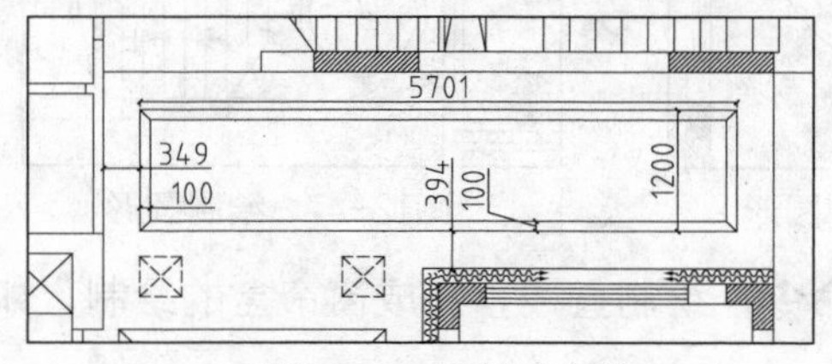

图12-38 绘制对角线

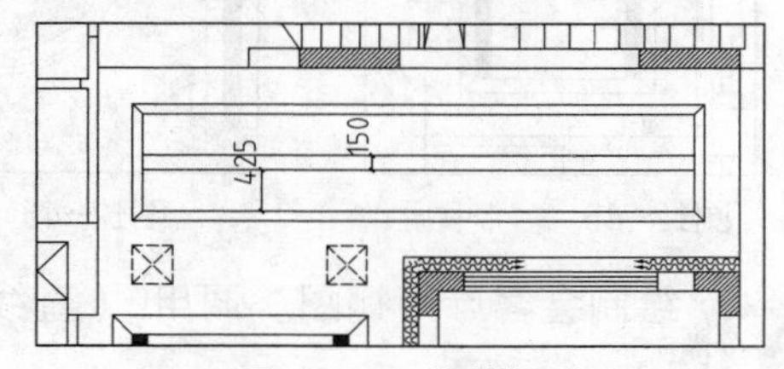

图12-39 偏移矩形边

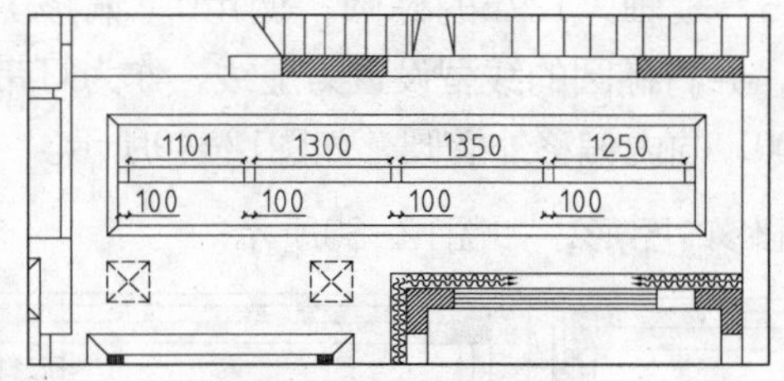

图12-40 偏移直线

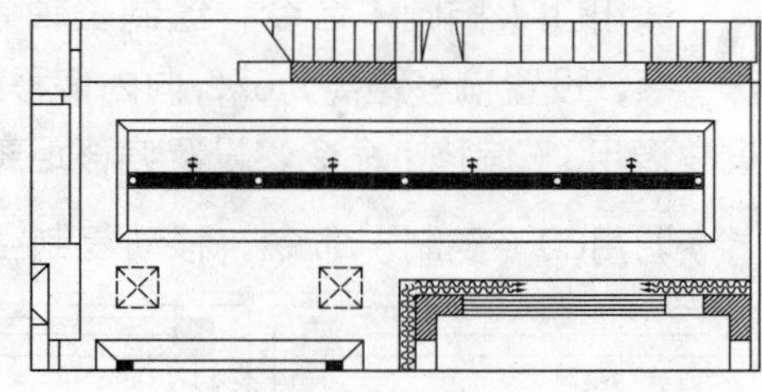
图12-41 插入图块

13 绘制公卫顶棚图。调用O（偏移）命令和F（圆角）命令，向内偏移墙体轮廓线并设置圆角半径为0，对轮廓线进行圆角处理，绘制角线如图12-42所示。

14 绘制休息室、西餐厅窗帘盒。调用L（直线）命令、TR（修剪）命令，绘制并修剪直线，绘制如图12-43所示。

15 绘制休息室顶棚图。调用REC（矩形）命令、O（偏移）命令，绘制并偏移矩形；调用L（直线）命令，绘制对角线和回风口和下出风口的位置，如图12-44所示。

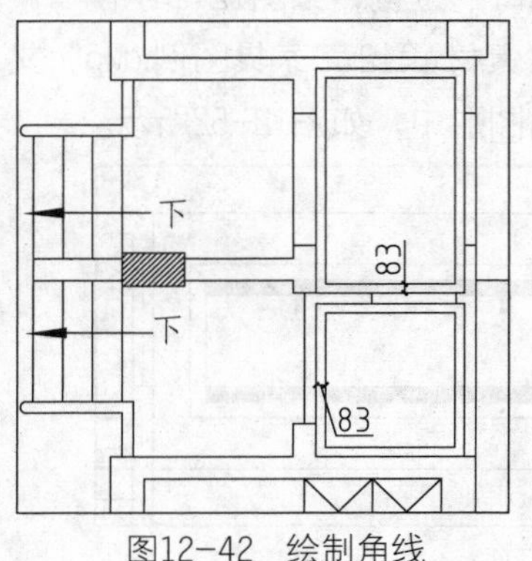

图12-42 绘制角线

图12-43 绘制窗帘盒

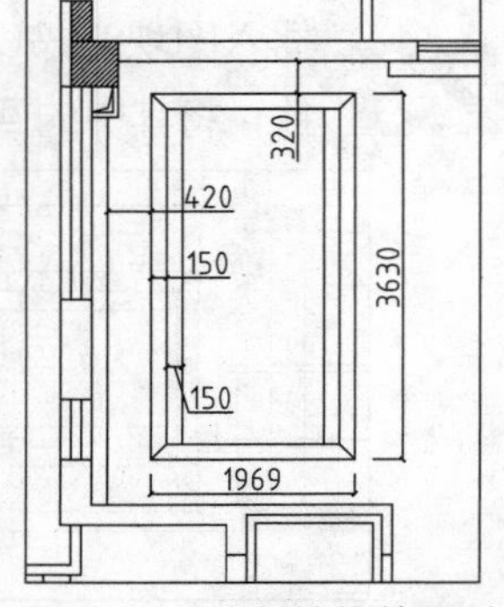

图12-44 绘制并修剪图形

16 按Ctrl+O组合键，复制粘贴回风口和下出风口图形；调用CO（复制）命令，移动复制空调维修口图形，如图12-45所示。

17 绘制西餐厅顶棚图。调用C（圆形）命令，绘制圆形，将半径为1180的圆形的线型设置为虚线，作为灯带图形，如图12-46所示。

18 绘制楼梯口顶棚图。调用C（圆形）命令，绘制圆形，将半径为592的圆形的线型设置为虚线，作为灯带图形，如图12-47所示。

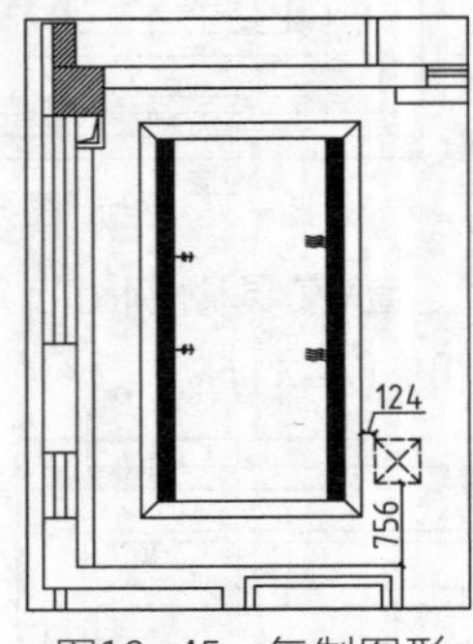

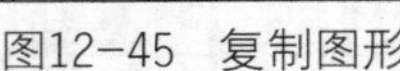

图12-45　复制图形

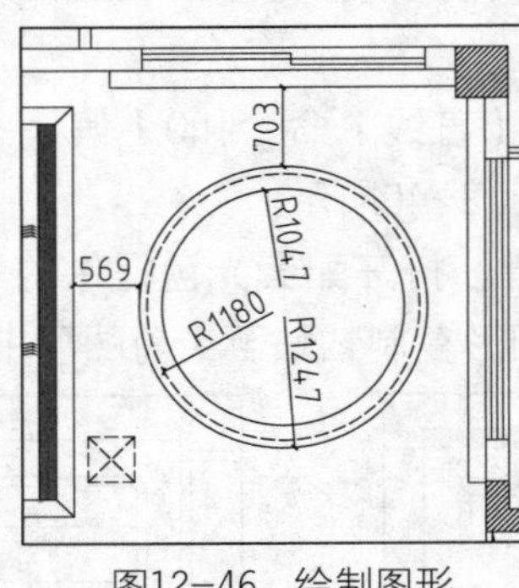

图12-46　绘制图形

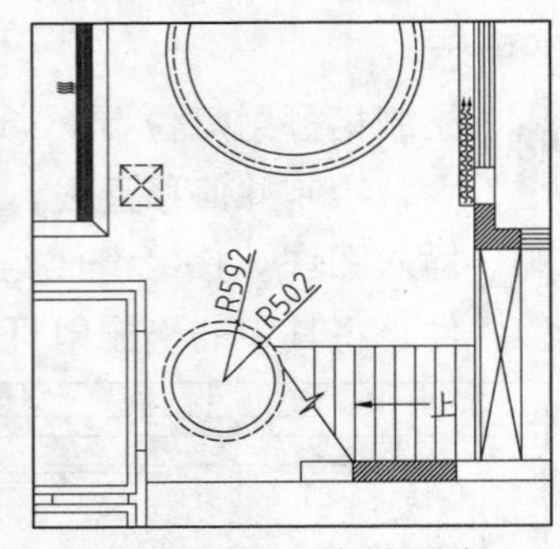

图12-47　绘制圆形

19 绘制会客厅顶棚图。调用L（直线）命令，绘制直线，完成窗帘盒的绘制，如图12-48所示。

20 调用EL（椭圆）命令，绘制长轴为4225，短轴为1275的椭圆；调用O（偏移）命令，设置偏移距离为67，向内偏移椭圆，并将椭圆的线型设置为虚线，作为灯带图形；重复调用O（偏移）命令，设置偏移距离为200，向内偏移外椭圆，如图12-49所示。

21 调用CO（复制）命令，移动复制空调维修口图形，如图12-50所示。

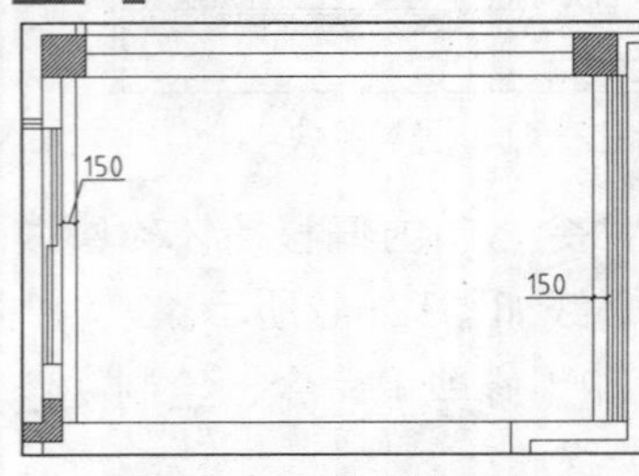

图12-48　绘制窗帘盒

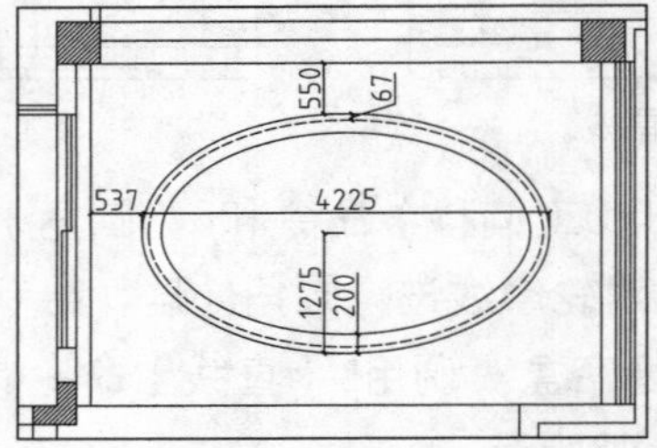

图12-49　偏移椭圆

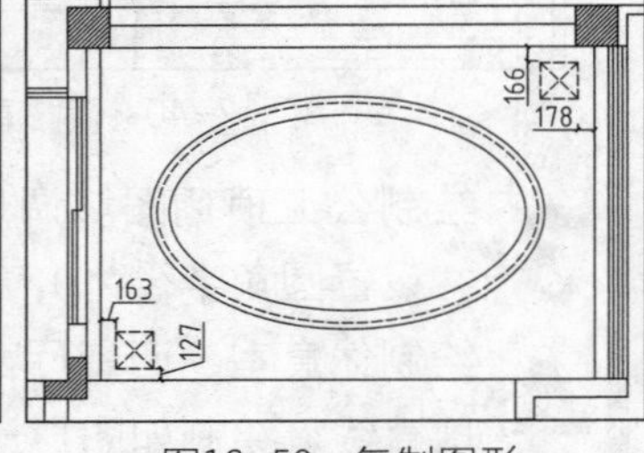

图12-50　复制图形

22 绘制楼梯口顶棚图。调用REC（矩形）命令、O（偏移）命令，绘制并偏移矩形；调用L（直线）命令，绘制对角线和回风口和下出风口的位置，如图12-51所示。

23 插入图块。按Ctrl+O组合键，打开配套光盘提供的“素材\第12章\家具图例.dwg”文件，将其中的回风口和下出风口图形复制粘贴至当前图形中，如图12-52所示。

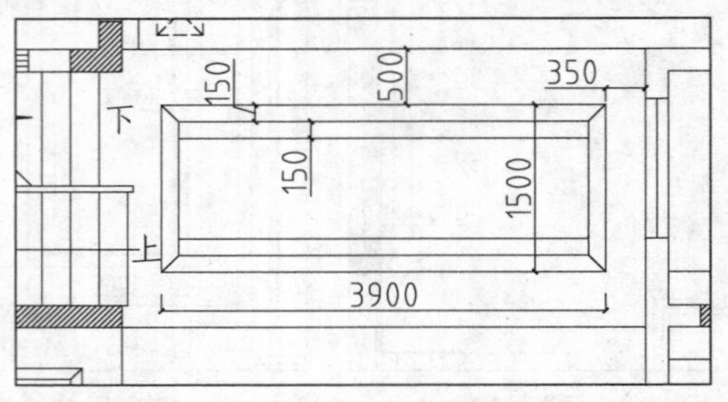

图12-51　绘制图形

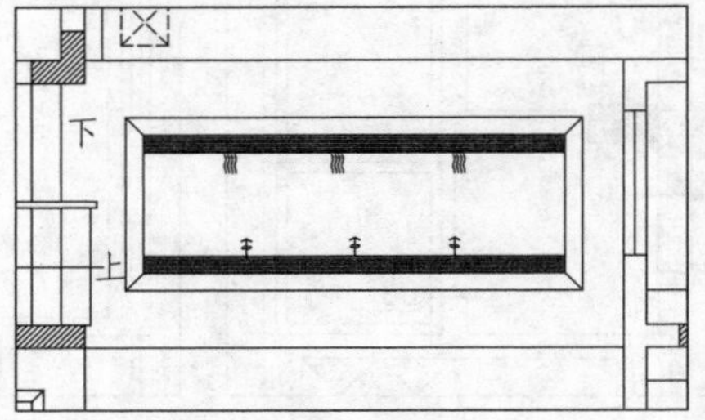

图12-52　插入图块

24 一层顶棚造型的绘制，如图12-53所示。

25 插入图块。按Ctrl+O组合键，打开配套光盘提供的“素材\第12章\家具图例.dwg”文件，将其中的灯具等图形复制粘贴至当前图形中，如图12-54所示。

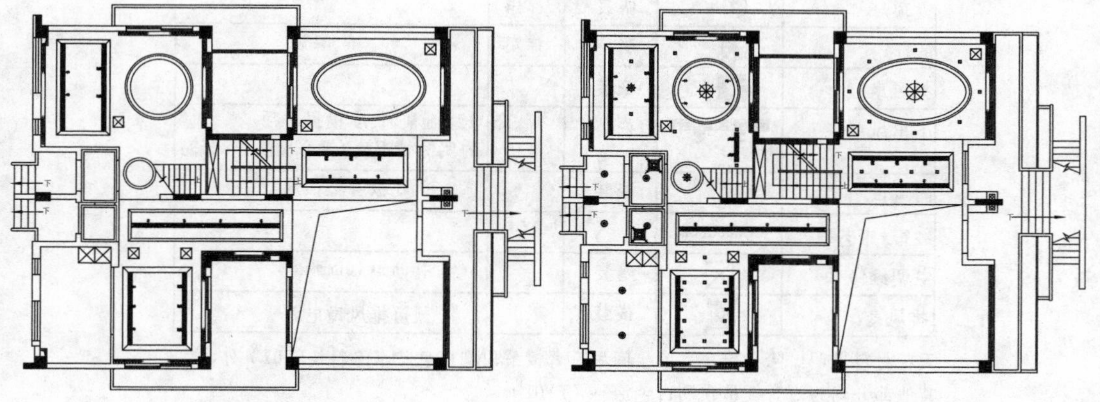

图12-53　绘制图形　　　　图12-54　调入图块

26 标高标注。调用I（插入）命令，在弹出的“插入”对话框中选择标高图块，根据命令行的提示，输入标高参数和定义标高的标注点，绘制标高标注，如图12-55所示。

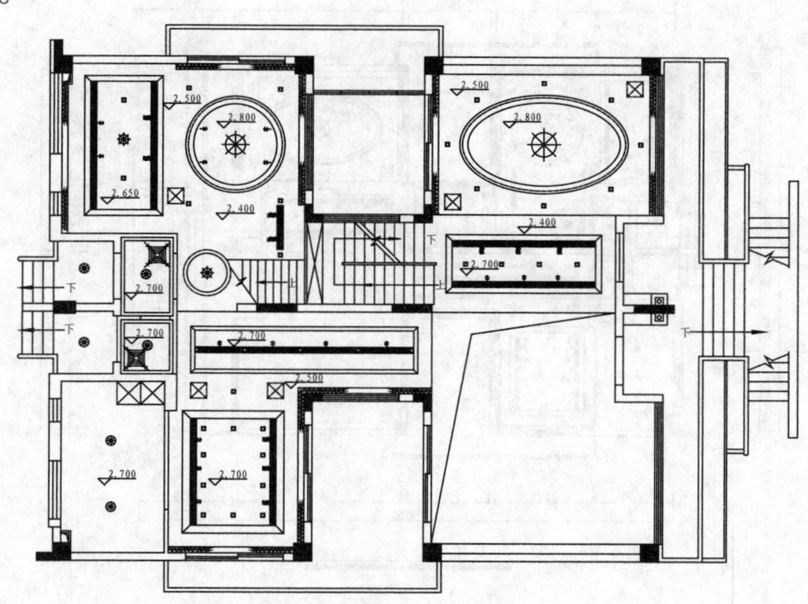

图12-55　标高标注

27 绘制灯具图例表。调用REC（矩形）命令、X（分解）命令、O（偏移）命令和TR（修剪）命令，绘制矩形并分解矩形、偏移矩形边、修剪线段，完成图例表格的绘制。

28 调用CO（复制）命令，从顶面图中移动复制灯具图例；调用MT（多行文字）命令，输入图例说明及吊顶装饰材料说明，完成图例表的绘制，如图12-56所示。

天花图例说明				
名称	平面符号	安装	功率	说明
格栅射灯（单）		嵌装	50W	
吸顶灯		明装	详定	
吊灯		明装	详定	
排风扇		嵌装		
下出风口		嵌装		120mm宽，长度根据吊顶的实际情况定（铝合金白色烤漆）
回风口		嵌装		天花板自然回风
纱帘+布艺帘				
空调维修口		暗装		400mm*400mm
排风扇		嵌装		预留排风扇电源

天花材料说明：除了厨房、卫生间用石膏板吊顶刷白色防水涂料（PT02）外，其他部分均为石膏板吊顶刷白色涂料（PT01）

图12-56　绘制灯具图例表

29 图名标注。双击一层平面布置图的图名标注，在文字显示为在位编辑的时候，将其更改为“一层顶面布置图”，如图12-57所示。

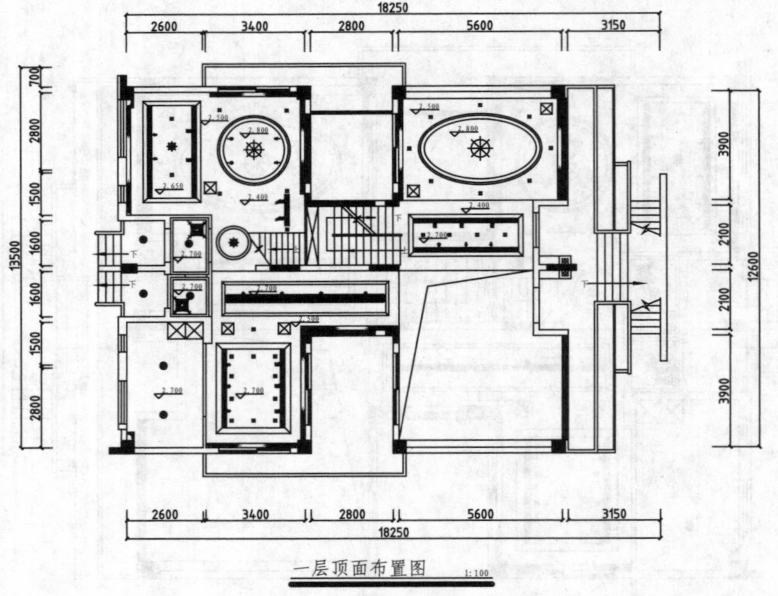

图12-57　图名标注

12.4 绘制别墅二层平面图

本节介绍别墅二层平面图的绘制方法。

二层各功能区顶面的装饰方式或造型与一层相比，有不同的地方也有相同的地方。相同的地方是，在卧室区、过道区以及书房的顶面装饰上，均分别采用了矩形石膏板造

型吊顶或者石膏角线来装饰顶棚的方法。在制作有窗户或玻璃推拉门的区域内的吊顶时，一定要注意预留窗帘盒的位置，否则在吊顶制作完成之后，发现没有预留窗帘盒的位置就会引起很多不必要的麻烦。

在制作禅房顶棚的时候，采用了樱桃木来装饰顶面。使用樱桃木装饰禅房顶棚，有利于营造浓郁的佛学氛围。在绘制该装饰图案的时候，可以首先调用偏移命令和修剪命令来绘制装饰轮廓线；然后再调用填充命令来选择填充图案，对顶棚区域绘制图案填充。

一层下方会客厅的顶棚是挑空设计，即其顶棚其实是位于二层上的。会客厅的顶棚造型在使用常规的矩形石膏板吊顶装饰之外，还在顶棚的中间设置了圆形吊顶，并配以石膏雕花来辅助表现装饰造型。会客厅顶棚所设置的格栅射灯比较多，在全部开启的时候，有一种眼花缭乱、金碧辉煌的感觉。

01 调用二层平面布置图。按Ctrl+O组合键，打开第10章绘制的“二层平面布置图.dwg”文件；调用E（删除）命令，删除平面图上多余的图形。

02 绘制区域闭合直线。调用L（直线）命令，在各区域的门洞处绘制闭合直线，如图12-58所示。

03 绘制老人房1顶棚图。调用REC（矩形）命令，绘制尺寸为2345×2600的矩形；调用O（偏移）命令，设置偏移距离为200，向内偏移矩形；调用L（直线）命令，绘制对角线，如图12-59所示。

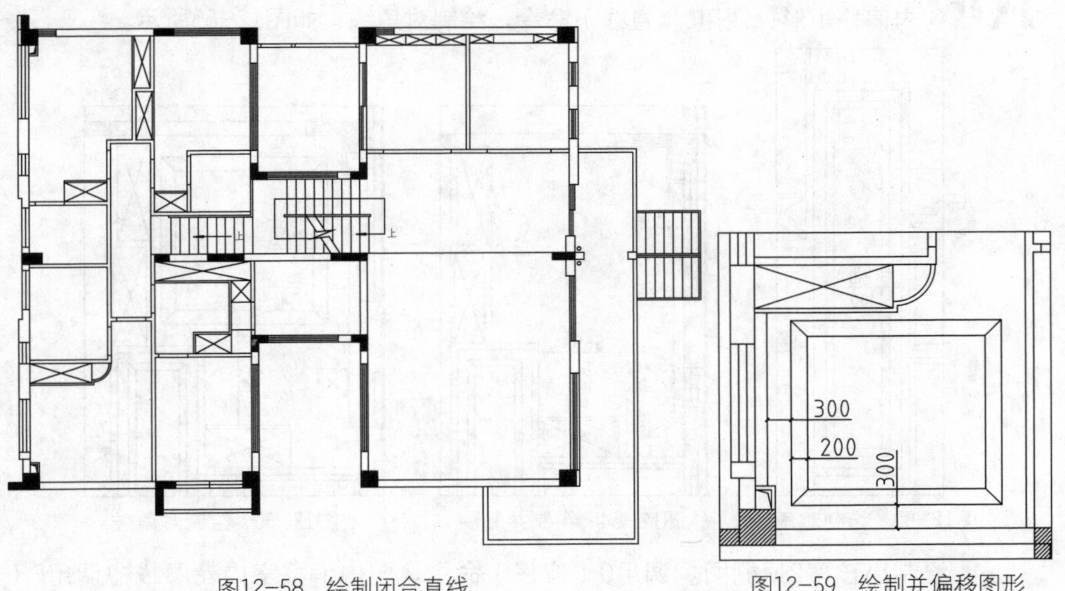

图12-58 绘制闭合直线　　图12-59 绘制并偏移图形

04 调用CO（复制）命令，从一层顶棚图中移动复制空调维修口至当前图形中，如图12-60所示。

05 绘制老人房1卫生间顶棚图。调用REC（矩形）命令，绘制矩形；调用O（偏移）命令，向内偏移矩形；调用L（直线）命令，绘制对角线，如图12-61所示。

06 绘制老人房2卫生间顶棚图。调用O（偏移）命令，向内偏移室内轮廓线；调用F（圆角）命令，设置圆角半径为0，对偏移的室内轮廓线进行圆角处理，如图12-62所示。

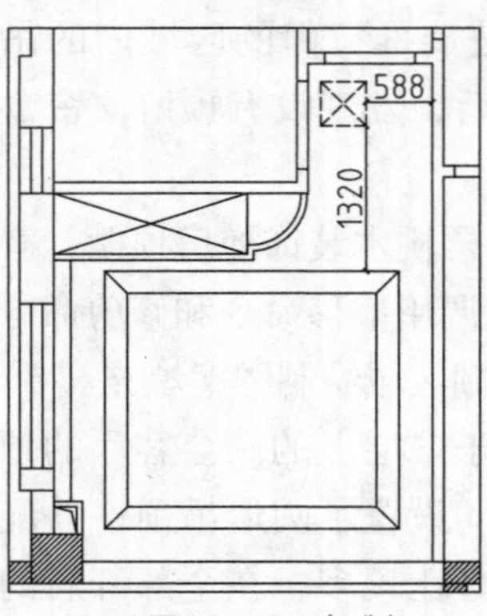

图12-60 复制

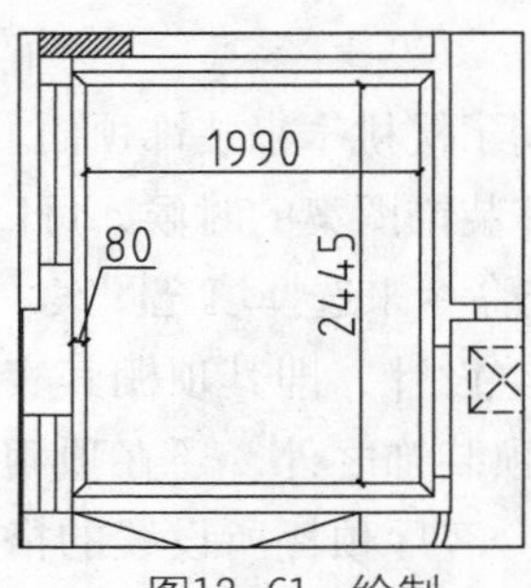

图12-61 绘制

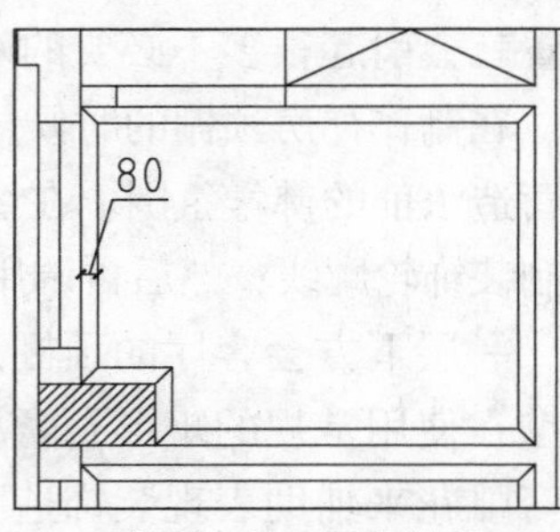

图12-62 圆角处理

07 绘制老人房1和老人房2之间过道顶棚图。调用REC（矩形）命令，单击过道区域左上角点为起点，单击右下角点为另一个角点，创建与过道长宽尺寸相等的矩形。

08 调用O（偏移）命令和L（直线）命令，向内偏移所创建的矩形并绘制对角线，如图12-63所示。

09 调用L（直线）命令，绘制窗帘盒图形；调用CO（复制）命令，移动复制空调维修口图形，如图12-64所示。

10 调用REC（矩形）命令，绘制尺寸为2369×2300的矩形；调用O（偏移）命令，向内偏移矩形；调用L（直线）命令，绘制对角线，如图12-65所示。

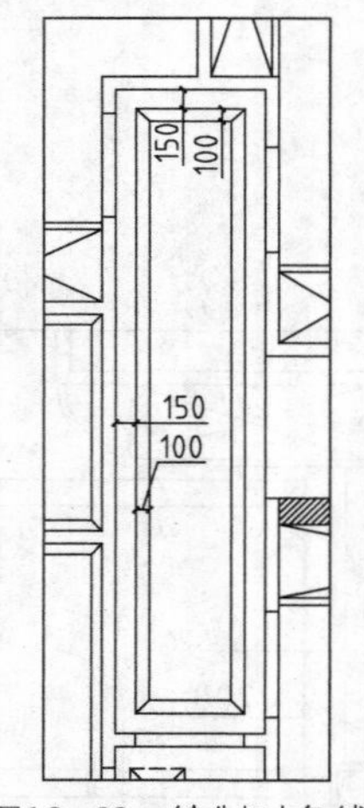

图12-63 绘制对角线

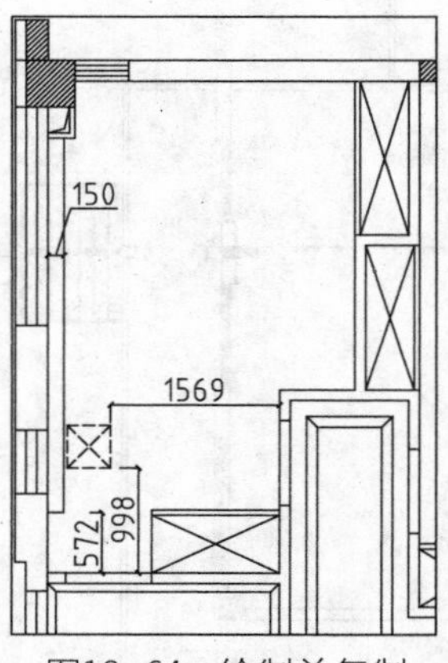

图12-64 绘制并复制

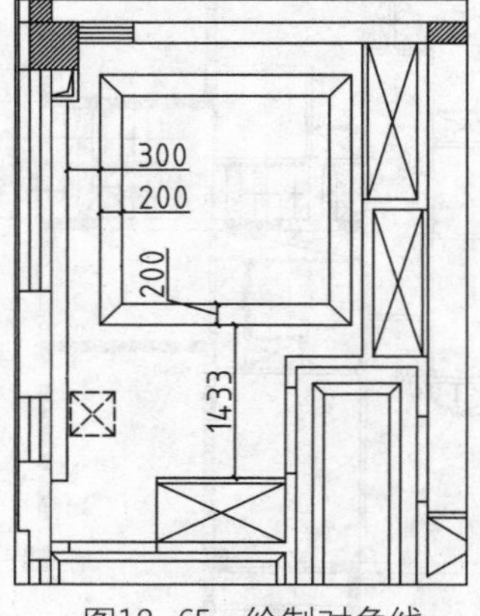

图12-65 绘制对角线

11 绘制小孩房2顶棚图。调用O（偏移）命令，向内偏移室内轮廓线；调用F（圆角）命令，对偏移得到的轮廓线进行圆角处理；调用L（直线）命令，绘制窗帘盒图形以及对角线，如图12-66所示。

12 绘制小孩房2卫生间顶棚图。调用REC（矩形）命令，绘制尺寸为1490×1479的矩形；调用L（直线）命令，绘制对角线；调用CO（复制）命令，移动复制空调维修口图形，如图12-67所示。

13 绘制小孩房1顶棚图。调用O（偏移）命令，向内偏移室内轮廓线；调用F（圆角）命令，对偏移得到的轮廓线进行圆角处理；调用L（直线）命令，绘制窗帘盒图形以及对角线，如图12-68所示。

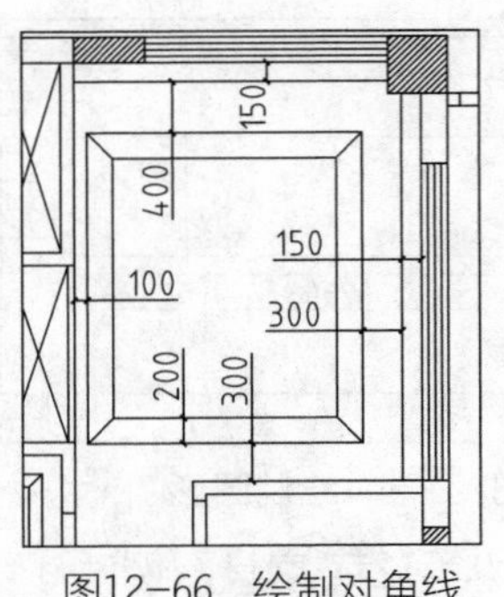

图12-66　绘制对角线

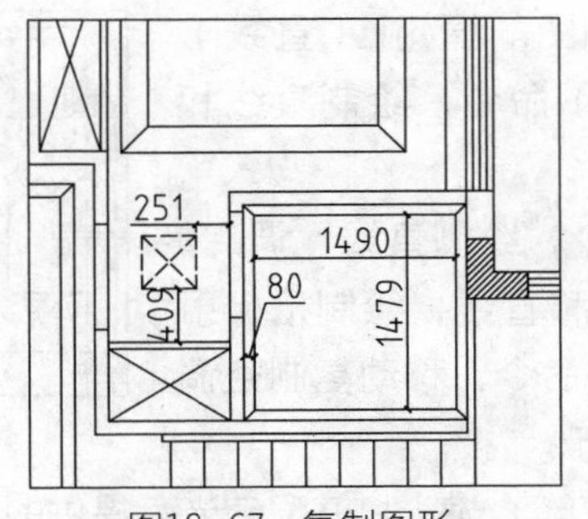

图12-67　复制图形

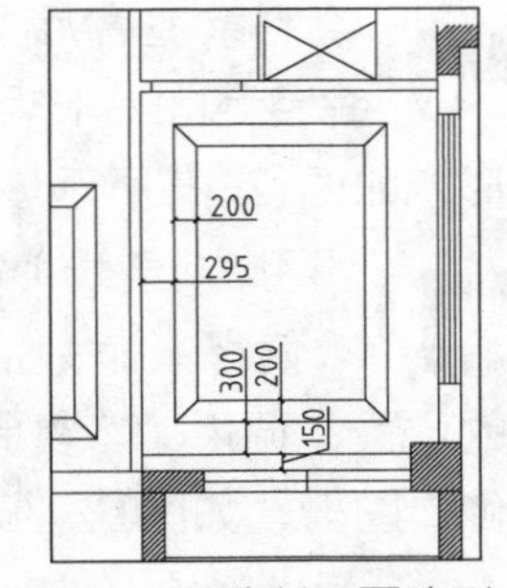

图12-68　绘制顶面造型

14 绘制小孩房1衣帽间顶棚图。调用L（直线）命令和TR（修剪）命令，绘制并修剪直线，如图12-69所示。

15 绘制小孩房1卫生间顶棚图。调用O（偏移）命令和TR（修剪）命令，偏移并修剪室内轮廓线，完成顶棚角线以及窗帘盒的绘制，如图12-70所示。

16 绘制会客厅顶棚图。调用REC（矩形）命令和O（偏移）命令，绘制矩形并向内偏移矩形，并将作为灯带图形的矩形的线型更改为虚线；调用L（直线）命令，绘制窗帘盒，如图12-71所示。

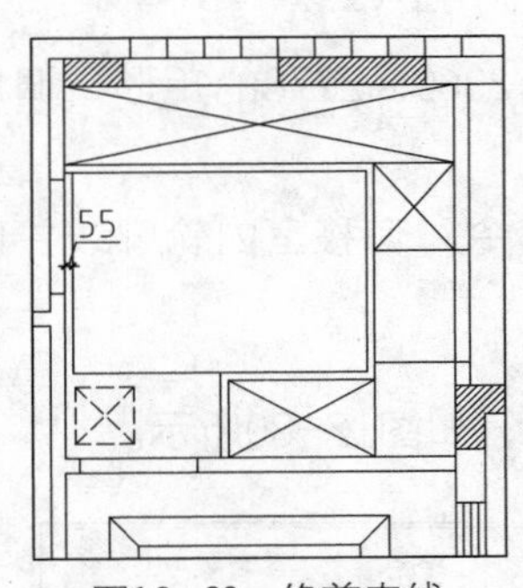

图12-69　修剪直线

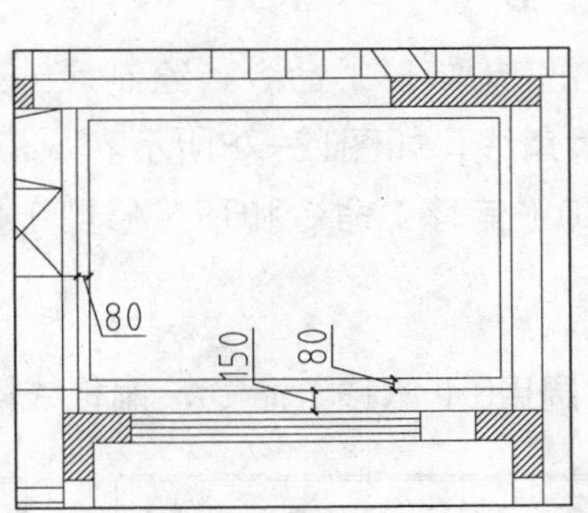

图12-70　绘制图形

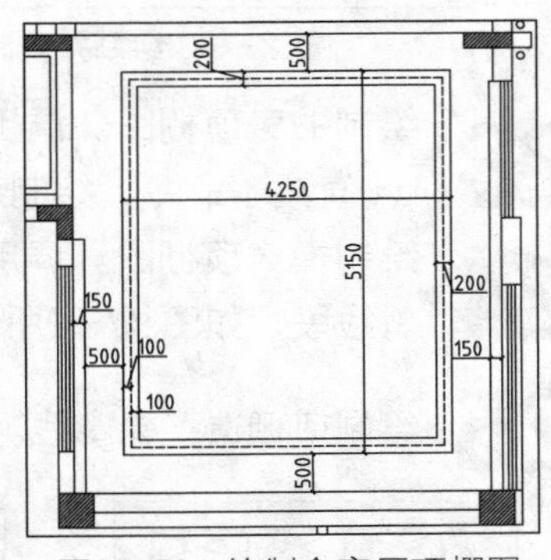

图12-71　绘制会客厅顶棚图

17 调用CO（复制）命令，移动复制空调维修口图形；调用L（直线）命令，绘制下风口和回风口的位置，如图12-72所示。

18 调用C（圆形）命令，绘制圆形，如图12-73所示。

19 插入图块。按Ctrl+O组合键，打开配套光盘提供的“素材\第12章\家具图例.dwg”文件，将其中的顶面雕花等图形复制粘贴至当前图形中，如图12-74所示。

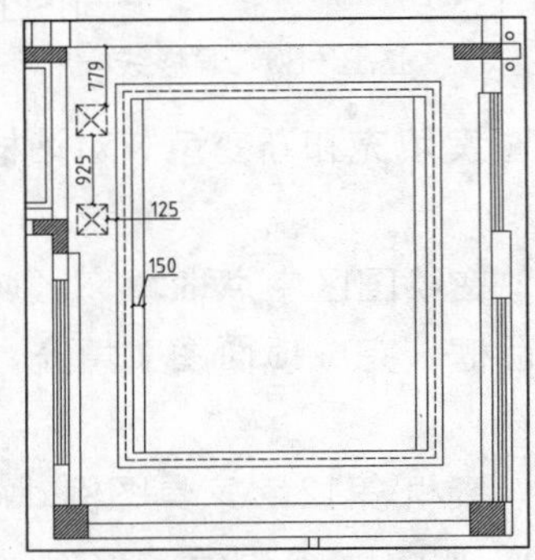

图12-72　复制图形

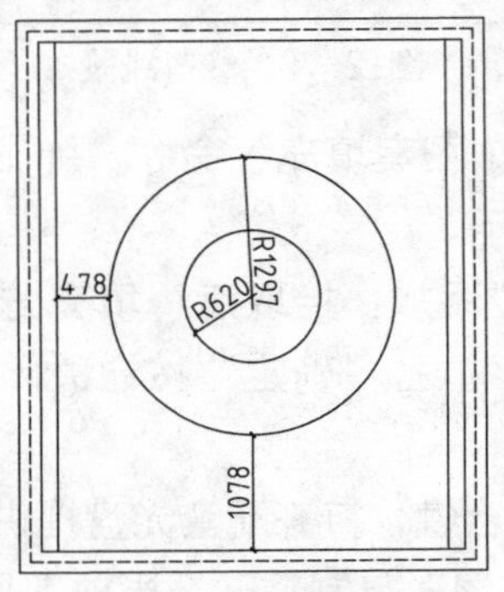

图12-73　绘制圆形

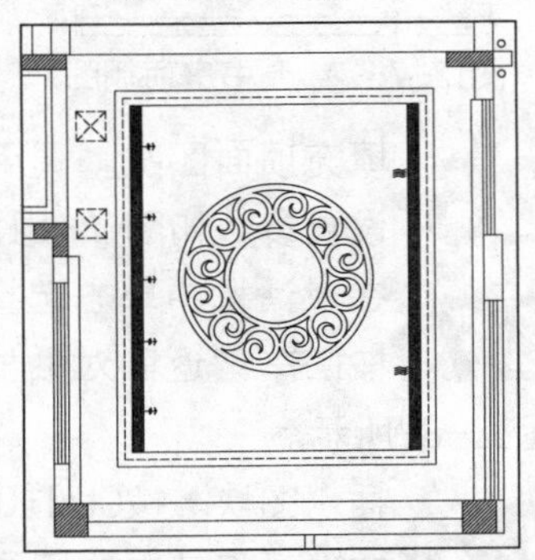
图12-74　插入图形

20 绘制家庭客厅顶棚图。调用L（直线）命令和REC（矩形）命令，绘制直线和矩形，如图12-75所示。

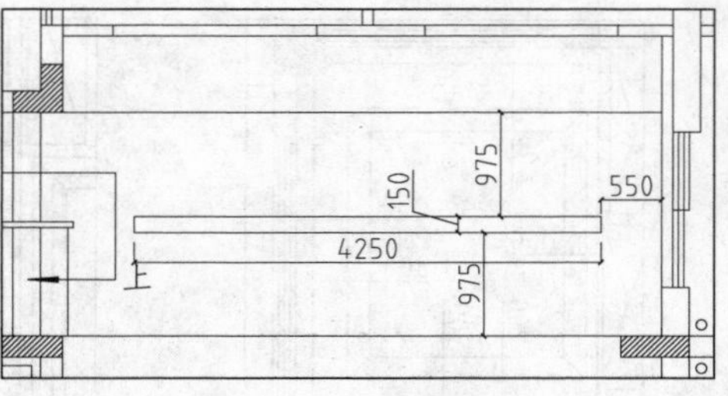

图12-75　绘制圆形

21 调用L（直线）命令，绘制直线；调用O（偏移）命令，偏移直线，绘制格栅射灯的位置；调用CO（复制）命令，移动复制空调维修口图形，如图12-76所示。

22 插入图块。按Ctrl+O组合键，打开配套光盘提供的“素材\第12章\家具图例.dwg”文件，将其中的格栅射灯、回风口图形复制粘贴至当前图形中，如图12-77所示。

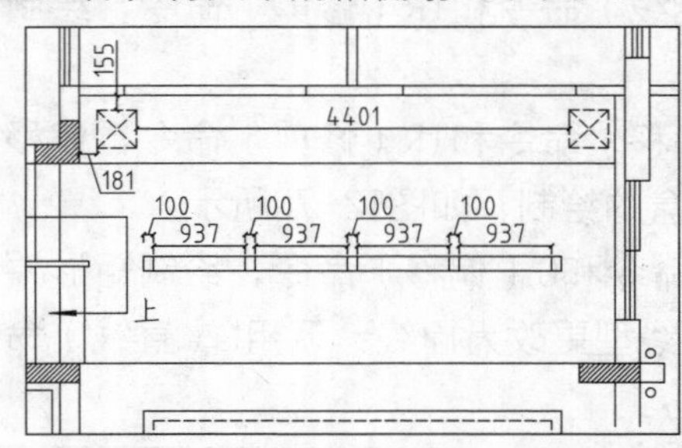

图12-76　绘制并复制图形

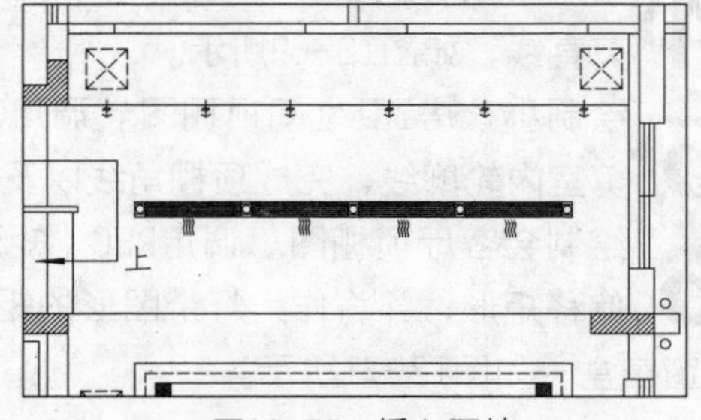

图12-77　插入图块

23 绘制书房顶棚图。调用REC（矩形）命令，绘制尺寸为2369×2778的矩形；调用L（直线）命令，绘制对角线，如图12-78所示。

24 绘制禅房顶棚图。调用O（偏移）命令和TR（修剪）命令，偏移室内轮廓线并修剪线段，如图12-79所示。

25 绘制顶棚造型轮廓线。调用O（偏移）命令，偏移线段，如图12-80所示。

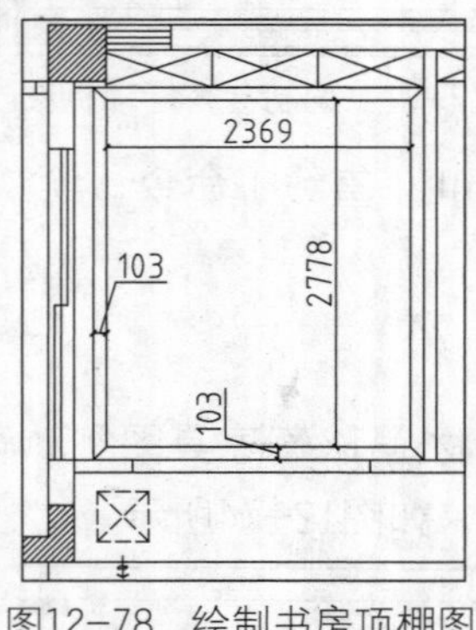

图12-78　绘制书房顶棚图

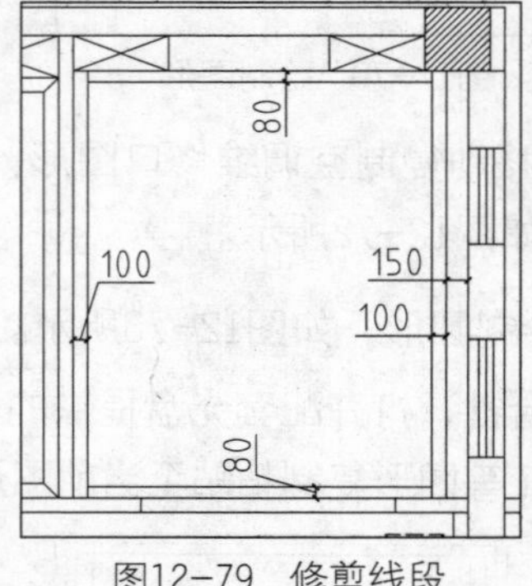

图12-79　修剪线段

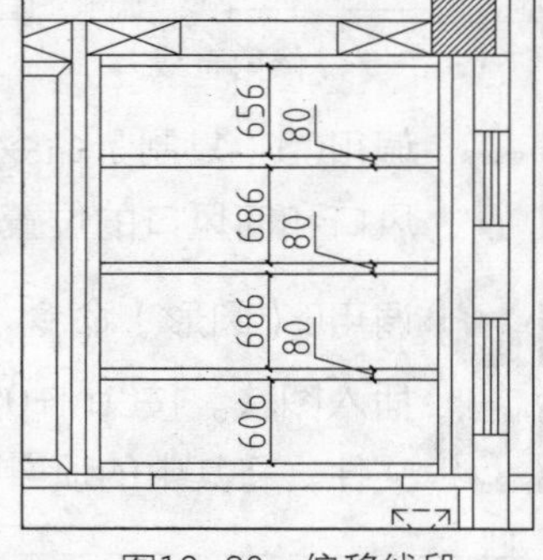

图12-80　偏移线段

26 填充顶面图案。调用H（图案填充）命令，弹出“图案填充和渐变色”对话框，设置参数如图12-81所示。

27 在对话框中单击选择“添加：拾取点”填充方式，在绘图区中点取填充区域；按回车键返回对话框，单击“确定”按钮关闭对话框，完成顶面图案填充，如图12-82所示。

28 插入图块。按Ctrl+O组合键，打开配套光盘提供的“素材\第12章\家具图例.dwg”文件，将其中的灯具等图形复制粘贴至当前图形中；如图12-83所示。

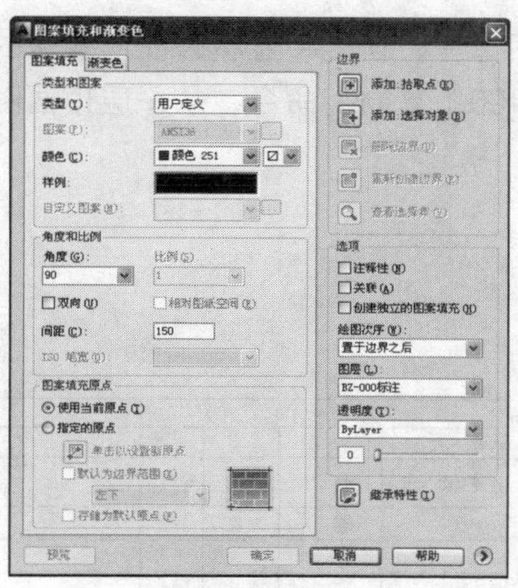

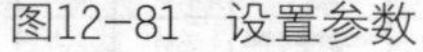
图12-81 设置参数

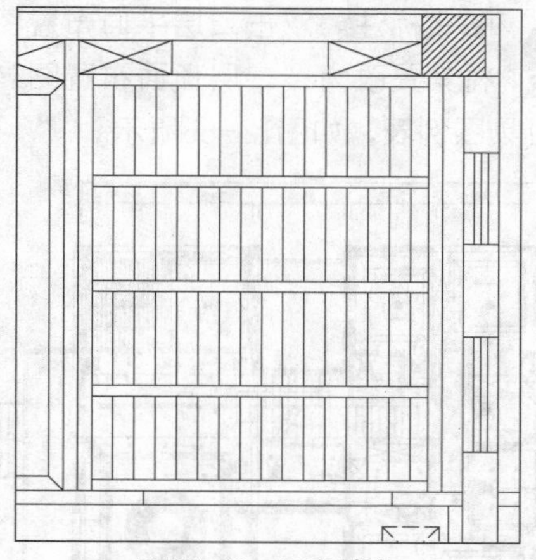
图12-82 图案填充

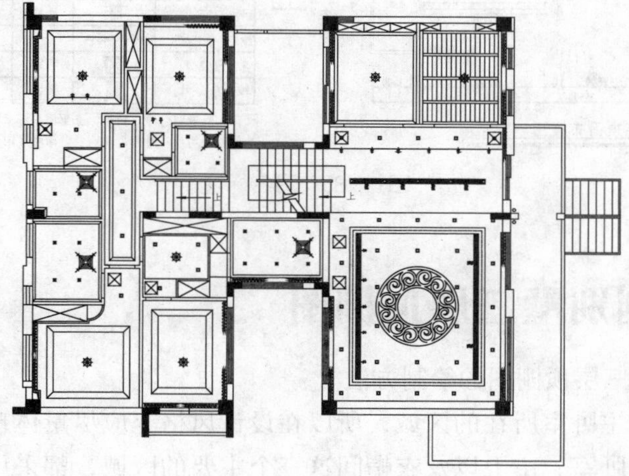
图12-83 插入图块

29 标高标注。调用I（插入）命令，在弹出的“插入”对话框中选择标高图块，根据命令行的提示，输入标高参数和定义标高的标注点，绘制标高标注，如图12-84所示。

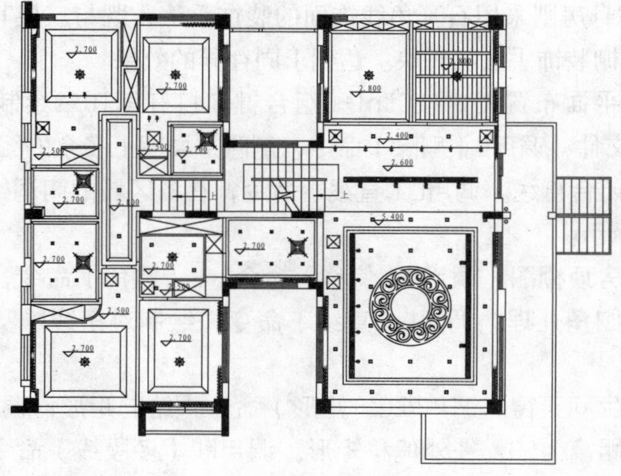
图12-84 标高标注

30 图名标注。双击二层平面布置图的图名标注，在文字显示为在位编辑的时候，将其更改为“二层顶面布置图”；调用CO（复制）命令，从一层顶面图中移动复制灯具图例表，如图12-85所示。

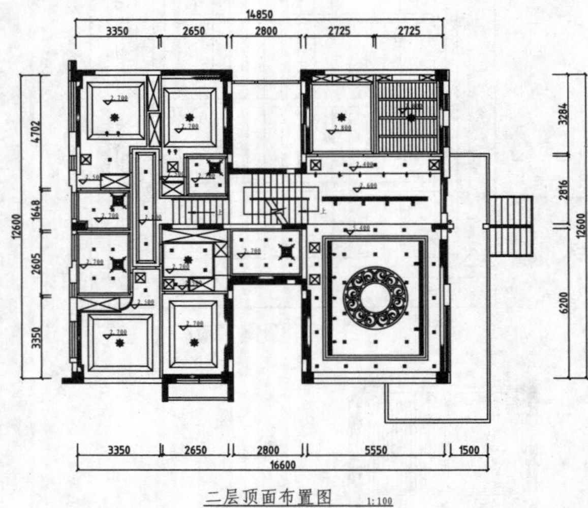

天花图例说明				
名称	平面符号	安装	功率	说明
格栅射灯（单）		嵌装	50W	
吸顶灯		明装	详定	
吊灯		明装	详定	
排风扇		嵌装		
下出风口		嵌装		120mm宽，长度根据吊顶的实际情况定（铝合金白色烤漆）
回风口		嵌装		天花板自然回风
纱帘+布艺帘				
空调维修口		暗装		400mm*400mm
排风扇		嵌装		预留排风扇电源

天花材料说明：除了厨房、卫生间用石膏板吊刷白色防水涂料（PT02）外，其他部分均为石膏板吊顶刷白色涂料（PT01）

图12-85 图名标注

12.5 绘制别墅三层顶棚图

本节介绍别墅三层顶棚图的绘制方法。

别墅的三层为主卧室所在的区域，所以在设计风格上应尽量体现统一。查看三层顶棚图可以知道，主卧室、主卫以及衣帽间这三个主要的区域，都采用了相同的手法来装饰顶棚。其采用的装饰材料均为白橡木，表面白色乳胶漆饰面，主卫生间则涂刷的是防水的乳胶漆。

相同的装饰风格有利于将居室的设计风调统一起来，创造整体感与和谐感，避免造成凌乱的感觉。

而书房以及健身房则采用石膏角线饰面的装饰手法，既与三层其他空间相区别，又与一层、二层的顶棚装饰手法相辉映。达到求同存异的效果。

01 调用三层平面布置图。按Ctrl+O组合键，打开第10章绘制的“三层平面布置图.dwg”文件；调用E（删除）命令，删除平面图上多余的图形。

02 绘制区域闭合直线。调用L（直线）命令，在各区域的门洞处绘制闭合直线，如图12-86所示。

03 绘制健身房顶棚图。调用O（偏移）命令、F（圆角）命令，偏移室内轮廓线并对其进行圆角处理；调用L（直线）命令，绘制对角线以及窗帘盒图形，如图12-87所示。

04 绘制主卫生间天窗。调用REC（矩形）命令，绘制矩形；调用O（偏移）命令，设置偏移距离为50，往外偏移矩形；调用PL（多段线）命令，绘制折断线，并将偏移得到的矩形和折断线的线型更改为虚线，如图12-88所示。

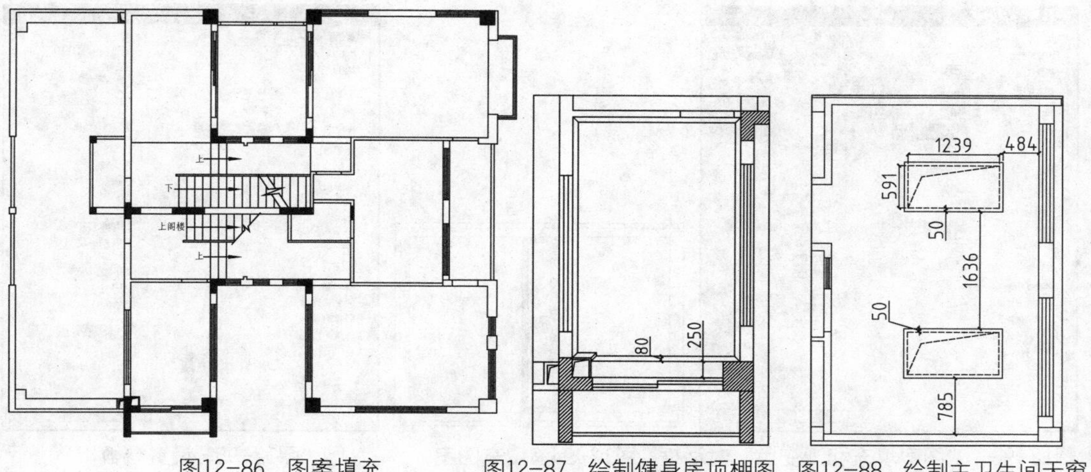

图12-86　图案填充　　图12-87　绘制健身房顶棚图　　图12-88　绘制主卫生间天窗

05 绘制主卫顶棚造型装饰。调用O（偏移）命令和TR（修剪）命令，偏移线段并修剪线段，如图12-89所示。

06 绘制主卧顶棚图。调用L（直线）命令，绘制主卧室的窗帘盒，以及主卧和主卫生间过道顶棚图，如图12-90所示。

07 调用REC（矩形）命令和O（偏移）命令，绘制矩形并向内偏移矩形，将作为灯带的矩形的线型设置为虚线，如图12-91所示。

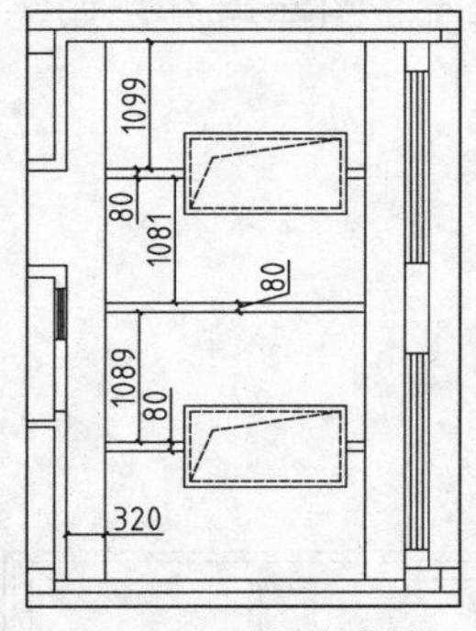

图12-89　修剪线段

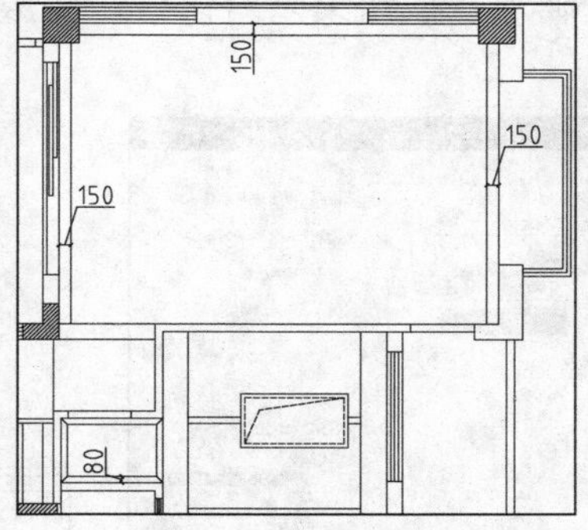

图12-90　绘制效果

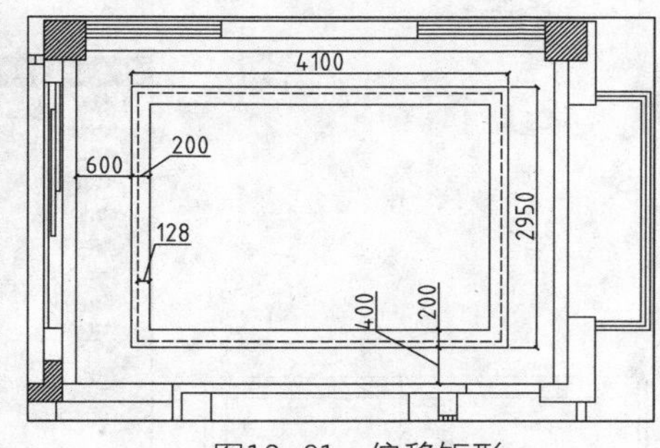

图12-91　偏移矩形

08 绘制顶面造型。调用REC（矩形）命令和L（直线）命令，绘制矩形和对角线，如图12-92所示。

09 填充顶面图案。调用H（图案填充）命令，弹出“图案填充和渐变色”对话框，设置参数如图12-93图12-81所示。

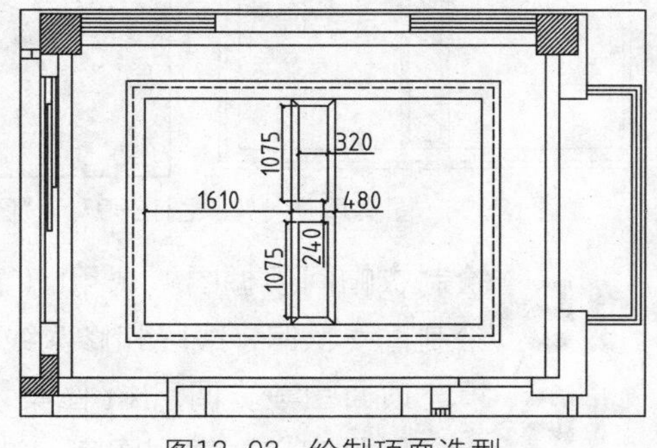

图12-92　绘制顶面造型

10 在对话框中单击选择“添加：拾取点”填充方式，在绘图区中点取填充区域；按回车键返回对话框，单击“确定”按钮关闭对话框，完成顶面图案填充，如图12-94所示。

11 调用H（图案填充）命令，在弹出的“图案填充和渐变色”对话框中设置参数，如图12-95所示。

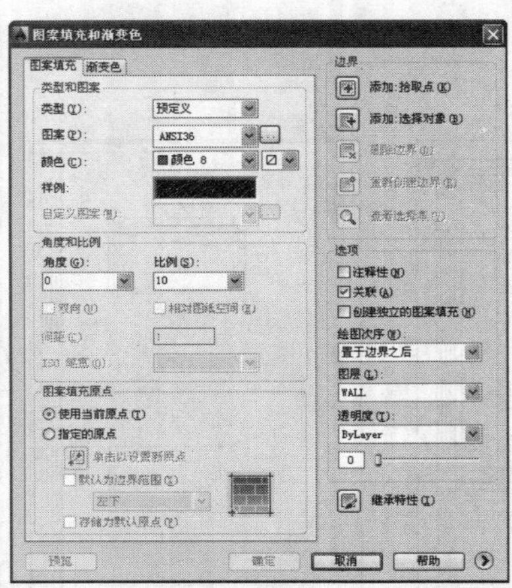

图12-93 “图案填充和渐变色”对话框

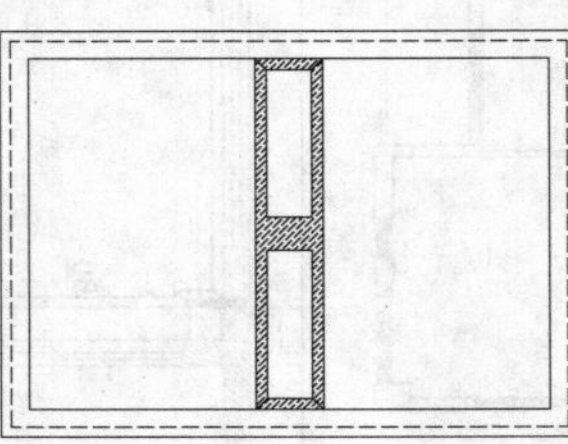

图12-94 填充图案

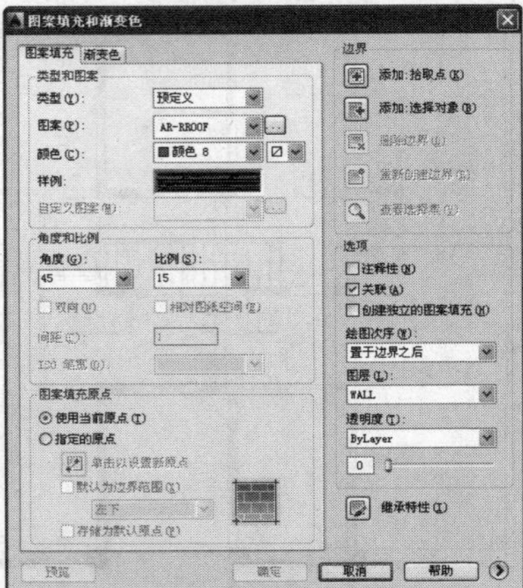

图12-95 设置参数

12 在对话框中单击选择“添加：拾取点”按钮，在绘图区中点取填充区域；按回车键返回对话框，单击“确定”按钮关闭对话框，完成顶面图案填充，如图12-96所示。

13 调用H（图案填充）命令，弹出“图案填充和渐变色”对话框，设置参数如图12-97所示。

14 在对话框中单击选择“添加：拾取点” 按钮，在绘图区中点取填充区域；按回车键返回对话框，单击“确定”按钮关闭对话框，完成顶面图案填充，如图12-98所示。

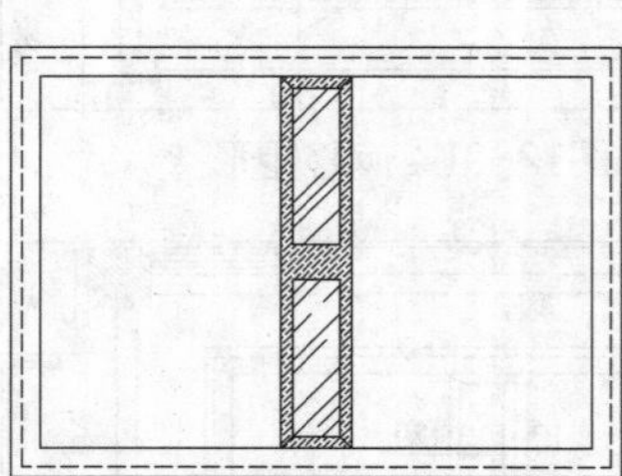

图12-96 图案填充

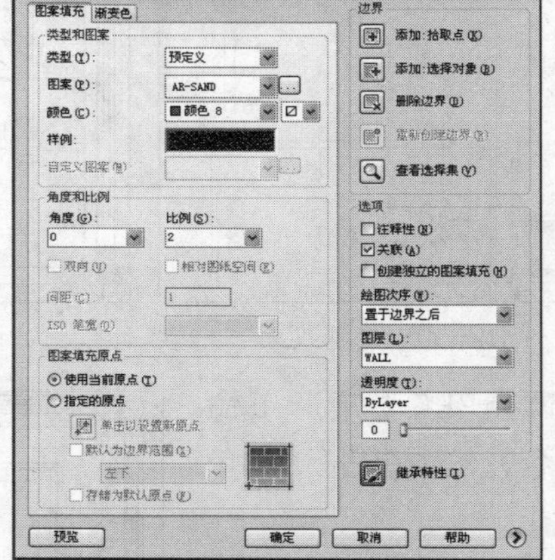

图12-97 “图案填充和渐变色”对话框

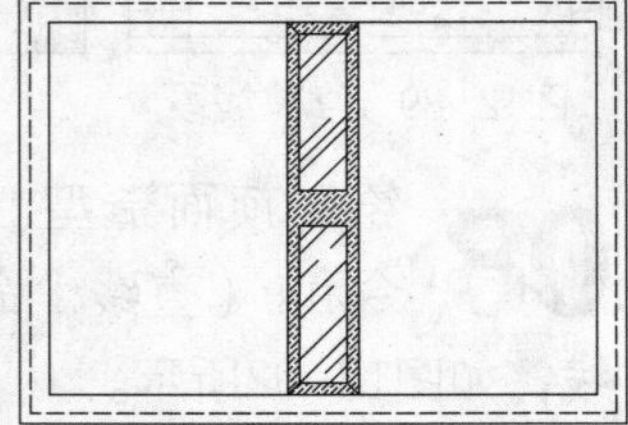

图12-98 填充图案

15 绘制衣帽间顶棚图。调用L（直线）命令、O（偏移）命令和TR（修剪）命令，绘制直线、偏移线段和修剪线段，如图12-99所示。

16 填充顶面图案。调用H（图案填充）命令，弹出“图案填充和渐变色”对话框，选择“预定义”类型图案，选择名称为“ANSI36”的填充图案；设置填充角度为0°，填充比例为10，为衣帽间顶棚造型填充图案，如图12-100所示。

17 调用L（直线）命令，绘制屋顶内部构造线，如图12-101所示。

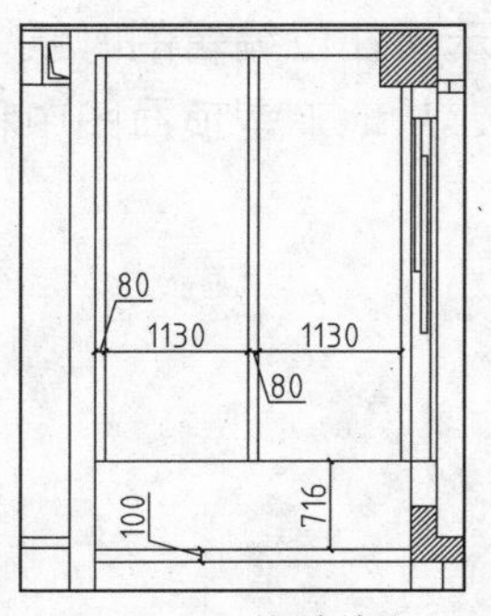

图12-99 修剪线段

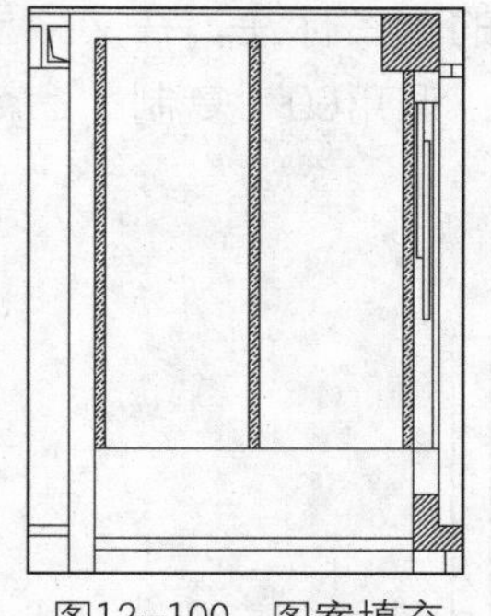
图12-100 图案填充

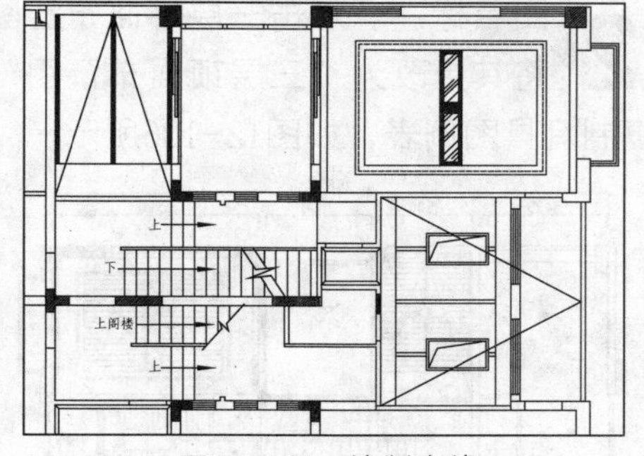

图12-101 绘制直线

18 填充顶面图案。调用H（图案填充）命令，弹出“图案填充和渐变色”对话框，选择“用户定义”类型图案，取消勾选“双向”选框；设置填充角度分别为0°、90°，填充间距为150，为顶棚造型填充图案，如图12-102所示。

19 绘制书房顶棚图。调用O（偏移）命令、F（圆角）命令，偏移室内轮廓线并对其进行圆角处理，如图12-103所示。

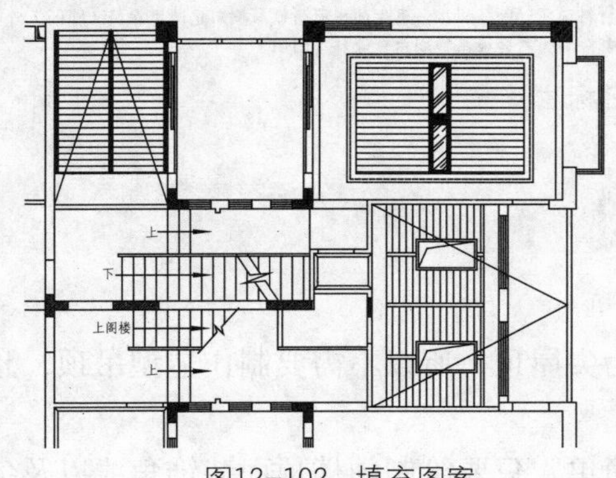

图12-102 填充图案

图12-103 绘制书房顶棚图

20 插入图块。按Ctrl+O组合键，打开配套光盘提供的“素材\第12章\家具图例.dwg”文件，将其中的灯具等图形复制粘贴至当前图形中，如图12-104所示。

21 标高标注。调用I（插入）命令，在弹出的“插入”对话框中选择标高图块，根据命令行的提示，输入标高参数和定义标高的标注点，完成绘制标高标注，如图12-105所示。

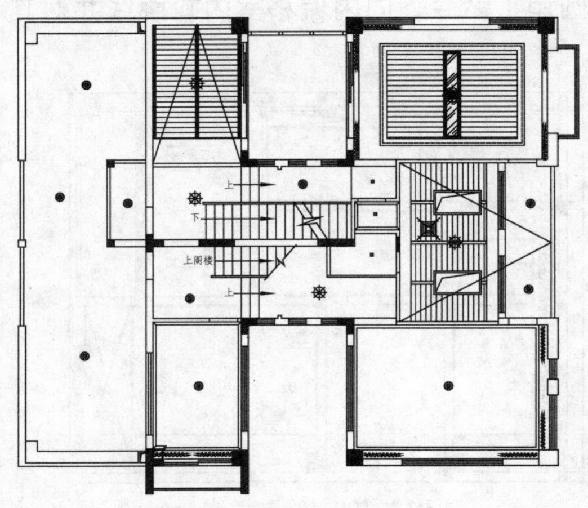

图12-104 插入图块

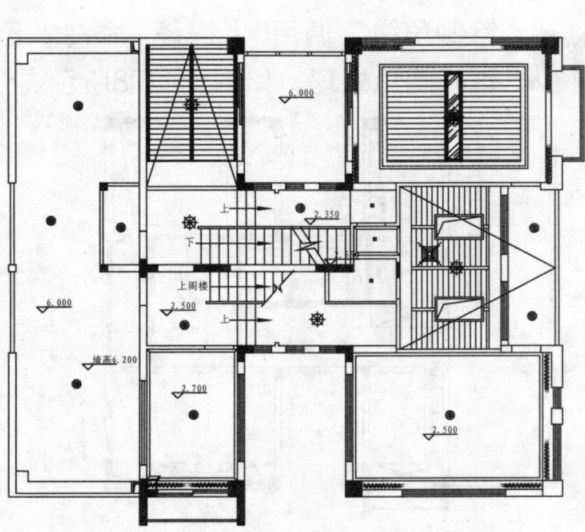

图12-105 标高标注

22 图名标注。双击三层平面布置图的图名标注，在文字显示为在位编辑的时候，将其更改为“三层顶面布置图”；调用CO（复制）命令，从地下室顶面图中移动复制灯具图例表，如图12-106所示。

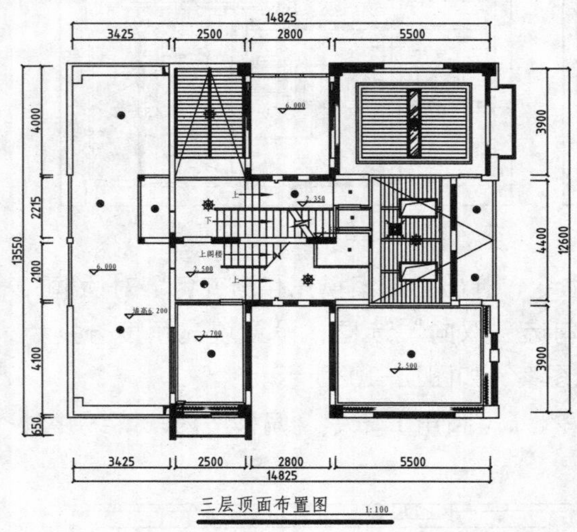

天花图例说明			
名称	平面符号	安装	功率
格栅射灯（单）		嵌装	50W
吸顶灯		明装	详定
吊灯		明装	详定
排风扇		嵌装	

天花材料说明：除了厨房、卫生间用石膏板吊刷白色防水涂料（PT02）外，其他部分均为石膏板吊顶刷白色涂料（PT01）

图12-106 图名标注

12.6 绘制别墅阁楼层顶棚图

本章介绍别墅阁楼层顶棚图的绘制方法。

由于阁楼层主要为储藏空间，且其屋顶多为尖屋顶，所以不需要制作造型吊顶，且在尖屋顶下制作造型吊顶的花费也较大。

鉴于此，阁楼层顶棚图的绘制就显得稍为简单。只要绘制阁楼顶面装饰角线以及尖屋顶的内部构造线，即可完成顶棚图的绘制。

01 调用阁楼层平面布置图。按Ctrl+O组合键，打开第10章绘制的“阁楼平面图.dwg”文件；调用E（删除）命令，删除平面图上多余的图形。

02 绘制区域闭合直线。调用L（直线）命令，在各区域的门洞处绘制闭合直线，如图12-107所示。

03 绘制角线。调用O（偏移）命令、F（圆角）命令，向内偏移室内轮廓线并对其进行圆角处理，如图12-108所示。

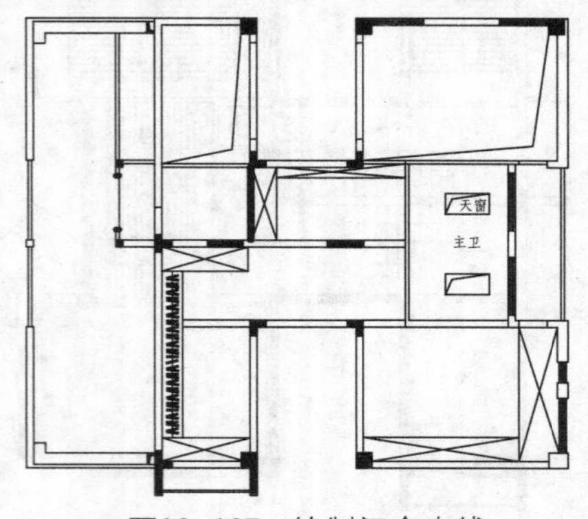

图12-107 绘制闭合直线

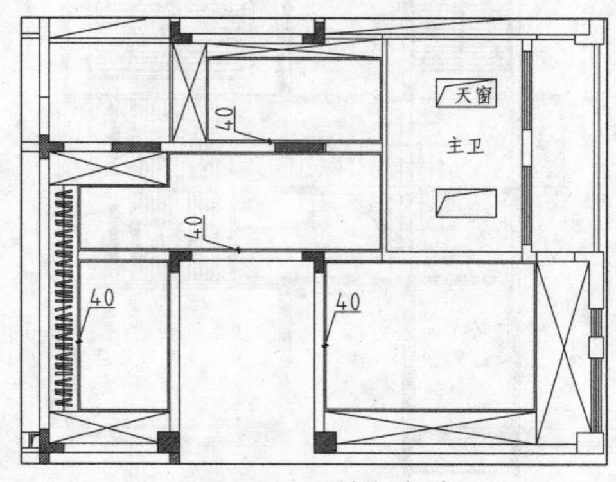

图12-108 绘制角线

04 调用L（直线）命令，绘制尖屋顶内部构造线，如图12-109所示。

05 插入图块。按Ctrl+O组合键，打开配套光盘提供的“素材\第12章\家具图例.dwg”文件，将其中的灯具等图形复制粘贴至当前图形中，如图12-110所示。

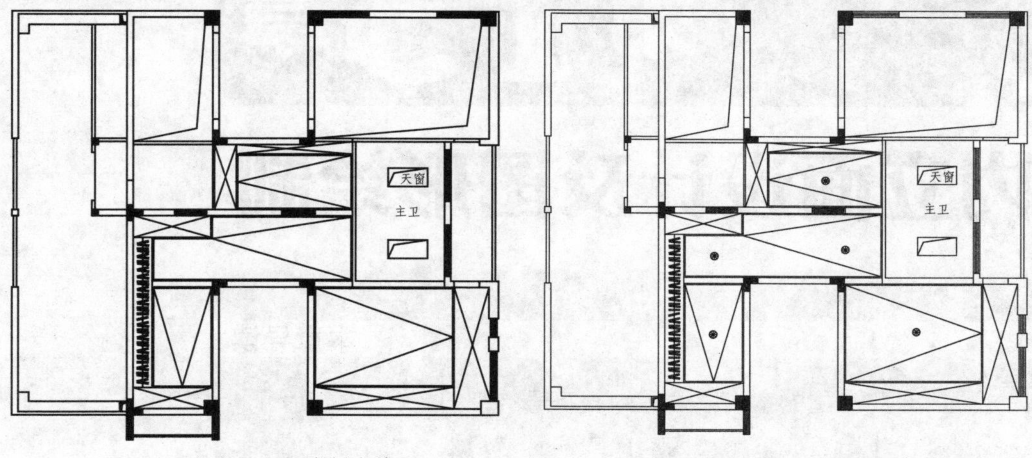

图12-109　绘制直线　　　　图12-110　插入图块

06 图名标注。双击阁楼层平面布置图的图名标注，在文字显示为在位编辑的时候，将其更改为“阁楼层顶面布置图”；调用CO（复制）命令，从地下室顶面图中移动复制灯具图例表，如图12-111所示。

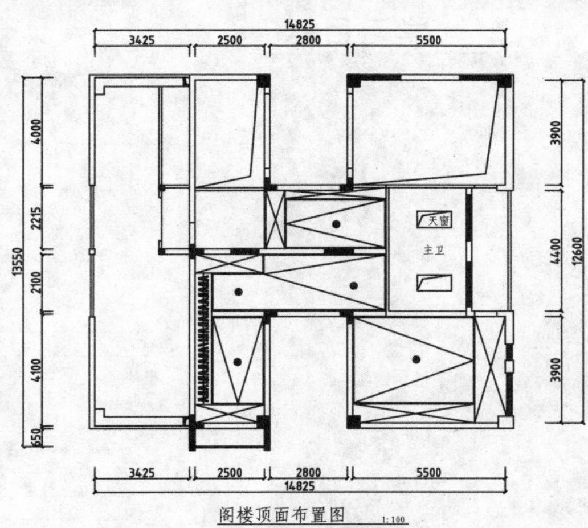

天花图例说明			
名称	平面符号	安装	功率
格栅射灯（单）		嵌装	50W
吸顶灯		明装	详定
吊灯		明装	详定
排风扇		嵌装	

天花材料说明：除了厨房、卫生间用石膏板吊刷白色防水涂料（PT02）外，其他部分均为石膏板吊顶刷白色涂料（PT01）

图12-111　图名标注

第13章

室内立面设计及图形绘制

本章导读

室内立面图是将房屋的室内墙面按内视符号的指向，向直立投影面所做的正投影图。本章首先介绍室内立面图的基本知识，包括室内立面图的形成与表达、立面图的识读方法、立面图的图示内容和立面图的画法。然后详细讲解主卫立面图、主卧室立面图、客厅立面图和厨房、餐厅等立面图的绘制方法和技巧。

学习目标

- 了解室内立面图的形成与表达
- 了解立面图的识读方法
- 了解立面图的图示内容
- 了解立面图的画法
- 掌握主卫立面图绘制方法
- 掌握主卧立面图绘制方法
- 掌握客厅立面图绘制方法
- 掌握厨房、餐厅立面图绘制方法
- 掌握其他区域立面图绘制方法

效果预览

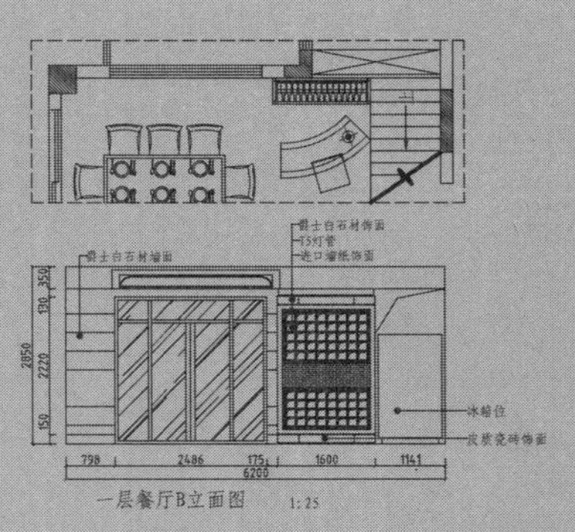

一层餐厅B立面图 1:25

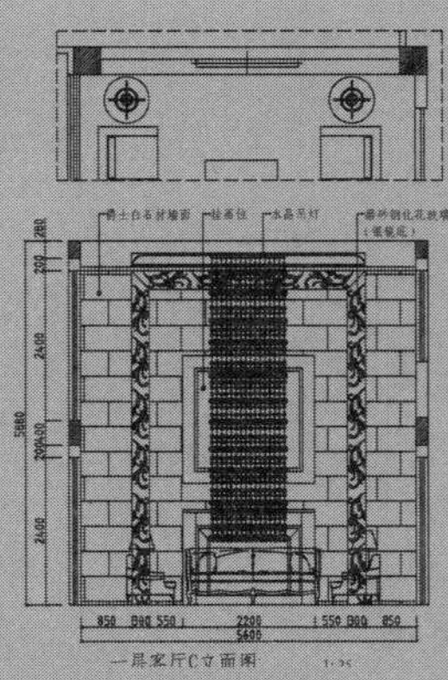

一层客厅C立面图

室内立面图是室内设计装饰装修施工图中的重要图样，绘制时的参考依据包括平面布置图、顶棚图、地材图。立面的标高要参考原始结构图中的建筑标高，以及顶棚图中的吊顶完成面标高；立面图除了要表达设计理念之外，也要对平面布置图中所出现的各类型家具进行表达；立面图要对地面的造型进行表达，包括台阶的做法，地面的局部抬高等。

本章介绍立面图的形成、绘制等知识，并以别墅立面图为例，讲述在实际绘图过程中立面图的绘制方法。

13.1 室内装潢设计立面图的概述

可以这样说，平面布置图表达了居室的功能区划分，而立面图则主要表达了居室的设计理念。可见，立面图在进行居室的装饰改造时的重要性。本节为读者介绍关于室内立面图的理论知识，主要包括立面图的形成原因、图示内容和绘制方法。

13.1.1 室内装潢立面图的形成与表达方式

室内立面图是将房屋的室内墙面按内视符号的指向，向直立投影面所做的正投影图。立面图用于反映室内垂直空间垂直方向的装饰设计形式、尺寸与做法、材料与色彩的选用等内容，是装饰装饰工程施工图中的主要图样之一，是确定墙面做法的主要依据。

房屋立面图的名称，应根据平面布置图中内视投影符号的编号或者字母来确定，比如①立面图、A立面图等。

室内立面图应包括投影方向可见的室内轮廓线和装饰构造、门窗、构配件、墙面做法、固定家具、灯具等内容，及必要的尺寸和标高，并需表达非固定家具、装饰构件等情况。室内立面图的顶棚轮廓线，可以根据情况选择表达吊顶或同时表达吊顶及结构顶棚。

室内立面图的外轮廓使用粗实线来表示，墙面上的门窗及凹凸于墙面的造型使用中实线来表示，其他图示内容、尺寸标注、引出线等用细实线来表示。如没有特别的图形需要表示，室内立面图一般不绘制虚线，在绘制后要使用文字进行解释说明。

绘制室内立面图的常用比例为1:50，可用比例为1:25、1:30、1:40等。

如图13-1所示为绘制完成的卧室电视背景墙立面图，如图13-2所示为制作完成的中式风格装饰效果。

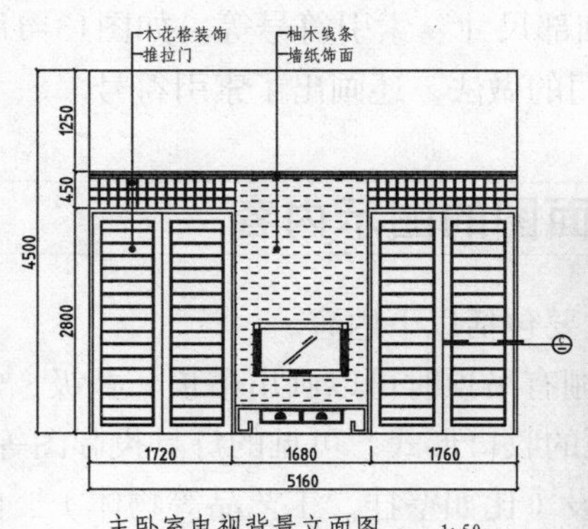

图13-1 室内立面图

图13-2 制作效果

13.1.2 室内装潢立面图的识读

室内墙面除了相同者之外一般均需要绘制立面图，图样的命名、编号应与平面布置图上的内饰符号编号相一致，内视符号决定室内立面图的识读方向，同时也给出了图样的数量。

下面讲解图13–1所示的卧室电视背景墙的识读步骤。

1．确定要识读的室内立面图所在的房间位置

由图13–1中可以得知，该图表明了卧室电视背景墙的立面做法。在表示所绘制的立面图是指房间的哪个位置时，除了调入内视符号之外；将立面所指向的平面图部分抽离出来，与立面图放在一起，也有助于人们明了该立面图所表示的平面范围。

图13–1就将卧室电视背景墙的平面部分进行移动、复制、修剪至一旁，明确表示立面图所指示的区域。

2．以平面布置图为参考，在立面图上布置家具和陈设

在平面布置图中明确该墙面位置有哪些固定家具和室内陈设等，并注意其定形、定位尺寸，做到对所读的墙（柱）立面位置的家具、陈设等有一个基本的了解。

如图13–1所示即明确地表示了在平面图中所出现的家具，包括推拉门、电视柜、电视机等。

3．浏览所选定的室内立面图，了解所读立面的装饰形式及其变化

如图13–1所示的“主卧室电视背景立面图”，该立面图表示了位于该墙面上的推拉门尺寸、电视背景墙尺寸、装饰材料以及预留的吊顶高度等信息。

4．详细识读室内立面图，注意墙面装饰造型及装饰面的尺寸、范围、选材、颜色及相应做法

如图13–1中所示，电视背景墙的装饰简单大方，主要装饰材料为壁纸，背景墙的宽度为1680mm。从该立面中可以知道，该居室的装修风格为新中式风格，因为该立面所表达的装饰元素大多为中式风格的装饰物件；比如花格装饰、角线材料的选用，中式风格电视柜的选用等。

5．查看立面的标注信息

查看立面标高、其他的细部尺寸、索引符号等。如图13–1所示，卧室的顶棚标高为4500mm。为了配合说明推拉门的做法，还画出了索引符号。

13.1.3 室内装潢立面图的图示内容

室内立面图的图示内容主要包括以下内容。

1）室内立面轮廓线，顶棚有吊顶时可以画出吊顶、叠级、灯槽等剖切轮廓线（使用粗实线来表示），墙面与吊顶的收口形式，可见的灯具投影图等。

2）墙面的装饰造型及陈设（比如壁挂、工艺品等物体）、门窗的造型及规格、墙面灯具、暖气罩（北方）等装饰内容。

3）装饰选材、立面的尺寸标高及做法说明。图外一般标注一至两道竖向及水平的尺寸，以及楼地面、顶棚等的装饰标高；图内可标注主要装饰造型的定形、定位尺寸。做法标注采用细实线来引出，一般调用多重引线命令来绘制。

4）附墙的固定家具及造型（比如影视墙、壁柜等）。

5）索引符号、说明文字、图名及比例等。

13.1.4 室内装潢立面图的画法

绘制室内设计立面图，首先要读懂平面图、顶面图以及地面图这些基础图形。因为立面图除了表达立面装饰的信息外，其所表达的信息也要与平面图、地面图以及顶面图相符合，否则读图者在通读立面图的时候，发现与其他相关的平面图不相符合，就会闹笑话。

绘制立面图可以首先绘制立面的外轮廓，在划定了一个区域之后，就可以在该区域内添加立面装饰物。假如所绘立面不是单纯的墙面装饰，而是在该墙面上出现了门洞、窗洞或者其他需要绘制的家具或者陈设物时，可以首先在立面轮廓内绘制所绘物体的轮廓线。

最对立面轮廓线进行分区后，就可以在已划定的区域内绘制图形了。在绘制立面图的时候，采用循序渐进的方法来绘制，由大到小，可以提高所绘图形的精确性，且不易出现错误。

有些家具或陈设物不需要绘制，直接从图库中调用图块即可。在绘制完成立面装饰图形后，要绘制立面标注。立面标注包括尺寸标注、文字标注以及图名比例标注等。尺寸标注可以表达立面装饰物的构造尺寸以及所在立面的高度和宽度。而文字标注则标明了立面图上物体的名称、立面装饰材料的使用以及装饰做法等。图名和比例标注则标明了该立面图所绘制的是何区域的装饰做法，以及使用多大的比例来进行绘制的。

13.2 绘制主卫立面图

主卫生间位于别墅的三层，是整个别墅中面积最大的卫生间。由于其在居室中的重要性，所以本书特意以主卫为例，介绍卫生间立面图的绘制方法。

13.2.1 绘制主卫C立面图

主卫C立面图表示浴缸所在墙面的装饰手法。主卫生间的地面装饰材料为仿古砖斜铺，墙面则使用了爵士白石材来进行装饰。因为主卫生间的位置正好位于别墅的尖屋顶下，所以在绘制主卫的立面图的时候，要对尖屋顶有一定的表示。所以，屋顶上的天窗的位置和尺寸需要在立面图中表达清楚。

01 调用主卫生间C立面的平面图部分。调用CO（复制）命令，从三层平面布置图中移动复制主卫生间的C立面的平面部分至一旁。

02 绘制主卫生间C立面图的外轮廓。调用L（直线）命令，从复制得到的主卫生间的C立面的平面局部图中绘制引出线，如图13-3所示。

03 调用TR（修剪）命令，修剪线段，如图13-4所示。

04 绘制墙体造型轮廓。调用O（偏移）命令，偏移线段，如图13-5所示。

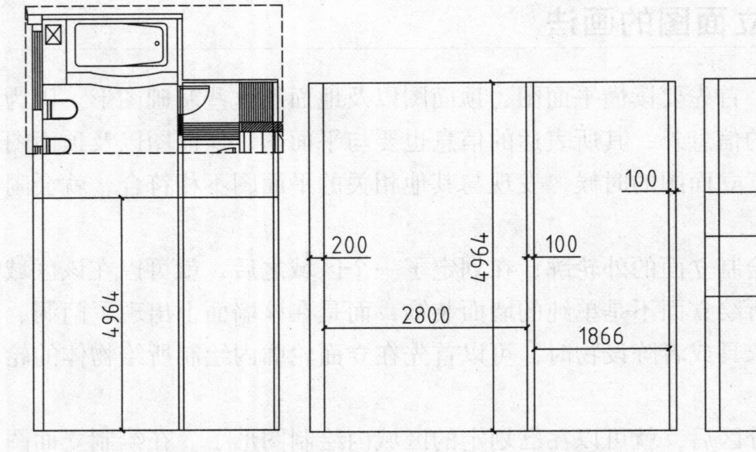

图13-3 绘制引出线　　图13-4 修剪线段　　图13-5 偏移线段

05 调用TR（修剪）命令和L（直线）命令，修剪图形并绘制直线，绘制墙体造型轮廓，如图13-6所示。

06 绘制立面门窗。调用O（偏移）命令、L（直线）命令，偏移并绘制直线，如图13-7所示。

07 调用TR（修剪）命令，修剪图形，绘制门窗洞图形，如图13-8所示。

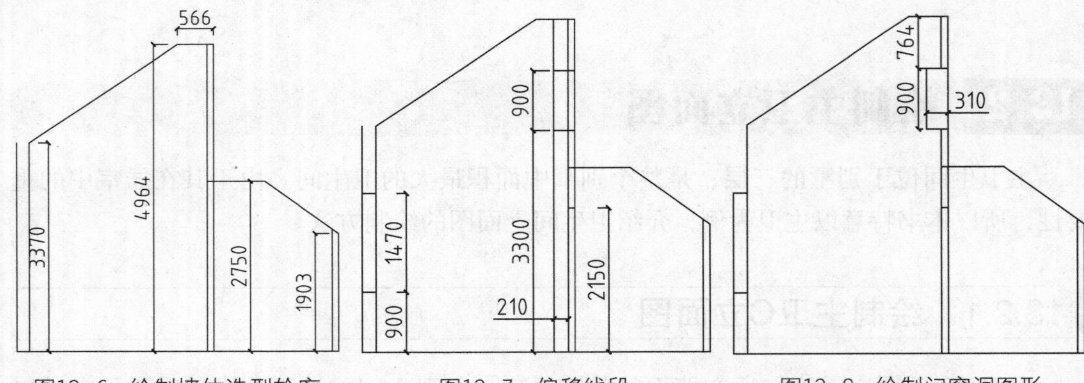

图13-6 绘制墙体造型轮廓　　图13-7 偏移线段　　图13-8 绘制门窗洞图形

08 绘制立面窗。调用O（偏移）命令、TR（修剪）命令，偏移并修剪线段，绘制立面窗图形，如图13-9所示。

09 绘制湿蒸房玻璃隔断。调用O（偏移）命令、TR（修剪）命令，偏移并修剪线段，绘制湿蒸房玻璃隔断，如图13-10所示。

10 绘制高窗。调用O（偏移）命令和TR（修剪）命令，偏移并修剪线段，绘制高窗，如图13-11所示。

11 绘制墙体造型。调用O（偏移）命令，偏移线段，如图13-12所示。

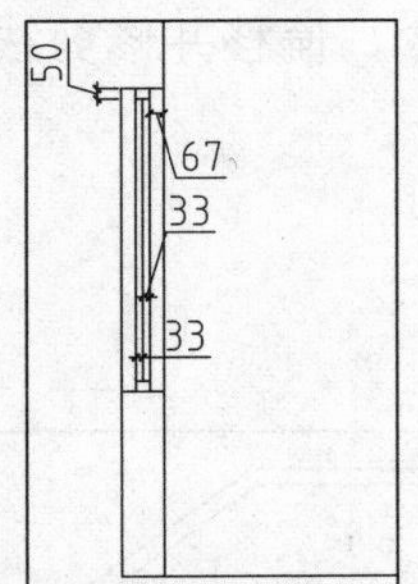

图13-9 绘制立面窗

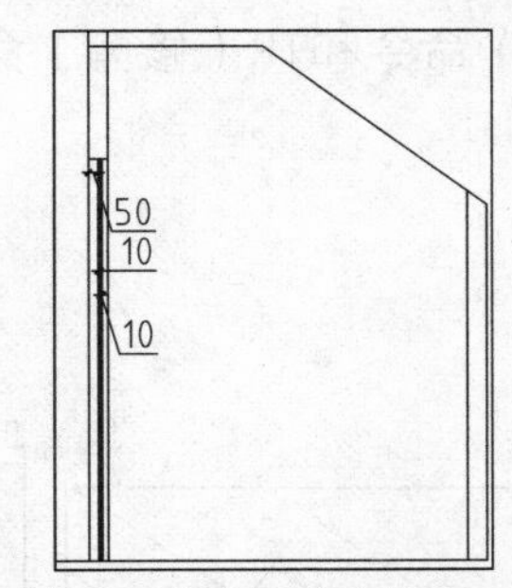

图13-10 绘制湿蒸房玻璃隔断

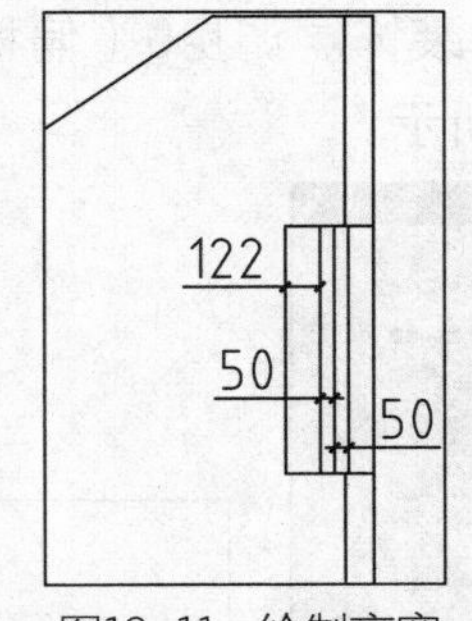

图13-11 绘制高窗

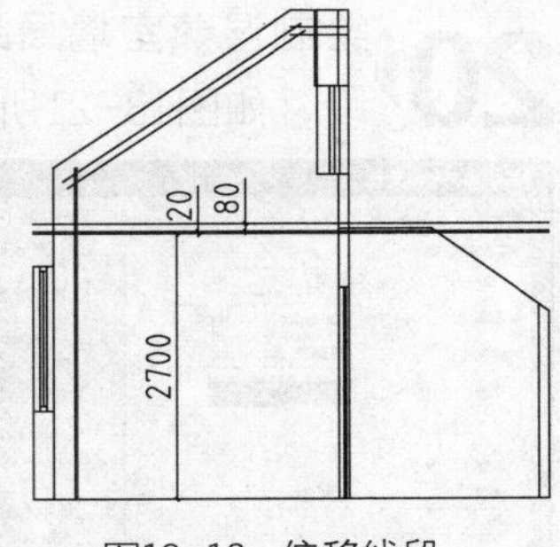

图13-12 偏移线段

12 调用TR（修剪）命令，修剪线段，如图13-13所示。

13 调用O（偏移）命令和TR（修剪）命令，偏移并修剪线段，如图13-14所示。

14 重复操作，继续绘制墙面造型图形，如图13-15所示。

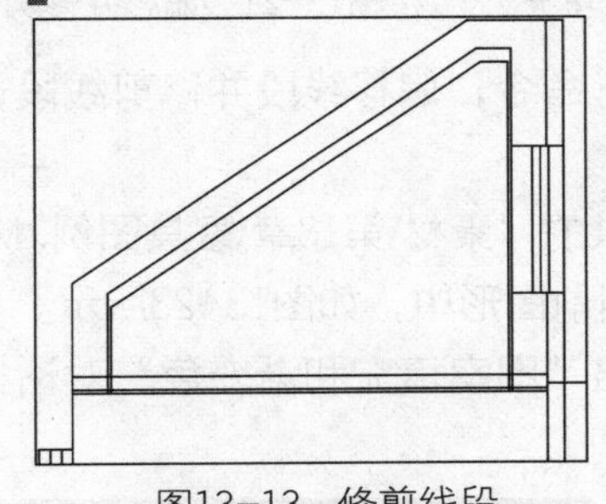
图13-13 修剪线段

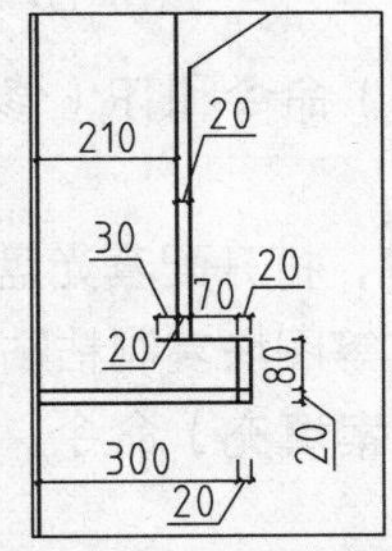

图13-14 偏移并修剪线段

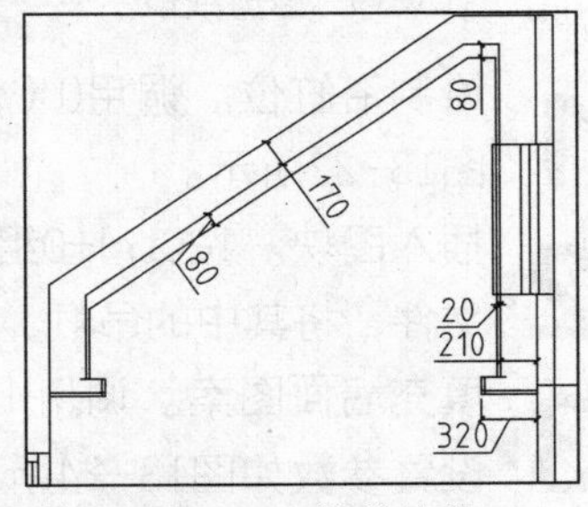

图13-15 修剪线段

15 绘制天窗。调用O（偏移）命令，偏移线段，如图13-16所示。

16 调用TR（修剪）命令，修剪线段，如图13-17所示。

17 绘制玻璃。调用O（偏移）命令、TR（修剪）命令，偏移并修剪线段，如图13-18所示。

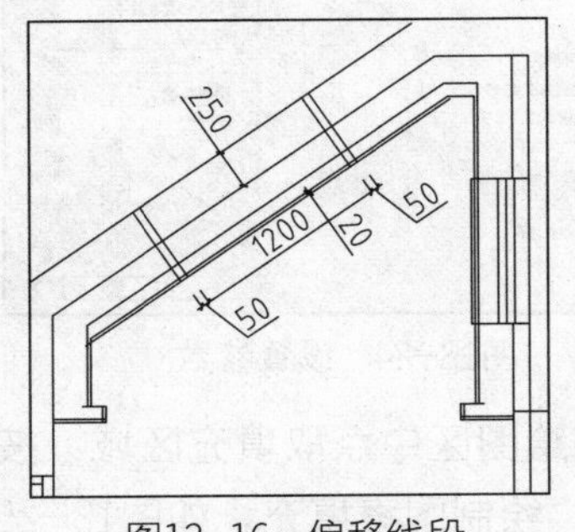

图13-16 偏移线段

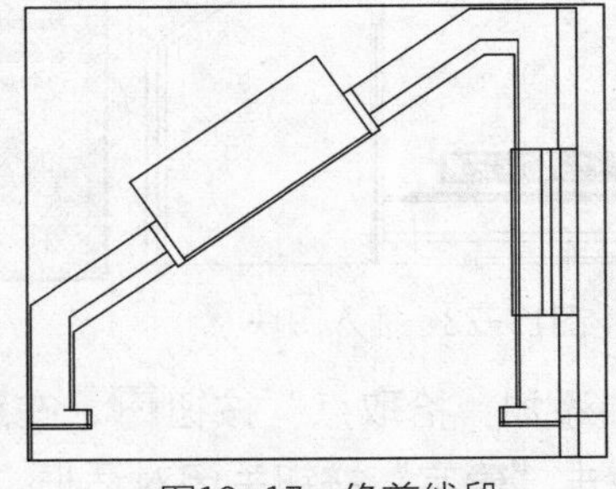
图13-17 修剪线段

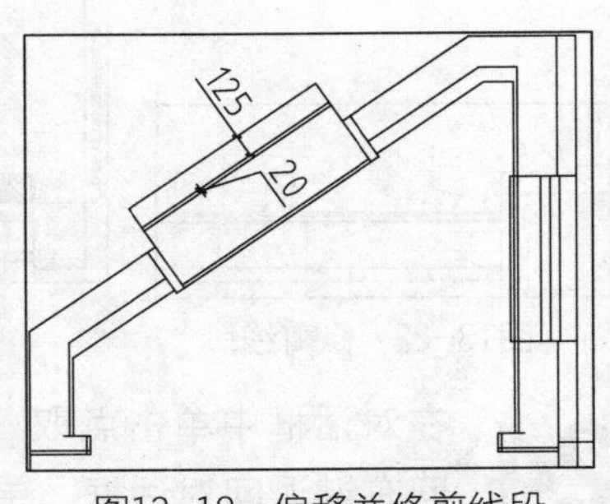

图13-18 偏移并修剪线段

18 填充玻璃图案。调用H（图案填充）命令，弹出“图案填充和渐变色”对话框，设置参数如图13-19所示。

19 在对话框中单击点取“添加：拾取点”按钮，在绘图区中点取填充区域；按回车键返回对话框，单击“确定”按钮关闭对话框，绘制图案填充，如图13-20所示。

20 绘制湿蒸室墙面装饰。调用O（偏移）命令和TR（修剪）命令，偏移并修剪线段，如图13-21所示。

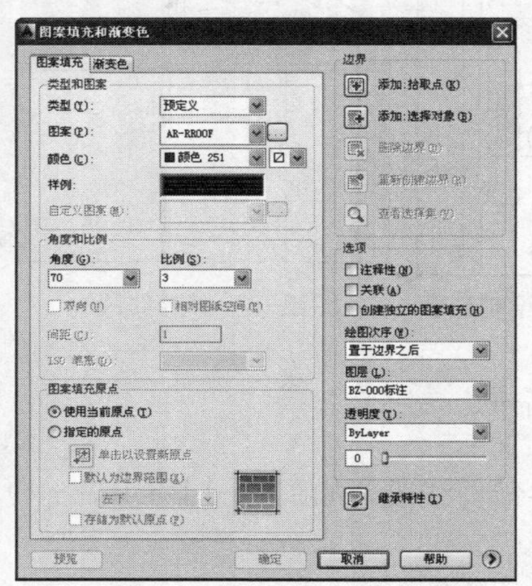

图13-19　修剪线段

图13-20　图案填充

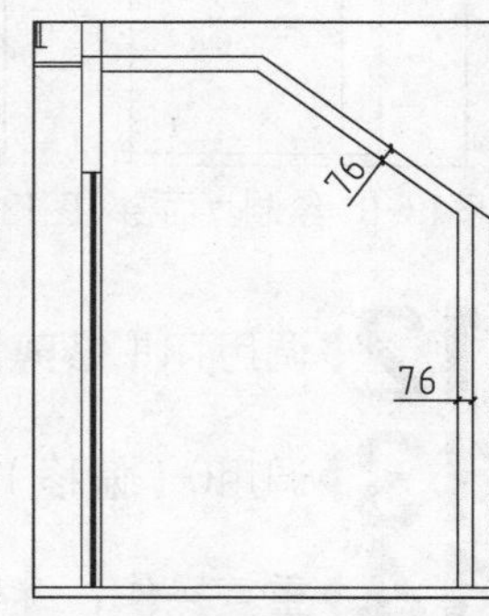

图13-21　偏移并修剪线段

21 绘制浴缸位。调用O（偏移）命令和TR（修剪）命令，偏移线段并修剪线段，如图13-22所示。

22 插入图块。按Ctrl+O组合键，打开配套光盘提供的“素材\第13章\家具图例.dwg”文件，将其中的吊灯、浴缸等图块复制粘贴至当前图形中，如图13-23所示。

23 填充墙面图案。调用H（图案填充）命令，弹出“图案填充和渐变色”对话框，设置参数如图13-24所示。

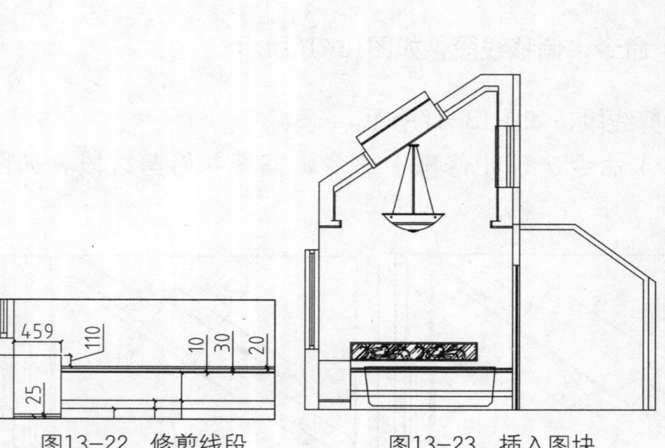

图13-22　修剪线段

图13-23　插入图块

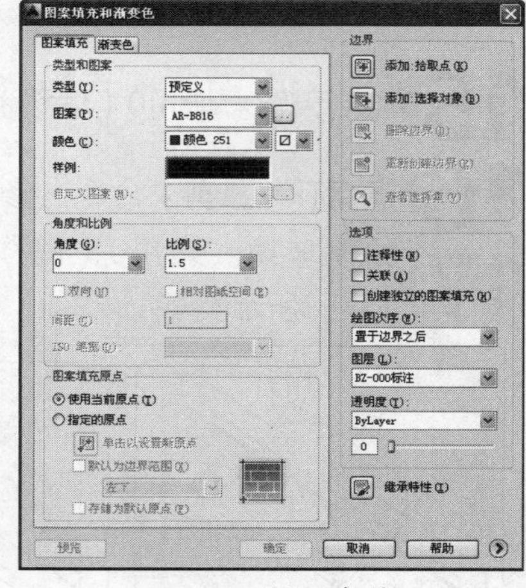

图13-24　设置参数

24 在对话框中单击点取“添加：拾取点”按钮，在绘图区中点取填充区域；按回车键返回对话框，单击“确定”按钮关闭对话框，绘制图案填充，如图13-25所示。

25 文字、尺寸标注。调用MLD（多重引线）命令和DLI（线性标注）命令，为立面图绘制材料标注并为立面图绘制尺寸标注，如图13-26所示。

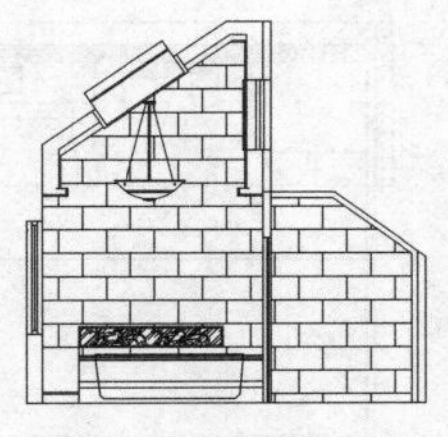

图13-25 填充图案

26 图名标注。调用MT（多行文字）命令，绘制图名和比例；调用L（直线）命令，绘制下划线，并将置于最下面的直线线宽更改为0.3mm，如图13-27所示。

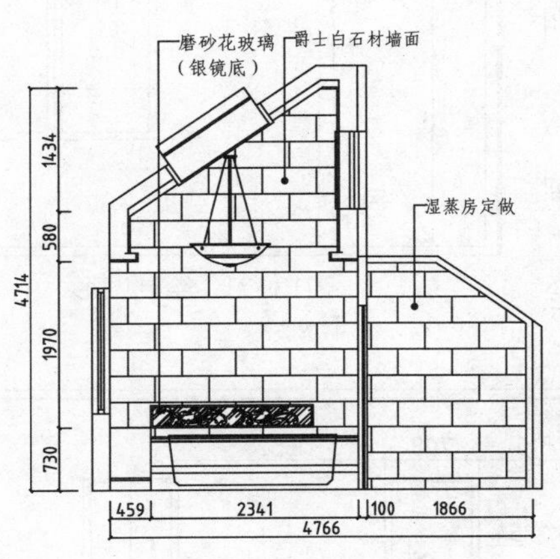

图13-26 文字、尺寸标注

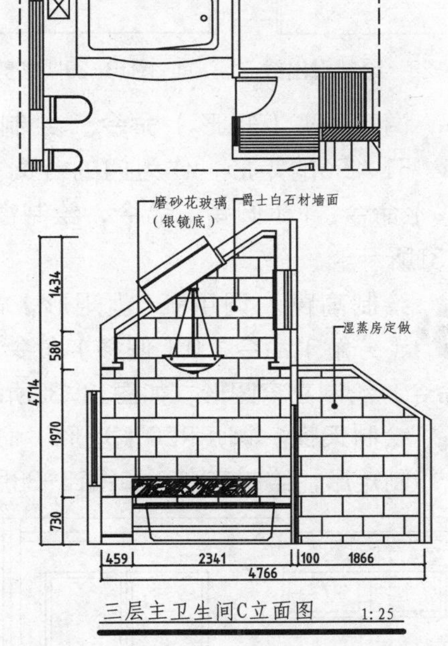

图13-27 图名标注

13.2.2 绘制主卫B立面图

主卫的B立面图是原建筑窗以及马桶所在墙面的装饰效果。有窗户就肯定会需要设置窗帘，由于卫生间中湿气较重，所以不宜使用布质或者纱质的窗帘，选择遮光帘是最为合适的。因为其不但具备了遮挡的效果，而且也不容易受湿气的侵袭。虽然在实际安装过程中更多的是参考现场的尺寸，但是马桶与马桶之间的距离，以及马桶与浴缸之间的距离，在立面图上也需要进行标示。

01 调用主卫生间B立面的平面图部分。调用CO（复制）命令，从三层平面布置图中移动复制主卫生间的B立面的平面部分至一旁。

02 绘制主卫生间B立面图的外轮廓。调用L（直线）命令，从复制得到的主卫生间的B立面的平面局部图中绘制引出线，如图13-28所示。

03 调用TR（修剪）命令，修剪线段，如图13-29所示。

04 绘制淋雨间门及立面窗。调用REC（矩形）命令，绘制矩形；调用X（分解）命令，分解矩形；调用O（偏移）命令，偏移矩形边，如图13-30所示。

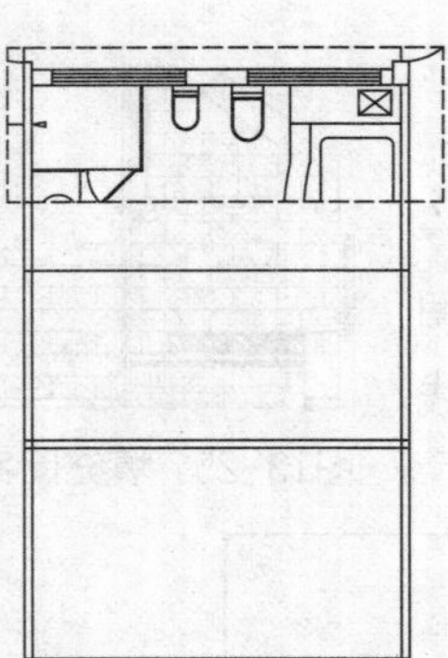

图13-28　绘制引出线

图13-29　修剪线段

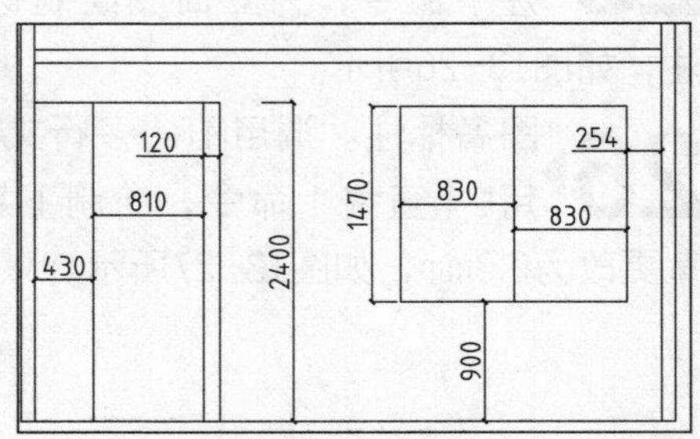

图13-30　偏移矩形边

05 调用REC（矩形）命令，绘制尺寸为51×56的矩形，作为门的合页；调用O（偏移）命令、F（圆角）命令，绘制窗框，如图13-31所示。

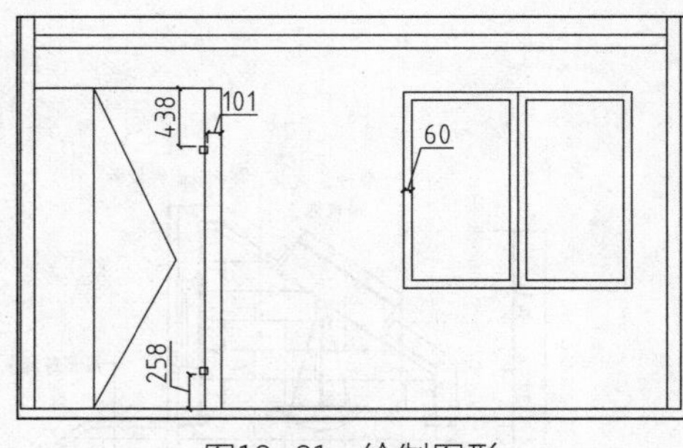

图13-31　绘制图形

06 绘制高窗。调用REC（矩形）命令、X（分解）命令、O（偏移）命令、F（圆角）命令，绘制高窗图形，如图13-32所示。

07 绘制天窗。调用REC（矩形）命令，绘制矩形，绘制高窗，如图13-33所示。

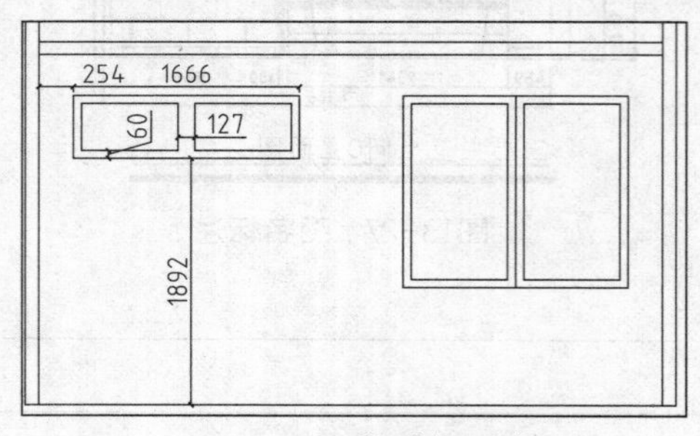

图13-32　偏移矩形边

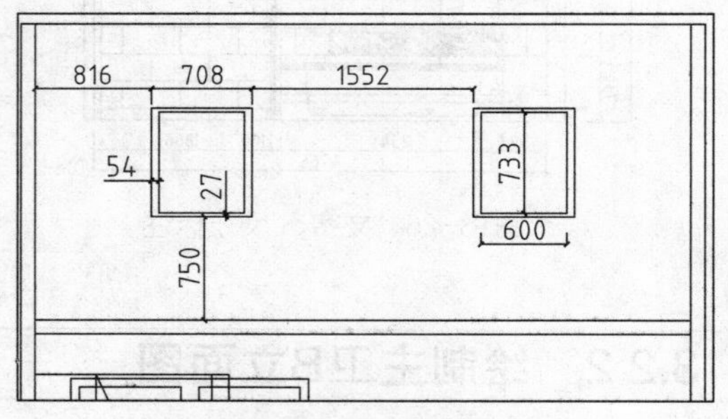

图13-33　绘制高窗

此处为了清晰地显示图形，特意将淋浴间的玻璃门进行隐藏。

08 绘制顶面造型装饰。调用REC（矩形）命令，绘制尺寸为1723×80的矩形；调用TR（修剪）命令，修剪线段，如图13-34所示。

09 调用L（直线）命令，绘制直线和对角线，如图13-35所示。

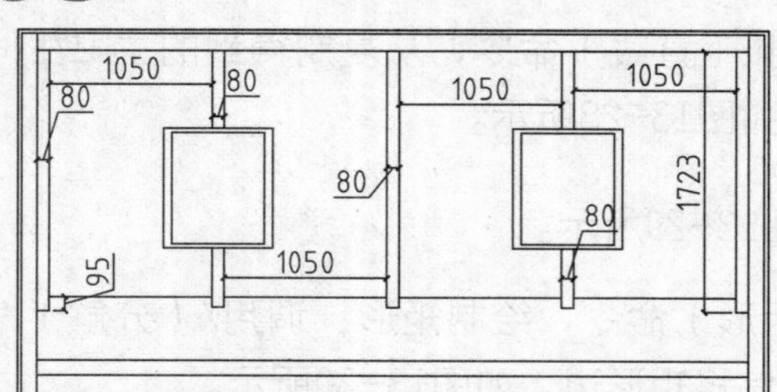

图13-34　修剪线段

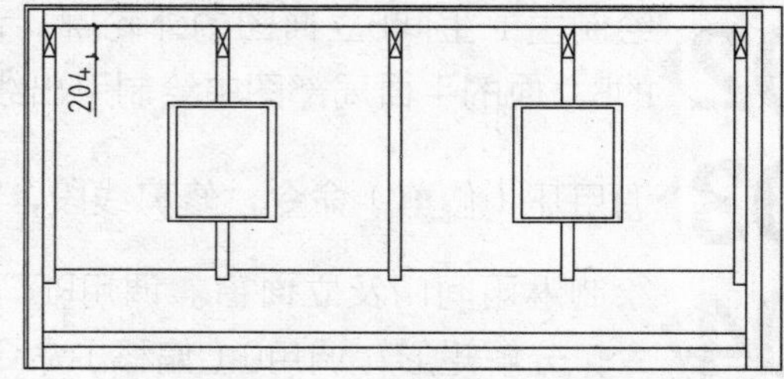

图13-35　绘制直线和对角线

10 插入图块。按Ctrl+O组合键，打开配套光盘提供的“素材\第13章\家具图例.dwg”文件，将其中的吊灯、浴缸等图块复制粘贴至当前图形中，如图13-36所示。

11 填充墙面图案。调用H（图案填充）命令，在“图案填充和渐变色”对话框中选择“预定义”类型图案，选择名称为AR—B816的图案，设置填充角度为0°，填充比例为1.5，为卫生间的墙面绘制图案填充，如图13-37所示。

12 填充玻璃图案。调用H（图案填充）命令，在“图案填充和渐变色”对话框中选择“预定义”类型图案，选择名称为AR—RROOF的图案，设置填充角度为45°，填充比例为20，为立面窗绘制图案填充，如图13-38所示。

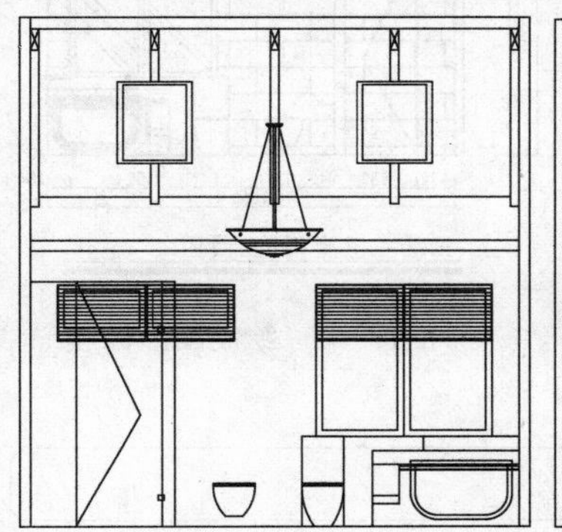

图13-36 插入图块

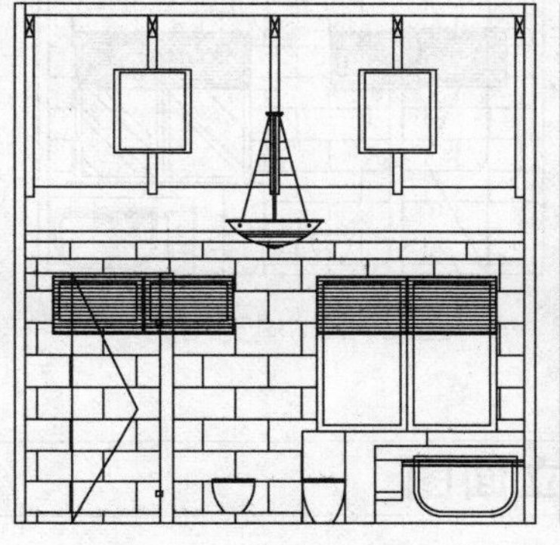

图13-37 图案填充

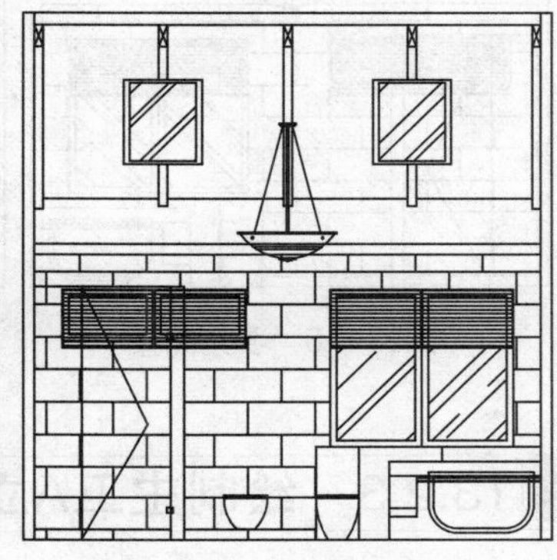

图13-38 填充图案的绘制

13 填充顶面白橡木装饰图案。调用H（图案填充）命令，弹出“图案填充和渐变色”对话框，设置参数如图13-39所示。

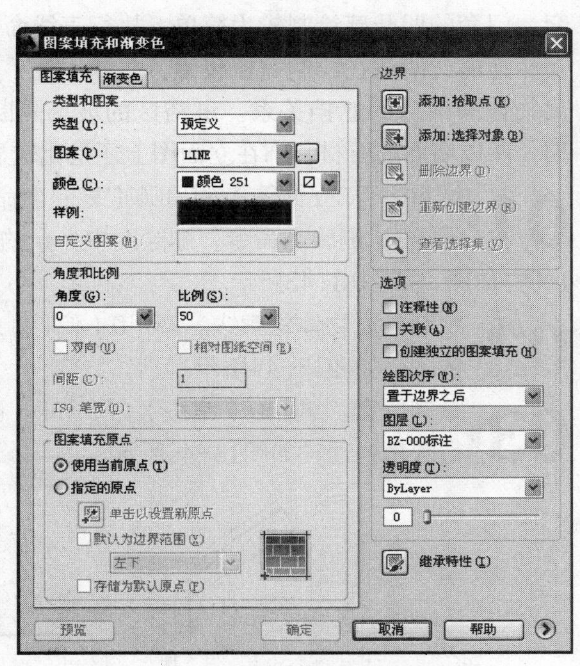

图13-39 设置参数

14 在对话框中单击点取“添加：拾取点”按钮，在绘图区中点取填充区域；按回车键返回对话框，单击“确定”按钮关闭对话框，绘制图案填充，如图13-40所示。

15 填充顶面白橡木装饰图案。调用H（图案填充）命令，在“图案填充和渐变色”对话框中选择“预定义”类型图案，选择名称为LINE的图案，设置填充角度为90°，填充比例为50，绘制顶面白橡木装饰图案，如图13-41所示。

16 绘制图形标注。调用MLD（多重引线）命令、DLI（线性标注）命令、MT（多行文字）命令、L（直线）命令，为立面图绘制材料标注、尺寸标注以及图名标注，如图13-42所示。

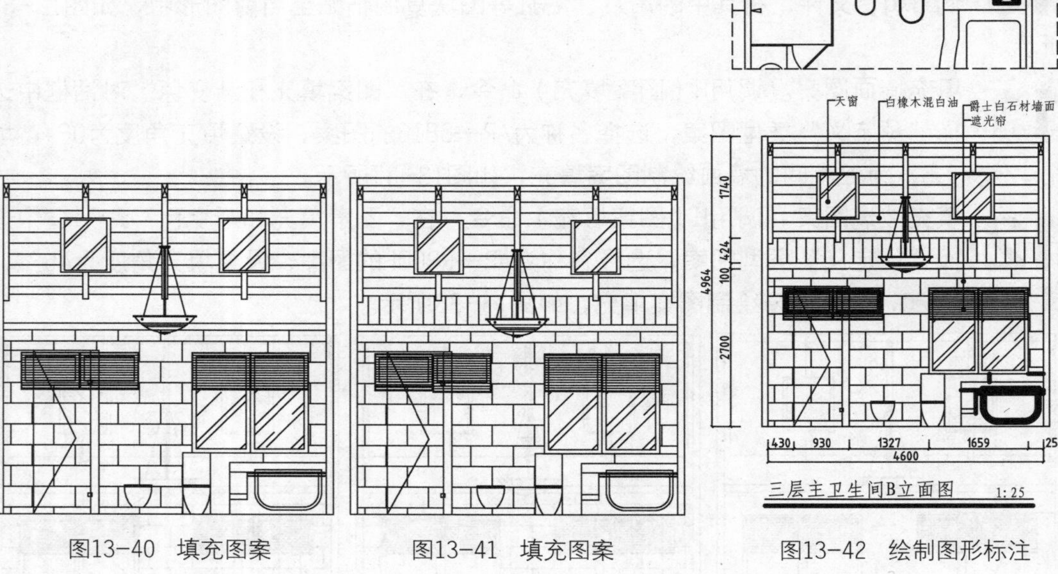

图13-40 填充图案　　图13-41 填充图案　　图13-42 绘制图形标注

13.2.3 绘制主卫A立面图

主卫生间A立面图是卧室入口和洗手台所在墙面的装饰效果。卧室的门洞设置了门套，门套的凹凸感绘制较为简单，执行直线命令和偏移命令绘制即可。梳妆镜与洗手台是相连的，所以在绘制完梳妆镜，并调用洗手盆图形后，要修剪相重叠的线段，以表达出物体间前后的遮挡关系。淋浴区的玻璃隔断大概地绘制轮廓即可，因为其材质为玻璃，所以墙面的石材装饰在立面图上还是比较显眼的。

01 调用主卫C立面图。调用CO（复制）命令，移动复制一份主卫C立面图至一旁；调用E（删除）命令，删除图中多余的图块；调用MI（镜像）命令，镜像复制一份C立面图，如图13-43所示。

02 绘制立面物体轮廓线。调用O（偏移）命令和TR（修剪）命令，偏移线段并修剪线段，如图13-44所示。

03 绘制门套。调用O（偏移）命令和F（圆角）命令，偏移线段并对偏移的线段进行圆角处理，如图13-45所示。

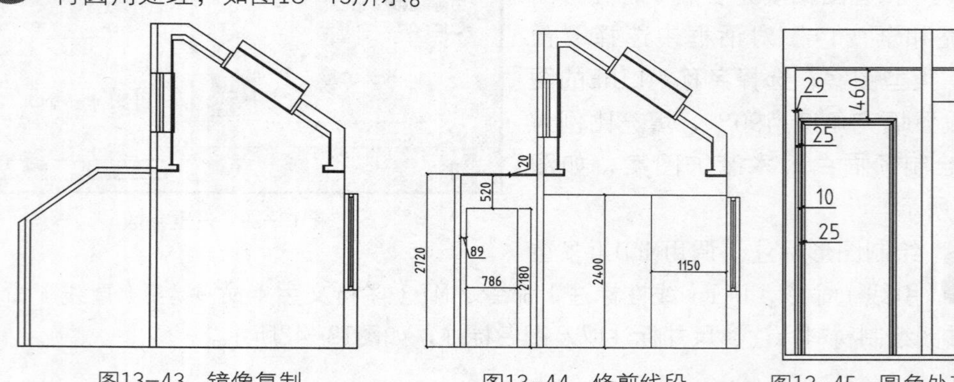

图13-43 镜像复制　　图13-44 修剪线段　　图13-45 圆角处理

04 绘制装饰镜镜框。调用O（偏移）命令、F（圆角）命令，偏移并对线段进行圆角处理，如图13-46所示。

05 绘制储物柜。调用L（直线）命令，绘制直线；调用TR（修剪）命令，修剪直线，如图13-47所示。

06 调用踢脚线图块。按Ctrl+C、Ctrl+V组合键，从“素材\第13章\家具图例．dwg”文件中将踢脚线图形复制粘贴至当前图形中，调用L（直线）命令，绘制连接直线，如图13-48所示。

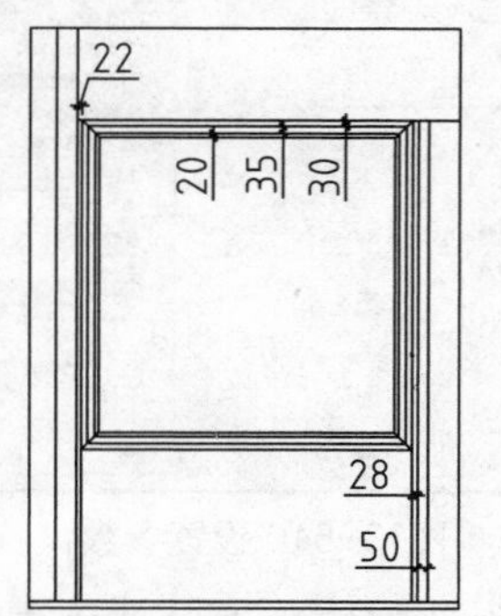

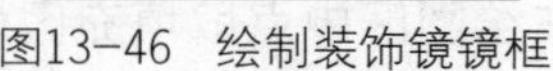
图13-46　绘制装饰镜镜框

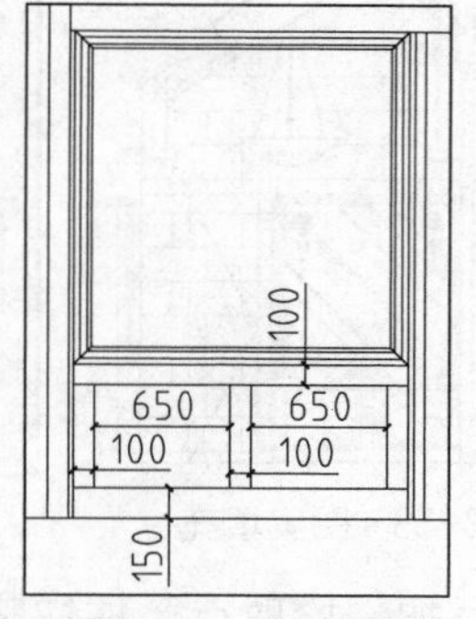

图13-47　修剪直线

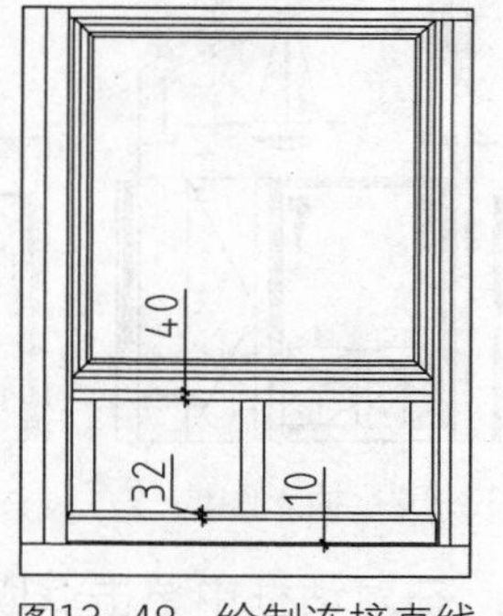

图13-48　绘制连接直线

07 绘制抽屉及柜门。调用L（直线）命令和TR（修剪）命令，绘制直线并修剪直线，如图13-49所示。

08 绘制把手。调用C（圆形）命令，绘制尺寸为6的圆形作为抽屉和柜门的把手；调用L（直线）命令，绘制柜门的开启方向线，并将直线的线型设置为虚线，如图13-50所示。

09 绘制淋浴间玻璃隔断。调用L（直线）命令和C（圆形）命令，绘制直线并绘制半径为17的圆形，作为门把手；调用REC（矩形）命令，绘制矩形，作为玻璃门的合页，如图13-51所示。

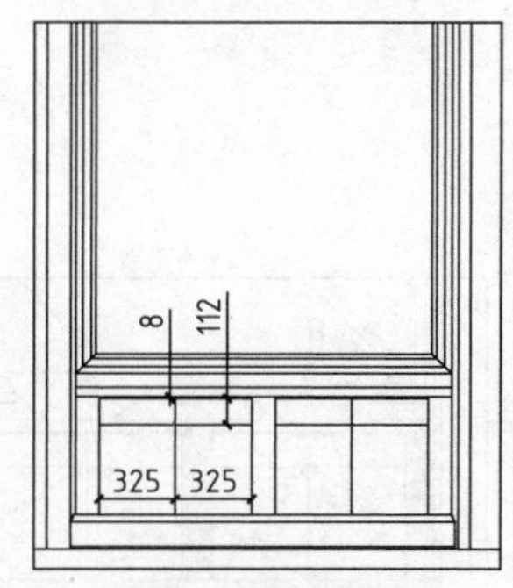

图13-49　绘制抽屉及柜门

图13-50　绘制把手

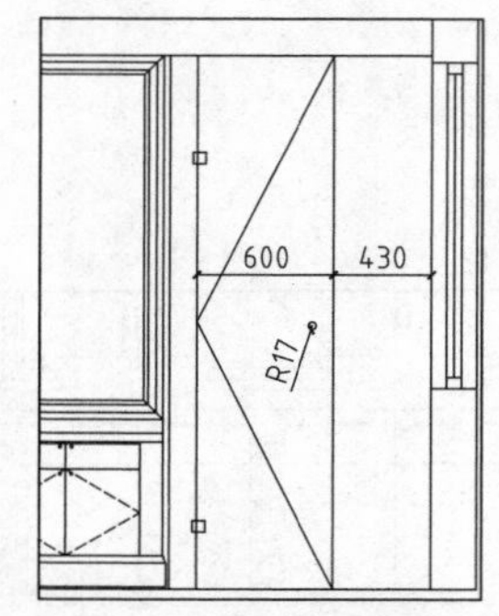

图13-51　绘制淋浴间玻璃隔断

10 插入图块。按Ctrl+O组合键，打开配套光盘提供的“素材\第13章\家具图例.dwg”文件，将其中的吊灯、浴缸等图块复制粘贴至当前图形中；并调用TR（修剪）命令，修剪线段，如图13-52所示。

11 填充图案。因为前面已经介绍过镜面和墙面的图案填充参数和比例，这里参考前面小节的图案填充参数，为墙面和镜面绘制图案填充，如图13-53所示。

12 填充储物柜图案。调用H（图案填充）命令，弹出“图案填充和渐变色”对话框，设置参数如图13-54所示。

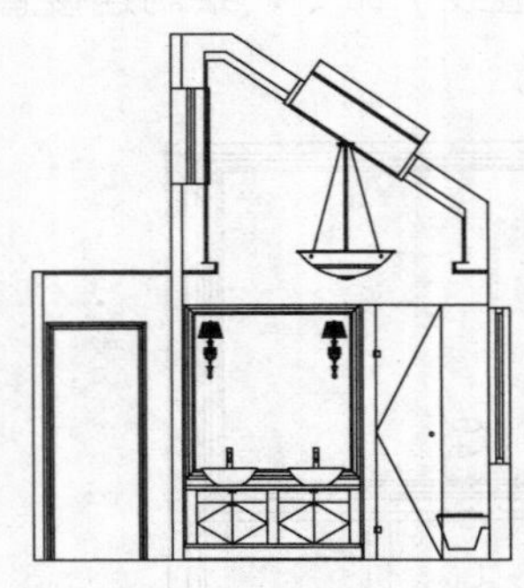

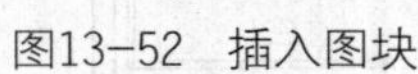

图13-52　插入图块

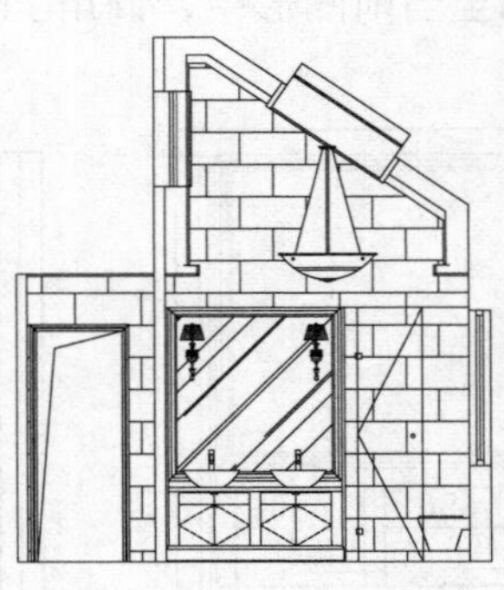

图13-53　图案填充

图13-54　设置参数

13 在对话框中单击点取“添加：拾取点”按钮，在绘图区中点取填充区域；按回车键返回对话框，单击“确定”按钮关闭对话框，绘制图案填充，如图13-55所示。

14 填充储物柜图案。调用H（图案填充）命令，弹出“图案填充和渐变色”对话框，设置参数如图13-56所示。

15 在对话框中单击点取“添加：拾取点”按钮，在绘图区中点取填充区域；按回车键返回对话框，单击“确定”按钮关闭对话框，绘制图案填充，如图13-57所示。

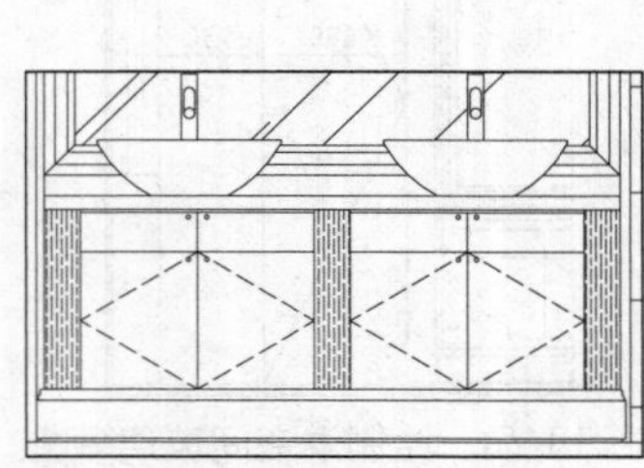

图13-55　图案填充

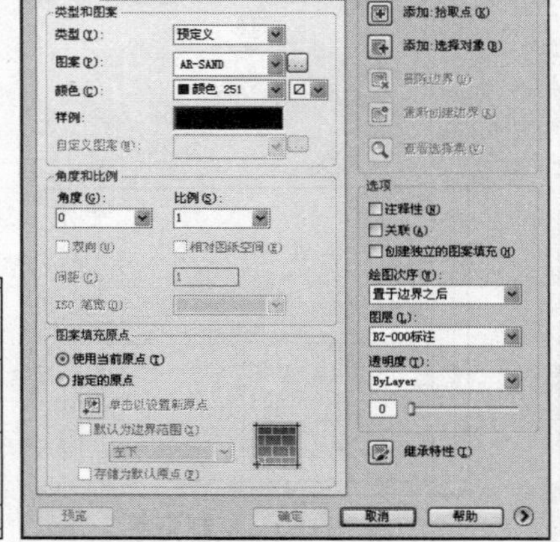

图13-56　设置参数

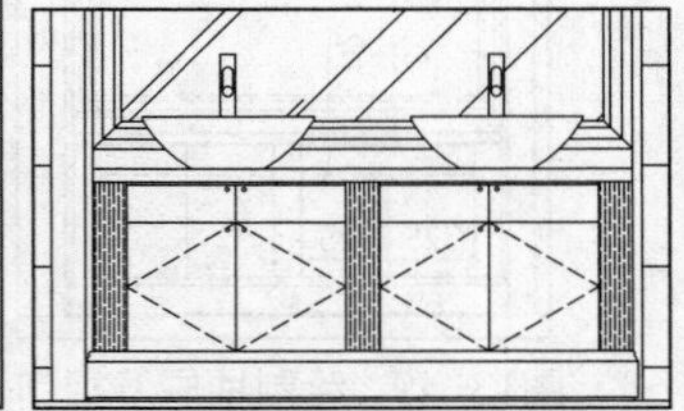

图13-57　填充图案

16 立面图的图案填充绘制完成，如图13-58所示。

17 绘制图形标注。调用MLD（多重引线）命令、DLI（线性标注）命令、MT（多行文字）命令和L（直线）命令，为立面图绘制材料标注、尺寸标注以及图名标注，如图13-59所示。

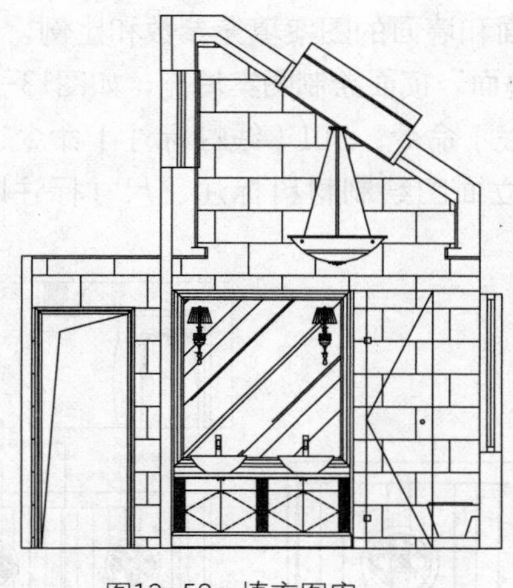
图13-58　填充图案

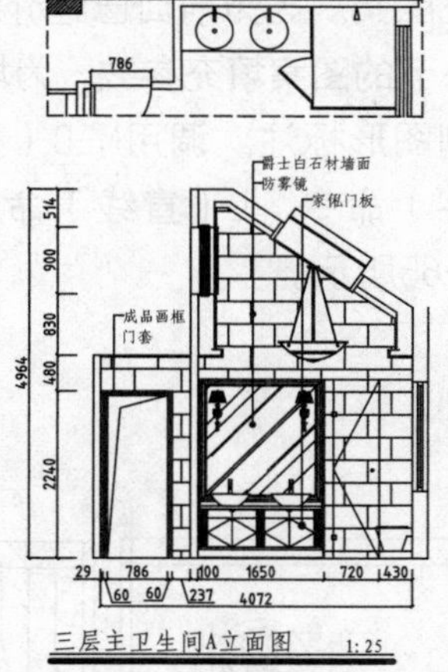
图13-59　绘制图形标注

13.2.4　绘制主卫D立面图

主卫生间D立面图表示湿蒸房入口以及主卫生间入口墙面的装饰效果。在上一章绘制顶棚图的时候我们提到过，主卫生间的顶棚装饰为白橡木，所以在绘制主卫的立面图的时候，顶面装饰有必要进行表达。由于主卫的墙面装饰材料和效果是一样的，所以沿用绘制主卫D立面图中绘制墙面装饰的方法就可以了。

对玻璃门和门洞也要进行表示，绘制完成玻璃门轮廓后，可以对其填充图案，以直观地表达该门的使用材料。另外，门洞可以用绘制折断线来表示。

01 调用主卫B立面图。调用CO（复制）命令，移动复制一份主卫B立面图至一旁；调用E（删除）命令，删除图中多余的图块；调用MI（镜像）命令，镜像复制一份D立面图，如图13-60所示。

02 绘制门洞。调用L（直线）命令，绘制直线；调用TR（修剪）命令，修剪线段，如图13-61所示。

03 绘制天窗装饰。调用L（直线）命令，绘制直线；调用C（圆形）命令，绘制圆形，如图13-62所示。

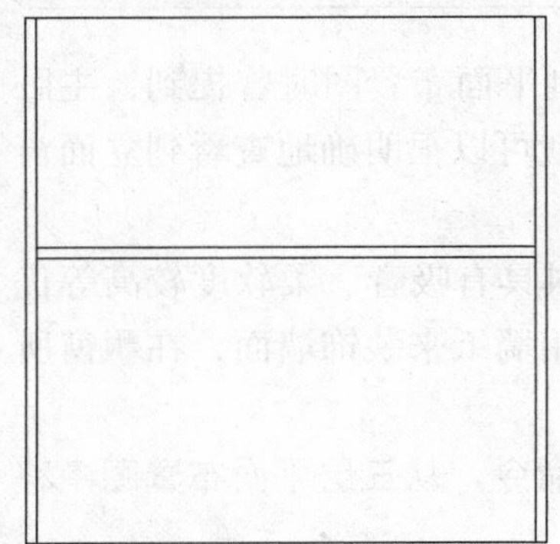
图13-60　镜像复制

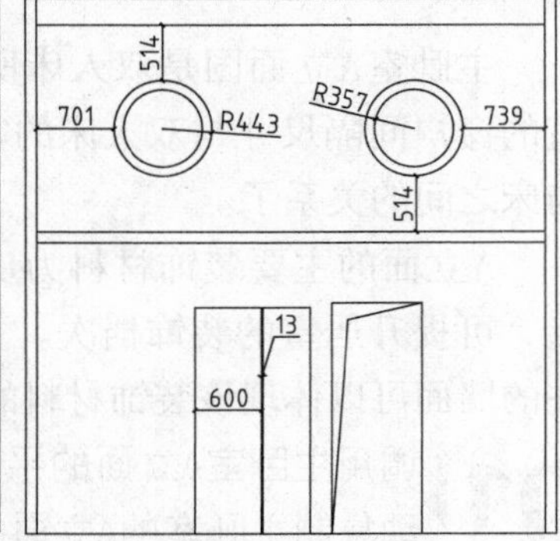
图13-61　修剪线段

图13-62　绘制天窗装饰

04 插入图块。按Ctrl+O组合键，打开配套光盘提供的“素材\第13章\家具图例.dwg”文件，将其中的浴缸等图块复制粘贴至当前图形中，如图13-63所示。

05 填充图案。因为前面已经介绍过镜面和墙面的图案填充参数和比例，这里参考前面小节的图案填充参数，为墙面和镜面、顶面绘制图案填充，如图13-64所示。

06 绘制图形标注。调用MLD（多重引线）命令、DLI（线性标注）命令、MT（多行文字）命令、L（直线）命令，为立面图绘制材料标注、尺寸标注以及图名标注，如图13-65所示。

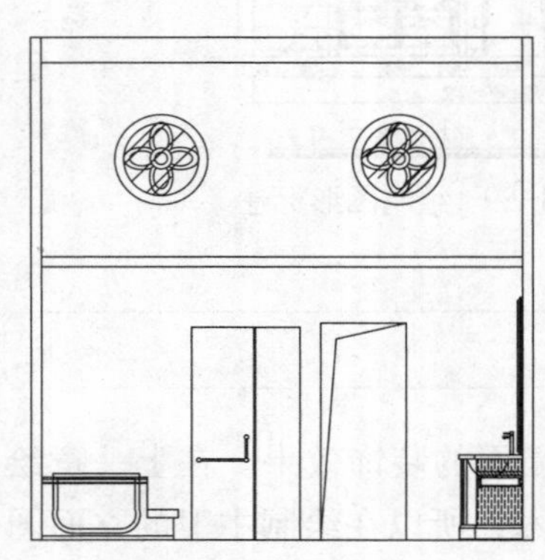

图13-63　插入图块

图13-64　图案填充

图13-65　绘制图形标注

13.3 绘制主卧室立面图

主卧室是除了客厅装饰之外居室设计中的又一个重点。特别在本例别墅中，主卧室单独在别墅的三层，所以就更有必要对其的立面做法进行详细的讲解。

本节介绍主卧室立面图的绘制方法，以明确表示主卧立面所使用的装饰材料和制作方法。

13.3.1 绘制主卧室A立面图

主卧室A立面图是双人床所在墙面的装饰效果。在绘制平面布置图时曾提到，主卧室的窗户间隔尺寸与双人床的宽度相差无几，在立面图上就可以很明确地查看到立面窗与床之间的关系了。

A立面的主要装饰材料为皮质软包。皮质软包装饰材料具有吸音、柔软度较高等优点，可提升居室的装饰档次。主卧室的其他墙面则主要使用墙纸来装饰墙面，在飘窗所在的墙面可以体现该装饰材料的运用。

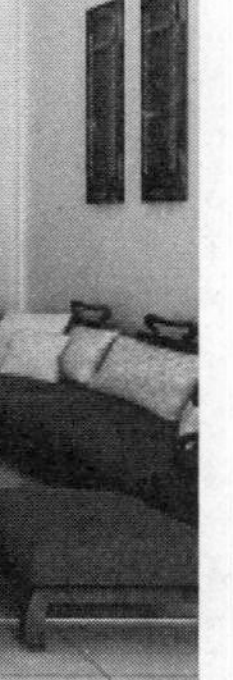

01 调用主卧室A立面的平面图部分。调用CO（复制）命令，从三层平面布置图中移动复制主卧室的A立面的平面部分至一旁。

02 绘制主卧室A立面图的外轮廓。调用L（直线）命令，从复制得到的主卧室的A立面的平面局部图中绘制引出线，如图13-66所示。

03 绘制立面物体轮廓。调用L（直线）命令、TR（修剪）命令，绘制并修剪直线，如图13-67所示。

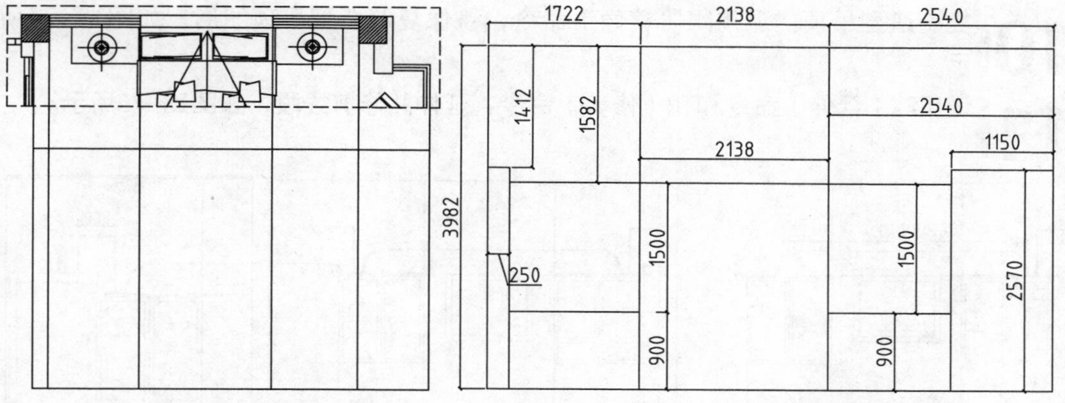

图13-66　绘制引出线　　图13-67　绘制并修剪直线

04 绘制立面窗。调用O（偏移）命令和TR（修剪）命令，偏移线段并修剪线段，如图13-68所示。

05 绘制挂画位置。调用REC（矩形）命令和O（偏移）命令，绘制矩形并向内偏移矩形，如图13-69所示。

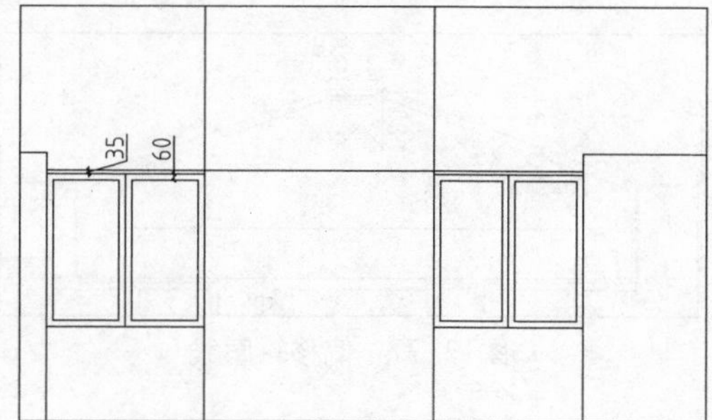

图13-68　修剪线段

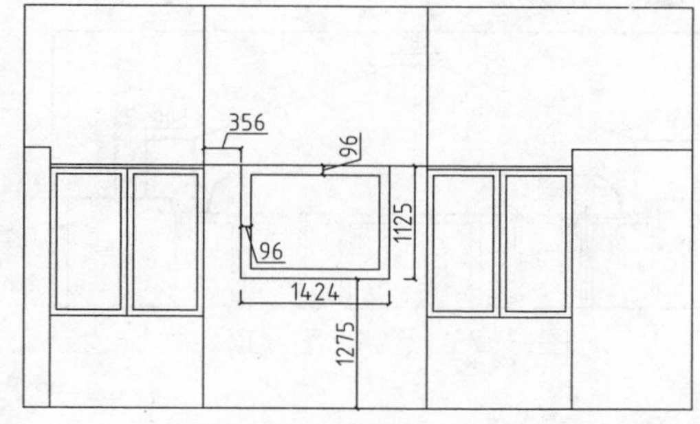

图13-69　绘制挂画位置

06 绘制吊顶灯带位。调用L（直线）命令、O（偏移）命令、TR（修剪）命令，绘制吊顶灯带图形，如图13-70所示。

07 绘制吊顶。调用L（直线）命令和TR（修剪）命令，绘制直线并修剪线段，如图13-71所示。

08 绘制造型吊顶。调用L（直线）命令、TR（修剪）命令，绘制并修剪线段；调用A（圆弧）命令，绘制圆弧；调用O（偏移）命令，偏移圆弧，如图13-72所示。

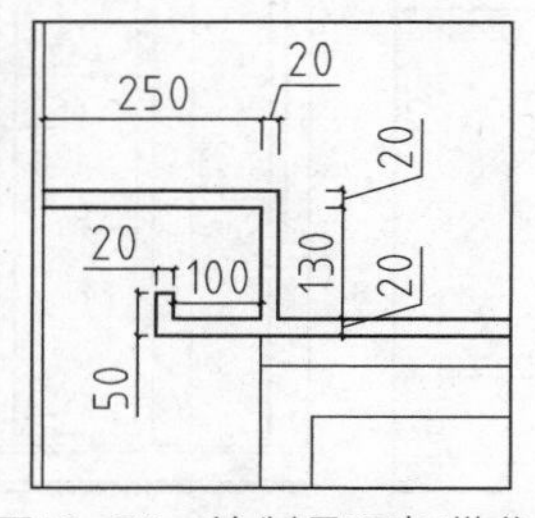

图13-70　绘制吊顶灯带位

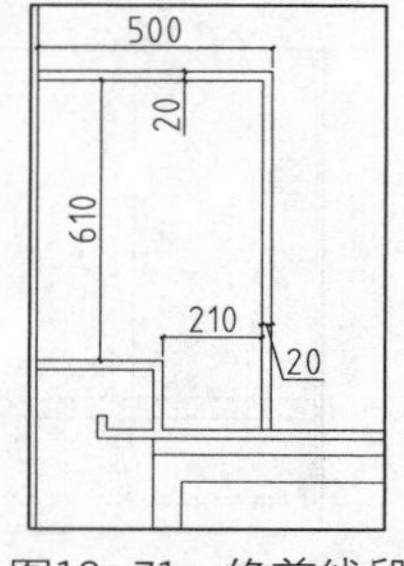

图13-71　修剪线段

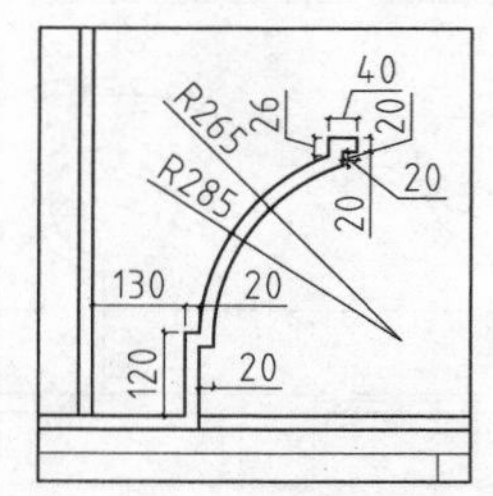

图13-72　绘制造型吊顶

09 调用L（直线）命令，绘制直线，如图13-73所示。

10 复制造型吊顶。调用MI（镜像）命令，镜像复制造型吊顶图形，如图13-74所示。

11 调用EX（延伸）命令和TR（修剪）命令，延伸并修剪线段，如图13-75所示。

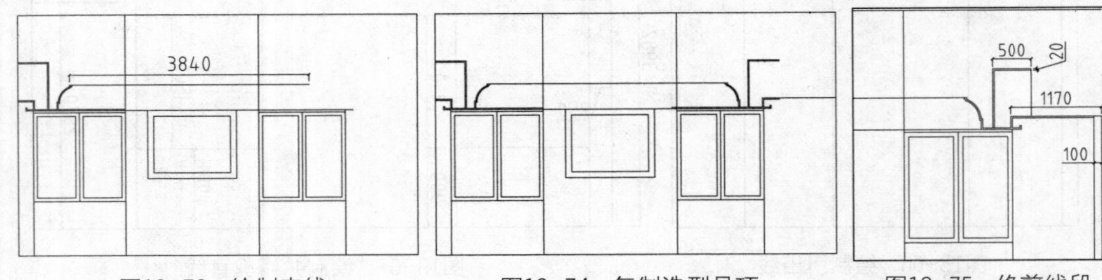

图13-73　绘制直线　　图13-74　复制造型吊顶　　图13-75　修剪线段

12 绘制造型屋顶轮廓。调用L（直线）命令和TR（修剪）命令，绘制直线并修剪线段，如图13-76所示。

13 调用O（偏移）命令和TR（修剪）命令，偏移轮廓线并修剪线段，如图13-77所示。

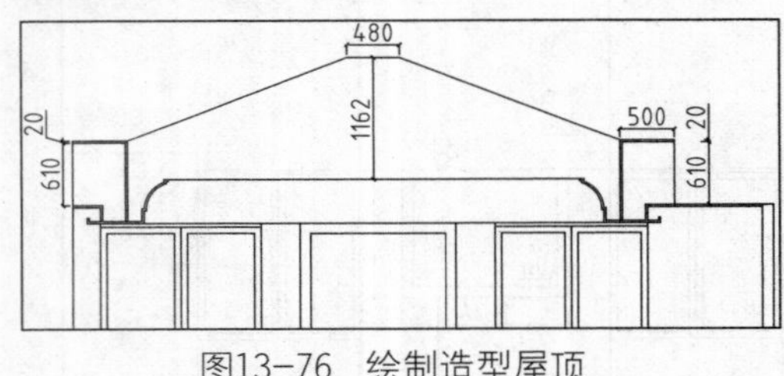

图13-76　绘制造型屋顶　　图13-77　偏移轮廓线

14 绘制顶面造型装饰。调用C（圆形）命令，绘制圆形，如图13-78所示。

15 调用踢脚线图形。从“素材\第13章\家具图例.dwg”文件中调用踢脚线图形；调用L（直线）命令，绘制连接直线，如图13-79所示。

16 绘制落地飘窗。调用L（直线）命令、TR（修剪）命令，绘制立面窗图形，如图13-80所示。

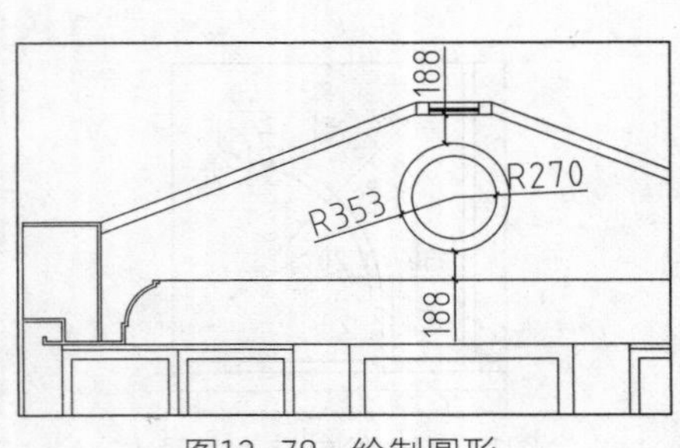

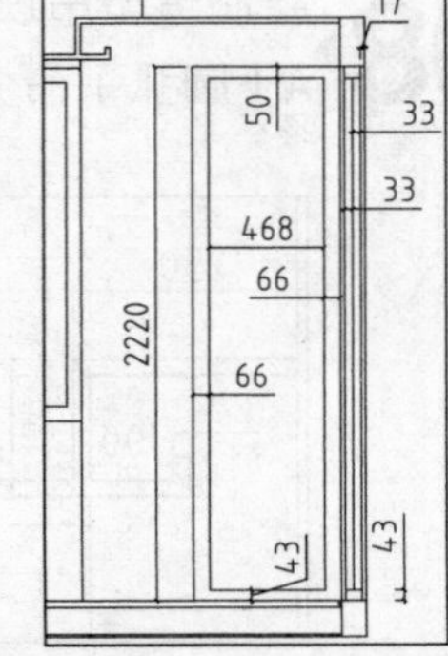

图13-78　绘制圆形　　图13-79　调用踢脚线图形　　图13-80　绘制立面窗图形

17 插入图块。按Ctrl+O组合键，打开配套光盘提供的“素材\第13章\家具图例.dwg”文件，将其中的双人床、窗帘等图块复制粘贴至当前图形中，如图13-81所示。

18 绘制墙面皮质软包装饰。调用L（直线）命令、TR（修剪）命令，绘制并修剪直线，如图13-82所示。

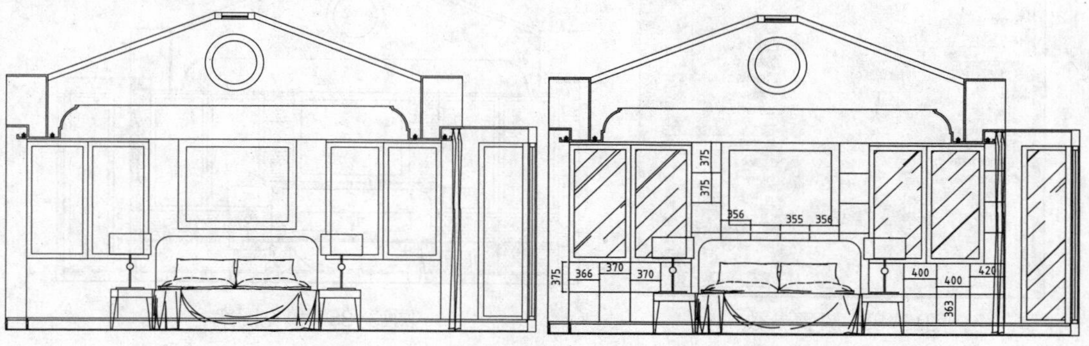

图13-81　插入图块　　　　图13-82　绘制并修剪直线

19 填充墙面皮质软包装饰图案。调用H（图案填充）命令，弹出“图案填充和渐变色”对话框，设置参数，如图13-83所示。

20 在对话框中单击点取“添加：拾取点”按钮，在绘图区中点取填充区域；按回车键返回对话框，单击“确定”按钮关闭对话框，绘制图案填充，如图13-84所示。

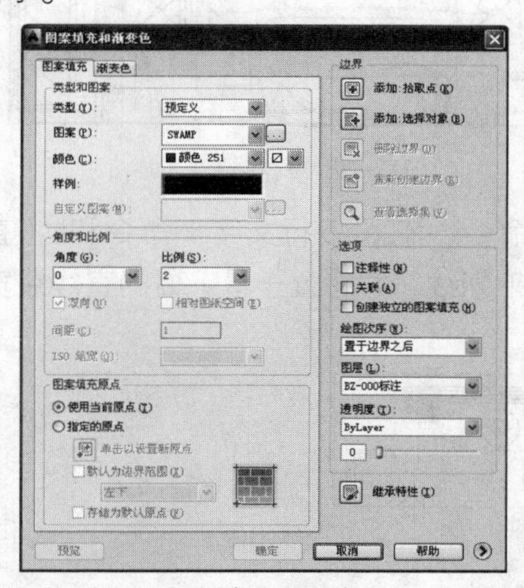

图13-83　“图案填充和渐变色”对话框

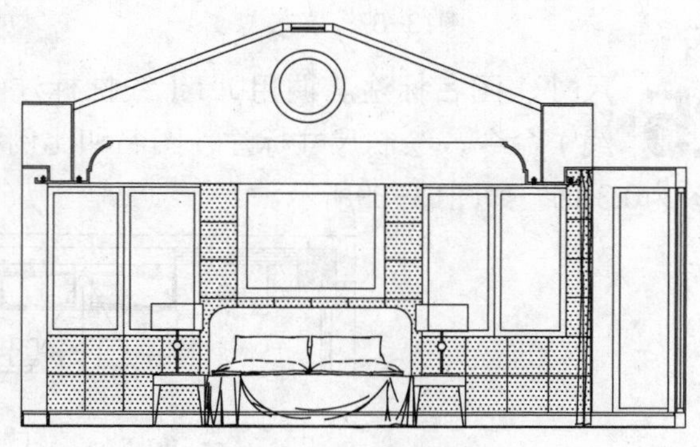

图13-84　图案填充

21 填充墙纸装饰图案。调用H（图案填充）命令，弹出“图案填充和渐变色”对话框，设置参数，如图13-85所示。

22 在对话框中单击点取“添加：拾取点”按钮，在绘图区中点取填充区域；按回车键返回对话框，单击“确定”按钮关闭对话框，绘制图案填充，如图13-86所示。

23 填充图案。因为前面已经介绍过镜面和墙面的图案填充参数和比例，这里参考前面小节的图案填充参数，为镜面、顶面绘制图案填充，如图13-87所示。

24 文字标注。调用MLD（多重引线）命令，为立面图绘制材料标注，如图13-88所示。

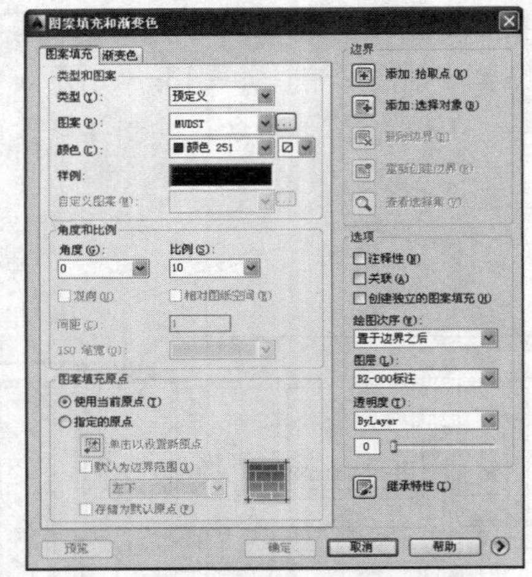

图13-85　设置参数

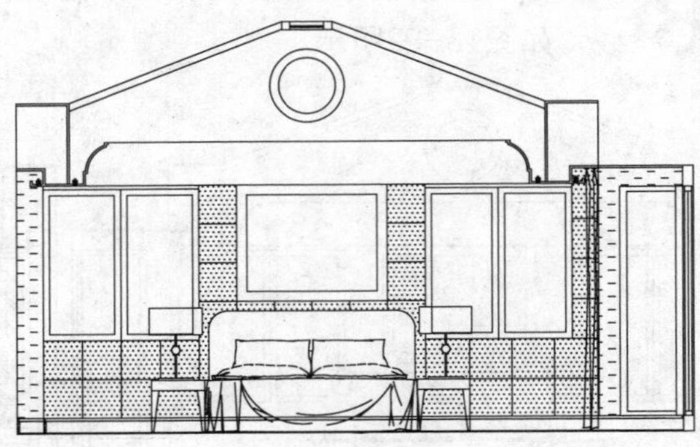

图13-86　填充图案

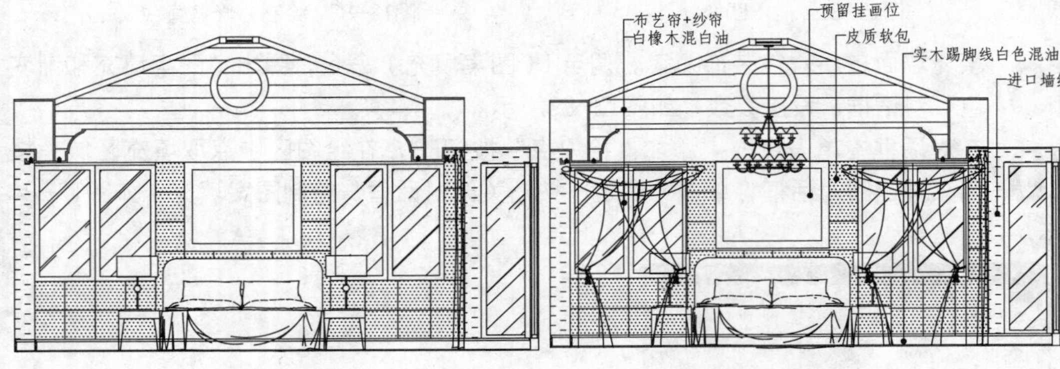

图13-87　填充　　　　图13-88　材料标注

25 尺寸、图名标注。调用DLI（线性标注）命令、MT（多行文字）命令和L（直线）命令，绘制尺寸标注、图名和比例和下划线，并将置于最下面的直线线宽更改为0.3mm，如图13-89所示。

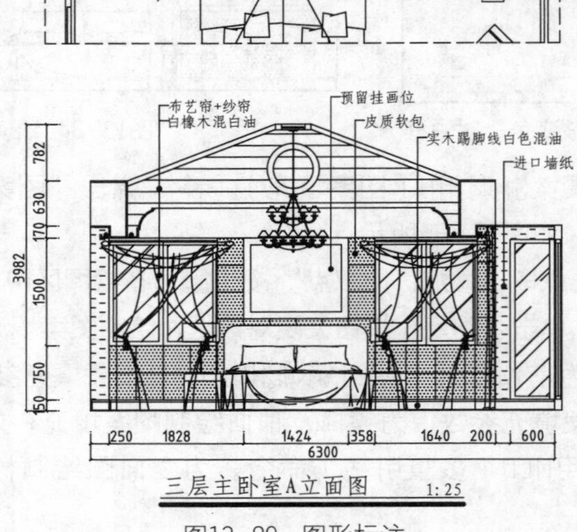

图13-89　图形标注

13.3.2 绘制主卧室B立面图

主卧室B立面图是飘窗所在的墙面的装饰效果。在绘制B立面图的时候，主要表示立面窗的尺寸，窗帘盒的尺寸和位置也需要进行表示。绘制墙面的装饰材料的时候，可以调用图案填充命令来绘制。

01 调用主卧室B立面的平面图部分。调用CO（复制）命令，从三层平面布置图中移动复制主卧室的B立面的平面部分至一旁。

02 绘制主卧室B立面图的外轮廓。调用L（直线）命令，从复制得到的主卧室的B立面的平面局部图中绘制引出线，如图13-90所示。

03 绘制立面窗。调用O（偏移）命令和TR（修剪）命令，偏移墙体轮廓线并修剪线段，如图13-91所示。

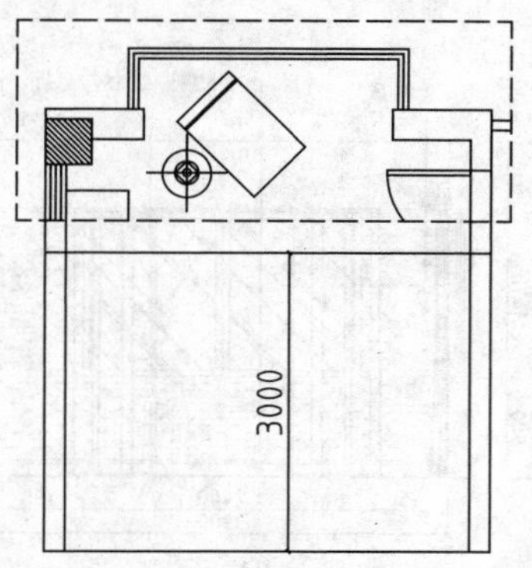

图13-90 绘制引出线

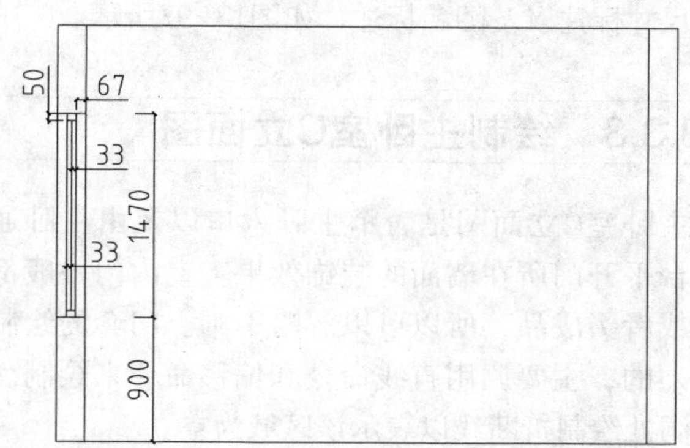

图13-91 绘制立面窗

04 调用踢脚线图形。从“素材\第13章\家具图例.dwg”文件中调用踢脚线图形；调用L（直线）命令，绘制连接直线，如图13-92所示。

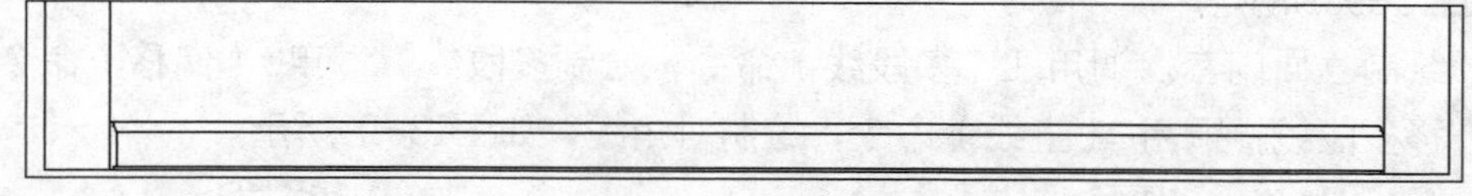

图13-92 绘制直线

05 绘制吊顶图形。调用L（直线）命令、TR（修剪）命令，绘制并修剪直线，如图13-93所示。

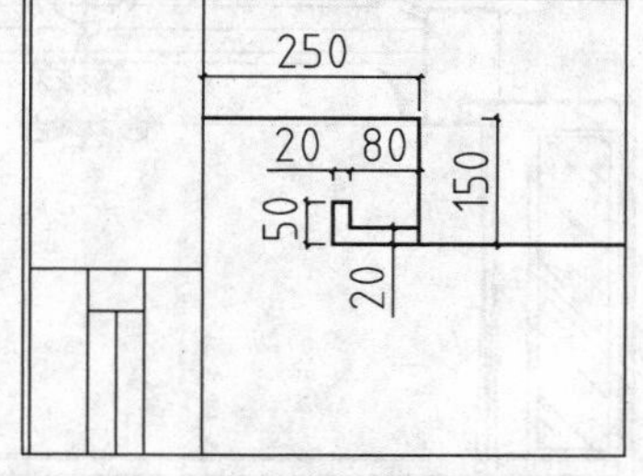

图13-93 绘制并修剪直线

06 绘制立面窗。调用REC（矩形）命令、L（直线）命令和X（分解）命令，绘制矩形、直线；以及分解矩形；调用O（偏移）命令、F（圆角）命令，偏移矩形边并对其进行圆角处理，如图13-94所示。

07 填充图案。因为前面已经介绍过镜面和墙面的图案填充参数和比例，所以，请读者参考前面小节的图案填充参数，为墙面和镜面绘制图案填充，如图13-95所示。

08 插入图块。按Ctrl+O组合键，打开配套光盘提供的“第13章\家具图例.dwg”文件，将其中的窗帘、灯带等图块复制粘贴至当前图形中，如图13-96所示。

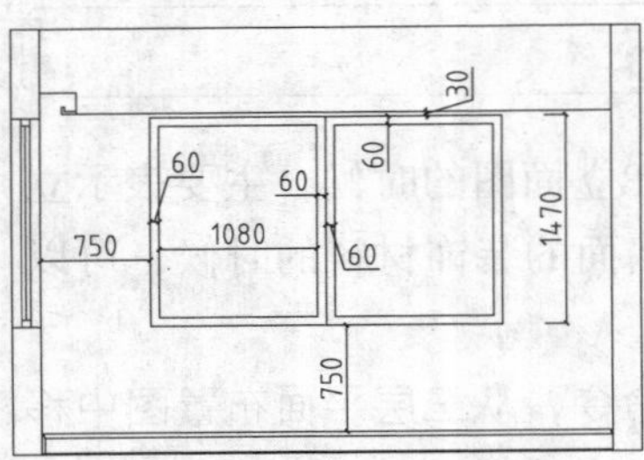

图13-94 绘制立面窗

图13-95 填充图案

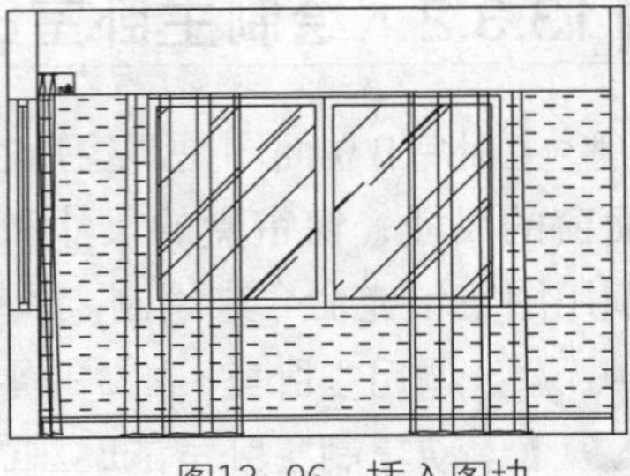

图13-96 插入图块

09 绘制图形标注。调用MLD（多重引线）命令、DLI（线性标注）命令、MT（多行文字）命令、L（直线）命令，为立面图绘制材料标注、尺寸标注以及图名标注，如图13-97所示。

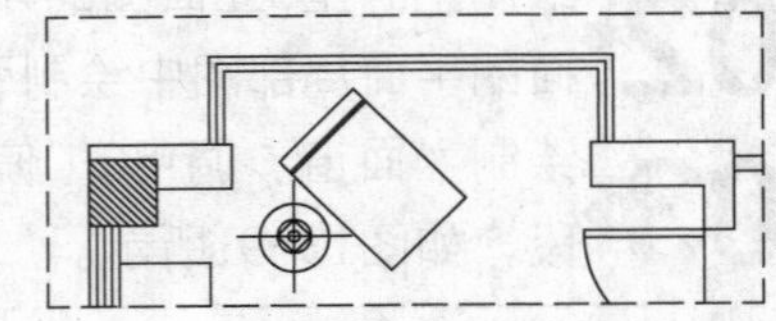

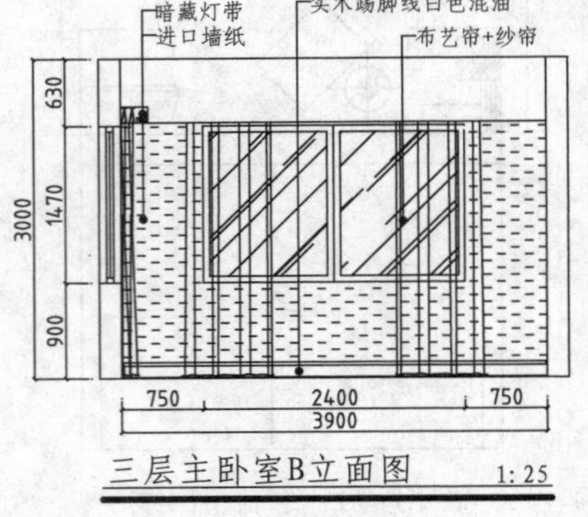

图13-97 绘制图形标注

13.3.3 绘制主卧室C立面图

主卧室C立面图是表示主卧入口以及由主卧通往阳台平开门所在墙面的装饰效果。室内门一般都定做或者买成品，所以可以忽略不画。门套的绘制是必须的，主要调用直线命令和偏移命令来绘制。在门洞处绘制折断线以表示该区域为空。

01 调用主卧室C立面图。调用CO（复制）命令，移动复制一份主卧室C立面图至一旁；调用E（删除）命令，删除图中多余的图块；调用MI（镜像）命令，镜像复制一份C立面图，如图13-98所示。

02 绘制立面门套。调用PL（多段线）命令，绘制多段线；调用O（偏移）命令，偏移多段线；调用L（直线）命令，绘制对角线，如图13-99所示。

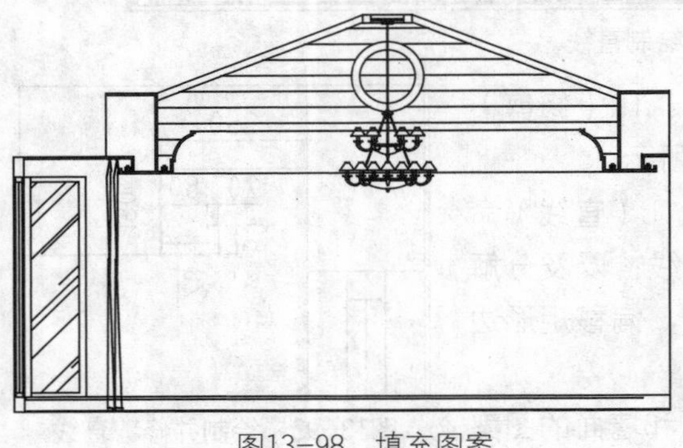

图13-98 填充图案

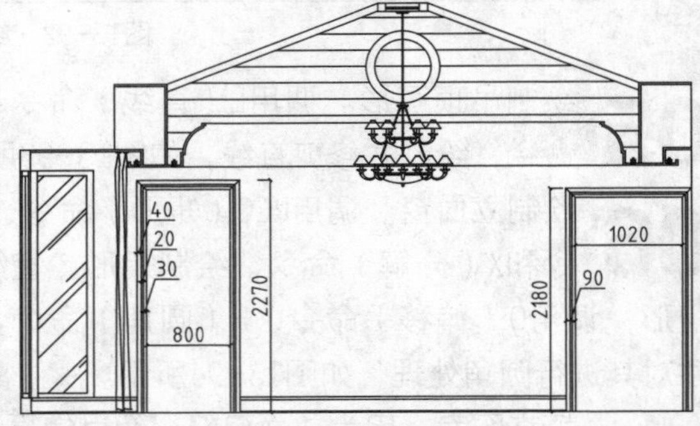

图13-99 绘制立面门套

03 调用PL（多段线）命令，绘制折断线，如图13-100所示。

04 插入图块。按Ctrl+O组合键，打开配套光盘提供的“素材\第13章\家具图例.dwg”文件，将其中的电视机、电视柜图块复制粘贴至当前图形中，如图13-101所示。

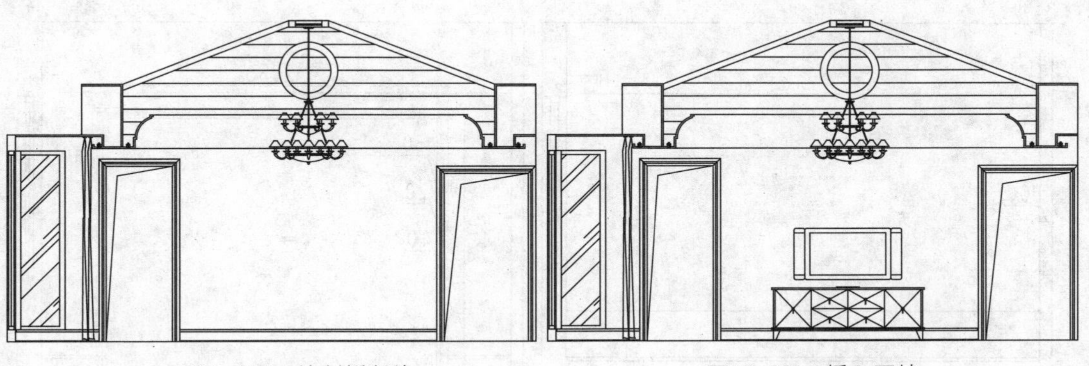

图13-100　绘制折断线　　　　图13-101　插入图块

05 填充图案。因为前面已经介绍过镜面和墙面的图案填充参数和比例，这里参考前面小节的图案填充参数，为墙面绘制图案填充，如图13-102所示。

06 绘制图形标注。调用MLD（多重引线）命令、DLI（线性标注）命令、MT（多行文字）命令、L（直线）命令，为立面图绘制材料标注、尺寸标注以及图名标注，如图13-103所示。

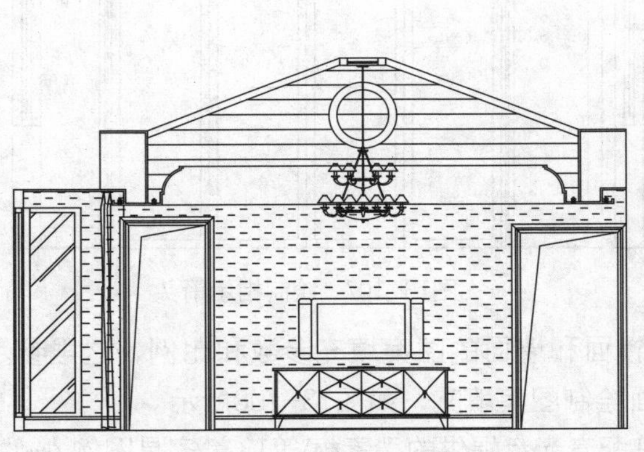

图13-102　填充图案

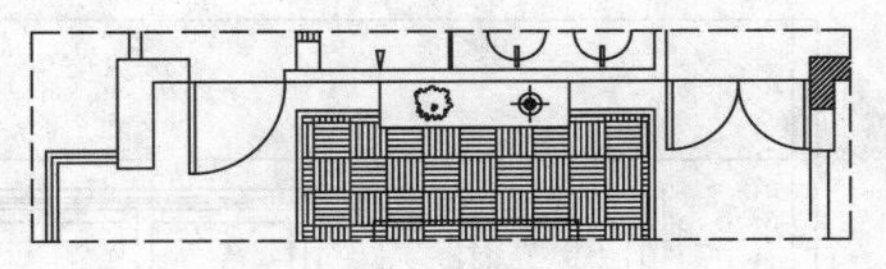

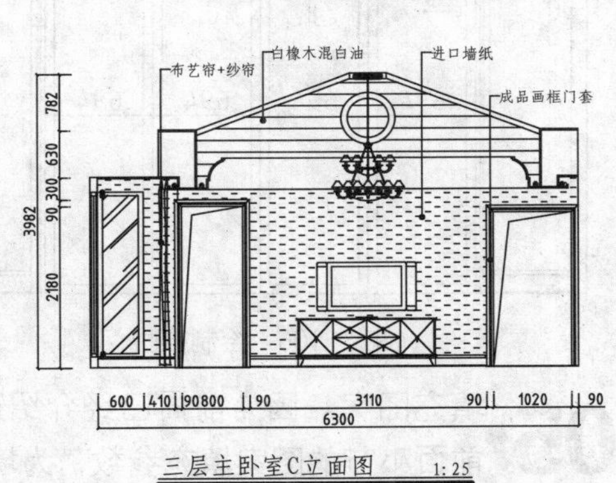

图13-103　绘制图形标注

13.3.4　绘制主卧室D立面图

主卧室D立面图是表示由主卧通往生态房的玻璃推拉门所在墙面的装饰效果。绘制该立面图的时候主要绘制推拉门。推拉门可以调用矩形命令、偏移等命令来绘制；推拉门的图案填充可以从AutoCAD系统自带的图案库中进行选择。

01 调用主卧室B立面图。调用CO（复制）命令，移动复制一份主卧室B立面图至一旁；调用E（删除）命令，删除图中多余的图块；调用MI（镜像）命令，镜像复制一份D立面图，如图13-104所示。

02 绘制推拉门门套。调用L（直线）命令、O（偏移）命令和TR（修剪）命令，绘制直线、偏移直线以及修剪直线，如图13-105所示。

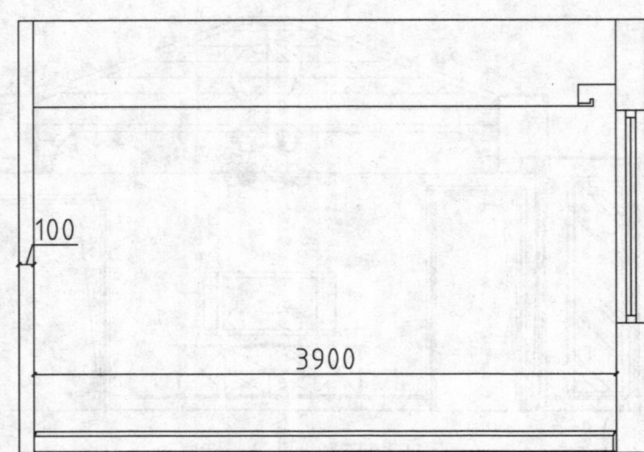

图13-104　镜像复制

2956
30
20
40
2270

图13-105　绘制推拉门门套

03 绘制推拉门。调用L（直线）命令，绘制直线；调用O（偏移）命令和F（圆角）命令，偏移线段并对线段进行圆角处理，如图13-106所示。

04 调用PL（多段线）命令，绘制门开启方向的指示箭头，如图13-107所示。

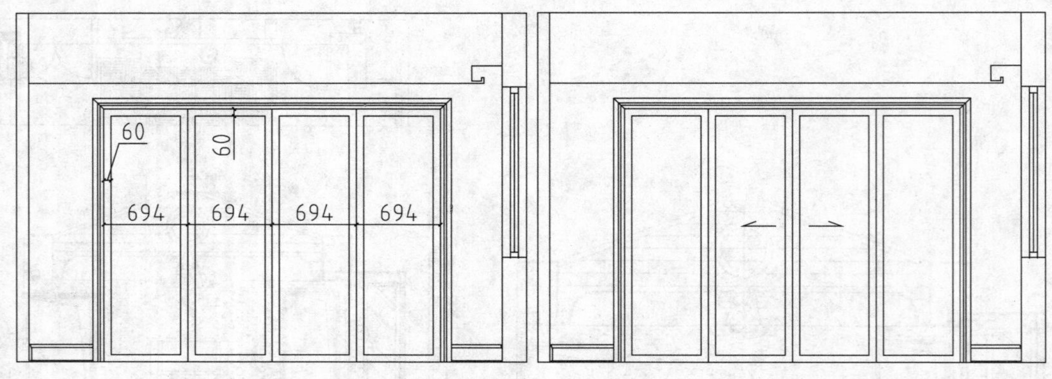

图13-106　绘制推拉门　　　　图13-107　绘制指示箭头

05 填充图案。因为前面已经介绍过镜面和墙面的图案填充参数和比例，这里参考前面小节的图案填充参数，为墙面绘制图案填充，如图13-108所示。

06 插入图块。按Ctrl+O组合键，打开配套光盘提供的“素材\第13章\家具图例.dwg”文件，将其中的窗帘、灯带图块复制粘贴至当前图形中，如图13-109所示。

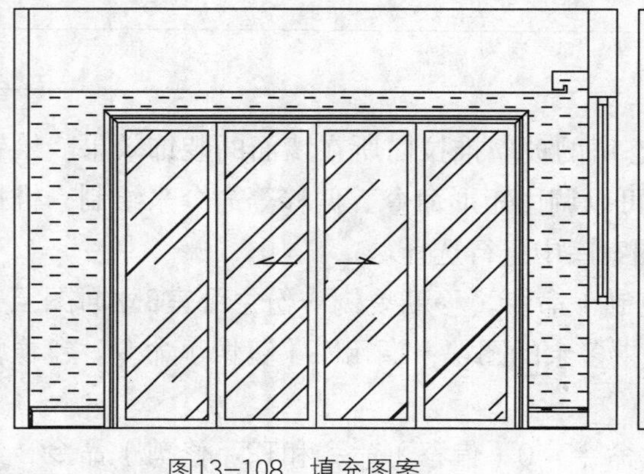

图13-108　填充图案

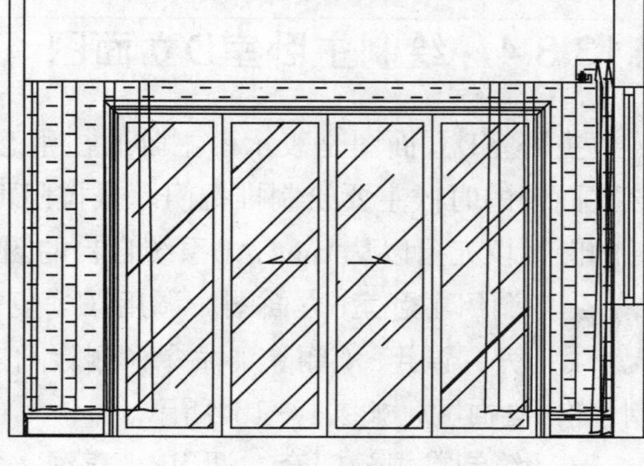

图13-109　插入图块

07 绘制图形标注。调用MLD（多重引线）命令、DLI（线性标注）命令、MT（多行文字）命令、L（直线）命令，为立面图绘制材料标注、尺寸标注以及图名标注，如图13-110所示。

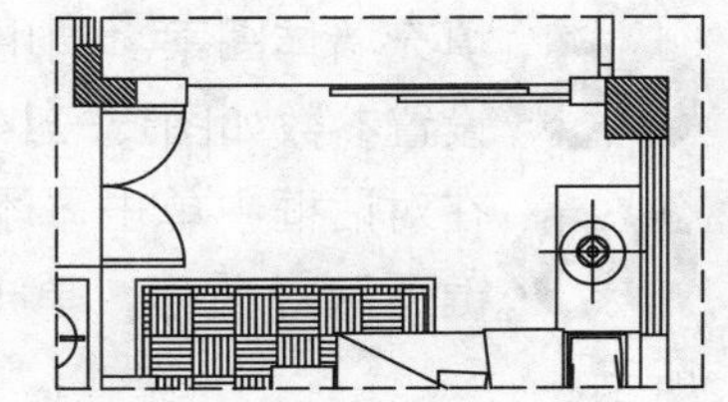

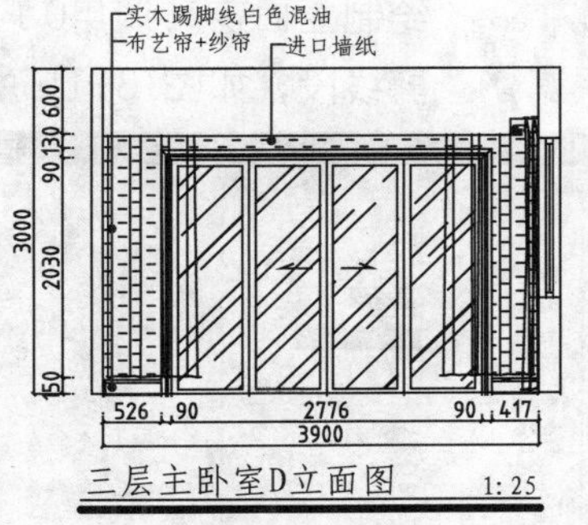

图13-110 绘制图形标注

13.4 绘制客厅立面图

客厅位于别墅的一层，是重要的聚会场所，也是体现居室装饰风格的地方。所以，针对客厅的装饰改造，一直以来都是室内装饰装潢的重点。

本小节介绍客厅装饰中两个重要立面图的绘制方法，借以了解本例别墅中客厅的装饰手法和所使用的装饰材料。

13.4.1 绘制客厅A立面图

由于客厅为挑空设计，所以在绘制客厅的立面图的时候，要表达从地面至完成吊顶面之间的立面装饰。客厅A立面所使用的装饰材料较多，主要有石材、镜子等。

会客厅位于一层的区域墙面装饰主要是石材和车边银镜装饰。奢华的石材与富有现代化气息的银镜相组合，表达出了一种沉淀于世，但又不甘寂寞的感觉。

上层的会客厅墙面装饰材料有银箔和磨砂玻璃。银箔的闪亮与磨砂玻璃内敛的光泽，表达出张扬的个性与沉稳的个性气质。不得不说，居室风格更多体现的是居住者的个人品味。

01 调用客厅A立面的平面图部分。调用CO（复制）命令，从三层平面布置图中移动复制客厅的A立面的平面部分至一旁。

02 绘制客厅A立面图的外轮廓。调用L（直线）命令，从复制得到的客厅A立面的平面局部图中绘制引出线，如图13-111所示。

03 绘制墙体轮廓。调用O（偏移）命令，偏移线段，如图13-112所示。

04 调用TR（修剪）命令，修剪线段，如图13-113所示。

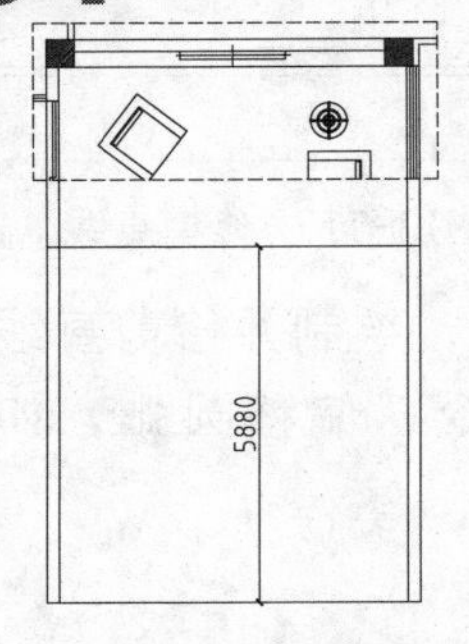

图13-111 绘制引出线

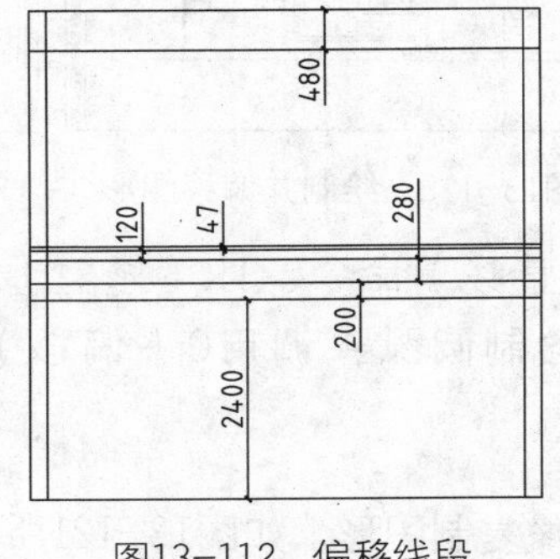

图13-112 偏移线段

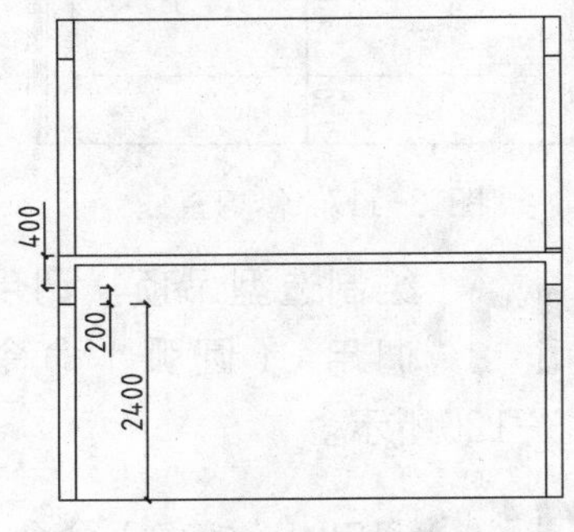

图13-113 修剪线段

05 填充墙体图案。调用H（图案填充）命令，弹出“图案填充和渐变色”对话框，设置参数如图13-114所示。

06 在对话框中单击“添加：拾取点”按钮，在绘图区中点取填充区域；按回车键返回对话框，单击“确定”按钮关闭对话框，绘制图案填充，如图13-115所示。

07 绘制立面窗。调用O（偏移）命令，偏移墙体轮廓线；调用TR（修剪）命令，修剪线段，如图13-116所示。

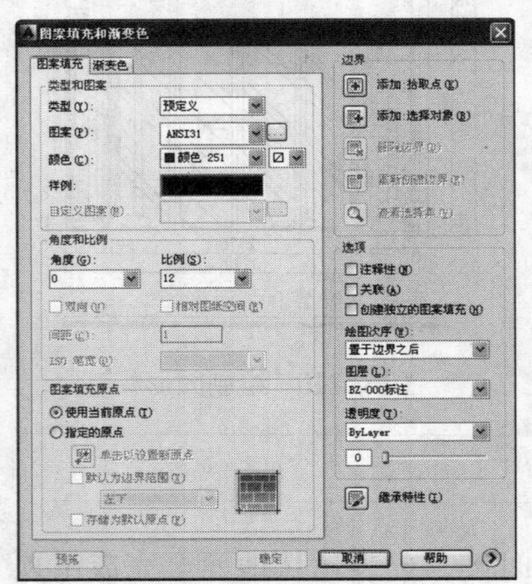

图13-114 “图案填充和渐变色”对话框

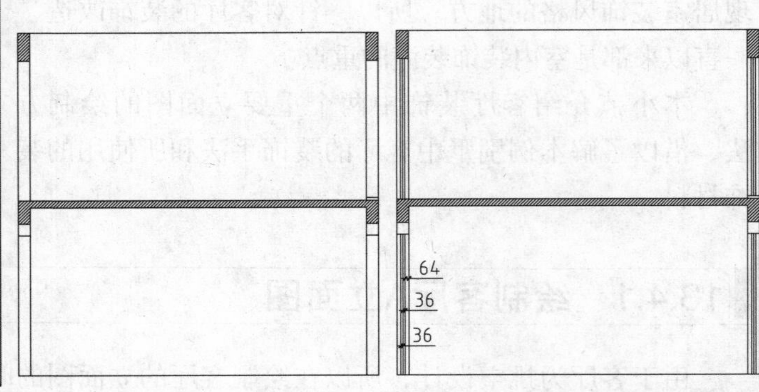

图13-115 图案填充　　图13-116 绘制立面窗

08 绘制立面装饰物。调用L（直线）命令和O（偏移）命令，绘制并偏移直线；调用TR（修剪）命令，修剪直线，如图13-117所示。

09 调用L（直线）命令、REC（矩形）命令和O（偏移）命令，绘制直线矩形并偏移矩形，如图13-118所示。

10 绘制吊顶。调用L（直线）命令、TR（修剪）命令，绘制并修剪直线，如图13-119所示。

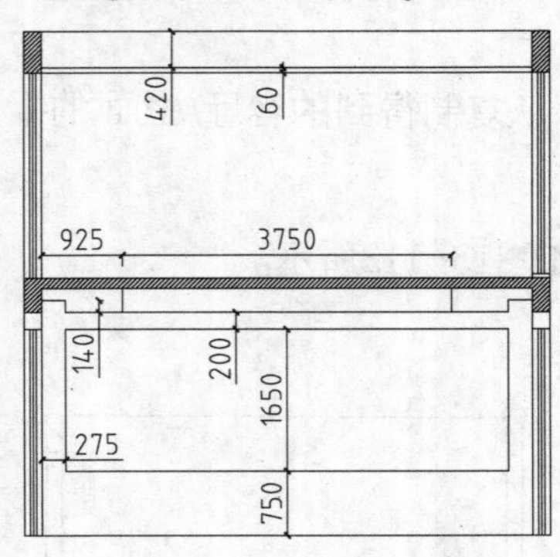

图13-117 修剪直线

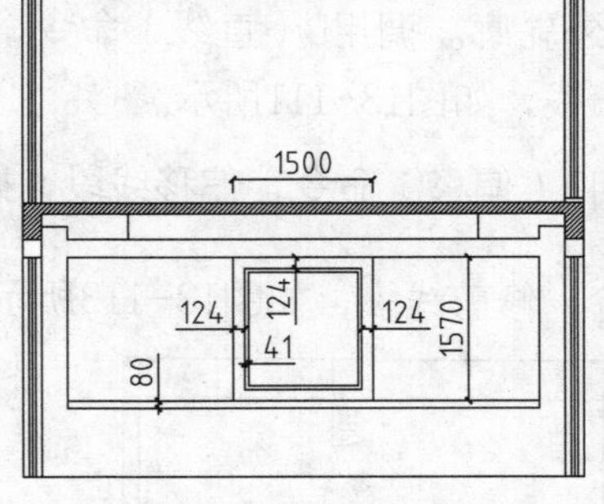

图13-118 绘制并偏移图形

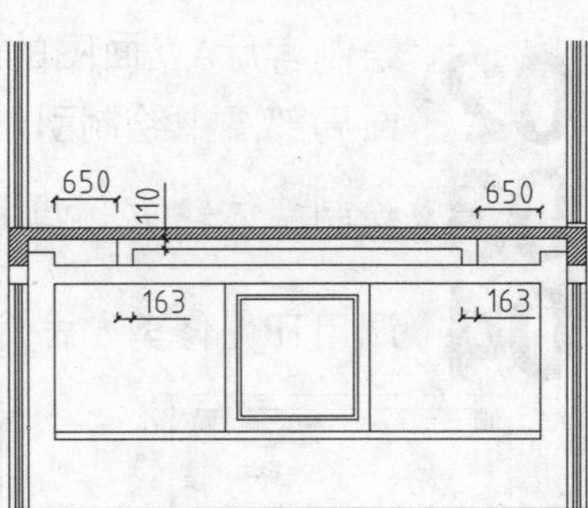

图13-119 修剪直线

11 绘制造型吊顶。调用L（直线）命令、TR（修剪）命令，绘制并修剪直线；调用A（圆弧）命令，绘制圆弧；调用O（偏移）命令，偏移圆弧，如图13-120所示。

12 调用MI（镜像）命令，镜像复制图形，如图13-121所示。

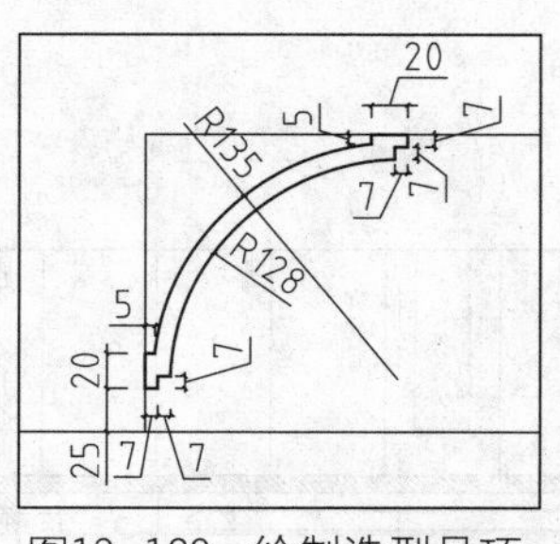

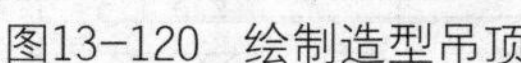

图13-120　绘制造型吊顶

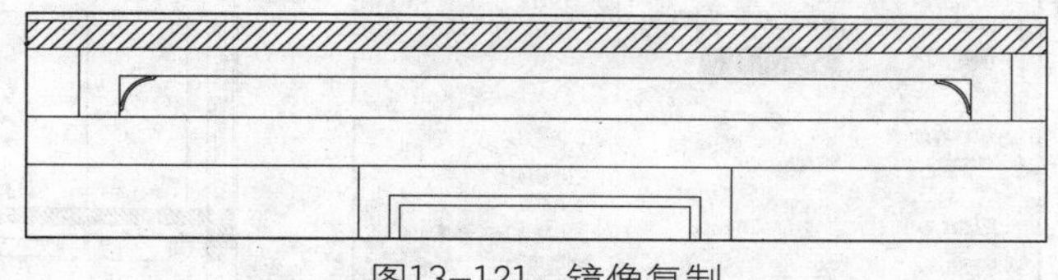

图13-121　镜像复制

13 调用L（直线）命令，绘制连接直线，如图13-122所示。

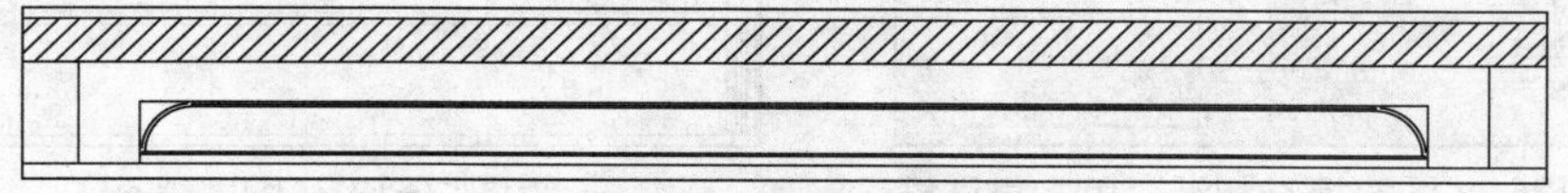

图13-122　绘制连接直线

14 调用CO（复制）命令，向上移动复制绘制完成的造型吊顶图形，如图13-123所示。

图13-123　移动复制

15 绘制立面装饰柱。调用REC（矩形）命令，绘制矩形，如图13-124所示。

16 绘制立面装饰物。调用L（直线）命令和TR（修剪）命令，绘制直线并修剪直线，如图13-125所示。

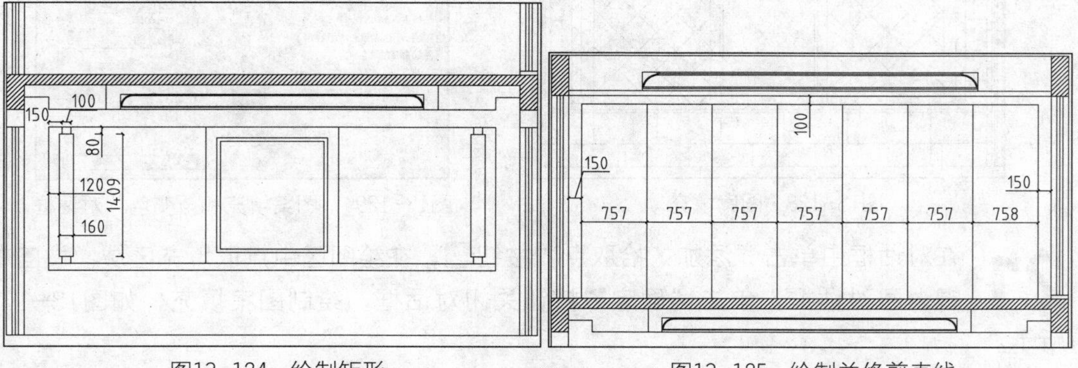

图13-124　绘制矩形　　　图13-125　绘制并修剪直线

17 填充车边银镜装饰图案。调用H（图案填充）命令，弹出“图案填充和渐变色”对话框，设置参数如图13-126所示。

18 在对话框中单击“添加：拾取点”按钮，在绘图区中点取填充区域；按回车键返回对话框，单击“确定”按钮关闭对话框，绘制图案填充，如图13-127所示。

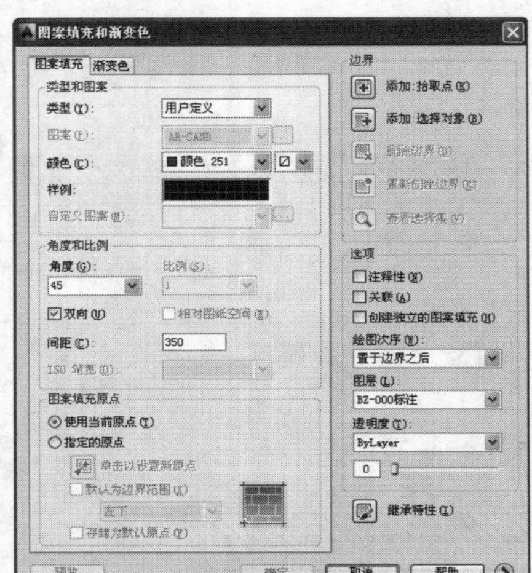

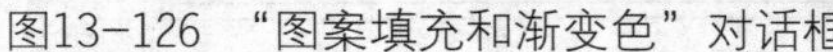
图13-126 “图案填充和渐变色”对话框

图13-127 图案填充

19 填充墙面石材装饰图案。调用H（图案填充）命令，在弹出的“图案填充和渐变色”对话框中选择“预定义”类型图案，选择名称为AR—B816的填充图案，设置填充角度为0°，填充比例为2，为墙体绘制石材装饰图案填充，如图13-128所示。

20 填充银箔工艺装饰图案。调用H（图案填充）命令，弹出“图案填充和渐变色”对话框，设置参数如图13-129所示。

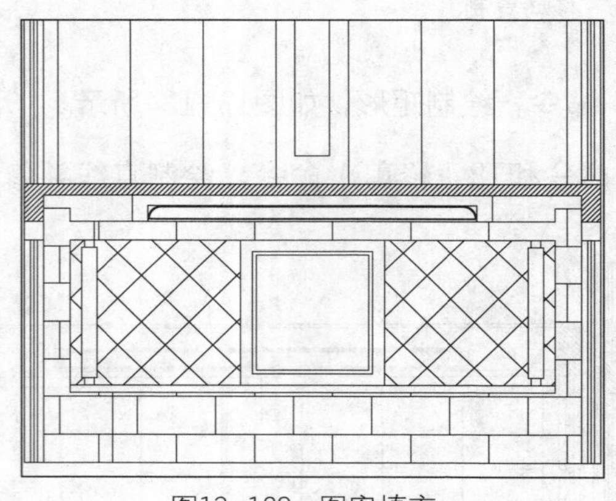
图13-128 图案填充

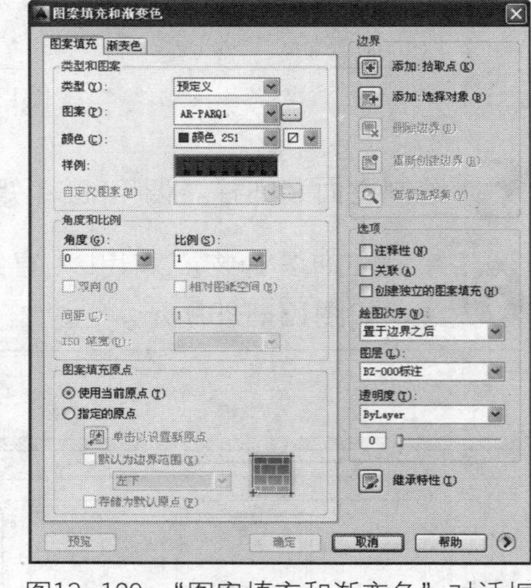

图13-129 “图案填充和渐变色”对话框

21 在对话框中单击“添加：拾取点”按钮，在绘图区中点取填充区域；按回车键返回对话框，单击“确定”按钮关闭对话框，绘制图案填充，如图13-130所示。

22 沿用相同的填充图案，将其比例更改为1.3，继续为图形绘制图案填充，如图13-131所示。

23 填充镜面图案。调用H（图案填充）命令，在弹出的“图案填充和渐变色”对话框中选择“预定义”类型图案，选择名称为AR—RROOF的填充图案，设置填充角度为45°，填充比例为20，为镜面绘制图案填充，如图13-132所示。

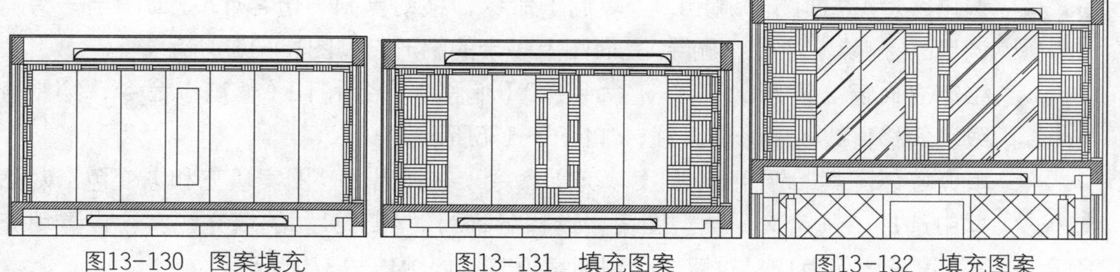

图13-130 图案填充　　图13-131 填充图案　　图13-132 填充图案

24 插入图块。按Ctrl+O组合键，打开配套光盘提供的“素材\第13章\家具图例.dwg”文件，将其中的组合沙发等图块复制粘贴至当前图形中，如图13-133所示。

25 绘制图形标注。调用MLD（多重引线）命令、DLI（线性标注）命令、MT（多行文字）命令、L（直线）命令，为立面图绘制材料标注、尺寸标注以及图名标注，如图13-134所示。

图13-133 插入图块

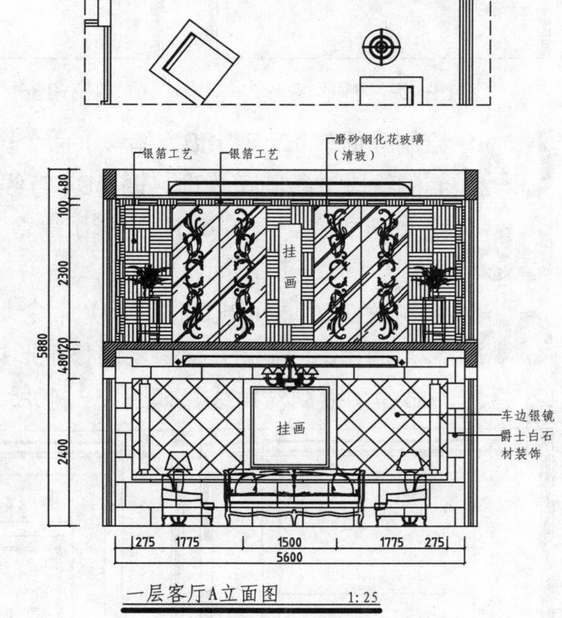

图13-134 绘制图形标注

13.4.2 绘制客厅C立面图

客厅C立面图是壁炉所在墙面的装饰效果。欧式风格的居室总有那么一个壁炉在其中，扮演着忠实的诠释者角色。因为壁炉在欧洲家庭中几乎已成了生活的必须品，所以用其来体现欧式风格是最适合不过了的。

客厅此处表现的是大气的装饰风格，一气呵成的石材墙面，辅以磨砂玻璃作为点缀，庄重之间透露出一点灵动的气息。款式奢华的水晶吊灯连接了一层和二层的空间，是欧式装饰效果的最好演绎。

01 调用客厅A立面图。调用CO（复制）命令，移动复制一份客厅A立面图至一旁；调用E（删除）命令，删除A立面图上多余的图形，如图13-135所示。

02 绘制立面窗。调用L（直线）命令、O（偏移）命令和TR（修剪）命令，绘制直线、偏移直线以及修剪直线，如图13-136所示。

03 填充墙体图案。调用H（图案填充）命令，在弹出的“图案填充和渐变色”对话框中选择“预定义”类型图案，选择名称为“ANSI31”的填充图案；设置填充角度为0°，填充比例为12，对墙体绘制图案填充，如图13-137所示。

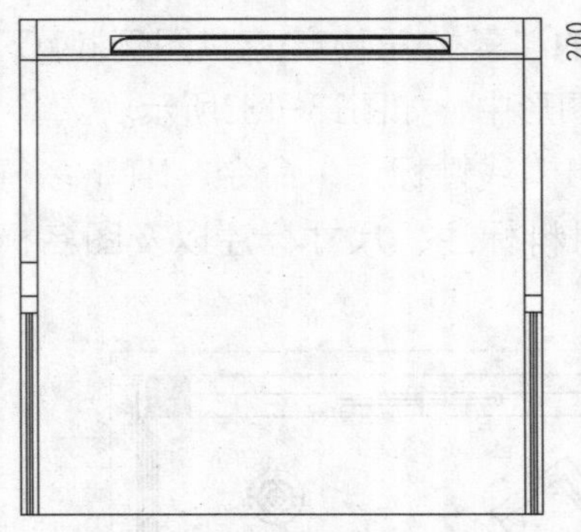

图13-135　删除图形

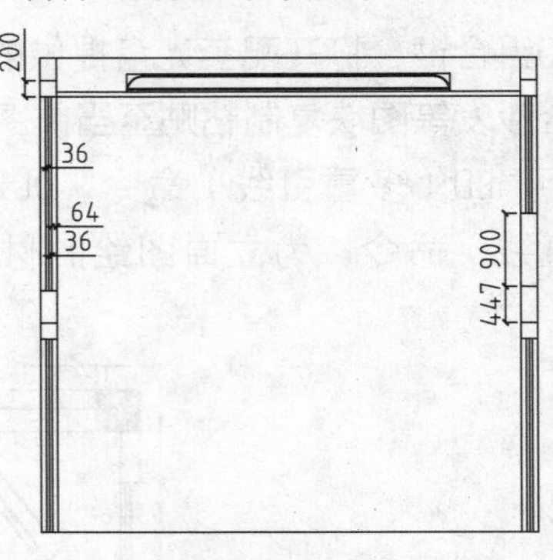

图13-136　绘制立面窗

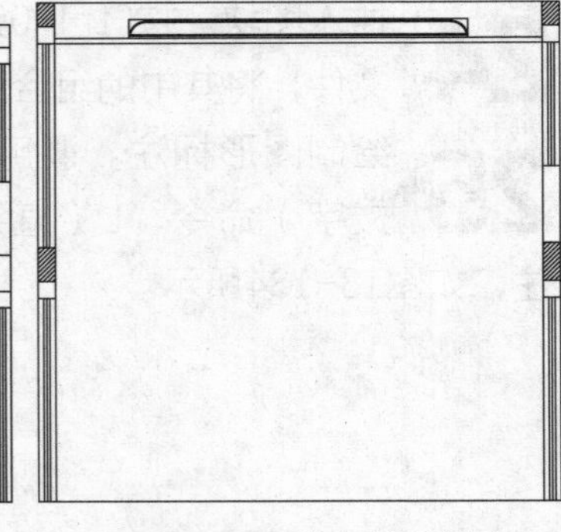

图13-137　填充墙体图案

04 绘制立面装饰。调用O（偏移）命令，偏移线段；调用F（圆角）命令，对偏移得到的线段进行圆角处理；调用L（直线）命令，绘制对角线，如图13-138所示。

05 绘制挂画位。调用REC（矩形）命令，绘制矩形；调用O（偏移）命令，偏移矩形，如图13-139所示。

06 绘制壁炉。调用REC（矩形）命令，绘制矩形；调用X（分解）命令，分解矩形；调用O（偏移）命令，偏移矩形边；调用TR（修剪）命令，修剪线段；调用L（直线）命令，绘制对角线，如图13-140所示。

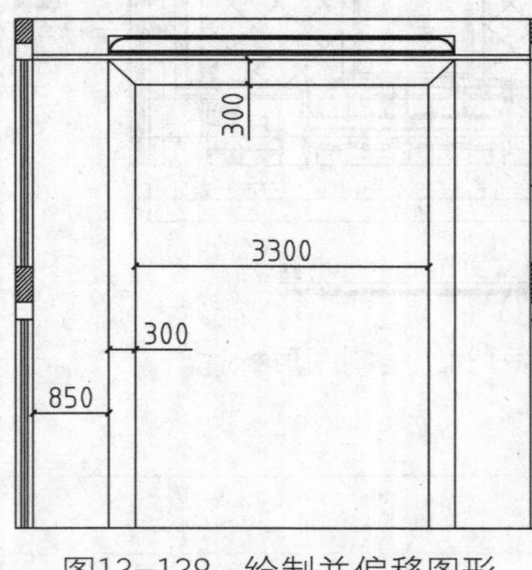

图13-138　绘制并偏移图形

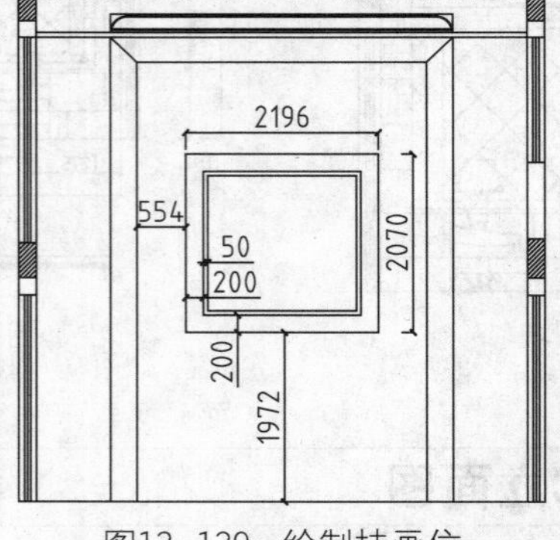

图13-139　绘制挂画位

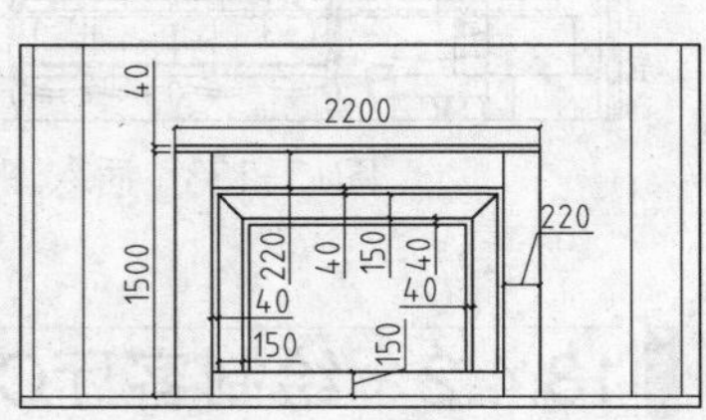

图13-140　绘制壁炉

07 填充墙面石材装饰图案。调用H（图案填充）命令，在弹出的“图案填充和渐变色”对话框中选择“预定义”类型图案，选择名称为“AR—B816”的填充图案；设置填充角度为0°，填充比例为2，对墙体绘制图案填充，如图13-141所示。

08 插入图块。按Ctrl+O组合键，打开配套光盘提供的“素材\第13章\家具图例.dwg”文件，将其中的组合沙发等图块复制粘贴至当前图形中，如图13-142所示。

09 绘制图形标注。调用MLD（多重引线）命令、DLI（线性标注）命令、MT（多行文字）命令、L（直线）命令，为立面图绘制材料标注、尺寸标注以及图名标注，如图13-143所示。

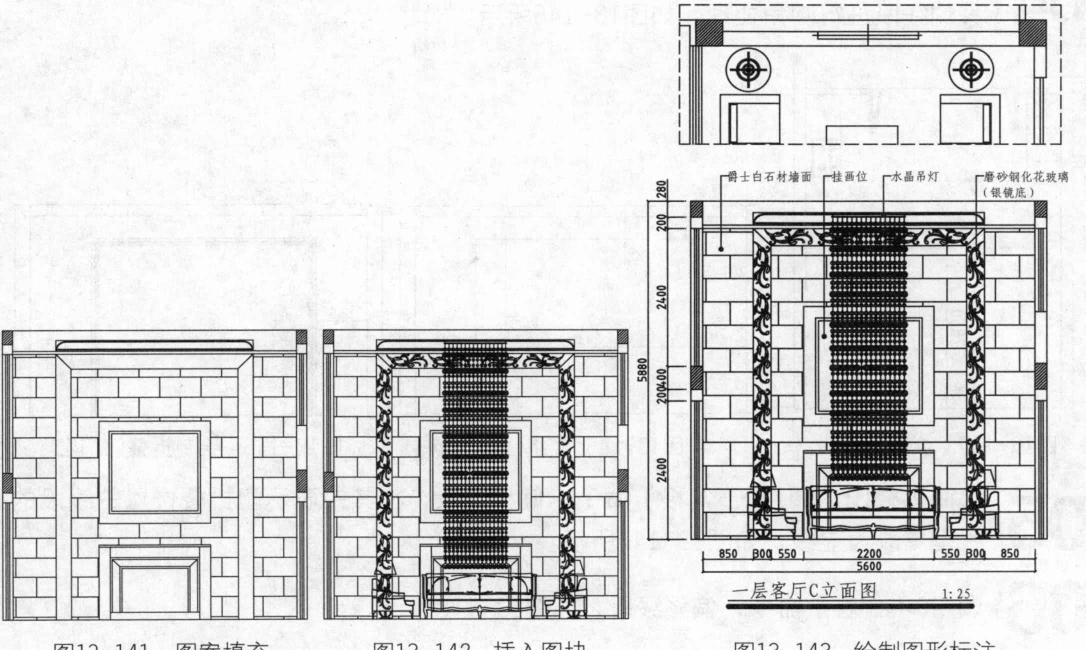

图13-141　图案填充　　图13-142　插入图块　　图13-143　绘制图形标注

13.5 绘制厨房、餐厅立面图

餐厅与客厅都是居室装饰设计的重点，因为厨房一般都与餐厅相连，在对餐厅进行设计改造的时候，也要把厨房考虑在内；尽量将餐厅的设计效果延伸至厨房的装饰上，以统一装饰风格。

本节介绍绘制厨房、餐厅立面图的方法。

13.5.1 绘制厨房B立面图

厨房B立面图是厨房折叠门所在墙面的装饰效果。折叠门在居室设计中使用较多，与推拉门相比有一个共同的优点就是节省空间。但是折叠门还具备了一个自身的独特优点，就是可以把所有的门扇折叠起来，使门洞达到最大的通过率。但是推门只能将其中的门扇进行重叠，门洞有所遮挡，不能最大化地利用空间。

01 调用厨房B立面的平面图部分。调用CO（复制）命令，从一层平面布置图中移动复制厨房的B立面的平面部分至一旁。

02 绘制厨房B立面图的外轮廓。调用L（直线）命令，从复制得到的厨房B立面的平面局部图中绘制引出线，如图13-144所示。

03 绘制厨房折叠门。调用TR（修剪）命令和L（直线）命令，修剪线段并绘制直线，如图13-145所示。

04 绘制折叠门门套。调用O（偏移）命令和F（圆角）命令，向内偏移线段并对偏移的线段进行圆角处理，如图13-146所示。

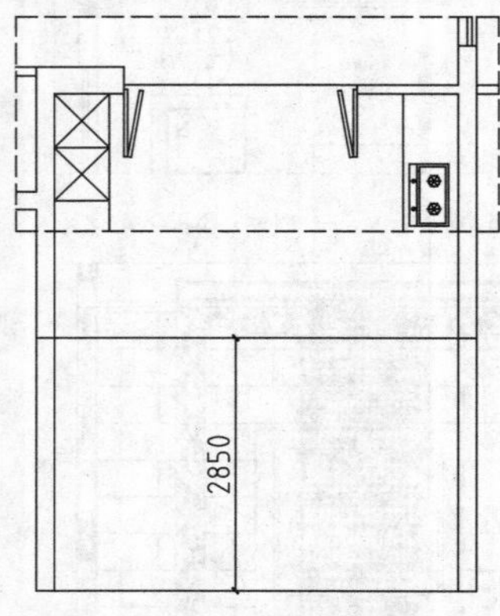

图13-144　绘制引出线

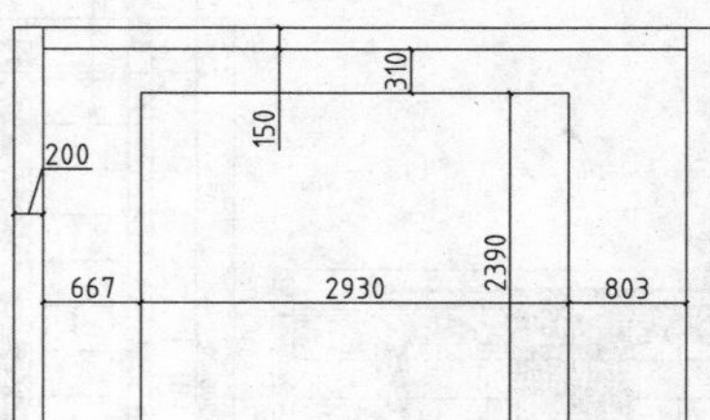

图13-145　绘制直线

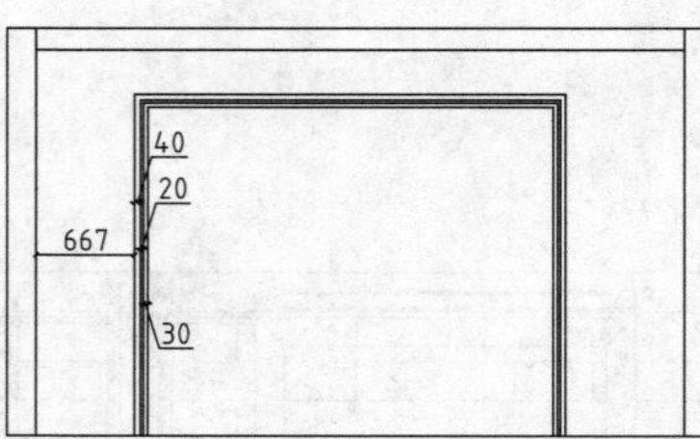

图13-146　绘制折叠门门套

05 绘制折叠门。调用O（偏移）命令，偏移线段，将其中表示门折叠位置的线段的线型更改为虚线，如图13-147所示。

06 调用O（偏移）命令，偏移线段，如图13-148所示。

07 绘制合页和门把手。调用REC（矩形）命令，绘制尺寸为169×49的矩形，作为折叠门的合页；调用C（圆形）命令，分别绘制半径为44、32的圆形，作为折叠门的把手，如图13-149所示。

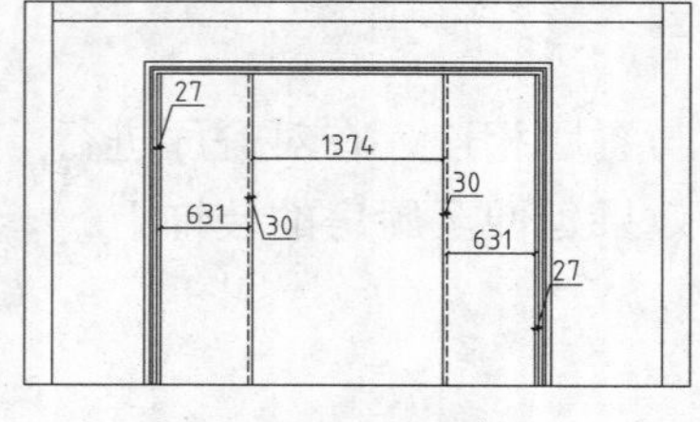

图13-147　绘制折叠门

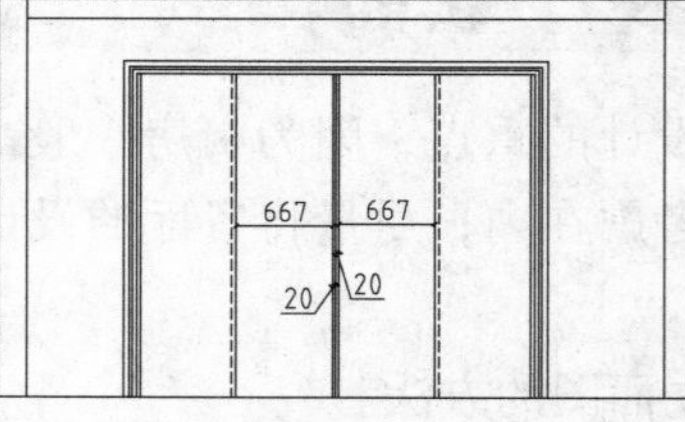

图13-148　偏移线段

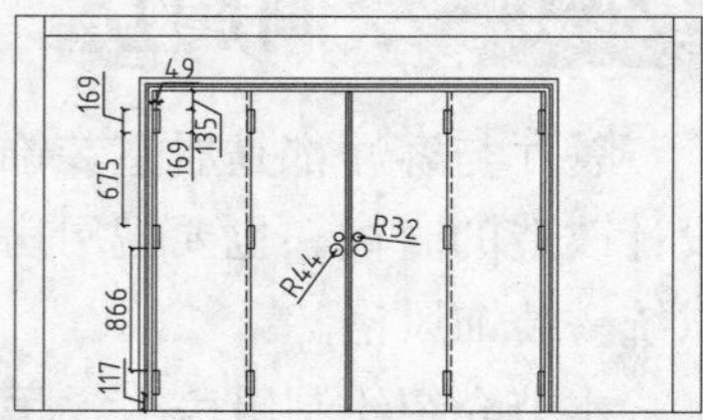

图13-149　绘制合页和门把手

08 调用角线图形。从“素材\第13章\家具图例.dwg”文件中复制粘贴角线图形，调用L（直线）命令，绘制连接直线，如图13-150所示。

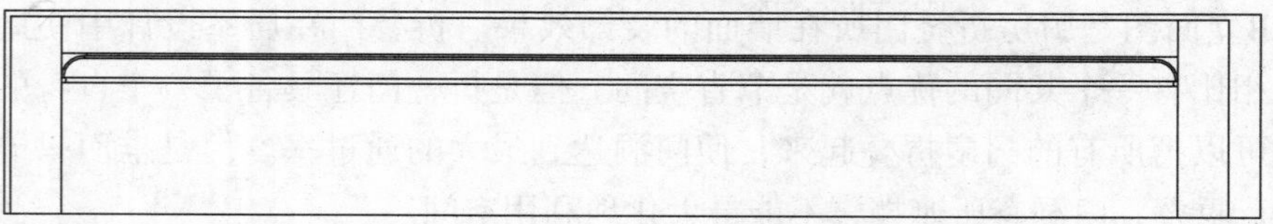

图13-150　调用角线图形

09 填充墙面石材装饰图案。调用H（图案填充）命令，弹出“图案填充和渐变色”对话框，设置参数如图13-151所示。

10 在对话框中单击“添加：拾取点”按钮，在绘图区中点取填充区域；按回车键返回对话框，单击“确定”按钮关闭对话框，绘制图案填充，如图13-152所示。

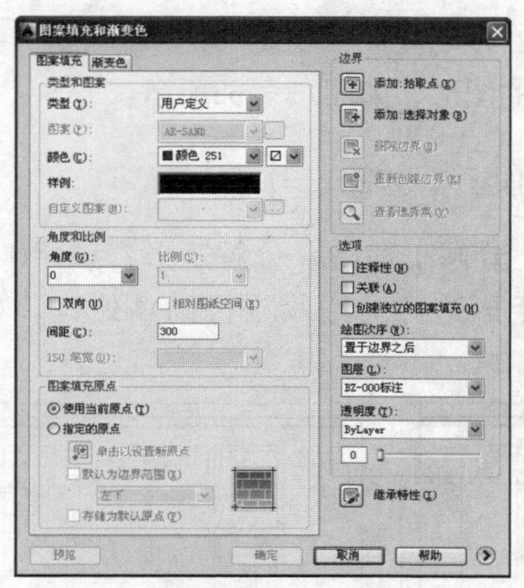

图13-151 “图案填充和渐变色”对话框

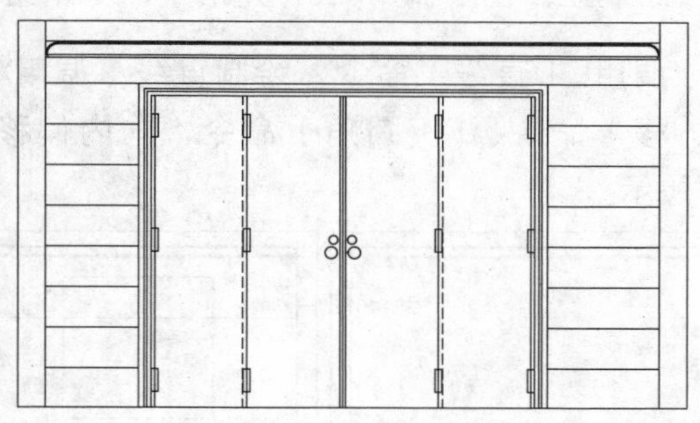
图13-152 图案填充

11 调用L（直线）命令，绘制直线，如图13-153所示。

12 绘制图形标注。调用MLD（多重引线）命令、DLI（线性标注）命令、MT（多行文字）命令、L（直线）命令，为立面图绘制材料标注、尺寸标注以及图名标注，如图13-154所示。

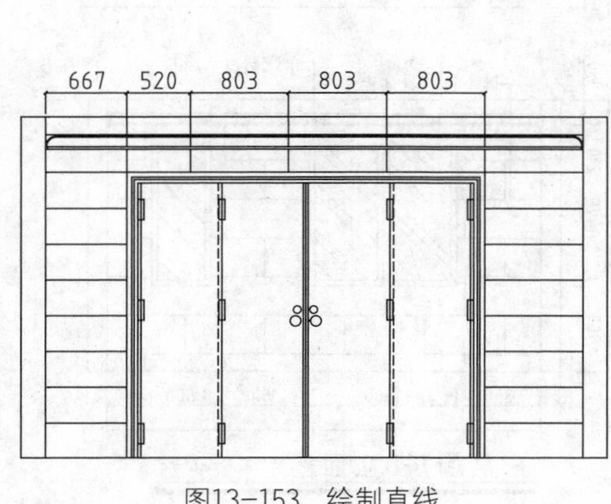

图13-153 绘制直线

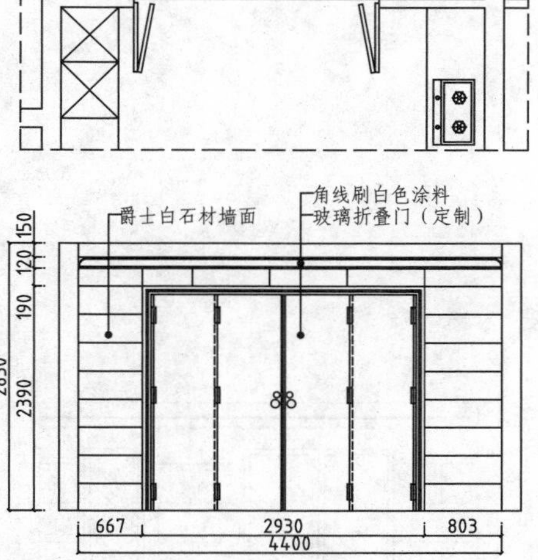

图13-154 绘制图形标注

13.5.2 厨房D立面图

厨房D立面图是原建筑立面窗所在的墙面。在绘制D立面图的时候，要明确表示立面窗的尺寸与样式，此外，墙面的装饰材料也要进行绘制。除了可以调用常规的绘图方法来绘制之外，AutoCAD系统自带的填充命令使用得也较多。

01 调用厨房B立面图。调用CO（复制）命令，移动复制一份厨房B立面图至一旁；调用E（删除）命令，删除B立面图上多余的图形，如图13-155所示。

02 绘制立面窗。调用REC（矩形）命令，绘制矩形，如图13-156所示。

03 调用L（直线）命令，绘制直线；调用X（分解）命令，分解矩形；调用O（偏移）命令、F（圆角）命令，向内偏移矩形边并对线段进行圆角处理，如图13-157所示。

图13-155　整理图形

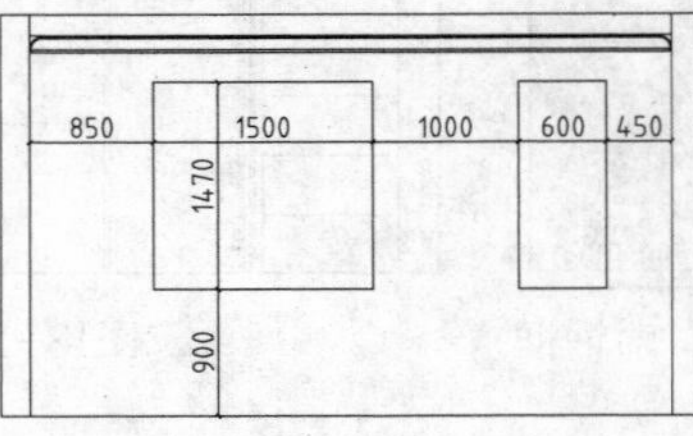

图13-156　绘制矩形

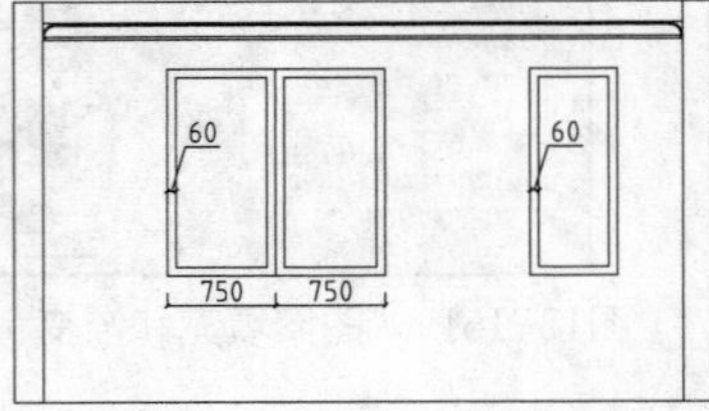

图13-157　绘制窗框

04 填充立面图案。沿用前面介绍的填充墙面石材和镜面图案的各项参数，为厨房D立面图绘制填充图案，如图13-158所示。

05 绘制图形标注。调用MLD（多重引线）命令、DLI（线性标注）命令、MT（多行文字）命令、L（直线）命令，为立面图绘制材料标注、尺寸标注以及图名标注，如图13-159所示。

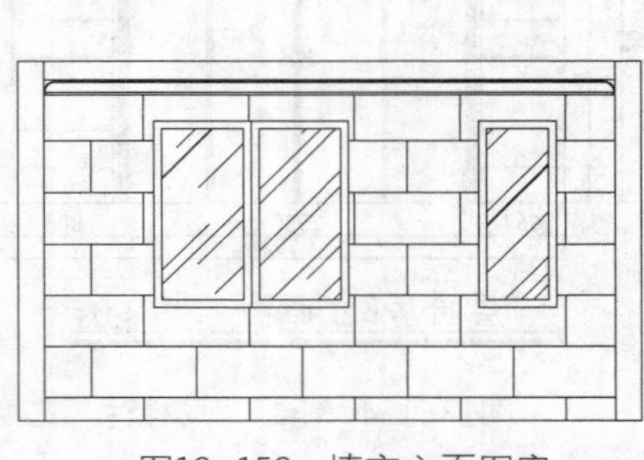

图13-158　填充立面图案

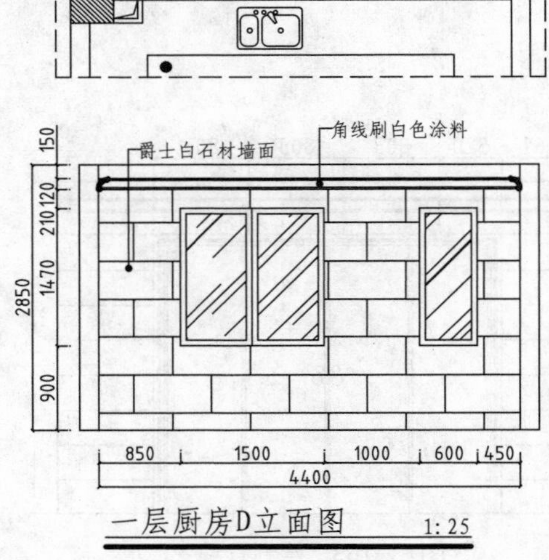

图13-159　绘制图形标注

13.5.3　绘制一层休息室、西餐厅A立面图

休息室和西餐厅相连，所以可以将其立面一起进行表示。休息室、西餐厅A立面表示的是休息室挂画所在墙面的装饰效果以及西餐厅推拉门所在墙面的装饰效果。

绘制该立面图的时候，要将休息室与西餐厅之间的地面落差表示清楚。在平面布置图中可以查看到休息室与西餐厅之间以台阶相连，那就是表示这两个区域之间存在着地面落差。

在通读了平面布置图之后，绘制休息室、西餐厅A立面时要按照平面布置图的尺寸来绘制台阶及玻璃隔断。

01 调用一层休息室、西餐厅A立面的平面图部分。调用CO（复制）命令，从一层平面布置图中移动复制休息室、西餐厅的A立面的平面部分至一旁。

02 绘制休息室、西餐厅A立面图的外轮廓。调用L（直线）命令，从复制得到的休息室、西餐厅A立面的平面局部图中绘制引出线，如图13-160所示。

03 绘制墙体轮廓。调用O（偏移）命令和TR（修剪）命令，偏移线段并修剪线段，如图13-161所示。

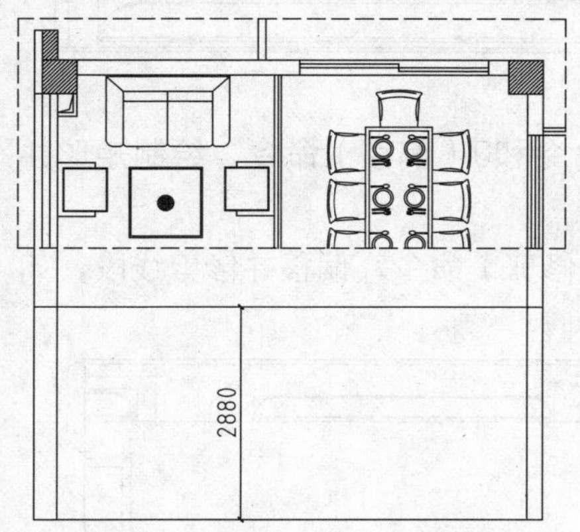

图13-160　绘制引出线

图13-161　绘制墙体轮廓

04 绘制立面窗。调用O（偏移）命令、TR（修剪）命令，偏移并修剪线段，如图13-162所示。

05 绘制吊顶。调用L（直线）命令和O（偏移）命令，绘制直线并偏移直线；调用TR（修剪）命令，修剪直线，如图13-163所示。

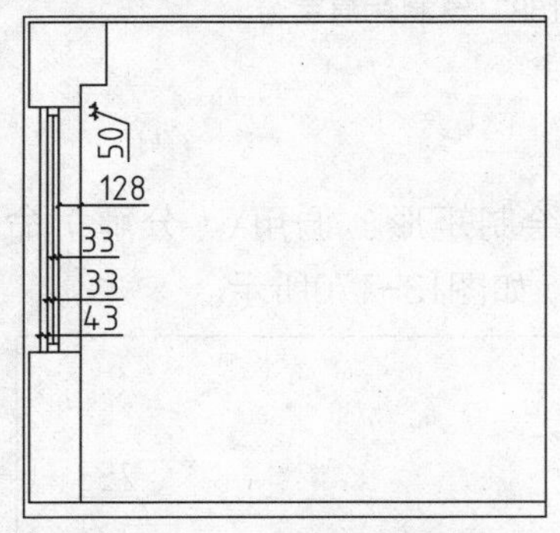

图13-162　绘制立面窗

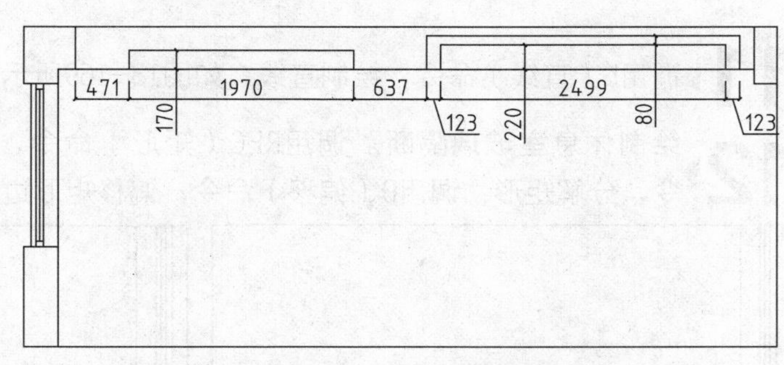

图13-163　修剪直线

06 绘制休息室造型吊顶。调用L（直线）命令、O（偏移）命令、TR（修剪）命令，绘制、偏移并修剪直线；调用A（圆弧）命令，绘制圆弧，如图13-164所示。

07 重复操作，继续绘制西餐厅的造型吊顶，如图13-165所示。

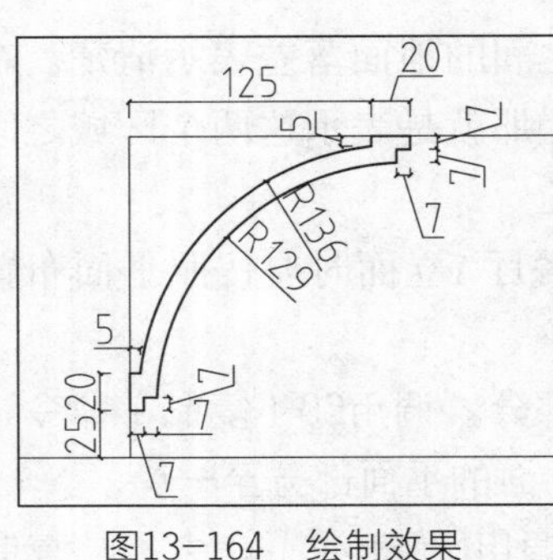

图13-164 绘制效果

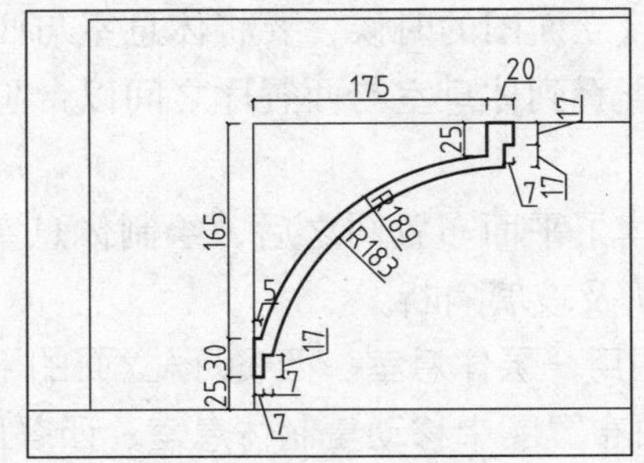

图13-165 绘制造型吊顶

08 调用MI（镜像）命令，镜像复制绘制完成的造型吊顶图形；调用L（直线）命令，在绘制完成的造型吊顶之间绘制连接直线，如图13-166所示。

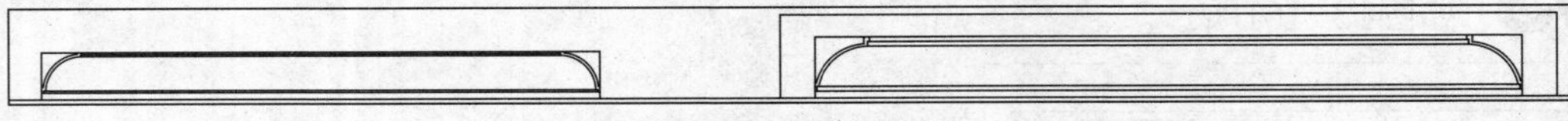
图13-166 绘制直线

09 绘制西餐厅玻璃推拉门。调用REC（矩形）命令和O（偏移）命令，绘制矩形并偏移矩形边，绘制如图13-167所示。

10 绘制休息室台阶。调用O（偏移）命令、TR（修剪）命令，偏移并修剪线段，如图13-168所示。

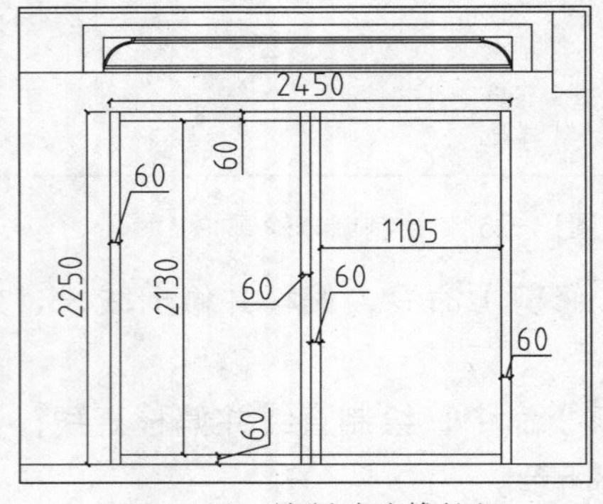

图13-167 绘制玻璃推拉门

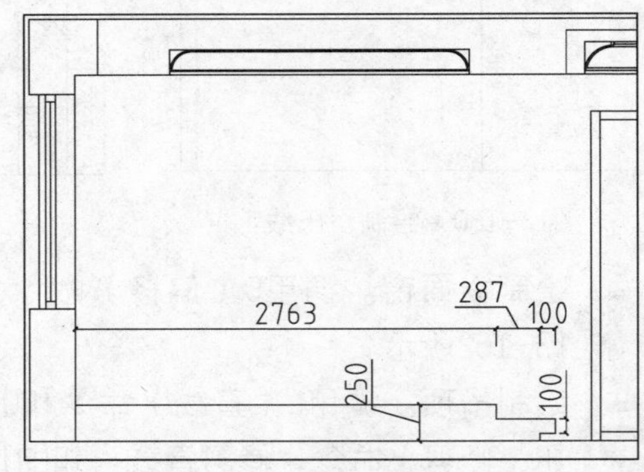

图13-168 绘制休息室台阶

11 调用L（直线）命令，绘制直线，如图13-169所示。

12 绘制休息室玻璃隔断。调用REC（矩形）命令，绘制矩形；调用X（分解）命令，分解矩形；调用O（偏移）命令，偏移矩形边，如图13-170所示。

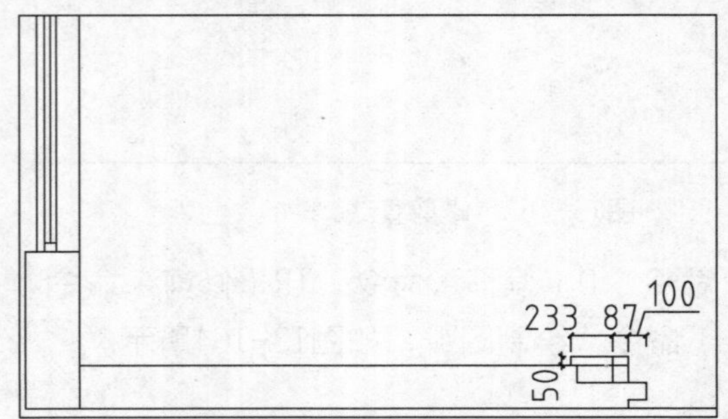

图13-169 绘制直线

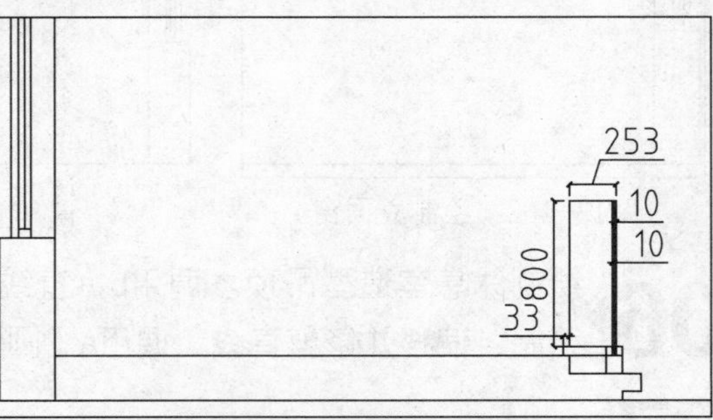

图13-170 绘制休息室玻璃隔断

13 绘制挂画位。调用REC（矩形）命令，绘制矩形，如图13-171所示。

14 填充墙面石材装饰图案。调用H（图案填充）命令，在弹出的“图案填充和渐变色”对话框中选择“预定义”类型图案，选择名称为“AR—B816”的填充图案；设置填充角度为0°，填充比例为2，对墙体绘制图案填充。

15 填充镜面装饰图案。调用H（图案填充）命令，在弹出的“图案填充和渐变色”对话框中选择“预定义”类型图案，选择名称为“AR—RROOF”的填充图案；设置填充角度为45°，填充比例为20，对推拉门、玻璃隔断绘制图案填充，如图13-172所示。

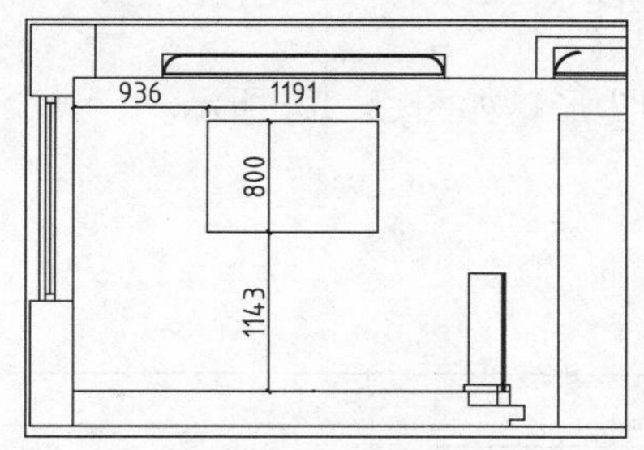

图13-171　绘制矩形

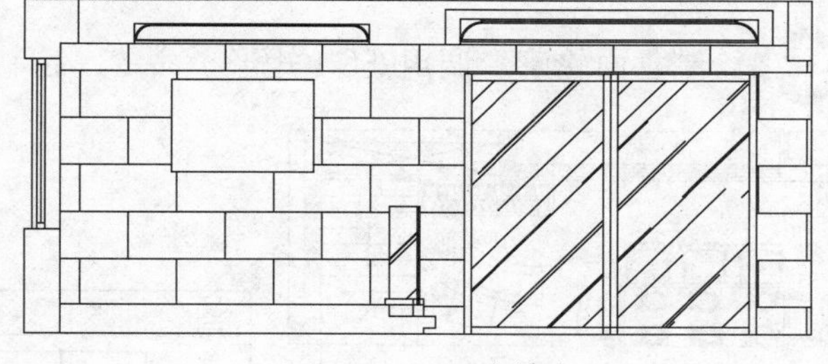

图13-172　图案填充

16 插入图块。按Ctrl+O组合键，打开配套光盘提供的“素材\第13章\家具图例.dwg”文件，将其中的组合沙发、餐桌等图块复制粘贴至当前图形中，如图13-173所示。

17 绘制图形标注。调用MLD（多重引线）命令、DLI（线性标注）命令、MT（多行文字）命令、L（直线）命令，为立面图绘制材料标注、尺寸标注以及图名标注，如图13-174所示。

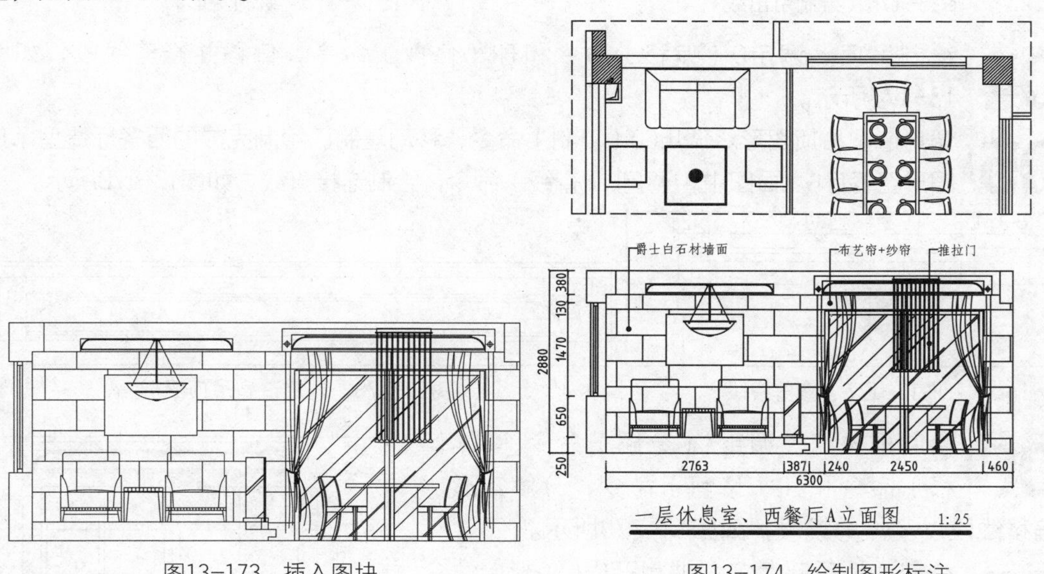

图13-173　插入图块

图13-174　绘制图形标注

13.5.4　绘制一层西餐厅B立面图

西餐厅B立面图是酒柜所在墙面的装饰效果。酒柜在西餐厅面积允许的情况下可以放置在同一个空间内，假如空间不允许，则放在客厅或者厨房都可以，本例中的酒柜就

与西餐厅在同一个空间内。

现在越来越多的人倾向于自己设计酒柜的样式，这样既可以满足使用者的习惯，又显得与众不同。本例的酒柜上部分别为放置酒瓶的木格子，四周制作了灯槽，设置了T5灯管；中间为木材饰面，柜头为爵士白石材饰面，柜脚为皮质瓷砖饰面。

01 调用西餐厅B立面的平面图部分。调用CO（复制）命令，从一层平面布置图中移动复制西餐厅的B立面的平面部分至一旁。

02 绘制西餐厅B立面图的外轮廓。调用L（直线）命令，从复制得到的西餐厅的B立面的平面局部图中绘制引出线，如图13-175所示。

03 绘制立面轮廓。调用REC（矩形）命令，绘制矩形，如图13-176所示。

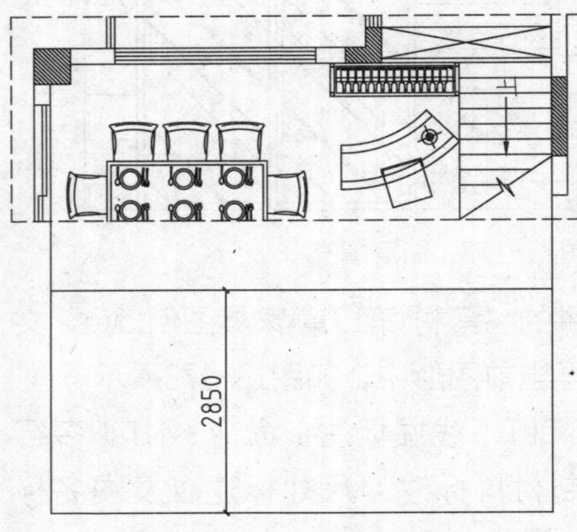

图13-175　绘制引出线

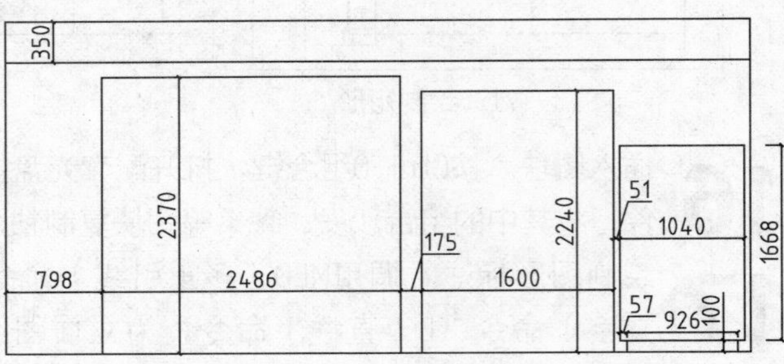

图13-176　绘制矩形

04 绘制吊顶。调用O（偏移）命令和TR（修剪）命令，偏移并修剪线段，如图13-177所示。

05 调用造型吊顶图形。调用CO（复制）命令，移动复制已绘制完成的西餐厅造型吊顶图形至餐厅B立面图中；调用L（直线）命令，绘制连接直线，如图13-178所示。

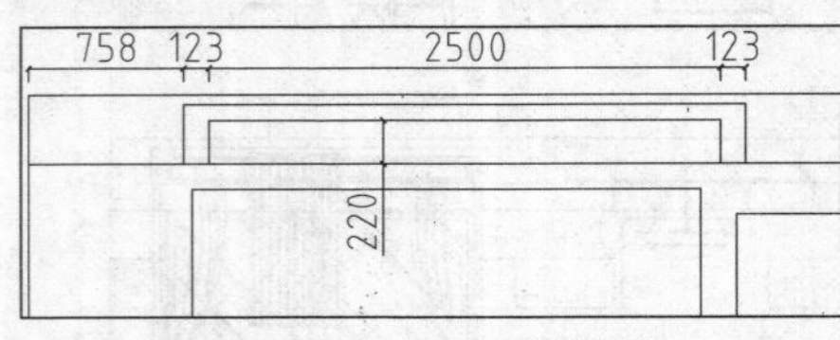

图13-177　修剪线段

图13-178　调用造型吊顶图形

06 绘制推拉门。调用X（分解）命令、O（偏移）命令和TR（修剪）命令，分解矩形、偏移线段以及修剪线段，如图13-179所示。

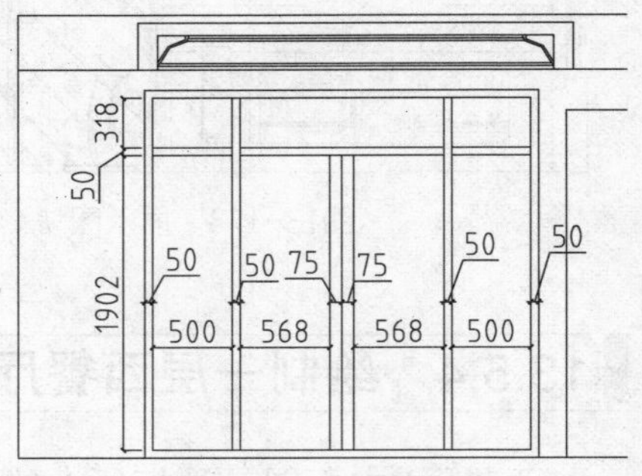

图13-179　绘制推拉门

07 绘制酒柜顶部装饰。调用REC（矩形）命令和L（直线）命令，绘制矩形和直线，如图13-180所示。

08 绘制酒柜底部装饰。调用REC（矩形）命令和L（直线）命令，绘制矩形和直线，如图13-181所示。

09 绘制酒柜内部构造。调用O（偏移）命令和F（圆角）命令，偏移线段并对偏移的线段进行圆角处理，如图13-182所示。

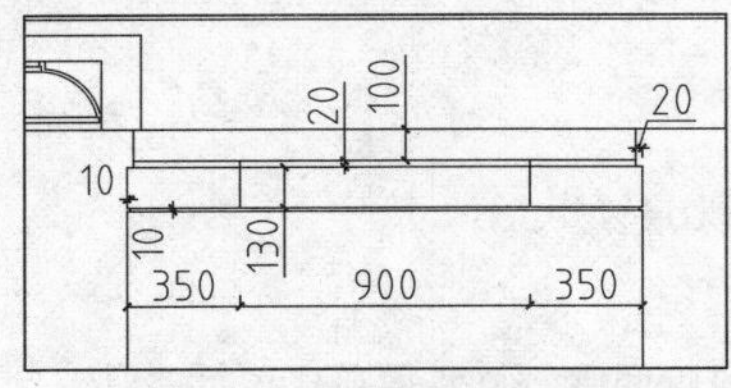

图13-180 绘制酒柜顶部装饰

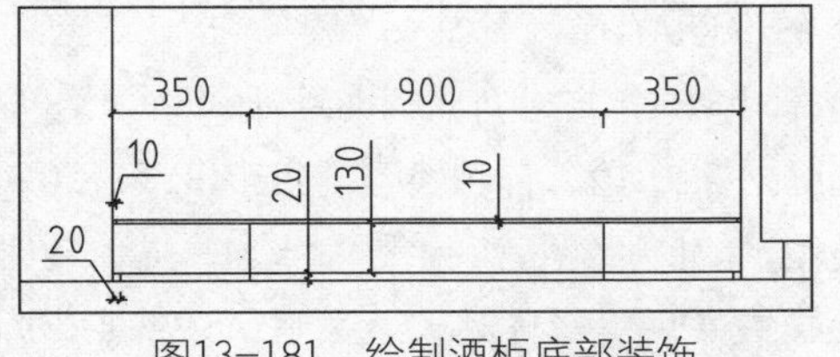

图13-181 绘制酒柜底部装饰

10 绘制装饰灯带。调用O（偏移）命令、F（圆角）命令，偏移线段并对其进行圆角处理，如图13-183所示。

11 绘制酒柜间隔。调用REC（矩形）命令，绘制尺寸为134×148的矩形，如图13-184所示。

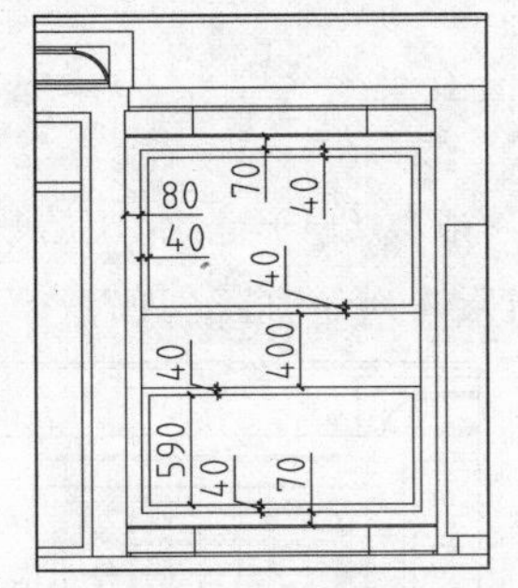

图13-182 绘制酒柜内部构造

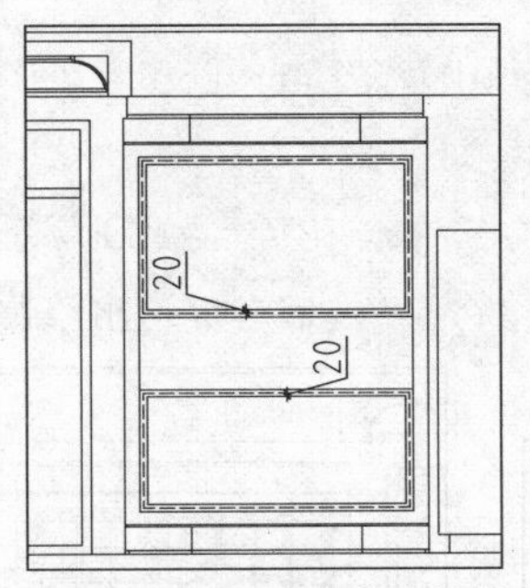

图13-183 绘制装饰灯带

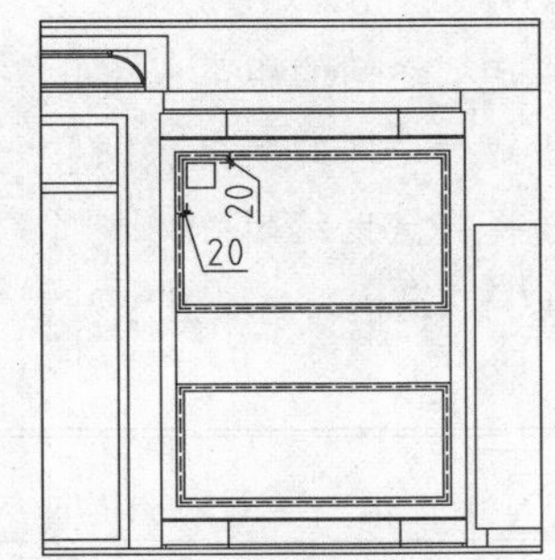

图13-184 绘制矩形

12 调用AR（阵列）命令，命令行提示如下：

```
命令: ARRAY↙
选择对象: 找到 1 个                    //选择上一步绘制的矩形
选择对象: 输入阵列类型 [矩形(R)/路径(PA)/极轴(PO)] <矩形>: R
                                      //输入R，选择“矩形”阵列
类型 = 矩形  关联 = 是
选择夹点以编辑阵列或 [关联(AS)/基点(B)/计数(COU)/间距(S)/列数(COL)/行数(R)/层数(L)/退出(X)] <退出>: cou                    //输入cou，选择“计数”阵列
输入列数数或 [表达式(E)] <4>: 8
输入行数数或 [表达式(E)] <3>: 5
选择夹点以编辑阵列或 [关联(AS)/基点(B)/计数(COU)/间距(S)/列数(COL)/行数(R)/层数(L)/退出(X)] <退出>: s                      //输入s，选择“间距”阵列
指定列之间的距离或 [单位单元(U)] <221>: 168
指定行之间的距离 <201>:-154
选择夹点以编辑阵列或 [关联(AS)/基点(B)/计数(COU)/间距(S)/列数(COL)/行数(R)/层数(L)/退出(X)] <退出>: *取消*                 //按回车键退出绘制，矩形阵列如图13-185所示。
```

13 调用REC（矩形）命令，绘制尺寸为123×148的矩形，如图13-186所示。

14 调用AR（阵列）命令，命令行提示如下：

```
命令: ARRAY↙
选择对象: 指定对角点: 找到 1 个
选择对象: 输入阵列类型 [矩形(R)/路径(PA)/极轴(PO)] <矩形>: R
类型 = 矩形 关联 = 是
选择夹点以编辑阵列或 [关联(AS)/基点(B)/计数(COU)/间距(S)/列数(COL)/行数(R)/层数(L)/退出(X)] <退出>: cou
输入列数数或 [表达式(E)] <4>: 8
输入行数数或 [表达式(E)] <3>: 4
选择夹点以编辑阵列或 [关联(AS)/基点(B)/计数(COU)/间距(S)/列数(COL)/行数(R)/层数(L)/退出(X)] <退出>: s
指定列之间的距离或 [单位单元(U)] <221>: 168
指定行之间的距离 <184>:-143
选择夹点以编辑阵列或 [关联(AS)/基点(B)/计数(COU)/间距(S)/列数(COL)/行数(R)/层数(L)/退出(X)] <退出>: *取消*                //按回车键退出绘制，矩形阵列如图13-187所示。
```

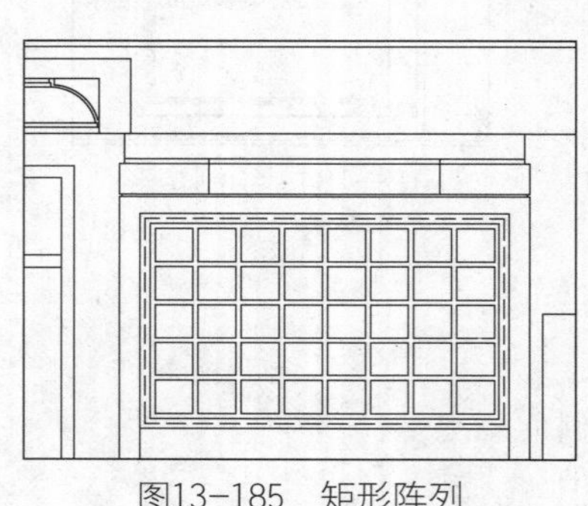

图13-185 矩形阵列

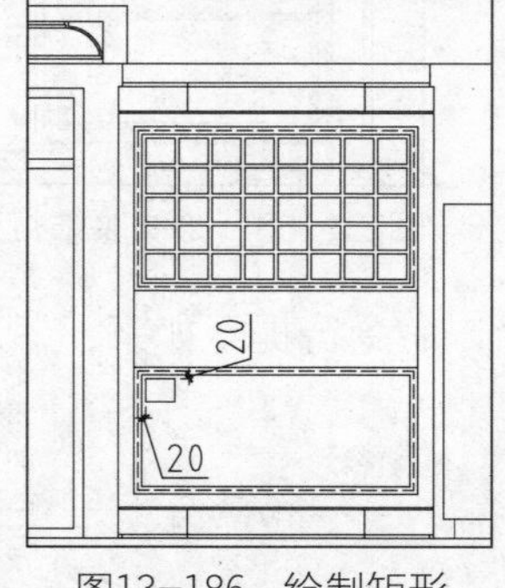

图13-186 绘制矩形

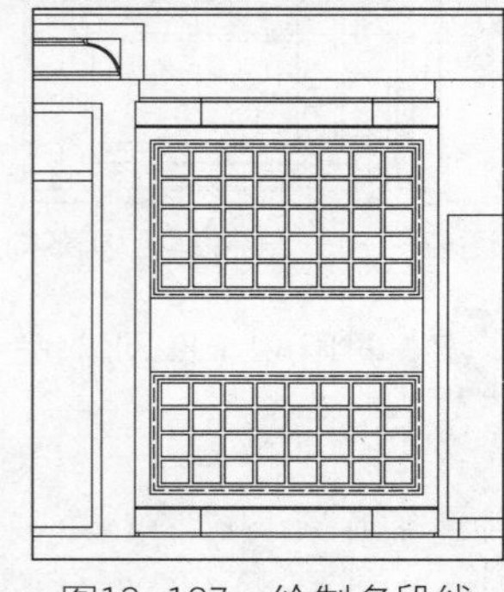

图13-187 绘制多段线

15 调用PL（多段线）命令，绘制折断线，如图13-188所示。

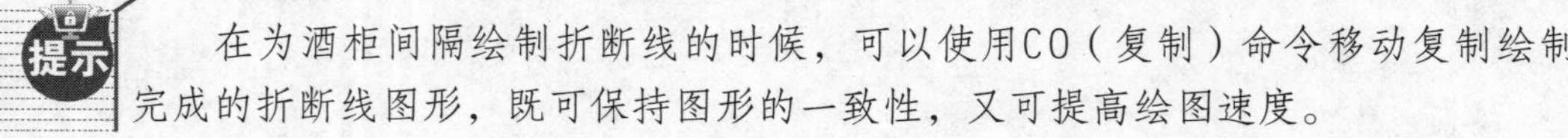

提示

在为酒柜间隔绘制折断线的时候，可以使用CO（复制）命令移动复制绘制完成的折断线图形，既可保持图形的一致性，又可提高绘图速度。

16 填充酒柜装饰装饰图案。调用H（图案填充）命令，在弹出的“图案填充和渐变色”对话框中选择“预定义”类型图案，选择名称为“ANSI36”的填充图案；设置填充角度为135°，填充比例为10，对酒柜绘制图案填充，如图13-189所示。

17 填充镜面装饰图案。调用H（图案填充）命令，在弹出的“图案填充和渐变色”对话框中选择“预定义”类型图案，选择名称为“AR—RROOF”的填充图案；设置填充角度为45°，填充比例为20，对推拉门、玻璃隔断绘制图案填充，如图13-190所示。

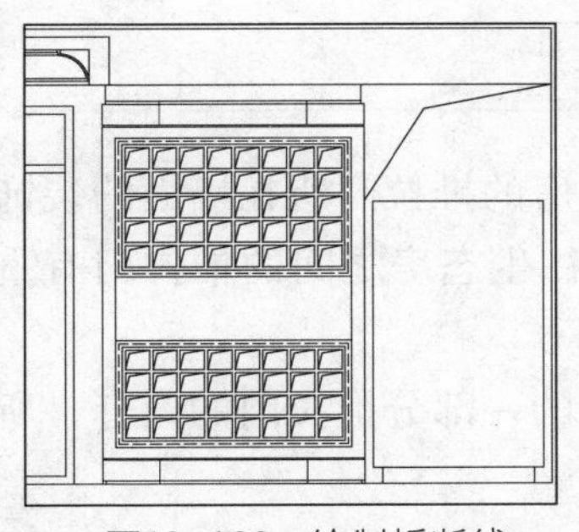
图13-188　绘制折断线

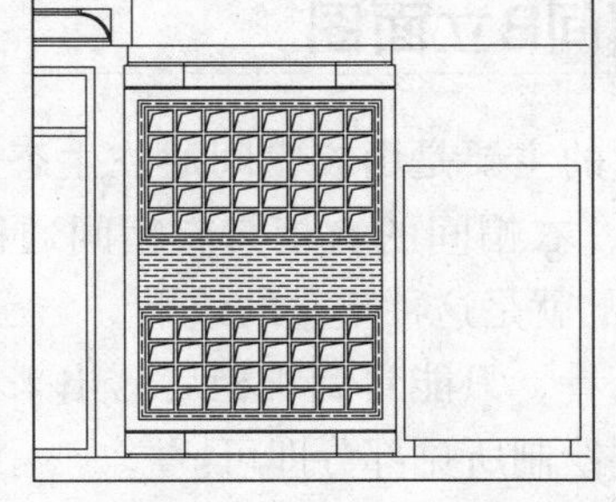
图13-189　填充图案

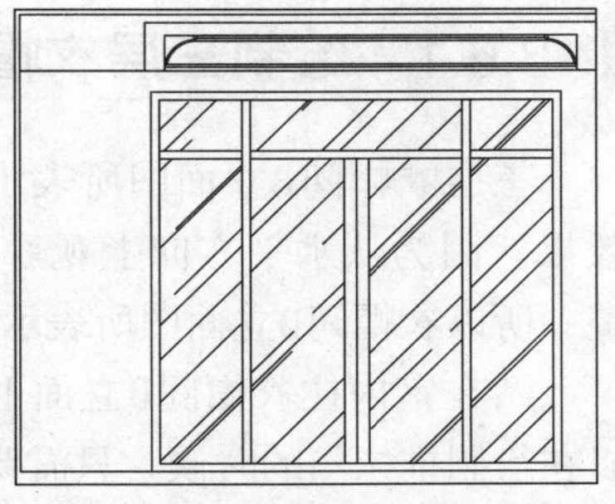
图13-190　填充镜面装饰图案

18 绘制墙面石材装饰。调用O（偏移）命令和TR（修剪）命令，偏移线段并修剪线段，如图13-191所示。

19 绘制图形标注。调用MLD（多重引线）命令、DLI（线性标注）命令、MT（多行文字）命令、L（直线）命令，为立面图绘制材料标注、尺寸标注以及图名标注，如图13-192所示。

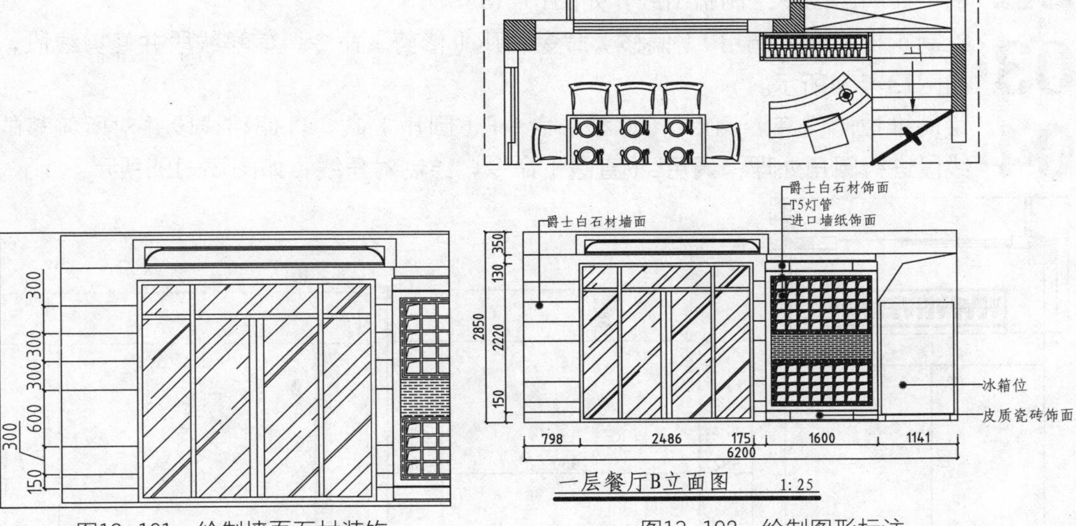

图13-191　绘制墙面石材装饰　　图13-192　绘制图形标注

13.6 绘制其他区域的立面图

别墅的空间较大，每个独立空间的立面装饰都应该绘制相应的立面装饰图。但是由于本书篇幅有限，就不一一介绍别墅内所有空间立面图的绘制方法了。在上面章节介绍了别墅中主要区域立面装饰图形的绘制方法之后，在本章的最后一节，为读者有选择地介绍别墅中一些次要空间中主要立面图的绘制方法。

主要有三层衣帽间B立面图、地下室卡拉OK厅B立面图以及地下室机密室D立面图的绘制方法。

13.6.1 绘制三层衣帽间B立面图

三层衣帽间B立面图所表示的主要是由衣帽间通往生态房的推拉门所在墙面的装饰效果。因为从水平方向上观看，衣帽间的衣柜与衣帽间通往生态房之间的推拉门有重叠，所以衣帽间B立面图所表示的就是这种重叠的效果。

站在室内往衣帽间B立面上看，只能看到衣柜后露出来的一部分推拉门的门套，所以在绘制推拉门的时候，只需要绘制所见部分即可。

本例中绘制衣柜的时候采取了简易的画法，只表达了衣柜的轮廓，即衣柜高、宽尺寸、装饰角线、抽屉位等信息。假如是现场制作的衣柜，一般都会独立绘制结构详图，所以在立面图中只要表达其大概的装饰效果即可。

01 调用三层衣帽间B立面的平面图部分。调用CO（复制）命令，从三层平面布置图中移动复制衣帽间B 立面的平面部分至一旁。

02 绘制衣帽间B立面图的外轮廓。调用L（直线）命令，从复制得到的衣帽间B立面的平面局部图中绘制引出线，如图13-193所示。

03 绘制衣柜轮廓。调用O（偏移）命令和TR（修剪）命令，偏移线段并修剪线段，如图13-194所示。

04 绘制推拉门门套。调用O（偏移）命令F（圆角）命令，偏移线段并对所偏移的线段进行圆角处理；调用L（直线）命令，绘制对角线，如图13-195所示。

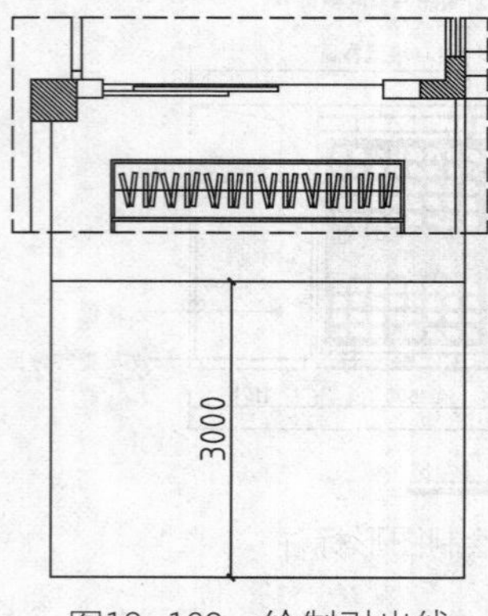

图13-193　绘制引出线

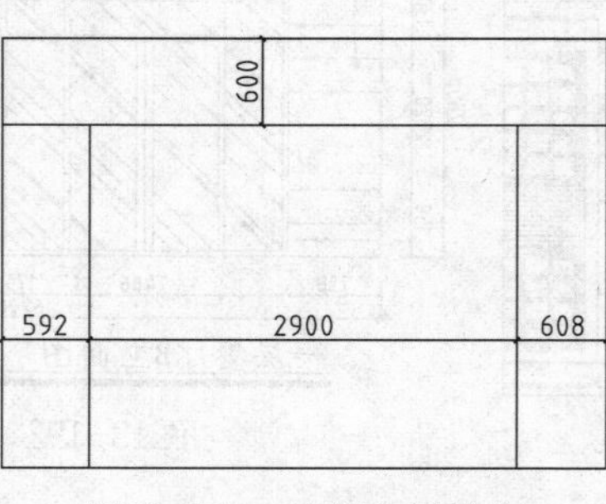

图13-194　绘制衣柜轮廓

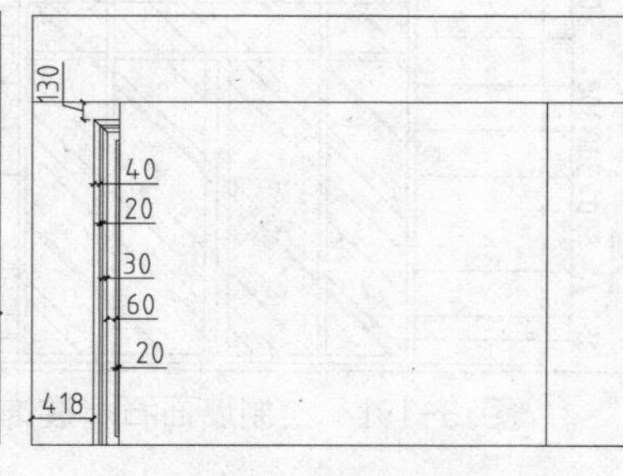

图13-195　绘制推拉门门套

05 绘制衣柜装饰外轮廓。调用O（偏移）命令、F（圆角）命令、L（直线）命令，绘制画框装饰套，如图13-196所示。

06 绘制衣柜内部分隔。调用O（偏移）命令，偏移线段，如图13-197所示。

07 绘制抽屉。调用L（直线）命令和C（圆形）命令，绘制直线和半径为12的圆形，作为抽屉的拉手，如图13-198所示。

08 调用PL（多段线）命令，绘制折断线，如图13-199所示。

09 调用踢脚线图形。从“素材\第13章\家具图例.dwg”文件中复制踢脚线图形至当前立面图中，调用L（直线）命令，绘制连接直线，如图13-200所示。

10 填充抽屉面板装饰图案。调用H（图案填充）命令，在弹出的“图案填充和渐变色”对话框中选择“预定义”类型图案，选择名称为“AR—SAND”的填充图案；设置填充角度为0°，填充比例为1，为抽屉面板绘制图案填充，如图13-201所示。

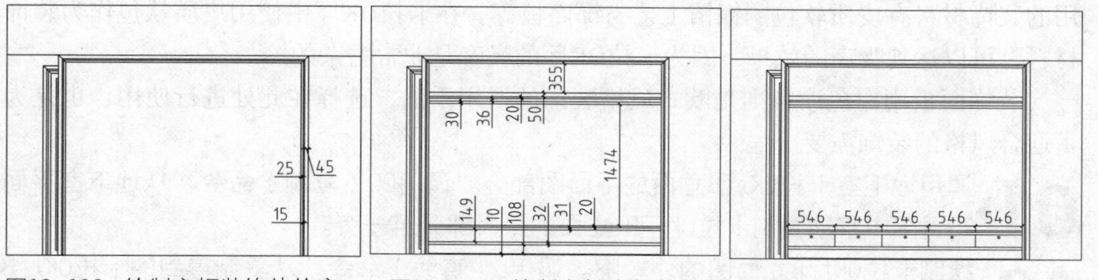

图13-196　绘制衣柜装饰外轮廓　　图13-197　绘制衣柜内部分隔　　图13-198　绘制抽屉

图13-199　绘制折断线　　图13-200　调用踢脚线图形　　图13-201　填充抽屉面板装饰图案

11 填充衣柜内部及墙体装饰图案。调用H（图案填充）命令，在弹出的“图案填充和渐变色”对话框中选择“预定义”类型图案，选择名称为“MUDST”的填充图案；设置填充角度为0°，填充比例为12，为衣柜内部及墙体绘制图案填充，如图13-202所示。

12 绘制图形标注。调用MLD（多重引线）命令、DLI（线性标注）命令、MT（多行文字）命令、L（直线）命令，为立面图绘制材料标注、尺寸标注以及图名标注，如图13-203所示。

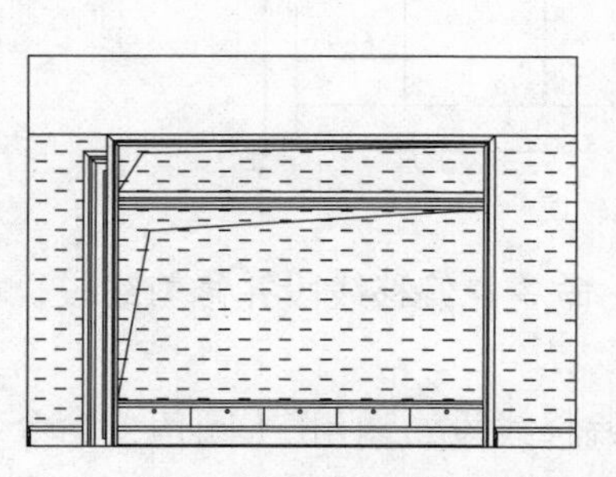

图13-202　填充衣柜内部及墙体装饰图案

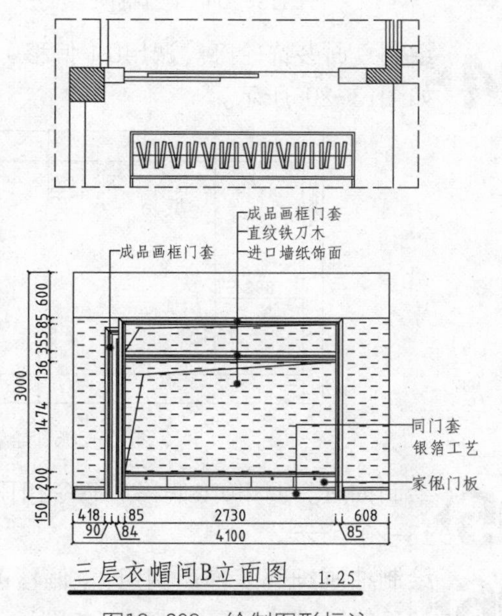

图13-203　绘制图形标注

13.6.2 绘制地下室卡拉OK厅B立面图

地下室卡拉OK厅的B立面图表达的是投影仪和音响所在墙面的装饰效果。该墙面使用的装饰材料有皮质软包、银箔工艺与饰面板等。在卡拉OK厅中使用皮质软包作为装饰材料，可以达到吸声的效果，因为卡拉OK厅的噪音是非常嘈杂的。

装饰面板刷白色涂料则是欧式风格装饰的惯用手法，选择在此处进行使用，也是为了迎合风格的装饰需要。

01 调用地下室卡拉OK厅B立面的平面图部分。调用CO（复制）命令，从地下室平面布置图中移动复制卡拉OK厅B 立面的平面部分至一旁。

02 绘制卡拉OK厅B立面图的外轮廓。调用L（直线）命令，从复制得到的卡拉OK厅B立面的平面局部图中绘制引出线，如图13-204所示。

03 绘制立面窗。调用O（偏移）命令，偏移墙体轮廓线；调用TR（修剪）命令，修剪线段，如图13-205所示。

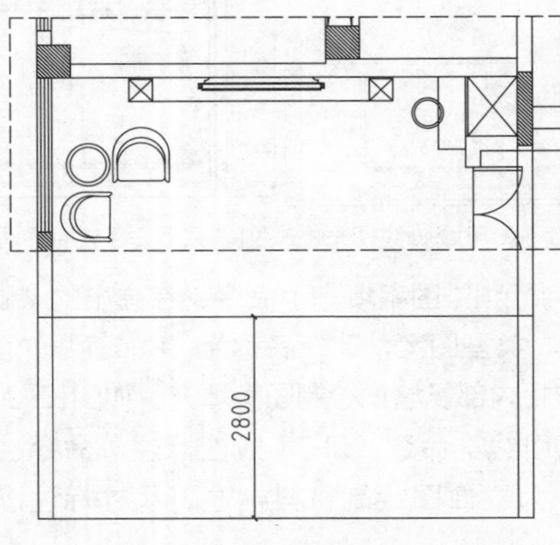

图13-204 绘制引出线

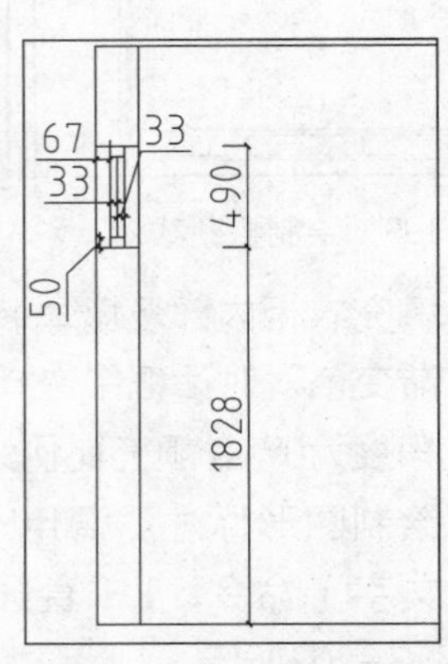

图13-205 绘制立面窗

04 绘制立面装饰轮廓。调用O（偏移）命令、TR（修剪）命令，偏移并修剪线段，如图13-206所示。

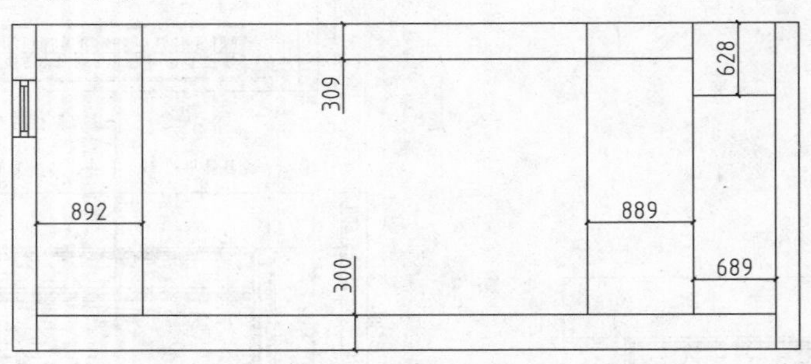

图13-206 绘制立面装饰轮廓

05 绘制抽屉。调用O（偏移）命令和TR（修剪）命令，偏移线段并修剪线段，如图13-207所示。

06 绘制抽屉细部装饰。调用O（偏移）命令，偏移线段；调用F（圆角）命令，对偏移的线段进行圆角处理，如图13-208所示。

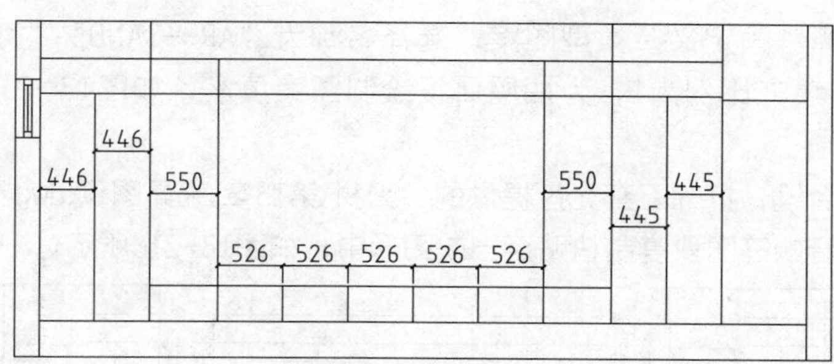

图13-207 绘制抽屉

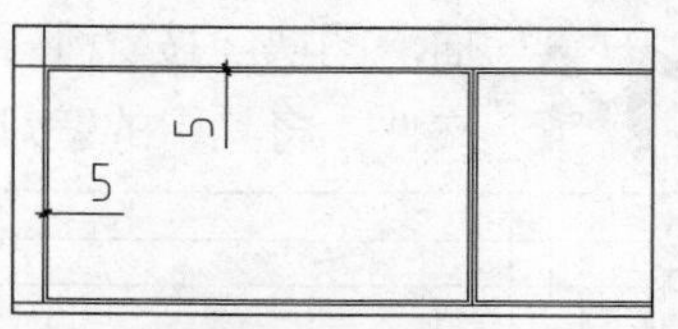

图13-208 绘制抽屉细部装饰

07 绘制抽屉拉手。调用REC（矩形）命令，绘制矩形，如图13-209所示。

08 绘制面板装饰。调用O（偏移）命令、F（圆角）命令，偏移线段并对其进行圆角处理；调用L（直线）命令，绘制对角线，如图13-210所示。

09 绘制银幕。调用REC（矩形）命令，绘制矩形，如图13-211所示。

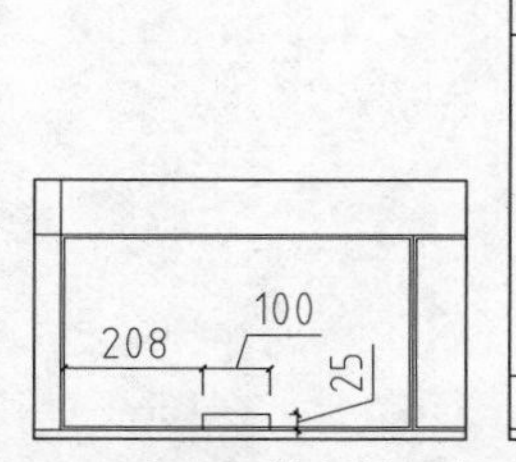

图13-209 绘制抽屉拉手

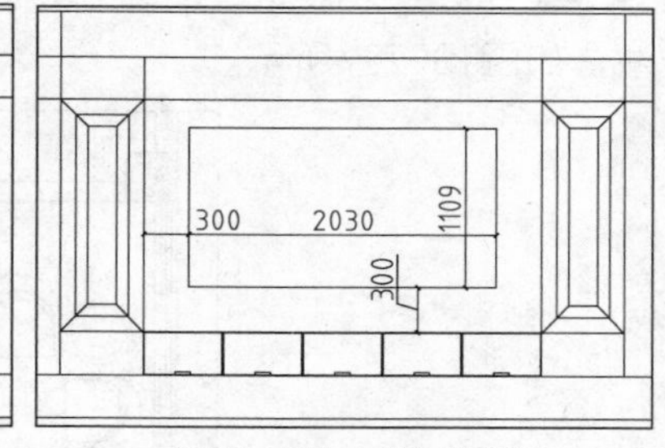

图13-210 绘制面板装饰

图13-211 绘制矩形

10 调用踢脚线图形。从“素材\第13章\家具图例.dwg”文件中复制踢脚线图形至当前立面图中，调用L（直线）命令，绘制连接直线，如图13-212所示。

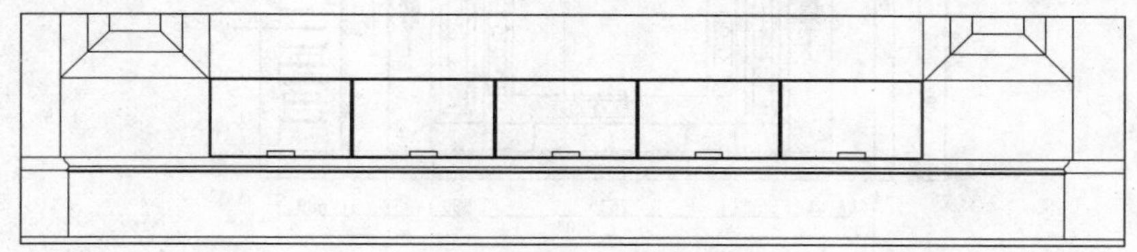
图13-212 调用踢脚线图形

11 绘制层板架。调用REC（矩形）命令，绘制尺寸为1868×20的矩形，如图13-213所示。

12 调用REC（矩形）命令，绘制尺寸为480×20、30×30的矩形；调用CO（复制）命令，移动复制尺寸为480×20的矩形；调用L（直线）命令，在尺寸为30×30的矩形内绘制对角线，如图13-214所示。

13 填充墙面皮质软包装饰图案。调用H（图案填充）命令，在弹出的“图

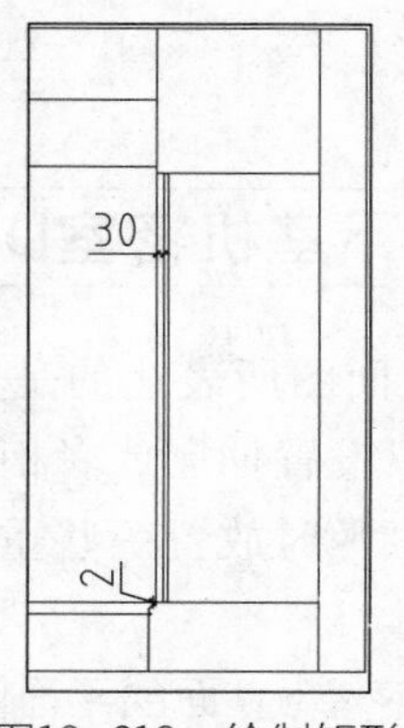

图13-213 绘制矩形

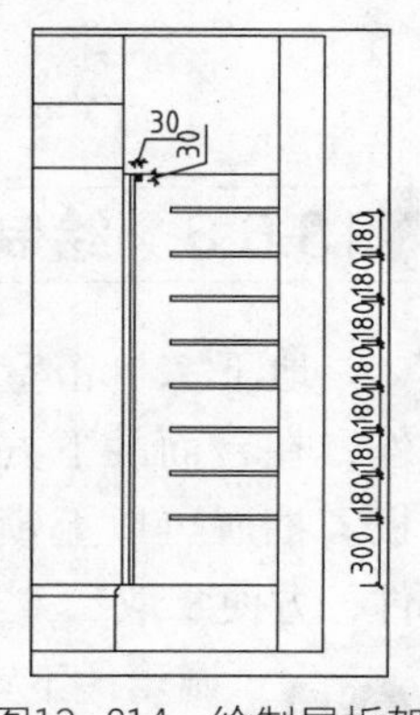

图13-214 绘制层板架

案填充和渐变色”对话框中选择“预定义”类型图案，选择名称为“AR—SAND”的填充图案；设置填充角度为0°，填充比例为1，为抽屉面板绘制图案填充，如图13-215所示。

14 插入图块。按Ctrl+O组合键，打开配套光盘提供的“素材\第13章\家具图例.dwg”文件，将其中的壁灯、音响等图块复制粘贴至当前图形中，如图13-216所示。

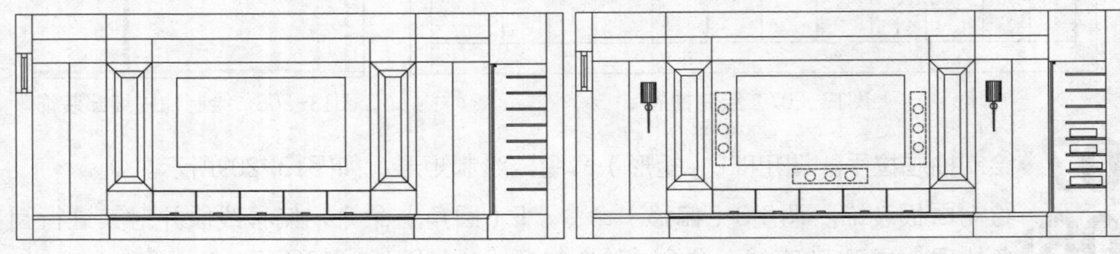

图13-215 绘制矩形　　图13-216 插入图块

15 绘制图形标注。调用MLD（多重引线）命令、DLI（线性标注）命令、MT（多行文字）命令、L（直线）命令，为立面图绘制材料标注、尺寸标注以及图名标注，如图13-217所示。

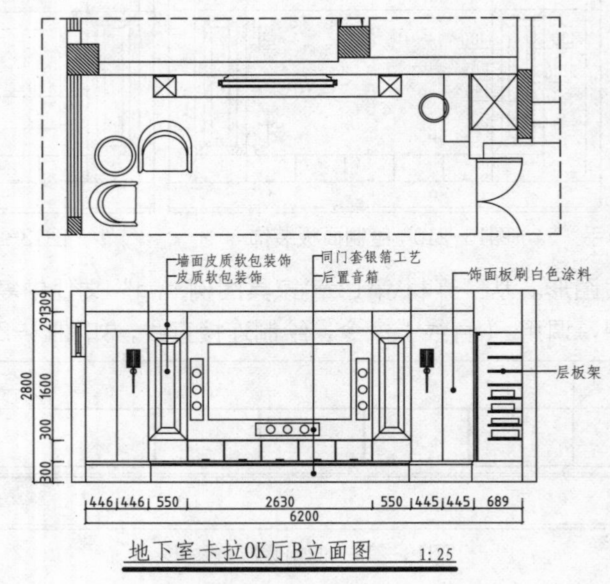

图13-217 绘制图形标注

13.6.3 绘制地下室机密室D立面图

地下室机密室D立面图所表达的是监控台所在墙面的装饰效果。监控台除了台面外，在台面的下方可以设置抽屉或者柜子用来储藏资料。本例就分别设置了抽屉和层板。抽屉可以上锁，供平时放置一些重要文件，而层板上则可放置一些无关紧要的文件，方便拿取。

01 调用地下室机密室D立面的平面图部分。调用CO（复制）命令，从地下室平面布置图中移动复制机密室D立面的平面部分至一旁。

02 绘制机密室D立面图的外轮廓。调用L（直线）命令，从复制得到的机密室D立面的平面局部图中绘制引出线，如图13-218所示。

03 绘制立面装饰物轮廓。调用O（偏移）命令和TR（修剪）命令，偏移线段并修剪线段，如图13-219所示。

04 绘制监控台。调用L（直线）命令，绘制对角线；调用O（偏移）命令、TR（修剪）命令，偏移并修剪线段，如图13-220所示。

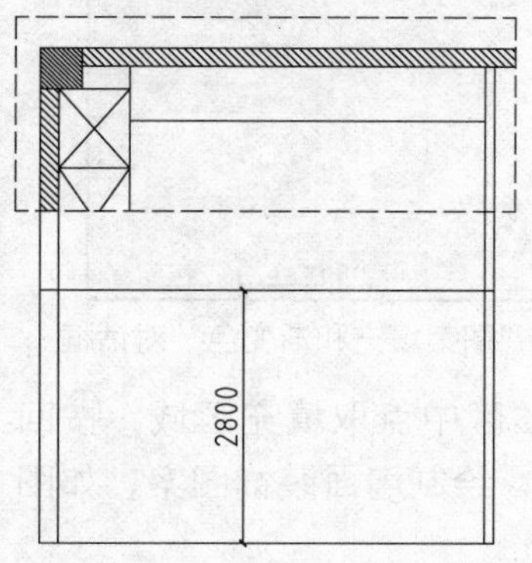

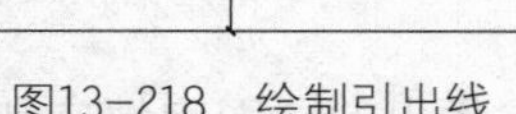
图13-218 绘制引出线

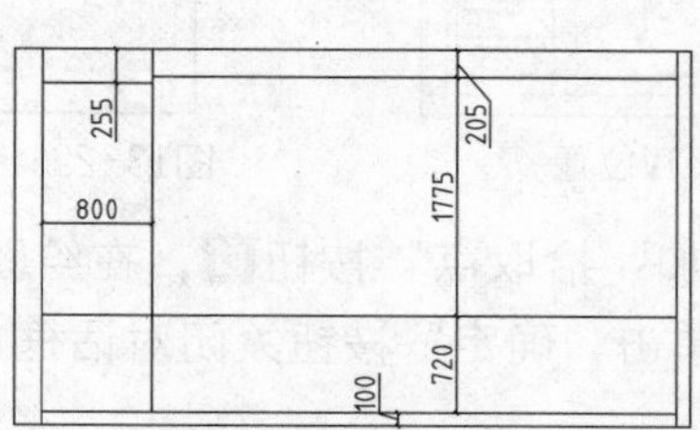

图13-219 绘制立面装饰物轮廓

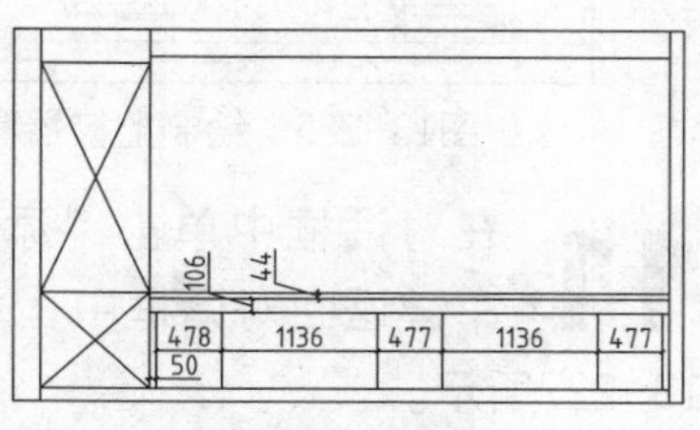

图13-220 绘制监控台

05 绘制抽屉立面装饰。调用REC（矩形）命令，绘制矩形，如图13-221所示。

06 绘制监控台下部层板分隔。调用O（偏移）命令和TR（修剪）命令，偏移线段并修剪线段，如图13-222所示。

07 绘制抽屉拉手。调用C（圆形）命令，绘制半径为12的圆形；调用PL（多段线）命令，绘制折断线，如图13-223所示。

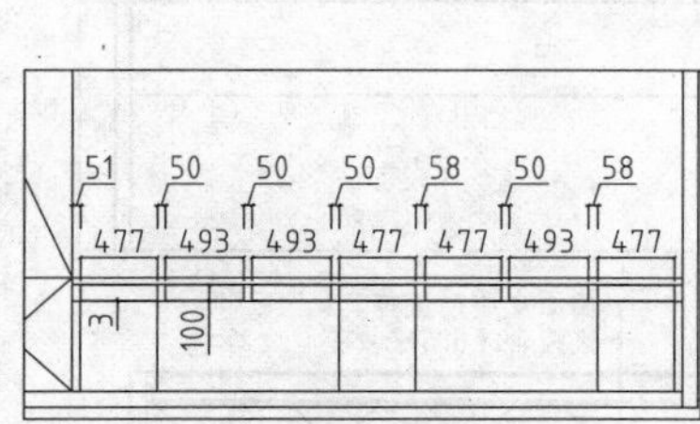

图13-221 绘制抽屉立面装饰

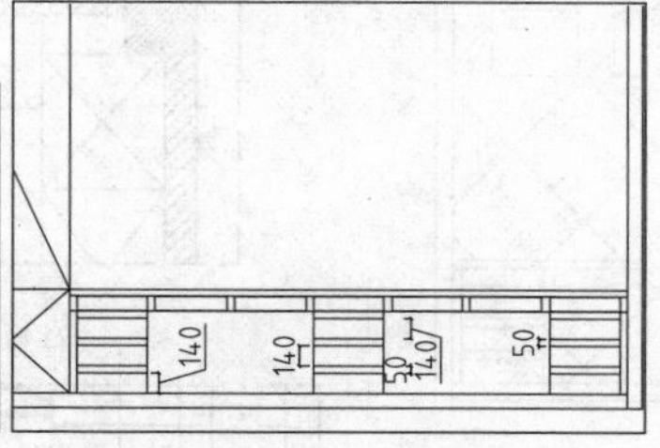

图13-222 绘制层板分隔

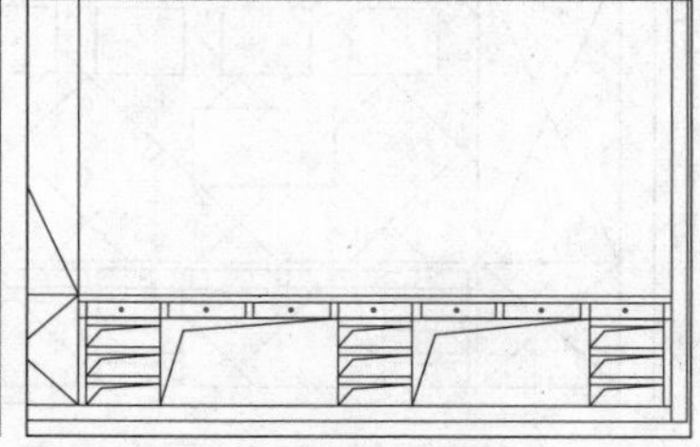
图13-223 绘制抽屉拉手

08 调用角线图形。从"素材\第13章\家具图例.dwg"文件中复制角线图形至当前立面图中，调用L（直线）命令，绘制连接直线，如图13-224所示。

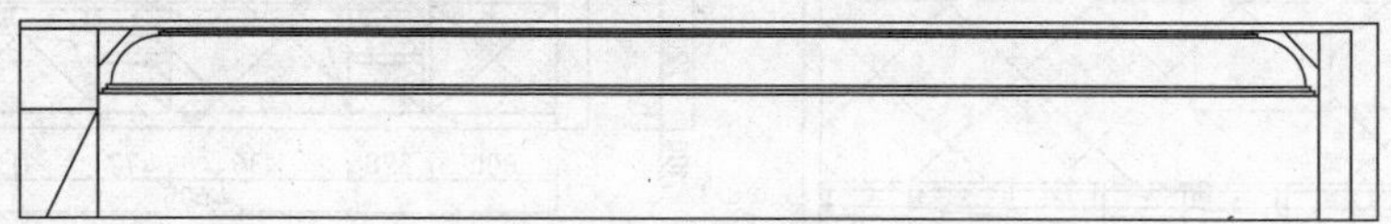
图13-224 调用角线图形

09 绘制监控器和TV位置。调用REC（矩形）命令，绘制矩形，如图13-225所示。

10 绘制墙面皮质砖装饰。调用H（图案填充）命令，在弹出的"图案填充和渐变色"对话框中设置参数，如图13-226所示。

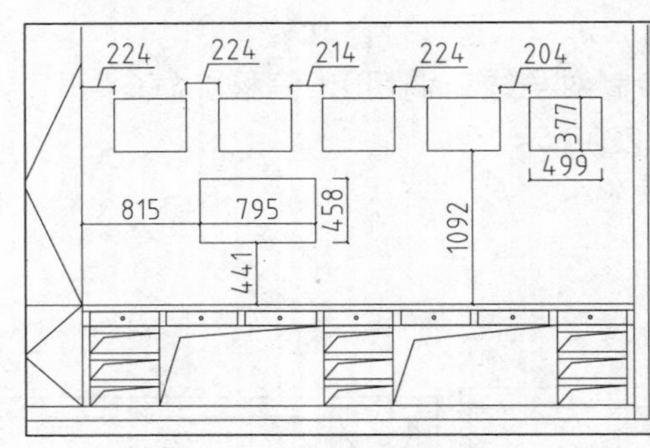

图13-225　绘制监控器和TV位置

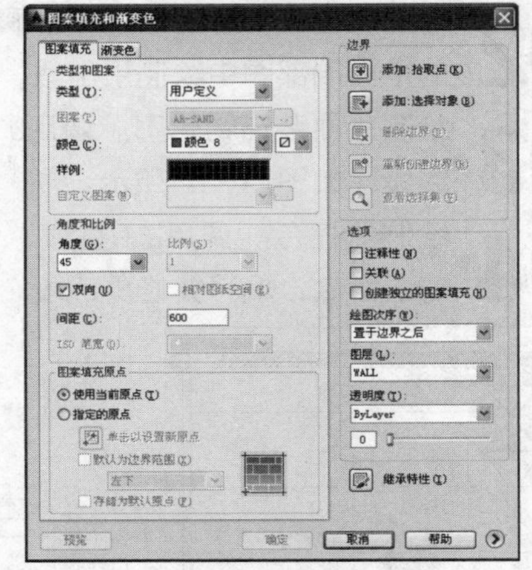

图13-226　“图案填充和渐变色”对话框

11 在对话框中单击“添加：拾取点”按钮，在绘图区中点取填充区域；按回车键返回对话框中，单击“确定”按钮关闭对话框，绘制墙面装饰图案，如图13-227所示。

12 填充墙面皮质砖装饰图案。调用H（图案填充）命令，在弹出的“图案填充和渐变色”对话框中选择“预定义”类型图案，选择名称为“AR—SAND”的填充图案；设置填充角度为0°，填充比例为1，为抽屉面板绘制图案填充，如图13-228所示。

13 绘制图形标注。调用MLD（多重引线）命令、DLI（线性标注）命令、MT（多行文字）命令、L（直线）命令，为立面图绘制材料标注、尺寸标注以及图名标注，如图13-229所示。

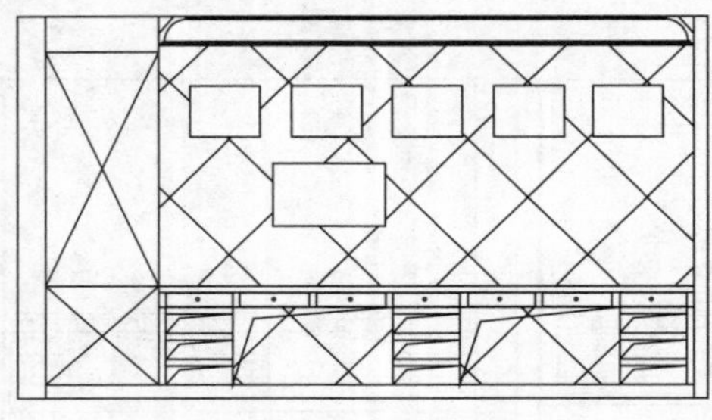

图13-227　图案填充

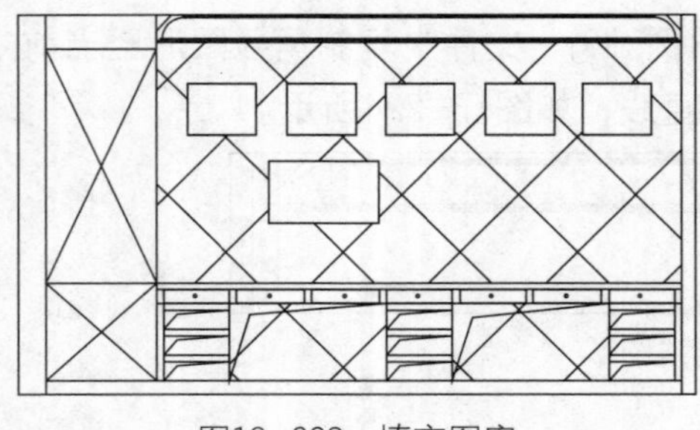

图13-228　填充图案

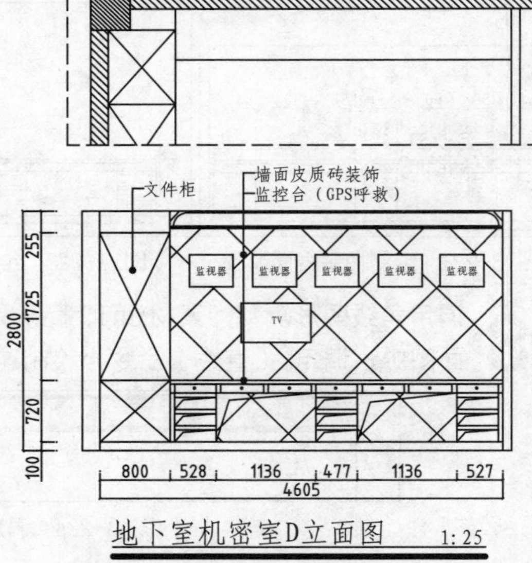

图13-229　绘制图形标注

第14章

室内剖面图的绘制

本章导读

剖面图是室内设计施工图纸中的重要图纸之一，剖面图表达了主要装饰构造的做法，为施工提供参考。本章首先介绍室内剖面图的基本知识，包括构造详图的形成与表达、分类、识读、图示内容和画法等。然后分别讲解壁炉详图、门套、踏步、书柜等大样图的绘制方法和技巧。

学习目标

- 了解室内构造详图的形成与表达
- 了解构造详图的分类
- 了解构造详图的识读
- 了解构造详图的图示内容
- 掌握室内详图的绘制方法

效果预览

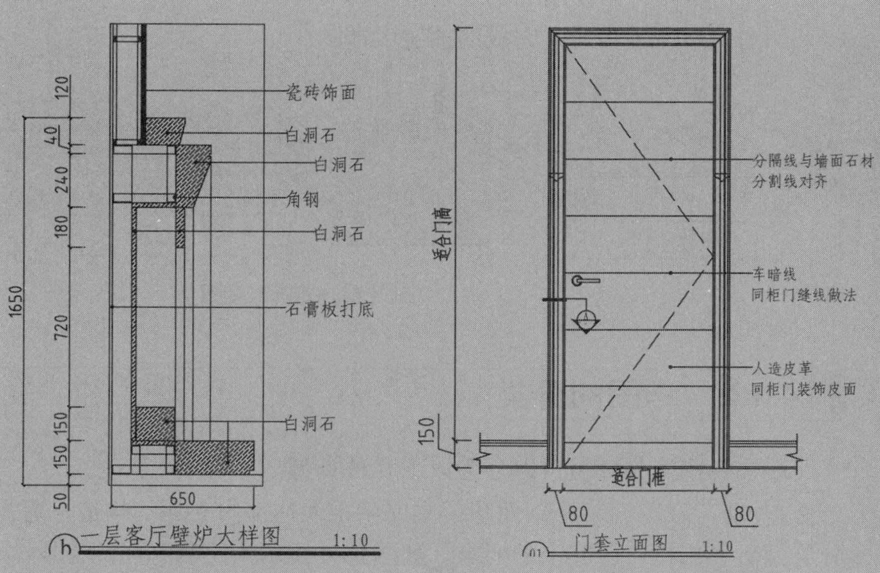

剖面图是室内设计施工图纸中的重要图纸之一，剖面图表达了主要装饰构造的做法，为施工提供参考。在查看剖面图的时候，要与平面图和立面图一起对照着看。因为在了解了物体的外部构造，包括平面构造和立面构造后，才能读懂剖面图所表达的内部构造。

本章介绍别墅主要装饰构件剖面图的绘制方法，包括壁炉大样图、门套大样图以及楼梯踏步详图等。

14.1 室内装潢设计构造详图的概述

一套完整的室内装饰装修施工图纸不能缺少构造详图。因为在施工的过程中，施工人员往往要参照详图来进行施工；而材料的采购人员也要根据图纸上标示的材料名称到市场上进行材料的选购。

本小节介绍关于室内装潢设计详图的一些理论知识，包括详图的形成、表达、图示内容以及绘制方法等。

14.1.1 构造详图的形成与表达

因为平面布置图、地材图、顶棚图、立面图等的绘制比例一般较小，很多主要的装饰造型、构造做法、材料选用、细部尺寸等无法表达或者反映不清晰，不能满足装饰施工、制作的需要。

而装饰详图就是放大比例所绘制详细图样的结果。装饰详图一般采用1:1到1:20的比例来绘制，其表达范围包括在平面图和立面图中不能进行表达的图形构造和装饰的具体信息，包括施工工艺、细部尺寸以及使用的材料等。

在绘制详图的时候，剖切到的装饰物轮廓用粗实线来绘制，未被剖切到但是却能看到的投影内容则可以使用细实线来绘制。

如图14–1所示为绘制完成的抽屉大样图。

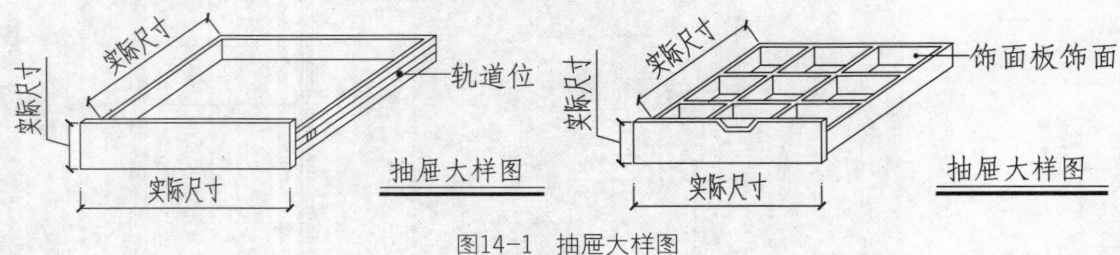

图14–1　抽屉大样图

14.1.2 详图的分类

装饰详图按其部位可以分为以下几种类型。

1）墙（柱）面装饰剖面图：主要用于表达室内立面的构造，着重反映墙（柱）面在分层做法、选材、色彩上的要求。如图14–2所示为绘制完成的背景墙详图。

2）顶棚详图：主要用于反映构造、做法的剖面图或者断面图。如图14-3所示为某造型顶棚详图的绘制结果。

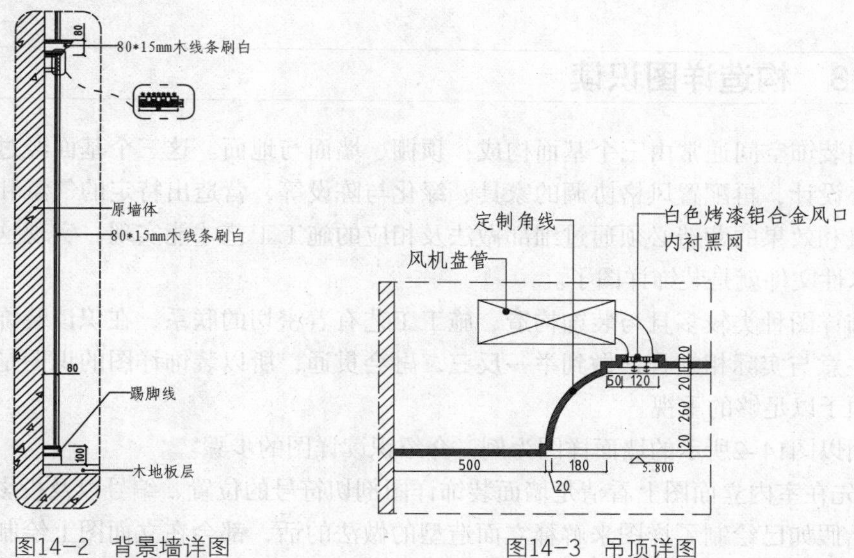

图14-2　背景墙详图　　图14-3　吊顶详图

3）装饰造型详图：独立的或依附于墙柱的装饰造型，表现装饰的艺术氛围和情趣的构造体，如影视墙、花台、屏风、壁龛、栏杆造型等的平、立、剖面图及线脚详图。如图14-4所示为影视墙详图的绘制结果。

4）家具详图：主要指需要现场制作、加工、油漆的固定式家具，如衣柜、书柜、储藏柜等。有时候也包括可移动的家具，如床、书桌、展示台灯。如图14-5所示为鞋柜详图的绘制结果。

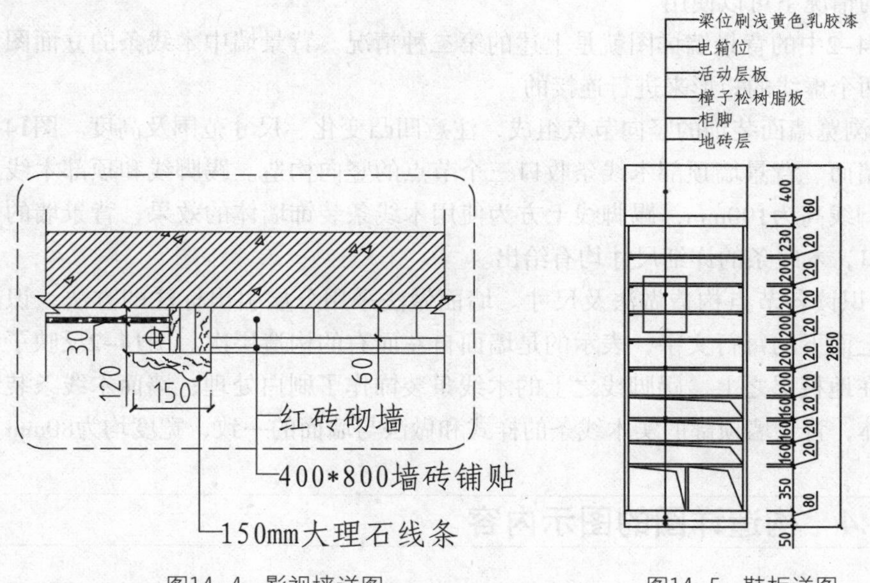

图14-4　影视墙详图　　图14-5　鞋柜详图

5）装饰门窗及门窗套详图：门窗是装饰工程中的主要施工内容之一。其形式多种多样，在室内起着分割空间、烘托装饰效果的作用，它的样式、选材和工艺做法在装饰图中有着特殊的地位。其图样有门窗及门窗套立面图、剖面图和节点图。

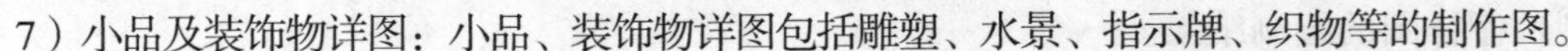

6）楼地面详图：反映地面艺术造型以及细部做法等内容。

7）小品及装饰物详图：小品、装饰物详图包括雕塑、水景、指示牌、织物等的制作图。

14.1.3 构造详图识读

室内装饰空间通常由三个基面构成：顶棚、墙面与地面。这三个基面经过装饰设计师的精心设计，再配置风格协调的家具、绿化与陈设等，营造出特定的气氛和效果。而这些气氛和效果的营造必须通过细部做法及相应的施工工艺才能实现，实现这些内容的重要技术性文件就是装饰详图了。

装饰详图种类较多且与装饰构造、施工工艺有着密切的联系，在识读装饰详图的时候，应注意与实际相结合，做到举一反三，融会贯通，所以装饰详图的识图是重点、难点，必须予以足够的重视。

下面以图14–2所示的墙面详图为例，介绍识读详图的步骤。

1）先在室内立面图上看清楚墙面装饰详图剖切符号的位置、编号以及投影方向。一般说来，假如已绘制了详图来解释立面造型的做法的话，都会在立面图上绘制剖切符号来进行标示，在剖切符号上有图名，可以根据图名来寻找该造型的详图。这是针对立面图和详图不在同一图纸上的情况而言。

还有另外一种情况，立面图和详图都位于同一张图上。在这种情况下，可以将立面图中需要绘制详图的部分用线型为虚线的圆形或者矩形框选起来，然后再在立面图旁边的空白处绘制相同的圆形或矩形，两个图形之间使用圆弧来连接。此时，就可以在立面图之外的圆形或者矩形内绘制所指定装饰造型的详图了。这个方法方便识图，在图纸空间允许的情况下可以使用。

图14–2中的背景墙详图就是上述的第二种情况。背景墙中木线条的立面图和详图就是使用两个虚线的矩形来进行连接的。

2）浏览墙面装饰的竖向节点组成，注意凹凸变化、尺寸范围及高度。图14–2反映了地面、墙面、背景墙顶部木线条收口三个节点的竖向构造。踢脚线和顶部木线条凸出墙面；踢脚线高为100mm，踢脚线上方为使用木线条装饰墙体的效果；背景墙的顶部为木线条封口，木线条的详细尺寸均有给出。

3）识读各节点构造做法及尺寸。墙面做法采用分层引出标注的方法，识读时请注意：自上而下的每行文字，表示的是墙面自左而右的构造层次。图14–2反映了背景墙的位置是在地板层之上，踢脚线之上的木线条装饰作了刷白处理；墙面木线条装饰的背后为原墙体，背景墙顶部的实木线条的样式和做法与墙面的一致，宽度均为80mm。

14.1.4 构造详图的图示内容

在装饰详图中反映的形体的体积和面积较大以及造型变化较多时，通常需要先画出平、立、剖面图来反映装饰造型的基本内容。如准确的外部形状、凹凸变化与结构体的连接方式、标高、尺寸等。

选用的比例多为1:10～1:50，假如图纸空间允许，可以将平面图、立面图与剖面图画在同一张图纸上。当该形体按上述的比例所绘制的图样不够清晰的时候，则需要选择1:1～1:10更大的比例来绘制。当装饰详图较为简单的时候，可以只绘制平面图、断面图（即地面装饰详图）。

一般来说，装饰详图的图示包括以下内容。

1）装饰形体的建筑做法。

2）造型样式、材料选用、尺寸标高。

3）所依附的建筑结构材料、连接做法，如钢筋混凝土与木龙骨、轻钢及钢型龙骨等内部骨架的连接图示（剖面或断面图），选用标准图时应加索引。

4）装饰体基材板材的图示（剖面或断面），如石膏板、木工板、多层夹板、密度板、水泥压力板等用于找平的构造层次（通常固定在骨架上）。

5）装饰面层、胶缝及线角的图示（剖面或者断面），复杂线角及造型等还应绘制大样图。

6）色彩及做法说明、工艺要求等。

7）索引符号、图名、比例等。

14.1.5 构造详图的画法

在绘制构造详图之前，首先要通读平面、立面图，且本身要具备一定的施工工艺知识、材料的基本运用技巧等。

绘制详图的时候，一般都先绘制原始的建筑结构，比如墙面、地面、顶面的基础结构；因为装饰就是在建筑结构的基础上进行的。

在绘制完成原始的建筑结构之后，就可以在此基础上绘制装饰造型的内部构造了。装饰造型分为内部骨架与外部装饰两部分。

我们平时看到的装饰造型并不是一个整体依附于墙体或者地面等建筑结构之上的，在其华丽的装饰外观之下，还隐藏着用于支撑装饰外观的骨架。

比如，在绘制吊顶详图的时候，要先绘制吊顶内部的骨架结构。吊顶常规的制作方法就是木龙骨或者轻钢龙骨打底，再使用石膏板封面，然后根据设计要求在石膏板上进行二次装饰，比如涂刷乳胶漆等。

在墙面上制作造型装饰的时候，要根据造型的尺寸来划定基础结构的区域。假设要制作大理石背景墙，则需要在墙体上制作木龙骨骨架，并将骨架固定于墙面之上，然后再在木龙骨架的基础上安装固定大理石。

鉴于此，在绘制装饰构造的详图时，一定要明确地表示基础的做法、使用材料、尺寸等重要信息。在绘制完成基础骨架图形之后，就可以在此基础上绘制外立面的装饰图形了。绘制完成的外立面装饰图形一般会绘制图案填充，以与内部的基础结构相区别。

详图绘制完成后，就要绘制详图标注。详图标注主要有尺寸标注、文字标注以及索引符号、图名、比例标注。

尺寸标注有助于识别各细部的具体大小及相互之间的关系，文字标注是对使用材料进行文字说明，其他的标注诸如图名、比例等标注主要是为了对所绘制详图的表示区域进行识别。

14.2 室内详图的绘制

详图解释了装饰构造的做法，是室内装饰装潢施工过程中的重要技术依据。所以在绘制详图的时候要认真对待，对于不甚明确的地方，要多方求证，以保证所绘图形的准确性。

本节以别墅室内设计详图为例，为读者介绍绘制详图的方法。

14.2.1 绘制壁炉详图

壁炉在欧式风格装饰中是常见的装饰物体之一，目前市面上也有成品壁炉出售，但是自行设计制作的壁炉不但降低了成本，而且保证了使用材料的真实性。

本节介绍绘制壁炉详图的具体步骤，首先是绘制详图的外轮廓，然后是绘制壁炉的底座。壁炉底座的材料主要有龙骨和角钢，起到固定支撑外部装饰石材的作用。

然后是绘制壁炉上方墙体瓷砖饰面的基础。因为瓷砖的重量较石材相比要轻些，所以使用的木龙骨也相对较细。

在绘制完基础的骨架图形之后，就可以着手绘制壁炉表面装饰石材的造型了。绘制完成的石材造型可以绘制连线，这样更能直观地体现出壁炉的剖面。

对表示石材的轮廓图形进行图案填充，有助于凸出装饰材料，并与基础结构相区别。

绘制步骤如下。

01 绘制详图外轮廓。调用REC（矩形）命令，绘制矩形；调用X（分解）命令，分解矩形；调用O（偏移）命令、TR（修剪）命令，偏移并修剪线段，如图14-6所示。

02 绘制壁炉基础底座。调用O（偏移）命令和TR（修剪）命令，偏移线段和修剪线段，如图14-7所示。

03 绘制角钢。调用O（偏移）命令，设置偏移距离为4的线段；调用F（圆角）命令，设置圆角半径为0，对偏移的线段进行圆角处理，如图14-8所示。

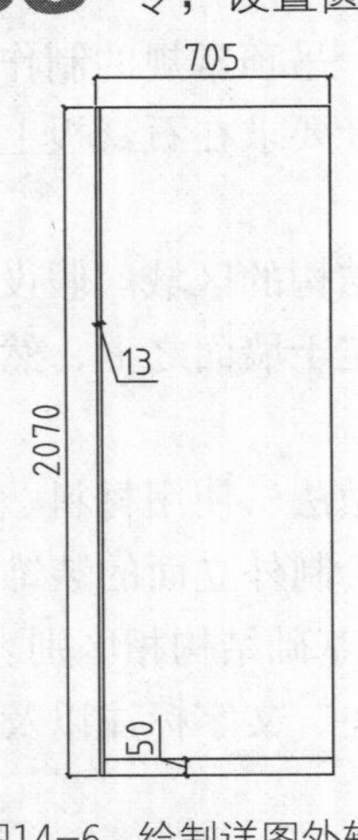

图14-6 绘制详图外轮廓

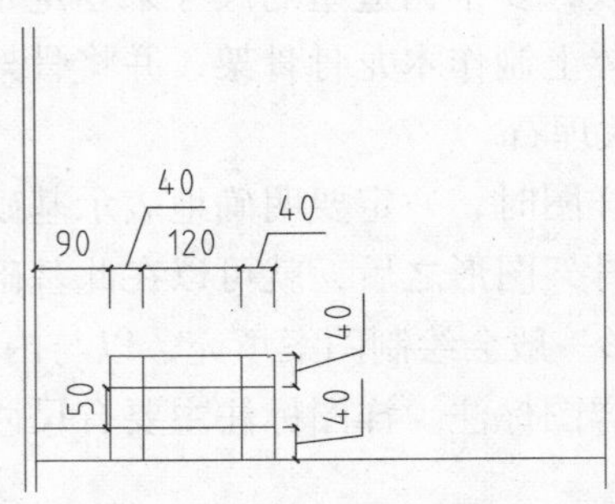

图14-7 修剪线段

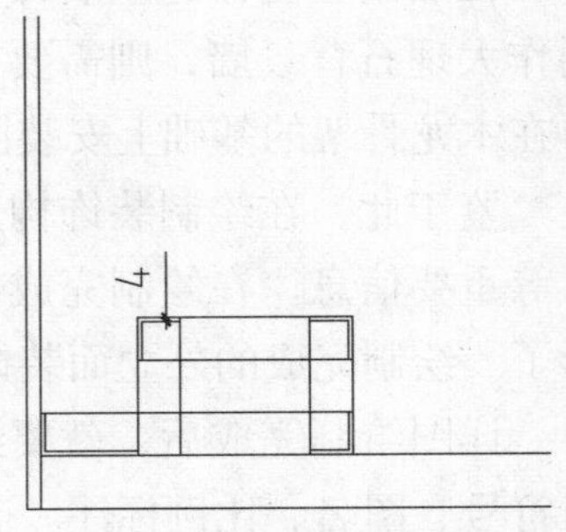

图14-8 绘制角钢

04 绘制壁炉基础结构。调用O（偏移）命令，偏移线段；调用L（直线）命令，绘制直线，如图14-9所示。

05 调用O（偏移）命令，偏移线段，如图14-10所示。

06 调用L（直线）命令，绘制对角线，如图14-11所示。

07 调用REC（矩形）命令、X（分解）命令和O（偏移）命令，绘制矩形，如图14-12所示。

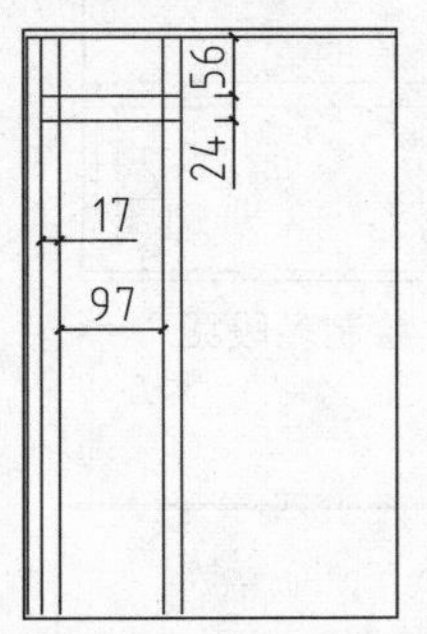

图14-9 绘制直线

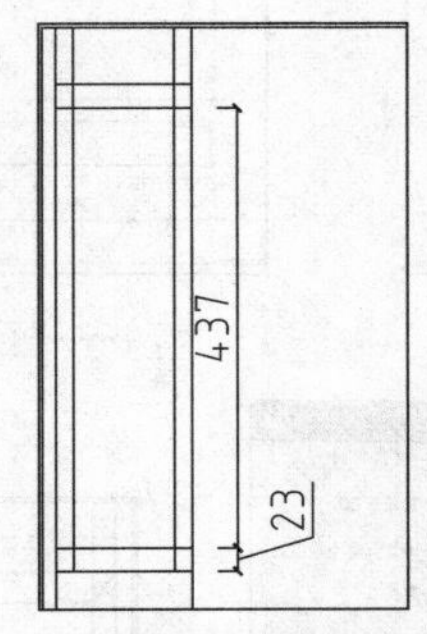

图14-10 绘制直线

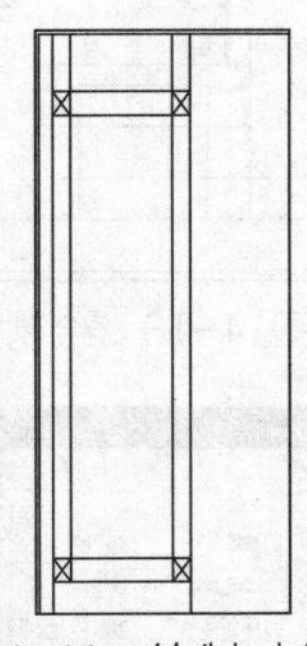
图14-11 绘制对角线

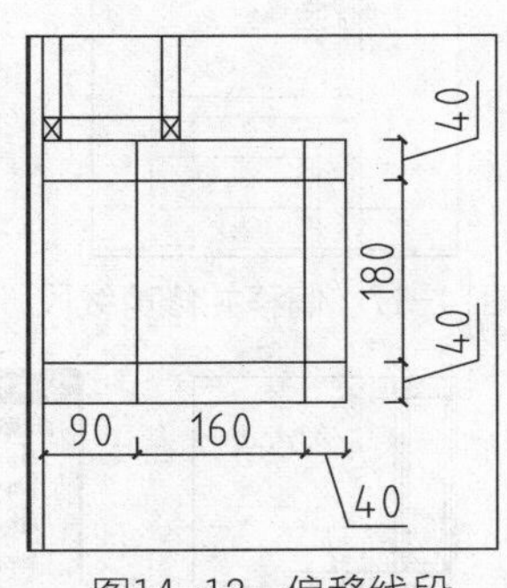

图14-12 偏移线段

08 绘制角钢。调用O（偏移）命令，设置偏移距离为4，偏移线段；调用F（圆角）命令，对偏移的线段进行圆角处理，如图14-13所示。

09 绘制饰面石材。调用L（直线）命令，绘制直线；调用TR（修剪）命令，修剪线段，如图14-14所示。

10 调用PL（多段线）命令，绘制多段线，如图14-15所示。

11 调用O（偏移）命令，偏移线段；调用TR（修剪）命令，修剪线段，如图14-16所示。

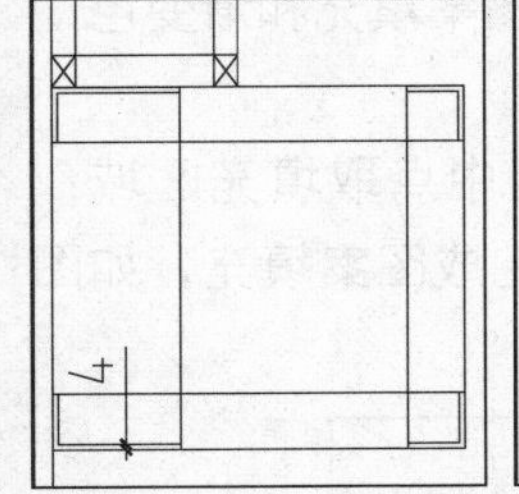

图14-13 绘制角钢

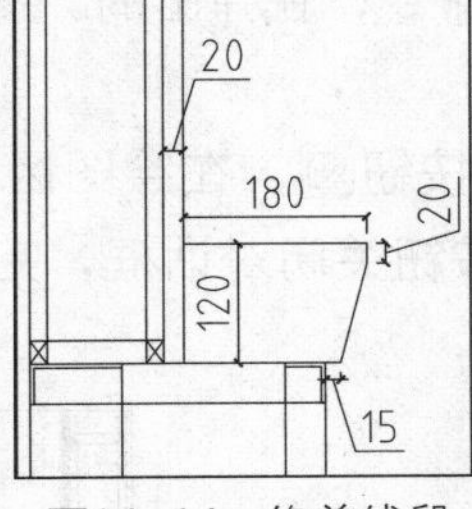

图14-14 修剪线段

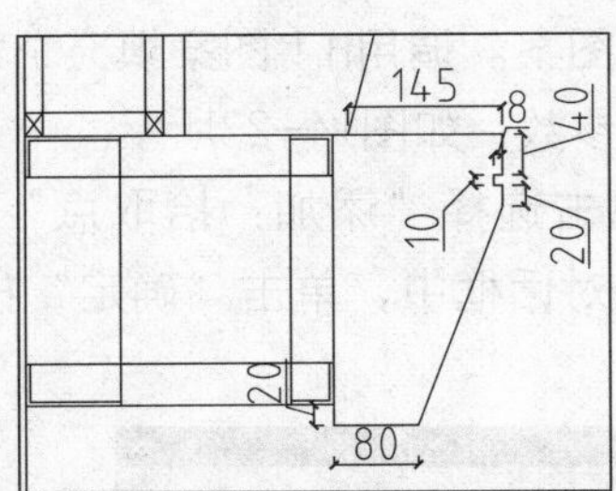

图14-15 绘制多段线

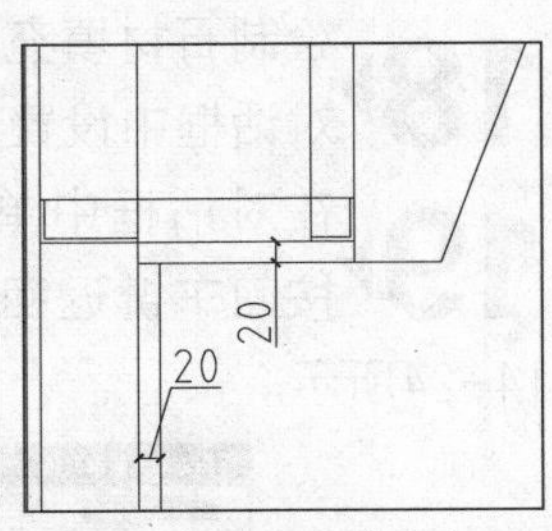

图14-16 修剪线段

12 调用O（偏移）命令、TR（修剪）命令，偏移并修剪线段，如图14-17所示。

13 调用REC（矩形）命令，绘制矩形，如图14-18所示。

14 绘制饰面白洞石石材。调用PL（多段线）命令，绘制多段线，如图14-19所示。

15 调用L（直线）命令，绘制直线，如图14-20所示。

16 绘制瓷砖填充图案。调用H（图案填充）命令，在弹出的“图案填充和渐变色”对话框中设置参数，如图14-21所示。

17 在对话框中单击选择“添加：拾取点”填充方式，在绘图区中点取填充区域；按回车键返回对话框中，单击“确定”按钮关闭对话框，完成图案填充，如图14-22所示。

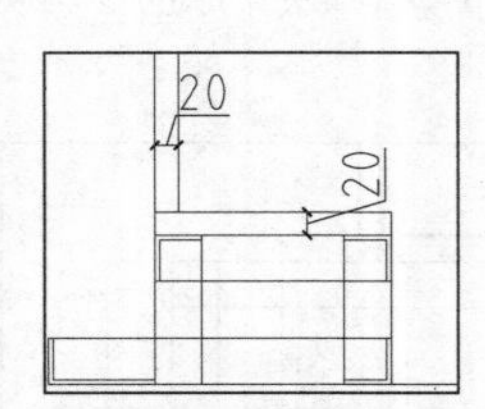

图14-17　偏移并修剪线段

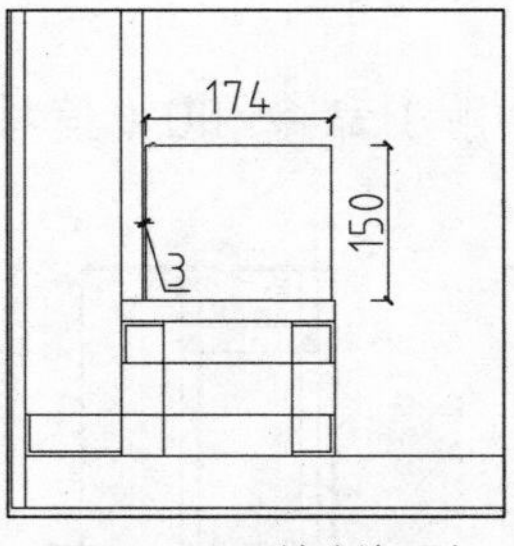

图14-18　绘制矩形

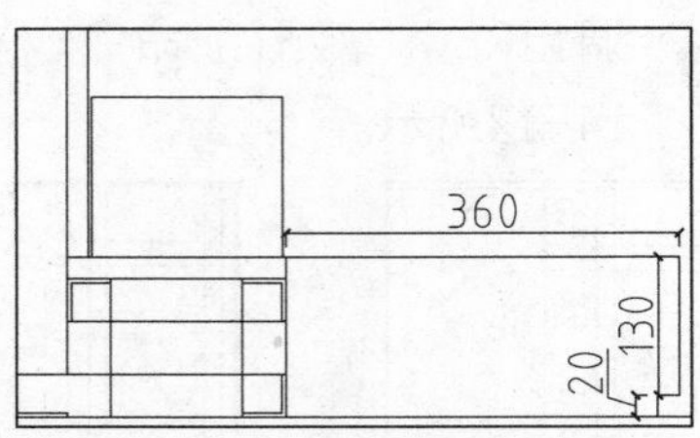

图14-19　绘制多段线

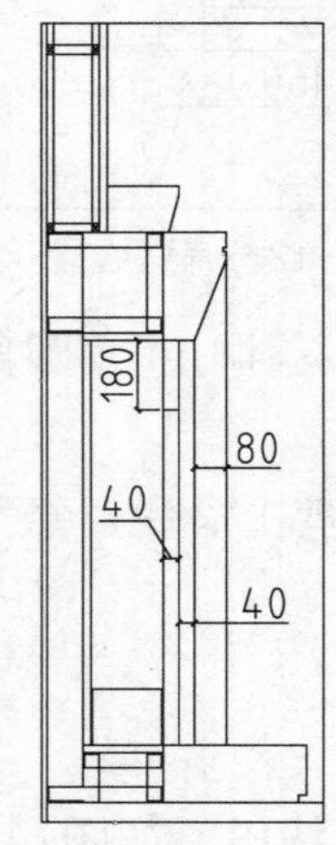

图14-20　绘制直线

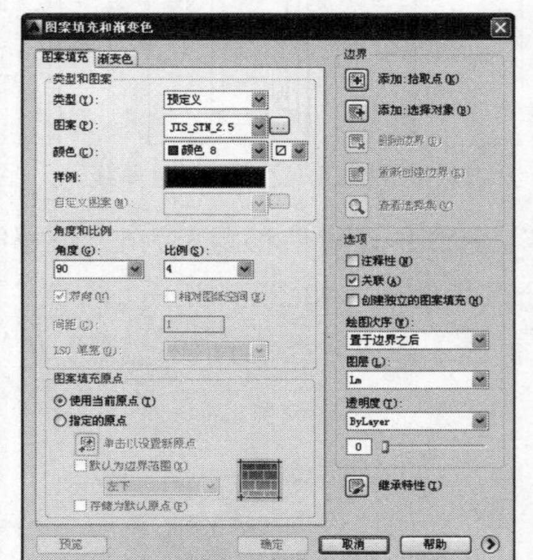

图14-21　设置参数

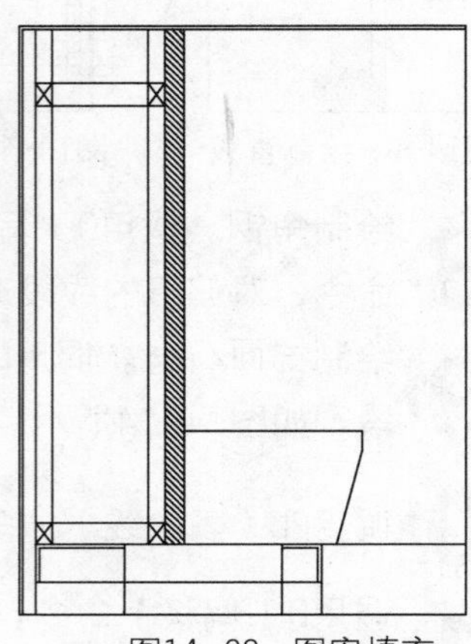
图14-22　图案填充

18 绘制石材填充图案。调用H（图案填充）命令，在弹出的“图案填充和渐变色”对话框中设置参数，如图14-23所示。

19 在对话框中单击选择“添加：拾取点”按钮，在绘图区中点取填充区域；按回车键返回对话框中，单击“确定”按钮关闭对话框，完成图案填充，如图14-24所示。

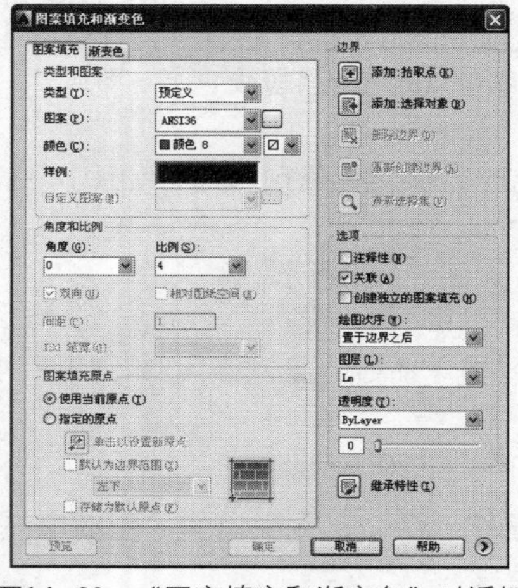

图14-23　“图案填充和渐变色”对话框

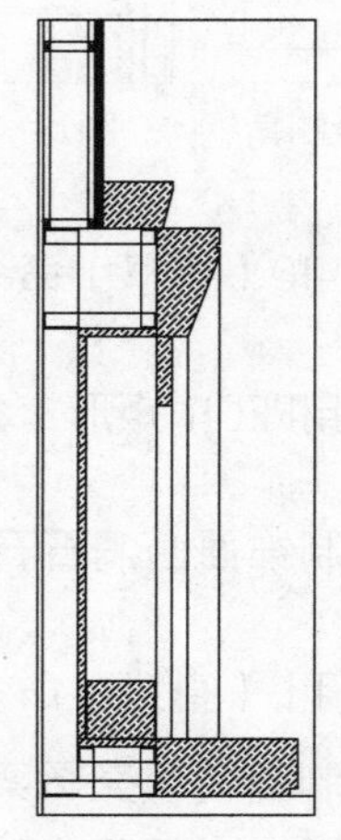
图14-24　填充图案

20 绘制文字标注。调用MLD（多重引线）命令，为大样图绘制材料标注，效果如图14-25所示。

21 尺寸标注。调用DLI（线性标注）命令，为大样图绘制尺寸标注，如图14-26所示。

22 图名标注。调用C（圆形）命令，绘制半径为70的圆形；调用MT（多行文字）命令，绘制图号、图名和比例；调用L（直线）命令，绘制下划线，并将置于最下面的直线线宽更改为0.3mm，如图14-27所示。

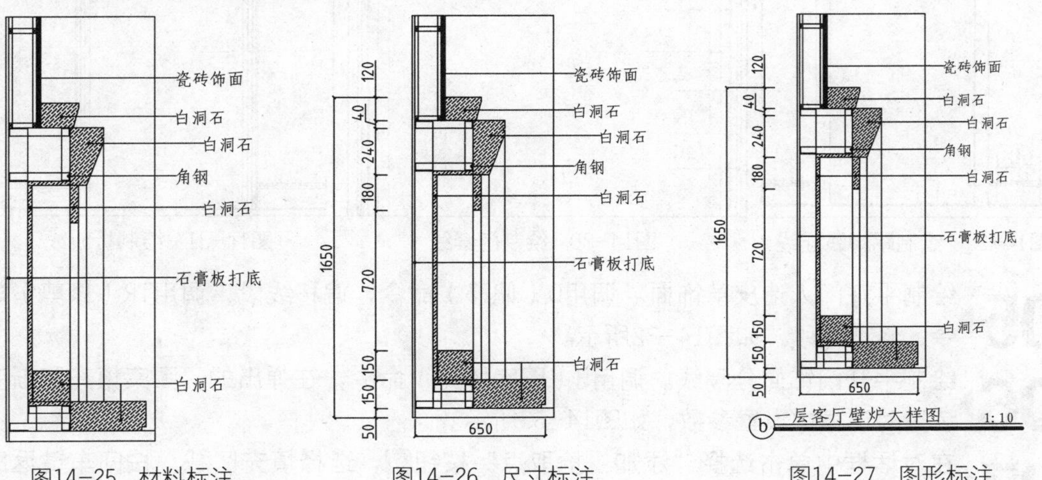

图14-25 材料标注　　图14-26 尺寸标注　　图14-27 图形标注

14.2.2 门套立面图

门套在居室装饰设计中是一个重要的装饰物，起到装饰和固定门的作用。在绘制门套立面图的时候，要表示清楚门套与墙体、与门的关系。

本例在绘制门套立面图的时候，首先绘制门套图形，然后再绘制与门套相交的踢脚线图形；在绘制完成门套以及门套外部的装饰物后，就着手绘制门图形。门与地面是有一定距离的，这样门在开、关的时候才不至于与地面产生摩擦，增加噪音并减少门的使用寿命。

现在使用成品门较多，但是也不乏出现一些需要在现场制作室内门的情况。所以，标明门把手的位置以及门的开启方向很有必要。

01 绘制门套外轮廓。调用PL（多段线）命令，绘制多段线；调用O（偏移）命令，偏移线段，如图14-28所示。

02 绘制踢脚线连线。调用O（偏移）命令，偏移线段，如图14-29所示。

03 绘制门套线。调用O（偏移）命令，偏移线段；调用F（圆角）命令，对偏移的线段进行圆角处理；调用L（直线）命令，绘制对角线，如图

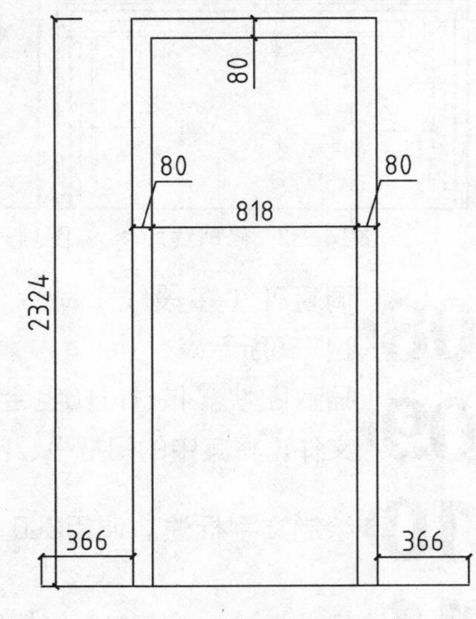

图14-28 绘制门套外轮廓

14-30所示。

04 调用PL（多段线）命令，绘制折断线，如图14-31所示。

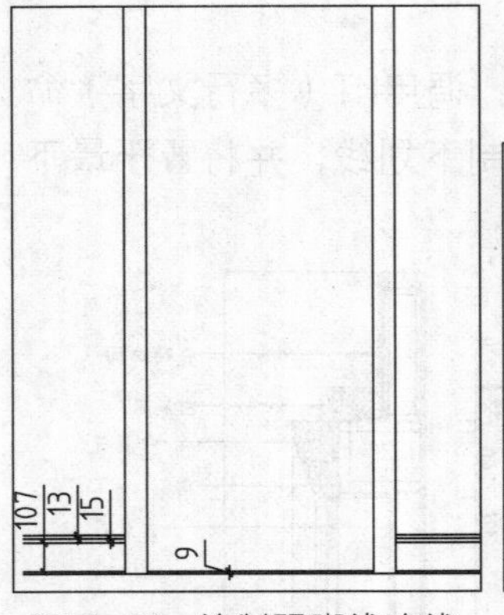

图14-29 绘制踢脚线连线

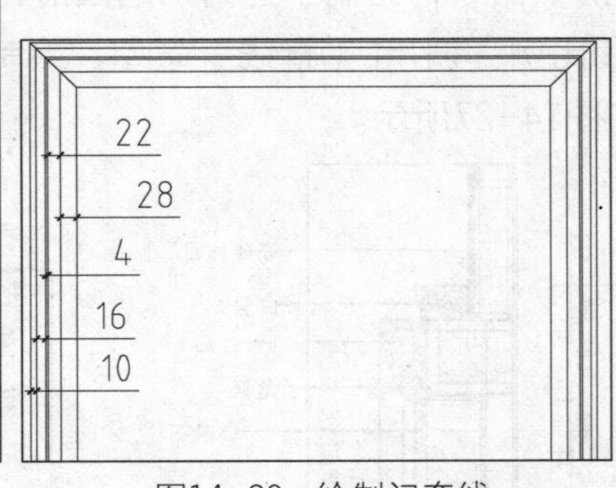

图14-30 绘制门套线

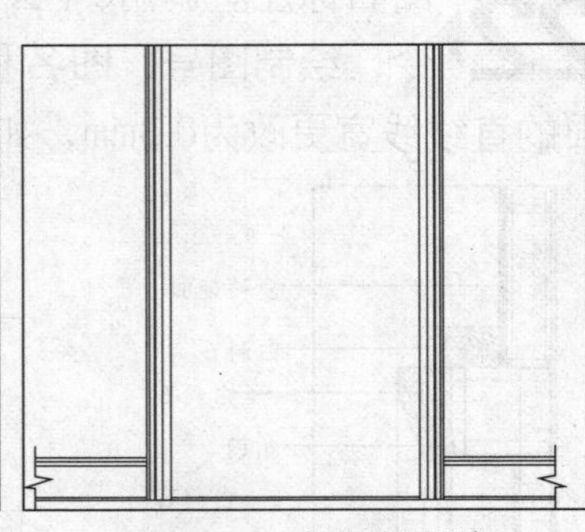
图14-31 绘制折断线

05 绘制平开门人造皮革饰面。调用O（偏移）命令，偏移线段；调用TR（修剪）命令，修剪线段，如图14-32所示。

06 绘制平开门饰面分隔线。调用H（图案填充）命令，在弹出的"图案填充和渐变色"对话框中设置参数，如图14-33所示。

07 在对话框中单击选择"添加：拾取点"按钮，选择填充区域；按回车键返回对话框，单击"确定"按钮关闭对话框，完成图案填充，如图14-34所示。

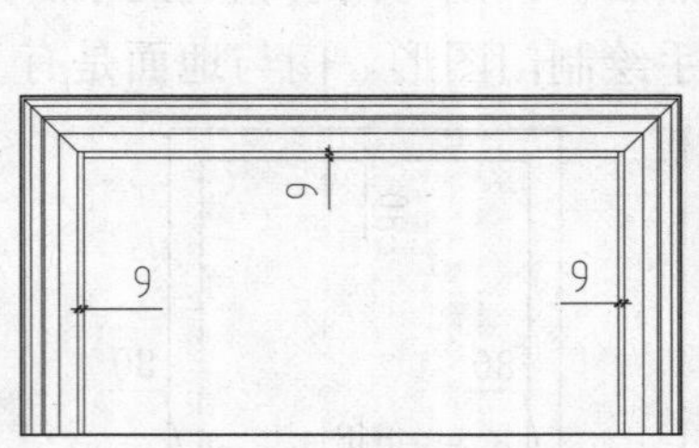

图14-32 修剪线段

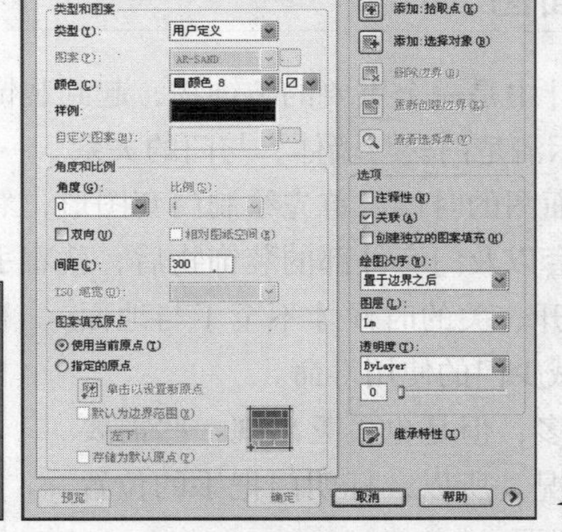

图14-33 "图案填充和渐变色"对话框

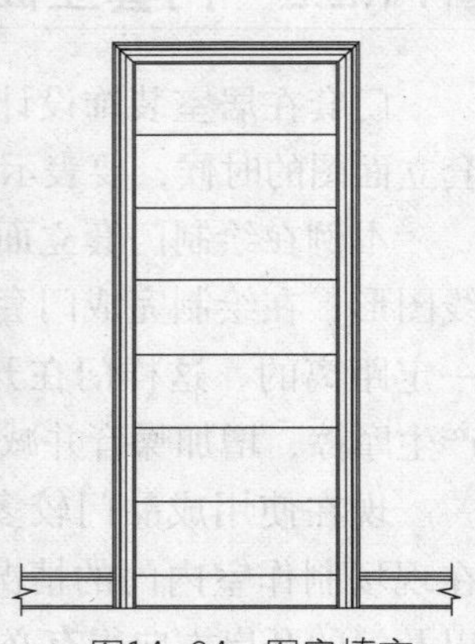
图14-34 图案填充

08 调用PL（多段线）命令，绘制门的开启方向线，并将线型设置为虚线，如图14-35所示。

09 插入图块。按Ctrl+O组合键，打开配套光盘提供的"素材\第14章\家具图例.dwg"文件，将其中的门把手、门套线等图形复制粘贴至当前图形中，如图14-36所示。

10 绘制文字标注。调用MLD（多重引线）命令，为立面图绘制材料标注。

11 尺寸标注。调用DLI（线性标注）命令，为立面图绘制尺寸标注。

12 图名标注。调用C（圆形）命令，绘制半径为70的圆形；调用MT（多行文字）命令，绘制图号、图名和比例；调用L（直线）命令，绘制下划线，并将置于最下面的直线线宽更改为0.3mm，如图14-37所示。

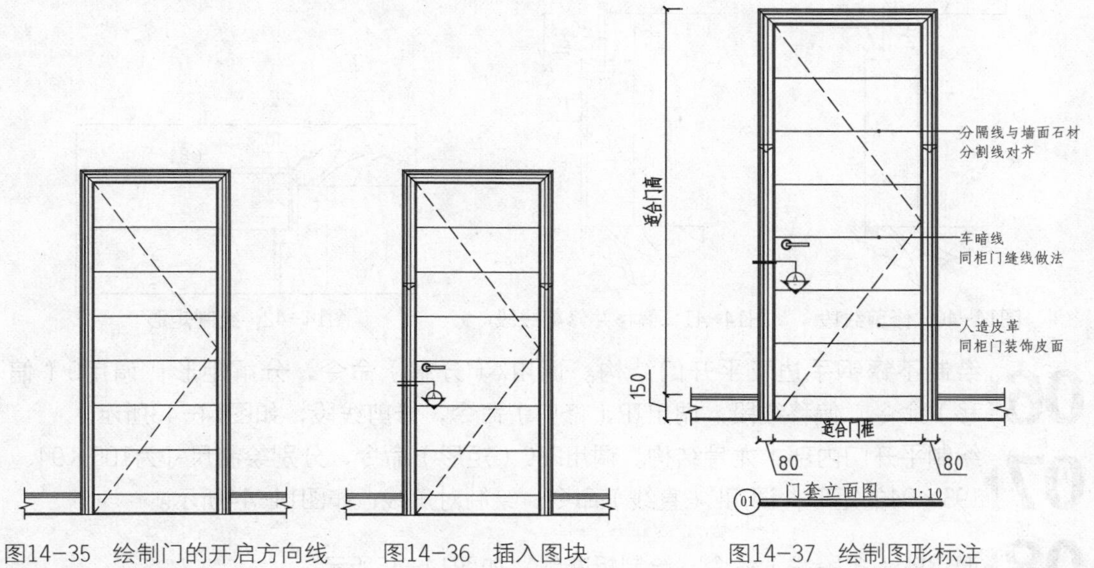

图14-35　绘制门的开启方向线　　图14-36　插入图块　　图14-37　绘制图形标注

14.2.3　绘制门套大样图

门套大样图表示了门套与门、与墙体的关系。居室中的装饰物都有其基础结构，绝不是单独地立于装饰面之上，门套的安装也是如此。

门套分面板装饰和角线装饰。角线一般购买成品，因其表面的凹凸纹理在现场比较难加工。而门套面板在安装的时候，首先要对待安装的墙体进行清洁，然后在墙体的基础上制作大芯板基础结构，最后在大芯板的基础上安装饰面板，即可完成门套面板的制作。

01 调用图块。按Ctrl+O组合键，打开配套光盘提供的“素材\第14章\家具图例.dwg”文件，将其中的门套线图形复制粘贴至当前图形中；调用MI（镜像）命令，镜像复制图形，如图14-38所示。

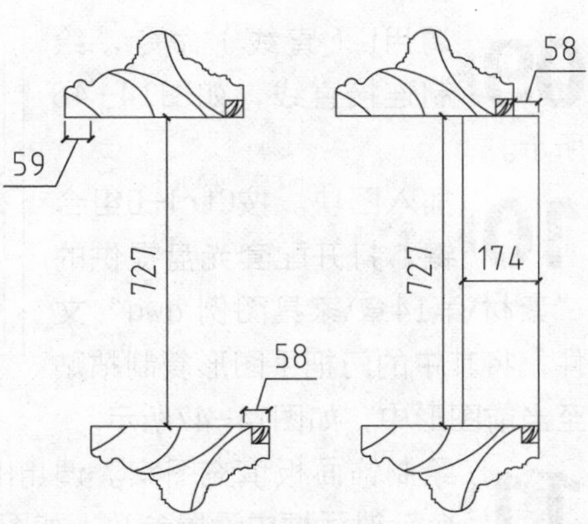

图14-38　调用图块　图14-39　绘制矩形

02 绘制门套线结构。调用REC（矩形）命令，绘制矩形，如图14-39所示。

03 绘制打底大芯板。调用X（分解）命令，分解矩形；调用O（偏移）命令，偏移线段；调用TR（修剪）命令，修剪线段，如图14-40所示。

04 绘制门套饰面板以及不锈钢收边。调用O（偏移）命令、TR（修剪）命令，偏移并修剪线段，如图14-41所示。

05 绘制平开门。调用REC（矩形）命令，绘制矩形，如图14-42所示。

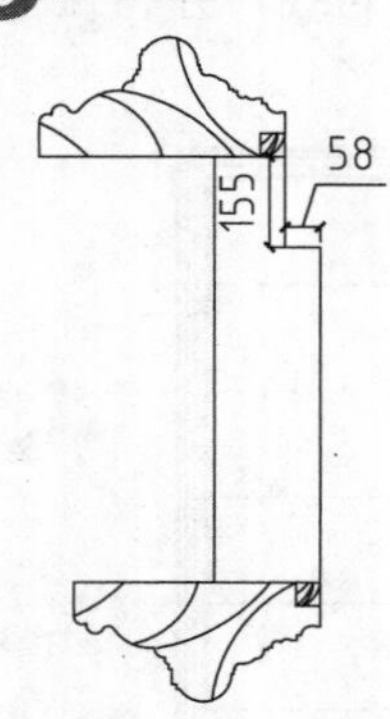

图14-40 修剪线段

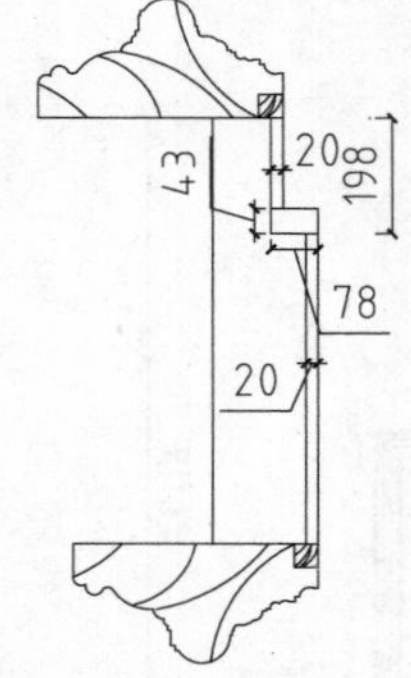

图14-41 偏移并修剪线段

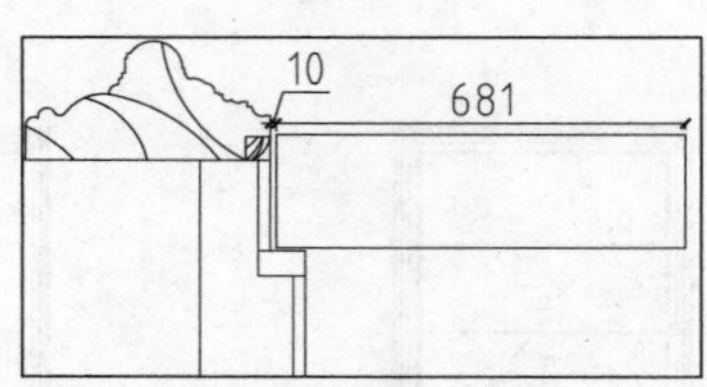

图14-42 绘制矩形

06 绘制不锈钢手边及平开门结构。调用X（分解）命令，分解矩形；调用O（偏移）命令，偏移线段；调用TR（修剪）命令，修剪线段，如图14-43所示。

07 绘制平开门内部木龙骨结构。调用REC（矩形）命令，分别绘制尺寸为105×94、195×94的矩形；调用L（直线）命令，绘制对角线，如图14-44所示。

08 调用PL（多段线）命令，绘制折断线，如图14-45所示。

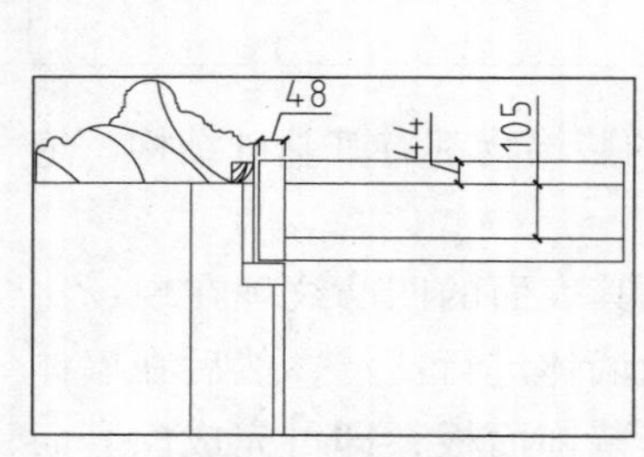

图14-43 修剪图形

图14-44 绘制矩形

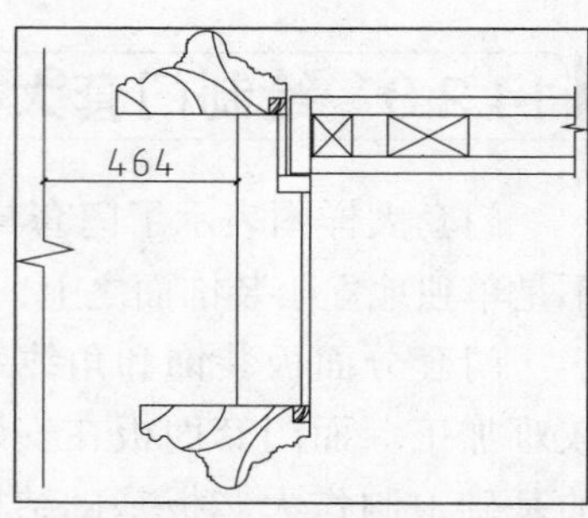

图14-45 绘制折断线

09 调用L（直线）命令，绘制连接直线，如图14-46所示。

10 插入图块。按Ctrl+O组合键，打开配套光盘提供的“素材\第14章\家具图例.dwg”文件，将其中的门把手图形复制粘贴至当前图形中，如图14-47所示。

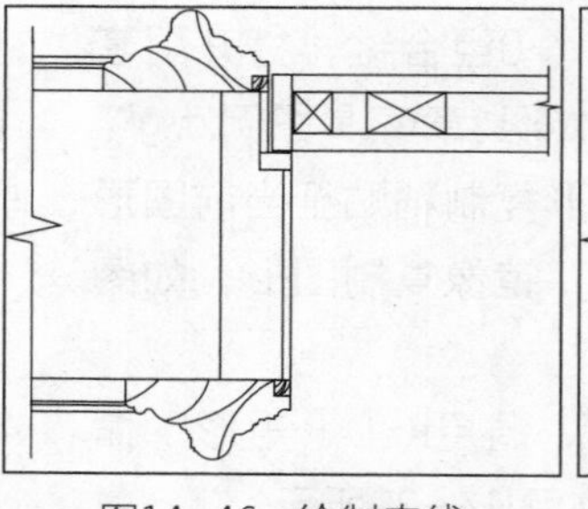
图14-46 绘制直线

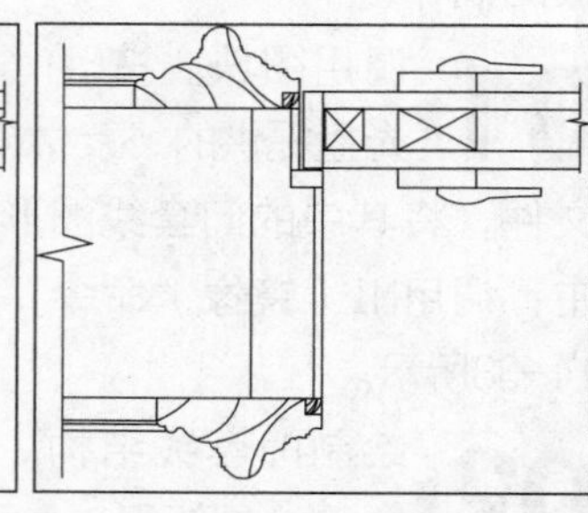
图14-47 插入图块

11 绘制饰面板填充图案。调用H（图案填充）命令，在弹出的“图案填充和渐变色”对话框中设置参数，如图14-48所示。

12 在对话框中单击选择“添加：拾取点”按钮，在绘图区中点取填充区域；按回车键返回对话框，单击“确定”按钮关闭对话框，完成图案填充，如图14-49所示。

13 绘制不锈钢收边图案。调用A（圆弧）命令，绘制圆弧，如图14-50所示。

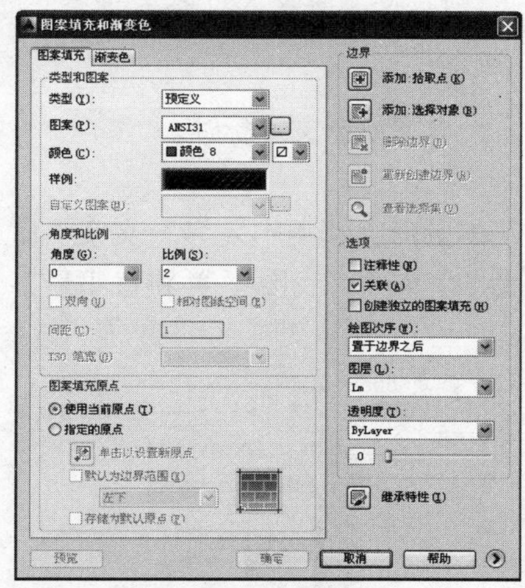

图14-48 “图案填充和渐变色”对话框

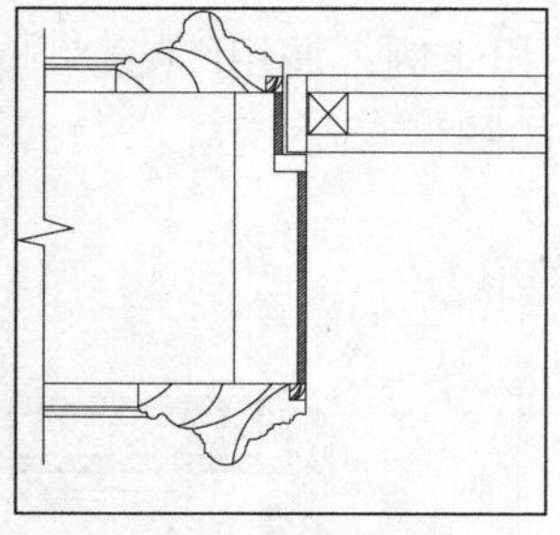

图14-49 图案填充

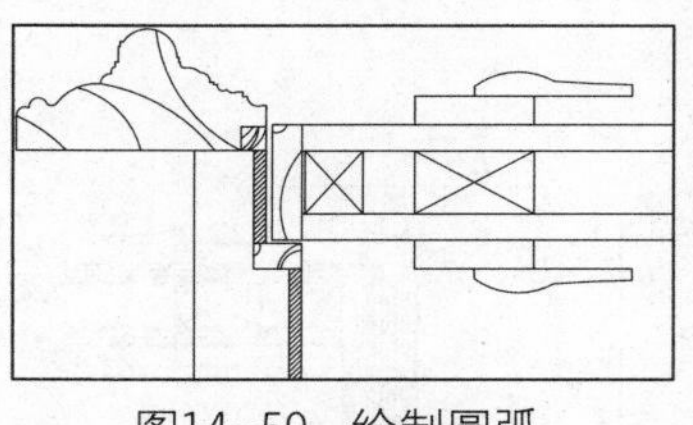

图14-50 绘制圆弧

14 绘制大芯板填充图案。调用H（图案填充）命令，在弹出的“图案填充和渐变色”对话框中设置参数，如图14-51所示。

15 在对话框中单击选择“添加：拾取点”方式，在绘图区中点取填充区域；按回车键返回对话框中，单击“确定”按钮关闭对话框，完成图案填充，如图14-52所示。

16 按回车键再次调用H（图案填充）命令，在“图案填充和渐变色”对话框中，更改名称为CORK图案的填充角度为0°，对平开门的大芯板材料进行图案填充，如图14-53所示。

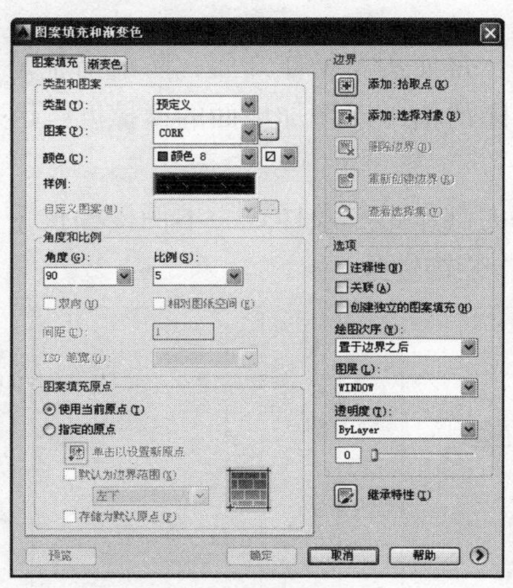

图14-51 设置参数

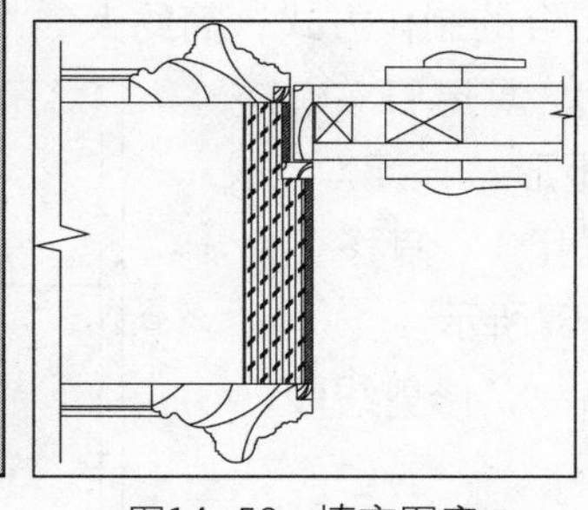

图14-52 填充图案

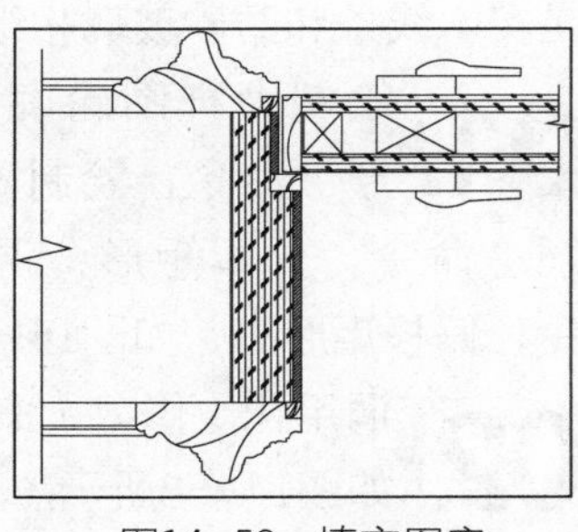

图14-53 填充图案

17 尺寸标注。调用DLI（线性标注）命令，为大样图绘制尺寸标注，如图14-54所示。

18 双击绘制完成的尺寸标注，弹出“文字格式”对话框，在文字编辑框中修改尺寸标注；单击“确定”按钮，关闭“文字格式”对话框，完成尺寸标注的更改，如图14-55所示。

由于大样图是在图形放大的基础上绘制的，所以必须要将尺寸标注进行更改，以与实际图样相符合，方便进行施工。

19 文字标注。调用MLD（多重引线）标注命令，为大样图绘制文字标注。

20 图名标注。调用C（圆形）命令，绘制半径为70的圆形；调用MT（多行文字）命令，绘制图号、图名和比例；调用L（直线）命令，绘制下划线，并将置于最下面的直线线宽更改为0.3mm，如图14-56所示。

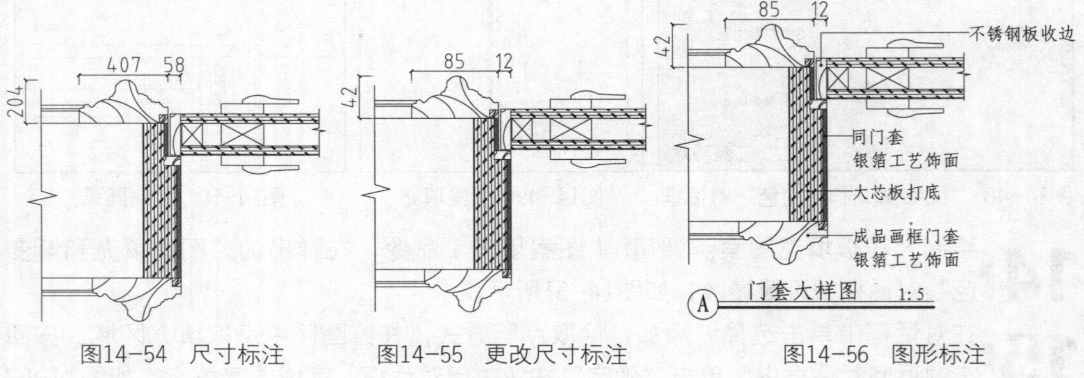

图14-54　尺寸标注　　图14-55　更改尺寸标注　　图14-56　图形标注

14.2.4　绘制楼梯踏步大样图

楼梯踏步的结构较为简单，主要是建筑结构加装饰材料，本例的楼梯踏步为爵士白石材饰面。

石材与原建筑结构之间需要混凝土将其连接。由于是使用石材作饰面，防滑措施是要做的。因此，在靠近踏步的边缘就制作了防滑槽；防滑槽可以增加地面的摩擦度，因而将摔倒指数降低。

在绘制踏步结构的同时，也要稍微表示楼梯扶手的制作材料及样式。本例楼梯扶手是实木线条和磨砂玻璃相组合的制作方式，简约大气，装饰性强。

01 绘制大样图轮廓。调用REC（矩形）命令，绘制矩形；调用X（分解）命令，分解矩形；调用O（偏移）命令，偏移矩形边，如图14-57所示。

02 调用TR（修剪）命令，修剪线段，如图14-58所示。

03 绘制踏步。调用O（偏移）命令，偏移线段，如图14-59所示。

04 调用TR（修剪）命令，修剪线段，如图14-60所示。

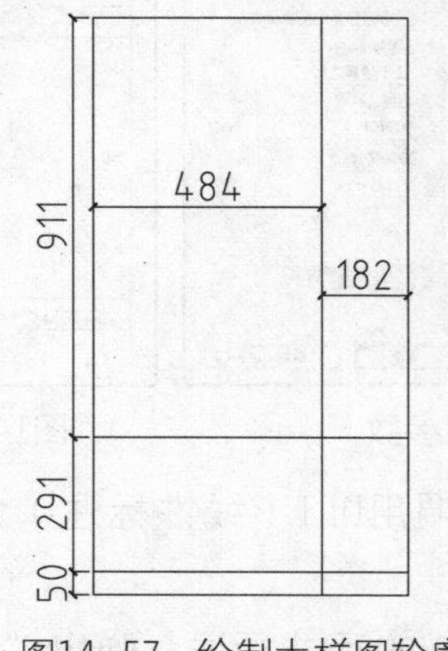

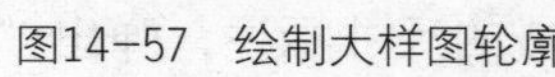

图14-57　绘制大样图轮廓

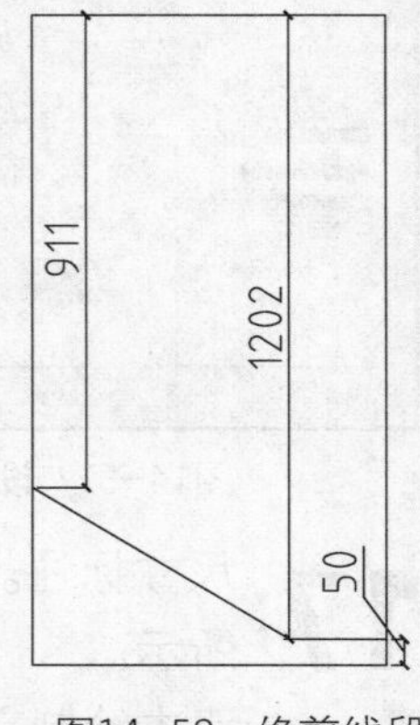

图14-58　修剪线段

05 绘制踏步饰面石材下面的水泥砂浆。调用O（偏移）命令，偏移踏步轮廓线；调用F（圆角）命令，对偏移的线段进行圆角处理，如图14-61所示。

06 绘制踏步饰面石材。调用O（偏移）命令，偏移水泥砂浆轮廓线，如图14-62所示。

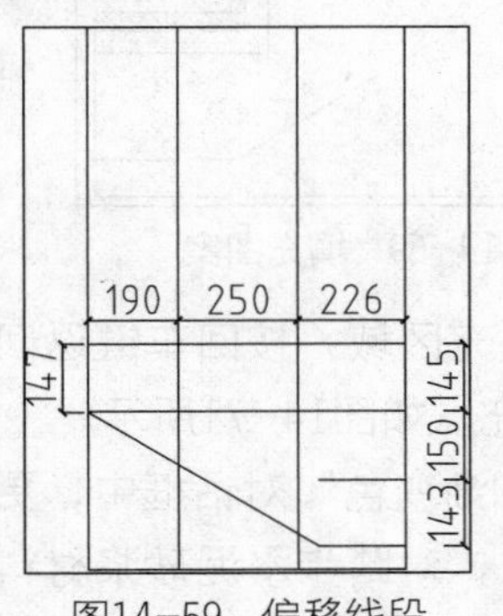

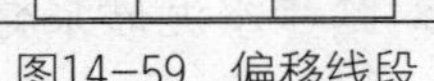
图14-59 偏移线段

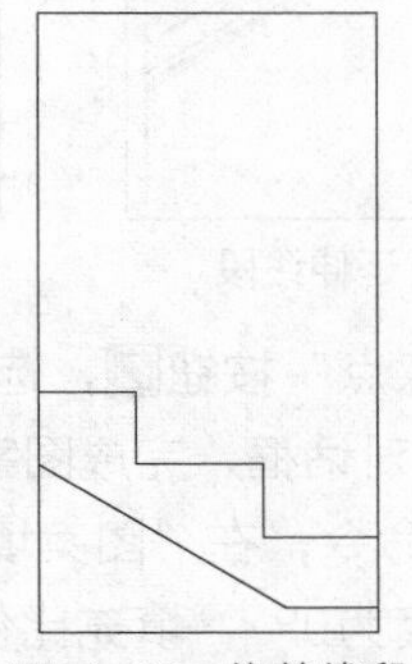
图14-60 修剪线段

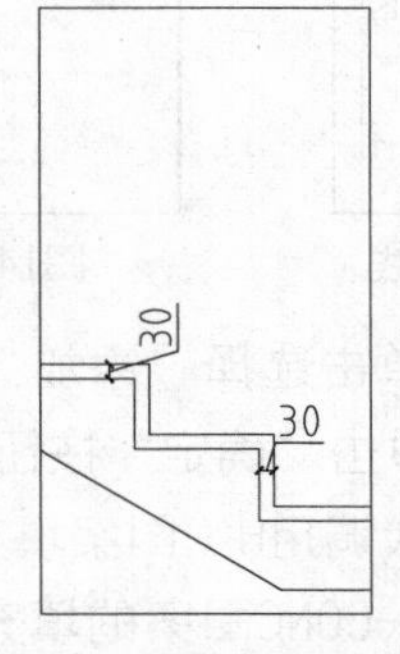

图14-61 圆角处理

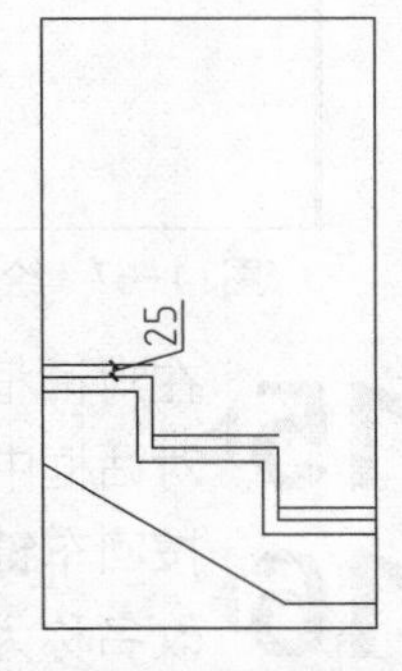

图14-62 偏移线段

07 调用O（偏移）命令，偏移轮廓线，如图14-63所示。

08 调用L（直线）命令和EX（延伸）命令，绘制直线和延伸线段，如图14-64所示。

09 绘制踏步面防滑槽。调用O（偏移）命令和TR（修剪）命令，偏移线段并修剪线段，绘制防滑槽，如图14-65所示。

10 绘制凹槽。调用O（偏移）命令和TR（修剪）命令，偏移并修剪线段，如图14-66所示。

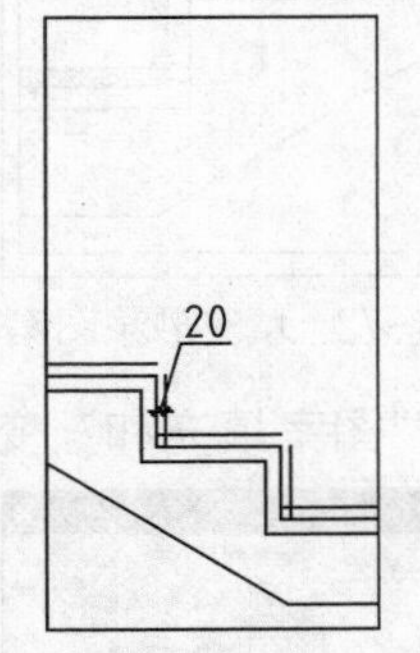

图14-63 偏移轮廓线

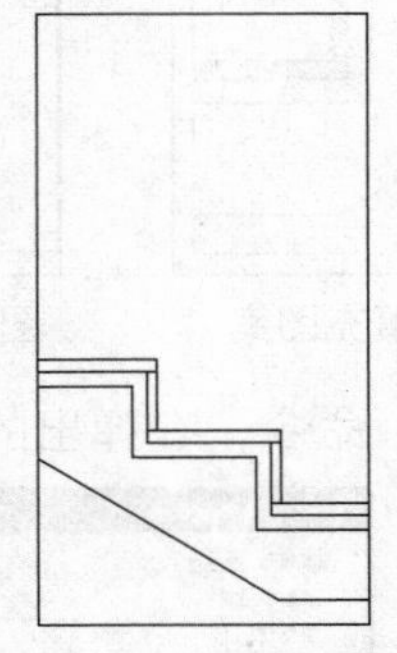
图14-64 编辑图形

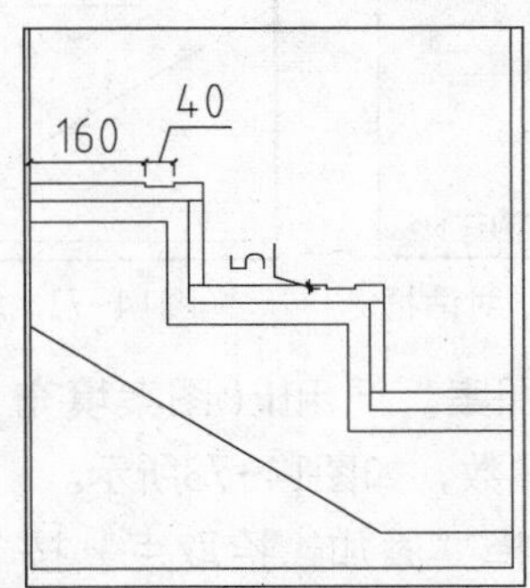

图14-65 绘制踏步面防滑槽

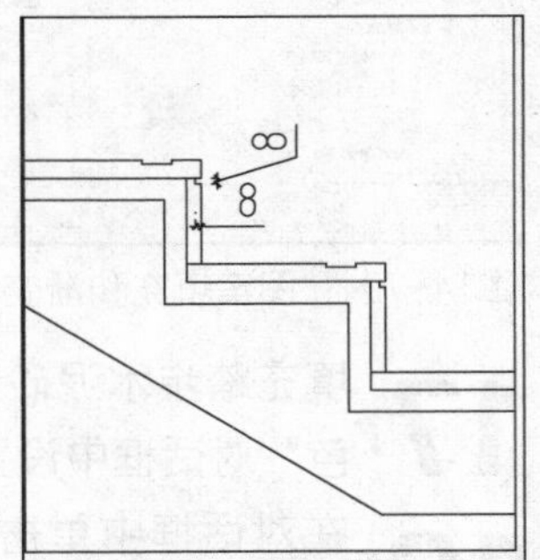

图14-66 绘制凹槽

11 绘制扶手。调用L（直线）命令，绘制直线，如图14-67所示。

12 调用O（偏移）命令和EX（延伸）命令，偏移直线并延伸线段，如图14-68所示。

13 填充踏步饰面石材图案。调用H（图案填充）命令，在弹出的“图案填充和渐变色”对话框中选择“预定义”类型图案，选择名称为ANSI36的填充图案；设置填充角度为0°，填充比例为2，绘制石材填充图案，如图14-69所示。

14 填充石材下面水泥砂浆图案。调用H（图案填充）命令，在弹出的“图案填充和渐变色”对话框中设置参数，如图14-70所示。

图14-67 绘制直线

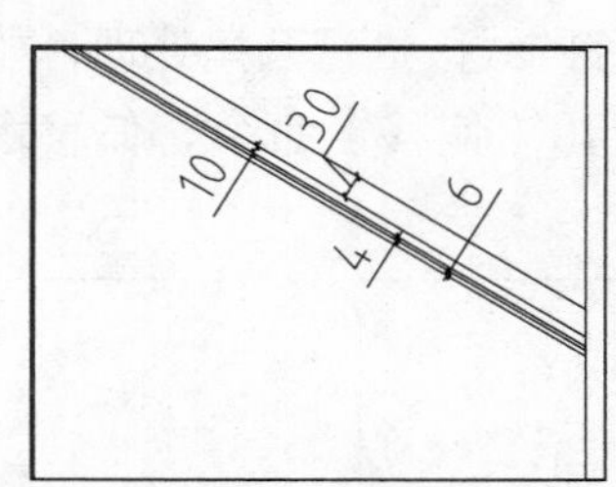

图14-68 延伸线段

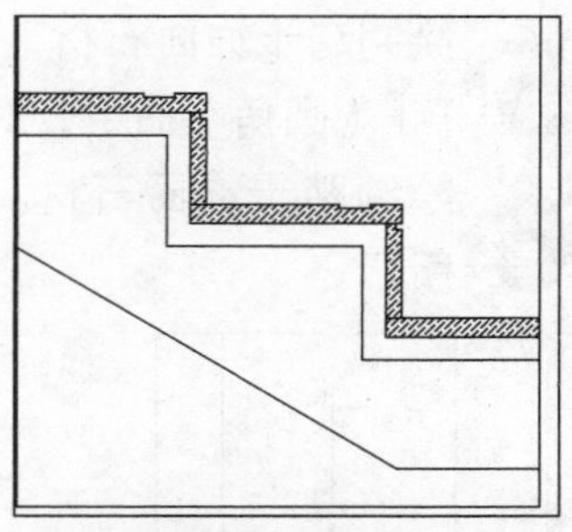

图14-69 填充图案

15 在对话框中单击选择“添加：拾取点”按钮，选择填充区域；按回车键返回对话框中，单击“确定”按钮关闭对话框，完成图案填充，如图14-71所示。

16 按回车键再次调用H（图案填充）命令，在“图案填充和渐变色”对话框中，更改名称为AR—CONC图案的填充角度为0°，填充比例为1，对踏步水泥砂浆材料进行图案填充，如图14-72所示。

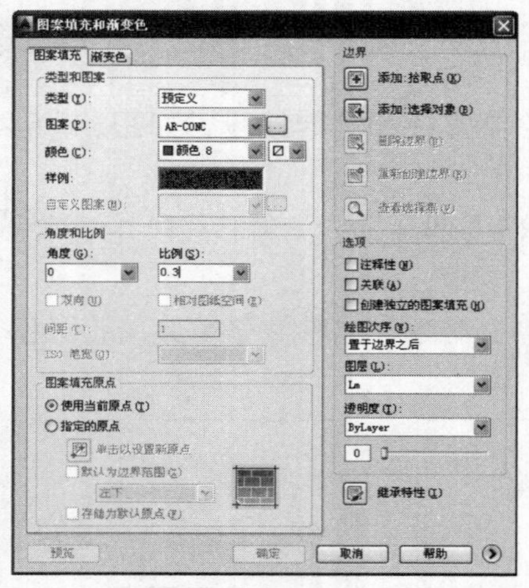

图14-70 “图案填充和渐变色”对话框

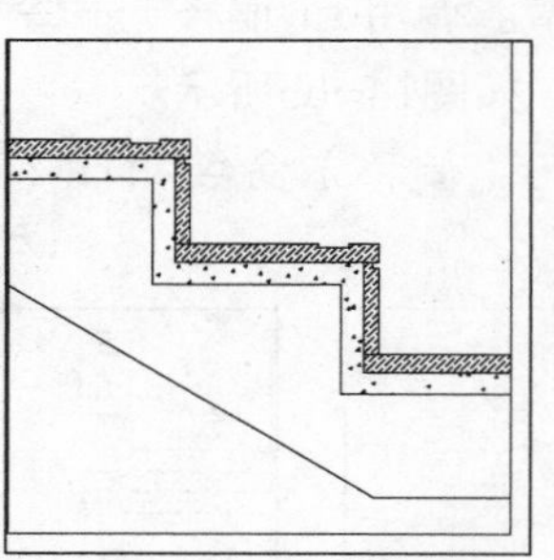

图14-71 填充图案

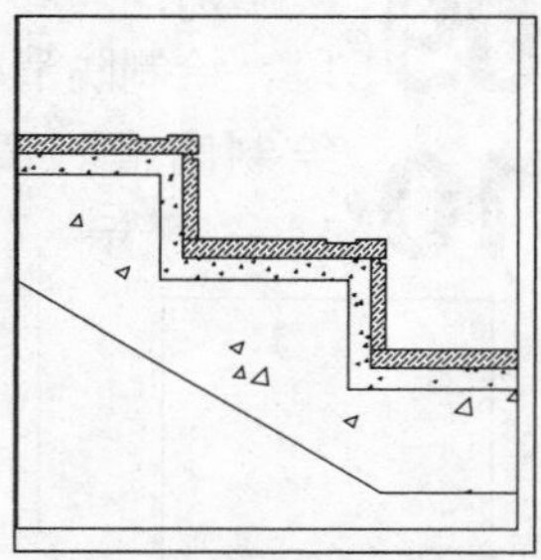

图14-72 填充砂浆图案

17 填充踏步水泥砂浆图案。调用H（图案填充）命令，在弹出的“图案填充和渐变色”对话框中设置参数，如图14-73所示。

18 在对话框中单击选择“添加：拾取点”按钮，在绘图区中点取填充区域；按回车键返回对话框中，单击“确定”按钮关闭对话框，完成图案填充，如图14-74所示。

19 填充扶手磨砂玻璃图案。调用H（图案填充）命令，在弹出的“图案填充和渐变色”对话框中设置参数，如图14-75所示。

20 在对话框中单击选择“添加：拾取点”按钮，在绘图区中点取填充区域；按回车键返回对话框中，单击“确定”按钮关闭对话框，完成图案填充，如图14-76所示。

图14-73 设置参数

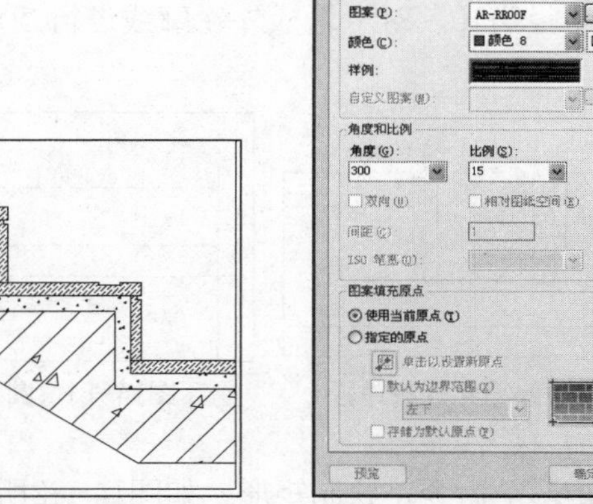

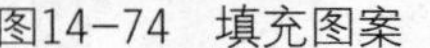

图14-74 填充图案

图14-75 “图案填充和渐变色”对话框

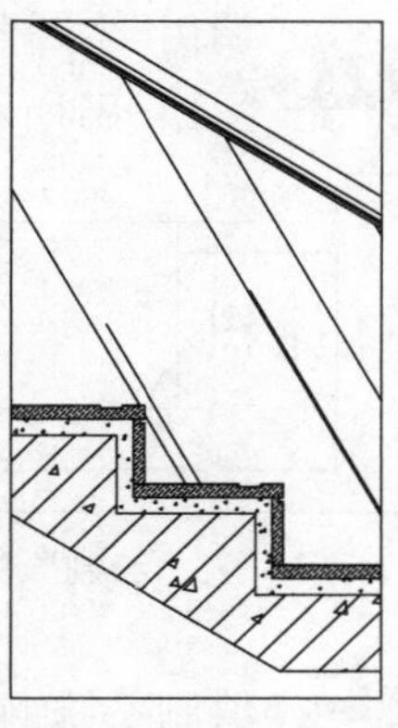

图14-76 图案填充

21 尺寸、文字标注。调用DLI（线性标注）命令、MLD（多重引线）命令，为大样图绘制尺寸标注。

22 图名标注。调用C（圆形）命令，绘制半径为70的圆形；调用MT（多行文字）命令，绘制图号、图名和比例；调用L（直线）命令，绘制下划线，并将置于最下面的直线线宽更改为0.3mm，如图14-77所示。

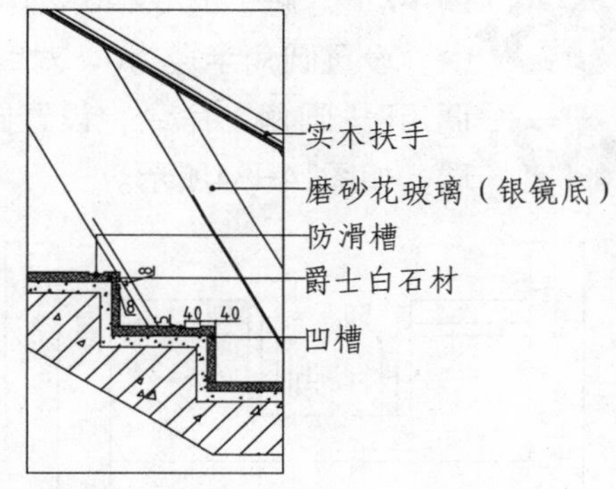

图14-77 绘制图形标注

14.2.5 绘制车库排水沟大样图

由于车库无论是晴天还是雨天都要不定时地开门、关门，所以屋内就不可避免的会有一些积水。因此要制作排水沟来排除屋内的积水。

制作排水沟需要在地面上开槽，然后在槽内安装排水管，通过排水管将积水排出去。在地面上开槽后，就需要进行加固处理，以免发生变形。而且在水管上也应覆盖遮挡物，类似于地漏的功能，阻挡脏物落下而堵塞管道。

本节介绍排水沟内部固定构件的安装方式，以及选用构件的尺寸等。

01 绘制大样图轮廓。调用REC（矩形）命令，绘制矩形；调用X（分解）命令，分解矩形；调用E（删除）命令，删除多余线段，如图14-78所示。

02 绘制原建筑地面。调用O（偏移）命令和TR（修剪）命令，偏移线段并调用修剪线段，如图14-79所示。

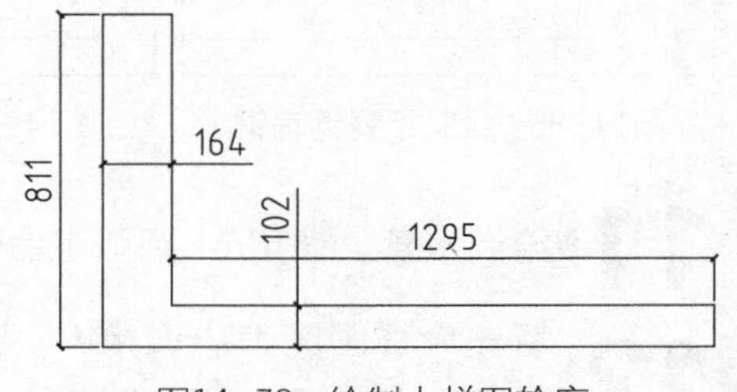

图14-78 绘制大样图轮廓

03 绘制木地板以及大芯板基础。调用O（偏移）命令、TR（修剪）命令，偏移并修剪线段，如图14-80所示。

04 调用F（圆角）命令，设置圆角半径为10，对木地板外轮廓线进行圆角处理，如图14-81所示。

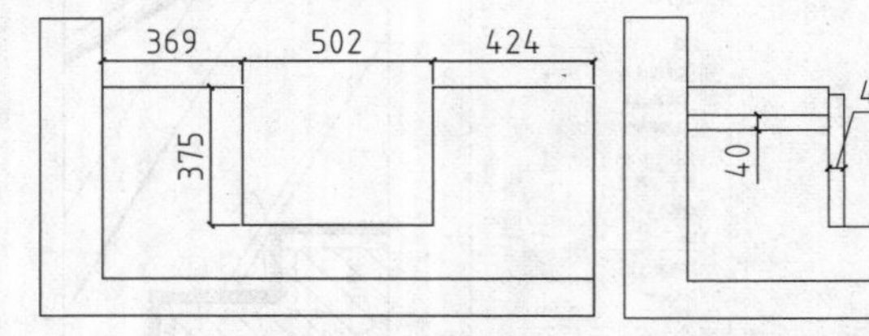

图14-79　绘制原建筑地面　　图14-80　偏移并修剪线段

图14-81　圆角处理

05 绘制不锈钢成型槽。调用REC（矩形）命令，绘制矩形，如图14-82所示。

06 调用X（分解）命令和O（偏移）命令，分解矩形并偏移线段；调用F（圆角）命令，设置圆角半径为0，对线段进行圆角处理，如图14-83所示。

07 调用F（圆角）命令，设置圆角半径为5，对不锈钢成型槽外轮廓线进行圆角处理，如图14-84所示。

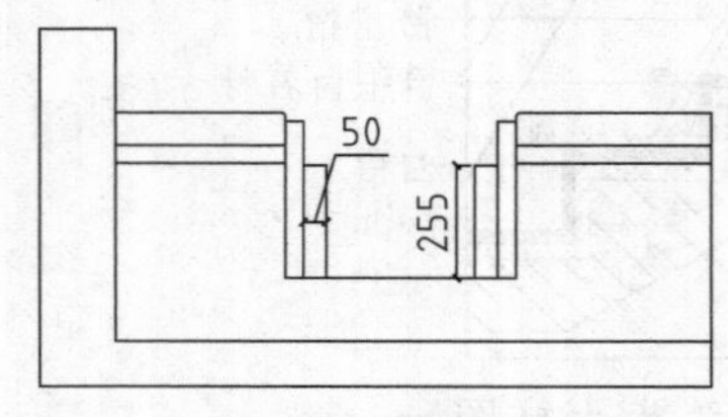

图14-82　绘制矩形

图14-83　圆角处理

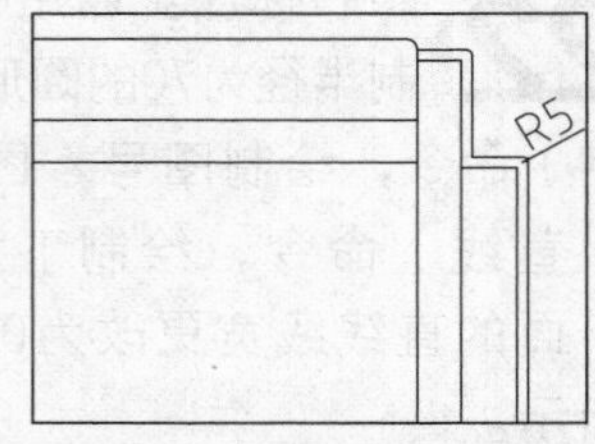

图14-84　绘制并修改图形

08 绘制不锈钢扁钢。调用REC（矩形）命令，绘制尺寸为90×25的矩形；调用CO（复制）命令，移动复制矩形，如图14-85所示。

09 绘制不锈钢圆管。调用REC（矩形）命令，绘制尺寸为40×325的矩形；调用TR（修剪）命令，修剪矩形，如图14-86所示。

10 绘制地漏。调用L（直线）命令和TR（修剪）命令，绘制并修剪直线，如图14-87所示。

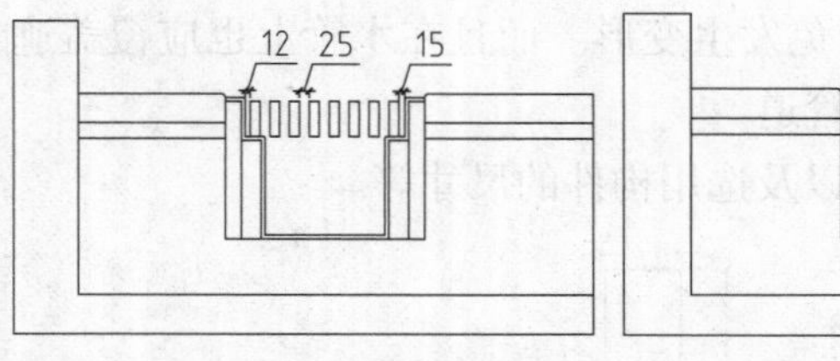

图14-85　绘制不锈钢扁钢

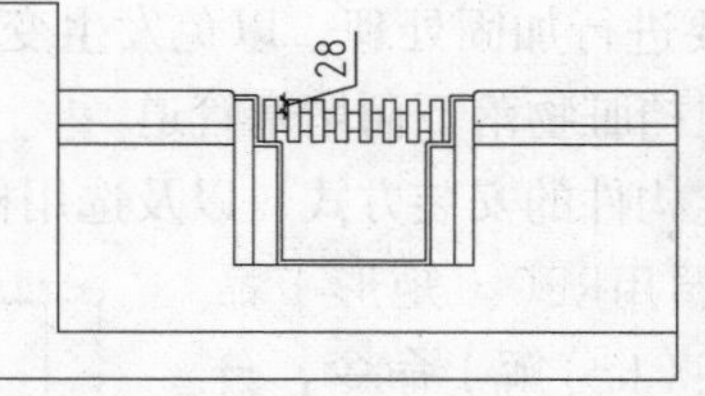

图14-86　绘制不锈钢圆管

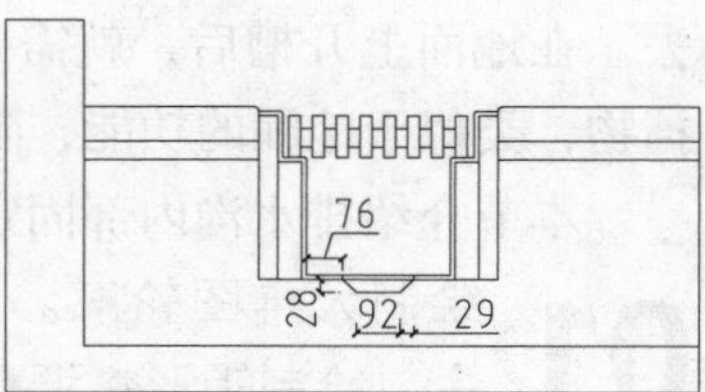

图14-87　修剪直线

11 绘制水管。调用A（圆弧）命令，绘制圆弧，如图14-88所示。

12 填充大样图图案。调用H（图案填充）命令，沿用前面小节介绍的图案填充参数，为大样图绘制图案填充，如图14-89所示。

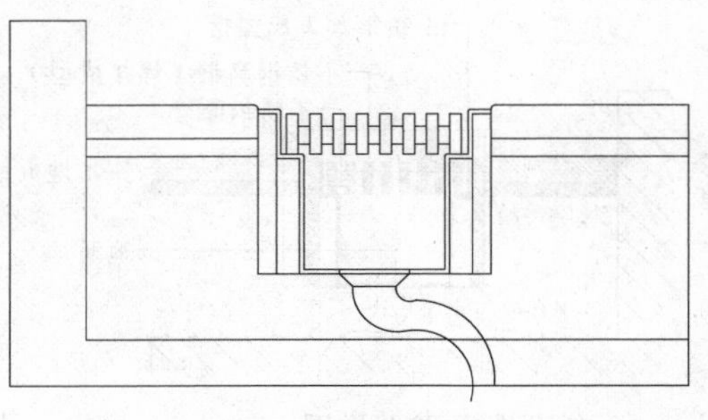

图14-88　绘制水管

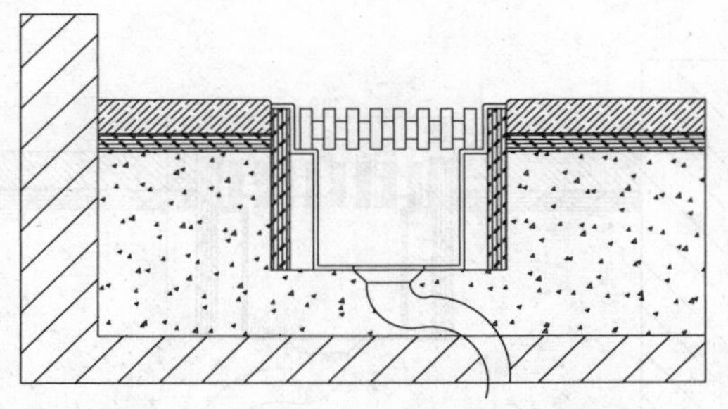

图14-89　填充大样图图案

13 填充扁钢和成型槽图案。调用H（图案填充）命令，在弹出的“图案填充和渐变色”对话框中设置参数，如图14-90所示。

14 在对话框中单击选择“添加：拾取点”按钮，在绘图区中点取填充区域；按回车键返回对话框，单击“确定”按钮关闭对话框，完成图案的填充；调用E（删除）命令，删除多余的轮廓线，如图14-91所示。

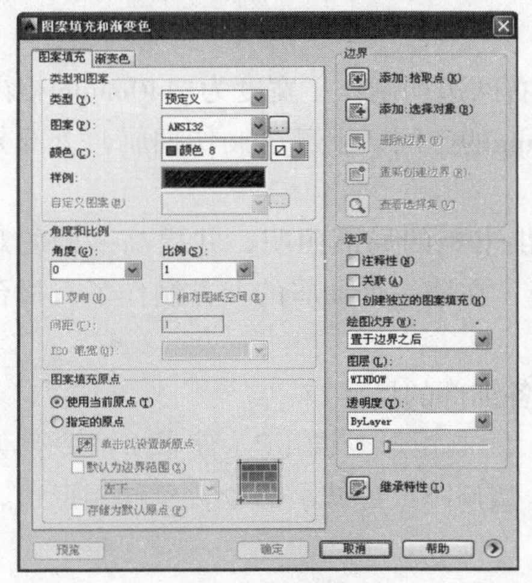

图14-90　“图案填充和渐变色”对话框

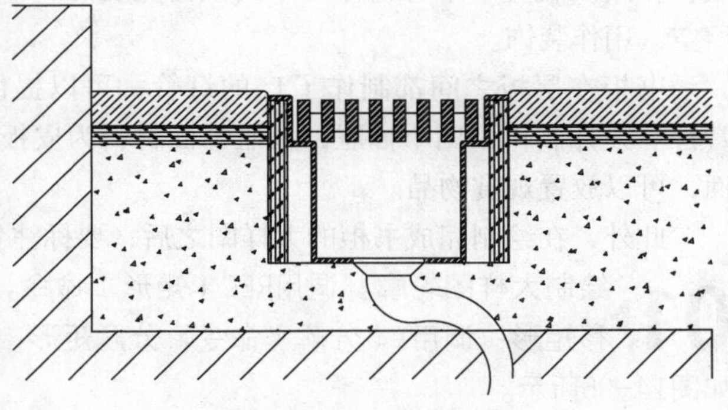

图14-91　填充图案

15 尺寸标注。调用DLI（线性标注）命令，为大样图绘制尺寸标注，如图14-92所示。

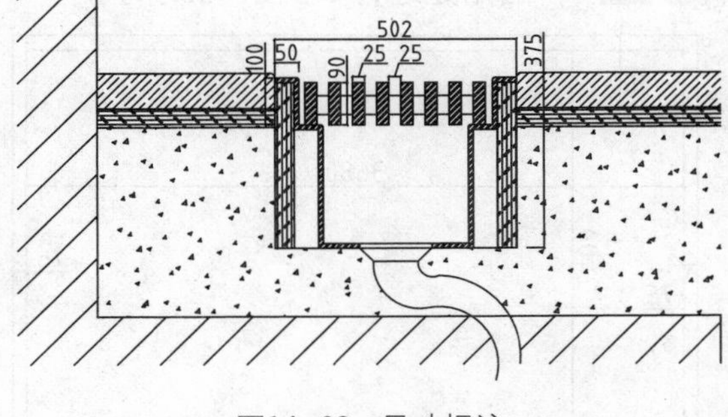

图14-92　尺寸标注

16 双击绘制完成的尺寸标注，弹出“文字格式”对话框，在文字编辑框中修改尺寸标注；单击“确定”按钮，关闭“文字格式”对话框，完成尺寸标注的更改，如图14-93所示。

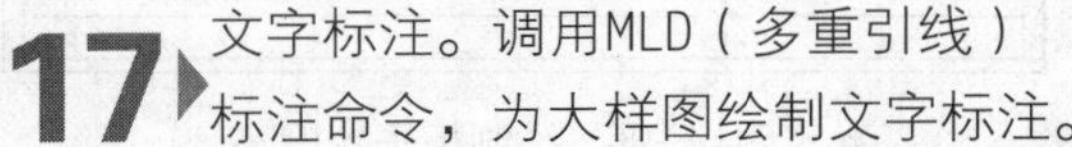

17 文字标注。调用MLD（多重引线）标注命令，为大样图绘制文字标注。

18 图名标注。调用C（圆形）命令，绘制半径为70的圆形；调用MT（多行文字）命令，绘制图号、图名和比例；调用L（直线）命令，绘制下划线，并将置于最下面的直线线宽更改为0.3mm，如图14-94所示。

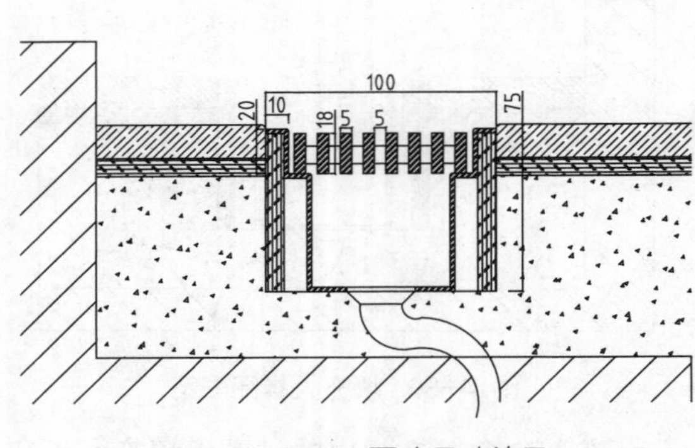

图14-93 更改尺寸效果

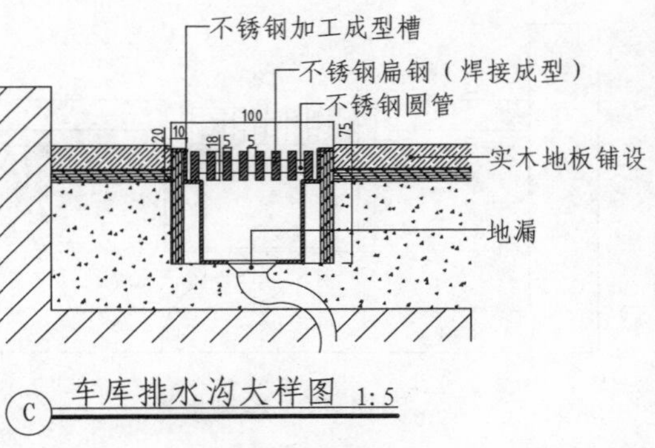

图14-94 图形标注

14.2.6 绘制二层书房书柜大样图

由于书柜为现场制作，所以有必要绘制大样图以明确表示其具体的尺寸、做法、使用材料等信息。

本例中绘制的书柜宽3680mm，高2400mm。左右两边均制作了宽度为1440mm的柜内层板，用以放置书本等物体。中间预留宽度为800mm的空间，下部分制作抽屉，上部分留空，用作装饰。

书柜在层板之间都制作了T5的灯管，可以提供书柜的局部照明，并提高书柜的观赏性。设计制作了四个抽屉，抽屉饰面材料为皮板，在第一个抽屉的上方制作了石材台面，可以放置观赏物品。

此外，在绘制完成书柜的大样图之后，要标注各细部的尺寸。

01 绘制大样图轮廓。调用REC（矩形）命令，绘制矩形；调用O（偏移）命令，偏移矩形；调用X（分解）命令，分解矩形；调用EX（延伸）命令，延伸矩形边，如图14-95所示。

02 绘制柜子轮廓。调用O（偏移）命令和F（圆角）命令，偏移矩形边并对线段进行圆角处理，如图14-96所示。

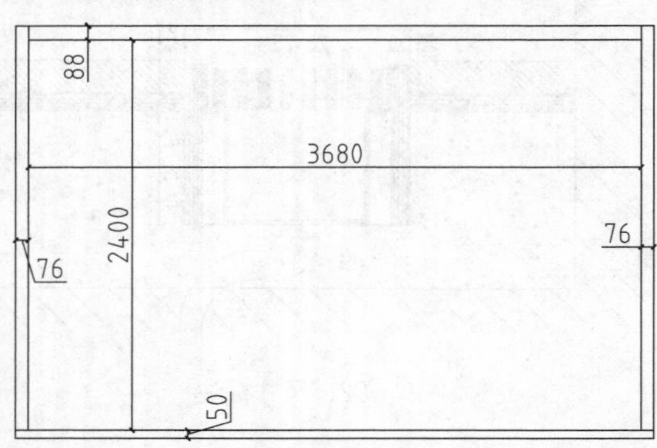

图14-95 绘制大样图轮廓

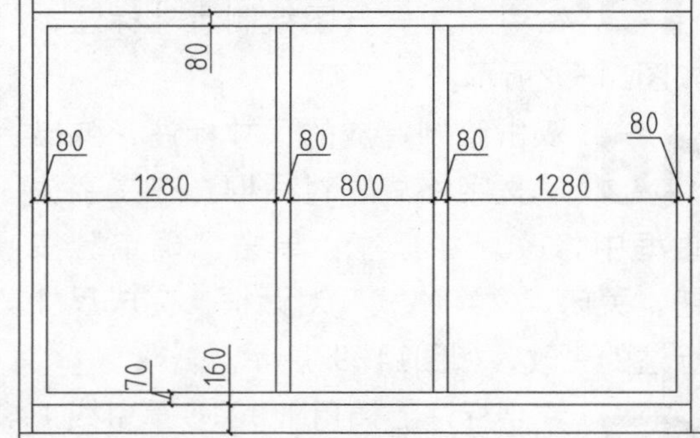

图14-96 绘制柜子轮廓

03 绘制柜子层板。调用O（偏移）命令和TR（修剪）命令，偏移矩形边并修剪线段，如图14-97所示。

04 绘制灯带。调用O（偏移）命令、TR（修剪）命令，偏移并修剪矩形边，并将修剪得到的线段的线型更改为虚线，如图14-98所示。

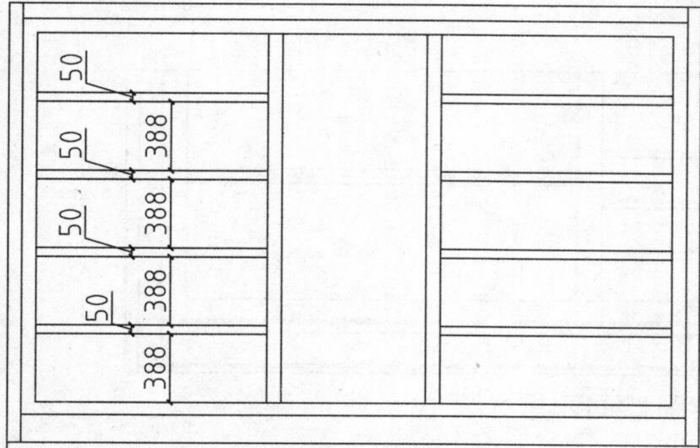

图14-97 绘制柜子层板

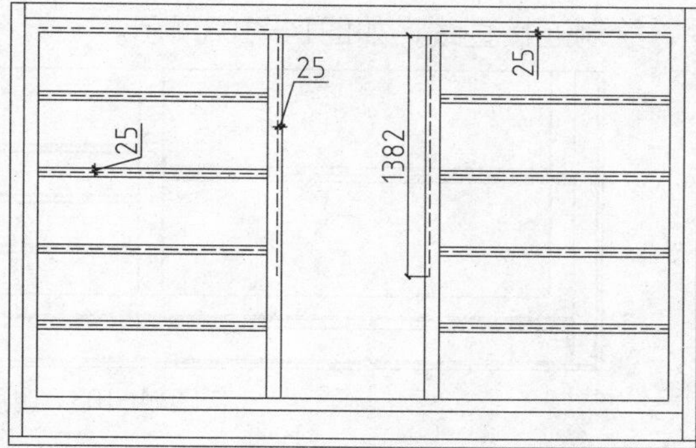

图14-98 绘制灯带

05 绘制抽屉。调用L（直线）命令和O（偏移）命令，绘制并偏移直线，如图14-99所示。

06 绘制抽屉面板装饰。调用O（偏移）命令，偏移直线，如图14-100所示。

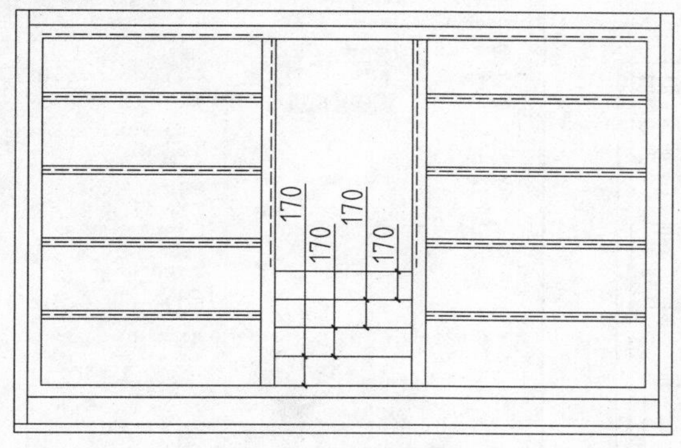

图14-99 绘制抽屉

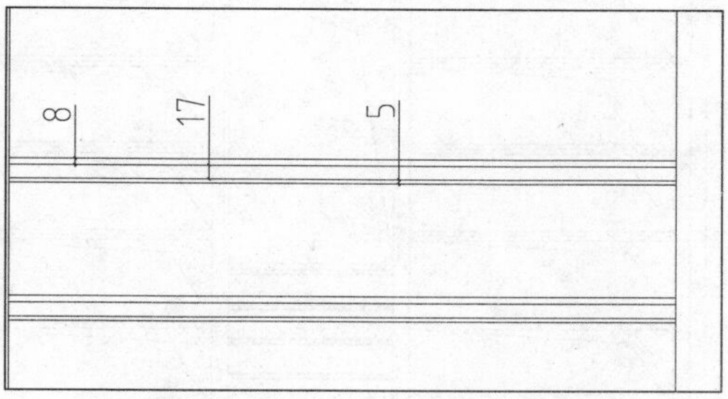

图14-100 绘制抽屉面板装饰

07 绘制石材台面。调用O（偏移）命令，偏移直线，如图14-101所示。

08 绘制射灯。调用REC（矩形）命令和L（直线）命令，绘制矩形并绘制直线，如图14-102所示。

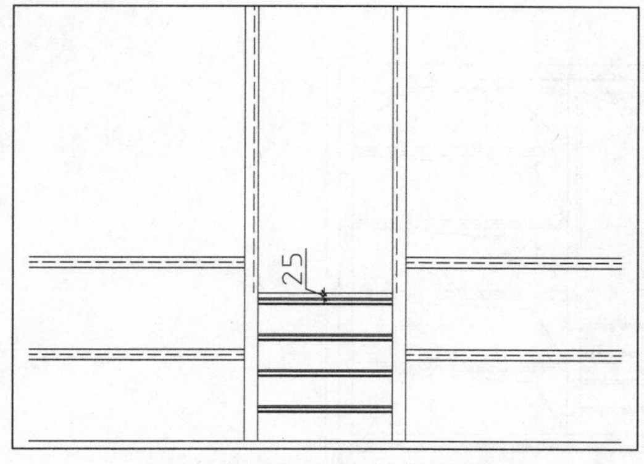

图14-101 绘制石材台面

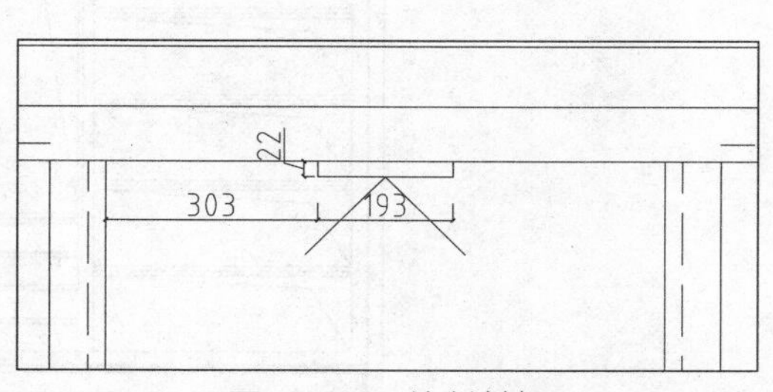

图14-102 绘制射灯

09 调用踢脚线图块。按Ctrl+O组合键，打开配套光盘提供的“素材\第14章\家具图例.dwg”文件，将其中的踢脚线图形复制粘贴至当前图形中；调用L（直线）命令，绘制连接直线，如图14-103所示。

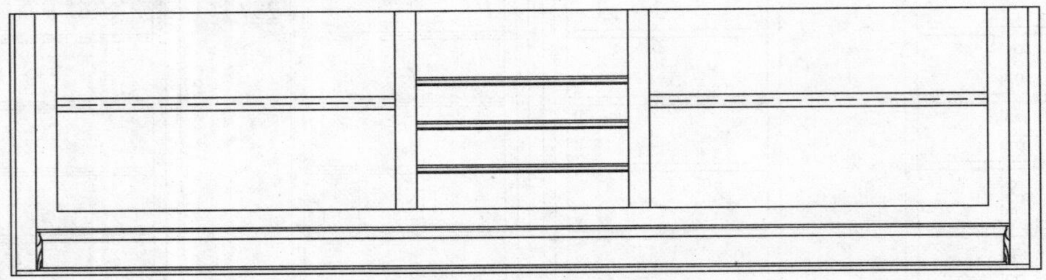

图14-103　调用踢脚线图块

10 调用PL（多段线）命令，绘制折断线，如图14-104所示。

11 填充抽屉饰面图案。调用H（图案填充）命令，在弹出的“图案填充和渐变色”对话框中设置参数，如图14-105所示。

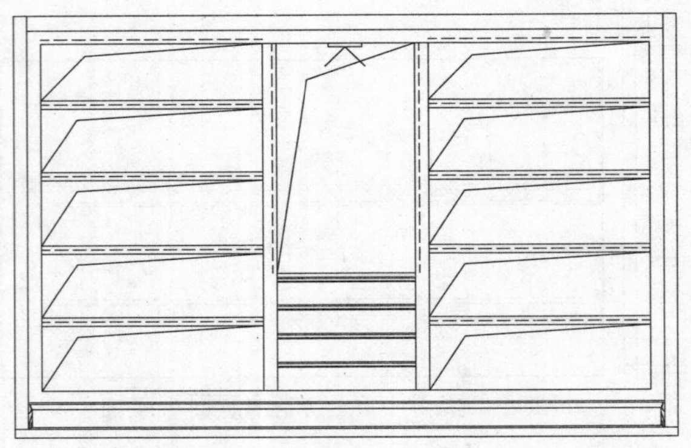

图14-104　绘制折断线

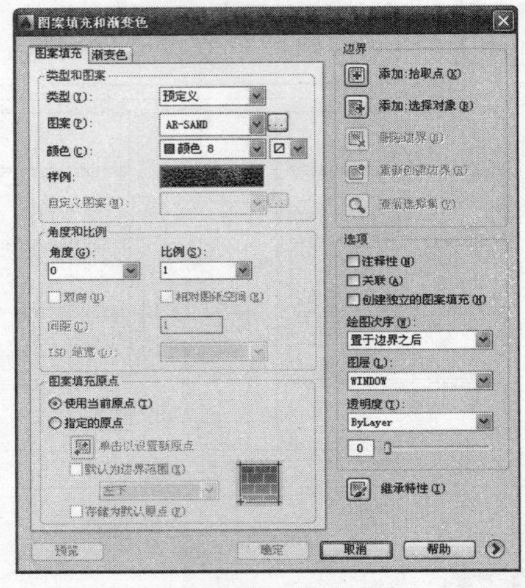

图14-105　“图案填充和渐变色”对话框

12 在对话框中单击选择“添加：拾取点”按钮，在绘图区中点取填充区域；按回车键返回对话框，单击“确定”按钮关闭对话框，完成图案填充，如图14-106所示。

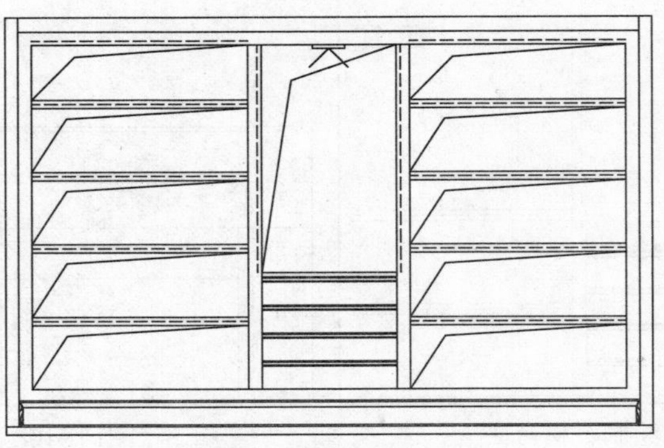

图14-106　图案填充

13 文字标注。调用MLD（文字标注）命令，为大样图绘制材料标注，如图14-107所示。

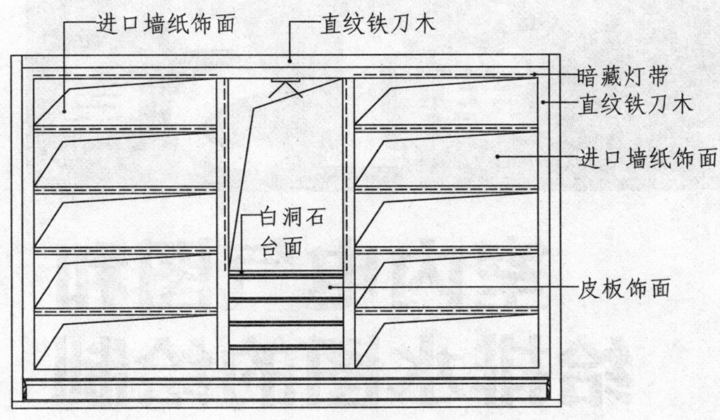

图14-107 材料标注

14 尺寸标注。调用DLI（线性标注）命令，为大样图绘制尺寸标注。

15 图名标注。调用C（圆形）命令，绘制半径为120的圆形；调用MT（多行文字）命令，绘制图号、图名和比例；调用L（直线）命令，绘制下划线，并将置于最下面的直线线宽更改为0.3mm，如图14-108所示。

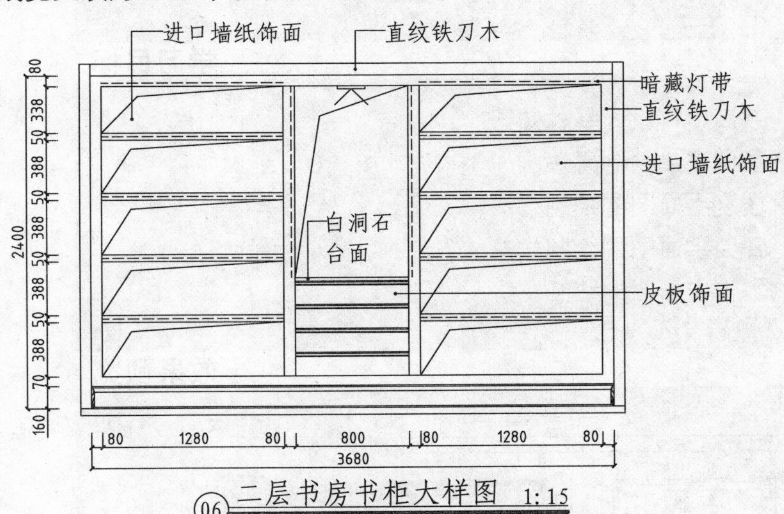

图14-108 图名标注

第15章

室内电气图和给排水图的绘制

本章导读

电气图和排水图属于建筑设备工程图的范畴。本章首先介绍室内电气设计的基本知识，然后讲解电气图例表、插座平面图和开关平面图等常见电气图的绘制方法；最后讲解冷热水管走向图的绘制方法。

学习目标

- 了解室内装潢电气设计基本知识
- 掌握电气图例表的绘制方法
- 掌握别墅插座平面图的绘制方法
- 掌握别墅开关平面图的绘制方法
- 掌握冷热水管走向图的绘制方法

效果预览

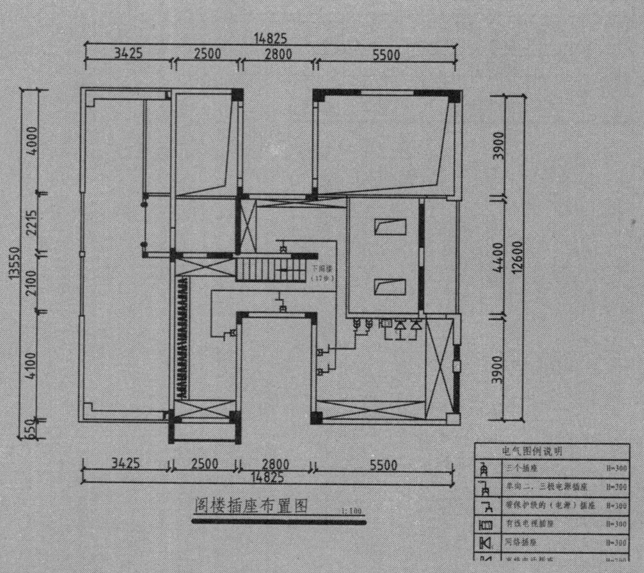

室内的电气图和排水图属于建筑设备工程图的范畴，建筑设备工程通常是指安装在建筑物内的给排水管道、采暖通风空调、电气照明等管道，以及相应的设施、装置。它们服务于建筑物，使建筑能够更好地发挥本身的功能，改善和提高使用者的生活质量或者生产者的生活环境。

本章以别墅建筑设备工程图中的电气图和给排水图为例，介绍这两种图形的绘制方法。

15.1 室内装潢电气设计概述

电气工程根据用途分为两类：一类为强电工程，为人们提供能源及动力和照明；另一类为弱电工程，为人们提供信息服务，如电话线和有线电视等。不同用途的电气工程应独立设置为一个系统，如照明系统、动力系统、电话系统、电视系统、消防系统、电气接地系统等。同一个建筑内可以按照需要同时设置多个电气系统。

本节介绍有关室内照明方面的理论知识，包括照明系统的组成、照明设计的原则等知识。

15.1.1 室内照明设计的原则和要求

室内照明设计的原则主要有以下几点。

1.实用性

室内照明应保证规定的照度水平，满足工作、学习和生活的需要。设计应从室内整体环境出发，全面考虑光源、光质，投光方向和角度的选择；使室内活动的功能、使用性质、空间造型、色彩陈设等与其相协调，以取得整体环境效果。

2.安全性

在一般情况下，线路、开关、灯具的设置都需有可靠的安全措施；诸如分电盘和分线路一定要有专人管理，电路和配电方式要符合安全标准，不允许超载；在危险的地方要设置明显标志，以防止露电、短路等发生火灾或伤亡事故。

3.经济性

照明设计的经济性有两个方面的意义：一是采用先进技术。充分发挥照明设施的实际效果，尽可能以较少的投入获得较大的照明效果。二是在确定照明设计时要符合我国当前的电力供应，以及设备和材料方面的生产水平。

4.艺术性

照明装置不仅提供照明功能，还具有装饰房间、美化环境的作用。室内照明有助于丰富空间，形成一定的环境气氛；照明可以增加空间的层次和深度，光与影的变化使静止的空间生动起来，创造出美的意境和氛围。

所以室内照明设计时应正确选择照明方式、光源种类、灯具造型及数量，同时处理好颜色、光的投射角度，以取得改善空间感，增强环境的艺术效果。

针对于室内照明所提出的要求包括以下内容。

1.照度标准

照明设计时应有一个合适的照度值，照度值过低，不能满足人们正常工作、学习和生活的需要；照度值过高，容易使人产生疲劳，影响健康。照明设计应根据空间使用情况，符合《建筑电器设计技术规程》规定的照度标准。

2.灯光的照明设置

人们习惯将灯具安放在房子的中央，其实这种布置方式并不能解决实际的照明问题。正确的灯光位置应与室内人们的活动范围以及家具的陈设等因素结合起来考虑。这样，不仅满足了照明设计的基本功能要求，同时加强了整体空间的意境。此外还应把握好照明灯具与人的视线及距离的合适关系，控制好发光体与视线的角度，避免产生眩光，减少灯光对视线的干扰。在人体工程学中，灯具与人体的位置如图15–1所示。

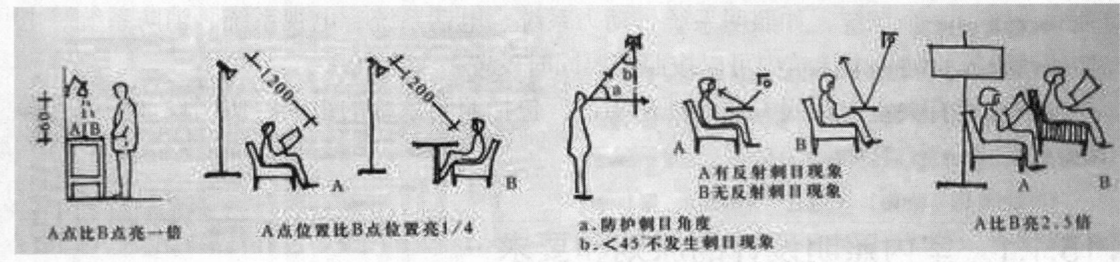

图15–1　灯具与人体的位置

3.照明灯具的选择

人工照明离不开灯具，灯具的功能不仅限于照明，也为使用者提供舒适的视觉环境。同时也是建筑装饰的一部分，起到美化环境的作用。照明设计与建筑设计应是统一的。

随着建筑空间、家具尺度以及人们生活方式的改变；光源、灯具的材料、造型与设置方式都会发生很大变化，灯具与室内空间环境结合起来，可以创造不同风格的室内情调，取得良好的照明及装饰效应。

吸顶灯用于室内时，可以提供整体照明，如图15–2所示；而壁灯只能提供局部照明，如图15–3所示。

图15–2　吸顶灯的使用

图15–3　壁灯的使用

15.1.2 室内照明的方式和种类

室内照明方式的选用要根据不同空间对灯光的照度和亮度的需求方式进行分配，常见的照明方式有以下几种。

1.直接照明

直接照明指光线通过灯具射出，90%以上的光通量分布到作业工作面上，这种照明方式是直接照明。

2.半直接照明

半直接照明方式使用半透明材料制成的灯罩罩住灯泡上部，60%~90%的光通量集中射向作业工作面，10%~50%的光通量经半透明灯罩扩散而向上漫射，形成的阴影比较柔和。

这种照明方式常用在空间较低的场所的普通照明。由于漫射光线能照亮平顶，使房间顶部视觉高度增加，所以能产生较高的空间感。

3.间接照明

将光源遮蔽而产生的间接光的照明方式，其中，90%~100%的光通量通过天棚或墙面反射作用于工作面，10%左右的光通量则直接照射工作面。

4.半间接照明

半间接照明恰好与半直接照明相反，60%左右的光通量射向棚顶，形成间接光源；10%~40%的部分光线经灯罩向下扩散。

5.漫射照明

漫射照明是利用灯具的折射功能来控制眩光的，将光线向四周扩散漫射。这类照明光线柔和，视觉舒适，适用于休息场所。

照明方式的种类有以下几种。

1.一般照明

一般照明指全室内基本一致的照明，多用在办公室等场所。一般照明的优点有：1）即使室内工作布置变化，也勿需变更灯具的种类与布置；2）照明设备的种类较少；3）均匀的光环境。

2.分区的一般照明

分区的一般照明是将工作对象和工作场所按功能来布置照明的方式。这种方式照明所用的照明设备，也兼作房间的一般照明。

分区的一般照明的优点是：工作场所的利用系数高；由于可变灯具的位置，能防止产生使人心烦的阴影和眩光。

3.局部照明

在小范围内，对各种对象采用个别照明方式，富有灵活性。

4.混合照明

将上述的各种照明方式综合起来运用。

15.1.3 室内照明的常用灯具

现代各种各样的灯具层出不穷，提供给人们多元化的选择。在选购灯具的时候，可以根据居室的装饰风格、使用场所等因素来进行选购。

常用的照明灯具包括以下几种。

1.吊灯

吊灯是悬挂在室内屋顶上的照明工具，经常用作大面积范围的一般照明。

大部分吊灯带有灯罩，灯罩常用金属、玻璃或塑料制成。用作普通照明时，多悬挂在距地面 2.1m处；用作局部照明时，大多悬挂在距地面1～1.8m处。吊灯的造型、大小、质地、色彩对室内气氛会有影响，在选用时一定要与室内环境相协调。例如，古色古香的中国式房间应配具有中国古典气息的吊灯，西餐厅应配西欧风格的吊灯（如蜡烛吊灯、古铜色灯具等），而现代派居室则应配几何线条简洁明朗的灯具。

如图15-4所示为中式吊灯，如图15-5所示为欧式吊灯。

图15-4 中式吊灯

图15-5 欧式壁灯

2.吸顶灯

吸顶灯是直接安装在天花板上的一种固定式灯具，作室内一般照明用，如图15-6所示。

吸顶灯种类繁多，但可归纳为以白炽灯为光源的吸顶灯和以荧光灯为光源的吸顶灯。

以白炽灯为光源的吸顶灯，灯罩用玻璃、塑料、金属等不同材料制成。用乳白色玻璃、喷砂玻璃或彩色玻璃制成的不同形状（长方形、球形、圆柱体等）的灯罩；不仅造型大方，而且光色柔和。用塑料制成的灯罩，大多是开启式的，形状如盛开的鲜花或美丽的伞顶，给人感觉比较明快；用金属制成的灯罩给人感觉比较庄重。

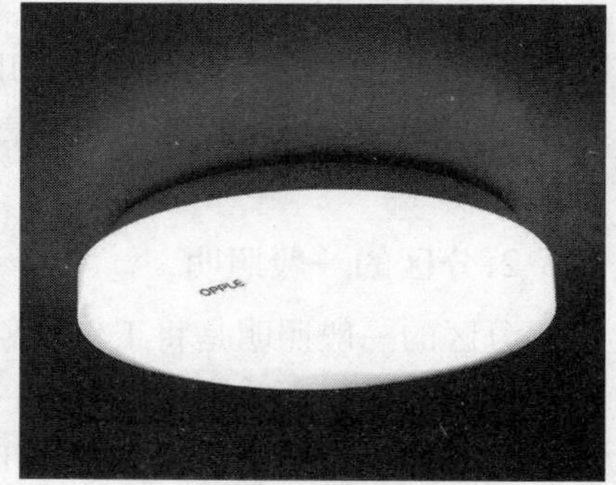

图15-6 吸顶灯

以荧光灯为光源的吸顶灯，大多采用有晶体花纹的有机玻璃罩和乳白玻璃罩，外形多为长方形。

吸顶灯多用于整体照明，办公室、会议室、走廊等地方经常使用。

3.嵌入式灯

嵌入式灯是指嵌在楼板隔层里的灯具，具有较好的下射配光，如图15-7所示；灯具有聚光型和散光型两种。

聚光型灯一般用于有局部照明要求的场所，如金银首饰店，商场货架等处；散光型灯一般多用作局部照明以外的辅助照明，例如宾馆走道、咖啡馆走道等。

图15-7　嵌入式灯

4.壁灯

壁灯是一种安装在墙壁建筑支柱及其他立面上的灯具，常用作补充室内光照的一般照明，如图15-8所示。

壁灯设在墙壁上和柱子上，它除了有实用价值外，也有很强的装饰性，使平淡的墙面变得光影丰富。壁灯的光线比较柔和，作为一种背景灯，可使室内气氛显得优雅，常用于大门口、门厅、卧室、公共场所的走道等；壁灯安装高度一般在1.8～2m之间，不宜太高，同一表面上的灯具高度应该统一。

图15-8　壁灯

5.台灯

台灯主要用于局部照明，如图15-9所示。书桌上、床头柜上和茶几上都可用台灯。它不仅是照明器，又是很好的装饰品，对室内环境起美化作用。

图15-9　台灯

6.立灯

立灯又称“落地灯”，也是一种局部照明灯具。它常摆设在沙发和茶几附近，作为待客、休息和阅读照明，如图15-10所示。

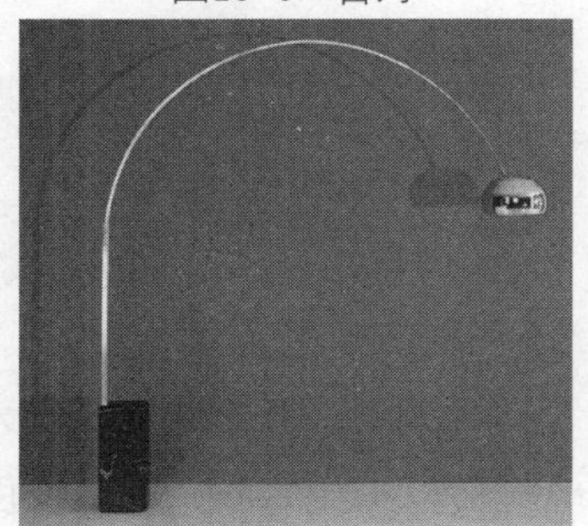

图15-10　落地灯

7.轨道射灯

轨道射灯由轨道和灯具组成，如图15-11所示。

灯具沿轨道移动，灯具本身也可改变投射的角度，是一种局部照明用的灯具。主要特点是可以通过集中投光增强某些特别需要强调的物体。已被广泛应用在商店、展览厅、博物馆等室内照明，以增加商品、展品的吸引力。它也正在走向人们的家庭，如壁画射灯、窗头射灯等。

图15-11　轨道射灯

15.1.4 住宅室内主要房间的照明设计

室内的照明设计根据各功能分区的不同应采用不同种类的灯光，本小节就室内中各主要功能分区的照明设计进行简单介绍，仅供参考。

1.客厅的照明设计

客厅是家中最大的休闲、活动空间，家人相聚、娱乐会客的重要场所；聊天、读书和看电视是客厅中的主要活动，写作和就餐也会在客厅中进行。实际上，客厅是家庭的心脏，这正是它需要高质量照明的充分原因。

因客厅多种不同的应用，照明的小诀窍是灵活多样，并与美学结合。客厅照明应该使用适于所有活动需要的灯饰配件。

明亮舒适的光线有助于相处中气氛的愉悦，休闲时可减轻眼睛的负担；在不同情形和时段亦可满足其它需求。一般而言，客厅的照明配置会运用主照明和辅助照明的灯光交互搭配，来营造空间的氛围。

假如将照明分成一系列的层次，那么主照明就要比所需要照度稍微暗一些。使它能被其他光点所补充。例如，沙发后增加立灯用于阅读和写作。

我们可以使用侧灯、台灯和落地灯，它们能够在需要的地方和需要的时候被用来满足要求。在这些种类的灯具中，使用柔和的不同光色的节能灯能强化居室氛围的颜色设计。

此外，不要忽略了聚光灯。聚光灯的一个独特的特征是直射，能够增加时尚感、立体感和优雅感，让您的客厅充满戏剧性；从纯粹的实用到艺术的美感或是极至的奢华。

图15-12 客厅照明

如图15-12所示为客厅照明设计的效果。

2.卧室的照明设计

卧室是让人摆脱疲劳、休整身心、养精蓄锐的空间。因此，卧室里的光环境应该以温馨、惬意为追求目的。

卧室的灯光照明可分为普通照明、局部照明和装饰照明三种。普通照明供起居室休息的照明，而局部照明则包括供梳妆、阅读、更衣收藏、看电视等；装饰照明主要在于创造卧室的空间气氛，如浪漫、温馨等氛。

卧室照明的基本任务是：

1）进行卧室的清扫等日常活动时，灯光的亮度要足够，并且要照亮全部空间，以便清扫时能够清楚地看到每个区域，不留死角。

2）在卧室阅读时，床头灯要柔和，亮度适中，满足阅读的需求；使眼睛舒适，保护视力。

3）在卧室看电视时光线的亮度要低，电视机后方的壁灯可以减弱看电视时视觉的明暗反差，使眼睛舒适，达到保护视力的功用。

4）挑选衣物时要求光线明亮而集中地照射到衣物上，灯光的显色性要好，让衣物呈现真实色彩。

5）梳妆照明要求将光线集中在镜子正前方，以便使光线均匀地照亮脸部的每个部位，避免形成任何阴影。光线要柔和，无眩光，令你化妆时不出差错并舒适愉悦。光的显色性要，呈现化妆的真实色彩。

总的来说，卧室的照明设计除了满足上述要求外，还应做到安全、可靠且方便维护与检修，并营造温馨的氛围。

如图15-13所示为卧室照明设计的效果。

图15-13 卧室照明

3.书房的照明设计

书房是重要的学习和工作的场所，所以恰当的照明设计可以保证使用者的身心健康，并提高学习和工作效率。

鉴于此，书房既要有明亮、清晰的阅读和书写环境，又要利于集中精力思考，力求简洁、淡雅。并采用健康光源，放松心情，保护视力。

书房灯具的选择不仅应充分考虑到亮度，而且应考虑到外形、色彩的装饰性，以适合于书房安静、雅致、具有文化氛围的学习、思考和创作环境。建议采用造型精致的吸顶灯、羊皮灯满足书房的整体亮度。

书桌上宜选用频闪低、显色柔和的护眼台灯，书柜内暗藏灯带，能帮助您准确地找到想要的书籍，且兼具装饰效果。

假如因居室空间有限，需要将书房和客房组合在一起使用，除了要有保证基础照明的吸顶灯之外，可以考虑在床头采用可调光式壁灯，或者落地式台灯。

如图15-14所示为书房照明设计的效果。

图15-14 书房照明

4.厨房的照明设计

厨房是家庭中最繁忙、劳务活动最多的地方。所以厨房的照明主要是实用，应选择合适的照度和显色性较高的光源，一般可选择白炽灯或荧光灯。

厨房照明一般把灯具设置在操作台的正上方，如操作台上方有壁柜时，可在壁柜的下方安装灯具，使灯光照亮下方的操作台。

此外，厨房的油烟较大，因此在选择厨房灯具的时候，应选择易清洁的灯具。

如图15-15所示为厨房照明设计的效果。

图15-15 厨房照明

15.1.5 常用室内电气元件图形符号

电气工程图常常采用大量的图形符号来表示电气设施，因此应该熟悉各种图形符号。电气图用图形符号（常用）如表15-1所示。

表15-1 电气图形符号

符号	说明	符号	说明
	单联单控开关		双极开关
	双联双控开关		三联单控开关
	双控单极开关		三个插座
	单相二、三级插座		带保护极的（电源）插座
TV	有线电视插座	C	网络插座
	直线电话插座	J	电线接箱
C	信息插座	F	传真机插座

15.2 绘制图例表

在绘制电气图的时候，开关或者灯具均使用图例来表示。图例有国家规定的通行标准，也有行业内惯用的表示方法。本小节以国家最新颁布的《房屋建筑室内装饰装修制图标准》为例，介绍其中的关于开关类、灯具类、插座类图例的绘制方法。

15.2.1 绘制开关类图例

开关根据使用方法可以分为多种不同的类型，常见的主要有单联单控开关、双联双控开关、三联单控开关等。本小节介绍这些常见开关的图例表示方法，各开关图例的图示效果都相差不大，因此可以在彼此的基础上进行编辑修改得到另一类的开关图形。

01 绘制单联单控开关。调用C（圆形）命令，绘制半径为50的圆形，如图15-16所示。

02 按F10键，开启极轴功能，将增量角设置为45°。

03 调用L（直线）命令，绘制直线，如图15-17所示。

04 调用TR（修剪）命令，修剪线段，如图15-18所示。

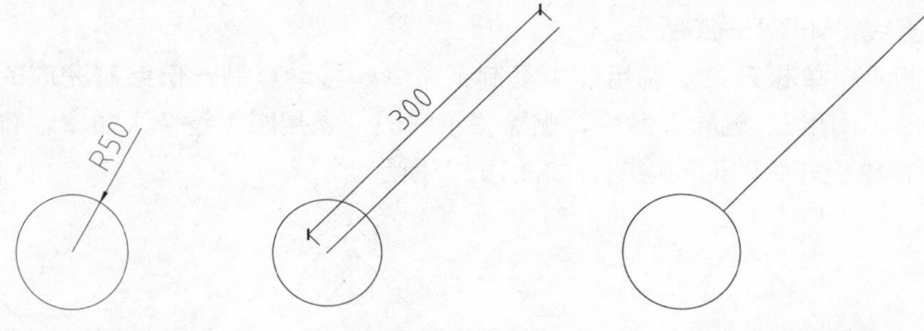

图15-16 绘制圆形　　图15-17 绘制直线　　图15-18 修剪线段

05 创建成块。调用B（创建块）命令，在弹出的“块定义”对话框中设置图块的名称，如图15-19所示；将绘制完成的开关图形创建成块，以方便以后调用。

06 绘制双联单控开关。调用CO（复制）命令，移动复制一份绘制完成的单联单控开关；调用L（直线）命令，绘制直线，如图15-20所示。

07 调用RO（旋转）命令，旋转所绘制的直线图形，如图15-21所示。

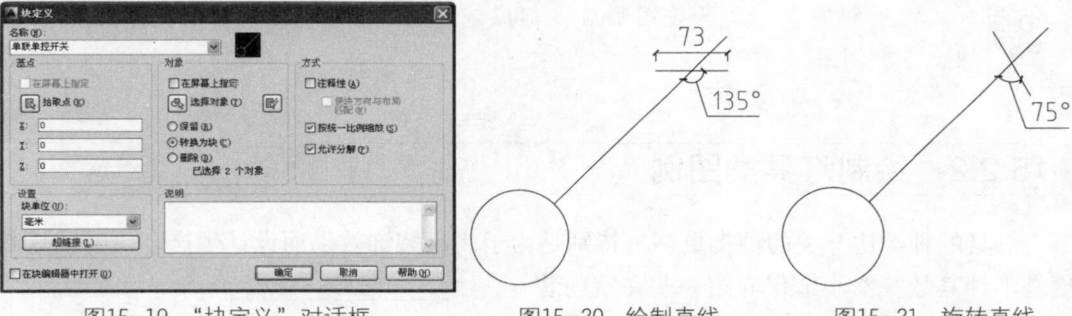

图15-19 “块定义”对话框　　图15-20 绘制直线　　图15-21 旋转直线

08 调用O（偏移）命令，偏移直线，如图15-22所示。

09 调用M（移动）命令，移动偏移得到的直线，使长度一致的两条直线相互对齐，如图15-23所示。

10 绘制三联单控开关。调用O（偏移）命令，设置偏移距离为30，偏移直线，注意三条直线要相互对齐，如图15-24所示。

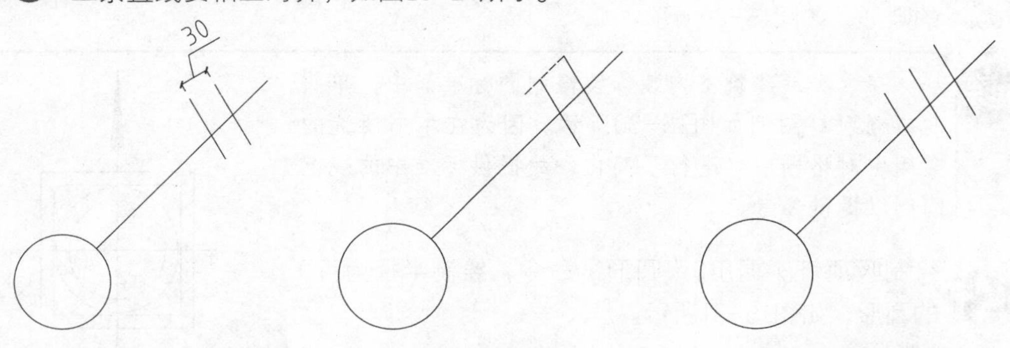

图15-22 偏移直线　　图15-23 移动直线　　图15-24 偏移直线

11 绘制双极开关。调用CO（复制）命令，移动复制一份绘制完成的单联单控开关；调用L（直线）命令，绘制直线，如图15-25所示。

12 调用O（偏移）命令，设置偏移距离为30，偏移直线；调用TR（修剪）命令，修剪直线，如图15-26所示。

13 绘制双控单极开关。调用CO（复制）命令，移动复制一份绘制完成的双极开关图形；调用E（删除）命令，删除多余线段；调用MI（镜像）命令，镜像复制图形，完成双控单极开关图形的绘制，如图15-27所示。

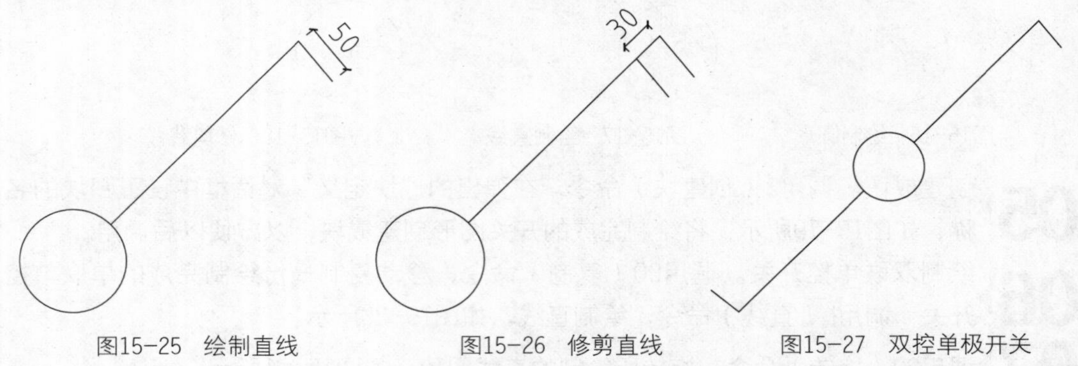

图15-25　绘制直线　　图15-26　修剪直线　　图15-27　双控单极开关

提示

在绘制完成一个开关图形后，都应该调用B（创建块）命令，将其创建成块，方便调用。

15.2.2　绘制灯具类图例

灯具的种类比开关的种类更多，特别是为了满足装饰效果而设计生产、流通的灯具更是不计其数。本小节仅介绍一些在室内装饰装潢中常见的灯具类型图例的绘制方法，包括射灯、吸顶灯、吊灯等类型的灯具。

01 绘制格栅射灯。调用REC（矩形）命令，绘制尺寸为235×235的矩形，如图15-28所示。

02 调用C（圆形）命令，绘制半径为94的圆形，如图15-29所示。

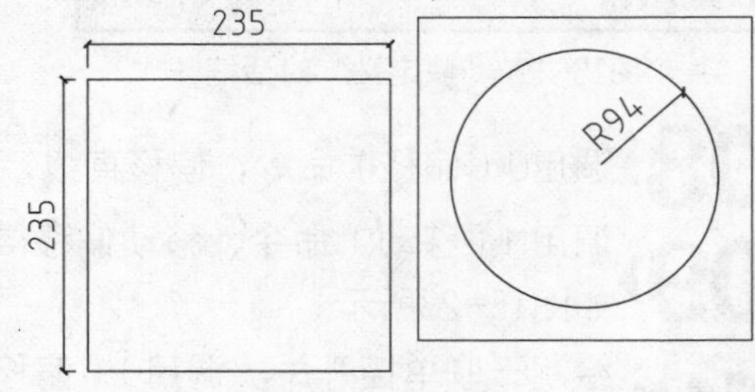

图15-28　绘制矩形　　图15-29　绘制圆形

提示

在《房屋建筑室内装饰装修制图标准》中，单头的格栅射灯图例如图15-30所示。因为在本书所选的实例中对格栅射灯进行了简化，故提供标准中的规范图例以提供参考。

03 绘制吸顶灯。调用C（圆形）命令，绘制半径为179的圆形，如图15-31所示。

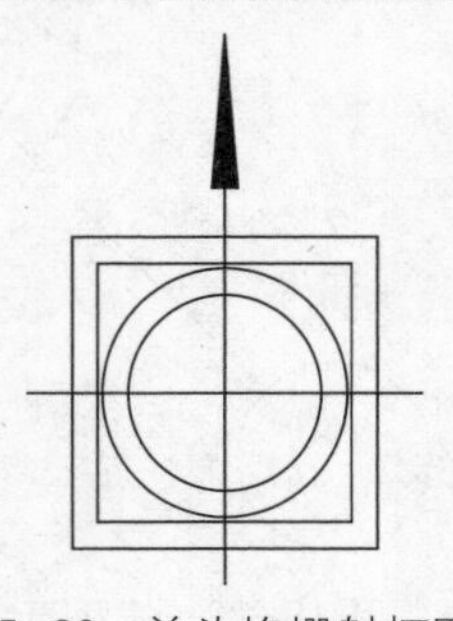

图15-30　单头格栅射灯图例

04 单击“绘图”工具栏上的“多边形”按钮，命令行提示如下：

```
命令：_polygon ↙
输入侧面数 <4>: 10
指定正多边形的中心点或 [边(E)]:  //在绘图区中指定正多边形的中心点。
输入选项 [内接于圆(I)/外切于圆(C)] <I>: I
指定圆的半径: 47                //输入半径参数，创建多边形，如图15-32所示。
```

05 调用L（直线）命令，连接多边形各边中点与圆心，绘制直线，如图15-33所示。

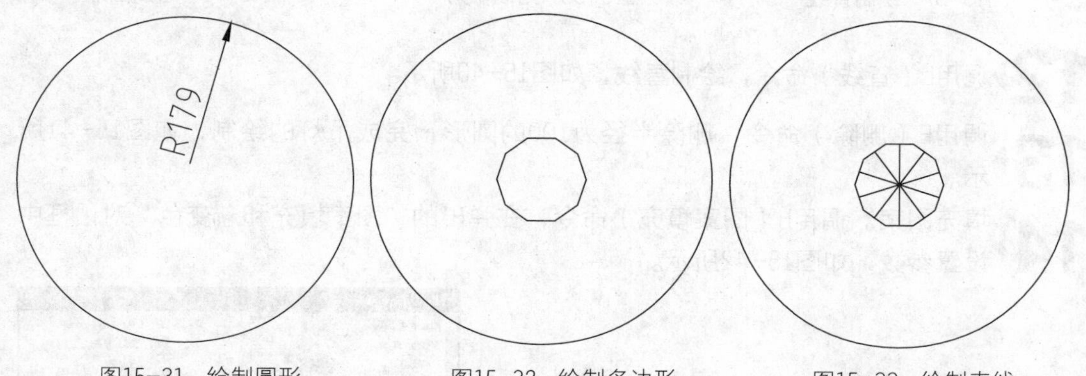

图15-31 绘制圆形　图15-32 绘制多边形　图15-33 绘制直线

06 调用EX（延伸）命令，延伸直线，如图15-34所示。

07 调用TR（修剪）命令，修剪线段，完成吸顶灯的绘制，如图15-35所示。

08 绘制吊灯。调用C（圆形）命令，分别绘制半径为194、258的圆形，如图15-36所示。

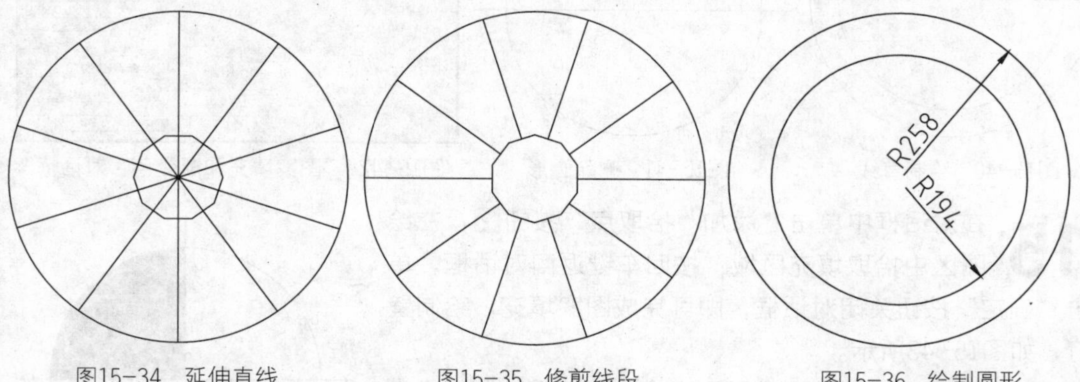

图15-34 延伸直线　图15-35 修剪线段　图15-36 绘制圆形

09 调用L（直线）命令，绘制直线，如图15-37所示。

10 调用E（删除）命令，删除半径为258的圆形，完成吊灯的绘制，如图15-38所示。

11 绘制壁灯。调用C（圆形）命令，绘制半径分别为100、80的圆形，如图15-39所示。

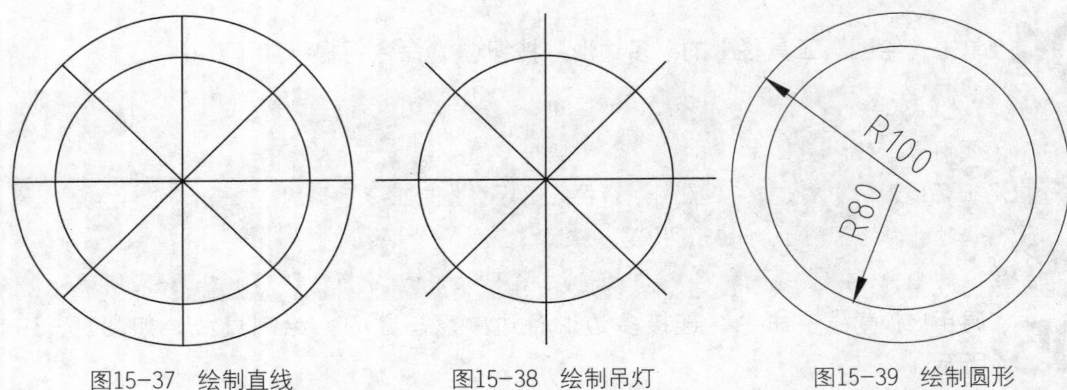

图15-37　绘制直线　　图15-38　绘制吊灯　　图15-39　绘制圆形

12 调用L（直线）命令，绘制直线，如图15-40所示。

13 调用E（删除）命令，删除半径为100的圆形，完成吊灯的绘制，如图15-41所示。

14 填充图案。调用H（图案填充）命令，在弹出的“图案填充和渐变色”对话框中设置参数，如图15-42所示。

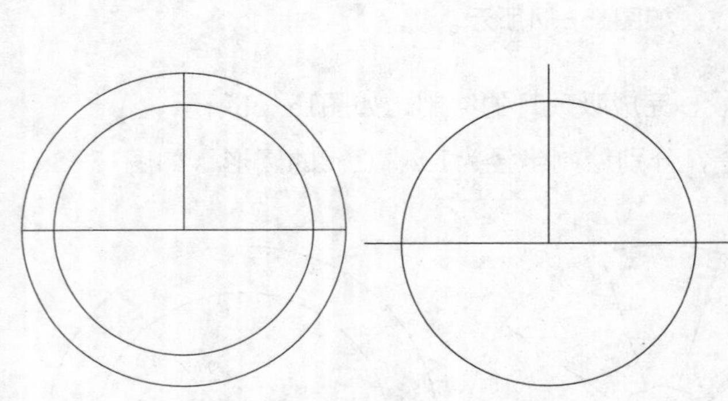

图15-40　绘制直线　　图15-41　删除圆形

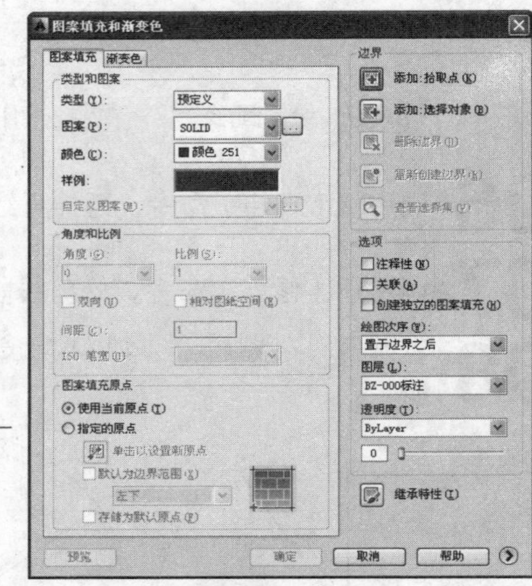

图15-42　“图案填充和渐变色”对话框

15 在对话框中单击“添加：拾取点”按钮，在绘图区中拾取填充区域；按回车键返回对话框，单击“确定”按钮关闭对话框，即可完成图案填充，绘制壁灯，如图15-43所示。

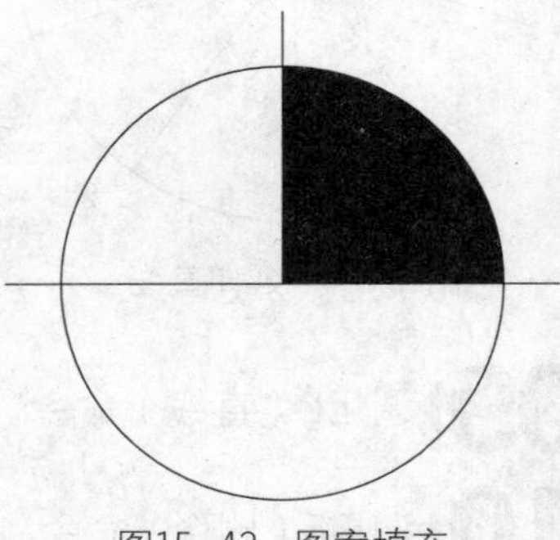

图15-43　图案填充

16 绘制台灯。调用C（圆形）命令，分别绘制半径为140、80、30的圆形，如图15-44所示。

17 调用L（直线）命令，绘制直线，如图15-45所示。

18 调用E（删除）命令，删除半径为140的圆形，绘制壁灯，如图15-46所示。

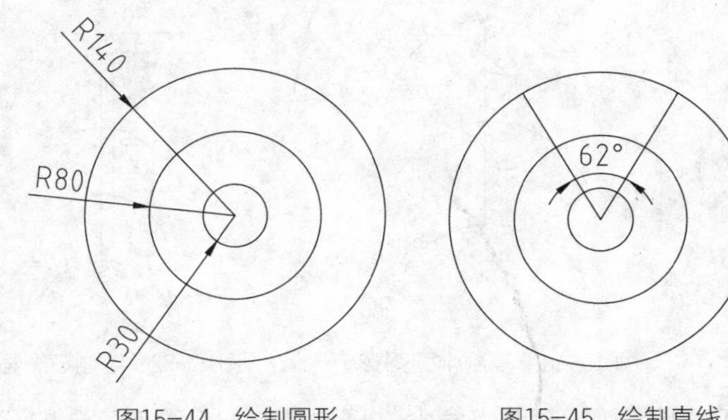

图15-44 绘制圆形

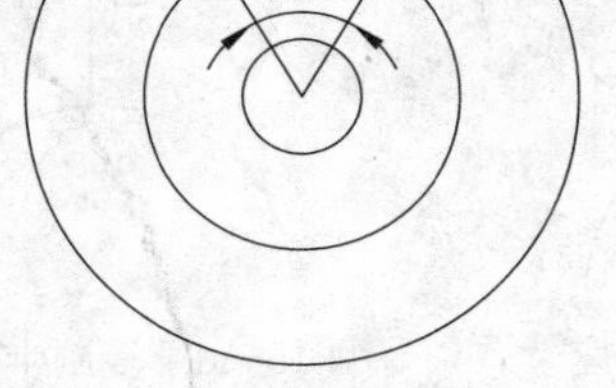

图15-45 绘制直线

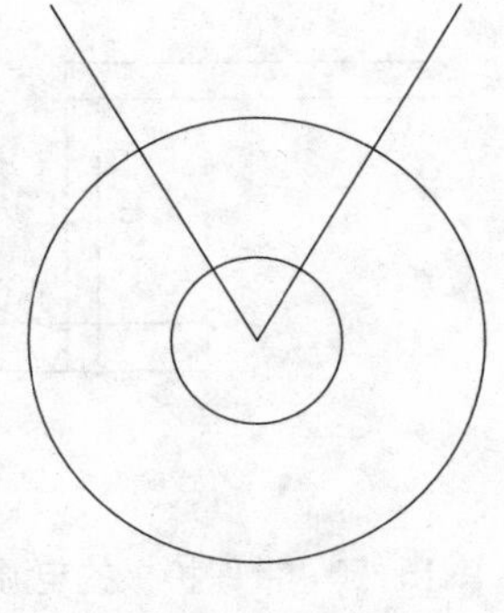
图15-46 删除圆形

15.2.3 绘制插座类图例

插座有各种类型，包括三孔的、两孔的，防水的和带保护极的插座等。本节从《房屋建筑室内装饰装修制图标准》中抽取在绘制室内电气图时常用的插座图例，为读者介绍其绘制方法。

01 绘制电源插座。调用C（圆形）命令，绘制半径为80的圆形；调用L（直线）命令，过圆心绘制直线，如图15-47所示。

02 调用TR（修剪）命令，修剪圆形；调用E（删除）命令，删除直线，如图15-48所示。

03 调用L（直线）命令，绘制直线，完成电源插座的绘制，如图15-49所示。

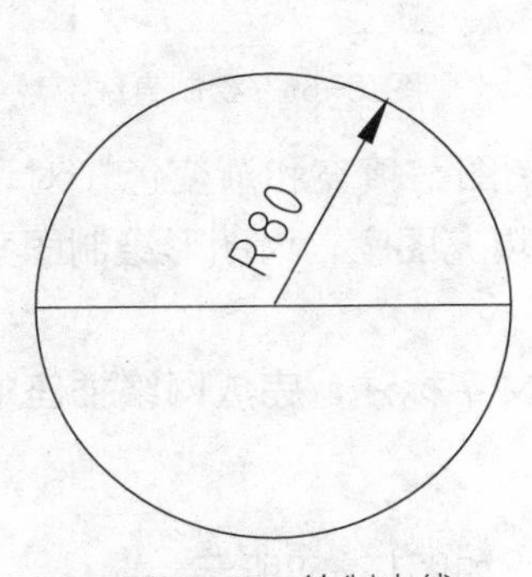

图15-47 绘制直线

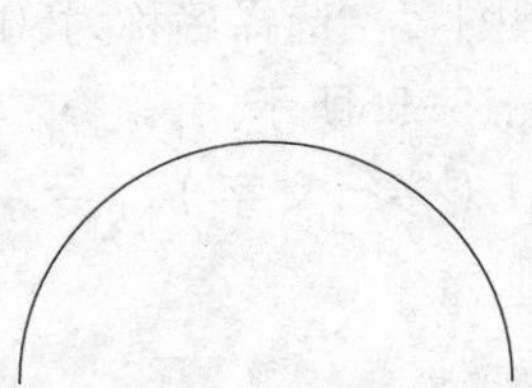
图15-48 删除直线

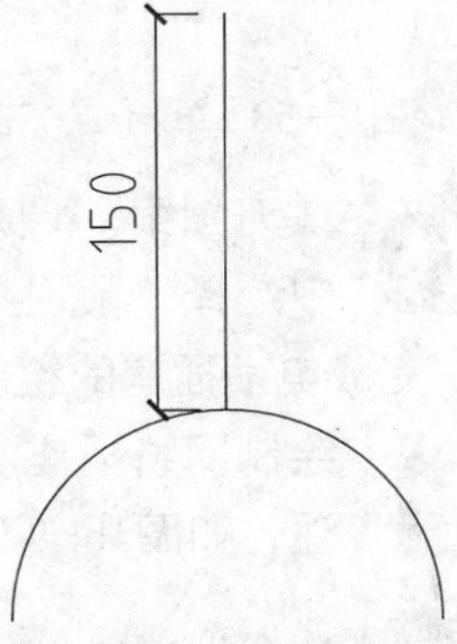

图15-49 绘制直线

04 绘制带保护极的电源插座。调用CO（复制）命令，移动复制一份绘制完成的电源插座图形至一旁；调用L（直线）命令，绘制直线，绘制带保护极的电源插座，如图15-50所示。

05 绘制三个插座图形。调用CO（复制）命令，移动复制一份绘制完成的电源插座图形至一旁；调用E（删除）命令，删除直线；调用CO（复制）命令，向上移动复制半圆图形，如图15-51所示。

06 调用L（直线）命令，绘制直线，完成三个插座图形的绘制，如图15-52所示。

图15-50 带保护极的电源插座

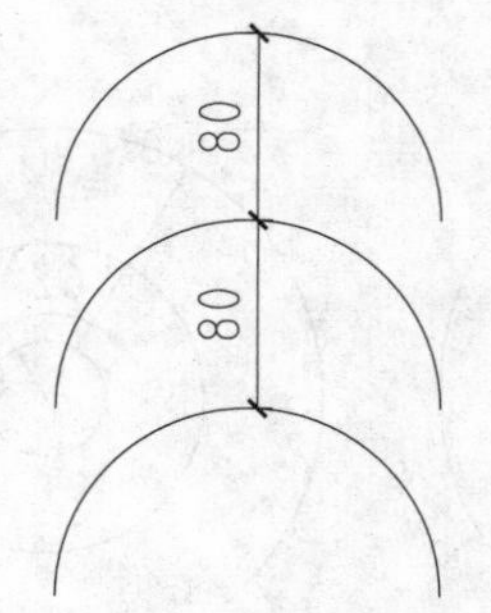

图15-51 复制半圆图形

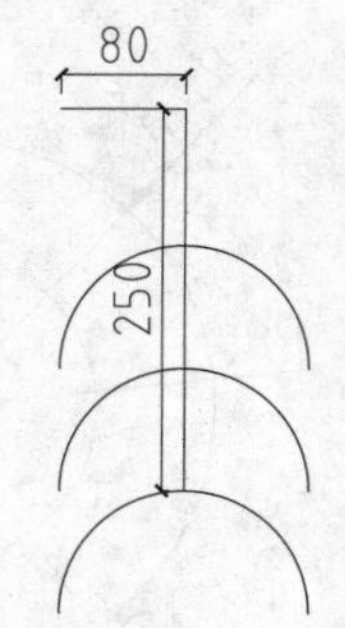

图15-52 绘制三个插座

07 绘制单相二、三级插座。调用CO（复制）命令，移动复制一份绘制完成的三个插座图形至一旁；调用E（删除）命令，删除多余图形；调用L（直线）命令，绘制直线，绘制单相二、三级插座，如图15-53所示。

08 绘制电话插座。调用REC（矩形）命令，绘制矩形，如图15-54所示。

09 调用L（直线）命令，绘制直线，如图15-55所示。

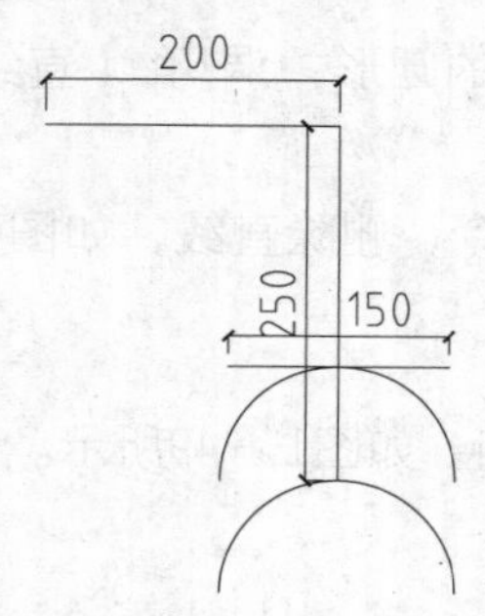

图15-53 单相二、三级插座

图15-54 绘制矩形

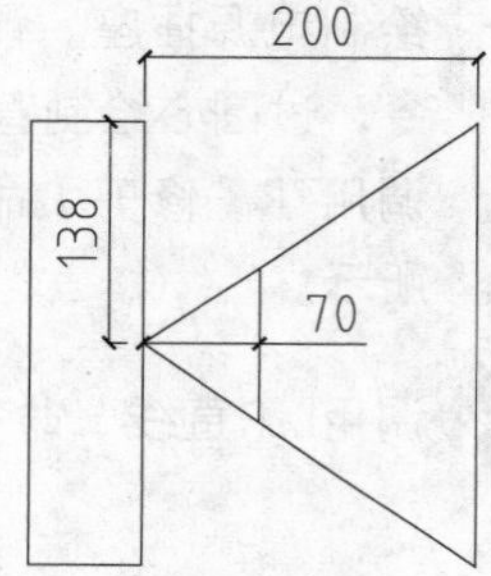

图15-55 绘制直线

10 填充图案。调用H（图案填充）命令，在弹出的“图案填充和渐变色”对话框中选择“预定义”类型图案，选择名称为SOLID的填充图案，为图形绘制图案填充，完成电话插座的绘制，如图15-56所示。

11 绘制网络插座。调用MT（多行文字）命令，绘制文字标注，完成网络插座的标注，如图15-57所示。

12 绘制电视插座。调用REC（矩形）命令，绘制矩形，如图15-58所示。

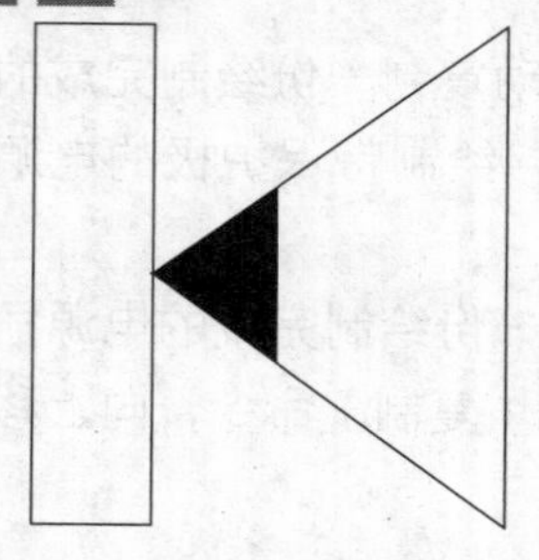

图15-56 绘制电话插座

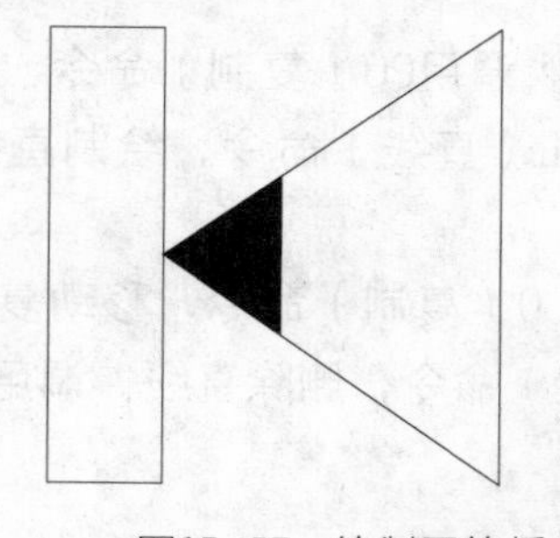

图15-57 绘制网络插座

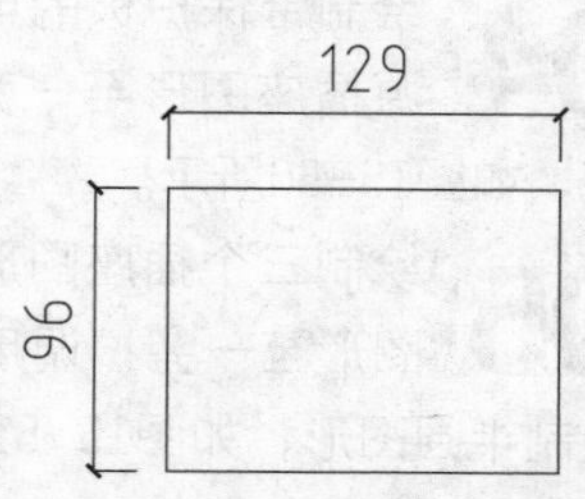

图15-58 绘制矩形

13 调用MT（多行文字）命令，绘制文字标注，如图15-59所示。

14 调用L（直线）命令，绘制直线，完成电视插座的绘制，如图15-60所示。

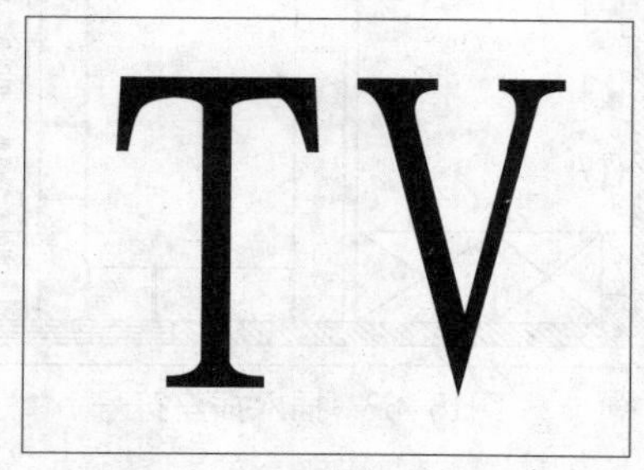

图15-59　绘制文字标注

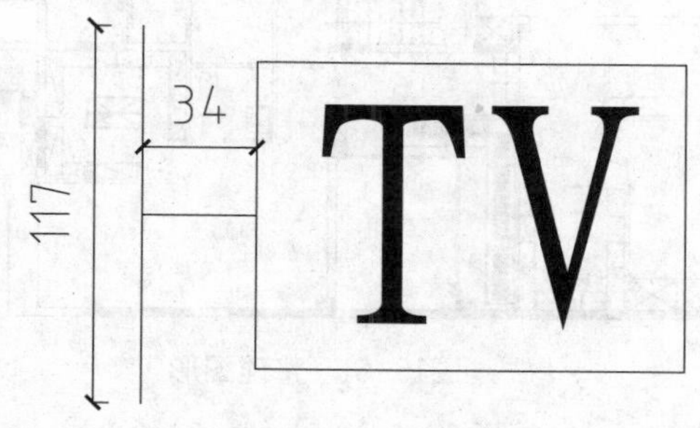

图15-60　电视插座

15.3 绘制别墅插座平面图

插座平面图表示室内各区域插座的分布情况。在居室的电气线路设计中，要根据人们的使用情况来设置各种类型的插座。一般要配合家具的摆放来考虑插座的位置，比如在卧室的插座布置中，在靠近床头柜、梳妆台或者写字台的区域，应该安装相应的插座来满足使用。

另外，卫生间和厨房这两个区域中经常有水汽和油烟，所以要考虑水汽和油烟对插座的侵蚀。一般在这两个区域内都会使用防水插座，防水插座是在普通插座外附有透明塑料盖子的插座。插座上的塑料盖子可以有效防止水汽和油烟对插座的侵蚀。

一般说来，居室中的插座越多就越方便使用，但也要根据实际情况来布置插座；过多的插座会造成浪费。

15.3.1　绘制地下室插座平面图

要根据电器的摆放位置或者习惯来确定插座的位置。比如在电视背景墙上布置插座，强电插座和弱电插座是要同时具备的；比如电源插座、电视信号插座、音响插座等。另外可以多安装一到两个电源插座，以防不备之需。

插座的位置确定之后，可以绘制强电插座以及弱电插座连线，表示大概的线路走向。本小节为读者介绍地下室插座平面图的绘制方法，包括调入插座图形以及绘制插座间的连线。

01 调用地下室平面布置图。调用CO（复制）命令，复制一份绘制完成的地下室平面布置图；调用E（删除）命令，删除平面图中的多余图形，如图15-61所示。

02 插入插座符号。调用I（插入）命令，将前面绘制的各类插座图形调入当前图形中；调用RO（旋转）命令，调整图形的位置；调用CO（复制）命令，复制重复使用的图形，如图15-62所示。

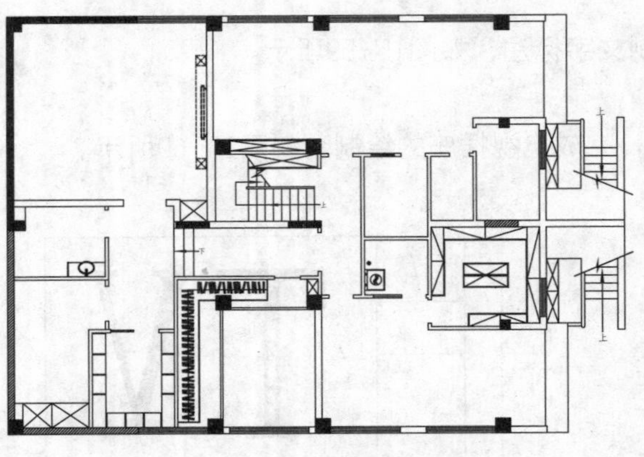

图15-61 整理图形

图15-62 插入插座符号

03 重复操作，继续往地下室中各区域调用各类插座图形，如图15-63所示。

04 绘制强电线路。调用L（直线）命令，绘制电源（强电）插座连线，如图15-64所示。

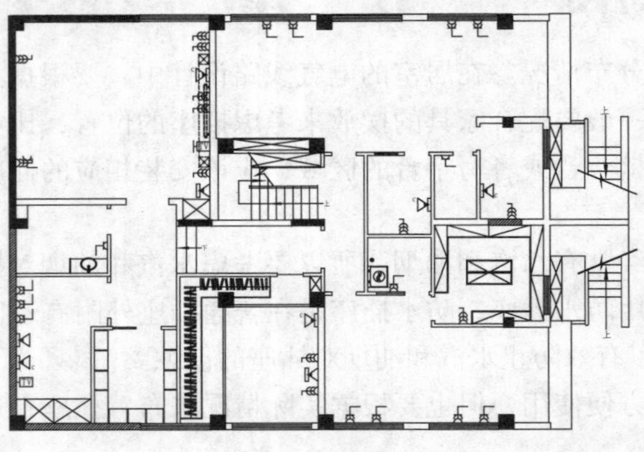

图15-63 复制图形

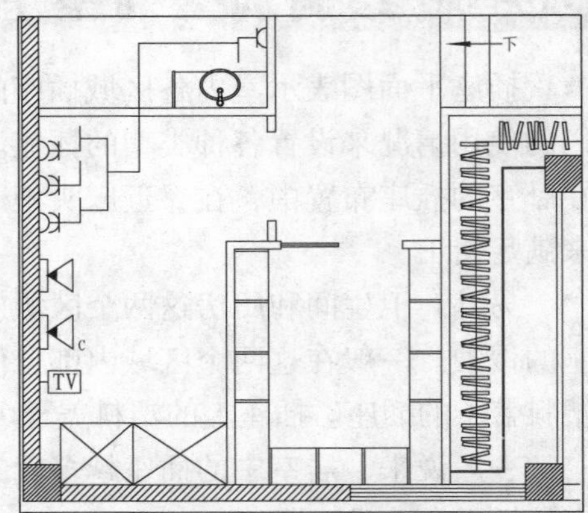

图15-64 绘制直线

05 重复调用L（直线）命令，继续绘制强电线路，如图15-65所示。

06 绘制弱电线路。调用L（直线）命令，绘制信号（弱电）插座之间的连线，并将线型设置为虚线，如图15-66所示。

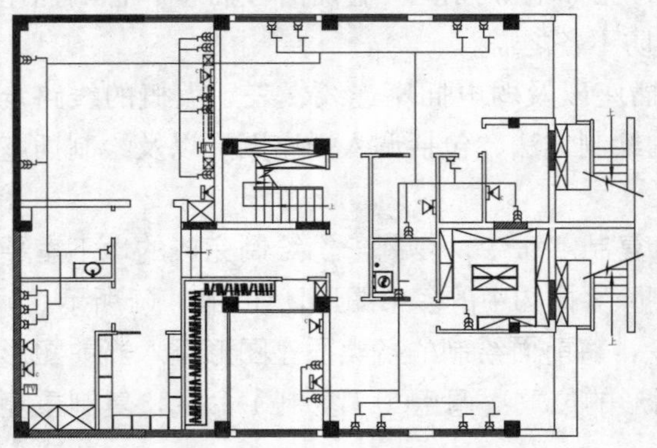

图15-65 绘制强电线路

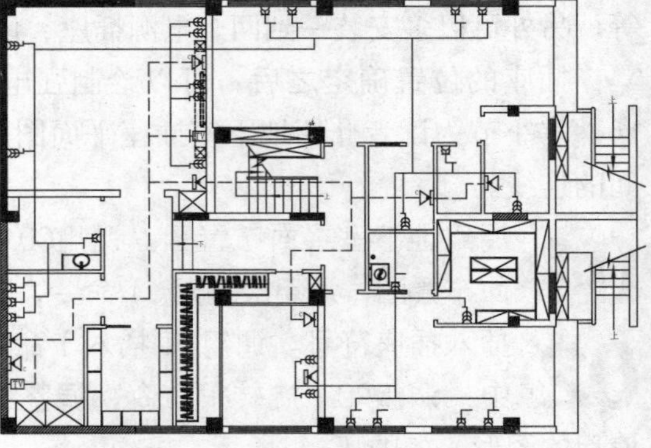

图15-66 绘制弱电线路

07 绘制图例表。调用REC（矩形）命令、X（分解）命令、O（偏移）命令，绘制矩形并偏移矩形边；调用MT（多行文字）命令，绘制说明文字，如图15-67所示。

08 图名标注。调用MT“多行文字”和L（直线）命令，绘制图名标注，完成插座布置图，如图15-68所示。

电气图例说明		
	三个插座	H=300
	单向二、三极电源插座	H=300
	带保护级的（电源）插座	H=300
	有线电视插座	H=300
	网络插座	H=300
	直线电话插座	H=300

图15-67　绘制图例表

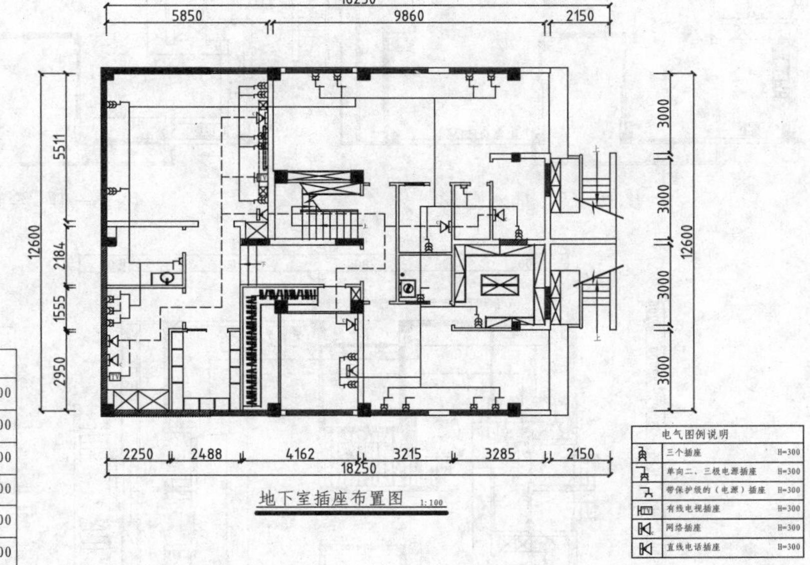

图15-68　图名标注

15.3.2　绘制一层插座布置图

一层插座的分布主要集中在会客厅和休息室中。此外，厨房的插座也要配合厨具的位置来进行设置。在厨房中一般使用防水插座。但是现在使用成品橱柜较多，一般在安装抽油烟机的时候，会有配套的抽油烟机专用插座。尽管如此，防水插座在厨房中还是必不可少的。

01 调用一层平面布置图。调用CO（复制）命令，复制一份绘制完成的一层平面布置图；调用E（删除）命令，删除平面图的多余图形。

02 插入插座符号。调用I（插入）命令，将前面绘制的各类插座图形调入当前图形中；调用RO（旋转）命令，调整图形的位置；调用CO（复制）命令，复制重复使用的图形，如图15-69所示。

03 绘制强电线路。调用L（直线）命令，绘制电源（强电）插座连线，如图15-70所示。

04 绘制弱电线路。调用L（直线）命令，绘制信号（弱电）插座之间的连线，并将线型设置为虚线。

05 图名标注。调用MT“多行文字”和L（直线）命令，绘制图名标注，完成插座布置图，如图15-71所示。

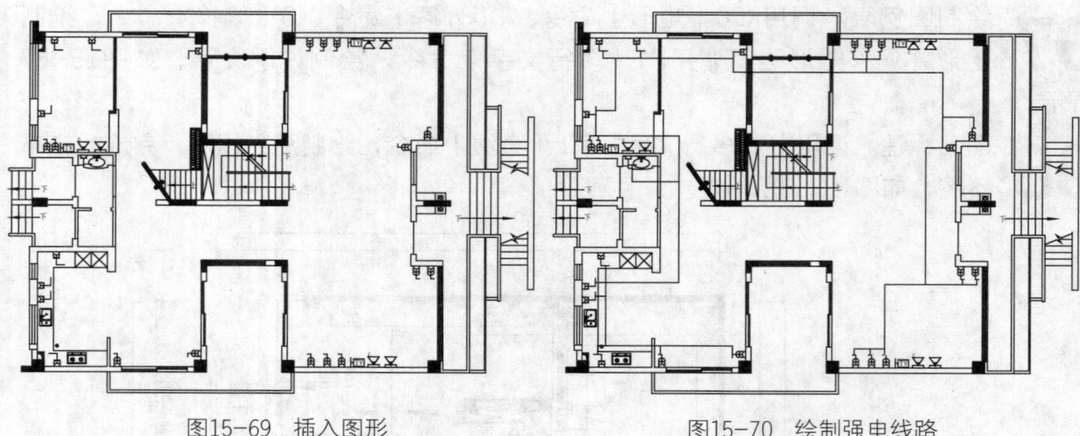

图15-69　插入图形　　　　　　　　图15-70　绘制强电线路

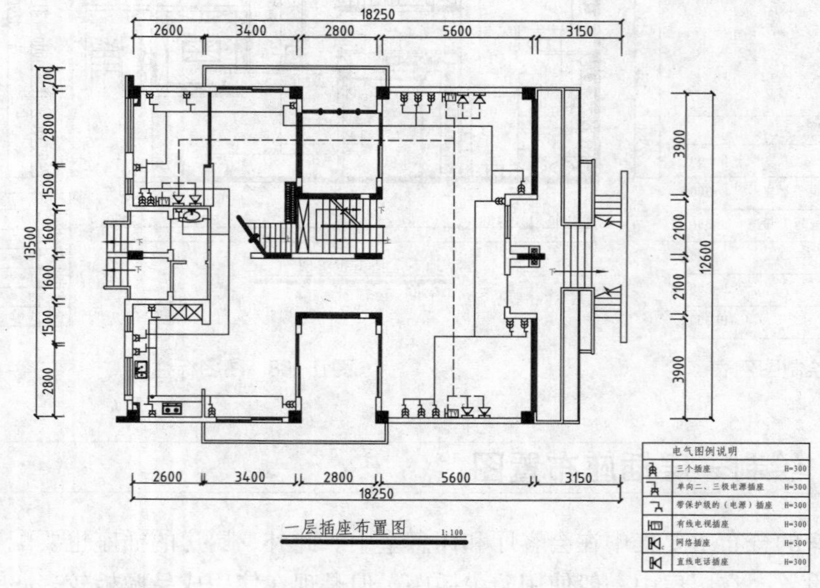

图15-71　标注图名

15.3.3　绘制二层插座平面图

二层卧室较多，小孩房兼顾休息与学习的功能，所以在选择和安装插座的时候要满足孩子平时学习的情况。在写字台附近，电源插座和网络插座是必不可少的。电源插座用于接通台灯，弥补卧室灯具光源的不足；而网络插座当然就是为了上网而准备的。

01 调用二层平面布置图。调用CO（复制）命令，复制一份绘制完成的二层平面布置图；调用E（删除）命令，删除平面图的多余图形。

02 插入插座符号。调用I（插入）命令，将前面绘制的各类插座图形调入当前图形中；调用RO（旋转）命令，调整图形的位置；调用CO（复制）命令，复制重复使用的图形，如图15-72所示。

03 绘制强电线路。调用L（直线）命令，绘制电源（强电）插座连线，如图15-73所示。

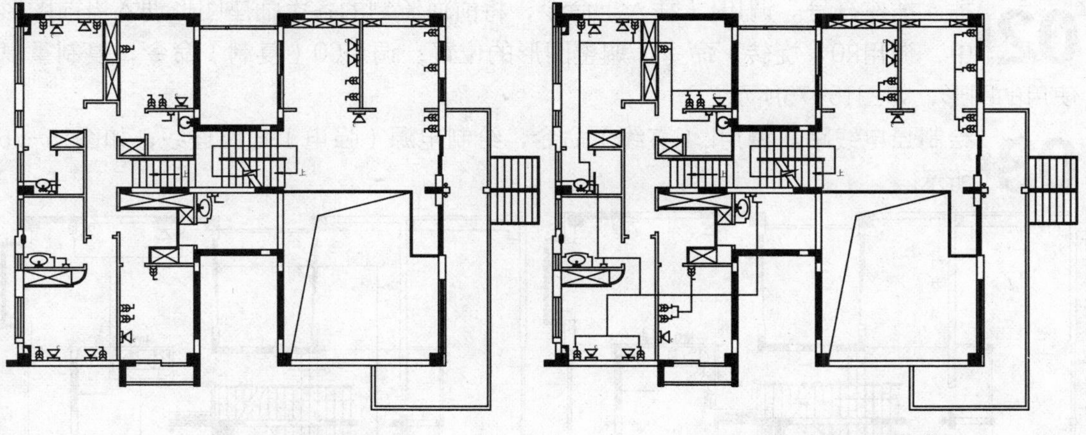

图15-72　调入图形　　　　图15-73　绘制线路联线

04 绘制弱电线路。调用L（直线）命令，绘制信号（弱电）插座之间的连线，并将线型设置为虚线。

05 图名标注。调用MT“多行文字”和L（直线）命令，绘制图名标注，完成插座布置图的绘制，如图15-74所示。

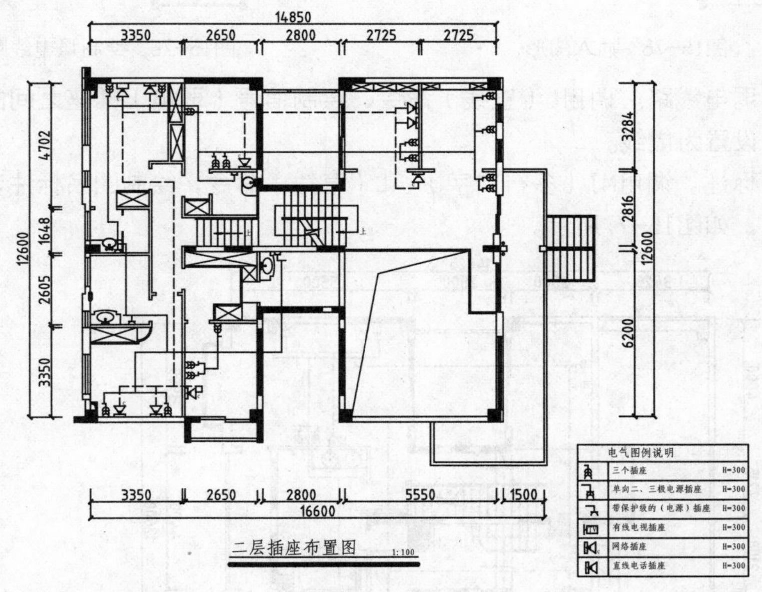

图15-74　标注图名

15.3.4　绘制三层插座平面图

三层是主卧室区，插座的选择和安装可以沿用前面介绍的方法。值得注意的是，在主卧室内要安装电话插座，以连接室内的电话。在健身房中可以安装电视和网络插座，为健身之余提供另外的休闲活动。

01 调用三层平面布置图。调用CO（复制）命令，复制一份绘制完成的三层平面布置图；调用E（删除）命令，删除平面图中的多余图形。

02 插入插座符号。调用I（插入）命令，将前面绘制的各类插座图形调入当前图形中；调用RO（旋转）命令，调整图形的位置；调用CO（复制）命令，复制重复使用的图形，如图15-75所示。

03 绘制强电线路。调用L（直线）命令，绘制电源（强电）插座连线，如图15-76所示。

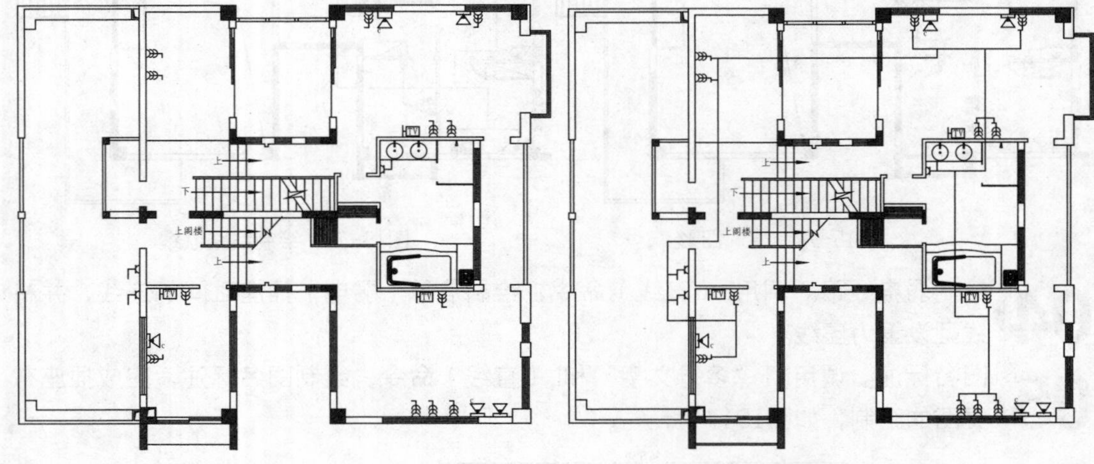

图15-75 插入图形　　图15-76 绘制强电线路

04 绘制弱电线路。调用L（直线）命令，绘制信号（弱电）插座之间的连线，并将线型设置为虚线。

05 图名标注。调用MT（多行文字）、L（直线）命令，绘制图名标注，完成插座布置图，如图15-77所示。

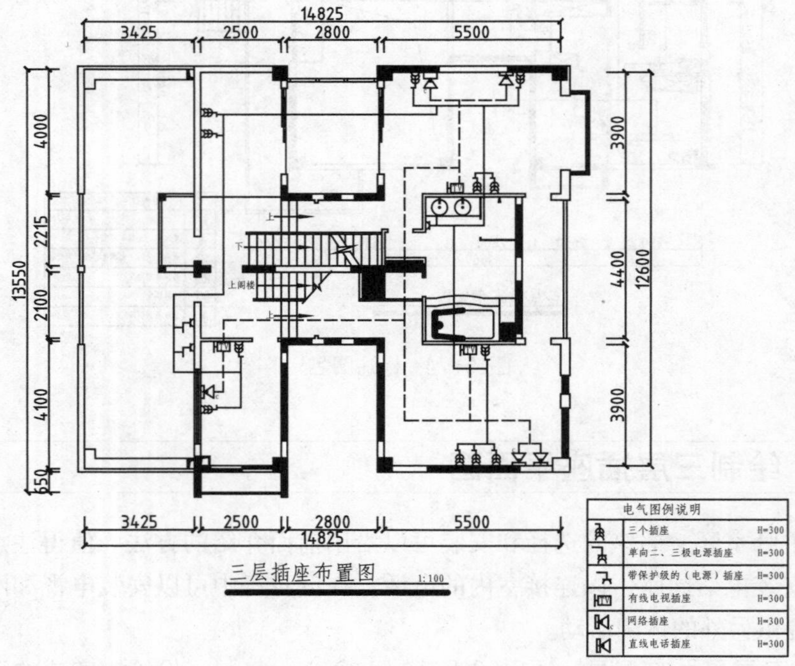

图15-77 标注插座布置图图名

15.3.5 绘制阁楼插座平面图

阁楼为储藏空间，安装常规的电源插座即可满足需求。但是在面积较为充足的空间可以安装电视和网络插座，因为这里可以设置一个小型的视听室；事先安装了插座，可以为即时使用提供便利。

01 调用阁楼平面布置图。调用CO（复制）命令，复制一份绘制完成的阁楼平面布置图；调用E（删除）命令，删除平面图中的多余图形。

02 插入插座符号。调用I（插入）命令，将前面绘制的各类插座图形调入当前图形中；调用RO（旋转）命令，调整图形的位置；调用CO（复制）命令，复制重复使用的图形，如图15-78所示。

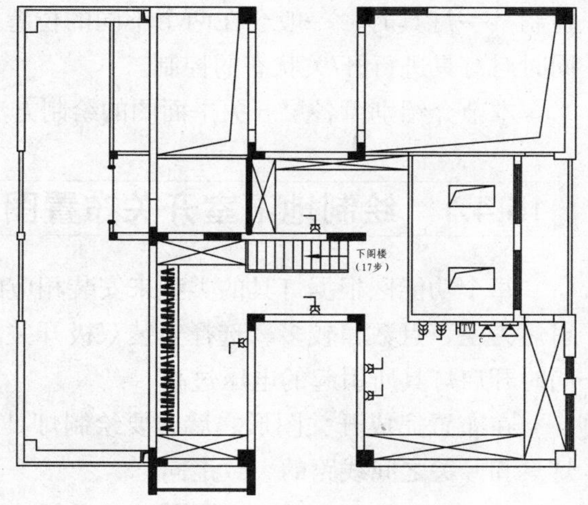

图15-78 调入图形

03 绘制电线线路。调用L（直线）命令，绘制电源（强电）插座连线；调用L（直线）命令，绘制信号（弱电）插座之间的连线，并将线型设置为虚线。

04 图名标注。调用MT“多行文字”和L（直线）命令，绘制图名标注，完成插座布置图，如图15-79所示。

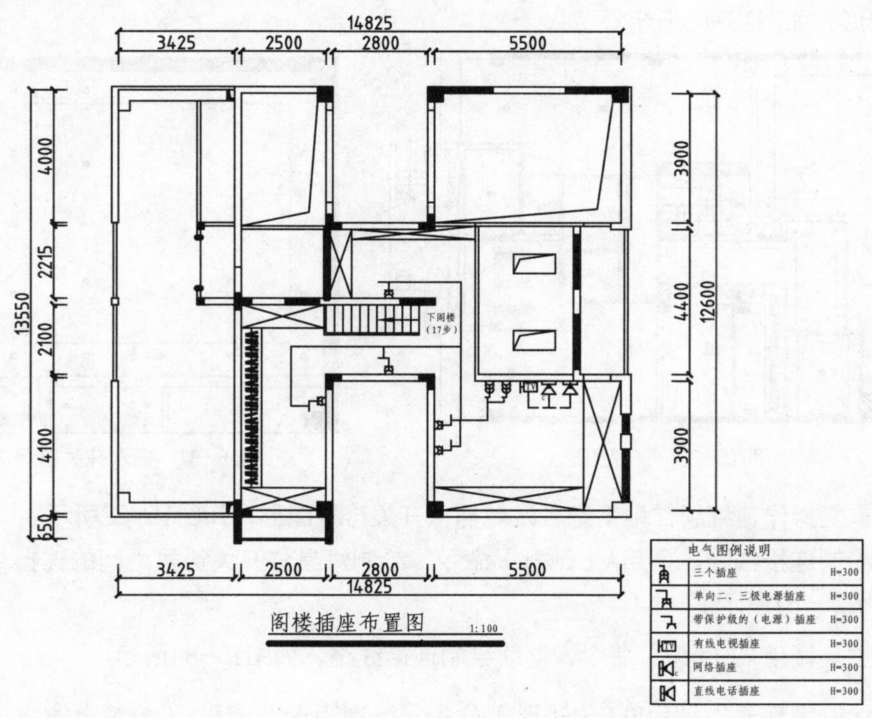

图15-79 完成插座布置图

15.4 绘制别墅开关平面图

开关与灯具相连，用来控制灯具的开与关。由于室内使用的装饰灯具较多，所以相应的开关也较多。开关的两种常规类型就是单控和双控了，单控开关是指开/关灯具都是同一个开关，不能使用另一个开关对其进行开/关；而双控开关则不同，在使用双控开关控制某一灯具时，一般会在两个不同的位置安装双控开关，以达到可以在两个不同位置同时对灯具进行开/关状态的控制。

本节介绍别墅各层开关平面图的绘制方法。

15.4.1 绘制地下室开关布置图

每个功能区根据灯具的类型来安装相应的开关。比如本例卡拉OK厅中的灯具以格栅射灯为主，且数目较多，选择安装双极开关。可以分部分地控制格栅射灯的开/关，避免同时开启灯具所引起的电压过高。

在布置完成开关图形之后，要绘制灯具之间的连线以及灯具和开关的连线，以表明灯具和开关之间线路的大致走向。

01 调用地下室顶面布置图。调用CO（复制）命令，复制一份绘制完成的地下室顶面布置图；调用E（删除）命令，删除平面图中的多余图形，如图15-80所示。

02 插入开关符号。调用I（插入）命令，将前面绘制的各类开关图形调入当前图形中；调用RO（旋转）命令，调整图形的位置；调用CO（复制）命令，复制重复使用的图形，如图15-81所示。

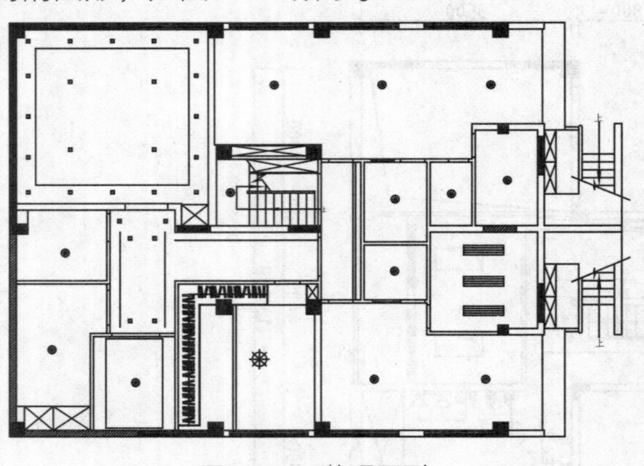

图15-80 整理图形

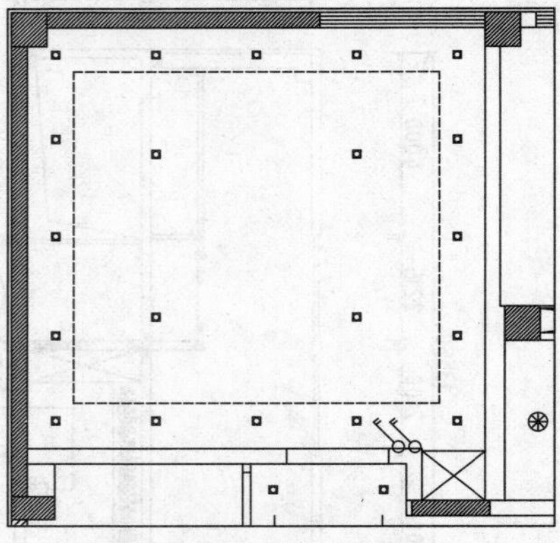

图15-81 插入开关符号

03 重复操作，继续往地下室各区域插入开关符号图形，如图15-82所示。

04 绘制连接线路。调用A（圆弧）命令，绘制灯具与开关符号之间的连接线路，如图15-83所示。

05 重复调用A（圆弧）命令，继续绘制连接线路，如图15-84所示。

06 绘制图例表。调用REC（矩形）命令，绘制矩形；调用X（分解）命令，分解矩形；调用O（偏移）命令，偏移矩形边；调用MT（多行文字）命令，绘制文字说明，如图15-85所示。

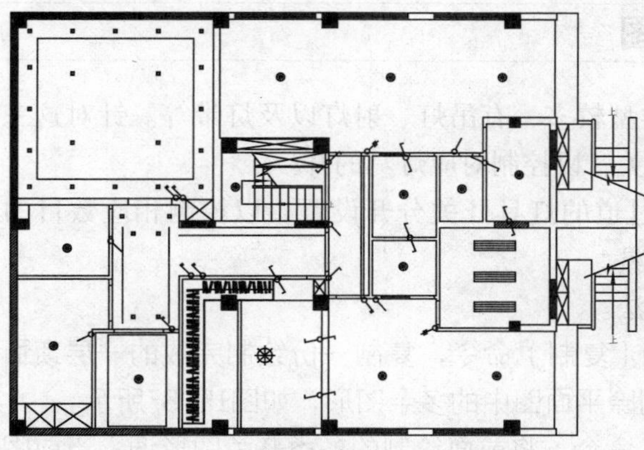

图15-82　调入图形的符号

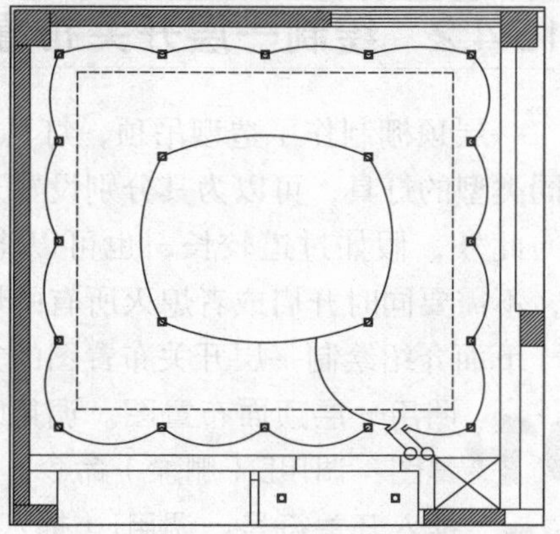

图15-83　绘制圆弧

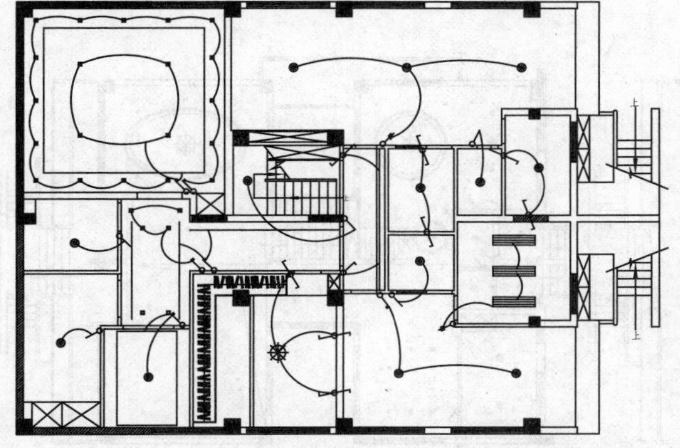

图15-84　绘制圆弧

开关图例说明		
	双极开关	H=1400
	单联单控开关	H=1400
	双联双控开关	H=1400
	三联单控开关	H=1400
	双控单极开关	H=1400

图15-85　绘制图例表

07 图名标注。调用MT（多行文字）命令，绘制图名和比例标注；调用L（直线）命令，绘制宽度不一的两条直线，绘制图名标注，如图15-86所示。

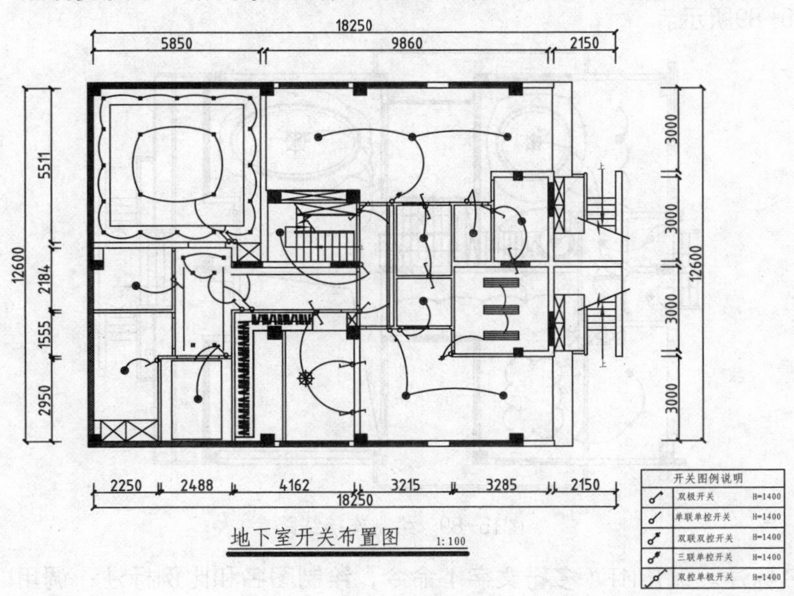

图15-86　绘制图名标注

15.4.2 绘制一层开关布置图

一层顶棚制作了造型吊顶，灯具类型较多，有吊灯、射灯以及灯带等。针对这三种不同类型的灯具，可以为其分别设置开关，以控制对应灯具的开/关。

此外，假如过道较长，也可以将过道的灯具开关分开设置，以控制相应数目的灯具，不需要同时开启或者熄灭所有的灯具。

下面介绍绘制一层开关布置图的方法。

01 调用一层顶面布置图。调用CO（复制）命令，复制一份绘制完成的一层顶面布置图；调用E（删除）命令，删除平面图中的多余图形，如图15-87所示。

02 插入开关符号。调用I（插入）命令，将前面绘制的各类开关图形调入当前图形中；调用RO（旋转）命令，调整图形的位置；调用CO（复制）命令，复制重复使用的图形，如图15-88所示。

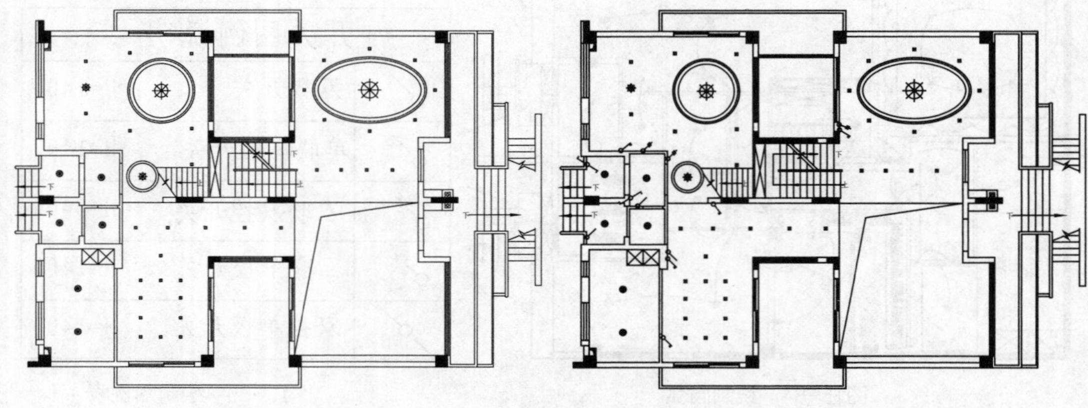

图15-87 图形整理　　图15-88 插入开关符号

03 绘制连接线路。调用A（圆弧）命令，绘制灯具与开关符号之间的连接线路，如图15-89所示。

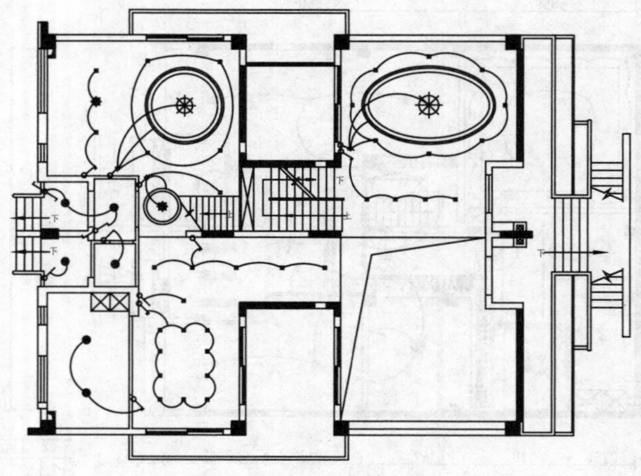

图15-89 绘制连接线路

04 图名标注。调用MT（多行文字）命令，绘制图名和比例标注；调用L（直线）命令，绘制宽度不一的两条直线，绘制图名标注，如图15-90所示。

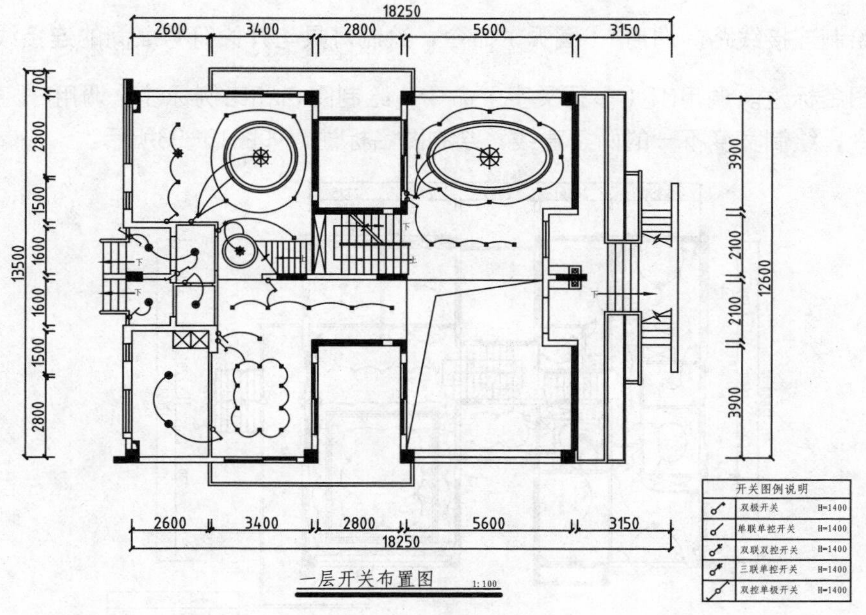

图15-90　图名标注

15.4.3　绘制二层开关布置图

二层卧室较多，一般在卧室中使用双控单极开关。在卧室的入口处安装一个双控单极开关，然后再在床头柜上方安装一个双控单极开关；由这两个开关同时控制卧室内的主要光源；避免了在卧室中来回关闭灯具的繁琐。

下面介绍绘制二层开关布置图的方法。

01 调用二层顶面布置图。调用CO（复制）命令，复制一份绘制完成的二层顶面布置图；调用E（删除）命令，删除平面图中的多余图形，如图15-91所示。

02 插入开关符号。调用I（插入）命令，将前面绘制的各类开关图形调入当前图形中；调用RO（旋转）命令，调整图形的位置；调用CO（复制）命令，复制重复使用的图形，如图15-92所示。

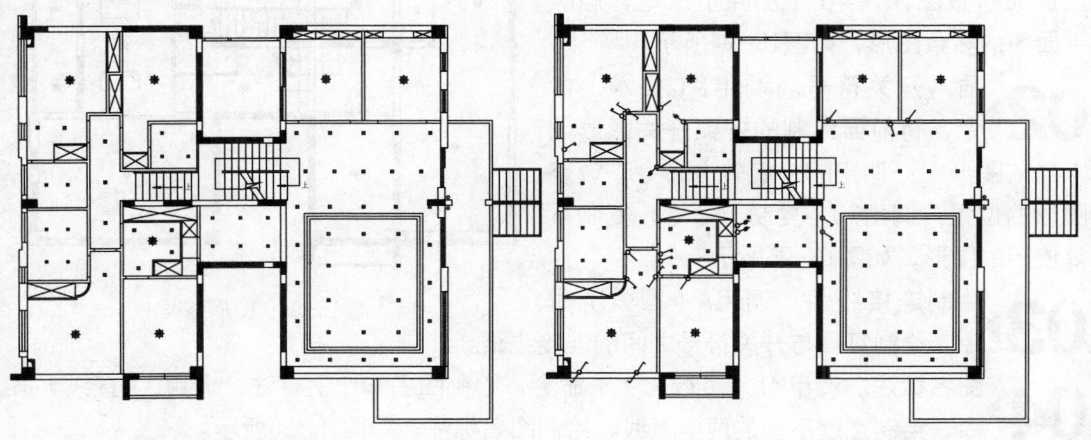

图15-91　图形整理　　　　图15-92　插入图块

03 绘制连接线路。调用A（圆弧）命令，绘制灯具与开关符号之间的连接线路。

04 图名标注。调用MT（多行文字）命令，绘制图名和比例标注；调用L（直线）命令，绘制宽度不一的两条直线，绘制图名标注，如图15-93所示。

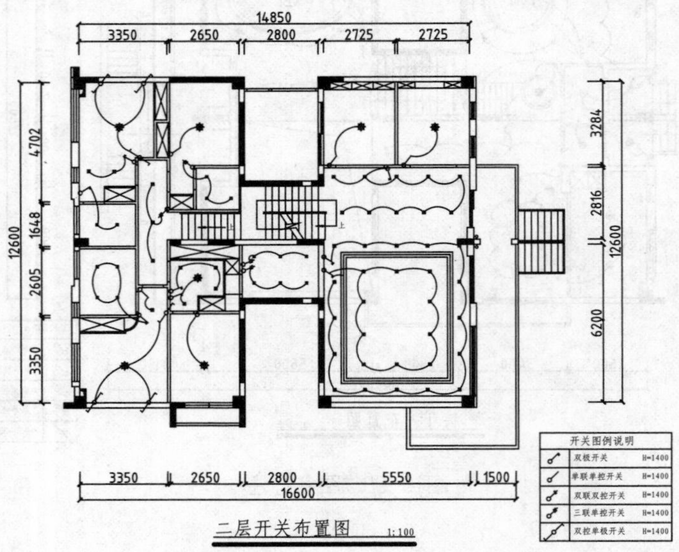

图15-93 图名标注

15.4.4 绘制三层开关布置图

三层是主卧室区，开关的选择与安装按照常规方法即可满足使用要求。值得考虑的是，卫生间的灯具应尽量安装在卫生间的外面。因为卫生间内水汽较多，容易对开关的使用造成影响。

下面介绍三层开关布置图的绘制方法。

01 调用三层顶面布置图。调用CO（复制）命令，复制一份绘制完成的三层顶面布置图；调用E（删除）命令，删除平面图的多余图形，如图15-94所示。

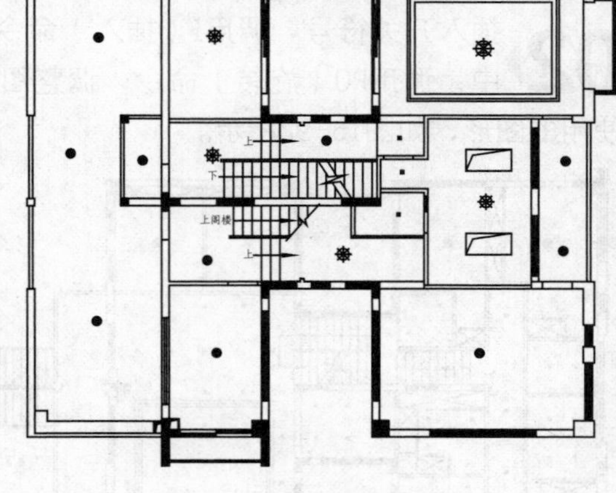

图15-94 图形整理

02 插入开关符号。调用I（插入）命令，将前面绘制的各类开关图形调入当前图形中；调用RO（旋转）命令，调整图形的位置；调用CO（复制）命令，复制重复使用的图形，如图15-95所示。

03 绘制连接线路。调用A（圆弧）命令，绘制灯具与开关符号之间的连接线路。

04 图名标注。调用MT（多行文字）命令，绘制图名和比例标注；调用L（直线）命令，绘制宽度不一的两条直线，绘制图名标注，如图15-96所示。

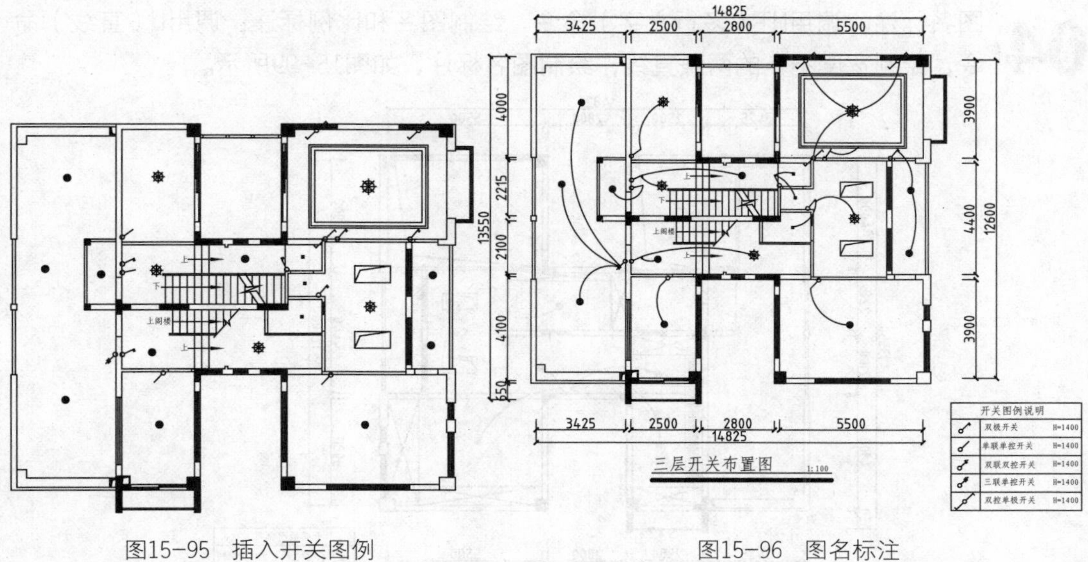

图15-95 插入开关图例　　　　图15-96 图名标注

15.4.5 绘制阁楼层开关布置图

阁楼的灯具种类单一，均为吸顶灯。因为不必考虑很多使用上、电压上的问题，所以开关的安装只要符合使用习惯即可。

下面介绍绘制各楼层开关平面图的方法。

01 调用阁楼层顶面布置图。调用CO（复制）命令，复制一份绘制完成的阁楼层顶面布置图；调用E（删除）命令，删除平面图中的多余图形，如图15-97所示。

02 插入开关符号。调用I（插入）命令，将前面绘制的各类开关图形调入当前图形中；调用RO（旋转）命令，调整图形的位置；调用CO（复制）命令，复制重复使用的图形，如图15-98所示。

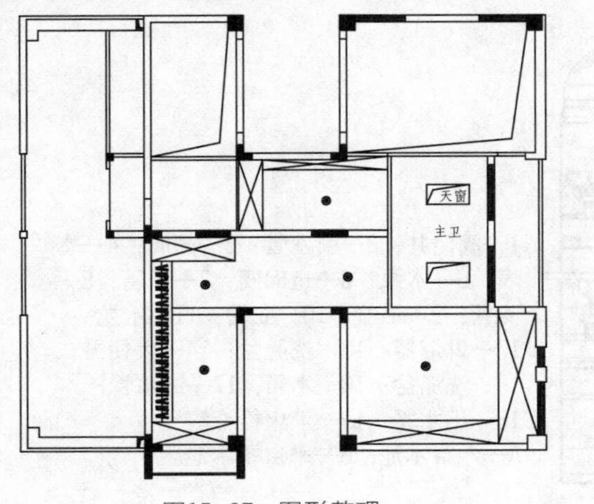

图15-97 图形整理

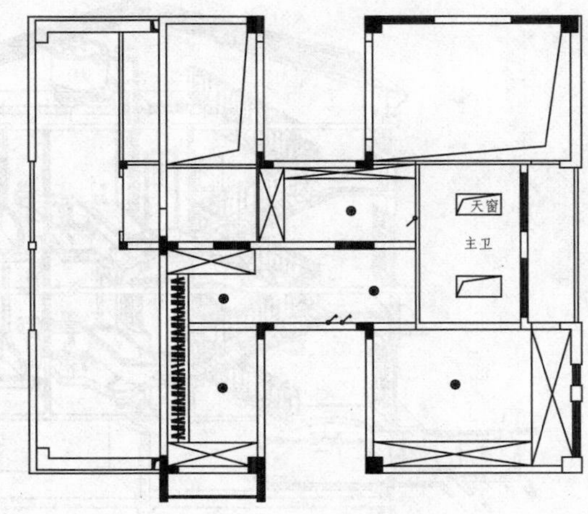

图15-98 插入图块

03 绘制连接线路。调用A（圆弧）命令，绘制灯具与开关符号之间的连接线路。

04 图名标注。调用MT（多行文字）命令，绘制图名和比例标注；调用L（直线）命令，绘制宽度不一的两条直线，绘制图名标注，如图15-99所示。

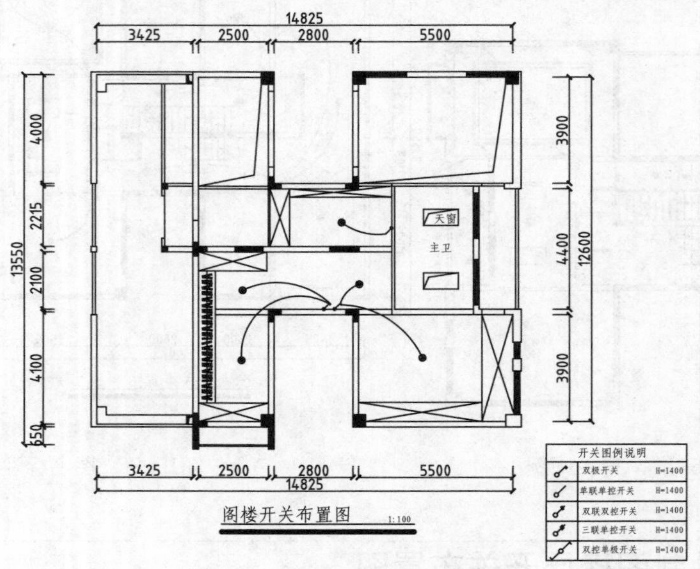

图15-99　绘制效果

15.5 绘制冷热水管走向图

室内的给排水系统主要分为两个方面，即给水和排水系统。给水系统是指将水通过管道输送到建筑内各个配水位置；排水系统则是指将建筑物内各种污水（生活、生产污水等）通过管道排除。

如图15-100所示为建筑物内部的给水系统图。

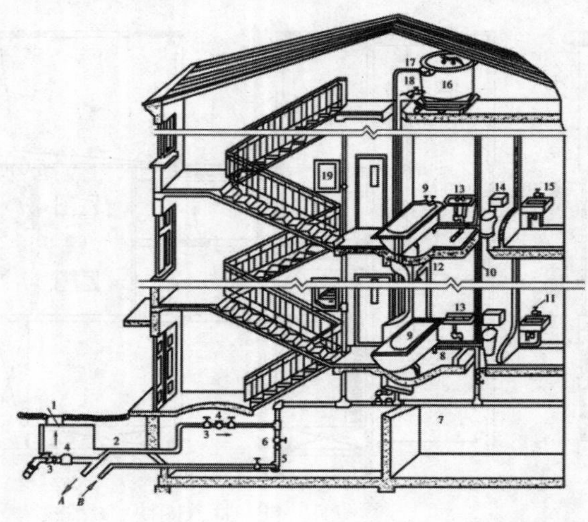

1—阀门井；2—引入管；3—闸阀；4—水表；5—水泵；6—止回阀；7—干管；8—支管；9—浴盆；10—立管；11—水龙头；12—淋浴器；13—洗脸盆；14—大便器；15—洗涤盆；16—水箱；17—进水管；18—出水管；19—消火栓；A—入蓄水池；B—来自蓄水池。

图15-100　建筑内部给水系统

冷热水管的走向属于建筑内给水系统中的一环，本节介绍居室冷热水管走向图的绘制方法。

15.5.1 绘制地下室冷热水管走向图

居室中使用水的地方无非就是卫生间以及厨房了。地下室中没有厨房，但是有需要用水的卫生间和洗衣房。居室中的冷水和热水是可以同时使用的，因为其属于不一样的管道。水龙头的设置一般遵循左冷右热的原则，此外还可以在开关上标示是冷水还是热水。

01 调用地下室平面布置图。调用CO（复制）命令，复制一份绘制完成的地下室平面布置图；调用E（删除）命令，删除平面图的多余图形，保留洁具图形，如图15-101所示。

02 绘制冷水管走向。调用L（直线）命令，绘制水管走向（注意：左冷右热），如图15-102所示。

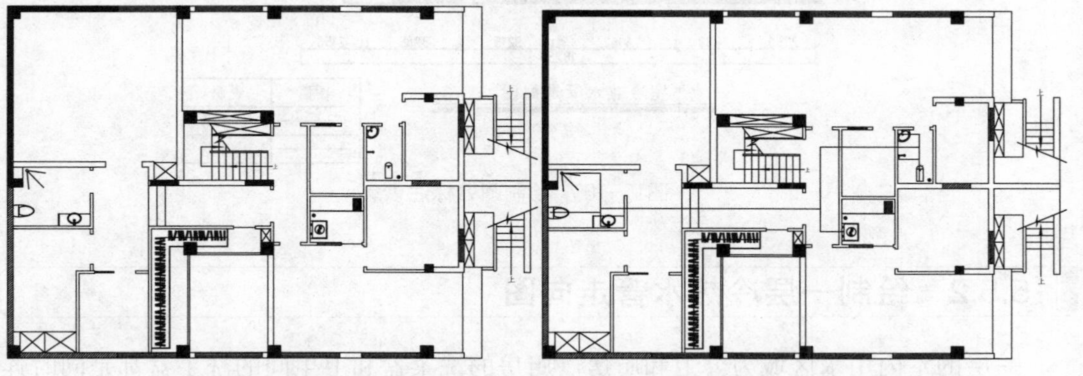

图15-101 整理图形　　图15-102 绘制冷水管走向

03 绘制热水管走向。调用L（直线）命令，绘制热水管走向（注意：左冷右热），并将直线的线型设置为虚线，如图15-103所示。

04 绘制图例表。调用REC（矩形）命令，绘制矩形；调用X（分解）命令，分解矩形；调用O（偏移）命令，偏移矩形边；调用MT（多行文字）命令，绘制文字说明，如图15-104所示。

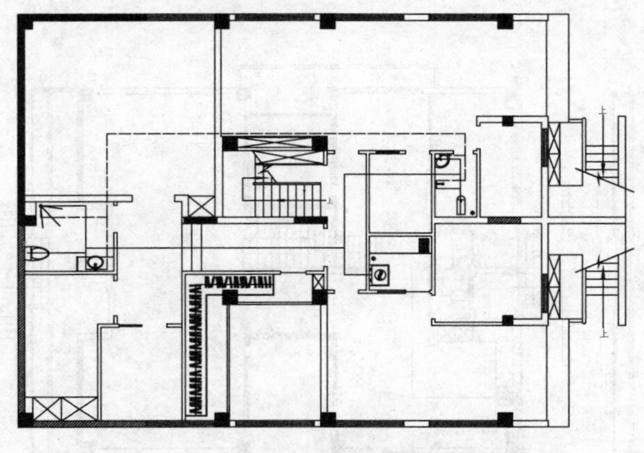

图15-103 绘制热水管走向

图例	说明
- - - - - - -	热水管
————————	冷水管

图15-104 绘制图例表

05 图名标注。调用MT（多行文字）命令，绘制图名和比例标注；调用L（直线）命令，分别绘制宽度为0.00、0.35的两条直线，绘制图名标注，如图15-105所示。

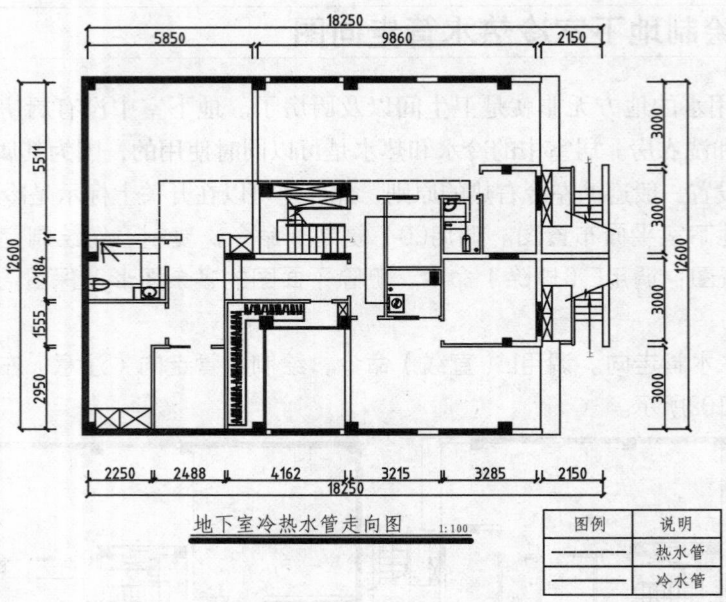

图15-105　绘制图名标注

15.5.2　绘制一层冷热水管走向图

一层的室内用水区域为公卫和厨房。厨房的洗菜盆和卫生间的洗手盆都是同时连接冷水和热水管道，所以在绘制水管连线的时候，要注意冷水开关与热水开关之间的连接，不要把不同供水系统的连线画错。

01 调用一层平面布置图。调用CO（复制）命令，复制一份绘制完成的一层平面布置图；调用E（删除）命令，删除平面图的多余图形，保留洁具图形，如图15-106所示。

02 绘制冷水管走向。调用L（直线）命令，绘制水管走向（注意：左冷右热），如图15-107所示。

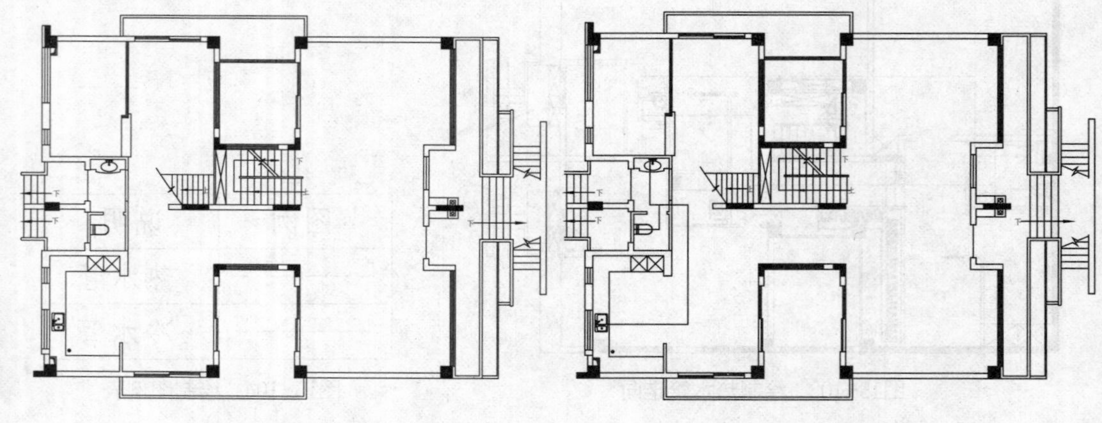

图15-106　整理图形　　图15-107　绘制直线

03 绘制热水管走向。调用L（直线）命令，绘制热水管走向（注意：左冷右热），并将直线的线型设置为虚线。

04 图名标注。调用MT（多行文字）命令，绘制图名和比例标注；调用L（直线）命令，分别绘制宽度为0.00、0.35的两条直线，绘制图名标注，如图15-108所示。

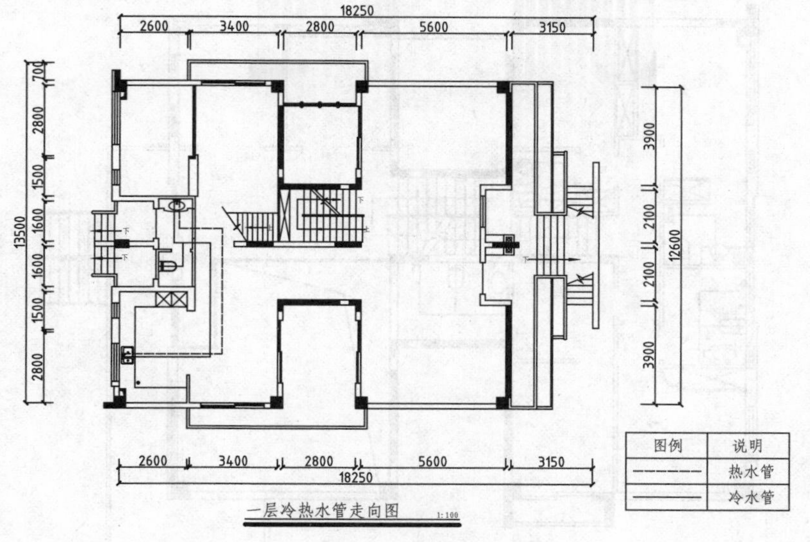

图15-108 图名标注

15.5.3 绘制二层冷热水管走向图

二层的用水系统包括各卧室卫生间内的冷水与热水系统。位于卧室内的卫生间往往会设置淋浴器，淋浴器的冷、热水系统应与洗手盆的冷、热水系统相连接。

在绘制水管走向的时候，冷水管使用细实线来绘制，热水管采用虚线来绘制，以便对不同的供水系统进行区分。

01 调用二层平面布置图。调用CO（复制）命令，复制一份绘制完成的二层平面布置图；调用E（删除）命令，删除平面图的多余图形，保留洁具图形，如图15-109所示。

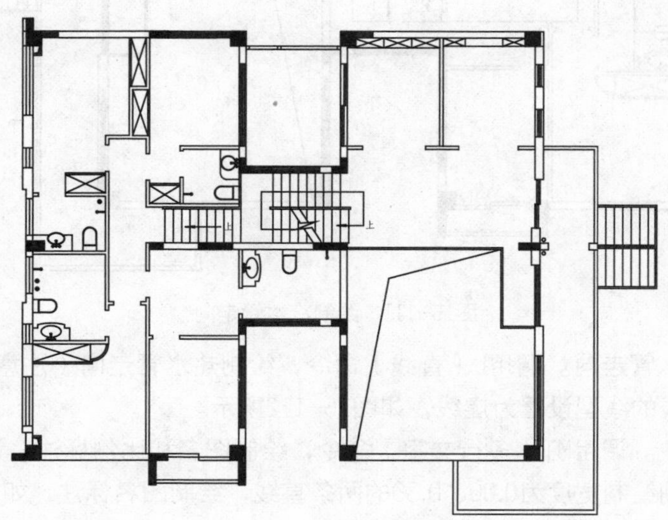

图15-109 图形整理

02 绘制冷水管走向。调用L（直线）命令，绘制各卫生间区域内的水管走向（注意：左冷右热），如图15-110所示。

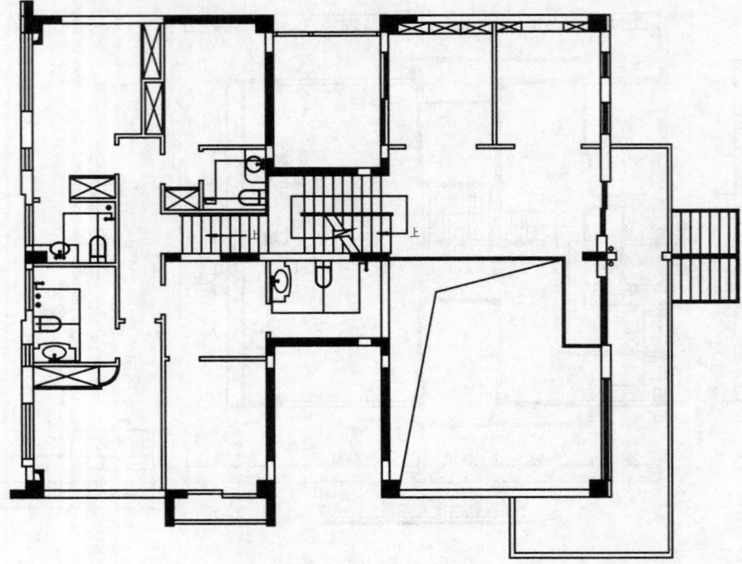

图15-110　绘制冷水管走向

03 调用L（直线）命令，绘制直线，将各区域内的冷水管示意图连接起来，如图15-111所示。

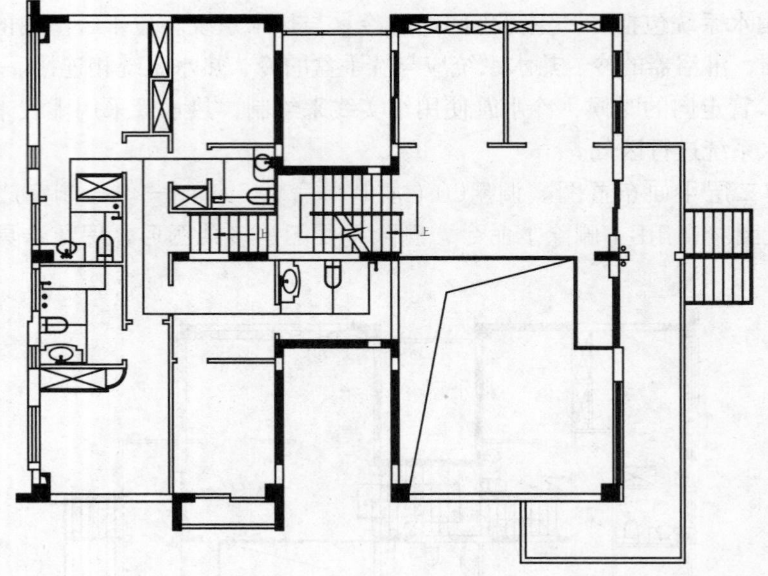

图15-111　绘制冷水管走向

04 绘制热水管走向。调用L（直线）命令，绘制热水管走向（注意：左冷右热），并将直线的线型设置为虚线，如图15-112所示。

05 图名标注。调用MT（多行文字）命令，绘制图名和比例标注；调用L（直线）命令，分别绘制宽度为0.00、0.35的两条直线，绘制图名标注，如图15-113所示。

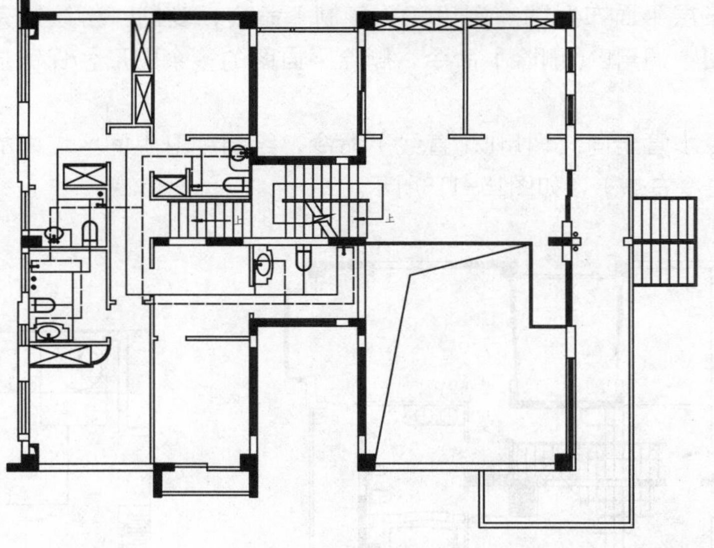

图15-112 绘制热水管走向

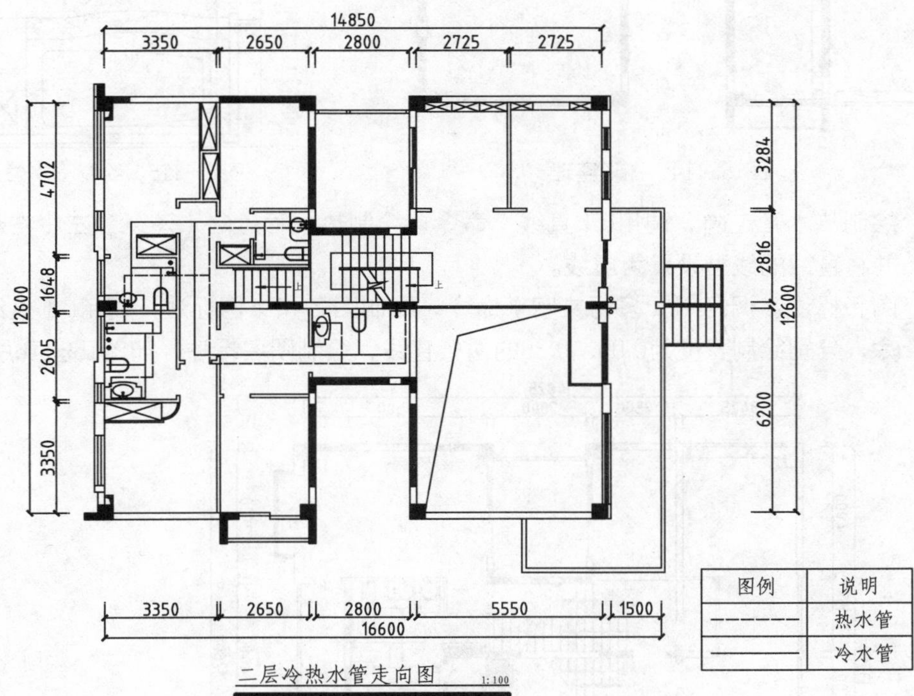

图15-113 绘制图名标注

15.5.4 绘制三层冷热水管走向图

三层室内仅主卫生间为用水的区域，因此将洗手盆、淋浴器与马桶之间的给水系统绘制直线进行连接即可。在绘制时要注意，马桶是不需要绘制热水连线的，因为马桶的给水目的仅为清洁，不需要使用热水。

01 调用三层平面布置图。调用CO（复制）命令，复制一份绘制完成的三层平面布置图；调用E（删除）命令，删除平面图的多余图形，保留洁具图形，如图15-114所示。

02 绘制冷水管走向。调用L（直线）命令，绘制主卫生间区域内的水管走向（注意：左冷右热），如图15-115所示。

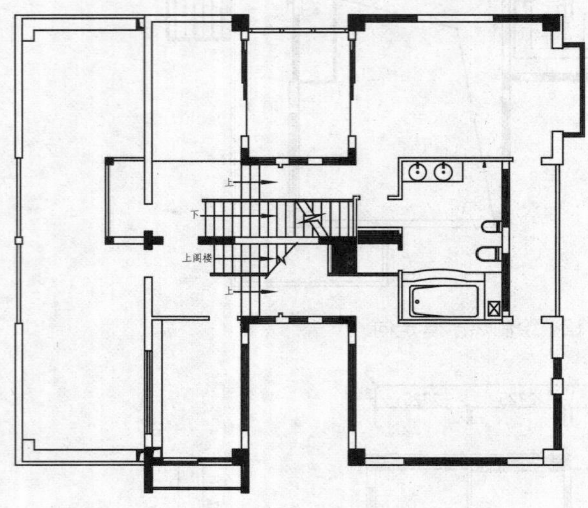

图15-114 图形整理

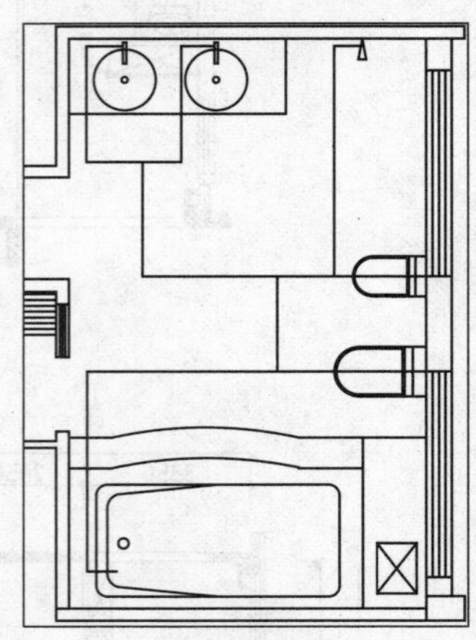

图15-115 绘制冷水管走向

03 绘制热水管走向。调用L（直线）命令，绘制热水管走向（注意：左冷右热），并将直线的线型设置为虚线。

04 图名标注。调用MT（多行文字）命令，绘制图名和比例标注；调用L（直线）命令，分别绘制宽度为0.00、0.35的两条直线，绘制图名标注，如图15-116所示。

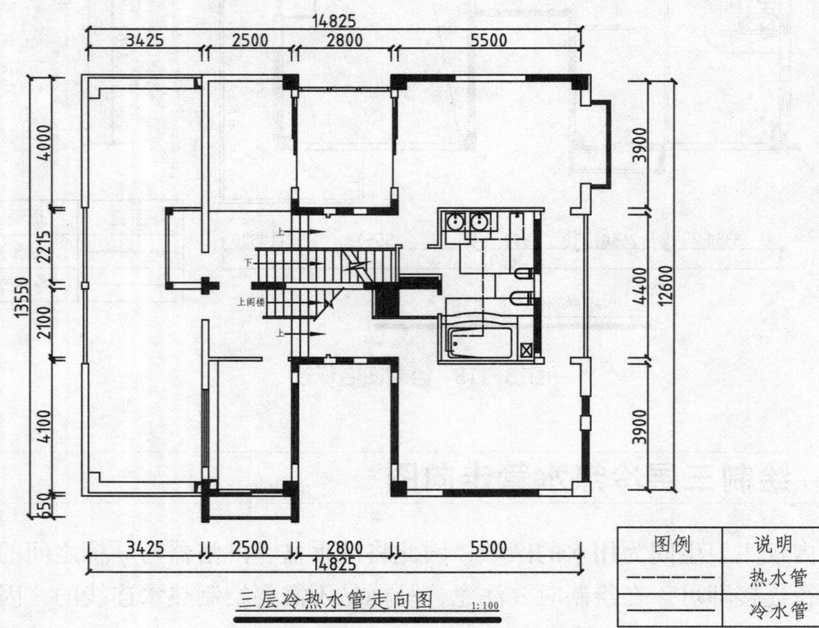

图15-116 图名标注